1160

INGENIERÍA INDUSTRIAL

Métodos, estándares y diseño del trabajo

INGENIERÍA INDUSTRIAL

Métodos, estándares y diseño del trabajo

Décima edición

Benjamin Niebel
Profesor emérito de Ingeniería Industrial
The Pennsylvania State University
Niebel & Associates

Andris Freivalds
Profesor de Ingeniería Industrial
The Pennsylvania State University

Alfaomega

Traducción al español:
Marcia González Osuna
Facultad de Ingeniería, Universidad Nacional Autónoma de México
Maestría en Ciencias, Universidad de Arizona

Revisión técnica y cuidado de la edición:
Ma. de Lourdes Arellano Bolio
Maestría en Ingeniería, Universidad Nacional Autónoma de México
Miembro del Institute of Industrial Engineering (IIE)

Diagramación electrónica: ***Ediámac***

Versión en español de la obra titulada en inglés:
Methods, Standards, and Work Design, 10a. Ed.
por Benjamin Niebel y Andris Freivalds, publicada
originalmente por © The McGraw-Hill Companies, Inc.

Pitágoras 1139, Col. Del Valle, 03100 México, D. F.

Miembro de la Cámara Nacional de la Industria Editorial Mexicana
Registro Núm. 2317

Internet: **http://www.alfaomega.com.mx**
Correo electrónico: **ventas@alfaomega.com.mx**

ISBN 970-15-0597-2

ISBN 0-256-19507-2, versión original por The McGraw-Hill Companies, Inc.

Impreso en México – Printed in Mexico

PREFACIO

ANTECEDENTES

Al iniciar el siglo XXI con un amplio mercado y una capacidad de primera línea en la manufactura en Europa, el Pacífico Sur y China, tanto la oportunidad como necesidad de competencia técnica crecen en forma drástica. Las compañías estadounidenses sienten la presión de la competencia global y el impacto de la explosión de la información. Estos cambios han dado como resultado un crecimiento importante en la computarización y actualización de la industria norteamericana. Hace diez años, la competencia extranjera se centraba en unas cuantas industrias –en particular electrónica y automotriz. Pero en la actualidad, esta competencia abarca toda la industria y todo el mundo. Casi todas las industrias, negocios y organizaciones de servicio se enfrentan a la necesidad de reestructurarse para operar con mayor efectividad en un mundo cada vez más competitivo. Cada segmento de estas organizaciones debe aumentar la intensidad de los esfuerzos por disminuir los costos y mejorar la calidad, al mismo tiempo que trabajan con una fuerza de trabajo reducida. La reducción del tamaño de las empresas se ha convertido en una tendencia. Por lo tanto, la efectividad de los costos y la confiabilidad del producto sin una capacidad excesiva son aspectos clave para una actividad exitosa en todas las áreas de los negocios, la industria y el gobierno. La efectividad en los costos con una calidad mejorada dentro de una planta con capacidad restringida es el resultado final de la ingeniería de métodos, los estándares de tiempo equitativos y una mayor motivación de los empleados mediante la introducción de los sistemas de administración de compensaciones modernos.

Estas técnicas son la clave del mejoramiento de la productividad en cualquier organización de negocios, industrial o de servicios, sea un banco, un hospital, una tienda de departamentos, un ferrocarril o un sistema de correos. Todavía más, el éxito de una línea de producto o servicio conduce a nuevos productos e innovaciones. Es esta acumulación de éxitos la que determina la contratación y el crecimiento de una economía. Estas son técnicas que los japoneses usaron de manera efectiva en relación con sus conceptos de producción ligera. Este concepto hace hincapié en la ingeniería de métodos y el empleo de equipos multidisciplinarios de trabajadores de todos los niveles de la organización y utiliza instalaciones altamente flexibles y cada vez más automatizadas para producir grandes volúmenes y una cuantiosa variedad de artículos. El enorme éxito de los automóviles, cámaras, artículos electrónicos y electrodomésticos japoneses se ha atribuido a su concepto de producción ligera.

El lector debe tener cuidado de no sentirse intimidado por el nuevo vocabulario ofrecido como panacea para la falta de competitividad de una empresa. Con frecuencia esta astucia destruye los buenos procedimientos de ingeniería y administración que, al utilizarlos de manera adecuada, representan la clave para un éxito continuo. Así, se escucha a muchas personas hablar sobre reingeniería, el uso de términos de función cruzada, y otros conceptos, como líderes de negocios para reducir costos, inventarios, tiempos de ciclo y actividades que no agregan valor. Sin embargo, la experiencia en los últimos años comprueba que disminuir el número de empleados en la nómina sólo por automatizar sus trabajos no siempre es camino inteligente. Los autores, con muchos años de experiencia en más de 100 industrias, recomiendan con firmeza la aplicación de una ingeniería de métodos sólida, estándares realistas y pagos salariales equitativos como claves para la prosperidad tanto en la manufactura como en las empresas de servicio.

POR QUÉ SE ESCRIBIÓ ESTE LIBRO

La décima edición se escribió por varias razones. En primer lugar, resalta la importancia de la ergonomía y el diseño del trabajo como parte de la ingeniería de métodos. Es demasiado frecuente que los ingenieros industriales se dedican sólo al incremento de la productividad mediante la aplicación de cambios de métodos y simplificación del trabajo, y esto da como resultado tareas muy repetitivas para los operarios y un incremento en las tasas de incidencia de lesiones óseomusculares. Cualquier reducción en los costos obtenida se contrarresta por el incremento en los gastos médicos y de indemnización para los trabajadores, en especial si se considera el aumento constante en los costos del cuidado de la salud.

Más importante, esta décima edición actualiza el material existente y los ejemplos que pudieran ser obsoletos debido a los cambios tecnológicos. Se realizó una encuesta de 100 estudiantes recién graduados de los programas de ingeniería industrial en Penn State University y Kansas State University y 41 miembros de la comisión consultiva Industry Professional Advisory Committees de ambas universidades. Quienes respondieron identificaron los 10 aspectos que más utilizan en sus trabajos (con respuestas porcentuales) como: diagramas de flujo de proceso (88%), diagramas de flujo (83%), equipos de trabajo (79%), costeo (76%), distribución de planta (76%), capacitación (72%), principios de seguridad (71%), reglamento de OSHA (64%), distribución del lugar de trabajo (64%) y evaluación del trabajo (64%). Fue sorprendente que algunos temas tradicionales de medición del trabajo (estudio de tiempos, datos de estándares, muestreo del trabajo) ya no estaban al principio de la lista (aunque las técnicas de métodos sí lo estaban). Por otro lado, varios aspectos de organización del trabajo no tradicionales (equipos de trabajo, evaluación del trabajo y capacitación) pasaron al primer plano.

Esta décima edición sigue apoyada en el muestreo del trabajo, el estudio de tiempos, la distribución de las instalaciones y varios diagramas de flujo del proceso para la práctica de la profesión de ingeniería. Se hace mayor hincapié en datos de estándares, costeo y el uso de listas de verificación. Los temas de diseños del trabajo y ergonomía se ampliaron debido a la mayor preocupación por los aspectos de salud y seguridad. Se agregó un capítulo nuevo por completo sobre capacitación y otras prácticas administrativas y nuevas secciones sobre la identificación de problemas y las técnicas para su solución. Por último, los temas tradicionales, como diagramas simo, estudio de micro y macromovimientos y ciertos sistemas de tiempos predeterminados que cayeron en desuso, se eliminaron.

No obstante, los primeros nueve objetivos de esta edición son los mismos: proporcionar un libro práctico, actualizado para nivel universitario con la descripción de los métodos de ingeniería como diseño del trabajo, estudio de tiempos y pagos salariales, y facilitar a los analistas, administradores y fuerza de trabajo una fuente auténtica de material de referencia.

ORGANIZACIÓN DEL MATERIAL

La décima edición está ordenada para proporcionar el material de más o menos un capítulo por semana de un curso semestral introductorio. Aunque hay un total de 18 capítulos, el capítulo 1 es una introducción breve, el capítulo 12 sobre construcción de fórmulas se puede cubrir en un curso de estadística y el 15 sobre estándares de trabajo indirecto y costos no es necesario que se incluya en un curso introductorio, lo que deja 15 capítulos para cubrir en un semestre.

Un plan semestral típico por capítulo puede ser el siguiente:

Capítulo	Clases	El curso cubre
1	1	Breve introducción de la importancia de la productividad y el diseño del trabajo, con un perspectiva histórica concisa
2	3	Algunas técnicas de cada área (análisis de Pareto, análisis del trabajo/guía para el lugar de trabajo, diagramas de flujo del proceso, diagramas hombre-máquina) con análisis cuantitativos de las interacciones trabajador-máquina. El balanceo de líneas se puede cubrir en otros cursos.
3	3	Ocho de los nueve enfoques de análisis de la operación con algunos ejemplos.
4	4-5	Cobertura completa pero básica de la fisiología de los músculos y el gasto de energía.
5	4-5	Completo
6	4-5	Bases de iluminación, ruido, temperatura y quizá otros dos temas más. Seguridad y OSHA se pueden ver en otro curso
7	3	Tres técnicas: ingeniería del valor, análisis beneficio-costo y diagramas cruzados; análisis y evaluación del trabajo e interacción con los trabajadores. Otras técnicas se pueden cubrir en otras clases.
8	2-3	Bases del estudio de tiempos.
9	1	Una forma de calificar.
10	2	Primera mitad de los suplementos que están bien establecidos.
11	1-2	Cobertura variable de datos de estándares según los intereses del profesor
12	0	La construcción de fórmulas se puede estudiar en otras clases de ingeniería.
13	3	Sólo un sistema de tiempos predeterminados con detalle.

Capítulo	Clases	El curso cubre
14	2	Muestreo del trabajo.
15	0	Varía la cobertura de estándares de mano de obra directa e indirecta según los intereses del profesor.
16	2	Panorama general y costeo.
17	3	Plan de día de trabajo y horas estándar
18	3	Curvas de aprendizaje, motivación y aptitudes de las personas.

El plan recomendado cubre 40 a 45 clases. Tal vez algunos profesores dediquen más tiempo a algún capítulo, para el que se proporciona material adicional, como diseño del trabajo (capítulos 4 a 6) y menos a la medición del trabajo tradicional (capítulos 8 a 16) o viceversa. El libro permite esta flexibilidad.

AYUDA EN LÍNEA

Se dispone de una página en Internet (*http://www.ie.psu.edu/courses/ie327/text.htm*) para acceder al material antecedente, las versiones electrónicas de las formas disponibles e información actualizada de errores encontrados o correcciones necesarias en esta nueva edición. Algunas sugerencias recibidas de personas en universidades, escuelas, institutos técnicos, industrias y organizaciones laborales que usan con regularidad este libro han ayudado materialmente en la preparación de esta décima edición. Otras sugerencias serán bienvenidas, en especial si se encuentran errores. Por favor, sólo oprima el botón de *OOPS!* en la dirección de Internet o por correo electrónico: *axf@psu.edu*. Igual que la página de Internet ésta también evolucionará.

EN QUÉ DIFIERE ESTE LIBRO DE OTROS

La mayoría de los libros de texto en mercado tienen un manejo estricto de los elementos tradicionales del estudio de tiempos y movimiento, o bien incluyen los factores humanos y la ergonomía. Pocos libros integran ambos temas, o para el caso, en un curso. En la actualidad, el ingeniero industrial necesita considerar tanto los aspectos de productividad como sus efectos en la salud y la seguridad del trabajador de manera simultánea. Pocos libros en el mercado tienen un formato para usarse en el salón de clase. Este texto incluye preguntas, problemas y ejercicios muestra para el laboratorio que ayudarán al instructor. Por último, ningún libro de texto en esta materia tiene una página en Internet que proporcione formas, información actualizada y cambios como lo tiene esta edición.

AGRADECIMIENTOS

Los autores desean agradecer al profesor Kenneth Knott por las estimulantes discusiones y su guía en medición del trabajo y al profesor Stephan Kons por iniciar la investigación que llevó a cambios importantes en esta edición. Gracias también a los siguientes revisores por sus sugerencias invaluables: Dr. Bala Sbramaniam, CalPoly; Brian Kettler, General MotorsCorp.; Dr. Patrick Patterson, Iowa State University; Dr. Terrence Stobbe, West Virginia Univesity y Dr. Carter Kerk, South Dakota School of Mines & Technology. Finalmente, Los autores desean expresar su extensa gratitud a Dace Freivalds por la producción del manuscrito final, sin cuya edición no se hubiera terminado.

Benjamin W. Niebel
Andris Freivalds

Contenido del CD-ROM

Esta 10ª edición, además de los cambios que mencionan los autores en el prefacio, incluye en el CD-ROM el programa Ingeniería Industrial. Métodos, Estándares y Diseño del Trabajo (IIMEYDIT), desarrollado por los profesores Domingo González Zúniga, Amparo Escalante Lago y Guadalupe Trejo Parada del Departamento de Ingeniería Industrial de la Unidad Profesional Interdisciplinaria de Ingeniería y Ciencias Sociales y Administrativas (UPIICSA), del Instituto Politécnico Nacional (IPN) de México, con el objeto de proporcionar una herramienta computacional de ayuda para la solución de los problemas planteados en esta obra.

El programa se diseñó con la intención de facilitar al lector el aprendizaje de las técnicas presentadas, al permitir que la computadora realice los cálculos tediosos, para que el estudiante centre su atención en el significado e interpretación de los resultados.

MÓDULOS DEL PROGRAMA INGENIERÍA INDUSTRIAL, MÉTODOS, ESTÁNDARES Y DISEÑO DE TRABAJO (IIMEYDIT)

A continuación se da una descripción del contenido de cada módulo y los número de los capítulos correspondientes al material teórico y problemas en el libro. Los módulos aparecen según el orden del menú del programa y no de acuerdo al orden de los capítulos del libro. Las instrucciones para la instalación del programa se encuentran en el archivo Leeme.txt.

EVALUACIÓN ECONÓMICA

En este módulo se presentan algunas de las técnicas que aparecen en el capítulo 7:

Evaluación de la inversión en el método propuesto

Incluye los tres métodos de estimación más utilizados para determinar la conveniencia de la inversión en el método propuesto: flujo de efectivo, utilidad sobre inversión y utilidad sobre ventas.

Análisis de costos

En forma sencilla proporciona las tablas necesarias para elegir entre alternativas al aplicar el método de costos unitarios, se desglosa en: costo de mano de obra, costo de herramientas y costo del dispositivo.

Es posible determinar los costos unitarios totales para facilitar la elección de la alternativa que proporciona el menor costo unitario total.

MEDICIÓN DE TRABAJO

En este módulo se proporcionan herramientas para determinar tiempos estándar mediante las técnicas descritas en los capítulos 8, 9, 10, 11 y 14, incluye las opciones:

Cronometraje, que a su vez contiene el submenú:

1) *número de ciclos:* solicita la selección de parámetros para el cálculo del número de ciclos; presenta una tabla de datos para la muestra preliminar; facilita el cálculo para lecturas de cronómetro vuelta a cero o acumulativa; determina el número de ciclos a observar en el estudio en función al nivel de confianza y precisión seleccionadas; calcula la desviación estándar, la media y el coeficiente de variación para analizar la variación de cada elemento del estudio.
2) *tiempo estándar* que permite calcular el tiempo medio observado (TMO) a partir de datos de lectura con el método de cronometraje acumulativo o vuelta a cero. Presenta las siguientes opciones para el cálculo del factor de calificación de la actuación (FC) del operario: sistema Westinghouse, calificación por velocidad, calificación objetiva y calificación de actuaciones. Facilita la selección de otras técnicas con la presentación de tablas de datos de los factores que componen cada técnica.

   Para calcular el margen o suplemento concedido al operario presenta una tabla que incluye suplementos constantes y variables, clasificados en función de: trabajar de pie, postura, uso de fuerza, intensidad de luz, calidad del aire, tensión visual, tensión auditiva, tensión mental, monotonía mental y monotonía física.

   También proporciona la opción de asignar en forma manual los márgenes o suplementos si no se desea utilizar la tabla. Según los cálculos anteriores determina el tiempo estándar para los datos capturados del estudio en proceso.
3) *curva de aprendizaje*, esta opción calcula, a partir de dos tiempos promedio unitarios en los que se duplica la producción, los parámetros de la curva: pendiente, tiempo de la primera unidad y % de aprendizaje; permite además calcular el tiempo promedio unitario para la *n*-ésima unidad.

Datos estándar, es un submenú útil para determinar los tiempos de trabajo para elementos mecánicos en los que se utilizan: torno, taladro y fresado. También presenta la opción de mínimos cuadrados para determinar fórmulas de elementos variables cuyos datos se han registrado en función de la variable que influye en el tiempo; para ello proporciona los valores de la ordenada al origen y de la pendiente de la recta de tendencia de los datos.

Muestreo de trabajo, aquí se presentan herramientas para calcular los resultados del muestreo de trabajo a partir de los datos de las observaciones, incluye: cálculo de proporciones y cálculo del tiempo estándar.

APLICACIONES DE TIEMPO ESTÁNDAR

Este menú incluye la aplicación de la teoría presentada en el capítulo 17 con el apoyo de la información generada en el módulo de medición del trabajo. El menú contiene la técnica de **sistemas de incentivos**, que presenta dos opciones:

1) *Participación en las ganancias*: trabajo por pieza o destajo, plan de horas estándar, plan de Taylor, plan de Merrick, trabajo por día medido.
2) *Participación en las utilidades*: plan de Hayes, sistema de puntos Bedaux, plan de Rowan, plan de Emerson, participación de utilidades.

HERRAMIENTAS DE SOLUCIÓN DE PROBLEMAS

En este módulo se presentan herramientas correspondientes al capítulo 2 clasificadas en:

Selección del proyecto con la posibilidad de desarrollar: diagrama de Pareto, diagrama causa-efecto y gráfica de Gantt.

Registro de datos con el diagrama de proceso o analítico.

Método perfeccionado con dos opciones:

Balanceo de líneas de producción que incluye número de operarios y número de estaciones.

Técnicas cuantitativas para servicio sincrónico, servicio al azar o asincrónico y simulación Montecarlo.

DISEÑO DE TRABAJO

Este módulo maneja algunas de las técnicas más útiles en diseño del trabajo presentadas en los capítulos:

Guía de cargas del Instituto Nacional de Seguridad y Salud Ocupacional de Estados Unidos (NIOSH). Esta herramienta permite calcular los índices y presenta las recomendaciones correspondientes a la tarea analizada: STRWL (límite de peso recomendado para tareas simples); STLI (índice de carga de tarea simple); FIRWL (límite de peso recomendado independiente de la frecuencia); FILI (índice de carga independiente de la frecuencia), y aplica el procedimiento especial para calcular el CLI (índice de carga compuesto). Todos ellos para el análisis de trabajos múltiples.

Antropometría, proporcionan las principales características de poblaciones masculinas y femeninas a nivel mundial (5° percentil, 95° percentil y 95% de la población) para diseñar lugares de trabajo considerando:

Altura de la tarea para posturas de pie o sentado en: trabajo pesado, ensamble moderado, trabajo de precisión, trabajo de monitoreo.

Longitud recomendada para alcances: frecuente y poco frecuente.

Dimensiones recomendadas para diseño de herramientas de mano: diámetro máximo de mango, longitud mínima de mango, arco máximo de agarre.

Manejo de materiales que incluye los límites de peso recomendados en ocho zonas de levantamiento de cargas.

Lista de verificación de desórdenes por trauma acumulado (DTA). Calcula el índice de riesgo DTA a partir de los factores de análisis del trabajo de: frecuencia de movimientos de la mano, postura del operario, fuerza de sujeción y apriete de la herramienta, factores varios (aristas filosas, guantes, vibraciones, tipo de acción y temperatura ponderados).

CONTENIDO

1	**Métodos estándares y diseño del trabajo: introducción**	**1**
	Importancia de la productividad	1
	Alcance de los métodos y los estándares	3
	Desarrollos históricos	8
	Resumen	17
	Preguntas	18
	Referencias	18
2	**Técnicas para la solución de problemas**	**20**
	Técnicas de exploración	21
	Técnicas de registro y análisis	27
	Relaciones cuantitativas entre herramientas, trabajador y máquina	39
	Resumen	53
	Preguntas	54
	Problemas	55
	Referencias	57
	Software seleccionado	57
3	**Análisis de la operación**	**58**
	Nueve enfoques principales del análisis de la operación	59
	1. Propósito de la operación	60
	2. Diseño de partes	62
	3. Tolerancias y especificaciones	66
	4. Material	69
	5. Secuencia y procesos de manufactura	74
	6. Preparaciones y herramientas	81
	7. Manejo de materiales	87
	8. Distribución de planta	98
	9. Diseño del trabajo	106
	Resumen	106
	Preguntas	112
	Problemas	113
	Referencias	115
	Software seleccionado	116
	Videocintas seleccionadas	117
4	**Diseño del trabajo manual**	**118**
	Sistema óseomuscular	119
	Principios de diseño del trabajo: economía de movimientos	121
	Estudio de movimientos	140
	Trabajo manual y guía de diseño	144
	Resumen	166

	Preguntas	166
	Problemas	167
	Referencias	168
	Software seleccionado	170
5	**Diseño del lugar de trabajo, equipo y herramientas**	**171**
	Antropometría y diseño	171
	Principios de diseño del trabajo: el lugar de trabajo	177
	Principios de diseño del trabajo: máquinas y equipo	188
	Desórdenes por trauma acumulado	199
	Principios de diseño del trabajo: herramientas	205
	Resumen	218
	Preguntas	218
	Problemas	219
	Referencias	221
	Software seleccionado	223
6	**Diseño del entorno de trabajo**	**224**
	Iluminación	225
	Ruido	233
	Temperatura	242
	Ventilación	248
	Vibración	250
	Radiación	252
	Trabajo por turno y horarios de trabajo	253
	Seguridad	260
	Administración de la seguridad en el trabajo y la salud (OSHA)	264
	Programa de ergonomía de OSHA	268
	Resumen	271
	Preguntas	273
	Problemas	274
	Referencias	275
7	**Implantación del método propuesto**	**277**
	Herramientas de toma de decisiones	278
	Presentación del método propuesto	292
	Implantación	293
	Análisis de puestos	296
	Evaluación de puestos	297
	Ley para discapacitados en Estados Unidos	306
	Seguimiento	308
	Implantación exitosa de métodos	308
	Resumen	312
	Preguntas	312
	Problemas	313
	Referencias	314

8	**Estudio de tiempos**	**316**
	Un día de trabajo justo	317
	Requerimientos del estudio de tiempos	318
	Equipo para el estudio de tiempos	321
	Elementos del estudio de tiempos	328
	El estudio mismo	332
	Desempeño del operario	341
	Suplementos	343
	Cálculos del estudio	343
	Tiempo estándar	345
	Resumen	351
	Preguntas	352
	Problemas	353
	Referencias	355
9	**Calificación del desempeño**	**356**
	Desempeño "normal"	357
	Características de calificaciones razonables	358
	Métodos para calificar	361
	Aplicación de la calificación	369
	Análisis de calificaciones	369
	Capacitación para calificar	372
	Resumen	377
	Preguntas	378
	Problemas	379
	Referencias	379
	Videocintas seleccionadas	379
10	**Suplementos**	**380**
	Usos de los suplementos	380
	Suplementos constantes	383
	Suplementos por fatiga variable	384
	Suplementos especiales	396
	Aplicaciones de los suplementos	402
	Resumen	403
	Preguntas	404
	Problemas	405
	Referencias	406
11	**Datos de estándares**	**408**
	Desarrollo de datos de tiempo estándar	409
	Uso de datos de estándares	422
	Datos de estándares computarizados	427
	Resumen	429
	Preguntas	430
	Problemas	430
	Referencias	433

12	**Desarrollo de fórmulas**	**434**
	Aplicación de fórmulas	434
	Pasos para el desarrollo de fórmulas	436
	Resumen	464
	Preguntas	464
	Problemas	465
	Referencias	467
	Software seleccionado	467
13	**Sistemas de tiempos predeterminados**	**468**
	Métodos de medición de tiempo (MTM)	471
	Técnica secuencial de operación Maynard (MOST)	492
	Análisis de macromovimientos	498
	Aplicación de tiempos de movimientos básicos	498
	Resumen	507
	Preguntas	509
	Problemas	509
	Referencias	511
	Software seleccionado	511
14	**Muestreo del trabajo**	**512**
	Teoría de muestreo del trabajo	513
	Aceptación de muestreo del trabajo	518
	Planes de estudios de muestreo del trabajo	519
	Registro de observaciones y datos	530
	Utilización de máquinas	530
	Determinación de suplementos	533
	Determinación de tiempos estándar	533
	Auto-observación	534
	Muestreo del trabajo computarizado	538
	Resumen	539
	Preguntas	539
	Problemas	540
	Referencias	541
	Software seleccionado	542
15	**Estándares de mano de obra indirecta y general**	**543**
	Estándares del trabajo indirecto y general	544
	Datos de mano de obra indirecta y general estándar	558
	Estándares de desempeño profesional	565
	Ventajas de los estándares del trabajo indirecto	567
	Resumen	568
	Preguntas	569
	Problemas	571
	Referencias	571
	Videocintas seleccionadas	572

16	**Seguimiento y uso de estándares**	**573**
	Seguimiento y mantenimiento de tiempos estándar	574
	Uso de estándares	577
	Resumen	599
	Preguntas	599
	Problemas	601
	Referencias	601
	Software seleccionado	602
17	**Pagos salariales**	**603**
	Planes de la jornada de trabajo	604
	Planes de compensación flexible	605
	Planes financieros indirectos	616
	Actitudes del sindicato	616
	Requisitos de un plan de incentivos salariales	617
	Diseño del plan de incentivos al salario	618
	Administración del sistema de incentivos	621
	Planes de motivación no financieros	624
	Resumen	624
	Preguntas	627
	Problemas	628
	Referencias	629
18	**Capacitación y otras prácticas administrativas**	**631**
	Capacitación del operario /curva aprendizaje 633	632
	Programas de capacitación en la planta	639
	Empleados y motivación	641
	Interacciones humanas	646
	Comunicaciones	650
	Relaciones laborales y medición del trabajo	654
	Prácticas modernas de administración	655
	Resumen	660
	Preguntas	660
	Problemas	662
	Referencias	662
	Apéndice 1: Glosario	665
	Apéndice 2: Fórmulas útiles	683
	Apéndice 3: Tablas especiales	686
	Apéndice 4: Norma militar MIL-STD-1567A	705
	Índice	709

FÓRMULAS

Servicio sincronizado

$$N = \frac{l+m}{l+w}$$

$$TEC_{N_1} = \frac{(l+m)(K_1 + N_1K_2)}{N_1}$$

$$TEC_{N_2} = (l+w)(K_1 + N_2K_2)$$

Servicio aleatorio

$$\frac{N!}{M!(N-M)!p^N q^{(N-M)}}$$

$$TEC = \frac{K_1 + NK_2}{R}$$

Eficiencia en la línea

$$E = \frac{\sum SM}{\sum AM} * 100 \qquad N = \frac{R * \sum SM}{E}$$

Tarea de enrosque de Fitts

$$MT = a + b\log_2 \frac{2D}{W}$$

Descanso recomendado

$$R = \frac{W - 5.33}{W - 1.33}$$

Dosis de ruido

$$D = \frac{C_1}{T_1} + \frac{C_2}{T_2} + \ldots \leq 1.0$$

Estrés por calor

$$TGBH_{IN} = .7BH + .3TG$$

$$TGBH_{SAL} = .7BH + .1BS + .2TG$$

Tasa de incidencia

$$TI = 200\,000\frac{1}{H}$$

Tasa de severidad

$$TS = 200\,000\frac{LT}{H}$$

Estudio de tiempos

$$n = \left(\frac{st}{kx}\right)^2$$

$$TN = \frac{TO \times CALIFICACIÓN}{100}$$

$$TS = TN * (1 + SUPLEMENTO)$$

Calificación sintética

$$P = \frac{f_T}{TO}$$

Interferencia de máquina

$$I = 50\sqrt{(1+X-N)^2 + 2N} - (1+X-N)$$

Tiempo de corte

$$T = \frac{L}{F_M}$$

Tasa de alimentación

Taladro, torno $$F_M = \frac{3.82f \times S_f}{d}$$

Fresadora $$F_M = f \times n_t \times N_r$$

Ecuaciones de geometría

Recta $$Y = b_0 + b_1 x$$

$$b_0 = \frac{(\sum x^2)(\sum y) - (\sum x)(\sum xy)}{(n)(\sum x^2) - (\sum x)^2}$$

$$b_1 = \frac{(n)(\sum xy) - (\sum x)(\sum y)}{(n)(\sum x^2) - (\sum x)^2}$$

Círculo $$x^2 + y^2 = r^2$$

Elipse $$\frac{x^2}{a^2} + \frac{y^2}{b^2} = 1$$

Parábola $$x^2 = \frac{a^2 y}{b}$$

Hipérbola $$\frac{y^2}{a^2} - \frac{x^2}{k^2} = 1$$

Función de potencia $$y = bm^x$$

Muestreo del trabajo $$n = \frac{4p(1-p)}{l^2}$$

Probabilidad Poisson $$p(k) = \frac{a^k e^{-a}}{k!}$$

Eficiencia de mano de obra $$E = \frac{He}{Hc}$$

Costo de materiales $$\text{Costo} = Q(1 + L_{sc} + L_w + L_{SH})C - S$$

Incentivos salariales $$y_w = 1 + p(x-1)$$

Costo unitario mano de obra $$y_c = \frac{y_w}{x}$$

Curva de aprendizaje $$y = kx^n \quad n = \frac{\log(\text{cociente de aprendizaje})}{\log 2}$$

Tiempo total de aprendizaje $$T = k\frac{[(x_2 + 1/2)^{n+1} - (x_1 - 1/2)^{n+1}]}{n+1}$$

Línea de envíos $$y = k + \frac{(k-s)(x-1)}{x_s - 1}$$

CAPÍTULO 1

Métodos, estándares y diseño del trabajo: introducción

PUNTOS CLAVE:

- Aumentar la productividad impulsa a la industria.
- La seguridad e higiene del trabajador son tan importantes como la productividad.
- La ingeniería de métodos simplifica el trabajo.
- El diseño del trabajo adapta la tarea al operario.
- El estudio de tiempos mide el trabajo y establece los estándares.

IMPORTANCIA DE LA PRODUCTIVIDAD

Ciertos cambios continuos que ocurren en el entorno industrial y de negocios deben estudiarse desde el punto de vista económico y práctico. Éstos incluyen la globalización del mercado y de la fabricación, la estratificación de las corporaciones en un esfuerzo por ser más competitivas sin deteriorar la calidad, el crecimiento del uso de computadoras en todas las facetas de una empresa y la expansión sin límite de las aplicaciones informáticas. La única posibilidad para que una empresa o negocio crezca y aumente su rentabilidad es aumentar la productividad. El mejoramiento de la productividad se refiere al incremento de la producción por hora-trabajo o por tiempo gastado. Desde hace mucho, Estados Unidos se ha caracterizado por tener la más alta productividad del mundo. Durante los últimos 100 años, su productividad ha aumentado cerca de 4% por año. Sin embargo, en la última década, su tasa de incremento en productividad ha sido superada por Japón, Corea y Alemania, y le siguen muy de cerca Italia, Francia y China.

Las técnicas fundamentales que dan como resultado incrementos en la productividad son: métodos, estándares de estudio de tiempos (también conocidos como medición del trabajo) y diseño del trabajo. Del costo total de una compañía metalmecánica típica , 12% corresponde a mano de obra directa, 45% a materiales y 43% a costos generales. Todos los aspectos del negocio o la industria —ventas, finanzas, producción, ingeniería, costos, mantenimiento y administración— constituyen áreas fértiles para la aplicación de métodos, estándares y diseño del trabajo. Con frecuencia, sólo se toma en cuenta la función de producción al aplicar estas técnicas. Pero aunque la función de producción es muy importante, otros aspectos de la empresa hacen contribuciones sustanciales al costo de operación y tiene la misma validez aplicar en ellos las técnicas de mejoramiento del costo. En ventas, por ejemplo, con los métodos modernos de obtención de información, casi siempre se logra información más confiable que conduce a mayores ventas a menor costo. Las cuotas de ventas para ciertas regiones proporcionan una base o estándar que el personal de ventas se esfuerza por superar y el pago por resultados siempre produce un desempeño mayor que el estándar.

Hoy, la mayor parte de los negocios e industrias estadounidenses se ha visto en la necesidad de reestructurar y disminuir el tamaño de sus empresas para operar con mayor efectividad en un mundo cada vez más competitivo. Con mayor intensidad que nunca, estudian la reducción de costos y el mejoramiento de la calidad mediante una mayor productividad. También es crítico el análisis de todas las componentes del negocio que no contribuyen a su rentabilidad.

Como el área de producción dentro de las industrias de manufactura contrata el mayor número de hombres y mujeres jóvenes para métodos, estándares y estudio del trabajo, este libro analizará ese campo con más detalle que cualquier otro. Sin embargo, se proporcionarán ejemplos de otras áreas, como mantenimiento, transporte, ventas y administración, al igual que de la industria de servicios.

Las áreas de oportunidad en producción para estudiantes de ingeniería, administración industrial, administración de empresas, sicología industrial y relaciones laborales son 1) medición del trabajo, 2) métodos y diseño del trabajo, 3) ingeniería de producción, 4) análisis y control de manufactura, 5) planeación de instalaciones, 6) administración de salarios, 7) ergonomía y seguridad, 8) control de producción e inventarios y 9) control de calidad. Otras áreas como relaciones industriales o laborales, costos y presupuestos tienen una relación estrecha con el grupo de producción y dependen de él. Estas áreas de oportunidad no se limitan a la industria de la manufactura. Existen con la misma importancia en empresas de servicio, por ejemplo, tiendas departamentales, hoteles, instituciones educativas, hospitales, bancos, aerolíneas, aseguradoras, centros militares de servicio, organismos de gobierno y centros de retiro. Hoy, en Estados Unidos, sólo alrededor de 20% de la población económicamente activa trabaja en la industria de la fabricación. El 80% restante participa en la industria de servicios o en puestos relacionados con personal. Al ampliarse la orientación hacia la industria de servicios, habrá que usar las técnicas de métodos, estándares y diseño del trabajo en ese sector. Siempre que personas, materiales e instalaciones interactúen para lograr un objetivo, puede mejorarse la productividad con la aplicación inteligente de métodos, estándares y diseño del trabajo.

La sección de producción de una industria puede llamarse su *corazón*; si la actividad de esta sección se interrumpe, toda la industria deja de ser productiva. El departamento de producción incluye actividades de ingeniería de métodos, estándares de estudio de tiempos y diseño del trabajo; ofrece, por tanto, al joven técnico que se gradúa, uno de los campos de acción más satisfactorios.

El departamento de producción ordena y controla el material para producir; determina la secuencia de operaciones, inspecciones y métodos; solicita las herramientas; asigna valores de tiempos; programa, despacha y da seguimiento al trabajo; y mantiene satisfechos a los clientes con productos de calidad entregados a tiempo. La capacitación en este campo muestra cómo se efectúa la producción, dónde se lleva a cabo, cuándo se realiza y cuánto tarda. Los conocimientos en este campo serán invaluables, ya sea que el objetivo personal en última instancia sea ventas, producción o costos.

Si el departamento de producción se considera el corazón de una industria, la actividad de métodos, estándares y diseño del trabajo es el corazón del grupo de producción. Aquí, más que en cualquier otra parte, las personas determinan si el producto fabricado será competitivo. Aquí se usa la iniciativa y el ingenio para desarrollar herramientas eficientes, relaciones entre el trabajador y la máquina y estaciones de trabajo para nuevos productos, con antelación a la producción para asegurar que el producto supere la prueba de una competencia fuerte. Aquí se usa la creatividad para mejorar los métodos y productos existentes y ayudar a la compañía a alcanzar el liderazgo con su línea de productos. En esta actividad pueden mantenerse buenas relaciones laborales al establecer estándares de trabajo justos, o puede ser un obstáculo si se establecen tasas injustas.

Las actividades de métodos, estándares y diseño del trabajo ofrecen retos reales. Todas las industrias con personal competente de ingeniería, administración de negocios, relaciones industriales, supervisión con capacitación específica y sicología aplicada que usan técnicas de métodos, estándares y diseño del trabajo, estarán mucho mejor equipadas para enfrentarse a la competencia y operar con ganancias.

El objetivo del gerente de producción es fabricar un producto de calidad, a tiempo, al menor costo posible, con una inversión de capital mínima y una satisfacción de los empleados máxima. El trabajo central del gerente de confiabilidad y control de calidad es cumplir con las especificaciones de ingeniería y satisfacer al cliente con el nivel de calidad y confiabilidad del producto durante su vida útil esperada. El gerente de control de producción está interesado sobre todo en determinar y seguir un programa de producción con la debida consideración de las necesidades del cliente y de la obtención de economías favorables con una programación minuciosa. El gerente de métodos, estándares y diseño del trabajo se ocupa de obtener la combinación del menor costo de producción posible y la mayor satisfacción del empleado. El gerente de mantenimiento debe centrarse en minimizar el tiempo de fallas de la instalación debido a descomposturas y reparaciones no programadas. La figura 1-1 ilustra la relación del gerente del departamento de métodos, estándares y diseño del trabajo con el personal y con la línea de departamentos que dependen de la administración general.

ALCANCE DE LOS MÉTODOS Y LOS ESTÁNDARES

La ingeniería de métodos incluye diseñar, crear y seleccionar los mejores métodos, procesos, herramientas, equipo y habilidades de manufactura para fabricar un producto basado en los diseños desarrollados en la sección de ingeniería de producción. Cuando el mejor método interactúa con las mejores habilidades disponibles, surge una relación máquina-trabajador eficiente. Una vez establecido el método completo, la responsabilidad de de-

FIGURA 1-1
Organigrama típico que muestra la influencia de las actividades de métodos, estándares y diseño del trabajo en la operación de la empresa.

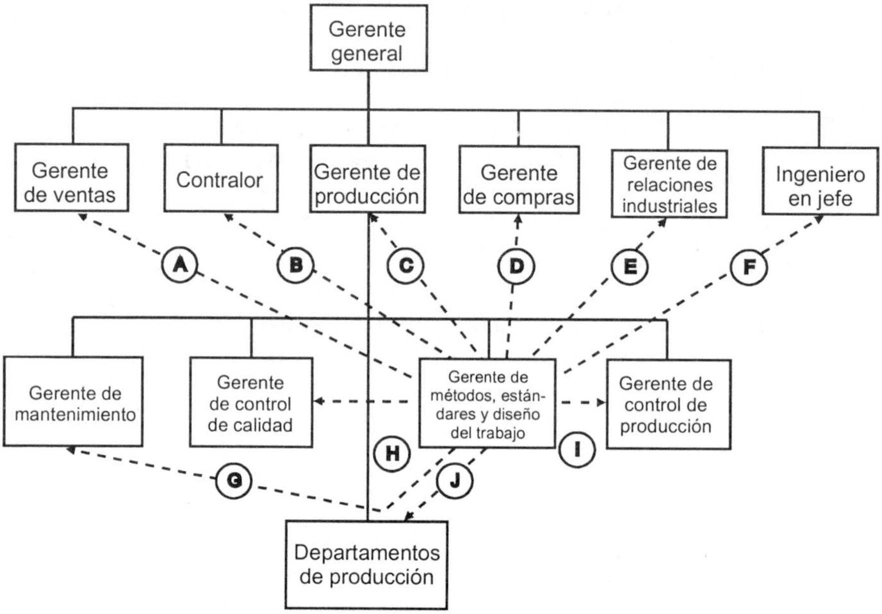

A) El costo está determinado principalmente por los métodos de fabricación.
B) Los estándares de tiempo son la base de los costos estándar.
C) Los estándares (directos e indirectos) proporcionan las bases para medir el desempeño de los departamentos de producción .
D) El tiempo es común denominador para comparar equipos y suministros competitivos.
E) Se mantienen buenas relaciones laborales con estándares equitativos y un entorno seguro.
F) El diseño de métodos y procesos tiene una gran influencia en el diseño de productos.
G) Los estándares establecen las bases del mantenimiento preventivo.
H) Los estándares aseguran la calidad.
I) La programación se basa en los estándares de tiempo.
J) Los métodos, estándares y diseño del trabajo indican cómo y en qué tiempo se hará el trabajo.

terminar el tiempo estándar requerido para fabricar un producto se encuentra dentro del alcance de este trabajo. También incluye la responsabilidad de un seguimiento para asegurar que: a) se cumplen los estándares predeterminados; b) los trabajadores tienen una compensación adecuada por su producción, habilidades, responsabilidades y experiencia, y c) los trabajadores están satisfechos con su trabajo.

El procedimiento global incluye: definir el problema; desglosar el trabajo en operaciones; analizar cada operación para determinar los procedimientos de manufactura más económicos para la cantidad dada, con la debida consideración de la seguridad del operario y su interés en el trabajo; aplicar valores de tiempo adecuados, y después dar seguimiento para asegurar que opera el método prescrito. La figura 1-2 ilustra la oportunidad de reducir el tiempo de producción mediante la aplicación de ingeniería de métodos y estudio de tiempos.

FIGURA 1-2
Oportunidades de ahorro con la aplicación de ingeniería de métodos y estudio de tiempos.

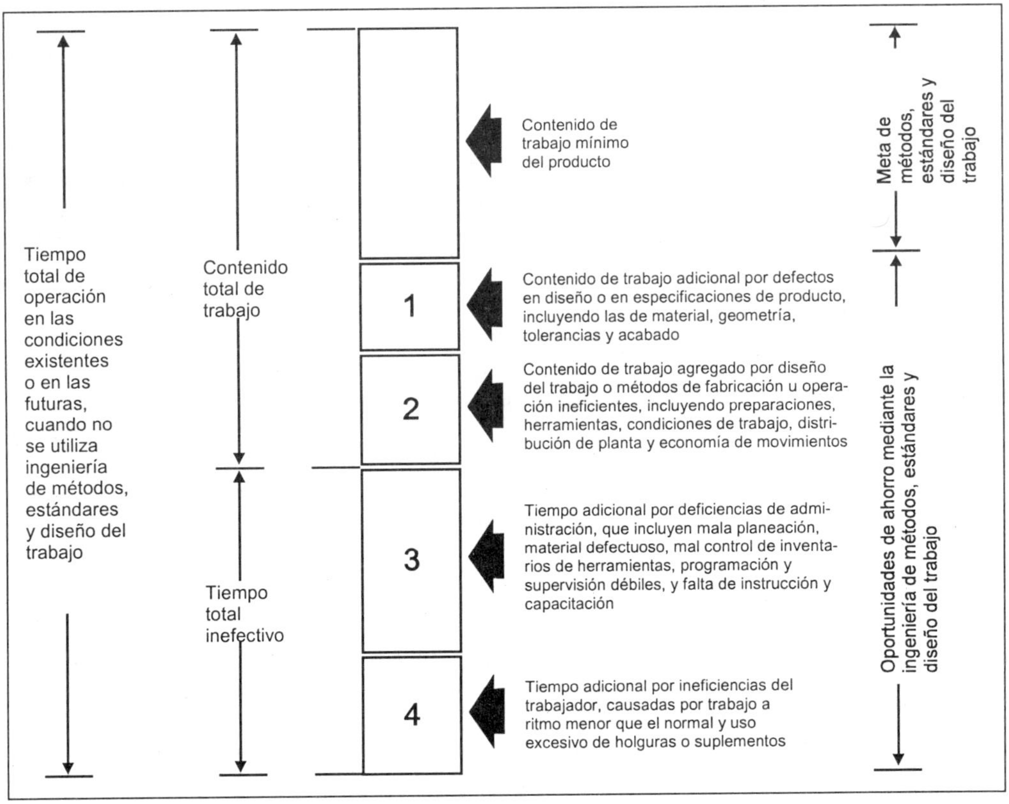

Ingeniería de métodos

Los términos *análisis de operaciones*, *diseño y simplificación del trabajo* e *ingeniería de métodos y reingeniería corporativa*, con frecuencia se usan como sinónimos. En muchos casos, se refieren a una técnica para aumentar la producción por unidad de tiempo o disminuir el costo por unidad de producción —en otras palabras, *mejoramiento de la productividad*. Sin embargo, según se define en este libro, la ingeniería de métodos implica el análisis en dos momentos diferentes de la historia del producto. Primero, es responsable de diseñar y desarrollar los diversos centros de trabajo en donde se fabricará el producto. Segundo, esa ingeniería debe estudiar de manera continua los centros de trabajo para encontrar una mejor manera de fabricar el producto y aumentar su calidad.

En los últimos años, se ha dado el nombre de reingeniería corporativa a este segundo análisis. En este sentido se reconoce que un negocio debe introducir cambios si quiere seguir operando con ganancias. Así, una opción sería introducir cambios fuera del área de manufactura. A menudo se logra incrementar los márgenes de utilidad con cambios positivos en áreas como contabilidad, administración de inventarios, planeación de requerimientos de materiales, logística y administración de recursos humanos. La automatización de la información proporciona grandes mejoras en estas áreas. Cuanto más completo sea el estudio de métodos en las etapas de planeación, menos necesidad habrá de estudios adicionales durante la vida del producto.

La ingeniería de métodos incluye el uso de la capacidad tecnológica. Debido a la ingeniería de métodos, las mejoras en la productividad no tienen límite. La diferencia en la productividad obtenida con la innovación tecnológica puede tener tal magnitud que los países desarrollados siempre podrán mantener su competitividad respecto a los países en desarrollo con salarios más bajos. Por lo tanto, la investigación y desarrollo (I&D) que conduce a nuevas tecnologías es esencial para la ingeniería de métodos. Los diez países con los gastos más altos en I&D por trabajador, según informa la Organización de Desarrollo Industrial de Naciones Unidas (1985), son: Estados Unidos, Suiza, Suecia, Países Bajos, Alemania, Noruega, Francia, Israel, Bélgica y Japón. Estos países son líderes en productividad. Si continúan dedicando recursos a investigación y desarrollo, la ingeniería de métodos, a través de la innovación tecnológica, será un instrumento en su aptitud para proporcionar bienes y servicios de alto nivel.

Los ingenieros de métodos usan un procedimiento sistemático para desarrollar un centro de trabajo, fabricar un producto o proporcionar un servicio. Este procedimiento resume la continuidad de este libro, y se describe a continuación. Observe que los pasos 6 y 7 no son parte del estudio de métodos, pero son necesarios en un centro de trabajo que se encuentra en operación.

1. *Seleccionar el proyecto.* Por lo común, los proyectos seleccionados representan ya sea nuevos productos o productos existentes que tienen un alto costo de manufactura y pocas ganancias. También, productos que experimentan problemas para mantener su calidad y que tienen problemas de competitividad son proyectos lógicos para la ingeniería de métodos. (Vea más detalles en el capítulo 2.)
2. *Obtener y presentar los datos.* Reunir todos los hechos importantes relacionados con el producto o servicio. Éstos incluyen dibujos y especificaciones, requerimientos de cantidad y de entrega, y proyecciones de la vida prevista del producto o servicio. Una vez obtenida toda la información importante, se registra en forma ordenada para su estudio y análisis. En este punto, es muy útil el desarrollo de diagramas de proceso. (Vea más detalles en el capítulo 2.)
3. *Analizar los datos.* Se usan los enfoques básicos del análisis de operaciones para decidir qué alternativa dará como resultado el mejor producto o servicio. Estos enfoques básicos incluyen propósito de la operación, diseño de la parte, tolerancias y especificaciones, materiales, proceso de manufactura, preparación y herramientas, condiciones de trabajo, manejo de materiales, distribución de planta y principios de economía de movimiento. (Vea más detalles en el capítulo 3.)
4. *Desarrollar el método ideal.* Se selecciona el mejor procedimiento para cada operación, inspección o transporte tomando en cuenta las restricciones asociadas con cada alternativa, incluso las implicaciones de productividad, ergonomía y seguridad e higiene. (Vea más detalles en los capítulos 3-6.)
5. *Presentar y establecer el método.* Debe explicarse con detalle el propósito del método a los responsables de su operación y mantenimiento. Se consideran todos los detalles del centro de trabajo para asegurar que el método propuesto proporcione los resultados previstos. (Vea más detalles en el capítulo 7.)

6. *Desarrollar un análisis del trabajo*. Se realiza un análisis del método establecido para asegurar que los operarios se seleccionaron bien, se capacitaron y se les remunera como corresponde. (Vea más detalles en el capítulo 7.)
7. *Establecer tiempos estándar*. Se establece un estándar justo para el método implantado. (Vea más detalles en el capítulo 8.)
8. *Dar seguimiento al método*. De manera periódica, se audita el método instalado para determinar si la productividad y la calidad previstas son las obtenidas, si la proyección de los costos fue correcta y si pueden hacerse nuevas mejoras. (Vea más detalles en el capítulo 16.)

En resumen, la ingeniería de métodos es un escrutinio minucioso y sistemático de todas las operaciones directas e indirectas para encontrar mejoras que faciliten la realización del trabajo y permitan que se haga en menos tiempo, con menor inversión por unidad. En otras palabras, el objetivo real de la ingeniería de métodos es mejorar las utilidades.

Diseño del trabajo

Como parte del desarrollo o mantenimiento de un nuevo método, deben usarse los principios de diseño del trabajo para ajustar la tarea y la estación de trabajo conforme a la ergonomía. Por desgracia, el diseño del trabajo casi siempre se olvida en la búsqueda de una mayor productividad. Con mucha frecuencia, con la sobresimplificación de procedimientos se llega a trabajos repetitivos para los operadores y crece la tasa de lesiones óseomusculares relacionadas con el trabajo. Cualesquiera incrementos de la productividad y reducción de costos se anulan con mayores costos médicos y compensaciones al trabajador, en especial con la creciente tendencia actual del cuidado de la salud. Entonces, es necesario que el ingeniero de métodos incorpore los principios de diseño del trabajo en cualquier método nuevo, de manera que no sólo sea más productivo sino también seguro y que no cause lesiones al operador. (Los capítulos 4-6 tratan este tema.)

Estándares

Los estándares son el resultado final del estudio de tiempos y la medición del trabajo. Esta técnica establece un estándar permitido para realizar una tarea dada, con base en la medición del contenido del trabajo del método prescrito, con la debida consideración de fatiga y retrasos personales e inevitables. El analista de estudio de tiempos usa varias técnicas para establecer un estándar: estudio de tiempos con cronómetro, captura de datos en computadora, datos estándar, datos de movimientos fundamentales, muestreo del trabajo y estimaciones basadas en datos históricos. Cada técnica se aplica a ciertas condiciones. El analista debe saber cuándo usar una técnica dada y utilizarla con juicio y exactitud.

Las funciones del analista de estudio de tiempos y de los ingenieros de métodos tienen una relación estrecha. Aunque los objetivos difieren, un buen analista de estudio de tiempos es un buen ingeniero de métodos, ya que una componente básica de sus técnicas es la ingeniería de métodos. En industrias pequeñas, estas dos actividades suele realizarlas la misma persona. Establecer los valores de tiempo es un paso en el desarrollo sistemático de nuevos centros de trabajo y en el mejoramiento de los métodos utilizados en los centros existentes. Para competir en un mercado mundial, el ingeniero de métodos debe tomar en cuenta las demandas de control de calidad justo a tiempo y de administración con tiempo comprimido.

Los estándares obtenidos se usan para implantar un esquema de salarios. En muchas compañías, en especial las pequeñas, el mismo grupo responsable de los métodos y estándares de trabajo realiza la actividad de pago de salarios. Además, esta actividad se lleva a cabo de acuerdo con los responsables del análisis y la evaluación del trabajo, para que funcionen bien estas actividades interrelacionadas.

Control de la producción, distribución de planta, compras, contabilidad y control de costos, y diseño de procesos y productos son áreas adicionales que tienen una relación estrecha con las funciones de métodos y estándares. Para operar con efectividad, todas estas áreas dependen de los datos de tiempos y costos, hechos y procedimientos operativos que maneja el departamento de métodos y estándares. En el capítulo 16 se da una descripción breve de estas relaciones.

Objetivos de métodos, estándares y diseño del trabajo

Los objetivos principales de estas técnicas son: a) incrementar la productividad y la confiabilidad del producto tomando en cuenta la seguridad y b) reducir el costo unitario, para producir más bienes y servicios de calidad. La aptitud de producir más con menos redundará en más trabajos para más personas por un número mayor de horas por año. Sólo mediante la aplicación inteligente de los principios de métodos, estándares y diseño del trabajo podrán aumentar los productores de bienes y servicios, a la vez que se incrementa el potencial de compra de los consumidores. Al seguir estos principios se puede minimizar el desempleo y, como consecuencia, reducir la espiral del costo del apoyo económico a los no productores.

Los corolarios de los objetivos principales son:

1. Minimizar el tiempo requerido para realizar tareas.
2. La mejora continua de la calidad y confiabilidad de productos y servicios.
3. Conservar recursos y minimizar costos especificando los materiales directos e indirectos más adecuados para la producción de bienes y servicios.
4. Manejar con cuidado la disponibilidad de energía.
5. Maximizar la seguridad, salud y bienestar de todos los empleados.
6. Producir con una preocupación creciente por la conservación del medio ambiente.
7. Seguir un programa humanitario de administración que redunde en el interés por el trabajo y la satisfacción de cada empleado.

DESARROLLOS HISTÓRICOS

El trabajo de Taylor

En general, se reconoce a Frederick W. Taylor como el fundador moderno del estudio de tiempos en Estados Unidos. Sin embargo, en Europa se realizaban estudios de tiempos años antes del trabajo de Taylor. En 1760, Jean Rodolphe Perronet, un ingeniero francés, hizo estudios de tiempos exhaustivos de la fabricación de clavos del número 6, en tanto que 60 años antes, un economista inglés, Charles W. Babbage, había realizado estudios de tiempos en la manufactura de clavos del número 11.

Taylor comenzó su trabajo de estudio de tiempos en 1881, asociado con la Midvale Steel Company, en Filadelfia. Aunque de familia adinerada, desdeñó sus raíces y comenzó a trabajar como aprendiz. Después de 12 años de trabajo, desarrolló un sistema basado en la "tarea". Taylor propuso que la administración planeara el trabajo de cada empleado al menos un día antes. Los trabajadores recibirían instrucciones completas por escrito con la descripción detallada de sus tareas y los medios para lograrlo. Cada trabajo debía tener un tiempo estándar determinado por expertos en estudio de tiempos. En el proceso de establecer tiempos, Taylor recomendó desglosar el trabajo en pequeñas divisiones de esfuerzo conocidas como "elementos". Los expertos debían cronometrarlas por separado y usar los valores colectivos para determinar el tiempo permitido para cada tarea.

Las primeras presentaciones de Taylor se recibieron sin entusiasmo porque muchos ingenieros interpretaron sus desarrollos como un nuevo sistema de tarifas por pieza y no como una técnica para analizar el trabajo y mejorar los métodos. Tanto la administración como los empleados estaban escépticos respecto al trabajo a destajo porque muchos estándares se basaban en una estimación "a ojo" del supervisor, o los jefes las inflaban para proteger el desempeño de sus departamentos.

En junio de 1903, en la reunión de Saratoga de la American Society of Mechanical Engineers (ASME), Taylor presentó su famoso estudio "Shop Management" ("Administración de la planta") que contenía los elementos de la administración científica: estudio de tiempos, estandarización de todas las herramientas y tareas, uso de un departamento de planeación, empleo de reglas de cálculo e implementos de apoyo similares, tarjetas de instrucciones para trabajadores, bonos por el desempeño exitoso, tasas diferenciales, sistemas nemotécnicos de clasificación de productos, sistemas de rutas y sistemas modernos de costos. Las técnicas de Taylor fueron bien recibidas por muchos gerentes de planta y, para 1917, de 113 plantas que habían implantado la "administración científica", 59 consideraban que era un éxito; 20, un éxito parcial, y 34, que había fallado (Thompson, 1917).

En 1898, mientras trabajaba en la Bethlehem Steel Company (había renunciado a Midvale), Taylor realizó el experimento del hierro de primera fusión que fue una de las demostraciones más celebradas de sus principios. Estableció el método correcto junto con los incentivos monetarios y los trabajadores que subían a un camión una carga de lingotes de 92 libras por una rampa, pudieron incrementar su productividad de 12.5 toneladas por día a 47 o 48 toneladas diarias. Este trabajo se realizó con un incremento en el pago diario de $1.15 a $1.85. Taylor aseguraba que la tasa de desempeño de los trabajadores era más alta "sin que ocurriera una huelga, sin peleas y los obreros se sentían más contentos".

Otro de los estudios famosos de Taylor en Bethlehem Steel fue el experimento de las palas. Los trabajadores que paleaban en Bethlehem eran dueños de sus palas y las usaban para todos los trabajos —sacar mineral pesado o bien carbón diseminado ligero. Después de muchos estudios, Taylor diseñó palas que se ajustaban a las distintas cargas: con mango corto para el mineral y de mango largo para el carbón.

Otra contribución conocida de Taylor fue el descubrimiento del proceso de Taylor-White de tratamiento térmico del acero para herramientas. Al estudiar los aceros autotemple, desarrolló la manera de endurecer una aleación de acero al cromo-tungsteno sin que quedara quebradizo, calentándolo hasta que casi se derretía. El "acero de alta velocidad" obtenido duplicó la productividad de corte de la máquina y todavía se usa en todo el mundo. Más tarde desarrolló la ecuación de Taylor para el corte de metales.

No tan conocidas como sus contribuciones de ingeniería es el hecho de que en 1881 fue campeón de dobles en tenis, en Estados Unidos. Usó una raqueta rara diseñada por él con un mango curvo tipo cuchara. Taylor murió de neumonía en 1915, a la edad de 59 años. Para obtener más información acerca de este talentoso individuo, los autores recomiendan su biografía por Kanigel (1997).

A principios de los años 1900, el país pasaba por un periodo inflacionario sin precedentes. La palabra eficiencia había pasado de moda, y los negocios y las industrias buscaban nuevas ideas para mejorar su desempeño. La industria ferroviaria también sintió la necesidad de incrementar sus tasas de envíos en forma sustancial para cubrir el aumento general en los costos. Louis Brandeis, entonces representante de las asociaciones de negocios del Este, aseguraba que los ferrocarriles no se merecían, o no necesitaban, el incremento, puesto que no habían introducido en su industria la "administración científica". Brandeis afirmaba que las compañías ferrocarrileras podían ahorrar 1 millón de dólares al día con las técnicas recomendadas por Taylor. Así fue que Brandeis y la Eastern Rate Case (como se conoció después) introdujeron por primera vez los conceptos de Taylor como "administración científica".

En esta época, muchas personas con los conocimientos de Taylor, Barth, Merrick y otros pioneros, ansiaban la fama en este nuevo campo. Se establecieron como "expertos en eficiencia" e intentaron instalar programas de administración científica en la industria. Pronto encontraron una resistencia al cambio natural por parte de los empleados y como no contaban con técnicas para manejar problemas de relaciones humanas, tuvieron grandes dificultades. Deseosos de quedar bien y equipados sólo con un conocimiento seudocientíficos, casi siempre establecían tasas difíciles de cumplir. La situación se hizo tan aguda que algunos administradores tuvieron que descontinuar todo el programa para poder seguir operando.

En otros casos, los gerentes de planta permitían que los supervisores establecieran los estándares y esto casi nunca era satisfactorio. Una vez establecidos dichos estándares, algunos gerentes de planta de la época, interesados sobre todo en la reducción de costos de mano de obra, sin escrúpulos disminuían el salario si consideraban que algún empleado ganaba mucho dinero. El resultado fue trabajo duro y menos dinero para llevar a casa. Por supuesto, fue natural la reacción violenta de los trabajadores.

Estos sucesos se esparcieron a pesar de las numerosas implantaciones iniciadas por Taylor. En el Arsenal de Watertown, los obreros protestaron a tal grado contra el nuevo sistema de estudio de tiempos que, en 1910, la Interstate Commerce Commission (ICC) inició una investigación. Varios informes derogatorios influyeron en la decisión del Congreso, en 1913, de agregar una cláusula a la ley de partidas presupuestales que estipulaba que ninguna parte de los fondos podía usarse para pagar a personas dedicadas al estudio de tiempos. Esta restricción se aplicó en las plantas manejadas por el gobierno que pagaban a los empleados con fondos del Estado.

No fue hasta 1947 que la Cámara de Representantes rescindió la prohibición del uso de cronómetros y la aplicación de estudio del trabajo. Es interesante el hecho de que, aún hoy, algunos sindicatos en instalaciones de reparación de ferrocarriles prohíben el uso de cronómetros. También es interesante observar que la corriente de Taylor continúa en aplicación en las líneas de ensamble contemporáneas, en la facturación de los abogados que se calcula en fracciones de hora y en los arreglos recomendados de electrodomésticos.

Estudio de movimientos y el trabajo de los Gilbreth

Frank y Lilian Gilbreth desarrollaron la técnica moderna del estudio de movimientos, que se puede definir como el estudio de los movimientos de cuerpo humano al realizar una operación, para mejorarla mediante la eliminación de movimientos innecesarios, la simplificación de los necesarios y el establecimiento de la secuencia de movimientos más favorable para la eficiencia máxima. Frank Gilbreth introdujo sus ideas y filosofías en el oficio de colocar ladrillos en donde trabajaba. Después de introducir la mejora de métodos mediante el estudio de movimientos (que incluyó un andamio ajustable que había inventado) y la capacitación del operario, pudo aumentar el número de ladrillos colocados a 350 por trabajador por hora. Antes de los estudios de Gilbreth se consideraba que 120 ladrillos por hora eran una tasa satisfactoria de desempeño para un colocador.

En mayor grado que cualquier otra persona, los Gilbreth fueron responsables del reconocimiento en la industria de la importancia de un estudio detallado de los movimientos del cuerpo humano para aumentar la producción, reducir la fatiga y capacitar a los operarios con el mejor método para realizar una operación. Desarrollaron la técnica del estudio de micromovimientos que usa la filmación de los movimientos para estudiarlos. El estudio de micromovimientos con una película en cámara lenta no está restringido a aplicaciones industriales.

Además, los Gilbreth desarrollaron las técnicas de análisis ciclográfico y cronociclográfico para estudiar las trayectorias de movimiento realizadas por un operario. Con el método ciclográfico se coloca una pequeña luz en el dedo, mano o parte del cuerpo que se estudia y se fotografía el movimiento mientras el operario realiza su trabajo. Con las fotos se obtiene un registro permanente del patrón de movimiento empleado que se puede analizar para mejorarlo. El cronociclógrafo, es similar al cliclógrafo, pero su circuito eléctrico se interrumpe periódicamente, lo que ocasiona que la luz cintile. Así, en lugar de obtener líneas continuas de los patrones de movimiento, la fotografía muestra pequeños guiones de luz espaciados según la velocidad del movimiento. Entonces, con el cronociclógrafo es posible calcular velocidad, aceleración y desaceleración, además de estudiar los movimientos de cuerpo. El mundo deportivo ha encontrado invaluable esta técnica de análisis, actualizada al video, para mostrar en el entrenamiento el desarrollo de la forma y la habilidad.

Como una nota importante, quizá el lector se interese en el extremo al que llegó Frank Gilbreth para lograr la eficiencia máxima, incluso en su vida personal. Su primogénito y su hija cuentan anécdotas de su padre que se rasuraba con dos rasuradoras al mismo tiempo o usaba distintas señales de comunicación para reunir a todos sus hijos, que eran doce. De ahí el título de su libro, *Cheaper by the Dozen* (o *Más barato por docena*, Gilbreth y Gilbreth, 1948).

Los primeros contemporáneos

Carl G. Barth, un asociado de Frederick W. Taylor, desarrolló una regla de cálculo para producción con la que se determinaban las combinaciones más eficientes de velocidades y alimentaciones en el corte de metales con diferentes durezas, considerando la profundidad de corte, y el tamaño y la vida de la herramienta. También es notorio su trabajo para determinar holguras. Investigó el número de libras-pie de trabajo que podía realizar un trabajador en un día. Después desarrolló una regla que igualaba la fuerza para empujar o jalar en el brazo del trabajador con el peso que podía manejar durante cierto porcentaje del día.

Harrington Emerson aplicó los métodos científicos en el Ferrocarril de Santa Fe y escribió el libro *Twelve Principles of Efficiency* (*Doce principios de la eficiencia*), en el que intenta informar a la administración sobre los procedimientos para una operación eficiente. Reorganizó la compañía, integró sus procedimientos de taller, implantó costos estándar y un plan de incentivos, y transfirió el trabajo de contabilidad a las máquinas tabuladoras Hollerith. De este esfuerzo surgió un ahorro anual de más de 1.5 millones de dólares y el reconocimiento de su enfoque, llamado *ingeniería de eficiencia.*

En 1917, Henry Laurence Gantt desarrolló las sencillas gráficas que miden el desempeño al igual que muestran la programación. Esta herramienta de control de la producción fue adoptada con entusiasmo en la industria de construcción naval durante la Primera Guerra Mundial. Por primera vez fue posible comparar el desarrollo real con el plan original y ajustar los programas diarios según la capacidad, las entregas atrasadas y las necesidades de los clientes. Gantt se conoce también por el desarrollo de su sistema de pagos de salarios que compensaba a los trabajadores por un desempeño mejor que el estándar, eliminaba las penalizaciones por fallas y ofrecía al jefe un bono por cada empleado con mejor trabajo que el estándar. Gantt hizo hincapié en las relaciones humanas y promovió la administración científica como algo más que un "acelerador" inhumano del trabajo.

El estudio de tiempos y movimientos tuvo un gran estímulo durante la Segunda Guerra Mundial, cuando Franklin D. Roosevelt, a través del Departamento del Trabajo de Estados Unidos, impulsó el establecimiento de estándares para aumentar la producción. La política establecida citaba: mayor paga para mayor producción pero sin aumento en los costos unitarios de mano de obra, esquemas de incentivos que se acuerden entre trabajadores y administradores, y uso de estudio de tiempos o de registros históricos para establecer estándares de producción.

Surgimiento del diseño del trabajo

El diseño del trabajo es una disciplina bastante nueva referente al diseño de las tareas, estaciones de trabajo y entorno laboral, para ajustarlas mejor al operario. En Estados Unidos se conoce más como *factores humanos*, y en el ámbito internacional, como *ergonomía*, término que se deriva de las palabras griegas para trabajo (*erg*) y leyes (*nomos*).

En la unión americana, después del trabajo inicial de Taylor y los Gilbreth, la selección y capacitación militar durante la Primera Guerra Mundial y los experimentos de sicología industrial en la Escuela de Graduados de Harvard, en Western Electric (vea los estudios Hawthorne en el capítulo 7) fueron contribuciones importantes al área de diseño del trabajo. En Europa, durante y después de la Primera Guerra Mundial, el Consejo Británico para la Fatiga Industrial realizó numerosos estudios acerca del desempeño humano en distintas condiciones. Más tarde, el Consejo Británico de Investigaciones Médicas y Almirantazgo extendió estos estudios al estrés por calor y otras condiciones. Sin embargo, durante la Segunda Guerra Mundial, la complejidad del equipo bélico y los aviones militares originó el desarrollo de los laboratorios de sicología en ingeniería militar de Estados Unidos y un crecimiento real de la profesión. El inicio de la carrera al espacio con el lanzamiento del Sputnik en 1957 sólo aceleró el crecimiento de los factores humanos, en especial en los sectores aeroespacial y militar. A partir de los años 70, los desarrollos se trasladaron al sector industrial y, más recientemente, a los equipos de cómputo, el software amigable y el entorno en oficinas. Otros aspectos que impulsan el crecimiento de los factores humanos incluyen el surgimiento de los casos de litigio sobre responsabilidad del producto y lesiones personales y, aunque trágicos, los desastres tecnológicos de gran escala, como el incidente nuclear en la isla Three Mile Island y la fuga de gas en la planta de Union Carbide en Bhopal, India. Es evidente que el desarrollo de las computadoras y la tecnología mantendrá ocupados a los especialistas en factores humanos y a los ergonomistas con el diseño de mejores lugares de trabajo, el diseño de productos y la mejora de la calidad de vida y trabajo durante muchos años.

Organizaciones

Desde 1911 existe un esfuerzo organizado para mantener a la industria al día con los últimos desarrollos de las técnicas iniciadas por Taylor y Gilbreth. Las organizaciones técnicas han contribuido en la actualización del estudio de tiempos, estudio de movimientos, simplificación del trabajo e ingeniería de métodos, de acuerdo con los estándares actuales. En 1915 se fundó la Taylor Society para promover las ciencias de la administración; en 1917 los interesados en los métodos de producción organizaron la Society of Industrial Engineers. La American Management Association (AMA) surgió desde 1913 cuando un grupo de gerentes de capacitación formó la National Association of Corporate Schools. Sus distintas divisiones financiaron cursos y publicaciones sobre mejoramiento de la productividad, medición del trabajo, incentivos, simplificación del trabajo y estándares para varios oficios. Junto con la American Society of Mechanical Engineers (ASME), la AMA otorga cada año la Gantt Memorial Medal a la aportación más distinguida a la administración industrial como un servicio a la comunidad.

La Society for the Advancement of Management (SAM) se formó en 1936 con la fusión de la Society of Industrial Engineers y la Taylor Society. Esta organización resaltó la importancia de los estudios de tiempos y métodos y de los pagos de salarios. La industria ha usado durante mucho tiempo las filmaciones de tasas de producción de estudio de tiempos de la SAM. Cada año, la SAM ofrece la "llave de Taylor" para la contribución sobresaliente al avance de las ciencias de la administración y la "medalla de Gilbreth" para un logro notorio en el campo del estudio de movimientos, habilidad y fatiga. En 1972, la SAM combinó sus esfuerzos con la AMA.

El Institute of Industrial Engineers (IIE) se fundó en 1948 con el propósito de: mantener la práctica de la ingeniería industrial en un nivel profesional; promover un alto grado de integridad entre los miembros de la profesión; alentar y ayudar a las áreas de educación e investigación de interés para la ingeniería industrial; promover el intercambio de ideas e información entre los miembros de la profesión (por ejemplo, con la publicación de la revista *IIE Transactions*); servir el interés público con la identificación de personas calificadas para la práctica como ingenieros industriales, y promover el registro profesional de los ingenieros industriales. La Society of Work Science, de la IIE (el resultado de unir las divisiones de medición del trabajo y ergonomía, en 1994) mantiene a los miembros actualizados en todos los aspectos de esta área de trabajo. La sociedad otorga cada año los premios Phill Carroll y M. M. Ayoub por logros especiales en medición del trabajo y ergonomía, respectivamente.

En el área de diseño del trabajo, la primera organización profesional, la Ergonomics Research Society, fue fundada en Gran Bretaña en 1949. Inició la primera revista profesional, *Ergonomics*, en 1957. En la década de 1960, la sociedad tuvo un rápido crecimiento, ya que su membresía aumentó de 500 a 3000. En la actualidad cuenta con más de 5000 miembros organizados en 20 grupos técnicos. Sus metas principales son: 1) definir y apoyar los factores humanos/ergonomía como una disciplina científica y en la práctica, con el intercambio de información técnica entre los miembros; 2) educar e informar a los negocios, la industria y el gobierno sobre factores humanos/ergonomía, y 3) promover factores humanos/ergonomía como un medio para mejorar la calidad de vida. La sociedad también publica una revista de casos, *Human Factors*, y realiza conferencias anuales para que los miembros se conozcan e intercambien ideas.

Con la proliferación de las sociedades profesionales nacionales, en 1959 se fundó una organización global, la International Ergonomics Association, para coordinar las actividades de ergonomía a nivel internacional. En la actualidad existen 33 sociedades individuales con más de 16 000 miembros alrededor del mundo.

Tendencias actuales

Quienes practican métodos estándares y diseño del trabajo se han dado cuenta de que los factores como sexo, edad, salud y bienestar, tamaño físico y fuerza, aptitud, actitudes de capacitación, satisfacción en el trabajo y respuesta a la motivación tienen ingerencia directa en la productividad. Todavía más, los analistas de hoy reconocen que el trabajador tiene objeciones, con todo derecho, a que se le trate como a una máquina. Los trabajadores temen un enfoque científico puro y les disgusta de manera inherente cualquier cambio en su manera actual de operar. Incluso la administración, con frecuencia rechaza innovaciones que valen la pena en los métodos, por su aversión al cambio.

Los trabajadores tienden a tener recelo de los métodos y el estudio de tiempos porque ven que el resultado es un incremento en la productividad. Para ellos esto significa menos trabajo y en consecuencia menor paga. Deben convencerse de la idea de que ellos, como consumidores, se benefician con costos más bajos, y que los mercados se amplían como resultado de esos menores costos, lo que significa más trabajo para más personas durante más semanas al año.

Algunos temores sobre el estudio de tiempos, en la actualidad, se deben a experiencias desagradables con los expertos en eficiencia. Para muchos trabajadores, el estudio de tiempos y movimientos es sinónimo de velocidad o de explotación. Estos términos denotan el uso de incentivos para inducir un nivel de producción más alto, seguido del establecimiento de los nuevos niveles como el nivel de producción normal, lo que obliga a los trabajadores a esfuerzos mucho mayores para poder mantener incluso sus ingresos anteriores. En el pasado, los administradores con poca visión y sin escrúpulos utilizaron esta práctica.

Aun en estos tiempos, algunos sindicatos se oponen al establecimiento de estándares mediante medición, al desarrollo de tasas de producción por hora mediante la evaluación del trabajo y a la aplicación de pago de incentivos. Estos sindicatos piensan que el tiempo permitido para realizar una tarea y el pago que debe recibir un empleado representan aspectos que deben resolverse en los acuerdos del contrato colectivo.

Quienes están en la práctica actual usan el enfoque "humano". Deben poseer conocimientos adecuados sobre el comportamiento humano y habilidades en el arte de la comunicación. También deben saber escuchar y respetar las ideas y los pensamientos de otros, en particular, de los trabajadores que realizan las tareas. Deben dar el crédito debido a quien se lo merece. De hecho, por costumbre, deben dar el crédito a otra persona aunque haya duda de su merecimiento. También, en la práctica del estudio de tiempos y movimientos, siempre deben recordar que la mejor actitud es la de cuestionar, resaltada por los Gilbreth, Taylor y los demás pioneros en el área. La idea de que "siempre hay una mejor manera" debe buscarse continuamente en el desarrollo de nuevos métodos que mejoren la productividad, la calidad, la entrega, la seguridad del trabajador y su bienestar.

Hoy en día, existe una mayor intervención del gobierno, en la reglamentación, de métodos, estándares y diseño del trabajo. Por ejemplo, los contratistas y subcontratistas para la fabricación de equipo militar tienen una presión creciente para documentar los estándares de mano de obra directa como resultado del MIL-STD 1567A (emitido en 1975; revisado en 1983 y en 1987). Cualquier empresa que gana un contrato por más de 1 millón de dólares está sujeta al MIL-STD 1567A, que exige un plan de medición del trabajo y los procedimientos, un plan para establecer y mantener estándares de ingeniería de exactitud conocida y trazabilidad, un plan para el mejoramiento de métodos junto con los estándares, un plan para el uso de estándares como un insumo en el presupuesto, las estimaciones, la planeación y evaluación del desempeño, y la documentación detallada de todos estos planes.

De manera similar, en el área de diseño del trabajo, el Congreso aprobó la OSHAct que establece el National Institute for Occupational Safety and Health (NIOSH), un organismo dedicado a la investigación para desarrollar guías y estándares para la salud y seguridad del trabajador, y la Occupational Safety and Health Administration (OSHA), una agencia para hacer cumplir y mantener esos estándares. Con el repentino incremento de lesiones debidas a movimientos repetitivos en la industria alimentaria, en 1990 la OSHA estableció la "Guía de administración del programa de ergonomía para las plantas empacadoras de carne". Siguieron a ésta guías similares para la industria en general y hubiera seguido un estándar, pero los planes se desviaron con el cambio en las proporciones de partidos políticos en el Congreso en 1994.

Dado el creciente número de individuos con distintas aptitudes, en 1990, el Congreso aprobó l American with Disabilities Act (ADA). Este reglamento tiene un impacto importante en todos los empleadores que cuentan con 15 empleados o más, pues afecta a las prácticas de reclutamiento, contratación, promoción, capacitación, despido, licencias y asignación de trabajo.

Si bien la medición del trabajo se concentró en un tiempo en la mano de obra directa, los métodos y estándares se usan cada vez más para la mano de obra indirecta. Esta tendencia continuará conforme disminuya el número de trabajos de manufactura tradicional y aumente el número de tareas de servicio en Estados Unidos. El uso de técnicas computarizadas también se incrementará. Varios sistemas de tiempos predeterminados están computarizados en su totalidad. Se distinguen entre ellos MOST y WOCOM. Muchas compañías ha desarrollado software para estudio de tiempos y muestreo de trabajo que utiliza captura electrónica de datos para recabar la información requerida.

La tabla 1-1 ilustra el avance en métodos, estándares y diseño del trabajo.

TABLA 1-1
Avances realizados en métodos, estándares y diseño del trabajo

Año	Suceso
1760	Perronet realiza estudios de tiempos en pernos comunes del núm. 6.
1820	Charles W. Babbage realiza estudios de tiempos en pernos comunes del núm. 11.
1832	Charles W. Babbage publica una obra sobre economía de equipo en la fabricación (*On the Economy of Machinery and Manufactures*).
1881	Frederick E. Taylor inicia su trabajo de estudio de tiempos.
1901	Henry L. Gantt desarrolla el sistema de tareas e incentivos al salario.
1903	Taylor presenta sus ideas sobre administración de planta a la ASME.
1906	Taylor publica un artículo sobre el arte de cortar metales (*On the Art of Cutting Metals*).
1910	La Interstate Commerce Commission inicia una investigación sobre el estudio de tiempos. Gilbreth publica su estudio de tiempos (*Motion Study*). Gantt publica sobre trabajo, salarios y ganancias (*Work, Wages, and Profits*).
1911	Taylor publica su libro sobre administración científica (*The Principles of Scientific Management*).
1912	Se organiza la Society to Promote the Science Management. Emerson estima que es posible ahorrar 1 millón de dólares diarios si los sistemas ferroviarios aplican administración científica.
1913	Emerson publica los doce principios de eficiencia (*The Twelve Principles of Efficiency*). El Congreso agrega una cláusula a la ley de partidas presupuestales que estipula que ninguna parte de los fondos se puede usar como pago a personas dedicadas al estudio de tiempos. Henry Ford muestra la primera línea de ensamble en movimiento, en Detroit.
1915	Se funda la Taylor Society para sustituir a la Society to Promote the Science of Management.
1917	Frank B. y Lilian M. Gilbreth publican su estudio de tiempos (*Applied Motion Study*).
1923	Se forma la American Management Association.
1927	Elton Mayo inicia el estudio Hawthorne en la planta de Hawthorne, Illinois, de la Western Electric Company.
1933	Ralph M. Barnes recibe el primer doctorado otorgado en Estados Unidos en el campo de la ingeniería industrial en Cornell University. Su tesis conduce a la publicación de "Motion and Time Study".
1936	Se organiza la Society for the Advancement of Management.
1945	El Departamento del Trabajo determina el establecimiento de estándares para mejorar la productividad de los suministros de guerra.
1947	Se aprueba un decreto que permite al Departamento de Guerra usar estudio de tiempos.

TABLA 1-1
(conclusión)

Año	Suceso
1948	Se funda el Institute of Industrial Engineers, en Columbus, Ohio.
	Eiji Toyoda y Taichi Ohno en la Toyota Motor Company introducen el concepto de producción ligera.
1949	Prohibición del uso de cronómetros, derivada del lenguaje de asignación.
	Se funda la Ergonomics Research Society en Gran Bretaña.
1957	Se funda la Human Factors and Ergonomics Society, en Estados Unidos.
	E. J. McCormick publica sobre ergonomía (*Human Factors Engineering*).
1959	Se funda la International Ergonomics Association para coordinar las actividades de ergonomía en todo el mundo.
1970	El Congreso aprueba el OSHAct que establece la Occupational Safety and Health Admnistration.
1972	La Society for the Advancement of Management se fusiona con las American Management Associations.
1975	Se emite la norma MIL-STD 1567 (USAF) para la medición del trabajo.
1981	Se introduce por primera vez la guía para levantamientos NIOSH.
1983	Se emite la norma MIL-STD 1567A para la medición del trabajo.
1986	Se emite la norma completa MIL-STD 1567A con el apéndice de la guía para la medición del trabajo.
1988	Se emite el ANSI/HSF Standard 100-1988 para ingeniería de factores humanos en estaciones de trabajo visuales con terminales de pantalla.
1990	El Congreso de Estados Unidos aprueba la ley ADA sobre personas con discapacidades.
	OSHA establece la guía de administración del programa de ergonomía para plantas empacadoras de carne.
1991	Se revisa la guía para levantamientos NIOSH
1995	Se emite la primera propuesta de ANSI Z-365 Standard para el control de padecimientos traumáticos acumulativos relacionados con el trabajo.

RESUMEN

La industria, los negocios y el gobierno están de acuerdo en que la reserva potencial para el incremento de la productividad es la mayor esperanza para manejar la inflación y la competencia. El aspecto más importante para aumentar la productividad es la aplicación continua de los principios de métodos, estándares y diseño del trabajo. Sólo de esta manera podrá obtenerse mayor producción de las personas y las máquinas. La mano de obra estadounidense espera, y tiene la fuerza para lograrlo, obtener incrementos continuos en sus salarios. El gobierno de Estados Unidos se ha prometido seguir una política paternalista creciente para cuidar de quienes están en desventaja —vivienda para los pobres, cuidados médicos para la tercera edad, trabajos para las minorías, etcétera. Para ajustarse al creciente incremento en los costos de mano de obra y los impuestos, y conservar el negocio, debe obtenerse más de los elementos productivos: personas y máquinas.

PREGUNTAS

1. ¿Qué otro nombre recibe el estudio de tiempos?
2. ¿Cuál es el objetivo principal de la ingeniería de métodos?
3. Enumere los ocho pasos para la aplicación de la ingeniería de métodos.
4. ¿En dónde se realizaron los primeros estudios de tiempos y quién los hizo?
5. Explique los principios de Frederick W. Taylor de la administración científica.
6. ¿Qué significa estudio de movimientos y quiénes son los pioneros de esa técnica?
7. ¿Era comprensible el escepticismo de la administración y la mano de obra respecto a las tasas establecidas por "expertos en eficiencia"? ¿Por qué?
8. ¿Qué organizaciones se preocupan por seguir adelante con las ideas de Taylor y los Gilbreth?
9. ¿Qué reacción sicológica es característica en los trabajadores cuando se sugieren cambios en los métodos?
10. Explique la importancia del enfoque humano en el trabajo de métodos y estudio de tiempos.
11. ¿Cuál es la relación entre el estudio de tiempos y la ingeniería de métodos?
12. ¿Por qué el diseño del trabajo es un elemento importante en el estudio de métodos?
13. ¿Qué eventos importantes contribuyeron a la necesidad de la ergonomía?

REFERENCIAS

Barnes, Ralph M., *Motion and time Study: Design and Measurement of Work.* 7ª Ed. Nueva York, John Wiley & Sons, 1980.

Eastman Kodak Co., Sección de Factores Humanos, *Ergonomic Design for People at Work.* Nueva York, Van Nostrand Reinhold, 1983.

Gilbreth, F. y L. Gilbreth, *Cheaper by the Dozen*, Nueva York, T. W. Crowell, 1948.

Kanigel, R., *One Best Way*, Nueva York, Viking, 1997.

Konz, Stephan, *Work Design*, 4ª Ed., Scottsdale, AZ, Publishing Horizons, 1995.

Mundell, Marvin E. *Motion and Time Study: Improving Productivity*, 5ª Ed., Englewood Cliffs, NJ, Prentice-Hall, 1978.

Nadler, Gerald, "The Role and Scope of Industrial Engineering", en *Handbook of Industrial Engineering*, 2ª Ed., Ed. Gavriel Salvendy, Nueva York, John Wiley & Sons, 1992.

Niebel Benjamin W., *A History of Industrial Engineering at Penn State*, University Park, PA, University Press, 1992.

Salvendy, G., ed., *Handbook of Human Factors*, Nueva York, John Wiley & Sons, 1987.

Saunders, Byron W. "The Industrial Engineering Profession", en *Handbook of Industrial Engineering*, Ed. Gavriel Salvendy, Nueva York, John Wiley & Sons, 1982.

Taylor, F. W., *The Principles of Scientific Management*, Nueva York, Harper, 1911.
Thompson, C. Bertrand, *The Taylor System of Scientific Management*, Chicago, IL, A. W. Shaw, 1917.
United Nations Industrial Development Organization, *Industry in the 1980s: Structural Change and Interdependence*, Nueva York, United Nations, 1985.

CAPÍTULO 2

Técnicas para la solución de problemas

PUNTOS CLAVE:

- *Seleccionar el proyecto* mediante la aplicación de análisis de Pareto, diagramas de pescado, gráficas de Gantt, gráficas PERT y guía de análisis de trabajo/lugar de trabajo.
- *Obtener y presentar datos* por medio de diagramas de operación, de flujo, hombre/máquina y de grupo.
- *Desarrollar el método ideal* para las relaciones hombre/máquina con servicio sincronizado y aleatorio, así como cálculos de balanceo de líneas.

Sin importar para qué se use el estudio de métodos (diseñar un nuevo centro de trabajo o mejorar uno en operación) tanto el problema como la información de los hechos relacionados con el problema deben presentarse de manera clara y lógica. De la misma forma que un operario usa aparatos como micrómetros y calibradores para facilitar el desempeño, el ingeniero de métodos usa los procedimientos adecuados para realizar un trabajo mejor en menos tiempo. Se dispone de varias técnicas para la solución de problemas y cada una tiene aplicaciones específicas.

Las primeras cinco se usan en el primer paso del análisis de métodos, *seleccionar el proyecto*. El análisis de Pareto y los diagramas de pescado surgieron en los círculos de calidad japoneses a principios de la década de los 60's (vea el capítulo 18) y tuvieron mucho éxito en el mejoramiento de la calidad y la reducción de costos en sus procesos de manufactura. Las gráficas de Gantt y PERT se originaron durante la década de 1940 como respuesta a la necesidad de una mejor planeación y control de proyectos militares complejos. También pueden ser útiles para identificar problemas en el entorno industrial.

La selección de proyectos se basa en tres aspectos: económico (quizá el más importante), técnico y humano. Las consideraciones económicas pueden involucrar nuevos productos para los que no se cuenta con estándares, o productos existentes que tienen costos de manufactura altos. Los problemas pueden ser grandes cantidades de desperdicio y retrabajo, manejo de materiales excesivo, en términos del costo o la distancia, o tal vez operaciones "cuellos de botella". Las consideraciones técnicas pueden incluir los métodos de procesamiento que deben mejorarse, problemas de control de calidad debidos al método o problemas de desempeño de un producto comparado con su competencia. Los aspectos humanos pueden incluir trabajo con alta repetición que llevan a lesiones relacionadas con el trabajo, tareas con alta tasa de accidentes, tareas demasiado fatigantes o trabajos sobre los cuales los empleados se quejan todo el tiempo.

Las primeras cuatro técnicas son las de uso más común en la oficina del analista. La quinta, guía de análisis trabajo/lugar de trabajo, ayuda a identificar problemas en un área, departamento o lugar de trabajo específicos y se desarrolla mejor como parte de las observaciones físicas del lugar. La guía proporciona una identificación subjetiva del trabajador, tarea o entorno claves, o de los factores administrativos que pueden ocasionar problemas potenciales. Además, indica las técnicas adecuadas para las evaluaciones cuantitativas. Aplicar la guía de análisis debe ser el primer paso necesario antes de recolectar datos cuantitativos exhaustivos sobre el método actual.

Los siguientes cinco procedimientos se usan para registrar el método actual y comprenden el segundo paso del método de análisis, *obtener y presentar datos*. La información pertinente, como cantidad de producción, programas de entrega, tiempos de operación, instalaciones, capacidad de las máquinas, materiales especiales y herramientas especiales, pueden representar una parte importante en la solución de problemas y debe registrarse. (Los datos también son útiles en el tercer paso del método de análisis, *analizar los datos*.)

Las últimas tres técnicas son más útiles como un enfoque cuantitativo en el cuarto paso del método de análisis, *desarrollar el método ideal*. Una vez presentados los hechos con claridad y exactitud, se examinan en forma crítica, para definir e implementar el método más práctico, económico y efectivo. Por lo tanto, deben usarse en conjunto con las técnicas de análisis operativo descritas en el capítulo 3. Observe que la mayoría de las técnicas de los tres grupos se pueden utilizar en la etapa de análisis operativo del desarrollo.

TÉCNICAS DE EXPLORACIÓN

Análisis de Pareto

Las áreas con problemas se pueden definir mediante una técnica desarrollada por el economista Vilfredo Pareto para explicar la concentración de la riqueza. En el *análisis de Pareto*, los artículos de interés se identifican y miden en una escala común y después se acomodan en orden ascendente, creando una distribución acumulada. Por lo común, 20% de los artículos clasificados representan 80% o más de la actividad total; en consecuencia, la técnica también se conoce como *regla 80-20*. Por ejemplo, 80% del valor del inventario total se encuentra en sólo 20% de los artículos en el inventario; en 20% de los trabajos ocurren 80% de los accidentes (figura 2-1), o 20% de los trabajos representan cerca de 80% de los costos de compensación para trabajadores. De manera conceptual, el analista de métodos concentra la mayor parte de su esfuerzo en unos cuantos trabajos que producen casi todos los problemas. En muchos casos, la distribución de Pareto se puede transformar en una línea recta usando la transformación lognormal, a partir de la cual se puede realizar un análisis cuantitativo más profundo (Herron, 1976).

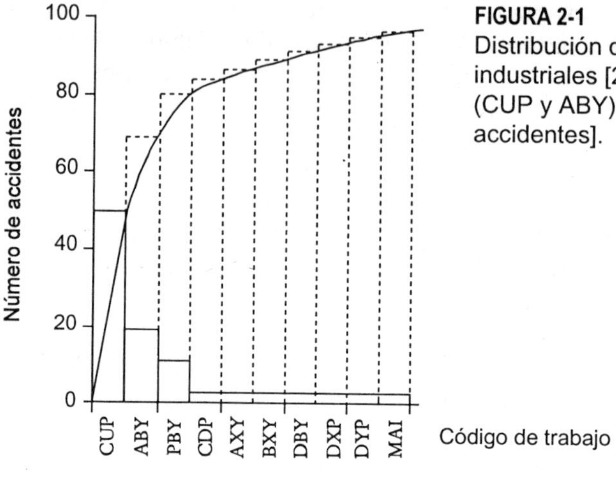

FIGURA 2-1
Distribución de Pareto para accidentes industriales [20% de los códigos de trabajo (CUP y ABY) causan cerca del 80% de los accidentes].

Diagramas de pescado

Los *diagramas de pescado*, también conocidos como *diagramas de causa-efecto*, fueron desarrollados por Ishikawa a principios de los años 50 cuando trabajaba en un proyecto de control de calidad para la Kawasaki Steel Company. El método consiste en definir la ocurrencia de un evento no deseable o problema, es decir, el *efecto*, como la "cabeza del pescado" y después identificar los factores que contribuyen, es decir las *causas*, como el "esqueleto del pescado" que sale del hueso posterior de la cabeza. Las causas principales se dividen en cuatro o cinco categorías principales: humanas, máquinas, métodos, materiales, entorno, administración, etcétera, cada una dividida en subcausas. El proceso continúa hasta enumerar todas las causas posibles. Un buen diagrama tendrá varios niveles de huesos y proporcionará la visión global de un problema y de los factores que contribuyen a él. Después, los factores se analizan desde un punto de vista crítico en términos de su contribución probable al problema. Se espera que este proceso tienda a identificar las soluciones potenciales. En la figura 2-2 se muestra un ejemplo de un diagrama de pescado para identificar problemas en el logro del 100% de eficiencia en operaciones de fresado.

Los diagramas de pescado han funcionado con éxito en los círculos de calidad en Japón, donde se espera que todos los niveles de trabajadores y administradores contribuyan. Es posible que tales diagramas tengan menos éxito en la industria estadounidense, donde la cooperación entre trabajadores y administradores puede ser menos efectiva para producir las soluciones y resultados deseados (Cole, 1979).

Gráficas de Gantt

La gráfica de Gantt es quizá la primera técnica de planeación y control de proyectos que surgió durante la década de 1940 en respuesta a la necesidad de administrar mejor los complejos proyectos y sistemas de defensa. Una gráfica de Gantt muestra sencillamente el tiempo de terminación planeado para las distintas actividades del proyecto como barras graficadas contra el tiempo en un eje horizontal (figura 2-3a). Los tiempos de terminación

FIGURA 2-2
Diagrama de pescado para quejas de salud de los operadores de una cortadora.

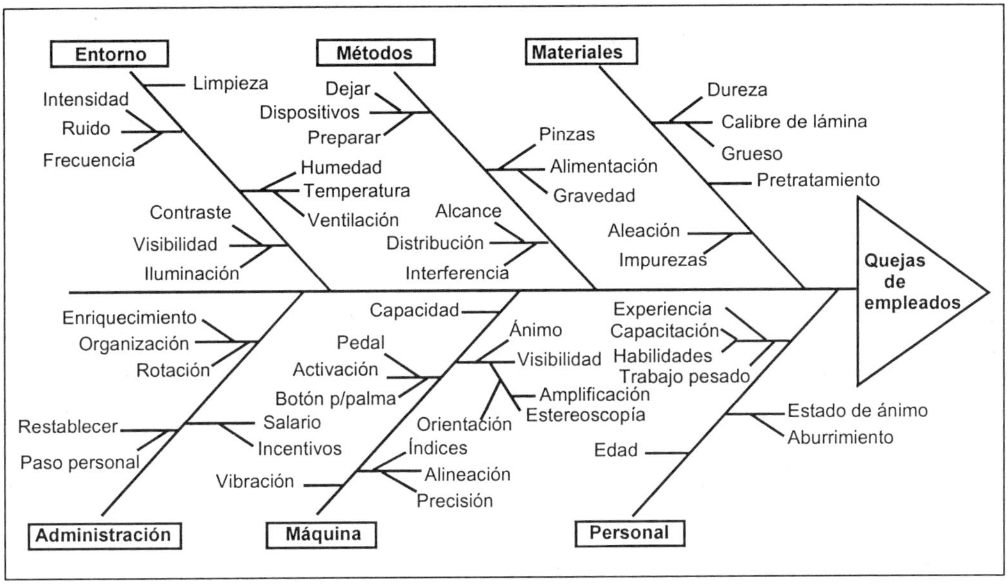

reales se muestran con sombreado en las barras. Si se traza una línea vertical en un día dado, se puede determinar con facilidad qué componentes del proyecto van adelantadas o atrasadas respecto a la programación. Por ejemplo, en la figura 2-3a, a mediados de abril, el trabajo de la maqueta está atrasado en sus dos etapas. Una gráfica de Gantt exige que quien planea el proyecto desarrolle un plan anticipado y proporcione una revisión rápida del avance del proyecto en cualquier momento. Por desgracia, no siempre describe por completo la interacción entre las actividades del proyecto. Se requieren para ello, técnicas más analíticas como las gráficas PERT.

La gráfica de Gantt también se puede usar para mostrar la secuencia de actividades de una máquina en la planta. La gráfica para una máquina puede incluir reparación o mantenimiento si se tachan los periodos planeados para parar la máquina. Por ejemplo, en la figura 2-3b, alrededor de las 10:00 pm del miércoles, el trabajo de la fresadora está retrasado mientras que la producción de la perforadora está adelantada.

Gráficas PERT

PERT son las iniciales de *Program Evaluation and Review Technique* o técnica de revisión y evaluación de proyectos. Una *gráfica PERT*, también conocida como diagrama de redes o ruta crítica, es un método de planeación y control que obtiene en forma gráfica la manera óptima de lograr un objetivo predeterminado, por lo general, en términos de tiempo. Esta técnica se empleó en la milicia de Estados Unidos para el diseño de procesos como el desarrollo del misil Polaris y la operación de sistemas de control en submarinos de propulsión nuclear. Los analistas de métodos usan PERT para mejorar la programación mediante la reducción de costos o de la satisfacción del cliente.

FIGURA 2-3
Ejemplo de gráfica de Gantt para a) un proyecto y b) una máquina o proceso.

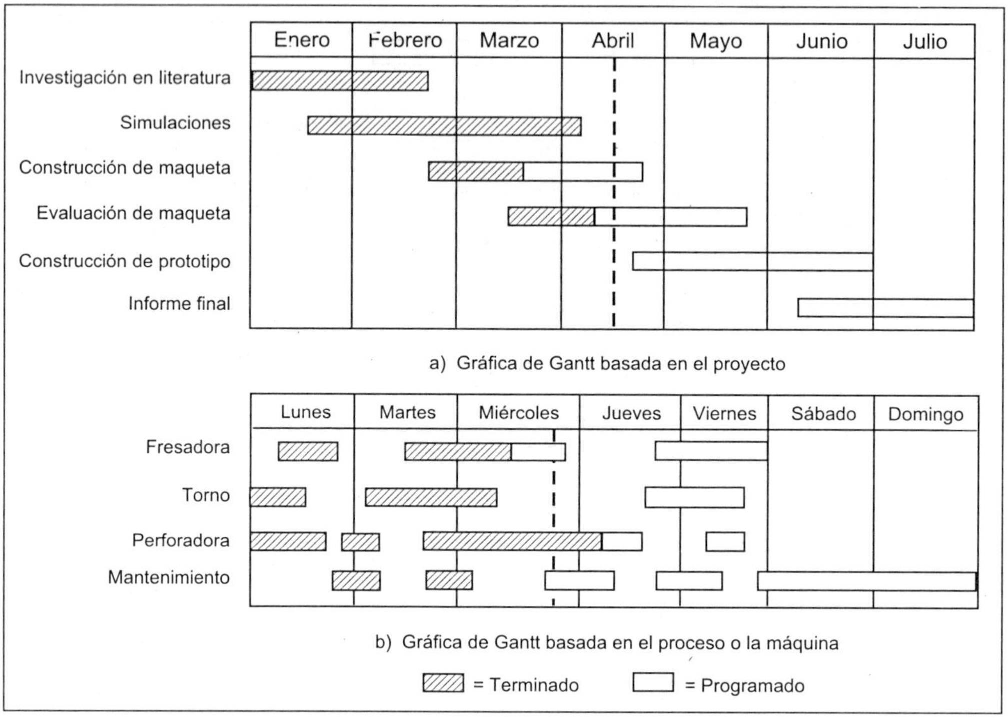

Al usar PERT para programación, los analistas casi siempre proporcionan dos o tres estimaciones para cada actividad. Por ejemplo, si usan tres estimaciones de tiempo, se basan en las siguientes preguntas:

1. ¿Cuánto tiempo se requiere para terminar una actividad dada si todo funciona de manera ideal (estimación optimista)?
2. En condiciones promedio, ¿cuál es la duración más probable para esta actividad?
3. ¿Cuál es el tiempo requerido para terminar esta actividad si casi todo sale mal (estimación pesimista)?

Con estas tres estimaciones, el analista puede derivar una distribución de probabilidad para el tiempo que requiere realizar la actividad (vea la tabla 2-1).

En la gráfica PERT, los eventos (representados por nodos) son puntos en el tiempo que muestran el inicio y terminación de una operación específica o de un grupo de operaciones. Cada operación o grupo de ellas en un departamento se define como una actividad y se llama arco. Cada arco tiene un número que representa el tiempo (días, semanas, meses) necesario para completar una actividad. Existen actividades que no usan tiempo o costo pero que son necesarias para mantener la secuencia correcta y se conocen como actividades ficticias y se muestran con líneas punteadas.

El tiempo mínimo necesario para terminar todo el proyecto, corresponde a la trayectoria más larga del nodo inicial al nodo final. En la figura 2-4, el tiempo mínimo necesario

TABLA 2-1
Valores de costo y tiempo para realizar varias actividades en condiciones normales y urgentes

	Normal		Urgente	
Actividades	**Semanas**	**Dólares**	**Semanas**	**Dólares**
A	4	4000	2	6000
B	2	1200	1	2500
C	3	3600	2	4800
D	1	1000	0.5	1800
E	5	6000	3	8000
F	4	3200	3	5000
G	3	3000	2	5000
H	0	0	0	0
I	6	7200	4	8400
J	2	1600	1	2000
K	5	3000	3	4000
L	3	3000	2	4000
M	4	1600	3	2000
N	1	700	1	700
O	4	4400	2	6000
P	2	1600	1	2400

para terminar el proyecto es la trayectoria más larga del nodo 1 al 12. Esta trayectoria también se conoce como ruta crítica. Siempre existe una ruta más larga en un proyecto, pero puede haber más de una que refleje el tiempo mínimo necesario para terminarlo.

Las actividades que no están en la ruta crítica tienen cierta flexibilidad en el tiempo. Esta flexibilidad, o libertad, se llama "holgura". La holgura se calcula restando el tiempo normal del tiempo disponible. En otras palabras, es el tiempo que puede prolongarse una actividad no crítica sin retrasar la fecha de terminación del proyecto. Esto implica que cuando la intención es reducir el tiempo de terminación del proyecto, es mejor analizar las actividades de la ruta crítica y no las que forman parte de otras trayectorias.

La figura 2-4 ilustra una red elemental y su ruta crítica. Esta ruta, identificada por las líneas gruesas, tiene una duración de 27 semanas. Se pueden usar varios métodos para abreviar la duración del proyecto y se puede estimar el costo de las distintas alternativas. Por ejemplo, suponga que se ha obtenido la siguiente tabla de costos y que existe una relación lineal entre el tiempo y el costo semanal. Se puede calcular el costo de las duraciones alternativas:

Programa de 27 semanas, duración normal del proyecto .... costo = $22 500

Programa de 26 semanas, la forma menos costosa de ganar una semana sería reducir M o J una semana con un costo adicional de $400 .... costo = $22 900

Programa de 25 semanas, la forma menos costosa de ganar dos semanas sería reducir las actividades M y J una semana cada una con un costo adicional de $800 .... costo = $23 300

FIGURA 2-4

Red que muestra la ruta crítica (línea gruesa)

Los números en los nodos son los eventos. Las líneas dirigidas (flechas) indican operaciones que dependen de la operación precedente. Los tiempos sobre las flechas representan la duración normal en semanas. Los hexágonos asociados con los eventos indican el tiempo más próximo del evento. Los círculos punteados asociados con los eventos muestran el tiempo más lejano del evento.

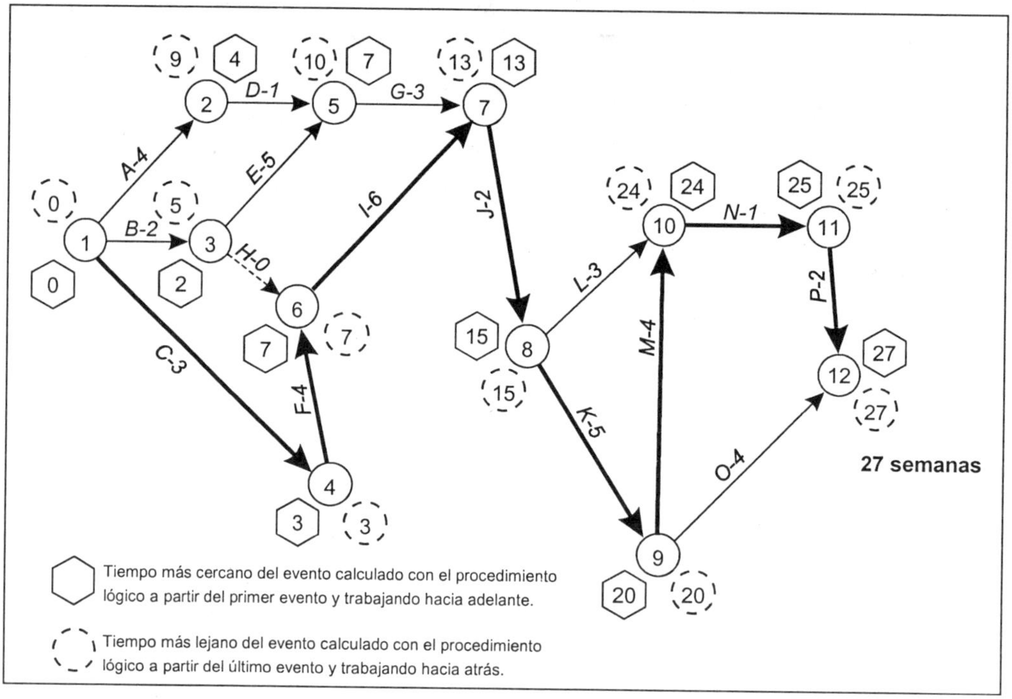

Programa de 24 semanas, la manera menos costosa de ganar tres semanas es reducir las actividades M, J y K una semana cada una con un costo adicional de $1300 . . . . costo = $23 800

Programa de 23 semanas, la forma menos costosa de ganar cuatro semanas sería reducir M y J una semana cada una y K, dos semanas con un costo adicional de $1800 . . . . costo = $24 300

Programa de 22 semanas, la forma menos costosa de ganar cinco semanas sería reducir M y J una semana cada una, K dos semanas e I una semana con un costo adicional de $2400 . . . . . costo = $24 900

Programa de 21 semanas, la forma menos costosa de ganar seis semanas sería reducir M y J una semana cada una, K e I dos semanas cada una con un costo adicional de $3000 . . . . . . costo = $25 500

Programa de 20 semanas, la forma menos costosa de ganar siete semanas sería reducir M, J y P una semana cada una, y K e I dos semanas cada una con un costo adicional de $3800 . . . . costo = $26 300

Programa de 19 semanas, la manera menos costosa de ganar ocho semanas es reducir las actividades M, J, P y C una semana cada una y las actividades K e I dos semana cada una con un costo adicional de $5000 . . . . costo = $27 500

. . . . . .

(Observe que ahora se tiene una segunda ruta crítica a través de los nodos 1, 3, 5 y 7.)

Programa de 18 semanas, la forma menos costosa de ganar nueve semanas sería reducir M, J, P, C, E y F una semana cada una y las actividades K e I, dos semanas cada una con un costo adicional de $7800 . . . . costo = $30 300

(Observe que al reducir el tiempo a 18 semanas se obtiene una segunda ruta crítica.)

Guía de análisis del trabajo/lugar de trabajo

La *guía de análisis del trabajo/lugar de trabajo* (vea figura 2-5) identifica problemas dentro de un área, departamento o lugar de trabajo. Antes de reunir datos cuantitativos, el analista visita el área y observa al trabajador, la tarea, el lugar y el entorno que lo rodea. Además, identifica los factores administrativos que pueden afectar el comportamiento o el desempeño del trabajador. Estas causas proporcionan una perspectiva global de la situación y ayuda a guiar al analista en el uso de los métodos cuantitativos para colectar y analizar los datos. El ejemplo de la figura 2-5 muestra la aplicación de la guía de análisis del trabajo/lugar de trabajo para una operación en caliente en la manufactura de televisores. Los aspectos clave incluyen levantar cargas pesadas, tensión por el calor y exposición al ruido.

TÉCNICAS DE REGISTRO Y ANÁLISIS

Diagramas de proceso de la operación

El *diagrama de proceso de la operación* muestra la secuencia cronológica de todas las operaciones, inspecciones, holguras y materiales que se usan en el proceso de manufactura o de negocios, desde la llegada de la materia prima hasta el empaque del producto terminado. La gráfica describe la entrada de todas las componentes y subensambles al ensamble principal. De la misma manera que un plano muestra detalles de diseño como ajustes, tolerancias y especificaciones, el diagrama de proceso de la operación proporciona detalles de manufactura o de negocios a primera vista.

Al construir un diagrama de proceso de la operación se usan dos símbolos: un pequeño círculo, de alrededor de 3/8 de pulgada, que denota una operación, y un pequeño cuadrado, de 3/8 de pulgada de lado, que denota una inspección. Una operación tiene lugar cuando una parte bajo estudio se transforma intencionalmente o cuando se realiza su estudio o la planeación antes de realizar el trabajo productivo. Algunos analistas prefieren separar las operaciones manuales de las que se llevan a cabo sobre el papel. Las operaciones manuales, por lo general, se relacionan con la mano de obra directa, mientras que el análisis de información con frecuencia es una porción de los costos indirectos o gastos. Una ins-

FIGURA 2-5
Guía de análisis del trabajo/lugar de trabajo para una operación en caliente en la manufactura de televisores.

Guía de análisis del trabajo/lugar de trabajo

Trabajo/lugar: TERMINAL CALIENTE	Analista: **Af** Fecha: **1-27-**
Descripción: INSERTAR EL TUBO (CINESCOPIO) EN EL CONO	
Factores del trabajador	
Nombre: Edad: 42	Sexo: (M) F Estatura: 6' Peso: 90
Motivación: *Alta Media (Baja)*	Satisfacción en el trabajo: *Alta Media (Baja)*
Escolaridad: *Parte de EMS (EMS) Licenciatura*	Condición física: *Alta (Media) Baja*
Equipo de seguridad *(Anteojos) Casco Zapatos*	*(Tapones de oídos) Otros* GUANTES CON MANGA
Factores de la tarea	**Con referencia a:**
¿Qué ocurre? ¿Cómo fluyen las partes de entrada/salida? TUBO DE LA BANDA A MÁQUINA DE INSERCIÓN, LUEGO SELLADOR, Y DE REGRESO A BANDA	Diagramas de proceso de flujo
¿Qué tipos de movimientos se necesitan? LEVANTAMIENTOS REPETITIVOS, CAMINAR, AGARRAR	Análisis con video. Principios de economía de movimiento
¿Existen dispositivos? ¿Automatización? SÍ, POSICIONAR TUBO; SÍ, PARA PROCESO BÁSICO; NO, PARA MANEJO DE MATERIALES	
¿Qué herramientas se usan? NO	Lista de evaluación de herramientas
¿Está bien distribuido el lugar de trabajo? ¿Hay alcances lejos? NO – CAMINAR Y ALCANZAR EXCESIVOS	Lista de evaluación de estación de trabajo
¿Hay movimientos incómodos de dedos/muñecas? ¿Frecuencia? NO	Índice de riesgos CTD
¿Hay movimientos de levantar? SÍ, TUBOS DE VIDRIO PESADOS	Análisis de levantar NIOSH, modelo UM2D
¿Se fatiga el trabajador? ¿Carga física? SÍ, SÍ	Análisis de ritmo cardiaco, holguras trabajo-descanso
¿Toma decisiones? ¿Carga mental? MÍNIMAS	
¿Qué tan largo es cada ciclo? ¿Cuál es el tiempo estándar? ~ 1 1/2 MIN	Estudio de tiempos, lista de verificación MTM-2
Factores del entorno	**Lista de verificación trabajo-entorno**
¿Es aceptable la iluminación? ¿Hay reflejos? SÍ NO	Valores recomendado por IESNA
¿Es aceptable el nivel de ruido? NO – SE REQUIEREN TAPONES DE OÍDOS	Niveles de OSHA
¿Hay tensión por el calor? ¡SÍ!	WBRT
¿Hay vibraciones? NO	Estándares ISO
Factores administrativos	**Observaciones:**
¿Existen incentivos al salario? NO	INTENTAR POSICIONAR MÁS DE CERCA LA BANDA Y LAS MÁQUINAS, ¡MUY PELIGROSO!
¿Existe rotación del trabajo? ¿Enriquecimiento del trabajo? SÍ NO	
¿Se proporciona capacitación o especialización en el trabajo? SÍ	
¿Cuáles son las políticas administrativas globales? —	

pección tiene lugar cuando la parte se examina para determinar su conformidad con un estándar. Debe hacerse notar que algunos analistas prefieren describir sólo las operaciones y llaman al resultado *diagrama de proceso descriptivo*.

Antes de comenzar la construcción del diagrama de proceso de la operación, el analista identifica el diagrama con un título, "diagrama de proceso de la operación" y otra in-

FIGURA 2-6
Convenciones para los diagramas de proceso.

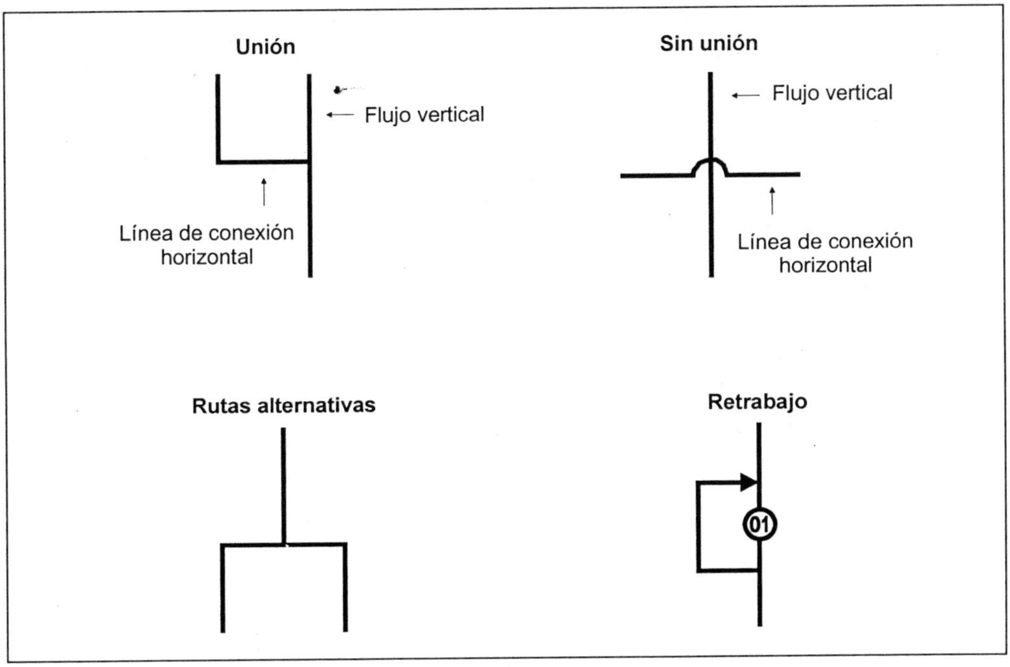

formación como número de la parte, número de dibujo, descripción del proceso, método actual y propuesto, fecha y nombre de la persona que hace el diagrama. La información adicional puede incluir número de diagrama, planta, edificio y departamento.

Las líneas verticales indican el flujo general del proceso al realizar el trabajo, las horizontales que llegan a las líneas de flujo verticales indican los materiales, ya sea comprados o trabajados durante el proceso. Las partes se muestran al entrar a una línea vertical para ensamble o al salir de una línea vertical para desarmado. Los materiales que se desarman o extraen se representan por una línea de materiales horizontal dibujada a la derecha de la línea de flujo vertical, mientras que los de ensamble se muestran con una línea horizontal dibujada a la izquierda de la línea vertical.

En general, el diagrama de proceso de la operación se construye de manera que no se crucen las líneas verticales y las horizontales. Si es necesario un cruce se usa la práctica convencional para mostrar que no hay unión; esto es, se dibuja un pequeño semicírculo en la línea horizontal en el punto de intersección con la línea vertical (vea figura 2-6).

Se asigna a cada operación e inspección los valores del tiempo, basados en estimaciones o en mediciones reales. La figura 2-7 muestra un diagrama de proceso de una operación en la manufactura de mesitas para teléfono.

El diagrama de proceso de la operación terminado ayuda al analista a visualizar el método actual, con todos sus detalles, para que pueda desarrollar procedimientos nuevos y mejores. Muestra el efecto que tendrá un cambio en una operación dada sobre las operaciones precedentes y subsecuentes. Es común lograr reducciones de 30% en el tiempo de

FIGURA 2-7
Diagrama de proceso de la operación que ilustra la manufactura de mesitas para teléfono.

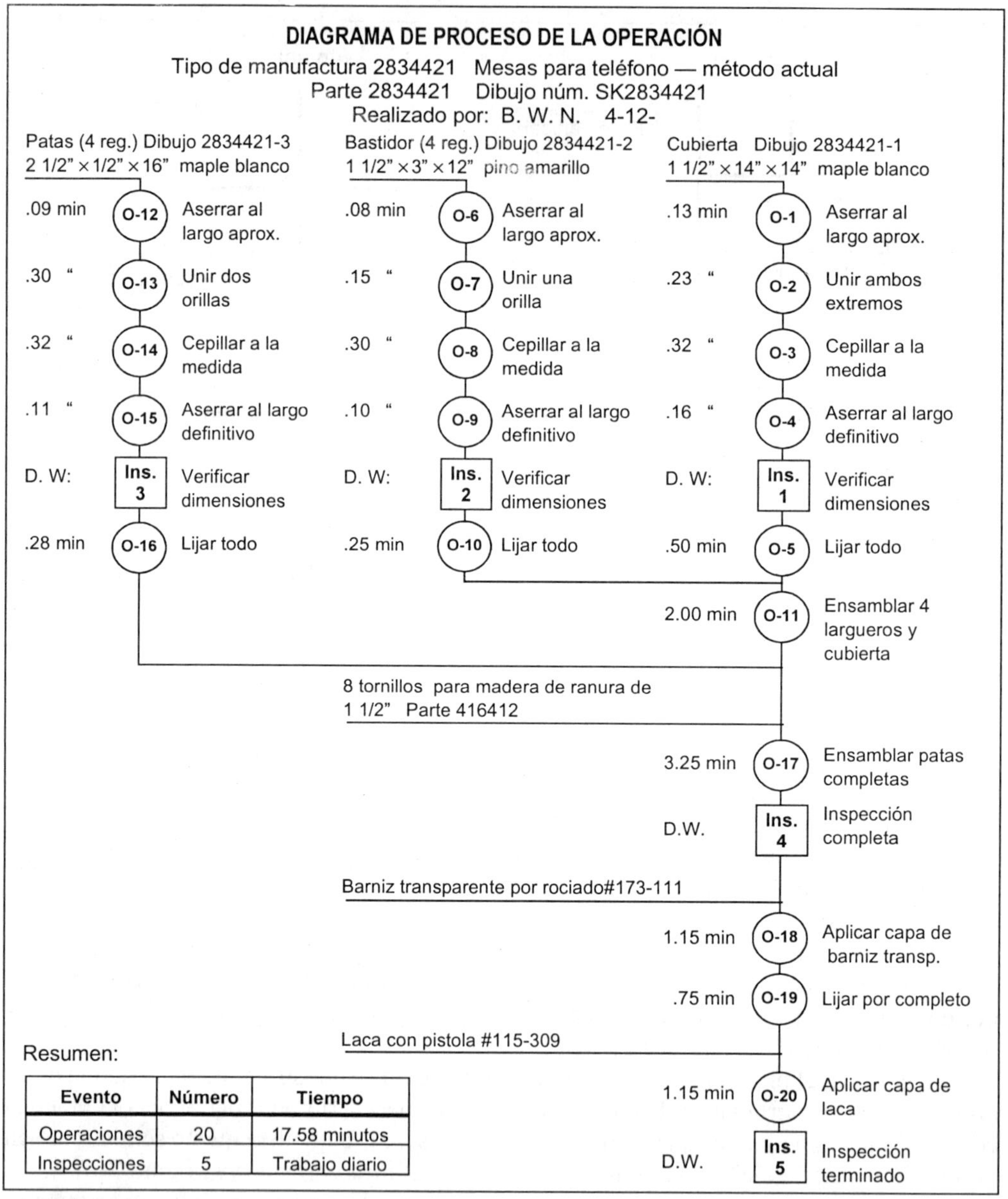

Evento	Número	Tiempo
Operaciones	20	17.58 minutos
Inspecciones	5	Trabajo diario

desempeño al usar los principios de análisis de las operaciones junto con el diagrama de proceso de la operación. Es inevitable que la construcción del diagrama sugiera posibilidades de mejora.

El diagrama de proceso de la operación indica el flujo general de las componentes de un producto, y como cada paso se muestra en la secuencia cronológica adecuada, el diagrama, en sí, es una distribución de planta ideal. Así, el analista de métodos, el ingeniero de distribución de planta y las personas en áreas relacionadas encuentran que esta técnica es útil en el desarrollo de nuevas distribuciones y el mejoramiento de las existentes.

El diagrama de proceso de la operación también es útil al promover y explicar el método propuesto. Como proporciona mucha información clara permite una comparación ideal entre dos soluciones posibles. Esta técnica importante:

1. Identifica todas las operaciones, inspecciones, materiales, movimientos, almacenamientos y retrasos al hacer una parte o completar un proceso.
2. Muestra todos los eventos en la secuencia correcta.
3. Muestra en forma clara la relación entre partes y la complejidad de fabricación.
4. Distingue entre partes producidas y compradas.
5. Proporciona información sobre el número de empleados utilizados y el tiempo requerido para realizar cada operación e inspección.

Diagrama de flujo del proceso

En general, el *diagrama de flujo del proceso* contiene mucho más detalle que el diagrama de proceso de la operación. Por lo tanto, es común que no se aplique al ensamble completo. Se usa, en principio, para cada componente de un ensamble o de un sistema para obtener el máximo ahorro en la manufactura o en procedimientos aplicables a una componente o secuencia de trabajo específicos. El diagrama de flujo del proceso es valioso en especial al registrar costos ocultos no productivos, como distancias recorridas, retrasos y almacenamientos temporales. Una vez detectados estos periodos no productivos, los analistas pueden tomar medidas para minimizarlos y, por ende, sus costos.

Además de registrar las operaciones e inspecciones, estos diagramas muestran todos los movimientos y almacenamientos de un artículo en su paso por la planta. Entonces, los diagramas de flujo del proceso requieren símbolos adicionales a los usados en los diagramas de proceso de la operación. Una pequeña flecha significa un transporte, que se puede definir como mover un objeto de un lugar a otro, excepto cuando el movimiento se lleva a cabo durante el curso normal de una operación o inspección. Una D mayúscula indica una demora (*delay*) que ocurre cuando no se permite el procesamiento inmediato de una parte en la siguiente estación de trabajo. Un triángulo equilátero sobre un vértice significa un almacenamiento, que sucede cuando una parte se detiene protegida contra el movimiento no autorizado. Estos cinco símbolos (vea la figura 2-8) constituyen el conjunto estándar de símbolos del diagrama de procesos (ASME, 1972). En ocasiones, se usan otros símbolos no estándar para operaciones de documentación o de apoyo y para operaciones combinadas, como se muestra en la figura 2-9.

Los diagramas de flujo del proceso de uso común son de dos tipos: de producto o material (vea figura 2-10, preparación de publicidad directa por correo) y operativos o de persona (vea figura 2-11, personal de servicio al inspeccionar unidades LUX). El diagrama de producto proporciona detalles de los eventos que ocurren sobre un producto o material, y el diagrama operativo da los detalles de cómo realiza una persona una secuencia de operaciones.

Lo mismo que el diagrama de proceso de la operación, este diagrama se identifica con un título, "diagrama de flujo del proceso", y se acompaña de información que incluye nú-

FIGURA 2-8
Conjunto estándar de símbolos para diagramas de proceso según la ASME.

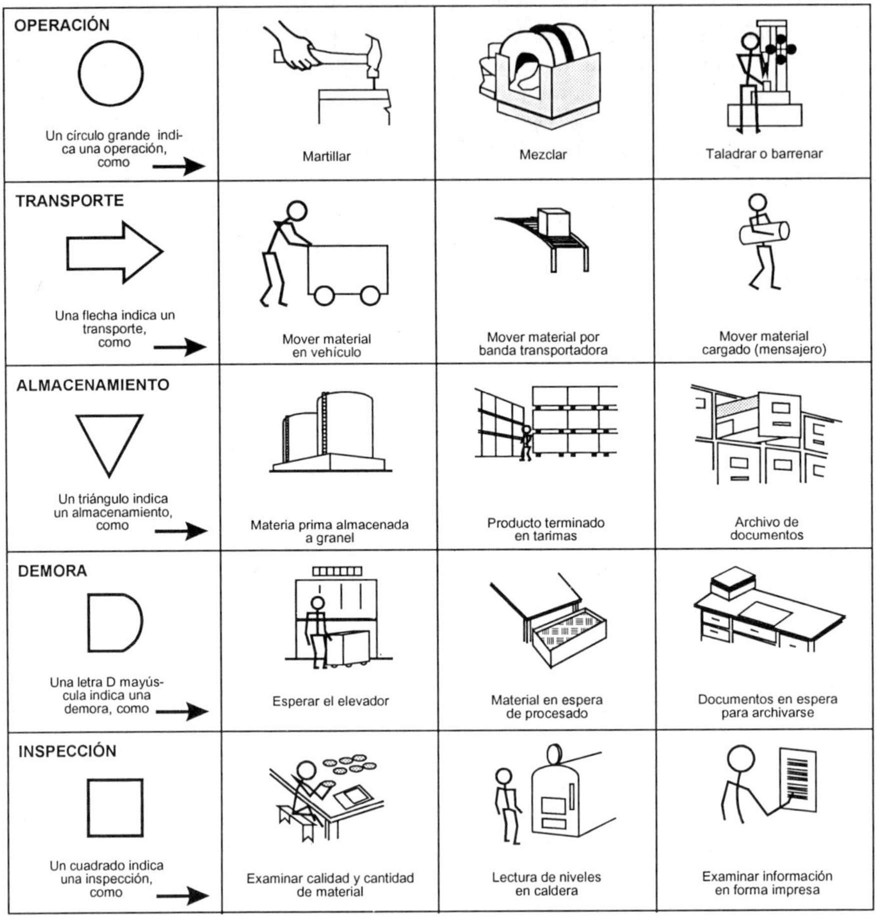

mero de parte, su dibujo, descripción del proceso, método actual y propuesto, y el nombre de la persona que lo realiza. Otros datos, como planta, edificio o departamento, número de diagrama, cantidad y costo pueden ser valiosos para identificar por completo el trabajo al que se refiere el diagrama.

Para cada evento del proceso, el analista asienta su descripción, marca el símbolo adecuado e indica los tiempos de proceso o demora y las distancias de los transportes. Después conecta los símbolos de los eventos sucesivos con líneas. La columna de la derecha proporciona espacio para que escriba comentarios o recomendaciones de cambios potenciales.

Para determinar la distancia que se mueve, el analista debe medir con exactitud cada movimiento con un flexómetro. En general, se puede llegar a cifras bastante exactas si se cuenta el número de columnas (si existen) que pasa el material al moverse y luego se mul-

FIGURA 2-9
Símbolos no estándar para diagramas de proceso.

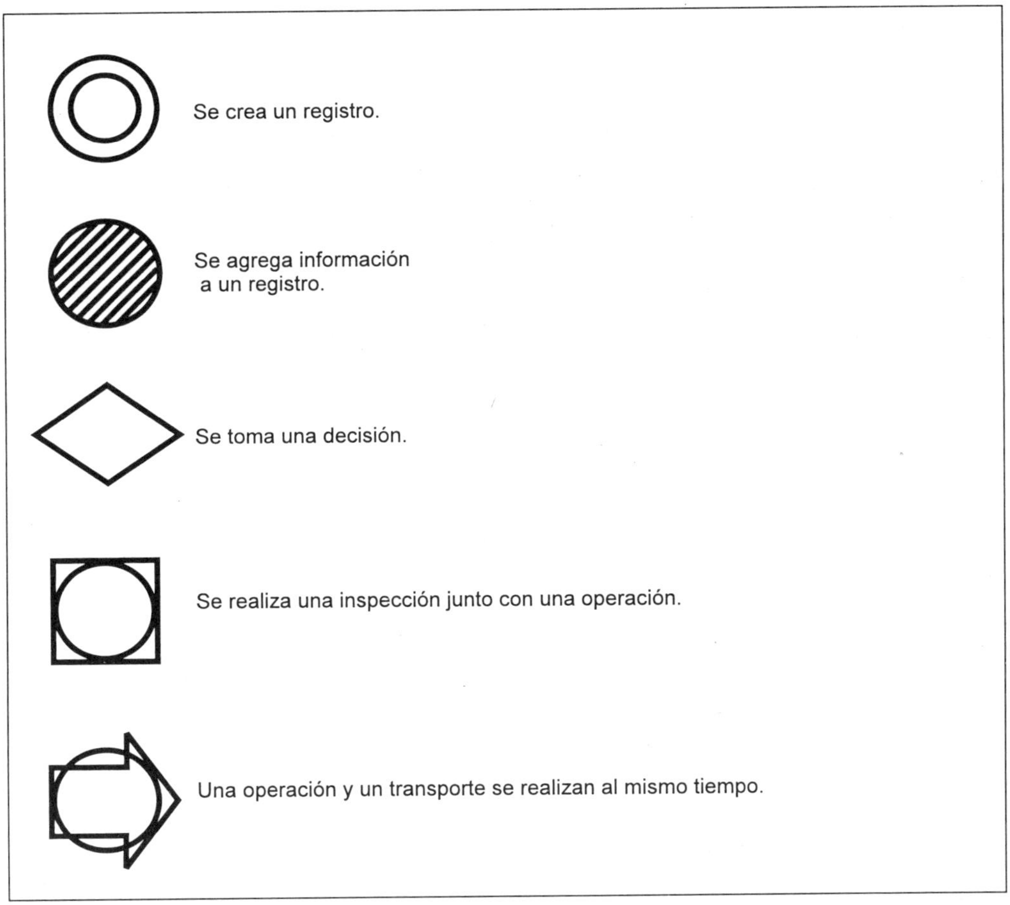

tiplica por el espacio entre ellas menos una. Es usual no registrar los movimientos de 5 pies (1.5 m) o menos; sin embargo, puede hacerse si el analista piensa que afectan materialmente el costo total del método en estudio.

Todos los tiempos de demora y almacenamiento deben incluirse en el diagrama. Pero no es suficiente con sólo indicar que ocurren. Cuanto más tiempo pase una parte en almacén o se demore, más grande será el costo que acumule y mayor será la espera del cliente para su entrega. Por lo tanto, es importante saber cuánto tiempo pasa una parte en una demora o almacenamiento. El método más económico para determinar la duración de las demoras es marcar varias partes con gis indicando la hora exacta en que se almacenaron o se detuvieron. Después, se verifica esa sección periódicamente para ver el momento en que esas partes regresan a producción. Con una muestra paralela en la cual se registra el tiempo transcurrido y el promedio de esos tiempos, el analista puede obtener valores con suficiente exactitud.

FIGURA 2-10

Diagrama de flujo del proceso (material) para la preparación de publicidad directa por correo.

Diagrama de flujo del proceso

Página 1 de 1

Ubicación: Dorben Ad Agency	
Actividad: Preparación publicidad por correo	
Fecha: 1-26-98	
Operador: J. S.	Analista: A. F.
Marque el método y tipo apropiados Método: **Actual** Propuesto Tipo: Obrero **Material** Máquina	
Comentarios:	

Resumen			
Actividad	**Actual**	**Propuesto**	**Ahorros**
Operación	4		
Transporte	4		
Demora	4		
Inspección	0		
Almacenaje	2		
Tiempo (min.)			
Distancia (pies)	340		
Costo			

Descripción de la actividad	O	⇨	D	□	▽	Tiempo (minutos)	Distancia (pies)	Método Recomendado
almacén					●			
al cuarto de compaginación		●					100	
compaginar por tipo			●					
compaginar cuatro hojas	●							
apilar			●					
al cuarto de doblado		●					20	
acomodar, doblar, plegar	●							
apilar			●					
a la engrapadora de ángulo		●					20	
engrapar	●							
apilar			●					
al cuarto de correspondencia		●					200	
etiquetar con dirección	●							
al correo					●			

El diagrama de flujo del proceso, igual que el diagrama de proceso de la operación, no es un fin, es sólo un medio para lograr un fin. Esta técnica facilita la eliminación o reducción de costos ocultos de una componente. Debido a que muestra con claridad los transportes, demoras y almacenamientos, la información que proporciona puede conducir a la reducción tanto en cantidad como en duración de estos elementos. Además, al registrar las distancias, el diagrama tiene un gran valor para el mejoramiento de la distribución de planta. Estas técnicas se describen con detalle en el capítulo 3.

FIGURA 2-11
Diagrama de flujo del proceso (trabajador) para la inspección de campo de LUX.

Diagrama de proceso del flujo Página 1 de 1

		Resumen			
Ubicación: Dorben Co.		**Actividad**	**Actual**	**Propuesto**	**Ahorros**
Actividad: Inspección de campo de oxígeno LUX		Operación	7		
Fecha: 4-17-97		Transporte	6		
Operador: T. Smith	Analista: R. Ruhf	Demora	2		
Marque el método y tipo apropiados		Inspección	6		
Método: (Actual) Propuesto		Almacenaje	0		
Tipo: (Obrero) Material Máquina		Tiempo (min.)	32.60		
Comentarios:		Distancia (pies)	375		
		Costo			

Descripción de la actividad	Símbolo	Tiempo (minutos)	Distancia (pies)	Método Recomendado
Dejar vehículo, caminar a la puerta, tocar timbre	O ⇨ D □ ▽	1.00	75	Hablar para evitar retrasos
Esperar, entrar a la casa	O ⇨ D □ ▽			
Caminar a tanque	O ⇨ D □ ▽	0.25	25	
Desconectar tanque de la unidad	O ⇨ D □ ▽	0.35		
Revisar mellas, rajadas en recubrimiento, vidrio roto o partes faltantes	O ⇨ D □ ▽	1.25		Es mejor hacer esto mientras camina al vehículo
Limpiar unidad con limpiador y desinfectante reglamentarios	O ⇨ D □ ▽	2.25		Esto se realiza con más efectividad en el vehículo
Regresar al vehículo con tanque vacío	O ⇨ D □ ▽	1.00	75	
Abrir vehículo, colocar tanque en dispositivo y conectar la máquina	O ⇨ D □ ▽	1.75		
Abrir válvula; iniciar llenado	O ⇨ D □ ▽	0.25		
Esperar el llenado del tanque	O ⇨ D □ ▽	12.00		Limpiar unidad mientras se llena
Verificar que el humidificador funcione bien	O ⇨ D □ ▽	0.50		Eliminar. Ya se hizo
Verificar presión (indicador)	O ⇨ D □ ▽	0.20		
Verificar contenido de tanque (indicador)	O ⇨ D □ ▽	0.20		
Regresar con el paciente con tanque lleno	O ⇨ D □ ▽	1.10	100	
Conectar el tanque lleno	O ⇨ D □ ▽	1.00		
Verificar funcionamiento de humidificador	O ⇨ D □ ▽	0.75		
Esperar que el paciente quite la cánula nasal o la máscara	O ⇨ D □ ▽	2.00		
Instalar nueva cánula o máscara	O ⇨ D □ ▽	2.50		
Verificar flujo con el paciente	O ⇨ D □ ▽	2.25		
Fijar etiqueta con inicial y fecha de inspección	O ⇨ D □ ▽	1.00		Hacer esto durante el llenado
Regresar al vehículo	O ⇨ D □ ▽	1.00	100	

Diagrama de flujo

Aunque el diagrama de flujo del proceso contiene la mayor parte de la información pertinente respecto al proceso de manufactura, no muestra plano con el flujo del trabajo. En ocasiones, esta información ayuda a desarrollar un nuevo método. Por ejemplo, antes de reducir un transporte, el analista debe ver o visualizar en dónde existe un espacio para añadir una instalación que acorte la distancia. De igual manera, es útil visualizar áreas de almacenamiento temporal o permanente, estaciones de inspección y puntos de trabajo.

La mejor manera de proporcionar esta información es tomar un plano existente del área de la planta que se estudia y trazar las líneas del flujo que indican el movimiento del material de una actividad a la siguiente. Un *diagrama de flujo* es una representación pictórica de la distribución de la planta y los edificios, que muestra la localización de todas las actividades del diagrama de flujo del proceso. Al construir un diagrama de flujo, debe identificarse cada actividad con el símbolo y número correspondiente al que aparece en el diagrama de flujo del proceso. La dirección del flujo se indica con pequeñas flechas sobre las líneas. Se pueden usar varios colores para indicar distintos flujos.

La figura 2-12 ilustra un diagrama de flujo realizado junto con el diagrama de flujo del proceso para mejorar la producción del rifle Garand (M1) en Springfield Armory. Esta representación, junto con el diagrama de flujo del proceso, dio como resultado ahorros que aumentaron la producción de 500 cañones de rifle por turno a 3600, con el mismo número de empleados. La figura 2-13 ilustra el diagrama de flujo de la distribución corregida.

FIGURA 2-12
Diagrama de flujo de la distribución anterior para un grupo de operaciones del rifle Garand. *(La sección sombreada de la planta representa el espacio total requerido para la distribución revisada [figura 2-13]. Esto significa un ahorro de 40% de espacio.)*

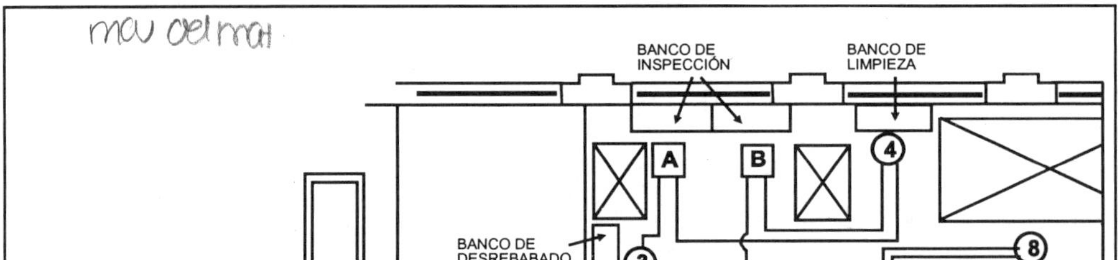

El diagrama de flujo es un complemento útil del diagrama de flujo del proceso porque indica cómo regresar y las posibles áreas congestionadas, además facilita el desarrollo de la distribución de planta ideal.

Diagrama de proceso hombre-máquina

El *diagrama de proceso hombre-máquina* se usa para estudiar, analizar y mejorar una estación de trabajo a la vez. El diagrama muestra la relación de tiempo exacta entre el ciclo de trabajo de una persona y el de la máquina. Estas características pueden ayudar a lograr una utilización más completa tanto del trabajador como de la máquina y un mejor balance del ciclo de trabajo.

Muchas máquinas herramienta son automáticas por completo (roscadora automática) o de manera parcial (torno revólver). Con este tipo de instalaciones, a menudo el operador está ocioso una parte del ciclo. La utilización de este tiempo ocioso puede incrementar el salario del trabajador y mejorar la eficiencia de la producción.

La práctica de que un empleado opere más de una máquina se conoce como *acoplamiento de máquinas*. Como las organizaciones de trabajadores pueden resistirse a este concepto, la mejor manera de implantarlo es demostrar la oportunidad de mayores ingresos. Dado que el acoplamiento de máquinas aumenta el porcentaje de "tiempo de esfuerzo" durante el ciclo de operación, es posible ofrecer mayor salario si una compañía cuenta con un plan de incentivos. Además, los salarios base suelen ser más altos cuando se practica el acoplamiento de máquinas, pues el operario tiene mayor responsabilidad y puede realizar un mayor esfuerzo físico y mental.

Al construir el diagrama, el analista primero debe identificarlo con un título como "diagrama de proceso hombre-máquina". La información adicional incluye: número de parte, número de dibujo, descripción de la operación, método presente o propuesto, fecha y nombre de la persona que lo realiza.

Los diagramas de proceso hombre-máquina siempre se hacen a escala, entonces el analista elige la distancia en pulgadas que representa una unidad de tiempo, de manera que este sea claro. Mientras más largo sea el ciclo de la operación, más corta será la distancia

Relac de tiempo exacta ÷ ciclo de trabajo y el de la maq
Mejor balance del ciclo de trabajo

FIGURA 2-13
Diagrama de flujo de la distribución revisada para un grupo de operaciones del rifle Garand.

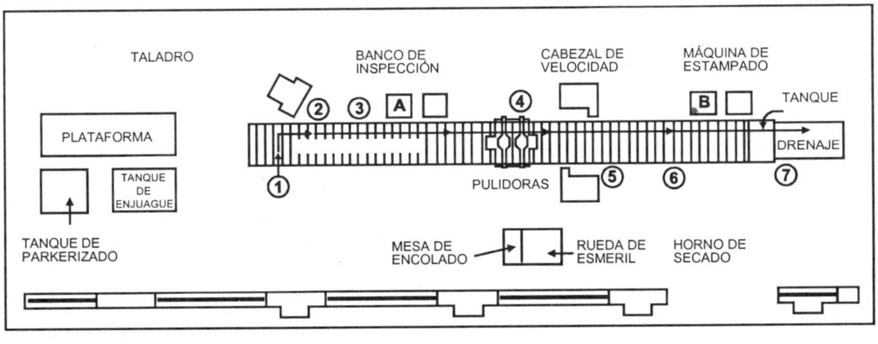

por décimo de minuto. Una vez establecidos los valores exactos para la distancia, en pulgadas por unidad de tiempo, se inicia la gráfica. El lado izquierdo muestra las operaciones y el tiempo que usa el trabajador; a la derecha se colocan los tiempos de trabajo y ociosos de la(s) máquina(s). Una línea vertical continua representa el tiempo de trabajo del empleado. Una discontinuidad en esta línea significa tiempo ocioso. De manera similar, una línea continua bajo el nombre de cada máquina indica tiempo de operación y las discontinuidades designan tiempo ocioso de la máquina. Una línea punteada en la columna de una máquina señala tiempo de carga y descarga de la máquina, durante el cual no está ociosa y tampoco productiva (vea figura 2-14).

FIGURA 2-14
Diagrama de proceso hombre-máquina para una operación de fresado.

DIAGRAMA DE PROCESO HOMBRE-MÁQUINA

Diagrama de Fresar ranura en abrazadera de regulador — Diagrama núm. 807
Dibujo núm. J-1492 — Parte núm J-1492-1 — Método Propuesto
Inicio de diagrama Cargar máquina para fresado — Realizó C. A. Anderson
Fin de diagrama Descargar abrazaderas ranuradas — Fecha 8-27 — Hoja 1 de 1

DESCRIPCIÓN DEL ELEMENTO	OPERADOR	B&S Hor. Mill MÁQUINA 1		B&S Hor. Mill MÁQUINA 2	
Detener máquina #1	.0004				
Regresar banda máquina #1 5 pulgadas	.0010	Descargar	.0024		
Aflojar sujetador, sacar pieza y ponerla a un lado (máquina #1)	.0010			Fresar ranura	.0040
Recoger pieza y apretar sujetador máquina #1	.0018				
Arrancar máquina #1	.0004	Cargar	.0032	Tiempo ocioso	
Avanzar banda y conectar alimentación máquina #1	.0010				
Caminar a máquina #2	.0011				
Parar máquina #2	.0004	Fresar ranura	.0040		
Regresar banda máquina #2 5 pulgadas	.0010			Descargar	.0024
Aflojar sujetador, sacar pieza y ponerla a un lado (máqiuna #2)	.0010				
Recoger pieza y apretar sujetador (máquina #2)	.008			Cargar	.0032
Arrancar máquina #2	.0004	Tiempo ocioso			
Avanzar banda y conectar alimentación máquina #2	.0010				
Caminar a máquina #1	.0011				

Tiempo ocioso de operador por ciclo	.0000
Tiempo de trabajo de operador por ciclo	.0134
Horas-hombre por ciclo	.0134
Tiempo ocioso máquina #1	.0038
Horas productivas máquina #1	.0096
Tiempo de ciclo máquina #1	.0134
Tiempo ocioso máquina #2	.0038
Horas productivas máquina #2	.0096
Tiempo de ciclo máquina #2	.0134

El analista registra todos los elementos de tiempo de trabajo y ocioso para el operario y la máquina hasta que termina el ciclo. La parte inferior del diagrama muestra los tiempos totales de trabajo y ociosos, tanto para el trabajador como para la máquina. El tiempo productivo más el tiempo ocioso del trabajador debe ser igual al tiempo productivo más el tiempo ocioso de cada máquina que opera.

Es necesario obtener valores de tiempos elementales exactos antes de construir el diagrama hombre-máquina. Estos valores deben representar los tiempos estándar que incluyen las holguras aceptables por fatiga, retrasos inevitables y retrasos personales (vea más detalles en el capítulo 10). El analista siempre debe evitar el uso de cronómetros al construir el diagrama.

El diagrama del proceso hombre-máquina terminado muestra con claridad las áreas de ocurrencia de tiempo ocioso de la máquina y el trabajador. En general, estas áreas son un buen punto de partida para el mejoramiento. Sin embargo, también debe compararse el costo de la máquina ociosa con el del empleado ocioso. El analista podrá recomendar un método sobre otro sólo hasta haber considerado el costo total. Las consideraciones económicas se presentan en la siguiente sección.

Diagramas de proceso de grupo

El *diagrama de proceso de grupo*, en cierto modo, es una adaptación del diagrama hombre-máquina. Éste ayuda a determinar el número más económico de máquinas que un trabajador debe operar. No obstante, algunos procesos e instalaciones son de tal magnitud que en lugar de que un trabajador opere varias máquinas, se requieren varios trabajadores para operar una máquina con efectividad. El diagrama de proceso de grupo muestra la relación exacta entre los ciclos de operación y ociosos de la máquina y los tiempos de operación y ociosos por ciclo de los trabajadores que atienden ésta. El diagrama revela la posibilidad de mejoramiento si se reducen ambos tiempos ociosos.

La figura 2-15 ilustra el diagrama de proceso de grupo para un proceso con un gran número de horas ociosas, hasta 18.4 en un turno de 8 horas y también muestra que la compañía emplea dos operarios más de los que necesita. La compañía relocalizó algunos controles del proceso y pudo reasignar los elementos de trabajo para que cuatro operarios, y no seis, operaran la prensa de extrusión. Una mejor operación del mismo proceso se muestra en el diagrama de grupo de la figura 2-16. El ahorro de 16 horas por turno se desarrolló mediante este diagrama.

RELACIONES CUANTITATIVAS ENTRE HERRAMIENTAS, TRABAJADOR Y MÁQUINA

Aun cuando el diagrama de proceso hombre-máquina ilustra el número de instalaciones que pueden asignarse a un operario, con frecuencia esto se calcula en menos tiempo mediante el desarrollo de un modelo matemático. Por lo común, la relación hombre-má-

FIGURA 2-15
Diagrama de proceso de grupo con el método actual en un proceso de extrusión hidráulica.

DIAGRAMA DE PROCESO DE GRUPO CON EL MÉTODO ACTUAL

PRENSA HIDRÁULICA DE EXTRUSIÓN DEPTO. 11 PLANTA EN BELLEFONTE

ELABORADO POR B.W.N. 4-15 DIAGRAMA No. G-85

MAQUINA

OPERACIÓN	TIEMPO
Elevar lingote	.07
Poner lingote en posición	.08
Poner "maqueta" en posición	.04
Levantar presión	.05
Extrusionar	.45
Soltar el dado	.06
Aflojar y expulsar el casquillo	.10
Retirar ariete y fijar dado en cabezal	.15
TIEMPO DE TRABAJO	1.00 MIN.
TIEMPO OCIOSO	0 "

OPERARIO DE PRENSA

OPERACIÓN	TIEMPO
Elevar lingote	.07
Poner lingote en posición	.08
Poner "maqueta" en posición	.04
Levantar presión	.05
Extrusionar	.45
Soltar el dado	.06
Aflojar y expulsar el casquillo	.10
Retirar ariete y fijar dado en cabezal	.15
TIEMPO DE TRABAJO	1.00 MIN.
TIEMPO OCIOSO	0 "

AYUDANTE DE OPERARIO DE PRENSA

OPERACIÓN	TIEMPO
Engrasar dado y devolverlo al cabezal	.12
Tiempo ocioso	.68
Correr afuera cabezal y casquillo	.11
Cortar barra o vástago del casquillo	.04
Remover dado del extremo de la barra	.05
TIEMPO DE TRABAJO	.32 MIN.
TIEMPO OCIOSO	.68 "

OPERARIO DE HORNO

OPERACIÓN	TIEMPO
Redisponer lingotes en horno	.20
Tiempo ocioso	.51
Abrir puerta del horno y remover lingote	.19
Expulsar lingote del horno y cerrar la puerta	.10
TIEMPO DE TRABAJO	.49 MIN.
TIEMPO OCIOSO	.51 "

SACADOR DE "MAQUETAS"

OPERACIÓN	TIEMPO
Colocar casquillo en prensa pequeña	.10
Expulsar "maqueta" aplicando presión	.12
Botar casquillo	.18
Botar "maqueta" y dejar a un lado las tenazas	.12
Tiempo ocioso	.43
Tomar tenazas y llevar a posición	.05
TIEMPO DE TRABAJO	.57 MIN
TIEMPO OCIOSO	.43 "

AYUDANTE DE SACADOR DE "MAQUETAS"

OPERACIÓN	TIEMPO
Retirarse de prensa pequeña y dejar a un lado las tenazas	.12
Tiempo ocioso	.68
Guiar el casquillo de la cortadora a la prensa pequeña	.20
TIEMPO DE TRABAJO	.32 MIN.
TIEMPO OCIOSO	.68 "

RETIRADOR

OPERACIÓN	TIEMPO
Tirar el vástago o barra hasta estante de enfriamiento	.20
Caminar hacia la prensa	.15
Tomar barra con tenazas y retirar	.45
Enderezar extremo de barra con el mazo	.11
Sostener barra mientras se quita el dado en la prensa	.09
TIEMPO DE TRABAJO	1.00 MIN.
TIEMPO OCIOSO	0 "

TIEMPO OCIOSO = 2.30 MINUTOS HOMBRE POR CICLO - 18.4 HORAS POR DÍA DE 8 HORAS

FIGURA 2-16
Diagrama de proceso de grupo para el método propuesto de la operación de un proceso de extrusión hidráulico

DIAGRAMA DE PROCESO PARA GRUPO MÉTODO PROPUESTO

Prensa hidráulica de extrusión Depto. 11 — Planta en Bellefonte
Elaborado por B.W.N. 4-15 — Diagrama G-85

MÁQUINA		OPERARIO DE PRENSA		AYUDANTE DE OPERARIO DE PRENSA		SACADOR DE MAQUETAS		RETIRADOR	
OPERACIÓN	TIEMPO	OPERACIÓN	TIEMPO	OPERACIÓN	TIEMPO	OPERACIÓN	TIEMPO	OPERACIÓN	TIEMPO
Elevar lingote	.07	Elevar lingote	.07	Engrasar dado y devolverlo al cabezal	.12	Colocar casquillo en prensa pequeña	.10	Tirar de vástago o barra hasta estante de enfriamiento	.20
Colocar lingote	.08	Colocar lingote	.08	Ir al horno	.05	Expulsar "maqueta" aplicando presión	.12	Caminar hacia la prensa	.15
Colocar "maqueta"	.04	Colocar "maqueta"	.04	Redisponer lingotes en el horno	.20	Botar casquillo	.18	Tomar barra con tenazas y retirar	.45
Levantar presión	.05	Levantar presión	.05	Regresar a la prensa	.05	Botar "maqueta" y dejar a un lado tenazas	.12	Enderezar extremo de barra con el mazo	.11
Excursionar	.45	Extrursionar	.45	Tiempo muerto	.09	Tiempo muerto	.23	Sostener barra mientras se quita dado en prensa	.09
Soltar dado	.06	Soltar dado	.06	Abrir puerta del horno y remover lingote	.19	Tomar tenazas y llevar a posición	.05		
Aflojar y expulsar casquillo	.10	Aflojar y expulsar casquillo	.10	Expulsar lingote del horno y cerrar la puerta	.10	Guiar casquillo de cortadora a prensa pequeña	.20		
Retirar ariete y fijar dado en cabezal	.15	Retirar ariete y fijar dado en cabezal	.15	Correr afuera cabezal y casquillo	.11				
				Cortar vástago del casquillo	.04				
				Extraer dado del extremo del vástago	.05				
Tiempo efectivo	1.00 Min.		1.00 Min.		.91 Min.		.77 Min.		1.00 Min.
Tiempo muerto	0		0		.09 Min.		.23 Min.		0

quina es de tres tipos: 1) servicio sincronizado, 2) servicio completamente aleatorio y 3) una combinación del servicio sincronizado y el aleatorio.

Servicio sincronizado

Al asignar más de una máquina a un operario no siempre se obtiene el caso ideal en el que tanto el trabajador como las máquinas están ocupados durante todo el ciclo. Esos casos ideales se conocen como *servicio sincronizado*, y el número de máquinas asignadas se puede calcular como:

$$N = \frac{l + m}{l}$$

donde: N = número de máquinas asignadas al operario.
l = tiempo total de carga y descarga (servicio) del operario por máquina.
m = tiempo total de operación de la máquina (alimentación automática).

Por ejemplo, si el tiempo total de servicio del operario es un minuto y el tiempo de ciclo de la máquina es cuatro minutos, el servicio sincronizado daría una asignación de

FIGURA 2-17
Asignación de servicio sincronizado para un operario y cinco máquinas

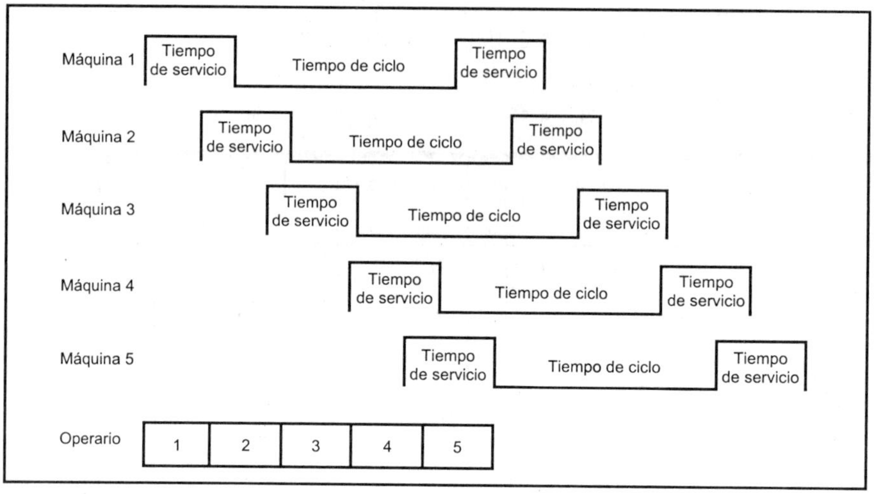

$(1 + 4)/1 = 5$ máquinas. En una gráfica, esta asignación tendría la apariencia que se ilustra en la figura 2-17.

Si se aumenta el número de máquinas en este ejemplo, ocurre interferencia de máquinas y se tiene una situación en la que una o más instalaciones quedan ociosas durante una parte del ciclo de trabajo. Si se reduce a algún número menor que cinco, entonces el operario estará ocioso una parte del ciclo. En esos casos, el costo total mínimo por pieza representa el criterio de la operación óptima. Para establecer el mejor método, el analista debe evaluar el costo de cada máquina ociosa y el salario por hora de cada operario. Las técnicas cuantitativas pueden determinar el mejor arreglo. El procedimiento es, en primer lugar, estimar el número de máquinas que deben asignarse a un operario en condiciones realistas estableciendo el número entero más pequeño a partir de la siguiente ecuación:

$$N \leq \frac{l + m}{l + w}$$

donde N_1 = número entero menor,
w = tiempo total del operario (sin interactuar directamente con la máquina, como al caminar hacia la otra máquina).

El tiempo de ciclo cuando el operario da servicio a N_1 máquinas es $l + m$, ya que en este caso el trabajador no está ocupado todo el ciclo, pero las instalaciones sí lo están.

Una vez obtenido N_1, se puede calcular el costo total esperado (CTE) como sigue:

$$\text{CTE}_{N_1} = \frac{K_1(l + m) + N_1K_2(l + m)}{N_1}$$

$$= \frac{(l + m)(K_1 + N_1K_2)}{N_1}$$

donde: CTE = costo total esperado de producción por ciclo de una máquina,
K_1 = salario del operario, en dólares por unidad de tiempo,
K_2 = costo de máquina, en dólares por unidad de tiempo.

Después de calcular este costo, debe calcularse un costo para $N_1 + 1$ máquinas asignadas a un trabajador. En este caso, el tiempo de ciclo depende del ciclo de trabajo del operario, ya que existe tiempo ocioso de la máquina. El tiempo de ciclo es ahora $(N_1 + 1)(l + w)$. Sea $N_2 = N_1 + 1$. Entonces el costo total esperado con N_2 instalaciones es:

$$\text{CTE}_{N_2} = \frac{(K_1)(N_2)(l+w) + (K_2)(N_2)(N_2)(l+w)}{(N_2)}$$

$$= [(l+w)][K_1 + K_2(N_2)]$$

El número de máquinas asignadas depende de la cantidad N_1 o N_2 que dé el menor costo total esperado por pieza.

Servicio aleatorio

Las situaciones de *servicio aleatorio* son los casos en los que no se sabe en qué momento necesita atención la instalación o cuánto tiempo tarda el servicio. Es común que se conozcan o se puedan calcular los valores medios; con estos promedios, las leyes de probabilidad son una técnica útil para determinar el número de máquinas que deben asignarse a un operario.

Los términos sucesivos de la expansión binomial dan una aproximación útil de la probabilidad de que se descompongan 0, 1, 2, 3, . . . , n máquinas (donde n es relativamente pequeño), suponiendo que cada máquina se descompone de manera aleatoria durante el día y que la probabilidad de descompostura es p y la probabilidad de que opere es $q = (1 - p)$. Cada término de la expansión binomial se puede expresar como la probabilidad de que se descompongan M máquinas (de N):

$$\text{P(M de N)} = \frac{\text{N!}}{\text{M! (N} - \text{M)!}} p^{\text{M}} q^{\text{N}-\text{M}}$$

Como ejemplo se determinará la proporción mínima de tiempo perdido de máquina para distintas cantidades de tornos revólver asignados a un operario, donde la máquina promedio opera sin atención 60% del tiempo. El tiempo promedio de atención del operario (máquina descompuesta o requiere servicio) a intervalos regulares es 40%. El analista estima que deben asignarse tres tornos por empleado en este tipo de trabajo. Con este arreglo, las probabilidades de que se descompongan M máquinas (de N) son:

Máquinas descompuestas (M)	Probabilidades
0	$\frac{3!}{0!(3-0)!}.4^0.6^3 = (1)(1)(.216) = .216$
1	$\frac{3!}{1!(3-1)!}.4^1.6^2 = (3)(.4)(.36) = .432$
2	$\frac{3!}{2!(3-2)!}.4^2.6^1 = (3)(.16)(.6) = .288$
3	$\frac{3!}{3!(3-3)!}.4^3.6^0 = (1)(.064)(1) = .064$

Con este enfoque se puede determinar la proporción de tiempo que las máquinas están paradas y el tiempo perdido resultante de un operario por cada tres máquinas. En este ejemplo se tiene:

Núm de máquinas paradas	Probabilidad	Horas-máquina perdidas por turno de 8 horas
0	0.216	0
1	0.432	0*
2	0.288	(0.288)(8) = 2.304
3	0.064	(2)(0.064)(8) = 2.034
	1.000	3.328

*Como sólo una máquina está parada a la vez, el operario puede atenderla.

$$\text{Proporción de tiempo de máquina perdido} = \frac{3.328}{24.0} = 13.9\%$$

Se pueden realizar cálculos similares para la asignación de más o menos máquinas para determinar la asignación que proporcione el menor tiempo de máquina perdido. Por lo común, la asignación más satisfactoria es el arreglo que da el menor costo total esperado por pieza, donde para un arreglo dado, este costo se calcula con la expresión:

$$\text{CTE} = \frac{K_1 + NK_2}{R}$$

donde: K_1 = salario por hora del operario,
K_2 = costo por hora de la máquina,
N = número de máquinas asignadas,
R = tasa de producción, piezas de las N máquinas por hora.

Las piezas por hora de las N máquinas se calculan con tiempo medio por pieza que requiere una máquina, el tiempo promedio de servicio de la máquina por pieza y el tiempo perdido por hora.

Por ejemplo, para la asignación de 5 máquinas a un operario, un analista determinó que el tiempo de maquinado por pieza era 0.82 horas, el tiempo para atender la máquina por pieza era 0.17 horas y el tiempo promedio de descomposturas 0.11 horas por máquina por hora. Entonces, cada máquina está disponible para trabajo de producción sólo 0.89 horas cada hora. El tiempo promedio requerido para producir una pieza por máquina es:

$$\frac{0.82 + 0.17}{0.89} = 1.11$$

Por lo tanto, las cinco máquinas producirán 4.5 piezas por hora. Si el salario por hora del operario es \$12 y el costo por hora de la máquina es \$22, se tiene un costo total esperado por pieza de:

$$\frac{\$12.00 + 5(\$22.00)}{4.5} = \$27.11$$

Quizá el tipo más común de relación hombre-máquina es una combinación de los servicios sincronizado y aleatorio. En este caso, el tiempo de servicio es constante, pero la descompostura de las máquinas es aleatoria. Las operaciones de devanado, enrollado en conos y plisado usadas en la industria textil son ejemplos de este tipo de relación hombre-máquina. Igual que en los ejemplos anteriores, el álgebra y la probabilidad pueden establecer el modelo matemático que conduce a una solución realista.

Balanceo de líneas

El problema de determinar el número ideal de trabajadores que deben asignarse a una línea de producción es análogo al de determinar el número de operarios asignados a una estación de trabajo; el diagrama de proceso de grupo resuelve ambos problemas. Quizá la situación más elemental de *balanceo de líneas*, además de encontrarse con frecuencia, es aquella en la que varios operarios, cada uno realizando operaciones consecutivas, trabajan como una unidad. En este caso, la tasa de producción depende del operario más lento. Por ejemplo, suponga que se tiene una línea de cinco trabajadores que ensamblan monturas de hule fijadas con adhesivo antes del proceso de curado. Las asignaciones de trabajo específicas pueden ser las siguientes: operario 1, 0.52 minutos; operario 2, 0.48 minutos; operario 3, 0.65 minutos; operario 4, 0.41 minutos; operario 5, 0.55 minutos. El operario 3 establece el paso, como se observa en la siguiente tabla:

Operario	Minutos estándar para realizar la operación	Tiempo de espera según el operario más lento	Minutos estándar permitidos
1	0.52	0.13	0.65
2	0.48	0.17	0.65
3	0.65	—	0.65
4	0.41	0.24	0.65
5	0.55	0.10	0.65
Totales	2.61		3.25

La eficiencia de esta línea se puede calcular como la razón de los minutos estándar reales totales entre los minutos estándar permitidos totales, es decir:

$$E = \frac{\sum_{1}^{5} ME}{\sum_{1}^{5} MP} \times 100 = \frac{2.61}{3.25} \times 100 = 80\%$$

donde: E = eficiencia,
ME = minutos estándar por operación,
MP = minutos estándar permitidos por operación.

Los detalles sobre tiempos estándar se estudiarán en el capítulo 8.

Algunos analistas prefieren considerar el porcentaje de tiempo ocioso (% inactividad):

$$\% \text{ de inactividad} = 100 - E = 20\%$$

En situaciones de la vida real similares a este ejemplo, existe la oportunidad de obtener ahorros significativos. Si un analista puede ahorrar 0.10 minutos para el operario 3, el ahorro neto por ciclo no será 0.10 minutos, sino 0.10×5, o sea. 0.50 minutos.

Sólo una situación inusual tendrá la línea con balance perfecto; es decir, en la que los minutos estándar para realizar cada operación sean idénticos para cada miembro del equipo. Los "minutos estándar para realizar una operación" en realidad no constituyen un estándar. Lo es sólo para el individuo que lo establece. Así, en el ejemplo anterior, donde el operario 3 tiene un tiempo estándar de 0.65 minutos para realizar la primera operación, otro analista de medición del trabajo pudo haber obtenido una cifra menor de 0.61 minutos o una mayor de 0.69 minutos. El intervalo de valores de estándares establecidos por diferentes analistas de medición del trabajo para la misma operación puede ser aún mayor que el sugerido por el ejemplo. Lo importante es que ya sea el estándar 0.61, 0.65 o 0.69, un operario consciente no debe tener dificultad para cumplirlo. De hecho, el trabajador quizá lo mejore en vista del desempeño de los operarios en la línea con menos contenido de trabajo en sus asignaciones. Los que tienen un tiempo de espera debido a la producción del operario más lento no suelen observarse como en espera. Más bien, reducen el paso de sus movimientos para usar los minutos estándar establecidos por ese operario.

El número de trabajadores necesarios para la tasa de producción requerida es igual a:

$$N = R \times \sum MP = R \times \frac{\sum ME}{E}$$

donde: N = número de operarios necesarios en la línea,

R = tasa de producción deseada.

Por ejemplo, suponga que se tiene un nuevo diseño y debe establecerse su línea de ensamble. Intervienen ocho operaciones diferentes. La línea debe producir 700 unidades por día (o 700/480 = 1.458 unidades por minuto) y como se quiere minimizar el espacio de almacén, no deben producirse mucho más de 700 unidades diarias. Los minutos estándar de las ocho operaciones basados en datos existentes son los siguientes: operación 1, 1.25 minutos; operación 2, 1.38 minutos; operación 3, 2.58 minutos; operación 4, 3.84 minutos; operación 5, 1.27 minutos; operación 6, 1.29 minutos; operación 7, 2.48 minutos, y operación 8, 1.28 minutos estándar. Para planear esta línea de ensamble con el arreglo más económico, se estima el número de operarios requerido para un nivel de eficiencia dado (idealmente, 100%), como sigue:

$$\begin{aligned} N &= 1.458 \times (1.25 + 1.38 + 2.58 + 3.84 + 1.27 + 1.29 + 2.48 + 1.28)/1.00 \\ &= 22.4 \end{aligned}$$

Con una eficiencia más realista de 95%, el número de operarios se convierte en 22.4/.95 = 23.6.

Debido a que es imposible tener seis décimos de operario, lo razonable será establecer la línea con 24 trabajadores.

El siguiente paso es estimar el número de operarios para cada una de las ocho operaciones. Las 700 unidades de trabajo requieren un día, por lo tanto, será necesario producir una unidad en alrededor de 0.685 minutos (480/700). El número de operarios requerido para cada operación se estima dividiendo los minutos permitidos para producir una pieza entre los minutos estándar de cada operación, como sigue:

Operación	Minutos estándar	Minutos estándar / minutos/unidades	Núm. de operarios
Operación 1	1.25	1.83	2
Operación 2	1.38	2.02	2
Operación 3	2.58	3.77	4
Operación 4	3.84	5.62	6
Operación 5	1.27	1.86	2
Operación 6	1.29	1.88	2
Operación 7	2.48	3.62	4
Operación 8	1.28	1.87	2
Total	15.37		24

Para identificar la operación más lenta, se divide el número estimado de operarios entre los minutos estándar para cada una de las ocho operaciones. Los resultados se muestran en la siguiente tabla.

Operación 1	1.25/2 = 0.625
Operación 2	1.38/2 = 0.690
Operación 3	2.58/4 = 0.645
Operación 4	3.84/6 = 0.640
Operación 5	1.27/2 = 0.635
Operación 6	1.29/2 = 0.645
Operación 7	2.48/4 = 0.620
Operación 8	1.28/2 = 0.640

Así, la operación 2 determina la producción de la línea. En este caso es:

$$\frac{2 \text{ trabajadores} \times 60 \text{ min}}{1.38 \text{ minutos estándar}} = 87 \text{ piezas por hora, o } 696 \text{ piezas por día}$$

Si esta tasa de producción es inadecuada, será necesario aumentar la producción del operario 2. Esto se puede lograr mediante:

1. Uno o ambos operarios de la segunda operación trabajando tiempo extra para acumular un pequeño inventario en esta estación de trabajo,
2. La utilización de los servicios de un tercer trabajador de tiempo parcial en la estación de trabajo 2,
3. La reasignación de parte del trabajo de la operación 2 a la 1 o la 3 (sería preferible asignar más trabajo a la operación 1),
4. La mejora del método en la operación 2 para disminuir el tiempo de ciclo en esa estación de trabajo.

En el ejemplo anterior, dados el tiempo de ciclo y los tiempos de operación, un analista puede determinar el número de operarios necesarios para cada operación de modo que se cumplan con un programa de producción deseado. El problema de asignación de trabajo a una línea de producción también puede minimizar el número de estaciones de trabajo, dado el tiempo de ciclo deseado; o con el número de estaciones de trabajo, se pueden asignar los elementos de trabajo a las estaciones, dentro de las restricciones establecidas para minimizar el tiempo de ciclo.

Una estrategia importante para balancear la línea de ensamble es compartir los elementos de trabajo. Dos operarios o más con algún tiempo ocioso en su ciclo de trabajo pueden compartir el trabajo de otra estación para lograr mayor eficiencia. Por ejemplo, la figura 2-18 muestra una línea de ensamble con seis estaciones de trabajo. La estación 1 tiene tres elementos, A, B, y C, con un total de 45 segundos. Observe que los elementos B, D y E no pueden iniciar hasta terminar A y que B, D y E pueden ocurrir en cualquier orden. Es posible compartir el elemento H entre las estaciones 2 y 4 con un incremento de sólo un segundo en el tiempo de ciclo (de 45 a 46 segundos), a la vez que ahorrar 30 segundos por unidad ensamblada. Debe observarse que compartir elementos puede aumentar el manejo de materiales, pues quizá tengan que entregarse las partes en más de un lugar. Además, es posible que se incrementen los costos por la duplicidad de herramientas.

Una segunda posibilidad para mejorar el balanceo de una línea de ensamble es dividir un elemento de trabajo. De nuevo en la figura 2-18, es posible dividir el elemento H, en lugar de tener la mitad de las partes en la estación 2 y la otra mitad en la estación 4.

A menudo no es económico dividir un elemento. Un ejemplo sería atornillar ocho tornillos mecánicos con un desarmador eléctrico. Una vez que el operario localiza las partes, obtiene el control de la herramienta y la pone a funcionar, lo normal es que sea más ventajoso atornillar los ocho tornillos y no sólo una parte para dejar el resto a otro operario. Siempre que los elementos se puedan dividir, se obtendrán estaciones de trabajo mejor balanceadas.

También una secuencia de ensamble distinta puede producir resultados más favorables. En general, el diseño del producto determina la secuencia de ensamble. Sin embargo, no deben ignorarse las alternativas. Las líneas de ensamble bien balanceadas no sólo son menos costosas, también ayudan a mantener un buen ánimo en los trabajadores porque existen diferencias muy pequeñas en el contenido de trabajo de los centros.

FIGURA 2-18
Línea de ensamble con seis estaciones o centros de trabajo

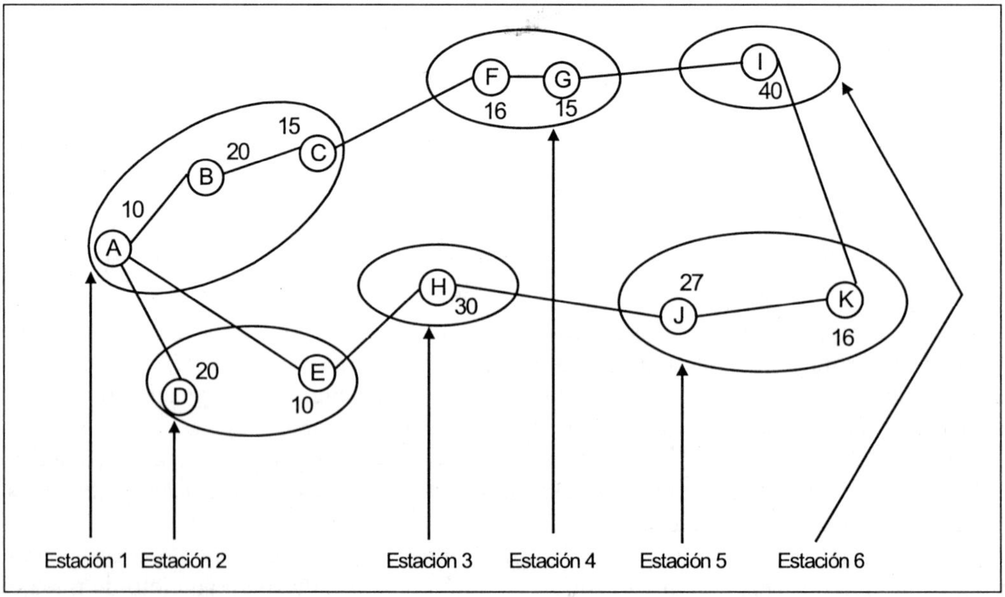

El siguiente procedimiento para resolver el problema de ensamble se basa en el balanceo de líneas de General Electric. El método supone lo siguiente:

1. Los operarios no se pueden mover de una estación a otra para ayudar a mantener una carga de trabajo uniforme.
2. Los elementos de trabajo establecidos son de tal magnitud que dividirlos más, disminuiría la eficiencia del desempeño de manera sustancial. (Una vez establecidos, los elementos de trabajo deben identificarse con un código.)

El primer paso en la solución del problema es determinar la secuencia de los elementos de trabajo individuales. Mientras menos restricciones se impongan en el orden en que pueden realizarse los elementos de trabajo, mayor será la probabilidad de lograr un balance favorable en la asignación del trabajo. Para determinar la secuencia de los elementos de trabajo, el analista responde la siguiente pregunta: ¿qué otros elementos de trabajo, si los hay, deben terminarse antes de iniciar este elemento de trabajo? Esta pregunta se hace respecto a cada elemento para establecer un diagrama de precedencias para la línea de producción que se estudia (vea la figura 2-19). El diseño funcional, los métodos de

FIGURA 2-19
Diagrama de precedencias parcial.
Observe que los elementos de trabajo 002 y 003 pueden realizarse en cualquier orden respecto a los demás y que el elemento 032 no puede iniciar hasta que terminen 005, 006, 008 y 009. También observe que una vez terminado el 004, pueden iniciar 033, 017, 021, 005, 011, 006, 007, 008 y 009.

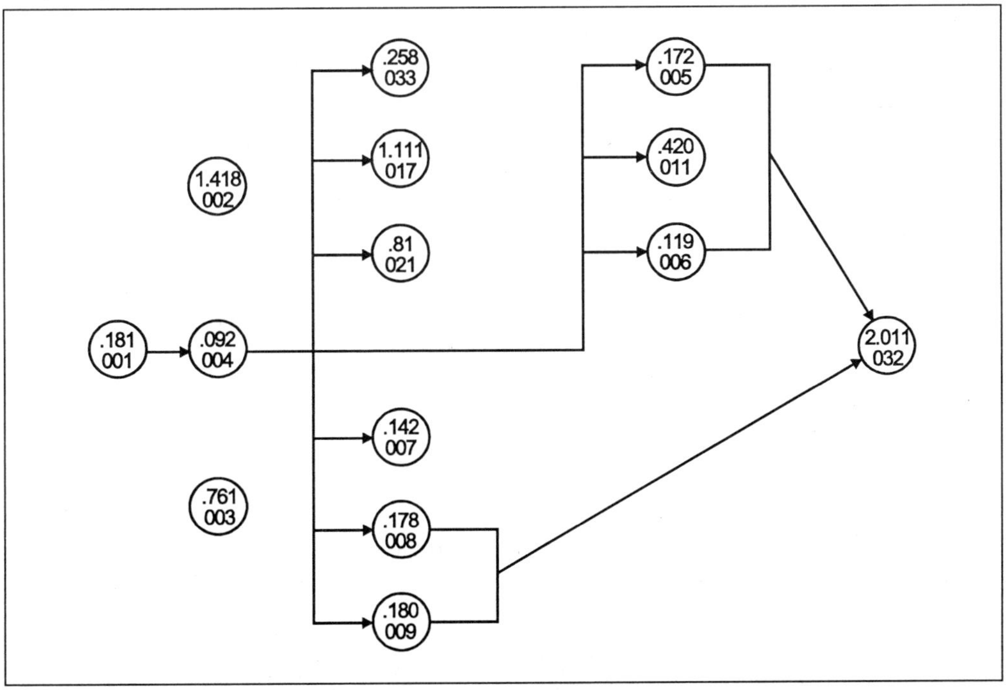

producción disponibles y otros, pueden introducir restricciones en la secuencia de los elementos de trabajo.

Una segunda consideración en el problema de asignación de trabajo en la línea de producción se refiere a las restricciones de zonas. Una zona representa una subdivisión que puede estar o no físicamente identificada o separada de otras del sistema. Puede justificarse confinar ciertos elementos de trabajo a una zona dada, para reunir tareas, condiciones de trabajo o salarios similares. Por otro lado, quizá las restricciones de zonas ayuden a identificar las etapas físicas de una componente, como mantenerla en cierta posición al realizar determinado elemento de trabajo. Como ejemplo, todos los elementos de trabajo relacionados con un lado de la componente pueden realizarse en una estación antes de voltear la componente.

Es obvio que si un sistema tiene muchas restricciones de zona, serán menos las posibles combinaciones disponibles para investigación. El analista comienza por bosquejar el sistema e identificar las zonas. Después, estima la tasa de producción con la expresión:

$$\text{producción por día} = \frac{\text{min/día de trabajo}}{\text{tiempo de ciclo del sistema (min/unidad)}}$$

donde el tiempo de ciclo del sistema es el tiempo estándar de la zona o estación que limita.

Enseguida se establece la gráfica de precedencias:

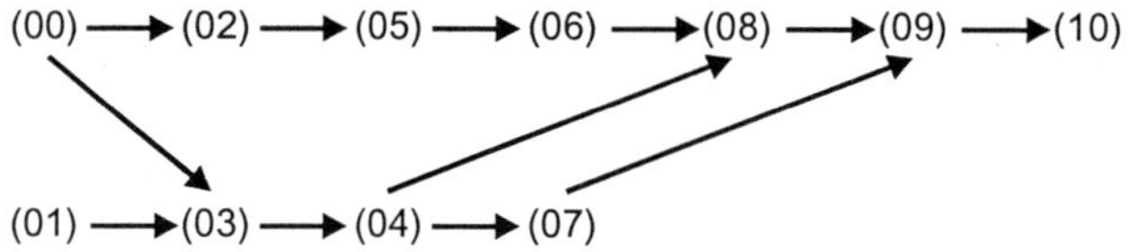

Esta gráfica de precedencias muestra que la unidad de trabajo (00) debe terminar antes de (02), (03), (05), (06), (04), (07), (08), (09) y (10); y la unidad de trabajo (01) debe estar completa antes de (03), (04), (07), (08), (09) y (10). Ya sea (00) o (01) pueden realizarse en primer lugar o al mismo tiempo. Además, la unidad de trabajo (03) no puede iniciar hasta que la unidades (00) y (01) hayan terminado, y así sucesivamente.

Para describir estas relaciones, se establece la matriz de precedencias ilustrada en la figura 2-20. En ella, el número 1 significa la relación "debe preceder". Por ejemplo, la unidad de trabajo (00) debe preceder a las unidades (02), (03), (04), (05), (06), (07), (08), (09) y (10). Además (09) sólo precede a la unidad (10).

Ahora debe calcularse un "peso de posición" para cada unidad de trabajo. Este cálculo es la suma de cada unidad de trabajo y todas las que deben seguirle. Así, el "peso de posición" para la unidad (00) sería:

$$\begin{aligned}&\textstyle\sum 00, 02, 03, 04, 05, 06, 07, 08, 09, 10\\ &= 0.46 + 0.25 + 0.22 + 1.10 + 0.87 + 0.28 + 0.72 + 1.32 + 0.49 + 0.55\\ &= 6.26\end{aligned}$$

A continuación se da la lista de pesos de posición en orden decreciente de magnitud:

FIGURA 2-20
Matriz de precedencia usada por una computadora para un problema de balanceo de líneas

Tiempo estimado de unidad de trabajo (minutos)	Unidad de trabajo	Unidad de trabajo										
		00	01	02	03	04	05	06	07	08	09	10
0.46	**00**			1	1	1	1	1	1	1	1	1
0.35	**01**				1	1			1	1	1	1
0.25	**02**						1	1		1	1	1
0.22	**03**					1			1	1	1	1
1.10	**04**								1	1	1	1
0.87	**05**							1		1	1	1
0.28	**06**									1	1	1
0.72	**07**										1	1
1.32	**08**										1	1
0.49	**09**											1
0.55	**10**											
6.61												

Elementos de trabajo sin ordenar	Elementos de trabajo ordenados	Peso de posición	Predecesores inmediatos
00	00	6.26	—
01	01	4.75	—
02	03	4.40	(00), (01)
03	04	4.18	(03)
04	02	3.76	(00)
05	05	3.51	(02)
06	06	2.64	(05)
07	08	2.36	(04), (06)
08	07	1.76	(04)
09	09	1.04	(07), (08)
10	10	0.55	(09)

Los elementos de trabajo deben asignarse a las distintas estaciones de trabajo. Este proceso se basa en los pesos de posición (es decir, los elementos de trabajo con los pesos más grandes se asignan primero) y el tiempo de ciclo del sistema. El elemento de trabajo con el peso de posición más alto se asigna a la primera estación. El tiempo no asignado de esta estación se determina restando la suma de los tiempos de los elementos asignados del tiempo de ciclo estimado. Si se tiene un tiempo adecuado sin asignar, se destina al elemento de trabajo con el siguiente peso de posición más alto, siempre que ya se hayan asignado los elementos en la columna de "predecesores inmediatos". Una vez agotado el tiempo disponible en una estación de trabajo, se analiza la siguiente y el procedimiento continúa hasta asignar todos los elementos.

Como ejemplo, suponga que la producción requerida por turno de 450 minutos es 300 unidades. El tiempo de ciclo del sistema es 450/300 = 1.50 minutos y la línea balanceada final se muestra en la tabla 2-2.

En el arreglo ilustrado, con seis estaciones de trabajo, el tiempo de ciclo es 1.32 minutos (estación 4). Este arreglo produce 450/1.32 = 341 unidades, que es más que el requerimiento diario de 300.

Sin embargo, con seis estaciones, también sobra una gran cantidad de tiempo. Este tiempo muerto u ocioso por ciclo es:

$$\sum_{1}^{6} 0.04 + 0.22 + 0.17 + 0 + 0.11 + 0.77 = 1.31 \text{ minutos}$$

Para obtener un balanceo más favorable, el problema se puede resolver para tiempos de ciclo menores que 1.50 minutos. Esto puede dar como resultado más operarios y más

TABLA 2-2
Línea de ensamblado balanceada

Trabajo					Tiempo de estación		
Estación	Elemento	Peso de posición	Predecesores inmediatos	Tiempo de elemento de trabajo	Acumulativo	No asignado	Observaciones
1	00	6.26	—	0.46	0.46	1.04	—
1	01	4.75	—	0.35	0.81	0.69	—
1	03	4.40	(00), (01)	0.22	1.03	0.47	—
1	~~04~~	~~4.18~~	~~(03)~~	~~1.10~~	2.13	—	Inaceptable
1	02	3.76	(00)	0.25	1.28	0.22	—
1	~~05~~	~~3.56~~	~~(02)~~	~~0.87~~	2.05	—	Inaceptable
2	04	4.18	(03)	1.10	1.10	0.40	—
2	~~05~~	~~3.56~~	~~(02)~~	~~0.87~~	1.97	—	Inaceptable
3	05	3.56	(02)	0.87	0.87	0.63	—
3	06	2.64	(05)	0.28	1.15	0.35	—
3	~~08~~	~~2.36~~	~~(04), (06)~~	~~1.32~~	2.47	—	Inaceptable
4	08	2.36	(04), (06)	1.32	1.32	0.18	—
4	07	1.76	(04)	0.72	2.04	—	Inaceptable
5	07	1.76	(04)	0.72	0.72	0.78	—
5	09	1.04	(07), (08)	0.49	1.21	0.29	—
5	~~10~~	~~.55~~	~~(09)~~	~~0.55~~	1.76	—	Inaceptable
6	10	.55	(09)	0.55	0.55	0.95	—

producción por día, que tal vez tenga que almacenarse. Otra posibilidad incluye operar la línea con un balanceo más eficiente durante un número limitado de horas al día.

Existen varios paquetes de software, como STORM, que eliminan la parte tediosa de los cálculos y realizan estos pasos de manera automática.

RESUMEN

Los distintos diagramas presentados en este capítulo son técnicas valiosas para presentar y resolver problemas. Para cada trabajo dado se dispone de varios tipos de procedimientos; de la misma forma varios diseños de diagramas pueden ayudar en la solución de un problema de ingeniería. Sin embargo, cada gráfica suele tener ventajas sobre las demás para cada problema en particular. Los analistas deben comprender las funciones específicas de cada diagrama de proceso y elegir el correcto para resolver el problema que enfrentan. Si entienden las diferentes funciones de los diagramas, podrán seleccionar el adecuado para mejorar las operaciones.

El análisis de Pareto y los diagramas de pescado se usan para seleccionar las operaciones críticas e identificar las causas y los factores que contribuyen al problema. Los diagramas de Gantt y de PERT son técnicas para la programación de proyectos. El diagrama de Gantt proporciona sólo un panorama global y PERT cuantifica las interacciones entre las actividades. La guía de análisis del trabajo/lugar de trabajo se usa, en principio, en la observación física para identificar al operario, la tarea, el entorno y los factores administrativos clave. El diagrama de proceso de la operación proporciona una idea completa de las relaciones entre las operaciones e inspecciones de ensambles que incluyen varias componentes. El diagrama de procesos del flujo proporciona más detalles sobre las operaciones de manufactura, para detectar costos ocultos o indirectos, como retrasos costos de almacenamiento y costos de manejo de materiales. El diagrama de flujo es un complemento útil del diagrama de flujos del proceso al desarrollar distribuciones de planta. Los diagramas de proceso hombre-máquina y de grupo muestran las máquinas o instalaciones junto con el o los operarios, y se usan para analizar tiempos muertos u ociosos de ambos. Los cálculos de servicio sincronizado y aleatorio y las técnicas de balanceo de líneas se usan para desarrollar operaciones más eficientes mediante métodos cuantitativos.

Las 13 técnicas son muy importantes para el analista de métodos. Los diagramas son una ayuda descriptiva y de comunicación valiosa par entender un proceso y las actividades asociadas. El uso correcto puede ayudar a presentar y resolver el problema y a vender e instalar la solución. Las técnicas cuantitativas sirven para determinar el arreglo óptimo de operarios y máquinas. Los analistas deben estar familiarizados con el álgebra y la teoría de probabilidad para desarrollar un modelo matemático que proporcione la mejor solución al problema de la máquina o instalación. De esta manera, trabajan con efectividad al presentar métodos mejorados a la administración, en la capacitación de empleados sobre el método prescrito y al concentrarse en los detalles pertinentes junto con el trabajo de distribución de planta.

PREGUNTAS

1. ¿Qué muestra el diagrama de proceso de la operación?
2. ¿Qué símbolos se usan para construir el diagrama de proceso de la operación?
3. ¿Cómo muestra el diagrama de proceso de la operación los materiales que se introducen al flujo general?
4. En qué difieren el diagrama de flujo del proceso y el diagrama de proceso de la operación?
5. ¿Cuál es el propósito principal del diagrama de flujo del proceso?
6. ¿Qué símbolos se usan en el diagrama de flujo del proceso?
7. ¿Por qué es necesario construir diagramas de proceso a partir de la observación directa, y no de la información obtenida del supervisor?
8. En la construcción de diagramas de proceso, ¿qué método se puede usar para estimar las distancia recorridas?
9. ¿Cómo se pueden determinar los tiempos de demora en la construcción de diagramas de proceso del flujo?, ¿y los tiempos de almacenamiento?
10. ¿Cuándo afirmaría usted que debe usarse un diagrama de flujo?
11. ¿Cómo puede mostrarse el flujo de varios productos en el diagrama de flujo?
12. ¿Qué símbolos se usan exclusivamente en el estudio de documentación?
13. ¿Cuáles son las limitaciones de los diagramas de proceso de la operación, de flujo del proceso y del de flujo?
14. Explique cómo puede ahorrar dinero a la compañía el diagrama de PERT.
15. Explique cómo obtendría los tiempos "optimista" y "pesimista" para el diagrama de PERT.
16. ¿Cuándo es aconsejable construir un diagrama de proceso hombre-máquina?
17. ¿Qué es acoplamiento de máquinas?
18. ¿De qué manera se beneficia el operario con el acoplamiento de máquinas?
19. Explique cómo convencería a los líderes sindicales que se oponen fuertemente a la técnica de acoplamiento de máquinas.
20. ¿En qué difieren los diagramas de proceso de grupo y de hombre-máquina?
21. En una planta de procesamiento, ¿cuál de los siguientes diagramas tiene la mayor aplicación: hombre-máquina, grupo, operación, flujo? ¿Por qué?

PROBLEMAS

1. Con base en la siguiente tabla de costos de "emergencia", ¿cuál es el tiempo mínimo para terminar el proyecto ilustrado en la figura 2-4, cuyos costos normales se muestran en la tabla 2-1? ¿Cuál es el costo adicional para terminar el proyecto en este tiempo?

	Programa de emergencia	
	Semanas	Dólares
A	2	\$7 000
B	1	\$2 500
C	2	\$5 000
D	0.5	\$2 000
E	4	\$6 000
F	3	\$5 000
G	2	\$6 000
H	0	0
I	4	\$7 600
J	1	\$2 200
K	4	\$4 500
L	2	\$2 200
M	3	\$3 000
N	1	\$1 000
O	2	\$6 000
P	1	\$3 000

2. En el departamento de roscado automático de la Dorben Company se tienen cinco máquinas asignadas a cada operario. Para un trabajo dado, el tiempo de maquinado por pieza es 0.164 horas, el de servicio a la máquina es 0.038 horas y el tiempo promedio de descomposturas es 0.12 horas por máquina por hora. El salario de un operario es \$12.80 por hora y el costo de la máquina es \$14 por hora. Calcule el costo esperado por unidad producida. Excluya el costo de materiales.

3. En la Dorben Company han asignado un trabajador para operar tres instalaciones similares. Cada una se descompone de manera aleatoria durante el día. Un estudio de muestreo del trabajo indica que, en promedio, la máquina opera sin atención 60% del tiempo. El tiempo promedio de atención del operario en intervalos irregulares es 40%. Este arreglo ocasiona la pérdida de 14% del tiempo de máquina disponible debido a interferencia entre máquinas. Si el costo de la máquina es \$20 por hora y del trabajador \$12 por hora, ¿cuál sería el número de máquinas más favorable (desde el punto de vista económico) que debe operar un trabajador?

4. El analista en la Dorben Company desea asignar un número similar de instalaciones a cada operario según el costo mínimo por unidad producida. Un estudio detallado de las instalaciones revela lo siguiente:

   Tiempo estándar de carga de máquina = 0.34 minutos
   Tiempo estándar de descarga de máquina = 0.26 minutos
   Tiempo de traslado entre dos máquinas = 0.06 minutos
   Salario del operario = \$12.00 por hora
   Costo de máquina (tanto ociosa como en operación) = \$18.00 por hora
   Tiempo de alimentación automática = 1.48 minutos

   ¿Cuántas máquinas deben asignarse a cada operario?

5. Un estudio revela que un grupo de tres máquinas semiautomáticas asignadas a un operario funciona sin atención 70% del tiempo. El tiempo promedio de servicio del operario a intervalos irregulares es 30% del tiempo de estas tres máquinas. ¿Cuál sería la estimación del tiempo perdido de máquinas por jornada de 8 horas debido a la falta de un trabajador?

6. De acuerdo con los siguientes datos, recomiende una asignación de trabajo y el número de estaciones de trabajo.

Unidad de trabajo	Tiempo unitario estimado de trabajo en minutos
0	0.76
1	1.24
2	0.84
3	2.07
4	1.47
5	2.40
6	0.62
7	2.16
8	4.75
9	0.65
10	1.45

La producción mínima requerida por día es 90 ensambles. El analista desarrolló la siguiente matriz de precedencias

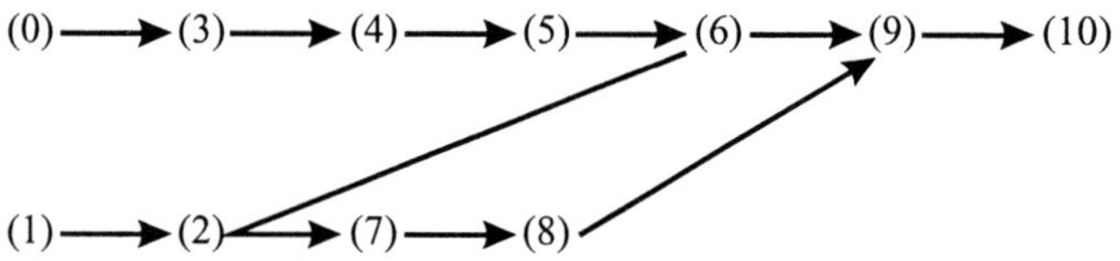

7. Cuántas máquinas deben asignarse a un operario si:
a. El tiempo de carga y descarga de una máquina es 1.41 minutos.
b. El tiempo de traslado a la siguiente instalación es 0.08 minutos.
c. El tiempo de máquina (alimentación automática) es 4.34 minutos.
d. El costo del operario es $13.20 por hora.
e. El costo de máquina es $18.00 por hora.

8. Calcule la proporción del tiempo de máquina que se pierde en una operación con cuatro máquinas cuando cada una opera sin atención 70% del tiempo y el tiempo promedio de atención del operario a intervalos irregulares es 30%. ¿Es éste el mejor arreglo para minimizar el porcentaje de tiempo de máquina perdido?

9. En un proceso de ensamble que incluye seis operaciones distintas, es necesario producir 250 unidades por día de 8 horas. Los tiempos de operación medidos son los siguientes:
a. 7.56 minutos.
b. 4.25 minutos.
c. 12.11 minutos.
d. 1.58 minutos.
e. 3.72 minutos.
f. 8.44 minutos.

¿Cuántos trabajadores se requerirán para un 80% de eficiencia? ¿Cuántos operarios se utilizarán en cada una de las seis operaciones?

REFERENCIAS

ASME. *ASME Standard—Operation and Flow Process Charts, ANSI Y15.3-1974*. Nueva York, American Society of Mechanical Engineers, 1974.

Baker, Kenneth R., *Elements of Sequencing and Balancing*. Hannover, NJ, K. R. Baker, 1995.

Buffa, E. S. y W, H, Taubert, *Production-Inventory Systems: Planning and Control*, 3ª Ed., Homewood, IL, Richard D. Irwin, 1979.

Cole, R., *Work, Mobility, and Participation: A Comparative Study of American and Japanese Industry*, Berkeley, CA, University of California Press, 1979.

Herron, D., "Industrial Engineering Applications of ABC Curves", *AIIE Transactions*, 8, núm 2, (junio, 1976), pp. 210-218.

Johnson, L. A. y Douglas C. Montgomery, *Operations Research in Production Planning Scheduling, and Inventory Control*, Nueva York, John Wiley & Sons, 1974.

Moodie, C., "Assembly Line Balancing", en *Handbook of Industrial Engineering*, Ed. Gavriel Salvendy, Nueva York, John Wiley & Sons, 1982.

Stecke, K., "Machine Interference", en *Handbook of Industrial Engineering*, Ed. Gavriel Salvendy, Nueva York, John Wiley & Sons, 1982.

Takeji, K., "Charting Techniques", en *Handbook of Industrial Engineering*, Ed. Gavriel Salvendy, Nueva York, John Wiley & Sons, 1982.

SOFTWARE SELECTO

STORM, Quantitative Modeling for Decision Support, P. O. Box 21196, Cleveland, OH. 44121-0196.

Comunic 1-20
dd cc add ccd acbdbb cd cd
? ??

ahora tu q' termine checo las tuyas va!

Desarrollo de Cap. humano 21-46
dca dcd abc dba abacadd badd bab

Ing. Planta 47-75
acdbabd ab bab adaccb dcaa ddb ccc a
?

prod 1-16 bdddaccbbbcbadadd

Ingplanta 17-45
acccdbbdbcabbdddbb dcaacdbbcdca

y lo de Admin y Comerc?

CAPÍTULO 3

Análisis de la operación

PUNTOS CLAVE

- Use el análisis de la operación para *mejorar el método.*
- Centre la atención en el propósito de la operación preguntando *por qué.*
- Centre su enfoque en diseño, materiales, tolerancias, procesos y herramientas preguntando *cómo.*
- Dirija la atención al operario y el diseño del trabajo preguntando *quién.*
- Concéntrese en la distribución de planta preguntando *dónde.*
- Examine con detalle la secuencia de manufactura preguntando *cuándo.*
- Siempre intente *simplificar* eliminando, combinando y rearreglando las operaciones.

El analista de métodos usa el análisis de la operación para estudiar todos los elementos productivos e improductivos de una operación, con el propósito de incrementar la productividad por unidad de tiempo y reducir los costos unitarios, a la vez que mejorar la calidad. El análisis de la operación es tan efectivo en la planeación de nuevos centros de trabajo como en el mejoramiento de los existentes. Al usar el enfoque de preguntas en todas las facetas de la estación de trabajo, las herramientas necesarias y el diseño del producto, el analista puede desarrollar un centro de trabajo eficiente.

La mejor de las operaciones existentes es un proceso continuo en la industria y, en principio, este capítulo estudia ese proceso. Estos principios tienen la misma validez e importancia al planear nuevos centros de trabajo. El análisis de la operación obtiene y presenta hechos mediante una variedad de técnicas para los diagramas de flujo del proceso. El análisis de la operación es el tercer paso de métodos, en el que se realiza el análisis y se cristalizan las componentes del método propuesto.

La experiencia indica que casi todas las operaciones se pueden mejorar si se les dedica suficiente atención. Como el procedimiento de análisis sistemático es efectivo en industrias grandes y pequeñas, en talleres de producción por pedido o en la producción masiva, el análisis de la operación se aplica a todos las áreas de manufactura, los negocios y el gobierno. Si se usa de manera adecuada, desarrolla mejores métodos de trabajo con la simplificación de los procedimientos operativos y el manejo de materiales y la utilización más efectiva del equipo. Entonces, las compañías pueden aumentar la producción y reducir los costos unitarios; asegurar la calidad y reducir el trabajo defectuoso y promover el entusiasmo del operador al mejorar las condiciones de trabajo, minimizar la fatiga y permitir mayores ingresos para el trabajador.

NUEVE ENFOQUES PRINCIPALES DEL ANÁLISIS DE LA OPERACIÓN

Quizá la actitud más común de la administración es pensar que sus problemas son únicos. En consecuencia, parece que cualquier método nuevo será poco práctico. En realidad, todos los trabajos, ya sea como dependientes, en mantenimiento, oficina, maquinaria, ensamble o la mano de obra en general, productivos o improductivos, son lo mismo; consisten en una combinación de los 17 elementos básicos definidos por Gilbreth (vea capítulo 4). Por ejemplo, los elementos de trabajo para conducir un automóvil se parecen mucho a los requeridos para operar un torno; los movimiento básicos empleados al dar una mano de bridge son casi idénticos a los elementos de algunas inspecciones manuales y de carga de máquinas. Que todo el trabajo sea similar en muchos aspectos, verifica el principio de que si se pueden mejorar los métodos en una planta, se puede mejorar en todas.

Como se describió en el capítulo 1, el uso de un procedimiento sistemático es invaluable para obtener ahorros reales. El primer paso es reunir información relacionada con el volumen previsto de trabajo. Para determinar cuánto tiempo y esfuerzo debe dedicarse al mejoramiento del método actual o a la planeación de uno nuevo, los analistas evalúan el volumen esperado, la oportunidad de captar el negocio de nuevo, la vida del trabajo, la posibilidad de cambios en el diseño y el contenido del trabajo. Si se concluye que el trabajo es activo, se justifica un estudio detallado.

Una vez estimados la cantidad, la vida y el contenido del trabajo, los analistas de operaciones reúnen la información de manufactura. Ésta incluye todas la operaciones, las instalaciones usadas para realizarlas y los tiempos; los movimientos o transportes, las instalaciones para esos transportes y las distancias; todas las inspecciones, las instalaciones de inspección y los tiempos; todos los inventarios, almacenes y tiempos; todas las operaciones de venta junto con los precios; todos los dibujos y especificaciones de calidad y diseño. Después de reunir esta información que afecta calidad y costo, debe presentarse en forma adecuada para su estudio. Una de las maneras más efectivas es mediante los diagramas presentados en el capítulo 2. El analista debe revisar cada diagrama de operación e inspección y responder a varias preguntas, donde la más importante es "por qué":

1. "¿Por qué es necesaria esta operación?"
2. "¿Por qué esta operación se realiza de esta manera?"
3. "¿Por qué son tan pequeñas estas tolerancias?"
4. "¿Por qué se especificó este material?"
5. "¿Por qué se asignó a este tipo de operario para hacer el trabajo?"

La pregunta "por qué" sugiere enseguida otras preguntas, entre ellas, "cómo", "dónde" y "cuándo". Entonces el analista puede formular las preguntas:

1. "¿Cómo puede mejorarse esta operación?"
2. "¿Quién puede realizar mejor esta operación?"
3. "¿Dónde puede realizarse esta operación con menor costo o calidad más alta?"
4. "¿Cuándo debe realizarse la operación para minimizar el manejo de materiales?"

Por ejemplo, en el diagrama de proceso de la operación mostrado en la figura 2-7, los analistas pueden intentar responder a las preguntas de la tabla 3-1 para determinar si las mejoras sugeridas son prácticas. Las respuestas ayudan a iniciar la eliminación, combinación y simplificación de la operaciones.

Al obtener las respuestas a tales preguntas, los analistas se dan cuenta de otras preguntas que pueden conducir a mejoras. Las ideas parecen generar más ideas, y es común que los analistas experimentados desarrollen varias posibilidades de mejoramiento. Para esto deben mantener su mente abierta, de manera que algún fracaso previo no lo desanime para probar nuevas ideas.

Cuando se usan los nueve enfoques primarios de análisis en cada operación, la atención se centra en las partes que tienen más oportunidad de producir mejoras. Sin embargo, no todos estos enfoques se aplican a cada actividad de un diagrama de flujo; pero, en general, debe considerarse más de uno. El método de análisis recomendado es tomar cada paso del método actual y analizarlo, tomando en cuenta todos los puntos clave, con un enfoque claro y específico en las mejoras. Se sigue este mismo procedimiento en las subsecuentes operaciones, inspecciones, movimientos, almacenamientos, etcétera. Una vez analizado cada elemento, se estudia el producto completo y se vuelven a considerar todos los puntos de análisis y todas las posibilidades de mejora. Lo normal es que en todas las plantas surja un número ilimitado de oportunidades para mejorar los métodos. Para lograr los ahorros máximos, deben estudiarse con cuidado las operaciones individuales y colectivas como se describió. Siempre que ingenieros competentes y analistas del ramo sigan este procedimiento, se obtendrán resultados benéficos.

1. PROPÓSITO DE LA OPERACIÓN

Éste quizá sea el más importante de los nueve puntos del análisis de la operación. La mejor manera de simplificar una operación es formular una manera de obtener los mismos resultados o mejores sin costo adicional. La regla elemental de un analista es tratar de *eliminar* o *combinar* una operación antes de intentar mejorarla. En nuestra experiencia, casi 25% de las operaciones que se realizan en la industria estadounidense se pueden eliminar si se dedica suficiente estudio al diseño y al proceso.

En la actualidad se lleva a cabo mucho trabajo innecesario. En muchos casos, la tarea o el proceso no deben simplificarse o mejorarse, sino eliminarse por completo. Al eliminar una operación se ahorra el costo de la instalación de un método mejorado y no hay interrupciones o retrasos , pues no se desarrolla, prueba e instala tal método mejorado. No tiene que capacitarse a los operarios y la resistencia al cambio se minimiza cuando se elimina una tarea o actividad innecesaria. Respecto a la documentación, antes de desarrollar una forma de transferencia de información, el analista debe preguntarse "¿en realidad se nece-

TABLA 3-1
Preguntas que deben hacerse en la fabricación de mesas para teléfonos

Preguntas	Mejora del método
1. ¿Se puede comprar madera de maple blanco de 1 1/2" × 14" sin costo adicional por pie cuadrado?	Eliminar extremos desperdiciados en los tramos que no son múltiplos de 14".
2. ¿Se pueden conseguir tablas de maple compradas con cantos lisos y paralelos?	Eliminar las juntas de los extremos (operación 2).
3. ¿Se pueden comprar tablas al espesor requerido y por lo menos con una cara cepillada? En tal caso, ¿cuál sería el costo adicional?	Eliminar el cepillado al tamaño.
4. ¿Por qué no apilar dos tablas y cortarlas juntas en secciones de 14"?	Reducir el tiempo de 0.18 (operación 4).
5. ¿Qué porcentaje de unidades rechazadas se tendrá en la primera inspección?	Si el porcentaje es bajo quizá pueda eliminarse esta inspección.
6. ¿Por qué debe lijarse la cubierta por todos lados?	Eliminar el lijado de un lado de la cubierta y reducir el tiempo (operación 5).
7. ¿Se puede comprar la madera de pino amarillo en longitudes fijas de 11/2" × 3" sin costo adicional por pie cuadrado?	Eliminar los extremos desperdiciados en los tramos que no son múltiplos de 12".
8. ¿Se pueden conseguir tablas de pino compradas con cantos lisos y paralelos?	Eliminar el ensamble de un canto o arista.
9. ¿Se pueden comprar tablas para largueros al espesor requerido y con una cara cepillada? En tal caso, ¿cuál sería el costo adicional?	Eliminar el cepillado al tamaño.
10. ¿Por qué no apilar dos tablas o más y cortar las secciones de 14" al mismo tiempo?	Reducir el tiempo de 0.10 (operación 9).
11. ¿Qué porcentaje de rechazos se tiene en la primera inspección de largueros?	Si el porcentaje es pequeño, quizá pueda eliminarse la inspección.
12. ¿Es necesario lijar los largueros por todos lados?	Eliminar parte del lijado y reducir el tiempo (operación 10)
13. ¿Se puede comprar la madera de maple blanco en longitudes fijas de 2 1/2" × 2 1/2" sin costo adicional por pie cuadrado?	Eliminar los extremos desperdiciados en tramos que no son múltiplos de 16".
14. ¿Es posible usar un tamaño menor que 2 1/2" × 2 1/2"?	Reducir el costo del material.
15. ¿Se pueden comprar tablas de maple blanco con cantos lisos y paralelos?	Eliminar el ensamble de artistas o cantos.
16. ¿Se pueden comprar las piezas de las patas al espesor requerido y con sus lados cepillados? Si fuera así ¿cuál sería el costo adicional?	Eliminar el cepillado al tamaño.
17. ¿Por qué no apilar dos tablas o más y cortar las secciones de 14" al mismo tiempo?	Reducir el tiempo (operación 15).
18. ¿Qué porcentaje de rechazos se tendrá en la primera inspección de las patas?	Si el porcentaje es bajo, tal vez se pueda eliminar esta inspección.
19. ¿Por qué es necesario lijar las patas por todos lados?	Eliminar parte del lijado y reducir el tiempo (operación 16).
20. ¿Un sujetador facilitaría el ensamble de los largueros y la cubierta?	Reducir el tiempo de montaje (operación 11).
21. ¿Se podría hacer un muestreo en la primera inspección del ensamble?	Reducir el tiempo de inspección (operación 4).
22. ¿Es necesario lijar después de aplicar una capa de barniz claro?	Eliminar la operación 19.

sita la forma?" Con el avance de los sistemas controlados por computadora actuales debe reducirse la producción de formas y documentos.

Con frecuencia, las operaciones innecesarias son el resultado de una planeación inadecuada al establecer el trabajo. Una vez determinada la rutina estándar, es difícil cambiarla, aun cuando el cambio elimine una parte del trabajo y lo facilite. Al planear nuevos trabajos, el personal de planeación puede incluir una operación adicional si existe la posibilidad de rechazo del producto sin ese trabajo adicional. Por ejemplo, si al tornear una barra de acero existe la duda de si hacer dos o tres cortes para lograr un terminado de 40 micropulgadas, será inevitable que el planeador especifique tres cortes, incluso cuando un mantenimiento adecuado de las herramientas de corte, complementado por una alimentación y velocidad ideales, permitiría que el trabajo se hiciera con dos cortes.

Las operaciones innecesarias, a menudo surgen por un desempeño inadecuado de la operación anterior. Debe realizarse una segunda operación para "corregir" o dejar aceptable el trabajo de la primera. Por ejemplo, en una planta se pintaban con pistola de aire las armaduras de motores eléctricos colocadas sobre soportes y era imposible pintar la parte inferior de la armadura porque el soporte la obstruía. Entonces era necesario retocar las bases de las armaduras después de la pintura con pistola. El resultado de un estudio del trabajo fue rediseñar el soporte de manera que sostuviera la armadura y permitiera pintarla toda. Además, el nuevo soporte permitía pintar siete armaduras cada vez, mientras que con el método anterior sólo se pintaba una. Así, al tomar en cuenta que una operación innecesaria puede deberse al desempeño inadecuado de la operación anterior, fue posible eliminar la operación de retoque (vea la figura 3-1).

Como otro ejemplo, en la fabricación de engranes de gran tamaño, era necesaria una operación de pulido a mano para eliminar las ondulaciones en los dientes una vez formado el engrane. Una investigación reveló que las ondulaciones aparecían por contracciones y expansiones debidas a cambios de temperatura durante el día. Al encerrar la unidad completa e instalar un sistema de aire acondicionado, la compañía pudo mantener una temperatura adecuada durante todo el día. Las ondulaciones desaparecieron de inmediato y no fue necesario continuar con el pulido manual.

Para eliminar una operación el analista debe considerar la siguiente pregunta: "¿puede un proveedor externo realizar la operación a menor costo?" En un ejemplo, los cojinetes de bola comprados a un proveedor externo tenían que empacarse en grasa antes del ensamble. Un estudio de proveedores detectó que se podían comprar cojinetes "sellados de por vida" a otro proveedor y con un costo menor.

Los ejemplos dados en esta sección resaltan la necesidad de establecer el propósito de cada operación antes de intentar mejorarla. Una vez establecido que la operación es necesaria, los siguientes ocho pasos del análisis de la operación deben ayudar a determinar cómo mejorarla.

2. DISEÑO DE PARTES

Los ingenieros de métodos con frecuencia piensan que una vez aceptado el diseño, su único recurso es planear su manufactura económica. Aun cuando incluso es difícil introducir un pequeño cambio en el diseño, un buen ingeniero de métodos debe revisar todos los dise-

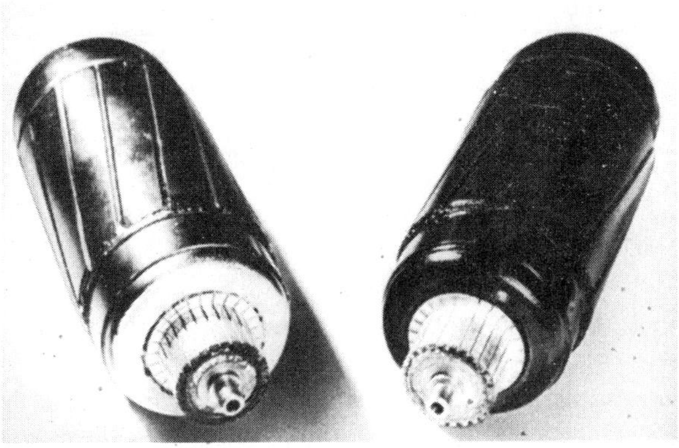

FIGURA 3-1
A. Armadura pintada al quitarla del soporte anterior y del nuevo

B. Armaduras en el soporte nuevo que permite pintarlas completas

ños en busca de mejoras posibles. Los diseños se pueden cambiar; si el resultado es una mejora y la actividad del trabajo es significativa, entonces el cambio debe realizarse.

Para mejorar el diseño, deben tomarse en cuenta las siguientes bases para obtener diseño de menor costo en cada componente y subensamble:

1. Simplificar los diseños para reducir el número de partes.
2. Reducir el número de operaciones y las distancias recorridas en la fabricación, ensamblando mejor las partes y facilitando el maquinado.
3. Utilizar mejores materiales.
4. Liberar tolerancias y apoyar la exactitud en las operaciones clave, en lugar de ser en una serie de límites estrechos.
5. Diseñar para la fabricación y el ensamble.

La General Electric Company resumió estas ideas para desarrollar diseños de costo mínimo en la tabla 3-2.

TABLA 3-2

Métodos para desarrollar diseños de costo mínimo

Fundición o colado

1. Eliminar núcleos de arena seca (horneada).
2. Minimizar profundidad para obtener piezas más planas.
3. Usar un peso mínimo congruente con un espesor suficiente para colar sin enfriar.
4. Elegir formas simples.
5. Las formas simétricas producen contracción uniforme.
6. Usar radios amplios, no esquinas.
7. Si las superficies han de ser exactas entre sí, deben formar parte del mismo modelo, si es posible.
8. Localizar las divisiones de manera que no afecten el aspecto o el uso y no tengan que pulirse o esmerilarse.
9. Especificar modelos múltiples en lugar de sencillos.
10. Modelos de metal preferibles a los de madera.
11. Usar moldes permanentes en vez de patrones de metal.

Moldeo

1. Eliminar inserciones de las partes.
2. Diseñar moldes con número mínimo de partes.
3. Usar formas simples.
4. Localizar las uniones de manera que no tengan que lijarse o pulirse.
5. Minimizar el peso.

Troquelado

1. Emplear partes troqueladas en lugar de moldeadas, fundidas, maquinadas o armadas.
2. Usar troquel "nestable" para economizar materiales.
3. Usar el mismo dado para agujeros que requieren relaciones exactas entre sí.
4. Diseñar para que se utilice material de rollo.
5. Diseñar el troquelado con distancia mínima al cizallado y resistencia máxima al dado con el menor número de movimientos.

Conformado

1. Usar piezas estiradas en lugar de soldadas o forjadas.
2. Estirados de poca profundidad, si es posible.
3. Radios amplios en las esquinas.
4. Usar doblado en lugar de estirado.
5. Usar conformado de tiras o alambres en lugar de troquelado de láminas.

Armado o ensamblado

1. Usar tornillos autorroscantes, no estándar.
2. Usar pasadores en lugar de tornillos estándar.
3. Remaches en lugar de tornillos.
4. Usar remaches huecos mejor que macizos.
5. Es mejor soldadura por puntos o salientes que remaches.
6. Usar soldadura directa en vez de la de aporte suave o fuerte.
7. Usar colado en matriz o moldeado en lugar de ensamble de varias piezas.

Maquinado

1. Usar maquinado de rotación en lugar de métodos rectilíneos (o cepillado).
2. Usar maquinado automático o semiautomático y no manual.
3. Reducir número de hombros o escalones.
4. Omitir acabado cuando sea posible.
5. Usar acabado áspero si es satisfactorio.
6. Dimensionar los dibujos desde el mismo punto que se usa para medición e inspección.
7. Usar rectificado sin centros en vez de entre centros.
8. Evitar conicidades y contornos conformados.
9. Permitir radio de entalle o rebaje en hombros.

Torneado

1. Eliminar una segunda operación.
2. Usar material con laminado en frío.
3. Diseñar para usar torneado en vez de roscado.
4. Usar roscas laminadas en vez de cortadas.

Soldadura

1. Usar armado en vez de colado o forjado.
2. Emplear tamaños mínimos de soldadura.
3. Es mejor soldar en posición a nivel, que vertical o sobre la cabeza.
4. Eliminar bordes biselados antes de soldar.
5. Usar contornos cortados con soplete en lugar de maquinados.
6. Acomodar las piezas para el mejor corte de placas rectangulares y evitar desperdicio.
7. Usar soldadura intermitente y no continua.
8. Diseñar soldaduras circulares o en línea recta para usar las máquinas automáticas.

Tratamiento y acabados

1. Reducir al mínimo el tiempo de horneado.
2. Usar secado con aire en lugar de horneado.
3. Usar menos capas o más delgadas.
4. Eliminar tratamiento y acabados por completo.

Ensambles

1. Hacer ensambles simples.
2. Realizar ensambles progresivos.
3. Hacer sólo un ensamble y eliminar pruebas.
4. Hacer las partes bien la primera vez para no requerir ajustes y retrabajo en el ensamble.

   Esto significa dibujos correctos con tolerancias adecuadas y partes hechas según éstos.

General

1. Reducir el número de partes.
2. Reducir el número de operaciones.
3. Reducir las distancias recorridas en la manufactura.

Fuente: Adaptado de las hojas de referencia del American Machinist, 12ª Ed., Nueva York, McGraw-Hill Publishing Co.

Los siguientes son ejemplos de métodos perfeccionados como resultado de considerar mejores materiales o procesos en un esfuerzo por mejorar el diseño.

1. Las cajas para tubo "conduit" se hacían de hierro colado. El diseño mejorado se fabrica con lámina de acero que da una caja más fuerte, ligera, agradable y menos costosa.
2. Un interruptor de latón usado en equipo de control se hacía como una pieza de colado en matriz. El diseño se alteró para poder usar un proceso de extrusión menos costoso. Las secciones extrusionadas se cortan a la longitud deseada para producir el interruptor (vea la figura 3-2).
3. La simplificación del diseño para obtener una unión mejor se usó en el ensamble de conductores terminales a los conductores eléctricos. La práctica original requería doblar hacia arriba el extremo de la terminal para formar un casquete que se llenaba con soldadura; después se estañaba el alambre del conductor, se insertaba en el casquete y se mantenía ahí hasta que se solidificaba la soldadura. El diseño alterado usa soldadura por resistencia para fijar el conector al conductor, lo que elimina las operaciones de formado y sumergido.
4. Un tornillo de mariposa para la cubierta de un motor se hacía con tres componentes: cabeza, pasador y espiga roscada. Las componentes se ensamblaban fijando la cabeza a la espiga con el pasador. Se desarrolló un tornillo de mariposa menos costoso redise-

FIGURA 3-2
A. Interruptor de latón rediseñado para usar un proceso de extrusión.

B. Nuevo diseño que muestra los cortes al tamaño de una sección extrusionada de latón.

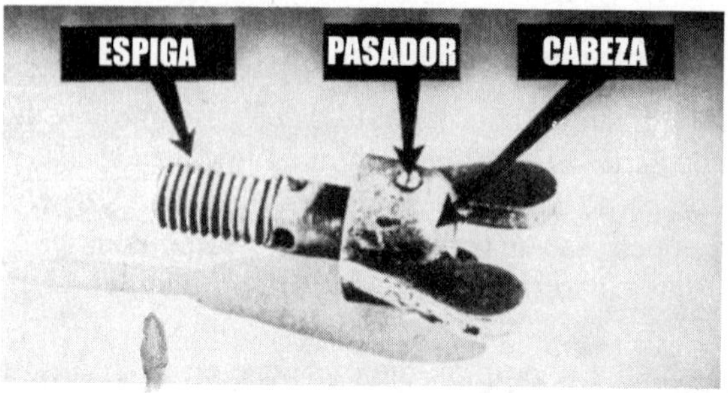

FIGURA 3-3
A. Modelo anterior de tornillo de mariposa en tres partes.

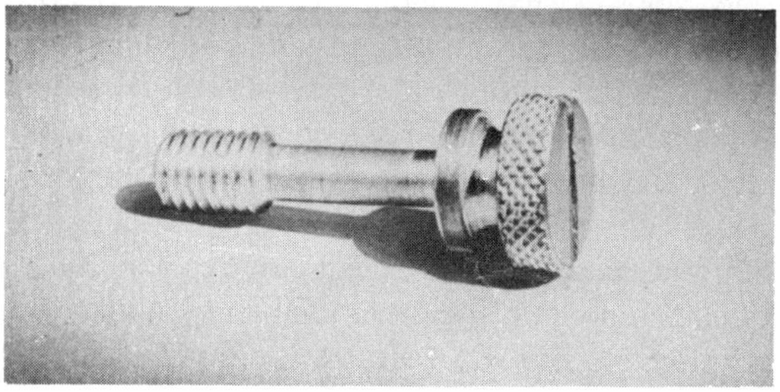

B. Diseño mejorado para el tornillo de mariposa, que es ahora de una pieza.

ñando la pieza para fabricarla en un torno automático capaz de producirla completa sin operaciones secundarias. El resultado del nuevo diseño fue una parte menos costosa que cumplía con los requerimientos de servicio y operación (vea la figura 3-3).

De la misma manera que existen oportunidades de mejorar la productividad con un mejor diseño de producto, se encuentran oportunidades similares para mejorar el diseño de las formas (en papel o computadora) empleadas en la industria o los negocios. Una vez confirmada la necesidad de una forma, deben estudiarse su recolección y el flujo de información. Los siguientes criterios se aplican al desarrollo de formas:

1. Mantener la sencillez en el diseño de formas, conservando la cantidad de información en un mínimo.
2. Proporcionar espacio suficiente para cada dato que permita distintos métodos para asentarlo (escritura, máquina de escribir, procesador de palabras).
3. La secuencia de información solicitada en un patrón lógico.
4. Codificar con colores la forma para facilitar la distribución y las rutas.
5. Proporcionar márgenes adecuados para ajustarse a procedimientos e instalaciones de archivo estándar.
6. Limitar las formas de computadora a una hoja.

3.
TOLERANCIAS Y ESPECIFICACIONES

El tercero de los nueve puntos del análisis de la operación se refiere a las tolerancias y las especificaciones que se relacionan con la calidad del producto, es decir, su habilidad para satisfacer una necesidad dada. Mientras las tolerancias y las especificaciones siempre se toman en cuenta al revisar el diseño, en general, esto no es suficiente; deben estudiarse independientemente de otros enfoques del análisis de la operación.

Los diseñadores pueden tender a incorporar especificaciones más rígidas de lo necesario al desarrollar el producto. Esto puede deberse a una falta de conocimiento de los costos y a la idea de que es necesario establecer tolerancias y especificaciones más estrechas para que los departamentos de manufactura produzcan dentro de la tolerancia real.

El analista de métodos debe conocer bien los detalles de costos y estar consciente del efecto que la reducción innecesaria de las tolerancias o rechazos puede tener en el precio de venta. La figura 3-4 ilustra la relación entre el costo y las tolerancias del maquinado. Si los diseñadores son demasiado estrictos al establecerlas, la administración debe emprender un programa de capacitación que presente con claridad la economía de las especificaciones. Además, debe estudiar el costo adicional de los productos por desperdicios o rechazos. En la actualidad sólo hay una manera de que una compañía sea competitiva: todas las partes de un producto deben fabricarse con las dimensiones precisas dadas en el dibujo. Desarrollar productos de calidad de modo que se reduzcan los costos es la primera regla del enfoque de la calidad instituido por Taguchi (1986). Este enfoque incluye combinar los métodos de ingeniería y estadística para lograr mejoras en costo y calidad mediante la optimización del diseño del producto y los métodos de manufactura.

Los dibujos de un fabricante indicaban una tolerancia de 0.0005 pulg en un anillo con reborde para un eje de motor DC. Las especificaciones originales tenían una tolerancia de 1.8105 a 1.8110 pulg en el diámetro interno. Esta tolerancia estrecha parecía necesaria porque el anillo se contraía sobre el eje. Una investigación reveló que una tolerancia de 0.003 pulg era adecuada para que se ajustara la contracción. El dibujo se cambió de inmediato a una especificación de 1.809 a 1.812 pulg en el diámetro interno. Este cambio eliminó la siguiente operación como resultado de que alguien cuestionó la necesidad de una tolerancia tan estrecha.

El analista debe estar pendiente de especificaciones demasiado liberales lo mismo que de las restrictivas. Cerrar una tolerancia a menudo facilita una operación de ensamble u otro paso subsecuente. Esto puede tener una buena evaluación en el sentido económico, aunque tal vez incremente el tiempo requerido para realizar una operación anterior al ensamble. En este contexto, el analista debe recordar que la tolerancia global es igual a la raíz cuadrada de la suma de los cuadrados de las tolerancias individuales que la constituyen.

El analista también debe tomar en cuenta el procedimiento ideal de inspección. Ésta es una verificación de la cantidad, calidad, dimensiones y desempeño. Por lo común, las inspecciones se realizan mediante diferentes técnicas: inspección puntual, lote por lote o del 100%. La inspección puntual es una verificación periódica para asegurar que se cumplen los estándares establecidos. Por ejemplo, una operación de silueteado y perforado sin precisión en una prensa perforadora debe contar con una inspección puntual para asegurar que se conserva el tamaño y la ausencia de rebabas. A medida que el dado se desgasta o al aparecer defectos en el material con que se trabaja , la inspección puntual detectará el problema a tiempo para hacer los cambios necesarios, sin generar un número grande de rechazos.

La inspección lote por lote es un procedimiento de muestreo en el que se examina una muestra para determinar la calidad de la corrida de producción o lote. El tamaño de la muestra depende del porcentaje permitido de unidades defectuosas y del lote de producción que se verifica. Una inspección del 100% consiste en revisar todas las unidades de

FIGURA 3-4
Relación aproximada entre el costo y las tolerancias de maquinado.

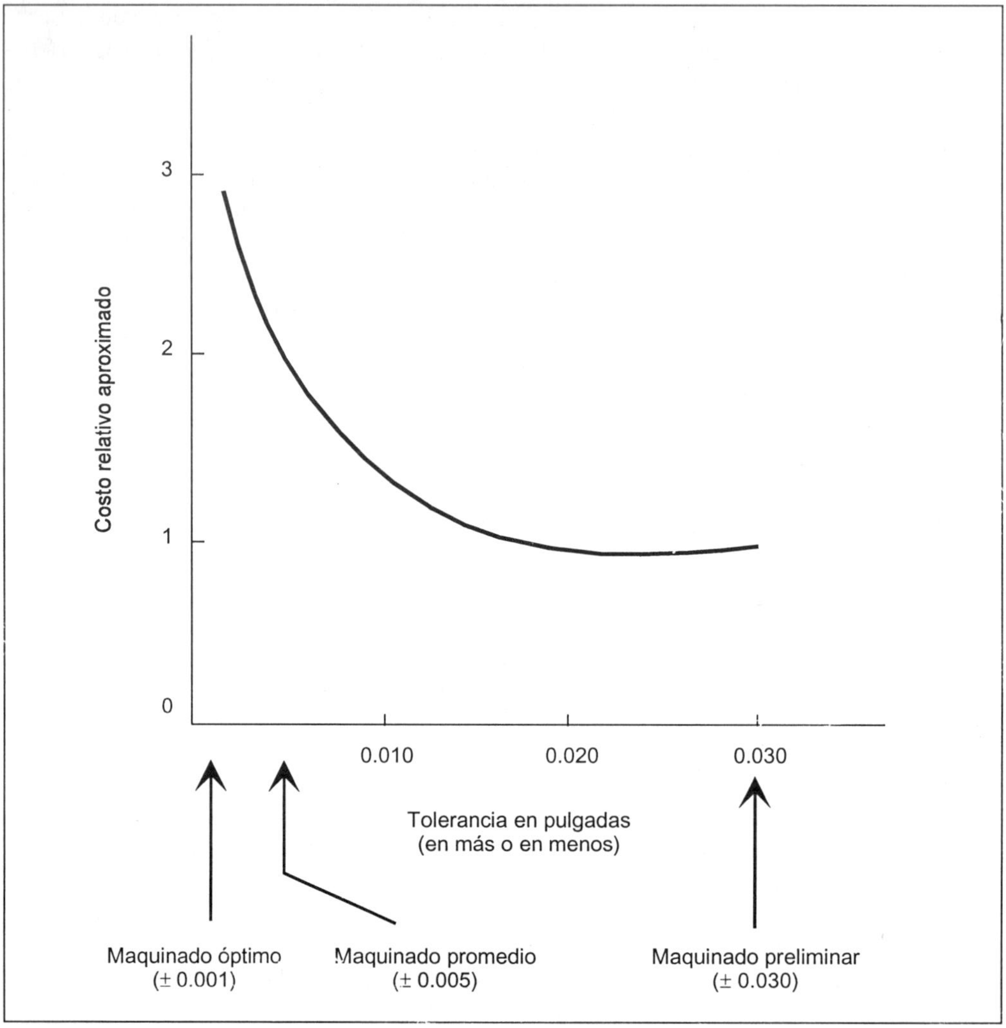

producción y rechazar las defectuosas. Sin embargo, la experiencia ha mostrado que este tipo de inspección no asegura un producto perfecto. La monotonía de la revisión tiende a crear fatiga y disminuye la atención del operador. El inspector puede pasar por alto algunas partes defectuosas o rechazar algunas aceptables. Como la inspección del 100% no asegura un producto perfecto, puede obtenerse una calidad aceptable con los métodos mucho más económicos de inspección puntual o lote por lote.

Por ejemplo, en un taller de producción por pedido, cierta operación de pulido automático tenía un rechazo normal de 1%. Someter los lotes a una inspección de 100% hubiera sido costoso. Así, la administración decidió, con ahorros apreciables, considerar que 1% era un porcentaje de defectos permitido y aun cuando esos productos pasarían por las operaciones de recubrimiento y acabado sólo para ser desechados en la inspección final antes del envío.

Investigando las tolerancias y especificaciones y tomando las medidas necesarias, la compañía puede reducir los costos de inspección, minimizar el desperdicio, disminuir los costos de reparación y mantener una calidad alta.

4. MATERIAL

Uno de los primeros puntos que el ingeniero considera al diseñar un nuevo producto es, "¿qué material debe usarse?" Como puede ser difícil elegir el material correcto debido a la gran variedad disponible, con frecuencia es más práctico incorporar un material mejor y más económico al diseño existente.

Los analistas de métodos deben examinar las siguientes posibilidades para los materiales directos e indirectos en un proceso:

1. Encontrar un material menos costoso.
2. Encontrar materiales que sean más fáciles de procesar.
3. Usar materiales de manera más económica.
4. Usar materiales de desecho.
5. Usar materiales y suministros de manera más económica.
6. Estandarizar los materiales.
7. Encontrar el mejor proveedor respecto a precio y disponibilidad.

Encontrar un material menos costoso

La industria realiza un desarrollo continuo de nuevos procesos para fabricar y refinar materiales. Existen publicaciones mensuales que presentan resúmenes del costo aproximado por libra de láminas, barras y placas de acero, y el costo de fierro, acero, aluminio y bronce fundidos, así como de resinas termoplásticas y termofraguadas y otros materiales básicos. Un material que no era competitivo en precio ayer, puede serlo hoy.

Una compañía usaba barras espaciadoras Micarta entre las bobinas de los transformadores. La separación de los bobinados permitía la circulación de aire. Una investigación reveló que los tubos de Micarta podían sustituirse por tubos de vidrio con ahorros considerables. El tubo de vidrio era menos costoso y cumplía mejor los requerimientos de servicio porque el vidrio soportaba temperaturas más altas. Más aún, los tubos huecos de vidrio permitían mayor circulación de aire que las barras sólidas Micarta.

Otra compañía también usaba un material de menor costo que satisfacía los requerimientos en la producción de transformadores de distribución. Originalmente se usaba una placa de porcelana para separar y sostener las terminales de los conductores que salían del transformador. La compañía encontró que una placa de cartón comprimido funcionaba igual y su costo era mucho más bajo.

Hoy, muchos plásticos compiten de manera efectiva con los metales y la madera. Por ejemplo, la figura 3-5 ilustra un cambio de material en la manufactura de engranes computarizados de bombas mecánicas para gasolina; se logró un ahorro de 13% por unidad al

FIGURA 3-5
Engrane computarizado de una bomba mecánica para gasolina. (Cortesía de Veeder Root Company subsidiaria de Danaher Co.)
A la izquierda aparece el engrane estampado y rectificado que se convirtió a un engrane de plástico, mostrado a la derecha. El engrane de acero ensamblado al cuerpo (derecha arriba) se convirtió a uno de plástico Delrin (abajo). El ensamble se muestra en el centro.

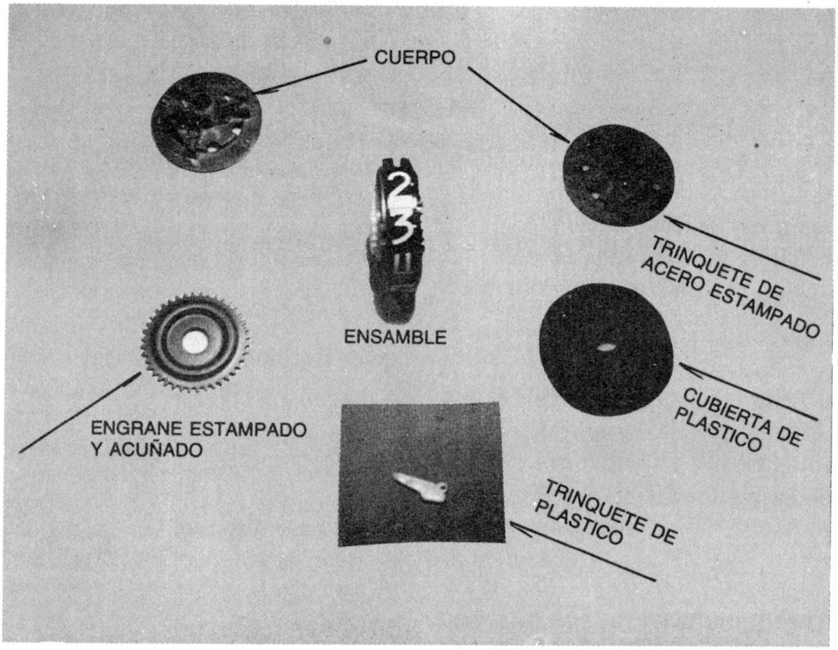

igual que $ 10 000 dólares anuales en mantenimiento de herramientas al convertir dos partes del ensamble de metal a plástico. El engrane se hacía antes de lámina de acero que debía ser formado, desrebabado y rectificado según la tolerancia. El nuevo engrane se moldeaba por inyección de plástico Delrin. De manera similar se cambió el engrane de acero troquelado y acuñado por un rediseño de termoplástico moldeado por inyección. El nuevo diseño del ensamble de la bomba se producía por 13 centavos menos y además resultó tener una confiabilidad mayor, no necesitar mantenimiento y proporcionar una vida de servicio más larga.

Los analistas de métodos deben recordar que, en general, artículos como válvulas, relevadores, cilindros de aire, transformadores, uniones de tubería, cojinetes, coples, pernos, herramientas y motores se pueden comprar a menor costo que el de fabricación.

Encontrar un material más fácil de procesar

Por lo común, es más sencillo procesar algunos materiales que otros. Referirse a los datos de propiedades físicas en los manuales ayuda a los analistas a discernir qué material tendrá la reacción más favorable para el proceso al que debe sujetarse en su transformación de materia prima a producto terminado. Por ejemplo, el maquinado varía inversamente con la dureza, y la dureza casi siempre varía directamente con la fuerza.

En la actualidad, los materiales más versátiles son compuestos reforzados. El moldeo de transferencia de resinas puede producir partes más complejas con mayores ventajas desde el punto de vista de calidad y tasas de producción, que casi todo el resto de los procedimientos de formado de metales y plásticos. Así, al especificar un plástico hecho de fibras de carbón reforzantes y epoxy, el analista puede sustituir una parte de metal por un compuesto con ventajas tanto de calidad como en costo.

Usar materiales de manera más económica

La posibilidad de usar los materiales de forma más económica es un área fértil para el análisis. Si la razón de material de desperdicio entre el de insumo del producto es alta, entonces debe estudiarse el logro de una mayor utilización. Por ejemplo, si el material que entra al molde de compresión de plástico se pesa antes, es posible usar sólo la cantidad exacta requerida para llenar la cavidad; también puede eliminarse el exceso de rebaba.

En otro ejemplo, la producción de troquelados en lámina de acero, si el esqueleto parece contener una cantidad indebida de material de desperdicio, se debe estudiar la posibilidad de pasar al siguiente ancho estándar de material y usar un dado múltiple. Si ya se usa un dado múltiple, los cortes deben distribuirse con cuidado para asegurar una utilización máxima del material. La figura 3-6 ilustra cómo un acomodo cuidadoso de las partes logra una utilización máxima de bajas existencias.

Muchos fabricantes de clase mundial encuentran no sólo deseable, sino necesario disminuir el peso de los diseños existentes. Por ejemplo, el automóvil promedio en 1999 debe disminuir su peso en 1200 libras para cumplir con la tasa de eficiencia de 80 millas por galón de gasolina para la siguiente generación de automóviles. Esta meta requiere que los diseñadores funcionales y los analistas de métodos apliquen reingeniería a muchas componentes. Por ejemplo, se puede esperar que un recubrimiento de acero inoxidable para reforzar el aluminio sustituya a las defensas cromadas, al igual que un mayor uso de plásticos y compuestos estructurales en lugar de las componentes de fierro. Se llevan a cabo reducciones de peso similares en mucho otros productos conocidos, como lavadoras, cámaras de video, videograbadoras, maletas, televisores, etc.

Hoy, la tecnología de recubrimientos en polvo sustituye a muchos otros métodos de acabado de metales. Los polvos para recubrimiento son partículas finamente divididas de polímeros orgánicos (acrílico, epoxy, poliéster o mezclas) que por lo común contienen pigmentos, rellenos y aditivos. Este recubrimiento consiste en la aplicación de una fórmula adecuada a un sustrato, que después se fusiona en una película continua mediante la aplicación de calor, formando un terminado protector y decorativo. En vista de los reglamentos ambientales que afectan las operaciones tradicionales de acabado de metales, como la galvanoplastia y la pintura por inyección de agua, el recubrimiento en polvo ofrece un medio más seguro y limpio. La metodología también puede proporcionar un acabado durable, atractivo y efectivo en costos para superficies metálicas en muchos productos comerciales, como repisas de alambre, cajas de control, enganches de trailer, medidores de agua, barandales, escaleras para barcos, particiones para oficinas, palas para nieve, y muchos otros.

FIGURA 3-6
Método de corte con soplete de placas laterales para cajas de engranes (observe el acomodo de punta y talón para aprovechar mejor la lámina). *Fuente:* General Electric Co.

Usar materiales de desecho

Con frecuencia los materiales se pueden recuperar en lugar de venderse como desperdicio. Los productos secundarios de una porción no trabajada o de desperdicio, pueden ofrecer posibilidades reales de ahorro. Por ejemplo, un fabricante de gabinetes de enfriamiento de acero inoxidable tenía secciones de 4 a 8 pulgadas de desperdicio por el corte. Un análisis identificó a las cubiertas para interruptores eléctricos como un posible producto secundario. Otro fabricante, después de recuperar el injerto de acero de las bobinas defectuosas de hule aglutinado, usó los cilindros huecos de hule como protección en los muelles para barcos y veleros.

Si no es posible desarrollar un producto secundario, entonces los materiales de desperdicio deben clasificarse para obtener un buen precio. Deben proporcionarse contenedores distintos para acero de herramientas, acero, latón, cobre y aluminio. Los encargados del barrido y acarreo deben recibir instrucciones de mantener el desperdicio separado. Por ejemplo, de los focos fundidos debe separarse el casquillo de latón y después de romper el vidrio y tirarlo debe removerse el filamento de tungsteno y almacenarse para obtener un valor residual alto. Muchas compañías guardan las cajas de madera de empaques y después las cortan en tablas estándar para hacer cajas más pequeñas para sus propios empaques. Esta práctica por lo común es económica y la han adoptado en muchas industrias grandes y en centros de servicio de mantenimiento.

Existen sólo unos cuantos ejemplos en la industria alimenticia. Un fabricante de tofu procesa las semillas, extrayendo el material proteínico comestible con centrifugado y le quedan toneladas de desperdicio de fibra. En lugar de pagar para que lo lleven a un relleno, lo regala a los granjeros locales como alimento para cerdos, con la condición de que lo recojan. De manera similar, los empacadores de carne utilizan todas las partes de una vaca: pieles, huesos, incluso la sangre, todas menos el "muuu".

Usar herramientas y suministros de manera más completa

La administración debe promover el uso completo de todos los suministros de la planta. Un fabricante de equipo introdujo la política de no distribuir más alambre de soldadura a los trabajadores si no entregaban las puntas de menos de 2 pulgadas del que estaban usando. El costo de la soldadura se redujo de inmediato más de 15%. La soldadura directa o con metal fuerte es, en general, la manera más económica de reparar herramientas de corte costosas, como brocas, herramientas de forma especial y cuchillas de fresadora. Si la costumbre en la compañía es descartar estas herramientas cuando se rompen, el analista debe investigar el potencial de ahorro de un programa de recuperación de herramientas.

Los analistas también deben buscar la manera de utilizar las partes no desgastadas de ruedas de amolar, discos de esmeril y otros. Además, los guantes y trapos no deben desecharse sólo porque están manchados. Guardarlos sucios y luego lavarlos es más barato que reemplazarlos. El analista de métodos puede hacer una contribución real a la compañía si minimiza el desperdicio, que en la actualidad significa una quinta parte del material.

Estandarizar materiales

El analista de métodos debe tomar en cuenta la posibilidad de estandarizar los materiales. Debe minimizar el número de tamaños, formas, grados, etcétera de cada material utilizado en los procesos de producción y ensamble. Los ahorros típicos como resultado de reducir los tamaños y grados de los materiales empleados incluyen los siguientes:

- Las órdenes de compra se hacen por cantidades mayores, que casi siempre quiere decir menor costo por unidad.
- El nivel de inventarios es menor, pues es menos el material que debe tenerse en reserva.
- Necesitan realizarse menos registros de inventario.
- Deben pagarse menos facturas.
- Se requieren menos espacios para los materiales en el almacén.
- La inspección por muestreo reduce el número total de partes inspeccionadas.
- Se requieren menos presupuestos y órdenes de compra.

La estandarización de materiales, lo mismo que otras técnicas de mejoramiento de métodos, es un proceso continuo. Requiere la cooperación constante de los departamentos de diseño, planeación de la producción y compras.

Encontrar el mejor proveedor respecto a precio y disponibilidad

Para la gran mayoría de los materiales, suministro y partes, varios proveedores darán diferentes precios, niveles de calidad, tiempos de entrega y la posibilidad de mantener inventarios. Es usual que la responsabilidad de localizar el proveedor más favorable recaiga en el departamento de compras. Sin embargo, el mejor proveedor del año pasado puede no serlo ahora. El analista de métodos debe promover que el departamento de compras pida de nuevo presupuestos de los materiales, suministros y partes más costosos para obtener mejores precios y calidad y para incrementar la disponibilidad de los proveedores cuando estén de acuerdo en mantener inventarios para sus clientes. Es común que el analista de métodos logre reducciones de 10% en el costo de materiales y de 15% en inventarios con este enfoque para los departamentos de compras.

Quizá la razón más importante del éxito continuo del sector de manufactura en Japón es el *keiretsu*. Ésta es una forma de organizar los negocios y la manufactura que enlaza a los negocios. Se puede interpretar como una red de relaciones entre fabricantes —a menudo entre los grandes fabricantes y sus proveedores. Así, compañías como Hitachi y Toyota y otros competidores internacionales adquieren las partes de sus productos de proveedores constantes que proporcionan la calidad requerida y buscan el perfeccionamiento para ofrecer mejores precios a las compañías de su red. Los departamentos de compras conscientes pueden casi siempre crear relaciones con sus proveedores comparados con las de la llamada producción *kereitsu*.

5. SECUENCIA Y PROCESOS DE MANUFACTURA

Conforme la tecnología de manufactura del siglo XXI elimine la fabricación con mano de obra para dar paso a los procedimientos de capital intensivo, los ingenieros de métodos tendrán que enfocarse al ensamble y maquinado multifuncional y de multiejes. El equipo moderno es capaz de cortar a mayores velocidades con más exactitud en máquinas rígidas y flexibles que emplean materiales avanzados para control y herramental. Las funciones de programación permiten mediciones en procesos y después del proceso para la sensibilidad y ajuste de las herramientas, que dan como resultado un control de calidad del que se puede depender.

Los ingenieros de métodos deben entender que el tiempo dedicado al proceso de manufactura se divide en tres pasos: planeación y control de inventarios, operaciones de preparación y manufactura en proceso. Todavía más, es frecuente encontrar que estos procedimientos, en suma, sólo tienen una eficiencia cercana a 30% desde el punto de vista del mejoramiento de los procesos.

Para perfeccionar el proceso de manufactura, el analista debe considerar lo siguiente: 1) reorganización de las operaciones; 2) mecanización de las operaciones manuales; 3) utilización de instalaciones mecánicas más eficientes; 4) operación más eficiente de las instalaciones mecánicas; 5) fabricación cerca de la forma final, y 6) uso de robots.

Reorganización de las operaciones

Con frecuencia se obtienen ahorros al reorganizar las operaciones. Como ejemplo, la brida de la caja de conexiones de un motor eléctrico requería cuatro perforaciones, una en cada esquina. Además, la base debía ser plana y lisa. Originalmente, el primer operario esmerilaba la base y después usaba un taladro para hacer las perforaciones. La operación de perforar dejaba rebabas que debían quitarse en un paso posterior. Se reorganizó la operación para que se hicieran primero las perforaciones y luego se lijara la base, con lo que el analista eliminó la operación de quietar rebabas. El esmeril las removía automáticamente.

Combinar operaciones casi siempre reduce costos. Por ejemplo, un fabricante producía soportes para el motor y la caja de salida de ventiladores eléctricos. Después de pintar las partes por separado, los operarios las remachaban para unirlas. Se obtuvieron ahorros considerables en tiempo al remachar la caja de salida al soporte del motor antes de la operación de pintura.

En otro caso, el mercado de casquillos de cabezas de cilindros de aluminio se incrementa y las fundidoras encuentran que pueden ahorrar en costos si cambian del colado en moldes de acero a un proceso de espuma perdida. La espuma perdida es un procedimiento de colado que usa un molde desechable de poliestireno rodeado de una delgada capa de cerámica. El colado en molde de acero requiere una gran cantidad de maquinado posterior. En comparación, el proceso de espuma perdida reduce el maquinado y también elimina los costos de disponer de la arena, asociados con el colado en moldes de acero.

Sin embargo, antes de cambiar una operación, el analista debe estudiar los posibles efectos en detrimento de las operaciones subsecuentes en la línea. Reducir el costo de una operación puede tener como resultado costos más altos en otras operaciones. Por ejemplo, un cambio recomendado en la manufactura de bobinas de campo de CA tuvo el efecto global de mayores costos y por lo tanto resultó impráctico. Las bobinas de campo se hacían de tiras de cobre pesadas que se aislaban con cinta de mica después de formadas. La cinta de mica se aplicaba a mano sobre partes ya enrolladas. La compañía decidió aislar en una máquina las bandas de cobre antes de enrollarlas. Esto fue contraproducente pues al enrollar la cinta de mica se quebraba y necesitaba reparaciones tardadas antes de poder aceptar el producto (vea la figura 3-7).

Mecanización de operaciones manuales

Cualquier analista de métodos que ejerce en la actualidad, debe tomar en cuenta el uso de equipo y herramientas automáticos y de propósitos específicos, en particular, si las cantidades de producción son grandes. Sobresalen entre los últimos ofrecimientos a la industria, las máquinas de control programado, de control numérico (CN) y de control por computadora (CNC) y otros equipos. Todas ellas logran ahorros sustanciales en costos de mano de obra y las siguientes ventajas: reducción de inventario en proceso, menos partes dañadas por manejo, menor desperdicio, disminución del espacio en la planta y reducción del tiempo de producción. Por ejemplo, una compañía experimentó 40% de ahorros en mano de obra directa en el maquinado de una componente de precisión de acero inoxidable (vea la figura 3-8). Antes de la adquisición del equipo CNC se usaban tres máquinas con un total de ocho herramientas de corte para producir la parte. Con el cambio en el

FIGURA 3-7
El aislado a máquina de las tiras de cobre no fue satisfactorio en la manufactura de bobinas de campo AC.
A. Método de formado de bandas de cobre gruesas.

B. Bobinas forradas a mano

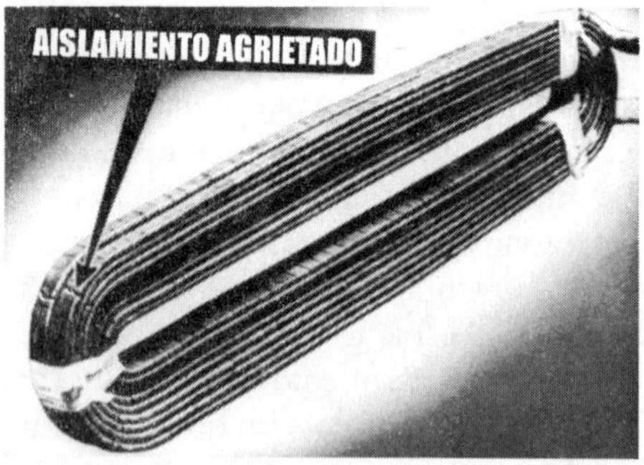

C. Aislamiento agrietado en bobinas forradas con máquina antes de formarlas

FIGURA 3-8

Maquinado de la placa superior de un humidificador de pulsos. (*Cortesía de Scientific Systems Inc.*)

La figura 3-A muestra el maquinado completo de la placa. Esta parte de precisión de acero inoxidable se maquina en un centro de máquinas CNC Bridgeport usando CAM. Se emplean siete herramientas del carrusel de 24 posiciones. Se obtuvo 40% de ahorro al cambiar el maquinado de esta parte que se hacía con tres operaciones en tres máquinas diferentes. (Vea las figuras 3-8B, 3-8C y 3-8D).

A.

B.

C.

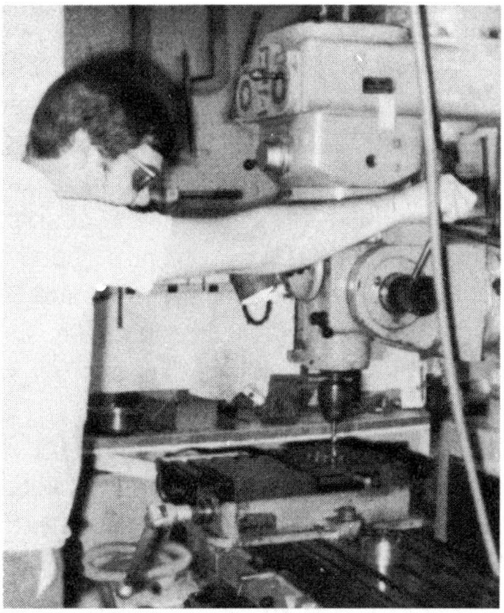

D.

método se obtuvo un ahorro de 60% de espacio en la planta, se redujeron los rechazos y se disminuyó el inventario en proceso.

Otros equipos automáticos incluyen: desarmadores, taladros múltiples, máquinas de barrenar y roscar; máquinas herramienta indexadas, máquinas de fundición que combinan moldeo, vaciado, mezclado y rectificado, y equipos para acabados de pintura y recubrimiento metálico. El uso de herramientas automáticas para ensamble como desarmadores eléctricos, martillos neumáticos o eléctricos y alimentadores mecánicos, con frecuencia es más económico que usar herramientas manuales.

Para ilustrar, una compañía que produce ventanas especiales usaba métodos manuales para presionar los rieles en ambos extremos de la placa de vidrio que se había cubierto con una envoltura de hule sintético. Las placas de vidrio se sostenían en posición con dos paletas con cierre neumático. El trabajador tomaba un riel, lo posicionaba sobre el extremo del vidrio, tomaba un mazo y martillaba el riel a su posición sobre el vidrio. La operación era lenta y ocasionaba muchos desórdenes en músculos y esqueleto a los trabajadores. Además, el desperdicio era grande por los vidrios rotos con el martilleo. Se diseñó una nueva instalación que presionaba los rieles neumáticamente en la placa de vidrio sobre la envoltura sintética. Los trabajadores aceptaron la nueva instalación con entusiasmo porque resultaba mucho más sencillo realizar el trabajo; los problemas de salud desaparecieron, la productividad aumentó y los vidrios rotos disminuyeron casi a cero.

La aplicación de la mecanización no sólo se dirige a las operaciones de un proceso, también a la documentación. Por ejemplo, las aplicaciones de los códigos de barras pueden ser muy valiosas para el analista de operaciones. Estos códigos pueden introducir con rapidez y exactitud una gran variedad de datos. Las computadoras pueden después manipularlos según el objetivo deseado, como contar y controlar el inventario, establecer rutas específicas para los artículos a través del proceso o identificar el estado de avance y el operario que trabaja en cada pieza del trabajo en proceso.

Utilización de instalaciones mecánicas más eficientes

Si una operación se hace en forma mecánica, siempre existe la posibilidad de un medio más eficiente de mecanización. En una compañía, por ejemplo, las raíces de los álabes de turbina se maquinaban realizando tres operaciones de fresado. Tanto el tiempo de ciclo como el costo eran altos. Al introducir el fresado externo, las tres superficies se acababan al mismo tiempo con ahorros considerables de tiempo y costo. Otra compañía pasó por alto la posibilidad de utilizar una prensa. Este proceso es uno de los más rápidos para conformado. Una pieza estampada tenía cuatro agujeros que se perforaban después del estampado. Usando un dado diseñado para las perforaciones, el trabajo se pudo realizar en sólo una fracción del tiempo de perforado.

La mecanización del trabajo no sólo se aplica al trabajo manual. Por ejemplo, una compañía de la industria alimenticia verificaba el peso de diferentes líneas de productos con una balanza. Este equipo requería que el operador observara el peso, lo registrara en una forma y realizara algunos cálculos. Un estudio de ingeniería de métodos recomendó la introducción de un sistema de control estadístico del peso. Con el método mejorado, el operador pesa el producto en una báscula digital programada para aceptarlo dentro de cierto intervalo de pesos. Al pesar el producto, la información se transfiere a una computadora personal que compila la información e imprime el informe deseado.

Operación más eficiente de las instalaciones mecánicas

Una buena regla para el analista de métodos es "diseña para hacer el doble a la vez". Por lo común, una operación con dados múltiples en una prensa es más económica que la de una sola etapa. Las cavidades múltiples en procesos de fundición, moldeo y otros semejantes son opciones a considerar si se trata de un volumen suficiente. En las operaciones de maquinado el analista debe estar seguro de que se usa la alimentación y las velocidades adecuadas. Investigar el afilado de las herramientas de corte para obtener el mejor desempeño. Verificar si esas herramientas están bien colocadas, si se usa el lubricante correcto y si la máquina está en buenas condiciones y recibe el mantenimiento apropiado. Muchas máquinas operan a una fracción de su capacidad. Esforzarse por operar las instalaciones mecánicas de forma más eficiente casi siempre da beneficios.

Fabricación cerca de la forma final

Al usar un proceso de manufactura que produce componentes con casi la forma final se puede maximizar la utilización del material, reducir el desperdicio, minimizar el procesamiento secundario como maquinado y acabados, y permite la manufactura con materiales menos dañinos al medio ambiente. Por ejemplo, formar partes con metales en polvo (PM) en lugar del moldeo convencional, a menudo proporciona una fabricación cercana a la forma final para muchas componentes y, por ende, ahorros económicos drásticos, al igual que ventajas funcionales. En el caso de bielas formadas con PM, se ha informado que se obtienen reducciones en la masa alternativa, con resultados de menor ruido y vibración, al igual que menores costos.

Uso de robots

Por razones de costo y productividad, tiene algunas ventajas analizar el uso de robots en muchas áreas de manufactura (vea la figura 3-9). Por ejemplo, las áreas de ensamble incluyen trabajo que en general tiene un alto costo de mano de obra, que en algunos casos es responsable de la mitad de los costos de manufactura. La ventaja principal de integrar un robot moderno en el proceso de ensamble es su flexibilidad inherente. Se pueden ensamblar múltiples productos en un solo sistema y es posible reprogramarlos para manejar distintas tareas con variaciones en las partes. Además, el ensamble con robots proporciona una calidad consistente y repetible con una producción predecible.

La vida normal de un robot es alrededor de 10 años. Si se le da mantenimiento y se usa para mover cargas adecuadas, esta vida se puede extender hasta 15 años. En consecuencia, la depreciación del costo de un robot es relativamente baja. También, si su tamaño y configuración dados son adecuados, se puede usar en varias operaciones. Por ejemplo, un robot

FIGURA 3-9
Ilustración de algunas aplicaciones comunes de los robots industriales.
En a), se muestra un robot para soldadura, pero lo común es que cierto número de robots se usen en una línea b), un robot descarga máquinas fundidoras, realiza operaciones de templado y carga material en una prensa. La línea de maquinado se utiliza para producir alojamientos de levas c). La línea de ensamble d) emplea una combinación de robots, alimentadoras de partes y operarios humanos.

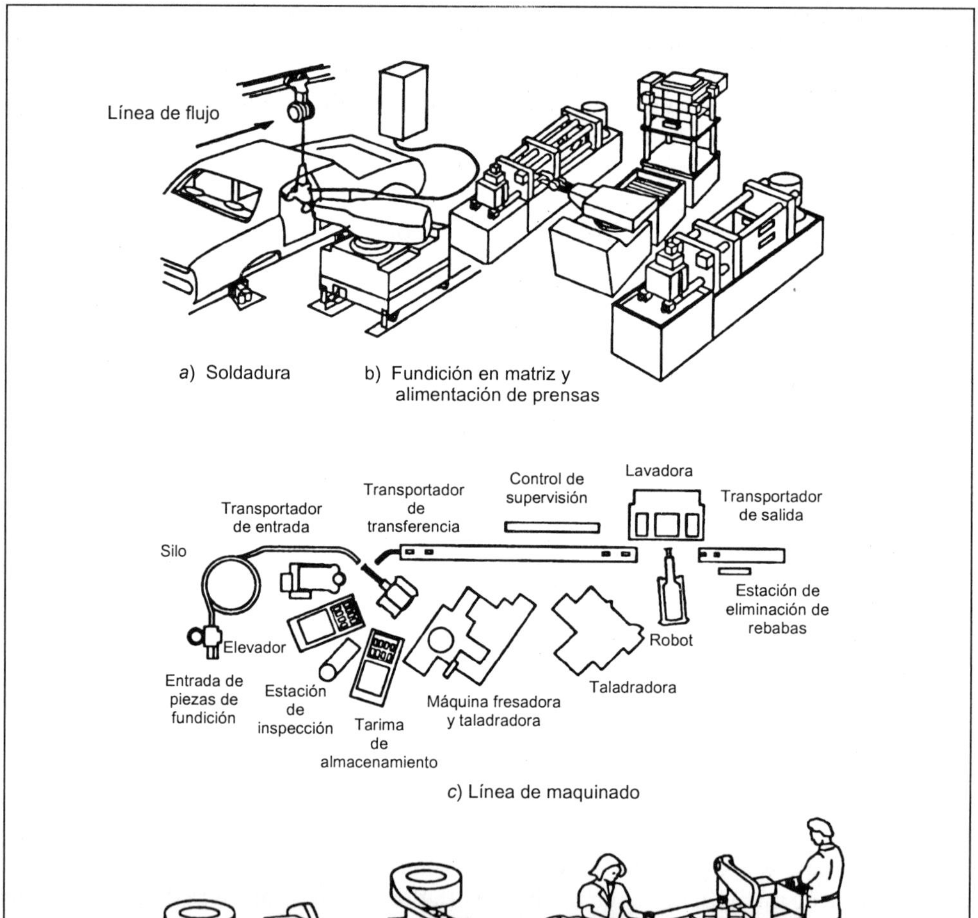

se puede usar para cargar una instalación de troquelado, cargar un tanque de extinción, cargar y descargar una operación de forja a martinete, cargar una placa de vidrio en una operación de lavado, y así sucesivamete. En teoría, un robot del tamaño y configuración correctos se puede programar para hacer cualquier trabajo.

Además de las ventajas de productividad, los robots ofrecen ventajas de seguridad. Se pueden usar en centros que ponen en peligro al trabajador por la naturaleza del proceso (vea el capítulo 6). Por ejemplo, en el proceso de forja a martinete, existe un gran peligro si el metal caliente salpica durante la inyección en la cavidad de la forja. Una de las aplicaciones originales de los robots fue la forja. En una compañía, un robot de cinco ejes desarrollado por Unimation Inc., sirve a una máquina de forjado de 600 toneladas, controlada por microprocesadores. En la operación, el robot posiciona el molde al abrirse, agarra el colado por la guía y despeja la cavidad. Al mismo tiempo, inicia la lubricación automática. El robot expone el colado a un escáner infrarrojo y después da instrucciones a la máquina para que acepte un nuevo producto. Deposita el colado en una estación de salida para el desbaste. Aquí, un operario lejos de la máquina de forja desbasta, sin correr peligro, el colado preparándolo para las operaciones subsecuentes.

Los fabricantes japoneses de vehículos de motor han hecho mucho hincapié en el uso de robots para soldadura. En Nissan Motors, 95% de la soldadura de vehículos se realiza con robots; Mitsubisho Motors informó que 70% de la soldadura se realizaba con robots. En estas compañías, el tiempo muerto de los robots tiene un promedio menor a 1%.

6. PREPARACIONES Y HERRAMIENTAS

Uno de los elementos más importantes de todas las formas de trabajo, herramientas y preparaciones es su economía. La cantidad de herramental que proporciona las mayores ventajas depende de: 1) la cantidad de producción, 2) lo repetitivo del negocio, 3) la mano de obra, 4) los requerimientos de entrega y 5) el capital necesario.

El error más importante entre los planeadores y los fabricantes de herramientas es comprometer el dinero en herramientas que muestran grandes ahorros al usarlas, pero que rara vez operan. Por ejemplo, un ahorro de 10% en el costo de mano de obra directa en un trabajo constante quizá justifique un gasto más elevado en herramientas, que ahorros de 80% o 90% en pequeños trabajos que aparecen en los programas de producción sólo unas cuantas veces al año. (Éste es un ejemplo del análisis de Pareto del capítulo 2). La ventaja económica de menores costos de mano de obra es el factor de control al determinar las herramientas; en consecuencia, los dispositivos sencillos pueden ser una buena opción, aun cuando se usen para pequeñas cantidades. Otras consideraciones, como la mejora en los intercambios, mayor exactitud o reducción de problemas con la mano de obra, pueden ser razones dominantes para trabajar con herramientas elaboradas, aunque éste no es el caso normal. Un ejemplo del trueque entre los costos de dispositivos y herramientas se analiza en el capítulo 7 en la sección de gráficas de punto de equilibrio.

Una vez determinada la cantidad de herramental necesaria (o la cantidad ideal si ya se tiene el herramental), deben evaluarse las características específicas de los diseños más favorables para la producción. Éstas se describen en la lista de evaluación de preparaciones y herramientas mostrada en la figura 3-10.

FIGURA 3-10

Lista de evaluación de preparaciones y herramientas

Dispositivos	**Sí**	**No**
1. ¿Puede usarse el mismo dispositivo para otros productos?	❑	❑
2. Este dispositivo, ¿puede ser similar a otro que se haya usado con ventajas? Si así es, ¿cómo puede mejorarse?	❑	❑
3. ¿Pueden usarse materiales del almacén para hacer el dispositivo?	❑	❑
4. ¿Es posible incrementar la producción si se coloca más de una parte en el dispositivo?	❑	❑
5. ¿Pueden removerse con rapidez las virutas del dispositivo?	❑	❑
6. ¿Son fuertes los sujetadores de manera que no se pandeen al apretarlos para fijar la parte al dispositivo?	❑	❑
7. ¿Puede usarse una llave de tuercas común con el dispositivo?	❑	❑
8. ¿Es posible evitar el uso de fresas, portaherramientas y collarines especiales?	❑	❑
9. ¿Es preciso el elemento de posicionamiento en dispositivos de tipo rotatorio?	❑	❑
10. ¿Puede usarse el dispositivo sobre una cabeza de posicionamiento rotatorio estándar?	❑	❑
11. ¿Es posible diseñar el dispositivo para que maneje más de una operación a la vez?	❑	❑
12. ¿Queda el trabajo suficientemente cerca de la mesa de la fresadora?	❑	❑
13. ¿Puede calibrarse el trabajo en el dispositivo? ¿Puede usarse un calibrador de resorte?	❑	❑
14. ¿Pueden usarse pasadores para ayudar a sujetar la pieza mientras es fresada?	❑	❑
15. ¿Se han colocado resortes en todos los sujetadores?	❑	❑
16. ¿Se han templado todos los puntos de contacto, sujetadores, etcétera de acero?	❑	❑
17. ¿Se está usando el tipo más sencillo de plantillas?	❑	❑
18. ¿Se está usando un tornillo de doble o triple rosca al sostener el trabajo, para sacarlo con menos vueltas y quitar la parte más rápido?	❑	❑
19. ¿Podría el herramentista hacer la plantilla?	❑	❑
20. ¿Tienen las patas de la plantilla el largo adecuado para permitir el paso del taladro, escariador o vástago del escariador, sin que llegue a la mesa del taladro?	❑	❑
21. ¿Es la plantilla suficientemente ligera para manejarla con facilidad?	❑	❑
22. ¿Tiene la plantilla identificación con número de localización en el almacén y números de partes que ayuden a la producción?	❑	❑
23. ¿Tiene la parte los soportes adecuados para que la fuerza de sujeción no lo dañe?	❑	❑

Partes	**Sí**	**No**
1. ¿Ha pasado la parte por operaciones previas? Si es así, ¿puede alguna de sus superficies usarse como localizador o matriz?	❑	❑
2. ¿Puede la parte colocarse en el dispositivo con rapidez?	❑	❑
3. ¿Puede la parte removerse del dispositivo con rapidez?	❑	❑
4. ¿Está la parte sostenida con firmeza para que no se suelte, afloje o vibre al hacer un corte? (El corte debe hacerse contra la parte sólida del dispositivo y no contra el sujetador)	❑	❑
5. ¿Puede fresarse la parte en un sujetador estándar y evitar un dispositivo costoso?	❑	❑
6. Si el fresado es angular, ¿podría simplificarse el dispositivo usando un ángulo de fresa ajustable estándar?	❑	❑
7. ¿Pueden colarse orejas de sujeción en la parte que se maquina para sostenerla mejor?	❑	❑
8. ¿Se pusieron notas en el dibujo o marcas en las piezas sueltas que indiquen la plantilla en que se trabajan, de manera que si se pierden o colocan mal puedan encontrarse?	❑	❑
9. ¿Se han redondeado todas las esquinas necesarias?	❑	❑

Perforaciones	**Sí**	**No**
1. ¿Absorbe el dispositivo el choque del taladro?	❑	❑
2. ¿Podrían usarse pasadores o tornillos para sujetar la pieza mientras se taladra?	❑	❑
3. ¿Son los bujes del taladro suficientemente cortos para no necesitar extensiones?	❑	❑
4. ¿Están localizados los sujetadores para resistir o ayudar a resistir la presión del taladro?	❑	❑
5. ¿Tiene el taladro las velocidades necesarias para hacer toda clase de perforaciones?	❑	❑
6. ¿Pueden evitarse los aditamentos de corrección del taladro?	❑	❑
7. No es práctico taladrar y escariar varios agujeros pequeños y sólo uno grande en la plantilla, pues es posible hacer los pequeños más rápido en un taladro chico y sólo el grande en la plantilla de la máquina más grande.		
a. ¿Es más económico hacer la perforación grande en otra plantilla?	❑	❑
b. ¿Tendría la precisión suficiente?	❑	❑

Otros	**Sí**	**No**
1. ¿Puede diseñarse un calibrador o agregarse sujetadores para ayudar al operario a colocar las fresas o cuchillas o verificar el trabajo?	❑	❑
2. ¿Hay suficiente espacio para que los collarines pasen sobre la pieza sin golpearla?	❑	❑

Las preparaciones tienen una relación estrecha con el herramental porque es inevitable que éste determine el tiempo de preparación y desmantelado. Cuando se habla de tiempo de preparación se incluyen elementos como llegar al trabajo, recibir instrucciones, dibujos, herramientas y material; prepara la estación de trabajo para iniciar la producción en la forma prescrita (preparar herramientas, ajustar los paros: alimentación, velocidad y profundidad de corte; etcétera); desmantelar la preparación y regresar las herramientas.

Las operaciones de preparación son en particular importantes en la producción por pedido, donde las corridas tienden a ser pequeñas. Aunque este tipo de planta tenga instalaciones modernas y haga un gran esfuerzo, quizá tenga dificultad en competir si las preparaciones son demasiado tardadas por mala planeación y herramientas ineficientes. Cuando la razón del tiempo de preparación entre el de producción es alta, se pueden desarrollar varias posibilidades para mejorar la preparación y el herramental. Una opción atractiva es un sistema de tecnología de grupos.

La esencia de la tecnología de grupos es la clasificación de las distintas componentes de los productos de una compañía, de manera que las partes de forma y secuencia de procesado similares se identifican numéricamente. Las partes que pertenecen a la misma familia como anillos, mangas, discos y collarines se programan para producción en el mismo periodo en una línea de propósito general dispuesta en la secuencia de operación óptima. Como el tamaño y la forma de las partes en una familia dada varía bastante, casi siempre la línea está equipada con dispositivos de tipo universal de acción rápida.

Este tipo de línea puede tener una mayor producción, tiempos de preparación menores, mayor utilización de máquinas, menor manejo de materiales, tiempos de ciclo más cortos y mejora en los costos. El diseño y desarrollo de dispositivos de tipo universal significa que se requiere menos equipo y que se reducen los costos ocultos como el de almacenamiento de herramientas y de obsolescencia.

Como ejemplo, la figura 3-11 ilustra un sistema de agrupamiento dividido en nueve clases. Observe la similitud de las partes en cada columna. Si se maquinara un eje con roscas externas con mandrilado parcial en un extremo, la parte se identificaría en la clase 206.

Para mejorar los métodos, se deben analizar la preparación y las herramientas para: 1) reducir el tiempo de preparación con planeación, métodos y control de la producción mejores; 2) usar toda la capacidad de la máquina, y 3) usar herramientas más eficientes.

FIGURA 3-11
Sistema de agrupamiento para tecnología de grupos

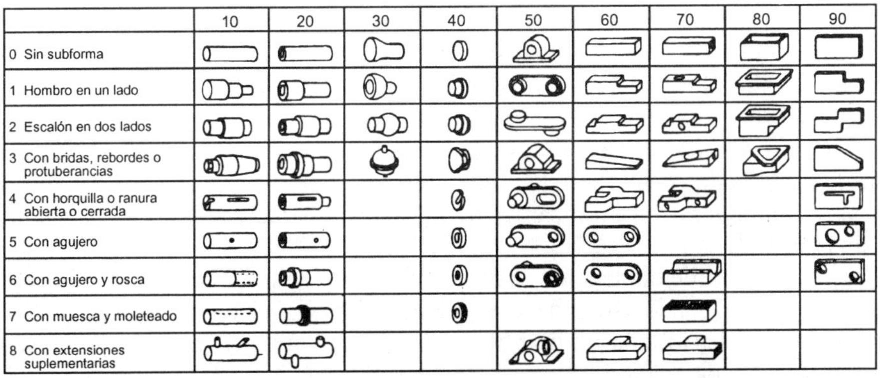

Reducción del tiempo de preparación

Las técnicas justo a tiempo (JIT), que han ganado aceptación en los últimos años, resaltan la reducción de los tiempos de preparación a un mínimo, simplificándolos o eliminándolos. El sistema de producción Toyota con intercambio de dado en un minuto (SMED —*single minute exchange of die*, Shingo, 1981) es un buen ejemplo de este enfoque. Con frecuencia se puede eliminar una parte del tiempo de preparación asegurando que la materia prima cumple las especificaciones, las herramientas tienen filo y los dispositivos están disponibles y en buen estado. La producción en lotes pequeños con frecuencia reduce los costos. Este tipo de lotes puede significar menores inventarios, con menores costos de mantenerlos y menos problemas de almacén, como contaminación, corrosión, deterioro, obsolescencia, robo, etc. El analista debe entender que disminuir el tamaño del lote puede traer un incremento en los costos totales de preparación para la misma cantidad de producción en un periodo dado. Deben considerarse varios puntos al reducir los tiempos de preparación:

1. El trabajo que pueda realizarse mientras el equipo opera debe hacerse en ese tiempo. Por ejemplo, se pueden colocar las herramientas para el equipo de control numérico (CN) mientras el equipo opera.
2. Usar los sujetadores más eficientes. En general, los sujetadores de acción rápida que emplean acción de leva, palancas y otros, son más rápidos, proporcionan la fuerza adecuada y son una buena alternativa contra los sujetadores de rosca. Cuando éstos deben usarse (por la fuerza de sujeción), se pueden emplear roldanas "C" o agujeros ranurados para que los tornillos y tuercas no tengan que quitarse de la máquina y se puedan volver a usar, reduciendo el tiempo de preparación del siguiente trabajo.
3. Eliminar el ajuste de la base de la máquina. Rediseñar las partes y dispositivos y usar herramienta prestablecida puede eliminar la necesidad de espaciadores o ajuste de guía de la posición de la mesa.
4. Utilizar plantillas o calibradores de bloque para hacer ajustes rápidos a los paros de las máquinas.

En general, el tiempo de preparación incluye el tiempo dedicado a obtener herramientas y materiales, preparar la estación de trabajo para la producción, limpiarla y regresar las herramientas al almacén. Muchas veces es difícil controlar este tiempo y el trabajo que se hace es el menos eficiente. Un control de la producción efectivo puede reducirlo. Si se responsabiliza a la sección de despacho de proporcionar a tiempo las herramientas, los calibradores y los materiales, y de que regresen al almacén después de terminar el trabajo, se elimina la necesidad de que el operario deje su área de trabajo. Entonces, el trabajador sólo tiene que realizar la preparación y limpieza de la máquina. La función de apoyo rutinaria de proporcionar dibujos, instrucciones y herramientas puede ser realizada por quienes están más familiarizados con este trabajo. Es posible satisfacer un gran número de requisiciones al mismo tiempo y minimizar los tiempos de preparación. De nuevo, la tecnología de grupos puede ser ventajosa.

Debe disponerse de duplicados de las herramientas de corte, en lugar de hacer que el operador las afile. Cuando éste pide nuevas herramientas, regresa las que no tienen filo y el encargado le da las afiladas. Afilar herramientas se convierte en una función separada que facilita la estandarización.

Para minimizar los tiempos de descomposturas, cada operario debe saber siempre cuál es la siguiente asignación de trabajo. Una técnica que se usa con frecuencia para mantener la carga de trabajo visible para operadores, supervisores y superintendentes es un tablero en cada instalación de producción, con tres pinzas o tres bolsillos para recibir las órdenes de trabajo. La primera pinza contiene las órdenes de trabajo programadas; la segunda pinza, las que se están trabajando, y la tercera, las órdenes terminadas. Cuando se emiten órdenes de trabajo, el despachador las coloca en la pinza de trabajos programados. Al mismo tiempo recoge los papeles de las órdenes terminadas de la tercera pinza y las entrega al departamento de programación para su registro. Este sistema asegura que los operarios tienen cargas de trabajo continuas y elimina la necesidad de ir con el supervisor para recibir su siguiente asignación.

Llevar un registro de las preparaciones difíciles y recurrentes puede ahorrar un tiempo considerable al recibir pedidos repetidos. Quizá la manera más sencilla y efectiva de compilar un registro de preparaciones es tomar una fotografía una vez que esté terminada. La fotografía debe engraparse y archivarse con la tarjeta de la operación de producción, o colocarse en sobre de plástico y fijarse al herramental antes de almacenarlo.

Uso de toda la capacidad de la máquina

Una revisión cuidadosa de muchos trabajos, con frecuencia revela posibilidades de utilizar una mayor parte de la capacidad de la máquina. Por ejemplo, la preparación de una fresadora para fabricar una palanca articulada se cambió de manera que seis caras fueran fresadas al mismo tiempo con cinco fresas. La preparación anterior requería que el trabajo se hiciera en tres pasos, por lo que la parte debía colocarse en un dispositivo diferente tres veces. La nueva preparación redujo el tiempo de maquinado total e incrementó la exactitud de la relación entre las seis caras fresadas.

Los analistas también deben tomar en cuenta el posicionamiento de una parte mientras otra se maquina. Esta oportunidad existe en muchos trabajos de fresadora donde es posible el fresado convencional en un golpe de la mesa y el fresado inverso cuando regresa el golpe. Mientras que el operario carga un dispositivo en un lado de la mesa de maquinado, un dispositivo similar sostiene la pieza maquinada mediante alimentación automática. Al regresar a la mesa de la máquina, el operador quita la primera pieza y vuelve a cargar el dispositivo. Mientras que se lleva a cabo este trabajo interno, la máquina corta la pieza del segundo dispositivo.

En vista de que el costo de la energía siempre aumenta, es importante utilizar el equipo más económico para hacer el trabajo. Hace varios años, el costo de la energía era una parte tan insignificante de los costos totales que se prestaba poca atención a la utilización de la capacidad total de las máquinas. Existen literalmente miles de operaciones donde se usa sólo una fracción de la capacidad de la máquina, con el consecuente desperdicio de energía eléctrica. En la industria del comercio de metales actual, el costo de la energía es superior a 2.5% del costo total, con firmes indicaciones de que aumentará al menos 50% durante la próxima década. Es muy probable que una planeación cuidadosa para utilizar una mayor proporción de la capacidad de las máquinas logre hasta 50% de ahorros en uso de energía en muchas plantas. Lo normal para la mayoría de los motores es que, si se puede aumentar

EJEMPLO 3-1
Ahorros a través del uso de motores eficientes en energía.

Un analista estudia el reemplazo de un motor de 25 HP que tiene 10 años trabajando por un motor nuevo eficiente en energía. El motor operará un estimado de 6000 horas anuales a 91 % de su carga total. Los ahorros anuales estimados para este motor, con base en 3% de mejora en eficiencia y un costo de energía de $0.05 kwh es:

$$\text{Costo de energía/año (motor estándar)} = HP \times 0.746 \times F \times H \times C \times 1/E$$

donde: HP = caballos de fuerza del motor,
0.746 = factor de conversión (caballos de fuerza a watts),
F = porcentaje de la carga completa,
H = horas anuales de operación,
E = eficiencia,
C = costo de energía.

$$\text{Costo de energía/año (motor estándar)} = 25 \times 0.746 \times 0.91 \times 6000 \times 0.05/0.88 = \$5786$$

$$\text{Costo de energía/año (motor eficiente en energía)} = 25 \times 0.746 \times 0.91 \times 6000 \times 0.05/0.91 = \$5595$$

Esto indica ahorros de $191 anuales. El analista debe comparar estos ahorros anuales con el costo adicional del motor eficiente en energía. Si ese costo adicional se puede ahorrar en un periodo de tres años, el analista debe proceder.

la tasa de la carga completa de 25% a 50%, se logre tanto como un 11% de incremento en la eficiencia.

De manera similar, los motores AC eficientes en energía proporcionan entre 2% y 4% más eficiencia en la operación que los motores estándar. Además los motores eficientes en energía operan a temperatura más baja que los motores estándar y, por lo tanto, tiene una vida de servicio más larga. Este tipo de motores trabajan bien en instalaciones continuas, como compresoras, bombas, ventiladores y extractores. Los motores estándar con menor costo inicial son por lo común más convenientes en situaciones de uso intermitente.

Usar herramientas más eficientes

De la misma manera que las técnicas de procesamiento están sujetas a un desarrollo continuo, deben considerarse herramientas nuevas, más eficientes. Las herramientas de corte recubiertas han mejorado en forma drástica la combinación crítica de resistencia al desgaste/ruptura. Por ejemplo, las herramientas revestidas con carburo de titanio (TiC) han proporcionado de 50% a 100% de incremento en velocidad sobre las no revestidas, los dos tipos con la misma resistencia a la ruptura. Las ventajas incluyen superficies más duras, que reducen el desgaste por abrasión; excelente adhesión al sustrato; coeficiente de fricción bajo con la mayoría de los materiales de trabajo; químicamente inertes, y resistentes a temperaturas elevadas.

Las herramientas de carburo de tungsteno presentan más efectividad de costos en muchos trabajos. Por ejemplo, una compañía obtuvo ahorros de 60% al cambiar su operación de fresado en una pieza de fundición de magnesio. Antes se fresaba la base completa en dos operaciones, usando fresas de acero de alta velocidad. El resultado de un análisis fue que debían emplearse tres cortadoras con puntas de carburo montadas en un dispositivo especial para fresar la parte completa. Con esto fue posible usar alimentación y velocidades más rápidas y el acabado de las superficies no pudo ser mejor.

Con frecuencia pueden lograrse ahorros alterando la geometría de las herramientas. Cada preparación tiene requerimientos distintos que pueden satisfacerse sólo con el diseño de un sistema que optimice el rango de alimentación para el control de viruta, las fuerzas de corte y la intensidad de los bordes. Por ejemplo, se pueden diseñar formas de fuerza baja de un solo lado para proporcionar buen control de virutas y reducción de la fuerza. En este caso, se agrupan los ángulos de corte positivos altos para reducir el espesor de la rebaba, y proporcionar una fuerza de corte y temperatura bajas.

Al introducir herramientas más eficientes, el analista debe desarrollar mejores métodos para fijar las piezas. El trabajo debe sostenerse de manera que se coloque y desmonte con rapidez. La figura 3-12 ilustra un ensamble de bisagra de tres componentes unidas con tres remaches (vea A). Con el método original, los operadores cargaban estas tres componentes a mano en un dispositivo y después activaban la remachadora oprimiendo un botón con la mano (vea B). El nuevo método (vea C) introduce un tablero indexador con estaciones automáticas para cargar el rodillo, ensamblar los tres remaches y expulsar el ensamble terminado. La carga de las partes de metal era todavía una operación manual, pero la productividad aumentó 280%. Otro beneficio del nuevo método fue un aumento en la calidad. La máquina estaba diseñada para realizar una verificación automática de la presencia de todas las partes del ensamble, asegurando que la pieza terminada fuera correcta.

Por último, la administración debe proporcionar las herramientas manuales adecuadas. Muchas de ellas, como los desarmadores, están diseñadas para tareas específicas. Un desarmador eficiente en un conjunto de condiciones puede ser muy ineficiente en otro. Los analistas deben especificar las herramientas más efectivas que deben emplearse. En el capítulo 5 se proporcionan más detalles sobre la selección de herramientas manuales.

7. MANEJO DE MATERIALES

El manejo de materiales incluye movimiento, tiempo, lugar, cantidad y espacio. Primero, el manejo de materiales debe asegurar que las partes, la materia prima, los materiales en proceso, los productos terminados y los suministros se muevan periódicamente de un lugar a otro. Segundo, como la operación requiere materiales y suministros en un tiempo específico, el manejo de materiales asegura que ningún proceso de producción o cliente se detenga por la llegada temprana o tardía de materiales. Tercero, debe garantizar que los materiales se entregan en el lugar correcto. Cuarto, asegurar que los materiales se entreguen sin daños y en la cantidad adecuada. Por último, el manejo de materiales debe tomar en cuenta espacios de almacén, tanto temporales como permanentes.

FIGURA 3-12
Uso de herramientas indexadas para aumentar la productividad. (*Fuente:* General Electric Co., Louisville, Kentucky.)

A. Partes ensambladas con remaches.

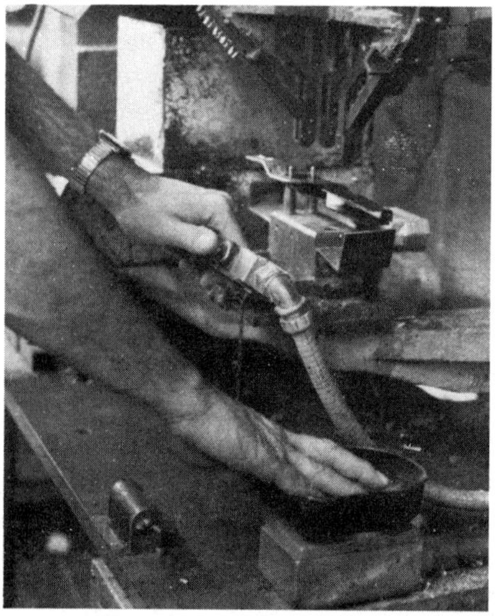

B. Componentes cargadas manualmente en el dispositivo y remachadora activada oprimiendo un botón.

C. Métodos mejorados para sostener la pieza y ensamblar. La productividad aumentó 280%.

Un estudio llevado a cabo por el Material Handling Institute reveló que entre 30 y 85% del costo de llevar un producto al mercado está asociado con el manejo de materiales. Un axioma es: la parte mejor manejada es la que menos se maneja manualmente. Sean grandes o pequeñas las distancias de los movimientos, éstos deben someterse a un escrutinio. Los siguientes cinco puntos deben considerarse para reducir el tiempo dedicado al manejo de materiales: 1) reducir el tiempo dedicado a recoger el material; 2) usar equipo mecanizado o automático; 3) utilizar mejor las instalaciones de manejo existentes; 4) manejar los materiales con más cuidado, y 5) considerar la aplicación de códigos de barras para los inventarios y actividades relacionadas.

Un buen ejemplo de la aplicación de estos seis puntos es la evolución de los almacenes; el centro de almacenamiento antiguo se ha convertido en un centro de distribución automatizado. En la actualidad, el almacén automatizado usa el control por computadora para el movimiento de los materiales, al igual que para el flujo de la información a través del procesamiento de datos. En este tipo de almacén, recibir, transportar, clasificar, recoger y controlar el inventario se manejan como funciones integradas.

Reducir el tiempo dedicado a recoger el material

Con frecuencia, se piensa en el manejo de materiales sólo como transporte y no se toma en cuenta el posicionamiento en la estación de trabajo que tiene la misma importancia. Como muchas veces se pasa por alto el posicionamiento del material en la estación de trabajo, quizá ofrezca mayores oportunidades de ahorro que el transporte. Reducir el tiempo dedicado a recoger el material minimiza el manejo manual costoso y cansado en la máquina o el centro de trabajo. Da al operario la oportunidad de hacer su trabajo más rápido, con menos fatiga y mayor seguridad.

Por ejemplo, considere eliminar el material regado en el suelo. Quizá se pueda apilar directamente en una tarima o deslizadora después de procesarlo. Esto puede significar una reducción sustancial en el tiempo de transporte en la terminal (el tiempo que el equipo de manejo de materiales está ocioso mientras se lleva a cabo la carga y descarga). Por lo común, cierto tipo de transportadores o montacargas pueden traer el material a la estación de trabajo reduciendo o eliminando el tiempo necesario para recoger el material. Las fábricas también pueden instalar transportadores por gravedad, junto con la remoción automática de las partes terminadas, minimizando el manejo de materiales en la estación de trabajo. La figura 3-13 muestra ejemplos de equipo común de manejo de materiales.

Las relaciones entre los distintos tipos de equipo de manejo de materiales y de almacenamiento deben estudiarse para desarrollar arreglos más eficientes. Por ejemplo, el esquema de la figura 3-14 muestra un arreglo para recoger órdenes, describe cómo se pueden remover los materiales de las repisas, ya sea con un hombre a bordo de un vehículo especial (izquierda) o de manera manual (derecha). Un montacargas puede ayudar al reabastecimiento de las repisas. Una vez que se recogen los artículos deseados, se mandan por transportador al lugar de trabajo donde se realizan las operaciones de acumular órdenes y empacar.

Usar equipo mecanizado o automático

Mecanizar el manejo de materiales casi siempre reduce costos de mano de obra y los daños a los materiales, mejora la seguridad, alivia la fatiga y aumenta la producción. Sin embar-

FIGURA 3-13
Equipo de manejo de materiales usado hoy en la industria. (*Fuente:* The Material Handling Institute.)

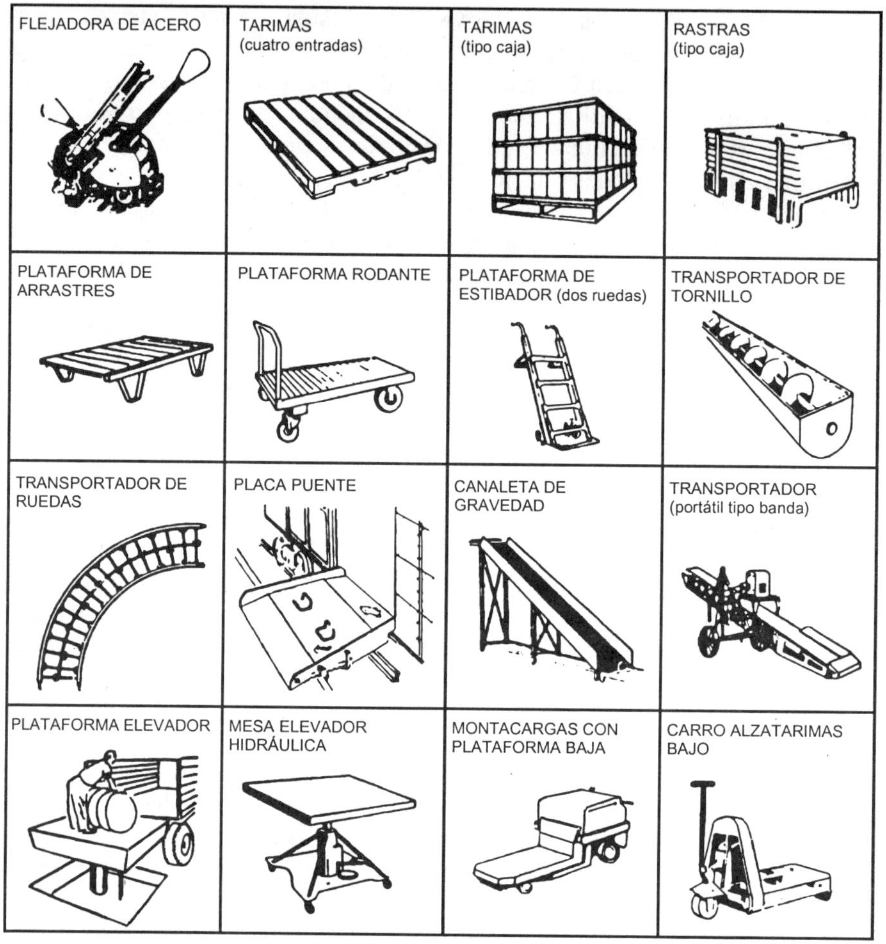

go, debe tenerse cuidado de seleccionar el equipo y los métodos adecuados. La estandarización del equipo es importante puesto que simplifica la capacitación del operario, permite intercambiar equipos y requiere menos refacciones.

Los ahorros posibles a través de la mecanización del equipo de manejo de materiales se tipifican en los siguientes ejemplos. Al inicio del programa IBM 360, para construir un tablero, el operador iba al almacén, elegía las tarjetas correctas requeridas para el tablero específico según su lista de "conexiones", regresaba a la mesa de trabajo y procedía a insertar las tarjetas en el tablero de acuerdo con la lista. El método mejorado utiliza dos máquinas automáticas de almacenamiento vertical, cada una con 10 carros y cuatro cajones por carro (vea la figura 3-15). Los carros se mueven hacia arriba y dan vuelta en un sistema que es una versión comprimida de la rueda de Ferris. Con 20 posiciones posibles para detenerse según las necesidades, la unidad siempre selecciona la ruta más corta, ya sea hacia

FIGURA 3-13 ***(conclusión)***
Equipo de manejo de materiales usado hoy en la industria. (*Fuente:* The Material Handling Institute.)

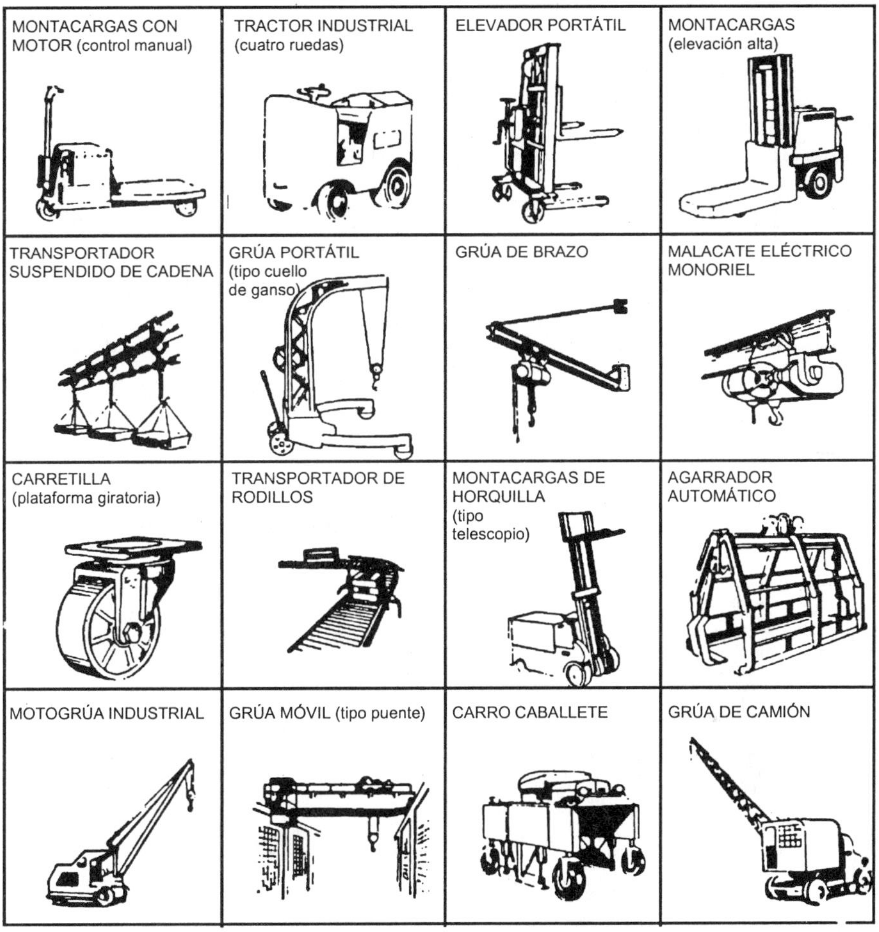

adelante o hacia atrás, para traer los cajones apropiados a la abertura en el tiempo mínimo posible. Desde su asiento, el operador marca la parada correcta, jala el cajón para exponer las tarjetas requeridas, saca la tarjeta y la coloca en el tablero. El método mejorado ha reducido el área de almacenamiento cerca de 50%, ha mejorado la distribución de la estación de trabajo y ha disminuido de manera sustancial los errores al minimizar el manejo, la toma de decisiones y la fatiga del operador.

Muchas veces un vehículo de guía automatizada (AGV—*automated guided vehicle*) puede sustituir a un conductor. Los AGV se usan con éxito en muchos casos, un ejemplo es la distribución de correo. Lo normal es que estos vehículos no estén programados, sólo siguen un imán o guía óptima en una ruta planeada. Se detienen en lugares específicos un periodo predeterminado que permite al empleado cargar y descargar. Si presiona un botón de "detener" y otro de "continuar" cuando termina la operación de carga/descarga, el em-

FIGURA 3-14
Esquema de una operación de almacén eficiente.

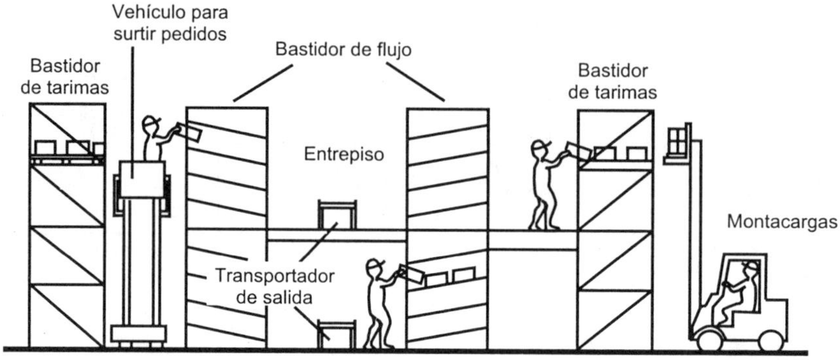

FIGURA 3-15
Área de trabajo para una máquina de almacenamiento usada en el ensamble de tableros de computadora.

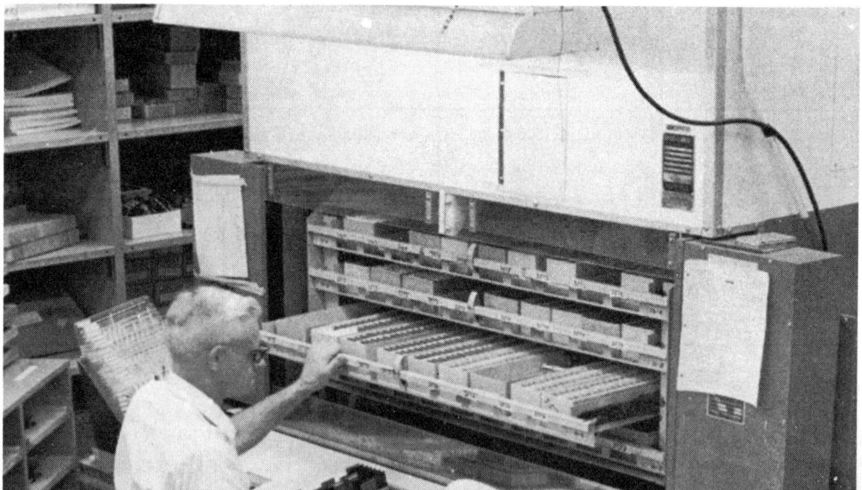

FIGURA 3-16
Mesa elevador hidráulica usada para minimizar el levantamiento manual. (*Cortesía:* Lee Engineering Co., Pawtucket, RI.)

pleado puede prolongar el periodo en cada parada. Los AGV se pueden programar para ir a cualquier lugar en más de una trayectoria. Están equipados con sensores e instrumentos de control para evitar colisiones con otros vehículos. Además, cuando se usan estos vehículos guiados, los costos del manejo de materiales varían muy poco con la distancia.

La mecanización también es útil en el manejo manual de los materiales, como al paletizar. Existen varios dispositivos bajo el nombre genérico de mesa elevador que elimina la mayor parte del levantamiento que debe realizar un operario. Algunas cuentan con resortes con la tensión adecuada para ajustar de manera automática la altura óptima para el trabajador conforme se colocan las cajas en una tarima o en la mesa. (Vea en el capítulo 4 la determinación óptima de la altura del elevador.) Otras son neumáticas (vea la figura 3-16) y es sencillo ajustarlas con un control para eliminar el levantamiento y poder deslizar el material de una superficie a otra. Algunas se ladean para permitir mejora acceso a los contenedores, mientras que otras rotan, lo que facilita el paletizado. En general, las mesas elevador son quizá la medida de control menos costosa usada de acuerdo con la guía de levantamiento NIOSH[1] (vea el capítulo 4).

Utilizar mejor las instalaciones de manejo de materiales existentes

Para asegurar el mayor rendimiento del equipo de manejo de materiales, debe utilizarse con efectividad. Así, tanto los métodos como el equipo deben tener la suficiente flexibilidad para realizar una variedad de tareas de manejo de materiales en condiciones variables.

---

[1]NIOSH es el National Institute of Occupational Safety and Health.

EJEMPLO 3-2
Carga neta máxima que puede manejar un montacargas con seguridad

Primero se calcula la tasa de torque multiplicando la distancia del centro del eje al centro de la carga (vea la figura 3-17):

$$\text{Carga} = \text{tasa de torque} / \text{B}$$

donde B es la distancia C + D, con D = A/2.

Si la distancia C del centro del eje frontal al final del frente del montacargas es 18 pulg y la longitud de la plataforma A es 60 pulg, entonces la carga neta máxima que debe manejar un montacargas de 200 000 pulgadas-libra será:

$$L = \frac{200\,000}{18 + 60/2} = 4\,167 \text{ lb}$$

Si planea el tamaño de la plataforma de manera que se utilice toda la capacidad del equipo, la compañía obtendrá un mayor rendimiento del equipo de manejo de materiales.

FIGURA 3-17
Montacargas típico.

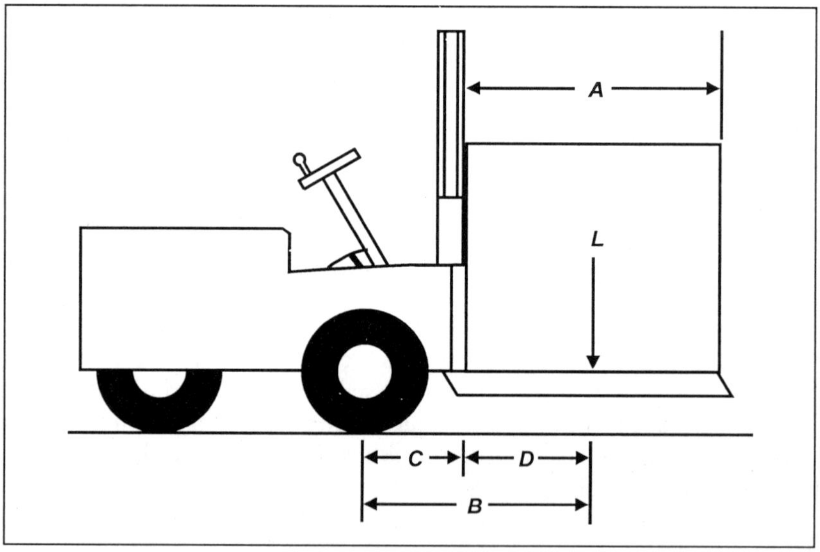

Paletizar el material en almacenes temporales o permanentes permite que mayores cantidades de material se transporten más rápido que si se almacena sin usar tarimas, y logra ahorros hasta de 65% en costos de mano de obra. En ocasiones, el material se puede manejar en unidades más grandes y convenientes con el diseño de repisas especiales. Cuando se hace esto, los compartimientos, ganchos, pasadores o soportes para sostener el trabajo deben manejarse en múltiplos de 10 para facilitar el conteo durante el procesamiento de la inspección final. Si se usa algún equipo de manejo de materiales parte del tiempo, debe estudiarse la posibilidad de usarlo una porción más grande de ese tiempo. Se puede lograr una mayor utilización si se relocalizan las instalaciones de producción o si se adapta el equipo de manejo de materiales al trabajo de las diversas áreas.

Manejar los materiales con más cuidado

Investigaciones industriales indican que cerca del 40% de los accidentes en la planta ocurren durante las operaciones de manejo de materiales. De estos, 25% son causados por levantamiento y cambio de lugar del material. Con un análisis cuidadoso del manejo de materiales y el uso de dispositivos mecánicos para ese manejo cuando es posible, se reduce la fatiga y los accidentes de los empleados. Los registros prueban que la fábrica segura también es una fábrica eficiente. Protecciones de seguridad en ciertos puntos de la transmisión de energía, prácticas operativas seguras, buena iluminación y limpieza adecuada son esenciales para que el equipo de manejo de materiales sea seguro. Los trabajadores deben instalar y operar todo este equipo de manera compatible con las reglas de seguridad existentes.

Un mejor manejo de materiales reduce los daños al producto. Si el número de partes rechazadas en su manejo entre estaciones es significativo, entonces esta área debe investigarse. En general, se puede minimizar este tipo de daño si se fabrican carretillas o charolas de diseño especial para colocar las partes en cuanto termina su procesado. Por ejemplo, un fabricante de partes para motores de avión tenía un número considerable de daños en la rosca externa de una componente que se almacenaba en charolas de metal al terminar cada operación. Al usar carretillas manuales de estibador de dos ruedas para mover las charolas llenas a la siguiente estación, las partes maquinadas pegaban unas con otras y en los lados de las charolas, a tal grado que el daño era grave. Alguien investigó la causa de los rechazos y sugirió construir tarimas de madera con compartimientos individuales. Esto evitó que las partes se golpearan y redujo en forma considerable el número de partes dañadas. También fue más fácil controlar las corridas de producción debido al conteo rápido de las partes y los rechazos.

En un hospital general, una grúa portátil mecanizada permitió una mayor utilización del tanque de Hubbard para terapia física (vea la figura 3-18). Con este equipo de manejo de materiales controlable, los pacientes podían sumergirse cómodamente en el tanque, sentados o boca abajo.

Considerar la aplicación de código de barras para los inventarios y actividades relacionadas

La mayoría de los técnicos tienen conocimiento de los códigos de barras y el escáner o lector. El código de barras a acortado las colas en las cajas del supermercado y de las tiendas de departamentos. Las barras negras y los espacios blancos representan dígitos que identifican de manera única el producto y su fabricante. Una vez que se lee este "código universal del producto (UPC) en la caja, los datos decodificados se mandan a una computadora que registra la información oportuna sobre productividad, estado del inventario y ventas.

FIGURA 3-18
Grúa mecánica para mejorar el uso del tanque de Hubbard en terapia física.

Las siguientes cinco razones justifican el uso de código de barras para control de inventarios y actividades relacionadas:

1. *Exactitud.* El desempeño representativo típico es menos de un error en 3.4 millones de caracteres. Esto es favorable al compararlo con el 2% a 5% de error característico de la introducción de datos a través de un tablero.
2. *Desempeño.* Un escáner de código de barras introduce datos tres o cuatro veces más rápido que al oprimir teclas en un tablero.
3. *Aceptación.* La mayoría de los empleados disfrutan usar el escáner. Es inevitable que lo prefieran al uso del tablero de la caja.
4. *Costo bajo.* Como los códigos de barras están impresos en paquetes y contenedores, el costo de agregar su identificación es muy bajo.
5. *Portabilidad.* Un trabajador puede llevar un escáner al área de la planta para determinar los inventarios, el estado de las órdenes, etcétera.

El código de barras es útil en las áreas de recepción y almacén, para dar seguimiento a los trabajos, para los informes de mano de obra, en el control de herramientas, envíos, informe de fallas, aseguramiento de la calidad, control y programación de la producción. Por ejemplo, la etiqueta de un contenedor para almacenar proporciona la siguiente información: descripción de la parte, tamaño, cantidad para empacar, número de departamento, nivel básico de inventario y punto de reorden. Es posible ahorrar un tiempo considerable si se usan los escáners para reunir estos datos al reabastecer el inventario.

Los informes de Accu-Sort Systems, Inc. sobre algunas aplicaciones prácticas incluyen el control automático de sistemas de transportadores, envío de materiales al lugar donde se necesitan y un manejo de materiales con instrucciones claras y concisas del lugar a donde deben llevarse, con la verificación automática de que sea el material adecuado. Si los códigos de barras se incorporan a los controladores programables y al equipo de empaque automático, se puede usar la comparación, en línea, en tiempo real de las etiquetas de los contenedores con el contenido para evitar fallas en las órdenes.

Resumen: manejo de materiales

Los analistas siempre deben buscar la manera de eliminar el manejo ineficiente de los materiales. Para ayudarlos en esta tarea, el Materials Handling Institute (1998) desarrolló 10 principios de manejo de materiales. Éstos son:

1. *Principio de planeación.* Todo el manejo de materiales debe ser el resultado de un plan deliberado en el que se definan por completo necesidades, objetivos de desempeño y especificaciones funcionales de los métodos propuestos.
2. *Principio de estandarización.* Métodos, equipo, controles y software para el manejo de materiales debe estandarizarse dentro de los límites que logran los objetivos globales de desempeño y sin sacrificar flexibilidad, modularidad y producción.
3. *Principio del trabajo.* El trabajo de manejo de materiales debe minimizarse sin sacrificar la productividad o el nivel de servicio requerido de la operación.
4. *Principio de ergonomía.* Deben reconocerse la capacidad y las limitaciones humanas y respetarse al diseñar las tareas y equipo de manejo de materiales para asegurar operaciones seguras y efectivas.
5. *Principio de carga unitaria.* Las cargas unitarias deben ser del tamaño adecuado y configurarse de manera que logren el flujo del material y los objetivos de inventarios en cada etapa de la cadena de proveedores.
6. *Principio de utilización del espacio.* Debe hacerse uso efectivo y eficiente de todo el espacio disponible.
7. *Principio de sistema.* Las actividades de movimiento y almacenaje de materiales deben estar integradas por completo para formar un sistema operativo que abarca recepción, inspección, almacenamiento, producción, ensamble, empaque, unificación, selección de órdenes, envíos, transporte y manejo de reclamaciones.
8. *Principio de automatización.* Las operaciones de manejo de materiales deben mecanizarse y/o automatizarse cuando sea posible, para mejorar la eficiencia operativa, incrementar las respuestas, mejorar la consistencia y predictibilidad, disminuir los costos operativos y eliminar la mano de obra repetitiva o potencialmente insegura.
9. *Principio ambiental.* El impacto ambiental y el consumo de energía son criterios a considerar al diseñar o seleccionar el equipo y los sistemas de manejo de materiales.
10. *Principio del costo del ciclo de vida.* Un análisis económico exhaustivo debe tomar en cuenta todo el ciclo de vida del equipo de manejo de materiales y los sistemas que resulten.

Para rei :rar, el principio predominante es que cuanto menor sea la cantidad de material manejac :, mejor se manejará.

8. DISTRIBUCIÓN DE PLANTA

El objetivo principal de una distribución de planta efectiva es desarrollar un sistema de producción que permita la manufactura del número deseado de productos, con la calidad deseada, al menor costo. La distribución física es un elemento importante del sistema de producción que comprende instrucciones de operación, control de inventarios, manejo de materiales, programación, determinación de rutas y despacho. Todos estos elementos deben integrarse con cuidado para satisfacer el objetivo establecido. Aunque es difícil y costoso hacer cambios al arreglo existente, el analista debe revisar cada porción de la distribución completa. Las malas distribuciones de planta dan como resultado costos importantes. Por desgracia, la mayoría de estos costos son ocultos y, en consecuencia, no es sencillo exponerlos. Los costos de mano de obra indirecta debidos a transportes lejanos, rastreos, retrasos y paros del trabajo por cuellos de botella son característicos de una planta con una distribución anticuada y costosa.

Tipos de distribución

¿Existe un tipo de distribución que tienda a ser la mejor? La respuesta es no. Una distribución tal puede ser la mejor para un conjunto dado de condiciones y la peor para otro. En general, todas las distribuciones de planta representan una distribución de planta básica o una combinación de dos de ellas: *por producto* o *en línea* y *por proceso* o *funcional*. En la distribución en línea, la maquinaria se localiza de tal manera que el flujo de una operación a la siguiente se minimiza para cualquier grupo de productos. En una organización que usa esta técnica, es común ver una pulidora de superficies entre una fresadora y un torno revólver, con una mesa de ensamble y un tanque de recubrimiento en el área contigua. Este tipo de distribución es común en ciertas operaciones de producción en masa, pues los costos de manejo de materiales son más bajos que para el agrupamiento de procesos.

La *distribución por producto* tiene algunas desventajas. Debido a que una gran variedad de oficios están representados en un área relativamente pequeña, la insatisfacción de los empleados puede ser grande. Esto ocurre, en especial, cuando las distintas oportunidades van aparejadas con diferencias notorias en la remuneración. Dado que se agrupan instalaciones muy diferentes, la capacitación de los operarios puede ser complicada, sobre todo si no se dispone de un trabajador especializado en el área inmediata que enseñe a uno nuevo. El problema de encontrar supervisores competentes también es considerable debido a la variedad de instalaciones y tareas que deben supervisar. También, este tipo de distribución necesita una inversión inicial mayor, ya que se requieren líneas de servicios duplicadas, como aire, agua, gas, combustible y energía. Otra desventaja de agrupar por producto es que el arreglo tiende a parecer desordenado y caótico. En estas condiciones, puede ser difícil promover la limpieza y el orden. Sin embargo, estas desventajas se compensan con las ventajas, si los requerimientos de producción son sustanciales.

La *distribución por proceso* es el agrupamiento de instalaciones similares. Aquí, se agrupan los tornos en una sección, departamento o edificio. Las fresadoras, los taladros y las troqueladoras también se agrupan en sus respectivas secciones. Este tipo de arreglo tiene la apariencia de limpieza y orden, y tiende a promoverlos. Otra ventaja de la distribución funcional es la facilidad con la que se capacita al operario. Rodeado de empleados experimentados que operan máquinas similares, el nuevo trabajador tiene la oportunidad de aprender de ellos. El problema de encontrar supervisores competentes es menor, pues las demandas de trabajo no son grandes. Como estos supervisores sólo tienen que conocer un tipo general o clase de instalaciones, su experiencia no tiene que ser extensa como la de los supervisores del agrupamiento por producto. Además, si las cantidades fabricadas de productos similares son limitadas y se tienen órdenes especiales frecuentes, una distribución por proceso es más satisfactoria.

La desventaja de agrupar por proceso es la posibilidad de transportes largos y regresos constantes de los trabajos que requieren una serie de operaciones en varias máquinas. Por ejemplo, si las instrucciones de operación de un trabajo especifican una secuencia de perforar, voltear, maquinar bordes y pulir, el movimiento del material de una sección a la siguiente puede ser en extremo costosa. Otra desventaja importante es el gran volumen de documentación requerido para emitir órdenes y controlar la producción entre secciones.

Gráficas de recorrido

Antes de diseñar una nueva distribución de planta o corregir la anterior, el analista debe reunir datos de lo que puede influir en ella. Las *gráficas de recorrido* pueden ayudar en el diagnóstico de los problemas relacionados con el arreglo de los departamentos y las áreas de servicio, al igual que con la localización de equipo en un sector dado de la planta. La gráfica de recorrido es una matriz que presenta la magnitud del manejo de materiales que se realiza entre dos instalaciones por periodo. La unidad que identifica este manejo puede ser lo que el analista piense que es adecuado. Pueden ser libras, toneladas, frecuencia de manejo u otros. La figura 3-19 ilustra una gráfica de recorrido muy elemental.

Planeación sistemática de la distribución de Muther

Un enfoque sistemático para la distribución de planta desarrollado por Muther (1973) se denomina planeación sistemática de la distribución (PSD). La meta de la PSD es localizar dos áreas con alta frecuencia de interrelaciones lógicas cercanas una de la otra, usando un procedimiento de seis pasos:

1. **Relaciones en la gráfica.** En el primer paso, se establecen las relaciones entre las diferentes áreas y se grafican en una forma especial llama *diagrama de relaciones* (vea la figura 3-20). Una relación es un grado relativo de cercanía, deseada o requerida, entre distintas actividades, áreas, departamentos, cuartos, según lo determina el flujo de información (volumen, tiempo, costo, ruta) de una gráfica de recorrido, o de manera más cualitativa de las interacciones funcionales o la información subjetiva. Por ejem-

FIGURA 3-19
Gráfica de recorrido, una herramienta útil para resolver los problemas de manejo de materiales y distribución de planta relacionados con distribuciones tipo proceso.

	A							
De	Torno de revólver Núm. 4 W & S	Perforadora Delta 17"	Taladro de 2 brocas L & G	Fresadora horizontal núm. 2 Cinn	Fresadora vertical núm. 3B & S	Prensa de 100 ton Niágara	Rectificadora sin puntos núm. 2	Esmeril núm. 3 Excello Thd.
Torno de revólver Núm. 4 W & S		20	45	80	32	4	6	2
Perforadora Delta 17"			6	8	4	22	2	3
Taladro de 2 brocas L & G				22	14	18	4	4
Fresadora horizontal núm. 2 Cinn	120				10	5	4	2
Fresadora vertical núm. 3 B & S						6	3	1
Prensa de 100 ton Niágara		60	12	2			0	1
Rectificadora sin puntos núm. 2		15						15
Esmeril núm. 3 Excello Thd.				15	8			

plo, aunque la pintura puede ser un paso lógico entre acabado e inspección final y el empaque, los materiales tóxicos y peligrosos o las condiciones inflamables pueden requerir que el área de pintura esté completamente separada de las demás. En la tabla 3-3 se muestran los valores de las relaciones en una escala de 4 a −1, basado en las vocales que definen la relación por su nombre en inglés.

2. **Requerimientos de espacio.** En el segundo paso se establecen los requerimientos de espacio en pies o metros cuadrados. Estos valores se pueden calcular con base en los requerimientos de producción extrapolados a partir de las áreas existentes, proyectados a futuro por expansiones, o fijos según los estándares legales, como el ADA o los estándares de arquitectura. Además de los metros cuadrados, se describe el tipo y la forma, o puede ser importante la localización respecto a los servicios requeridos.
3. **Diagrama de relaciones de las actividades.** En el tercer paso se dibuja una representación visual de las distintas actividades. El analista comienza con las relaciones absolutamente importantes (A) y usa cuatro líneas paralelas cortas para unir las dos áreas.

FIGURA 3-20
Diagrama de relaciones para Dorben Consulting.

Diagrama de relaciones Hoja 1 de 1

Proyecto: Construcción de nueva oficina	Observaciones:
Planta: Dorben Consulting	
Fecha: 6-9-99	
Carta por: AF	
Referencia:	

Actividad	Área ($pies^2$)
Oficina de M. Dorben (DOR)	125
Oficina de Ingeniería (ING)	120
Secretaria (SEC)	65
Recepción (REC)	50
Archivos (ARC)	40
Área de Copiado (COP)	20
Bodega (BOD)	80

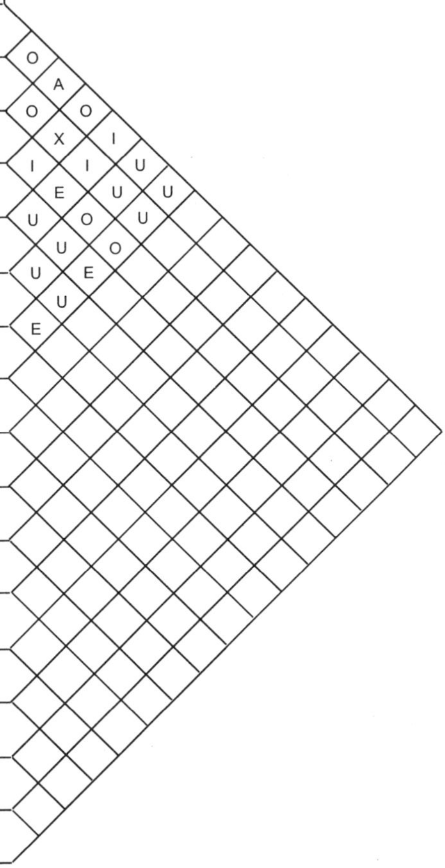

Después procede a las relaciones E con tres líneas paralelas de cerca del doble de longitud que las líneas A. Continúa este proceso con las relaciones I, O, etcétera, aumentando el largo de las líneas e intentando evitar cruces y confusiones. Para las relaciones no deseables, las dos áreas se colocan tan lejos como sea posible y se dibuja una línea quebrada (que representa un resorte) entre ellas. (Algunos analistas pueden definir relaciones en extremo indeseables con valor –2 y una línea quebrada doble.)

TABLA 3-3
Calificación de las relaciones PSD

Relación	Calificación de cercanía	Valor	Líneas de diagrama	Color
Absolutamente necesaria	A	4	≣	Rojo
Especialmente importante	E	3	≡	Amarillo
Importante	I	2	═	Verde
Ordinario	O	1	—	Azul
(U) No importante	U	0		
(X) No deseable	X	−1	⋀⋀⋀⋀⋀	Café

4. **Distribución según la relación de espacio.** A continuación se crea la representación del espacio y se dibujan las áreas a escala en términos de su tamaño relativo. Una vez que la distribución se ve bien, se comprimen las áreas en un plano de la planta. Esto no es tan sencillo como se oye y tal vez sea necesario usar plantillas. Además, se pueden hacer modificaciones a esta distribución debidas a requerimientos de manejo de materiales (como la necesidad de localizar las áreas de recepción y envío contra una pared exterior), de almacenamiento (quizá con acceso exterior similar), de personal (una cafetería o los sanitarios cercanos), de características de construcción (actividades de una grúa en un área abierta; la operación del montacargas en la planta) y los servicios.
5. **Evaluación de arreglos alternativos.** Con las numerosas distribuciones posibles, es común que varias parezcan alternativas adecuadas. En ese caso, el analista debe evaluarlas para determinar la mejor solución. Primero, debe identificar factores que se consideran importantes; por ejemplo, capacidad para una expansión futura, flexibilidad, eficiencia del flujo, efectividad del manejo de materiales, seguridad, facilidad de supervisión, apariencia o estética y otros. Segundo, debe establecer la importancia relativa de estos factores mediante un sistema de ponderaciones, como la escala 0 a 10. Después, califica las alternativas según satisfacen cada factor. Muther (1973) sugiere la misma escala de 4 a −1: con 4 un resultado casi perfecto; 3, especialmente bueno; 2, importante; 1, ordinario o común; 0, sin importancia, y −1, no aceptable. Cada calificación se multiplica por el peso. Los productos de cada alternativa se suman y el valor más alto indica la mejor alternativa. En este punto, un modelo a escala en tres dimensiones de la distribución quizá ayude al analista a convencer a la alta administración que no tiene el tiempo ni está familiarizado con todos los detalles de los planos.
6. **Distribución seleccionada e instalación.** El paso final es implantar el método.

Distribución de planta asistida por computadora

Existen paquetes de software comerciales que pueden ayudar a desarrollar distribuciones realistas en forma rápida y poco costosa. El programa CRAFT (Computerized Relative Allocation Facilities) ha tenido un uso extenso. Un centro de actividades puede ser un departamento o centro de trabajo dentro de un departamento. Es posible identificar como fija

EJEMPLO 3-3
Distribución de planta para Dorben Consulting usando PSD.

El grupo Dorben Consulting desea desarrollar la distribución de un área nueva de oficinas. Existen siete áreas de actividad: la oficina de M. Dorben, la oficina de ingeniería (ocupada por dos ingenieros), el área de secretarias, la recepción y área de espera para visitantes, el archivo, el área de copiado y el almacén. M. Dorben evaluó de manera subjetiva las relaciones entre las actividades que se muestran en el diagrama de relaciones de la figura 3-20. La gráfica también indica las asignaciones para cada área, que van desde 20 pies cuadrados para las copiadoras hasta 125 pies cuadrados para la oficina de M. Dorben. Por ejemplo, la relación entre M. Dorben y la secretaria se considera absolutamente importante (A), mientras que entre el área de ingeniería y la recepción es no deseable (X), para que los visitantes no interrumpan el trabajo de los ingenieros.

Un primer intento sobre diagrama de relaciones conduce a la figura 3-21. Al agregar el tamaño relativo de cada área se obtiene el diagrama de relaciones de espacio de la figura 3-22. Al comprimir las áreas se llega al plano final de la planta que se ilustra en la figura 3-23.

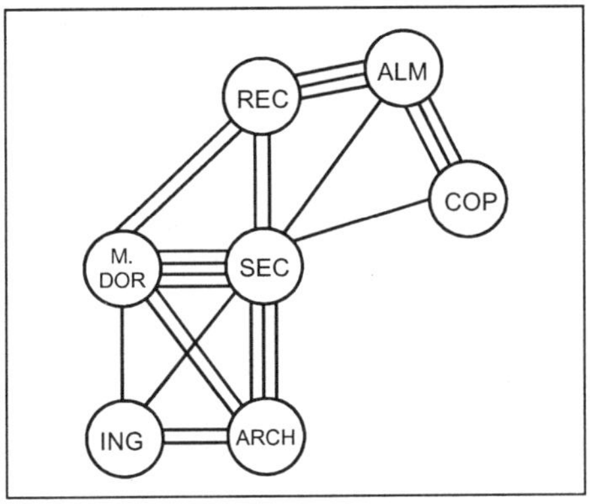

FIGURA 3-21
Diagrama de relaciones entre actividades para Dorben Consulting.

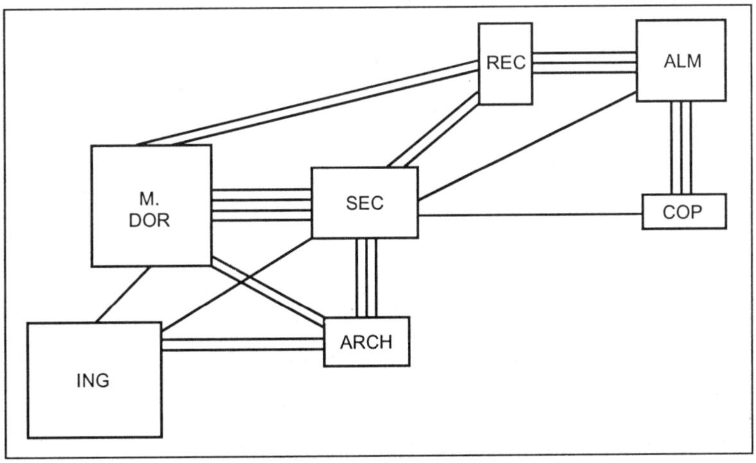

FIGURA 3-22
Distribución con las relaciones de espacio para Dorben Consulting.

EJEMPLO 3-3 ***(continuación)***

FIGURA 3-23
Plano de la planta para Dorben Consulting.

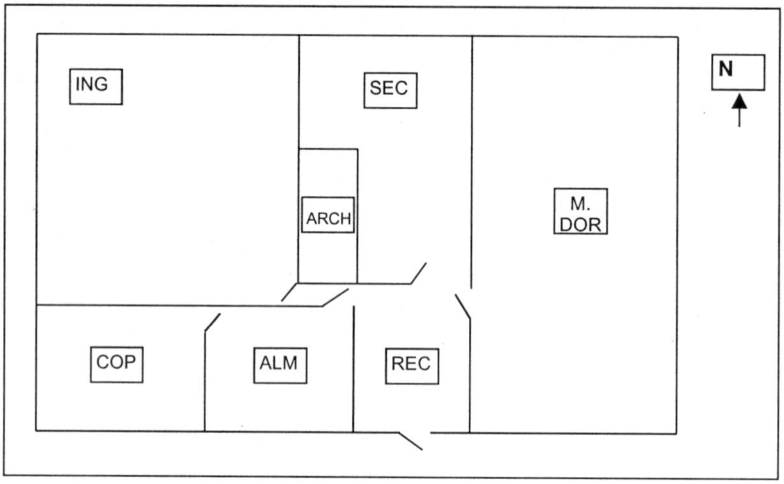

Dado que la oficina de Dorben y el área de ingeniería son casi del mismo tamaño, pueden intercambiarse con facilidad, proporcionando dos distribuciones alternativas. Estas se avalúan (figura 3-24) con base en el aislamiento del personal (que es muy importante para M. Dorben, para quien se tiene un peso de 8), los movimientos de suministros, la recepción de visitantes y la flexibilidad. La gran diferencia entre las distribuciones es la cercanía de ingeniería a la recepción. Entonces, la alternativa B (mostrada en la figura 3-23), con 68 puntos, es preferible a la alternativa A cuya evaluación es de 60 puntos.

cualquier actividad del centro y congelarla para tener libertad de movimiento con las demás. Por ejemplo, a menudo es mejor congelar centros de actividad como elevadores, sanitarios y escaleras. Los datos de entrada incluyen los números de los centros de trabajo fijos, los costos de manejo de materiales, flujo interactivo entre centros y la representación en bloques de la distribución. El algoritmo heurístico pregunta, ¿qué cambios se harían en los costos de manejo de materiales si se intercambiaran los centros de trabajo? Una vez almacenada la respuesta, la computadora trabaja en forma iterativa hasta que converge en una solución buena. CRAFT calcula la matriz de distancias como distancias rectangulares desde los centroides de los departamentos.

Otro programa disponible es CORELAP. Sus requerimientos de entrada son el número de departamentos, las áreas de cada uno, las relaciones departamentales y las ponderaciones de estas relaciones. CORELAP construye las distribuciones ubicando los departamentos con áreas en forma rectangular. El objetivo es proporcionar una distribución en la cual los departamentos con "calificación alta" sean cercanos.

EJEMPLO 3-3 ***(continuación)***

FIGURA 3-24
Evaluación de alternativas para Dorben Consulting.

Evaluación de alternativas **Hoja 1 de 1**

Planta: Dorben Cosulting	Alternativas	A	B	C	D	E	
Proyecto: Construcción de nuevas oficinas		Oficina de Dorben hacia el sur	Oficina de Dorben hacia el este				
Fecha: 6-9-99							
Analista: AF							

Factor/consideración	Peso	Calificaciones y calificaciones ponderadas A		B		C		D		E		Comentarios
Aislamiento del personal	8	1	8	3	24							
Movimiento de suministros	4	3	12	3	12							
Recepción de visitantes	4	4	16	4	16							
Flexibilidad	8	3	24	2	16							
Totales		60		68								

Observaciones:
La alternativa B, con la oficina de Dorben hacia el este y la de ingeniería hacia el oeste, disminuye las interrupciones al trabajo de los ingenieros debidas a los visitantes.

ALDEP, otro programa disponible, construye distribuciones de planta mediante la selección aleatoria de un departamento que se ubica en un lugar dado. El diagrama de relaciones se escanea y se introduce a la distribución un departamento que tenga una calificación de cercanía alta. Este proceso continúa hasta que el programa coloca todos los departamentos. Después, ALDEP calcula la calificación de la distribución y repite el proceso un número específico de veces. También tiene la habilidad de proporcionar distribuciones para varios pisos.

En un principio, todos estos programas de distribución de planta se desarrollaron para computadoras grandes. Con el advenimiento de las computadoras personales, se han incorporado los algoritmos a programas para PC. Uno de ellos, SPIRAL, intenta optimizar las relaciones de adyacencia sumando las relaciones positivas y restando las negativas para las áreas adyacentes. En esencia, éste es un enfoque cuantificado de Muther y se describe con más detalle en Goetschalckx (1992). Por ejemplo, al introducir los datos del ejemplo de Dorben Consulting se obtiene la distribución ligeramente distinta que se muestra en la figura 3-25.

Observe que existe una tendencia a generar espacios largos y angostos para minimizar la distancia entre los centros de los mismos. Éste es un problema importante de CRAFT, ALDEP y otros. SPIRAL intenta modificar esta tendencia agregando una penalización por la forma. También, gran parte de estos programas (es decir, los que son programas de *mejoramiento*, como CRAFT, que trabajan a partir de una distribución inicial) tienen la tendencia a lograr locales mínimos y no obtener la distribución óptima. Este problema se puede superar si se inicia con varias distribuciones. Éste es un problema menor en los programas de *construcción*, como SPIRAL, que generan una solución desde el principio. Un programa más poderoso y quizá más útil es FactoryCAD, que toma los datos de planos existentes en archivos de AutoCAD y crea distribuciones muy detalladas adecuadas para la planeación arquitectónica.

9. DISEÑO DEL TRABAJO

Debido a los nuevos reglamentos (como OSHA) y preocupación por la salud (es decir, los crecientes costos médicos y de compensación al trabajador), las técnicas de diseño del trabajo se cubrirán con detalle en capítulos separados. El capítulo 4 estudia el trabajo manual y los principios de la economía de movimientos, el capítulo 5 analiza los principios ergonómicos del lugar de trabajo y el diseño de herramientas y el 6 presenta las condiciones de trabajo y ambientales.

RESUMEN

Los nueve principios del análisis de operaciones representan un enfoque sistemático al análisis de los hechos presentados en los diagramas de operaciones y en los de proceso del flujo. Sin importar la naturaleza del trabajo, ya sea continuo o intermitente, por proceso o por pedido, con bienes suaves o duros, cuando personal competente aplica el análisis sistemático de las operaciones se obtienen ahorros reales. Estos principios se aplican tanto a la planeación de nuevos trabajos como al mejoramiento de los que están en producción. Los resultados primordiales del análisis de la operación son una mayor producción y mejor calidad, pero también se obtienen beneficios para todos los trabajadores y ayuda a desarrollar mejores métodos y condiciones de trabajo. El resultado completo es que el trabajador logra más y mejor trabajo en la planta, y además disfruta su vida.

Un método sistemático para recordar y aplicar los 9 principios del análisis de operaciones es una lista de verificación con preguntas pertinentes, mostrada en la figura 3-26.

a)

[proyect_name]	DORBEN
[number_of_departments]	7
[department_file_name]	DORBEN.DEP
[building_width]	25
[building_depth]	20
[seed]	12345
[tolerance]	0.00010
[time_limit]	120
[number_of_iterations]	20
[report_level]	2
[max_shape_ratio]	2.50
[shape_penalty]	500.00

b)

M. DOR	0	0	125	0	0	VERDE	Dorben
ING	0	0	120	0	0	AZUL	Ingenieros
SEC	0	0	65	0	0	ROJO	Secretaria
REC	0	0	50	0	0	AMARILLO	Recepción
ARCH	0	0	40	0	0	CAFÉ	Archivo
COP	0	0	20	0	0	GRIS	Copiadora
ALM	0	0	80	0	0	NEGRO	Almacén

DOR	ING	1
DOR	SEC	4
DOR	REC	1
DOR	ARCH	2
ING	SEC	1
ING	REC	-1
ING	ARCH	2
SEC	REC	2
SEC	ARCH	3
SEC	COP	1
SEC	ALM	1
REC	ALM	3
COP	ALM	3
SAL	SAL	0

c)

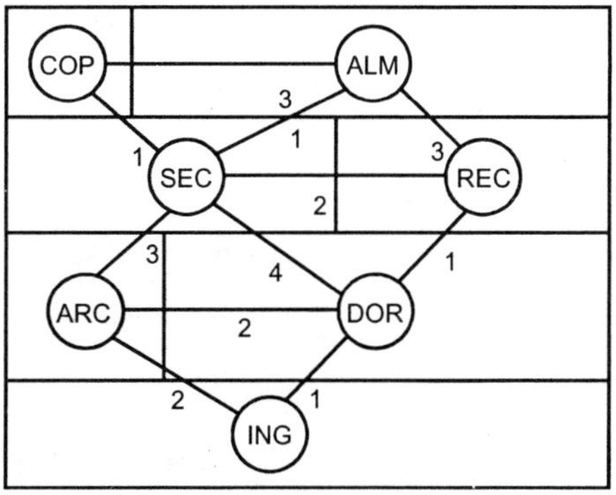

FIGURA 3-25
Archivos de entrada de SPIRAL
a) DORBEN.DAT,
b) DORBEN.DEP y
c) Distribución obtenida para el ejemplo de Dorben Consulting

FIGURA 3-26
Lista de verificación para el análisis de la operación de manufactura del eje de una perilla de control de un cobertor eléctrico

Fecha *9/15*	Depto. *11*	Dibujo *18-4612*	Sub. *2*
Molde —	Matriz —	Estilo —	Artículo *2*
Patrón —	Espec. Insp. *C*	Espec. L. —	Sub. —

Descripción de la pieza *Eje de perilla de control de cobertor eléctrico*

Operación *Tornear, ranurar, taladrar, clavar, fresar, roscar, cortar*

Operario *Blazer*

DETERMINAR Y DESCRIBIR	DETALLES DEL ANÁLISIS
1. PROPÓSITO DE LA OPERACIÓN *Formar contornos de varilla de 3/8" S.A.E. 1112 en torno automático según las especificaciones del dibujo.*	¿Es posible lograr mejores resultados de otra manera? *Sí, por fundición en matriz*

2. LISTA COMPLETA DE TODAS LAS OPERACIONES REALIZADAS EN LA PARTE

Núm.	Descripción	Est. de trabajo	Depto.
1.	*Tornear, ranurar, taladrar, clavar, fresar, roscar, cortar B & S*		*11*
2.	*Quitar rebaba*	*Banco*	*12*
3.	*Inspección 1%*	*Banco*	*18*
4.			
5.			
6.			
7.			
8.			
9.			
10.			

¿Se puede eliminar la operación analizada?
No

¿Combinarse con otra?
No

¿Realizarse en el tiempo ocioso de otra?
Sí, por acoplamiento de máquinas.

¿Es la secuencia de operaciones la mejor posible?
Sí.

¿Debe realizarse la operación en otro departamento para ahorrar costo o manejo?
Quizá pueda comprarse fuera a menor costo

3. REQUERIMIENTOS DE INSPECCIÓN

a) De la operación anterior

b) De esta operación
Sí, tal vez SQC reduzca la cantidad inspeccionada

c) De la siguiente operación

¿Son necesarias la tolerancia, las holguras, el terminado y otros requisitos?

¿Demasiados costos?

¿Adecuada para el objetivo?

4. MATERIAL El metal colado con base de zinc sería menos costoso Compuestos para el corte y otros materiales de suministro	Debe considerar el tamaño, el adecuado para el uso y otras condiciones. ¿Puede usarse material de menor costo?
5. MANEJO DE MATERIALES a) Transportado por carro de 4 ruedas a los automáticos b) Retirado por a mano en carro de 2 ruedas c) Manejado en la estación de trabajo por	Deben usarse grúa, transportador por gravedad, bandejas o vehículos especiales? Considere la distribución de planta respecto a la distancia recorrida. Quizá usar gravedad hasta la estación de desrebabado.
6. PREPARACIÓN (Anexe los bosquejos a la descripción si es necesario) Esto es satisfactorio de la forma en que se realiza a) Herramental Actual Sugerencias Rediseñar la pieza para que se haga por colado en matriz con base de zinc en lugar de en el torno S.A.E. 1112	¿Cómo se consiguen los dibujos y herramientas? ¿Puede mejorarse la preparación? Piezas de ensayo. Ajuste de máquinas. Herramientas ¿Son adecuadas? ¿Se proporcionan? Herram. de trinquete, herram. eléctricas, herram. especiales, plantillas, prensas sujetadores especiales, dispositivos múltiples dobles

Consejo de Ingeniería de Métodos **HOJA DE ANÁLISIS**
Forma 101

7. CONSIDERE LAS SIGUIENTES POSIBILIDADES	ACCIÓN RECOMENDADA
1. Instalar canaletas de entrega por gravedad.	—
2. Usar entrega por caída.	*Sí, para acumular en barriles.*
3. Comparar métodos si más de un operario realiza el mismo trabajo.	—
4. Proporcionar el asiento correcto para el operario.	—
5. Mejorar las plantillas o dispositivos agregando expulsores, sujetadores de acción rápida, etc.	—
6. Usar mecanismos operados con el pie.	—
7. Disponer para operar con las dos manos.	—
8. Disponer herramientas y partes dentro del área de trabajo normal.	—
9. Cambiar la distribución para eliminar regresos y permitir el acoplamiento de máquinas.	—
10. Utilizar todas las mejoras desarrolladas para otros trabajos.	—

8. CONDICIONES DE TRABAJO	
En general son satisfactorias.	Luz *bien*
	Calefacción *bien*
	Ventilación, gases *bien*
	Bebederos *bien*
	Cuartos de aseo *bien*
	Aspectos de seguridad *bien*
a) Otras condiciones	Diseño de partes *bien*
	Trabajo de oficina necesario (para llenar tarjetas de tiempos, etc.) *bien*
	Probabilidad de retrasos *bien*
	Producción probable *bien*

9. MÉTODO (Anexe bosquejos o diagramas de procesos si es necesario)	Distribución del área de trabajo
a) Antes del análisis y el estudio de movimientos	Colocación de Herramientas Materiales Suministros

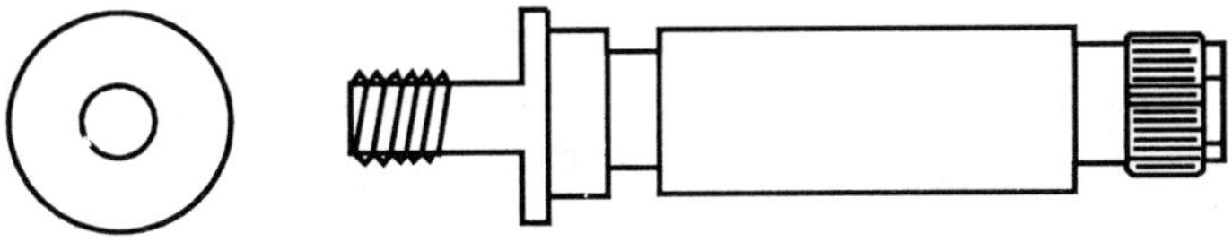

Eje de la perilla de control diseñado como pieza torneada

b) Después del análisis y el estudio de movimientos

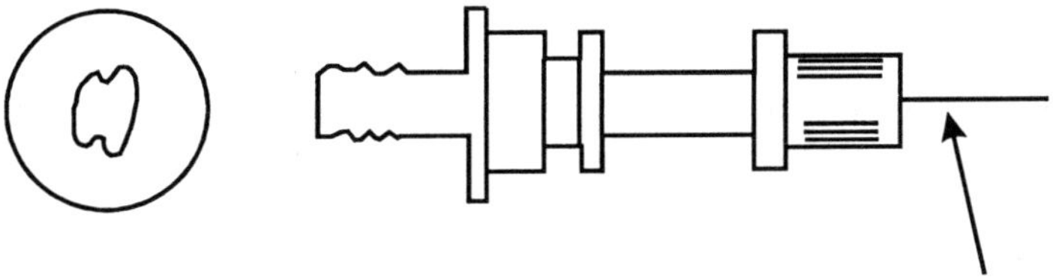

Línea divisoria

Perilla de control rediseñada como pieza colada en matriz. La rosca en la extensión izquierda cubre sólo 50% de la periferia, asimismo, se fresa la extensión de la derecha sobre la mitad de la periferia, lo que permite que la pieza se retire con facilidad de la matriz.

Postura para trabajar

¿Sigue el método las leyes de economía de movimiento?

¿Se utilizan las clases inferiores de movimientos?

Vea el informe complementario bajo el título de

Eje de control colado en matriz.

Fecha

Observador R. Guild APROBADO POR R. Hussey

En ella, se puede observar cómo al usar la lista se obtiene una reducción en el costo del eje de una perilla de control para cobertor eléctrico. Al rediseñar el eje para producirlo en forma más económica como una pieza moldeada en matriz en lugar de trabajarla en un torno, se redujeron los costos de fabricación de $68.75 por mil piezas a $17.19 el millar.

Los analistas deben obtener las respuestas a todas las preguntas de la lista de verificación relacionadas con todos los pasos del diagrama de flujo. Este procedimiento siempre conduce a maneras eficientes de realizar el trabajo. Las ideas se registran conforme surgen para que no se olviden, en este punto también se incluyen bosquejos. Los analistas quizá se sorprendan con el número de ineficiencias reveladas y no deben tener problemas para recopilar varias posibilidades de mejoramiento. Es común que una mejora lleva a otra. Para tener éxito en este tipo de trabajo, deben tener una mente abierta y buenas habilidades creativas. La lista de verificación también es útil para proporcionar la capacitación sobre el método a supervisores y superintendentes de planta. Se puede ayudar a los supervisores de planta a desarrollar ideas constructivas a través de preguntas que los hagan pensar, si se hacen con inteligencia. La lista de verificación sirve como guía para el líder a cargo de la capacitación en el método.

PREGUNTAS

1. Explique cómo se puede aplicar la simplificación del diseño al proceso de manufactura.
2. ¿Cómo se relacionan el análisis de la operación con la ingeniería de métodos?
3. ¿Cómo surgen en la industria las operaciones innecesarias?
4. ¿Cuál ha sido el impacto de la computadora en relación con la documentación?
5. ¿Cuáles son los cuatro aspectos que el analista no debe olvidar para mejorar el diseño?
6. ¿Qué significa tolerancia estrecha?
7. Explique por qué puede ser deseable “cerrar” las tolerancias y especificaciones?
8. ¿Qué significa inspección lote por lote?
9. ¿Cuándo no se justifica un procedimiento de control de calidad elaborado?
10. ¿Cuáles son los seis puntos que deben considerarse al intentar reducir el costo de materiales?
11. ¿En qué afecta una situación cambiante de mano de obra y equipo al costo de las componentes compradas?
12. Explique cómo pueden obtenerse ahorros al rearreglar las operaciones.
13. En general, ¿qué proceso se considera el más rápido para las operaciones de formado y ajuste al tamaño?
14. ¿Cómo debe el analista investigar la preparación y las herramientas para desarrollar mejores métodos?

15. Enumere algunas aplicaciones del código de barras para el mejoramiento de la productividad.
16. ¿Cuándo recomendaría el uso de motores eficientes en el consumo de energía?
17. ¿Cuáles son los dos tipos generales de distribución de planta?
18. ¿Cuál es la mejor manera de probar la distribución de planta propuesta?
19. ¿Qué preguntas debe hacer el analista al estudiar el trabajo realizado en un centro de trabajo específico?
20. Explique las ventajas de usar una lista de verificación.
21. Respecto a los vehículos de guía automatizada, ¿por qué los costos varían poco con la distancia?
22. ¿De qué depende la cantidad de herramental?
23. ¿Cómo puede afectar la planeación y control de la producción a los tiempos de preparación?
24. ¿Cuál es la mejor manera de manejar los materiales?
25. ¿En qué se relaciona la gráfica de recorrido con el PSD de Muther?
26. ¿Por qué la gráfica de recorrido tiene aplicaciones más importantes en la distribución del proceso que en la distribución de planta?
27. Explique el propósito fundamental de la tecnología de grupos.
28. Explique por qué la conservación de alambre de soldadura puede dar como resultado ahorros de 20% en materiales.
29. Identifique varias componentes para automóvil que se hayan convertido de metal a plástico en los últimos años.
30. ¿En dónde se puede encontrar una aplicación para la mesa de elevador hidráulico?
31. ¿Cuál es la diferencia entre una rastra y una tarima?
32. ¿Cuándo recomendaría el uso de modelos en tres dimensiones de la distribución de planta?

PROBLEMAS

1. ¿Cuánto más eficiente es un motor de consumo eficiente en energía de 5 HP que el motor estándar de 50 HP?
2. ¿La tolerancia de acabado del eje de la figura 3-4 se cambió de 0.004 pulgadas a 0.008 pulgadas. ¿Qué mejora en los costos se obtuvo con este cambio?

3. ¿Qué tolerancia global se aplicaría a tres componentes que dan la dimensión total si: la componente 1 tiene una tolerancia de 0.002 pulg; la componente 2, 0.004 pulg, y la componente 3, 0.005 pulg?

4. Se considera un material de cerámica como material posible para moldeo junto con el moldeo en matriz de latón de 60-40. Se usó un cilindro de material de 8 pulg de diámetro y 10 pulg de largo para obtener una relación fuerza-tensión en la compresión. El material falló con una carga de 265 000 libras y una tensión total de 0.012 pulg. ¿Cuál fue la fuerza de ruptura del material, el porcentaje de contracción a la ruptura y el módulo de resistencia?

5. La compañía Dorben desarrolla el diseño de una parte cuya fuerza T se conoce como una función del contenido de carbón C, donde $T = 2C^2 + 3/4\,C - C^3 + k$. ¿Qué contenido de carbón debe especificarse para maximizar la fuerza?

6. Para que una parte dada fuera intercambiable, fue necesario reducir la tolerancia del diámetro externo de ±0.010 a ±0.005 con un incremento en el costo de 50% de la operación de torneado. Ésta representa 20% del costo total. Hacer la parte intercambiable significa que el volumen de ésta se puede aumentar 30%. El incremento en volumen permite una producción de 90% del costo anterior. ¿Debe el ingeniero de métodos proceder con el cambio en la tolerancia? Explique.

7. El analista de la compañía Dorben estudia la posibilidad de sustituir cinco motores de 50 HP por cinco motores de consumo eficiente de 50 HP. Éstos operarán siete días de la semana tres turnos por día, a 85% de la carga completa. Si el costo total de la energía eléctrica es $0.06 por KWH, ¿cuánto puede pagar la compañía por los cinco motores de consumo eficiente?

8. El analista de métodos de la compañía Dorben examina la instalación de un sistema con tecnología de punta para la conservación de la energía, electrónico de estado sólido, capaz de sintonizar y equilibrar todo el sistema de luz fluorescente de la planta, que incluye lámparas, balastras y suministros. El sistema de conservación de energía regulará el voltaje y la corriente en forma continua, para establecer y mantener el sistema fluorescente con un desempeño óptimo, y lo protegerá con circuitos de seguridad especiales. Con base en las estimaciones proporcionadas por el proveedor, el nuevo sistema de conservación de energía ahorrará 30% del costo de energía, 50% del reemplazo de lámparas y todo el reemplazo actual de balastras. Si el costo del sistema instalado es de $15 000, ¿cuántos meses pasarán para que se autorecupere la inversión, según los siguientes datos:

Costos de energía eléctrica:

Número de elementos — 445

KWH promedio por elemento — 0.187

Costo por KWH — $0.085

Horas de operación anual — 4 440.

Costo por reemplazo de lámparas:

Número de elementos — 445

Lámparas promedio por elemento — 2.25

Vida promedio de la lámpara — 2.5 años

Costo de la lámpara instalada — $6.50

FIGURA 3-27
Información para el problema 3.9

Actividad	Área (pies cuadrados)
A	160
B	160
C	240
D	160
E	80

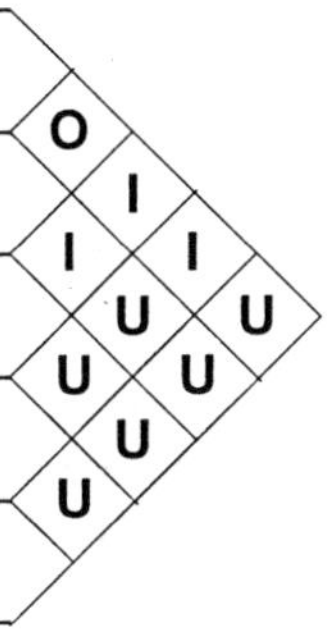

Costo del reemplazo de balastras:

Número de elementos — 445

Balastras promedio por elemento — 1.1

Vida promedio por balastra — 4.5 años

Costo de la balastra instalada — $40.00

9. Las oficinas del grupo Dorben consisten en cinco cuartos, con las áreas y relaciones que se muestran en la figura 3-27. Obtenga una distribución óptima usando la PSD de Muther y SPIRAL. Compare las distribuciones obtenidas.

REFERENCIAS

Bralla, James g., *Handbook of Product Design for Manufacturing*. Nueva York, McGraw-Hill, 1986.

Buffa, Elwood S., *Modern Production Operations Management*, 6ª Ed, Nueva York, John Wiley & Sons, 1980.

Chang, Ning San, "Pattern Recognition and Bar Code Technology", en *Handbook of Industrial Engineering*, 2ª Ed, Ed. Gavriel Salvendy, Nueva York, John Wiley & Sons, 1992.

Chang, Tien-Chien, Richard A. Wysk y Wang Hsu-Pin, *Computer Aided Manufacturing*, Englewood Cliffs, NJ, Prentice Hall, 1991.

De , David J. y M. Larry Shillito, "Value Engineering", en *Handbook of Industrial Engineering*, 2ª Ed, Ed. Gavriel Salvendy, Nueva York, John Wiley & Sons, 1992.

Drury, Collin G., "Inspection Performance", en *Handbook of Industrial Engineering*, 2ª Ed, Ed. Gavriel Salvendy, Nueva York, John Wiley & Sons, 1992.

Fallon, Carlos, *Value Analysis to Improve Productivity*, Nueva York, John Wiley & Sons, 1971.

Francis, Richard L. y John A. White, *Facility Layout and Location: An Analytical Approach*, Englewood Cliffs, NJ, Prentice Hall, 1974

Goetschalckx, M., "An Interactive Layout Heuristic Based on Hexagonal Adjacency Graphs", *European Journal of Operations Research*, 63, núm 2 (diciembre de 1992), pp. 304-321.

Hyer, Nancy Lea, ed., *Capabilities of Group Technology*. Dearborn, MI, Society of Manufacturing Engineers, 1987.

Kadota, Takeji y Shigeyasu Sakamoto, "Methods Analysis and Design", en *Handbook of Industrial Engineering*, 2ª Ed, Ed. Gavriel Salvendy, Nueva York, John Wiley & Sons, 1992.

Konz, Stephen, *Facility Design*, Nueva York, John Wiley & Sons, 1985.

Material Handling Institute, *The Ten Principles of Material Handling*, Charlotte, NC, 1998.

Mudge, Arthur E., *Value Engineering: A Systematic Approach*, Nueva York, McGraw-Hill, 1971.

Muther, R., *Systematic Layout Planning*, 2ª Ed, Nueva York, Van Nostrand Reinhold, 1973.

Niebel, Benjamin W. y C. Richard Liu, "Designing for Manufacturing", en *Handbook of Industrial Engineering*, 2ª Ed, Ed. Gavriel Salvendy, Nueva York, John Wiley & Sons, 1992.

Niebel, Benjamin W., "Designing for Manufacturing", en *Handbook of Industrial Engineering*, Ed. Gavriel Salvendy, Nueva York, John Wiley & Sons, 1982.

Nof, Shimon Y., "Industrial Robotics", en *Handbook of Industrial Engineering*, 2ª Ed, Ed. Gavriel Salvendy, Nueva York, John Wiley & Sons, 1992.

Shingo, S., *Study of Toyota Production System*, Tokio, Japón, Japan Management Association, (1981), pp. 167-182.

Sims, Ralph E. "Material Handling Systems", en *Handbook of Industrial Engineering*, 2ª Ed, Ed. Gavriel Salvendy, Nueva York, John Wiley & Sons, 1992.

Smith, Michael J., "Design for Health and Safety", en *Handbook of Industrial Engineering*, 2ª Ed, Ed. Gavriel Salvendy, Nueva York, John Wiley & Sons, 1992.

Society of Manufacturing Engineers, *Applying Industrial Bar Coding*. Dearborn, MI. Society of Manufacturing Engineers, 1985.

Spur, Gunter, "Numerical Control Machines", en *Handbook of Industrial Engineering*, 2ª Ed, Ed. Gavriel Salvendy, Nueva York, John Wiley & Sons, 1992.

Taguchi, Genichi, *Introduction to Quality Engineering*, Tokio, Japón, Asian Productivity Organization, 1986.

Trucks, H. E., *Designing for Economical Production*, Detroit, MI, Society of Manufacturing Engineers, 1974.

Tompkins, J., "Plant Layout", en *Handbook of Industrial Engineering*, 2ª Ed, Ed. Gavriel Salvendy, Nueva York, John Wiley & Sons, 1992.

Wemmerlov, Urban y Nancy Lea Hyer, "Group Technology", en *Handbook of Industrial Engineering*, 2ª Ed, Ed. Gavriel Salvendy, Nueva York, John Wiley & Sons, 1992.

Wick, Charles y Raymond F. Veilleux, *"Quality Control and Assembly, 4*, Detroit, MI, Society of Manufacturing Engineers, 1987.

SOFTWARE SELECCIONADO

ALDEP, IBM Corporation, orden del programa núm. 360D-15.0.004.

CORRELAP, Engineering Management Associates, Boston, MA.

CRAFT, biblioteca compartida de IBM núm. SDA 3391.

FactoryCAD, *Tutorial and Reference Manual*, Cimtechnologies Corp., 2501 North Loop Dr. Suite 700, Iowa State University Research Park, Ames, IA, 50010, 1994.

SPIRAL, *User's Manual*, 4031 Bradbury Dr., Marietta, GA, 30062, 1994.

VIDEOCINTAS SELECCIONADAS

Automated Inspection/Non-Destructive Testing. Manufacturing Insights Videotape Series. 1/29 VHS VT281-1368 & 3/49 U-Matic VT281U-1368. Dearborn, MI, Society of Manufacturing Engineers, 1988.

Design for Manufacturing, Manufacturing Insights Videotape Series. 1/29 VHS VT396-1368 & 3/49 U-Matic VT396U-1368. Dearborn, MI, Society of Manufacturing Engineers, 1990.

Layout Improvement for Just-In-Time. Manufacturing Insights Videotape Series. 1/29 VHS VT393-1368 & 3/49 U-Matic VT393U-1368. Dearborn, MI, Society of Manufacturing Engineers, 1990.

Total Quality Management. Manufacturing Insights Videotape Series. 1/29 VHS VT395-1368 & 3/49 U-Matic VT395U-1368. Dearborn, MI, Society of Manufacturing Engineers, 1990.

Automated Material Handling. Manufacturing Insights Videotape Series. 1/29 VHS VT251-1368 & 3/49 U-Matic VT251U-1368. Dearborn, MI, Society of Manufacturing Engineers, 1986.

Cutting Tools. Manufacturing Insights Videotape Series. 1/29 VHS VT249-1368 & 3/49 U-Matic VT249U-1368. Dearborn, MI, Society of Manufacturing Engineers, 1986.

Flexible Small Lot Production for Just-In-Time. Manufacturing Insights Videotape Series. 1/29 VHS VT415-1368 & 3/49 U-Matic VT415U-1368. Dearborn, MI, Society of Manufacturing Engineers, 1991.

Programable Controllers. Manufacturing Insights Videotape Series. 1/29 VHS VT254-1368 & 3/49 U-Matic VT254U-1368. Dearborn, MI, Society of Manufacturing Engineers, 1987.

Setup Reduction for Just-In-Time. Manufacturing Insights Videotape Series. 1/29 VHS VT392-1368 & 3/49 U-Matic VT392U-1368. Dearborn, MI, Society of Manufacturing Engineers, 1990.

CAPÍTULO 4

Diseño del trabajo manual

PUNTOS CLAVE:

- Diseñar el trabajo de acuerdo con las capacidades y limitaciones humanas.
- Para tareas manuales especializadas:
  - Usar movimientos dinámicos en lugar de sujeciones estáticas.
  - Mantener los requerimientos de fuerza 15% abajo del máximo.
  - Evitar rangos extremos de movimiento.
  - Usar los músculos más pequeños si se necesita rapidez y precisión.
  - Usar los músculos más grandes si se requiere fuerza.
- Para levantamientos y otros trabajos manuales pesados:
  - Mantener las cargas de trabajo un tercio abajo de la capacidad máxima.
  - Minimizar las distancias de carga horizontal.
  - Evitar giros.
  - Usar ciclos cortos y frecuentes de trabajo/descanso.

Los Gilbreth introdujeron el diseño del trabajo manual a través del estudio de movimientos y los principios de la economía de movimientos; más tarde, Barnes (1980) profundiz en él. Por tradición, los principios se clasifican en tres grupos básicos: 1) el uso del cuerp humano; 2) el arreglo y las condiciones del lugar de trabajo; y 3) el diseño de herramient y equipo. Lo más importante, aunque su desarrollo ha sido empírico, es que los principic se basan en factores anatómicos, bioquímicos y fisiológicos del cuerpo humano. Estc constituyen la base científica de la ergonomía y el diseño del trabajo. De acuerdo con est se presentarán algunos antecedentes teóricos de los principios de economía de movimie tos para su comprensión y no sólo la aceptación y memorización de las reglas. Más aún lc principios tradicionales de economía del movimiento se han ampliado y ahora se le conoc como principios y guía para el diseño del trabajo. Este capítulo expone los principios rel cionados con el cuerpo humano y la guía para el diseño de trabajo que se relaciona con actividad física. El capítulo 5 estudia los principios relacionados con el diseño de estaciones de trabajo, herramientas y equipo. El capítulo 6 presenta la guía para el diseño del ambiente de trabajo.

SISTEMA ÓSEOMUSCULAR

El cuerpo humano es capaz de producir movimientos debido a un sistema complejo de músculos y huesos, llamado *sistema óseomuscular*. Los músculcs están adheridos a los huesos a ambos lados de una coyuntura (vea la figura 4-1), de manera que uno o varios músculos, conocidos como *agonistas*, actúan como los activadores primarios del movimiento. Otros músculos, llamados *antagonistas* actúan en respuesta y oposición a ese movimiento. Para una *flexión* del codo, que es una disminución del ángulo interno de la coyuntura, el bíceps o braquiorradial forma el agonista, mientras que el tríceps forma el antagonista. Sin embargo, en la *extensión* del codo, que es el incremento del ángulo de la coyuntura, el tríceps se convierte en el agonista y el bíceps en el antagonista.

Existen tres tipos de músculos en el cuerpo humano: músculos óseos o estriados, adheridos al hueso; músculo cardiaco, que se encuentra en el corazón, y músculo suave, como el de los órganos internos y las paredes de los vasos capilares. Sólo los músculos óseos (que son aproximadamente 500 en el cuerpo humano) conciernen a esta presentación, por su relevancia en el movimiento.

Cada músculo está formado por un gran número de fibras musculosas, de alrededor de 0.004 pulg (0.1 mm) de diámetro y con longitudes de 0.2 a 5.5 pulg (5-140 mm), según el tamaño del músculo. Estas fibras están unidas en un haz por tejido conectivo, que se extiende hasta el final del músculo y ayuda a mantenerlo adherido al hueso (vea la figura 4-2). Pequeños vasos capilares penetran estos haces para llevar oxígeno y nutrientes a las fibras musculosas, lo mismo que pequeñas terminaciones nerviosas que llevan impulsos eléctricos de la columna vertebral al cerebro.

Figura 4-1
Sistema óseomuscular del brazo

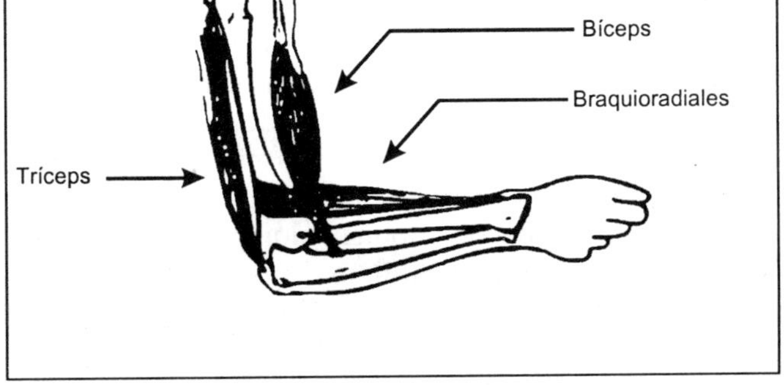

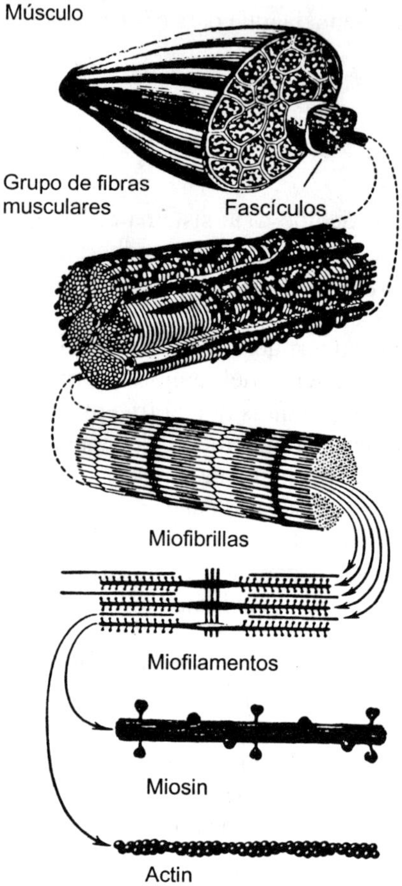

FIGURA 4-2
Estructura del músculo. (*Tomado de* Gray's Anatomy, 1973, con permiso de W. B. Saunders Co., Londres)

Cada fibra muscular se subdivide en *miofibrillas* más pequeñas y, en última instar.cia, en filamentos proteínicos que proporcionan el mecanismo de contracción. Existen dos tipos de filamentos: gruesos, formados por compuestos de nitrógeno con cabezas moleculares, llamados miosin, y filamentos delgados de proteínas moleculares, llamados actin. Los dos tipos de filamentos están ligados, dando lugar a la apariencia estriada con otro nombre que se muestra en la figura 4-2. Esto permite al músculo contraerse cuado los filamentos se deslizan uno sobre otro, lo que ocurre cuando se forman puentes o uniones moleculares, quebradas y reformadas entre las cabezas de miosin y los glóbulos de actin. La *teoría de filamento deslizante* explica cómo puede cambiar la longitud del músculo, de cerca de 50% de su *longitud de reposo* (la longitud neutral no contraída aproximadamente en el punto medio del rango normal de movimiento) en la contracción completa a 180% de su longitud de reposo totalmente extendido (vea la figura 4-3).

FIGURA 4-3
Relación fuerza-longitud del sistema óseomuscular (*Tomado de:* Winter, 1979, p. 114. Reimpreso con permiso de John Wiley & Sons, Inc.)

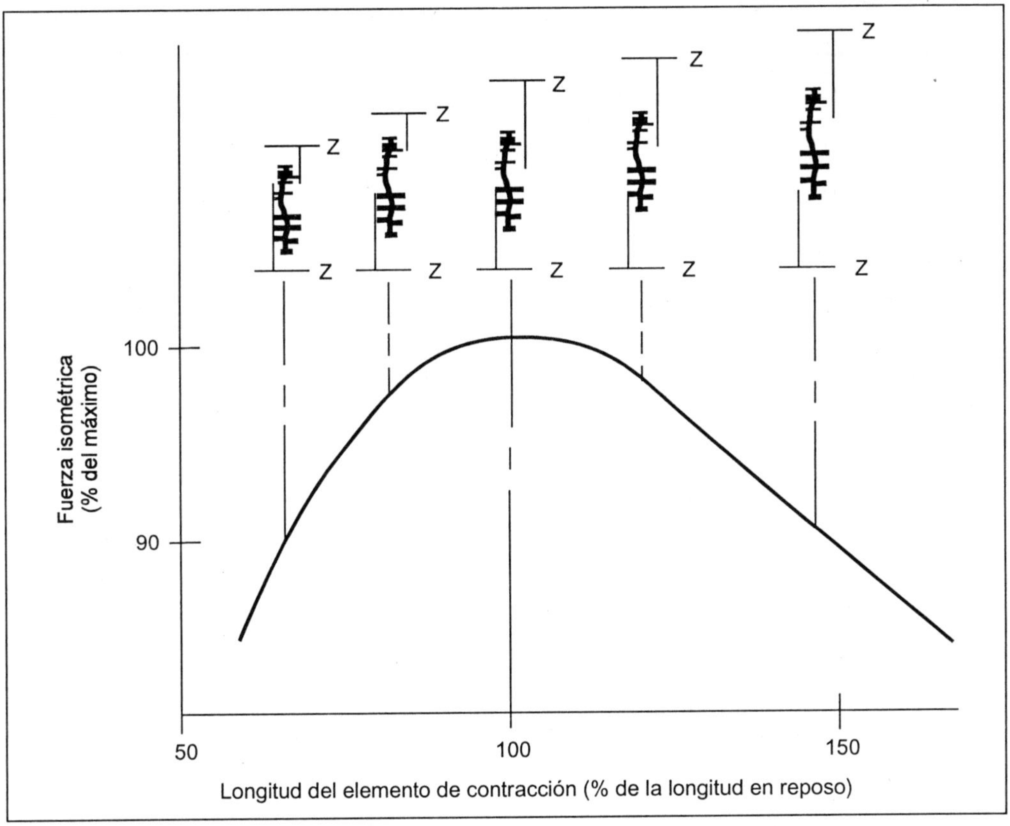

PRINCIPIOS DE DISEÑO DEL TRABAJO: ECONOMÍA DE MOVIMIENTOS

Logro de la máxima fuerza muscular en el rango medio de movimiento

El primer principio de economía de movimientos se deriva de la propiedad de forma de U invertida de la contracción del músculo mostrada en la figura 4-3. Los filamentos delgados y gruesos se unen en la longitud de reposo. En el estado estirado, existe un traslape o unión mínima entre ellos, que da como resultado una disminución considerable (a casi cero) de la fuerza del músculo. De manera similar, en el estado de contracción completa, hay interferencia entre los filamentos delgados opuestos, de nuevo, evitando la unión óptima y disminuyendo la fuerza del músculo. Esta propiedad del músculo se conoce como la *relación fuerza-longitud*. Por lo tanto, una tarea que requiere una fuerza considerable debe realizarse en una posición óptima. Por ejemplo, la posición neutral o derecha proporciona el agarre más fuerte para los movimientos de la muñeca. En la flexión del codo, la mejor posición sería con el codo doblado a un poco más de 90°. En la flexión de las plantas (como al oprimir un pedal), otra vez la posición óptima es a un poco más de 90°. Una regla

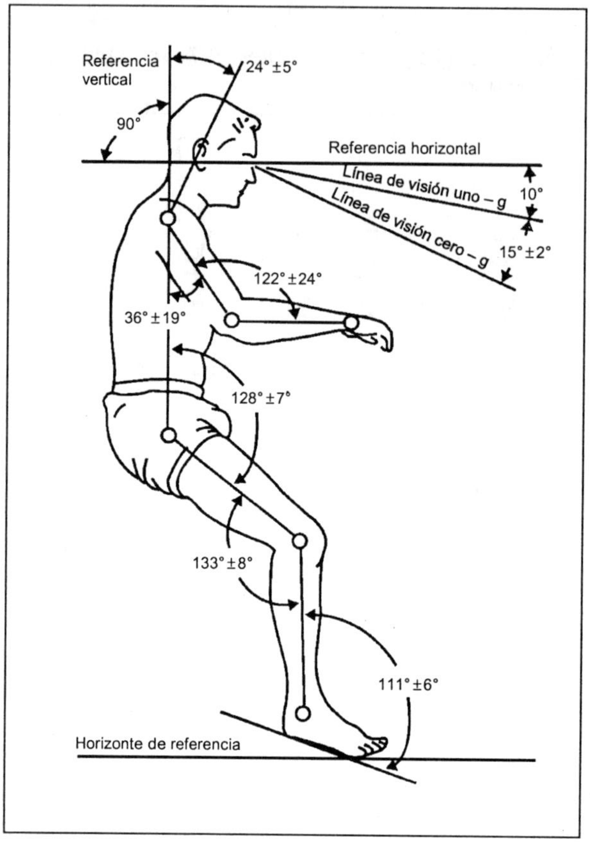

FIGURA 4-4
Postura relajada característica de las personas en condiciones sin gravedad. (*Tomado de:* Thornton, 1978, Fig. 16.)

general para encontrar el rango medio del movimiento es considerar la postura que toma un astronauta en condiciones sin gravedad, cuando se encuentran más relajados los músculos agonistas y antagonistas que rodean a la coyuntura y los brazos adquieren una posición neutral (vea la figura 4-4).

Logro de la máxima fuerza muscular con movimientos lentos

El segundo principio de economía de movimientos se basa en otra propiedad de la teoría del filamento deslizante y la contracción del músculo. Cuanto más rápido se forme, rompa y reforme la unión molecular, menos efectiva es la unión y menos fuerza muscular se produce. Este es un efecto no lineal pronunciado (vea la figura 4-5) con la máxima fuerza muscular producida sin acortamiento externo medible (por ejemplo, velocidad cero o contracción estática), y mínima fuerza muscular producida a la velocidad máxima de acortamiento del músculo. La fuerza es suficiente sólo para mover la masa de un segmento del cuerpo. Esta propiedad muscular se conoce como *relación fuerza-velocidad* y es en especial importante cuando se trata de trabajo manual.

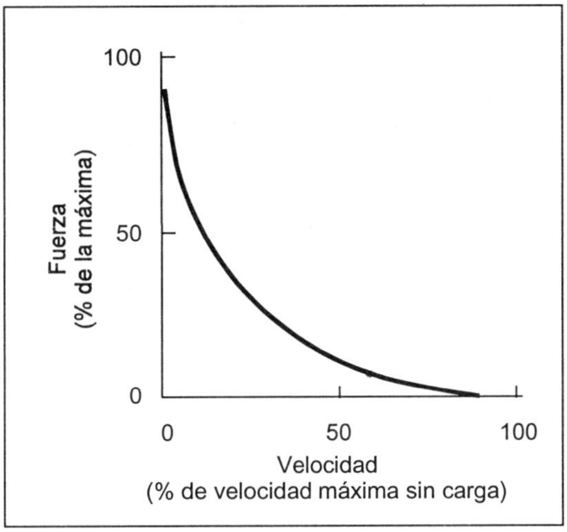

FIGURA 4-5
Relación fuerza-velocidad del sistema óseomuscular

Uso del momento para ayudar al trabajador siempre que sea posible; minimizarlo si hay oposición del esfuerzo muscular

Existe un trueque entre el segundo y tercer principio. Los movimientos rápidos producen momentos altos y fuerzas de impacto altas en el caso de golpes. Los movimientos hacia abajo son más efectivos que hacia arriba, debido a la ayuda de la gravedad. Para aprovechar por completo el momento contenido, las estaciones de trabajo deben permitir que los operadores dejen la pieza en el área de entrega mientras sus manos están en movimiento para tomar otra componente o herramienta e iniciar un nuevo ciclo.

Diseñar tareas para optimizar la capacidad de la fuerza humana

La capacidad de la fuerza humana depende de tres factores importantes: 1) el tipo de fuerza; 2) el músculo o coyuntura de movimiento que se utiliza; y 3) la postura. Existen tres tipos de esfuerzo muscular, definidos primordialmente por la manera en que se mide. Los esfuerzos musculares que redundan en movimientos del cuerpo son el resultado de una fuerza dinámica. En ocasiones, esta fuerza se llama contracción *isotónica* porque la carga y segmentos del cuerpo que se levantan mantienen un fuerza externa constante sobre el músculo. (Sin embargo, la fuerza interna producida por el músculo varía debido a la geometría del momento efectivo de los brazos.) Dado que son muchas las variables involucradas en tales contracciones, algunas necesitan restringirse para obtener una fuerza medible. Así, las mediciones de la fuerza dinámica, por lo general, se han hecho usando dinamómetros de velocidad constante (*isocinéticos*), como los Cybex o el Mini-Gym (Freivalds y Fotouhi, 1987). En el caso en que el movimiento del cuerpo está restringido se obtiene una fuerza *isométrica* o estática. Como se muestra en la figura 4-5, una fuerza isométrica necesariamente es mayor que una fuerza dinámica, debido a la unión más eficiente en los filamentos de los músculos deslizantes lentos. La tabla 4-1 contiene algunas fuerzas musculares isométricas representativas para varias posturas y en la figura 4-6 se muestran

TABLA 4-1

A. Datos del momento de fuerza estática del músculo (pie-lbs) para 25 hombres y 22 mujeres empleados en trabajos manuales en la industria

Función del músculo	Ángulos de coyunturas	Hombre (percentil) 5	50	95	Mujer (percentil) 5	50	95
Flexión de codo	90° incluido el brazo (brazo de lado)	31	57	82	12	30	41
Extensión de codo	70° incluido el brazo (brazo de lado)	23	34	49	7	20	28
Rotación de humeral medio (hombro)	90° hombro vertical (contraído)	21	38	61	7	15	24
Rotación de humeral lateral (hombro)	5° hombro vertical (al lado)	17	24	38	10	14	21
Flexión horizontal de hombro	90° hombro vertical (contraído)	32	68	89	9	30	44
Extensión horizontal de hombro	90° hombro vertical (contraído)	32	49	76	14	24	42
Contracción vertical de hombro	90° hombro vertical (contraído)	26	49	85	10	22	40
Contracción vertical de hombro	90° hombro vertical (contraído)	32	52	75	11	27	42
Extensión de tobillo (flexión plantar)	90° incluida la espinilla	51	93	175	29	60	97
Extensión de rodilla	120° incluido el muslo (sentado)	62	124	235	38	78	162
Flexión de rodilla	135° incluido el muslo (sentado)	43	74	116	16	46	77
Extensión de cadera	100° incluido el torso (sentado)	69	140	309	28	72	133
Flexión de cadera	110° incluido el torso (sentado)	87	137	252	42	93	131
Extensión de torso	100° incluido el muslo (sentado)	121	173	371	52	136	257
Flexión de torso	100° incluido el muslo (sentado)	66	106	159	36	55	119
Flexión lateral de torso	Sentado derecho	70	117	193	37	69	120

B. Datos del momento de fuerza estática del músculo (Nm) para 25 hombres y 22 mujeres empleados en trabajos manuales en la industria

Función del músculo	Ángulos de coyunturas	Hombre (percentil) 5	50	95	Mujer (percentil) 5	50	95
Flexión de codo	90° incluido el brazo (brazo de lado)	42	77	111	16	41	55
Extensión de codo	70° incluido el brazo (brazo de lado)	31	46	67	9	27	39
Rotación de humeral medio (hombro)	90° hombro vertical (contraído)	28	52	83	9	21	33
Rotación de humeral lateral (hombro)	5° hombro vertical (al lado)	23	33	51	13	19	28
Flexión horizontal de hombro	90° hombro vertical (contraído)	44	92	119	12	40	60
Extensión horizontal de hombro	90° hombro vertical (contraído)	43	67	103	19	33	57
Contracción vertical de hombro	90° hombro vertical (contraído)	35	67	115	13	30	54
Contracción vertical de hombro	90° hombro vertical (contraído)	43	71	101	15	37	57
Extensión de tobillo (flexión plantar)	90° incluida la espinilla	69	126	237	31	81	131
Extensión de rodilla	120° incluido el muslo (sentado)	84	168	318	52	106	219
Flexión de rodilla	135° incluido el muslo (sentado)	58	100	157	22	62	104
Extensión de cadera	100° incluido el torso (sentado)	94	190	419	38	97	180
Flexión de cadera	110° incluido el torso (sentado)	118	185	342	57	126	177
Extensión de torso	100° incluido el muslo (sentado)	164	234	503	71	184	348
Flexión de torso	100° incluido el muslo (sentado)	89	143	216	49	75	161
Flexión lateral de torso	Sentado derecho	95	159	261	50	94	162

(Tomado de: Chaffin y Anderson, 1991). (Reimpreso con permiso de John Wiley & Sons, Inc).

FIGURA 4-6
Posiciones de fuerza estática y resultados para 443 hombres y 108 mujeres. (Caffin *et al.* , 1977)

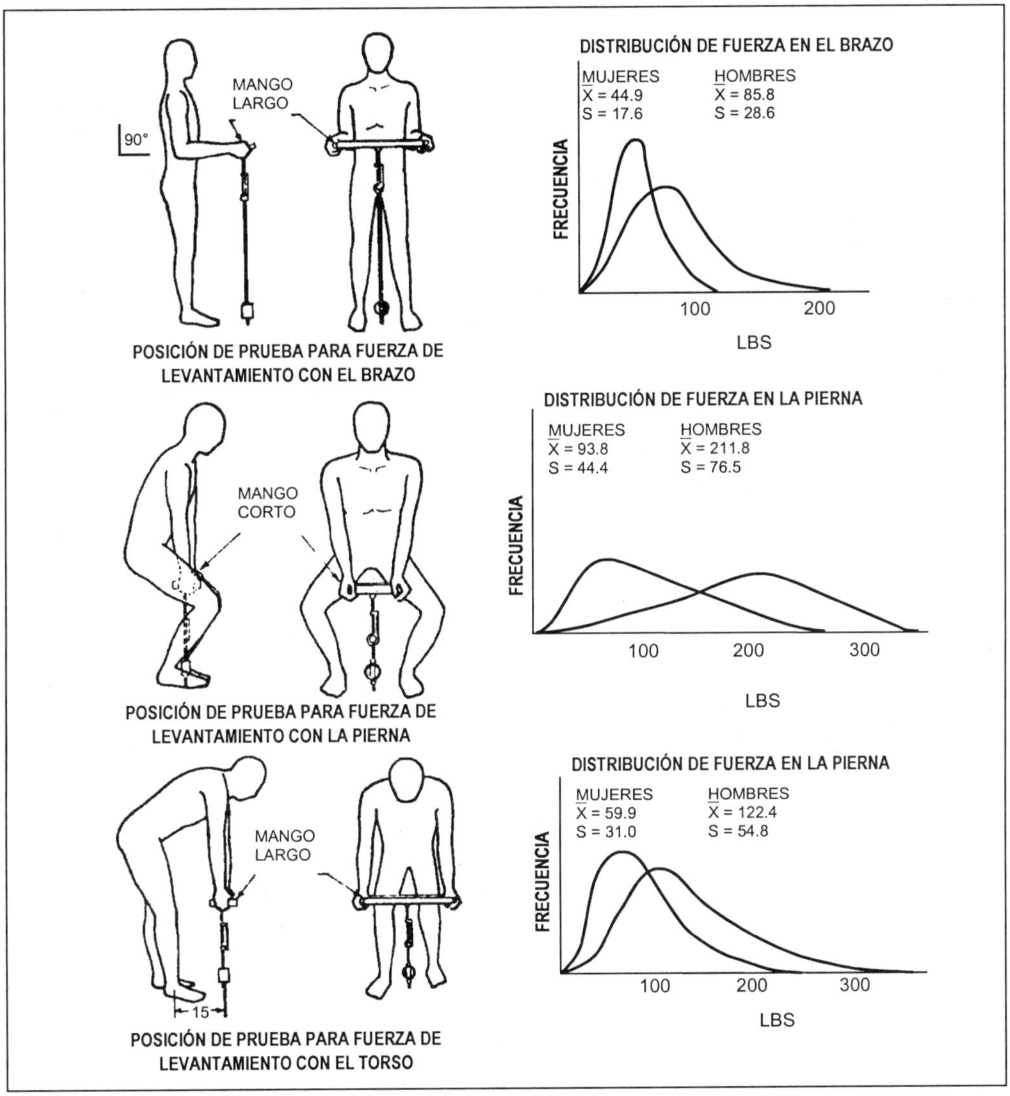

fuerzas de levantamiento representativas para 551 trabajadores industriales en distintas posturas.

La mayor parte de las tareas industriales involucran algún movimiento; por lo tanto, son raras las contracciones isométricas por completo. Es más común que el rango de movimiento sea limitado y no una contracción isocinética verdadera, sino un conjunto de contracciones cuasiestáticas. Así, las fuerzas dinámicas en realidad dependen de las tareas y condiciones, y hay pocos datos publicados respecto a la fuerza dinámica.

TABLA 4-2
Peso máximo (en lbs y kg) aceptable para hombres y mujeres promedio levantando cajas compactas [14 pulg (34 cm) de ancho] con agarraderas (Adaptado de Snook y Cirello, 1991)

	1 levantamiento/0.5min				1 levantamiento/1 min				1 levantamiento/30 min			
	Hombres		Mujeres		Hombres		Mujeres		Hombres		Mujeres	
Tarea	lbs	kg	lbs	kg	lbs	kg	lbs	kg	lbs	kg	lbs	kg
Del suelo a altura de nudillos	42	19	26	12	66	30	31	14	84	38	37	17
De nudillos a altura de hombro	42	19	20	9	55	25	29	13	64	29	33	15
De hombro a alcance de brazo	37	17	18	8	51	23	24	11	59	27	29	13

Para bajar, los valores aumentan 6%
Para cajas sin manijas, los valores disminuyen 15%
Al aumentar el tamaño de la caja (hacia afuera del cuerpo) hasta 30 pulg (75 cm), los valores disminuyen 16%

TABLA 4-3
Fuerza de empuje (en lbs y kg) a la altura de la cintura aceptable para hombres y mujeres promedio (I = inicial, S= sostenido) (Adaptado de Snook y Ciriello, 1991)

	1 levantamiento/min								1 levantamiento/30 min							
	Hombres				Mujeres				Hombres				Mujeres			
Distancia empujada	I		S		I		S		I		S		I		S	
en pies (metros)	lbs	kg	lbs	kg	lbs	kg	lbs	kg	lbs	kg	lbs	kg	lbs	kg	lbs	kg
150 (45)	51	23	26	12	40	18	22	10	66	30	42	19	51	23	26	12
50 (15)	77	35	42	19	44	20	29	13	84	38	51	23	53	24	33	15
7 (2)	95	43	62	28	55	25	40	18	99	45	75	34	66	30	46	21

Para las fuerzas de empuje a la altura del hombro o de los nudillos/rodillas, los valores disminuyen 11%

Por último, se ha definido un tercer tipo de capacidad de fuerza muscular, la *sicofísica*, para situaciones en las que se requiere una demanda de fuerza durante un tiempo prolongado. Una capacidad de fuerza estática no siempre es representativa de lo que es posible realizar de manera repetida durante un turno de 8 horas. En general, la carga máxima aceptable (determinada con ajustes en la carga levantada o el esfuerzo hasta que el sujeto siente que serían aceptables en forma repetida durante el periodo dado) es 40% a 50% menor que el esfuerzo estático de una sola vez. Se han compilado tablas extensas de fuerza sicofísica para varias frecuencias y posturas (Snook y Ciriello, 1991). Las tablas 4-2, 4-3 y 4-4 presentan un resumen de estos valores.

Uso de músculos grandes para tareas que requieren fuerza

La fuerza en los músculos es directamente proporcional al tamaño del músculo, según lo define el área de sección cruzada (en particular, 87 psi [60N/cm^2] tanto para hombres como para mujeres) (Ikai y Fukunaga, 1968). Por ejemplo, en levantamientos pesados

TABLA 4-4
Fuerza al jalar (en lbs y kg) a la altura de la cintura aceptable para hombres y mujeres promedio (I = inicial, S= sostenido) (Adaptado de Snook y Ciriello, 1991)

	1 levantamiento/min								1 levantamiento/30 min							
	Hombres				Mujeres				Hombres				Mujeres			
	I		S		I		S		I		S		I		S	
Distancia jalada en pies (metros)	lbs	kg	lbs	kg	lbs	kg	lbs	kg	lbs	kg	lbs	kg	lbs	kg	lbs	kg
150 (45)	37	17	26	12	40	18	24	11	48	22	42	19	48	22	26	12
50 (15)	57	26	42	19	42	19	26	12	62	28	51	23	51	23	33	15
7 (2)	68	31	57	26	55	25	35	16	73	33	70	32	66	30	44	20

Para las fuerzas al jalar a la altura de nudillos/rodilla, los valores se incrementan 75%
Para las fuerzas al jalar a la altura del hombro, los valores disminuyen 15%

deben usarse los músculos de piernas y tronco, y no músculos más débiles. El factor de postura, confuso por los cambios geométricos en el momento del músculo o la palanca del brazo, se relaciona con la longitud en reposo de las fibras del músculo cuando está cerca de la mitad del movimiento para la mayoría de las coyunturas, como se estableció en el primer principio de economía de movimientos.

Quedarse 15% abajo de la máxima fuerza voluntaria

La fatiga muscular es un criterio muy importante, pero muy poco usado en el diseño adecuado de tareas para el operario humano. El cuerpo humano y el tejido muscular se apoyan en dos tipos primordiales de fuentes de energía, *aeróbica* y *anaeróbica* (vea la siguiente sección sobre trabajo manual). Como el metabolismo anaeróbico puede suministrar energía sólo durante un periodo corto, el oxígeno que llega a las fibras musculares vía el flujo de sangre periférica, se vuelve crítico para determinar cuánto durarán las contracciones del músculo. Por desgracia, mientras más fuerte es la contracción de las fibras musculares, más se comprimen las arteriolas y los capilares relacionados (vea la figura 4-2), más se restringe el flujo de sangre y el suministro de oxígeno, y más rápido se fatiga el músculo. El resultado es la curva de resistencia de la figura 4-7. La relación es no lineal y va de un tiempo muy corto de resistencia de alrededor de seis segundos a una contracción máxima, punto en el que la fuerza del músculo cae con rapidez, a un tiempo de resistencia más o menos indefinido, cerca de 15% de la contracción máxima.

Esta relación se puede modelar por:

$$T = 1.2/(f - 0.15)^{0.618} - 1.21$$

donde: T = tiempo de resistencia (min),
f = fuerza requerida, expresada como fracción de la fuerza isométrica máxima.

Por ejemplo, un trabajador será capaz de resistir un nivel de fuerza de 50% de la máxima fuerza por sólo alrededor de un minuto:

$$T = 1.2/(0.5 - 0.15)^{0.618} - 1.21 = 1.09 \text{ min}$$

FIGURA 4-7

Relación del nivel de resistencia-esfuerzo del músculo estático con intervalos de ±1 DS (*Tomado de:* Chaffin y Anderson, 1991, reimpreso con permiso de John Wiley & Sons, Inc.)

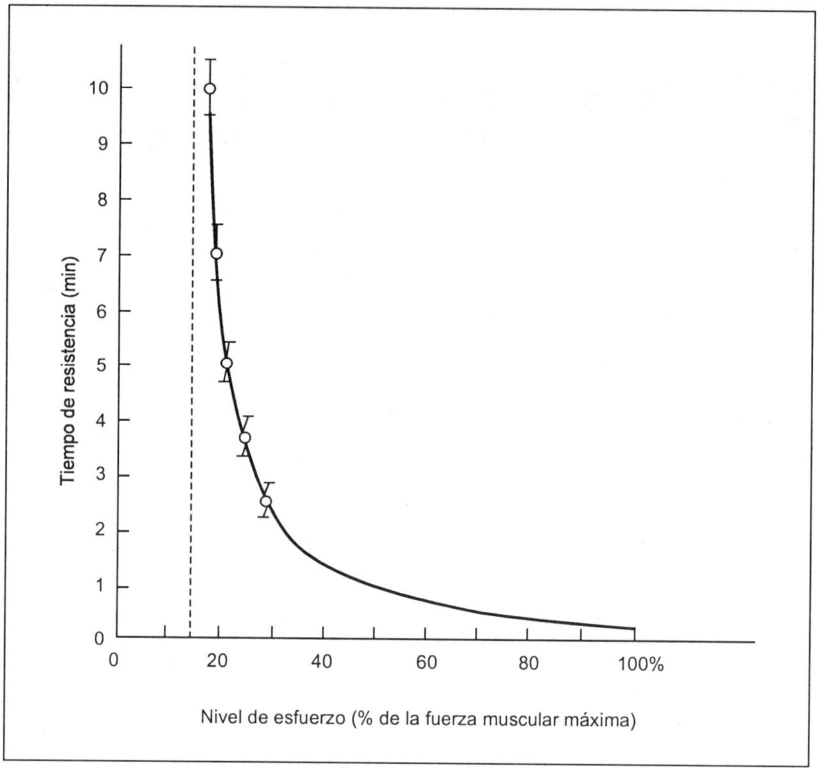

La asíntota indefinida se debe a que los primeros investigadores detenían sus experimentos sin llegar a la fatiga muscular completa. Más tarde, los investigadores sugirieron reducir este nivel de fuerza estática aceptable de 15% a 10% abajo, quizá hasta 5% (Jonsson, 1978). La cantidad de reposo necesario para recuperarse de un sostenimiento estático se presentará como un conjunto de holguras de relajamiento que dependen del esfuerzo y el tiempo (vea el capítulo 10).

Uso de ciclos de trabajo-reposo intermitentes, frecuentes y cortos

Ya sea que se realicen contracciones estáticas repetidas (como sostener una carga con codo flexionado) o una serie de elementos de trabajo dinámicos (como mover una palanca con brazos o piernas), ha de asignarse trabajo y recuperación en ciclos cortos y frecuentes. Esto se debe, en primer lugar, a un periodo rápido de recuperación inicial, que después tiende a nivelarse. Así, la mayor parte del beneficio se obtiene en un periodo relativamente corto. Se puede mantener un porcentaje más alto de la fuerza máxima si la fuerza se ejerce

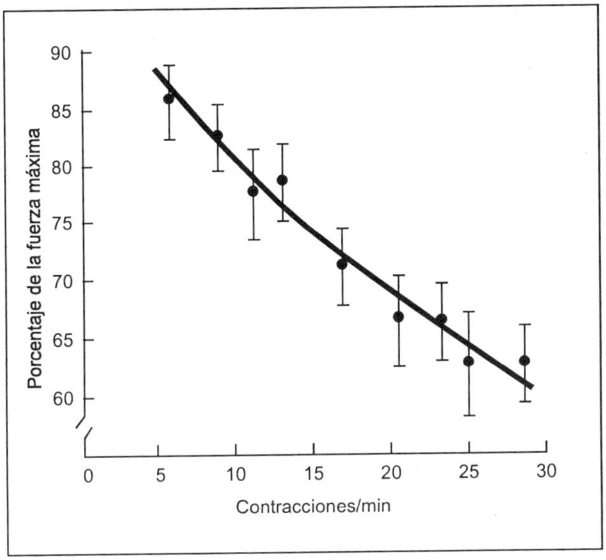

FIGURA 4-8
Porcentaje máximo de fuerza isométrica que se puede mantener en un estado estable durante contracciones rítmicas.
Los puntos son promedios para los músculos de dedos, manos, brazos y piernas combinados. Las líneas verticales denotan ± error estándar.
(*Tomado de:* Åstrand y Rodahl, 1986)

como una serie de contracciones repetitivas en lugar de una contracción estática sostenida (vea la figura 4-8). No obstante, si la persona llega a la fatiga muscular completa (o de todo el cuerpo), la recuperación completa necesitará un tiempo más largo, quizá varias horas.

Diseño de tareas para que la mayoría de los trabajadores puedan realizarlas

Como se puede ver en la figura 4-6, para un grupo dado de músculos, existe un intervalo considerable de fuerza en la población adulta, sana y normal, donde el más fuerte es de cinco a ocho veces más fuerte que el más débil. Estos grandes intervalos se deben a factores individuales que afectan el desempeño de la fuerza: sexo, edad, derecho o zurdo y condición física. El sexo es responsable de la mayor variación, con la fuerza muscular promedio de la mujer de 35% a 85% de la fuerza del hombre, con un efecto promedio de 66% (vea la figura 4-9). La diferencia es mayor para la fuerza en las extremidades superiores y menor en las inferiores. Sin embargo, la causa primordial de este efecto es el tamaño del cuerpo (es decir, la masa muscular total) y no sólo el sexo; la mujer promedio es considerablemente más pequeña y ligera que el hombre promedio. Todavía más, con la amplia distribución para la fuerza de un músculo dado, existen numerosas mujeres más fuertes que muchos hombres.

En términos de edad, la fuerza muscular parece tener un pico alrededor de los 25 años y después decrece linealmente de 20% a 25% para los 60 años (vea la figura 4-9). La disminución de la fuerza se debe a la reducción de masa muscular y la pérdida de fibras musculares. Sin embargo, no se sabe si la razón de esta pérdida es el cambio por la edad o sólo una reducción gradual de los niveles de actividad. Se ha demostrado de manera definitiva que con un programa de entrenamiento físico, una persona puede incrementar su fuerza 30% en algunas semanas, con un aumento máximo cercano a 100% (Åstrand y Rodahl, 1986). En términos de ser derecho o zurdo, en general, la mano no dominante produce cer-

FIGURA 4-9
Cambios en la fuerza isométrica máxima con la edad en mujeres y hombres. (*Tomado de:* Åstrand y Rodahl, 1986)

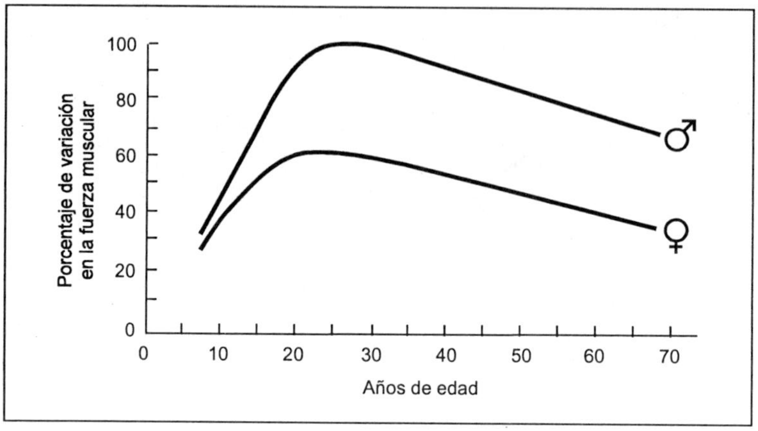

ca de 90% de la fuerza de agarre que tiene la mano dominante, con un efecto menos pronunciado en los zurdos, quizá porque se han visto forzados a adaptarse a un mundo derecho (Miller y Frievalds, 1987). En cualquier caso, es mejor diseñar herramientas y máquinas que puedan usarse con cualquier mano, para evitar que los individuos tengan desventaja de fuerza.

Uso de poca fuerza para movimientos precisos o control motriz fino

Las contracciones de los músculos se inician por una innervación neuronal desde el cerebro y columna vertebral, que juntos forman el sistema nervioso central. Una neurona motora o célula nerviosa que llega al músculo desde el sistema nervioso central puede tener conexión con varios cientos de fibras musculares. La tasa de innervación del número de fibras por neurona va de menos de 10 en los músculos pequeños del ojo a más de 1 000 en los músculos grandes y puede variar de manera considerable aun dentro de los mismos músculos. Este arreglo funcional se llama *unidad motora* y tiene implicaciones importantes en el control del movimiento. Una vez que se estimula una neurona, el potencial eléctrico se transfiere al mismo tiempo a todas las fibras musculares innervadas por esa neurona y la unidad motora actúa como una unidad de control motor o de contracción. Además, el sistema nervioso central tiende a seleccionar estas unidades motoras aumentando el tamaño cuando se necesitan fuerzas musculares mayores (figura 4-10). Las unidades motoras iniciales elegidas son pequeñas, con pocas fibras musculares y fuerza baja producida. No obstante, como son pequeñas y de baja tensión, el cambio en la producción de fuerza de una a dos unidades motoras seleccionadas es gradual y se puede producir una precisión fina en el control motor. Cerca del final de la selección de unidades motoras, la fuerza muscular total es alta y cada unidad motora adicional seleccionada se convierte en un gran incremento en la fuerza, con poca sensibilidad en términos de precisión o control. Se hace referencia a esta propiedad de los músculos como *principio de tamaño*.

FIGURA 4-10
Selección de músculos que demuestran el principio de tamaño

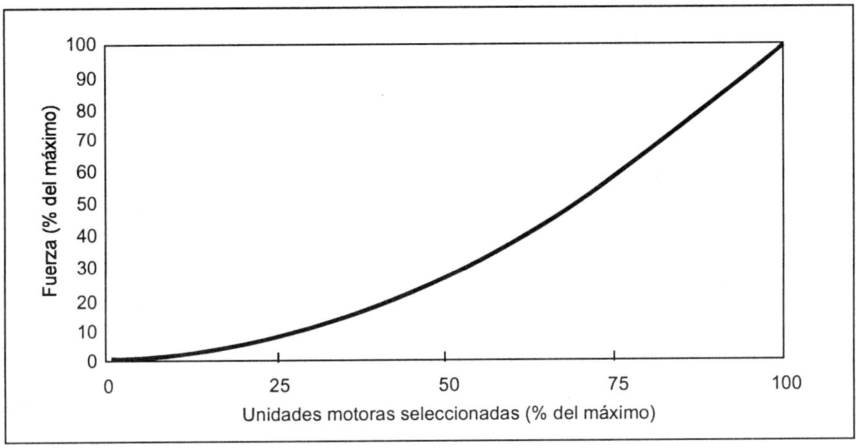

La actividad eléctrica de los músculos, llamada *electromiograma* (EMG), es una medida útil de la actividad muscular local. Esta actividad se mide con electrodos de registro colocados en la piel que cubre el músculo de interés, que se procesan y modifican hasta la amplitud y frecuencia de la señal. Para un análisis de amplitud, la señal casi siempre se rectifica y suaviza (con un circuito resistor-capacitor). El resultado tiene una relación razonablemente lineal con la fuerza ejercida por el músculo (Bouisset, 1973). El enfoque de frecuencia incluye digitalizar la señal y realizar un análisis rápido de transformada de Fourier para obtener un espectro de frecuencia. Cuando el músculo comienza a fatigarse, su actividad cambia de alta frecuencia (>60 Hz) a bajas frecuencias (<60 Hz) (Chaffin, 1969). Además, la amplitud EMG tiende a aumentar con la fatiga, para un nivel dado de esfuerzo.

No deben intentarse movimientos precisos o control fino justo después del trabajo pesado

Éste es un corolario del principio anterior de economía de movimientos. Las unidades motoras pequeñas tienden a usarse en forma continua durante el movimiento normal y aunque son más resistentes a la fatiga que las unidades motoras grandes, también se cansan. Un ejemplo típico de violación de este principio ocurre cuando los operarios cargan sus estaciones de trabajo antes de su turno o reabastecen partes durante el mismo. Levantar contenedores de partes pesados requiere seleccionar las unidades motoras pequeñas, al igual que las grandes para generar las fuerzas musculares necesarias. Durante el levantamiento y reabastecimiento, algunas unidades motoras se fatigan y se seleccionan otras para compensar. Cuando el operario termina de reabastecer los contenedores y regresa al trabajo preciso de ensamble, algunas unidades motoras, que incluyen las de precisión pequeñas, no están disponibles. Las unidades motoras grandes seleccionadas para sustituir a las fatigadas proporcionarán incrementos de fuerza mayores y un control motor menos preciso. Después de varios minutos, las unidades motoras se recuperarán y estarán disponibles, pero mientras tanto, quizá se sacrifique la calidad y velocidad del trabajo de ensamble. Una solución es asignar a trabajadores menos calificados al reabastecimiento de contenedores.

El uso de movimientos balísticos de velocidad

La innervación cruzada de agonistas y antagonistas siempre ocurre a través de reflejos espinales. Esto minimiza conflictos innecesarios entre los músculos, lo mismo que el gasto excesivo de energía consecuente. En general, en un movimiento voluntario, burdo y corto (menos de 200 mseg), se activa el agonista y se inhibe el antagonista (esto se llama *inhibición recíproca*), para reducir la contracción de músculos contraproducente. Por otro lado, en movimientos precisos se usa un control de retroalimentación de ambos conjuntos de músculos, aumentando el tiempo de movimiento. Esto se denomina *trueque de velocidad-exactitud.*

Inicio y terminación de movimientos con ambas manos al mismo tiempo

Cuando la mano derecha trabaja en su área normal a la derecha del cuerpo y la izquierda en la suya, a la izquierda del cuerpo, el sentimiento de balance tiende a inducir un ritmo en el desempeño del operario, que lo lleva a la máxima productividad. La mano izquierda en personas derechas puede ser tan efectiva como la derecha y debe usarse. Un boxeador derecho aprende a golpear con la mano izquierda con la misma efectividad que con la derecha. Una mecanógrafa rápida es tan eficiente con una mano como con la otra. En numerosos ejemplos, las estaciones de trabajo se pueden diseñar para "hacer dos a la vez". Si se usan dispositivos duales que sostengan dos componentes, ambas manos pueden trabajar al mismo tiempo, con movimientos simétricos en direcciones opuestas (vea la figura 4-11). Un corolario de este principio es que no deben estar ociosas ambas manos simultáneas, excepto durante los periodos de descanso. (Este principio fue el seguido por Frank Gilbreth al rasurarse con ambas manos al mismo tiempo.)

Movimientos simétricos y simultáneos de ambas manos desde y hacia el centro del cuerpo

Es natural que ambas manos se muevan en patrones simétricos. Las desviaciones de la simetría en una estación de trabajo a dos manos conducen a movimientos incómodos del operario. Muchas personas están familiarizadas con la dificultad de dar pequeños golpes al estómago con la mano izquierda y sobar la parte superior de la cabeza con la derecha. Otro experimento que ilustra la dificultad de realizar operaciones no simétricas es intentar dibujar un círculo con la mano izquierda y un cuadrado con la derecha. La figura 4-12 muestra una estación de trabajo ideal que permite al operario ensamblar dos productos mediante una serie de movimientos simétricos, simultáneos desde y hacia el centro del cuerpo.

FIGURA 4-11
Estación de trabajo y dispositivos diseñados para permitir el trabajo productivo con ambas manos. (General Electric Co.)

Uso del ritmo natural del cuerpo

Los reflejos de la espina que excitan o inhiben músculos, también llevan a ritmos naturales en el movimiento de los segmentos del cuerpo que se pueden comparar con los sistemas de masa-resorte-amortiguador de segundo orden, donde los segmentos del cuerpo proporcionan la masa y el músculo tiene resistencia y amortiguamiento internos. La frecuencia natural del sistema dependerá de los tres parámetros, pero la masa del segmento tendrá el

FIGURA 4-12
Una estación de trabajo ideal que permite al operador ensamblar dos productos realizando una serie de movimientos simétricos simultáneos desde y hacia el centro del cuerpo. (General Electric Co.)

mayor efecιo. Esta frecuencia natural es esencial para el desempeño suave y automático de una tarea. Drillis (1963) estudió una variedad de tareas manuales muy comunes y sugirió tiempos de trabajo óptimos, de la siguiente manera:

Limado de metal	60-78 pasadas por minuto
Cortes	60 pasadas por minuto
Palanca con la mano	35 revoluciones por minuto
Palanca con la pierna	60-72 revoluciones por minuto
Palear	14-17 paleadas por minuto

Uso continuo de movimientos curvos

Debido a la naturaleza de los ligamentos que unen los segmentos del cuerpo (que se aproximan a juntas de pasador), es más sencillo para las personas producir movimientos curvos, es decir, pivotear alrededor de una coyuntura. Los movimientos en línea recta que involucran cambios agudos y repentinos en su dirección requieren más tiempo y son me-

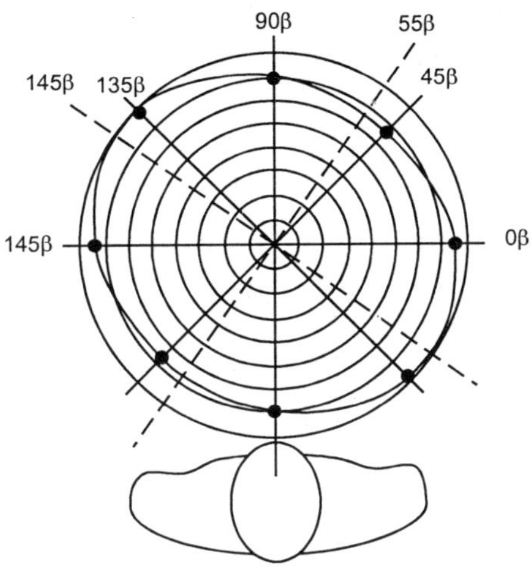

FIGURA 4-13
El movimiento del antebrazo es mejor cuando se pivotea alrededor del codo (*Tomado de:* Sanders y McCormick, 1993) (Reproducido con permiso de McGraw-Hill Companies.)

nos precisos. Esta ley se demuestra con facilidad al mover cualquiera de las dos manos con un patrón rectangular, y después con uno circular de magnitudes aproximadas. Es evidente que se requiere mayor cantidad de tiempo para hacer el cambio de dirección abrupto de 90°. Para hacer un cambio de dirección, la mano debe desacelerar, cambiar dirección y acelerar hasta que tiene que desacelerar de nuevo para el siguiente cambio de dirección. Los movimientos curvos continuos no requieren desaceleración y, en consecuencia, se realizan más rápido por unidad de distancia. Esto se ilustra bien en la figura 4-13, con sujetos que realizaron movimientos de posicionamiento con la mano derecha en ocho direcciones con un plano horizontal desde un punto central inicial. El movimiento de la parte inferior izquierda a la parte superior derecha (con pivoteo alrededor del codo) requirió 20% menos tiempo que el movimiento perpendicular de la parte inferior derecha a la parte superior izquierda (con movimiento adicional incómodo del hombro y el brazo).

Uso de la clasificación de movimientos práctica más baja

Es importante comprender las clasificaciones de los movimientos para usar esta ley fundamental de economía de movimientos en forma adecuada en el estudio de métodos. Las clasificaciones son las siguientes:

1. Los movimientos de los dedos son los más rápidos de los cinco tipos y se reconocen con facilidad porque se realizan moviendo el o los dedos mientras el resto del brazo permanece inmóvil. Los movimientos típicos de los dedos son enroscar una tuerca en un tornillo, presionar las teclas de una máquina de escribir o tomar una parte pequeña. Por lo común, existe una diferencia significativa en el tiempo que se requiere para realizar movimientos de los dedos con los distintos dedos. En la mayoría de los casos, el índice se mueve mucho más rápido que los demás.

Observe que los movimientos repetitivos de los dedos pueden conducir a la fatiga y a desórdenes óseomusculares relacionados con el trabajo, como desórdenes por trauma acumulado. Entonces, las fuerzas de los dedos se deben mantener en un nivel bajo con interruptores de barra en lugar de disparo y con el diseño de tareas que involucren un alto esfuerzo manual con clasificaciones más altas de movimiento.

2. Los movimientos de dedos y muñecas se hacen mientras el brazo y antebrazo están quietos. En la mayor parte de los casos, estos movimientos consumen más tiempo que los que involucran sólo a los dedos. Los movimientos típicos de dedos y muñecas ocurren al colocar una parte en un dispositivo o al ensamblar partes.
3. Los movimientos de dedos, muñecas y parte baja del brazo se conocen como *movimientos del antebrazo* e incluyen aquellos realizados por el brazo abajo del codo cuando la parte de arriba no se mueve. Como el antebrazo incluye un músculo fuerte, esos movimientos no se consideran eficientes porque no son fatigantes. Sin embargo, el trabajo repetitivo con fuerza de los brazos extendidos puede inducir hinchazón, que se alivia diseñando la estación de trabajo de manera que los codos estén a 90° al realizar la tarea. El tiempo que requiere un operario dado para hacer movimientos de antebrazo depende de la distancia recorrida y la resistencia que deba vencer durante el movimiento. Las estaciones de trabajo deben diseñarse para usar estos movimientos de clase tres y no los de clase cuatro al realizar movimientos de transporte, para minimizar los tiempos de ciclo.
4. Los movimientos de dedos, muñeca, parte baja y parte alta del brazo se conocen como *movimientos de clase cuatro o de hombro*, y quizá se usen más que los de cualquier otra clase. Este movimiento para una distancia dada toma mucho más tiempo que los de las tres clases anteriores. Se requieren para realizar movimientos de transporte de partes que no es posible alcanzar sin extender el brazo. El tiempo requerido para éstos depende en primer lugar de la distancia y la resistencia del movimiento. Para reducir la carga estática de los movimientos de hombros, deben diseñarse herramientas para que éste no se eleve al realizar el trabajo. Por ejemplo, al usar una llave de prisión en lugar de una abierta, el operario puede alcanzar la tuerca desde un ángulo sin tener que levantar el hombro.
5. Los movimientos de clase cinco incluyen movimientos del cuerpo, que son los más tardados. Los movimientos del cuerpo incluyen tobillo, rodilla y muslo, al igual que el tronco.

Los movimientos de clase uno requieren el menor esfuerzo y tiempo, mientras que los de clase cinco se consideran los menos eficientes. Así, siempre debe utilizarse el movimiento de clasificación menor para realizar un trabajo adecuado. Esto implica un examen cuidadoso de la localización de herramientas y materiales, de manera que puedan incluirse patrones de movimiento ideales.

Los primeros en mostrar esta clasificación de movimientos fueron Langolf, Chaffin y Foulke (1976), en una serie de movimientos de posicionamiento hacia y desde las correderas, conocidas como "tareas de enrosque" de Fitts (1954). Matemáticamente, la tarea se puede expresar como:

$$TM = a + b \times \log_2 (2D/A)$$

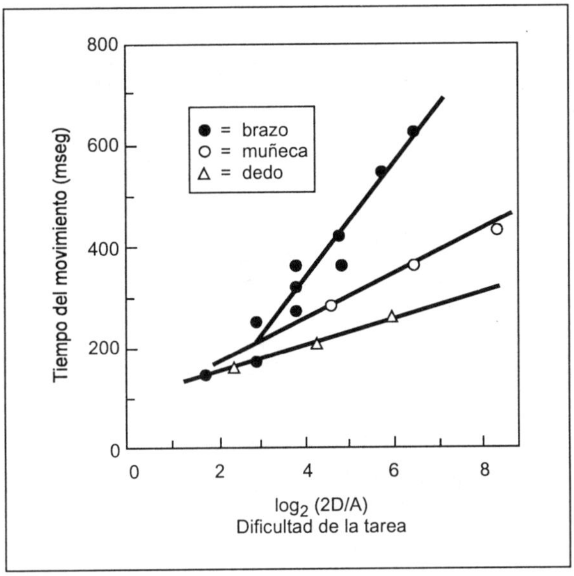

FIGURA 4-14
Clasificación de movimientos (*Tomado de:* Sanders y McCormick, 1993) (Reproducido con permiso de the McGraw-Hill Companies.)

donde: TM = tiempo de movimiento (mseg),
D = distancia entre los centros de las metas,
A = ancho de la corredera,
a = ordenada de la recta de regresión,
b = pendiente de la recta de regresión.

El tiempo del movimiento aumenta con la dificultad de la tarea (vea la figura 4-14), pero también aumenta con los niveles más altos de clasificación; es decir, la pendiente para el brazo (b = 105 mseg) es más pronunciada que para la muñeca (b = 45 mseg), que a su vez es mayor que para el dedo (b = 26 mseg). El efecto se debe sencillamente al mayor tiempo que requiere el sistema nervioso central para procesar las coyunturas, las unidades motoras y los receptores adicionales.

Trabajo con manos y pies al mismo tiempo

Como la mayor parte de los ciclos de trabajo se realizan con las manos, es bueno relevarlas del trabajo que puedan hacer los pies, pero sólo si este trabajo se hace mientras las manos están ocupadas. Dado que las manos son más hábiles que los pies, no sería inteligente hacer que los pies trabajaran mientras las manos están quietas. Con frecuencia se pueden arreglar dispositivos como pedales que permitan sujeciones, expulsiones o alimentaciones, y liberar las manos para otros trabajos más útiles y, en consecuencia, disminuir el tiempo de ciclo (vea la figura 4-15). Cuando las manos se mueven, los pies no deben hacerlo, ya que es difícil el movimiento simultáneo de manos y pies; pero los pies pueden estar aplicando presión sobre algo como un pedal. Además, el operario debe estar sentado, pues no es sencillo operar un pedal de pie, y aguantar todo el peso del cuerpo en el otro pie.

FIGURA 4-15
Esta prensa operada con el pie permite que las manos del operario tomen las partes al prepararse para el siguiente ciclo, mientras funciona la prensa. General Electric Co.

Minimización de la vista fija

Aunque fijar la vista o los movimientos de los ojos no se puede eliminar en la mayor parte de los trabajos, debe optimizarse la localización de la meta visual principal respecto al operario humano. La línea normal de la vista está cerca de los 15° abajo de la horizontal, y el campo visual primario se define como un cono de $\pm 15°$ en un arco centrado en la línea de la vista. La consecuencia es que dentro de esta área se necesita un mínimo de movimientos de los ojos y la fatiga del ojo se minimiza.

Resumen: principios de economía de movimientos

Los principios de economía de movimientos se basan en una comprensión elemental de la fisiología humana y deben ser muy útiles al aplicarlos al análisis de métodos, teniendo en cuenta al operario humano. Sin embargo, el analista no tiene que ser experto en anatomía y fisiología humana para aplicarlos. De hecho, para los fines de análisis de tareas, quizá sea suficiente usar la lista de verificación de economía de movimientos, que resume casi todos los principios en un cuestionario (vea la figura 4-16).

FIGURA 4-16
Lista de verificación de economía de movimientos

Suboperaciones	Sí	No
1. ¿Es posible eliminar una suboperación?	☐	☐
a. como innecesaria	☐	☐
b. con un cambio en el orden del trabajo	☐	☐
c. con un cambio de herramientas o equipo	☐	☐
d. con un cambio en la distribución de la estación de trabajo	☐	☐
e. con la combinación de herramientas	☐	☐
f. con un cambio ligero en el material	☐	☐
g. con un cambio ligero en el producto	☐	☐
h. con un sujetador de acción rápida en los dispositivos	☐	☐
2. ¿Es posible facilitar una operación?	☐	☐
a. con mejores herramientas	☐	☐
b. con un cambio en las palancas	☐	☐
c. con cambios de posición de los controles o herramientas	☐	☐
d. con mejores contenedores de material	☐	☐
e. con el uso de la inercia donde sea posible	☐	☐
f. con la disminución de los requerimientos visuales	☐	☐
g. con mejores alturas en la estación de trabajo	☐	☐
Movimientos	Sí	No
1. ¿Es posible eliminar un movimiento?	☐	☐
a. como innecesario	☐	☐
b. con un cambio en el orden del trabajo	☐	☐
c, combinando herramientas	☐	☐
d. con un cambio de herramientas o equipo	☐	☐
e. con una resbaladilla para dejar caer el desperdicio o el material terminado	☐	☐
2. ¿Es posible facilitar un movimiento?	☐	☐
a. con un cambio en la distribución para acortar distancias	☐	☐
b. con cambios en la dirección de los movimientos	☐	☐
c. usando otros músculos	☐	☐
Uso del primer grupo de músculos con la fuerza suficientes para la tarea:	☐	☐
1) dedos	☐	☐
2) muñeca	☐	☐
3) antebrazo	☐	☐
4) parte superior del brazo	☐	☐
5) tronco	☐	☐
d. con movimientos continuos en lugar de desordenados	☐	☐
Sujeciones	Sí	No
1. ¿Puede eliminarse una sujeción? (sujetar es en extremo fatigante)	☐	☐
a. como innecesaria	☐	☐
b. con un dispositivo sencillo de sujeción	☐	☐
2. ¿Puede facilitarse una sujeción?	☐	☐
a. acortando su duración	☐	☐
b. usando un grupo de músculos más fuerte, como piernas o dispositivos operados con el pie	☐	☐
Retrasos	Sí	No
1. ¿Es posible eliminar o acortar un retraso?	☐	☐
a. como innecesario	☐	☐
b. con un cambio en el trabajo que realiza cada miembro del cuerpo	☐	☐
c. balanceando el trabajo entre los miembros del cuerpo	☐	☐
d. trabajando en dos artículos al mismo tiempo	☐	☐
e. con trabajo alternado (las manos hacen el mismo trabajo pero desfasado)	☐	☐
Ciclos	Sí	No
1. ¿Se puede reorganizar el ciclo para lograr más trabajo manual durante ese tiempo?	☐	☐
a. con alimentación automática	☐	☐
b. con suministro de materiales automático	☐	☐
c. con cambios en la relación de fase hombre-máquina	☐	☐
d. con un corte de energía automático al finalizar el corte o en caso de falla de material o herramienta	☐	☐
Tiempo de máquina	Sí	No
1. ¿Puede acortarse el tiempo de máquina?	☐	☐
a. con mejores herramientas	☐	☐
b. con herramientas combinadas	☐	☐
c. con alimentaciones o velocidades mayores	☐	☐

ESTUDIO DE MOVIMIENTOS

El *estudio de movimientos* es el análisis cuidadoso de los movimientos del cuerpo empleados al hacer un trabajo. El propósito de su estudio es eliminar o reducir los movimientos no efectivos, y facilitar y acelerar los efectivos. Por medio del estudio de tiempos, en conjunto con los principios de economía de movimientos, se rediseña el trabajo para lograr mayor efectividad y una tasa de producción más alta. Los Gilbreth fueron pioneros en el estudio de movimientos y desarrollaron las leyes básicas de economía de movimientos que todavía se consideran fundamentales. También fueron responsables del desarrollo detallado de estudios filmados de los movimientos, conocidos como *estudios de micromovimientos*, que han resultado invaluables en el estudio de operaciones manuales altamente repetitivas. Dicho estudio, en el sentido amplio, cubre tanto el estudio realizado por simple análisis visual, como los que usan equipo más costoso. Por tradición, se usaban cámaras de cine, pero hoy la cámara de video tiene la exclusividad por su habilidad para regresar y ver de nuevo las secciones, la imagen congelada en videograbadores de cuatro cabezas (VCR), y la eliminación del revelado de la película. En vista de su alto costo, los micromovimientos se usan sólo en trabajos muy activos con alta repetitividad.

Los dos tipos de estudios se pueden comparar con ver a través de una lupa contra un microscopio. El detalle adicional que revela el microscopio sólo es necesario en los trabajos más productivos. Por costumbre los estudios de micromovimientos se registraban en un *diagrama de movimiento simultáneo (simo)*, y los estudios de movimientos en un *diagrama de proceso bimanual*. Un diagrama simo real ya casi no se usa, pero en ocasiones se aplica el término al diagrama de proceso bimanual.

Movimientos básicos

Como parte del análisis del movimiento, los Gilbreth concluyeron que todo trabajo, productivo o no, se realiza usando una combinación de 17 movimientos básicos que llamaron *therbligs* (Gilbreth de atrás para adelante). Los therbligs pueden ser efectivos o inefectivos. Los therbligs efectivos son un avance en el progreso del trabajo. Muchas veces se pueden acortar, pero lo común es que no se puedan eliminar. Los therbligs inefectivos no avanzan el progreso del trabajo y deben eliminarse mediante la aplicación de los principios de economía de movimientos. Los 17 therbligs junto con sus símbolos y definiciones se muestran en la tabla 4-5.

Diagrama de proceso bimanual

El *diagrama de proceso bimanual*, también llamado *diagrama de proceso del operario* o *diagrama de proceso mano derecha mano izquierda,* es una herramienta del estudio de movimientos. Muestra todos los movimientos realizados por las manos, derecha e izquierda, y las relaciones entre las divisiones básicas de los logros desempeñados por las manos. El propósito del diagrama de proceso bimanual es presentar una operación dada con suficiente detalle para analizar y mejorar la operación. En general, no es práctico hacer un

TABLA 4-5
Therbligs de los Gilbreth

Therbligs efectivos
(Implica un avance directo en el progreso del trabajo. Pueden acortarse, pero es difícil eliminarlos.)

Therblig	Símbolo	Decripción
Alcanzar	AL	Movimiento con la mano vacía desde y hacia el objeto; el tiempo depende de la distancia; en general precede a soltar y va seguido de tomar.
Mover	M	Movimiento con la mano llena; el tiempo depende de la distancia, el peso y el tipo de movimiento; en general precedida por tomar y seguida de soltar o posicionar.
Tomar	T	Cerrar los dedos alrededor de un objeto; inicia cuando los dedos hacen contacto con el objeto y termina cuando se logra el control; depende del tipo de tomar; en general precedido por alcanzar y seguido por mover.
Soltar	S	Dejar el control de un objeto; por lo común es el therblig más corto.
Preposicionar	PP	Posicionar un objeto en un lugar predeterminado para su uso posterior; casi siempre ocurre junto con mover, como al orientar una pluma para escribir.
Usar	U	Manipular una herramienta al usarla para lo que fue hecha; se detecta con facilidad.
Ensamblar	E	Unir dos partes que van juntas; se detectan con facilidad en el avance del trabajo.
Desensamblar	DE	Opuesto al ensamble, separación de partes que están juntas; en general precedido de posicionar o mover; seguido de soltar.

Therbligs no efectivos
(No avanzan el progreso del trabajo. Deben eliminarse cuando sea posible)

Therblig	Símbolo	Descripción
Buscar	B	Ojos o manos que deben encontrar un objeto; inicia cuando los ojos se mueven para localizar un objeto.
Seleccionar	SE	Elegir un artículo entre varios; por lo común sigue a buscar.
Posicionar	P	Orientar un objeto durante el trabajo; en general precedido de mover y seguido de soltar (en contraste a *durante* para preposicionar).
Inspeccionar	I	Comparar un objeto con un estándar, casi siempre con la vista, pero también puede ser con otros sentidos.
Planear	PL	Hacer una pausa para determinar la siguiente acción; en general se detecta como una duda antes del movimiento.
Retraso inevitable	RI	Más allá del control del operario debido a la naturaleza de la operación, por ejemplo, la mano izquierda espera mientras la derecha termina un alcance más lejano.
Retraso evitable	R	Sólo el operario es responsable del tiempo ocioso, como al toser.
Descanso para contrarrestar la fatiga	D	Aparece en forma periódica, no todos los ciclos, depende de la carga de trabajo físico.
Sostener	SO	Una mano detiene un objeto mientras la otra realiza un trabajo provechoso.

estudio detallado del proceso bimanual a menos que se trate de una operación manual muy repetitiva. Por medio de este análisis, es posible identificar los patrones de movimiento ineficientes y se pueden observar con facilidad las violaciones de los principios de economía de movimientos. Este diagrama facilita cambiar un método de manera que se logre una operación con dos manos balanceada y que los movimientos ineficientes se reduzcan o eliminen. El resultado es un ciclo más suave, con más ritmo que mantiene al mínimo tanto los retrasos como la fatiga del operario.

Como siempre, el analista da un nombre al "diagrama de proceso bimanual" y agrega toda la información necesaria, como número de parte, número de dibujo, descripción de la operación o el proceso, método actual o propuesto, fecha y el nombre de la persona que realiza el diagrama. Justo abajo de la información de identificación, el analista hace un bosquejo de la estación de trabajo, con un dibujo a escala. El bosquejo es una ayuda para presentar el método que se estudia. La figura 4-17 muestra un diagrama de proceso bimanual típico para un ensamble de abrazaderas de cable con los tiempos para cada therblig obtenidos con un cronómetro.

Después de identificar la operación por completo y hacer un bosquejo de la estación de trabajo con las relaciones dimensionales, el analista inicia la construcción del diagrama de proceso bimanual. Este diagrama también se dibuja a escala. El analista observa la duración del ciclo, para determinar el tiempo que debe representar cada centímetro de espacio vertical en el diagrama. Por ejemplo, si la operación tiene un tiempo de ciclo de 0.70 minutos y hay 14 cm verticales de espacio en el diagrama, cada 1/2 cm será igual a 0.025 minutos.

En general, es menos confuso graficar todas las actividades de una mano y después las divisiones básicas de logro realizado por la otra mano. Aunque no existe una regla en cuanto a qué parte del ciclo usar como punto inicial, casi siempre es mejor comenzar la gráfica justo después de soltar la parte terminada. Si este soltar se hace con la mano derecha, el siguiente movimiento que por lo común se lleva a cabo es el primer movimiento mostrado en el diagrama de proceso bimanual. Para la mano derecha, éste tal vez sea "alcanzar la nueva parte". Si el analista observa que el elemento "alcanzar" toma cerca de 0.025 minutos, esta duración se indica con una línea horizontal dibujada a través del lado de la mano derecha del diagrama a 1 centímetro de la parte superior. En la columna de "símbolos" se escribe "AL" (de 'alcanzar') para indicar que se ha realizado un movimiento efectivo. A la derecha del símbolo se registra una descripción breve del evento, como "alcanza una tuerca de 1/2 pulg a 20 cm". Abajo de esto, se muestra la siguiente división básica, y así sucesivamente hasta completar el ciclo. El analista procede a graficar las actividades de la mano izquierda durante el ciclo. Al hacerlo, verifica que los puntos finales de los therbligs ocurran al mismo tiempo; ésta es una verificación general de errores al graficar.

Todos los elementos deben durar suficiente tiempo para poder medirlos, ya que en la mayoría de los casos no es posible medir cada therblig individual. Por ejemplo, en la figura 4-17 el primer elemento realizado por la mano izquierda fue "traer un tornillo U". Este elemento comprende los therbligs "alcanzar" y "tomar". No hubiera sido posible tomar el tiempo de cada therblig individual. Sólo mediante el uso de una cámara de película o de video se pueden medir tiempos tan cortos como estos. El observador en la figura 4-17 usó un cronómetro decimal y aproximó los tiempos de therbligs con divisiones de tiempo iguales excepto para S que es cercano a cero.

FIGURA 4-17

Diagrama de proceso bimanual para el ensamble de abrazaderas de cable

Diagrama de proceso bimanual **Página 1 de 1**

Operación: ensamble de abrazaderas de cable	Parte: SK-112	**Resumen**	Mano izq.	Mano der.
Nombre y número de operador: J.B. #1157		Tiempo efectivo:	2.7	11.6
Analista: G. Theuring	Fecha: 6-11-98	Tiempo inefectivo:	11.6	2.7
Método (marque con un círculo): (Actual) Propuesto		Tiempo de ciclo:	14.30 s	

Dibujo:

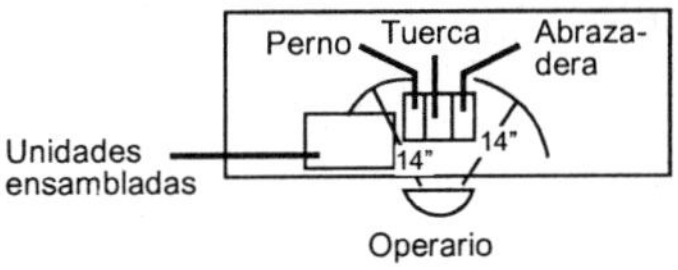

Nota: Canaletas de alimentación por gravedad para partes ensambladas

Descripción de mano izquierda	Símb.	Tiempo	Tiempo	Símb.	Descripción de mano derecha
Tomar perno en U (10")	AL T	1.00	1.00	AL T	Tomar abrazadera de cable (10")
Colocar perno(10")	M P	1.20	1.20	M P S	Colocar abrazadera (10")
Sostener perno	SO	11.00	1.00	AL T	Tomar primera tuerca (9")
			1.20	M P	Colocar primera tuerca (9")
			3.40	U S	Correr primera tuerca
			1.00	AL T	Tomar segunda tuerca (9")
			1.20	M P	Colocar segunda tuerca (9")
			3.40	U S	Correr, segunda tuerca
Botar el ensamble	M S	1.10	0.90	RI	Esperar

Una vez registradas las actividades de ambas manos, el analista crea un resumen en la esquina superior derecha de la hoja, que indica el tiempo de ciclo, la piezas por ciclo y el tiempo por pieza. Al terminar el diagrama de proceso bimanual para un método existente, puede determinar qué mejoras introducir. En este punto deben aplicarse varios corolarios importantes de los principios de economía del movimiento que incluyen:

1. Establecer las mejores secuencias de therbligs.
2. Investigar cualquier variación sustancial en el tiempo requerido para un therblig dado y determinar la causa.
3. Examinar y analizar dudas para determinar sus causas y eliminarlas.
4. Como meta, intentar que los ciclos y porciones de ciclos terminen en el menor tiempo posible. Estudiar desviaciones de estos tiempos mínimos para determinar las causas.

En el ejemplo, "espera" y "sostener" son un buen lugar para comenzar. Por ejemplo, en la figura 4-17, la mano izquierda actúa como dispositivo para sostener durante casi todo el ciclo. Esto sugiere el desarrollo de un dispositivo para sujetar el perno. Un examen más minucioso para lograr movimientos balanceados de ambas manos sugiere que cuando un dispositivo sujete los pernos, las manos derecha e izquierda podrían ensamblar una abrazadera de cable completa cada una. Si se estudia el diagrama un poco más, puede surgir la idea de introducir un expulsor automático y una canaleta de gravedad para eliminar el elemento final "botar el ensamble". También puede ayudar en el análisis el uso de la lista de verificación del análisis de therbligs (vea la figura 4-18).

En resumen, los diagramas de proceso bimanuales son una herramienta efectiva para:

1. Balance de movimientos de ambas manos y reducir la fatiga.
2. Reducir o eliminar los movimientos no productivos.
3. Disminuir la duración de los movimientos productivos.
4. Capacitar a nuevos operarios en el método ideal.
5. Vender el método propuesto.

TRABAJO MANUAL Y GUÍA DE DISEÑO

Aunque la automatización ha reducido en forma significativa las demandas de fuerza de las personas en el entorno industrial moderno, la fuerza muscular aún forma una parte esencial de muchas ocupaciones, en particular aquellas que involucran manejo manual de materiales (MMM) o el trabajo manual. En estas actividades, el esfuerzo excesivo al mover cargas pesadas puede tensionar el sistema óseomuscular, y es la tercera causa de lesiones ocupacionales. La parte baja de la espalda se incluye en casi la cuarta parte de estas lesiones y es responsable de la cuarta parte de los costos anuales de compensación a trabajadores (National Safety Concil, 1997). Las lesiones en la espalda son en particular perjudiciales porque con frecuencia causan desórdenes permanentes, con incomodidades y limitaciones considerables para el empleado y altos gastos para el empleador (los costos directos de un caso promedio que necesita cirugía pueden exceder $60 000 US).

Gasto de energía y guía de cargas de trabajo

El proceso de contracción muscular requiere energía. La molécula llamada *trifosfato de adenosine* (ATP) es la fuente de energía inmediata, que interactúa físicamente con el puente cruzado de proteínas cuando uno de los enlaces de fosfatos ATP de alta energía se rompe. Esta fuente es muy limitada, dura sólo unos segundos y el ATP debe reabastecerse

FIGURA 4-18
Lista de verificación de therbligs

Alcanzar y mover	Sí	No
1. ¿Es posible eliminar alguno de los therbligs?	❑	❑
2. ¿Pueden acortarse las distancias con alguna ventaja?	❑	❑
3. ¿Se usan los mejores medios (bandas transportadoras, tenazas, pinzas)?	❑	❑
4. ¿Se usa el miembro del cuerpo correcto (dedos, muñecas, antebrazo, brazo, hombro)?	❑	❑
5. ¿Se puede emplear una canaleta por gravedad?	❑	❑
6. ¿Es posible efectuar los transportes con dispositivos mecánicos y operados por el pie?	❑	❑
7. ¿Se reducirá el tiempo si se transportan unidades más grandes?	❑	❑
8. ¿Aumenta el tiempo debido a la naturaleza del material que se mueve o a la posición delicada subsecuente?	❑	❑
9. ¿Pueden eliminarse cambios abruptos de dirección?	❑	❑
Tomar	Sí	No
1. ¿Es aconsejable que el operario tome más de una parte u objeto a la vez?	❑	❑
2. ¿Se puede usar un "tomar de contacto" en lugar de un "tomar de agarre"?	❑	❑
3. En otras palabras, ¿puede deslizarse el objeto en lugar de moverlo tomándolo?	❑	❑
4. Un reborde o abertura al frente de los contenedores ¿ayudaría a tomar partes pequeñas?	❑	❑
5. ¿Se pueden preposicionar las partes o herramientas para tomarlas con facilidad?	❑	❑
6. ¿Una aspiradora, un magneto, un dedo de hule u otro dispositivo facilitaría el trabajo?	❑	❑
7. ¿Se puede usar un transportador?	❑	❑
8. ¿Se ha diseñado el dispositivo para que los operadores tomen la parte con facilidad al quitarla?	❑	❑
9. ¿Puede el operario anterior preposicionar la herramienta o el trabajo, para simplificar que el siguiente operario la tome?	❑	❑
10. ¿Es posible preposicionar las herramientas en una ménsula de giro?	❑	❑
11. ¿Puede cubrirse la superficie de la mesa con una capa de material de esponja para que los dedos puedan tomar partes pequeñas con mayor facilidad?	❑	❑
Soltar	Sí	No
1. ¿Puede soltarse la pieza en tránsito?	❑	❑
2. ¿Es posible utilizar un expulsor mecánico?	❑	❑
3. Los contenedores de partes ¿son del tamaño y diseño adecuado?	❑	❑
4. Al final del therblig soltar, ¿están las manos en la posición más ventajosa para el siguiente therblig?	❑	❑
5. ¿Pueden soltarse varias unidades a la vez?	❑	❑
Preposicionar	Sí	No
1. ¿Puede un dispositivo de sujeción en la estación de trabajo mantener las herramientas en la posición adecuada y las manijas hacia arriba?	❑	❑
2. ¿Es posible tener las herramientas suspendidas?	❑	❑
3. ¿Puede usarse una guía?	❑	❑
4. ¿Puede usarse un carrusel?	❑	❑
5. ¿Puede usarse un dispositivo de almacenamiento?	❑	❑
6. ¿Puede usarse un dispositivo giratorio?	❑	❑
Usar	Sí	No
1. ¿Puede usarse un dispositivo?	❑	❑
2. ¿La actividad justifica el uso de equipo mecanizado o automático?	❑	❑
3. ¿Sería práctico hacer el ensamble en unidades múltiples?	❑	❑
4. ¿Puede usarse una herramienta más eficiente?	❑	❑
5. ¿Pueden usarse retenes?	❑	❑
6. ¿Se opera la herramienta a la velocidad y alimentación más adecuadas?	❑	❑
7. ¿Debe emplearse una herramienta eléctrica?	❑	❑

(*continúa*)

de inmediato a partir de otra molécula de *fosfato de creatina* (CP). La fuente de CP también es limitada, con duración menor a un minuto (vea la figura 4-19), y, en última instancia, de regenerarse al metabolizar los alimentos básicos ingeridos: carbohidratos, grasas y proteínas. Este metabolismo puede ocurrir en dos modos diferentes: *aeróbico*, que requiere oxígeno y *anaeróbico*, que no usa oxígeno. El metabolismo aeróbico es mucho más efi-

FIGURA 4-18 (*conclusión*)
Lista de verificación de therbligs

Buscar	Sí	No
1. ¿Están bien identificados los artículos?	☐	☐
2. ¿Se pueden usar etiquetas o colores?	☐	☐
3. ¿Es posible usar contenedores transparentes?	☐	☐
4. ¿Una mejor distribución de la estación de trabajo eliminaría buscar?	☐	☐
5. ¿Se usa la iluminación adecuada?	☐	☐
6. ¿Pueden preposicionarse las partes y herramientas?	☐	☐

Seleccionar	Sí	No
1. ¿Son intercambiables las partes comunes?	☐	☐
2. ¿Pueden estadarizarse las herramientas?	☐	☐
3. ¿Se almacenan partes y materiales en el mismo contenedor?	☐	☐
4. ¿Es posible preposicionar las partes en una rejilla o bandeja	☐	☐

Posicionar	Sí	No
1. ¿Pueden usarse dispositivos como guías, embudos, canaletas, retenes, ménsulas giratorias,	☐	☐
espigas, rebajes, cuñas o chaflanes?	☐	☐
2. ¿Es posible cambiar las tolerancias?	☐	☐
3. ¿Puede ensancharse o abocardarse el agujero?	☐	☐
4. ¿Puede usarse una plantilla?	☐	☐
5. ¿Es posible eliminar la arandela para disminuir el problema de posicionamiento?		
6. ¿Puede el artículo ser puntiagudo para que actúe como espiga?		

Inspeccionar	Sí	No
1. ¿Puede eliminarse la inspección o combinarse con otra operación o therblig?	☐	☐
2. ¿Pueden usarse medidores o pruebas múltiples?	☐	☐
3. ¿Se reduciría el tiempo de inspección con más iluminación?	☐	☐
4. ¿Están los artículos inspeccionados a la distancia correcta del ojo del trabajador?	☐	☐
5. ¿Una luz directa acentuaría los defectos y facilitaría la inspección?	☐	☐
6. ¿Sería útil un sensor eléctrico?	☐	☐
7. ¿Justifica el volumen una inspección electrónica automática?	☐	☐
8. ¿Facilitaría una lupa la inspección de partes pequeñas?	☐	☐
9. ¿Se usa el mejor método de inspección?	☐	☐
10. ¿Se han considerado luz polarizada, plantillas, pruebas de sonido, pruebas de desempeño, etcétera?	☐	☐

Descanso para contrarrestar fatiga	Sí	No
1. ¿Se usa la mejor clasificación del orden de los músculos?	☐	☐
2. ¿Son satisfactorios temperatura, humedad, ventilación, ruido y otras condiciones de trabajo?	☐	☐
3. ¿Los bancos son de la altura apropiada?	☐	☐
4. ¿Puede el operario alternar entre estar de pie y sentado mientras realiza el trabajo?	☐	☐
5. ¿Tiene el operario una silla adecuada de la altura correcta?	☐	☐
6. ¿Se usan medios mecánicos para las cargas pesadas?	☐	☐
7. ¿Está consciente el operario de sus requerimientos calóricos promedio diarios?	☐	☐

Sostener	Sí	No
1. ¿Puede usarse un dispositivo mecánico como prensa de tornillo, espiga, gancho, rejilla, abrazadera o aspiradora?	☐	☐
2. ¿Se puede usar fricción?	☐	☐
3. ¿Es posible usar un dispositivo magnético?	☐	☐
4. ¿Debe emplearse un dispositivo de sujeción doble?	☐	☐

ciente, ya que genera 38 ATP por cada molécula de *glucosa* (unidad básica de los carbohidratos), pero es relativamente lento. El metabolismo anaeróbico es muy ineficiente, pues produce sólo 2 ATP por cada molécula de glucosa, pero es mucho más rápido. Además sólo ocurre una separación parcial de la molécula de glucosa en dos moléculas lácteas que, en el entorno acuoso del cuerpo, forman *ácido lácteo*, un correlativo directo de la fatiga. Así, durante los primeros minutos de trabajo pesado, las fuentes de energía ATP

FIGURA 4-19
Fuentes de energía durante los primeros minutos de trabajo pesado moderado
Las existencias de fosfatos energéticos (ATP y CP) proporcionan la mayor parte de la energía durante los primeros segundos de trabajo. La glucólisis anaeróbica proporciona cada vez menos cantidad de la energía requerida al aumentar la duración del trabajo, y el metabolismo aeróbico lo suple (*Tomado de:* Sander y McCormick, 1993) (Reproducido con permiso de The McGraw-Hill Companies.)

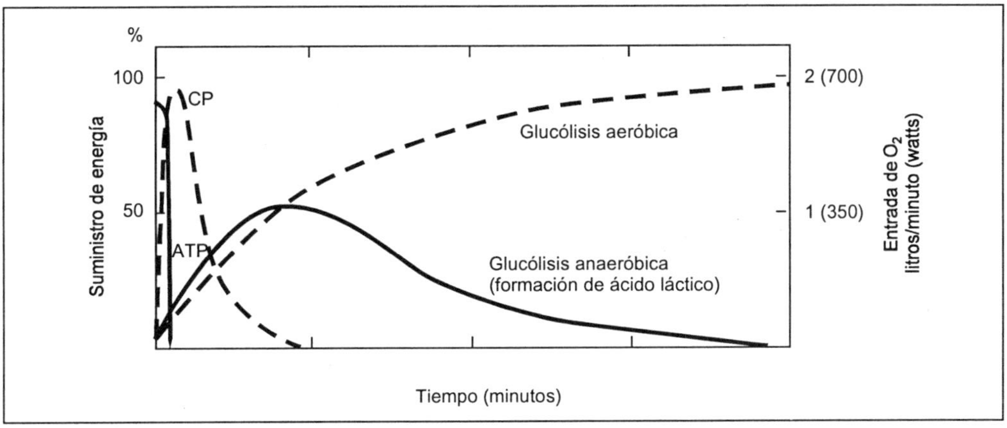

y CP se agotan muy rápido y el metabolismo anaeróbico debe regenerar las existencias de ATP. Con el tiempo, cuando el trabajador alcanza un estado estable, el metabolismo aeróbico se nivela y mantiene la producción de energía, mientras que el metabolismo anaeróbico se hace más lento. Si hace un calentamiento e inicia el trabajo pesado despacio, el trabajador puede minimizar la cantidad de metabolismo anaeróbico y la producción consecuente de ácido láctico asociado con la sensación de cansancio. Este retraso del metabolismo aeróbico completo se conoce como *déficit de oxígeno* y debe compensarse en algún momento por *la deuda de oxígeno* de un periodo de enfriamiento, que siempre es mayor que el déficit de oxígeno.

La energía gastada en la tarea se puede estimar si se supone que su mayor parte se produce por medio del metabolismo aeróbico y se mide con la cantidad de oxígeno con un medidor de flujo y la suposición de que contiene 21% de oxígeno. Sin embargo, el cuerpo no lo utiliza todo; por lo tanto, el oxígeno expirado también debe medirse. Por lo común, el volumen de aire inspirado y expirado es el mismo y sólo debe encontrarse el porcentaje expirado con un medidor de oxígeno. Se incluye un factor de conversión para una dieta típica en la que se producen de 4.9 kcal (19.6 BTU) de energía por cada litro de oxígeno usado en el metabolismo.

$$\dot{E}(\text{kcal/min}) = 4.9 * V\,(0.21 - E_{O_2})$$

donde: $\dot{E}$ = gasto de energía (kcal/min),
V = volumen de aire inspirado (litros/min),
E_{O_2} = fracción de oxígeno (O_2) en el aire expirado (en general, 0.16-0.18).

La energía gastada en una tarea varía según el tipo de tarea que se realiza, la postura mantenida durante la misma y el tipo de carga. Se han recolectado datos de gasto de ener-

FIGURA 4-20
Ejemplos de costos de energía de varios tipos de actividad humana. Los costos de energía están dados en kilocalorías por minuto. (*Tomado de:* Sanders & McCormick, 1993) (Reproducido con permiso de The McGraw-Hill Companies.)

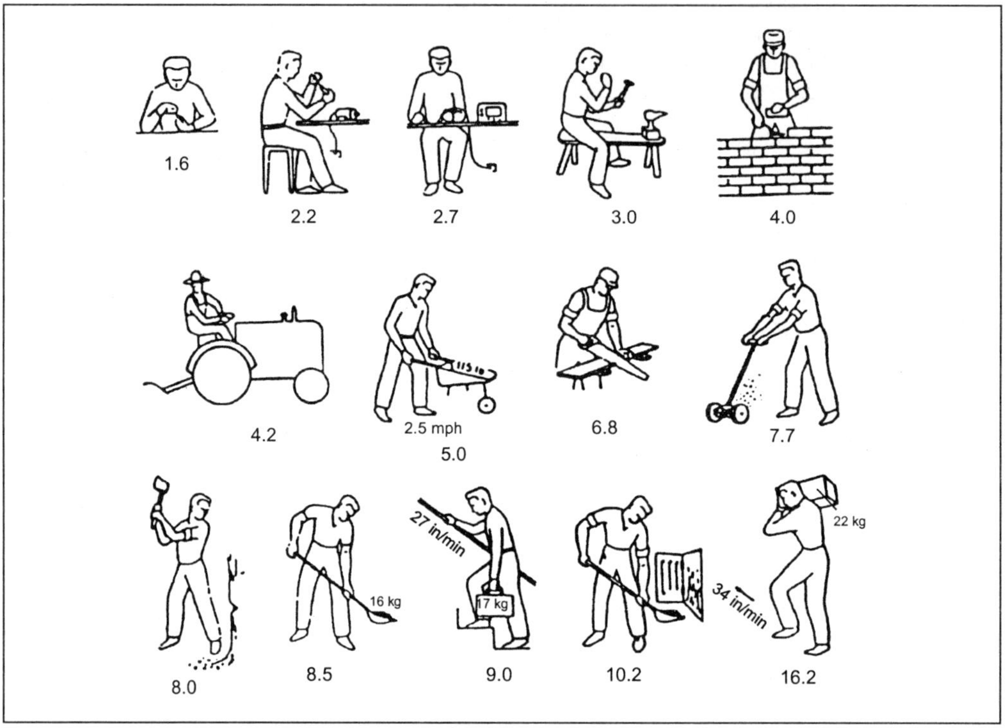

gía en varios cientos de tipos diferentes de tareas; la figura 4-20 resume las más comunes. En el caso del manejo de materiales, la forma en que se lleva la carga es lo más crítico, donde los costos de energía más bajos se obtienen con cargas balanceadas sostenidas cerca del centro de gravedad del cuerpo que tiene el grupo de músculos más grandes. Por ejemplo, una mochila de espalda soportada por los músculos del tronco es menos demandante que sostener el mismo peso en dos maletas, una con cada brazo. Aunque balanceada, esta última situación coloca el peso lejos del centro de gravedad y en los músculos más pequeños de los brazos. La postura también es muy importante, cuando cuentan con soporte tienen un gasto de energía mucho menor. Entonces, una postura con el tronco inclinado sin soporte de los brazos gastará el doble de energía que una de rodillas con las manos en el piso soportando el tronco.

Blink (1962) propuso un límite aceptable de gasto de energía de 5.33 kcal/min (21.3 BTU/min) para un día de trabajo de 8 horas. Este número corresponde a *un tercio del gasto máximo de energía* del hombre promedio en Estado Unidos [para mujeres sería $\frac{1}{3} * 12 = 4$ kcal/min (16 BTU/min)]. Si la carga completa es demasiado alta (esto es, si excede los límites recomendados), quizá no sea suficiente el metabolismo aeróbico para proporcionar todos los requerimientos y es posible que el trabajador necesite mayores cantidades de metabolismo anaeróbico, que lo llevará a la generación de ácido láctico y fatiga. Después deberá permitirse una recuperación suficiente al cuerpo para que elimine el cansancio y recicle el ácido láctico. Murrell (1965) desarrolló una guía de holguras de descanso:

$$R = (W - 5.33)/(W - 1.33)$$

donde: R = tiempo requerido de descanso, como porcentaje del tiempo total,
W = gasto promedio de energía durante el trabajo (kcal/min).

El valor de 1.33 kcal/min (5.3 BTU/min) es el gasto de energía durante el reposo. Considere una tarea extenuante de palear carbón a una tolva que tiene un gasto de energía de 9.33 kcal/min (37.3 BTU/min). Al sustituir W = 9.33 en la ecuación, se obtiene R = 0.5. Así, para proporcionar un tiempo adecuado de recuperación de la fatiga, el trabajador necesita la mitad de un turno de 8 horas o 4 horas de descanso.

La manera en que se asigna el descanso también es importante. No tiene sentido que un trabajador realice tareas durante 4 horas seguidas a una tasa de 9.33 kcal/min (37.3 BTU/min), llegue a la fatiga extrema y después descanse 4 horas. En general, la duración del ciclo de trabajo es el determinante principal de la fatiga acumulada. En el trabajo pesado, el flujo de sangre tiende a obstruirse, lo que acelera aún más el uso de la trayectoria anaeróbica. Además, el proceso de recuperación tiende a ser exponencial, donde los últimos periodos proporcionan beneficios incrementales mínimos. Por lo tanto, los periodos cortos (alrededor de $\frac{1}{2}$ - 1 minuto) de trabajo pesado alternados con periodos cortos de descanso proporcionan el máximo beneficio. Durante periodos de $\frac{1}{2}$ - 1 minuto, las fuentes de energía inmediatas de ATP y CP se agotan, pero también se reabastecen con rapidez. Una vez acumulado el ácido láctico en periodos más largos, es más difícil eliminarlo. Las micropausas de 1-3 segundos también son útiles para purgar cualquier oclusión en vasos sanguíneos y los descansos activos, durante los que el trabajador usa las manos u otros músculos , sirven para aliviar los músculos fatigados. Por otro lado, es mejor que los trabajadores decidan cuándo descansar, siempre que sientan que necesitan el descanso (paso individual), en lugar de los prescritos (paso de la máquina). En resumen, se recomienda el uso de *ciclos de trabajo/descanso cortos y frecuentes*.

Guía de la frecuencia cardiaca

Por desgracia, la medición del consumo de oxígeno y el cálculo del gasto de energía es costosa y problemática en una situación de trabajo industrial. El equipo cuesta varios cientos de miles de dólares e interfieren el trabajador para realizar su trabajo. Una medida indirecta alternativa del gasto de energía es el nivel de la frecuencia cardiaca. Como el corazón bombea la sangre que lleva oxígeno a los músculos que trabajan, cuanto más alto sea el gasto de energía, mayor será la frecuencia cardiaca correspondiente (figura 4-21). El instrumental necesario para medir la frecuencia cardiaca es de bajo costo (menos de 100 dólares con lectura visual, varios cientos con interfase a la computadora) e interfiere poco (los atletas lo usan para supervisar su desempeño). Por otro lado, el analista debe tener cuidado ya que la medición de la frecuencia cardiaca es más apropiada para trabajo dinámico que involucra a los músculos grandes a niveles relativamente altos (40% del máximo) y puede variar mucho entre individuos, según su condición física y edad. Además, la frecuencia

FIGURA 4-21
Incremento lineal en la frecuencia cardiaca con la carga de trabajo físico, medida por el gasto de energía

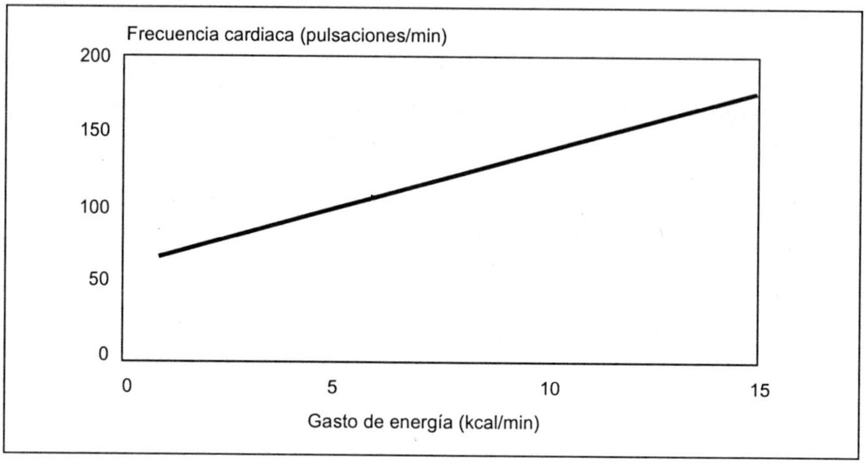

cardiaca se puede confundir con otras causas de estrés que incluyen calor, humedad, nivel emocional y tensión mental. Si se limitan estas influencias externas se obtendrán mejores estimaciones de la carga de trabajo físico. Sin embargo, si la meta es obtener el estrés global del trabajador en el trabajo, esto tal vez no sea necesario.

Una metodología para interpretar la frecuencia cardiaca fue propuesta por varios investigadores alemanes (citados en Grandjean, 1988). La frecuencia cardiaca promedio en el trabajo se compara con la misma en descanso, donde se propone que un incremento aceptable es 40 pulsaciones/minuto. Éste coincide con los límites de gasto de energía recomendados. El incremento promedio en la frecuencia cardiaca por aumento en gasto de energía para trabajo dinámico (es decir, la pendiente en la figura 4-21) es 10 pulsaciones/min por 1 kcal/min. Así, una carga de trabajo de 5.33 kcal/min (4 kcal/min más alta que el nivel de 1.33 kcal/min) produce un aumento a 40 pulsaciones/min en la frecuencia cardiaca, que es el límite para una carga de trabajo aceptable. Este valor es cercano al índice de recuperación presentado por Brouha (1967).

La frecuencia cardiaca promedio se mide en dos periodos durante la recuperación al dejar de trabajar (vea la figura 4-22): (1) entre $\frac{1}{2}$ y 1 minuto después de dejar de trabajar y (2) entre $2\frac{1}{2}$ y 3 minutos después. La tasa de recuperación de la frecuencia cardiaca (y por lo tanto la carga de trabajo aceptable) ocurre si la primera lectura no excede 110 pulsaciones/min y la diferencia entre las dos lecturas es mayor o igual a 20 pulsaciones. Dada una frecuencia cardiaca típica de 72 pulsaciones/min, un incremento aceptable de 40 pulsaciones/min lleva a una frecuencia en el trabajo de 112 pulsaciones/min, que es muy cercana al primer criterio de Brouha.

Como nota final sobre frecuencia cardiaca, es muy importante observar el curso de pulsaciones durante las horas de trabajo. Un incremento en la frecuencia cardiaca durante el estado estable del trabajo (vea figura 4-22), llamado *frecuencia cardiaca pico* indica una recuperación insuficiente durante el descanso (Brouha, 1967). Es muy probable que esta fatiga se deba a la carga de trabajo físico, pero también puede ocasionarla el calor o la

FIGURA 4-22
Frecuencia cardiaca para dos cargas de trabajo distintas. Los dos periodos marcados se usan en el criterio de Brouha.

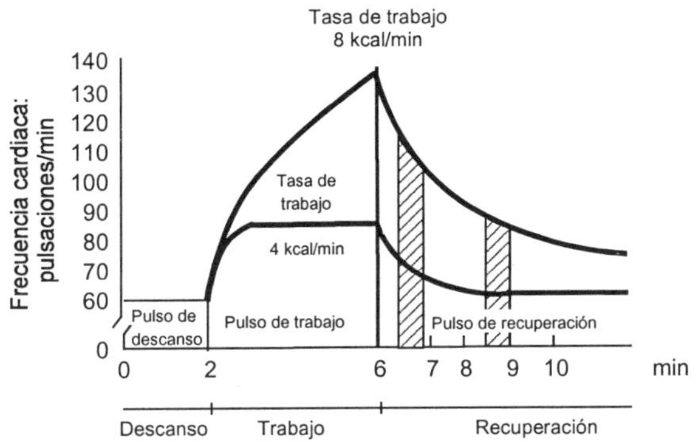

tensión mental, y una mayor proporción de trabajo estático que dinámico. De cualquier manera, debe evitarse proporcionando descanso adicional.

Evaluación subjetiva del esfuerzo percibido

Un enfoque mucho más sencillo para estimar la carga de trabajo y el estrés en el trabajador es la *evaluación subjetiva del esfuerzo percibido*. Esto puede sustituir el equipo costoso y problemático requerido para la medición física con la sencillez de una evaluación verbal. Borg (1967) desarrolló la escala más conocida para calificar el esfuerzo percibido durante las actividades dinámicas de todo el cuerpo —llamada *escala de evaluación de Borg del esfuerzo percibido (EEP)*. La escala se construye de forma que las calificaciones de 6 a 20 están en correspondencia directa con la frecuencia cardiaca (dividida entre 10) esperada para el nivel de esfuerzo (tabla 4-6). Se proporcionan palabras clave que ayudan al trabajador en su evaluación. Entonces, para asegurar una tasa de recuperación de frecuencia cardiaca aceptable basada en la guía anterior, la escala de Borg quizá no deba exceder una frecuencia de 13.

Observe que la evaluación, al ser subjetiva, puede estar afectada por la experiencia previa y el nivel de motivación del individuo. Por lo tanto, se debe usar con cuidado y tal vez deban normalizarse según cada evaluación máxima individual.

Fuerzas de compresión en la espalda baja

La espina de los humanos adultos, o columna vertebral, es un ensamble en forma de S de 25 huesos separados (*vértebras*) divididos en cuatro regiones principales: 7 vértebras *cervicales* en el cuello, 12 *torácicas* en la espalda alta, 5 *lumbares* en la espalda baja y la sacra en el área de la pelvis (figura 4-23). Los huesos tienen un cuerpo cilíndrico con varios procesos óseos que emanan de la parte de atrás y que sirven de sujetadores para los músculos

TABLA 4-6
Escala EEP de Borg con palabras clave

Calificación	Palabra clave
6	Ningún esfuerzo
7	Extremadamente ligero
8	
9	Muy ligero
10	
11	Ligero
12	
13	Un poco fuerte
14	
15	Fuerte
16	
17	Muy fuerte
18	
19	Extremadamente fuerte
20	Esfuerzo máximo

FIGURA 4-23
Anatomía de la espina humana (*Tomado de:* Rowe, 1983)

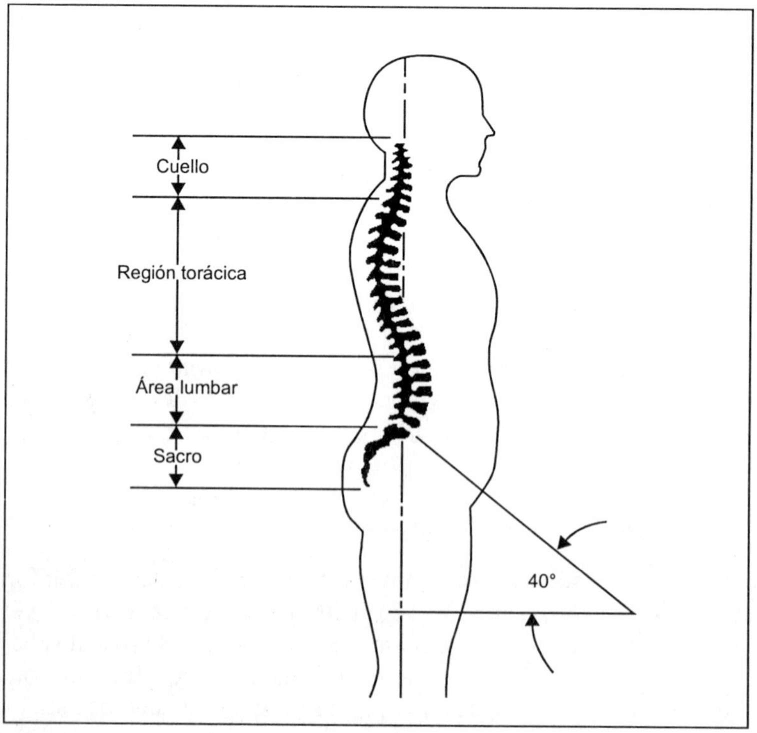

FIGURA 4-24
Anatomía de una vértebra y el proceso de degeneración de discos
a) Estado normal: (1) cuerpo de la vértebra, (2) proceso de la espina, sirve como punto de sujeción del músculo, 3) disco intervertebral, (4) médula espinal, (5) raíz del nervio.
b) El espacio del disco se hace más angosto y permite que se pellizque la raíz del nervio.
c) Disco herniado, permite que se expulse material gelatinoso e impregne la raíz del nervio.
(Adaptado de Rowe, 1983)

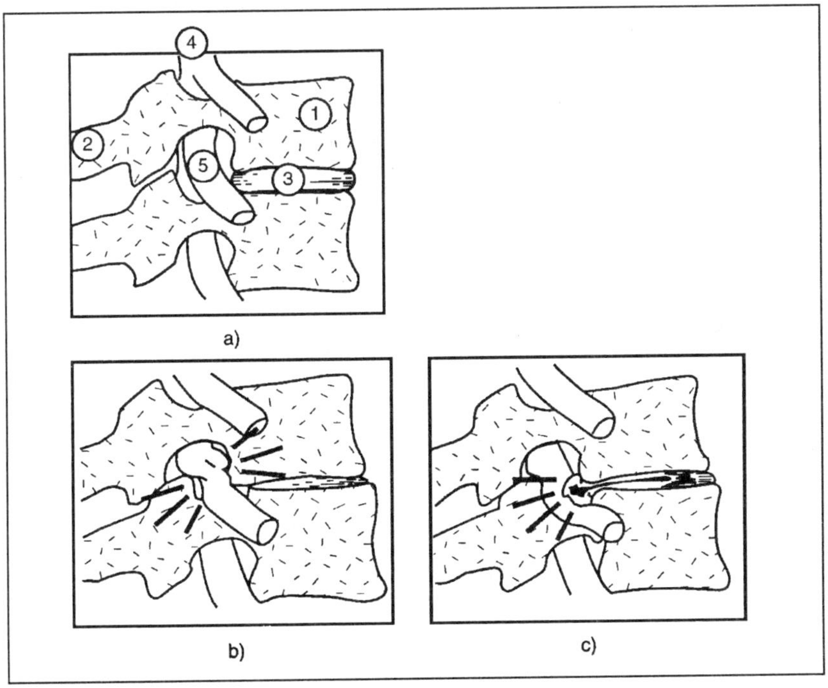

posteriores, la *espina erectora*. Por el centro de cada vértebra se encuentra una abertura que contiene y protege la médula espinal que va del cerebro al final de la columna vertebral (figura 4-24). En varios puntos del camino, el nervio espinal se bifurca y se separa de la médula espinal para pasar entre las vértebras y llegar a las extremidades, el corazón, los órganos, etcétera.

Los huesos de la vértebras se separan por un tejido más suave, los *discos*. Éstos sirven como coyunturas que permiten un rango amplio de movimiento en la espina, aunque la mayor parte de la flexión del tronco ocurre en las dos coyunturas inferiores, la que está en el límite entre la vértebra lumbar y la sacra (llamado disco L_5/S_1, donde la numeración de las vértebras es de arriba hacia abajo por región), y la siguiente hacia arriba (disco L_4/L_5). Los discos también actúan como colchón entre los huesos de las vértebras y, junto con la espina en forma de S, ayudan a proteger la cabeza y el cerebro del impacto de caminar, correr brincar, etcétera. Los discos se componen de un centro gelatinoso en capas de fibras como una cebolla, separados del hueso por una placa final de cartílago. Ocurre un movimiento considerable de fluidos entre el centro y los tejidos que lo rodean, según la presión sobre el disco. En consecuencia, la longitud de la columna vertebral (medida por el cambio en la estatura global) puede cambiar de $\frac{1}{2}$ a 1 pulgada (1.3-2.5 cm) en el curso del trabajo de un día y en ocasiones se usa como una medida independiente de la carga de trabajo física del individuo. (Es interesante saber que los astronautas en el espacio, sin los efectos de la gravedad pueden ser hasta dos pulgadas más altos.)

Por desgracia, debido a los efectos combinados de la edad y la exposición a trabajo pesado (es difícil separar estos efectos), los discos pueden debilitarse con el tiempo. Algunas fibras de la cubierta se desgastan o la placa de cartílago sufre microfracturas, lo que deja salir parte del material gelatinoso, reduce las presiones internas y permite que el centro comience a secarse. En consecuencia, el espacio para los discos se reduce y las vértebras se acercan y eventualmente se tocan, lo que causa irritación y dolor. Peor aún, las raíces de los nervios quedan vulnerables y puede haber dolor e incapacidad motora y sensorial. Conforme las fibras pierden su integridad, los huesos de las vértebras pueden correrse y ocasionar presión desigual en los discos y más dolor. En casos extremos, conocidos como *discos herniados* o *discos desviados*, las cubiertas de fibra, se llegan a romper, permiten la extrusión de grandes cantidades de la sustancia gelatinosa y dañan las raíces de los nervios aún más (figura 4-24c).

Las causas de problemas en la espalda baja no siempre se identifican con facilidad. Igual que en muchas enfermedades ocupacionales, influyen factores de trabajo e individuales. Los últimos incluyen predisposiciones genéticas a tejidos, discos o ligamentos débiles, y condiciones personales de estilo de vida, como fumar, obesidad, etcétera, sobre los cuales el ingeniero industrial no tiene control. Sólo puede hacer cambios en los factores de trabajo. Aunque es fácil confundir los datos epidemiológicos con efectos sobre la población sobreviviente o mecanismos compensatorios individuales, se ha demostrado con estadísticas que el trabajo pesado conduce a un incremento en los problemas de espalda baja. Este trabajo incluye más que el levantamiento frecuente de cargas grandes; también abarca posturas estáticas con el tronco inclinado durante periodos prolongados. Los periodos largos de inmovilidad, aún sentado, y las vibraciones de todo el cuerpo son factores que contribuyen. Así, los científicos han asociado el desarrollo de presión en los discos altos con fallas eventuales de los discos y han recurrido a cálculos o estimaciones de las fuerzas de compresión sobre los discos con medidas de presión intrabdominal o directas entre los discos, ninguna de las cuales es práctica para la industria.

Una analogía global pero útil (figura 4-25) considera un diagrama de cuerpo libre del disco L_5/S_1 (donde ocurre la mayor parte de las flexiones del tronco y los discos herniados) y modela las componentes como una palanca de clase uno, con el centro en el disco que actúa como fulcro. La carga que actúa por medio de un brazo determinada por la distancia del centro de las manos al centro del disco crea un momento en el sentido de las manecillas de reloj, mientras que el músculo erector de la espina se modela como una fuerza que actúa hacia abajo por medio de un brazo muy pequeño [cerca de 2 pulg (5 cm)], y crea un momento en el sentido contrario a las manecillas del reloj, apenas suficiente para mantener el equilibrio. Entonces, los dos momentos deben ser iguales, y se puede calcular la fuerza interna sobre el músculo erector de la espina:

$$2 \times F_M = 30 \times 50$$

donde: F_M = fuerza del músculo.

FIGURA 4-25
Fuerzas de compresión en la espalda modeladas como una palanca de clase uno.
(*Tomado de:* Sanders y McCormick, 1993)

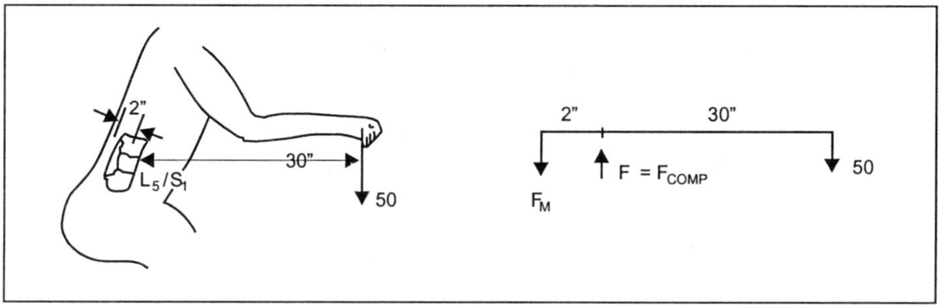

Entonces F_M es igual a 1500/2 o 750 lbs (341 kg). Al despejar la fuerza total de compresión (F_{COMP}) ejercida sobre el disco se obtiene:

$$F_{COMP} = F_M + 50 = 800$$

La fuerza de compresión de los discos de 800 lbs (364 kg) es una carga considerable que puede ocasionar lesiones a ciertos individuos.

Observe que esta sencilla analogía no toma en cuenta la desviación de los discos, el peso de los segmentos del cuerpo, los puntos de acción múltiples de las componentes de la espina erectora y otros factores, y quizá la predicción de las fuerzas en extremo altas que se ejercen en la espalda baja se quede corta. En la figura 4-26 se presentan valores más exactos de varias cargas y las distancias horizontales. Debido a la gran variación individual en los niveles de fuerza que causan fallas en los discos, NIOSH (1981) recomienda que una fuerza de 770 lbs (350 kg) se considere peligrosa.

Los cálculos manuales de las fuerzas de compresión por medio de modelado biomédico son tardados y han llevado al desarrollo de varios modelos computarizados. Los más conocidos son los "modelos de predicción de fuerza estática" 2-D y 3-D (Static Strength Prediction Models) y el sistema Vision 3000, que además permite al analista captar posturas de interés en un videocasete. Los datos de las coyunturas se ligan en forma directa con el modelo de predicción 2-D para un análisis más profundo. Es interesante observar que este sistema se puede comparar con las olvidadas técnicas cronociclográficas de los Gilbreth (vea el capítulo 1), que dan al analista la oportunidad de estudiar con más detalle patrones de movimiento. Esta característica es útil para determinar la frecuencia y amplitud de movimiento para actividad repetitiva, a fin de evaluar el riesgo de desórdenes óseomusculares relacionados con el trabajo (vea el capítulo 5).

Observe que aunque tal vez los discos herniados sean las lesiones de espalda más severas, existen otros problemas, como lesiones de tejidos suaves que incluyan ligamentos, músculos y tendones. Éstas quizá sean más comunes, manifestadas por el dolor de espalda que muchos asocian con el trabajo manual. Es posible que este dolor, aunque incómodo, desaparezca en varios días con un descanso moderado. Los médicos ahora recomiendan actividad diaria moderada para acelerar la recuperación, en lugar del tradicional reposo completo. Además, los investigadores comienzan a incorporar las componentes de tejido suave en lo modelos de creciente complejidad.

FIGURA 4-26
Efecto del peso de la carga y la distancia horizontal entre el centro de gravedad de la carga y el disco L_5/S_1 sobre la fuerza de compresión en ese disco. (*Tomado de:* Sanders y McCormick, 1993)

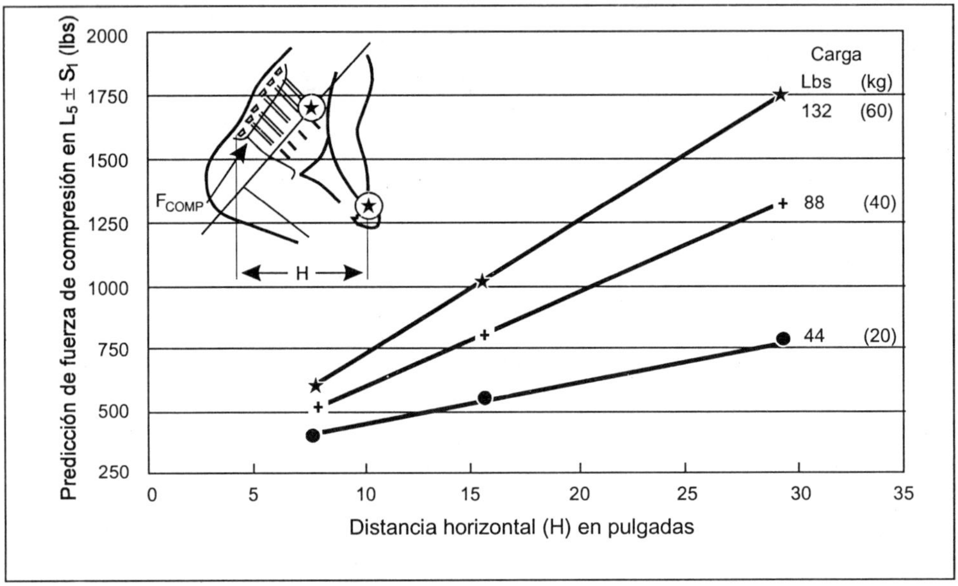

Guía de levantamiento NIOSH

Al reconocer e intentar controlar el creciente problema de lesiones en la espalda relacionadas con el trabajo, el National Institute for Occupational Safety and Health (NIOSH) emite lo que se conoce como *guía de levantamiento NIOSH* (NIOSH, 1981). La guía fue desarrollada por un grupo de científicos e ingenieros que tomaron en cuenta factores biomecánicos, fisiológicos, sicofísicos y epidemiológicos para lesiones por esfuerzo excesivo debidas a demandas de trabajo que exceden la capacidad del trabajador. La comunidad científica ha aceptado la guía de levantamiento NIOSH, recomendada por el Consejo Nacional de Seguridad y OSHA que utiliza en sus inspecciones del lugar de trabajo. Aunque sólo es una guía, OSHA emite citatorios basados en ella a través de la cláusula de deberes generales.

La guía se actualizó hace poco con los últimos datos epidemiológicos y características adicionales para incrementar su versatilidad. Con esto se publicó la *Ecuación de levantamiento NIOSH revisada* (Waters *et al.*, 1994) y el límite de peso recomendado (LPR). El LPR se basa en el concepto de un peso óptimo, con ajustes por varios factores relacionados con las variables de las tareas. El LPR se estableció de tal manera que casi todas las personas deben poder manejarlo, es decir:

1. La mayoría de los trabajadores jóvenes sanos pueden tolerar la fuerza de compresión de 770 lbs (350 kg) sobre el disco L_5/S_1 creada por el LPR.
2. Más de 75% de las mujeres y más de 99% de los hombres tienen la capacidad de fuerza para levantar una carga descrita por el LPR.

3. El gasto máximo de energía resultante de 4.7 kcal/min (18.8 BTU/min) no excede los límites recomendados.

Una vez que se excede el LPR, aumentan de manera considerable las tasas de lesiones óseomusculares y su severidad. La formulación del LPR se basa en una carga máxima que se maneja en una postura óptima. Si ésta se desvía de la óptima, los ajustes en los distintos factores de las tareas, en forma de multiplicadores, disminuyen la carga aceptable.

$$LPR = CC * MH * MV * MD * MA * MF * MC$$

donde: CC = constante de carga = 51 lbs,
MH = multiplicador horizontal = 10/H,
MV = multiplicador vertical = $1 - .0075|V - 30|$,
MD = multiplicador de distancia = $0.82 + 1.8/D$,
MA = multiplicador de asimetría = $1 - 0.0032*A$,
MF = multiplicador de frecuencia de la tabla 4-7,
MC = multiplicador de acoplamiento de la tabla 4-8,
H = localización horizontal de la carga cg hacia adelante del punto medio entre los tobillos, $10 \leq H \leq 25$ pulgadas,
V = localización vertical de la carga cg, $0 \leq V \leq 70$ pulgadas,
D = Distancia vertical recorrida entre el origen y el destino del levantamiento, $10 \leq D \leq 70$ pulgadas,
A = ángulo de asimetría entre manos y pies (grados), $0° \leq A \leq 135°$.

De manera más sencilla:

$$LPR\ (lbs) = 51 * (10/H) * (1 - .0075|V - 30|) * (.82 + 1.8/D) * (1 - .0032*A) * MF * MC$$

Observe que estos multiplicadores van de un valor mínimo de cero para posturas extremas a uno máximo de 1 para la postura con condición óptima. La tabla 4-7 proporciona los multiplicadores de frecuencia para tres duraciones de trabajo diferentes y para frecuencias que varían de 0.2/min a 15/min. La duración del trabajo se divide en tres categorías:

1. Duración corta. Una hora o menos seguida de un tiempo de recuperación igual a 0.2 veces el tiempo de trabajo. (Así, aunque un individuo trabaje tres periodos de 1 hora, siempre que se alternen con periodos de recuperación de 0.2 horas, el trabajo total se considera de duración corta.
2. Duración moderada. Entre 1 y 2 horas de trabajo seguidos de periodos de recuperación de al menos 0.3 veces el tiempo de trabajo.
3. Duración larga. Cualquiera mayor que 2 horas pero menor que 8.

Los multiplicadores de acoplamiento dependen de la naturaleza de la interacción mano-objeto. En general, una buena interacción o sujeción reducirá las fuerzas máximas de agarre requeridas y aumentará el peso aceptable para el levantamiento. Por otro lado, una interacción mala requiere mayor fuerza para sujetar y disminuye el peso aceptable. En la guía de NIOSH se usan tres clases de acoplamiento: bueno, regular y malo.

Un buen acoplamiento se logra si el contenedor tiene un diseño óptimo, como cajas y huacales con manijas adecuadas o cortes para sostener. Un contenedor óptimo tiene una

TABLA 4-7
Tabla de multiplicadores de frecuencia (MF)

Frecuencia levantamientos/min (F)‡	Duración del trabajo					
	≤1 hora		> 1 pero ≤ 2 horas		> 2 pero ≤ 8 horas	
	V < 30†	V ≥ 30	V < 30	V ≥ 30	V < 30	V ≥ 30
≤0.2	1.00	1.00	0.95	0.95	0.85	0.85
0.5	0.97	0.97	0.92	0.92	0.81	0.81
1	0.94	0.94	0.88	0.88	0.75	0.75
2	0.91	0.91	0.84	0.84	0.65	0.65
3	0.88	0.88	0.79	0.79	0.55	0.55
4	0.84	0.84	0.72	0.72	0.45	0.45
5	0.80	0.80	0.60	0.60	0.35	0.35
6	0.75	0.75	0.50	0.50	0.27	0.27
7	0.70	0.70	0.42	0.42	0.22	0.22
8	0.60	0.60	0.35	0.35	0.18	0.18
9	0.52	0.52	0.30	0.30	0.00	0.15
10	0.45	0.45	0.26	0.26	0.00	0.13
11	0.41	0.41	0.00	0.23	0.00	0.00
12	0.37	0.37	0.00	0.21	0.00	0.00
13	0.00	0.34	0.00	0.00	0.00	0.00
14	0.00	0.31	0.00	0.00	0.00	0.00
15	0.00	0.28	0.00	0.00	0.00	0.00
> 15	0.00	0.00	0.00	0.00	0.00	0.00

†Los valores de V están en pulgadas
‡Para levantamientos menos frecuentes que una vez cada 5 minutos, F = .2 levantamientos/min

TABLA 4-8
Multiplicadores de acoplamiento

Tipo de acoplamiento	Multiplicador de acoplamiento	
	V < 30 pulgadas (75 cm)	V ≥ 30 pulgadas (75 cm)
Bueno	1.00	1.00
Regular	0.95	1.00
Malo	0.90	0.90

textura suave, que no se resbala, es < 16 pulgadas (40 cm) en dirección horizontal y < 12 pulgadas (30 cm) de alto. Una manija óptima es cilíndrica, con superficie suave no resbalosa, de 0.75-1.5 pulgadas (1,9-3.8 cm) de diámetro, > 4.5 pulgadas (11.3 cm) de largo y con 2 pulgadas (5 cm) de hueco. Si se trata de partes sueltas u objetos irregulares que no están en contenedores, un buen acoplamiento consiste en un agarre cómodo en el que la mano envuelve el objeto de manera confortable sin grandes desviaciones de las muñecas (como en el caso de partes pequeñas en *tomar fuerte*).

Un acoplamiento regular resulta en una interacción menor que la óptima debida a manijas o cortes no óptimos. Con contenedores de diseño óptimo sin manijas o cortes, o con partes sueltas se obtiene un acoplamiento regular si la mano no puede envolver todo y se flexiona sólo a 90°. Esto ocurre en la mayor parte de las cajas de empaques industriales.

Un acoplamiento malo es el resultado de contenedores con diseño menos que óptimo sin manijas ni cortes, o de piezas sueltas que son voluminosas o de difícil manejo. Cualquier contenedor con superficies ásperas o resbalosas, orillas filosas, centro de gravedad asimétrico o contenido inestable, o uno que requiera guantes, por definición, dará como resultado un acoplamiento malo. El árbol de decisión mostrado en la figura 4-27 puede ser útil para ayudar en la clasificación de los acoplamientos.

Los multiplicadores de cada variable actúan como herramientas de diseño sencillas para un rediseño del trabajo bastante directo. Por ejemplo, si $MH = 0.4$, se pierde 60% de la capacidad potencial de levantamiento por una distancia horizontal grande. Por lo tanto, debe reducirse esa distancia horizontal todo lo que sea posible.

NIOSH también desarrolló un índice de levantamiento (IL) para proporcionar una estimación sencilla del nivel de peligro al levantar una carga dada, con valores que exceden 1.0 considerados como peligrosos. Además, el IL es útil para asignar prioridades a los trabajos en el rediseño ergonómico.

$$IL = \text{Peso de la carga}/\ LPR$$

En términos de controlar el peligro, NIOSH recomienda controles de ingeniería, cambios físicos o un rediseño del trabajo y del lugar de trabajo en vez de controles administrativos que consisten en la selección especializada y capacitada de trabajadores. Los controles más comunes incluyen: evitar colocaciones altas y bajas con el uso de mesas elevador con giro e inclinación, usar manijas o contenedores especializados para manejar las cargas y reducir la distancia horizontal disminuyendo la superficie de trabajo y acercando la carga al cuerpo.

Guías de levantamiento con tareas múltiples

En trabajos con una variedad de tareas de levantamiento, la carga global física/metabólica aumenta comparada con la tarea de un solo levantamiento. Esto se refleja en una disminución del LPR y un aumento de IL, y existe un procedimiento especial para manejar estas situaciones. El concepto es un índice de levantamiento compuesto (ILC), que representa las demandas colectivas del trabajo. El ILC es igual al índice de levantamiento de una sola tarea (ILST) más grande, y aumenta de manera incremental el ILC para cada tarea subsecuente. El procedimiento de tareas múltiples es el siguiente:

1. Calcular el LPR de una sola tarea (LPRST) para cada tarea.
2. Calcular el LPR independiente de la frecuencia (LPRIF) para cada tarea estableciendo $FM = 1$.
3. Calcular el IL de una sola tarea (ILST) dividiendo la carga entre LPTST.
4. Calcular IL independiente de la frecuencia (ILIF) dividiendo la carga entre LPRIF.
5. Calcular el ILC para el trabajo global ordenando las tareas según el estrés físico decreciente, es decir, según el ILST para cada tarea. El ILC es entonces:

$$ILC = ILST_1 + \sum \Delta IL$$

donde: $\sum \Delta IL = ILIF_2 * (1/MF_{1,2} - 1/MF_1) +$
$ILIF_3 * (1/MF_{1,2,3} - 1/MF_{1,2}) + \text{etc.}$

FIGURA 4-27
Árbol de decisión para la calidad del acoplamiento

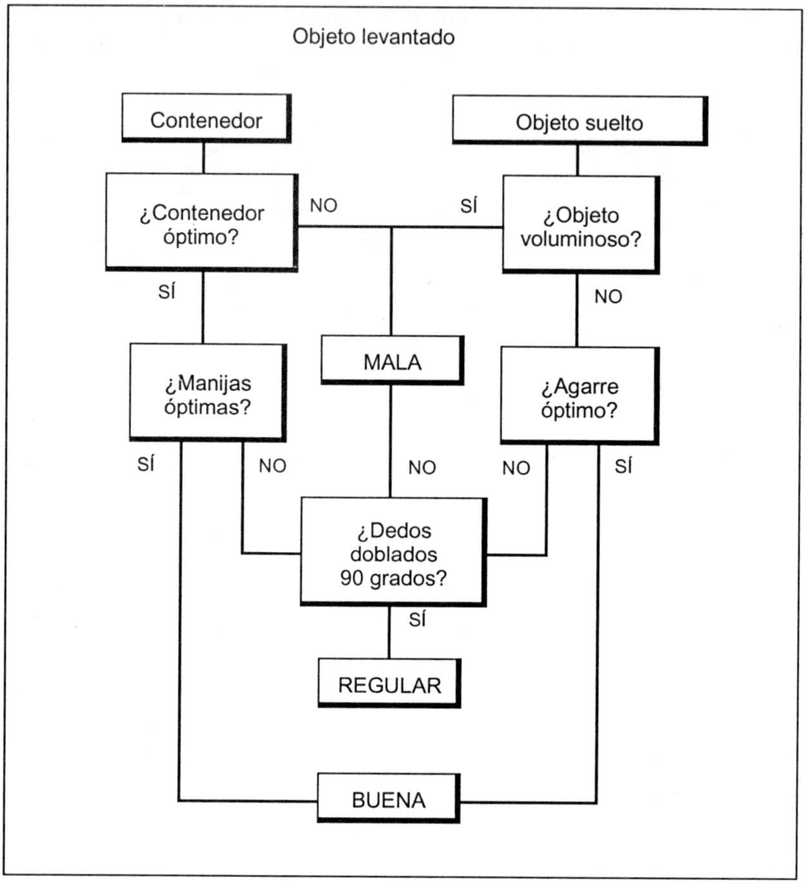

Considere el trabajo de levantamiento con tres tareas presentado en la tabla 4-9. El análisis del levantamiento de tareas múltiples es el siguiente:

1. La tarea con el índice de levantamiento más grande es la nueva tarea #1 (antes tarea #2) con ILST = 1.6.
2. La suma de las frecuencias para las nuevas tareas #1 y #2 es 1 + 2 = 3.
3. La suma de las frecuencias para las nuevas tareas #1, #2 y #3 es 1 + 2 + 4 = 7.
4. De la tabla 4-7, los nuevos multiplicadores de frecuencia son: $MF_1 = 0.94$, $MF_{1,2} = 0.88$ y $MF_{1,2,3} = 0.70$
5. El índice de levantamiento combinado es por lo tanto:

$$ILC = 1.6 + 1*(1/0.88 - 1/0.94) + 0.67*(1/0.7 - 1/0.88) = 1.60 + 0.07 + 0.20 = 1.90$$

La hoja para el análisis del trabajo con tareas múltiples (figura 4-29) de NIOSH facilita este procedimiento. Sin embargo, si son más de tres o cuatro tareas, los cálculos a mano

EJEMPLO 4-1
Análisis de NIOSH del levantamiento de una caja para colocarla dentro de la cajuela de un automóvil.

Antes de los cambios recientes en el diseño automotriz era común tener que inclinarse hacia adelante y extender los brazos para colocar objetos dentro de las cajuelas (figura 4-28). Suponga que el ocupante levanta una caja de 30 lb desde el suelo hasta una cajuela. Si es perezoso, el ocupante sólo gira 90 grados para levantar la caja del nivel del suelo ($V = 0$) a una distancia horizontal corta ($H \sim 10$ pulg). La distancia vertical recorrida es la diferencia entre la localización vertical de la caja en su destino (suponga que la base de la cajuela está a 25 pulgadas del suelo) y la localización vertical de la caja en su origen ($V = 0$), esto da $D = 25$. Suponga que este es un levantamiento de una sola vez; por lo tanto, $MF = 1$. Además, suponga que la caja es bastante pequeña y compacta, pero sin manijas. Entonces, el acoplamiento es regular con $MC = 0.95$. Esto lleva a los siguientes cálculos para el origen:

$$\begin{aligned} LPR_{ORG} &= 51 * (10/10) * (1 - 0.0075|0 - 30|) * (0.82 + 1.8/25) * \\ &\quad (1 - 0.0032 * 90) * (1) * (0.95) \\ &= 51 * (1) * (0.775) * (0.892) * (0.712) * (1) * (0.95) = 23.8 \end{aligned}$$

Si se supone un alcance más grande ($H = 25$ pulgadas) del tronco debido a la defensa y altura del borde de la cajuela, sin giro, con la distancia recorrida igual y el acoplamiento regular, los cálculos hasta el destino son:

$$\begin{aligned} LPR_{DEST} &= 51 * (10/25) * (1 - 0.0075|25 - 30|) * (0.82 + 1.8/25) * \\ &\quad (1 - 0.0032 * 0) * (1) * (0.95) \\ &= 51 * (0.4) * (0.963) * (0.892) * (1) * (1) * (0.95) = 16.6 \end{aligned}$$

e

$$IL = 30/16.6 = 1.8$$

FIGURA 4-28
Postura para el ejemplo de carga con el tronco

(continúa)

EJEMPLO 4-1. (*conclusión*)
Análisis de NIOSH del levantamiento de una caja para colocarla dentro de la cajuela de un automóvil.

Entonces, si se piensa en el peor caso, la mayoría de los individuos sólo pueden levantar 16.6 lbs con seguridad y la caja de 30 lbs crea un peligro casi del doble del nivel aceptado. La mayor reducción en la capacidad es la distancia horizontal hasta el destino, debido al diseño del tronco. Al disminuir la distancia horizontal a 10 pulgadas, aumenta el factor H a 10/10 = 1 y el LPR es igual a 33.4 lbs. En los automóviles modernos los fabricantes han logrado abriendo la entrada de la cajuela de manera que una vez levantada la carga hasta el borde, la distancia horizontal necesaria es mínima; la carga puede entonces empujarse hacia adelante. Sin embargo, la limitante ahora es el origen, que puede mejorarse si se mueven los pies y se elimina el giro; esto aumenta el LPR a 33.4 lbs. Observe que se requiere un análisis en dos pasos si el ocupante levanta la carga desde el suelo hasta el borde de la cajuela y después la baja a la base. Este levantamiento también mejora en los nuevos modelos con la disminución de la altura vertical del borde, que disminuye la distancia del levantameinto.

TABLA 4-9
Características de una muestra de trabajo de levantamiento de tres tareas

Número de tarea	1	2	3
Peso de la carga (L)	20	30	10
Frecuencia de la tarea (F)	2	1	4
LPRIF	20	20	15
MF	0.91	0.94	0.84
LPRST	18.2	18.8	12.6
ILIF	1.0	1.5	0.67
ILST	1.1	1.6	0.8
Número de la nueva tarea	2	1	3

del ILC son tardados. Ahora se dispone de un gran número de paquetes de software para ayudar al usuario en este esfuerzo. Uno de los más conocidos fue desarrollado por Garg (1994), quien formó parte del grupo de desarrollo de la guía de levantamiento de NIOSH original. Por supuesto, la mejor solución general es evitar el manejo de materiales manual y usar dispositivos mecánicos de ayuda o sistemas por completo automáticos de manejo de materiales (vea el capítulo 3).

Guías generales: levantamiento manual

Aunque no existe una técnica óptima de levantamiento adecuada para todos los individuos o todas las condiciones de las tareas, algunos puntos son apropiados en general (vea la figura 4-30). Primero se planea el levantamiento según el tamaño y forma de la carga, se de-

FIGURA 4-29
Hoja de trabajo para el análisis de tareas múltiples

HOJA DE TRABAJO PARA EL ANÁLISIS DE TAREAS MÚLTIPLES

DEPARTAMENTO ______________________ DESCRIPCIÓN DEL TRABAJO

TÍTULO DE TRABAJO ______________________ ______________________

NOMBRE ANALISTA ______________________ ______________________

FECHA ______________________ ______________________

PASO 1. Medir y registrar datos de la variable de tarea

Tarea Núm.	Peso del objeto (lbs)		Localización de la mano (in)				Distancia vertical (in)	Ángulo de asimetría		Tasa de frecuencia		Acopla-miento
			Origen		Destino			Origen	Destino	lev./min	Horas	
	(Prom)	(Máx)	H	V	H	V	D	A	A	F		C
________												
________												
________												
________												

PASO 2. Calcular multiplicadores LPRIF, LPRST, ILIF y ILST para cada tarea

Tarea Núm.	CC x MH x MV x MD x MA x MC						LPRIF x MF		LPRSTI	LIF = L/LPRST	ILST = L/LPRST	Núm. nueva tarea	F
	51												
	51												
	51												
	51												
	51												

PASO 3. Calcular el índice de levantamiento compuesto para el trabajo (después de renumerar las tareas)

ILC =	$ILST_1$ +	$\Delta ILIF_2$ +	$\Delta ILIF_3$ +	$\Delta ILIF_4$ +	$\Delta ILIF_5$	
		$ILIF_2(1/MF_{1,2} \bullet 1/MF_1)$	$ILIF_3(1/MF_{1,2,3} \bullet 1/MF_{1,2})$	$ILIF_4(1/MF_{1,2,3,4} \bullet 1/MF_{1,2,3})$	$ILIF_5(1/MF_{1,2,3,4,5} \bullet 1/MF_{1,2,3,4})$	
ILC =						

termina si se necesita ayuda y se asegura qué condiciones del lugar de trabajo pueden interferir. Segundo, se determina la mejor técnica de levantamiento. En general, un levantamiento en cuclillas con la espalda relativamente derecha y levantando con las rodillas dobladas es el más seguro en términos de fuerzas de compresión en la espalda baja. Sin embargo, las cargas voluminosas pueden interferir con las rodillas y tal vez se requiera un levantamiento encorvado, en el que el individuo se inclina y extiende la espalda. Tercero, se separan los pies, hacia los lados y al frente, para mantener un buen equilibrio y una postura estable. Cuarto, se asegura una buena sujeción de la carga. Estos últimos dos puntos son en especial importantes para evitar giros repentinos y movimientos torcidos, los cuales son peligrosos para la espalda baja. Quinto, se sostiene la carga cerca del cuerpo para minimizar el momento de la palanca horizontal creada por la carga y el momento resultante en la espalada baja.

Es crítico evitar giros y movimientos torcidos. Los primeros producen una orientación asimétrica de los discos, que conduce a mayor presión sobre los mismos; los segundos generan fuerzas de aceleración adicionales en la espalda. Un método no intuitivo para desanimar a los trabajadores a realizar giros es, de hecho, aumentar la distancia horizontal entre el origen y el destino. Esto fuerza al trabajador a dar un paso, y al hacerlo, voltear el cuerpo completo en lugar de torcer el tronco. Levantar cargas desiguales en los brazos o toda una carga con un solo brazo, genera orientaciones de similares asimétricas en los discos y debe evitarse.

La lista de verificación para la evaluación de tareas y postura general (vea la figura 4-31) es útil, pues recuerda al analista los principios básicos de un buen trabajo de diseño.

FIGURA 4-30

Procedimiento de seguridad para levantamientos (Disponible a través de S. H. Rogers, Ph.D. P.O.Box 23446, Rochester, N.Y. 14692)

a. Planear el levantamiento

b. Determinar la mejor técnica de levantamiento

c. Lograr una sujeción segura

d. La carga debe quedar cercana al cuerpo

e. Alternar levantamientos con tareas de trabajo ligero

Guías para levantamientos. Se ilustran cinco guías para realizar tareas de levantamiento manual. Vea la presentación en el texto.

FIGURA 4.31
Lista de verificación para evaluación de tareas y postura general

Evaluación de postura general	**Sí**	**No**
1. ¿Se mantienen las coyunturas en posición neutral (la mayoría derechas, codos a 90°)?	❑	❑
2. ¿Se sostiene la carga o trabajo cerca del cuerpo?	❑	❑
3. ¿Se evitan posturas inclinadas hacia adelante?	❑	❑
4. ¿Se evitan posturas con el tronco torcido?	❑	❑
5. ¿Se evitan movimientos repentinos o tirones?	❑	❑
6. ¿Se evitan las posturas estáticas?, es decir, ¿hay cambios de postura?	❑	❑
7. ¿Se evitan los alcances excesivos?	❑	❑
8. ¿Se usan las manos enfrente del cuerpo?	❑	❑
Evaluación de tareas	**Sí**	**No**
1. ¿Se evitan los esfuerzos estáticos de los músculos?	❑	❑
a. ¿Se limita el esfuerzo repetitivo estático a < 15% de la fuerza máxima?	❑	❑
b. ¿Se limita la duración del esfuerzo estático a varios segundos?	❑	❑
2. ¿Se usan agarres de contracción sólo para tareas de precisión de poca fuerza?	❑	❑
3. ¿Se usan los grupos de músculos grandes y tenazas mecánicas para tareas que requieren fuerza?	❑	❑
4. ¿Se aprovecha el momento para ayudar al operario?	❑	❑
5. ¿Se usan las coyunturas de menor orden como pivote para los movimientos curvos?	❑	❑
6. ¿Se colocan los materiales y herramientas dentro del área normal de trabajo?	❑	❑
7. ¿Se usan canaletas por gravedad y entregas dejando caer?	❑	❑
8. ¿Se realizan las tareas abajo del nivel de los hombros y arriba de la altura de los nudillos?	❑	❑
9. ¿Se hacen los levantamientos despacio con las rodillas dobladas?	❑	❑
10. ¿Se cuenta con asistencia mecánica o ayuda adicional para cargas mayores que 50 libras?	❑	❑
11. ¿Es suficiente la carga de trabajo para que la frecuencia cardiaca sea estable y abajo de 110?	❑	❑
12. ¿Se proporcionan periodos de descanso frecuentes y cortos?	❑	❑

Cinturones de espalda

Existe una advertencia sobre los cinturones de espalda. Aunque muchos trabajadores los usan y algunas compañías los prescriben de manera automática, no son una panacea y deben usarse con precaución. Los cinturones de espalda tienen su origen en los primeros estudios de levantamientos, y muestran que en caso de cargas extremas, alivian de 15% a 30% de las fuerzas de compresión en la espalda baja, según las estimaciones con electromiogramas en la espalda (Morris *et al* ., 1961). Sin embargo, estos estudios se realizaron con levantadores de pesas profesionales que levantaban cargas mucho más grandes en un plano centrado. Los trabajadores industriales levantan pesos menores que producen un efecto más bajo. Al torcer la espalda debido a músculos desalineados tal vez reduzca aún más este efecto. También hay datos anecdóticos del efecto "superman" sobre trabajadores con cinturones que eligen cargas más pesadas que los demás, y algunos incidentes de coronarias por el incremento de 10 Hg a 15 Hg en la presión de la sangre debido a la compresión abdominal del cinturón.

Por último, un estudio extenso de cargadores de equipaje en líneas aéreas (Ridell *et al*., 1972) concluye que no hay una diferencia significativa en las lesiones de la espalda entre los trabajadores que usan cinturones y los trabajadores "controlados" sin ellos. Fue sorprendente el resultado que un grupo pequeño de trabajadores, que por alguna razón (como incomodidad, calor, etc.) dejaron de usar el cinturón pero continuaron en el estudio, tuvieron un número significativo mayor de lesiones. Esto puede atribuirse a la atrofia de los músculos abdominales, que de manera natural deben proporcionar un cinturón de espalda interno pero se habían debilitado con la tensión menor. Un enfoque positivo puede ser alentar a los trabajadores a fortalecer estos músculos abdominales a través de sentadillas modificadas, ejercicio constante y reducción de peso. Los cinturones de espalda nada más deben usarse con la capacitación adecuada y sólo después de haber intentado controles de ingeniería.

RESUMEN

El capítulo 4 introduce algunos conceptos teóricos de los sistemas óseomuscular y fisiológico como medio para proporcionar un panorama general que ayude a entender mejor los principios de la economía de movimientos y diseño del trabajo. Estos principios se presentan como un conjunto de reglas a utilizar en el rediseño del trabajo de ensamble manual como parte de un estudio de movimientos. Se espera que con una mayor comprensión del funcionamiento del cuerpo humano, el analista apreciará estas reglas como menos arbitrarias. Se profundizará en estos conceptos en el capítulo 5, para el análisis y diseño del lugar de trabajo, las herramientas y el equipo.

PREGUNTAS

1. ¿Qué componentes estructurales se encuentran en los músculos? ¿Qué tienen que ver estas componentes con el desempeño de los músculos?
2. Explique los elementos del desempeño estático y dinámico de los músculos por medio de la teoría de los filamentos deslizantes.
3. Describa los distintos tipos de fibras musculares y relacione sus propiedades con el desempeño muscular.
4. ¿Por qué un cambio en el número de unidades motoras activas no da como resultado un cambio en la tensión muscular?
5. ¿Qué mide el EMG? ¿Cómo se interpreta el EMG?
6. Explique por qué los diseñadores del lugar de trabajo deben tratar que los operarios realicen su trabajo sin levantar los codos?
7. ¿Qué distancia visual recomendaría para un operario sentado que trabaja en una terminal de computadora?
8. Defina y proporcione ejemplos de los 17 movimientos fundamentales o therbligs.
9. ¿Cómo se puede eliminar el movimiento básico "buscar" del ciclo de trabajo?
10. ¿Qué movimiento básico precede, en general, a "alcanzar"?

11. ¿Cuáles son las tres variables que afectan el tiempo del movimiento básico "mover"?

12. ¿Cómo determina el analista que el operario realiza el elemento "inspeccionar"?

13. Explique la diferencia entre retrasos evitables e inevitables.

14. ¿Cuáles de los 17 therbligs se clasifican como efectivos y lo común es que no se puedan eliminar del ciclo de trabajo?

15. ¿Por qué deben proporcionarse lugares fijos en la estación de trabajo para todas las herramientas y materiales?

16. ¿Cuáles de las cinco clases de movimientos usan más los trabajadores industriales?

17. ¿Por qué es deseable que los pies trabajen sólo cuando las manos están ocupadas?

18. En un estudio de movimientos, ¿por qué no se recomienda analizar las dos manos al mismo tiempo?

19. ¿Qué factores de la tarea aumentan el índice o dificultad en una tarea de enrosque de Fitts?

20. ¿Qué factores afectan las fuerzas de compresión en la espalda durante el levantamiento?

21. ¿Qué factores influyen en la medición de la fuerza muscular isométrica?

22. ¿Por qué difieren las capacidades fuerza sicofísica, dinámica y estática?

23. ¿Qué métodos se pueden usar para estimar los requerimientos de energía de una tarea?

24. ¿Qué factores cambian el gasto de energía para un trabajo dado?

25. ¿Cómo varía la capacidad de trabajo con el sexo y la edad?

26. ¿Qué limita la resistencia en una tarea manual de todo el cuerpo?

PROBLEMAS

1. ¿Cuál será el área de la superficie efectiva visual (en pulgadas cuadradas) de un empleado promedio cuya estación de trabajo está centrada a 26 pulgadas del punto medio entre sus ojos?

2. En el departamento de empaque, un trabajador está parado al lado de una banda transportadora entre el final y una tarima. La superficie del transportador está a 40 pulg del suelo y la tarima a 6 pulg. Mientras una caja se mueve hacia el final del transportador, el trabajador gira 90° para recogerla, después gira 180° en dirección opuesta y coloca la caja en la tarima. Cada caja es de 12 pulgadas por lado y pesa 25 libras. Suponga que mueve 5 cajas por minuto durante un turno de 8 horas. Use la ecuación de levantamiento de NIOSH para calcular LPR e IL. Rediseñe la tarea de manera que mejore. ¿Qué valor tienen LPR e IL ahora?

3. En el problema 2 calcule las fuerzas de compresión que ocurren al desempeñar el trabajo, utilice el modelo de predicción de la fuerza estática en dos dimensiones de Michigan.

4. Un hombre en el percentil de 95% sujeta una carga de 20 libras con el brazo extendido a 90°. ¿Cuál es la reacción de torque en el hombro?

5. Un trabajador palea arena a una tasa de 8 kcal/min. ¿Cuánto descanso necesita durante un turno de 8 horas? ¿Cómo debe asignarse el descanso?

6. Un problema actual en el ejército de Estados Unidos es la fatiga en el cuello/hombro que experimentan los pilotos de helicóptero. Al volar en sus misiones nocturnas, los pilotos usan lentes para ver en la oscuridad, que se sujetan al frente del casco. Por desgracia, son bastante pesados y causan un torque hacia abajo en la cabeza. Este torque debe contrarrestarse con los músculos del cuello que se cansan. Para aliviar este problema, muchos pilotos han colocado pesos de plomo al azar en la parte de atrás de sus cascos. Encuentre el peso adecuado que da el mejor equilibrio a la cabeza y minimiza la fatiga del cuello. Suposiciones: a) el cg de los lentes es 8 pulgadas al frente del punto pivote del cuello; b) el peso de los lentes es 2 libras; c) el torque máximo voluntario del cuello es 480 libras; d) cg de los pesos de plomo es 5 pulgadas hacia atrás del punto pivote del cuello, e) el casco sólo pesa 4 libras, y f) cg del casco es 0.5 pulgadas al frente del punto pivote del cuello.

7. El obrero de una operación de paleado se queja de la fatiga y la falta de descanso. Al medir su frecuencia cardiaca se ve que es de 130 pulsaciones/min y que aumenta lentamente durante el trabajo. Cuando se sienta, la frecuencia baja a 125 pulsaciones/min al final del primer minuto y 120 pulsaciones/min al final del tercer minuto. ¿Cuál es su conclusión?

8. El sindicato de Dorben Co. ha puesto una queja respecto a la estación de inspección final, en la que el operario debe levantar un poco un ensamble de 20 libras, examinar los lados y, si es aceptable, colocarlo en un transportador que lo lleva a la estación de empaque. En promedio, el inspector examina cinco ensambles por minuto con un gasto de energía de 6 kcal/min. El transportador está a 40 pulgadas del piso y el ensamble está a una distancia aproximada de 20 pulgadas del inspector mientras hace su trabajo. Evalúe el trabajo según la guía de levantamiento NIOSH y el gasto de energía metabólica. Indique si el trabajo excede los límites permitidos. Si es así, calcule cuántos ensambles por minuto debe inspeccionar el inspector sin exceder los límites aceptables.

9. La Dorben Foundry usa una grúa aérea para mover acero de una pila de desperdicio hacia el horno. El operario de la grúa usa varias palancas para controlar la dirección del movimiento, al igual que tres pedales para acelerar (pedal C), desacelerar (pedal B) y para desenganchar por completo la grúa (pedal A). Suponga que el operador siempre regresa el pie a la posición de descanso (pedal D) después de activar cualquier pedal. Calcule el índice de dificultad promedio para la tarea de operar la grúa, suponga para esto que: todos los pedales se usan por igual; cada pedal es de 2 pulgadas de ancho, y cada pedal está separado del pedal adyacente un espacio de 2 pulgadas.

REFERENCIAS

Åstrand, P. O., y K. Rodahl. *Textbook of Work Physiology*, Nueva York, McGraw-Hill, 1986.

Barnes, Ralph M. *Motion and Time Study: Design and Measurement of Work*, 7ª Ed. Nueva York, John Wiley & Sons, 1980.

Bink, B. "The Physical Working Capacity in Relation to Working Time and Age", *Ergonomics*, 5, núm. 1 (enero, 1962), pp. 25-28.

Borg. G., y H. Linderholm. "Perceived Exertion and Pulse Rate During Graded Exercise in Various Age Groups", *Acta Medica Scandinavica*, Supl. 472, (1967), pp. 194-206.

Bouisset, S. "EMG and Muscle Force in Normal Motor Activities", en *New Developments in EMG and Clinical Neurophysiology*, Ed. J. E. Desmedt. Basel, Suiza, S. Karger, 1973.

Brouha, L. *Physiology in Industry*, Nueva York, Pergamon Press. 1967.

Chaffin, D. B. "Electromyography —A Method of Measuring Local Muscle Fatigue", *The Journal of Methods-Time Measurement*, 14, (1969), pp. 29-36.

Chaffin, D. B. y G. B. J. Andersson. *Occupational Biomechanics*, Nueva York, John Wiley & Sons, 1991.

Chaffin, D. B., G. D. Herrin, W. M. Keyserling, y J. A. Foulke. *Preemployment Strength Testing*, NIOSH Publication 77-163. Cincinnati, OH, National Institute for Occupational Safety and Health, 1977.

Clark, Daniel O., y Guy C. Close. "Motion Study", en *Handbook of Industrial Engineering*, Ed. Gavriel Salvendy. Nueva York, John Wiley & Sons, 1982.

Drillis, R. "Folk Norms and Biomechanics", Human Factors, 5 (octubre, 1963), pp. 427–441.

Dul, J. y B. Weerdmeester. *Ergonomics for Beginners*, London, Taylor & Francis, 1993.

Eastman Kodak Co., Human Factors Section, *Ergonomic Design for People at Work*, Nueva York, Van Nostrand Reinhold, 1983.

Fitts, P. "The Information Capacity of the Human Motor System in Controlling the Amplitude of Movement", *Journal of Experimental Psychology*, 47, núm. 6 (junio, 1954), pp. 381-391.

Freivalds, A. y D. M. Fotouhi. "Comparison of Dynamic Strength as Measured by the Cybex and Mini-Gym Isokinetic Dynamometers", *International Journal of Industrial Ergonomics*, 1, núm. 3 (mayo, 1987), pp. 189–208.

Grandjean, E. *Fitting the Task to the Man*, Nueva York, Taylor & Francis, 1988.

Gray, H. *Gray's Anatomy*, ed. 35, Ed. R. Warrick y P. Williams, Filadelfia, W. B. Saunders, 1973.

Ikai, M., y T. Fukunaga. "Calculation of Muscle Strength per Unit Cross-Sectional Area of Human Muscle by Means of Ultrasonic Measurement", *Internationale Zeitschrift für angewandte Physiologie einschließlich Arbeitsphysiologie*, 26, (1968), pp. 26–32.

Jones, R., N. Morgan, E. Campbell, R. Edwards y D. Robertson. *Clinical Exercise Testing*, Filadelfia, W. B. Saunders, 1975, p. 17.

Jonsson, B. "Kinesiology", en *Contemporary Clinical Neurophysiology (EEG Sup. 34)*, Nueva York, Elsevier-North-Holland, 1978.

Konz, Stephen. *Work Design*, 4ª Ed. Scottsdale, AZ, Publishing Horizons, 1995.

Langolf, G., D. G. Chaffin, y J. A. Foulke. "An Investigation of Fitt's Law Using a Wide Range of Movement Amplitudes", *Journal of Motor Behavior*, 8, núm. 2 (junio, 1976), pp.113-128.

Miller, G. D. y A. Freivalds. "Gender and Handedness in Grip Strength—a Double Whammy for Females", *Proceedings of the Human Factors Society*, 31, (1987), pp. 906-910.

Morris, J. M., D. B. Lucas y B. Bressler. "Role of the Trunk in Stability of the Spine", *Journal of Bone and Joint Surgery*, 43-A, núm. 3 (abril, 1961), pp. 327-351.

Mundel, M. E. y D. L. Danner. *Motion and Time Study*, 7ª Ed. Englewood Cliffs, NJ, Prentice Hall, 1994.

Murrell, K. F. H. *Human Performance in Industry*, Nueva York, Reinhold Publishing, 1965.

National Safety Council. *Accident Facts*, Chicago, IL, National Safety Council. 1997.

NIOSH. *Work Practices Guide For Manual Lifting*, pub. núm. TR 81-122, Cincinnati, OH, National Institute for Occupational Safety and Health, 1981.

Ridell, C. R., J. J. Congleton, R. D. Huchinson y J. T. Montgomery. "An Evaluation of a Weightlifting Belt and Back Injury Prevention Training Class for Airline Baggage Handlers", *Applied Ergonomics*, 23, núm. 5 (octubre, 1992), pp. 319-329.

Rodgers, S. H. *Working with Backache*, Fairport, NY, Perinton Press, 1983.

Rowe, M. L. *Backache at Work*, Fairport, NY, Perinton Press, 1983.

Sanders, M. S. y E. J. McCormick. *Human Factors in Engineering and Design*, Nueva York, McGraw-Hill, 1993.

Snook, S. H. y V. M. Ciriello. "The Design of Manual Handling Tasks: Revised Tables of Maximum Acceptable Weights and Forces." *Ergonomics*, 34, núm. 9 (septiembre, 1991), pp. 1197-1213.

Thorton, W. "Anthropometric Changes in Weightlessness", en *Anthropometric Source Book, 1*, ed. Anthropology Research Project, Webb Associates, NASA RP1024, Houston, TX, National Aeronautics and Space Administration, 1978.

Waters, T. R., V. Putz-Anderson y A. Garg. *Revised NIOSH Lifting Equation*, pub. núm. 94-110, Cincinnati, OH, National Institute for Occupational Safety and Health, 1994.

Winter, D.A. *Biomechanics of Human Movement*, Nueva York, John Wiley & Sons, 1979.

SOFTWARE SELECCIONADO

2D Static Strength Prediction Program, Ann Arbor, MI, University of Michigan Software, 1990.

3D Static Strength Prediction Program, Ann Arbor, MI, University of Michigan Software, 1990.

Energy Expenditure Prediction Program, Ann Arbor, MI, University of Michigan Software, 1989.

Ergo TRACK (NIOSH Lifting Equation) Carrboro, NC, Performance Track Software, 1992.

The Revised NIOSH Guide Program for Manual Lifting, Brown Deer, WI, A. Greg, 1994.

Vision 3000, Joliet, IL, Promarek, 1993.

CAPÍTULO 5

Diseño del lugar de trabajo, equipo y herramientas

PUNTOS CLAVE:

- Adecuar el lugar de trabajo al operario.
- Proporcionar posibilidad de ajuste.
- Mantener posturas neutrales (articulaciones en posición natural).
- Minimizar repeticiones.
- Usar agarre con fuerza cuando se requiera.
- Emplear agarre de contracción para precisión y no fuerza.

El diseño del lugar de trabajo, las herramientas, el equipo y el entorno de manera que se ajusten al operario humano se llama *ergonomía*. En lugar de dedicar un gran espacio a los fundamentos teóricos de fisiología, capacidades y limitaciones del ser humano, este capítulo presenta los principios de diseño del trabajo y las listas de verificación adecuadas para facilitar su uso. Con cada principio de diseño se da una breve explicación de su origen o relación con el cuerpo humano. Este enfoque ayudará al analista de métodos en el diseño del lugar de trabajo, equipo y herramientas para lograr al mismo tiempo las metas de 1) mayor producción y eficiencia de la operación, y 2) menores tasas de lesiones para los operarios.

ANTROPOMETRÍA Y DISEÑO

La guía primordial es diseñar el lugar de trabajo para que se ajuste a la mayoría de los individuos en cuanto al tamaño estructural del cuerpo humano. La ciencia de medir el cuerpo humano se conoce como *antropometría* y, por lo común, utiliza una variedad de dispositivos tipo calibrador para medir las dimensiones estructurales, como estatura, largo del antebrazo y otros. Sin embargo, en el sentido práctico, pocos ergonomistas o ingenieros

EJEMPLO 5-1
Distribuciones de probabilidad y percentiles

El k-ésimo percentil se define como un valor tal que k % de los valores de los datos (graficados en orden ascendente) son iguales o menores que este valor y $(100 - k)$ % de los valores son iguales o mayores que este valor. Un histograma de la estatura de hombres adultos estadounidenses muestra una curva en forma de campana, llamada *distribución normal*, con valor de la mediana de 68.3 pulgadas (vea figura 5-1). Éste también es el valor del percentil 50, puesto que la mitad de los hombres son más bajos que 68.3 pulgadas y la otra mitad son más altos. El percentil 5 es sólo 63.7 pulgadas, mientras que el percentil 95 es una altura de 72.8 pulgadas. La demostración es la siguiente.

En un enfoque estadístico, es común que una curva con forma aproximada de campana se normalice mediante la siguiente transformación:

$$z = (x - \bar{x})/\sigma$$

donde: $\bar{x}$ = media,
σ = desviación estándar (medida de dispersión)

para formar una distribución normal estándar (también llamada *distribución z*; vea la figura 5-2).

FIGURA 5-1
Distribución normal para la estatura de adultos hombres en Estados Unidos

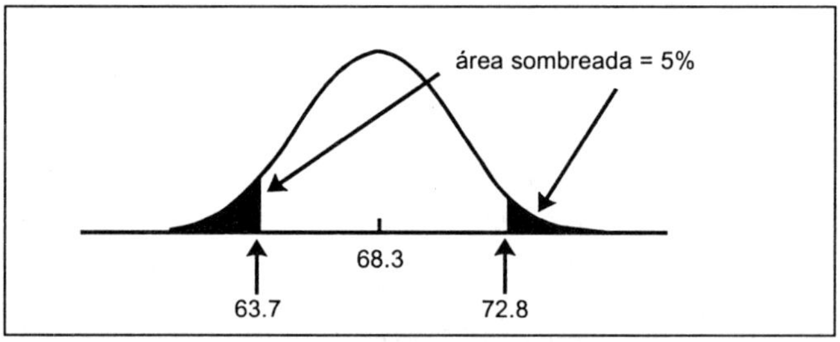

FIGURA 5-2
Distribución normal estándar para la estatura de adultos hombres

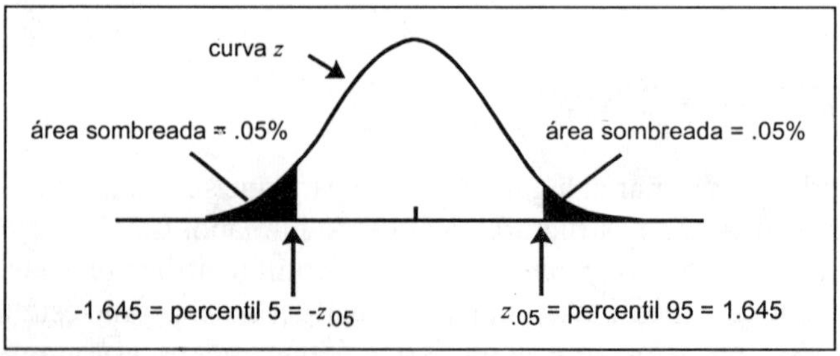

EJEMPLO 5-1
(*continuación*)

Una vez normalizada, cualquier distribución de población con forma aproximada de campana tendrá las mismas propiedades estadísticas. Esto significa que el valor del percentil deseado con los valores adecuados de k y z, se calcula como sigue:

Percentil k	10 o 90	5 o 95	2.5 o 97.5	1 o 99
Valor z	± 1.28	± 1.645	± 1.96	± 2.33

$$\text{percentil } k = \bar{x} \pm z\sigma$$

Dado que la estatura media de los hombres en Estados Unidos es 68.2 pulgadas (173 cm) y la desviación estándar es 2.71 pulgadas (6.9 cm) (Webb Associates, 1978), el percentil 95 para la estatura masculina se calcula como sigue:

$$68.2 + 1.645(2.71) = 72.66 \text{ pulgadas}$$

mientras que el percentil 5 de la estatura masculina se obtiene como:

$$68.2 - 1.645(2.71) = 72.66 \text{ pulgadas}$$

Observe que el valor calculado de 72.66 pulgadas no es exactamente igual al valor real de 72.8 pulgadas. El motivo es que la distribución de la altura de los hombres estadounidenses no es totalmente normal. Está sesgada en un extremo.

recolectan sus propios datos, debido a la cantidad que ya se ha reunido y tabulado. Por ejemplo, el ejército de Estados Unidos ha reunido entre los soldados cerca de 1000 dimensiones diferentes del cuerpo para cerca de 100 tipos distintos de población. Existen investigaciones del National Health Examination Survey entre hombres y mujeres, civiles holandeses, ciudadanos japoneses, etcétera, disponibles en el *Anthropometric Source Book* (Webb Associates, 1978). En la tabla 5.1 se proporcionan dimensiones útiles que se aplican a las posturas específicas necesarias en el diseño del lugar de trabajo para hombres y mujeres estadounidenses. Algunos de estos datos se han incorporado a maniquíes que se pueden manipular o nomogramas que proporcionan dimensiones aceptables para el lugar de trabajo basadas en la estatura del operario (Diffrient *et al.*, 1978).

Por último, para distribuciones asistidas por computadora, algunos modelos del cuerpo humano, como COMBIMAN, Transom Jack y MannequinPro, disponen de ajustes sencillos al tamaño, e incluso indican las limitaciones en la amplitud de movimientos o la visibilidad. Los dos primeros son más poderosos, pero requieren estaciones de trabajo del tipo SGI o RISC, mientras que MannequinPro se puede correr en una computadora personal.

Diseño para extremos

Diseñar para la mayor parte de los individuos es un enfoque que implica el uso de uno de tres principios específicos de diseño, según lo determina el tipo de problema de diseño. El

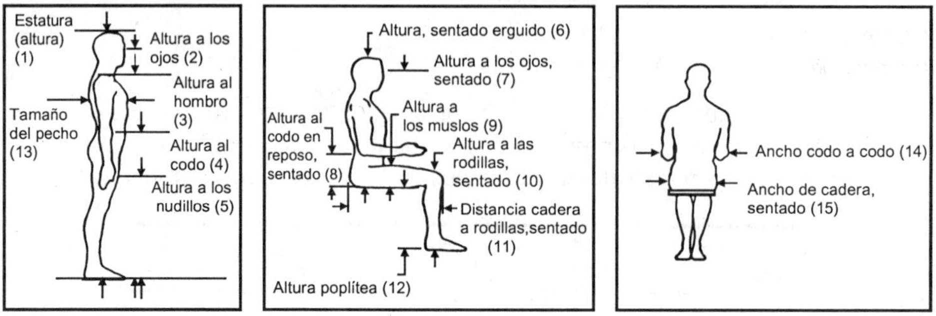

Tabla 5-1
Dimensiones del cuerpo y algunos pesos de civiles adultos en Estados Unidos*

		Dimensión, pulgadas (percentiles)			Dimensión, cm (percentiles)		
Dimensiones del cuerpo	Sexo	5	50	95	5	50	95
1. Estatura (altura)	Hombre	63.7	68.3	72.6	161.8	173.6	184.4
	Mujer	58.9	63.2	67.4	149.5	160.5	171.3
2. Altura a los ojos	Hombre	59.5	63.9	68.0	151.1	162.4	172.7
	Mujer	54.4	58.6	62.7	138.3	148.9	159.3
3. Altura al hombro	Hombre	52.1	56.2	60.0	132.3	142.8	152.4
	Mujer	47.7	51.6	55.9	121.1	131.1	141.9
4. Altura al codo	Hombre	39.4	43.3	46.9	100.0	109.9	119.0
	Mujer	36.9	39.8	42.8	93.6	101.2	108.8
5. Altura a los nudillos	Hombre	27.5	29.7	31.7	69.8	75.4	80.4
	Mujer	25.3	27.6	29.9	64.3	70.2	75.9
6. Altura, sentado	Hombre	33.1	35.7	38.1	84.2	90.6	96.7
	Mujer	30.9	33.5	35.7	78.6	85.0	90.7
7. Altura a los ojos, sentado	Hombre	28.6	30.9	33.2	72.6	78.6	84.4
	Mujer	26.6	28.9	30.9	67.5	73.3	78.5
8. Altura al codo en reposo,	Hombre	7.5	9.6	11.6	19.0	24.3	29.4
sentado	Mujer	7.1	9.2	11.1	18.1	23.3	28.1
9. Altura a los muslos	Hombre	4.5	5.7	7.0	11.4	14.4	17.7
	Mujer	4.2	5.4	6.9	10.6	13.7	17.5
10. Altura a las rodillas, sentado	Hombre	19.4	21.4	23.3	49.3	54.3	59.3
	Mujer	17.8	19.6	21.5	45.2	49.8	54.5
11. Distancia espalda a rodillas,	Hombre	21.3	23.4	25.3	54.0	59.4	64.2
sentado	Mujer	20.4	22.4	24.6	51.8	56.9	62.5
12. Altura poplítea	Hombre	15.4	17.4	19.2	39.2	44.2	48.8
	Mujer	14.0	15.7	17.4	35.5	39.8	44.3
13. Tamaño del pecho	Hombre	8.4	9.5	10.9	21.4	24.2	27.6
	Mujer	8.4	9.5	11.7	21.4	24.2	29.7
14. Ancho codo a codo	Hombre	13.8	16.4	19.9	35.0	41.7	50.6
	Mujer	12.4	15.1	19.3	31.5	38.4	49.1
15. Ancho de cadera, sentado	Hombre	12.1	13.9	16.0	30.8	35.4	40.6
	Mujer	12.3	14.3	17.2	31.2	36.4	43.7
X. Peso (libras y kilogramos)	Hombre	123.6	162.8	213.6	56.2	74.0	97.1
	Mujer	101.6	134.4	197.8	46.2	61.1	89.9

*(*Tomado de*: Sanders & McCornick, 1993)(Reproducido con permiso de McGraw-Hill Companies.)

diseño para extremos implica que una característica específica es un factor limitante al determinar el valor máximo y mínimo de una variable de población que será ajustada. Por ejemplo, los claros, como una puerta o la entrada a un tanque de almacenamiento, deben diseñarse para el caso máximo, es decir, para la estatura o ancho de hombros correspondiente al percentil 95. De esta manera, 95% de los hombres y casi todas las mujeres podrán pasar por el claro. Es obvio que para puertas, el espacio no es problema y se puede diseñar para que se ajuste a individuos aún más altos. Por otro lado, el espacio agregado a un avión o un submarino militar es costoso por lo que estas áreas se diseñan según cierto intervalo (menor) de individuos. El alcance para cosas como un pedal de freno o una perilla de control se diseña para el individuo mínimo, es decir para piernas o brazos correspondientes a mujeres en el percentil 5. Entonces 95% de las mujeres y casi todos los hombres tendrán un alcance mayor y podrán activar el pedal o el control.

Diseño para que sea ajustable

Diseñar para que sea ajustable se usa, en general, para equipo o instalaciones que deban ajustarse a una variedad amplia de individuos. Sillas, mesas, escritorios, asientos de vehículos, una palanca de velocidades y soportes de herramientas son dispositivos que se ajustan a una población de trabajadores entre el percentil 5 de las mujeres y el percentil 95 de los hombres. Es obvio que diseñar para que se ajuste es el método más conveniente de diseño, pero existe un trueque con el costo de implantación. (Los intervalos de ajuste específicos para el diseño de asientos se dan en la tabla 5-2).

Diseño para el promedio

El *diseño para el promedio* es el enfoque menos costoso pero menos preferido. Aunque no existe un individuo con todas las dimensiones promedio, hay ciertas situaciones en las que sería impráctico o demasiado costoso incluir posibilidades de ajuste para todas las características. Por ejemplo, muchas máquinas herramienta son demasiado grandes y pesadas para incluir ajustes de altura para el operario. Diseñarlas para la altura de operación del percentil 50 de la altura del codo para las poblaciones de hombres y mujeres combinadas (en términos generales, el promedio de los valores del percentil 50 de hombres y mujeres), significa que la mayoría de los individuos no tendrán inconvenientes serios. Sin embargo, el hombre excepcionalmente alto o la mujer muy baja puede experimentar incomodidad en la postura.

Por último, el diseñador industrial también debe considerar la parte legal del diseño del trabajo. Debido a la aprobación del referendo de "estadounidenses con discapacidades" en 1990 (vea el capítulo 7), debe llevarse a cabo un esfuerzo razonable para admitir a individuos con cualquier habilidad. La guía de accesibilidad especial (US Department of Justice, 1991) se emitió en relación con estacionamientos, accesos a edificios, áreas de ensamble, corredores, rampas, elevadores, puertas, bebederos, baños, instalaciones de cafeterías o restaurantes, alarmas, teléfonos, entre otros.

EJEMPLO 5-2
Diseño de asientos para un área de capacitación

El siguiente ejemplo muestra paso a paso los procedimientos utilizados en un problema de diseño típico —arreglo de las sillas en un salón de capacitación industrial de manera que los individuos vean al instructor y la pantalla sin obstrucciones (figura 5-3).

1. Determine las dimensiones críticas del cuerpo para el diseño —altura sentado derecho y altura del ojo, sentado.
2. Defina la población a la que se sirve —adultos en Estados Unidos.
3. Seleccione un principio de diseño y el porcentaje de la población admitida —diseño para extremos y admisión de 95% de la población. El principio clave es permitir que mujeres del percentil 5 sentadas atrás de un hombre del percentil 95 tenga una línea de visión libre.
4. Encuentre los valores antropométricos en la tabla 5-1. La altura del ojo de mujeres del percentil 5 es 26.5 pulg (67.6 cm), mientras que la altura de un hombre del percentil 95 sentado derecho es 38.1 pulg (96.8 cm). Así, para que la mujer baja vea por encima de un hombre alto, es necesario elevar 11.5 pulg (19.1 cm) cada fila, que es una elevación muy grande y quizá cause una pendiente pronunciada. Entonces, casi siempre se alternan los lugares para que la persona sentada atrás vea por encima de la cabeza de una persona sentada dos filas adelante, lo que disminuye a la mitad la elevación requerida.
5. Agregue holguras y pruebe. Muchas medidas antropométricas se han hecho en cuerpos humanos desnudos. Por lo tanto, tal vez sea necesario dar holguras por ropa gruesa o zapatos. Por ejemplo, si todos los capacitados llevan cascos, pueden necesitarse 2 o 3 pulgadas adicionales. Sería más práctico que se quitaran los cascos en el salón de capacitación.

FIGURA 5-3
Diseño de asientos en un salón de capacitación grande

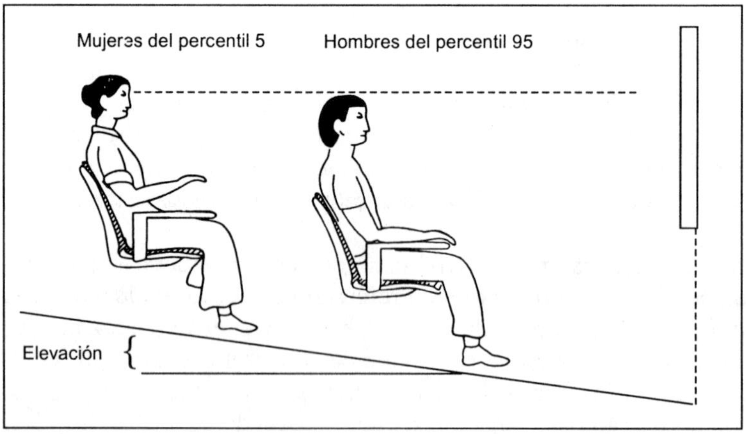

También es útil, práctico y efectivo en costos, construir una maqueta del equipo o instalación que se diseña y hacer que los usuarios lo evalúen. Las medidas antropométricas con frecuencia se toman en posturas estandarizadas. En la vida real, las personas se recargan o asumen posiciones relajadas y cambian las dimensiones efectivas y el diseño final. Ocurrieron muchos errores costosos durante la producción, debidos a la falta de simulaciones para evaluación. En el ejemplo 5-2, el diseño final, de hecho, admite un mayor porcentaje de la población, ya que la elevación era mayor de lo necesario. El diseño verdadero debió usar las dimensiones del cuerpo para una población combinada de hombres y mujeres. No obstante, casi nunca se dispone de esos datos; se pueden crear por medio de técnicas estadísticas, pero el enfoque de diseño general es suficiente para la mayoría de las aplicaciones industriales.

PRINCIPIOS DE DISEÑO DEL TRABAJO: EL LUGAR DE TRABAJO

Determinar la altura de la superficie de trabajo según la altura del codo

La altura de la superficie de trabajo (con el trabajador ya sea sentado o parado) debe determinarse mediante una postura de trabajo cómoda para el operario. En general, esto significa que los antebrazos tienen la posición natural hacia abajo y los codos están flexionados a 90°, de manera que el brazo está paralelo al suelo (vea la figura 5-4). La altura del codo se convierte en la altura adecuada de operación o de la superficie de trabajo. Si ésta es demasiado alta, los antebrazos se encogen y causan fatiga de los hombros. Si es demasiado baja, el cuello o la espalda se doblan y ocasionan fatiga en la última.

FIGURA 5-4
Ayuda gráfica para determinar la altura correcta de la superficie de trabajo.
(*Tomado de:* Putz-Anderson, 1988)

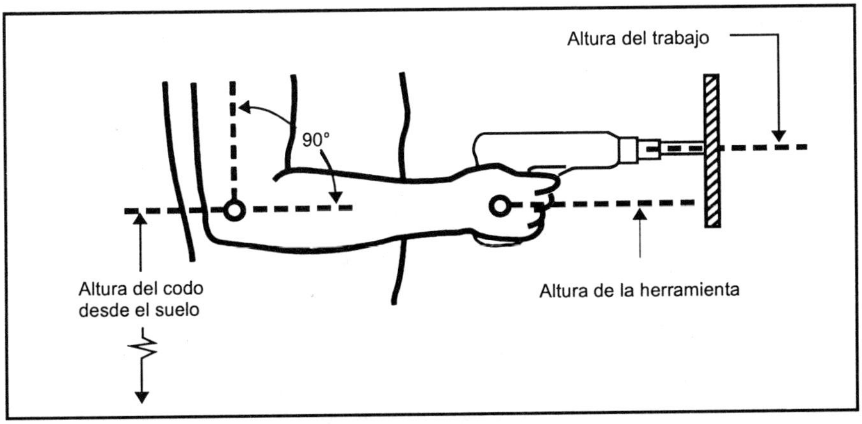

Ajustar la altura de la superficie de trabajo según la tarea que se realiza

Existen excepciones al primer principio. Para ensamble pesado con levantamiento de partes pesadas, es más ventajoso bajar la superficie de trabajo hasta 8 pulgadas (20 cm), para aprovechar los músculos más fuertes del tronco (vea la figura 5-5). Para un ensamble fino que incluye detalles visuales pequeños, es más ventajoso elevar la superficie de trabajo 8 pulg (20 cm), para acercar los detalles a la línea de visión óptima de 15° (principio del capítulo 4). Otra alternativa, quizá mejor es inclinar la superficie alrededor de 15°; de esta manera se satisfacen ambos principios. Sin embargo, las partes redondeadas tienen una tendencia a rodar fuera de la superficie.

Estos principios también se aplican a la estación donde se trabaja sentado. Una gran parte de las tareas, como escribir o los ensambles ligeros, se realizan mejor a la altura del codo en descanso. Si el trabajo requiere la percepción de detalle fino, puede ser necesario elevar el trabajo para que esté más cera de los ojos. Las estaciones para trabajar sentado deben contar con sillas y descanso para los pies ajustables (vea la figura 5-6). De manera

FIGURA 5-5
Dimensiones recomendadas para la estación de trabajo de pie

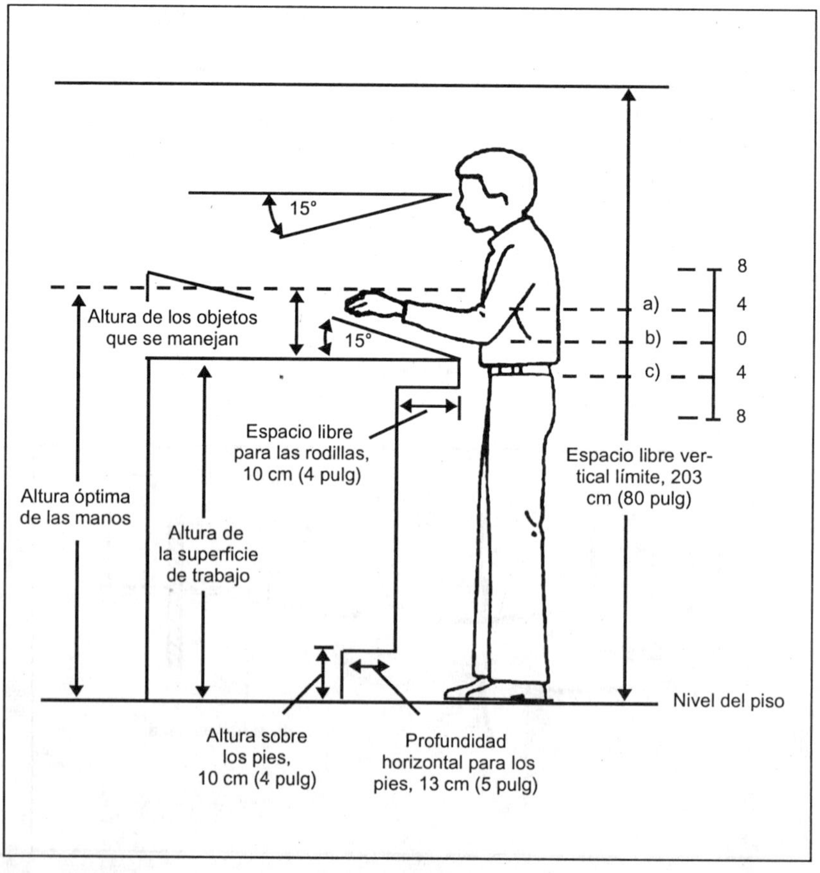

ideal, una vez que el operario está sentado cómodamente con ambos pies en el suelo, la superficie de trabajo se posiciona a la altura adecuada del codo para ajustar la operación. Así, la estación de trabajo también necesita ser ajustable. Los operarios de estatura baja, cuyos pies no alcanzan el suelo incluso después de ajustar el asiento, deben utilizar un descanso para pies que les proporcione el soporte apropiado.

Propocionar una silla cómoda para el operario sentado

La postura sentado es importante desde el punto de vista de reducir tanto el estrés sobre los pies como el gasto global de energía. Debido a que la comodidad es una respuesta individual, es bastante difícil definir principios estrictos para sentarse bien. Más aún, pocas sillas se adaptarán a la comodidad de muchas posturas posibles para estar sentado (vea la figura 5-7). Sin embargo, se cumplen varios principios generales para todos los asientos. En la posición de pie derecho, la porción lumbar de la espina (la parte baja de la espalda cerca del nivel del cinturón) se encorva hacia adentro de manera natural, lo que se conoce como *lordosis*. Pero al sentarse, la pelvis gira hacia atrás, esto aplana la curva lordótica y aumenta la presión en los discos de la columna vertebral (vea la figura 5-8). Por lo tanto, es muy importante proporcionar *soporte lumbar* mediante una protuberancia en el respaldo de la silla, o incluso con un cojín lumbar colocado a la altura del cinturón.

Otro enfoque para prevenir que se aplane la curva lordótica es reducir la rotación de la pelvis manteniendo un ángulo amplio entre el torso y los muslos, con un asiento inclinado hacia adelante (postura de rodillas de la figura 4-4). La desventaja de este tipo de asientos es que puede aplicar un peso adicional en las rodillas. Agregar un tope al asiento inclinado hacia adelante, con la forma de la cabeza de una silla de montar, quizá sea un mejor enfoque

FIGURA 5-6
Silla ajustable (valores específicos de parámetros para asientos encontrados en la tabla 5-2).

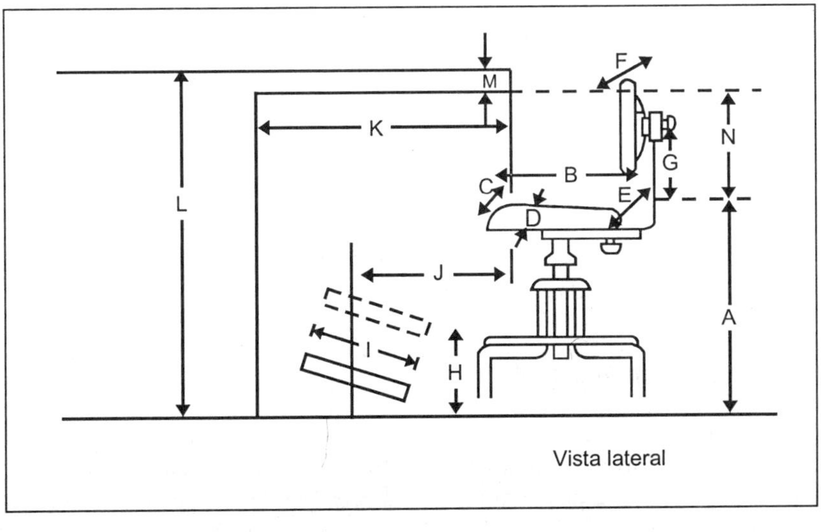

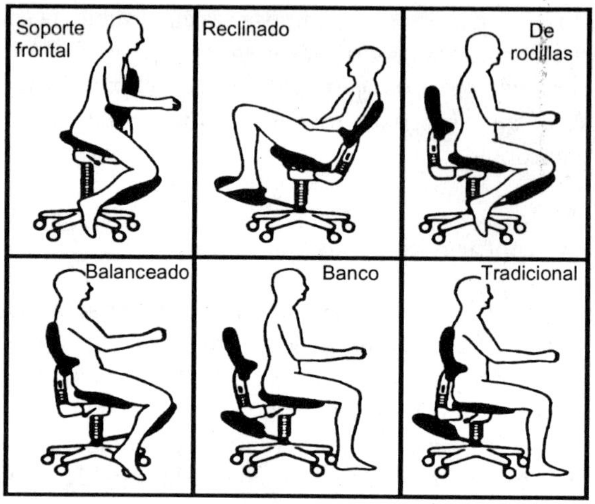

FIGURA 5-7
Seis posturas de sentado básicas (*Tomado de:* Serber, 1990. Reimpreso con permiso de la Human Factors and Ergonomics Society. Todos los derechos reservados.)

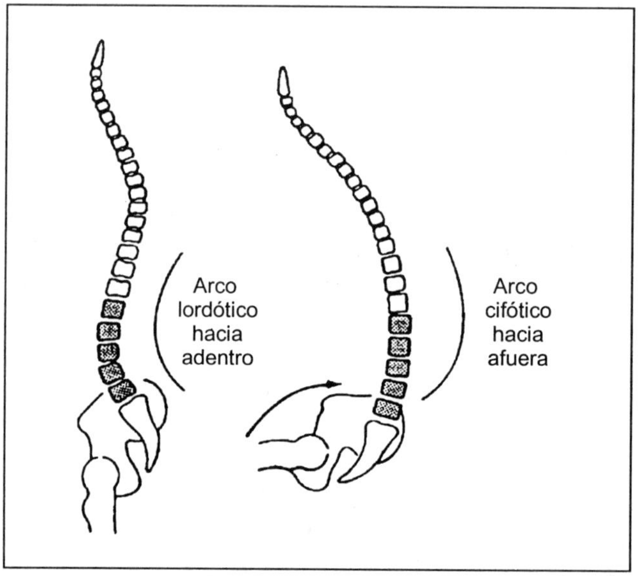

FIGURA 5-8
Postura de la espina a) de pie y b) sentado. Porción lumbar de la espina está lordótica al estar de pie y cifótica al estar sentado. Las vértebras sombreadas son la porción lumbar de la espina. (*Tomado de:* Sanders y McCormick, 1993. Reproducido con permiso de The McGraw-Hill Companies.)

global, ya que elimina la necesidad de los soportes para rodillas y de todas maneras proporciona el soporte a la espalda (vea la figura 5-9).

Proporcionar ajuste en el asiento

Otra consideración es reducir la presión sobre los discos, que puede aumentar de manera significativa al doblar el tronco hacia adelante. Si se reclina el respaldo se obtiene un efecto importante en la reducción de presión en los discos (Andersson *et al.*, 1974). Por desgra-

FIGURA 5-9
Asiento como silla de montar (*Cortesía de:* Neutral Postures Ergonomics, Inc., Bryan, TX).

cia existe un trueque. Cuando los ángulos aumentan, es más difícil ver hacia abajo y realizar trabajo productivo.

Otro factor es la necesidad de proporcionar un ajuste sencillo para parámetros específicos del asiento. La altura es lo más crítico, donde la ideal se determina con la altura popliteal de la persona que está definida en la figura que acompaña a la tabla 5-1. Un asiento demasiado alto comprimirá de manera incómoda la parte de abajo de los muslos, disminuirá el ángulo del tronco y, de nuevo, aumentará la presión en los discos. Las recomendaciones específicas para la altura y otros parámetros del asiento (mostrados en la figura 5-6) se dan en la tabla 5-2.

Además, se recomiendan coderas para dar apoyo a hombros, brazos y descansos para pies en el caso de individuos más bajos. Las rodajas ayudan al movimiento y facilitan la entrada/salida de la estación de trabajo. Sin embargo, pueden existir situaciones en las que sea mejor una silla estacionaria. En general, ésta debe tener un contorno suave, asiento acojinado y cubierto de una tela que deje pasar el aire para prevenir la humedad por sudor. Un asiento con cojín demasiado suave restringe la postura y puede restringir la circulación en las piernas. En la figura 5-10 se muestra un óptimo global para la posición y los lugares de trabajo.

Alentar la flexibilidad en la postura

La altura de la estación de trabajo debe ajustarse de manera que sea posible realizar el trabajo en forma eficiente ya sea de pie o sentado. El cuerpo humano no está diseñado para

TABLA 5-2
Intervalos recomendados para el ajuste de asientos

Parámetro del asiento	Valor de diseño [en pulgadas (cm) a menos que se especifique]	Comentarios
A – altura del asiento	16-20.5 (40-52)	Demasiado alto comprime muslos; demasiado bajo presiona discos
B – profundidad del asiento	15-17 (38-43)	Demasiado largo corta la región popliteal; usar contorno de caída de agua
C – ancho del asiento	≥18.2 (≥46.2)	Se recomiendan asientos más anchos para individuos con sobrepeso
D – ángulo del asiento	-10° a +10°	La inclinación hacia abajo requiere más fricción en la tela
E – ángulo entre asiento y respaldo	>90°	Preferible >105°, pero requiere modificaciones a la estación de trabajo
F – ancho del respaldo	12 (30.5)	Medido en la región lumbar
G – soporte lumbar	6-9 (15-23)	Altura vertical del asiento al centro del soporte lumbar
H – altura de descansapies	1-9 (2.5-23)	
I – profundidad de descansapies	12 (30.5)	
J – distancia del descansapies	16.5 (42)	
K – claro para las piernas	26 (66)	
L – altura de superficie de trabajo	~32 (~81)	Determinado por la atura del codo en descanso
M – grueso de superficie de trabajo	<2 (<5)	Valor máximo
N – claro para muslos	>8 (>20)	Valor mínimo

[A – G de ANSI (1988); H – M de Eastman Kodak (1983)]

FIGURA 5-10
Estación de trabajo con un ajuste adecuado

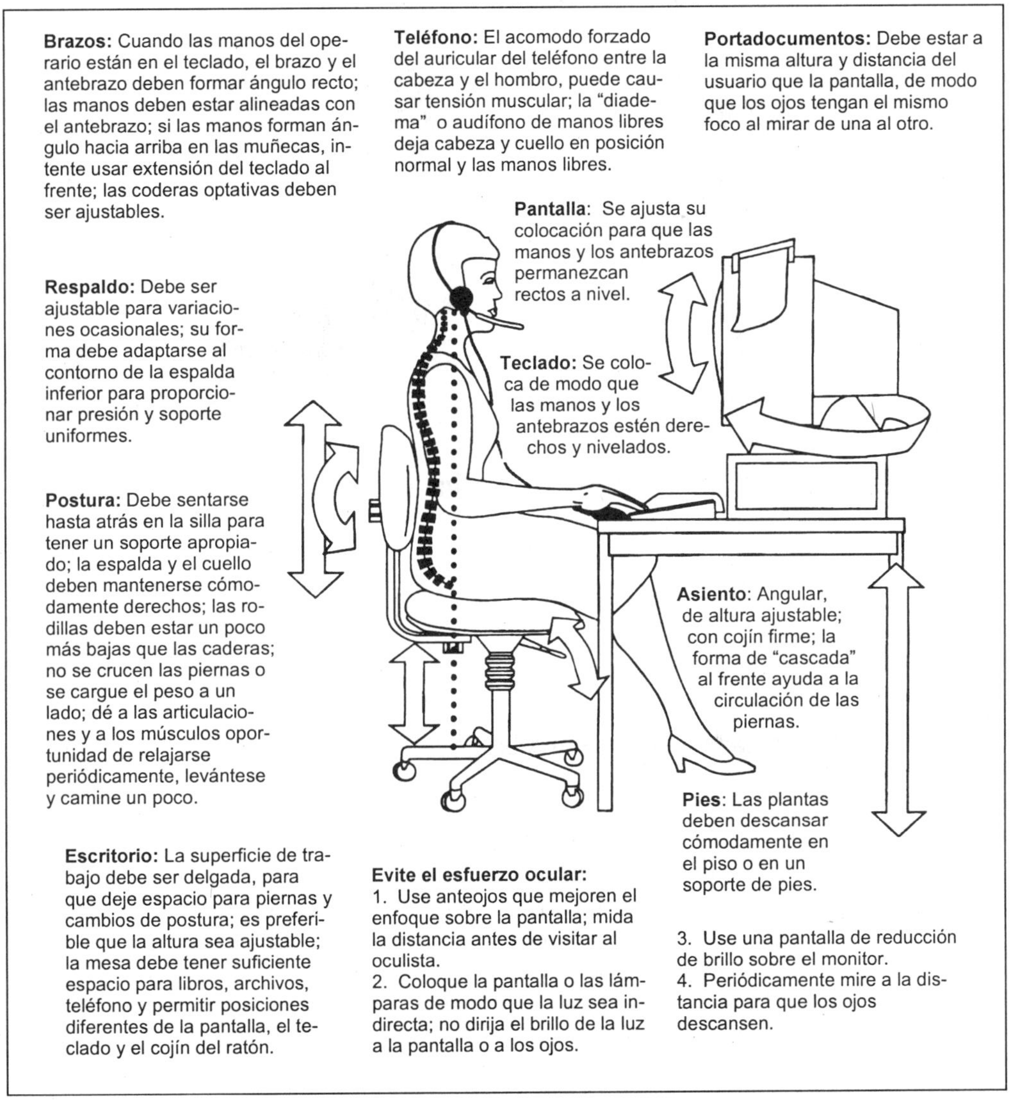

estar sentado durante periodos prolongados. Los discos entre las vértebras no tienen irrigación de sangre por sí solos, dependen de los cambios de presión que resultan del movimiento para recibir nutrientes y eliminar desperdicios. La rigidez en la postura también reduce el flujo de sangre en los músculos e induce fatiga y calambres en los mismos. Un compromiso alternativo es proporcionar un banco para sentarse/pararse de manera que el operario pueda cambiar de postura con facilidad. Dos características clave para estos bancos son: ajuste de la altura y una base de apoyo ancha para evitar caídas, de preferencia con suficiente amplitud para permitir que los pies descansen y hagan contrapeso (figura 5-11).

FIGURA 5-11
Bancos industriales para estar sentado/parado.
(*Cortesía de:* Biofit, Waterville, OH)

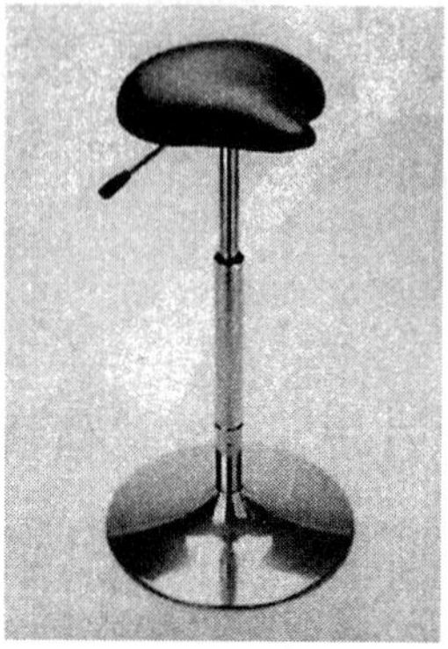

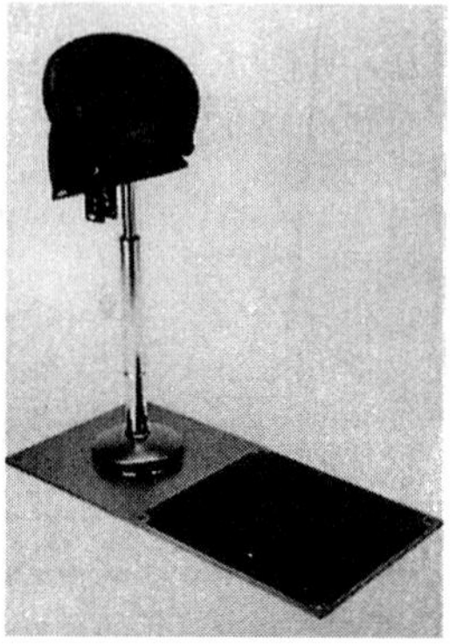

Proporcionar tapetes antifatiga para operarios que trabajan de pie

Es cansado estar de pie por periodos prolongados en un piso de cemento. Deben proporcionarse a los operarios tapetes elásticos antifatiga. Éstos permiten pequeñas contracciones de los músculos de las piernas, lo que fuerza a la sangre a moverse y evitar que se cargue en las extremidades inferiores.

Localizar todas las herramientas y materiales dentro del área normal de trabajo

En cada movimiento interviene una distancia. Mientras más grande es la distancia, mayores son el esfuerzo muscular, el control y el tiempo. Por lo tanto, es importante minimizar las distancias. El área normal de trabajo de la mano derecha en el plano horizontal incluye el área circunscrita por el antebrazo al moverlo en forma de arco con pivote en el codo (vea la figura 5-12). Esta área representa la zona más conveniente dentro de la cual la mano realiza movimientos con un gasto de energía normal. El área normal de la mano izquierda se establece de manera similar. Como los movimientos se hacen en tercera dimensión, al igual que en el plano horizontal, el área normal de trabajo se aplica también al plano vertical. El área normal relativa a la altura para la mano derecha incluye el área circunscrita por el antebrazo en posición hacia arriba con el codo como pivote y moviéndose en un arco. Existe un área normal similar en el plano vertical para el brazo extendido (figura 5-13).

Localizaciones fijas para todas las herramientas y materiales que permitan la mejor secuencia

Al manejar un automóvil, todos estamos familiarizados con el poco tiempo que se requiere para aplicar el pie al freno. La razón es obvia: como el pedal del freno se encuentra en una posición fija, no se necesita tiempo para decidir dónde se localiza. El cuerpo responde

FIGURA 5-12
Áreas de trabajo normal y máxima en el plano horizontal para mujeres (para hombres se multiplica por 1.09).

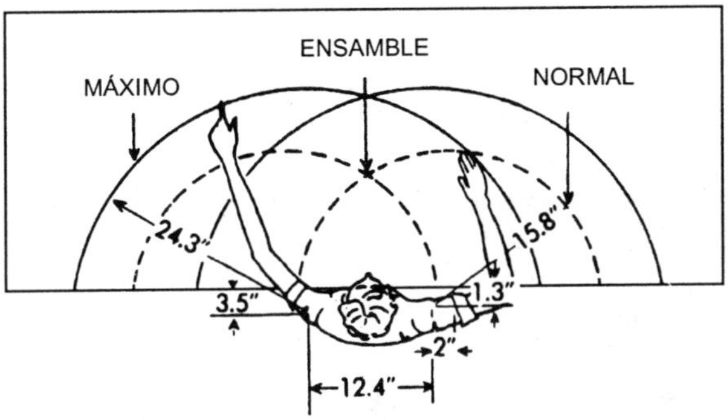

Longitud total del brazo	28"
Longitud del antebrazo	10"
Longitud del brazo (sup.)	12"
Longitud de la mano	6.7"
Longitud de la articulación de extremo (dedo medio)	.9"

FIGURA 5-13
Áreas de trabajo normal y máxima en el plano vertical para mujeres (para hombres se multiplica por 1.09)

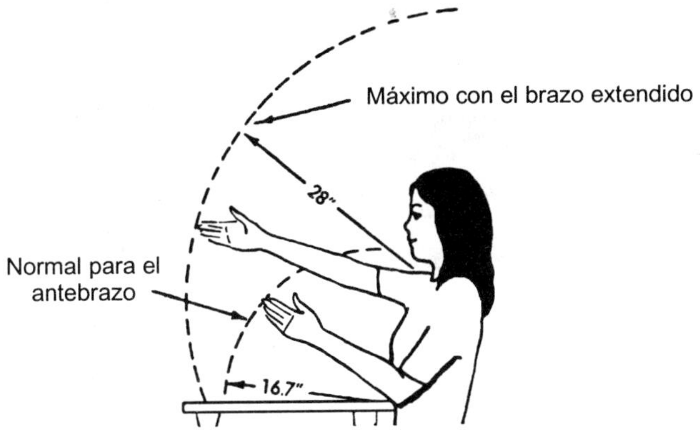

de manera instintiva y aplica presión al área en la que el conductor sabe que se encuentra el pedal del freno. Si su localización variara, el conductor necesitaría mucho más tiempo para detener el auto. De igual manera, proporcionar localizaciones fijas para todas las herramientas y materiales en la estación de trabajo elimina, o por lo menos minimiza, las pequeñas dudas requeridas para buscar y seleccionar objetos necesarios para hacer el trabajo. Estos son los therbligs inefectivos de "buscar" y "seleccionar" presentados en el capítulo 4 (vea la figura 5-14).

FIGURA 5-14
La localización fija para todos los materiales y herramientas en esta estación de trabajo minimiza las dudas por búsqueda y selección. *La operación de subensamble de cigüeñales utiliza una mesa de indexado. En la parte posterior de la mesa se tiene una bobina de calentamiento por inducción que calienta los enfriadores de empuje que se montan arriba del cigüeñal. La parte caliente cae sobre la parte superior del buje de fierro colado, donde, al enfriarse, se contrae sobre el eje y proporciona la holgura necesaria por el buje.* (*Fuente:* General Electric Co.)

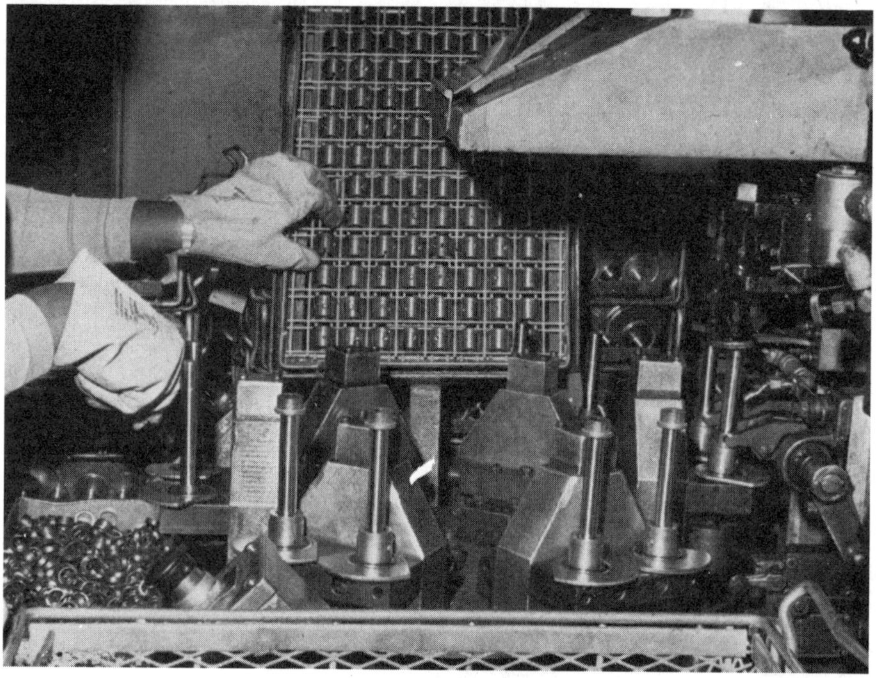

Utilizar canaletas por gravedad y entrega dejando caer para reducir los tiempos de alcanzar y mover

El tiempo requerido para realizar tanto los therbligs de transporte, "alcanzar" y "mover", es directamente proporcional a la distancia que deben recorrer las manos al realizar estos therbligs. Si se usan dispositivos por gravedad, las componentes pueden traerse de manera continua al área de trabajo normal y así se eliminan alcances largos para traer los suministros (vea la figura 5-15). De la misma manera, las canaletas por gravedad permiten enviar las partes terminadas dentro del área normal y eliminar la necesidad de movimientos lejanos. Las canaletas por gravedad hacen posible un área de trabajo limpia, ya que el material terminado se manda fuera del área de trabajo, en lugar de amontonarla alrededor de ella. Un dispositivo elevado respecto a la superficie de trabajo (de manera que la mano pueda deslizar material por abajo de él también disminuirá el tiempo requerido para realizar esta tarea entre 10% y 15%.

FIGURA 5-15
Estación de trabajo con dispositivos por gravedad y una banda transportadora para reducir los tiempos de alcanzar y mover (*Fuente:* Alden Systems, Co.) *La banda lleva atrás otras partes más allá de esta estación de trabajo en particular. El operario alimenta la banda desde abajo de la plataforma sólo dejando caer las partes ensambladas en ella.*

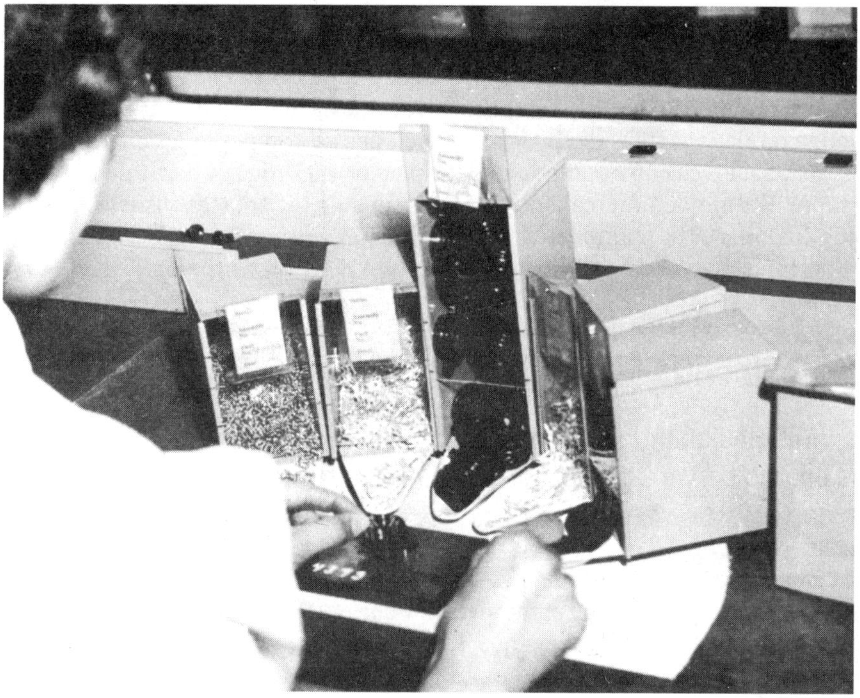

Arreglo óptimo de herramientas, controles y otras componentes para minimizar los movimientos

El arreglo óptimo depende de muchas características, tanto humanas (fuerza, alcance, sentidos) como de la tarea (cargas, repetición, orientación). Es obvio que no todos los factores se pueden optimizar. El diseñador debe establecer prioridades y hacer trueques en la distribución del área de trabajo. Primero, debe considerar la localización general de las componentes respecto a otras componentes mediante los principios de *importancia* y *frecuencia de uso*. Los más importante, según lo determinan las metas u objetivos globales, es que las componentes usadas más a menudo deben colocarse en sitios convenientes. Por ejemplo, un botón de paro de emergencia debe estar en una posición visible, alcanzable y conveniente. De la misma manera, un botón de activación que se usa con frecuencia, o los sujetadores que más se usan, deben quedar al alcance del operario.

Una vez determinada la localización para un grupo de componentes, es decir, las partes usadas con más frecuencia para el ensamble, deben tomarse en cuenta los principios de *funcionalidad* y *secuencia de uso*. La funcionalidad se refiere al agrupamiento de componentes según la similitud de su función, por ejemplo, todos los sujetadores en un área, todos los empaques y componentes de hule en otra área, etcétera. Como muchos productos se ensamblan en una secuencia estricta, ciclo tras ciclo, es muy importante colocar las componentes o subensambles en el orden en que se ensamblan, puesto que esto tendrá un gran efecto en la reducción de movimientos inútiles. El diseñador también debe considerar el uso de la planeación sistemática de la distribución de Muther (vea el capítulo 3) u otros tipos de técnicas de diagramas de distribuciones adyacentes, para desarrollar una comparación cuantitativa o relativa de las distintas distribuciones de componentes en la superficie de trabajo. Las relaciones entre componentes se pueden modificar a partir de los datos tradicionales sobre el flujo de un área a otra y deben incluir los enlaces visuales (movimientos del ojo), los enlaces de auditoría (comunicación por voz o señales), los movimientos por tacto y de control, etcétera.

PRINCIPIOS DE DISEÑO DEL TRABAJO: MÁQUINAS Y EQUIPO

Hacer cortes múltiples cuando sea posible con la combinación de dos o más herramientas en una o el arreglo de cortes simultáneos desde dos dispositivos de alimentación

La planeación de la producción avanzada más eficiente para la manufactura incluye hacer cortes múltiples con la combinación de herramientas y cortes simultáneos con distintas herramientas. Por supuesto, el tipo de trabajo que se va a procesar y el número de partes que se deben producir determina si es deseable combinar los cortes, como en el caso de cortes con una torre cuadrada y una hexagonal.

Localizar todos los dispositivos de control con la mayor accesibilidad para el operario y capacidad de fuerza.

Muchas máquinas herramienta y otros dispositivos son perfectos en el sentido mecánico, pero no proporcionan una operación efectiva, porque el diseñador de la instalación no tomó en cuenta varios factores humanos. Volantes, manivelas y palancas deben tener el tamaño y la posición adecuados para que el operario las manipule con habilidad máxima y fatiga mínima. Los controles que se usan frecuentemente deben colocarse entre las alturas del codo y el hombro. Los operarios sentados pueden aplicar una fuerza máxima a las palancas que están al nivel del codo; los operarios de pie, a las palancas que tienen la altura del hombro. El diámetro de los volantes y manubrios depende del torque que debe aplicarse y de la posición de mondado. Los diámetros máximos de las agarraderas dependen de las fuerzas que se ejerzan. Por ejemplo, para una fuerza de 10 a 15 libras (4.6-6 kg), el diámetro debe ser por lo menos 0.25 pulgadas (0.6 cm) y de preferencia mayor; para 15 a 25 libras (6.8-11.4 kg) debe usarse un mínimo de 0.5 pulgadas (1.3 cm), y para 25 libras o más

FIGURA 5-16
Lista de evaluación de la estación de trabajo.

Estación para trabajar sentado	Sí	No
1. ¿Es fácil ajustar la silla según las siguientes características?	☐	☐
a. la altura del asiento es ajustable entre 15 y 22 pulgadas	☐	☐
b. el ancho del asiento tiene un mínimo de 18 pulgadas	☐	☐
c. la profundidad del asiento tiene entre 15 y 16 pulgadas	☐	☐
d. el asiento puede inclinarse ±10° respecto a la horizontal	☐	☐
e. el respaldo tiene soporte lumbar	☐	☐
f. el tamaño mínimo del respaldo es 8×12 pulgadas	☐	☐
g. el respaldo puede moverse de 7 a 10 pulgadas sobre el asiento	☐	☐
h. el respaldo puede moverse de 12 a 17 pulgadas al frente del asiento	☐	☐
i. la silla tiene un soporte de cinco patas	☐	☐
j. tiene rodajas y pivote para tareas que requieren movimiento	☐	☐
k. la cubierta o tapiz de la silla no es dañina al respirar	☐	☐
l. cuenta con descansapies (grande, estable y ajustable en su altura y pendiente)	☐	☐
2. ¿Se ha ajustado la silla de manera adecuada?	☐	☐
a. la altura de la silla se ajustó según la altura popliteal con los pies planos en el suelo	☐	☐
b. hay un ángulo aproximado de 90° entre el tronco y el muslo	☐	☐
c. el área lumbar del respaldo está en la parte baja de la espalda (línea del cinturón)	☐	☐
d. hay suficiente espacio para las piernas (por ejemplo, hacia atrás de la estación de trabajo)	☐	☐
3. ¿Es ajustable la superficie de trabajo?	☐	☐
a. la superficie de trabajo está más o menos a la altura del codo	☐	☐
b. la superficie se baja de 2 a 4 pulgadas para ensambles pesados	☐	☐
c. la superficie se eleva (o se inclina) de 2 a 4 pulgadas para ensambles detallados o tareas de trabajo visual intenso	☐	☐
d. hay suficiente espacio para los muslos (entre la mesa y la silla)	☐	☐
4. ¿Se alternan las posiciones sentado y de pie o caminar?	☐	☐

Estación de trabajo para computadora	Sí	No
1. ¿Se ajustó primero la silla, después el teclado y el ratón y por último el monitor?	☐	☐
2. ¿Está el teclado tan bajo como se puede sin tocar las piernas?	☐	☐
a. los hombros están relajados, los antebrazos cuelgan con comodidad y los brazos están	☐	☐
abajo de la horizontal (es decir, el ángulo del codo es >90°)	☐	☐
b. se utiliza una repisa para teclado (más baja que la altura normal de 28 pulgadas para escribir)	☐	☐
c, el teclado tiene una pendiente para mantener una posición de muñecas neutral	☐	☐
d. el ratón está colocado al lado del tablero a la misma altura	☐	☐
e. la silla tiene coderas (ajustables en altura al menos 5 pulgadas)	☐	☐
f. si no hay coderas, se proporciona descanso para las muñecas	☐	☐
3. ¿Está el monitor entre 16 y 30 pulgadas (casi la longitud del brazo) de los ojos?	☐	☐
a. la parte superior de la pantalla está un poco abajo del nivel de los ojos	☐	☐
b. la parte inferior de la pantalla está más o menos 30° abajo del nivel horizontal de los ojos	☐	☐
c. la posición del monitor tiene un ángulo de 90° de las ventanas para minimizar el reflejo	☐	☐
d. las ventanas se pueden cubrir con cortinas o persianas para reducir la luz brillante	☐	☐
e. el monitor está inclinado para minimizar el reflejo de la luz del techo	☐	☐
f. si todavía hay reflejo, se usa una pantalla antireflejante	☐	☐
g. se usa un sostén de documentos para la transferencia de datos	☐	☐
h. la tarea visual principal (monitor o documento) está ubicada directamente enfrente	☐	☐

Estaciones de trabajo de pie	Sí	No
1. ¿Es ajustable la superficie de trabajo?	☐	☐
a. la superficie de trabajo está más o menos a la altura del codo	☐	☐
b. la superficie se baja de 4 a 8 pulgadas para ensambles pesados	☐	☐
c. la superficie se eleva (o se inclina) de 4 a 8 pulgadas para ensambles detallados o de trabajo visual intenso	☐	☐
2. ¿Hay suficiente espacio para las piernas?	☐	☐
3. ¿Se proporciona un banco para sentarse/parase (con altura ajustable)?	☐	☐
4. ¿Se alternan las posiciones sentado y parado?	☐	☐

(11.4 kg), un mínimo de 0.75 pulgadas (1.9 cm). Sin embargo, los diámetros no deben exceder 1.5 pulgadas (3.8 cm) y la longitud para el agarre debe ser al menos 4 pulgadas (10 cm), para tener lugar para toda la mano.

Las guías para los radios de manivelas y volantes son: cargas ligeras, radios de 3 a 5 pulgadas (7.6-12.7 cm); cargas medianas a pesadas, radios de 4 a 7 pulgadas (10.2-17.8 cm); cargas muy pesadas, radios de más de 8 pulgadas (20 cm) pero no más de 20 pulgadas (51 cm). En general, diámetros de perillas de 0.5 a 2 pulgadas (1.3-5.1cm) son satisfactorios. Los diámetros de perillas deben aumentar si se necesitan torques mayores.

Usar dispositivos en lugar de sostener con la mano

Si se usa cualquier mano para sostener durante el procesamiento de una parte, entonces las manos no están realizando trabajo útil. Siempre se puede diseñar un dispositivo para sostener el trabajo de manera satisfactoria y obtener una calidad mejor, puesto que el trabajo tiene un sostén más exacto y firme. Muchas veces, los mecanismos operados con el pie permiten que ambas manos realicen trabajo productivo.

Un ejemplo ayudará a aclarar el principio de uso de dispositivos, en lugar de las manos, para sostener el trabajo. Una compañía que producía ventanas especiales necesitaba quitar una tira de 0.75 pulgadas de ancho de papel protector colocado alrededor de las cuatro orillas de los paneles Lexan. Un operario tomaba una hoja de Lexan y la traía al área de trabajo. Ahí, tomaba un lápiz y una escuadra y marcaba las cuatro esquinas del panel Lexan. Dejaba a un lado el lápiz y la escuadra y tomaba una plantilla con la que localizaba las marcas del lápiz. Después quitaba el papel protector de todo el perímetro de la hoja Lexan. El tiempo estándar desarrollado por MTM-1 era de 1.063 min por pieza.

Se desarrolló un dispositivo sencillo de madera para sostener tres hojas de Lexan mientras que le quitaban la tira de 0.75 pulgadas del papel protector de las orillas. Con el método del dispositivo el trabajador tomaba las hojas de Lexan y las colocaba en el dispositivo (vea la figura 5-7). Quitaba el papel protector, volteaba las hojas 180° y quitaba el

FIGURA 5-17
Dispositivo para quitar el papel protector de ¾ " de ancho en las orillas de las hojas de Lexan

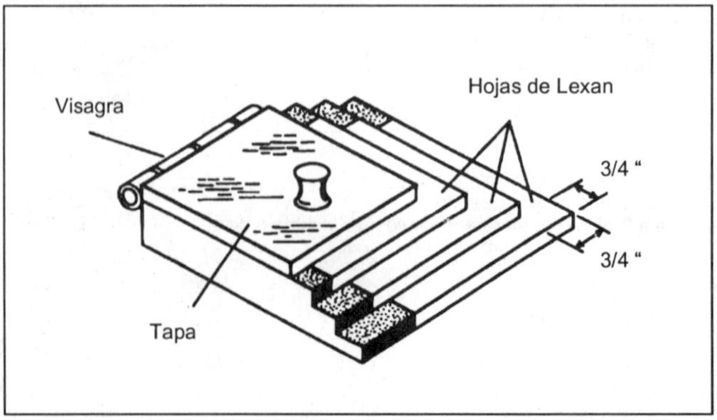

papel de los otros dos lados. Este método mejorado dio un estándar de 0.46 minutos por hoja, o un ahorro de 0.603 minutos de mano de obra directa por hoja.

Usar indicadores de luz para llamar la atención del operario

Quizá la ayuda visual que se usa con más frecuencia son las luces indicadoras o de advertencia. Deben incorporarse a su uso varios requerimientos básicos. Deben indicar qué está bien, qué está mal y qué acción debe tomar el operario. En general, sólo debe usarse un foco de alarma en un sistema dado. En posiciones menos centrales se pueden colocar otras luces que identifiquen la causa y la acción a tomar, y deben operar con una sola luz de advertencia. Estas luces de alarma deben permanecer encendidas hasta que la condición que causó su encendido sea remediada. La luz de advertencia debe ser roja o amarilla y de tamaño e intensidad suficientes para que llamen la atención de inmediato. Una buena regla es que la luz tenga el doble del tamaño (al menos 1 grado del arco visual) y dos veces el brillo de otros indicadores del tablero, y colocarla a no más de 30° de la línea de visión esperada del operario.

Una luz intermitente atrae la atención con rapidez; varias luces hacen que se pierda esta habilidad. Una luz intermitente debe encenderse cuatro veces por segundo y apagarse en cuanto el operario hace lo que debe, pero la luz debe permanecer encendida hasta que se han recuperado las condiciones adecuadas.

Desplegar la información de manera adecuada

La tabla 5-3 muestra las ventajas y desventajas de usar señaladores, escalas y contadores móviles. Los errores del operario al leer información desplegada crecen al aumentar la densidad de información por unidad de área del despliegue y al disminuir el tiempo de lectura y respuesta del operario. Los códigos mejoran la posibilidad de lectura, lo mismo que la habilidad de la vista del operario. Los tres mejores métodos de codificación son: colores, alfanumérico (letras y dígitos) y formas (figuras geométricas). Las tres técnicas requieren poco espacio y permiten la identificación rápida, aunque quizá los operarios requieran alguna capacitación en su interpretación.

En la cultura occidental, el rojo es una señal universal de alto como lo caracterizan los semáforos en el control del tráfico. El rojo también simboliza peligro. Por otro lado, el verde se interpreta como continuar o seguir adelante. El amarillo, en general, indica precaución. Tiene un uso extenso en el deporte de la cacería y en los semáforos para indicar precaución. La tabla 5-4 muestra un código recomendado de indicadores con luz sencillos.

El código alfanumérico proporciona muchas combinaciones más que el código de colores. Sin embargo, desde el punto de vista de la eficiencia, es paralelo al de colores. Para obtener un código alfanumérico con una alta eficiencia, se consideran el ancho del trazo de los números y las letras, la razón de la altura y el ancho, y el tipo de letra o fuente. Con base en una distancia de visión de hasta 20 pulgadas (51 cm), dentro de un intervalo de condiciones de iluminación, la altura de la letra o número debe ser al menos 0.09 pulgadas (0.23 cm) y el ancho del trazo de al menos 0.02 pulgadas (0.05 cm), lo que da una razón alto a an-

TABLA 5-3
Comparación entre señaladores, escalas y contadores

	Servicio proporcionado			
Indicador	**Lectura cuantitativa**	**Lectura cualitativa**	**Ajuste**	**Vigilancia**
Señalador móvil	Regular	Buena (es fácil detectar los cambios)	Bueno (la relación entre la perilla de ajuste y el señalador se descifra con facilidad)	Buena (la posición del señalador se controla y supervisa con facilidad)
Escala móvil	Regular	Deficiente (puede ser difícil identificar el sentido y la magnitud)	Regular (puede ser difícil identificar la relación entre el ajuste y el movimiento)	Regular (puede haber relación ambigua con el movimiento de control manual)
Contador	Buena (se lee en tiempo mínimo y su resultado tiene un error mínimo)	Deficiente (el cambio de posición puede no indicar un cambio cualitativo)	Bueno (método exacto para vigilar el ajuste numérico)	Deficiente (no es sencillo supervisarlo)

TABLA 5-4
Codificación recomendada de luces indicadoras

		Color			
Diámetro	**Funcionamiento**	**Rojo**	**Amarillo**	**Verde**	**Blanco**
12.5 mm	Encendido continuo	Falla; detención de la acción; mal funcionamiento	Demora; inspección	Circuito energizado; adelante; listo; producir	Funcional; en posición; normal (adelante)
25 mm o mayor	Encendido continuo	Sistema o sub-sistema en acción de detención	Precaución	Sistema o sub-sistema en situación de avance o marcha adelante	
25 mm o mayor	Encendido intermitente	Situación de emergencia			

cho de 1:5. Esto crea un ángulo visual (vea el capítulo 6) de 12 arco-minutos, como lo requiere la ANSI/HFS 100 (1988). Se puede usar un trazo más ancho con letras oscuras en un fondo claro o un trazo más delgado con letras brillantes en un fondo oscuro. La fuente se refiere a los estilos de letras disponibles, como Gótica, Futura y Tempo. En general, para unas cuantas palabras, las letras mayúsculas llaman más rápido la atención que las minúsculas. De esta manera, se usan letras mayúsculas con una razón de ancho a alto de alrededor de 3:5.

Usar señales acústicas para advertencias

En algunos casos, es mejor usar señales de sonido que presentaciones visuales. Por ejemplo, las señales sonoras en general son más eficientes si el trabajo del operario necesita movimiento continuo en la planta o el negocio, o si la persona que recibe la señal está en un área de trabajo donde sería difícil ver las señales visuales, como en un cuarto oscuro o con luz excesiva. Además, los mensajes cortos y sencillos se manejan mejor por los medios auditivos.

El sistema auditivo humano está en alerta continua. Puede detectar las fuentes de distintas señales sin orientar el cuerpo, como es común con las señales visuales. Como oír es omnidireccional y como los tiempos de reacción a los sonidos son más cortos que con las señales visuales, los mensajes sonoros son deseables en especial para señales de alarma. Por supuesto, sólo los medios acústicos son satisfactorios para el lenguaje.

También existen casos en los que las señales sonoras no deben considerarse como una alternativa a las visuales, sino como una adición a ellas. En algunas circunstancias el sistema visual del operario puede estar saturado, y quizá sea más eficiente agregar un sistema sonoro. Una señal modulada (ya sea de encendido/apagado o con cambio de tono o volumen) es en especial efectiva para las alarmas.

Usar códigos de forma, textura y tamaño para la identificación por tacto

Los códigos de forma, con configuraciones geométricas de dos o tres dimensiones, permiten la identificación tanto por el tacto como de forma visual. Es útil, en especial en condiciones de poca luz, o en situaciones en donde se desea redundancia o calidad duplicada en la identificación, para ayudar a minimizar los errores. Los códigos de forma con variaciones en la textura, adoptan un número considerable de formas distinguibles. En la figura 5-18 se muestra un conjunto muy útil de formas y texturas conocidas que pocas veces se confunden. Sin embargo, conforme aumenta el número de formas, la discriminación se dificulta y es más lenta si el operario debe identificar los controles sin verlos. Si está obligado a usar guantes, entonces el código de forma sólo es deseable para la distinción visual, o para discriminar con el tacto si sólo son dos formas.

El código de tamaño, análogo al de forma, permite la identificación de controles tanto visual como con el tacto. Se usa más que nada donde el operario no puede ver los controles. Por supuesto, igual que con el código de forma, el código de tamaño permite la redundancia, ya que los controles pueden diferenciarse con el tacto y con la vista. En general, debe intentarse limitar las categorías a tres o cuatro, con una diferencia de al menos 0.5 pulgadas en el tamaño de los controles. La codificación para la operación que requiere un movimiento único (como poner en reversa la palanca de velocidades) es en especial útil para controles críticos que no deben activarse por descuido.

Usar el tamaño, desplazamiento y resistencia del control adecuados

En sus asignaciones de trabajo, los operarios usan todo el tiempo varios tipos de control y diseños de controles. Los tres parámetros que tienen un gran impacto en el desempeño son: tamaño del control, razón control-respuesta y resistencia del control al operarlo. Cuando

FIGURA 5-18

Ejemplos de diseños de perillas de tres tipos de uso que pocas veces se confunden al tacto. *El diámetro o longitud de estos controles debe estar entre 0.5 y 4.0 pulg (1.3 a 10 cm), excepto para la clase C, donde 0.75 pulg (1.9 cm) es el mínimo sugerido. La altura debe estar entre 0.5 y 1 pulg (1.3 a 2.5 cm). Ilustración de algunos diseños de perillas usados en el estudio de discriminación por tacto de texturas de superficies. Suave: A; estriado: B (6 acanalados), C (9), D (18), y grafilado: E (rectángulo completo), F (medio rectángulo), G (un cuarto de rectángulo), H (diamante completo), I (medio diamante) y J (un cuarto de diamante), (Tomado de:* Sanders y McCormick, 1993) (Reproducido con permiso de McGraw-Hill Companies)

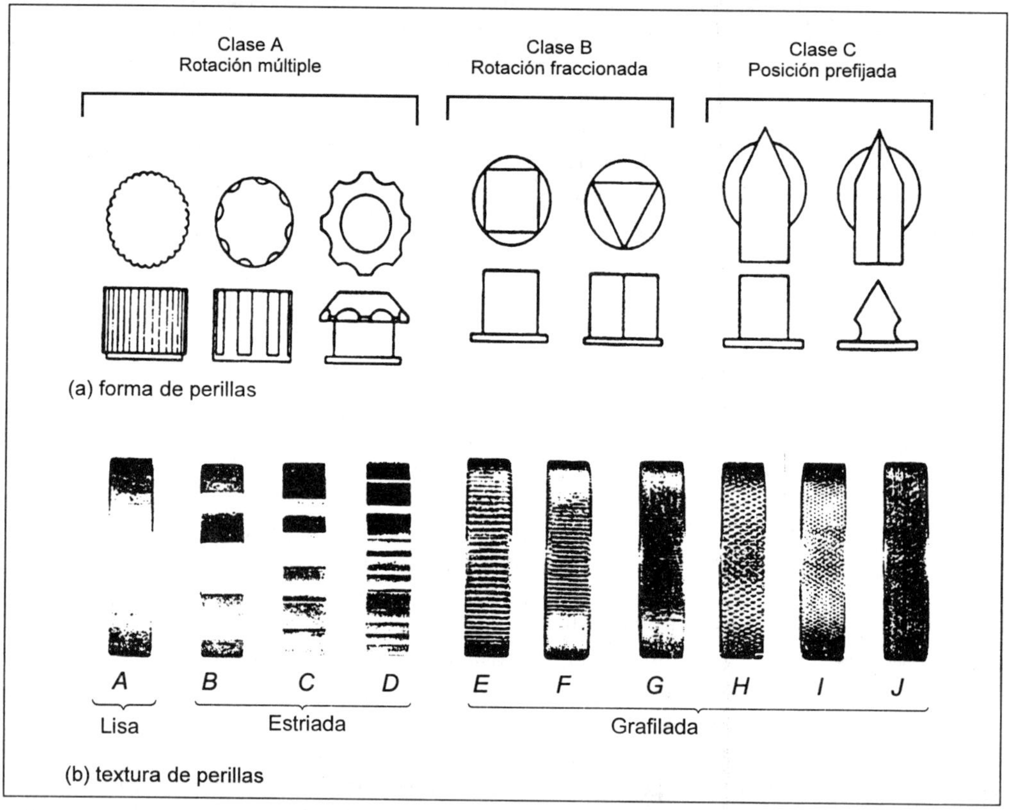

éste es muy pequeño o bien demasiado grande no puede activarse con eficiencia. Las tablas 5-5, 5-6 y 5-7 proporcionan información útil para los diseños sobre dimensiones mínimas y máximas para los diferentes mecanismos de control.

La *razón* (*CR*) *control-respuesta* se define como la cantidad de movimiento en un control dividido entre la cantidad de movimiento en la respuesta (vea la figura 5-19). Una razón CR baja indica alta sensibilidad, como en el ajuste grueso de un micrómetro. Una razón CR alta significa baja sensibilidad, como el ajuste fino del micrómetro. El movimiento global de control depende de la combinación del tiempo de viaje primario para alcanzar la meta aproximada y el tiempo de ajuste secundario para lograr la posición meta exacta con precisión. La razón CR óptima que minimiza este movimiento total depende del tipo de

TABLA 5-5
Criterios de tamaño del control

Control		Dimensión	Tamaño del control: Mínimo (mm)	Tamaño del control: Máximo (mm)
Botón para oprimir	Dedo	Diámetro	13	*
	Pulgar/palma	Diámetro	19	*
	Pie	Diámetro	8	*
Interruptor de volquete		Diámetro de la punta	3	25
		Palanca de brazo largo	13	50
Selector rotatorio		Largo	25	*
		Ancho	*	25
		Profundidad	16	*
Perilla de ajuste continuo	Dedo/pulgar	Profundidad	13	25
		Diámetro	10	100
	Mano/palma	Profundidad	19	*
		Diámetro	38	75
Manivelas	Para tasar	Radio	13	113
	Para fuerza	Radio	13	500
Volante para manos		Diámetro	175	525
		Grueso	19	50
Volante para pulgar		Diámetro	38	*
		Ancho	*	*
		Relieve	3	*
Manija de palanca	Dedos	Diámetro	13	75
	Mano	Diámetro	38	75
Manija de manivela		Área de agarre	75	*
Pedal		Largo	88	†
		Ancho	25	†
Manija de válvula		Diámetro	75 pulgadas por pulgada de tamaño de válvula	

*No hay límite establecido por el desempeño del operario
†Depende del espacio disponible

control y de las condiciones de la tarea (vea la figura 5-20). Observe que también existe un *efecto de intervalo*, que es la tendencia a pasarse de las distancias cortas y no llegar cuando las distancias son grandes.

La resistencia del control es importante en términos de proporcionar retroalimentación al operario. De manera ideal, puede ser de dos tipos: desplazamiento puro sin resistencia, o fuerza pura sin desplazamiento. La primera tiene la ventaja de ser menos fatigante, mientras que la segunda tiene las características de *punto muerto*, es decir, el control regresa a cero al soltarlo. Los controles en la vida real, por lo común, están carga-

TABLA 5-6
Criterios de desplazamiento del control

Control	Condición	Desplazamiento Mínimo	Desplazamiento Máximo
Botón para oprimir	Operación pulgar/dedo	3 mm	25 mm
	Pie Normal	13 mm	—
	Bota pesada	25 mm	—
	Sólo flexión del tobillo	—	63 mm
	Movimiento de la pierna	—	100 mm
Interruptor de volquete	Entre posiciones adyacentes	30°	—
	Total	—	120°
Selector rotatorio	Entre detenciones adyacentes: visual	15°	—
	no visual	30°	—
	Para facilitar el desempeño	—	40°
	Cuando se requiere ingeniería especial	—	90°
Perilla de ajuste continuo	Determinada por la razón de control/pantalla deseada (mm de movimiento de control por cada mm de movimiento de la pantalla)		
Manivela	Determinada por la razón de control/pantalla deseada		
Volante para manos	Determinada por la razón control/pantalla deseada		90° 120°†
Volante para pulgar	Determinada por el número de posiciones		
Manija de palanca	Movimiento del brazo	*	350 mm
	Movimiento lateral	*	950 mm
Pedales	Normal	13 mm	—
	Bota pesada	25 mm	—
	Flexión del tobillo (levantando)	—	63 mm
	Movimiento de la pierna	—	175 mm

*Ninguna establecida
†Siempre que la razón control/pantalla óptima no quede en desventaja

dos con un resorte que incorpora las características de los dos tipos. Los aspectos de fallas de un control incluyen: alta fricción estática inicial, exceso de humedad viscosa y *espacio muerto*, esto es, movimientos de control sin respuesta. Los tres causan un mal desempeño respecto al movimiento y el uso. Pero en ocasiones, los primeros dos se incorporan a propósito para prevenir la activación inadvertida del control (Sanders y McCormick, 1993).

Asegurar la compatibilidad adecuada entre controles y pantallas

La compatibilidad se define como la relación entre los controles y las pantallas que es consistente con las expectativas humanas. Los principios básicos incluyen: *rendimiento* (la

TABLA 5-7
Criterios de control de resistencia

Control	Condición	Resistencia Mínimo (kg)	Resistencia Máximo (kg)
Botón para oprimir	Yema del dedo	0.17	1.14
	Pie: Descanso fuera del control	1.82	9.10
	Descanso sobre el control	4.55	9.10
Interruptor de volquete	Operación con los dedos	0.17	1.14
Selector rotatorio	Torque	1 cm-kg	7 cm-kg
Perilla de ajuste continuo	Torque: Yema del dedo <1 pulg diám	*	0.3 cm-kg
	Yema del dedo >1 pulg diám	*	0.4 cm-kg
Manivela	Vuelta rápida y firme: <3 pulg radio	0.91	2.28
	5-8 pulg radio	2.28	4.55
	Movimientos precisos	1.14	3.64
Volante para manos†	Precisión en operación: <3 pulg radio	*	*
	5-8 pulg radio	1.14	3.64
	Resistencia: una mano	2.28	13.64
	dos manos	2.28	22.73
Volante para pulgar	Torque	1 cm-kg	3 cm-kg
	Agarre con los dedos	0.34	1.14
	Agarre con la mano: una mano	0.91	—
	dos manos	1.82	—
	Brazo: a lo largo del plano medio		
	una mano — 10 pulg adelante PRA§	—	13.64
	— 16-24 pulg adelante PRA	—	22.73
	dos manos — 10-19 pulg adelante PRA	—	45
	Lateral:		
	una mano —10-19 pulg adelante PRA	—	9.09
	dos manos —10-19 pulg adelante PRA	—	22.73
Pedal	Pie: descanso fuera del control	1.82	—
	descanso sobre el control	4.55	—
	Sólo flexión del tobillo	—	4.55
	Movimiento de la pierna	—	80

*No establecido
†Para manijas/volantes de válvula: 25 ± cm-kg de torque/cm de tamaño de válvula (8 cm-kg de torque/cm de diámetro de manija).
§PRA: Punto de referencia del asiento

propiedad percibida da como resultado la acción deseada), *mapeo y retroalimentación*, de manera que el operario sabe que la función se ha conseguido. Por ejemplo, un buen rendimiento es una puerta con manija que abre al jalarla o una puerta con una placa que abre al empujar. El mapeo del espacio se observa en estufas bien diseñadas. La compatibilidad de movimiento se suministra con la acción directa, la lectura de escalas que aumentan de izquierda a derecha y los movimientos en sentido contrario a las manecillas del reloj que aumentan la temperatura. Para las pantallas circulares, la mejor compatibilidad se logra con una escala fija y el movimiento de los señaladores o agujas. En pantallas horizontales o verticales, el *principio de Warrick* dice que los señaladores más cercanos en la pantalla y el movimiento de control en la misma dirección proporcionan la mejor compatibilidad (vea la figura 5-19). Para controles y pantallas en diferentes planos, un movimiento contrario al

FIGURA 5-19
Ilustraciones generalizadas de la razón control-respuesta baja y alta (razón C/R) para palancas y controles rotatorios. La razón C/R es una función del enlace entre el control y la pantalla. (*Tomado de:* Sanders y McCormick, 1993) (Reproducido con permiso de McGraw-Hill Companies.)

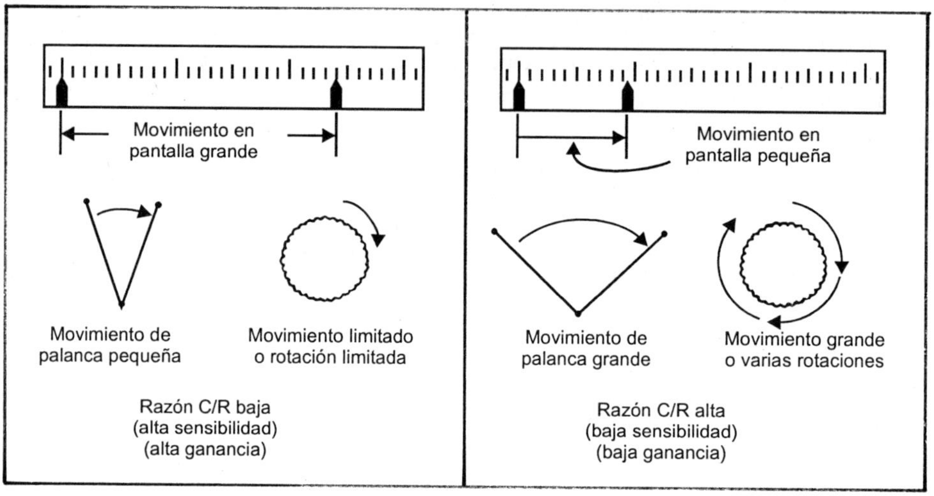

FIGURA 5-20
Relaciones entre la razón C/R y el tiempo de movimiento (tiempo de viaje y ajuste). (*Tomado de:* Sanders y McCormick, 1993) (Reproducido con permiso de McGraw-Hill Companies.)
Las razones específicas C/R no son significativas fuera de su contexto original y se omiten aquí. Sin embargo, estos datos tipifican la naturaleza de las relaciones, en especial para perillas de control.

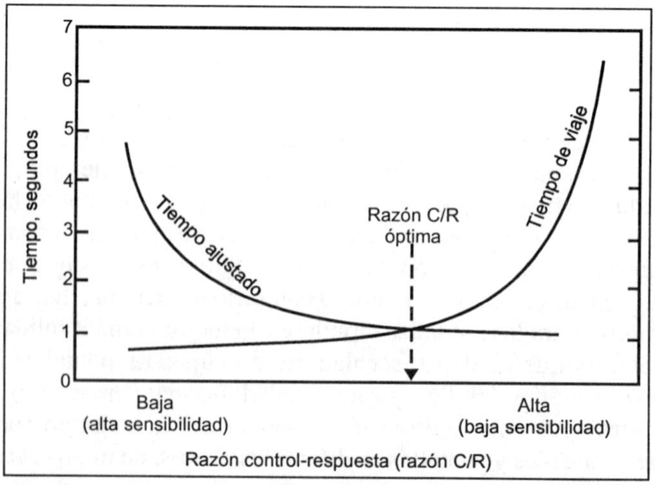

de las manecillas del reloj para incrementos y la regla del tornillo derecho (la pantalla avanza en la dirección del movimiento de un tornillo o control derecho) son los más compatibles. Para los controles de poste de un movimiento directo, el mejor enfoque es que hacia arriba da como resultado un movimiento hacia arriba. (Sanders y McCormick, 1993).

Los principios de diseño del trabajo para maquinaria y equipo se resumen en la lista de evaluación de maquinaria (figura 5-21). El analista puede encontrar que esto es útil al evaluar y diseñar máquinas o equipos.

DESÓRDENES POR TRAUMA ACUMULADO

El costo de los desórdenes óseomusculares relacionados con el trabajo como los desórdenes por trauma acumulado (DTA) en la industria estadounidense, aunque no todos se deban a un diseño del trabajo inadecuado, es bastante alto. Algunos datos proporcionados por el National Safety Council (1997) sugieren que de 15% a 20% de los trabajadores en industria clave (empaque de carne, procesamiento de aves, ensamble de autos y la industria del vestido) tienen riesgos potenciales de DTA, y 61% de las lesiones ocupacionales se asocian con acciones repetitivas. La peor industria es la de manufactura, mientras que el peor título ocupacional es carnicero, con 222 quejas de DTA por cada 100 000 trabajadores. Con tasas tan altas y con los costos médicos promedio de 30 000 dólares por caso, uno de los objetivos principales de NIOSH y OSHA es la reducción de las tasas de incidentes con desórdenes óseomusculares relacionados con el trabajo.

Los *desórdenes por trauma acumulado* (en ocasiones llamados *lesiones por movimientos repetitivos*, o desórdenes relacionados con el trabajo) son lesiones del sistema óseomuscular cuyo desarrollo es gradual como resultado de microtrauma repetido debido a un mal diseño y uso excesivo de herramientas y otros equipos. Por la lentitud con que se establece y la naturaleza de molestia ligera de trauma, suele ignorarse el daño hasta que los síntomas se convierten en crónicos y ocurren lesiones más severas. Estas dificultades son una colección de una variedad de problemas que incluyen desórdenes por movimientos repetitivos, el síndrome del túnel de carpo, tendinitis, ganglionitis, tenosinovitis y bursitis donde estos términos se usan de manera indistinta.

Cuatro factores importantes relacionados con el trabajo parecen conducir al desarrollo de DTA: 1) el uso excesivo de la fuerza durante los movimientos normales; 2) movimientos raros o extremos de las coyunturas; 3) alta repetición del mismo movimiento, y 4) la falta de descanso suficiente que permita recuperarse al ligamento traumado. Los síntomas más comunes asociados con los DTA son: dolor, restricción del movimiento en la coyuntura e inflamación de tejido suave. Es posible que en las primeras etapas haya signos visibles, pero si se afectan los nervios, pueden dañarse las respuestas sensoriales y el control motriz. Si se deja sin tratamiento, el DTA puede causar una discapacidad permanente.

La mano del hombre es una estructura compleja de huesos, arterias, nervios, ligamentos y tendones. Los dedos están controlados por los músculos extensor y flexor de carpo en el antebrazo. Los músculos están conectados a los dedos por tendones que pasan por un canal en la muñeca, formado por los huesos del dorso de la mano por un lado y el ligamento transverso de carpo por el otro. En este canal, llamado túnel o canal de carpo, también pasan varias arterias y nervios (vea la figura 5-22). Los huesos de la muñeca se conectan con dos huesos grandes en el antebrazo, el cúbito o ulna y el radio. El radio está conectado por

FIGURA 5-21
Lista de evaluación de máquinas

Eficiencia y seguridad de la máquina	Sí	No
1. Es posible realizar cortes múltiples o simultáneos.	❑	❑
2. Las manijas, volantes y palancas están accesibles.	❑	❑
3. Las manijas, volantes y palancas están diseñados para el mejor aprovechamiento mecánico	❑	❑
a. Las perillas miden de 0.5-2 pulgadas de diámetro, o más para torques mayores.	❑	❑
b. Las manivelas y volantes tienen 3-5 pulgadas de diámetro para cargas ligeras.	❑	❑
c. Las manivelas y volantes tienen más de 8 pulgadas de diámetro para cargas pesadas.	❑	❑
4. Se usan dispositivos para evitar sostener con la mano.	❑	❑
5. Se cuenta con guardias o cerraduras para evitar la entrada no autorizada.	❑	❑
Diseño de controles generales	Sí	No
1. Se usan diferentes colores para los controles.	❑	❑
2. Los controles tienen etiquetas claras.	❑	❑
3. Se usa un código de forma y textura para la identificación por tacto.	❑	❑
a. Se usan siete códigos únicos o menos.	❑	❑
4. Se usan códigos de tamaño para la identificación por tacto.	❑	❑
a. Se usan tres o menos códigos únicos o movimientos de acción dual.	❑	❑
b. Las diferencias en tamaño son mayores de 0.5 pulgada.	❑	❑
Diseño de controles de emergencia	Sí	No
1. El diseño de los controles de encendido está planeado para evitar la activación accidental.	❑	❑
2. Los controles de activación requieren un movimiento único o de acción dual.	❑	❑
3. Los botones de encendido son cóncavos.	❑	❑
4. Los controles de activación son de color verde.	❑	❑
5. Se usan controles de interrupción automática para controles continuos.	❑	❑
6. Los controles de emergencia están diseñados para una activación rápida.	❑	❑
7. Los botones de paro o apagado sobresalen.	❑	❑
8. Los controles de emergencia son grandes y es fácil activarlos.	❑	❑
9. Los controles de emergencia están al alcance.	❑	❑
10. Los controles de emergencia están visibles y son rojos.	❑	❑
11. Los controles de emergencia están separados de los controles de uso normal.	❑	❑
Colocación de controles	Sí	No
1. Los controles principales están colocados enfrente del operario a la altura del codo.	❑	❑
a. Se usan los principios de frecuencia de uso e importancia para identificar los controles primarios.	❑	❑
2. Los controles secundarios están colocados al lado de los primarios, pero al alcance.	❑	❑
3. Se evitan los giros con torsión para alcanzar los controles.	❑	❑
4. Los controles están en la secuencia adecuada de operación.	❑	❑
5. Los controles relacionados entre sí están agrupados.	❑	❑
6. Los controles operados con las manos están separados al menos 2 pulgadas.	❑	❑
7. Se utilizan tres pedales o menos.	❑	❑
8. Los pedales están localizados a nivel del suelo para evitar levantar la pierna.	❑	❑
9. Se proporciona un banco para estar de pie/sentado para la operación extendida del pedal.	❑	❑
Diseño de pantalla	Sí	No
1. Las pantallas se localizan dentro del cono visual de los ojos (de horizontal a 30° hacia abajo).	❑	❑
2. Se cuenta con luces indicadoras para llamar la atención del operario.	❑	❑
3. Se usan señales sonoras para advertencias críticas.	❑	❑
4. Se usan señaladores móviles para indicar las tendencias.	❑	❑
5. Hay contadores para lecturas precisas.	❑	❑
6. Las pantallas están agrupadas para acentuar una lectura anormal.	❑	❑
7. Las pantallas relacionadas entre sí están agrupadas.	❑	❑

(*continúa*)

FIGURA 5-21 (*concluye*)
Lista de evaluación de máquinas

Compatibilidad control-pantalla	Sí	No
1. La propiedad percibida da como resultado la acción deseada.	❑	❑
2. Se usa la retroalimentación para indicar la terminación de la acción.	❑	❑
3. El control y la pantalla tienen una relación directa.	❑	❑
4. Las lecturas de la pantalla aumenta de izquierda a derecha.	❑	❑
5. Los movimientos en el sentido de las manecillas del reloj aumentan las lecturas.	❑	❑
6. Los movimientos en el sentido de las manecillas del reloj cierran las válvulas.	❑	❑
7. En controles de palanca, el movimiento hacia arriba o hacia atrás produce un movimiento hacia arriba.	❑	❑
8. En controles fuera del plano se aplica la regla de la mano derecha.	❑	❑
Diseño de etiquetas	Sí	No
1. Las palabras que se usan son claras y concisas.	❑	❑
2. Las letras delimitan al menos 12 arco-minutos del ángulo visual.	❑	❑
3. Se usan letras negras sobre fondo blanco.	❑	❑
4. Se usan letras mayúsculas sólo para unas cuantas palabras.	❑	❑
5. Los símbolos (de preferencia sencillos) se usan sólo cuando se entienden con claridad.	❑	❑

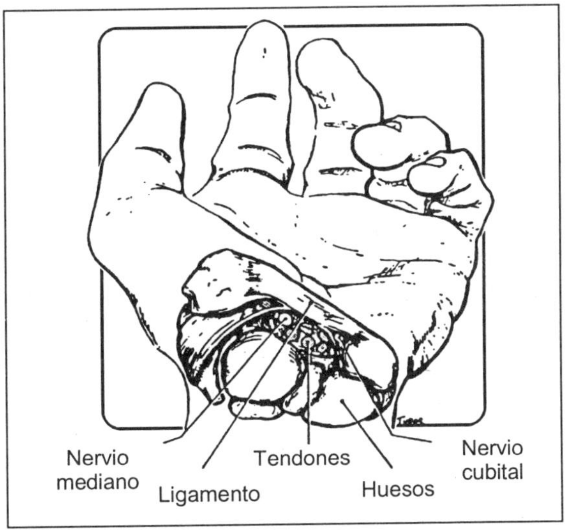

FIGURA 5-22
Panorama visual del túnel de carpo
(*Tomado de:* Putz-Anderson, 1988)

la muñeca por el lado del pulgar y el cúbito se conecta con ella por el lado del dedo meñique. La orientación de la coyuntura de la muñeca permite movimientos en dos planos, a 90° entre sí (vea la figura 5-23). El primero facilita la *flexión palmar* y la *dorsiflexión* (o *extensión*). El segundo plano permite la *desviación cubital* y *radial*. Además, al rotar el antebrazo se obtiene la *pronación* con la palma hacia abajo o la *supinación* con la palma hacia arriba.

La *tenosinovitis*, uno de los DTA más comunes, es la inflamación del tendón debida al uso excesivo o desacostumbrado de herramientas mal diseñadas. Si la inflamación se extiende a los tendones se convierte en *tendinitis*. A menudo la experimentan personas que están en capacitación expuestos a desviaciones cubitales prolongadas, junto con la supi-

FIGURA 5-23
Posiciones de la mano y el brazo. (*Tomado de:* Putz-Anderson, 1988)

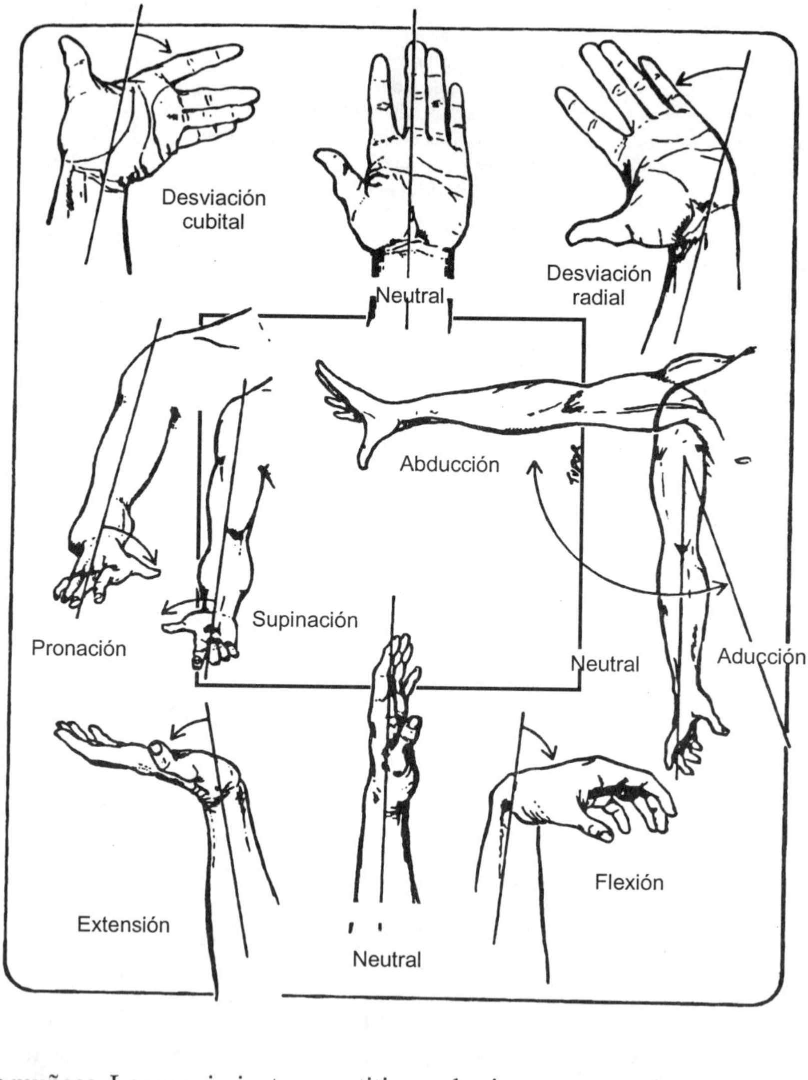

nación de la muñeca. Los movimientos repetitivos y los impactos por choque pueden agravar más el problema. El *síndrome del túnel de carpo* es un desorden de la mano causado por el nervio mediano dentro de la muñeca. La flexión o extensión repetitivas de la muñeca bajo tensión puede inflamar las cubiertas del tendón. Estas cubiertas al sentir el aumento en la fricción, segregan más fluidos para lubricarlas y facilitar el movimiento del tendón. El exceso de fluido que resulta en el túnel o canal de carpo aumenta la presión, que a su vez comprime el nervio mediano. Los síntomas incluyen una función nerviosa perdida o irregular en los primeros 3 ½ dedos, que se manifiesta como la sensación de adormilado, cosquilleo, dolor y pérdida de la destreza. De nuevo, el diseño adecuado de las herramientas

FIGURA 5-24
Gráfica de incomodidad del cuerpo (*Adaptado de:* Corlett y Bishop, 1970)

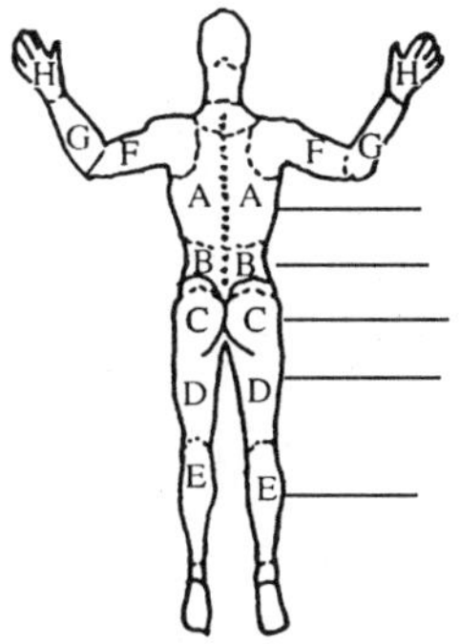

0	Ninguno	
.5	Débil en extremo	(apenas notorio)
1	Muy débil	
2	Débil	(ligero)
3	Moderado	
4		
5	Fuerte	(fuerte)
6		
7	Muy fuerte	
8		
9		
10	Fuerte en extremo	(casi máximo)

• Máximo

es muy importante para evitar estas posiciones extremas de la muñeca. Su desviación radial extrema causa presión entre la cabeza del radio y la unión con el húmero, lo que da como resultado el codo de tenis, una forma de tendinitis. De manera similar, la extensión simultánea de la muñeca y una pronación completa causa la misma tensión sobre el codo.

El *dedo de disparo* es una forma de tendinitis por una situación de trabajo en la que la falange distal del dedo índice debe doblarse y flexionarse para vencer una resistencia antes de flexionar las falanges más próximas. Las fuerzas isométricas excesivas imprimen una muesca en el hueso o causan alargamiento del tendón por inflamación. Cuando el tendón se mueve dentro de su cubierta, puede torcerse con un golpecito audible. El *dedo pálido* es el resultado de la vibración excesiva de las herramientas de potencia, que induce la constricción de las arteriolas dentro de los dedos. Debido a la falta de flujo de sangre se ve la piel blanquecina con la pérdida de control motriz correspondiente. Un efecto similar ocurre por la exposición al frío y se conoce como *síndrome de Raynaud*. En Putz-Anderson (1988) se puede encontrar una buena presentación de estos y otros DTA.

No todas las incidencias son traumáticas. Se ha demostrado que la fatiga a corto plazo y la incomodidad también se deben a un mal manejo y orientación al trabajo en el uso de martillos, por el mal diseño de las herramientas, por alturas equivocadas al usar desarmadores, entre otros. En general, un mal diseño en la agarradera de la herramienta conduce al ejercicio de fuerzas mayores de agarre y a desviaciones extremas de la muñeca, que son causas de fatiga (Freivalds, 1996).

Para evaluar el nivel de problemas de DTA en una planta, el analista de métodos o el ergonomista suelen comenzar por encuestar a los trabajadores para determinar su salud o la incomodidad en el trabajo. Una herramienta común utilizada con este fin es el *mapa de incomodidad del cuerpo* (Corlett y Bishop. 1970; vea la figura 5-24) en donde el trabajador clasifica el nivel de dolor o incomodidad de distintas partes del cuerpo, en una escala de 0 (ninguno) a 10 (casi máximo). La clasificación se basa en la *escala proporcional de clasificación (CR-10)* de Borg (1990) con las palabras clave mostradas en la figura 5-24.

Un enfoque más cuantitativo es el novedoso procedimiento de análisis de riesgo de DTA que suma los valores de riesgo de los tres principales factores causales en una calificación de riesgo (vea la figura 5-25; Seth, Weston y Frievalds, 1988). Se determina un factor de frecuencia mediante un número de movimientos dañinos de la muñeca y después se

FIGURA 5-25
Índice de riesgos DTA

Índice de riesgos DTA

Título trabajo: CORTE	Contador VCR: 2371	Fecha: 1 - 26 -
Descripción trabajo: CORTE CON CUCHILLA	Departamento: CORTE	Analista: AF

Tiempo de ciclo (segundos; obtener de video)			①
# ciclos/día = $\frac{(480 - \textit{almuerzo} - \textit{descanso}) \times 60}{\textit{tiempo del ciclo}} = \frac{(480 - 30 - 20) \times 60}{5}$		②a 5160	③ El mayor de ②a y ②b: 5160
# partes/día (si se conoce)	—	②b —	
# movimientos de mano/ciclo			④ 3
# movimientos de mano/día (③x④)			⑤ 15 480

Factor de frecuencia (⑤ entre 10 000) = 1.55

(Circule la situación apropiada)	Puntos			
	0	1	2	3
Postura al trabajar	Sentado	De pie		
Postura mano 1: contracción completa	No	Sí		
Postura mano 2: contracción lateral	No	Sí		
Postura mano 3: contracción palma	No	Sí		
Postura mano 4: presión dedos	No	Sí		
Postura mano 5: agarre con fuerza	Sí	No		
Tipo de alcance	Horizontal	Arriba/abajo		
Desviación mano 1: Flexión	No	Sí		
Desviación mano 2: Extensión	No	Sí		
Desviación mano 3: Desv. radial	No	Sí		
Desviación mano 4: Desv. cubital	No	Sí		
Rotación antebrazo	Neutra	Adentro/afuera		
Ángulo del codo	= 90°	> 90°		
Abducción del hombro	0	< 45°	< 90°	> 90°
Flexión del hombro	0	< 90°	< 180°	> 180°
Ángulo de espalda	0	< 45°	< 90°	> 90°
Balance	Sí	No		
Puntos totales para las situaciones en círculos				⑥ 9

Factor de postura (⑥ entre 10) = .90

Fuerza de agarre o contracción usada en el trabajo	⑦ 30 lbs	⑨ (⑦ entre ⑧)
Desviación mano 4: Desv. cubital	⑧ 100 lbs	.30

Factor de postura (⑨ entre .15) = 2.00

(Circule la situación apropiada)	Puntos			
	0	1	2	3
Orilla filosa	No	Si		
Guante	No	Sí		
Vibración	No	Sí		
Tipo de acción	Dinámica	Intermitente	Estática	
Temperatura	Tibio	Fría		
Puntos totales para las situaciones en círculos				⑩ 1

Factor combinado (⑩ entre 3) = .33

Índice de riesgo DTA = .3 x (frecuencia + postura + factor de fuerza) + .1 x (factor combinado)

Índice de riesgo DTA = .3 x (1.55 + .90 + 2.00) + .1 x (.33) = 1.37

clasifican con un valor límite de 10 000. Se determina un factor de postura a partir del grado de desviación de la postura neutral para los movimientos de las extremidades superiores. Se determina un factor de fuerza con el porcentaje relativo de tensión máxima del músculo requerida para la tarea y después se escala en 15%, el máximo permitido para contracciones estáticas extendidas (vea el capítulo 4). Un factor combinado final incorpora una variedad de situaciones que pueden tener influencia en las causas de los DTA, como vibración, temperatura, y otros. Se ponderan de manera apropiada y después se suman para obtener el índice de riesgo DTA final. En condiciones de relativa seguridad, el índice debe ser menor que uno (similar al índice de levantamiento de NIOSH, presentado en el capítulo 4).

Un ejemplo (vea la figura 5-25) analiza la tensión de DTA en la que se incurre en una operación altamente repetitiva de corte descrita con mayor detalle en el ejemplo 7.1 del capítulo 7. Tanto el factor de frecuencia de 1.55 como el factor de fuerza igual a 2.00 exceden el límite de seguridad de 1.0, lo que lleva a un valor de riesgo total de 1.34, que también es mayor que 1.0. Entonces, el enfoque con mayor eficiencia en costos es disminuir la frecuencia eliminando o combinando los movimientos innecesarios (que puede ser posible o no) y disminuir la componente de fuerza con la modificación del agarre utilizado (que es la base del cambio de método # 5 en el ejemplo 7.1 del capítulo 7).

El índice DTA ha tenido éxito en la identificación de trabajos que pueden causar daño, pero trabaja mucho mejor con bases relativas en lugar de absolutas, por ejemplo, al clasificar y ordenar los trabajos críticos. Observe que el índice de riesgo DTA también sirve como una lista de verificación para identificar malas posturas, y como herramienta de diseño para seleccionar las condiciones clave que se deben rediseñar.

PRINCIPIOS DE DISEÑO DEL TRABAJO: HERRAMIENTAS

Usar agarre con fuerza en tareas que requieren fuerza y agarre con contracción en tareas que requieren precisión

El agarre de la mano se puede definir en forma básica como variaciones de agarre entre dos extremos: agarre con fuerza y agarre con contracción. En el agarre con fuerza, la manija cilíndrica de una herramienta, cuyo eje es más o menos perpendicular al antebrazo, se toma en la forma de abrazadera flexionando en parte los dedos y la palma. Se aplica una presión opuesta con el pulgar, que se traslapa un poco con el dedo cordial (vea la figura 5-26). La línea de acción varía con: 1) la fuerza paralela del antebrazo, como al serruchar; 2) la fuerza a un ángulo con el antebrazo, como al martillar, y 3) la fuerza que actúa sobre el momento del antebrazo, como al atornillar. Según su nombre lo indica, el agarre con fuerza se usa para mover o sostener objetos pesados. Sin embargo, cuanto más se desvían los dedos o el pulgar del agarre cilíndrico, se produce menos fuerza y se puede proporcionar mayor precisión. Por ejemplo, al sostener un martillo ligero para clavar, el pulgar puede desviarse de la posición opuesta a los dedos y alinearse con el mango. Si el dedo índice también se desvía hacia el eje de la herramienta, como al sostener un cuchillo para hacer un corte preciso, entonces se tiene un agarre con contracción, del cuchillo entre el índice y el pulgar. Este agarre suele llamarse agarre de precisión (Konz, 1995). Un agarre de gancho, usado al sostener una caja o manija, es un agarre con fuerza incompleto en el que la fuerza opuesta del pulgar no se aplica, y esto reduce en forma considerable la fuerza de agarre disponible.

El agarre con contracción se usa para control o precisión. En la contracción el artículo se sostiene entre las yemas de uno o más dedos y el pulgar opuesto (en ocasiones el pulgar se omite). La posición relativa del pulgar y los dedos determina cuánta fuerza se puede aplicar y proporciona una superficie sensible para recibir la retroalimentación necesaria

FIGURA 5-26
Tipos de agarre

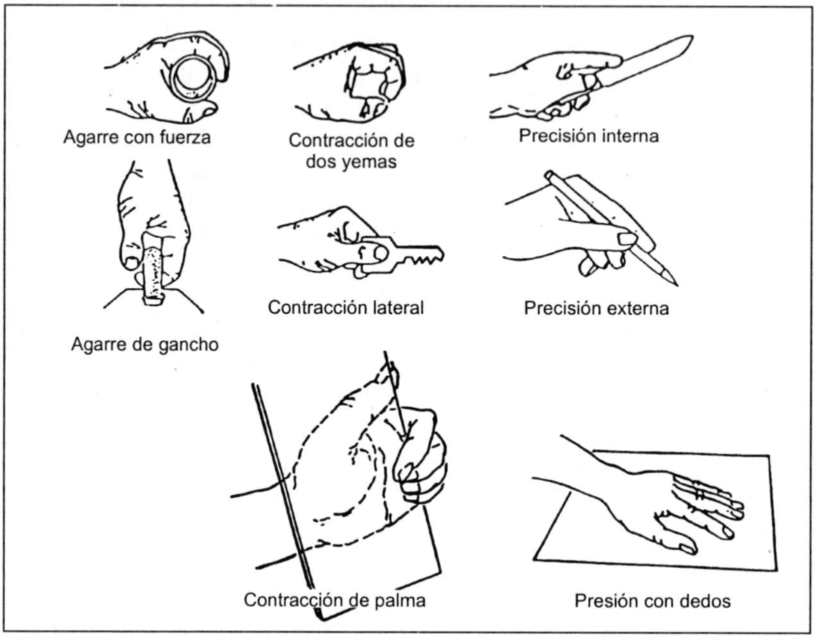

para dar la precisión adecuada. Existen cuatro tipos básicos de contracción, con muchas variaciones (vea la figura 5-26): 1) contracción lateral, con el pulgar opuesto al dedo índice; 2) contracciones con dos y tres puntas (o yemas), en las que la punta (o lado palmar) del pulgar se opone a las puntas (o yemas) de uno o más dedos (para tomar un objeto cilíndrico relativamente pequeño, los tres dedos actúan como un mandril y se obtiene un agarre de mandril); 3) contracción de la palma, donde los dedos están opuestos a la palma de la mano sin que participe el pulgar, como al manejar vidrios de ventanas, y 4) presión de los dedos, en el que el pulgar y los dedos presionan contra una superficie, como cuando los trabajadores de la industria del vestido guían la tela a través de una máquina de coser. Un agarre especializado es un agarre de precisión externa o de escritura, que es la combinación de una contracción lateral con el dedo cordial y una contracción con dos yemas para sostener el implemento de escritura (Konx, 1995).

La graduación completa y los nombres de los agarres se pueden encontrar en Kroemer (1986). Observe el decremento significativo en la capacidad de fuerza de los distintos agarres con contracción al compararlos con los agarres con fuerza (vea la tabla 5-8). Nunca deben aplicarse grandes fuerzas en las contracciones.

Evitar carga muscular estática prolongada

Cuando se usan herramientas en situaciones donde deben elevarse los brazos o deben sostenerse herramientas durante periodos largos, los músculos de hombros, brazos y manos

TABLA 5-8
Fuerza relativa para distintos tipos de agarre (Adaptado de An *et al*,. 1986)

Agarre	Hombre lb	Hombre kg	Mujer lb	Mujer kg	% promedio de agarre con fuerza
Fuerza	89.9	40.9	51.2	23.3	100
contracción de puntas	14.6	6.6	10.1	4.6	17.5
Contracción de yemas	13.7	6.2	9.7	4.4	16.6
Contracción lateral	24.5	11.1	17.1	7.8	29.5

pueden tener una carga estática, motivo de fatiga, reducción en la capacidad de trabajo e inflamación. La abducción de un hombro, con la elevación correspondiente del codo, ocurre si el trabajo debe realizarse con una herramienta con agarre de pistola en un lugar de trabajo horizontal. Una herramienta alineada o derecha reduce la necesidad de subir el brazo y además permite que la muñeca esté en la postura normal. El trabajo prolongado con los brazos extendidos, como en las tareas de ensamble con aplicación de fuerza, pueden producir inflamación en el antebrazo. Si se rearregla el lugar de trabajo de manera que los brazos se mantengan a 90° se elimina la mayor parte del problema (vea la figura 5-5). También, al sostener en forma continua un interruptor de activación, el resultado tal vez sea fatiga de los dedos y reducción de la flexibilidad.

Realizar los movimientos de giro con los codos doblados

Cuando se extiende el codo, los tendones y músculos del brazo es estiran y tienen una capacidad de fuerza baja. Si se dobla el codo a 90° o menos, el músculo bíceps braquial adquiere una ventaja mecánica y puede contribuir a la rotación del antebrazo.

Mantener la muñeca derecha

Al mover la muñeca de su posición neutral ocurre una pérdida en la fuerza de agarre. Si se inicia con la muñeca en posición neutral, la pronación decrece la fuerza de agarre 12%, la flexión/extensión 25% y la desviación radial/cubital 15% (vea la figura 5-27). Más aún, el resultado de posiciones desconcertantes de la mano puede ser inflamación de la muñeca, pérdida de agarre y, si se sostiene por periodos prolongados, la ocurrencia del síndrome del túnel de carpo. Para reducir este problema, debe rediseñarse el lugar de trabajo o la herramienta para que permitan tener la muñeca derecha, por ejemplo, bajar la superficie de trabajo y las orillas de los contenedores e inclinar los dispositivos hacia el usuario. De la misma manera, la agarradera de la herramienta debe reflejar el eje de agarre, que está a cerca de 78° de la horizontal, y debe orientarse para que el eje esté alineado con el dedo índice; los ejemplos incluyen manijas de tenazas dobladas y cuchillos de agarre de pistola (vea la figura 5-28).

Evitar compresión de tejidos

Con frecuencia, en la operación de las herramientas manuales, la mano aplica una fuerza considerable. Esas acciones pueden concentrar una gran fuerza de compresión sobre la

FIGURA 5-27
Fuerza de agarre como función de la posición de la muñeca y el antebrazo. (*Tomado de:* Sanders y McCormick, 1993) (Reproducido con permiso de The McGraw-Hill Companies.) *El agarre es el promedio de máximo agarre sostenido durante 3 s, expresado como porcentaje de la fuerza de agarre con supinación neutral. Basado en los datos de* Terrell y Purswell, 1976, tabla 1.

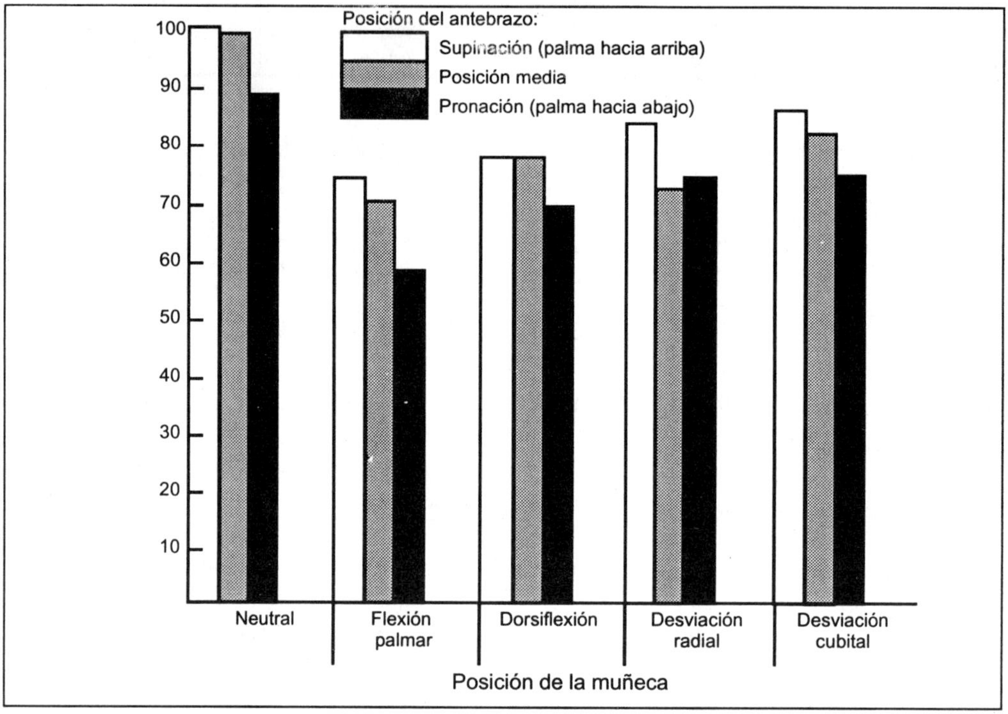

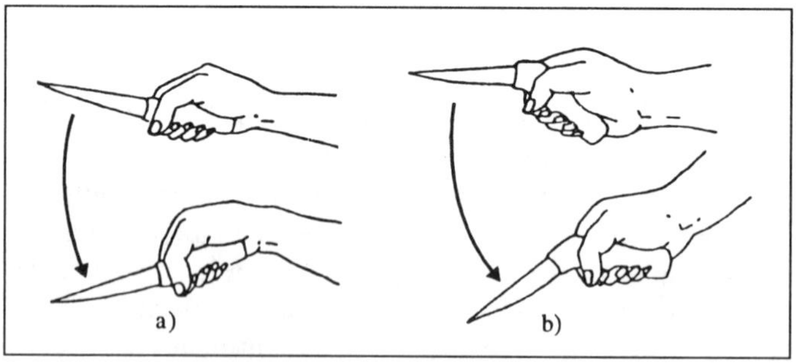

FIGURA 5-28
Agarre de a) cuchillo, b) pistola. (*Tomado de:* Putz-Anderson, 1988)

mano o los dedos y dar como resultado isquemia, que es la obstrucción del flujo de sangre a los tejidos, y el adormecimiento y cosquilleo eventual en los dedos. Las agarraderas deben diseñarse con grandes superficies de contacto para distribuir la fuerza en un área grande (vea la figura 5-29) o para dirigirla a áreas menos sensibles, como el tejido entre el pulgar y el índice. De igual manera, deben evitarse los canales o relieves para los dedos, ya que el tamaño de las manos varía en forma considerable y los canales sólo se ajustan a una fracción de la población.

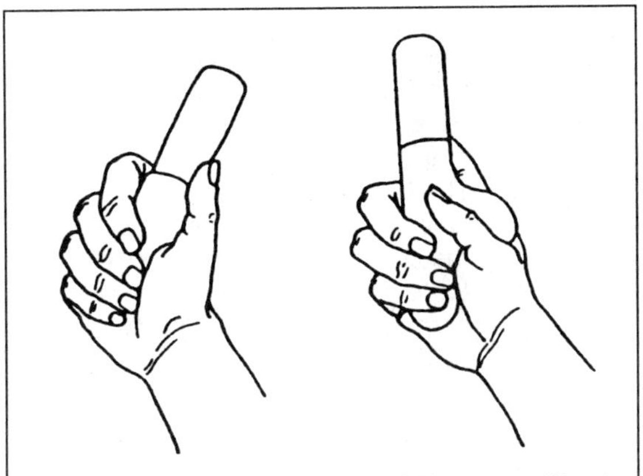

FIGURA 5-29
Una espátula para raspar pintura que presiona la arteria cubital y una cuyo mango modificado se apoya en los tejidos más fuertes entre el pulgar y el índice para evitar la presión en áreas críticas. Observe que el mango se extiende más allá de la base de la palma. (*Tomado de:* Sanders y McCormick, 1993) (Reproducido con permiso de The McGraw-Hill Companies.)

Diseñar herramientas para usar con cualquier mano y para la mayor parte de los individuos

Alternar las manos significa reducir la fatiga muscular local. Sin embargo, en muchas situaciones no es posible, pues la herramienta usada es para una mano. Todavía más, si la herramienta se asigna a la mano preferida del usuario, que para 90% de la población es la mano derecha, entonces no se toma en cuenta al 10%. Algunos ejemplos de herramientas para derechos que no pueden usar las personas zurdas incluyen un taladro eléctrico con mango sólo en el lado izquierdo, una sierra circular y cuchillo con sierra en un lado. Por lo común, un hombre derecho tiene una disminución de 12% en la fuerza de la mano izquierda, mientras que en las mujeres derechas la disminución es de 7%. Es sorprendente que tanto las mujeres como los hombres zurdos muestran una fuerza casi igual en ambas manos. Una conclusión es que los sujetos zurdos se ven forzados a adaptarse al mundo de los derechos (Miller y Frievalds, 1976).

La fuerza de agarre en la mujer va de 50% a 67% de la del hombre (Pheasant y Scriven, 1983), por ejemplo, se puede esperar que el hombre promedio ejerza una fuerza aproximada de 110 libras (50 kg), en tanto que se espera que esta fuerza para la mujer sea de 60 libras (27.3 kg). Las mujeres tienen una doble desventaja: una menor fuerza de agarre promedio y una menor extensión de agarre promedio. La mejor solución es proporcionar una variedad de tamaños de herramientas.

Evitar acciones repetitivas de los dedos

Si se usa en exceso el dedo índice para operar gatillos, se desarrollan los síntomas de dedo de gatillo. Las fuerzas para disparar deben mantenerse pequeñas, de preferencia en 2 libras (0.9 kg) (Eastman Kodak, 1983), para reducir la carga sobre el índice. Son mejores los controles que se pueden operar con dos dedos (vea la figura 5-30), y todavía son mejores los controles en una placa para los dedos o las barras de agarre porque requieren el uso de más dedos fuertes. En la tabla 5-9 se muestran las fuerzas absolutas de flexión de los dedos y sus contribuciones relativas.

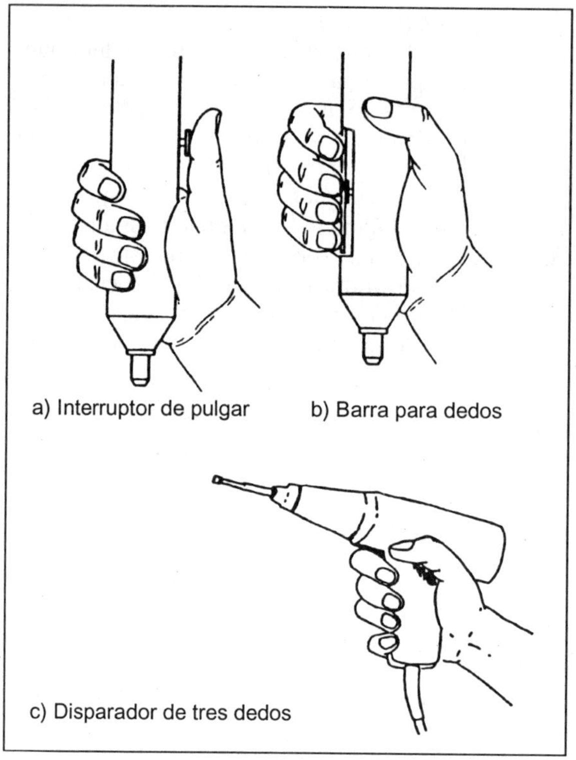

FIGURA 5-30
Herramienta mecánica operada con el pulgar y una placa para los dedos. (Adaptado de Sanders y McCormick, 1993) (Reproducido con permiso de The McGraw-Hill Companies.)
La operación del pulgar da como resultado sobreuso del mismo.
La barra de control para los dedos permite que todos compartan la carga y que el pulgar agarre y guíe la herramienta.

TABLA 5-9
Fuerza estática máxima de flexión de los dedos [Adaptado de Hertzberg (1973)]

	Fuerza máxima			
Dedo	**lb**	**kg**	**% fuerza (pulgar)**	**% contribución al agarre con fuerza**
Pulgar	16	7.3	100	—
Índice	13	5.9	81	29
Cordial	14	6.4	88	31
Anular	11	5.0	69	24
Meñique	7	3.2	44	16

En las herramientas que se manejan con dos manos, un resorte cargado para regresar ahorra a los dedos el trabajo de poner de nuevo la herramienta en posición inicial. Además, el número de repeticiones alto debe reducirse. Aunque no se conocen los niveles críticos de repetición, NIOSH (1989) encontró altas tasas de desórdenes de músculo-tendón en los trabajadores que excedían 10 000 movimientos por día.

Usar los dedos más fuertes para el trabajo: cordial y pulgar

Aunque en general el índice es el dedo más capaz para moverse rápido, no es el más fuerte (vea la tabla 5-9). Si se trata de una carga relativamente pesada, entonces es más eficiente usar el dedo cordial, o una combinación del cordial y el índice.

Diseñar diámetros de agarraderas para agarres con fuerza entre 1.5 y 2 pulgadas

El agarre con fuerza alrededor de un objeto cilíndrico debe rodear por completo la circunferencia del cilindro, de forma que los dedos y el pulgar apenas se toquen. Para la mayoría de los individuos, esto implica un diámetro de agarradera entre 1.5 y 2 pulgadas (3.8-5.1 cm), con una actividad EMG mínima, un deterioro de tolerancia en el agarre mínimo y un máximo en la fuerza de empuje. En general, el límite superior del intervalo es mejor para un torque máximo y el inferior para destreza y velocidad. El diámetro para agarre de precisión debe ser alrededor de 0.5 pulgadas (1.3 cm) (Freivalds, 1996).

Diseñar longitudes de agarraderas mínimo de 4 pulgadas

Tanto en las agarraderas como en los cortes debe haber suficiente espacio para los cuatro dedos. La amplitud del metacarpio va de 2.8 pulgadas (7.1 cm) para el percentil 5 de mujeres a 3.8 pulgadas (9.7 cm) para el percentil 95 de hombres (Garrett, 1971). Entonces, quizá sea razonable un mínimo de 4 pulgadas (10 cm), pero 5 pulgadas (12.5 cm) puede ser más cómodo. Si el agarre es un rodeo cerrado, o si se usan guantes, se recomiendan aberturas más grandes. Para obtener precisión externa, el espacio en la herramienta debe tener un largo suficiente para que el primer dedo o el pulgar la sostengan desde la base. Si se quiere un agarre de precisión interna, la herramienta debe extenderse más allá de la palma de la mano, pero no tanto que pegue en la muñeca (Konz, 1995).

Diseñar un espacio de agarre de 3 pulgadas en herramientas para dos manos

La fuerza de agarre y la tensión resultante en los tendones flexores de los dedos varía con el tamaño del objeto que se toma. En un dinamómetro con mangos a un ángulo hacia adentro, el agarre de fuerza máxima se logra con alrededor de 3-3.2 pulgadas (7.6-8.1 cm) (Chaffin y Andersson, 1991). A distancias distintas del óptimo, el porcentaje de fuerza de agarre disminuye (vea la figura 5-31) según la fórmula:

$$\% \text{ fuerza de agarre} = 100 - 0.28 * S - 65.8 * S^2$$

donde S es el espacio de agarre dado menos el espacio de agarre óptimo (3 pulgadas para mujeres y 3.2 pulgadas para hombres). Para los dinamómetros con lados paralelos, este espacio óptimo disminuye a 1.8-2 pulgadas (4.5-5 cm) (Pheasant y Scriven, 1983). Debido a la gran variación en la capacidad de fuerza de los individuos y la necesidad de que sirva para la mayor parte de la población productiva (por ejemplo, el percentil 5 de mujeres), los

FIGURA 5-31
Capacidad de fuerza de agarre para distintas distribuciones como función del espacio de agarre (*Tomado de:* Greenberg y Chaffin, 1976)

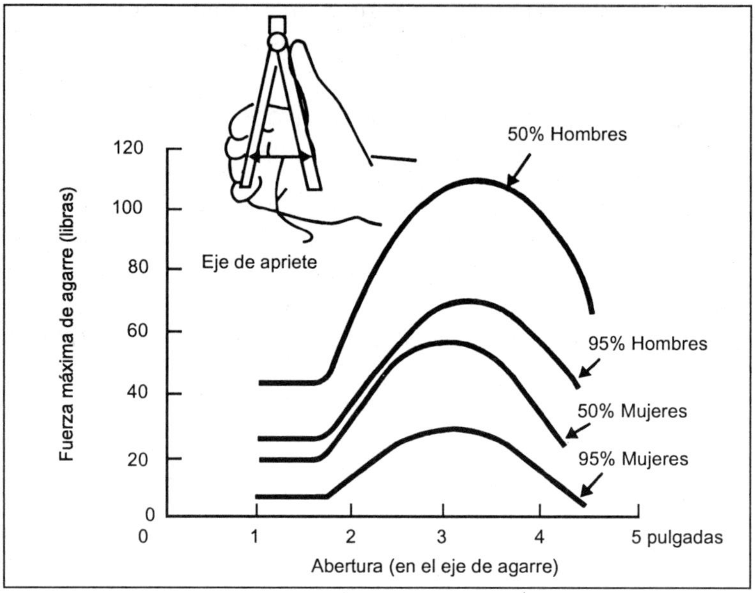

requerimientos de agarre máximo deben limitarse a menos de 20 libras. Un efecto similar se encuentra para el agarre con contracción (vea la figura 5-32). Sin embargo, la fuerza de contracción global está a un nivel mucho más bajo (cerca de 20% de la fuerza de agarre) y el espacio óptimo para la contracción (para una contracción con la yema de los dedos de 4 puntos) va de 0.5 a 2 pulgadas (1.3-5.1 cm) y después baja muy rápido para espacios más grandes.

Diseñar de manera adecuada las formas de las manijas

En agarres con fuerza, se diseña para obtener una superficie de contacto máxima, con el objeto de minimizar la presión unitaria de la mano. Por lo común, se piensa que una sección cruzada da el torque mayor. Sin embargo, la forma puede depender del tipo de tarea y de los movimientos involucrados (Cochran y Riley, 1986). Por ejemplo, la fuerza de jalar máxima y las mejores acciones para empujar, en realidad se obtienen con una sección cruzada triangular. Para el tipo de manipulación de girar, la forma triangular es la más lenta. Parece que una forma rectangular (con las esquinas redondeadas) con razones de ancho a alto de 1:1.25 a 1:1.5 son una buena opción. Una ventaja más de la sección cruzada rectangular es que la herramienta no se rueda al colocarla en la mesa. Además los mangos no deben tener la forma exacta de un cilindro, excepto para el agarre de gancho. Para herramientas tipo desarmador, el final del mango debe estar redondeado para evitar una presión indebida en la palma; en las herramientas tipo martillo el mango puede tener la forma de curva aplanada para indicar la parte terminal.

FIGURA 5-32
Capacidad de fuerza de contracción con las yemas de los dedos para varios espacios

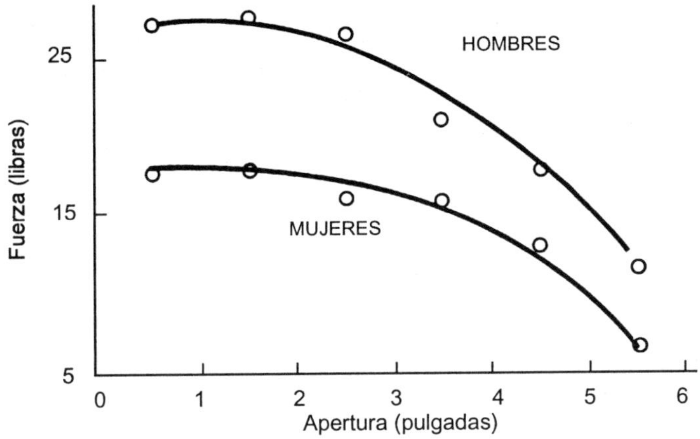

Al alejarse de las manijas en forma circular o cilíndrica, Bullinger y Solf (1979) propusieron un diseño más radical que usar secciones cruzadas hexagonales con la forma de dos conos truncados unidos por sus lados más grandes. Esta forma da el mejor ajuste a los contornos de la palma y el pulgar tanto en agarres de precisión como de fuerza, y ha proporcionado los mayores torques en comparación con las manijas más convencionales. Una forma similar dual truncada se desarrolló para mangos de lijas. En este caso, se encontró que la sección cruzada con forma cuadrada y esquinas muy redondeadas tenía una superioridad marcada contra las formas más convencionales.

Una observación final acerca de las formas es que las manijas T para desarmadores dan un torque mucho mayor (hasta 50% más) que las manijas rectas. Su inclinación genera torques aún mayores al permitir que la muñeca permanezca derecha (Saran, 1973).

Diseñar superficies de agarre comprimibles y no conductoras

Durante siglos, la madera ha sido el material elegido para las agarraderas de las herramientas. La madera está disponible y es fácil trabajarla. Tiene una buena resistencia a los golpes y a la conductividad eléctrica y térmica, además tiene cualidades de fricción aún mojada. Como los mangos de madera se pueden romper y manchar con grasa y aceite, en los últimos tiempos ha habido un cambio a plástico e incluso a metal. Sin embargo, el metal debe cubrirse con hule o piel para reducir el impacto y la conductividad eléctrica y aumentar la fricción (Fraser, 1980). Estos materiales comprimibles también amortiguan la vibración y permiten una mejor distribución de la presión, que reduce la fatiga y evita que se debiliten las manos (Fellows y Freivalds, 1991). Pero el material de agarre no debe ser demasiado suave, pues los objetos filosos como virutas de metal podrían incrustarse en el agarre y dificultar su uso. El área de la superficie de agarre debe maximizarse para asegurar la distribución de la presión en un área tan grande como sea posible. La presión excesiva en un punto localizado puede causar suficiente dolor para interrumpir el trabajo.

Las características de fricción de la superficie de la herramienta varían con la presión ejercida por la mano, la suavidad y la porosidad de la superficie y con el tipo de contaminación (Bobjer *et al.*, 1993). El sudor aumenta el coeficiente de fricción, mientras que el aceite y la grasa lo reducen. La cinta adhesiva y la gamuza proporcionan una buena fricción cuando hay humedad. El patrón del tipo de superficie, según se define por la razón del área de bordes a área de ranuras, muestra algunas características interesantes. Cuando la mano está limpia o sudada, se obtienen las fricciones máximas con razones altas (que maximizan el área de contacto mano-superficie); cuando la mano está contaminada, las fricciones máximas se obtienen con razones bajas (que maximizan la capacidad de canalizar los contaminantes a otro lado).

Mantener el peso de la herramienta menor que 5 libras

El peso de la herramienta de mano determinará cuánto tiempo se puede sostener o usar y con qué precisión se puede manipular. Para las herramientas para una mano con el codo a 90° durante periodos prolongados, Greenberg y Chaffin (1976) recomiendan cargas no mayores que 5 libras (2.3 kg). Además, la herramienta debe estar balanceada, con el centro de gravedad tan cercano como sea posible al centro de gravedad de la mano (a menos que el propósito de la herramienta sea transferir la fuerza, como en el martillo). De esta manera, los músculos de la mano o el brazo no necesitan oponerse al desarrollo de un torque debido a una herramienta desbalancada. Las herramientas pesadas que se usan para absorber el impacto o la vibración deben montarse en brazos telescópicos o balanceadores para reducir el esfuerzo requerido por operador. En las operaciones de precisión, no se recomiendan pesos mayores que 1 libra en las herramientas, a menos que se use un sistema para compensarlos.

Uso razonable de guantes

Con frecuencia los guantes se usan con las herramientas manuales por seguridad y comodidad. Los guantes de seguridad rara vez son gruesos, pero los que se usan en climas fríos pueden ser pesados e interferir con la habilidad de agarrar. El uso de guantes de piel o lana añade 0.2 pulgadas (0.5 cm) al grueso de la mano y 0.3 pulgadas (0.8 cm) al ancho de la mano en el pulgar mientras que para guantes pesados se añade 1 pulgada (2.5 cm) y 1.6 pulgadas (4.0 cm), respectivamente (Damon *et al.*, 1966). Más importante es que los guantes reducen la fuerza de agarre de 10% a 20% (Hertzberg, 1973), la producción de torque y los tiempos de desempeño por la destreza manual. Los guantes de neopreno hacen que los tiempos de desempeño sean 12.5% más lentos que con las manos, la pana los aumenta 36%, la piel 45% y el PVC 64% (Weidman, 1974). Debe considerarse un trueque entre una mayor seguridad y un menor desempeño con los guantes.

Usar herramientas de potencia como desarmadores en lugar de herramientas manuales

Las herramientas de potencia no sólo realizan el trabajo más rápido que las manuales sino lo hacen con mucho menos fatiga del operario. Se puede esperar mayor uniformidad del producto al usarlas. Por ejemplo, un desarmador eléctrico para apretar tuercas puede apretar de manera consistente hasta un punto predeterminado en pulgadas-libras, mientras que con el desarmador manual no es posible esperar que se mantenga una presión de apriete constante debido a la fatiga del operario.

No obstante, existe un trueque. Las herramientas eléctricas producen una vibración, que puede inducir la palidez en los dedos, primer síntoma de la reducción en el flujo de sangre a los dedos y la mano por la *vasoconstricción* de los vasos sanguíneos. El resultado es una pérdida de retroalimentación sensitiva y una disminución en el desempeño, y la situación puede contribuir al desarrollo del síndrome del túnel de carpo, en especial en trabajo con una combinación de ejercicios repetitivos de fuerza. En general se recomienda evitar vibraciones en el intervalo crítico de 40-130 Hz o un intervalo un poco mayor (pero más seguro) de 2-200 Hz (Lundstrom y Johansson, 1986). La exposición a vibraciones se puede minimizar a través de la reducción en la fuerza de empuje, el uso de manijas o agarraderas con diseño especial para amortiguar la vibración (Andersson, 1990) o guantes que absorben las vibraciones, y dar un mejor mantenimiento para disminuir el desbalance o la mala alineación de los ejes.

Usar la configuración y orientación adecuada para las herramientas de potencia

Con un taladro eléctrico y otras herramientas de potencia, la función principal del operador es sostener, estabilizar y supervisar la herramienta contra un lugar de trabajo, mientras que ésta realiza el esfuerzo esencial. Aunque el operario suele tener que cambiar u orientar la herramienta, su función primordial es tomarla y sostenerla de manera efectiva. Un taladro de mano consta de cabeza cuerpo y mango, e idealmente las tres partes están alineadas. La línea de acción es la línea del dedo índice, lo que significa que el taladro ideal tiene la cabeza fuera de centro respecto al eje central del cuerpo.

También la configuración del mango es importante; las opciones son agarre de pistola, en línea o en ángulo recto. Según la receta, en línea y en ángulo recto son mejores para taladrar hacia abajo en una superficie horizontal y el agarre de pistola es mejor para trabajos en una superficie vertical, con la intención de obtener una posición de pie con la espalda derecha, los brazos hacia abajo y la muñeca sin doblar (vea la figura 5-33). El agarre de pistola, tiene el mango a un ángulo aproximado de 78° con la horizontal (Fraser, 1980).

Otro factor importante es el centro de gravedad. Si está demasiado alejado del cuerpo de la herramienta, se crea un momento de giro que deben contrarrestar los músculos de la mano y el antebrazo. Esto requiere un esfuerzo muscular adicional al necesario para sostener, posicionar y empujar el taladro en la pieza de trabajo. El mango principal se coloca justo abajo del centro de gravedad para que el cuerpo salga tanto por la parte trasera como por enfrente. En taladros pesados puede ser necesario un mango de apoyo adicional, ya sea hacia uno de los lados o de preferencia abajo de la herramienta, de forma que el brazo de apoyo se puede oprimir contra el cuerpo en lugar de quedar en el aire.

Elegir la herramienta de potencia con las características adecuadas

Las herramientas de potencia como el taladro usado para apretar tuercas, tienen disponibilidad comercial con varias configuraciones de mangos, diámetros de giro, velocidades, pesos mecanismos de apagado y torque producido. La torque se transfiere del motor al huso mediante varios mecanismos para que la energía (con frecuencia aire comprimido) pueda

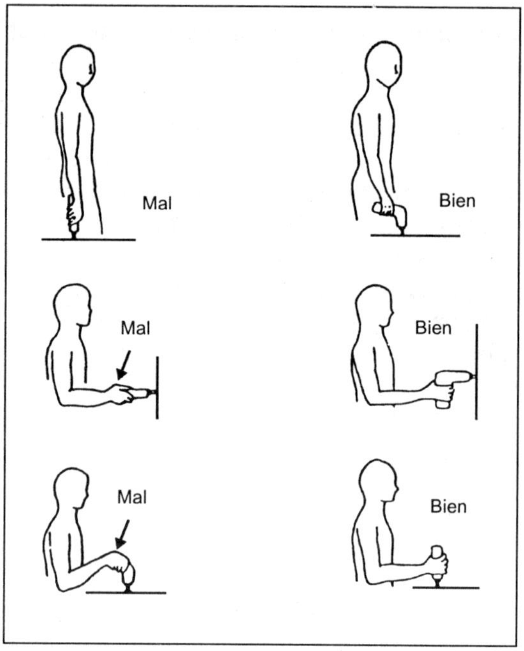

FIGURA 5-33
Orientación adecuada de las herramientas de potencia en el lugar de trabajo (*Tomado de:* Armstrong, 1993)

apagarse con rapidez una vez que la tuerca o sujetador está apretada. El mecanismo más sencillo y menos costoso es el de dirección directa, que está bajo el control del operario, pero, por el tiempo que toma soltar el disparador cuando la tuerca está apretada, transfiere una fuerte reacción de torsión al brazo del operario. El embrague de fricción mecánica permite que el giro se resbale y reduce parte de esta reacción de torsión. Un mecanismo mejor para reducir la reacción de torque es el apagado por flujo de aire que siente enseguida cuándo cortar el suministro de aire cuando la tuerca se aprieta. Otro mecanismo todavía más rápido es un embrague mecánico automático de apagado. El mecanismo más reciente incluye el sistema de pulso hidráulico en el que la energía de rotación del motor se transfiere a una unidad de pulso que contiene un colchón de aceite (para filtrar los pulsos de alta frecuencia y el ruido), y sistemas de pulso eléctrico similares, que reducen la reacción de torsión en un alto grado (Frievalds y Eklund, 1993).

Las variaciones del torque entregado a la tuerca dependen de varias condiciones, entre ellas: propiedades de la herramienta; el operario; propiedades de la articulación, como la combinación del sujetador y el material que se sujeta (desde suave en materiales con propiedades elásticas, como paneles, hasta duro con dos superficies firmes, como en el caso de cigüeñales o poleas); estabilidad del suministro de aire; etcétera. La torsión que experimenta el usuario (reacción de torque) depende de estos factores y del torque del sistema de apagado. En general, con el uso de herramientas de potencia a niveles de rpm abajo del normal o de herramientas neumáticas de bajo poder, se obtienen reacciones de torsión y tasas de tensión mayores. Las herramientas tipo pulso producen la menor reacción de torque quizá porque los pulsos cortos la "dividen". Otros problemas potenciales incluyen: ruido del mecanismo neumático que alcanza niveles de 95 dB(A); vibraciones con niveles que exceden 132 dB(V), y emanaciones de polvo o combustible (Freivalds y Eklund, 1993).

Uso de barras de reacción y balanceadores de herramientas en las herramientas de potencia

Deben proporcionarse barras de reacción de torque si la torsión excede: 53 pulg-lb (6 Nm) para herramientas en línea usadas para acciones hacia abajo; 106 pulg-lb (12 Nm) para agarre de pistola usado en el modo horizontal, y 444 pulg-lb (50 Nm) para herramientas en ángulo recto usadas en movimientos de abajo hacia arriba (Mital y Kilbom, 1992).

Esta información se resume en una lista de verificación para herramientas (vea la figura 5-34). Si la herramienta no cumple con las recomendaciones y características deseadas, debe rediseñarse o reemplazarse.

FIGURA 5-34
Lista de verificación de herramientas

Principios básicos	Sí	No
1. La herramienta desempeña la función deseada con efectividad.	☐	☐
2. La herramienta es compatible con el tamaño y fuerza del operario.	☐	☐
3. La herramienta puede usarse sin que cause fatiga indebida.	☐	☐
4. La herramienta proporciona retroalimentación sensorial.	☐	☐
5. Los costos de capital y de mantenimiento de la herramienta son razonables.	☐	☐

Preocupaciones anatómicas	Sí	No
1. Si se requiere fuerza, la herramienta puede sujetarse con fuerza (como al saludar).	☐	☐
2. La herramienta puede usarse sin abducción del hombro.	☐	☐
3. La herramienta puede usarse con el codo a 90° (con el antebrazo horizontal).	☐	☐
4. La herramienta puede usarse con la muñeca derecha.	☐	☐
5. La agarradera tiene una superficie de contacto amplia para distribuir las fuerzas.	☐	☐
6. El uso de la herramienta es cómodo para el percentil 5 de mujeres operarias.	☐	☐
7. La herramienta se puede usar con cualquier mano.	☐	☐

Manijas y agarres	Sí	No
1. Para tareas de fuerza, el diámetro de agarre está entre 1.5 y 2 pulgadas.	☐	☐
a. El mango se puede tomar con el pulgar y los dedos apenas traslapados.	☐	☐
2. Para tareas de precisión, el diámetro del mango es de 5/16-5/8 pulgadas.	☐	☐
3. La sección cruzada de agarre es circular.	☐	☐
4. La longitud de agarre es al menos 4 pulgadas (5 pulg si se usan guantes).	☐	☐
5. La superficie de agarre tiene textura y se comprime un poco.	☐	☐
6. El mango es no conductor y no se mancha.	☐	☐
7. Para usos de fuerza, la herramienta tiene un agarre de pistola a 78°.	☐	☐
8. Las herramientas con dos agarraderas se pueden operar con fuerza de agarre menor que 20 lb.	☐	☐
9. El espacio de las agarraderas es de $2\frac{3}{4}$ - $3\frac{1}{4}$ pulgadas.	☐	☐

Consideraciones de las herramientas de potencia	Sí	No
1. La fuerza de activación del disparador es menor que 1 libra.	☐	☐
2. En el uso repetitivo, se cuenta con una barra para los dedos.	☐	☐
3. Se requieren menos de 10 000 acciones de activación por turno.	☐	☐
4. Se proporciona una barra de reacción para torques que exceden:	☐	☐
a. 50 pulg-lb para herramientas alineadas	☐	☐
b. 100 pulg-lb para herramientas con agarre de pistola	☐	☐
c. 400 pulg-lb para herramientas en ángulo recto.	☐	☐
5. La herramienta crea menos de 85 dB de exposición al ruido en un día completo.	☐	☐
6. La herramienta vibra.	☐	☐
a. Las vibraciones están fuera del intervalo de 2-200 Hz.	☐	☐

Consideraciones varias y generales	Sí	No
1. Para uso general, el peso de la herramienta es menor que 5 libras.	☐	☐
2. Para tareas de precisión, el peso de la herramienta es menor que 1 libra.	☐	☐
3. Para uso amplio, la herramienta está suspendida.	☐	☐
4. La herramienta está balanceada (es decir, el centro de gravedad está en el eje de agarre).	☐	☐
5. La herramienta se puede usar sin guantes.	☐	☐
6. La herramienta tiene topes para limitar que se cierre y evitar pellizcos.	☐	☐
7. La herramienta tiene bordes suaves y redondeados.	☐	☐

RESUMEN

Muchos factores tienen un impacto significativo en la productividad y en el bienestar del operario en una estación de trabajo. La tecnología de ergonomía del sonido se aplica tanto al equipo usado como a las condiciones generales del área de trabajo que rodea. Deben proporcionarse la flexibilidad adecuada en el equipo y el entorno de trabajo de manera que se tomen en cuenta las variaciones en altura, alcance, fuerza, tiempo de reflejos, etcétera, de los empleados. Un banco de trabajo con 32 pulgadas (81 cm) de altura puede estar bien para un trabajador que mide 75 pulgadas (191 cm), pero es en definitiva muy alto para un empleado con 66 pulgadas (167.6 cm) de altura. Es deseable tener estaciones de trabajo y sillas con altura ajustable para que todos los trabajadores estén cómodos, de acuerdo con las desviaciones estándar a más o a menos de la norma. Cuanto más capaces seamos de proporcionar un centro de trabajo que se ajuste a toda la fuerza de trabajo, mejores serán los resultados de productividad y la satisfacción del trabajador.

De la misma manera que hay variaciones significativas en la altura y tamaño de la fuerza de trabajo, existen variaciones iguales o mayores en la capacidad visual, auditiva, sensorial y en la destreza manual. La gran mayoría de las estaciones de trabajo se pueden mejorar. Al aplicar las consideraciones ergonómicas junto con la ingeniería de métodos se obtienen entornos más eficientes y competitivos que mejorarán el bienestar del trabajador, la calidad del producto, la rotación de personal en el negocio y el prestigio de la organización.

PREGUNTAS

1. ¿Cuáles son los principales objetivos del análisis de la operación y el estudio de movimientos?

2. ¿En qué situaciones es apropiado un despliegue auditivo?

3. ¿En qué situaciones es apropiado un despliegue visual?

4. ¿Qué características de pantalla son más efectivas en una tarea de búsqueda?

5. Al diseñar los controles y pantallas, ¿a qué se refiere el principio de Warrick?

6. ¿Qué características de diseño claves deben incluirse en una alarma?

7. ¿Cuáles son los tres factores de tareas más importantes que llevan a desórdenes de trauma acumulado?

8. ¿Cuál es el factor más importante que causa la palidez en los dedos?

9. ¿Qué es el dedo de disparo?

10. ¿Cuál es la línea de visión óptima?

11. Enumere tres principios para arreglar las componentes en un panel.

12. ¿Qué es el efecto del rango?

13. Enumere tres principios para la compatibilidad control-pantalla efectiva.

14. ¿Qué es la codificación operativa?

15. ¿Cuál es la desventaja principal de los controles por tacto?

16. ¿Cómo se conoce "controlar el movimiento sin respuesta del sistema"?

17. Si la razón CR aumenta de 1.0 a 4.0, ¿qué pasa con el tiempo de viaje, el tiempo de ajuste y el tiempo total?

18. Describa el avance del estado de lesión para el síndrome del túnel de carpo.

19. ¿Qué es lordosis y cómo se relaciona con un apoyo lumbar?

PROBLEMAS

1. Debido al desastre del Challenger, la NASA decidió incluir una posibilidad de escape personal (es decir, una cabina de lanzamiento) para cada astronauta de las naves del espacio. Debido a lo reducido de las dimensiones, es crucial el diseño antropométrico adecuado. Además, por las restricciones de presupuesto, el diseño no puede ser ajustable, esto es, el mismo diseño debe servir para todos los astronautas, presentes y futuros. Para cada cabina de lanzamiento, indique la característica del cuerpo usada en el diseño, el diseño principal usado y el valor real (en pulgadas) que debe usarse en su construcción.

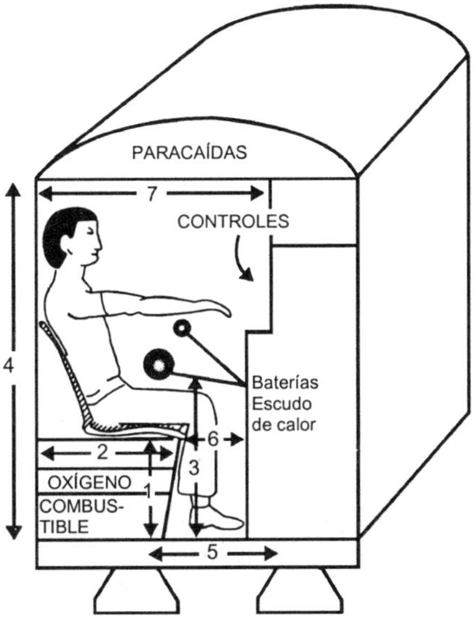

Característica de la cabina de lanzamiento	Características del cuerpo	Diseño principal	Valor real
1. Altura del asiento			
2. Profundidad del asiento			
3. Altura de la palanca de control			
4. Altura de la cabina			
5. Profundidad del área para pies			
6. Profundidad del área para piernas			
7. Profundidad de la cabina			
8. Ancho de la cabina			
9. Límite de peso			

2. Se le pide que diseñe un tablero de control/pantalla para el lanzamiento de escape de la NASA. Después del escape inicial, debe usarse propulsión para desacelerar contra el campo de gravedad de la tierra. El paracaídas sólo puede liberarse dentro de una altitud dada, en un intervalo corto. Arregle siete tableros de control/pantalla, usando las mismas escalas que se muestran en el siguiente panel. Explique la lógica de su distribución.

Control/pantalla	% de tiempo que se ve	Importancia	# veces usado
A Liberar lanzamiento	1	Crítico	1
B Nivel de combustible de propulsión	20	Muy importante	10
C Indicador de velocidad de aire	15	Importante	5
D Presión de oxígeno	1	Sin importancia	2
E Nivel de energía eléctrica	2	Importante	3
F Indicador de altitud	60	Crítico	50
G Liberar paracaídas	1	Crítico	1

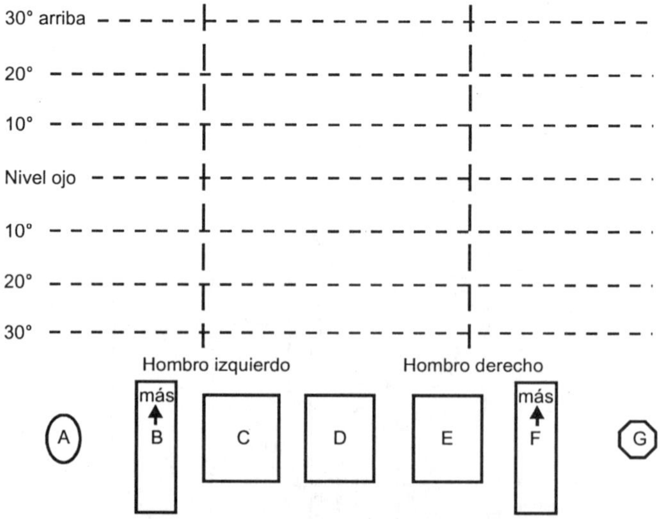

3. La fundidora Dorben usa una grúa colgante con cabeza magnética para cargar el desperdicio de fierro en un alto horno. El conductor de la grúa usa varias palancas para controlar los tres grados de libertad necesarios para la cabeza magnética. Usa un control para activar/desactivar el imán de la cabeza. El conductor está en posición más alta que la operación y ve hacia abajo la mayor parte del tiempo. Los conductores se quejan con frecuencia de dolor de espalda. La siguiente tabla contiene información sobre los controles de palanca comerciales disponibles:

Palanca	Distancia de carrera (pulg)	Movimiento de grúa (pies)	Tiempo para el blanco (s)
A	20	20	1.2
B	20	10	2.2
C	20	80	1.8
D	20	40	1.2

a. Diseñe un sistema de control adecuado para el operador de la grúa. Indique el número de controles necesarios, su localización (en especial respecto a la línea de visión del operador), su dirección de movimiento y su tipo de retroalimentación.
b. Indique una razón contro-respuesta apropiada para estos controles.
c. ¿Qué otros factores pueden ser importantes al diseñar estos controles?
d. Dibuje un lado de la vista frontal que muestre la localización del operador respecto a los controles.

REFERENCIAS

An, K., L. Askew y E. Chao. "Biomechanics and Functional Assessment of Upper Extremities", en *Trends in Ergonomics/Human Factors III*. Ed. W. Karwowski. Amsterdam: Elsevier,1986, pp. 573–580.

Andersson, G. B. J., R. Örtengren, A. Nachemson y G. Elfström. "Lumbar Disc Pressure and Myoelectric Back Muscle Activity During Sitting", *Scandinavian Journal of Rehabilitation Medicine*, 6, no. 3 (1974), pp. 104–133.

Andersson, E. R. "Design and Testing of a Vibration Attenuating Handle", *International Journal of Industrial Ergonomics*, 6, no. 2 (septiembre 1990), pp. 119–125.

ANSI (American National Standards Institute). *ANSI Standard for Human Factors Engineering of Visual Display Terminal Workstations*. ANSI/HFS 100-1988. Santa Monica, CA: Human Factors Society, 1988.

Armstrong, T. J. *Ergonomics Guide to Carpal Tunnel Syndrome*. Fairfax, VA: American Industrial Hygiene Association, 1983.

Bobjer, O., S. E. Johansson y S. Piguet, "Friction Between Hand and Handle. Effects of Oil and Lard on Textured and Non-textured Surfaces; Perception of Discomfort", *Applied Ergonomics*, 24, núm. 3 (junio 1993), pp. 190–202.

Borg, G. "Psychophysical Scaling with Applications in Physical Work and the Perception of Exertion", *Scandinavian Journal of Work Environment and Health*, 16, suplemento 1 (1990), pp. 55–58.

Bullinger, H. J. y J. J. Solf. *Ergonomische Arbeitsmittel-gestaltung, II - Handgeführte Werkzeuge - Fallstudien*. Dortmund, Germany: Bundesanstalt für Arbeitsschutz und Unfallforschung, 1979.

Chaffin, D. B. y G. Anderson. *Occupational Biomechanics*, Nueva York: John Wiley & Sons, 1991, pp. 355–368.

Cochran, D. J. y M. W. Riley. "An Evaluation of Knife Handle Guarding", *Human Factors*, 28, núm. 3 (junio 1986), pp. 295–301.

Congleton, J. J. *The Design and Evaluation of the Neutral Posture Chair*. (Tesis doctoral). Lubbock, TX: Texas Tech University, 1983.

Corlett, E. N., y R. A. Bishop. "A Tcchnique for Assessing Postural Discomfort." Ergonomics, 19, no. 2 (Marzo 1976), pp. 175–182.

Damon, A., H. W. Stoudt, y R. A. McFarland. *The Human Body in Equipment Design.* Cambridge, MA: Harvard University Press, 1966.

Diffrient, N., A. R. Tilley y J. C. Bardagjy. *Humanscale, H.* Nueva York: Dreyfuss Associates, 1978.

Eastman Kodak Co. *Ergonomic Design for People at Work.* Belmont, CA: Lifetime Learning Pub., 1983.

Fellows, G. L. y A. Freivalds. "Ergonomics Evaluation of a Foam Rubber Grip for Tool Handles", *Applied Ergonomics*, 22, núm. 4 (agosto 1991), pp. 225–230.

Fraser, T. M. *Ergonomic Principles in the Design of Hand Tools.* Geneva, Switzerland: International Labor Office, 1980.

Freivalds, A. "Tool Evaluation and Design", en *Occupational Ergonomics.* Ed. A. Bhattacharya y J. D. McGlothlin. Nueva York: Marcel Dekker, 1996, pp. 303–327.

Freivalds, A., y J. Eklund. "Reaction Torques and Operator Stress While Using Powered Nutrunners", *Applied Ergonomics*, 24, núm. 3 (junio 1993), pp. 158–164.

Garett, J. "The Adult Human Hand: Some Anthropometric and Biomechanical Considerations", *Human Factors*, 13, núm. 2 (abril 1971), pp. 117–131.

Greenberg. L. y D. B. Chaffin. *Workers and Their Tools.* Midland, MI: Pendell Press, 1976.

Hertzberg, H. "Engineering Anthropometry", en *Human Engineering Guide to Equipment Design.* Ed. H. Van Cott, y R. Kincaid. Washington, DC: U.S. Government Printing Office, 1973, pp. 467–584.

Konz, S. *Work Design.* Scottsdale, AZ: Publishing Horizons, 1995.

Kroemer, K. H. E. "Coupling the Hand with the Handle: an Improved Notation of Touch, Grip and Grasp", *Human Factors*, 28, núm. 3 (junio 1986), pp. 337–339.

Lundstrom, R. y R. S. Johannson. "Acute Impairment of the Sensitivity of Skin Mechanoreceptive Units Caused by Vibration Exposure of the Hand", *Ergonomics*, 29, núm. 5 (mayo 1986), pp. 687–698.

Miller, G. y A. Freivalds. "Gender and Handedness in Grip Strength", *Proceedings of the Human Factors Society 31st Annual Meeting.* Santa Monica, CA, 1987, pp. 906–909.

Mital, A. y A. Kilbom. "Design, Selection and Use of Hand Tools to Alleviate Trauma of the Upper Extremities", *International Journal of Industrial Ergonomics*, 10, núm. 1 (enero 1992), pp. 1–21.

National Safety Council. *Accident Facts.* Chicago, IL: National Safety Council, 1993.

NIOSH, *Health hazard evaluation-Eagle Convex Glass, Co.* HETA-89-137-2005. Cincinnati, OH: National Institute for Occupational Safety and Health, 1989.

Osinski, C. y A. Freivalds. "Pinching Forces as a Function of Pinch Span", entregado a *Applied Ergonomics*, 1998.

Pheasant, S. T. y S. J. Scriven. "Sex Differences in Strength, Some Implications for the Design of Handtools", en *Proceedings of the Ergonomics Society.* Ed. K. Coombes. London: Taylor & Francis, 1983, pp. 9–13.

Putz-Anderson, V. *Cumulative Trauma Disorders.* London: Taylor & Francis, 1988.

Sanders, M. S. y E. J. McCormick. *Human Factors in Engineering and Design.* Nueva York: McGraw-Hill, 1993.

Saran, C. "Biomechanical Evaluation of T-handles for a Pronation Supination Task", *Journal of Occupational Medicine*, 15, núm. 9 (septiembre 1973), pp. 712–716.

Serber, H. "New Developments in the Science of Seating", *Human Factors Bulletin*, 33, núm. 2 (febrero 1990), pp. 1–3.

Terrell, R. y J. Purswell. "The Influence of Forearm and Wrist Orientation on Static Grip Strength as a Design Criterion for Hand Tools", *Proceedings of the Human Factors Society 20th Annual Meeting*, Santa Monica, CA, 1976, pp. 28–32.

Tichauer, E. R. "Some Aspects of Stress on Forearm and Hand in Industry," *Journal of Occupational Medicine*, 8, núm. 2 (febrero 1966), pp. 63–71.

U.S. Department of Justice. *Americans with Disabilities Act Handbook.* EEOC-BK-19. Washington, DC: U.S. Government Printing Office, 1991.

Webb Associates. *Anthropometric Source Book.* II, Pub. 1024. Washington, DC: National Aeronautics and Space Administration, 1978.

Weidman, B. *Effect of Safety Gloves on Simulated Work Tasks.* AD 738981. Springfield, VA: National Technical Information Service, 1970.

Seth, V., R. Weston y A. Freivalds. "Development of a Cumulative Trauma Disorder Risk Assesment Model", *International Journal of Industrial Ergonomics*, 23, núm. 4 (marzo, 1999), pp. 281-291.

SOFTWARE SELECCIONADO

COMBIMAN, *User's Guide for COMBIMAN, CSERIAC.* Dayton, OH: Wright-Patterson AFB, 1992.

Transom Jack, Ann Arbor MI: Transom Technologies Inc., 1998.

MannequinPro. Melville, NY: HUMANCAD Systems, Inc., 1998.

CAPÍTULO 6

Diseño del entorno de trabajo

PUNTOS CLAVE:

- Proporcionar tanto luz general como luz para la tarea, evitar reflejos
- Controlar el ruido en su fuente.
- Controlar la tensión por calor con pantallas antirradiación y ventilación
- Proporcionar movimiento general de aire y ventilación local en áreas calientes
- Humedecer mangos de herramientas y asientos para reducir la vibración
- Evitar la exposición a la radiación
- Usar turnos rápidos con rotación hacia adelante si no se pueden evitar los turnos
- Promover limpieza y orden y la seguridad general
- Patrocinar un programa de ergonomía OSHA bien formulado

El análisis de métodos debe proporcionar condiciones de trabajo cómodas y seguras para el operario. La experiencia ha probado de manera contundente que las plantas con buenas condiciones de trabajo producen mucho más que aquellas con malas condiciones. Por lo común, el rendimiento económico de la inversión en un entorno de trabajo mejorado es significativo. Además de aumentar la producción, las condiciones de trabajo ideales mejoran la seguridad registrada, reducen al ausentismo, los retrasos y la rotación de personal, eleva el ánimo de los empleados y mejora las relaciones públicas. Si estas razones no son suficientes para convencer a una compañía de mejorar el entorno de trabajo para sus empleados, entonces queda siempre la amenaza de una inspección de OSHA y una posible multa. Los niveles aceptables de las condiciones de trabajo y las medidas de control recomendadas para las áreas problema se encuentran en el reglamento de OSHA y se presentan con detalle en este capítulo.

ILUMINACIÓN

Teoría

Muchos conceptos, términos y unidades se relacionan con la medición de la iluminación. La teoría básica se aplica a una fuente puntual de luz (como una vela) con una *intensidad luminosa* dada, medida en *candelas* (cd) (vea la figura 6-1). La luz emana de manera esférica en todas las direcciones desde la fuente. La cantidad de luz que llega a una superficie, o a una sección de esta esfera se conoce como *iluminación* o *iluminancia* y se mide en *pies-candelas* (fc). La cantidad de iluminación que llega a la superficie disminuye según el cuadrado de la distancia (d) en pies de la fuente a la superficie:

$$\text{iluminancia} = \text{intensidad}/d^2$$

Parte de la luz se absorbe y parte se refleja (con materiales traslúcidos, parte también se transmite), esto permite a las personas "ver" el objeto y les proporciona una percepción de brillo. La cantidad reflejada se llama *luminancia* y se mide en *pie-Lambert* (fL). Se determina por la propiedad de reflexión de la superficie, conocida como coeficiente de reflexión o *reflectancia*:

$$\text{luminancia} = \text{iluminancia} \times \text{reflectancia}$$

FIGURA 6-1
Ilustración de la distribución de la luz de una fuente siguiendo la ley del cuadrado del inverso. (*Tomado de:* Sanders y McCormick, 1993.) (Reimpreso con permiso de The McGraw-Hill Companies.)

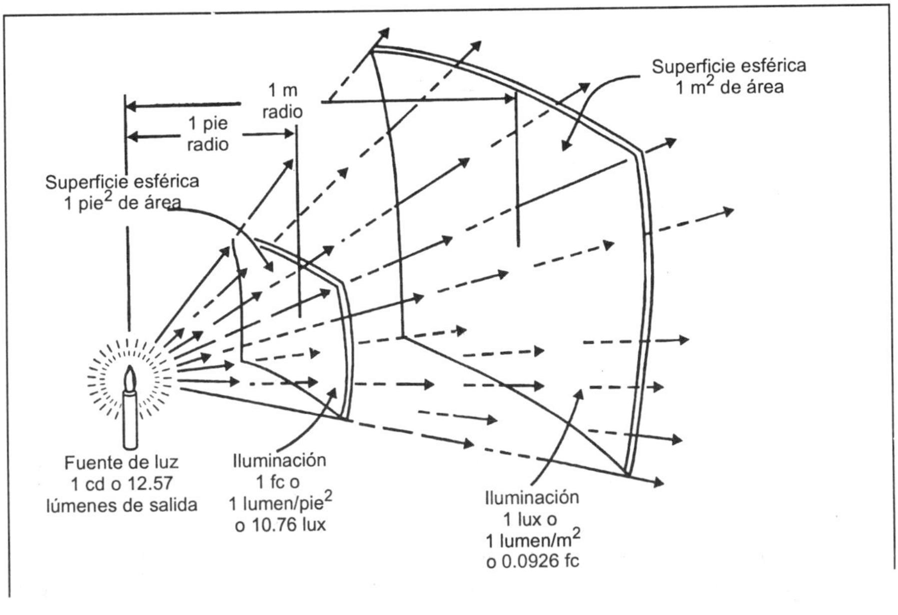

TABLA 6-1
Reflectancias de terminados comunes de pintura y madera

Color o acabado	Porcentaje de luz reflejada	Color o acabado	Porcentaje de luz reflejada
Blanco	85	Azul medio	35
Crema claro	75	Gris oscuro	30
Gris claro	75	Rojo oscuro	13
Amarillo claro	75	Café oscuro	10
Madera claro	70	Azul oscuro	8
Verde claro	65	Verde oscuro	7
Azul claro	55	Arce o maple	42
Amarillo medio	65	Madera satinada	34
Madera medio	63	Nogal	16
Gris medio	55	Caoba	12
Verde medio	52		

La reflectancia es una proporción sin unidades entre 0 y 100%. El papel de alta calidad tiene una reflectancia de alrededor de 90%, el periódico y el concreto casi 55%, el cartón 30% y la pintura negra mate 5%. En la tabla 6-1 se presentan las reflectancias para distintos colores de pintura.

Visibilidad

En general, la claridad con la que las personas ven algo se conoce como *visibilidad*. Los tres factores críticos de visibilidad son: *ángulo visual*, *contraste* y el más importante, *iluminación*. El ángulo visual es el ángulo subtendido al nivel de los ojos por el objeto y el contraste es la diferencia en luminancia entre un objeto o meta visual y su fondo. El ángulo visual se define en arcominutos (1/60 de grado) para objetos pequeños mediante:

$$\text{ángulo visual (arc min)} = 3438 \times h/d$$

donde h es la altura del objeto o detalle crítico (o ancho de trazo en caso de impresos) y d es la distancia del objeto al ojo (en las mismas unidades que h).

El contraste se define de varias maneras. Una forma común es:

$$\text{contraste} = (L_{\text{máx}} - L_{\text{mín}}) / L_{\text{máx}}$$

donde L es la luminancia. Entonces, el contraste se relaciona con la diferencia entre las luminancias máxima y mínima del objeto y el fondo. Observe que el contraste es adimensional.

Otros factores menos importantes para la visibilidad que no se incluirán aquí son: tiempo de exposición, movimiento del objeto, edad, localización conocida y capacitación.

Blackwell (1959) cuantificó la relación entre estos tres factores críticos en una serie de experimentos de la Iluminating Engineering Society of North America (IESNA, 1995) que llevó al desarrollo de estándares de iluminación. Aunque las curvas de Blacwell (vea la figura 6-2) como tales no se usan en la actualidad, muestran el trueque entre el tamaño del objeto, la cantidad de iluminación (en este caso, medida como luminancia reflejada

FIGURA 6-2
Curvas de contraste límite suavizadas para discos de diámetro d.
(*Adaptado de:* Balckwell, 1959)

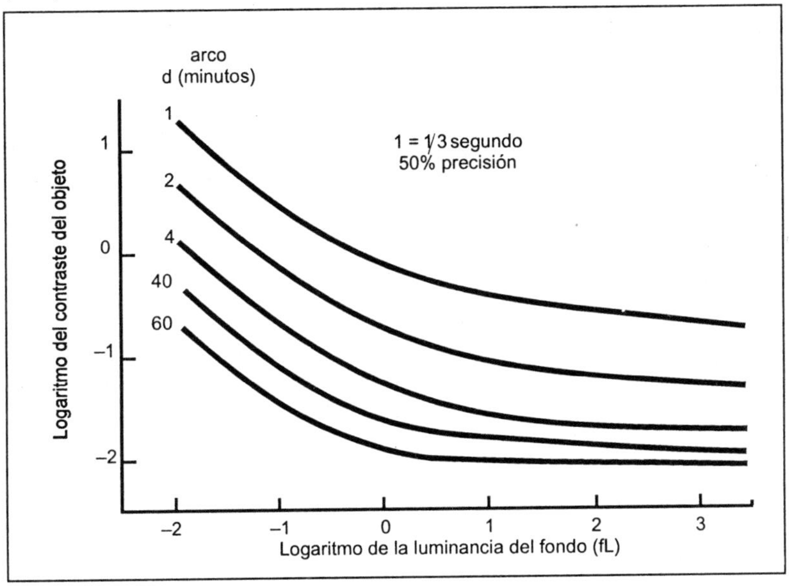

desde el objeto) y el contraste entre el objeto y el fondo. Así, aunque aumentar la iluminación es el enfoque más sencillo para mejorar la visibilidad de la tarea, también se puede mejorar con el incremento del contraste o del tamaño del objeto.

Iluminancia

Al reconocer la complejidad de extender la teoría de la fuente puntual a las fuentes de luz reales (que pueden ser cualquier cosa excepto una fuente puntual) y algunas incertidumbres y restricciones del diseño de laboratorio de Blackwell (1959), el IESNA adoptó un enfoque mucho más sencillo para determinar los niveles mínimos de iluminación (IESNA, 1995). El primer paso es identificar el tipo general de actividad a realizar y clasificarla en una de las nueve categorías, mostradas en la tabla 6-2. Una lista más extensa de tareas específicas para este proceso se puede encontrar en IESNA (1995). Observe que las categorías A, B y C no involucran tareas visuales específicas. Para cada categoría, existe un intervalo de iluminación (baja, media y alta). Se selecciona el valor adecuado con el cálculo de un factor de ponderación (–1, 0, +1) basado en las tres características de tarea y trabajador que se muestran en la tabla 6-3. Estos pesos se suman para obtener el factor de ponderación total. Observe que como las categorías A, B y C no involucran tareas visuales, no se usa la característica de velocidad/exactitud en ellas, y las superficies de toda la habitación se usan en lugar del fondo de la tarea. Si la suma total de los dos o tres factores de ponderación es –2 o –3, se usa el valor bajo de las tres iluminancias usadas; si es –1, 0 o +1, se usa el valor medio, y si es +2 o +3, se usa el valor alto.

TABLA 6-2
Niveles de iluminación recomendados para uso en diseño de luz interior

Categoría	Rango de iluminación	Tipo de actividad	Área de referencia
A	2-3-5	Áreas públicas con oscuridad alrededor.	Luz general en toda la habitación o área
B	5-7.5-10	Orientación sencilla para visitas cortas temporales.	
C	10-15-20	Espacios de trabajo donde en ocasiones se realizan tareas visuales.	
D	20-30-50	Realización de tareas visuales de alto contraste o gran tamaño, como lectura de material impreso, originales a máquina, escritos a mano con tinta y copias, trabajo burdo manual o con máquinas, inspección normal, ensamble grueso.	Iluminación sobre la tarea
E	50-75-100	Realización de tareas visuales de contraste medio o pequeñas, como lectura de escritos a mano con lápiz medio, material malo reproducido o impreso, trabajo medio manual o con máquinas, inspección difícil, ensamble medio.	
F	100-150-200	Realización de tareas visuales de bajo contraste o tamaño muy pequeño, como lectura de escritos a mano con lápiz duro o en papel de mala calidad y material de reproducción muy malo, inspección muy difícil.	
G	200-300-500	Realización de tareas visuales de bajo contraste y tamaño muy pequeño durante un periodo prolongado, como ensamble fino, inspección muy difícil, trabajo manual o con máquinas muy fino y ensamble muy fino.	Iluminación sobre la tarea mediante una combinación de luz general y suplementaria local
H	500-750-1000	Realización de tareas visuales exactas y prolongadas, como la inspección más difícil, trabajo manual y con máquinas extra fino y ensamble extra fino	
I	1000-1500-2000	Realización de tareas visuales muy especiales de contraste en extremo bajo y tamaño muy pequeño, como procedimientos quirúrgicos.	

(Adaptado de IESNA, 1995)

En la práctica, la iluminación casi siempre se mide con medidor de luz (similar al que tienen las cámaras, pero en otras unidades), mientras que la iluminación se mide con un fotómetro (que por lo común es un aditamento separado del medidor de luz). La reflectancia se calcula como la razón entre la luminancia de la superficie del objeto y la luminancia de

TABLA 6-3
Factores de ponderación que deben considerarse al seleccionar niveles específicos de iluminación dentro de cada categoría de la tabla 6-2

	Peso		
Características de la tarea y el trabajador	**−1**	**0**	**+1**
Edad	< 40	40-55	> 55
Reflectancia del fondo de tarea/superficie	> 70%	30-70%	< 30%
Velocidad y exactitud (sólo para las categorías D a I)	No importante	Importante	Crítico

(Adaptado de IESNA, 1995)

una superficie estándar de reflectancia conocida (por ejemplo, una tarjeta de prueba neutral Kodak con reflectancia = 0.9) colocada en la misma posición sobre la superficie del objeto. Entonces, la reflectancia del objeto es:

$$\text{reflectancia} = 0.9 \times L_{\text{objeto}} / L_{\text{estándar}}$$

Fuentes de luz

Después de determinar los requerimientos de iluminación para el área en estudio, los analistas seleccionan las fuentes adecuadas de luz artificial. Dos parámetros importantes relacionados con la luz artificial son *eficiencia* (luz producida por unidad de energía; en general lumen/watt) y *rendimiento de color*. La eficiencia es en particular importante, pues se relaciona con el costo; las fuentes de luz eficientes reducen el consumo de energía. El rendimiento de color se relaciona con la cercanía con que los colores percibidos del objeto observado coinciden con los percibidos del mismo objeto iluminado con fuentes de luz estándar. Las fuentes de luz más eficientes (sodio a presión alta y baja) tienen características de rendimiento de color apenas regulares y malos; en consecuencia, quizá no sean adecuadas para ciertas operaciones de inspección donde sea necesaria la discriminación de color. La tabla 6-4 proporciona información sobre la eficiencia y los rendimientos de color para los principales tipos de luz artificial. Las fuentes más comunes de iluminación industrial, es decir, de luminarias, se muestran en la figura 6-3.

Distribución de la luz

Las *luminarias* para la iluminación general se clasifican de acuerdo con el porcentaje de luz total emitida arriba y abajo de la horizontal (vea la figura 6-4). La *luz indirecta* ilumina el techo, que a su vez refleja la luz hacia abajo. En este caso, los techos deben ser la superficie más brillante de la habitación (vea la figura 6-5), con reflectancias mayores que 80%. Las otras áreas de la habitación reflejan porcentajes de luz cada vez menores al alejarse del techo hasta llegar al suelo, que debe reflejar no más de 20 a 40% de la luz, para que no haya reflejos. Para evitar una luminancia excesiva, las luminarias deben distribuirse de manera uniforme en todo el techo.

EJEMPLO 6-1
Cálculo de la iluminación requerida

Considere que trabajadores de todas las edades realizan un importante ensamble de dificultad media, en una estación de trabajo de metal opaco con una reflectancia de 35%. Las ponderaciones adecuadas son: edad = +1, reflectancia = 0 y exactitud = 0. El peso total de +1 implica que debe usarse el valor medio de la categoría E con una iluminación requerida de 75 fc.

TABLA 6-4
Fuentes artificiales de luz

Tipo	Eficiencia (lm/W)	Rendimiento de color	Comentarios
Incandescente	17-23	Bueno	El alumbrado incandescente es el de uso más común, pero el menos eficiente. El costo de las lámparas es bajo. La vida útil de una lámpara es, en general, menos de un año.
Fluorescente	50-80	De aceptable a bueno	La eficiencia y el rendimiento de color varía considerablemente con el tipo de lámpara: blanco frío, blanco caliente, blanco frío de lujo. Con las menores lámparas y balastros de alta eficiencia es posible reducir significativamente el costo del consumo de energía.
De mercurio	50-55	De muy deficiente a aceptable	Las lámparas de mercurio tienen una vida útil larga (9 a 18 años) pero su eficiencia decrece de manera importante con el tiempo.
De haluro metálico	80-90	De aceptable a moderado	El rendimiento de color es adecuado en muchos casos. En general, la vida útil de la lámpara es de 1 a 3 años.
De sodio a alta presión	85-125	Aceptable	Fuente de luz muy eficiente . Su vida útil es de 3 a 6 años en promedio, con tasas de encendido de 12 horas por día.
De sodio a baja presión	100-180	Deficiente	La fuente de luz más eficiente. Su vida útil es de 4 a 5 años con un promedio de encendido de 12 horas al día. Se emplea para el alumbrado de carreteras y almacenes.

Se indican la eficiencia (columna 2) en lúmenes por watt (lm/W) y el rendimiento de color (columna 3) de seis fuentes de luz usadas con frecuencia (columna 1). La vida útil de las lámparas y otras características aparecen en la columna 4. El rendimiento de color es una medida de cómo se aprecia el color con cualquiera de estas fuentes de luz artificial, en comparación con su color en la luz natural. Los valores altos de eficiencia indican mayor conservación de la energía

Adaptado de: Lum-i.-neering Associates, 1979; Ross y Baruzzini, Inc. 1975; cortesía de Human Factors Section, Eastman Kodak Co.

FIGURA 6-3
Tipos de luminarias industriales para montar en el techo. a) y c) luz hacia abajo, b) y d) difusa, e) lugares húmedos, f) nave alta, g) nave baja

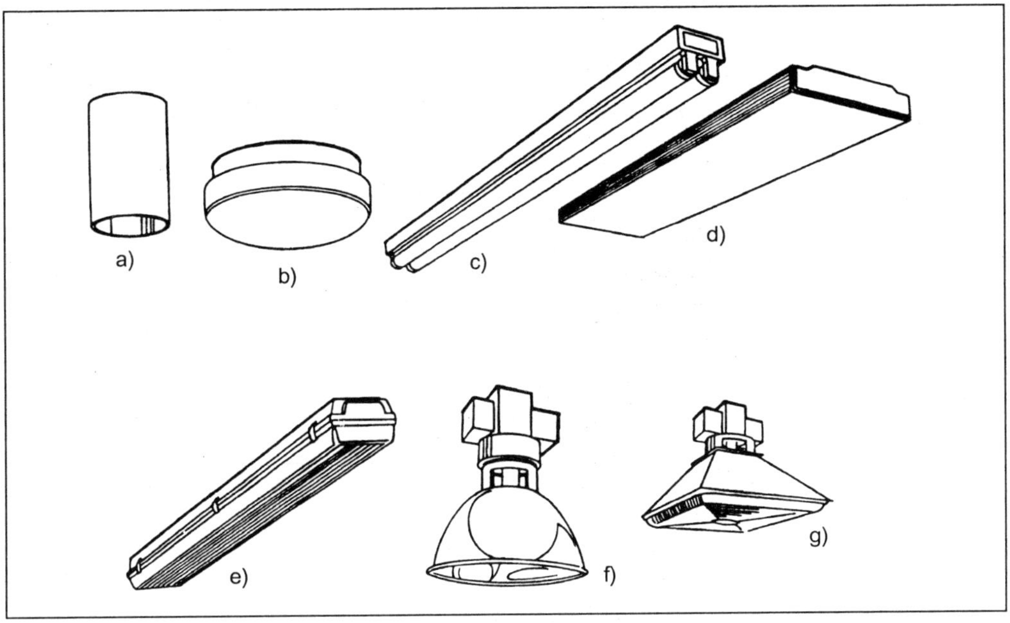

FIGURA 6-4
Las luminarias para iluminación general se clasifican según el porcentaje de luz total emitida arriba y abajo de la horizontal. Tres categorías son: a) luz directa, b) luz indirecta y c) luz directa-indirecta. (*Tomado de:* IESNA, 1995).

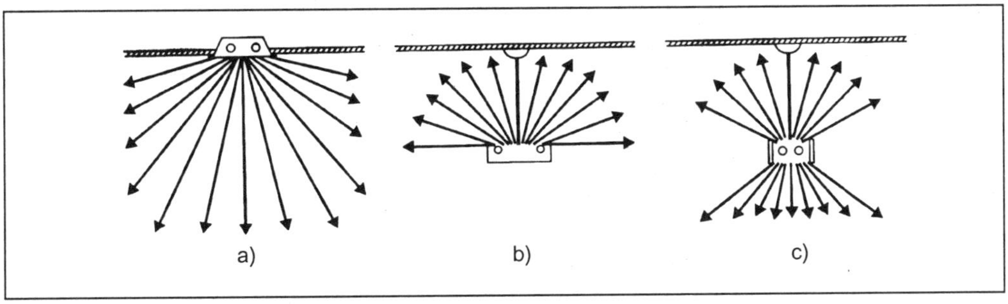

La *luz directa* quita la atención en la superficie del techo y coloca un mayor porcentaje de luz en la superficie de trabajo y el suelo. La luz *indirecta* hace justo lo contrario. La luz *directa-indirecta* es una combinación de ambas. La distribución de luz es importante, IESNA (1995) recomienda que la razón de luminancia de cualquier área adyacente en el campo visual no debe exceder 3/1. El propósito es evitar reflejos y problemas de adaptación.

FIGURA 6-5
Reflectancia recomendada para superficies de habitaciones y muebles en oficinas. (*Tomado de:* IESNA, 1995)

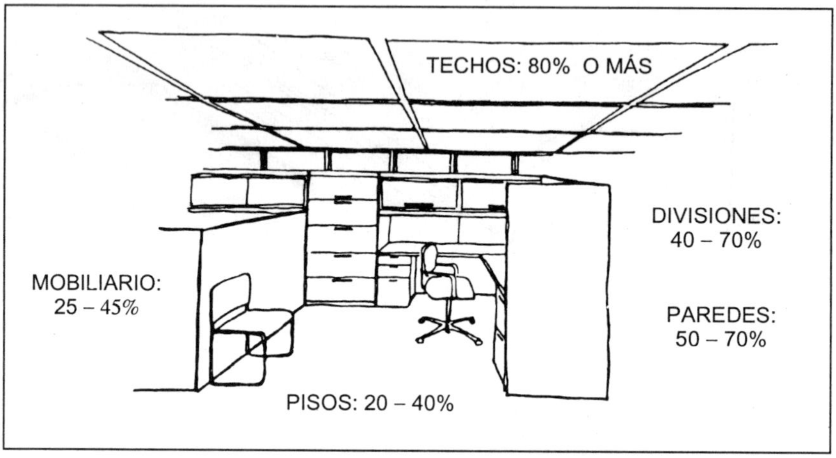

Reflejo

El *reflejo* es el brillo excesivo en el campo de visión. Esta luz excesiva se disipa en la córnea, los anteojos e incluso en los lentes de contacto (Frievalds, Harpster y Heckman, 1983), y disminuye la visibilidad, por lo que se requiere tiempo adicional para que los ojos se adapten al pasar de lugares iluminados a oscuros. Además, por desgracia, los ojos tienden a dirigirse a la fuente de luz más brillante; esto se conoce como *fototropismo*. El reflejo puede ser directo, si lo causan fuentes de luz que se encuentran dentro del campo visual, o bien indirecto, si alguna superficie en el campo de visión refleja la luz. El reflejo directo se puede reducir colocando más luminarias de menor intensidad, con pantallas o difusores en las luminarias, con la superficie de trabajo perpendicular a la fuente de luz, y con el aumento de la luz global para disminuir el contraste.

Es posible reducir el reflejo de alguna superficie con el uso de superficies que no brillan o color mate y con una orientación diferente de la superficie de trabajo o tarea, además de las modificaciones recomendadas para el reflejo directo. También se pueden usar filtros polarizados en la fuente de luz como parte de los anteojos que usan los operarios. Un problema especial es el efecto de estroboscopio causado por las reflexiones de partes que se mueven o por la maquinaria. Aquí, es importante evitar las superficies pulidas tipo espejo. Por ejemplo, la calidad tipo espejo de las pantallas de vidrio en los monitores de computadora es un problema en áreas de oficina. Reposicionar el monitor o usar pantallas de filtro ayuda. Por lo común, la mayoría de los trabajos requerirán una luz suplementaria para la tarea. Esto se puede proporcionar de muchas maneras, según la naturaleza de la tarea (vea la figura 6-6).

Color

Tanto el color como la textura tienen efectos sicológicos en las personas. Por ejemplo, el amarillo es el color aceptado de la mantequilla; entonces, la margarina debe fabricarse

FIGURA 6-6
Ejemplos de colocación de luminarias suplementarias: a) luminaria para prevenir reflejos y reflexiones que velan la visión, la luz reflejada no coincide con el ángulo de visión; b) La luz reflejada coincide con el ángulo de visión; c) Luz de ángulo bajo (al ras) para resaltar las irregularidades de la superficie; d) la fuente y el patrón de la superficie se reflejan hacia el ojo; e) iluminación traslúcida desde una fuente difusa. (*Tomado de:* IESNA, 1995)

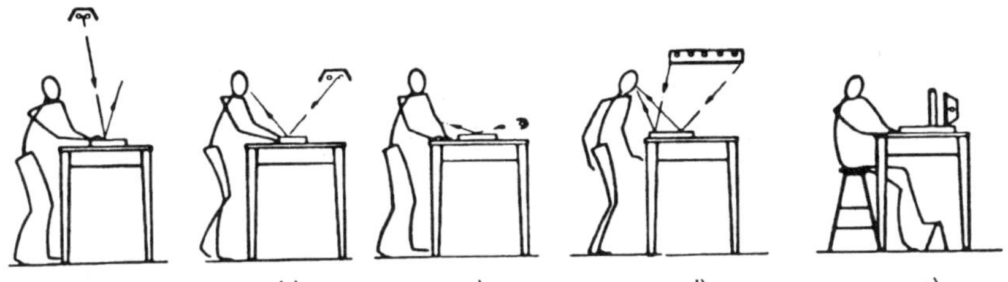

amarilla para que despierte el apetito. La carne es otro ejemplo. Cocinada durante 45 segundos en una parrilla electrónica, no le apetece a los clientes porque le falta la superficie café dorada "que se antoja". Tiene que diseñarse un aditamento especial para dorar la carne. En un tercer ejemplo, los empleados en una planta de aire acondicionado en el medio oeste se quejaron de sentir frío, aunque la temperatura se mantenía a 72°F (22.2°C). Cuando se pintaron las paredes blancas de la planta con un color coral acogedor, todas las quejas cesaron. En otro caso, los trabajadores en una planta protestaban porque las cajas eran demasiado pesadas, hasta que el ingeniero de planta hizo que las pintaran de verde. Al día siguiente varios trabajadores dijeron al supervisor, "esas nuevas cajas ligeras en verdad marcan la diferencia".

Tal vez el uso más importante del color es mejorar las condiciones ambientales de los trabajadores al proporcionar un bienestar visual. Los analistas usan los colores para reducir los contrastes fuertes, aumentar la reflectancia, resaltar los peligros y llamar la atención a ciertas características del entorno de trabajo.

Los colores también condicionan o afectan las ventas. Las personas reconocen los productos de una compañía al instante por el patrón de colores usado en los paquetes, marcas, logotipos, camiones y edificios. Una investigación indicó que las preferencias de color tienen influencia de la nacionalidad, localización y clima. Las ventas de un producto que se fabricaba en un solo color aumentaron al hacerlo de varios colores adecuados para las distintas demandas de los clientes. La tabla 6-5 ilustra los efectos emocionales y sicológicos significativos de los colores principales.

RUIDO

Teoría

Desde el punto de vista del analista, el ruido es un sonido no deseado. Las ondas de sonido se originan por la vibración de algún objeto, que a su vez establece una sucesión de ondas

TABLA 6-5
Significancia emocional y sicológica de los principales colores

Color	Característica
Amarillo	Tiene la visibilidad más alta entre todos los colores en casi cualquier condición de iluminación. Tiende a infundir una sensación de frescura y sequedad. Puede dar la sensación de riqueza y poder o sugerir cobardía y enfermedad.
Naranja	Tiende a combinar la alta visibilidad del amarillo y característica de la vitalidad e intensidad del rojo. Atrae más atención que cualquier otro color en el espectro. Da una sensación acogedora y a menudo tiene un efecto estimulante y de alegría.
Rojo	Color de alta visibilidad con intensidad y vitalidad. Es el color físico asociado con la sangre. Sugiere calor, estímulo y acción.
Azul	Color de baja visibilidad. Tiende a dirigir la mente a la meditación. Su efecto tiende a ser calmante, aunque puede promover un ánimo depresivo.
Verde	Color de baja visibilidad. Inspira la sensación de tranquilidad, frescura y estabilidad.
Púrpura y violeta	Colores de baja visibilidad. Se asocian con el dolor, la pasión, el sufrimiento, el heroísmo, etc. Tienden a producir la sensación de fragilidad, flacidez y tristeza.

de compresión y expansión a través del medio que las transporta (aire, agua y otros). Así, el sonido se puede transmitir no sólo por el aire y los líquidos, también a través de los sólidos, como las estructuras de las máquinas herramienta. Se sabe que la velocidad aproximada de las ondas de sonido en el aire es 1100 pie/s (340 m/s). En materiales viscoelásticos, como el plomo y el mastique, la energía del sonido se disipa con rapidez como fricción viscosa.

El sonido se puede definir en términos de las frecuencias que determinan su tono y calidad, junto con las amplitudes que determinan su intensidad. Las frecuencias aproximadas audibles para el oído humano van de 20 a 20 000 ciclos por segundo, que se conocen como Hertz y se abrevia Hz. La ecuación fundamental de propagación de ondas es:

$$c = f\lambda$$

donde: c = velocidad del sonido (1100 pie/s),
f = frecuencia en Hz,
λ = longitud de onda en pie.

Observe que al aumentar la longitud de onda, la frecuencia disminuye. Los analistas de métodos miden la intensidad del sonido con un medidor de ruido (decibelímetro); la unidad de la intensidad del sonido es el *decibel* (dB). Al crecer la amplitud de las ondas sonoras aumenta la presión del sonido medidos en la escala de decibeles.

Medición

Debido a la gran variedad de intensidades de los sonidos que se encuentran en el entorno humano normal, se ha elegido la escala de decibeles. De hecho, el nivel de decibeles es la

FIGURA 6-7
Valores en decibeles de sonidos comunes (dBA).

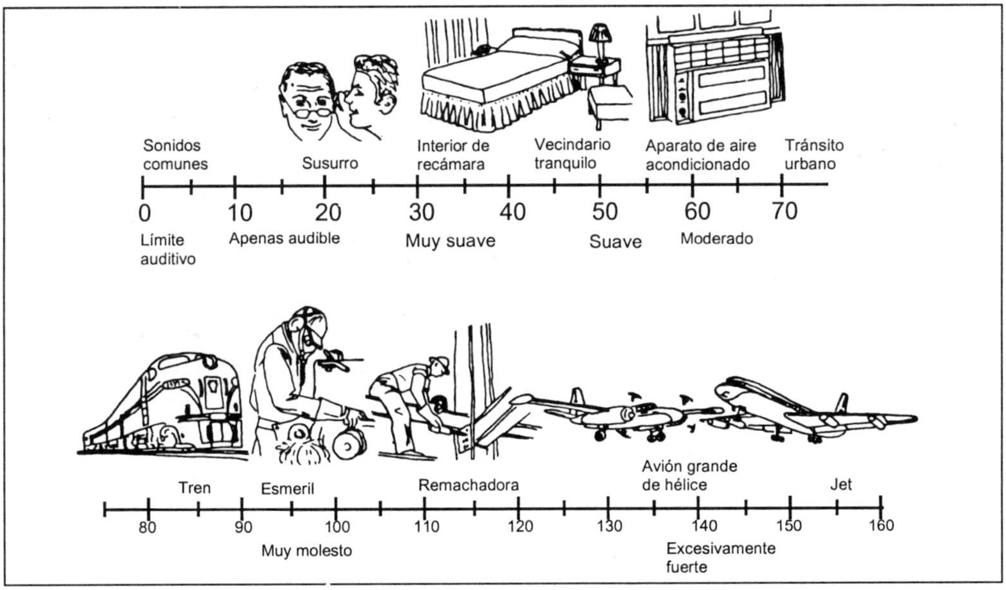

razón logarítmica de la intensidad del sonido real entre la intensidad del sonido en el límite de la capacidad auditiva de una persona joven. Entonces, el nivel de presión del sonido (L) en decibeles (dB) está dado por:

$$L = 10 \log_{10} P_{\text{rms}}/P_{\text{ref}}$$

donde: P_{rms} = raíz media cuadrática de la presión del sonido en microbars (dinas/cm^2),
P_{ref} = presión del sonido en el límite de audición de una persona joven a 1000 Hz (0.0002 microbars).

Como los niveles de presión del sonido son cantidades logarítmicas, el efecto de la coexistencia de dos o más fuentes de sonido en cierto lugar requiere que se realice una suma logarítmica como sigue:

$$L_{\text{TOT}} = 10 \log_{10} (10^{L_1/10} + 10^{L_2/10} + \cdots)$$

donde: L_{TOT} es el ruido total,
L_1 y L_2 son las dos fuentes de sonido.

El nivel de sonido con ponderación A usado en la figura 6-7 es la medida del ruido ambiental más aceptada. Esta ponderación reconoce que desde los puntos de vista sicológicos y fisiológicos, las frecuencias bajas (50-500 Hz) son menos molestas y dañinas que los sonidos en los intervalos críticos de frecuencias de 1000-4000 Hz. Con frecuencias superiores a 10 000 Hz, la agudeza auditiva (y por ende los efectos del ruido) de nuevo baja (vea la figura 6-8). Los medidores de nivel de ruido deben construirse con los circuitos electrónicos adecuados para atenuar las frecuencias altas y bajas, y poder leer las unidades directas en dBA, que corresponden al efecto en el oído humano promedio.

FIGURA 6-8
Curvas de nivel de sonido equivalente

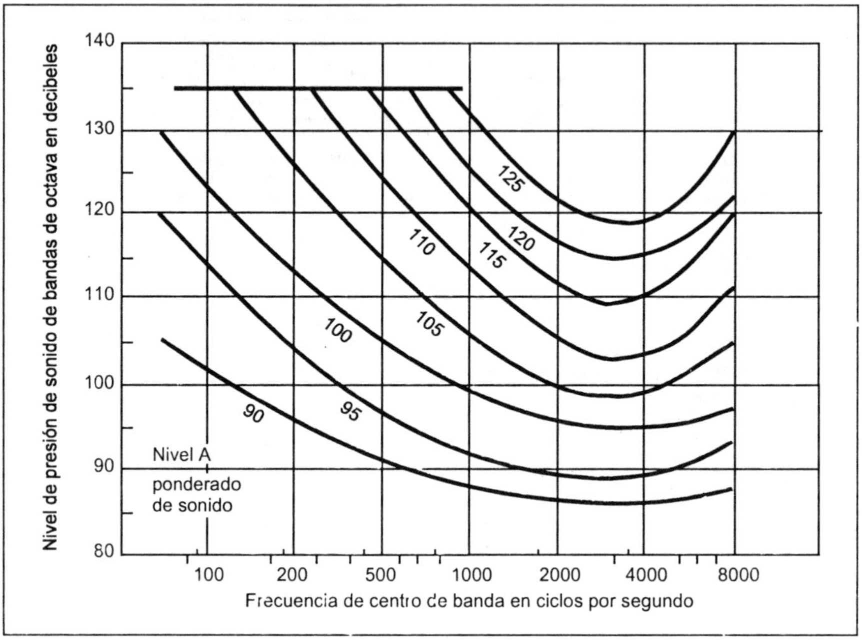

Pérdida de audición

La posibilidad de dañar el oído, cuyo resultado es sordera "conductiva", aumenta cuando la frecuencia se acerca al intervalo de 2400 a 4800 Hz. Esta pérdida auditiva es el resultado de una reducción en la flexibilidad de los receptores del oído interno, que dejan de transmitir las ondas sonoras al cerebro. Además, si el tiempo de exposición aumenta, en especial cuando se trata de intensidades altas, se producirá una lesión en el oído. La causa más común de la sordera conductiva es la exposición excesiva al ruido ocupacional. La susceptibilidad de los individuos a la sordera inducida por el ruido tiene una gran variación.

En general, el ruido se clasifica en confuso (o de banda amplia) y significativo. El confuso está compuesto de frecuencias que comprenden una parte importante del espectro de sonido. Este tipo de ruido puede ser continuo o intermitente. El significativo representa la información que distrae e impacta la eficiencia del trabajador. En situaciones a largo plazo, el ruido confuso puede causar sordera; en la operación diaria puede reducir la eficiencia en el trabajo y ser la causa de comunicación no efectiva.

El ruido confuso continuo suele ser parte de industrias como la textil y de talleres con maquinaria como tornos automáticos, donde el nivel de ruido no varía de manera significativa durante el día de trabajo. El ruido confuso intermitente es característico de una planta de forja de martinete o de un aserradero. Cuando una persona está expuesta a ruido que excede el nivel dañino, es posible que el efecto inicial sea la pérdida temporal de la audición de la que se recupera por completo en unas cuantas horas después de salir del entorno de trabajo. Si la exposición continúa por un periodo largo, el daño puede resultar irrever-

TABLA 6-6
Exposiciones al ruido permisibles

Duración por día (horas)	Nivel de sonido (dBA)
8	90
6	92
4	95
3	97
2	100
1.5	102
1	105
0.5	110
0.25 o menos	115

Nota: cuando la exposición diaria al ruido comprende dos periodos o más de ruido a diferentes niveles, debe considerarse su efecto combinado en lugar de los efectos individuales. Si la suma de las fracciones $C_1/T_1, C_2/T_2, \ldots, C_n/T_n$, excede la unidad, entonces debe considerarse que la exposición mixta excede el valor límite, C_n indica el tiempo total de exposición a un nivel de ruido específico y T_n es igual al tiempo total de exposición permitida durante el día de trabajo.

La exposición a ruido impulsivo o de impacto no debe exceder el nivel pico de presión de sonido de 140 dB.

sible. Los efectos del ruido excesivo dependen de la energía total que recibe el oído durante el periodo de trabajo. Así, al reducir el tiempo de exposición al ruido excesivo en el turno de trabajo se reduce la probabilidad de una lesión auditiva permanente.

Se ha demostrado que tanto el ruido confuso como el significativo distraen y molestan, con el resultado de una disminución en la productividad y un aumento en la fatiga del empleado. Sin embargo, la legislación federal se aprobó principalmente debido a la posibilidad del daño permanente al oído por exposición al ruido ocupacional. Los límites permitidos por la OSHA (1970) de exposición al ruido se presentan en la tabla 6-6.

Cuando se determinan los niveles mediante el *análisis de banda de octava* (un filtro agregado al medidor de sonido que descompone los sonidos en sus frecuencias), el nivel A ponderado de sonido equivalente se determina como sigue: se grafican los niveles de presión de sonido como en la gráfica de la figura 6-8 y se observa el nivel A ponderado de sonido que corresponde al punto de la penetración más alta en las curvas de nivel de sonido. Este es el valor dBA que se usa en los cálculos.

Dosis de ruido

La OSHA usa el concepto de *dosis de ruido*, donde la exposición a cualquier nivel de sonido superior a 80 dBA causa una dosis parcial en quien lo escucha. Si la exposición total diaria consiste en varias exposiciones a diferentes niveles de ruido, entonces las dosis parciales se suman para obtener una exposición combinada:

$$D = 100 \times (C_1/T_1 + C_2/T_2 + \cdots + C_n/T_n) \leq 100$$

donde: $D =$ dosis de sonido,
$C =$ tiempo de exposición a niveles específicos de ruido (horas),
$T =$ tiempo permitido a un nivel específico de ruido (horas) (vea la tabla 6-6).

EJEMPLO 6-2
Cálculo de la dosis de ruido de OSHA

Un trabajador se expone a 95 dBA durante 3 horas y 90 dBA durante 5 horas. Aunque cada dosis parcial por separado está permitida, la dosis combinada no lo está:

$$D = 100 \times (3/4 + 5/8) = 137.5 > 100$$

La exposición total a diferentes niveles de ruido no debe exceder el 100% de una dosis.

Entonces, 90 dBA es el nivel máximo permisible para un día de 8 horas de trabajo, y cualquier nivel de sonido mayor que éste requiere algún tipo de protección. Todos los sonidos con niveles entre 80 y 130 dBA deben incluirse en los cálculos de la dosis de ruido (aunque los niveles continuos superiores a 115 dBA no están siquiera permitidos). Como la tabla 6-6 proporciona sólo ciertos tiempos clave, se puede usar una fórmula para el cálculo de los niveles de ruido intermedios:

$$T = 8/5^{(L-90)/5}$$

donde: L = nivel de ruido (dBA).

La dosis de ruido también se puede convertir a un *promedio ponderado de un tiempo de 8 horas* (PPT). Este es un nivel de sonido que produciría una dosis dada, si un trabajador estuviera expuesto a ese nivel de sonido continuo después de P horas de trabajo. El PPT está definido por:

$$\text{PPT} = 16.61 \times \log_{10} (D/100) + 90$$

Entonces, en él último ejemplo, 139.3% de la dosis daría un PPT de:

$$\text{PPT} = 16.61 \times \log_{10} (139.3/100) + 90 = 92.39 \text{ dB}$$

En la actualidad OSHA requiere, además, un programa obligatorio de conservación de la audición, que incluye supervisión, pruebas audiométricas y capacitación, para todos los empleados que se exponen a ruido ocupacional igual o mayor que un PPT de 85 dB. Aun cuando los niveles de ruido menores que 85 dB pueden no causar pérdida auditiva, contribuyen a la distracción y molestan, con el resultado de un mal desempeño del trabajador. Por ejemplo, los ruidos de oficina comunes, aunque no son altos, pueden hacer más difícil la concentración y ser causa de una disminución de la productividad en los trabajos de diseño y creativos. También, los niveles de ruido menores que 85 dB pueden dificultar de manera considerable la efectividad de la comunicación personal y telefónica.

Efectos en el desempeño

En general, las reducciones en el desempeño se observan con más frecuencia en las tareas difíciles que imponen grandes exigencias de percepción, procesamiento de información y capacidad de memoria a corto plazo. Es sorprendente que el ruido pueda no tener efecto, y

EJEMPLO 6-3
Cálculo de la dosis de ruido de OSHA con exposición adicional

Un trabajador está expuesto una hora a 85 dBA, cuatro horas a 90 dBA y tres horas a 96 dBA. Se le permiten 32 de la primera exposición, 8 horas de la segunda y

$$T = 8/2^{(96 - 90)/5} = 3.48$$

horas de la tercera exposición. La dosis de ruido total se convierte en:

$$D = 100 \times (1/32 + 4/8 + 3/3.48) = 139.3$$

Entonces, para este trabajador, la dosis de exposición al ruido de 8 horas excede los requerimientos de OSHA y debe disminuirse el ruido o será necesario proporcionar al trabajador las holguras de descanso (vea el capítulo 10) que cumplan con lo establecido por OSHA.

quizá mejore el desempeño de las tareas sencillas rutinarias. Sin la fuente de ruido, la atención de la persona puede divagar debido al aburrimiento.

La molestia es más complicada y comprende muchos aspectos emocionales. Los factores acústicos, como intensidad, frecuencia, duración, fluctuación del nivel y composición del espectro tienen un papel importante, al igual que los factores no acústicos, como experiencias anteriores con el ruido, tipo de actividad, personalidad, lo predecible de la ocurrencia del ruido, tiempo del día y del año y tipo de local. Existen cerca de una docena de métodos diferentes para evaluar los aspectos de molestia (Sanders y McCormick, 1993). Sin embargo, gran parte de estas mediciones incluyen aspectos de tipos de comunidad con niveles de ruido de 60-70 dBA, que son inferiores a los que sería razonable aplicar en las situaciones industriales.

Control de ruido

La administración puede controlar el nivel de ruido de tres formas. La mejor, y casi siempre la más difícil, es reducir el nivel de ruido en su fuente. No obstante, implica una gran dificultad rediseñar equipos como martillos neumáticos, prensa de forja de vapor, martillo de golpe y cepillos y ensambladores de madera, de forma que se mantenga la eficiencia del equipo y el nivel de ruido quede dentro de los intervalos de tolerancia. Sin embargo, en algunos casos, se pueden sustituir instalaciones operativas menos ruidosas en lugar de las que producen un alto nivel de ruido. Por ejemplo, puede sustituirse un remachador hidráulico por uno neumático, un aparato operado con energía eléctrica por uno operado con vapor, y un elastómetro de barril alineado por uno no alineado. El ruido de frecuencia baja en la fuente se controla con efectividad si se colocan monturas de hule, se da mejor mantenimiento y alineación al equipo.

Si no se puede controlar el ruido en su fuente, entonces los analistas deben investigar la posibilidad de aislar el equipo responsable del ruido; es decir, de controlar el ruido que emana de una máquina encerrando todo o una parte de la instalación con algún material aislante. Con frecuencia ésta ha sido la solución respecto a las prensas de potencia que tiene alimentadoras automáticas. Muchas veces, es posible reducir el ruido ambiental aislando la fuente de ruido del resto de la estructura; esto evita el efecto de repetición o eco del ruido y se puede lograr si se monta la instalación en algún tipo de elastómetro para amortiguar el ruido intermitente.

En situaciones en las que aislar la instalación no interfiere con la operación y accesibilidad, los siguientes pasos aseguran un diseño del encierro satisfactorio:

1. Establecer con claridad las metas del diseño y determinar el desempeño acústico requerido para el encierro. Establecer los criterios por octavas de banda a 3 pies (1 m) de las superficies principales de la maquinaria.
2. Tomar mediciones reales de los niveles de ruido por octavas de banda del equipo que se va a aislar, en las localidades recomendadas en el paso 1.
3. Determinar la acumulación de ruido y después el nivel de ruido neto cuando se usan instalaciones múltiples.
4. Determinar la atenuación de espectro de cada encierro. Esta es la diferencia entre el criterio de diseño determinado en el paso 1 y el nivel de ruido neto determinado en el paso 3.
5. Seleccionar los paneles acústicos y la configuración de las paredes para el encierro. La tabla 6-7 proporciona varios materiales de uso común para encierros relativamente pequeños. Debe aplicarse un material amortiguador viscoelástico si se usa cualquiera de estos materiales (excepto plomo). Esto puede proporcionar atenuación adicional de 3 a 5 dB.

Si no se puede reducir el ruido en la fuente y si la fuente de ruido no se puede aislar en cuanto a la acústica, entonces tal vez la absorción de acústica proporcione resultados benéficos. El propósito de instalar materiales acústicos en las paredes, techos y pisos es reducir la reverberación. La figura 6-9 ilustra la cantidad de reducción de ruido que es posible lograr mediante este tratamiento.

Observe que algunos sonidos son deseables en ciertos entornos de trabajo. Por ejemplo, durante muchos años se ha usado en las fábricas la música de fondo para mejorar el ambiente de trabajo. La mayoría de los trabajadores de producción e indirectos (mantenimiento, envíos, recepción, etc.) disfrutan la música mientras trabajan. Al introducirla al ambiente de trabajo, primero debe consultarse a los empleados para determinar qué tipo prefieren y la programación para hacerlo. Intervalos de 20 a 30 minutos con música y 20 a 30 minutos sin ella han funcionado bien.

Protección del oído

El personal en el área puede usar protecciones para los oídos, aunque en la mayoría de los casos, OSHA acepta esto sólo como una solución temporal. El equipo de protección del personal puede incluir varios tipos de tapones para los oídos, algunos de ellos pueden atenuar ruidos de todas las frecuencias hasta niveles de presión del sonido de 110 dB superiores a 600 Hz y hasta 115 dB abajo de esta frecuencia. La efectividad de los tapones de oídos se mide en forma cuantitativa por medio de una *tasa de reducción de ruido* (TRR), indicada en el empaque. La exposición al ruido equivalente para quien escucha es igual a

TABLA 6-7
Reducción del ruido, en octavas de banda, con una sola capa de material de uso común en los encierros

Frecuencia central en octava de banda	125	250	500	1000	2000	4000
Acero de calibre 16	15	23	31	31	35	41
Acero de 7 mm	25	38	41	45	41	48
Triplay (madera terciada) de 7 mm 0.32 kg/0.1 m^2	11	15	20	24	29	30
Triplay de 3/4 pulg 0.9 kg/0.1 m^2	19	24	27	30	33	35
Aplanado de yeso de 14 mm 1 kg/0.1 m^2	14	20	30	35	38	37
Fibra de vidrio de 7 mm 0.23 kg/0.1 m^2	5	15	23	24	32	33
Plomo de 0.2 mm 0.45 kg/0.1 m^2	19	19	24	28	33	39
Plomo de 0.4 mm 0.9 kg/0.1 m^2	23	24	29	33	40	43

FIGURA 6-9
Ilustración de los efectos posibles de algunas medidas de control. (*Tomado de:* Sanders y McCormick, 1993.) (Reproducido con permiso de The McGraw-Hill Companies.)
Las líneas de la gráfica muestran las reducciones posibles de ruido (a partir del nivel original) que pueden esperarse con a) aislante de vibración, b) encierro de material absorbente acústico, c) encierro rígido sellado, a) + b) + c) encierro sencillo combinado con aislante de vibración, a) + 2b) + c) encierro doble combinado con aislante de vibración.

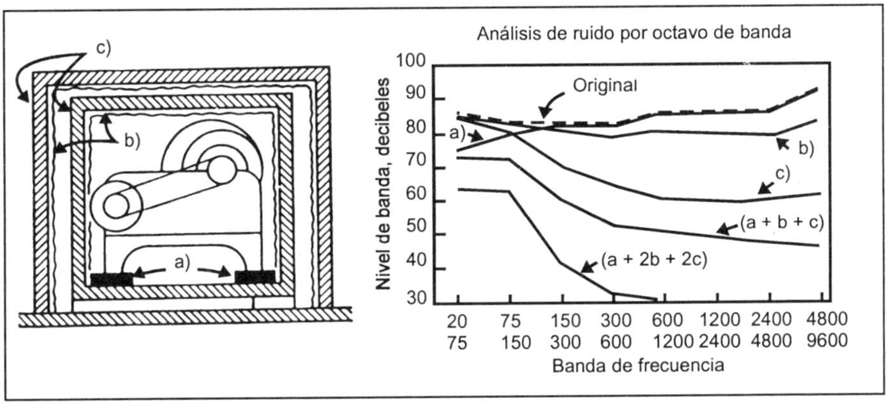

la PPT menos la TRR (OSHA, 1983). En general, los dispositivos del tipo que se insertan (como el hule espuma expandible) proporcionan mayor protección que los de tipo orejera. Una combinación de los tapones que se insertan y orejeras puede dar hasta 30 en los valores de la TRR. Observe que éste es un valor de laboratorio obtenido en condiciones ideales. Por lo común, en las situaciones del mundo real, con cabello, barba, anteojos, y un ajuste inadecuado, el valor de la TRR será mucho menor, quizá hasta 10 menos (Sanders y McCormick, 1993).

TEMPERATURA

La mayor parte de los trabajadores están expuestos a calor excesivo en un momento y otro. En muchas situaciones, se crean ambientes con calor artificial debido a las demandas de cierta industria. Los mineros están sujetos a condiciones de trabajo calientes por el aumento en la temperatura con la profundidad y la falta de ventilación. Los trabajadores de la industria textil están sujetos a las condiciones de calor y humedad necesarias para tejer la tela. Quienes trabajan el acero, coque, aluminio y otros, están sujetos a altas cargas de radiación de los hornos abiertos y los refractarios. Estas condiciones, si bien están presentes una porción limitada del día, pueden exceder la tensión climática encontrada en las condiciones extremas que ocurren de manera natural por el clima.

Teoría

El humano se modela casi siempre como un cilindro con cubierta, que corresponde a la piel, los tejidos superficiales y las extremidades, con un núcleo correspondiente a los tejidos más profundos del tronco y la cabeza. Las temperaturas del núcleo presentan un intervalo pequeño alrededor de un valor normal de 98.6°F (37°C). Para valores entre 100 y 102°F (37.8-38.9°C), el desempeño fisiológico decae en forma abrupta. Para temperaturas superiores a 105°F (40.6°C), el mecanismo de sudor puede fallar y causar una elevación rápida de la temperatura del núcleo y con el tiempo la muerte. Por otro lado, los tejidos del exterior del cuerpo pueden variar en intervalos de temperatura más amplios sin pérdida seria de la eficiencia, y actúan como amortiguador para proteger las temperaturas del núcleo. La ropa, si se lleva, actúa como una segunda capa aislante para el núcleo.

El intercambio de calor entre el cuerpo y su entorno se puede representar por la siguiente ecuación de balance de calor:

$$S = M \pm C \pm R - E$$

donde: M = aumento de calor por el metabolismo,
C = aumento de calor (o pérdida) por convexión,
R = aumento de calor (o pérdida) por radiación,
E = pérdida de calor a través de la evaporación del sudor,
S = almacenamiento de calor (o pérdida) del cuerpo.

La neutralidad térmica, S debe ser cero. Si la suma de varios intercambios de calor a través del cuerpo da como resultado una ganancia de calor, el calor resultante se almacenará en los tejidos del cuerpo, con un incremento consecuente en la temperatura del núcleo y el problema potencial de tensión por calor.

Una zona de comodidad térmica para áreas donde se realiza trabajo ligero, sedentario durante 8 horas, se define como el intervalo de temperaturas de 66 a 79°F (18.9-26-1°C),

FIGURA 6-10
Zona de comodidad térmica. (*Cortesía de:* Eastman Kodak Co.)

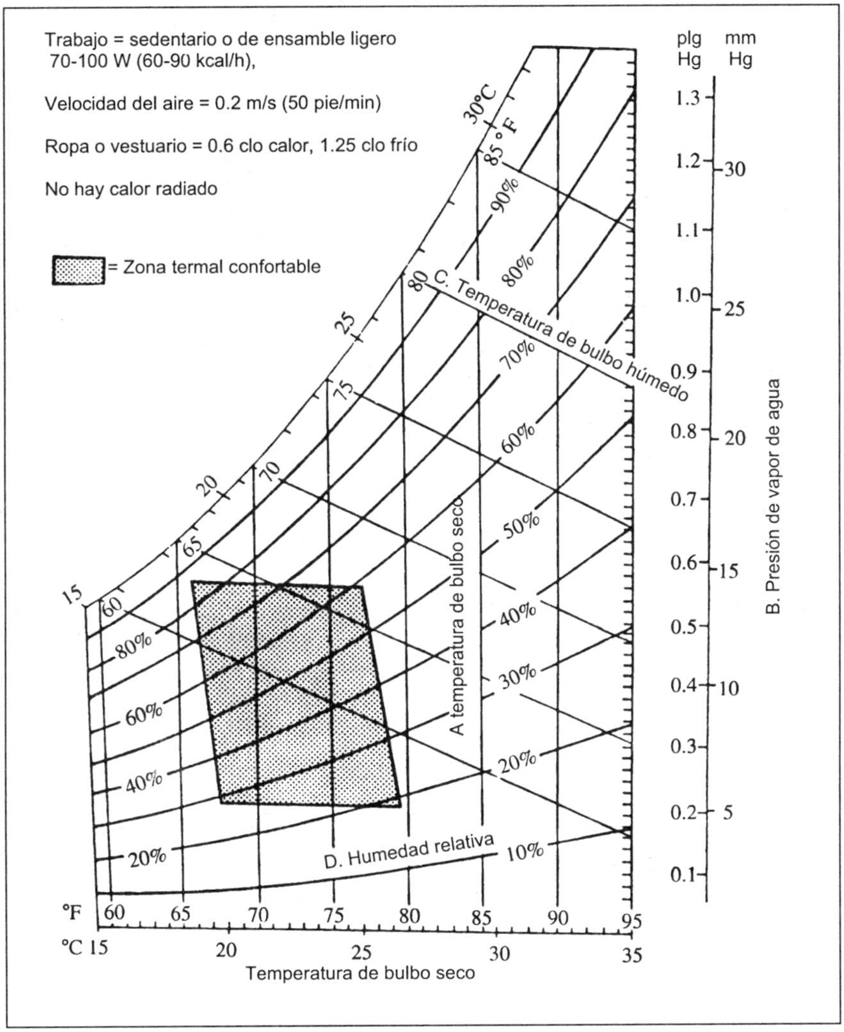

con humedad relativa de 20 a 80% (vea la figura 6-10). Por supuesto, la carga de trabajo, la ropa y la radiación de calor afectan el sentido individual de comodidad dentro de esta zona de comodidad.

Tensión por calor: TGBH

Se han hecho muchos intentos para combinar en un índice las manifestaciones fisiológicas de estos intercambios con mediciones ambientales. Estos intentos se han concentrado alrededor de los instrumentos de diseño que simulan el cuerpo humano o de los desarrollos de fórmulas y modelos basados en datos teóricos o empíricos para estimar el estrés o las tensiones físicas que resultan. En su forma más sencilla, un índice consiste en un factor dominante, como la temperatura de bulbo seco que usan muchas personas en zonas de climas agradables.

Quizá el índice que se usa con más frecuencia en la industria actual establece los límites de exposición al calor y los ciclos de trabajo/descanso con base en la *temperatura global de bulbo húmedo o TGBH* (Yaglou y Minard, 1957) y la carga metabólica. En formas un poco diferentes la ACGIH (1985), NIOSH (1986) y ASHRAE (1991) hacen recomendaciones. Para exteriores con carga solar, la TGBH se define como:

$$\text{TGBH} = 0.7\ \text{BHN} + 0.2\ \text{TG} + 0.1\ \text{BS}$$

y para interiores o exteriores sin carga solar, la TGBM es:

$$\text{TGBH} = 0.7\ \text{BHN} + .03\ \text{TG}$$

donde: BHN = *temperatura de bulbo húmedo natural* (medida del enfriamiento evaporativo, usando un termómetro con una cuerda mojada y el movimiento de aire natural),

TG = *temperatura de globo* (medida con una carga de radiación, en un termómetro dentro de una esfera de cobre negro de 6 pulg de diámetro),

BS = *temperatura de bulbo seco* (temperatura ambiente básica; termómetro –a la sombra– defendido de la radiación).

Observe que la temperatura BHN es diferente de la de bulbo húmedo sicométrico, que usa la velocidad máxima del aire en combinación con la de BS para establecer la humedad relativa y las condiciones térmicas de las zonas de comodidad.

Una vez medida la TGBH (instrumentos comerciales disponibles proporcionan lecturas ponderadas instantáneas), se usa junto con la carga metabólica de los trabajadores para establecer el tiempo que debe permitirse trabajar a un operario no aclimatado y a uno aclimatado en ciertas condiciones (vea la figura 6-11). Estos límites se basan en incrementos de temperatura de 1.8°F (1°C) del núcleo de los individuos, según se calcula con la ecuación de balance. El incremento de 1.8°F fue establecido por NIOSH (1986) como límite superior aceptable para el almacenamiento de calor en el cuerpo. Se supone que el descanso adecuado tiene las mismas condiciones. Es evidente que si el trabajador descansa en áreas más cómodas, será necesario menos tiempo descanso.

Métodos de control

La tensión por calor se puede reducir con la implantación de controles de ingeniería, es decir, con la modificación del ambiente, o mediante controles administrativos. La modificación del ambiente es una consecuencia directa de la ecuación de balance. Si la carga metabólica es una contribución significativa al almacenamiento de calor, la carga de trabajo debe reducirse con la mecanización de la operación. Trabajar más despacio también disminuye la carga de trabajo, pero tendrá efectos negativos al decrecer la productividad. La carga de radiación puede disminuir si se controla el calor en la fuente: aislando el equipo caliente, con drenajes para el agua caliente, con juntas selladas donde puede escapar el vapor e instalando ventilación local para dispersar el aire caliente que sube del proceso

EJEMPLO 6-4
Cálculo de la TGBH y el nivel de tensión por calor

Considere un trabajador no aclimatado que coloca vigas en una tarima a 400 kcal/h (1600 BTU/h) con carga térmica de TGBH = 77°F (25°C). Este individuo podrá trabajar 45 minutos y tendrá que descansar. En este punto, el trabajador deberá descansar al menos 15 minutos en el mismo ambiente o un tiempo menor en un ambiente menos tensionante.

caliente. La radiación también se puede interceptar antes de que llegue al operario, mediante cubiertas protectoras: hojas de material reflejante, como aluminio o tablones cubiertos de papel aluminio, cortinas metálicas, pantallas de malla de alambre, o vidrio temperado si la visibilidad lo requiere. Las prendas reflejantes, ropa de protección e incluso prendas con mangas largas también ayudan a reducir la carga de radiación.

FIGURA 6-11
Niveles de estrés por calor, recomendados según calor metabólico (promedio ponderado de tiempo: 1h), ciclo para aclimatarse, trabajo/descanso. (*Tomado de:* NIOSH, 1986, fig. 1 y 2). *Los límites de temperatura son TGBH = 1h tiempo promedio ponderado. LAR = límite de alerta recomendado para trabajadores no aclimatados. LER = límite de exposición recomendado para trabajadores aclimatados.*

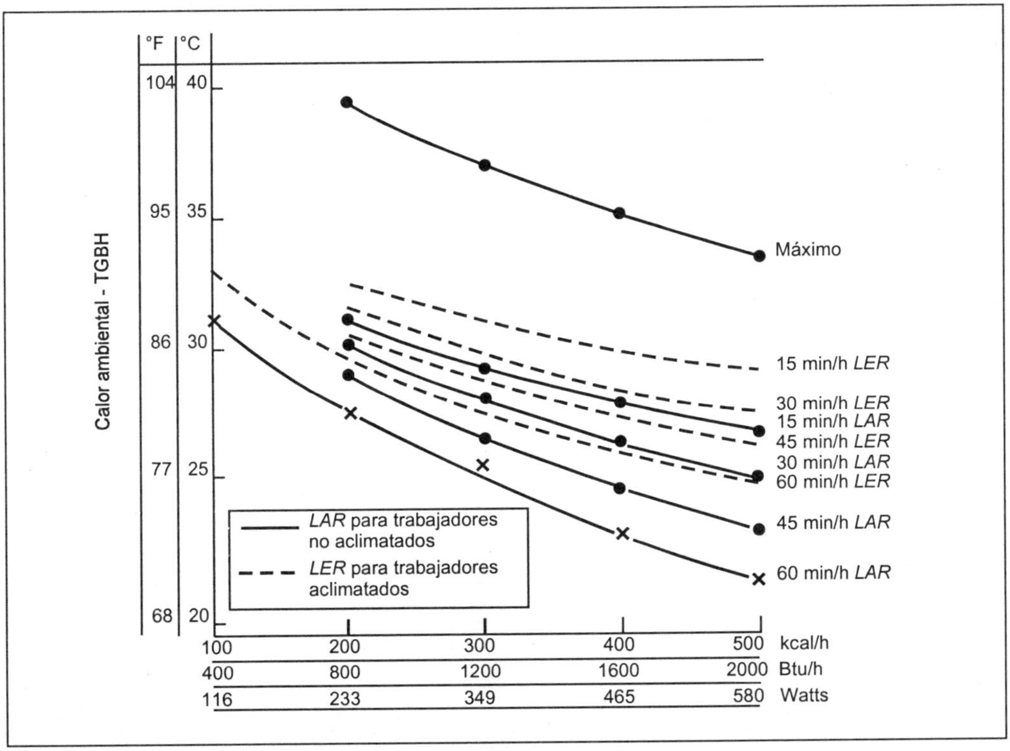

Es posible aumentar la pérdida de calor por convección por parte del trabajador si se aumenta el movimiento de aire con ventilación, siempre que la temperatura de bulbo seco sea menor que la temperatura de la piel, es decir, alrededor de 95°F (35°C) en esos ambientes. La convección es más efectiva sobre la piel desnuda; sin embargo, ésta también absorbe más radiación. Entonces, existe un trueque entre la convección y la radiación. La pérdida de calor por evaporación puede mejorar de nuevo con el incremento del movimiento de aire y la disminución de la presión de vapor de agua, con el uso de deshumidificadores o aire acondicionado. Por desgracia, este último enfoque, aunque crea ambientes placenteros, es costoso y con frecuencia impráctico en las instalaciones de producción comunes.

Las medidas administrativas, aunque menos efectivas, incluyen: modificar la programación del trabajo para disminuir la carga metabólica mediante periodos de trabajo/descanso según la figura 6-11, aclimatar a los trabajadores (esto puede tomar cerca de dos semanas, y el efecto se pierde en un periodo similar), rotar a los trabajadores dentro y fuera del entorno caliente y usar chalecos de enfriamiento (Kamon et al,1986).

Tensión por frío

El índice de tensión por frío de uso más común es el índice de *factor de viento*. Describe la tasa de pérdida de calor por radiación y convección como una función de la temperatura del ambiente y la velocidad del viento. (Siple y Passel, 1945). El uso del índice de factor de viento no es directo, sino que se convierte a una *temperatura equivalente con factor de viento*. Ésta es la temperatura del ambiente que, en condiciones de calma, produciría el mismo índice de factor de viento que la combinación real de la temperatura del aire y la ve-

TABLA 6-8
Temperaturas equivalentes con factor de viento (°F) de ambientes fríos en condiciones de calma

Velocidad del viento (mph)	Lectura real del termómetro (°F)							
	40	30	20	10	0	−10	−20	−30
0	40	30	20	10	0	−10	−20	−30
5	37	27	16	6	−5	−15	−26	−36
10	28	16	3	−9	−21	−34	−46	−58
15	22	9	−5	−18	−32	−45	−59	−72
20	18	4	−11	−25	−39	−53	−68	−82
30	13	−3	−18	−33	−48	−64	−79	−94
40	10	−6	−22	−38	−53	−69	−85	−101

Poco peligro: La piel seca expuesta no se congela durante 5 horas	**Peligro creciente:** La piel expuesta puede congelarse en un minuto	**Mayor peligro:** La piel puede congelarse en 30 segundos

(*Tomado de:* ASHRAE, 1993)

locidad del viento (tabla 6-8, ASHRAE , 1993). Para que el operario mantenga un balance térmico en esas condiciones de temperatura baja, debe haber una relación estrecha entre la actividad física del trabajador (producción de calor) y el aislamiento proporcionado por la ropa protectora (figura 6-12). En la figura, *clo* representa el aislamiento necesario para que una persona sentada esté cómoda cuando la humedad relativa es 50%, el movimiento del aire es 20 pies/minuto y la temperatura de bulbo seco es 70°F (21.1°C). Un traje ligero es un equivalente aproximado a un *clo* de aislamiento.

Tal vez los efectos más críticos para los trabajadores industriales expuestos a las condiciones al aire libre sean la disminución en la sensibilidad del tacto y la destreza manual debida a la vasodilatación y la disminución en el flujo de sangre a las manos. El desempeño manual disminuye hasta casi 50% cuando la temperatura de la piel de las manos baja de 65°F a 45°F (18.3°C a 7.2°C) (Lockhart, Kiess y Clegg, 1975). Los calentadores auxiliares

FIGURA 6-12
Predicción del aislamiento total requerido como una función de la temperatura ambiente (M = producción de calor en cal/m^2/h).
(*Tomado de:* Dibujado de nuevo de Belding, H. S. "Index for evaluating heat stress in terms of phisiological strains", *Heat, Pipe and Air Cond.*, 27, 129.)

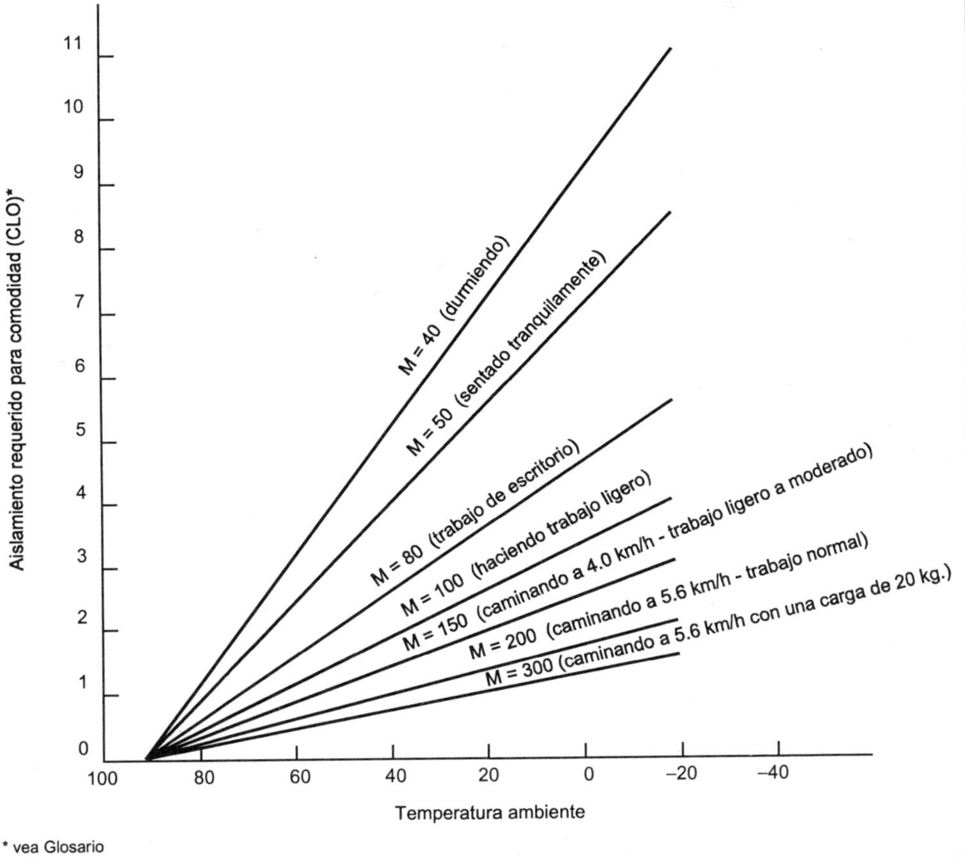

* vea Glosario

y los calentadores y guantes para las manos son soluciones potenciales del problema. Desafortunadamente, como se indica en el capítulo 5, los guantes pueden disminuir el desempeño manual y la fuerza de agarre. Un punto medio que protege las manos y afecta poco el desempeño son los guantes sin dedos (Riley y Cochran, 1984).

VENTILACIÓN

Si hay gente, maquinaria o actividades en una habitación, el aire interior se deteriora debido a la liberación de olores y calor, la formación de vapor de agua, la producción de dióxido de carbono y de vapores tóxicos. Debe proporcionarse ventilación para diluir estos contaminantes, sacar el aire viciado y dejar entrar aire fresco. esto se puede hacer con uno o más de tres enfoques: general, local o puntual. La ventilación o desplazamiento general se entrega a un nivel de 8-12 pies (2.4-3.6 m) y desplaza el aire caliente que se eleva del equipo, las luces y los trabajadores. La guía recomendada de los requerimientos de aire fresco, basada en volumen de habitación por persona, se muestra en la figura 6-13 (Yaglou *et al.*, 1936). Una regla burda es 300 pie^3 (8.5 m^3) de aire fresco por persona por hora.

En un edificio con sólo algunas áreas de trabajo, sería poco práctico ventilar todo el edificio . En ese caso, puede proporcionarse ventilación local a un nivel más bajo o quizá en un área cerrada, como una cabina de control ventilada o la cabina de una grúa. Observe que la velocidad de ventilación baja con rapidez al aumentar la distancia al ventilador (vea la figura 6-14) y su direccionamiento es crítico. Las velocidades aceptables de aire para el trabajador se especifican en la tabla 6-9 (ASHRAE, 1991). Una regla corta es que a una distancia de 30 diámetros de ventilador, la velocidad del aire es cero (Konz, 1995). Por último, en áreas con fuentes de calor localizadas, como hornos refractarios, el enfriamiento puntual con una corriente de aire directa de alta velocidad hacia el trabajador aumenta la convección y el enfriamiento por evaporación.

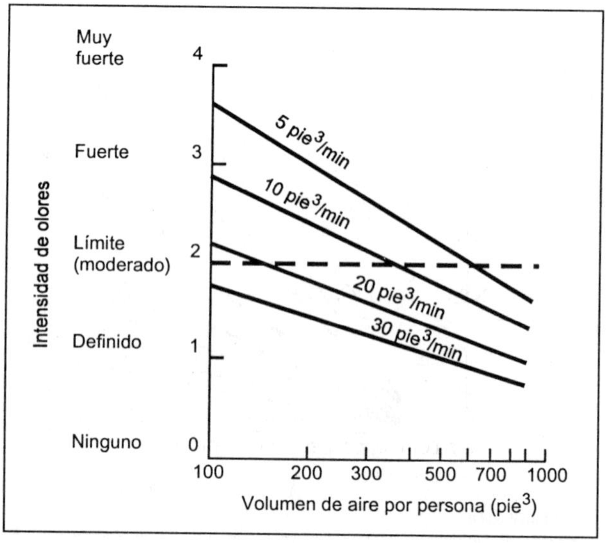

FIGURA 6-13
Guía de requerimientos de ventilación para trabajadores sedentarios según el volumen de aire disponible en la habitación. (*Adaptado de:* Yaglou *et al.*, 1936)

FIGURA 6-14
Velocidad del aire contra distancia al ventilador (*Tomado de:* Konz, 1995)

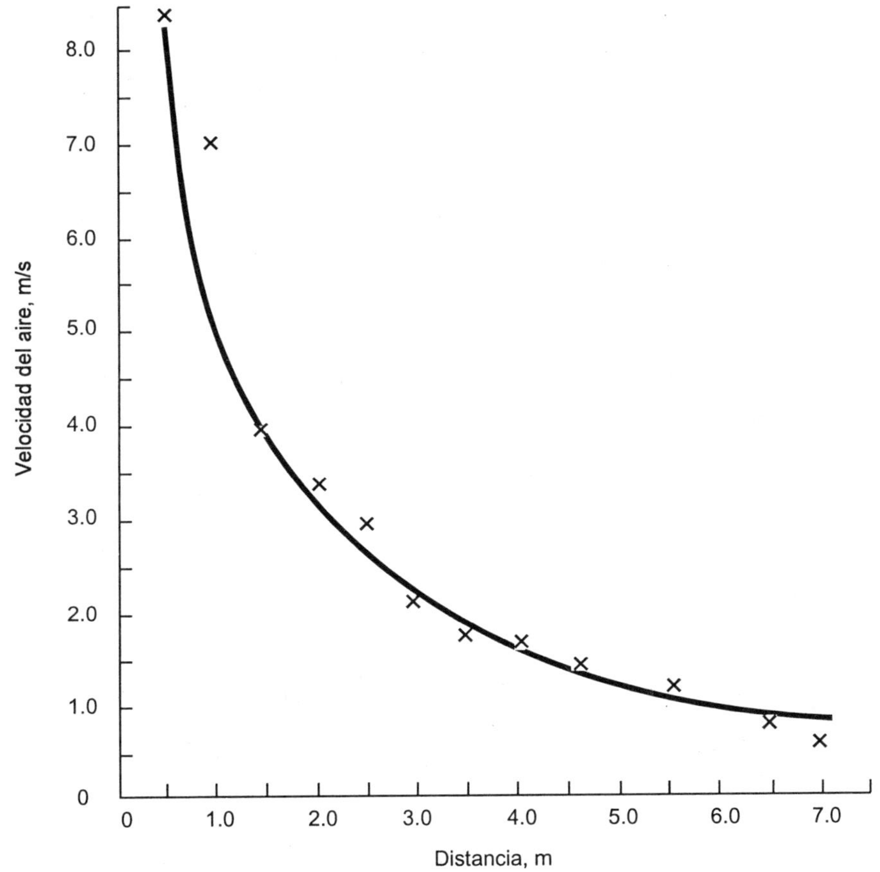

TABLA 6-9
Movimiento del aire aceptable para el trabajador

Exposición	Velocidad del aire (fpm)
Continua	
Espacio con aire acondicionado	50 a 75
Estaciones de trabajo fijas, ventilación general o puntual	
Sentado	75 a 125
Parado	100 a 200
Intermitente, enfriamiento puntual o estaciones de descanso	
Cargas de calor ligeras y actividad	1000 a 2000
Cargas de calor moderadas y actividad	2000 a 3000
Cargas de calor altas y actividad	3000 a 4000

(Reimpreso con permiso de ASHRAE, 1991)

VIBRACIÓN

La vibración puede causar efectos en el desempeño humano. Las vibraciones de amplitud alta y frecuencia baja tienen efectos en especial indeseables sobre los órganos y tejidos del cuerpo. Los parámetros de vibración son frecuencia, amplitud, velocidad, aceleración y sacudida. En el caso de vibraciones senoidales, la amplitud y sus derivadas respecto al tiempo son:

$$\text{Amplitud } (s) = \text{desplazamiento máximo desde la posición estática (pulg)}$$

$$\text{Velocidad máxima } \frac{ds}{dt} = 2\pi(s)(f) \text{ pulg/s}$$

$$\text{Aceleración máxima } \frac{d^2s}{dt^2} = 4\pi^2(s)(f^2) \text{ pulg/s}^2$$

$$\text{Sacudida máxima } \frac{d^3s}{dt^3} = 8\pi^3(s)(f^3) \text{ pulg/s}^3$$

donde: f = frecuencia,
s = amplitud de desplazamiento.

El desplazamiento y la aceleración máxima son los parámetros principales usados para caracterizar la intensidad de la vibración.

Existen tres categorías de exposición a la vibración:

1. Circunstancias en las que se afecta a toda o a una porción importante de la superficie del cuerpo; por ejemplo, cuando los sonidos de alta intensidad en el aire o el agua excitan la vibración.
2. Los casos en que las vibraciones se transmiten al cuerpo a través de un área de soporte; como a través de la espalda de una persona que maneja un camión o por los pies de una persona de pie junto a una instalación que vibra en una función.
3. Instancias en las que las vibraciones se aplican a una parte específica del área del cuerpo; por ejemplo a la mano que sostiene y opera una herramienta de potencia.

Todo sistema mecánico se puede modelar usando una masa, un resorte y un amortiguador que, al combinarlos se obtiene un sistema con su propia *frecuencia natural*. Cuanto más cercana sea la vibración a esta frecuencia, mayor es el efecto en el sistema. De hecho, si las vibraciones forzadas inducen vibraciones de amplitud más amplia en el sistema, entonces se dice que el sistema está en *resonancia*. Esto puede tener efectos drásticos como los vientos fuertes que causan la oscilación de un puente y con el tiempo su destrucción, o el paso firme de los soldados al cruzar los puentes. En la tabla 6-10 se presentan las frecuencias de resonancia críticas para una persona sentada.

Por otro lado, las oscilaciones en el cuerpo, o en cualquier sistema, tienden a amortiguarse. Así, en posición de pie, los músculos de las piernas amortiguan mucho las vibraciones, en especial cuando se trata de frecuencias superiores a 35 Hz. Las amplitudes de las oscilaciones en los dedos se reducen 50% en la mano, 66% en el codo y 90% en el hombro.

La tolerancia humana a la vibración disminuye al aumentar el tiempo de exposición. Entonces, el nivel de aceleración tolerable aumenta si el tiempo de exposición disminuye.

TABLA 6-10
Frecuencias de resonancia para distintas partes del cuerpo

Frecuencia (Hz)	Parte del cuerpo afectada
3-4	Vertebras cervicales
4	Vértebras lumbares (clave para operarios de montacargas y camiones)
5	Clavícula
20-30	Entre la cabeza y el hombro
> 30	Dedos, manos y brazos (clave para operarios de herramientas de potencia)
60-90	Globos del ojo (clave para pilotos y astronautas)

Tanto la International Standards Organization (ISO) como el American National Standards Institute (ANSI) (ASA, 1980) han desarrollado límites para la vibración en todo el cuerpo para transporte y aplicaciones industriales. Los estándares especifican los límites en términos de desaceleración, frecuencia y duración (vea la figura 6-15). Las líneas de la gráfica muestran los límites de fatiga/desempeño. Para los límites de comodidad, los valores de la aceleración se dividen entre 3.15; para límites de seguridad, los valores se multiplican por 2. Por desgracia, no se han desarrollado límites para las manos y las extremidades superiores.

Las vibraciones de frecuencia baja (0.2-0.7 Hz) y amplitud alta son las causas principales del mareo por movimiento al viajar por mar o por aire. Los trabajadores experimentan fatiga con mayor rapidez cuando están expuestos a vibraciones en el intervalo de 1 a 250 Hz. Los primeros síntomas de la fatiga por vibración son dolor de cabeza, problemas de visión, pérdida del apetito y falta de interés. Los problemas posteriores incluyen deterioro del control motriz, degeneración de los discos, atrofia en los huesos y artritis. Las vibraciones experimentadas en este intervalo a menudo son características de la industria del transporte. Las vibraciones verticales de muchos camiones con llantas de hule al viajar a velocidades normales en carreteras comunes, van de 3 a cerca de 7 Hz, que es justo el intervalo crítico para la resonancia en el tronco humano.

Las herramientas de potencia con frecuencias entre 40 y 300 Hz tienden a ocluir el flujo de sangre y afectar los nervios; el resultado es el *síndrome de dedos pálidos*. El problema se agudiza en condiciones de frío, con el problema adicional de oclusión del flujo de sangre inducida por el frío, o *síndrome de Raynaud*. Herramientas mejor amortiguadas, el intercambio de mangos por otros con absorción de vibraciones y usar guantes, en especial los acojinados con materiales que absorben vibraciones, ayudarán a reducir el problema.

La administración puede proteger a los empleados contra la vibración de varias maneras. Las fuerzas aplicadas responsables de la vibración inicial se pueden reducir si se modifica la velocidad, alimentación y movimiento, y si se da un mantenimiento, balanceo y reemplazo adecuados de las partes gastadas. Los analistas pueden colocar el equipo en monturas antivibraciones (resortes, elastómeros, juntas de compresión) o alterar la posición del cuerpo del trabajador para disminuir las fuerzas de vibraciones perturbadoras. También es posible reducir el tiempo que los trabajadores están expuestos a la vibración si se alternan las asignaciones de trabajo dentro del grupo de empleados. Por último, los soportes acolchonados para el cuerpo amortiguan las vibraciones de amplitud alta. Se pueden usar sistemas de suspensión para asientos con amortiguadores hidráulicos, resortes de hojas, monturas de caucho o hule tipo cizalla o barras de torsión.

FIGURA 6-15
Umbral de disminución de habilidades por fatiga debida a vibración vertical contenida en ISO 2631 y ANSI S3. 18-1979. (*Tomado de:* Sanders y MacCormick, 1993) (Reimpreso con permiso de The McGraw-Hill Companies.)

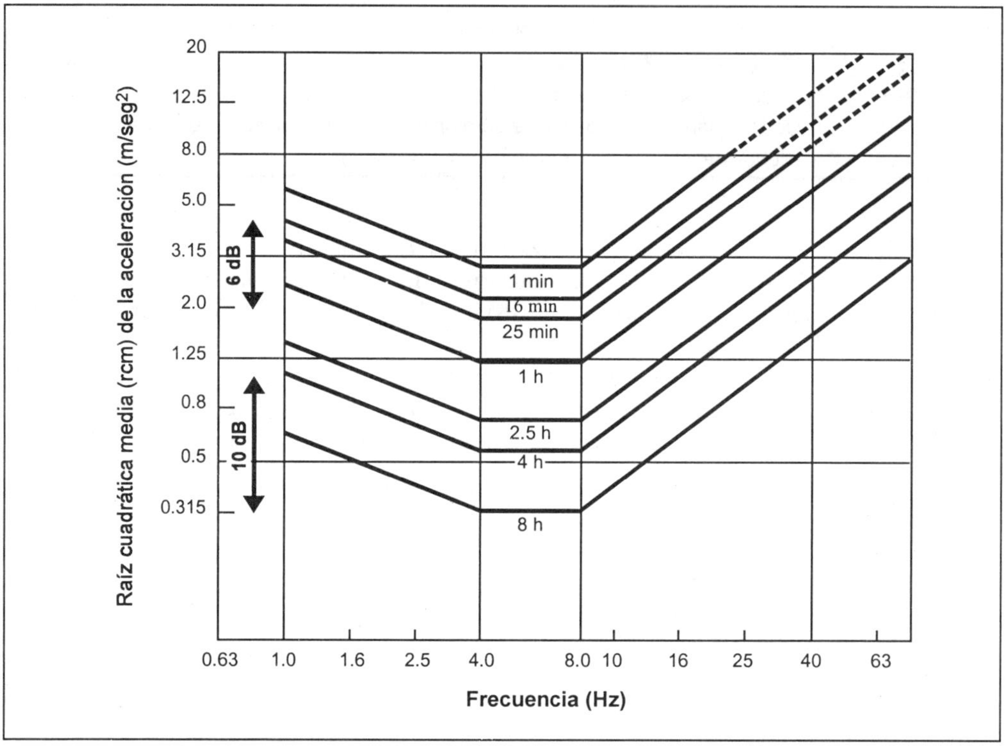

RADIACIÓN

Aunque todos los tipos de radiación por ionización pueden dañar los tejidos, es tan sencillo evitar las radiaciones beta y alfa que, en la actualidad, casi toda la atención se dedica a la radiación de rayos gama, rayos X y neutrónica. Los haces de alta energía que chocan con el metal en equipos de vacío pueden producir rayos X muy penetrantes que tal vez requieran una defensa mucho mayor que el mismo haz electrónico.

La dosis absorbida es la cantidad de energía distribuida por la radiación por iones a una masa dada de material. La unidad de dosis absorbida es el *rad*, equivalente a la absorción de 0.01 joules por kilogramo (100 ergs por gramo). La dosis equivalente es una manera de corregir las diferencias del efecto biológico de varios tipos de radiación por iones en los seres humanos. La unidad de dosis equivalente es el *rem*, que produce un efecto biológico en esencia igual al de rad de dosis absorbida de radiación X o gama. El *roentgen* (R) es una unidad de exposición que mide la cantidad de ionización producida en el aire por la radiación X o gama. El tejido localizado en un punto donde la exposición es un roentgen recibe el nombre de dosis absorbida de aproximadamente un rad.

Las dosis muy grandes de radiación por iones (100 rads o más) recibidas en periodo muy corto por todo el cuerpo pueden causar trastornos por radiación. Una dosis absorbida de cerca de 400 rad en todo el cuerpo sería fatal para alrededor de la mitad de los adultos. Las dosis pequeñas recibidas en un periodo largo pueden aumentar la probabilidad de contraer varios tipos de cánceres y otras enfermedades. El riesgo global de un cáncer fatal debido a una dosis equivalente de radiación de un rem es de casi 10^{-4}; esto es, una persona que recibe una dosis equivalente de un rem de radiación tiene una posibilidad de casi 1 en 10 000 de morir por un cáncer producido por la radiación. Este riesgo también se puede expresar como la esperanza de un cáncer fatal en un grupo de 10 000 personas, si cada una recibe una dosis equivalente de un rem.

Las personas que trabajan en áreas de acceso controlado con el propósito de dar protección contra la radiación, en general, están limitadas a una dosis equivalente de cinco rem por año. Es común que el límite en áreas no controladas sea el mismo. Trabajar dentro de estos límites no debe tener un efecto significativo en la salud de los individuos involucrados. Todas las personas están expuestas a la radiación de radioisótopos que ocurren de manera natural en el cuerpo, por la radiación cósmica y por la radiación emitida por la tierra y los materiales de construcción. La dosis equivalente de las fuentes de fondo naturales es de alrededor de 0.1 rem (100 milirem) por año.

TRABAJO POR TURNO Y HORARIOS DE TRABAJO

Trabajo por turno

El *trabajo por turno*, definido como trabajar en horas que no son las de día normal, se convierte en un problema creciente para la industria. Por tradición, la necesidad de servicios continuos de la policía, los bomberos y el personal médico, o de las operaciones continuas de la industria química o farmacéutica, ha significado la necesidad de trabajar por turnos. Sin embargo, en tiempos más recientes la economía de la manufactura, es decir, la capitalización o recuperación de la maquinaria automática con costos siempre en aumento también ha aumentado la demanda del trabajo por turnos. De manera similar, la producción justo a tiempo y las demandas estacionales de productos (y la disminución consiguiente en espacio de almacén) también requieren cada vez más el trabajo por turnos.

El problema con el trabajo por turnos es el estrés sobre los *ritmos circadianos*, que son las variaciones de 24 horas en las funciones del cuerpo humano (al igual que de otros organismos). La longitud del ciclo varía entre 22 y 25 horas, pero se mantiene sincronizado dentro del ciclo de 24 horas debido a los diferentes conservadores del tiempo, como los cambios diarios de luz y oscuridad, los contactos sociales, el trabajo y el reloj. Los cambios cíclicos más notorios ocurren en el sueño, la temperatura interna, las pulsaciones del corazón, la presión sanguínea y el desempeño en la tarea, como la capacidad de seguimiento crítico (vea la figura 6-16). Por lo común, las funciones del cuerpo y el desempeño inician su desarrollo al despertar, llegan a un pico a media tarde y después declinan de manera estable hasta su punto más bajo a la media noche. También existe una baja después de la mitad del día, conocida como *cansancio después del almuerzo*. Entonces, los individuos a quienes se pide que trabajen en el turno de noche presentarán una degradación marcada en el desempeño, desde los choferes de camión que se quedan dormidos mientras manejan, hasta los inspectores de gas que leen los medidores (Grandjean, 1988).

Puede suponerse que los trabajadores del turno de noche se adaptarán al trabajo debido al cambio en los patrones de trabajo. Por desgracia, el resto de las interacciones sociales

FIGURA 6-16
Ejemplos de ritmos circadianos. (*Tomado de:* Freivalds, 1983)

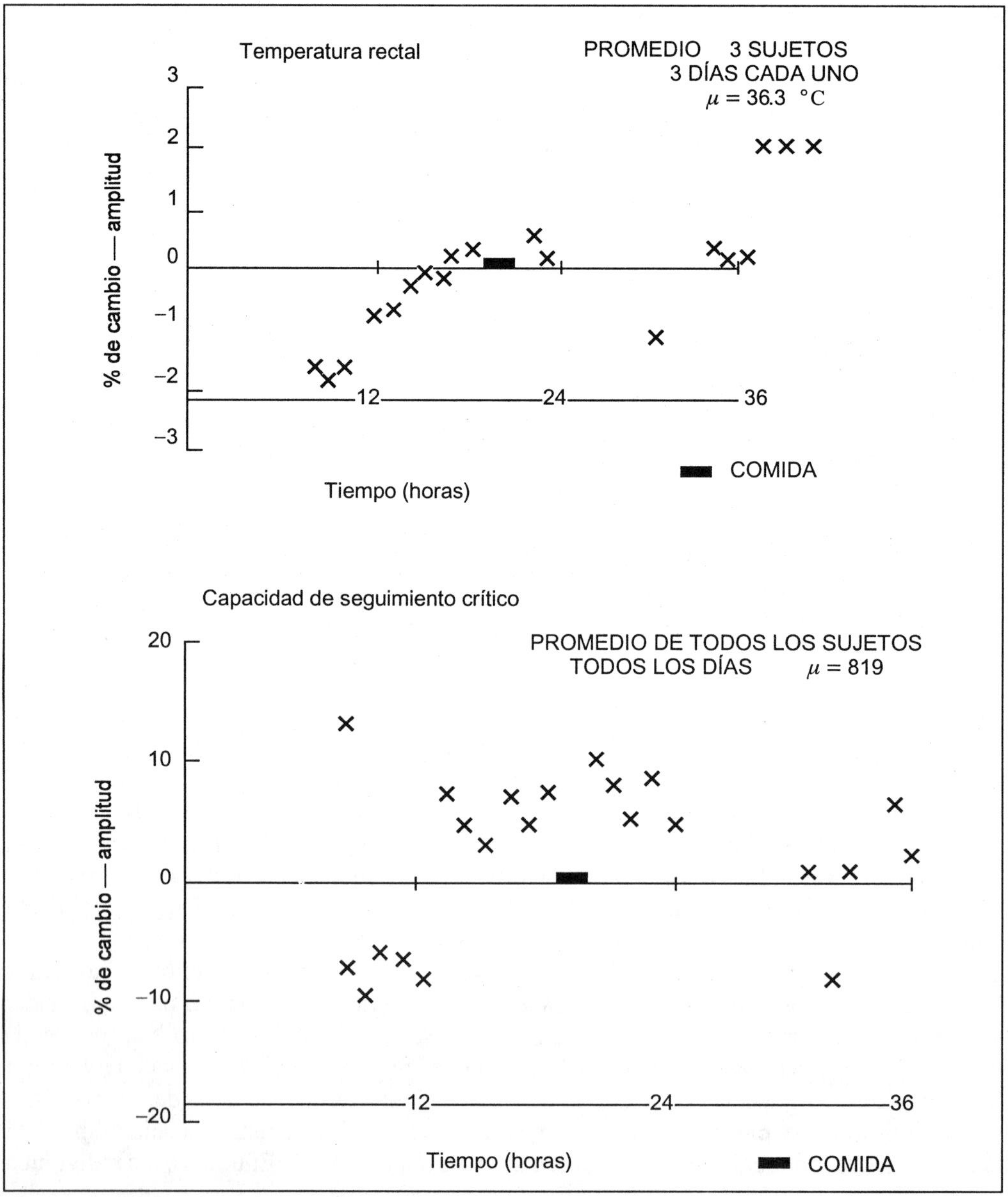

todavía tienen un papel importante y, en realidad, el ritmo circadiano nunca cambia (como lo hace en individuos que viajan al otro lado del globo terrestre durante periodos prolongados) e incluso puede acentuarse, aspecto que algunos investigadores consideran el peor escenario. Así, los trabajadores de la jornada nocturna también experimentan problemas de salud, como pérdida del apetito, problemas digestivos, úlceras y tasas mayores de enfermedad. Los problemas empeoran cuando el trabajador tiene más edad.

Existen muchas maneras de organizar el trabajo por turnos. Es común que un sistema de tres turnos tenga un turno matutino (M) de 8 am a 4 pm, uno vespertino (V) de 4 pm a 12 pm y uno nocturno (N) de 12 pm a 8 am. En el caso más sencillo, debido a incrementos en la demanda de producción, una compañía puede cambiar de un turno matutino a dos, uno matutino y uno vespertino. En general, por su antigüedad, los trabajadores de más edad piden el turno matutino, mientras que los de nuevo ingreso comienzan en el vespertino. La rotación semanal de los dos turnos no causa problemas sicológicos importantes, ya que el patrón de sueño no se perturba. Pero los patrones sociales sí pueden considerarse alterados.

El paso a un tercer turno nocturno presenta más problemas. Como existe dificultad para ajustarse a un nuevo ritmo circadiano, aún en el curso de varias semanas, la mayoría de los investigadores abogan por una *rotación rápida*, con cambios de turno cada dos o tres días. Esto mantiene la calidad del sueño lo mejor que se puede y no perturba la vida familiar y social por periodos largos. Esta rotación semanal común en Estados Unidos, es quizá el peor escenario porque los trabajadores nunca logran ajustarse a uno de los turnos.

En la tabla 6-11 se presenta un sistema de turnos de rotación rápida para un sistema de producción de 5 días (es decir, sin fines de semana). Sin embargo, en muchas compañías es sólo de mantenimiento con producción limitada. En ese caso, no se necesita todo el personal y puede ser más sencillo rotar sólo los turnos matutino y vespertino y operar un turno nocturno más pequeño, que puede estar formado más que nada de voluntarios que se pueden adaptar mejor a ese turno.

Para operaciones continuas las 24 horas, se necesita un sistema de rotación de turnos en siete días. Dos planes usados mucho en Europa son el sistema 2-2-2 con no más de dos días en cada turno (vea la tabla 6-12) y el sistema 2-2-3 con no más de tres días en cada turno (vea la tabla 6-13). Existen trueques en cada uno de estos sistemas. El sistema 2-2-2 proporciona un fin de semana libre sólo cada ocho semanas. En el sistema 2-2-3 hay un fin de semana de tres días libres una vez cada cuatro semanas, pero requiere que los obreros

TABLA 6-11
Rotación de turnos de ocho horas (fines de semana libres)

Semana	L	M	Mi	J	V	S	D
1	M	M	V	V	V	—	—
2	N	N	M	M	M	—	—
3	V	V	N	N	N	—	—

M = matutino
V = vespertino
N = nocturno

TABLA 6-12
Rotación de turnos 2-2-2 (8 horas continuas)

Semana	L	M	Mi	J	V	S	D
1	M	M	V	V	N	N	—
2	—	M	M	V	V	N	N
3	—	—	M	M	V	V	N
4	N	—	—	M	M	V	V
5	N	N	—	—	M	M	V
6	V	N	N	—	—	M	M
7	V	V	N	N	—	—	M
8	M	V	V	N	N	—	—

M = matutino
V = vespertino
N = nocturno

TABLA 6-13
Rotación de turnos 2-2-3 (8 horas continuas)

Semana	L	M	Mi	J	V	S	D
1	M	M	V	V	N	N	N
2	—	—	M	M	V	V	V
3	N	N	—	—	M	M	M
4	V	V	N	N	—	—	—

M = matutino
V = vespertino
N = nocturno

trabajen siete días seguidos, que no es atractivo. Un problema básico en ambos sistemas es que con turnos de 8 horas, se trabajan 42 horas semanales. Tal vez se requieran sistemas alternativos con más brigadas y menos horas (Kodak, 1986).

Otro enfoque posible es programar turnos de 12 horas. Con estos sistemas, el obrero trabaja turnos de 12 horas en el día (D) o 12 horas en la noche (N) con tres días seguidos de trabajo y tres de descanso (vea la tabla 6-14), o de manera más complicada dos o tres días de trabajo o descanso con un fin de semana libre cada dos (vea la tabla 6-15). Existen varias ventajas en los periodos de descanso más largos entre los días de trabajo, al menos la mitad de los días de descanso coinciden con los fines de semana. Por supuesto, la desventaja obvia es tener que trabajar días largos o en esencia horas extra en forma normal (vea la siguiente sección).

Existen sistemas más complicados con menos horas (40 o menos) por semana. Esto se puede estudiar con más detalle en Kodak (1986) o Schwarzenau, *et al*. (1986).

En definitiva, los riesgos de la salud y de trabajo se asocian con los turnos de trabajo. No obstante, si los turnos son inevitables debido a las consideraciones del proceso de manufactura, deben tomarse en cuenta las siguientes recomendaciones:

1. Evitar programar en los turnos a trabajadores mayores de 50 años.
2. Usar rotaciones rápidas en lugar de ciclos semanales o mensuales.

TABLA 6-14
Rotación de turnos de doce horas (3 días de trabajo, 3 de descanso)

Semana	L	M	Mi	J	V	S	D
1	D	D	D	—	—	—	N
2	N	N	—	—	—	D	D
3	D	—	—	—	D	N	N
4	—	—	—	D	N	D	—
5	—	—	N	N	D	—	—
6	—	D	D	D	—	—	—

D = día
N = noche

TABLA 6-11
Rotación de turnos de ocho horas (fines de semana libres)

Semana	L	M	Mi	J	V	S	D
1	D	—	—	N	N	—	—
2	—	D	D	—	—	N	N
3	N	—	—	D	D	—	—
4	—	N	N	—	—	D	D

D = día
N = noche

3. Programar el menor número posible de turnos de noche (tres o menos) sucesivos.
4. Usar rotación hacia adelante de los turnos si es posible (como, M-V-N o D-N).
5. Limitar el número total de turnos de trabajo sucesivos a siete o menos.
6. Incluir algunos fines de semana libres, con al menos dos días completos de descanso.
7. Programar días de descanso después de los turnos de noche.
8. Mantener los planes sencillos, predecibles y equitativos para todos los trabajadores.

Tiempo extra

Muchos estudios han demostrado que los cambios en la longitud del día o semana de trabajo tienen un efecto directo en la producción. Por desgracia, el resultado no es directamente proporcional como se esperaría. Observe la figura 6-17, el desempeño lineal teórico diario es lineal (curva 1), pero en la práctica, más bien tiene forma de S (curva 2). Por ejemplo, existe un periodo de preparación inicial con poca productividad (área A), un calentamiento gradual, una sección con pendiente mayor que la productividad teórica (área B) y una nivelación gradual cuando se acerca el final del turno. En un turno de ocho horas, las dos áreas, de baja productividad (área A) y de productividad en exceso (área B) son iguales, mientras que en turnos más largos para trabajo manual pesado (curva 3), la baja productividad es mayor que la productividad en exceso, en especial con baja productividad adicional (área C) en las última horas (Lehmann, 1953).

Los resultados de una antigua investigación inglesa (citada en Grandjean, 1988) indican que al *acortar* el día de trabajo se obtenía una *mayor* producción por hora, con menos pausas. Este cambio en el desempeño del trabajo requirió al menos varios días (a veces

FIGURA 6-17
La productividad como función de las horas de trabajo diarias
(*Adaptado de:* Lehmann, 1953)

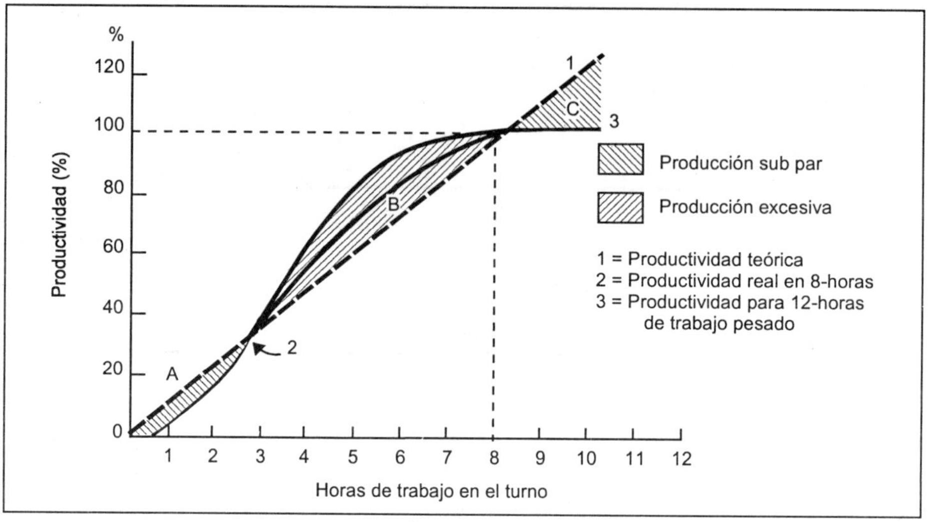

mas tiempo) antes de alcanzar el estado estable. Inversamente, alargar el día de trabajo, es decir, asignar tiempo extra, causa que la productividad disminuya, en ocasiones hasta el punto de disminuir la producción total del turno completo, aun cuando las horas trabajadas sean más (vea la curva 3 de la figura 6-17). Por lo tanto, cualquier beneficio esperado de turnos de más horas se compensa por la menor productividad. Este efecto depende del nivel de la carga de trabajo físico: el trabajo más extenuante significa una disminución mayor en la productividad y más periodos de descanso para el trabajador.

Datos más recientes (citados en Kodak, 1986) indican que el incremento esperado en la producción es alrededor de 10% por cada 25% de incremento en las horas trabajadas. Esto, en definitiva no justifica el gasto de pagar tiempo y medio por horas extra. Este análisis supone que hay un programa de pagos por día de trabajo (vea el capítulo 17). Con un esquema de incentivos durante las horas adicionales, tal vez no sea tan marcada la disminución de la productividad. De manera similar, si la máquina marca el paso del trabajo, la productividad está ligada a esa máquina. Sin embargo, el operador puede alcanzar niveles de fatiga inaceptables y requerir descansos adicionales por las holguras adecuadas (vea el capítulo 10). Un efecto secundario del tiempo extra es que si es excesivo o continuo, las tasas de accidentes y las ausencias por enfermedad aumentan (Grandjean, 1988).

No se puede recomendar la programación del tiempo extra de manera normal, pero puede ser necesario durante periodos cortos transitorios, para mantener la producción o aliviar faltantes temporales de personal. En tales casos, deben seguirse las siguientes recomendaciones:

1. Evitar tiempo extra para trabajo manual pesado.
2. Revaluar el trabajo con paso de la máquina para asignar descansos y bajar las tasas.
3. Para tiempos extra prolongados o continuos, rotar el trabajo entre los trabajadores o examinar otros sistemas de turnos.

4. Al elegir entre extender una serie de días de trabajo una o dos horas contra extender la semana de trabajo un día, la mayoría de los operarios optarán por lo primero para evitar perder un fin de semana con la familia (Kodak, 1986).

Semana de trabajo comprimida

Una semana de trabajo comprimida implica que se realizan 40 horas en menos de cinco días. En general, esto ocurre en la forma de cuatro días de 10 horas, tres días de 12 horas o cuatro de 9 horas con medio día el viernes. Desde el punto de vista administrativo, este concepto ofrece varias ventajas: menos ausentismo, relativamente menos tiempo para descanso y almuerzo y costos reducidos de preparación y cierre (respecto al tiempo de operación). Por ejemplo, los tratamientos por calor, la forja y las instalaciones de fundido requieren un tiempo significativo, hasta 15% o más, de las 8 horas del día de trabajo, para que la instalación y el material lleguen a la temperatura requerida antes de poder iniciar la producción. Al pasar a un día de 10 horas, la operación gana dos horas adicionales de tiempo de producción sin más tiempo de preparación. Aquí, las ganancias económicas por el día más largo pueden ser significativas. Los trabajadores también ganan más tiempo libre, y menos tiempo y costos de transporte (respecto al tiempo de trabajo).

Por otro lado, según el análisis del tiempo extra, la semana de trabajo comprimida es en esencia tiempo extra continuo. Aunque las horas totales trabajadas son menos, las horas trabajadas por día son más. Entonces, muchas de las desventajas del tiempo extra se aplican a la semana comprimida (Kodak, 1986). Otras objeciones al día de 10 horas y semana de 4 días surgen de los administradores que sostienen que están obligados a estar en el trabajo no sólo 10 horas cuatro días sino además 8 horas al menos el quinto día.

Programas de trabajo alternativos

Con el mayor flujo en la fuerza de trabajo de mujeres, en especial madres con hijos en la escuela, padres solteros, trabajadores de edad avanzada y personal con intereses duales de carrera y familia, además de la preocupación creciente por el costo de transporte y el valor de la calidad de vida, se necesitan más programas de trabajo. Un programa de ese tipo es el *tiempo flexible*, donde el trabajador establece los tiempos de entrada y salida, dentro de los límites establecidos por la administración. Hoy en día existen varios planes de esta naturaleza. Algunos requieren que los empleados trabajen al menos 8 horas al día, otros requieren un número específico de horas a la semana o al mes, mientras que otros piden a los trabajadores que estén en el sitio las cuatro o cinco horas medias del turno.

Estos planes tienen muchas ventajas para los empleados y para la administración. Los empleados pueden trabajar las horas de la mañana o de la tarde que más les convengan a sus ritmos circadianos, pueden manejar mejor las necesidades de la familia o las emergencias y pueden atender sus asuntos personales durante las horas de trabajo sin tener que pedir permiso de salida. La administración gana con menos ausentismo y tardanza. Las comunidades alrededor ganan porque la congestión de tráfico disminuye y pueden usar mejor las instalaciones recreativas y de servicio. Por otro lado, el tiempo flexible tiene una aplicación limitada en operaciones de manufactura, con paso de máquina y en procesos continuos, debido a los problemas de programación y coordinación de la mano de obra. No obstante en situaciones en las que se usan grupos de trabajo (vea el capítulo 18), es posible usar el tiempo flexible (Kodak, 1986).

Los trabajos de tiempo parcial y compartidos pueden ser útiles en especial para un padre o madre soltero con niños o para retirados que buscan un suplemento a sus ingresos de jubilación. Ambos grupos pueden proporcionar mucho talento y servicios a una compañía, pero sus circunstancias los limitan para realizar los turnos tradicionales de 8 horas. Quizá haya problemas respecto a las prestaciones y otros costos fijos de los empleados, pero se pueden manejar como prorrateo o en alguna otra forma creativa.

SEGURIDAD

Mantenimiento general

Uno de los objetivos de un equipo administrativo progresista es proporcionar seguridad y salud a los empleados en el lugar de trabajo. Esto requiere controlar el ambiente físico del negocio u operación. La mayor parte de las lesiones son el resultado de accidentes causados por condiciones inseguras, una acción insegura o una combinación de los dos. Las condiciones inseguras se relacionan con el entorno físico, que incluye el equipo usado y todas las condiciones físicas que rodean al lugar de trabajo. Por ejemplo, los peligros pueden surgir por falta de cuidado o protección inadecuada del equipo, la localización de las máquinas, las condiciones de las áreas de almacén o las condiciones del edificio.

Las condiciones generales de seguridad relacionadas con el edificio incluyen la capacidad de carga del lugar. Esto es importante en particular para las áreas de almacén donde la sobrecarga ha causado muchos accidentes serios cada año. Las señales de peligro de sobrecarga incluyen grietas en las paredes, vibración excesiva y mala colocación de las estructuras.

Los pasillos, escaleras y otros lugares de paso deben investigarse periódicamente para asegurar que no tienen obstáculos, no están disparejos y no hay aceite o materiales resbalosos o que causen caídas. En muchas edificaciones viejas, deben inspeccionarse las escaleras, ya que han sido fuente de numerosos accidentes y tiempo perdido. Las escaleras deben tener una pendiente de 30 a 35 grados, con anchos de escalón aproximados de 9.5 pulg (24 cm). La elevación no debe exceder 8 pulg (20 cm). Todas las escaleras deben estar equipadas con barandales, tener al menos 10 pies-candela (100 lux) de iluminación y estar pintadas en colores claros.

Debe haber al menos dos salidas en todos los pisos del edificio y el ancho de las salidas debe cumplir con el reglamento de seguridad de cualquier país* (en Estados Unidos el Life Safety Code of the National Fire Protection Association). Este reglamento considera la ocupación y el peligro relativo de incendio al que el área de salida da servicio. La protección adecuada contra incendios debe incorporarse, según los estándares y reglamentos específicos de OSHA. Los edificios deben contener extinguidores, sistemas de aspersión y mangueras y tubería fija.

Los pasillos deben ser derechos y estar señalizados, con esquinas redondeadas o diagonales. Si son pasillos para el paso de vehículos, deben ser al menos 3 pies más anchos

*N de R.T.: En México, Reglamento federal de seguridad e higiene y medio ambiente de trabajo, Secretaría de Trabajo y Previsión Social.

que el vehículo más ancho. (Cuando el tráfico es sólo en un sentido, entonces es suficiente con 2 pies más ancho.) En general, los pasillos deben tener al menos 5 pies-candela (50 lux) de iluminación. La instalación inicial de suficientes lámparas no asegura una iluminación adecuada. Sólo un esfuerzo de mantenimiento continuo puede garantizar la limpieza periódica de las lámparas y el reemplazo de focos fundidos. Deben usarse colores para identificar las condiciones de peligro. Las recomendaciones de peligro mostradas en la tabla 6-16 cumplen con los estándares de OSHA.

La mayor parte de las máquinas herramienta pueden cuidarse en forma satisfactoria para minimizar la probabilidad de que un trabajador se lesione mientras la usa. El problema es que muchas carecen de seguridad. En estos casos, debe actuarse de inmediato para proporcionar protección y para que se use en forma rutinaria. Un enfoque alternativo es proporcionar una operación de dos botones como la mostrada en las operaciones de prensa en la figura 6-18. Observe que cada persona tiene enfrente dos botones manuales separados (36 pulg o 91 cm), de manera que el operador debe tener las manos en posición segura cuando activa la prensa. Los botones para las palmas son el dispositivo número uno en seguridad para proteger al operador mientras carga y descarga las prensas de manufactura.

Por supuesto, hay excepciones, como un articulador o una sierra circular, para las que el proceso no permite protección completa. En estos casos, es fácil lograr una protección parcial, pero la completa es demasiado costosa o imposible porque interfiere con la manipulación del operario. Deben considerarse varias alternativas. Algunas veces, el proceso

TABLA 6-16
Recomendaciones de color

Color	Usado en	Ejemplos
Rojo	Equipo de protección contra incendios, peligro, como señal de alto	Cajas de alarma de incendios, localización de extinguidores y mangueras de incendios, tuberías de aspersores, latas de seguridad para inflamables, señales de peligro, botones de paro de emergencia
Naranja	Partes peligrosas de máquinas, otros peligros	Dentro de protecciones móviles, botones de seguridad para activación, orillas de partes expuestas para equipo móvil
Amarillo	Designar áreas de precaución, peligros físicos	Equipo de construcción y manejo de materiales, esquinas y orillas de plataformas, fosos, escalones, salientes. Se pueden usar cintas negras junto con las amarillas
Verde	Seguridad	Localización de equipo de primeros auxilios, máscaras de gas, salida de agua de seguridad
Azul	Designar áreas de precaución contra activación o uso de equipo	Banderolas de advertencia en los puntos de arranque de las máquinas, controles eléctricos, válvulas de tanques y calentadores
Púrpura	Peligros de radiación	Contenedores de material o fuentes radioactivas
Blanco y negro	Tráfico y mantenimiento	Localización de pasillos, direcciones, áreas que rodean equipo de emergencia

FIGURA 6-18
Operación de prensa de dos botones

se puede automatizar para liberar por completo al operario del "punto de peligro". En otros casos, se puede usar un robot manipulador en lugar de un operario, o se puede planear otro método y capacitar al operador para usar alimentadores manuales o dispositivos que le permitan mantener sus manos y otras partes del cuerpo fuera de los puntos de peligro.

Debe incorporarse un sistema de control de calidad y mantenimiento en el cuarto de herramientas, para que sólo se proporcionen a los operarios herramientas confiables y en buen estado. Los ejemplos de herramientas poco seguras que no deben darse a los operarios incluyen: herramientas eléctricas con aislantes rotos, herramientas eléctricas que carecen de cables o enchufes con conexión a tierra, herramientas sin filo, martillos desgastados, ruedas de molienda quebradas o sin guardas y herramientas con mangos rotos o dientes quebrados.

También deben considerarse los materiales potencialmente inseguros. Una gran parte de los negocios y las fábricas usan químicos peligrosos. Como política de la compañía, se debe anunciar la composición de cada compuesto químico usado, determinar sus riesgos y establecer medidas de control para proteger a los empleados. Los efectos en la salud a largo plazo de muchos materiales todavía se desconocen. OSHA y otros grupos los han identificado como riesgosos y las compañías están iniciando procedimientos para manejar este tipo de sustancias.

Los materiales que se sabe que causan problemas de salud o seguridad se clasifican en una de tres categorías: materiales corrosivos, tóxicos o irritantes e inflamables. Los materiales corrosivos incluyen una variedad de ácidos y cáusticos que pueden quemar o destruir el tejido del cuerpo humano con el contacto. La acción química de los materiales corrosivos puede ocurrir con el contacto directo con la piel o a través de la inhalación de gases o vapores. Para evitar el peligro potencial que resulta del uso de materiales corrosivos, se toman en cuenta las siguientes medidas:

1. Asegurar que los métodos de manejo de materiales están sometidos a todas las pruebas.
2. Evitar que se riegue, en especial durante el proceso inicial de entrega.
3. Asegurar que los operarios expuestos a materiales corrosivos tienen y usan el equipo diseñado de protección personal correcto y los procedimientos para desecharlo.
4. Asegurar que el dispensario o el área de primeros auxilios está equipado con lo necesario para una emergencia, incluyendo soluciones para diluirlos y para lavado de ojos.

Los materiales tóxicos o irritantes incluyen gases, líquidos o sólidos que envenenan el cuerpo o perturban el proceso normal por ingestión, absorción a través de la piel, o inhalación. Los siguientes métodos se usan para controlar los materiales tóxicos:

1. Aislar el proceso por completo de los trabajadores.
2. Proporcionar ventilación adecuada.
3. Proporcionar a los trabajadores equipo personal de protección confiable.
4. Sustituir por un material no tóxico o no irritante cuando sea posible.

Los materiales inflamables y los agentes de oxidación fuertes presentan peligro de incendios o explosiones. La ignición espontánea de los materiales combustibles puede ocurrir cuando no hay suficiente ventilación para eliminar el calor de un proceso de oxidación lenta. Para prevenir este tipo de incendios, los materiales combustibles deben almacenarse en un área bien ventilada, fresca y seca. Deben almacenarse pequeñas cantidades en contenedores de metal cubiertos.

Algunos polvos combustibles, como el aserrín, no se clasifican como explosivos. Sin embargo, pueden ocurrir explosiones cuando esos polvos, vapores inflamables o gases están presentes en el aire en concentraciones suficientes para incendiarse. Tanto para gases como para polvos, existen límites de concentraciones en el aire abajo y arriba de los cuales las explosiones no ocurren. Para polvos ligeros, el límite inferior explosivo aceptado es 0.015 onzas por pie cúbico, y para polvos pesados, 0.5 onzas por pie cúbico. Los vapores de gases tienen un intervalo más amplio en el que es posible que ocurran las explosiones. Las concentraciones de 0.5% por volumen en el aire con frecuencia se reconocen como límites inferiores. Un incremento en la temperatura disminuye este límite.

Para evitar explosiones, debe prevenirse la ignición con sistemas de ventilación o escape adecuados. El control apropiado de los procesos de manufactura minimiza la generación de polvos y la liberación de gases y vapores. Los gases y vapores pueden eliminarse de los flujos de gas mediante la absorción en líquidos o sólidos, la asimilación o adsorción en sólidos, la condensación y la combustión catalítica e incineración. En la absorción, el gas o vapor se distribuye en el líquido o sólido que lo colecta. El equipo de absorción incluye torres de absorción, como columnas de lámina con casquete de burbujeo, torres de empaque, torres de aerosol, y arandelas de celdas húmedas. La adsorción de gases y vapores usa una variedad de sustancias adsorbentes sólidas que incluyen benzeno, tetracloruro de carbón, cloroformo, óxido nitroso y acetaldehído.

Equipo personal de protección

Debido a la naturaleza de algunas operaciones y a las consideraciones económicas, el cambio en los métodos, el equipo o las herramientas quizá no elimine ciertos peligros. Cuando esto ocurre, los operadores deben contar con una protección completa de equipo personal. Este tipo de equipo incluye anteojos, máscaras, cascos, delantales, chalecos, pantalones, cubrepiernas, guantes, zapatos y equipo para respiración.

Para asegurar que el personal de operaciones usa siempre el equipo de protección, las compañías deben proporcionarlo a los empleados ya sea a cierto costo o sin costo. La política de que la compañía absorba los costos del equipo personal de protección es cada vez más común. Se pueden citar casos innumerables en los que el el equipo ha salvado un ojo, una mano, un pie o una vida. Por ejemplo, una compañía acerera informó que se previnieron 20 fatalidades en un año al reforzar el uso de los cascos que proporciona. Un aserradero en el noroeste informó que en un periodo de 20 días, el uso de gorros de protección había prevenido seis accidentes serios de lesiones en la cabeza.

Un estudio realizado recientemente por el U. S. Bureau of Labor Statistics mostró que tres de cada cinco trabajadores que sufrían lesiones en los ojos o quemaduras químicas no usaban la protección de los ojos en el momento del accidente. En 75% de esos casos, los trabajadores pensaban que la protección de los ojos no se requería en esa situación específica. El equipo de protección de ojos no es costoso y debe estar disponible siempre. Ha de enseñarse a los empleados la importancia de usar el equipo de protección especificado y desarrollar la actitud de no usar un equipo distinto al prescrito. El cumplimiento debe ser una condición de empleo.

ADMINISTRACIÓN DE LA SEGURIDAD EN EL TRABAJO Y LA SALUD (OSHA — Occupational Safety and Health Administration)

Reglamento de OSHA

El reglamento de OSHA de 1970 fue aprobado por el Congreso de Estados Unidos para "asegurar lo más posible las condiciones de seguridad de todo hombre o mujer trabajador en la nación y para preservar los recursos humanos". Según esta ley, la OSHA se creó para:

1. Exhortar al empleado y empleadores a reducir los peligros en el lugar de trabajo e implantar nuevos programas de seguridad o mejorar los existentes.
2. Establecer "responsabilidades y derechos separados pero dependientes" de empleadores y empleados para el logro de mejores condiciones de seguridad y salud.
3. Mantener un sistema de registros e informes para supervisar las lesiones y enfermedades relacionadas con el trabajo.
4. Desarrollar estándares de seguridad y salud obligatorios y reforzarlos de manera efectiva.
5. Apoyar el desarrollo, análisis, evaluación y aprobación de los programas de seguridad y salud relacionados con el estado.

Como esta ley puede afectar el diseño del lugar de trabajo, el analista de métodos debe conocer sus detalles. La cláusula de deberes generales de la ley establece que cada empleador "debe proporcionar un lugar de trabajo libre de peligros reconocidos que causen o puedan causar la muerte o daños físicos serios a los empleados". Más aún, el reglamento determina que es responsabilidad del empleador familiarizarse con los estándares aplicables a sus establecimientos y asegurar que los empleados tienen y usan el equipo personal de protección para su seguridad.

Los estándares de OSHA se dividen en cuatro categorías: industria en general, marítima, de construcción y agrícola. Todos los estándares de OSHA están publicados en el *Registro Federal*, que está disponible en casi todas las bibliotecas públicas, en un libro separado de reglamentos (OSHA, 1997), y en Internet (http://www.osha.gov/). OSHA puede iniciar procedimientos para establecer estándares por su propia iniciativa o como respuesta a peticiones del Secretary of Health and Human Services (HHS), el National Institute for Occupational Safety and Health (NIOSH), gobiernos del estado o locales, organizaciones que producen estándares de reconocimiento general como la ASME, y el empleador o los representantes del trabajo. De estos grupos, NIOSH, una oficina de HHS, es bastante activa en hacer recomendaciones para estándares. Realiza investigaciones sobre diferentes problemas de seguridad y salud y proporciona asistencia técnica a OSHA. De particular importancia es su investigación sobre sustancias tóxicas y sus desarrollos de criterios para el uso de esas sustancias en el lugar de trabajo.

OSHA también proporciona servicios de consultoría en la planta sin costo para los empleadores en los 50 estados de la Unión Americana. Este servicio está disponible si lo piden, y se da prioridad a los pequeños negocios, que en general tienen menos posibilidades de pagar consultas privadas. Estas consultorías pueden ayudar al empleador a determinar las medidas correctivas.

El reglamento también requiere que las compañías que tienen 11 empleados o más lleven registros de lesiones de trabajo y enfermedades conforme ocurren. Una lesión de trabajo se define como "cualquier lesión, por ejemplo, cortadura, fractura, torcedura o amputación, que sea el resultado de un accidente relacionado con el trabajo o de una exposición que involucre un solo incidente en el entorno de trabajo". Una enfermedad ocupacional es "cualquier condición anormal o desorden, distinto de una lesión de trabajo, causada por exposición a los factores ambientales asociados con el trabajo". Las enfermedades ocupacionales incluyen condiciones agudas y crónicas cuyas causas pueden ser inhalación, absorción, ingestión o contacto directo con sustancias tóxicas o agentes dañinos. En particular, debe registrarse si el resultado es muerte, pérdida de un día de trabajo o más, restricción en el movimiento o la habilidad del trabajo que realizaba, pérdida de la conciencia, transferencia a otro trabajo o tratamiento médico que no sea primeros auxilios.

Inspecciones del lugar de trabajo

Para reforzar sus estándares, OSHA está autorizada para realizar inspecciones. En consecuencia, todo establecimiento cubierto por el reglamento está sujeto a inspecciones de los oficiales de cumplimiento de la seguridad y salud de OSHA. El reglamento establece que "al presentar las identificaciones adecuadas al dueño, operario o persona a cargo", un oficial de cumplimiento de OSHA está autorizado para entrar sin demora a cualquier fábrica o lugar de trabajo con el fin de inspeccionar todas las condiciones pertinentes, equipo y materiales que se manejen y a preguntar al empleador, al operario o a los empleados.

Las inspecciones de OSHA, con unas cuantas excepciones, concluyen sin previo aviso. De hecho, alertar al empleador con anterioridad sobre una inspección de OSHA es motivo de una multa que puede llegar a 1000 dólares y/o 6 meses de cárcel. Las circunstancias especiales en las que OSHA puede advertir a un empleador de una inspección incluyen aquellas en las que:

1. Existen situaciones de peligro inminente que requieren corregirse lo más pronto posible.
2. Las inspecciones necesitan una preparación especial o deben llevarse a cabo después de las horas hábiles.
3. El aviso asegura que el empleador y los representantes de los empleados o algún otro personal esté presente.
4. El director de área de OSHA determina que un aviso previo produce un inspección más completa y efectiva.

Después de la inspección, si se encuentra una situación de peligro inminente, el oficial de cumplimiento pide al empleador que, de manera voluntaria, elimine el peligro y evite que los empleados se expongan. También debe publicarse una advertencia del peligro inminente. Antes de que el inspector de la OSHA deje el lugar de trabajo, él o ella darán aviso a todos los empleados afectados.

En el momento de la inspección, se pide al empleador que seleccione un empleado para que acompañe al oficial de cumplimiento durante la inspección. Un representante de empleados autorizado también tiene la oportunidad de asistir a la conferencia de apertura y de acompañar al oficial de cumplimiento durante la inspección. En las plantas que tienen un sindicato, es común que éste designe al representante de los empleados para acompañar al oficial de cumplimiento. En ninguna circunstancia el empleador elige al representante de los empleados para la inspección. El reglamento no requiere un representante de empleados para cada inspección; sin embargo, cuando no hay un representante autorizado, el oficial de cumplimiento debe consultar con un número razonable de empleados lo relativo a los asuntos de seguridad y salud en el lugar de trabajo.

Después de la ronda de inspección, hay una junta de clausura entre el oficial de cumplimiento, el empleador y el representante de empleados. Enseguida el oficial de cumplimiento informa lo que encontró a la oficina de OSHA y el director de área determina, si las hay, qué citatorios y multas se propondrán.

Citatorios

Los citatorios informan al empleador y a los empleados de los supuestos reglamentos y estándares que se han violado, y el tiempo propuesto para corregirlos. El empleador recibe los citatorios y avisos de las multas propuestas por correo certificado. El empleador está obligado a publicar una copia de cada citatorio cerca del lugar donde ocurrió la violación, durante tres días o hasta que se elimine, lo que ocurra primero.

El oficial de cumplimiento tiene la autoridad de emitir citatorios en el lugar de trabajo, al terminar la junta de clausura. Para hacerlo, él o ella debe primero analizar cada violación aparente con el director de área y recibir la aprobación para emitir los citatorios.

Los seis tipos de violaciones que ameritan un citatorio y las multas que se pueden imponer son:

1. *Violación mínima (sin multa)*. Este tipo de violación no tiene relación inmediata con la salud y seguridad, por ejemplo, el número de baños.
2. *Violación no seria*. Este tipo de violación tiene relación directa con la seguridad y la salud en el trabajo, pero tal vez no cause la muerte o daño físico serio. La multa propuesta es hasta de 7000 dólares por cada violación. Una multa por una violación no seria puede ser mucho menor dependiendo de la buena intención del empleador (esfuerzos demostrados por cumplir con el reglamento), historial de violaciones previas y tamaño del negocio.
3. *Violación seria*. En esta violación existe una probabilidad sustanciosa de que pueda causar una muerte o daño serio, y surge de un peligro sobre el que el empleador tenía conocimiento o debió tener conocimiento. Por cada violación se impone una multa obligatoria hasta de 7000 dólares.
4. *Violación intencional*. Esta es una violación que comete el empleador con toda intención y conocimiento. Él sabe que sus acciones constituyen una violación, o bien está consciente de que existe una condición de peligro y no hace un esfuerzo razonable para eliminarla. Se pueden proponer multas hasta de 70 000 dólares por cada violación intencional. Si se encuentra que un empleador es culpable de una violación intencional que ha causado la muerte de un empleado, puede haber sentencia de cárcel hasta por seis meses. La segunda vez se duplican estas penas máximas.
5. *Violación repetida*. Una violación repetida ocurre cuando la violación de cualquier estándar, reglamento, regla u orden se inspecciona de nuevo y se encuentra otra violación de la sección ya citada. No necesariamente se emite un citatorio para una violación repetida si ésta se refiere al mismo equipo o lugar. Si en la reinspección, se encuentra una violación del estándar, reglamento, regla, u orden, pero se trata de otro equipo y/o en otro lugar del establecimiento o lugar de trabajo, puede considerarse una violación repetida. Cada una de ellas puede significar una multa hasta de 70 000 dólares.
6. *Peligro inminente*. Ésta es una situación en la que se tiene una certidumbre razonable de que existe un peligro que puede esperarse que cause una muerte o daño físico serio, ya sea de inmediato o antes de poder eliminar el peligro mediante los procedimientos normales. Una violación de peligro inminente puede ocasionar el cese de la operación o incluso el cierre de la planta.

Otras violaciones para las que se puede emitir un citatorio y proponer multas son:

1. La falsificación de registros, informes o solicitudes, si se encuentra culpable, pueden significar una multa de 10 000 dólares o seis meses de cárcel.
2. La violación de los requerimientos de publicación puede causar una multa civil hasta de 7000 dólares.
3. No corregir una violación puede causar una multa civil hasta de 7000 dólares por cada día que continúa la violación después de la fecha de eliminación prescrita.

PROGRAMA DE ERGONOMÍA DE OSHA

En 1990, el alto número de incidencias y la severidad de los desórdenes óseomusculares relacionados con el trabajo encontrados en la industria empacadora de carne, llevó a OSHA a desarrollar la guía ergonómica que debía usarse para proteger a los empacadores de carne (OSHA, 1990). La publicación y difusión de esta guía intentaba ser un primer paso para ayudar a esta industria a implantar un programa completo de seguridad y salud que incluyera ergonomía. Aunque la guía en un principio fue de naturaleza orientadora, con el tiempo evolucionó en nuevos estándares ergonómicos industriales. La intención de la guía era proporcionar información para que el empleador pudiera determinar si tenían problemas de tipo ergonómico, identificar la naturaleza y localización de esos problemas e implantar medidas para reducirlos o eliminarlos.

El programa de ergonomía para las plantas empacadores de carne se divide en cinco secciones: 1) compromiso de la administración y participación del empleador; 2) análisis del lugar de trabajo; 3) recomendaciones para prevención y control de riesgos; 4) administración médica, y 5) capacitación y educación. También se proporcionan ejemplos especialmente diseñados para la industria empacadora de carne.

Compromiso y participación

El compromiso y la participación son elementos esenciales en cualquier programa razonable de seguridad y salud. El compromiso de la administración es en especial importante para proporcionar la fuerza de motivación y los recursos necesarios para resolver los problemas. De igual manera, la participación de los empleados es necesaria para mantener y dar continuidad al programa. Para ser efectivo debe tener un enfoque de equipo, con la alta administración como líder, y usando los principios siguientes:

1. Un programa escrito de seguridad en el trabajo, salud y ergonomía, con metas claras y objetivos para cumplirlas, dirigido y apoyado por los niveles más altos de la administración.
2. Una preocupación personal por la salud y seguridad de los empleados, con énfasis en la eliminación de riesgos ergonómicos.
3. Una política que dé la misma importancia a la salud y seguridad que a la producción.
4. La asignación y comunicación de responsabilidades dentro del programa de ergonomía a los gerentes, supervisores y empleados adecuados.
5. Un programa que asegure que estos gerentes, supervisores y empleados podrán cumplir con estas responsabilidades.
6. La implantación de una revisión y evaluación periódica del programa de ergonomía. Esto puede incluir: análisis de tendencias de los datos de lesiones, encuestas a los empleados, "evaluaciones de antes y después" de los cambios en el lugar de trabajo, cargas de mejoramiento del trabajo, etc.

Los empleados pueden participar a través de lo siguiente:

1. Un procedimiento de quejas y sugerencias para hacer llegar sus preocupaciones a la administración sin temor a represalias.

2. Un procedimiento de registro rápido y exacto de las primeras señales de desórdenes óseomusculares, de manera que puedan suministrarse el tratamiento y el control eficientes.
3. Comités de ergonomía que reciban informes, analicen y corrijan problemas ergonómicos.
4. Equipos de ergonomía con las habilidades necesarias para identificar y analizar si los trabajos causan algún estrés ergonómico.

Un programa de ergonomía efectivo incluye cuatro elementos importantes: análisis del trabajo, control de riesgos, administración médica y capacitación y educación.

Análisis del lugar de trabajo

El análisis del lugar de trabajo identifica los riesgos y condiciones existentes, al igual que las operaciones y estaciones de trabajo en donde es posible que se desarrollen esos riesgos. El análisis también incluye un seguimiento detallado y el análisis estadístico de los registros de lesiones y enfermedades, para identificar patrones de desarrollo de desórdenes óseomusculares relacionados con el trabajo. El primer paso para implantar el programa de análisis debe ser la revisión y el estudio de los registros de lesiones y enfermedades, por ejemplo, las historias clínicas, los registros de seguros y los respaldos de OSHA-200. Las tasa de incidencia (TI) de desórdenes óseomusculares debe calcularse con el número de incidencias por cada 100 trabajadores de tiempo completo por año por instalación:

$$TI = 200\,000 \times L/H$$

donde: L = número de lesiones en un periodo dado,
H = horas-empleado trabajadas en el mismo periodo.

De manera similar, las tasas de severidad (TS) del número de días perdidos se puede calcular y supervisar con:

$$TS = 200\,000 \times DP/H$$

donde: LT = número de días perdidos

El segundo paso en el análisis del lugar de trabajo es realizar una investigación de revisión de las bases para identificar los trabajos que ponen a los empleados en riesgo a desarrollar problemas óseomusculares. Es común realizar la investigación por medio de un cuestionario para identificar factores de riesgo potenciales en el proceso, las estaciones de trabajo o los métodos, al igual que la localización y severidad de los problemas óseomusculares para el trabajador individual.

El tercer paso esencial del programa es un análisis físico del lugar de trabajo. Éste incluye ir a la planta y usar las listas de verificación de ergonomía o de diseño del trabajo presentadas en los capítulos anteriores. Se recomienda tomar un videocasete para la etapa de análisis. Las características de cámara lenta permiten un análisis más detallado de las posturas, ángulos y demandas del trabajo, lo mismo que la forma en que los individuos realizan su tarea.

El cuarto paso en el análisis del lugar de trabajo es la revisión periódica. Ésta puede descubrir factores de riesgo o deficiencias en el diseño que antes se pasaron por alto. El proceso de revisión debe permitir a los empleados que notifiquen a la administración sobre las condiciones que aparentan ser riesgos ergonómicos y usar su experiencia para ayudar a controlar los problemas. Deben calcularse las tendencias de lesiones y enfermedades y examinarse a intervalos regulares como una verificación cuantitativa de la efectividad del programa de ergonomía.

Prevención y control de riesgos

El control de riesgos incluye los mismos controles de ingeniería, controles de prácticas del trabajo, equipo de protección personal y controles administrativos que se presentan en este libro. Los controles de ingeniería, cuando son factibles, constituyen el método de control preferido por OSHA.

Administración médica

La administración médica adecuada, que incluye la identificación de las primeras señales y el tratamiento efectivo de los síntomas, es necesaria para el riesgo de desarrollo de desórdenes óseomusculares. Un médico o una enfermera del trabajo con experiencia en estos problemas debe supervisar el programa. Deben realizar visitas periódicas y sistemáticas por la planta para actualizar su conocimiento sobre los trabajos, identificar trabajos ligeros potenciales y permanecer en contacto con los empleados. Esta información les permitirá recomendar a los trabajadores en recuperación para trabajos de carga restringida con estrés ergonómico mínimo sobre los grupos de músculos/tendones lesionados.

Quienes cuidan de la salud deben participar en la capacitación y educación de todos los empleados, incluso los supervisores, sobre los distintos tipos de desórdenes óseomusculares relacionados con el trabajo, medios de prevención, causas, primeros síntomas y tratamientos. Esta demostración ayudará en la detección temprana de problemas antes de que se desarrollen situaciones más serias. Debe alentarse a los empleados a informar sobre las señales y los síntomas de problemas óseomusculares para proporcionarles tratamiento oportuno sin miedo a represalias por parte de la administración. Los protocolos escritos para el examen de la salud, su evaluación y el tratamiento ayudarán a mantener los procedimientos con el control adecuado.

Capacitación y educación

La capacitación y educación son componentes críticos de un programa ergonómico para empleados potencialmente expuestos a los riesgos ergonómicos. La capacitación permite a los administradores, supervisores y empleados entender los problemas de este tipo asociados con sus trabajos, lo mismo que la prevención , control y consecuencias médicas de esos problemas.

1. La capacitación general sobre los factores de riesgo de desórdenes óseomusculares, síntomas y riesgos, asociados con el trabajo debe impartirse cada año a aquellos empleados que están potencialmente expuestos.
2. La capacitación sobre trabajos con herramientas específicas, cuchillos, protecciones, seguridad y la forma apropiada de levantamientos debe impartirse a los nuevos empleados antes de iniciar su trabajo de tiempo completo en la planta.

3. Los supervisores deben recibir capacitación para reconocer las primeras señales de desórdenes óseomusculares y prácticas de trabajo riesgosas.
4. Los administradores deben estar capacitados sobre su responsabilidad en salud y seguridad.
5. Los ingenieros deben capacitarse en la prevención y corrección de riesgos ergonómicos a través del rediseño del lugar de trabajo.

En 1990, se publicó una versión simplificada de la guía para la industria en general, como precursor del estándar ergonómico. Contenía en esencia la misma información encontrada en la guía para la industria empacadora de carne, pero hubo una reacción muy negativa en la industria, y al ganar los republicanos en el Congreso en 1992, el estándar ergonómico se guardó en el archivero. En la actualidad se encuentra en revisión.

RESUMEN

Un entorno de trabajo adecuado es importante no sólo desde el punto de vista del incremento de la productividad y el aumento de la salud física de los trabajadores, sino para elevar el estado de ánimo del empleado y en consecuencia reducir el ausentismo y la rotación de personal. Aunque muchos factores pueden parecer intangibles o de efectos marginales, los estudios científicos controlados han demostrado los beneficios de mejorar la iluminación, disminuir el ruido y la tensión por calor, mejorar la ventilación y otros.

La visibilidad depende en forma directa de la iluminación proporcionada, pero también la afecta el ángulo visual en que se encuentra el objeto y el contraste del objeto con el fondo. Por lo tanto, el mejoramiento de la visibilidad de la tarea se puede lograr a través de varios medios y no siempre depende del aumento en la fuente de luz.

La exposición prolongada al ruido, aunque no afecta de manera directa la productividad, puede causar pérdida auditiva y es definitivamente molesto. El control del ruido (y la vibración) es más sencillo en su fuente y, en general, es más costosa cuanto más lejos de ella esté. El uso de protección para el oído puede parecer lo más sencillo, pero requiere el gasto en la motivación continua y el control.

De manera similar, el efecto del clima en la productividad es bastante variable, según la motivación individual. Un clima cómodo es una función de la cantidad y velocidad en el cambio del aire, la temperatura y la humedad. En las áreas calientes, es más sencillo controlar la temperatura mediante ventilación adecuada para eliminar contaminantes y mejorar la evaporación del sudor. (El aire acondicionado es más efectivo, pero también es más costoso.) En climas fríos, el control principal es sobre la ropa apropiada.

El trabajo por turnos debe utilizar la programación de rotaciones hacia adelante, en periodos cortos y rápidos con tiempo extra limitado.

La seguridad global debe enfocarse en las condiciones inseguras, el buen mantenimiento, las protecciones adecuadas, el reglamento de OSHA, la participación de los empleados y el compromiso de la administración.

Para ayudar al analista de métodos en la aplicación de los factores presentados en el capítulo 6, se han resumido en una lista de verificación del entorno de trabajo que se muestra en la figura 6-19.

FIGURA 6-19
Lista de verificación del entorno de trabajo

Iluminación	Sí	No
1. La iluminación para la tarea es suficiente, según las recomendaciones de IESNA.	❑	❑
a. Para aumentar la iluminación se proporcionan más luminarias en lugar de aumentar los watts de las existentes.	❑	❑
2. Existe iluminación general y suplementaria.	❑	❑
3. El lugar de trabajo y la iluminación están dispuestos de manera que se evita el reflejo.	❑	❑
a. Las luminarias directas están colocadas fuera del campo de visión.	❑	❑
b. Las luminarias tienen pantallas y difusores.	❑	❑
c. Las superficies de trabajo son perpendiculares a las luminarias.	❑	❑
d. Las superficies de trabajo son mate o antireflejantes.	❑	❑
4. Si es necesario, se dispone de pantallas filtro para los monitores de computadora.	❑	❑

Condiciones térmicas — calor	Sí	No
1. El trabajador se encuentra dentro de la zona de comodidad térmica.	❑	❑
a. Si no está dentro de la zona de comodidad térmica, se mide la TGBHS del entorno de trabajo.	❑	❑
2. Las condiciones térmicas cumplen con la guía ASHRAE.	❑	❑
a. Si no cumple con la guía, se proporciona suficiente tiempo de recuperación	❑	❑
3. Existen procedimientos para controlar las condiciones de tensión potencial por calor.	❑	❑
a. La emisión de calor está controlada en su fuente.	❑	❑
b. Las protecciones (pantallas) contra la radiación están en su lugar.	❑	❑
c. Se proporciona ventilación.	❑	❑
d. Se deshumidifica el aire.	❑	❑
e. Se proporciona aire acondicionado.	❑	❑

Condiciones térmicas — frío	Sí	No
1. El trabajador tiene ropa adecuada para la temperatura equivalente con el factor de viento.	❑	❑
2. Se proporcionan calentadores auxiliares.	❑	❑
3. Se proporcionan guantes.	❑	❑

Ventilación	Sí	No
1. Los niveles de ventilación son adecuados según la guía.	❑	❑
a. Se proporciona un mínimo de 300 pie^2/h/persona.	❑	❑
2. Si es necesario, se proporcionan ventiladores locales para los trabajadores.	❑	❑
a. Los ventiladores están dentro de la distancia de 30 × diámetro del ventilador.	❑	❑
3. Se proporciona un punto de enfriamiento para las fuentes de calor locales.	❑	❑

Niveles de ruido	Sí	No
1. Los niveles de ruido están abajo de 90 dBA.	❑	❑
a. Si los niveles de ruido exceden 90 dBA, hay suficiente descanso para que la dosis de 8 horas sea menor que 100%.	❑	❑
2. Las medidas de control de ruido están en su lugar.	❑	❑
a. El ruido se controla en la fuente con mejor mantenimiento, mofles, y monturas de hule.	❑	❑
b. La fuente de ruido está aislada.	❑	❑
c. Se utilizan tratamientos acústicos.	❑	❑
d. Como último recurso, se usan tapones de oídos (u orejeras) en forma apropiada.	❑	❑

Ventilación	Sí	No
1. Los niveles de vibración están dentro de los límites aceptables.	❑	❑
2. Si hay vibración, ¿se pueden eliminar las fuentes que la causan?	❑	❑
3. Los asientos tienen un sistema amortiguador especial instalado en el vehículo.	❑	❑
4. Las herramientas de potencia tienen mangos especiales que absorben la vibración.	❑	❑
5. Se proporcionan tapetes resistentes a la fatiga, expandibles para los operarios de pie.	❑	❑

PREGUNTAS

1. ¿Qué factores afectan la cantidad de luz necesaria para realizar una tarea de manera satisfactoria?
2. Explique el efecto que tiene el color de las lámparas de sodio de baja presión.
3. ¿Cuál es la relación entre contraste y visibilidad?
4. ¿Qué intensidad de pies-candela recomendaría a 30 pulgadas del suelo en los baños?
5. Explique en qué afectan los colores a las ventas.
6. ¿Qué color tiene la mayor visibilidad?
7. ¿Cómo se disipa la energía del sonido en los materiales viscoelásticos?
8. ¿Qué longitud de onda aproximada en metros tendrá una frecuencia de 2000 Hz?
9. ¿Cuál será el valor aproximado en decibeles de un molino que se usa para moler un acero con alto contenido de carbón?
10. ¿Cuál es la diferencia entre ruido de banda amplia y ruido significativo?
11. ¿Apoya la idea de música de fondo en una estación de trabajo? ¿Qué resultados espera?
12. Según el reglamento actual de OSHA, ¿cuántas horas continuas al día es permisible con un nivel de sonido de 100 dBA?
13. ¿Cuáles son las tres categorías identificadas desde el punto de vista de exposición a las vibraciones?
14. ¿Cómo pueden protegerse los trabajadores contra la vibración?
15. ¿Qué quiere decir temperatura ambiental?
16. Explique a qué se refiere la zona de comodidad térmica.
17. ¿Cuál es la máxima elevación de la temperatura del cuerpo que deben permitir los analistas?
18. ¿Cómo estima la longitud máxima del tiempo que un trabajador puede exponerse a cierta cantidad de calor ambiental?
19. ¿Qué es TGBH?
20. ¿Cuál es la TGBH con una temperatura de bulbo seco de 80°F, con una temperatura de bulbo seco de 70°F y con una temperatura de globo de 100°F?
21. ¿Qué tipo de radiación recibe la mayor atención de los ingenieros de seguridad?

22. ¿Qué significa una dosis absorbida de radiación? ¿Cuál es la unidad de dosis absorbida?

23. ¿Que significa un rem?

24. ¿Qué pasos se deben seguir para aumentar la cantidad de luz en el siguiente departamento de ensamble alrededor de 15%? Por ahora, el departamento usa dispositivos fluorescentes y las paredes y el techo está pintados de verde medio. Las mesas de ensamble son de color café oscuro.

25. ¿Qué combinación de colores usaría para llamar la atención a un nuevo producto que se coloca en los mostradores?

26. ¿Cuándo apoya que la compañía compre ropa con recubrimiento de aluminio?

27. ¿Es posible que haya riesgos de salud en el maquinado con rayos electrónicos? y ¿en el maquinado con rayos láser? Explique.

28. Explique el impacto de niveles de ruido abajo de los 85 dBA en el trabajo de oficina.

29. ¿Qué factores ambientales afectan el estrés por calor? ¿Cómo se puede medir cada uno?

30. ¿Cómo determina si un trabajo impone una carga de calor excesivo en el trabajador?

PROBLEMAS

1. Un área de trabajo tiene una reflectancia de 60%, basada en las combinaciones de colores de las estaciones de trabajo y el entorno inmediato. La tarea de ver en el trabajo de ensamble se puede clasificar como difícil. ¿Cuál será la iluminación recomendada?

2. ¿Cuál es el nivel de ruido combinado de dos sonidos a 86 y 96 decibeles?

3. En la compañía Dorben, un ingeniero industrial diseñó una estación de trabajo en donde la tarea de ver era difícil debido al tamaño de la componente que se ensambla. El brillo deseado era 100 Lamberts y la estación de trabajo se pintó de verde medio con una reflectancia de 50%. ¿Qué iluminación en pies-candela se requerirá en esta estación de trabajo para proporcionar el brillo deseado? Estime la iluminación si se pinta de nuevo la estación de trabajo con color crema claro.

4. En la compañía Dorben se asignó a un ingeniero industrial la tarea de alterar el método de trabajo en el departamento de prensa para cumplir con los estándares de OSHA respecto a la exposición al ruido permisible. Encontró que el nivel de sonido tenía un promedio ponderado en el tiempo de 100 dB. Los 20 operarios en este departamento usan tapones para los oídos proporcionados por Dorben. La disminución del nivel de sonido por los tapones se estima en 20 dB. ¿Qué mejoras se obtuvieron? ¿Piensa que este departamento cumple ahora con el reglamento? Explique.

5. En la compañía Dorben, un estudio de un día completo reveló las siguientes fuentes de ruido: 0.5 h, 100 dBA; 1 h, menos de 80 dBA; 3.5 h, 90 dBA; 3 h, 92 dBA. ¿Cumple esta compañía con las recomendaciones? ¿Cuál es la dosis de exposición? ¿Qué es el nivel de ruido PPT?

6. En el problema 5, considere que la última exposición es en el cuarto de prensas, que por ahora tiene cinco prensas en operación. Suponga que la compañía Dorben puede eliminar algunas prensas y transferir la producción a las restantes. ¿Cuántas prensas debe eliminar Dorben para no exceder el 100% de la dosis de exposición al ruido para los trabajadores?

7. ¿Cuál es la iluminación en una superficie a 6 pulgadas de una fuente de 2 candelas?

8. ¿Cuál es la luminancia de una superficie que tiene 50% de reflectancia y una iluminación de 4 pies-candela?

9. ¿Cuál es el contraste creado por texto negro (reflectancia = 10%) sobre papel blanco (reflectancia = 90%)

10. ¿Qué tanto más fuerte es un ruido de 80 dB que uno de 60 dB?

11. ¿Cuál es el aumento en decibeles de un ruido que duplica su intensidad?

12. Una supervisora está sentada en su escritorio iluminado por una fuente de 18 candelas 3 pies arriba del mismo. Escriba con tinta verde (reflectancia = 30%) en un block de notas amarillo (reflectancia = 60%). ¿Cuál es la iluminación en el block de notas? ¿Es suficiente? Si no lo es, ¿qué cantidad de iluminación se necesita? ¿Cuál es el contraste de la tarea de escribir? ¿Cuál es la iluminancia del block de notas?

REFERENCIAS

ACGIH, *Threshold Limit Values for Chemical Substances and Physical Agents in the Work Environment*, Cincinnati, OH: American Conference of Government Industrial Hygienists, 1985.

ASA, *American National Standard: Guide for the Evaluation of Human Exposure to Whole Body Vibration (ANSI S3. 18-1979)*, Nueva York: Acoustical Society of America, 1980.

ASHRAE, *Handbook, Heating, Ventilation and Air Conditioning Applications*, (cap. 25). Atlanta, GA: American Society of Heating, Refrigeration and Air Conditioning Engineers, 1991.

ASHRAE, *Handbook, Fundamentals*, (cap. 8). Atlanta, GA: American Society of Heating. Refrigeration and Air Conditioning Engineers, 1993.

Blackwell, H. R., "Development and Use of a Quantitative Method for Specification of Interior Illumination Levels on the Basis of Performance Data", *Illuminating Engineer*, 54, junio de 1959, pp. 317–353.

Eastman Kodak Co. *Ergonomic Design for People at Work*, Nueva York: Van Nostrand Reinhold, 1983.

Freivalds, A., D. B. Chaffin y G. D. Langolf, "Quantification of Human Performance Circadian Rhythms", *Journal of the American Industrial Hygiene Association*, 44, núm. 9, septiembre de 1983, pp. 643–648.

Grandjean, E., *Fitting the Task to Man*, 4a ed., Londres: Taylor & Francis, 1988.

IESNA, *Lighting Handbook*, 8ª Ed., M. S. Rea Ed., Nueva York: Illuminating Engineering Society of North America, 1995, pp. 459–478.

Kamon, E., W. L. Kenney, N. S. Deno, K. J. Soto y A. J. Carpenter, "Readdressing Personal Cooling with Ice", *Journal of the American Industrial Hygiene Association*, 47, núm. 5, mayo de 1986, pp. 293–298.

Konz, S., *Work Design.* Scottsdale, AZ: Publishing Horizons, 1995.

Lehmann, G., *Praktische Arbeitsphysiologie*, Stuttgart: G. Thieme, 1953.

Lockhart, J. M., H. O. Kiess y T. J. Clegg, "Effect of Rate and Level of Lowered Fingersurface Temperature on Manual Performance", *Journal of Applied Psychology*, 60, núm. 1, febrero de 1975, pp. 106–113.

NIOSH. *Criteria for a Recommended Standard ... Occupational Exposure to Hot Environments, Revised Criteria*, Washington, DC: National Institute for Occupational Safety and Health, Superintendent of Documents, 1986.

OSHA, *Code of Federal Regulations—Labor. (29 CFR 1910)*, Washington, DC: Office of the Federal Register, 1997.

OSHA, *Ergonomics Program Management Guidelines for Meatpacking Plants*, OSHA 3123. Washington, DC: The Bureau of National Affairs, Inc., 1990.

Riley, M. W. y D. J. Cochran, "Partial Gloves and Reduced Temperature", en *Proceedings of the Human Factors Society 28th Annual Meeting*, Santa Monica, CA: Human Factors and Ergonomics Society, 1984, pp. 179–182.

Sanders, M. S. y E. J. McCormick, *Human Factors in Engineering and Design*, 7ª Ed., Nueva York: McGraw Hill, 1993.

Schwarzenau, P., P. Knauth, E. Kiessvetter, W. Brockmann y J. Rutenfranz, "Algorithms for the Computerized Construction of Shift Systems Which Meet Ergonomic Criteria", *Applied Ergonomics*, 17, núm. 3, septiembre de 1986, pp. 169–176.

Sipple, P. A. y C. G. Passel, "Movement of Dry Atmospheric Cooling in Subfreezing Temperatures", *Proceedings of the American Philosophical Society*, 89, 1945, pp. 177–199.

Yaglou, C. P., E. C. Riley y D. I. Coggins, "Ventilation Requirements", *American Society of Heating, Refrigeration and Air Conditioning Engineers Transactions*, 42, 1936, pp. 133–158.

Yaglou, C.P. y D. Minard, "Control of Heat Casualties at Military Training Centers", *AMA Archives of Industrial Health*, 16, 1957, pp. 302–316.

CAPÍTULO 7

Implantación del método propuesto

PUNTOS CLAVE:

- Decidir entre métodos alternativos, usando ingeniería del valor, análisis de costo-beneficio, gráficas cruzadas y análisis económico.
- *Vender* el nuevo método; las personas se resisten al cambio.
- Establecer tasas básicas razonables mediante la evaluación confiable del trabajo.
- Conciliar y aprovechar a trabajadores con todo tipo de habilidades.

Presentar e instalar el método propuesto es el quinto paso en el desarrollo sistemático de un centro de trabajo para fabricar un producto o proporcionar un servicio. Sin embargo, el analista debe primero elegir qué método propuesto presentar. Es posible que tenga varios métodos factibles, algunos más efectivos que otros, algunos más costosos que otros. En este capítulo se presentan distintas herramientas para la toma de decisiones que ayudan al analista a seleccionar la mejor alternativa. Es evidente que la definición de "mejor" puede comprender muchos factores y estas herramientas asistir al analista en su ponderación apropiada.

Vender el método propuesto es el siguiente elemento, y quizá el más importante, del procedimiento de presentación. Este paso es tan importante como cualquiera de los anteriores, pues un método no vendido casi nunca queda instalado. No importa qué tan extensos hayan sido la recolección de datos y el análisis, ni qué tan ingenioso sea el nuevo método, el valor del proyecto es cero a menos que se ponga en práctica.

Los seres humanos, por naturaleza, resienten los intentos de otros para influir en su pensamiento. Cuando alguien se acerca con una idea nueva, la reacción instintiva es defenderse contra ella y resistir los cambios. Cada persona siente que debe proteger su propia individualidad, preservar la santidad de su ego. Todos tenemos el suficiente egocentrismo como para convencernos de que nuestras ideas son mejores que las de todos los demás. Es natural reaccionar de esta manera, aun cuando la nueva idea nos traiga beneficios. Si la idea tiene algún mérito, existe la tendencia a resentirla porque no pensamos en ella antes.

La presentación del método propuesto debe incluir la toma de decisiones que condujo a la elección del diseño final y hacer hincapié en los ahorros que puede lograr. El informe del analista debe resaltar los ahorros en materiales (tanto directos como indirectos) y en mano de obra (tanto directa como indirecta).

La segunda parte es la calidad y confiabilidad de la mejora posible al instalar el método mejorado. Los administradores progresistas reconocen que la clave para la supervivencia continua de cualquier productor de bienes o servicios es la habilidad para suministrar materiales de calidad de manera oportuna y consistente.

La tercera parte importante de la presentación es la recuperación de la inversión de capital. Una vez presentado y vendido el método propuesto, se puede instalar. Al igual que la presentación, requiere habilidades de ventas. Durante la instalación, el analista debe continuar con la venta del método propuesto a los ingenieros y técnicos en su propio nivel, a los ejecutivos y supervisores, y a la mano de obra y los representantes organizados de los trabajadores.

HERRAMIENTAS DE TOMA DE DECISIONES

Tablas de decisiones

Las *tablas de decisiones* constituyen un enfoque estructurado para eliminar la subjetividad de la toma de decisiones, es decir, para determinar cuál entre varios cambios de método alternativos debe implantarse. Las tablas en esencia consisten en afirmaciones de condición-acción, similares a las afirmaciones de si-entonces en los programas de computadora. "Si" la condición o combinación de condiciones adecuadas existe, "entonces" se realizan acciones específicas. Así, las tablas pueden describir, sin ambigüedades, sistemas de decisiones complejos, con múltiples reglas y múltiples variables de decisión.

Esas tablas de decisiones, también conocidas como *tablas de acciones de riesgo*, con frecuencia se usan en programas de seguridad para especificar ciertas acciones ante condiciones de riesgo dadas. Éste se puede identificar mediante dos variables: la frecuencia, qué tan seguido es posible que ocurra el accidente, y la severidad, qué tan grave será la pérdida. La frecuencia se clasifica en remota en extremo, de probabilidad razonable y de probabilidad alta, mientras que la severidad tiene niveles de despreciable, marginal, crítica y catastrófica. El resultado es una tabla de acciones con cinco planes, como se muestra en la tabla 7-1.

Considere la columna de la derecha marcada con un asterisco. El analista puede concluir que una condición que tiene una alta probabilidad y cuyo resultado sería catastrófico, con muerte posible o lesiones severas al personal, debe eliminarse de inmediato cerrando la operación (, 1972). Es obvio que este es un ejemplo simplificado cuyo panorama se puede apreciar mentalmente. Sin embargo, si se tienen 20 estados para cada una de las variables, entonces existen 400 categorías de condiciones, que no se pueden recordar con facilidad. En general, las tablas de decisión recalcan una toma de decisiones de mejor calidad a través de técnicas de análisis de decisiones y de una menor presión de tiempo, es decir, los planes de acción se pueden trabajar con antelación en lugar de tener que manejar presiones instantáneas, y tal vez resultados equivocados.

TABLA 7-1
Tabla de acciones ante riesgos

	Severidad															
Frecuencia	**Despreciable**				**Marginal**				**Crítica**				**Catastrófica**			
Remota en extremo																
Remota																
Probabilidad razonable																(*)
Probable																
Acciones																
Olvidarlo																
Estudio a extenso																
Corregir (1 año)																
Corregir (90 días)																
Corregir (30 días)																
Cerrar																

Tomado de: Heinrich, Peterson y Roos, 1980.

Ingeniería del valor

Una manera sencilla de ampliar la evaluación de alternativas es aplicar números y formar una matriz de pagos. Esto muchas veces recibe el nombre de *ingeniería del valor* (Gausch, 1974). Cada solución puede tener distintos valores respecto a los beneficios deseados. Se determina un peso para cada beneficio (0 a 10 es un intervalo razonable) y después se asigna un valor (0-4, donde 4 es el mejor) para reflejar si cada solución produce el resultado deseado. El valor asignado se multiplica por el peso adecuado y los productos se suman para obtener una calificación final. La suma más alta es la solución más apropiada.

Observe que los beneficios tendrán pesos relativos distintos según la compañía, los diferentes departamentos dentro de la compañía e incluso en momentos distintos dentro del mismo departamento. También observe que el paso de alternativas de evaluación de la planeación sistemática de la distribución de Muther (vea el capítulo 3) es una forma de ingeniería del valor.

Análisis costo-beneficio

Un enfoque más cuantitativo para decidir entre las alternativas es un *análisis costo-beneficio*. Este enfoque requiere cinco pasos:

1. Determinar qué cambia debido a un mejor diseño, es decir, incremento en la productividad, mayor calidad, menos lesiones, etc.
2. Cuantificar estos cambios (beneficios) en unidades monetarias.
3. Determinar el costo requerido para implantar los cambios.
4. Dividir el costo entre el beneficio para cada alternativa, a fin de crear una razón.
5. La razón más pequeña establece la alternativa deseada.

El paso 2 es tal vez el más difícil de evaluar y cuantificar. No siempre es posible asignar valores en dólares; en ocasiones pueden ser porcentaje de cambios, lesiones o algún otro valor. El ejemplo 7-1 se presenta para ayudar a entender las tres herramientas de decisión. En Brown (1976) se presentan otros ejemplos de análisis de costo-beneficio según su relación con beneficios no tan bien definidos, como los aspectos de salud y seguridad.

Gráficas cruzadas

Las *gráficas cruzadas* (o *gráficas de punto de equilibrio*) son muy útiles para decidir entre dos cambios de método alternativos. Se puede usar equipo de propósito general con costo de capital bajo pero mayores costos de preparación. Para alguna cantidad de producción los métodos son iguales y éste es el *punto de cruce*. Esto se relaciona con el error más común de quienes hacen la planeación. Grandes cantidades de dinero se comprometen en dispositivos que muestran ahorros mientras se usan, pero se usan pocas veces. Por ejemplo, es normal que un ahorro de 10% en los costos de mano de obra directa en un trabajo constante justifique un gasto mayor en herramientas que un ahorro de 80 o 90% en trabajos pequeños que aparecen en la programación de la producción sólo unas cuantas veces al año (un buen ejemplo del análisis de Pareto en el capítulo 2).

La ventaja económica de menores costos de mano de obra es el factor de control al determinar el herramental; en consecuencia, quizá los dispositivos sean deseables incluso cuando se trata de pequeñas cantidades. Otras consideraciones, como mejoras en la intercambiabilidad, aumentos en la exactitud o reducción de problemas con la mano de obra, pueden proporcionar una razón dominante para herramental elaborado, aunque esto no suele ocurrir.

Toma de decisiones con criterios múltiples

La toma de decisiones en presencia de criterios múltiples, con frecuencia en conflicto, puede enfocarse mediante un proceso relativamente nuevo llamado *toma de decisiones con criterios múltiples* (TDCM), desarrollado por Saaty (1980). Por ejemplo, suponga que un analista considera cuatro alternativas (a_1, a_2, a_3, a_4), que se aplican a cuatro estados posibles del producto o mercado (S_1, S_2, S_3, S_4). También suponga que este analista estima los siguientes resultados para las alternativas y estados del mercado:

	Estados del producto o mercado			
Alternativas	S_1	S_2	S_3	S_4
a_1	0.30	0.15	0.10	0.06
a_2	0.10	0.14	0.18	0.20
a_3	0.05	0.12	0.20	0.25
a_4	0.01	0.12	0.35	0.25

Si el resultado representa ganancias o rendimientos y el estado del mercado será S_2, entonces el analista debe decidirse por la alternativa a_1. Si el resultado representa desperdicio o algún otro factor que el analista quiere minimizar, entonces debe elegir la alternati-

EJEMPLO 7-1
Operación de corte

La Dorben Co. fabrica navajas de cuchillo sencillas y pequeñas, insertadas en un mango de plástico. Una de las operaciones en el formado de la navaja es el corte de una cinta delgada de acero inoxidable en una prensa operada con el pie. Con unas pinzas, el obrero toma una punta de hule de contenedor de partes y la inserta en la navaja para protegerla. Después de activar la prensa coloca la navaja cortada en un sostenedor para más tarde ensamblarla con el mango (¡un buen ejemplo de un therblig de *preposicionar*!). Por el tamaño pequeño de la navaja se usa un estereoscopio para ayudar en la operación. Los operarios se quejan de dolor en muñecas, cuello, espalda y tobillo. Los cambios posibles en el método incluyen: 1) sustituir el pedal mecánico con un botón eléctrico para pie que reduzca la fatiga del tobillo; 2) ajustar mejor la posición del estereoscopio para reducir la fatiga del cuello; 3) implantar un sistema de videoproyección para la observación con la cabeza hacia arriba; 4) usar un alimentador por gravedad para las puntas a fin de mejorar la productividad, y 5) sustituir las pinzas con una pluma operada al vacío, para mejorar la productividad y eliminar el DTA potencial que causa el agarre por contracción.

Suponga que se obtienen las mejoras a la productividad mostradas en la tabla 7-2, basadas en el análisis MTM-2 (vea el capítulo 11) y las reducciones de lesiones basadas en el índice de riesgo de DTA (consulte la figura 5-30).

La política de la compañía autoriza a los ingenieros a proceder, sin otra autorización, si la condición 1 y ya sea la condición 2 o la condición 3 se cumplen: 1) los costos de implantación son menores que 200 dólares (es decir, efectivo de caja chica), 2) el aumento de la productividad es mayor a 5%, 3) los riesgos de lesiones decrecen más de 33%. En términos de tablas de decisión, la situación se puede estructurar como se muestra en la tabla 7-3.

En términos de ingeniería del valor, se pueden asignar pesos de 6, 4 y 8 a los tres factores de interés: mayor productividad, disminución en las tasas de lesiones y solu-

TABLA 7-2
Cambios esperados en productividad, riesgo potencial de lesiones y costo de los cambios en una operación de corte

Diseño del trabajo y cambios en métodos	Δ productividad (%)	Δ riesgo de DTA (%)	Costo ($)
1. Botón eléctrico operado con el pie	0	– 1*	175
2. Ajuste de estereoscopio	0	– 2	10
3. Sistema de videoproyección	+1**	– 2	2000
4. Alimentador por gravedad	+7	– 10	40
5. Pluma de vacío	+1**	– 40	200

*El índice de riesgo actual de DTA no incluye extremidades inferiores, pero hay razón para creer que al aplicar menos fuerza con el botón eléctrico se obtendrán efectos benéficos.
**No se puede cuantificar a partir del MTM-2, pero se espera algún beneficio.

EJEMPLO 7-1 (*continuación*)

TABLA 7-3
Tabla de decisiones para la operación de corte

Cambios en el método	Condiciones				Acción
	# 1	# 2	# 3	# 4	
1. Botón eléctrico					—
2. Ajuste de estereoscopio					—
3. Sistema de videoproy.					—
4. Alimentador por gravedad					Proceder
5. Pluma de vacío					Proceder

TABLA 7-4
Análisis de ingeniería del valor de la operación de corte

Evaluación de alternativas

Planta Dorben Co.		A		B		C		D		E		
Proyecto: Operación de corte Fecha: 6-12-97 Analista: AF	Alternativas	Botón eléctrico		Ajuste de estereoscopio		Videoproyección		Alimentación por gravedad		Pluma de vacío		
Factor/consideración	**Wt**	**Calificaciones y calificaciones ponderadas**										**Comentarios**
		A		B		C		D		E		
Aumento en productividad	6	0	0	0	0	1	6	3	18	1	6	
Disminución de lesiones	4	1	4	1	4	1	4	2	8	3	12	
Solución de bajo costo	8	3	24	4	32	1	8	4	32	3	24	
Totales		28		36		18		58		42		

Observaciones:

El alimentador por gravedad es el cambio de método con mejor justificación.

ciones de bajo costo, (vea la tabla 7-4). Cada solución se califica de 0 a 4 para cada factor. Las sumas de productos que se obtienen son 28, 36, 18, 58 y 42, y es evidente que el cambio al alimentador por gravedad con 58 es la mejor solución.

EJEMPLO 7-1 (*conclusión*)

Para un análisis de costo-beneficio, se pueden cuantificar los beneficios anticipados tanto por el incremento a la productividad, como por la disminución de lesiones. Suponga que las ganancias de la compañía son $645 por cada 1% de aumento en la productividad en el curso de un año (los detalles de costeo se presentan en el capítulo 12). De manera similar, la disminución en compensaciones y costos médicos debida a la disminución en lesiones DTA se puede considerar un beneficio. La compañía estima que en promedio cada cinco años de operación tiene un caso de DTA que llega a cirugía. Si se supone que un caso de cirugía cuesta a la compañía $30 000, la pérdida anual esperada es $6000. Por cada disminución de 1% en el riesgo, la compañía se beneficia con $60 anuales. Los incrementos en la productividad y disminuciones en las tasas de lesiones se pueden cuantificar como se muestra en la tabla 7-5.

De la tabla 7-5, es obvio que para cualquier razón menor que uno (cambios en los métodos #2, #4, #5 y #6) no hay más beneficios que los costos requeridos para implantar el método. Por otro lado, el cambio de método #4 tiene mucho mayor efectividad en costos. Es interesante observar que una combinación de cambios de los métodos #2, #4 y #5 (o #6) quizá valga la pena si se consideran las pequeñas cantidades relativas de gasto en dólares.

TABLA 7-5
Análisis de costo beneficio para la operación de corte

Cambios de métodos	Beneficio ($) Productividad	Beneficio ($) Tasas de lesiones	Beneficio ($) Total	Costo ($)	Costo-beneficio
1. Botón eléctrico	0	60	60	175	2.92
2. Ajuste de estereoscopio	0	120	120	10	0.08
3. Sistema de videproyección	645	120	765	2000	2.61
4. Alimentación por gravedad	4515	600	5115	40	0.01
5. Pluma al vacío	645	2400	3045	100	0.03
6. Cambio en los métodos #2, #4, #5	5160	3120	8280	150	0.02

va a_3. (Aunque a_4 también tiene un resultado de 0.12, el analista elige a_3, puesto que existe menos variabilidad en el resultado con esta alternativa que con la a_4.) Pocas veces se pueden tomar decisiones con una supuesta certidumbre. Es común que esté involucrado algún riesgo en la predicción del estado futuro del mercado. Suponga que el analista tuvo la oportunidad de estimar los siguientes valores de probabilidad asociados con cada uno de los cuatro estados del mercado:

S_1	0.10
S_2	0.70
S_3	0.15
S_4	0.05
	1.00

EJEMPLO 7-2
Análisis cruzado de costos de dispositivos y herramientas

El ingeniero de producción en un departamento de maquinado ha formulado dos métodos alternativos con herramientas diferentes para un trabajo de maquinado en el taller. Los datos de los métodos actual y propuesto se muestran en la tabla 7-6. ¿Qué método será más económico respecto a la actividad? El salario base es $9.60 por hora. La actividad estimada es 10 000 piezas por año. Los dispositivos se capitalizan y deprecian en cinco años. Un análisis de costos revela que el costo más económico para la cantidad pronosticada es un costo unitario total de $0.077 representado por la alternativa 2.

Una gráfica cruzada (vea la figura 7-1) permite al analista decidir qué método usar para los requerimientos de cantidad dados. El método actual es el mejor para cantidades hasta cerca de 7700 anuales, el método alternativo #1 es mejor para cantidades entre 7700 y 9100 anuales, y el método #2 es mejor para cantidades mayores que 9100 al año. Observe que en este último enfoque, los costos de herramientas se absorben al principio.

TABLA 7-6
Costos de dispositivos y herramientas

Método	Tiempo (minutos)	Costo de dispositivo	Costo de herramienta	Vida promedio de herramienta	Costo unitario mano de obra directa	Costo unitario dispositivo	Costo unitario herramienta	Costo unitario total	Anual
Actual	.856 c/u	Ninguno	$ 6	10 000 pzas.	$0.137	Ninguno	$0.0006	$0.1376	$ 1.426
Alt. 1	.606 c/u	$300	$20	20 000 pzas.	$0.097	$0.006	$0.0010	$0.104	$ 1.040
Alt. 2	.363 c/u	$600	$35	5 000 pzas.	$0.058	$0.012	$0.0070	$0.077	$ 0.770

FIGURA 7-1
Gráfica cruzada (de punto de equilibrio) para costos de dispositivo y herramientas

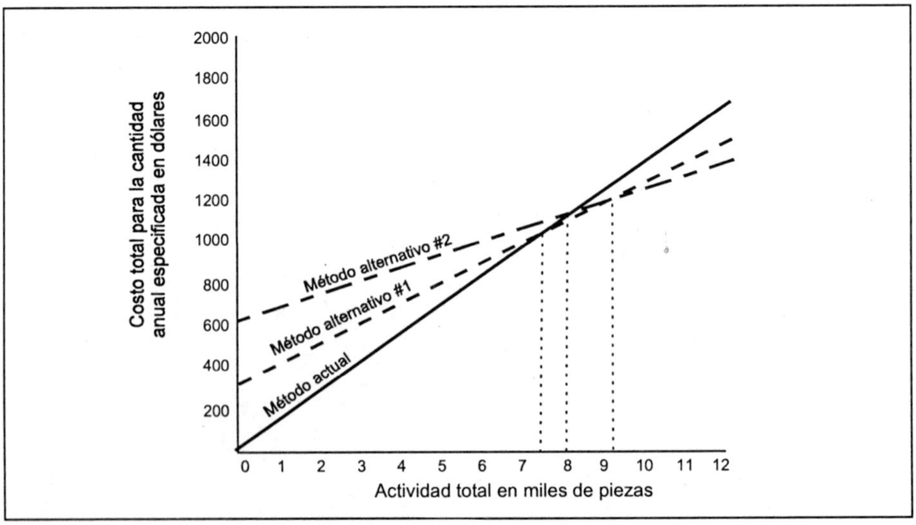

EJEMPLO 7-3
Análisis cruzado de métodos en competencia

Un volumen insuficiente tal vez haga impráctico considerar muchas propuestas alternativas que ofrezcan ahorros sustanciales respecto a los métodos existentes. Por ejemplo, una operación en una prensa de taladro incluía una perforación de 5 pulgadas rebajada a una tolerancia de 0.500 a 0.502 pulgadas. La actividad de la tarea se estimaba en 100 000 piezas. El departamento de estudios y movimientos estableció un estándar de 8.33 horas por cada mil para realizar el barreno y el dispositivo para hacerlo tiene un costo de \$2000. Como estaba vigente una tasa base de \$7.20 por hora, la tasa de dinero por cada mil piezas era \$60.

Ahora suponga que un analista de métodos sugiere barrenar el diámetro interior debido a que la parte se puede barrenar a una tasa de mil en cinco horas. Esto ahorraría 3.33 horas por cada mil piezas, o un ahorro total de 333 horas. A la tasa base de \$7.20, esto significa ahorros en mano de obra directa de \$2397.60. Sin embargo, esta idea no es práctica porque el costo de la herramienta para barrenar es \$2800. Entonces, el cambio no es razonable a menos que los ahorros en mano de obra se puedan incrementar a \$2800 para compensar el costo de la nueva herramienta.

Como los ahorros en mano de obra con la nueva herramienta sería 3.33 × \$7.20 por cada mil, tendrían que ordenarse 116 800 piezas para justificar el cambio.

$$\frac{\$2800 \times 1000}{\$7.20 \times 3.33} = 116\,783 \text{ piezas}$$

Sin embargo, si el método de barrenar se usa desde el principio en lugar del procedimiento de rebaje, la herramienta se paga sola en

$$\frac{\$2800 - \$2000}{\$7.20 \times 3.33/M} = 33.367 \text{ piezas}$$

Con requerimientos de producción de 100 000 piezas, el ahorro en mano de obra sería 3.33 × \$7.20 × 66.6 miles (la diferencia entre 100 000 y 33 400) = \$1596.80 más costoso que el método actual. Si el analista de movimientos hubiera participado en la etapa de planeación, este ahorro hubiera podido aprovecharse. La figura 7-2 ilustra estas relaciones con la gráfica cruzada acostumbrada.

Una estrategia de toma de decisiones lógica sería calcular el retorno esperado con cada alternativa de decisión y después elegir el valor más grande para maximizar o el valor más pequeño si se quiere minimizar. En este caso,

$$E(a) = \sum_{j=1}^{n} P_j C_{ij}$$

$$E(a_1) = 0.153$$

$$E(a_2) = 0.145$$

EJEMPLO 7-3 (*conclusión*)

FIGURA 7-2
Gráfica cruzada que ilustra los costos fijos y variables de dos métodos en competencia

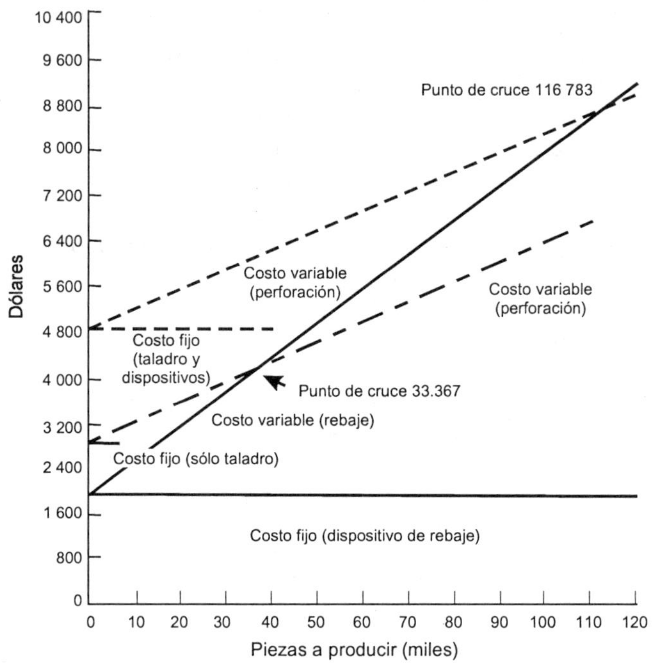

$$E(a_3) = 0.132$$
$$E(a_4) = 0.15$$

Así, se elegiría la alternativa a_1 para maximizar el resultado deseado.

Una estrategia de toma de decisiones diferente sería considerar el estado del mercado que tiene la mayor oportunidad de ocurrir. De los datos dados, éste sería S_2, ya que tiene una probabilidad de 0.70. La elección, basada de nuevo en el futuro más probable, sería la alternativa a_1, con un retorno de 0.15.

Una tercer estrategia de toma de decisiones se basa en un "nivel de aspiración". Aquí, se asigna un valor al resultado (C_{ij}), que representa la consecuencia de lo que se está dispuesto a aceptar si se tiene una seguridad razonable de que se obtendrá, al menos esta consecuencia la mayor parte del tiempo. Se puede pensar que este valor asignado representa un nivel de aspiración, que se denotará por A. Entonces, para cada a_j, se determina la probabilidad de que la C_{ij} correspondiente a cada alternativa de decisión sea mayor que o igual a A. Se selecciona la alternativa con la mayor $P(C_{ij} \geq A)$.

Por ejemplo, si se asigna un valor de consecuencia de 0.10 a A, se tiene lo siguiente:

$$
\begin{aligned}
(C_{ij} &\geq 0.10) \\
a_1 &= 0.95 \\
a_2 &= 1.00 \\
a_3 &= 0.90 \\
a_4 &= 0.90
\end{aligned}
$$

Como la decisión de la alternativa a_2 tiene la mayor $P(C_{ij} \geq A)$, se recomienda.

Quizá no sea posible que los analistas asignen valores de probabilidad a los distintos estados del mercado con confianza y tal vez quieran considerar que algunos son igualmente probables. Una estrategia de toma de decisiones que se puede usar en estas circunstancias se basa en el *principio de razón insuficiente*, ya que no hay razón para esperar que algún estado es más probable que otro. En este caso, se calculan los diferentes valores esperados según:

$$E(a) = \frac{\sum_{j=1}^{n} C_{ij}}{n}$$

En el ejemplo, los resultados que se obtienen son:

$$
\begin{aligned}
E(a_1) &= 0.153 \\
E(a_2) &= 0.155 \\
E(a_3) &= 0.155 \\
E(a_4) &= 0.183
\end{aligned}
$$

Con estas opciones, se propondría la alternativa cuatro.

Una segunda estrategia que pueden considerar los analistas al tomar decisiones bajo incertidumbre se basa en el *criterio de pesimismo*. El pesimista espera lo peor. Por lo tanto, en un problema de maximización, se elegiría la consecuencia mínima para cada alternativa de decisión. El analista compara esos valores mínimos y selecciona la alternativa con el máximo de los valores mínimos. En el ejemplo:

Alternativa	**C_{ij} mín.**
a_1	0.06
a_2	0.10
a_3	0.05
a_4	0.01

En este caso se recomendaría la alternativa a_2 ya que su valor mínimo de 0.10 es un máximo al compararlo con los valores mínimos de las otras alternativas.

El *criterio de especulación* es la tercera estrategia de toma de decisiones que los analistas pueden tomar en cuenta. Este criterio se basa en un enfoque optimista. Una persona optimista espera lo mejor, sin importar la alternativa elegida. Por lo tanto, en un problema de maximización, el analista selecciona el C_{ij} máximo para cada alternativa y después el mayor de estos valores. Entonces:

Alternativa	C_{ij} máx.
a_1	0.30
a_2	0.20
a_3	0.25
a_4	0.35

Ahora se recomienda la alternativa a_4 porque tiene el valor máximo de 0.35.

La mayoría de los tomadores de decisiones no son optimistas o pesimistas por completo. Más bien, es posible establecer un coeficiente de optimismo, X, donde:

$$0 \leq X \leq 1$$

Entonces, se determina Q_i para cada alternativa, donde:

$$Q_i = (X)(\text{máx } C_{ij}) + (1 - X)(\text{mín } C_{ij})$$

La alternativa recomendada es la asociada con la máxima Q_i para un problema de maximización y la mínima Q_i para uno de minimización.

Un último enfoque de toma de decisiones bajo incertidumbre es el *criterio del máximo arrepentimiento*. Éste incluye el cálculo de una *matriz de arrepentimiento*. Para cada alternativa, con base en un estado del mercado, el analista calcula un valor de arrepentimiento. Este valor es la diferencia entre el pago recibido en realidad y el pago que se hubiera recibido si el tomador de decisiones hubiera podido pronosticar con exactitud el estado del mercado.

Para construir la matriz de arrepentimiento, el analista elige el máximo C_{ij} para cada estado S_j y después resta el valor C_{ij} de cada alternativa asociada con ese estado. En el ejemplo, la matriz de arrepentimiento es:

	Estados			
Alternativa	S_1	S_2	S_3	S_4
a_1	0	0	0.25	0.19
a_2	0.20	0.01	0.17	0.05
a_3	0.25	0.03	0.15	0
a_4	0.29	0.03	0	0

Después el analista selecciona la alternativa asociada con el mínimo de los arrepentimientos máximos (minimax).

Alternativa	r_{ij} mín.
a_1	0.25
a_2	0.20
a_3	0.25
a_4	0.29

Según el criterio de arrepentimiento mínimo, se selecciona a_2 en vista de que tiene el menor valor de arrepentimiento de 0.20.

Este tipo de toma de decisiones es muy común en el manejo de materiales manual (vea el capítulo 4), donde siempre existe un trueque entre la seguridad del trabajador y su productividad. Por ejemplo, un mayor enfoque en la seguridad del trabajador a través de la reducción de cargas y menor tensión biomecánica correspondiente en la espalda baja, implica una menor productividad en el manejo de la carga. Para mantener la productividad del trabajo en el nivel deseado, la reducción en la carga requiere un incremento en la frecuencia de la tarea, con las correspondientes demandas fisiológicas más pesadas. Una evaluación metabólica lleva a la conclusión de que el levantamiento no frecuente de cargas pesadas es preferible a levantar cargas ligeras con más frecuencia. Sin embargo, desde un punto de vista biomecánico, el peso de la carga debe minimizarse, sin importar la frecuencia, y esto es un conflicto. Jung y Frievalds (1991) examinaron este problema usando la TDCM para obtener un intervalo crítico de frecuencias de 1 a 12 levantamientos/min (vea la figura 7-3). Para las tareas poco frecuentes (< 7/min), predomina el estrés biomecánico; en las tareas frecuentes (> 7/min), predomina el fisiológico; pero si son alrededor de 7 levantamientos/min participan por igual ambos tipos de tensión para determinar el nivel global para el trabajador. Así, según las alternativas y el efecto de cada una respecto a los atributos específicos de interés, se obtendrán soluciones diferentes. Los analistas deben familiarizarse con estas estrategias de toma de decisiones y deben usar las que sean más adecuadas para sus organizaciones.

Herramientas de decisiones económicas

Las tres técnicas de evaluación que se usan más a menudo para determinar si se desea hacer la inversión en un método propuesto son: 1) el método de retorno sobre ventas, 2) el método de retorno sobre la inversión o de periodo de recuperación y 3) el método de flujo de efectivo descontado.

El método de *retorno sobre ventas* involucra el cálculo de la razón de a) la ganancia promedio anual obtenida a través del uso del método y b) las ventas promedio anuales

FIGURA 7-3
Niveles de estrés no aceptables usados para conciliar metas en conflicto.
(*Tomado de:* Jung y Frievalds, 1991)

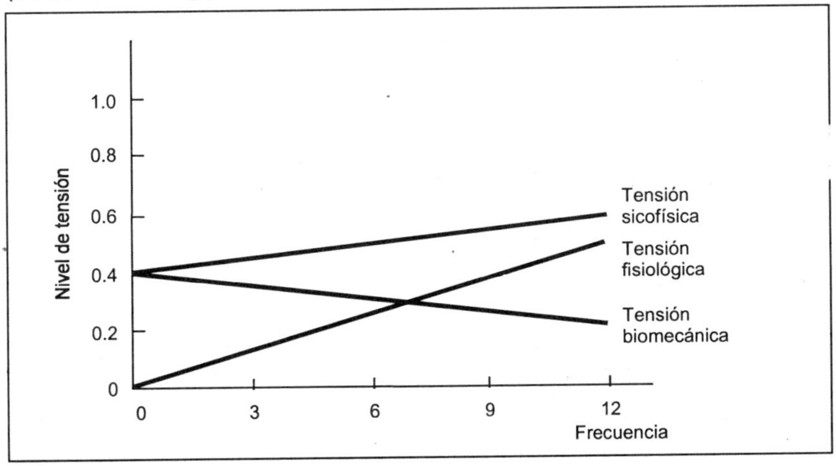

o el incremento en el valor agregado del producto en dólares, basado en la estimación pesimista de la vida del producto. Esta razón proporciona información sobre la efectividad del método y el esfuerzo de ventas resultante, pero no toma en cuenta la inversión original requerida para ponerlo en marcha.

El método de *retorno sobre la inversión* proporciona la razón de a) la ganancia promedio anual obtenida con el uso del método, basada en la estimación pesimista de la vida del producto y b) la inversión original. De dos métodos propuestos que resultaría en las mismas ventas y ganancias potenciales, la administración preferiría usar el que requiere menor inversión. El recíproco del retorno sobre la inversión a menudo recibe el nombre de método de *recuperación*. Éste proporciona el tiempo que toma para realizar una recuperación completa de la inversión original.

El método de *flujo de efectivo descontado* calcula la razón de a) el valor presente del flujo de efectivo basado en un porcentaje de rendimiento deseado y b) la inversión original. Este método calcula la tasa de flujo de dinero en la compañía y el *valor del dinero en el tiempo*. Éste es importante. Debido al interés que gana, un dólar hoy vale más que un dólar en cualquier fecha posterior. Por ejemplo, a un interés compuesto de 15%, un dólar hoy vale $2.011 dentro de cinco años. Para expresarlo de otra manera, un dólar recibido dentro de cinco años valdría alrededor de 50 centavos hoy. Puede pensarse que el interés es el rendimiento que se obtiene mediante la inversión productiva del capital.

Lo siguiente se aplica al concepto de valor presente:

Un solo pago		
– factor de cantidad compuesta	(dado P, encontrar F)	$F = P(1+i)^n$
– factor de valor presente	(dado F, encontrar P)	$P = 1/(1+i)^n$
Serie uniforme		
– factor de recuperación	(dado F, encontrar A)	$A = i/(1+i)^n - 1$
– recuperación de capital	(dado P, encontrar A)	$A = i(1+i)^n/(1+i)^n - 1$
– factor de cantidad compuesta	(dado A, encontrar F)	$F = (1+i)^n - 1/i$
– factor de valor presente	(dado A, encontrar P)	$P = (1+i)^n - 1/i(1+i)^n$

donde: i = tasa de interés para un periodo dado
n = número de periodos de interés
P = suma presente de dinero (valor presente de principal)
F = suma de dinero al final del n periodos desde la fecha actual; equivalente a P con interés i
A = pago al final de cada periodo en una serie uniforme que continúa los siguientes n periodos; la serie completa es equivalente a P con interés i

Una tasa de rendimiento supuesta (i) es la base del cálculo del flujo de efectivo. Todos los flujos de efectivo que siguen a la inversión inicial del nuevo método se estiman y ajustan a su valor presente, con esta tasa de rendimiento supuesta. Los flujos de efectivo totales calculados para la estimación pesimista de la vida del producto se suman como ganancia (o pérdida) en términos del efectivo que se tiene hoy. Por último, este total se compara a la inversión inicial.

Las estimaciones de la demanda del producto en 10 años se pueden desviar de manera considerable de la realidad. Entonces, se introduce un elemento de oportunidad y las probabilidades de éxito tienden a disminuir con periodo de recuperación más largo. Los

EJEMPLO 7-4
Justificación económica del método propuesto

Un ejemplo debe aclarar el uso de los tres métodos para evaluar el potencial de un método propuesto.

Inversión del método propuesto: $10 000.

Rendimiento deseado sobre la inversión: 10%

Valor de recuperación de dispositivos y herramientas: $500.

Vida estimada del producto para el que se usará el método propuesto: 10 años

Valor presente del flujo de efectivo:

(3000)(0.9091) =	$2730	(3800)(0.5645) =	2140
(3800)(0.8264) =	3140	(3000)(0.5132) =	1540
(4600)(0.7513) =	3460	(2200)(0.4665) =	1025
(5400)(0.6830) =	3690	(1400)(0.4241) =	595
(4600)(0.6209) =	2860	(500)(0.3855) =	193
			$21 373

Valor de recuperación de herramientas:

$$(500)(0.3855) = \$193$$

Valor presente total de la ganancia bruta prevista y valor de recuperación de la herramienta: $21 566. La razón del valor presente a la inversión original es:

$$\frac{21\,566}{10\,000} = 2.16$$

TABLA 7-7
Comparación de la justificación económica de los métodos

Final de año	Incremento en valor de ventas debido al uso del método propuesto	Costo de producción del método propuesto	Ganancia bruta debida al método propuesto
1	$ 5 000	$ 2 000	$ 3 000
2	6 000	2 200	3 800
3	7 000	2 400	4 600
4	8 000	2 600	5 400
5	7 000	2 400	4 600
6	6 000	2 200	3 800
7	5 000	2 000	3 000
8	4 000	1 800	2 200
9	3 000	1 600	1 400
10	2 000	1 500	500
Totales	$ 53 000	$ 20 700	$ 32 300
Promedio	$ 5 300	$ 2 070	$ 3 230

Rendimiento de ventas = $\frac{3230}{5300} = 61\%$ Rendimiento sobre la inversión = $\frac{3\,230}{10\,000} = 32.3\%$

Periodo de recuperación = 1/0.323 = 3.09 años

EJEMPLO 7-4 (*conclusión*)

El nuevo método pasa de manera satisfactoria los tres métodos de evaluación. Los rendimientos de 61% sobre ventas y de 32.2% sobre la inversión de capital representan tasas muy atractivas. El rendimiento de la inversión de capital de $10 000 tendrá lugar en 3.09 años y el análisis de flujo de efectivo revela que la inversión original se recupera en 4 años periodo en el que gana 10%. Durante la vida esperada de 10 años del producto, se ganarán $11 566 adicionales a la inversión original.

resultados de cualquier estudio son válidos sólo como datos de entrada. Con un seguimiento constante se determinará la validez de las suposiciones. El analista no debe dudar en alterar las decisiones si encuentra que los datos originales no son válidos. Con un análisis financiero razonable se intenta facilitar el proceso de toma de decisiones y no sustituir el buen juicio en los negocios.

PRESENTACIÓN DEL MÉTODO PROPUESTO

Los analistas hacen su presentación tanto por escrito como en forma oral. Aun si la compañía no requiere un informe escrito, es una buena práctica hacerlo para tener un registro y como ayuda en aplicaciones futuras. Un informe bien escrito es un paso importante para vender el método propuesto; en él la sección de resumen tiene la mayor importancia, ya que quizá sea la única parte que lean los ejecutivos. El resumen se basa en el cuerpo del informe; en consecuencia, normalmente se escribe una vez terminado el cuerpo del informe. Sin embargo, se presenta al principio, para que quienes deben evaluar la propuesta tengan una forma rápida de contar con los hechos antes de tomar la decisión. El resumen debe contener tres elementos: un extracto con una explicación breve de la naturaleza del problema; conclusiones que describan los resultados del análisis, y las recomendaciones que resaltan el método propuesto y resumen los ahorros estimados y las mejoras en calidad y confiabilidad, además de la recuperación de gastos de capital.

El cuerpo del informe incluye una sección de la naturaleza del problema, seguido de los detalles relativos a la recolección de datos y los métodos de análisis. Esa sección contiene las gráficas de flujo de procesos y de la operación usadas para presentar los hechos, al igual que las de procesos hombre-máquina, grupos y operario usadas para desarrollar el centro de trabajo propuesto. Todos los bosquejos, dibujos y especificaciones muestran los detalles de los dispositivos propuestos y se incluyen los diseños de herramientas y máquinas. Cuando se recomiendan robots o procedimientos de automatización se incluyen los detalles de tipo, estilo y tamaño de las instalaciones propuestas. Se resaltan las mejoras previstas en calidad y confiabilidad, debidas a la consistencia y formalidad que se obtiene con la mecanización. Esta sección también contiene las razones de las conclusiones y recomendaciones dadas en el resumen. Todo el informe debe ser claro, conciso, completo y exacto. Debe prepararse de manera que su lectura y estudio sean sencillos.

Con frecuencia se pide a los analistas que presenten sus propuestas de métodos en una junta. Para apoyar la aprobación de la propuesta, el analista debe preparar la presentación de los beneficios y ventajas con exactitud y firmeza. Debe proporcionar estimaciones de los incrementos resultantes en la productividad y/o las disminuciones en costo. También debe presentar información sobre cualquier mejora en la calidad o en el servicio a los clientes. Éste es un buen momento para hablar de las reducciones en el tiempo de ciclo que dé como resultado mejores productos y servicios entregados más rápido al mercado.

El analista debe planear su presentación de antemano. Debe tener datos disponibles sobre las ventajas del método propuesto, los costos relacionados, los ahorros esperados y la recuperación esperada de la inversión de capital. El analista debe contar con toda la información que pueda requerirse y estar preparado para suministrarla, lo mismo para responder a las objeciones que surjan contra la propuesta. Éstas casi siempre se centran en el costo inicial, el tiempo requerido para adoptar el método y el inconveniente potencial mientras se lleva a cabo la instalación. El analista debe señalar que ha considerado con cuidado estas objeciones para manejarlas.

IMPLANTACIÓN

Una vez aprobado un método propuesto, el siguiente paso es instalarlo. Con mucha frecuencia, los analistas no participan lo suficiente durante los trabajos de esta etapa. No debe suponerse que la instalación se realizará de manera automática de acuerdo con la propuesta. Una persona de mantenimiento, un mecánico o un trabajador puede hacer un pequeño cambio o modificación sin considerar las consecuencias. Esto quizá signifique que el método propuesto no logre los resultados esperados.

El analista debe participar en los trabajos de instalación, para asegurar que todos los detalles se realizan de acuerdo con el plan propuesto. Debe verificar que: el centro de trabajo que se establece está equipado con la maquinaria propuesta; se proporcionan las condiciones de trabajo planeadas; el herramental cumple con las recomendaciones, y que el progreso del trabajo es satisfactorio. Debe "vender" el nuevo método al operario, al supervisor, al personal de preparación y a otros. Entonces, cuando la instalación esté terminada, estos empleados contarán con una mayor aceptación del método propuesto.

Una vez instalado el nuevo centro de trabajo, el analista debe verificar todos los aspectos para ver si cumplen con las especificaciones establecidas. En particular, verificar que: las distancias de "alcanzar" y "mover" tienen la longitud correcta; las herramientas cuentan con el filo adecuado; los mecanismos funcionan como se supone; se han resuelto los problemas de desorden; las características de seguridad son operativas; el material está disponible en las cantidades planeadas; las condiciones de trabajo asociadas con el centro son las previstas, y todas las partes que intervienen cuentan con la información del nuevo método.

Cuando todos los aspectos del nuevo método están listos para la operación, el supervisor asigna al operario que trabajará con el mismo. Entonces el analista debe quedarse con el operario todo el tiempo que sea necesario para asegurar que está familiarizado con la nueva asignación. Este periodo puede tomar unos cuantos minutos, varias horas o incluso varios días, dependiendo de la complejidad de la asignación y de la flexibilidad y poder de adaptación del trabajador.

Cuando el operario comienza a entender el método y es capaz de trabajar de manera sistemática, el analista puede proceder con otro trabajo. No obstante, no debe considerar terminada la etapa de instalación hasta verificar de nuevo el centro de trabajo varias veces los primeros días para asegurar que el método propuesto trabaja como se planeó. También debe observar a los supervisores para estar seguro de que verifican y supervisan el nuevo método.

Resistencia al cambio

No es extraño que los trabajadores se resistan al cambio de método. Aunque muchos quieren ser, y de hecho se consideran, innovadores y de pensamiento progresista, la mayor parte de las personas se sienten bastante cómodas con sus trabajos o centros de trabajo actuales, aunque quizá no sea el más cómodo o agradable. El temor al cambio y el impacto que pueda tener en su trabajo, salario y seguridad sobrepasan otras preocupaciones (vea la jerarquía de necesidades humanas de Maslow, capítulo 18). Las reacciones del trabajador ante el cambio pueden ser bastante obstinadas e inexplicables, como lo experimentó Gilbreth en el siguiente ejemplo clásico. Mientras realizaba un estudio de movimientos en una fábrica de camas, observó que una mujer grande de edad madura planchaba las sábanas en una forma que con toda evidencia era muy ineficiente y fatigante. Para planchar cada sábana, tomaba una plancha grande y pesada, se sentaba y presionaba fuerte sobre la sábana, cerca de 100 veces por cada una. Se veía cansada y tenía dolor de espalda. Con unos cuantos cambios en el diseño del trabajo y con el uso de contrapesos para detener la sábana (el equivalente del equilibrador de herramientas moderno), redujo de manera considerable la carga física del trabajo. Sin embargo, la reacción de la mujer fue por completo opuesta a la esperada. En lugar de ser la única trabajadora con la capacidad física para realizar el trabajo (y recibir elogios de su supervisor), ahora era sólo una más entre muchos. Su posición se perdió y se opuso con fuerza al cambio (DeReamer, 1980).

Así, es importante "vender" el nuevo método a los operarios, supervisores, mecánicos, etc. Debe notificarse a los empleados con suficiente anticipación sobre cualquier cambio en el método que les pueda afectar. La resistencia al cambio es directamente proporcional a la magnitud del mismo y al tiempo disponible para implantarlo. Por lo tanto, los cambios deben realizarse por pasos. No debe cambiarse una estación de trabajo completa, silla o banco, y herramental, todo a la vez. Inicie con la silla, tal vez después las herramientas y por último la estación de trabajo.

Explique las razones para el cambio. Las personas se resisten cuando no entienden. En lugar de sólo reemplazar la herramienta de agarre de pistola del trabajador por una superficie de trabajo con una herramienta alineada, explique que esta herramienta pesa menos y requiere menos movimiento del brazo, es decir, su uso será más cómodo.

Como regla general para manejar los sentimientos, es mejor hacer hincapié en lo positivo, por ejemplo, "será mucho más sencillo usar esta nueva herramienta", y reste importancia a lo negativo, como, "esta herramienta es pesada e insegura". Haga que el trabajador participe en forma directa en el proceso de cambio de método o diseño del trabajo. Los trabajadores tienen un buen historial de seguir sus propias recomendaciones, y cuando se ha involucrado a los trabajadores en la toma de decisiones, en general se ha encontrado menos resistencia a los cambios. Un enfoque exitoso es formar comités de trabajadores o de equipos de ergonomía (vea el capítulo 18).

Las amenazas, es decir, las represalias de la administración por no hacer el cambio, pueden ser contraproducentes y desencadenar emociones contrarias que resistan el cambio. Además, las personas muchas veces se oponen a los aspectos sociales del cambio más que a los técnicos. Por lo tanto, si es posible mostrar que otros empleados usan el mismo dispositivo, es más probable que acepten el cambio.

El último paso en la ingeniería de métodos, después de establecer los estándares adecuados, es mantener el método, esto es, determinar si las mejoras a la productividad previstas se realizan. Aquí, los ingenieros industriales deben ser muy cuidadosos al determinar si algún efecto se debe en realidad al nuevo método.

Efecto de Hawthorne

Éste es un estudio a menudo citado que hace énfasis en la necesidad de que el trabajador participe en los cambios de métodos o la planeación de la producción que lleva a la motivación y productividad. En realidad, se trata de una serie de estudios mal diseñados, a partir de los cuales es difícil obtener conclusiones científicas verdaderas, excepto por la necesidad de tener cuidado al suponer que las mejoras a la productividad se deben sólo a los cambios de métodos. El estudio inicial, menos conocido, era un proyecto conjunto entre el National Research Council y la Western Eletric Co. para examinar los efectos de la iluminación en la productividad. El estudio se realizó en una planta muy grande de Hawthorne (cerca de 40 000 trabajadores) no lejos de Chicago, entre 1924 y 1927. En general, la administración encontró que los empleados reaccionaban al cambio en la iluminación de la manera que esperaban que reaccionaran, es decir, se esperaba que al aumentar la cantidad de luz produjeran más, y así fue. Se suponía que si disminuía la iluminación su producción fuera menor, y también fue así. Un estudio de seguimiento probó este punto. Se cambiaron los focos y se permitió a los trabajadores suponer que la luz había aumentado. De hecho, los focos se sustituyeron por otros justo con los mismos watts. Sin embargo, los comentarios de los trabajadores sobre el aumento en la iluminación fueron favorables y respondieron con mayor productividad. Entonces, los efectos fisiológicos se confundieron por los efectos sicológicos (Homans, 1972).

Con base en estos resultados, la Western Electric decidió realizar una serie de estudios adicionales sobre las actitudes mentales y la efectividad de los trabajadores. Estos son los estudios Hawthorne mejor conocidos, realizados en colaboración con Harvard School of Business Administration, de 1927 a 1932 (Mayo, 1960). Se colocó a seis operarias en un cuarto separado y se les sometió a distintas condiciones experimentales: 1) incentivos especiales de grupo para las seis trabajadoras, contrario a los más de 100 trabajadores en el departamento; 2) inclusión de dos descansos de 5 a 10 minutos; 3) días de trabajo más cortos; 4) semanas de trabajo más cortas, y 5) almuerzo y/o refrescos proporcionados por la compañía. Cualquier cambio se discutió antes con los seis operarios y se descartaron todos los que tuvieron objeciones serias. Después, también se discutieron los efectos de los cambios con las trabajadoras en un proceso de entrevistas más bien informal.

Como las trabajadoras recibían bien estas oportunidades para hablar de sus sentimientos, estas entrevistas estructuradas degeneraron en sesiones interminables de quejas. Fue interesante observar que la producción aumentó en general durante estos cinco años (excepto por cambios menores en los productos o paro/inicio por vacaciones), sin importar las condiciones de las pruebas. Además, las ausencias y días de enfermedad disminuyeron de manera considerable para las seis operarias en comparación con los otros trabajadores. La Western Electric, famosa por su preocupación por el bienestar de sus empleados, atribuyó este resultado, algo sorprendente, a la mayor preocupación por el trabajador, con el resultado de un incremento en la satisfacción social (Pennock, 1929-30).

Por desgracia, estas conclusiones están muy simplificadas e igual que otros efectos se confundieron en el estudio. Hubo grandes variaciones en las prácticas de supervisión, se usaron mediciones diferentes e inconsistentes de la productividad durante los cinco años del estudio y se introdujeron cambios significativos en los métodos (Carey, 1972). Por ejemplo, se implantó un sistema de entrega dejando caer para el grupo experimental con el propósito de contar los relevadores producidos; pero según el principio de economía del movimiento (capítulo 4), esto también tiende a aumentar las tasas de producción.

Independientemente de la controversia, los estudios Hawthorne tienen tres implicaciones: 1) se confirmó la regla básica de experimentación, "el hecho de medir algo provoca cambios"; 2) las relaciones humanas adecuadas actúan como un motivador fuerte (vea el capítulo 18), y 3) es muy difícil separar los factores confundidos en un estudio no controlado. Por lo tanto, el analista debe ser cuidadoso al obtener conclusiones sobre la efectividad de los cambios de método en la productividad. Es posible que parte de los cambios en la productividad se deban a las mejoras en el ánimo o motivación del operario afectado. Además, cualquier medida de productividad, aunque en apariencia inocua, puede tener efectos no planeados si los trabajadores se dan cuenta de ellos y trabajan como se espera.

ANÁLISIS DE PUESTOS

El análisis de puestos en el centro de trabajo y la evaluación del cargo que se obtiene, tienen una relación estrecha con la instalación del método ideal y los tiempos estándar requeridos para realizar la operación. Éste es el sexto paso en procedimiento sistemático al aplicar la ingeniería de métodos. Cada vez que se cambia un método, ha de modificarse la descripción del puesto para reflejar las condiciones, deberes y responsabilidades del nuevo método. Cuando se introduce un nuevo método, debe realizarse un análisis del puesto, para poder asignar a un trabajador calificado al centro de trabajo y proporcionar una tasa base adecuada. Las tasas base deben asegurar que las tasas de dinero son conmensurables con las tasas locales para puestos similares; deben proporcionar diferenciales adecuados para los trabajos que requieren más habilidad y responsabilidad, y debe basarse en técnicas que se puedan explicar y justificar.

Las tasas base apropiadas son el resultado de la evaluación del puesto, una técnica para determinar en forma equitativa el valor relativo del trabajo con sus distintas asignaciones en una organización. La base de la evaluación del puesto es el análisis de éste, un procedimiento para hacer una valoración cuidadosa de cada tarea y registrar los detalles del trabajo para que su evaluación sea justa. Antes de desarrollar una descripción del puesto, se estudian con cuidado todos los aspectos de la oportunidad, para asegurar que se usan los mejores métodos y que el operario está bien capacitado en los métodos prescritos.

En general, se incluyen las distintas responsabilidades, autoridades y consecuencias de malas decisiones en el análisis del puesto. El análisis también proporciona información respecto a las máquinas y herramientas usadas en la tarea, la capacidad requerida para solucionar problemas y las condiciones físicas y sociales relacionadas con el puesto. Este procedimiento es similar al utilizado en la guía de análisis de trabajo/lugar de trabajo en el capítulo 2, que se concentra, en particular, en los tensionantes físicos del trabajo y lugar de trabajo, en vez de las componentes mentales y cognitivas.

La descripción del puesto es una componente esencial del análisis del puesto. Las descripciones son una herramienta útil de supervisión que ayuda en la selección, capacitación y promoción de los empleados, y en la evaluación de la distribución del trabajo. La descripción del puesto debe identificar los deberes y responsabilidades específicos del trabajo y los requerimientos mínimos del trabajador que lo realiza. También debe resaltar que el trabajo se realice como está descrito y el hecho de hacerlo bien para obtener un producto o servicio con el menor costo y la mayor calidad.

Una descripción del puesto debe comenzar con un título adecuado y no debe contener ambigüedades en la descripción de lo que hace el trabajador. El trabajador debe participar en la definición exacta de las responsabilidades del puesto. Este procedimiento a menudo conduce al desarrollo de mejoras efectivas en costos. Una combinación de entrevistas personales y cuestionarios, junto con la observación directa, da como resultado una definición concisa de cada puesto y los deberes que incluye. Se incluyen las funciones físicas y mentales requeridas para realizar el trabajo y deben usarse palabras con significado definitivo como "dirigir, examinar, planear, medir y operar". Cuanto más exacta sea la descripción, mejor. La figura 7-4 ilustra el análisis de un puesto de apoyo en embarques y recepción que se usará en un plan de evaluación de puestos.

EVALUACIÓN DE PUESTOS

La evaluación de puestos es un procedimiento mediante el cual una organización clasifica sus trabajos en orden de valor o importancia. Los sistemas de evaluación de puestos se popularizaron durante los años de la Segunda Guerra Mundial. Era la única manera de otorgar aumentos al salario, ya que en Estados Unidos el National War Labor Board había congelado todos los salarios. Una compañía tenía que demostrar que existían desigualdades en la empresa si quería iniciar ajustes al salario. Al introducir un sistema de evaluación de puestos, las compañías encontraron la forma de identificar las desigualdades en sueldos y/o salarios y obtener el permiso para otorgar aumentos.

El lector debe entender que, en general, los individuos piensan que otras personas en puestos similares trabajan menos y ganan más.

El objetivo primordial de cualquier plan de evaluación de puestos es determinar la compensación adecuada para el trabajo realizado en cada puesto. Un plan de evaluación de puestos bien elaborado incluye los siguientes aspectos:

1. Proporciona una base para explicar a los empleados por qué un puesto tiene una mayor (o menor) remuneración que otro.
2. Prepara una explicación a los empleados cuyos salarios se ajustan debido a un cambio de método.
3. Proporciona una base para la asignación de personal con las habilidades específicas para ciertos trabajos.
4. Ayuda a determinar los criterios para un puesto cuando se emplea personal nuevo o se otorgan promociones.

FIGURA 7-4
Análisis de puesto para un trabajo de apoyo en recepción y embarque

PUESTO Empleado de recepción y embarque DEPTO. Embarques
HOMBRE x MUJER ___ FECHA _________ PUNTOS TOTALES 280 CLASE 5

DESCRIPCIÓN DEL PUESTO

Dirigir y ayudar en la carga y descarga, conteo y recepción o rechazo de partes y suministros comprados, y después distribuirlos a los departamentos correspondientes.

Examinar lo recibido que no coincide con las órdenes de compra. Mantener un archivo con órdenes de compra y de embarque y conservar actualizadas las órdenes pendientes. Hacer reportes diarios y semanales de envíos y reportes mensuales de inventario.

Ayudar en el empaque de todos los envíos nacionales y extranjeros. Formular las solicitudes de formas de inspección para ciertos materiales recibidos y de formas de rechazo para todos los artículos devueltos.

El puesto requiere un conocimiento amplio de la rutina de empaque, envío y recepción, distribución de planta, suministros para el taller y partes terminadas. Necesita conocimientos sobre rutinas sencillas de oficina. Habilidades para trabajo con otros departamentos, como área de servicio y trato con proveedores. El puesto requiere mucha exactitud y responsabilidad. Los efectos de decisiones mal tomadas incluyen recepciones y envíos dañados, cantidades en inventario incorrectas y manejo de materiales adicional. El trabajo exige levantamientos hasta de 100 libas. Trabaja en colaboración con dos empleados clase 4 de empaque y envío.

Evaluación del puesto	Grado	Puntos
Educación	1	15
Experiencia y capacitación	2	50
Iniciativa e ingenio	3	50
Habilidad analítica	3	50
Requerimientos de personalidad	2	30
Responsabilidad de supervisor	1	25
Responsabilidad por pérdidas	1	10
Aplicación física	6	25
Aplicación visual o mental	1	5
Condiciones de trabajo	5	20
		280

5. Ayuda en la capacitación del personal de supervisión.
6. Proporciona una base para determinar dónde existen oportunidades para mejorar los métodos.

Sistemas de evaluación de puestos

La mayor parte de los sistemas de evaluación de puestos vigentes son una variación o combinación de cuatro sistemas importantes: el método de clasificación, el sistema de puntos, el método de comparación de factores y el método de mayor categoría o jerarquización. El *método de clasificación*, en ocasiones llamado *plan de descripción de grado*, consiste en una serie de definiciones diseñadas para dividir trabajos en grupos de salarios. Una vez definidos los niveles de grado, los analistas estudian cada puesto y lo asignan al nivel adecuado, con base en la complejidad de sus deberes y responsabilidades y en su relación con la descripción de otros niveles. La U.S. Civil Service Commission da un uso extenso a este plan.

Al aplicar este método de evaluación de puestos el analista debe tomar en cuenta el siguiente procedimiento:

1. Preparar una descripción de la escala de grados para cada tipo de puesto, como operación de maquinaria, operación manual, operaciones calificadas o inspección.
2. Escribir las descripciones de grados en la escala con factores como:
   a. Tipo de puesto y complejidad de los deberes.
   b. Nivel educativo necesario para desempeñar el puesto.
   c. Experiencia necesaria para desempeñar el puesto.
   d. Responsabilidades.
   e. Demanda de esfuerzo.
3. Preparar las descripciones de cada puesto. Clasificar cada puesto según su descripción en el grado adecuado.

En el *sistema de puntos*, los analistas hacen una comparación directa de todos los atributos de un puesto con los de otros con el siguiente procedimiento:

1. Establecer y definir los factores básicos comunes a la mayoría de los puestos, indicar los elementos de valor en todos los puestos.
2. Definir los grados específicos de cada factor.
3. Establecer los puntos que se acreditan a cada grado de cada factor.
4. Preparar una descripción de cada puesto.
5. Evaluar cada trabajo determinando el grado de cada factor contenido en él.
6. Sumar los puntos de cada factor para obtener los puntos totales de cada puesto.
7. Convertir los puntos de los puestos en tasas salariales.

El *método de comparación de factores* para la evaluación de puestos casi siempre contiene los siguientes elementos:

1. Determinar los factores y establecer el valor relativo de todas las tareas.
2. Establecer una escala de evaluación similar a la escala de puntos, pero con sus unidades en términos de dinero. Por ejemplo, un puesto como punto de comparación de

$2000 por mes quizá atribuya $800 al factor responsabilidad, $400 al de educación, $600 a las habilidades y $200 a la experiencia.
3. Preparar un descripción de puestos.
4. Evaluar cada factor de los puestos clave y clasificarlos de menor a mayor.
5. Determinar los salarios de cada puesto clave según sus factores. La asignación de dinero fija, de manera automática, las relaciones entre los trabajos para cada factor y, por lo tanto, establece la clasificación de puestos según sus factores.
6. Evaluar cada factor de otros puestos de acuerdo con los valores monetarios asignados a los distintos factores de los puestos clave.
7. Determinar el salario con la suma de los valores monetarios de los factores.

Ambos métodos, el sistema de puntos y la comparación de factores, son más objetivos y exhaustivos al evaluar los diferentes puestos; ambos planes estudian los factores básicos comunes a la mayoría de los puestos que influyen en su valor relativo. De los dos planes, es más común que se aplique el sistema de puntos y, en general, se considera el método de mayor exactitud para la clasificación ocupacional.

El *método de jerarquización* arregla los puestos en orden de importancia, o según su valor relativo. En este caso se considera todo el puesto y se incluye: la complejidad y grado de dificultad de los deberes; los requerimientos de áreas específicas de conocimiento; las habilidades necesarias; la experiencia requerida, y el nivel de autoridad y responsabilidad asignado al puesto. Este método se popularizó en Estados Unidos durante la Segunda Guerra Mundial por su sencillez y facilidad de uso. En ese tiempo el National War labor Board estableció como requisito que todas las compañías que trabajaban en contratos del gobierno debían tener algún tipo de sistema de clasificación de salarios. El método de clases satisfacía ese requerimiento. El método de jerarquización se aplica con los siguientes pasos:

1. Preparar las descripciones de puestos.
2. Jerarquizar los puestos (es común hacerlo con los departamentos primero) en el orden de su importancia relativa.
3. Determinar la clase o grado para grupos de puestos, con el proceso de categorización.
4. Establecer salarios o intervalos de salarios para cada clase o grado.

En general, el método de jerarquización es menos objetivo que otros. En consecuencia, necesita un conocimiento mayor de todos los trabajos. Por esta razón, su uso no ha sido tan extenso en los últimos años.

Selección de factores

Con el método de comparación de factores, muchas compañías usan cinco factores. En algunos programas de puntos es posible usar 10 factores o más. Sin embargo, es preferible usar un número pequeño de ellos. El objetivo es usar sólo los factores necesarios para obtener una diferenciación clara entre los puestos. Los elementos de cualquier trabajo se clasifican de acuerdo con:

1. Lo que un puesto exige del empleado en términos de factores físicos y mentales.
2. Lo que un puesto demanda del empleado en forma de fatiga física y mental.

3. Las responsabilidades que exige el puesto.
4. Las condiciones bajo las que se realiza el trabajo.

Se pueden incluir otros factores: educación, experiencia, iniciativa, ingenio, demandas físicas, demandas mentales y/o visuales, condiciones de trabajo, riesgos, responsabilidad por el equipo, procesos, materiales, productos y el trabajo y seguridad de los demás.

Estos factores están presentes en distintos grados en todos los puestos, y cualquiera de ellos contiene uno de los grados para cada factor. Los factores tienen la misma importancia. Para reconocer las diferencias en importancia, se asignan pesos o puntos a cada grado de cada factor, como se muestra en la tabla 7-8. La figura 7-5 ilustra una jerarquización completa de un puesto con datos que la fundamentan.

Se define con detalle cada grado de cada factor de manera que el grado que caracteriza la situación de trabajo que se estudia sea evidente. Por ejemplo, la educación se puede definir como requisito para el uso de matemáticas de taller, dibujos, instrumentos de medición o algunos conocimientos técnicos. La educación de grado uno puede requerir sólo poder leer y escribir, y sumar y restar números enteros. La educación de grado dos tal vez se defina como el uso de aritmética sencilla, como suma y resta de números decimales y fracciones, y lectura sencilla de dibujos para el uso de algunos instrumentos de medición como calibradores y reglas. Sería equivalente al primer año de enseñanza media. El grado tres de educación tal vez requiera el uso de dibujos más complicados, matemáticas de taller avanzadas, fórmulas de manuales y una variedad de instrumento de medición, además de conocimientos técnicos en un campo especializado. Sería equivalente a la enseñanza media terminada y cursos cortos de capacitación técnica. El grado cuatro de educación podría requerir el uso de dibujos complicados y especificaciones, matemáticas de taller avanzadas y una amplia variedad de instrumentos de precisión para mediciones, además conocimientos técnicos amplios. Sería equivalente a la enseñanza media terminada y cua-

TABLA 7-8
Puntos asignados a los factores y claves para los grados

Factores	Grado 1	Grado 2	Grado 3	Grado 4	Grado 5
Habilidades					
1. Educación	14	28	42	56	70
2. Experiencia	22	44	66	88	110
3. Iniciativa e ingenio	14	28	42	56	70
Esfuerzo					
4. Demanda física	10	20	30	40	50
5. Demanda mental y/o visual	5	10	15	20	25
Responsabilidad					
6. Equipo o proceso	5	10	15	20	25
7. Material o producto	5	10	15	20	25
8. Seguridad de otros	5	10	15	20	25
9. Trabajo de otros	5	10	15	20	25
Condiciones de trabajo					
10. Condiciones de trabajo	10	20	30	40	50
11. Riesgos inevitables	5	10	15	20	25

Fuente: National Electrical Manufacturers Association

FIGURA 7-5
Forma para calificación de puestos y fundamentación

CALIFICACIÓN DE PUESTOS — DATOS DE FUNDAMENTO
DORBEN MFG. CO.
UNIVERSITY PARK, PA

PUESTO: Maquinista (general) CÓDIGO: 176 FECHA: 12 de nov.

Factor	Grado	Puntos	Base de calificación
Educación	3	42	Requiere el uso de dibujos bastante complicados, matemáticas de taller avanzadas, variedad de instrumentos de precisión, conocimientos técnicos, equivalente a enseñanza media o primero de secundaria y dos o tres años de capacitación técnica.
Experiencia	4	88	Tres a cinco años de instalación, reparación y mantenimiento de máquinas herramienta y otros equipos de producción
Iniciativa e ingenio	3	42	Reconstruir, reparar y mantener una amplia variedad de máquinas herramienta de tamaño medio, estándar, automáticas y manuales. Diagnóstico de problemas, desensamble de máquinas y ajuste de partes nuevas como cojinetes antifricción y simples, ejes, engranes, levas, etc. Reemplazo de refacciones para manufactura. Requiere maquinado hábil y preciso con varias máquinas herramienta. Juicio rápido para diagnóstico y remedio de problemas para mantener la producción.
Demanda física	2	20	Esfuerzo físico intermitente requerido al desarmar, ensamblar, instalar y dar mantenimiento a las máquinas.
Demanda mental y/o visual	4	20	Requiere concentración mental y atención visual. Disponer, preparación, maquinado, verificación, inspección, ajuste de partes en máquinas.
Responsabilidad de equipo o proceso	3	15	El daño no suele exceder $900. Partes rotas de máquinas. El descuido en el manejo de engranes y piezas complicadas puede causar daños serios.
Responsabilidad de material o producto	2	10	Pérdidas probables debido a desperdicio de materiales o trabajo, rara vez mayor que $300.
Responsabilidad de la seguridad de otros	3	15	Se requieren medidas de seguridad para prevenir lesiones de otros; fijación correcta del trabajo a platos o mandriles, dispositivos de manejo, etc.
Responsabilidad del trabajo de otros	2	10	Responsable de dirigir a uno o más ayudantes gran parte del tiempo. Depende del tipo de trabajo.
Condiciones de trabajo	3	30	Condiciones algo desagradables debido a la exposición a aceite, grasa y polvo.
Riesgos inevitables	3	15	Expuesto a accidentes, como manos o pies machucados, pérdida de dedos, lesiones en los ojos por partículas lanzadas, posibles descargas eléctricas o quemaduras.

OBSERVACIONES: Total 307 puntos – asignación del puesto a la clase 4.

tro años de capacitación técnica formal. Los requisitos del grado cinco de educación quizá sean conocimientos técnicos básicos suficientes para manejar problemas mecánicos, eléctricos y de otras ingenierías complicados y elaborados. Este grado sería equivalente a los cuatro años de capacitación técnica universitaria.

La experiencia evalúa el tiempo normal para que una persona con educación específica aprenda a realizar el trabajo de manera satisfactoria desde el punto de vista de calidad y cantidad. Aquí, el grado uno puede incluir hasta tres meses; el grado dos, de tres meses a un año; el grado tres, de uno a tres años; el grado cuatro, de tres a cinco años, y el cinco, más de cinco años. De manera similar, se identifica cada grado de cada factor con una definición clara y con ejemplos específicos, cuando sea necesario.

Evaluación del desempeño

Es necesario poder juzgar para evaluar cada puesto respecto al grado de cada factor requerido en el plan. En consecuencia, es deseable formar un comité para realizar la evaluación. Debe asignarse un comité separado para cada departamento de la compañía o negocio. Un comité típico incluye un presidente permanente (casi siempre de relaciones industriales o de ingeniería industrial), un representante del sindicato, el supervisor del departamento, el encargado del departamento y un representante de la administración (por lo común de relaciones industriales). El comité evalúa el mismo factor para todos los puestos antes de proceder con el siguiente factor. Por ejemplo, debe evaluarse el grado de habilidad de todos los puestos en el departamento que se estudia antes de seguir adelante con otros factores, como esfuerzo, responsabilidad y condiciones de trabajo. Al usar este patrón, el comité mide el puesto, más que a la persona que está en él.

Los integrantes del comité deben asignar sus evaluaciones de grado en forma independiente de los otros integrantes. Debe existir una correlación razonable entre los diferentes evaluadores, digamos de 0.85 o más alta. Los integrantes deben analizar las diferencias, hasta que lleguen a un acuerdo sobre el nivel del factor.

Clasificación de puestos

Una vez evaluados todos los puestos, se calculan los puntos asignados a cada uno. Después, se determina el número de grados de mano de obra dentro de la planta. Este número es una función del intervalo de puntos que caracterizan a los puestos dentro de la planta. En general, el número de grados va de 8 (en plantas pequeñas e industrias menos especializadas) a 15 (plantas grandes e industrias especializadas) (vea la figura 7-6). Por ejemplo, si el intervalo de puntos de todos los trabajos en una planta va de 110 a 365, se pueden establecer los grados mostrados en la tabla 7-9. No son necesarios intervalos parecidos para distintos grados de trabajos. Es posible que al aumentar los intervalos de puntos sean deseables puestos con remuneraciones más altas.

Después se revisar la relación entre los puestos que quedan dentro de los distintos grados laborales para asegurar equidad y consistencia. Por ejemplo, no sería adecuado que un maquinista de clase A quedara en el mismo nivel de grado que un maquinista de clase B. Enseguida se asignan tasas de salarios por hora para cada grado. Estas tasas se basan en los salarios de la zona para trabajos similares, las políticas de la compañía y el índice de costo de vida. Con frecuencia se establece un intervalo de salarios para cada grado laboral. El

FIGURA 7-6
Puntos de evaluación e intervalos con tasas base de salario para nueve grados laborales

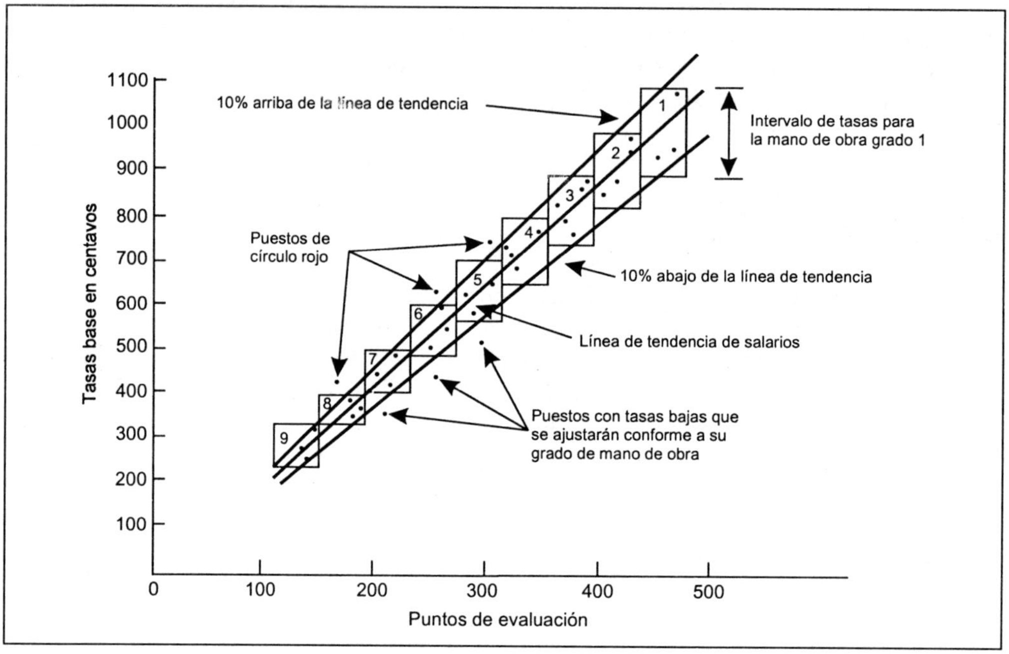

TABLA 7-9
Grados laborales

Grado	Intervalo de calificaciones (puntos)	Grado	Intervalo de calificaciones (puntos)
12	100-139	6	250-271
11	140-161	5	272-293
10	162-183	4	294-315
9	184-205	3	316-337
8	206-227	2	338-359
7	228-249	1	360 o más

desempeño total de cada operario determina su tasa de salario dentro del intervalo establecido, y el desempeño total se refiere a calidad, cantidad, seguridad, asistencia, etc.

Implantación del programa de evaluación de puestos

Después de graficar las tasas salariales del área contra los valores de los puntos para los diferentes puestos, se desarrolla una línea de tendencia, que puede o no ser una recta. Los métodos de regresión son útiles para obtener esta línea de tendencia. Varios puntos estarán fuera de la línea. Los puntos muy alejados hacia arriba representan empleados cuyos salarios actuales son más altos que lo establecido en el plan de evaluación de puestos; los puntos muy por debajo de la línea representan empleados cuyo salario actual es menor que el prescrito por el plan.

Los empleados cuyos salarios son menores que los establecidos en el plan deben recibir un aumento inmediato al nuevo salario. Los empleados cuya remuneración es mayor que la establecida (tasas salariales conocidas como *tasas de círculo rojo*) no se les aplica una disminución. Sin embargo, tampoco se les otorga un aumento en su siguiente revisión, a menos que los ajustes del costo de vida den un salario más alto que su remuneración actual. Por último, los nuevos empleados recibirán el pago correspondiente al plan de evaluación de puestos.

Preocupaciones potenciales

Un sistema de evaluación de puestos por puntos es quizá el enfoque más favorable para obtener equidad y objetividad en la determinación de la compensación individual. No obstante, el lector debe entender que la implantación de un plan de puntos puede causar varios problemas costosos y de difícil solución.

Un plan de puntos tiende a resaltar cómo debe realizarse el trabajo, más que cómo se hace. Los estilos de administración modernos señalan que todos los trabajadores deben adoptar el enfoque que siempre deben realizar su trabajo de la manera que resulte más conveniente para la compañía y sus clientes, no necesariamente la mejor para la persona. Pero, a menos que la descripción de puestos esté escrita con cuidado, algunos empleados pueden rehusarse a realizar trabajos importantes, sólo porque estas tareas no se incluyen en la descripción de su trabajo. Además de los deberes del puesto, la descripción debe incluir las ventajas del desarrollo, crecimiento y desempeño superior del empleado.

Un plan de evaluación de puestos por puntos también puede crear relaciones de poder indeseables e innecesarias dentro de la compañía. Las calificaciones en puntos de la evaluación constituyen información para la fuerza de trabajo sobre las calificaciones relativas de los distintos puestos y esto proporciona un orden obvio que puede interferir con la cooperación y el grupo de toma de decisiones, que son tan importantes en la administración moderna.

Otro problema es que los individuos pronto reconocen que una descripción de puestos escrita con creatividad puede agregar suficientes detalles como para asignar el trabajo a la siguiente clase hacia arriba. Entonces, con el tiempo, las descripciones pueden escribirse de manera que reflejen salarios más altos de los que merecen. De manera similar, los empleados reconocen que pueden aumentar los puntos de la evaluación de su puesto si aumentan sus responsabilidades. Es sencillo lograr esto si se agrega trabajo innecesario, otro ayudante u otro empleado. Estas adiciones pueden ser innecesarias y quizá sólo agreguen costos directos y/o generales, además del incremento en el costo por un salario más alto que resulta al añadir los puntos.

En algunas organizaciones, los puntos obtenidos en un plan de evaluación de puestos pueden usarse de manera inadecuada con propósitos no salariales. Por ejemplo, pueden usarse como base para obtener privilegios, tales como: espacio de estacionamiento, preferencias de turnos, listas de correo, invitaciones a juntas, servicios recreativos y otros.

Si bien los planes de evaluación de puestos proporcionan un enfoque favorable al pago de salarios equitativo, también identifica injusticias comparables. Por ejemplo, un plan de puntos puede mostrar que una enfermera industrial debe ganar $32 000 anuales, pero en la comunidad no hay dificultad para contratar enfermeras por $26 000 anuales. Si la compañía pagara el salario más alto, muchas otras personas asalariadas sentirían que se les paga poco, por comparación. El valor similar en la misma zona geográfica es un factor importante. Los planes de puntos bien diseñados deben dar como resultado que las compañías puedan atraer y conservar empleados calificados y competentes y proporcionar justicia interna.

Una de las preocupaciones primordiales que se escuchan en las cortes legislativas se refiere al principio de "la misma remuneración para el mismo trabajo". Un sistema de evaluación de puestos por puntos se basa en este concepto. Sin embargo, el analista debe estar consciente de que no existe un valor inherente a ningún puesto; vale lo que indica el mercado. Si el analista se desvía del plan de puntos establecido para asignar un salario basado sólo en el mercado, casi siempre creará nuevas injusticias. Debe reconocerse que tratar a todos por igual es inconsistente con el trato individual justo respecto a su contribución al negocio o industria.

También es importante que se dé seguimiento al plan para que sea adecuado siempre. Los trabajos cambian, por lo que se requiere revisarlos con periodicidad y hacer ajustes cuando sea necesario.

Por último, los empleados deben entender la justicia del plan de evaluación de puestos. George Fry Associates realizó una investigación exhaustiva de las prácticas de evaluación de puestos en más de 500 compañías. Algunos resultados significativos aparecen en la tabla 7-10. Por desgracia, en más de la mitad de las compañías que respondieron a la encuesta, los empleados entendían poco o nada del plan. Si un plan de evaluación de puestos ha de tener éxito a través de los años, la mayoría de los empleados debe comprender cómo funciona.

LEY PARA DISCAPACITADOS EN ESTADOS UNIDOS

Cuando se implantan nuevos métodos y se realiza la evaluación de puestos deben tomarse en cuenta las implicaciones de la ley para discapacitados (ADA —*Americans with Dissabilities Act*). El ADA se aprobó en 1990 para "establecer la ilegalidad del desempleo contra individuos capacitados con discapacidades". Éste es un aspecto importante para los patrones con 15 empleados o más, ya que puede significar el rediseño del lugar de trabajo y otros servicios. El ADA cubre prácticas de empleo como reclutamiento, contratación, promoción, capacitación, despidos, renuncias, prestaciones y asignación de puestos, donde éste último es parte del trabajo del analista de métodos. El ADA protege a los individuos "con un impedimento físico o mental que lo limita de manera sustancial en las actividades principales de su vida". Sustancial implica algo más que menor, mientras que "actividades principales" incluyen oír, ver, hablar, respirar, caminar, sentir o manipular con las manos, aprender o trabajar. Las lesiones temporales de duración limitada no están incluidas.

TABLA 7-10
Investigación sobre planes de evaluación por puntos

				Porcentaje
Compañías que usan un plan de evaluación de puestos				66.0
Plan usado:				
Jerarquización				3.5
Descripción de grado				1.0
Comparación de factores				10.5
Sistema de puntos				85.0
Promedio de horas empleado cubiertas				65.0
La función de evaluación de puestos informa a:				
relaciones industriales				69.0
ingeniería industrial				16.0
Los resultados se usan:				
para los empleos				87.0
para la colocación de empleados				88.0
en la negociación de tasas salariales				68.0
El programa de evaluación de puestos:				
está reconocido en el contrato colectivo				83.0
es un punto de las negociaciones				59.0
ha llegado a conciliación y arbitraje (de estos casos la administración ha ganado 74%)				27.0
Comprensión y aceptación:	*Buena*	*Promedio*	*Mala*	*Ninguna*
por los empleados	7%	39%	49%	5%
por la alta administración	50	36	13	1
por los mandos medios	18	17	5	0
por los supervisores de línea	35	52	13	0

El individuo con una discapacidad debe estar calificado para realizar las "funciones esenciales" del puesto con o sin "ajustes especiales". Las funciones esenciales son los deberes básicos del puesto que debe realizar un empleado. Se pueden determinar a partir de las técnicas de análisis de puestos presentadas en este capítulo. Los "ajustes especiales" se refieren a cualquier cambio o ajuste al entorno de un trabajo o tarea que permita al individuo realizar las funciones especiales del puesto y disfrutar los beneficios y privilegios que disfrutan todos los empleados. Esos ajustes pueden incluir: modificación física de herramientas, equipo o estación de trabajo; reestructuración del trabajo; modificación del horario de trabajo; modificación de materiales o políticas de capacitación, entre otros. El propósito de cualquier modificación será el uso y la accesibilidad. Una consideración es que cualquier cambio de este tipo será benéfico para todos los trabajadores. Muchos principios de diseño del trabajo (capítulos 4 a 6) deben ser útiles en este caso.

Un ajuste razonable es el que no coloca tensión indebida en el empleado, es decir, no tiene un costo excesivo, no es extenso o sustancial, no causa desórdenes ni altera de manera fundamental la naturaleza o la operación del negocio. Las variables que afectan el costo son el tamaño de la compañía, los recursos financieros y su naturaleza o estructura operativa. Desafortunadamente, no existe una definición específica o cuantitativa del factor de costo. Es muy probable que con el tiempo surja del sistema legal conforme se presenten en las cortes los distintos casos de discriminación. Si se desea más información sobre las definiciones, los aspectos legales y las guías de accesibilidad de las modificaciones, el ingeniero de métodos debe consultar el ADA (1991).

SEGUIMIENTO

El octavo y último paso en un programa de ingeniería de métodos es el seguimiento (vea la figura 7-7). El séptimo paso, establecer los estándares de tiempo, no es, en el sentido estricto, parte de los cambios de métodos y no se estudiará en esta sección. Sin embargo, es una parte necesaria de cualquier centro de trabajo y se presentará con gran detalle en los capítulos 8 a 16.

El seguimiento del método, en el corto plazo, incluye asegurar que la instalación es correcta para capacitar a los operarios en las prácticas de trabajo adecuadas y que ellos logren los niveles de productividad deseados. También incluye el análisis económico para verificar que los ahorros previstos se logran en realidad. Si no se da seguimiento al programa, la administración podría poner en duda la necesidad de cambios de este tipo y, en el futuro, tal vez estén menos dispuestos a apoyar cambios similares. Por último, es importante mantener a todos convencidos del método, de manera que los operarios no regresen a los antiguos patrones de movimiento, los supervisores no adopten holguras al reforzar los nuevos procedimientos y la administración no dude de su compromiso con el programa global.

El seguimiento del nuevo método es un aspecto crítico para mantener un centro de trabajo con una operación continua y eficiente. De otra manera, varios años más tarde, otro ingeniero de métodos examinará el método actual y se hará las mismas preguntas, "¿por qué?", "¿cuál es el propósito de esta operación?", etcétera, que se hicieron como parte de este análisis de la operación. Así, es muy importante cerrar el ciclo con retroalimentación y mantener un ciclo de mejora continua, como se presenta en la figura 7-7.

IMPLANTACIÓN EXITOSA DE MÉTODOS

Como ejemplo de los resultados efectivos de un programa de análisis de las operaciones, una compañía en Ohio obtuvo ahorros de 17.496 toneladas anuales. Cambió la sección de un molino dándole forma de anillo soldado y lo sustituyó por el anillo forjado original que pesaba 2198 libras. La nueva sección pesaba sólo 740 libras. Los ahorros de 1458 libras de acero de alto grado, ascendieron a casi el doble del peso de las piezas terminadas; se obtuvo como consecuencia del sencillo procedimiento de reducir el exceso de material que antes se desperdiciaba.

En otro ejemplo, un laboratorio de análisis en la planta de Nueva Jersey aplicó los principios de análisis de la operación con muy buenos resultados. Se dispusieron nuevos bancos de trabajo en forma de cruz, de manera que cada químico tuviera una mesa de trabajo en forma de L. Este arreglo les permitió alcanzar cualquier pieza de la estación de

FIGURA 7-7
Pasos primordiales en un programa de ingeniería de métodos

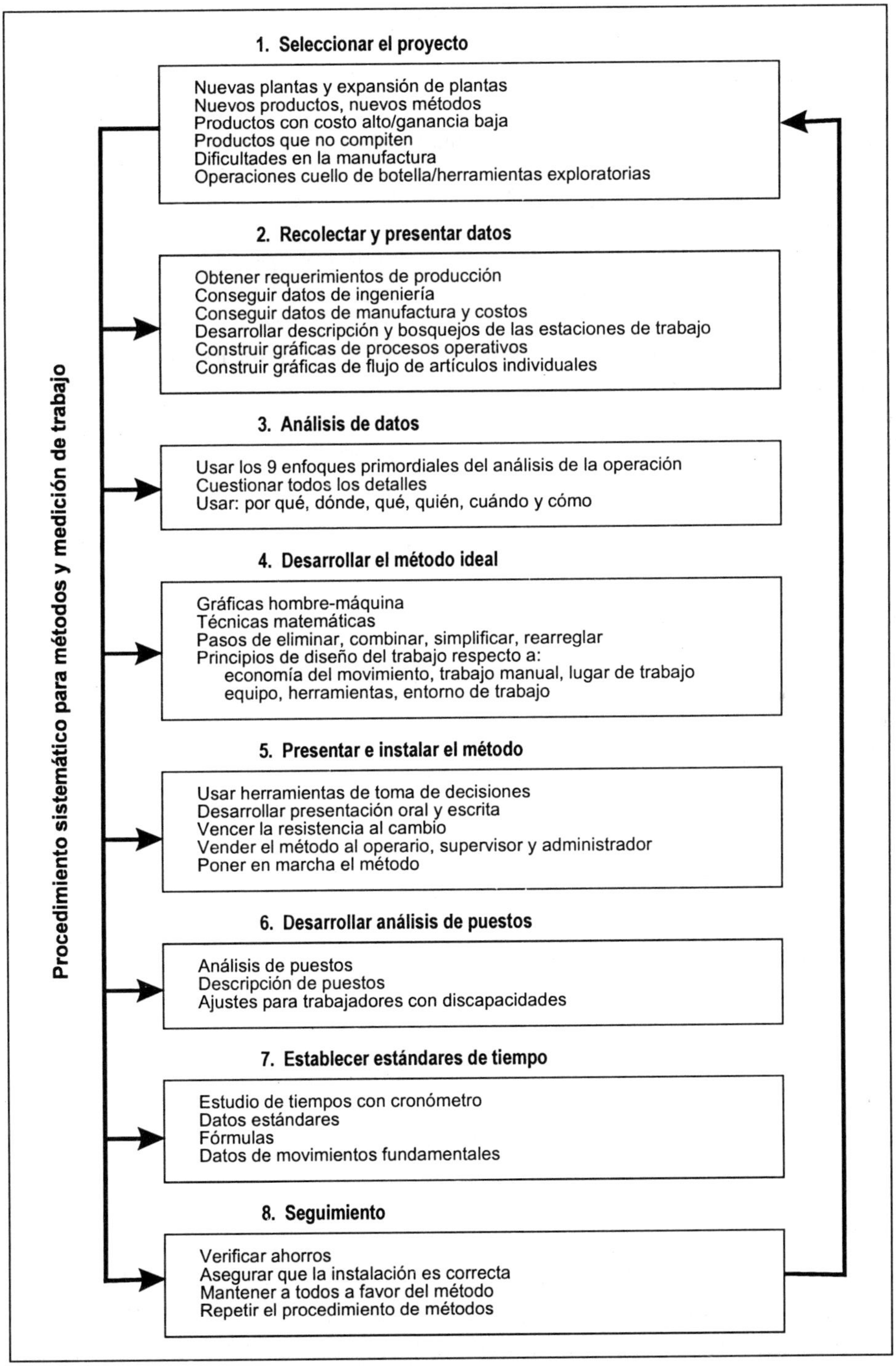

EJEMPLO 7-5
Cambio de método en una marcha para automóvil

Un caso histórico representativo, que aplica el análisis de operaciones es la producción de una marcha, un dispositivo para arrancar los motores de CA que reduce el voltaje a través de un transformador. La caja de arco es un subensamble de la marcha. Esta parte se encuentra al fondo de la marcha y actúa como barrera entre los contactos para evitar cortocircuitos. El diseño actual consiste en las componentes mostradas en la tabla 7-11.

Al ensamblar estas componentes, el operario coloca una rondana, una tuerca y un tornillo en la terminal de cada tubo. Después, inserta los tubos en los tres agujeros de la primera barrera. Luego coloca un espaciador en cada tubo (tres en total) y agrega otra barrera. Los operarios repiten estas acciones hasta colocar seis barreras, separadas por los tubos.

Se sugirió que las seis barreras se hicieran con dos ranuras, una en cada extremo, y que se incluyeran dos tiras de asbesto para apoyarlas, con seis ranuras cada una. Las barreras se deslizarían y colocarían juntas en el fondo de la marcha. La forma de ensamble sería la misma que se usa al armar los separadores en una caja de huevos. Las 15 sugerencias de mejora surgieron después del análisis, con los resultados que se muestran en la tabla 7-12.

Tabla 7-11
Componentes de una marcha

Barreras de asbesto con tres agujeros barrenados	6
Espaciadores de tubo aislante de dos pulgadas de largo	15
Tubos de acero bobinados en ambos extremos	3
Piezas de ferretería	18
Piezas totales	42

TABLA 7-12
Mejoras para la marcha

	Método antiguo	Método nuevo	Ahorro
Partes	42	8	34
Estaciones de trabajo	10	1	9
Transportes	18	7	11
Pies de viaje	7900	200	7770
Almacenamientos	9	4	5
Tiempo en horas	0.45	0.11	0.34
Costo	$1.55	$0.60	$0.95

trabajo con sólo un movimiento de "alcanzar". La nueva mesa se ha consolidado como equipo de manera que se ahorra espacio y se elimina la duplicidad de instalaciones. Un gabinete con puertas de vidrio da servicio a dos químicos. Un ventilador grande arriba permite que se realicen actividades múltiples en un área que antes era un cuello de botella. Todas las salidas utilitarias se relocalizaron para obtener una eficiencia máxima.

Como tercer ejemplo, en el esfuerzo por simplificar su organización, una división del gobierno del estado desarrolló un programa de análisis de las operaciones cuyo resultado fue ahorros estimados de más de 50 000 horas. Esto se obtuvo con la combinación, eliminación y rediseño de todas las actividades relacionadas con documentos; mejoras en la distribución de planta, y desarrollo de las trayectorias de autoridad.

Mejorar los métodos es tan efectivo en los procedimientos de oficina como en las operaciones de producción. Un departamento de ingeniería industrial de una compañía en Pensilvania debía simplificar la documentación necesaria para enviar las piezas moldeadas fabricadas en una de sus plantas a una planta afiliada para el ensamble. El departamento desarrolló un nuevo método que reducía el promedio diario de 552 a 150 hojas de papel para unas 45 órdenes. Los ahorros anuales sólo en papel fueron significativos.

Las mejoras en los métodos deben ser parte de un programa de mejoramiento continuo. Por ejemplo, a principios de los años 40, el ahorro promedio por integrante de la administración en la Procter & Gamble Company fue cerca de $500. Para mejorar esta situación y mantener un nivel aceptable de reducción de costos, P & G instituyó un programa de métodos. El gerente de manufactura asistió a las sesiones sobre los conceptos del análisis de las operaciones. Además, los ingenieros de métodos, cada uno con cinco años de experiencia en la compañía, asistieron a un curso especial. Una vez terminado el curso de análisis de operaciones, los ingenieros regresaron a sus respectivas plantas a trabajar como especialistas de métodos. El efecto de esta capacitación fue evidente en poco tiempo. Los ahorros anuales aumentaron a cerca de $700 por año por integrante de la administración de la fábrica. Dado que el programa fue un éxito, la administración capacitó personal adicional y extendieron el programa a más plantas.

Para 1950, la posición del ingeniero industrial había cambiado de especialista en métodos a coordinador de métodos. Pasaron alrededor de dos tercios de su tiempo ayudando a los supervisores de la fábrica en varios proyectos. También impartían cursos periódicos de capacitación para otros miembros del personal y para los de organizaciones afiliadas. Con la participación activa del gerente de planta, la tasa de ahorro aumentó, en 1950, a $2300 anuales por cada integrante de la administración de la fábrica.

Más adelante, se formaron equipos de cuatro a ocho empleados entre supervisores de línea y personal administrativo, para trabajar en proyectos con alto potencial de ahorro. El resultado fue un mayor entusiasmo por parte de los administradores. La oportunidad de obtener reconocimiento por su trabajo aumentó. Se desarrolló una rivalidad amistosa entre los equipos por una mejor posición en la planta. Se pusieron pizarrones en la oficina de enfrente para mostrar cómo iban los equipos. Se establecieron las metas de reducción de costos de la fábrica. En 1954 los ahorros de la compañía ascendían a cerca de $4000 por integrante administrativo.

Estos resultados convencieron a la alta administración de que el programa de reducción de costos o mejoras en las ganancias debía extenderse a todas las plantas. Para estimular aún más la participación de las plantas individuales, P & G hizo circular una hoja de resumen con la comparación de los resultados de los programas de cada planta. Los ahorros anuales siguieron en aumento cada año; para 1970 ascendían a $27 000 por integrante de la administración. Esta cifra es conservadora en cuanto a que no incluye los ahorros que continúan después del primer año en los dos niveles, administrativo y no administrativo, lo que hace que los ahorros en dólares por integrante administrativo sean insignificantes.

RESUMEN

El incremento en la producción y las mejoras en la calidad son los resultados principales de los cambios en los métodos y en el diseño del trabajo, pero los cambios de métodos también proporcionan los beneficios de una producción mejorada para todos los trabajadores y ayudan a desarrollar mejores condiciones de trabajo y un entorno más seguro, de manera que el trabajador puede realizar más trabajo en la planta, hacerlo bien y todavía tener la energía suficiente para disfrutar la vida. Los ejemplos de implantaciones efectivas de cambios de métodos demuestran con claridad la necesidad de seguir un enfoque ordenado, como se presenta en la figura 7-7. El ingeniero de métodos debe observar que no es suficiente el uso de algoritmos matemáticos elaborados o las últimas herramientas de software para desarrollar el método ideal. Es necesario vender el plan a los administradores y los mismos trabajadores. Las técnicas interpersonales adicionales y las estrategias para tratar con la gente con el propósito de vender mejor el método, se presentan en el capítulo 18.

PREGUNTAS

1. ¿Cuál es la preocupación principal de la administración respecto a un nuevo método cuyo costo de instalación es relativamente alto?
2. ¿A qué se refiere la técnica de evaluación de "flujo de efectivo"?
3. ¿A qué se refiere el método de periodo de recuperación? ¿Cómo se relaciona con el método de rendimiento sobre la inversión?
4. ¿Cuál es la relación entre rendimiento sobre la inversión de capital y el riesgo asociado con las ventas pronosticadas del producto para el que usará el nuevo método?
5. ¿Cuáles son los dos temas específicos que deben resaltarse al escribir una descripción del trabajo?
6. ¿Es el tiempo un denominador común en el costo de mano de obra? ¿Por qué sí o por qué no?
7. ¿Qué es el análisis de puestos?
8. ¿Cuáles de los cuatro métodos de evaluación de puestos se practican en tu país en la actualidad?
9. ¿Por qué la mayoría de las personas sienten que otros que hacen trabajo similar ganan más?
10. Explique con detalle cómo funciona el plan de puntos.

11. ¿Qué factores influyen en el valor relativo de un puesto?

12. ¿Por qué son insatisfactorias las estimaciones para determinar los estándares de tiempo de la mano de obra?

13. ¿Cuál es la debilidad al usar los registros históricos como medio para establecer estándares de desempeño?

14. ¿Qué técnicas de medición del trabajo dan resultados válidos cuando las realizan analistas competentes y capacitados?

15. Explique por qué debe establecerse un intervalo de tasas salariales en lugar de sólo una tasa para cada grado de mano de obra.

16. Explique qué quiere decir desempeño total del operario.

17. ¿Cuáles son los principales aspectos negativos que deben entenderse antes de implantar un sistema de evaluación de puestos por puntos?

18. ¿Cuáles son los beneficios más importantes de una implantación adecuada del plan de evaluación de puestos?

19. ¿Cómo depende la evaluación de puestos del análisis del trabajo?

20. ¿Cuales son los tres aspectos que constituyen un plan de evaluación de puestos para lograr el éxito?

PROBLEMAS

1. ¿Cuánto capital debe invertirse en un método nuevo si se estima que se ahorrarán $5000 el primer año, $10 000 el segundo y $3000 el tercero? La administración espera un rendimiento de 30% sobre el capital invertido.

2. Usted estima que la vida de su diseño es tres años. Calcula que se requerirá una inversión de capital de $20 000 para poner en marcha la producción. También estima, basado en los pronósticos, que el resultado del diseño será una ganancia de $12 000 después de impuestos el primer año y $16 000 el segundo, y que tendrá una pérdida de $5000 el tercer año. La administración desea un rendimiento de 18% sobre el capital invertido. ¿Debe la compañía aprobar esta inversión para producir el nuevo diseño?

3. En la compañía Dorben, una operación de manejo de materiales en el almacén se realiza en forma manual. Los desembolsos anuales por esta mano de obra y los gastos relacionados (seguro social, seguro de accidentes y otras prestaciones) son $8200. El analista de métodos estudia una propuesta para construir cierto equipo para reducir este gasto. El primer costo de este equipo será $15 000. Se estima que reducirá el gasto anual de mano de obra y sus adicionales a $3300. Los pagos anuales respectivos de energía, mantenimiento e impuesto sobre bienes de capital más seguros se estiman en $400, $1100 y $300. Se piensa que la necesidad de esta operación específica continuará durante los próximos 10 años. Debido a que se trata de un diseño especial para esta operación, no tendrá valor de recuperación. Se supone que los gastos anuales de mano de obra, energía y mantenimiento serán uniformes los 10 años. La tasa mínima de retorno antes de impuestos es 10%. Según una comparación del costo anual, ¿debe la compañía proceder con el nuevo equipo de manejo de materiales?

4. Un plan de evaluación de puestos basado en el sistema de puntos usa los siguientes factores:
a. Educación: peso máximo 100 puntos; grado cuatro.
b. Esfuerzo: peso máximo 100 puntos; grado cuatro.
c. Responsabilidad: peso máximo 100 puntos; grado cuatro.

La persona que barre está calificada con 150 puntos y este puesto tiene un salario por hora de $6.50. Una operación de maquinado clase 3 está calificada con 320 puntos, con lo que se obtiene una tasa salarial de $10.00 por hora. ¿Qué grado de experiencia se daría al operario del torno taladro con una tasa salarial de $8.50 por hora y calificaciones de puntos de grado 2 para educación, grado 1 para esfuerzo y grado 2 para responsabilidad?

5. Un plan de evaluación del trabajo en la compañía Dorben tiene cinco grados de mano de obra, de los cuales el grado 5 tiene la tasa base más alta y el grado 1 la más baja. El plan lineal incluye un intervalo de 50 a 250 puntos para habilidades, 15 a 75 puntos para esfuerzo, 20 a 100 puntos para responsabilidad y 15 a 75 puntos para las condiciones de trabajo. Cada factor tiene cinco grados. Cada grado de mano de obra tiene tres tasas salariales; baja, media y alta.
a. Si la tasa remunerativa más alta del grado 1 de mano de obra es $8 por hora y la tasa más alta para la mano de obra de grado 5 es $20 por hora, ¿cuál sería la tasa salarial media para la mano de obra de grado 3?
b. ¿Qué grado de habilidad se requiere para una mano de obra de grado 4, si se aplican las condiciones de un trabajo con esfuerzo de grado 2, responsabilidad de grado 2 y condiciones de trabajo de grado 1.

6. En la compañía Dorben, el analista implantó un plan de evaluación de puesto por puntos que cubre todos los empleados indirectos en las divisiones operativas de la planta. Se usaron tres factores en este plan y cada factor se dividió en cinco grados. En el análisis de puestos, se observó que el empleado de apoyo en envío y recepción tenía iniciativa e ingenio de grado 2, evaluado con 30 puntos. El valor total en puntos de este puesto era 250 puntos. El número mínimo de puntos que permitía lograr este plan era 100 y el máximo 500.
a. Si prevalecían 10 clases de puestos, ¿qué grado de iniciativa e ingenuidad se requería para elevar el puesto de empleado de apoyo en envío y recepción de la clase 4 a la clase 5?
b. Si un puesto de clase 1 tiene una tasa de $8 por hora y un puesto de clase 10 tiene una tasa de $20 por hora, ¿qué tasa tendrá un puesto de clase 7? (Nota: las tasas se basan en el punto medio de los intervalos de puntos de la clase del puesto).

REFERENCIAS

ADA. *Americans with Disabilities Act Handbook*, EEOC-BK-19. Washington, DC: Equal Employment Opportunity Commission and U.S. Dept. of Justice, 1991.
Brown, D. B. *Systems Analysis & Design for Safety*, Englewood Cliffs, NJ: Prentice Hall, 1976.
Carey, A. "The Hawthorne Studies: A Radical Criticism", en *Concepts and Controversy in Organizational Behavior*, Ed. W. R. Nord. Pacific Palisades, CA: Goodyear Publishing Co., 1972.
DeReamer, R. *Modern Safety and Health Technology*, Nueva York: John Wiley & Sons, 1980.

Dunn, J. D. y F. M. Rachel. *Wage and Salary Administration: Total Compensation Systems*, Nueva York: McGraw-Hill, 1971.

Ellig, Bruce R. *Compensation Issues of the Eighties*, Amherst, MA: Human Resource Development Press, Inc., 1988.

Fleischer, G.A. "Economics Risk Analysis", en *Handbook of Industrial Engineering*, 2ª. Ed., Ed. Gavriel Salvendy. Nueva York: John Wiley & Sons, 1992.

Gausch, J. P. "Safety and Decision-Marking Tables." *ASSE Journal*, 17 (noviembre de 1972), pp.33-37.

Gausch, J. P. "Value Engineering and Decision Making", *ASSE Journal*, 19 (mayo de 1974), pp. 14–16.

Grant, E., W. Ireson y R. S. Leavenworth. *Principles of Engineering Economy*, 6ª. Ed., Nueva York: Ronald Press, 1976.

Heinrich, H. W., D. Petersen y N. Roos. *Industrial Accident Prevention*, 5ª. Ed., Nueva York: McGraw-Hill, 1980.

Homans, G. "The Western Electric Researches", en *Concepts and Controversy in Organizational Behavior*, Ed. W. R. Nord. Pacific Palisades, CA: Goodyear Publishing Co., 1972.

Jung, E. S. y A. Freivalds. "Multiple Criteria Decision-Making for the Resolution of Conflicting Ergonomic Knowledge in Manual Materials Handling", *Ergonomics*, 34, núm. 11 (noviembre de 1991), pp. 1351–1356.

Lawler, Edward E. *What's Wrong with Point-Factor Job Evaluation?*, Amherst, MA: Human Resource Development Press, Inc., 1988.

Livy, B. *Job Evaluation: A Critical Review*, Nueva York: Halstead, 1973.

Lutz, Raymond P. "Discounted Cash Flow Techniques." en *Handbook of Industrial Engineering*, 2ª. Ed., Ed. Gavriel Salvendy. Nueva York: John Wiley & Sons, 1992.

Mayo, E. *The Human Problems of an Industrial Civilization*, Nueva York: The Viking Press, 1960.

McCormick, Ernest J. "Job Evaluation", en *Handbook of Industrial Engineering*, Ed. Gavriel Salvendy. Nueva York: John Wiley & Sons, 1982.

Milkovich, George T., Jerry M. Newman y James T. Brakefield. "Job Evaluation in Organizations", en *Handbook of Industrial Engineering*, 2ª. Ed., Ed. Gavriel Salvendy. Nueva York: John Wiley & Sons, 1992.

OSHA. *Ergonomics Program Management Guidelines for Meatpacking Plants*, Washington DC: Bureau of National Affairs, 1990.

Otis, Jay y Richard H. Leukart. *Job Evaluation: A Sound Basis for Wage Administration*, Englewood Cliffs, NJ: Prentice Hall, 1954.

Risner, Howard. *Job Evaluation: Problems and Prospects*, Amherst, MA: Human Resource Development Press, Inc., 1988.

Saaty, T. L. *The Analytic Hierarchy Process*, Nueva York: McGraw-Hill, Inc.1980.

Salvendy, Gavriel y Douglas W. Seymour. *Prediction and Development of Industrial Work Performance*, Nueva York: John Wiley & Sons, 1973.

Thuesen, H. G., W. J. Fabrycky y G. J. Thuesen. *Engineering Economy*, 5ª. Ed., Englewood Cliffs, NJ: Prentice-Hall, 1977.

Wegener, Elaine. *Current Develpments in Job Classification and Salary Systems*, Amherst, MA: Human Resource Development Press, Inc., 1988.

CAPÍTULO 8

Estudio de tiempos

PUNTOS CLAVE:

- Usar el estudio de tiempos para establecer los tiempos estándar.
- Aplicar indicadores auditivos y visuales para dividir las operaciones en elementos.
- Emplear tiempos continuos para obtener un registro completo de tiempos.
- Tomar tiempos con la técnica de regresos a cero para evitar errores de empleados.
- Verificar los tiempos para confirmar la validez del estudio de tiempos.

El séptimo paso en el proceso de desarrollar un centro de trabajo eficiente es *establecer los tiempos estándar*. Tres elementos ayudan al determinarlos: las estimaciones, los registros históricos y los procedimientos de medición del trabajo.

En el pasado, los analistas se apoyaban más en las estimaciones como un medio para establecer los estándares. Con la creciente competencia actual de los productos extranjeros, se ha incrementado el esfuerzo para establecer estándares basado en los hechos y no en el juicio. La experiencia ha demostrado que ningún individuo puede establecer estándares consistentes y justos sólo con ver un trabajo y juzgar el tiempo requerido para terminarlo. Cuando se usan estimaciones, los estándares se salen de contexto. La compensación de errores en ocasiones disminuye su desviación, pero la experiencia muestra que a lo largo de un periodo, los valores estimados tienen una desviación sustancial de los estándares medidos. Tanto los registros históricos como las técnicas de medición del trabajo proporcionan valores mucho más precisos que las estimaciones basadas sólo en el juicio.

Con el método de registros históricos, los estándares de producción se basan en los registros de trabajos similares, realizados con anterioridad. En la práctica diaria, el trabajador perfora una tarjeta en un reloj o aparato recolector de datos cada vez que inicia un nuevo trabajo y de nuevo cuando lo termina. Esta técnica informa cuánto tiempo llevó en realidad hacer el trabajo, pero no cuánto debió haber tardado. Como los operadores desean justificar su día completo, algunos trabajos incluyen retrasos personales, inevitables y evitables en un grado mucho mayor que lo que deben, y otros no incluyen las cargas adecuadas de tiempos de retraso. Los datos históricos contienen desviaciones consistentes hasta de 50% en la misma operación del mismo trabajo. Aun así, como base para determinar los estándares de la mano de obra, los registros históricos son mejores que no contar con ellos. Estos registros proporcionan resultados más confiables que las estimaciones basadas sólo en el juicio, pero no los proveen de suficiente validez para segurar costos de mano de obra equitativos y competitivos.

Cualquiera de las técnicas de medición del trabajo –estudio de tiempos con cronómetro (electrónico o mecánico), datos de movimientos fundamentales, datos estándar, fórmulas de tiempos o estudios de muestreo del trabajo– representan mejores caminos para establecer estándares de producción justos. Todas estas técnicas se basan en hechos. Todas consideran cada detalle del trabajo y su relación con el tiempo normal requerido para realizar el ciclo completo.

Los estándares de tiempo establecidos con precisión hacen posible producir más en una planta dada, e incrementan la eficiencia del equipo y el personal operativo. Los estándares mal establecidos, aunque mejor que no tener estándares, conducen a costos altos, disentimientos del personal y quizá fallas de toda la empresa.

La instalación exitosa de cualquier técnica de medición del trabajo requiere un compromiso fundamental de la administración, que incluye comprometer entusiasmo, tiempo y los recursos financieros necesarios de manera continua. Conforme se dispone de datos del sistema de medición del trabajo, debe usarlos de inmediato, no guardarlos para su uso en el futuro o peor aún, ignorarlos.

Los estándares razonables tienen muchas aplicaciones que pueden significar la diferencia entre el éxito o el fracaso del negocio. Las compañías deben usar los estándares para planear sus objetivos, comparar métodos alternativos, desarrollar una distribución de planta efectiva, determinar capacidades, comprar nuevos equipos, balancear la fuerza de trabajo con el trabajo disponible, controlar la producción, implantar nuevos incentivos e instituir costos estándar y controles de presupuesto.

El estudio de tiempos es una técnica para establecer un tiempo estándar permitido para realizar una tarea dada. Esta técnica se basa en la medición del contenido del trabajo con el método prescrito, con los debidos suplementos por fatiga y por retrasos personales e inevitables.

UN DÍA DE TRABAJO JUSTO

El estudio de tiempos a menudo se define como un método para determinar "un día de trabajo justo". Casi todas las personas relacionadas de alguna manera con la industria han escuchado esa expresión; pero la mayoría serían incapaces de definir un día de trabajo justo. Los acuerdos salariales intraplanta de las industrias acereras contienen condiciones de que "el principio fundamental de la relación entre trabajo y remuneración es que el empleado merece una paga justa por día de trabajo, por el que la compañía merece un día de trabajo justo". En estos acuerdos, un día de trabajo justo se define como la "cantidad de trabajo que puede producir un empleado calificado cuando trabaja a paso normal y usando de manera efectiva su tiempo si el trabajo no está restringido por limitaciones del proceso". Esta definición no aclara qué significa empleado calificado, paso normal y utilización efectiva. Aunque estos términos están definidos por las industrias del acero, prevalece cierta flexibilidad, porque no es posible establecer indicadores firmes con una terminología tan amplia. Por ejemplo, el término "empleado calificado" se define como "un promedio representativo de aquellos empleados que están completamente capacitados y pueden realizar de manera satisfactoria cualquiera o todas las etapas del trabajo involucrado, de acuerdo con los requerimientos del trabajo bajo consideración". Esta definición deja alguna duda en cuanto al significado de "empleado promedio representativo".

Así también, "paso normal" se define como " la tasa efectiva de desempeño de un empleado calificado, consciente, a su paso, cuando trabaja ni aprisa ni despacio y tiene el debido cuidado con los requerimientos físicos, mentales o visuales del trabajo específico". Como ejemplo, el acuerdo de tasas salariales intraplanta específica, "un hombre caminando sin carga en piso parejo y nivelado a una tasa de tres millas por hora". Aunque el concepto de tres millas por hora limita el significado de paso normal, todavía prevalece una cantidad notable de amplitud si se piensa en el paso normal de miles de trabajos distintos en el país.

También existe incertidumbre en cuanto a la definición de "utilización efectiva". Esto se explica en los acuerdos como "el mantenimiento de un paso normal al realizar los elementos esenciales de la tarea durante todas las porciones del día excepto las que se requieren para descansos razonables y necesidades personales, en circunstancias en las que el trabajo no está sujeto a un proceso, equipo u otras limitaciones operativas".

En general, un día de trabajo justo es el que es equitativo tanto para la compañía como para el empleado. Esto significa que el empleado(a) debe aportar un día de trabajo justo por el salario que recibe, con suplementos razonables por retrasos personales, inevitables y por fatiga. Se espera que el trabajador opere con el método prescrito a un paso ni rápido ni lento, sino uno que pueda considerarse representativo del desempeño de todo el día, por el empleado experimentado y cooperativo.

REQUERIMIENTOS DEL ESTUDIO DE TIEMPOS

Deben cumplirse ciertos requerimientos fundamentales antes de tomar un estudio de tiempos. Por ejemplo, si se requiere un estándar de una nueva tarea, o de una tarea anterior en la que el método o parte de él se ha alterado, el operario debe estar familiarizado por completo con la nueva técnica antes de estudiar la operación. Además, el método debe estandarizarse en todos los puntos en que se use antes de iniciar el estudio. A menos que todos los detalles del método y las condiciones de trabajo se hayan estandarizado, lo estándares de tiempo tendrán poco valor y se convertirán en una fuente continua de desconfianza, resentimientos y fricciones internas.

Los analistas deben comunicar al representante del sindicato, al supervisor del departamento y al operario que se estudiará el trabajo. Cada parte puede hacer planes específicos y tomar las medidas necesarias para realizar un estudio coordinado y adecuado. El operario debe verificar que lo hace con el método correcto y debe estar familiarizado con todos los detalles de esa operación. El supervisor debe verificar el método para asegurar que la alimentación, la velocidad, las herramientas de corte, los lubricantes, etcétera, cumplen con las prácticas estándar, como lo establece el departamento de métodos. También ha de investigar la cantidad de material disponible para que no ocurran faltantes durante el estudio. Si dispone de varios operarios para el estudio, debe determinar quién tendrá los resultados más satisfactorios. El representante del sindicato se asegura que sólo se elijan operarios capacitados, competentes, debe explicarles por qué se realiza el estudio y responder a cualquier pregunta pertinente que surja de los operarios.

Responsabilidad del analista

Todo trabajo involucra distintos grados de habilidad, lo mismo que de esfuerzo físico o mental. Existen también diferencias en aptitudes, aplicación física y destreza de los trabajadores. Es sencillo para el analista observar a un empleado y medir el tiempo real que le toma realizar su trabajo. Es más difícil evaluar todas las variables y determinar el tiempo requerido para que el operario "normal" realice la tarea.

Debido a la cantidad de intereses humanos y reacciones asociadas con las técnicas de estudio de tiempos, es esencial que haya un entendimiento completo entre el supervisor, el empleado, el representante sindical y el analista de estudio de tiempos. Este último debe tener la seguridad de que se usa el método correcto, registrar con precisión los tiempos tomados, evaluar con honestidad el desempeño del operario y abstenerse de criticarlo.

Como los analistas de estudio de tiempos afectan de manera directa el bolsillo de los trabajadores y los balances de pérdidas y ganancias de las compañías, su trabajo debe ser confiable y minucioso. Las inexactitudes y malos juicios no sólo afectarán al operario y a las finanzas de la compañía, también darán como resultado la pérdida de la confianza del operario y el sindicato que, en última instancia, deteriorará la armonía en las relaciones de trabajo que por años ha construido la administración. Para lograr mantener buenas relaciones humanas, el analista de estudio de tiempos siempre deberá ser honrado, bien intencionado, paciente y entusiasta, y siempre debe usar su buen juicio. Es imperativo que el analista de estudio de tiempos esté bien calificado.

Responsabilidad del supervisor

El supervisor debe notificar con antelación al operario que se estudiará su trabajo asignado. Esto abre el camino tanto para el operario como para el analista. El operario tiene la seguridad de que el supervisor sabe que se va a establecer una tasa sobre la tarea; con esto puede señalar algunas dificultades específicas que crea deban corregirse antes de establecer un estándar. Además, al analista de estudio de tiempos le agradará saber que se prevé su presencia en el área.

El supervisor debe verificar que se utiliza el método adecuado establecido por el departamento de métodos, y que el operario seleccionado es competente y tiene la experiencia adecuada en el trabajo. Aunque el analista de estudio de tiempos debe tener antecedentes o experiencia práctica en el área de trabajo donde realiza el estudio, no se puede esperar que los analistas conozcan todas las especificaciones de todos los métodos y procesos. Por lo tanto, el supervisor debe verificar que las herramientas de corte tienen el filo adecuado, que se usa el lubricante correcto y que se hace la selección apropiada de alimentadores, velocidades y profundidades de corte. También ha de asegurarse que el operario sigue el método prescrito, y ayudar y capacitar con toda consciencia a los empleados para que perfeccionen este método. Un supervisor debe responder con libertad cualquier pregunta relacionada con la operación que tenga un operario.

Una vez terminado el estudio de tiempos, el supervisor debe firmar el original del informe para indicar que está de acuerdo con el estudio. Si se lleva a cabo un cambio de método en el departamento, el supervisor debe notificar de inmediato al departamento de estudio de métodos, para que ajusten el estándar correspondiente. Los supervisores que no cumplen con esta responsabilidad contribuyen al establecimiento de tasas salariales injustas que pueden derivar en resentimientos laborales, presión de la administración e insatisfacción del sindicato.

Responsabilidad del sindicato

La mayoría de los sindicatos se oponen a la medición del trabajo y preferirían que todos los estándares se establecieran mediante el arbitraje. Sin embargo, reconocen que los estándares son necesarios para tener una operación con ganancias, y que la administración continúa con el desarrollo de dichos estándares mediante el uso de las técnicas primordiales de medición del trabajo. Más aún, todo representante sindical sabe que los estándares de tiempo mal establecidos causan problemas a los empleados y a la administración.

Por medio de los programas de capacitación, el sindicato debe educar a todos sus afiliados en los principios, teorías y necesidad económica de la práctica de estudio de tiempos. No se puede esperar el entusiasmo de los operarios para el estudio de tiempos si no tienen conocimiento del mismo. Esto se debe en especial a sus antecedentes (vea el capítulo 1).

El representante del sindicato debe asegurarse que el estudio de tiempos incluye un registro completo de las condiciones de trabajo, es decir, el método y la distribución de la estación de trabajo y que la descripción del trabajo actual es clara y completa.

El sindicato debe insistir en que sus afiliados cooperen con el analista de estudio de tiempos y eviten prácticas que coloquen su desempeño en la parte más baja de la escala de calificaciones. Los sindicatos que capacitan a sus miembros en los elementos del estudio de tiempos, estimulan la cooperación y ganan en el programa de prestaciones de la compañía con la cooperación en las negociaciones, menos obstáculos y afiliados más satisfechos.

Responsabilidad del operario

Todo empleado debe tener el interés suficiente en el bienestar de la compañía y apoyar las prácticas y procedimientos que implante la administración. Los operarios deben probar con integridad los nuevos métodos y cooperar para eliminar las fallas características de muchas innovaciones. Hacer sugerencias para mejorar todavía más los métodos, debe aceptarse como parte de la responsabilidad de todo empleado. El operario está más cerca que nadie del trabajo y puede hacer contribuciones reales a la compañía si ayuda a establecer los métodos ideales

El operario debe ayudar al analista de métodos en la división de la tarea en sus elementos, con lo que asegura que se cubren todos los detalles específicos. También ha de trabajar a un paso normal, firme mientras se realiza el estudio, e introducir el menor número de elementos extraños o movimientos adicionales que sea posible. Debe usar exactamente el método prescrito, ya que cualquier acción que prolonga el tiempo de ciclo de manera artificial puede dar como resultado un estándar demasiado amplio.

EQUIPO PARA EL ESTUDIO DE TIEMPOS

El equipo mínimo requerido para llevar a cabo un programa de estudio de tiempos incluye un cronómetro, una tabla, las formas para el estudio y una calculadora de bolsillo. También puede ser útil un equipo de videograbación.

Cronómetro

En la actualidad se usan dos tipos de cronómetros: 1) el cronómetro tradicional con décimos de minuto (0.01 min) y 2) el cronómetro electrónico mucho más práctico. El cronómetro decimal, mostrado en la figura 8-1, tiene 100 divisiones en la cara, y cada división es igual a 0.01 minutos, es decir, un recorrido completo de la manecilla larga requiere un minuto. El círculo pequeño en la cara del cronómetro tiene 30 divisiones, cada una igual a un minuto. Entonces, por cada revolución completa de la manecilla larga, la corta se mueve una división o un minuto. Para iniciar el cronómetro, se desliza el botón lateral hacia la corona. El movimiento contrario detiene el reloj con las manecillas en la posición en que se encuentren. Para continuar la operación desde el punto en que se detuvieron las manecillas, se desliza el botón hacia la corona. Al oprimir la corona, ambas manecillas, la larga y la corta, regresan a cero. Al soltarla el cronómetro inicia de nuevo la operación, a menos que se deslice el botón lateral alejándolo de la corona.

Los cronómetros electrónicos cuestan alrededor de 50 dólares. Estos cronómetros proporcionan una resolución de 0.001 segundos y una exactitud de ± 0.002%. Pesan cerca de 4 onzas y miden más o menos 4 × 2 × 1 pulgadas (vea la figura 8-2). Permiten tomar el tiempo de cualquier número de elementos individuales, mientras sigue contando el tiempo total transcurrido. Entonces, proporcionan tanto *tiempos continuos* como *regresos a cero* (botón C), sin las desventajas de los cronómetros mecánicos. Para operar el cronómetro, se presiona el botón superior (botón A). Cada vez que se presiona este botón aparece una lectura numérica. El presionar el botón de la memoria (botón B) se obtienen las lecturas anteriores. Una versión un poco más elaborada incorpora el cronómetro a un tablero de estudio de tiempos (vea la figura 8-3).

Con el costo de los cronómetros mecánicos de más de 150 dólares y la disminución en el precio de los electrónicos, los cronómetros mecánicos desaparecen con rapidez.

Cronómetros electrónicos asistidos por computadora

El recolector de datos de estado sólido operado con baterías DataMyte 1010, desarrollado por Electro/General Corporation en 1971, es una alternativa práctica de los cronómetros mecánicos y electrónicos. Se teclean los datos de las observaciones y se registran en una

FIGURA 8-1
Cronómetro minutero decimal (Meylan Stopwatch Co.)

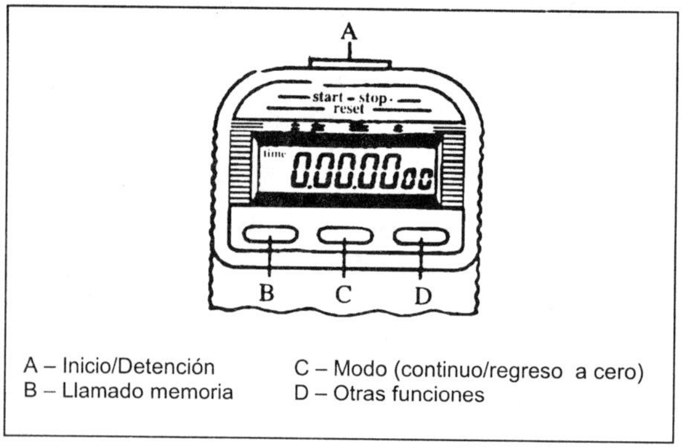

FIGURA 8-2
Cronómetro electrónico

memoria de estado sólido en lenguaje de computadora. Las lecturas del tiempo transcurrido se registran de manera automática. Los datos de entrada y el tiempo transcurrido se transmiten directamente del DataMyte a casi todas las computadoras personales a través de un cable de salida. La computadora prepara la impresión de reportes, elimina el trabajo laborioso de calcular en forma manual los tiempos elementales normales, las holguras y los estándares de operación. Este instrumento es autocontenido y se puede llevar por toda la planta o la organización. La energía de la batería recargable proporciona alrededor de 12 horas de operación continua. La figura 8-4 muestra a un analista con el DataMyte. Los estudios de tiempo tomados con el DataMyte (vea la figura 8-5) y una computadora requieren entre 50 y 60% del tiempo necesario con un cronómetro mecánico y una calculadora manual.

En los últimos años, Faehr Electronic Timers, Inc. desarrolló otro cronómetro electrónico asistido por computadora, el COMPU-RATE (vea la figura 8-6). La captura manual sólo se requiere para la columna de elementos y en los cuatro renglones superiores de la forma; esto permite al analista concentrarse en la observación del trabajo y del desempeño del operario. Los estudios se pueden hacer en milésimas de minuto o en miles de milési-

FIGURA 8-3
Tablero para estudio de tiempos electrónico digital (Meylan Stopwach Co.)

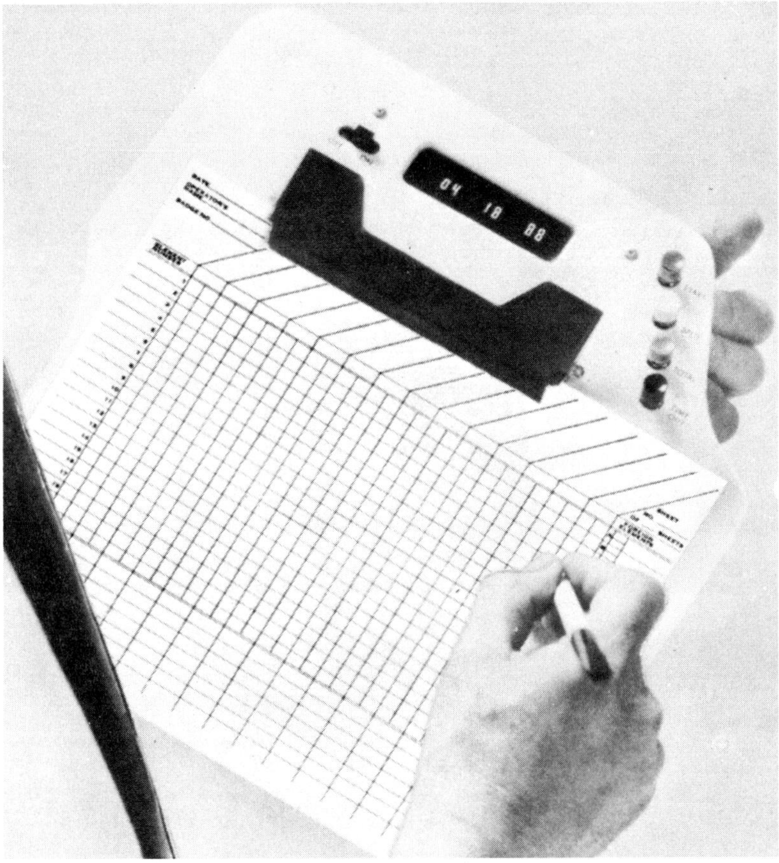

mas de hora. El contraste de la pantalla de cuarzo líquido se puede ajustar según las condiciones de luz en la estación de trabajo. El instrumento usa tres baterías C recargables de niquel-cadmio que proporcionan cerca de 120 horas de tiempo de operación antes de que sea necesario recargarlas. El sistema de software COMPU-RATE calcula todas las medias típicas del estudio de tiempos, incluye los valores de la media y la mediana del elemento, el ajuste de los tiempos medios al tiempo normal después de asignar la calificación del desempeño y los tiempos de holgura después de agregar los suplementos correspondientes. Los resultados se resumen para dar los tiempos estándar en horas o minutos por pieza y en piezas por hora. Una función de edición permite corregir errores.

La Gate Talker Corporation (antes Observational Systems) piensa comercializar el OS-3 Plus Event Recorder. Este versátil registrador de mediciones del trabajo es útil para establecer y actualizar estándares, para estudios de paros de maquinaria y para muestreo del trabajo (vea el capítulo 14). El registrador, mostrado en la figura 8-7, permite al analista seleccionar las unidades de tiempo adecuadas para el estudio (0.001 min, 0.0001 h o 0.1 s). Después de recolectar y resumir los datos de entrada, el OS-3 interactúa con la impreso-

FIGURA 8-4
Operario con un recolector de datos DataMyte 1000 junto con el sistema de estudio de tiempos DataMyte 1010 (*Cortesía de:* DataMyte Corporation)

ra para producir informes impresos. Se imprimen tiempo total, frecuencia, tiempos medios, calificaciones de desempeño, tiempos normales, holguras, tiempos estándar y piezas por hora. También están disponibles la desviación estándar, los valores de los elementos máximo y mínimo y las frecuencias.

Cámaras de videgrabación

Las cámaras de videograbación son ideales para grabar los métodos del operario y el tiempo transcurrido. Al tomar película de la operación y después estudiarla un cuadro a la vez, el analista puede registrar los detalles exactos del método usado y después asignar valores de tiempos normales. También puede establecer estándares proyectando la cinta a la

FIGURA 8-5
Aplicación del DataMyte y una computadora para la realización y cálculo de un estudio de tiempos

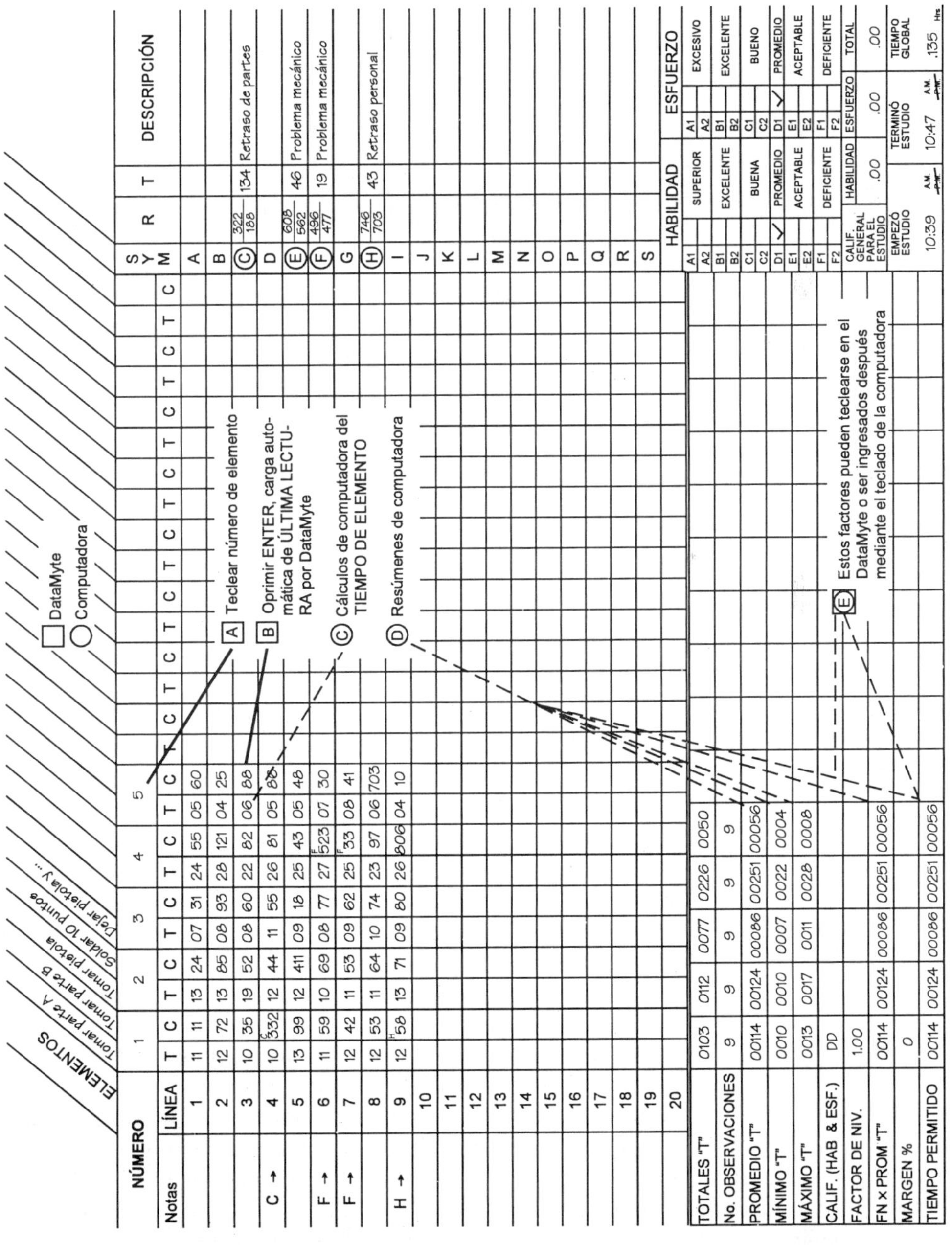

FIGURA 8-6
Cronómetro electrónico asistido por computadora (*Cortesía de:* Faehr Electronic Timers, Inc.)

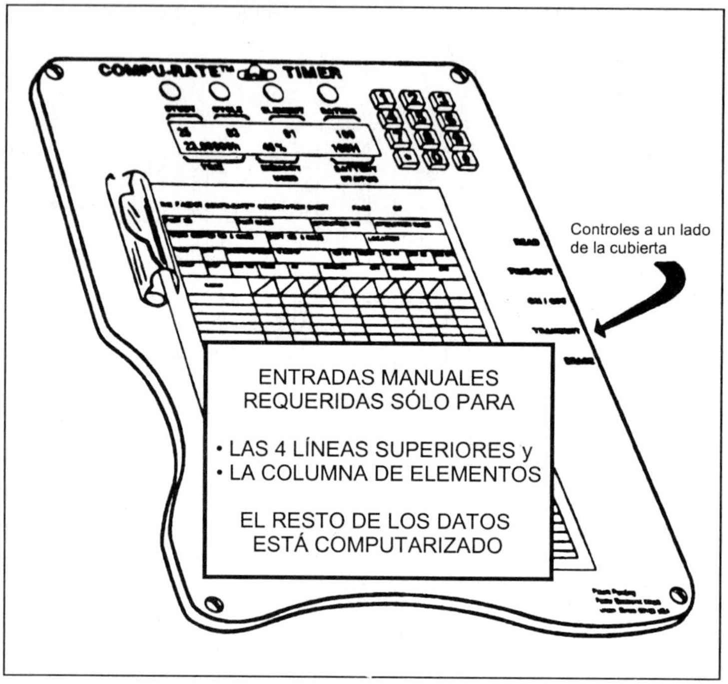

misma velocidad que la de grabación y calificar el desempeño del operario. Debido a que todos los hechos están ahí, observar el videocasete es una manera justa y precisa de calificar el desempeño. Además, las mejoras potenciales de los métodos que pocas veces se detectan con el procedimiento del cronómetro pueden surgir con la cámara. Las videograbaciones también son excelentes para la capacitación de los analistas de tiempos, pues se pueden repetir las secciones hasta que adquieran habilidad suficiente.

Tablero de estudio de tiempos

Cuando se usa un cronómetro, es conveniente tener una tabla adecuada para sostener la forma del estudio de tiempos y el cronómetro. La tabla debe ser ligera para que no se canse el brazo y fuerte para proporcionar el apoyo necesario para la forma. Los materiales adecuados incluyen triplay de 1/4 de pulgada o plástico liso. La tabla debe tener formas de contacto para el brazo y el cuerpo para que el ajuste sea cómodo y sea fácil escribir mientras se sostiene. Para el observador derecho el reloj debe estar montado en la esquina superior derecha de la tabla. Un sostén de resorte a la izquierda mantiene la forma en su lugar. De pie en la posición adecuada el analista puede ver la estación de trabajo por encima de la tabla y seguir los movimientos del operario, al mismo tiempo que mantener el reloj y la forma dentro de su campo visual.

FIGURA 8-7
Registrador de eventos OS-3 (*Cortesía de:* Gage Talker Corp.)

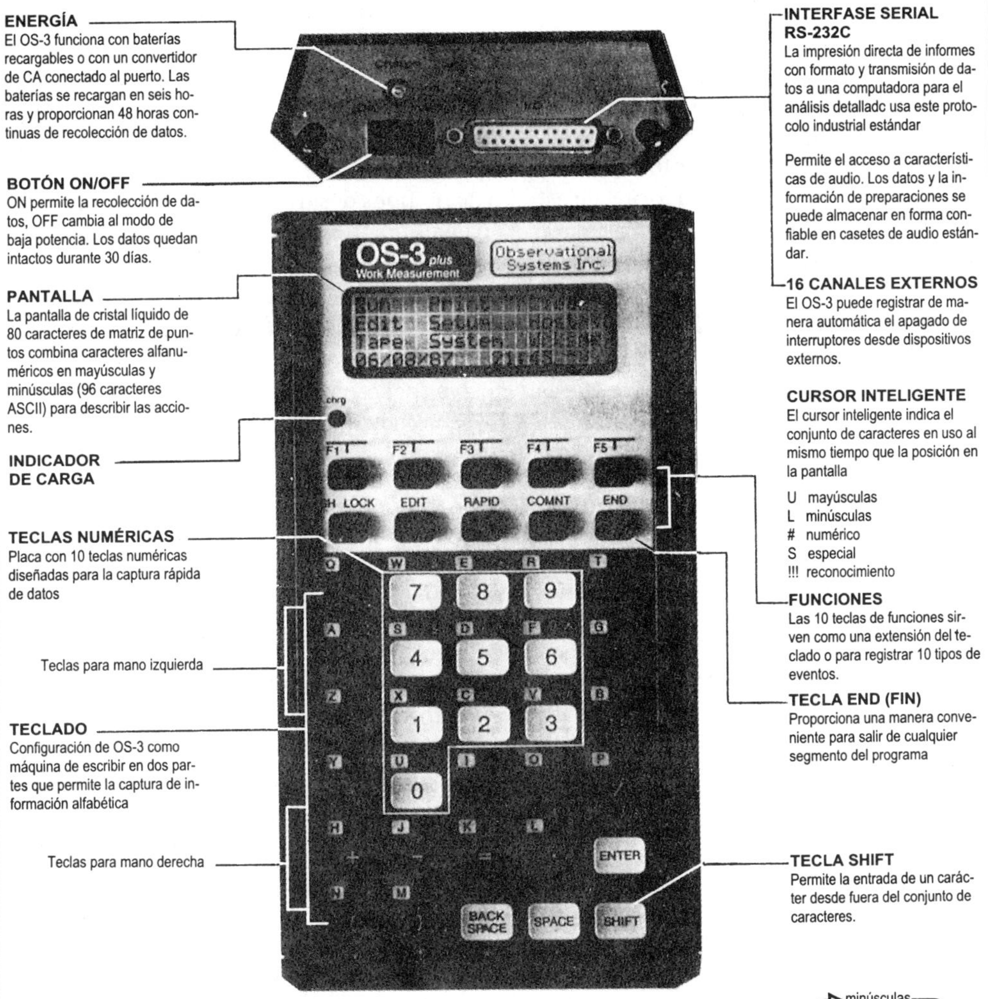

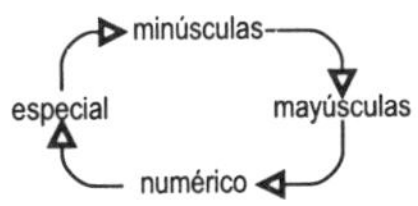

Canal 1. Desarrollo creativo
Canal 2. Conferencia
Canal 3: Dictado
Canal 4. Entrada de llamada telefónica
Canal 5. Salida de llamada telefónica
Canal 6. Supervisión y asignación de trabajo

Formas de estudio de tiempos

Todos los detalles del estudio se registran en una forma de estudio de tiempos. La forma contiene espacio para registrar toda la información pertinente sobre el método que está en estudio, las herramientas utilizadas, etc. Se identifica la operación que se estudia con información como nombre y número del operario, descripción y número de la operación, nombre y número de la máquina, herramientas especiales usadas y sus respectivos números, el departamento donde se realiza la operación y las condiciones de trabajo que prevalecen. Es mejor que sobre información y no que falte.

La figura 8-8 ilustra una forma de estudio de tiempos desarrollada por los autores. Tiene la flexibilidad suficiente para usarse casi en cualquier tipo de operación. En esta forma, se registran los diferentes elementos de la operación en el renglón que encabeza las columnas, y por columna se colocan los ciclos estudiados, renglón por renglón. Las cuatro columnas abajo de cada elemento son: **C** para *calificaciones*; **TC** para *tiempo en el cronómetro*, es decir, las lecturas del cronómetro; **TO** para el *tiempo observado*, es decir, la diferencia en los tiempos entre lecturas sucesivas del cronómetro, y **TN** para los *tiempos normales*.

Equipo de capacitación

Dos piezas de equipo de bajo costo que pueden ayudar en la capacitación de los analistas de estudios de tiempo son: el descriptor del tiempo transcurrido y el metrónomo. El primer dispositivo se puede programar (mediante una leva con un perfil especial) de manera que los elementos sucesivos se completan en un periodo conocido. La persona que recibe la capacitación registra las duraciones de los elementos conforme ocurren. Un foco encendido y una chicharra le indican el final de cada elemento. Es posible hacer que la chicharra o la luz estén inactivos, si se desea. El ejercicio proporciona práctica en las lecturas del cronómetro en puntos de terminación y los registros de tiempo transcurrido.

La segunda herramienta es el metrónomo usado por los estudiantes de música. Este dispositivo puede establecerse para dar un número determinado de golpes por minuto, como 104 golpes por minuto, que equivale al número de cartas repartidas por minuto cuando se hace a paso normal (vea el capítulo 9). Si se sincroniza el reparto de cartas en una mesa de bridge de manera que se reparte una carta con cada golpe del metrónomo, se puede demostrar el paso normal. El movimiento involucra una serie de alcanzar, tomar, mover y dejar y, con la práctica, es sencillo identificar la velocidad. Para ilustrar un desempeño de 80%, el instructor sólo tiene que establecer el metrónomo a 83 golpes por minuto y después sincronizar el reparto de cartas.

ELEMENTOS DEL ESTUDIO DE TIEMPOS

La realización de un estudio de tiempos es tanto una ciencia como un arte. Para asegurar el éxito, el analista debe poder inspirar confianza, aplicar su juicio y desarrollar un enfoque

FIGURA 8-8

Estudio con regresos a cero de una operación de moldeo en matriz (los elementos se califican cada ciclo)

Forma para observación de estudio de tiempos	Estudio núm: 2-85	Fecha: 3-1-	Página 1 de 1
	Operación: Moldes en matriz	Operario: S. Jones	Observador: AF

ELEMENTO NÚM Y DESCRIPCIÓN		1 Quitar parte de la matriz, lubricar matriz, inspeccionar				2 Colocar parte en dispositivo, terminar la parte																			
Nota	Ciclo	C	TC	TO	TN	C	TC	TO	TN	C	TC	TO	TN	C	TC	TO	TN	C	TC	TO	TN	C	TC	TO	TN
	1	90		30	270	90		23	207																
	2	100		27	270	100		21	210																
	3	90		31	279	90		23	207																
	4	85		35	298	100		20	200																
	5	100		28	280	100		20	200																
	6	110		25	275	110		18	198																
	7	90		31	279	90		24	216																
	8	100		28	280	85		24	204																
	9	90		32	288	90		23	207																
	10	110		26	286	105		19	200																
	11																								
	12																								
	13																								
	14																								
	15																								
	16																								
	17																								
	18																								

Resumen						
TO total	2.93	2.15				
Calificación	–	–				
TN total	2.805	2.049				
Núm. de observ.	10	10				
TN promedio	.281	.205				
% de suplementos	17	17				
Tiempo est. element.	.329	.240				
Núm. ocurrencias	1	1				
Tiempo estándar	.329	.240				
Total de tiempo estándar (suma del tiempo estándar de todos los elementos):						.569

Elementos extraños

	TC1	TC2	TO	Descripción
A				
B				
C				
D				
E				
F				
G				

Verificación de tiempos

Tiempo terminación	3:48.00
Tiempo inicio	3:42.00
Tiempo transcurrido	6.00
TTAS	.60
TTDS	.32
Tiempo total	.92
Tiempo efectivo	5.08
Tiempo inefectivo	0
Tiempo total registrado	6.00
Tiempo no contado	0
% de error de registro	0

Resumen de suplementos

Necesidades personales	5
Fatiga básica	4
Fatiga variable	8
Especial	–
% de suplemento total	17

Observacones:

Verificación de calificación

Tiempo sintético	%
Tiempo observado	

Nota del R. T.:

TTAS tiempo transcurrido antes del estudio

TTDS tiempo transcurrido después del estudio

de acercamiento personal con quienes tenga contacto. Además, sus antecedentes y capacitación deben prepararlo para entender a fondo y realizar las distintas funciones relacionadas con el estudio. Estos elementos incluyen; seleccionar al operario, analizar el trabajo y desglosarlo en sus elementos, registrar los valores elementales de tiempos transcurridos, calcular la calificación del operario, asignar los suplementos adecuados; en resumen, llevar a cabo el estudio.

Elección del operario

El primer paso para iniciar un estudio de tiempos se realiza a través del supervisor de línea o del departamento. Una vez revisado el trabajo en la operación, debe acordar con el supervisor que todo está listo para estudiar el trabajo. Si más de un operario realiza el trabajo para el que se quiere establecer un estándar, debe tomar en cuenta varias cosas al elegir el operario que va a observar. En general, un operario que tiene un desempeño promedio o un poco arriba del promedio proporcionará el estudio más satisfactorio que uno menos calificado o que el que tiene habilidades superiores. El trabajador promedio, por lo común, desempeña su trabajo con consistencia y de manera sistemática. El paso de ese operario tenderá a estar en el rango normal (vea el capítulo 9), le facilita al analista del estudio de tiempos a aplicar un factor de desempeño correcto.

Por supuesto, el operario debe estar bien capacitado en el método, le debe gustar su trabajo y ha de demostrar interés en hacerlo bien. También debe estar familiarizado con los procedimientos y prácticas del estudio de tiempos y tener confianza tanto en los métodos del estudio como en el analista. Su compromiso es la cooperación suficiente con el estudio y estar dispuesto a seguir las sugerencias tanto del supervisor como del analista de estudio de tiempos.

En ocasiones, el analista no puede elegir al operario porque sólo uno realiza la operación. En estos casos, debe ser muy cuidadoso al establecer la calificación del desempeño, porque quizá el operario esté trabajando en uno de los extremos de la escala de calificaciones. En las tareas de un solo trabajador el método usado debe ser el correcto y el analista debe acercarse a él con cuidado y tacto.

El enfoque del analista para seleccionar a un operario puede determinar el grado de cooperación recibida. Debe acercarse a éste de manera amistosa y demostrar que entiende la operación que va a estudiar. El operario debe tener la oportunidad de hacer preguntas sobre las técnicas de toma de tiempos, el método de calificaciones y la aplicación de suplementos. En algunas situaciones, el operario nunca ha sido estudiado antes. Todas las preguntas deben recibir, con toda paciencia, una respuesta franca. Debe animársele a hacer sugerencias, y cuando lo haga, el analista debe recibirlas con interés para demostrar respeto por las habilidades y conocimientos del operario.

El analista debe mostrar interés en el trabajo del empleado y, en todo momento, ser justo y directo con él. Este enfoque gana la confianza del trabajador en la capacidad del analista. El respeto y la buena voluntad que obtiene no sólo ayudarán a establecer un estándar justo, también facilitarán cualesquiera asignaciones de trabajo futuras en la planta de producción.

Registro de información significativa

El registro debe contener máquinas, herramientas manuales, dispositivos, condiciones de trabajo, materiales, operaciones, nombre y número del operario, departamento, fecha de estudio y nombre del observador. El espacio para esos detalles es el de *observaciones* en la forma de observación de estudio de tiempos. También es útil un bosquejo de la distribución. Mientras más información pertinente se registre, más útil será el estudio de tiempos a través de los años. Se convierte en un recurso para el establecimiento de datos estándar (vea el capítulo 11) y el desarrollo de fórmulas (vea el capítulo 12). También será útil para mejorar los métodos y evaluar a los operarios, las herramientas y el desempeños de las máquinas.

Cuando se usan máquinas herramienta, debe especificarse nombre, tamaño, estilo, capacidad y número de serie o inventario, lo mismo que las condiciones en que trabaja. Deben identificarse dados, calibradores, plantillas y dispositivos por número y con una descripción breve. Si las condiciones de trabajo durante el estudio son distintas a las normales para esa operación, afectarán el desempeño del operario. Por ejemplo, en un taller de forja a martinete, si el estudio se tomara en un día en extremo caluroso, quizá las condiciones de trabajo fueran más malas que las normales y el desempeño del operario reflejaría el efecto del intenso calor. En consecuencia, se agregaría un suplemento (vea el capítulo 10) al tiempo normal del operario. Si las condiciones de trabajo mejoran, el suplemento disminuye. Inversamente, si las condiciones de trabajo empeoran éste aumenta.

El desempeño de la operación debe describirse de manera específica. Por ejemplo, "broca de 3/8 × 3/8 de pulgada en agujero de 1 pulgada" es mucho más explícito que "perforar ranura". El operario bajo estudio debe identificarse por nombre y número; es fácil que haya dos Juan Pérez en una compañía.

Posición del observador

El observador debe estar de pie, no sentado, unos cuantos pies hacia atrás del operario para no distraerlo o interferir con su trabajo. Los observadores de pie se pueden mover con mayor facilidad y seguir los movimientos de las manos del operario mientras éste realiza el ciclo de la tarea. Durante el estudio, el observador debe evitar cualquier tipo de conversación con el operario, ya que esto podría distraerlo o estorbar las rutinas.

División de la operación en elementos

Para facilitar la medición, se divide la operación en grupos de movimientos conocidos como *elementos*. Para dividirla en sus elementos individuales, el analista observa al operario durante varios ciclos. Sin embargo, si el tiempo de ciclo es mayor que 30 minutos, puede escribir la descripción de los elementos mientras realiza el estudio. Si es posible, es mejor que determine los elementos de la operación antes de iniciar el estudio.

Éstos deben separarse en divisiones tan finas como sea posible, pero no tan pequeñas que se sacrifique la exactitud de las lecturas. Las divisiones elementales de alrededor de 0.04 minutos se aproximan a lo mínimo que puede leer de manera consistente un analista experimentado de estudio de tiempos. Sin embargo, si los elementos anteriores y posteriores son relativamente largos, es posible tomar el tiempo de un elemento con una duración de 0.02 minutos.

Para identificar los puntos terminales y desarrollar consistencia en las lecturas del cronómetro de un ciclo al siguiente, se toman en cuenta los sonidos y lo que se ve al desglosar los elementos. Por ejemplo, los *puntos para dividir* los elementos se pueden asociar con sonidos como: una pieza terminada que cae al contenedor, una fresa que muerde un molde, una broca que atraviesa la parte que se perfora y un par de micrómetros que se dejan en la mesa de trabajo.

Cada elemento se registra en la secuencia adecuada, se incluye una división básica de la tarea terminada mediante un sonido distintivo o un movimiento. Por ejemplo, "subir la pieza a la mordaza manual y apretar" incluye las siguientes divisiones básicas: alcanzar la pieza, tomar la pieza, mover la pieza, posicionar la pieza, alcanzar la llave de la mordaza, tomar la llave, mover la llave, posicionar la llave, girar la llave y soltar la llave de la mordaza. El punto de terminación de este elemento sería soltar la llave de la mordaza en la cabeza del torno, con el sonido correspondiente como evidencia. El elemento "iniciar la máquina" puede incluir: alcanzar, tomar, mover y soltar la palanca. La rotación de la máquina, con el sonido que la acompaña identifica el punto de terminación de manera que las lecturas se pueden tomar justo en el mismo punto en cada ciclo.

Con frecuencia, distintos analistas de estudio de tiempos en una compañía adoptan una división del elemento estándar dadas las clases de instalaciones, para asegurar uniformidad al establecer los puntos de división. Por ejemplo, todos los trabajos en taladros de mesa con un husillo se pueden dividir en elementos estándar y todos los trabajos en tornos están compuestos por una serie de elementos predeterminados. Tener elementos estándar como base para la división de la operación es en especial importante al establecer los datos de estándar (vea el capítulo 11).

Quizá algunas sugerencias adicionales ayuden a desglosar los elementos:

1. Mantener separados los elementos manuales y los de máquina, ya que las calificaciones afectan menos a las máquinas.
2. Separar los elementos constantes (aquellos para los que el tiempo no varía dentro de un intervalo especificado de trabajo) y los elementos variables (aquellos para los que el tiempo varía dentro de un intervalo de trabajo especificado).
3. Cuando se repite un elemento, no se incluye otra vez la descripción. En el espacio proporcionado para esto se pone el número de identificación que se usó al ocurrir por primera vez ese elemento.

EL ESTUDIO MISMO

Al iniciar el estudio se registra la hora (en minutos completos) que marca un reloj "maestro" y en ese momento se inicia el cronómetro. (Se supone que todos los datos se registran en la forma de estudio de tiempos.) Este es el *tiempo de inicio* (indicado con ① en la figura

TABLA 8-1
Registro de lecturas de cronómetro para tiempo continuo

Lecturas consecutivas de cronómetro en décimos de minuto	Lecturas registradas
0.08	8
0.25	25
1.32	132
1.35	35
1.41	41
2.01	201
2.10	10
2.15	15
2.71	71
3.05	305
3.17	17
3.25	25

8-11). Se puede usar una de dos técnicas para registrar los tiempos elementales durante el estudio. El método de *tiempos continuos*, como su nombre lo indica, permite que el cronómetro trabaje durante todo el estudio. En este método, el analista lee el reloj en el punto terminal de cada elemento y el tiempo sigue corriendo. En la técnica de *regresos a cero*, después de leer el cronómetro en el punto terminal de cada elemento, el tiempo se restablece en cero; cuando se realiza el siguiente elemento el tiempo avanza desde cero.

Al registrar las lecturas del cronómetro, se anotan sólo los dígitos necesarios y se omite el punto decimal, para tener el mayor tiempo posible para observar el desempeño del operario. Si se usa un cronómetro decimal y el punto terminal del primero ocurre en 0.08 minutos, se registra sólo el dígito 8 en la columna de TC (*tiempo de cronómetro*). Otros ejemplos de registros se muestran en la tabla 8-1.

Método de regresos a cero

El método de regresos a cero tiene tanto ventajas como desventajas comparado con la técnica de tiempo continuo. Algunos analistas de estudio de tiempos usan ambos métodos, con la idea de que los estudios en los que predominan los elementos prolongados se adaptan mejor a las lecturas con regresos a cero, y es mejor usar el método continuo en los estudios de ciclos cortos.

Como los valores del elemento que ocurrió tienen una lectura directa con el método de regresos a cero, no es necesario realizar las restas sucesivas, como en el método continuo. Entonces, la lectura se inserta directamente en la columna de TO (*tiempo observado*). También se pueden registrar de inmediato los elementos que el operario ejecuta en desorden sin una notación especial. Además, los que defienden el método de regresos a cero establecen que los retrasos no se registran. Como se pueden comparar los valores elementales de un ciclo a otro, es posible tomar decisiones en cuanto a qué número de ciclos estudiar. Sin embargo, es un error usar las observaciones de los ciclos anteriores para determinar cuántos ciclos adicionales estudiar. Esta práctica puede llevar a estudiar una muestra demasiado pequeña.

Entre las desventajas del método de regresos a cero está la que promueve que los elementos individuales se eliminen de la operación. Estos elementos no se pueden estudiar en forma independiente porque los tiempos elementales dependen de los elementos anteriores y posteriores. En consecuencia, al omitir los factores de retraso, los elementos extraños y los elementos transpuestos, se puede llegar a valores equivocados en las lecturas aceptadas. Una de las objeciones principales al método de regresos a cero es el tiempo perdido mientras la mano restablece el cronómetro. Esto puede tardar entre 0.0018 y 0.0058 minutos (Lowry, Naynard y Stegenerten, 1940). No obstante, esto ya no es válido para los cronómetros electrónicos, donde no se pierde tiempo en restablecer la lectura a cero. Por otro lado, es más difícil medir los elementos cortos (0.04 minutos o menos) con este método. La figura 8-8 ilustra un estudio de tiempos de una operación de moldeo en matriz con el método de regresos a cero.

Método continuo

El método continuo para registrar valores elementales es superior al de regresos a cero por varias razones. Lo más significativo es que el estudio que se obtiene presenta un registro completo de todo el periodo de observación; esto complace al operario y al representante sindical. El operario puede ver que se dejaron tiempos fuera en el estudio y que se incluyeron todos los retrasos y elementos extraños. Como todos los hechos se presentan con claridad, es más sencillo explicar y vender esta técnica de registro de tiempos.

El método continuo también se adapta mejor a la medición y registro de elementos muy cortos. Con la práctica, un buen analista de estudio de tiempos puede detectar con precisión tres elementos cortos (menos de 0.04 minutos), si van seguidos de un elemento de alrededor de 0.15 minutos o más. Esto es posible si se recuerdan las lecturas del cronómetro en los puntos terminales de los tres elementos cortos y después se registran sus valores respectivos mientras se ejecuta el cuarto elemento más largo.

Por otro lado, se requiere más trabajo de escritorio para calcular el estudio si se usa el método continuo. Como se lee el cronómetro en los puntos terminales de cada elemento mientras las manecillas del reloj continúan su movimiento, es necesario hacer restas sucesivas de las lecturas consecutivas para determinar el tiempo transcurrido en cada elemento. Por ejemplo, las siguientes lecturas pueden representar los puntos terminales en un estudio de 10 elementos: 4, 14, 19, 121, 125, 152, 161, 176, 211 y 216. Los valores elementales de este ciclo serían: 4, 10, 5, 102, 4, 27, 9, 15, 35 y 5. La figura 8-9 ilustra un estudio de tiempos completo de la misma operación de moldeo de matriz con el método continuo.

Recolector DataMyte

Un estudio típico que usa el recolector de datos DataMyte 1000 sería el siguiente: suponga que el estudio de medición del trabajo cubre 20 ciclos con duración de 45 minutos, para los puntos de soldadura de una bisagra especial de acero SAE 1112 a un tanque de acero

FIGURA 8-9

Estudio de tiempos continuos de una operación de moldeo de matriz (calificada cada ciclo).

Forma para observación de estudio de tiempos

Estudio núm: 2-85	Fecha: 3-1	Página 1 de 1	
Operación: moldeo en matriz	Operario: S.Jones	Observador: AF	

ELEMENTO NÚM Y DESCRIPCIÓN		1 Quitar parte de la matriz, lubricar matriz, inspeccionar				2 Colocar parte en dispositivo, terminar la parte																			
Nota	Ciclo	C	TC	TO	TN	C	TC	TO	TN	C	TC	TO	TN	C	TC	TO	TN	C	TC	TO	TN	C	TC	TO	TN
	1	90	90	30	270	90	113	23	207																
	2	100	40	27	270	100	61	21	210																
	3	90	92	31	279	90	215	23	207																
	4	85	50	35	298	100	70	20	200																
	5	100	98	28	280	100	318	20	200																
	6	110	43	25	275	110	61	18	198																
	7	90	92	31	279	90	416	24	216																
	8	100	44	28	280	85	68	24	204																
	9	90	500	32	288	90	23	23	207																
	10	110	49	26	286	105	58	19	200																
	11																								
	12																								
	13																								
	14																								
	15																								
	16																								
	17																								
	18																								

Resumen

TO total	2.93	2.15				
Calificación	—	—				
TN total	2.805	2.049				
Núm. de observ.	10	10				
TN promedio	.281	.205				
% de suplementos	17	17				
Tiempo est. element.	.240	.240				
Núm. ocurrencias	1	1				
Tiempo estándar	.329	.205				
Tiempo total estándar (suma del tiempo estándar de todos los elementos):						.569

Elementos extraños

	TC1	TC2	TO	Descripción
A				
B				
C				
D				
E				
F				
G				

Verificación de calificación

Tiempo sintético		%
Tiempo observado		

Verificación de tiempos

Tiempo terminación		3:48.00
Tiempo inicio		3:42.00
Tiempo transcurrido		6.00
TTAS	.60	
TTDS	.32	
Tiempo total	.92	
Tiempo efectivo	5.08	
Tiempo inefectivo	0	
Tiempo total registrado		6.00
Tiempo no contado		0
% de error de registro		0

Resumen de suplementos

Necesidades personales	5
Fatiga básica	4
Fatiga variable	8
Especial	—
% de suplemento total	17

Observaciones:

laminado en frío. Después de observar el método, el analista desglosa el trabajo en los siguientes elementos:

elemento 1: tomar y traer tanque (en transportador) al área de trabajo,
elemento 2: tomar bisagra y colocarla en dispositivo,
elemento 3: posicionar cabeza de soldador y soldar seis puntos,
elemento 4: abrir dispositivos y mover tanque ensamblado 10 pies en transportador.

Durante el estudio se detectaron cuatro elementos extraños:

elemento A: interrupción del supervisor,
elemento B: dejó la estación de trabajo para beber agua,
elemento C: retraso al traer el tanque en el transportador,
elemento D: selección y rechazo de bisagra defectuosa.

Al tomar el estudio, el analista debe:

1. Encender el instrumento y ponerlo en modo 1 de entrada de datos (data plus time).
2. Introducir el código de identificación del estudio hasta 12 caracteres.
3. Introducir la fecha de 6 caracteres.
4. Introducir la hora de inicio con 4 caracteres.
5. Introducir 1 (elemento 1) y oprimir "enter" al final del elemento.
6. Introducir 2 (elemento 2) y oprimir "enter" al final del elemento.
7. Introducir 3 (elemento 3) y oprimir "enter" al final del elemento.
8. Introducir 4 (elemento 4) y oprimir "enter" al final del elemento.

Este procedimiento continúa durante 20 ciclos. Los elementos extraños se capturan conforme ocurren y se oprime "enter" al terminar. El tiempo transcurrido se carga de manera automática cada vez que se oprime "enter". Si el analista asigna un factor de calificación del desempeño global, se introduce al final del estudio. Sin embargo, las calificaciones de desempeño se pueden capturar en cualquier momento –al terminar cada elemento, al final de cada ciclo, etc. La figura 8-10 ilustra la salida del DataMyte para un estudio de carga de alimentos.

Manejo de dificultades

Durante el estudio, quizá los analistas observen variaciones en la secuencia original de elementos establecida. En ocasiones, es posible que omitan algún punto terminal específico. Estas dificultades complican el estudio; entre menor sea la frecuencia de ocurrencia, será más sencillo calcular el estudio.

Si falta alguna lectura, el analista debe indicar de inmediato una "F" en la columna TC. Por ningún motivo debe aproximar o intentar registrar el valor faltante. Si lo hace puede destruir la validez del estándar establecido para el elemento específico. Si tuviera que usarse el elemento como fuente de datos estándar; quizá resultaran grandes discrepancias en los estándares futuros. Algunas veces, el operario omite un elemento; esto se maneja con una raya horizontal en el espacio correspondiente de la columna TC. Es deseable que si esto ocurre sea muy poco frecuente ya que, en general, se debe a un operario no experi-

FIGURA 8-10
Salida del estudio de carga de alimentos en un transportador.
(*Cortesía de:* Nabisco Brands, Inc.)

Programa de estudio de tiempos de DataMyte Corporation
Modelo 1031-04 versión 07

Resumen de estudio de tiempos

Descripción Estudio de tiempos de recoger órdenes en el departamento de ventas

Identificación del estudio: Órdenes 11
Fecha: 06/11/86
Tiempo de inicio: 1230 (12:30 pm)

*************** Eliminación - tiempo no usado en el resumen ************************************

Tiempo eliminado: 0.00

*********************** Resumen ***

	obs	total	nominal	mín	máx	promedio	calificación	nrm/occ
1	Tomar una caja del depósito							0.0771
	211	16.2700	16.2700	0.02	0.34	0.0771	100.0	
2	Tomar dos cajas del depósito							0.1158
	19	2.2000	2.2000	0.02	0.34	0.1158	100.0	
3	Tomar una caja del estante							0.0805
	147	11.8300	11.8300	0.02	0.40	0.0805	100.0	
4	Tomar dos cajas del estante							0.0778
	9	0.7000	0.7000	0.03	0.21	0.0778	100.0	
5	Tomar una caja del final de la línea							0.1588
	39	6.8800	6.1920	0.02	0.62	0.1764	90.0	
6	Tomar tres cajas del depósito o del estante							0.0900
	7	0.6300	0.6300	0.05	0.14	0.0900	100.0	
7	Tomar cuatro cajas del depósito o del estante							0.0975
	4	0.3900	0.3900	0.04	0.22	0.0975	100.0	
8	Preparar material de exhibición							1.3200
	1	1.3200	1.3200	1.32	1.32	1.3200	100.0	
9	Descartar cajas dañadas							0.2050
	4	0.8200	0.8200	0.11	0.25	0.2050	100.0	
10	Documentación/comunicaciones							0.8475
	4	3.3900	3.3900	0.15	2.84	0.8475	100.0	
88	Inactividad							3.0067
	3	9.0200	9.0200	0.28	4.52	3.0067	100.0	
Totales							**98.7**	

Tiempo usado: 53.45

Tiempo total: 53.45

mentado o a la falta de estandarización en el método. Por supuesto, el operario puede omitir un elemento sin advertirlo, como cuando olvida "destapar la ranura" al hacer un molde de banco. Si se omiten elementos varias veces, el analista debe detener el estudio e investigar la necesidad de ejecutar los elementos omitidos. Ha de hacer esto en coordinación con el supervisor y el operario, para que se establezca el mejor método. Se espera que el observador esté en constante alerta para descubrir mejores maneras de efectuar los elementos; si llegan nuevas ideas a su mente asentará una "nota" breve en la sección correspondiente de la forma de estudio de tiempos.

Quizá también vea elementos realizados en una secuencia diferente. Esto ocurre bastante seguido cuando se estudia a un empleado nuevo o inexperto en una tarea con ciclo largo compuesta de muchos elementos. Evitar perturbaciones es una de las razones primordiales por las que se estudia a empleados competentes con una capacitación completa. Sin embargo, cuando se ejecutan elementos fuera de orden, el analista debe de inmediato ir a la casilla del elemento en la columna TC y dividirla con una raya horizontal; abajo de la raya debe escribir el tiempo en que el operario inició el elemento, y arriba el tiempo en que termina. Este procedimiento se repite para cada elemento realizado fuera de orden, lo mismo que para el primer elemento que se realiza al regresar a la secuencia normal.

Durante el estudio, el operario puede encontrar retrasos inevitables, como otro empleado o el supervisor que interrumpen, o una descompostura de herramientas. También es posible que intencionalmente cause un cambio en el orden del trabajo al ir a beber agua o al detenerse para descansar. Tales interrupciones se conocen como "elementos extraños".

Los elementos extraños ocurren, ya sea por una descompostura o durante la ejecución de un elemento. La mayoría de los elementos extraños, en particular los controlados por el operario, ocurren al terminar el elemento. Si un elemento extraño ocurre mientras se realiza un elemento, se marca con las letras A, B, C, etcétera en la columna TN de este elemento. Si el elemento extraño ocurre en el punto terminal, se registra en la columna TN del elemento de trabajo que sigue a la interrupción (⑤ en la figura 8-11). La letra A se usa para denotar el primer elemento extraño, la letra B para el segundo y así sucesivamente.

Tan pronto se designa un elemento extraño en el lugar adecuado, el analista incluye una breve descripción en la esquina inferior izquierda del espacio. El momento en que inicia el elemento extraño se pone en el bloque TC1 de la sección de elementos extraños, y el momento en que termina, en el bloque TC2. Después, estos valores se restan al calcular el estudio de tiempos, para determinar la duración exacta del elemento extraño. Este valor se coloca después en la columna de TO de la sección de elementos extraños. La figura 8-11 ilustra el manejo correcto de un elemento extraño.

En ocasiones, un elemento extraño tiene una duración tan corta que es imposible registrarlo de la manera descrita. Los ejemplos comunes serían dejar caer una llave en el piso y recogerla de inmediato, limpiarse la frente con un pañuelo o voltear un momento para hablar con el supervisor. En esos casos, cuando el elemento extraño es de 0.06 minutos o menos, el método más satisfactorio para manejar la interrupción es permitir que se acumule con el elemento y enseguida poner un círculo en la lectura, para indicar que se trata de un valor "no controlado". Debe anotarse un comentario breve en la sección de "notas" del elemento que tuvo la interrupción para justificar el círculo en el número. El ciclo 7 en la figura 8-12 ilustra el manejo correcto de un valor no controlado.

Ciclos del estudio

Determinar cuántos ciclos estudiar para llegar a un estándar justo es un tema que ha causado polémica entre los analistas de estudio de tiempos, al igual que entre los representantes del sindicato. Como la actividad de una tarea y su tiempo de ciclo influyen en el número

FIGURA 8-11
Resumen de los pasos para calcular el estudio de tiempos

Forma para observación de estudio de tiempos	Estudio núm: 1-3	Fecha: 3-22	Página 1 de 1
	Operación: MAQUINADO	Operario: J. Pérez	Observador: AF

ELEMENTO NÚM Y DESCRIPCIÓN		1 Alimentación de la barra (3) (4)				2 Colocar herramienta de corte en la barra				3 Girar ½" 550 rpm (5)				4 Extraer herramienta y dejar barra											
Nota	Ciclo	C	TC	TO	TN	C	TC	TO	TN	C	TC	TO	TN	C	TC	TO	TN	C	TC	TO	TN	C	TC	TO	TN
	1	85		19	162	105		12	126	100		60	(A) 600	90		17	153								
	2	90		22	198	105		13	137	100		60	600	100		16	160								
	3	100		17	170	105		11	116	100		60	600	105		17	179								
	4																								
	5				(10)																				
	6																								
	7																								
	8																								
	9																								
	10																								
	11																								
	12																								
	13																								
	14																								
	15																								
	16																								
	17																								
	18																								

Resumen	1	2	3	4		
TO total	.58	.36	1.80	.50		
Calificación (B)	—	—	—	—		
TN total	.530	.379	1.800	.492		
Núm. de observ.	3	3	3	3		
TN promedio	.177	.126	.600	.164		
% de suplemento	10	10	10	10		
Tiempo est. elem.	.195	.139	.660	.180		
Núm. ocurrencias	1	1	1	1		
Tiempo estándar	.195	.139	.660	.180		
Tiempo estándar total (suma de tiempo estándar de todos los elementos):						1.174

Elementos extraños	TC1	TC2	TO	Descripción
A	0	35	35	Ver dimensiones
B	(5)			
C				
D				
E				
F				
G				

Verificación de tiempos	
Tiempo terminación (6)	9:22.00
Tiempo inicio (1)	9:16.00
Tiempo transcurrido (9)	6.00
TTAS (2)	1.86
TTDS (7)	.60
Tiempo total	2.46 (8)
Tiempo efectivo	3.24 (12)
Tiempo inefectivo	.35 (13)
Tiempo total registrado (14)	6.05
Tiempo no contado (15)	.05
% de error de registro (16)	.8%

Resumen de suplementos	
Necesidades personales	5
Fatiga básica	4
Fatiga variable	1
Especial	—
% de suplemento total	10

Observaciones:
CICLO DE MÁQUINA
(elemento #5) tiempo = .60 min

Verificación de calificación	
Tiempo sintético	%
Tiempo observado	

TABLA 8-2
Número recomendado de ciclos de observación

Tiempo de ciclo en min	Número recomendado de ciclos
0.10	200
0.25	100
0.50	60
0.75	40
1.00	30
2.00	20
2.00-5.00	15
5.00-10.00	10
10.00-20.00	8
20.00-40.00	5
40.00 o más	3

Fuente: Información tomada de Time Study Manual de los Erie Works en General Electric Company, desarrollados bajo la guía de Albert E. Shaw, gerente de administración del salario.

de ciclos que se pueden estudiar, desde el punto de vista económico, el analista no puede estar gobernado de manera absoluta por la práctica estadística que demanda cierto tamaño de muestra basado en la dispersión de las lecturas individuales del elemento. La General Electric Company estableció los valores de la tabla 8-2 como una guía aproximada al número de ciclos a observar.

Se puede establecer un número más exacto con métodos estadísticos. Como el estudio de tiempos es un procedimiento de muestreo, el promedio de muestras ($\bar{x}$) obtenidas de observaciones con distribución normal también tienen distribución normal alrededor de la media de la población m. La variancia alrededor de la media de población μ es igual a σ^2/n, donde n es igual al tamaño de la muestra y σ^2 es la variancia de la población. La teoría de curva normal conduce al siguiente intervalo de confianza:

$$\bar{x} \pm z\frac{\sigma}{\sqrt{n}}$$

La ecuación anterior supone que la desviación estándar de la población se conoce. En general, esto no es cierto, pero esta desviación estándar se puede estimar por medio de la desviación estándar de la muestra s, donde:

$$s = \sqrt{\frac{\sum_{i=1}^{i=n}(x_i - \bar{x})^2}{n-1}}$$

Sin embargo, los estudios de tiempos involucran sólo muestras pequeñas ($n < 30$) de una población; por lo tanto, debe usarse una distribución t. Entonces, la fórmula del intervalo de confianza es:

$$\bar{x} \pm t\frac{s}{\sqrt{n}}$$

El término con $\pm$ se puede considerar un término de error expresado como una fracción de $\bar{x}$:

$$k\bar{x} = ts/\sqrt{n}$$

EJEMPLO 8-1
Cálculo del número de observaciones requerido

Un estudio piloto de 25 lecturas para un elemento dado mostró que $\bar{x} = 0.30$ y $s = 0.09$. Una probabilidad de error de 5% para 24 grados de libertad (25 menos 1 grados de libertad para estimar un parámetro) conduce a $t = 2.064$. (Vea los valores de t en la tabla A3-3 del apéndice 3.) Al resolver la última ecuación se obtiene:

$$n = \left\{\frac{0.09 \times 2.064}{0.05 \times 0.30}\right\}^2 = 153.3 \approx 154 \text{ observaciones}$$

Para asegurar la confianza requerida, siempre se redondea hacia arriba.

Si se despeja n se obtiene:

$$n = \left\{\frac{st}{k\bar{x}}\right\}^2$$

También es posible despejar n antes de tomar el estudio de tiempos, si se interpretan los datos históricos de elementos similares, o con una estimación real de $\bar{x}$ y s a partir de varias lecturas con regresos a cero con la variación más alta.

Los analistas deben decidir cuándo y cómo observar el número recomendado de ciclos. Si se toman los 30 ciclos, ¿deben tomarse como un grupo sucesivo, como dos grupos de 15, o como tres grupos de 10? La media de los tres grupos de 10 tomados en tiempos al azar durante el día, tal vez de una mejor estimación de la media poblacional que un grupo de 30. Un estudio de tiempos es un procedimiento de muestreo, y el promedio de la media de varias muestras pequeñas casi siempre proporciona estimaciones más confiables de los parámetros base que una muestra de tamaño equivalente al total de las muestras pequeñas.

DESEMPEÑO DEL OPERARIO

Como el tiempo real requerido para ejecutar cada elemento del estudio depende en un alto grado de la habilidad y esfuerzo del operario, es necesario ajustar hacia arriba el tiempo normal del operario bueno y hacia abajo el del menos capacitado. Por lo tanto, antes de dejar la estación de trabajo, el analista debe dar una calificación justa e imparcial al desempeño en el estudio. En un ciclo corto con trabajo repetitivo, es costumbre aplicar una calificación al estudio completo, o una calificación promedio para cada elemento (vea la figura 8-12). Por el contrario, cuando los elementos son largos y contienen diversos movimientos manuales, es más práctico evaluar el desempeño de cada elemento conforme ocurre. Esto se hizo en la operación de moldeo con matriz mostrada en las figuras 8-8 y 8-9, en la que los elementos tenían una duración mayor que 0.20 minutos. La forma del estudio de tiempos contempla la calificación global y la del elemento individual.

FIGURA 8-12
Resumen de los pasos para calcular el estudio de tiempos

Forma para observación de estudio de tiempos

Estudio núm: 14	Fecha: 3/15/	Página 1 de 2	
Operación: MOLDEO C/MATRIZ	Operario: T. López	Observador: P. Rocha	

ELEMENTO NÚM Y DESCRIPCIÓN		1 Tomar y colocar molde en dispositivo, prensar dos piezas				2 Abrir dispositivo, sacar pieza, girar 90°, colocar en dispositivo 2				3 Enganchar alimentador, abrir dispositivo, quitar pieza				5-1 Limpiar estación de trabajo				5-2 Perforar				5-3 Preparar topes en dispositivo				5-4 Marcar tarjeta de producción			
Nota	Ciclo	C	TC	TO	TN	C	TC	TO	TN	C	TC	TO	TN	C	TC	TO	TN	C	TC	TO	TN	C	TC	TO	TN	C	TC	TO	TN
	1														132	132			182	50			415	233			550	135	
	2		62	12			78	16			88	10																	
	3		604	16			21	17			30	9																	
	4		43	13			59	16			70	11																	
	5		828	15	(A)		49	21			58	9																	
	6		71	13			91	20			805	14																	
dejó caer molde	7		30	(25)			46	16			57	11																	
	8		70	13			88	18			1002	14																	
	9		15	13			32	17			40	8																	
	10		52	12			68	16			78	10																	
	11		92	14			1112	20			24	12																	
	12		38	14			56	18			66	10																	
	13		81	15			1306	19			11	11																	
	14		25	14			41	16			50	9																	
	15		63	13			80	17			91	11																	
	16		1305	14			24	19			34	10																	
	17		50	16			69	19			83	14																	
	18																												

Resumen

	1	2	3	5-1	5-2	5-3	5-4
TO total	2.07	2.85	1.73	1.32	.50	2.33	1.35
Calificación	110	110	110	110	110	110	110
TN total	2.277	3.135	1.903	1.452	.550	2.563	1.485
Núm. de observ.	15	16	16	1	1	1	1
TN promedio	.152	.196	.119	1.452	.550	2.563	1.485
% de suplementos	12	12	12	12	12	12	12
Tiempo est. elem.	.170	.219	.133	1.620	.616	2.867	1.663
Núm. ocurrencias	1	1	1				
Tiempo estándar	.170	.219	.133				
Tiempo estándar total (suma de tiempo estándar de todos los elementos):							.523

Elementos extraños

	TC1	TC2	TO	Descripción
A	670	813	143	Hablar con supervisor
B			25	Molde que cae
C				
D				
E				
F				
G				

Verificación de tiempos

Tiempo terminación	2:11.00	
Tiempo inicio	2:25.00	
Tiempo transcurrido	14.00	
TTAS	0	
TTDS	.17	
Tiempo total	.17	
Tiempo efectivo	12.16	
Tiempo inefectivo	1.68	
Tiempo total registrado		14.00
Tiempo no contado		0
% de error de registro		0

Verificación de calificación

Tiempo sintético		%
Tiempo observado		

Resumen de suplementos

Necesidades personales	5
Fatiga básica	4
Fatiga variable	3
Especial	—
% de suplemento total	12

Observaciones:
TIEMPO ESTÁNDAR POR PIEZA SIN TIEMPO DE PREPARACIÓN

Cuando califica el desempeño o nivela el sistema, el observador evalúa la efectividad de la operación en términos del desempeño de un operario "normal" que ejecuta el mismo elemento. El valor de la calificación se expresa como un decimal o un porcentaje y se asigna al elemento observado, en la columna C (③ en la figura 8-11). Un operario "normal" se define como un operario calificado, completamente experimentado que trabaja en las condiciones acostumbradas en la estación de trabajo, a un paso no demasiado rápido y no demasiado lento, sino representativo del promedio.

El principio básico al calificar el desempeño es ajustar el tiempo medio observado (TO) para cada elemento ejecutado durante el estudio al *tiempo normal* (TN) que requerirá el operario normal para realizar el mismo trabajo:

$$TN = TO \times C/100$$

donde C se expresa como porcentaje, con el 100% correspondiente al desempeño estándar de un operario normal. Para realizar un trabajo justo al calificar, se debe poder ignorar la personalidad y otros factores de variación, y sólo considerar la cantidad de trabajo realizado por unidad de tiempo, comparado con la cantidad de trabajo que produciría un trabajador normal. El capítulo 9 explica con detalle las técnicas de uso común para calificar el desempeño.

SUPLEMENTOS

Ningún operario puede mantener un paso promedio todos los minutos del día de trabajo. Pueden tener lugar tres clases de interrupciones para las que debe asignarse tiempo adicional. La primera son las interrupciones personales, como viajes al baño y a los bebederos; la segunda es la fatiga que afecta aun a los individuos más fuertes en los trabajo más ligeros. Por último, existen retrasos inevitables, como herramientas que se rompen, interrupciones del supervisor, pequeños problemas con las herramientas y variaciones del material, todos ellos requieren la asignación de algún tiempo. Como el estudio de tiempos se toma en un periodo relativamente corto y como los elementos extraños se eliminan para determinar el tiempo normal (nivelado), debe añadirse un suplemento al tiempo normal para llegar un estándar justo que un trabajador pueda lograr con facilidad. El tiempo requerido para un operario promedio, calificado, y capacitado, trabajando a paso normal y realizando un esfuerzo promedio, para ejecutar la operación se llama *tiempo estándar* (TS) de esa operación. Por lo común, el suplemento se da como un porcentaje o fracción del tiempo normal y se usa como un multiplicador igual a 1 + suplemento:

$$TS = TN + TN \times \text{suplemento} = TN \times (1 + \text{suplemento})$$

El capítulo 10 contiene detalles de las medias para llegar a valores realistas de los suplementos.

CÁLCULOS DEL ESTUDIO

Después de registrar en forma adecuada toda la información necesaria en la forma del estudio de tiempos, observar el número de ciclos apropiado y calificar al operario, se debe registrar el *tiempo de terminación* ((6) en la figura 8-11) en la misma sección del reloj maestro usada para el inicio del estudio. Para tiempos continuos, es muy importante comparar la lectura final del cronómetro con la lectura global del tiempo transcurrido. Estos dos valores deben tener una cercanía razonable (diferencia de ± 2%). (Una discrepancia grande puede indicar que ocurrió un error, y que el estudio de tiempos debe repetirse.) Por último, el analista debe agradecer al operador su cooperación y proceder al siguiente paso, el cálculo del estudio.

Para el método continuo, cada lectura del cronómetro se resta de la lectura anterior para obtener el tiempo transcurrido: este valor se registra en la columna TO. Los analistas deben tener especial cuidado en esta etapa, ya que los descuidos en este punto pueden destruir por completo la validez del estudio. Si se usó la calificación del desempeño elemental, se tienen que multiplicar los tiempos elementales transcurridos por el factor de calificación y registrar el resultado en los espacios de la columna TN. Observe que como TN es un valor calculado, casi siempre se asienta con tres dígitos.

Los elementos que el observador no encontró u omitió se marcan con una "F" en la columna TC y se ignoran. Así, si ocurrió que el operario no realizó el elemento 7 del ciclo 4 en un estudio de 30 ciclos, el analista tendrá sólo 29 valores del elemento 7 para calcular el tiempo medio observado. El analista no sólo debe ignorar este elemento faltante, también debe ignorar el siguiente, pues el valor restado en el estudio incluiría el tiempo para realizar ambos elementos.

Para determinar el tiempo elemental transcurrido en elementos fuera de orden, es necesario restar los valores adecuados de los tiempos de cronómetro.

Para los elementos extraños, el analista deduce del tiempo de ciclo del elemento correspondiente, el tiempo requerido por el elemento extraño. El analista puede obtener el tiempo promedio usado por el elemento extraño si resta la lectura TC1 en la sección de elementos extraños menos el valor de la lectura TC2 en la forma de estudio de tiempos.

Una vez calculados y registrados los tiempos transcurridos, el analista debe estudiarlos con cuidado para encontrar anormalidades. No existe una regla establecida para determinar el grado de variación permitido para conservar el valor en los cálculos. Si una amplia variación en cierto elemento se puede atribuir a alguna influencia demasiado breve para manejarla como elemento extraño, pero de duración suficiente para afectar el tiempo del elemento en forma sustancial, o si la variación se puede atribuir a errores en las lecturas del cronómetro, entonces de inmediato se coloca un círculo alrededor de estos números y se excluyen del resto del estudio. (Por ejemplo, cuando en el elemento 1 del ciclo 7 en la figura 8-12, el operario dejó caer el molde.) Sin embargo, si las grandes variaciones se deben a la naturaleza del trabajo, entonces no sería lógico descartar los valores.

Los elementos de las máquinas tienen poca variación de un ciclo a otro, pero en los elementos manuales se puede esperar una variación mucho más amplia. Cuando ocurre una variación de tiempo inexplicable, el analista debe ser cuidadoso antes de poner un círculo a esos valores. Recuerde que este no es un procedimiento de calificación del desempeño. Al descartar de manera arbitraria los valores altos o bajos, es posible que termine con un estándar incorrecto. Una buena regla es, "si hay duda, el valor no se descarta".

Si se usa la calificación elemental, entonces después de calcular los valores del tiempo transcurrido elemental, debe determinarse el tiempo elemental normal multiplicando cada valor elemental por el factor de desempeño respectivo. Este tiempo normal se registra en las columnas TN para cada elemento (en la figura 8-11). En seguida, se determinará el valor normal elemental dividiendo el total de tiempos registrado en la columna TN entre el número de observaciones.

Después de determinar todos los tiempos transcurridos elementales, deben verificarse para asegurar que no se cometieron errores de aritmética o de registro. Un método para verificar la exactitud es llenar toda la forma de *verificación de tiempo* (vea la figura 8-11). Pero para hacerlo, el analista debió sincronizar el cronómetro como reloj maestro, registrar el *tiempo de inicio* (①) y el *tiempo de terminación* (⑥) en la forma. Después el analista suma tres cantidades: 1) los tiempos observados totales, conocidos como *tiempo efectivo* (⑫ en la forma); 2) los tiempos de elementos extraños totales conocidos como *tiempo inefectivo* (⑬ en la forma); y 3) total del *tiempo transcurrido antes del estudio* (② en la forma) y el *tiempo transcurrido después del estudio* (⑦ en la forma). El tiempo transcurrido antes del estudio es la lectura cuando el analista inicia el cronómetro para medir el primer elemento. El tiempo transcurrido después del estudio es la última lectura cuando el analista detiene el reloj al final del estudio. En ocasiones, estas dos últimas cantidades se suman para obtener el *tiempo de verificación* (⑧ en la forma). Las tres cantidades juntas son el *tiempo total registrado* (⑭ en la forma). La diferencia entre los tiempos de inicio y terminación en el reloj maestro es igual al *tiempo transcurrido* real (⑨ en la forma). Cualquier diferencia entre el tiempo total registrado y el tiempo transcurrido se llama *tiempo no registrado* (⑮ en la forma). En general, en un buen estudio, este valor es cero. El tiempo no registrado dividido entre el tiempo transcurrido es un porcentaje llamado *error de registro*. Este error debe ser menor que 2%. Si excede esta cantidad, el estudio de tiempos debe repetirse.

Después de calcular los tiempos normales de los elementos, el analista debe agregar el porcentaje de suplemento a cada elemento para determinar los tiempos estándar o de suplementos. En el estudio de tiempos de la figura 8-12, el tiempo normal para el elemento 1 se multiplica por 1.12 para obtener el siguiente tiempo estándar elemental para el elemento 1:

$$\text{TS} = 0.152 \times (1 + 0.12) = 0.170$$

La naturaleza del trabajo determina la cantidad de suplemento que se aplica, como se verá en el capítulo 10. Por ahora será suficiente decir que el suplemento promedio para los elementos manuales es 15% y que, en general, se aplica 10% a los elementos de máquina.

En la mayor parte de los casos, cada elemento ocurre dentro de cada ciclo y el *núm. de ocurrencias* es sencillamente 1. En algunos casos, un elemento se puede repetir dentro de un ciclo. Si así es, el *núm. de ocurrencias* se convierte en 2 o 3 y el tiempo acumulado por ese elemento dentro del ciclo se duplica o triplica.

Los tiempos estándar para cada elemento se suman para obtener el tiempo estándar del trabajo completo, que se registra en el espacio para el *tiempo total estándar* en la forma de estudio de tiempos.

TIEMPO ESTÁNDAR

La suma de los tiempos elementales con suplemento da el estándar en minutos por pieza, con un cronómetro de décimas de minuto, o en horas por pieza, con un cronómetro de décimos de hora. La mayoría de las operaciones industriales tiene ciclos relativamente cortos (menos de 5 minutos); en consecuencia, algunas veces es más conveniente expresar los estándares en horas por cientos de piezas. Por ejemplo, el estándar en una operación de prensa puede ser 0.085 horas por ciento de piezas. Éste es un método más satisfactorio para expresar el estándar que 0.00085 horas por pieza o 0.051 minutos por pieza.

El porcentaje de eficiencia del operario se puede expresar como:

$$E = 100 \times H_e / H_c$$

donde: E = porcentaje de eficiencia,
H_e = horas estándar trabajadas,
H_c = horas de reloj en el trabajo.

Así, un operador que produce 10 000 piezas durante la jornada de trabajo habrá tenido un logro de 8.5 horas de producción y su desempeño habrá tenido una eficiencia de 8.5/8 = 106%.

Una vez calculados los suplementos, se asigna un estándar al operario en la forma de una tarjeta de operación. Una computadora puede generar la tarjeta o puede ser una copia. Esta tarjeta de operación sirve como base para obtener rutas, programación, capacitación, nómina, desempeño del operario, costos, presupuestos y otros controles necesarios para la operación efectiva de un negocio.

Estándares temporales

Los empleados requieren tiempo para desarrollar la habilidad en cualquier operación nueva o diferente. A menudo, los analistas de estudio de tiempos establecen un estándar en una operación más o menos nueva, para la que no existe un volumen suficiente para que el operario alcance la eficiencia más alta. Si el analista basa la calificación del operario en los conceptos usuales de producción (es decir, la calificación del operario abajo de 100), el estándar que resulta puede parecer demasiado cerrado y el operario quizá no puede ganar incentivos (vea el capítulo 17). Por otro lado, si el analista toma en cuenta que la tarea es nueva y el volumen es bajo, y establece un estándar generoso, entonces si aumenta el tamaño de la orden, o si se recibe una nueva orden para el mismo trabajo, puede haber problemas.

Quizá el método más satisfactorio para manejar estas situaciones es la emisión de estándares temporales. Se establece el estándar tomando en cuenta la dificultad de la tarea asignada y el número de piezas que se van a producir. Después, mediante una curva de aprendizaje (vea le capítulo 18) para el trabajo, y con los datos existentes, se puede desarrollar un estándar temporal justo para la tarea. El estándar que se obtiene será mucho más amplio que si la tarea involucrara un alto volumen. Al liberarse para la planta, el estándar va marcado con claridad como "temporal" e incluirá la cantidad máxima para la que se aplica. Cuando se liberan estándares temporales, deben estar vigentes sólo el tiempo que dura el contrato, o durante 60 días, lo que ocurra primero. Al expirar, deben sustituirse por estándares permanentes.

EJEMPLO 8-2
Cálculo de las horas ganadas y del procentaje de eficiencia

El tiempo estándar para una operación es 11.46 minutos por pieza. En un turno de 8 horas, se espera que el operario produzca:

$$\frac{8 \text{ h} \times 60 \text{ min/h}}{11.46 \text{ min/pieza}} = 41.88 \text{ piezas}$$

Sin embargo, el operario produce 53 piezas en una jornada de trabajo dada, las horas estándar ganadas serán:

$$\text{H}_\text{e} = \frac{53 \text{ piezas} \times 11.46 \text{ min/pieza}}{60 \text{ min/h}} = 10.123 \text{ horas}$$

El estándar (S_h) expresado en horas por cada cien piezas (C) es:

$$S_h = \frac{11.46 \text{ min/pieza} \times 100 \text{ piezas}/C}{60 \text{ min/pieza}} = 19.1 \text{ h}/C$$

Las horas estándar ganadas serían:

$$H_e = \frac{19.1 \text{ h}/C \times 53 \text{ piezas}}{100 \text{ piezas}/C} = 10.123 \text{ horas}$$

La eficiencia del operario sería:

$$E = 100 \times 10.123 / 8 = 126.5\%$$

Estándares de preparación

Los elementos del trabajo que es común incluir en los estándares de preparación involucran a todos los eventos que ocurren entre la terminación de la tarea anterior y el inicio de la actual. El estándar de preparación también incluye elementos de "desarmar" y "guardar", como perforar la tarjeta del trabajo, obtener las herramientas del depósito, obtener los dibujos del despachador, establecer la máquina, marcar la tarjeta de trabajo, quitar las herramientas de la máquina, regresarlas al depósito y contar la producción. Las figuras 8-12 y 8-14 ilustran un estudio que incluye cuatro elementos de preparación (S-1, S-2, S-3 y S-4).

Al establecer los tiempos de preparación, el analista debe usar los procedimientos idénticos seguidos para establecer los estándares de producción, excepto que no tendrá oportunidad de obtener una serie de valores elementales para determinar los tiempos medios. Además, el analista no puede observar al operador al realizar los elementos de preparación de antemano; en consecuencia, está obligado a dividir la preparación en elementos mientras lleva a cabo el estudio. Sin embargo, como los elementos de preparación, en su mayor parte, son de larga duración, existe una cantidad razonable de tiempo para dividir el trabajo, registrar el tiempo y evaluar el desempeño en el tiempo que el operario va de un elemento a otro.

Existen dos maneras de manejar los tiempos de preparación distribuidos por cantidad o asignados al trabajo. En la primera, se distribuyen a través de una cantidad específica de

FIGURA 8-13
Ejemplo de tarjeta de operación de producción (los números "F" se refieren a dispositivos usados con la operación correspondiente)

TARJETA DE OPERACIÓN DE PRODUCCIÓN

DESCRIPCIÓN Tapa de cabeza de regadera DIBUJO # JB-1102 PARTE # J-1102-1

HECHO DE Varilla de latón de 70 - 30 extrusionada de 2½"de diámetro

Ruta 9-11-12-14-12-18 FECHA 9-15

OP. #	OPERACIÓN	DEPT.	MÁQUINAS Y HERRAMIENTAS ESPECIALES	MINUTOS DE PREP.	MINUTOS POR PIEZA
1	Cortar con sierra	9	Sierra neumática J & L	15 min	.077
2	Forjar	11	Prensa Maxi F-1102 de 150 toneladas	70 min	.234
3	Troquelar	12	Prensa Bliss 72 F-1103	30 min	.061
4	Lavar en ácido	14	Tanque de HCL	5 min	.007
5	Perforar 6 agujeros	12	Prensa Bliss 74 F-1104	30 min	.075
6	Barrenar y biselar	12	Taladro Delta de 17" F-1105	15 min	.334
7	Perforar agujeros de 13/64"	12	Taladro Avey F-1106	15 min	.152
8	Maquinar vástago y cara	12	Máquina # 3 W & S	45 min	.648
9	Perforar 6 agujeros	12	Prensa Bliss de 74½	30 min	.167
10	Inspección	18	F-1109, F-1110, F-1112	Jornada	

FIGURA 8-14

Reverso de la forma de estudio de tiempos de la figura 8-12

El estudio indica un tiempo por pieza de 0.523 minutos (0.8717 horas/ciento) y un tiempo de preparación de 6.772 minutos (0.1129 horas)

BOSQUEJO

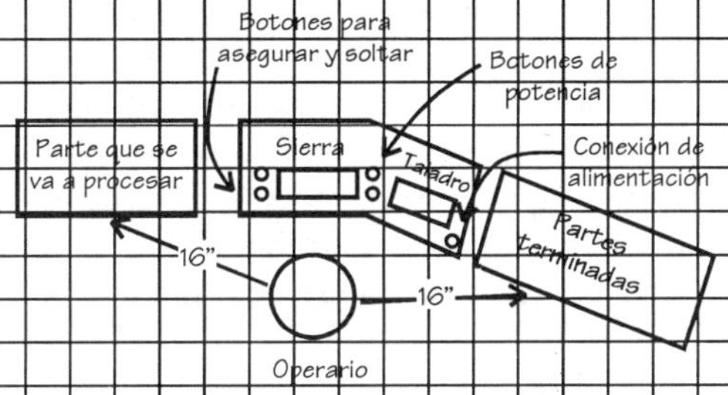

ESTUDIO NÚM. 14 FECHA 3/15

OPERACIÓN Cortar con sierra saliente y centro de molde

DEPTO. F-114 OPERARIO Ramírez NÚM. 127

EQUIPO Sierra eléctrica de aire y taladro

MQNA. NÚM. F 114 - 146

HERRAM. ESPECIALES, PLANTILLAS, DISPOSITIVOS, CALIBRADORES J - 1117 - 9 y J - 1117 - 10

CONDICIONES Operador de pie, limpio, ruido promedio luz adecuada

MATERIAL Aluminio 380

PARTE NÚM. A - 1117 DIBUJO NÚM. C - 1117

DESCRIPCIÓN DE PARTE Ménsula para montar el ensamble

División de acciones

MANO IZQUIERDA	MANO DERECHA
	Tomar molde (16")
Inactiva	Mover a dispositivo
	Colocar en dispositivo
Presionar el activador neumático de cierre	Inactiva
Inactiva	Presionar el botón activador de la sierra
Presionar el activador para detener	Inactiva
Inactiva	Tomar pieza del dispositivo
Girar el cuerpo 60°	Girar el cuerpo 60°
	Colocar parte en la sujeción para la perforación
Asegurar el dispositivo	
	Alcanzar el control
Inactiva	Conectar el alimentador
Perforación 10	Perforación 10
Mover al control para abrir sujetador	Inactvia
	Tomar parte terminada
Inactiva	Mover 16"
	Colocar parte en la caja

Elem núm.	Herramientas pequeñas, alimentación, velocidad, prof. de corte, etc.	Tiempo elemental	Ocur/ciclo	Tiempo total permitido
1	J - 1117 - 9, 3600 rpm	0.170	1	0.170
2	J - 1117 - 10, 30'/min	0.222	1	0.222
3		0.131	1	0.131
	Total (cada pieza)			0.523
5-1		1.626		1.626
5-2		0.616		0.616
5-3		2.867		2.867
5-4		1.663		1.663
	Total (preparación)			6.772

CADA PIEZA 0.523 min TOTAL

PREPARACIÓN 0.1129 h HORAS/PZA 0.8717

SUPERVISOR Eugenio Rodríguez	INSPECTOR Julio García
OBSERVADOR Paula Rocha	APROBADO POR Ricardo Hernández

producción, como 1000 o 10 000 piezas. Este método sólo es satisfactorio cuando la magnitud del orden de producción es estándar. Por ejemplo, las industrias que surten a partir del inventario y reordenan con base en inventarios mínimos/máximos pueden controlar su producción con el modelo del lote económico. En esos casos, el tiempo de preparación se puede prorratear de manera equitativa en todo el lote. Por ejemplo, suponga que el tamaño del lote de cierto artículo es 1000 piezas y que siempre se reordenan 1000 unidades. Si el tiempo de preparación estándar en una operación dada es 1.50 horas, entonces el tiempo de operación permitido puede aumentar 0.15 horas por 100 piezas para tomar en cuenta los elementos de tener listo y almacenar.

Este método no es del todo práctico si el tamaño de la orden no se controla. En una planta donde las requisiciones se hacen según los pedidos, es decir, las órdenes de producción se liberan con la especificación de las cantidades que corresponden a las órdenes de los clientes, es imposible estandarizar el tamaño de las órdenes de trabajo. Por ejemplo, esta semana se manda una orden de 100 unidades y el mes siguiente se necesita una orden de 5000 unidades del mismo artículo. En esta situación, el operario sólo tendría 1.5 horas de preparación de la máquina para las 100 unidades ordenadas, los cual sería inadecuado; pero en la orden de 5000 unidades, el operario contaría con 7.50 horas, que se tendrían que considerar demasiado tiempo.

Es más práctico establecer estándares de preparación como tiempos permitidos por separado (vea las figuras 8-12 y 8-14). Entonces, sin importar qué cantidad de partes se produzcan, prevalecerá un estándar justo. En algunos casos, la preparación la realiza una persona diferente al operario que realiza el trabajo. Las ventajas de tener personal distinto para la preparación son bastante obvias. Los operarios menos calificados pueden realizar la producción cuando no tienen que preparar su propia instalación. Es más sencillo estandarizar las preparaciones e introducir cambios de métodos cuando la responsabilidad recae en un solo individuo. Además, cuando se dispone de suficiente maquinaria, la producción puede ser continua, si se prepara la siguiente asignación de trabajo mientras el operario trabaja en la asignación actual.

Preparaciones parciales

Con frecuencia, no es necesario realizar una preparación completa de una instalación para realizar una operación específica, debido a que algunas herramientas de la operación anterior se usarán en el trabajo que sigue. Por ejemplo, en la preparación de tornos comunes o tornos revólver, una programación cuidadosa de trabajos similares para la misma máquina permite realizar preparaciones parciales entre los trabajos. En lugar de tener que cambiar seis herramientas en el torno hexagonal quizá sólo sea necesario cambiar dos o tres. Este ahorro en el tiempo de preparación es uno de los beneficios importantes de un programa bien formulado de tecnología de grupos.

Como la secuencia de trabajo programada para una máquina dada rara vez permanece igual, es difícil establecer tiempos de preparaciones parciales que cubran todas las variaciones posibles. Por ejemplo, el estándar de una preparación completa para un torno revólver Warner & Swasey núm. 4 puede ser 0.80 horas. Sin embargo, si la preparación tiene lugar después del trabajo X tal vez tome sólo 0.45 horas; después del trabajo Y puede requerir 0.57 horas; mientras que si sigue al trabajo Z, quizá sea necesario 0.70 horas. Las variaciones posibles en un tiempo de preparación parcial son tan amplias que la única manera práctica de establecer su valores con exactitud es usar datos de estándares (vea el capítulo 11) para cada trabajo.

En las plantas en las que los tiempos de preparación son menores que una hora y las corridas de producción son razonablemente largas, es una práctica común asignar al operario el tiempo de preparación completo para cada trabajo realizado. Esto tiene ventajas por varias razones: primero, si la planta incorpora incentivos salariales, los operarios logran una satisfacción mucho mayor debido al salario mayor, y planean su trabajo para obtener la mayor ventaja. El resultado es una mayor producción por unidad de tiempo y menores costos totales. Además, se ahorra un tiempo considerable y mucha documentación al evitar tener que determinar un estándar para la preparación parcial de la operación y su aplicación en todos los casos pertinentes. De hecho, estos ahorros tienden a acercarse a la cantidad adicional pagada a los operarios como resultado de la diferencia entre el tiempo requerido para una preparación completa y el requerido para una preparación parcial.

RESUMEN

Para resumir, los pasos para realizar y calcular un estudio de tiempos típico son los siguientes (vea en la figura 8-11 los números correspondientes a estos pasos):

① Sincronizar el cronómetro con el reloj maestro y registrar el tiempo de inicio.
② Caminar a la operación e iniciar el estudio. La lectura al iniciar es el tiempo transcurrido antes del estudio (TTAS).
③ Calificar el desempeño del operario mientras realiza el elemento y registrar la calificación sencilla o bien la calificación promedio.
④ Oprimir el botón del cronómetro al inicio del siguiente elemento. Para tiempo continuo, registrar la lectura en la columna TC; para regresos a cero, registrar la lectura en la columna TO, como se muestra.
⑤ Para los elementos extraños, indicar en la columna TN y registrar los tiempos en la sección de *elementos extraños*.
⑥ Una vez cronometrados todos los elementos, detener el reloj maestro del cronómetro y registrar el tiempo de terminación.
⑦ Registrar las lecturas como el tiempo transcurrido después del estudio (TTDS).
⑧ Sumar ② y ⑦ para obtener el tiempo de verificación.
⑨ Restar ⑥ menos ① para obtener el tiempo transcurrido.
⑩ Calcular el tiempo normal con la multiplicación de los tiempos observados por la calificación.
⑪ Sumar todos los tiempos observados y los tiempos normales de cada elemento. Encontrar el tiempo normal promedio.
⑫ Sumar todos los totales de tiempos observados para obtener el tiempo efectivo.
⑬ Sumar todos los elementos extraños para obtener el tiempo no efectivo.
⑭ Sumar ⑧, ⑫ y ⑬ para obtener el tiempo registrado total.
⑮ Restar ⑨ menos ⑭ para obtener el tiempo no contado. Usar el valor absoluto. (La diferencia puede ser negativa o positiva, y se quieren números positivos.)

(16) Dividir (15) entre (9) para obtener el porcentaje de error de registro. Se espera que este valor sea menos de 2%.

PREGUNTAS

1. ¿Cómo se determina el pago de un día de trabajo justo en los acuerdos salariales?
2. ¿Qué punto de comparación se da para el paso normal en estos acuerdos?
3. ¿Por qué debe el supervisor firmar el estudio de tiempos?
4. ¿Cuáles son los efectos de estándares de tiempo mal establecidos?
5. ¿Qué equipo necesita un analista de estudio de tiempos?
6. ¿Qué características del cronómetro digital son atractivas para el analista?
7. ¿Cómo se puede usar un metrónomo como herramienta de capacitación para la calificación del desempeño?
8. ¿Qué debe tomarse en cuenta para la elección del operario que se va a estudiar?
9. ¿Por qué es esencial registrar la información completa de herramientas y maquinaria en la forma de estudio de tiempos?
10. ¿Por qué son importantes las condiciones de trabajo para identificar el método que está en observación?
11. ¿Por qué un analista que no oye bien tendrá dificultad para realizar un estudio de tiempos?
12. Diga cuál es la diferencia entre elementos constantes y variables. ¿Por qué deben mantenerse separados al dividir el trabajo en elementos?
13. ¿Qué ventajas tiene el método continuo de registros con cronómetro sobre regresos a cero?
14. Explique por qué ha aumentado el uso de cronómetros electrónicos para regresos a cero.
15. ¿Por qué se registra la hora del día en la forma del estudio de tiempos?
16. ¿Qué variaciones en la secuencia puede encontrar el observador durante un estudio de tiempos?
17. Explique qué son los elementos extraños y cómo se manejan en el método continuo.
18. ¿Qué factores contribuyen al determinar el número de ciclos a observar?
19. ¿Por qué es necesario calificar al operador?
20. ¿Cuándo deben calificarse los elementos individuales de cada ciclo?
21. Defina operario “normal”.

22. ¿Por qué se aplican suplementos al tiempo normal?

23. ¿Cuál es el significado de un círculo en el tiempo transcurrido?

24. ¿Qué pasos se siguen en el cálculo de un estudio de tiempos realizado según el procedimiento de calificación del desempeño global continuo?

25. ¿Concuerda el paso de caminar a 3 millas por hora con su concepto de un desempeño normal?

26. Defina el término "tiempo estándar".

27. ¿Por qué casi siempre es más conveniente expresar los estándares como tiempo por cientos de piezas en lugar de tiempo por pieza?

28. ¿Por qué se establecen estándares temporales?

29. ¿Qué elementos del trabajo se incluyen en el estándar de preparación?

PROBLEMAS

1. Según la tabla 8-2, ¿cuántas observaciones deben realizarse en una operación para la cual la actividad anual es 750 piezas y el tiempo de ciclo se estima en 15 minutos? ¿Cuál sería el número de observaciones necesarias según la hoja guía de General Electric?

2. Elija una operación sencilla que realice con regularidad, como lavarse los dientes, rasurarse o peinarse, y estime el tiempo que le toma realizarla. Después mida el tiempo que le lleva si lo hace a paso normal. ¿Su estimación quedó dentro del tiempo estimado más o menos 20%?

3. Para demostrar los distintos niveles de desempeño a un grupo de secretarios sindicales, el supervisor de estudio de tiempos de la compañía XYZ usa el metrónomo mientras reparte las cartas de un juego de bridge. ¿Cuántas veces por minuto debe sonar el metrónomo para demostrar los siguientes niveles de desempeño: 60%, 75%, 100%, 125%?

4. Se usó la guía de General Electric para determinar el número de observaciones para un estudio. La guía indica que se requieren 10 ciclos. Después de realizar el estudio, se usa el error estándar de la media para estimar el número de observaciones necesario para un nivel de confianza dado. El cálculo indica que debieron estudiarse 20 ciclos. ¿Cuál sería su procedimiento? ¿Por qué?

5. El analista de estudio de tiempos en la Dorben Company obtuvo las siguientes lecturas de cronómetro con regresos a cero para el desempeño de un elemento. Asignó un valor de 16 para el suplemento de este elemento. ¿Cuál sería el tiempo estándar para este elemento?

Lectura de regresos a cero	Factor de desempeño
28	100
24	115
29	100
32	90
30	95
27	100
38	80
28	100
27	100
26	105

6. Calcule el número requerido de lecturas si el analista desea 87% de confianza para que el tiempo medio observado esté dentro de ±5% de la media verdadera y si se establecen los siguientes valores verdaderos para un elemento después de 19 ciclos de observación: 0.09, 0.08, 0.10, 0.12, 0.09, 0.08, 0.09, 0.12, 0.11, 0.12, 0.09, 0.10, 0.12, 0.10, 0.08, 0.09, 0.10, 0.012, 0.09.

7. Los siguientes datos se obtuvieron en un estudio de tiempos tomado en un fresadora horizontal:

Tiempo de esfuerzo manual medio por ciclo: 4.62 minutos.
Tiempo de corte medio (alimentación automática): 3.74 minutos.
Calificación de desempeño medio: 115%
Suplemento por la máquina (alimentación automática): 10%
Suplemento por fatiga: 15%

¿Cuál es el tiempo estándar de la operación?

8. Un analista de medición del trabajo en la Dorben Company tomó 10 observaciones de un trabajo con producción alta. Calificó el desempeño de cada ciclo y después calculó el tiempo medio normal de cada elemento. El elemento con la mayor dispersión tenía una media de 0.30 minutos y una desviación estándar de 0.03 minutos. Si se desea tener datos de la muestra dentro de ±5% de los datos reales, ¿cuántas observaciones debe tomar el analista de estudio de tiempos para esta operación?

9. En la Dorben Company, el analista de medición del trabajo realizó un estudio de tiempo detallado de la fabricación de moldes. El tercer elemento del estudio tenía la mayor variación en tiempo. Después de estudiar nueve ciclos, el analista calculó la media y la desviación estándar de ese elemento, con los siguientes resultados:

$$\bar{x} = 0.42, \quad s = 0.08$$

Si el analista quiere tener una confianza de 90% para que el tiempo medio de la muestra esté dentro del ±10% de la media de la población, ¿cuál es el total de observaciones que debió tomar? ¿Dentro de qué porcentaje del promedio de la población total está $\bar{x}$ con 95% de nivel de confianza y con las observaciones medidas?

10. Según los datos proporcionados en la figura 8-12, ¿cuál sería la eficiencia de un operario que prepara la máquina y produce una orden de 5000 piezas en una semana de 40 horas?

11. Establezca la tasa salarial por cada cien piezas a partir de los datos siguientes:
Tiempo de ciclo (tiempo medido promedio): 1.23 minutos.
Tasa base: $8.60 por hora
Piezas por ciclo: 4.
Tiempo de máquina (alimentación automática): 0.52 minutos por ciclo.
Suplemento: 17% en tiempo de esfuerzo, 12% en tiempo de alimentación automática.
Tiempo promedio de elemento 1: 0.09 minutos.
Tiempo MTM para el elemento 1: 132 tmu (un tmu = 0.0001 hora)
La planta usa calificación de desempeño sintética.

12. Los siguientes datos se obtuvieron en un estudio de una fresadora horizontal:
Piezas producidas por ciclo: 8.
Tiempo de ciclo medido promedio: 8.36 minutos.
Tiempo de esfuerzo medido promedio: 4.62 minutos.
Tiempo de avance lateral rápido promedio: 0.08 minutos.
Tiempo de corte promedio con alimentación automática: 3.66 minutos.
Calificación de desempeño: 115%.
Suplemento (tiempo de máquina): 10%.
Suplemento (tiempo de esfuerzo): 15%.
El operario trabaja en la tarea 8 horas al día y produce 380 piezas. ¿Cuántas horas estándar gana el operario? ¿Cuál es la eficiencia del operario durante las 8 horas de trabajo?

13. Exprese el estándar de 5.761 minutos en horas por cien piezas. ¿cuál sería la eficiencia del operario si terminara 92 piezas en un día de trabajo? ¿Cuál sería su eficiencia si preparara la máquina (estándar de preparación = 0.45 horas) y produce 80 piezas en una jornada de 8 horas?

REFERENCIAS

Barnes, Ralph M. *Motion and Time Study: Design and Measurement of Work*, 7ª. Ed. Nueva York: John Wiley & Sons, 1980.
Gomberg, William. *A Trade Union Analysis of Time Study*, 2ª. Ed. Englewood Cliffs, NJ: Prentice Hall, 1955.
Griepentrog, Carl W. y Gilbert Jewell. *Work Measurement: A Guide for Local Union Bargaining Committees and Stewards*, Milwakee, WI: International Union of Allied Industrial Workers of America, AFL-CIO, 1970.
Lowry, S. M., H. B. Maynard y G. J. Stegemerten. *Time and Motion Study and Formulas for Wage Incentives*, 3ª. Ed. Nueva York: McGraw-Hill, 1940.
Mundel, M. E. *Motion and Time Study: Improving Productivity*, 5ª. Ed. Englewood Cliffs, NJ: Prentice Hall, 1978.
Nadler, Gerald. *Work Design: A Systems Concept*, ed. rev. Homewood, IL: Richard D. Irwin, 1970.
Rotroff, Virgil H. *Work Measurement*, Nueva York: Reinhold Publishing, 1959.
Smith, George, L. *Work Measurement—A Systems Approach*, Columbus, OH: Grid, 1978.
United Auto Workers. *Time Study—Engineering and Education Departments. Is Time Study Scientific?* Publicación Núm. 325. Detroit, MI: Solidarity House, 1972.

CAPÍTULO 9

Calificación del desempeño

PUNTOS CLAVE

- Usar las calificaciones para ajustar los tiempos observados a los esperados para el desempeño normal.
- La calificación de velocidad es el método más rápido y sencillo.
- Para estudios con elementos de larga duración, se califica cada uno por separado.
- Calificar al operario antes de registrar el tiempo.
- Para estudios con elementos de corta duración, calificar todo el estudio.
- Práctica y calificación de la práctica.

Durante el estudio, los analistas de tiempos observan con cuidado el desempeño del operario. El desempeño que se lleva a cabo pocas veces es igual a la definición exacta de *normal* o *estándar*. Así, deben hacerse algunos ajustes al tiempo medio observado requerido por un operario normal para hacer la tarea cuando trabaja a un paso promedio. Para obtener el tiempo requerido por el trabajador normal, los analistas deben aumentar el tiempo real que necesitan los operarios superiores al estándar y disminuir el tiempo que requieren los operarios abajo del estándar. Sólo de esta manera se puede establecer un estándar confiable para los operarios normales.

La calificación del desempeño es tal vez el paso más importante en todo el procedimiento de medición del trabajo. También es el paso más sujeto a críticas, ya que se basa por completo en la experiencia, capacitación y juicio del analista de medición del trabajo. Sin importar si el factor de calificación se basa en la velocidad o el ritmo de salida o en el desempeño del operario comparado con el del trabajador normal, el juicio es el criterio para determinar el factor de calificación. Por esta razón, los analistas deben ser personas íntegras en todos sentidos.

Debido a la importancia de la calificación del desempeño, este capítulo no sólo describe las técnicas más aceptadas y en uso en la actualidad, sino revisa algunos de los métodos históricos importantes. Entender las filosofías históricas y los métodos resultantes será de gran ayuda para desarrollar una apreciación de esta importante etapa.

DESEMPEÑO "NORMAL"

No existe un método universal para calificar el desempeño, así como tampoco un concepto universal de desempeño "normal". En general, una compañía dedicada a la manufactura de productos de bajo costo y altamente competitivos tiene una concepción más estrecha del desempeño normal, que una compañía que fabrica una línea de productos protegidos por patentes.

Para definir el desempeño normal, se usan ejemplos de punto de comparación (benchmark) que nos son familiares. Sin embargo, deben definirse con cuidado los métodos y los requerimientos del trabajo. Por ejemplo, si se establece el punto de comparación al repartir 52 cartas en 0.50 minutos, debe darse una descripción específica completa de la distancia al crupier, lo mismo que de la técnica para tomar, mover y dejar las cartas de las cuatro manos que se reparten. De la misma manera si se establece un punto de comparación de 0.38 minutos para caminar 100 pies (3 millas por hora o 4.83 km/h), la definición debe especificar si el suelo está nivelado, si se lleva una carga y qué tan pesada es. Cuanto más clara y específica sea la definición de normal, es mejor.

Los ejemplos de puntos de comparación deben complementarse con una descripción clara de las características de un empleado que desarrolla un desempeño normal. Una descripción representativa de este tipo de empleado puede ser como sigue: un trabajador que se adapta al trabajo y ha adquirido suficiente experiencia para realizar el trabajo de una manera eficiente sin supervisión o con muy poca. El o la trabajadora posee cualidades de coordinación mental y física, que le permiten pasar de un elemento a otro sin dudas o retrasos, de acuerdo con los principios de economía de movimientos. El trabajador mantiene un buen nivel de eficiencia a través del conocimiento y uso de todas las herramientas y equipo relacionados con el trabajo. Él o ella coopera y realiza el trabajo al paso más adecuado para el desempeño continuo.

Aunque los departamentos de personal de las compañías luchan por proporcionar sólo empleados normales o arriba del promedio para cada puesto en la compañía, las diferencias individuales existen. Éstas se pueden acentuar con el tiempo. Las relacionadas con el conocimiento inherente, la capacidad física, la salud, el conocimiento del oficio, la destreza física y la capacitación puede ser causa de que un operario sea mucho mejor que otro en forma consistente y progresiva. La variación en el desempeño para cada individuo se aproxima a la razón de 1 a 2.25. Por ejemplo, en la selección aleatoria de 1000 empleados, la distribución de frecuencia de los resultados se aproxima a una curva norma, con un promedio de menos de tres casos que quedan fuera de los límites de tres sigmas (99.73% de las veces). Si debe tomarse el 100% como norma, entonces según la razón de 2.25 a 1 para el operador más lento, $x - 3\sigma$ puede ser igual a 0.61, y entonces $x + 3\sigma$ sería igual a 1.39. Esto significa que 68.26% de las personas estarán dentro del límite de más o menos una sigma, o entre los valores de calificación de desempeño de 0.87 y 1.13 (Presgrave, 1957). En forma gráfica, la distribución total esperada de las 1000 personas se ve como se muestra en la figura 9-1.

FIGURA 9-1
Curva de la distribución normal del resultado de 1000 personas seleccionadas al azar

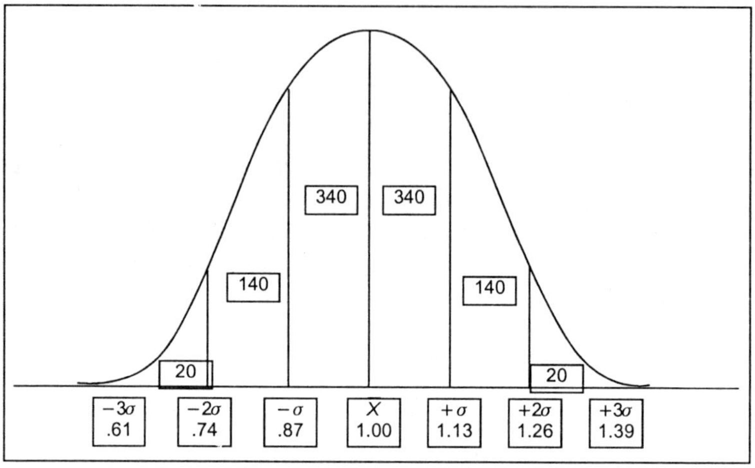

Como en general los departamentos de personal realizan un escrutinio cuidadoso de los empleados antes de asignarlos a trabajos específicos, la media de cualquier grupo seleccionado puede exceder la cifra de 100% representativa de una muestra arbitraria tomada de una población, y la dispersión de los resultados puede ser mucho menor que la razón 2.25 a 1. De hecho, algunos piensan que con un programa de pruebas minucioso para seleccionar a la persona correcta para el trabajo y la capacitación intensiva para el empleado en el método correcto de desempeño, se obtienen resultados similares de los distintos operarios asignados al mismo trabajo, dentro de límites más estrechos. Sin embargo, en la mayor parte de los casos, prevalecen diferencias significativas en la producción de quienes están asignados a una clase de trabajo dada. Por lo tanto, los analistas deben ajustar el desempeño del operario que estudian a un concepto de normal predeterminado.

CARACTERÍSTICAS DE CALIFICACIONES RAZONABLES

La primera y más importante característica de cualquier sistema de calificaciones es la exactitud. Dado que la mayor parte de las técnicas para calificar se basan en el juicio del observador del estudio de tiempos, es imposible obtener una consistencia perfecta en las calificaciones. Aun así, se consideran adecuados los procedimientos de calificación que permiten a los analistas estudiar a diferentes operarios con el mismo método para llegar a estándares que no se desvían más de 5% del estándar promedio establecido por el grupo. Los planes de calificaciones con variaciones mayores que ±5% deben mejorarse o bien reemplazarse.

Con otros factores similares, el plan de calificaciones que da los resultados más consistentes es el más útil. La inconsistencia, más que cualquier otro aspecto, destruye la confianza del operario en el procedimiento de estudio de tiempos. Por ejemplo, suponga que mediante el estudio de cronómetro con regresos a cero, un analista desarrolla un estándar que asigna 7.88 horas para fresar 100 moldes. En alguna fecha posterior, el analista estudia un moldeo similar con un corte un poco más tardado y establece un estándar de 7.22 horas. Por supuesto que habrá muchas quejas de los operarios aunque ambos estudios cumplan con el criterio de precisión de ±5%. Si estas discrepancias se encuentran dentro del intervalo de 5% de tolerancia, se desarrollan pocos resentimientos. Sin embargo, si un operario puede llegar a ganar un premio de 50% en un trabajo y ni siquiera cumplir con el estándar de otro, es evidente que los empleados estarán insatisfechos con el programa de calificaciones global.

Las injusticias por diferencias en las calificaciones no necesariamente se deben a un sistema de calificación malo. Parte puede deberse a la mejora de métodos que se pone en marcha sin realizar un nuevo estudio de tiempos.

Un plan de calificaciones consistente para todos los analistas en una planta dada, pero que está fuera de la definición de exactitud normal, se puede corregir. Un plan de calificaciones que es inconsistente para distintos analistas, fallará. Los analistas de estudio de tiempos que encuentran difícil calificar con consistencia, después de ser capacitados, quizá no deban continuar realizando los estudios. No es difícil corregir los hábitos para calificar de un analista que califica alto, o bajo, pero que es consistente, pero es muy difícil corregir la habilidad de un analista inconsistente, que califica muy alto hoy y muy bajo mañana. Por último, un sistema de calificaciones sencillo, conciso, fácil de explicar y anclado a puntos de comparación bien establecidos tiene más éxito que un sistema complejo que requiere factores de ajuste elaborados y técnicas de cálculo que confunden al empleado promedio de la planta.

Calificación de la estación de trabajo

La calificación del desempeño debe realizarse durante la observación de los tiempos elementales. Cuando un operario procede de un elemento al siguiente, mediante el método prescrito, los analistas deben evaluar con cuidado, velocidad, destreza, movimientos falsos, ritmo, coordinación, efectividad y otros factores que influyen en la producción. En este punto, el desempeño del operario comparado con el desempeño normal es más evidente. Una vez juzgado y registrado el desempeño, no debe cambiarse. Sin embargo, esto no implica que el observador haga siempre un juicio perfecto. Si la calificación se pone en duda, el trabajo o la operación deben volver a estudiarse para probar o desaprobar la evaluación registrada.

Justo después de terminar el estudio y registrar el factor final de desempeño (si se usó la calificación global), el observador debe comunicar al operario su calificación de desempeño. Incluso cuando se usa la calificación de elementos, el analista puede aproximar el desempeño del operario. Esto da al operario la oportunidad de expresar su opinión sobre la justicia del factor de desempeño y hacerlo con la persona responsable de su desarrollo. Es de esperarse que el operario entienda la calificación y sus implicaciones antes de calcular el estándar. Cuando se pone en práctica este procedimiento, los analistas de estudio de tiempos encuentran que ganan un mayor respeto de los operarios y que tienden a ser más cuidadosos en la forma de calificar el desempeño. Además, surgen menos resentimientos, debido a que la mayor parte de las calificaciones se acordaron, o al menos tuvieron una explicación satisfactoria, antes de emitirse.

Calificación de elementos contra el estudio global

A menudo surge la pregunta respecto a la frecuencia con que se debe evaluar el desempeño durante el curso de un estudio. Aunque no existe una regla establecida en cuanto a los límites del intervalo que permite obtener calificaciones concisas, cuanto mayor sea la frecuencia con que se califica, mayor será la exactitud de la evaluación del desempeño mostrado por el operario.

Las operaciones repetitivas de ciclos cortos, tienen poca desviación en el desempeño del operario durante la longitud promedio de un estudio (15 a 30 minutos). En esos casos, es perfectamente satisfactorio evaluar el desempeño del estudio completo y registrar el factor de calificación para cada elemento. No obstante, debe recordarse que los elementos con alimentación automática o controlados por la máquina se califican como normales, o con 100, pues su velocidad no puede cambiar o modificarse a la voluntad de los operarios. En estudios de ciclos cortos, un observador que se esfuerza en calificar el desempeño de cada elemento en el estudio estará tan ocupado registrando valores que no podrá observar, analizar y evaluar de manera efectiva el desempeño del operario.

Cuando el estudio es más o menos largo (más de 30 minutos), o está constituido por varios elementos largos, el desempeño del operario puede variar durante el estudio. En estos casos, los analistas deben evaluar y calificar periódicamente dicho desempeño. Pueden calificar con consistencia y precisión elementos de duración mayor que 0.10 minutos conforme ocurren. Sin embargo, si un estudio comprende una serie de elementos más cortos que 0.10 minutos, no debe intentarse evaluar cada elemento de cada ciclo del estudio, pues el tiempo no se lo permitirá. Es satisfactorio calificar el tiempo global de cada ciclo o grupo de ciclos. Como ejemplos, en los estudios de tiempos mostrados en las figuras 8-8, 8-9 y 8-11 se calificó cada elemento, mientras que en el estudio mostrado en la figura 8-12 se calificó todo el estudio.

Selección de operarios

Para eliminar el paso de calificación del desempeño al calcular el estándar, algunas compañías seleccionan a los operarios y después consideran el tiempo observado promedio como tiempo normal. Si el analista usa este método, estudia más de un operario y observa un número suficiente de ciclos para calcular un tiempo promedio confiable (dentro del intervalo de ±5% del promedio de la población). El éxito de este método depende de la selección de los empleados y de su desempeño durante el estudio. Si los desempeños de los empleados son menores que lo normal, se obtienen estándares demasiado generosos; por el contrario, si los operarios observados producen a un paso más rápido que el normal, entonces el estándar será demasiado estrecho. Siempre existe la posibilidad de que sólo uno o dos trabajadores estén disponibles y se aparten de la norma. Si en un esfuerzo por evitar retrasos en el establecimiento de estándares, el observador sigue adelante con el estudio, el resultado será un tiempo estándar mal establecido.

MÉTODOS PARA CALIFICAR

El sistema Westinghouse

Uno de los sistemas de calificación más antiguos y con mayor aplicación fue desarrollado por la Westinghouse Electric Corporation. Se describe con detalle en Lowry, Maynard y Stagemerten (1940). Este método considera cuatro factores para evaluar el desempeño del operario: habilidad, esfuerzo, condiciones y consistencia.

Lowry, *et al.* define la habilidad como el "nivel de competencia para seguir un método dado", y la relaciona con la experiencia demostrada mediante la coordinación adecuada de la mente y las manos. La habilidad de un operario es el resultado de la experiencia y las aptitudes inherentes, como coordinación natural y ritmo. La práctica desarrolla y contribuye a la habilidad, pero no compensa por completo las deficiencias en la aptitud natural.

La habilidad de una persona en una operación dada aumenta con el tiempo, debido a que si está más familiarizado con el trabajo, tendrá más rapidez, movimientos más suaves y mayor libertad en cuanto a titubeos y movimientos falsos. Una disminución en la habilidad por lo común es el resultado de algún impedimento en sus aptitudes debido a factores físicos o sicológicos, como la vista que falla, menores reflejos y la pérdida de la fuerza o coordinación muscular. Por lo tanto, la habilidad de una persona puede variar de un trabajo a otro e incluso de una operación a otra dentro del mismo trabajo.

El *sistema de calificación de Westinghouse* enumera seis grados o clases de habilidad que representan un grado de competencia aceptable para la evaluación: malo, aceptable, promedio, bueno, excelente y superior. El observador evalúa la habilidad desplegada por el operario y la clasifica en una de estas seis clases. La tabla 9-1 ilustra las características de los distintos grados de habilidad, con sus valores porcentuales equivalentes. Después se traduce la calificación a su valor porcentual equivalente, que va de +15% para la habilidad superior a −22% para la pésima. Este porcentaje se combina de manera algebraica con las calificaciones del esfuerzo, las condiciones y la consistencia para llegar a la calificación final, o factor de calificación del desempeño.

TABLA 9-1
Sistema de calificación de habilidades de Westinghouse

+ 0.15	A1	Superior
+ 0.13	A2	Superior
+ 0.11	B1	Excelente
+ 0.08	B2	Excelente
+ 0.06	C1	Bueno
+ 0.03	C2	Bueno
0.00	D	Promedio
− 0.05	E1	Aceptable
− 0.10	E2	Aceptable
− 0.16	F1	Malo
− 0.22	F2	Malo

Fuente: S. M. Lowry, H. B. Maynard y G. J. Stegemerten, *Time and Motion Study and Formulas for Wage Incentives*, 3a. ed. Nueva York; McGraw-Hill, 1940, p233.

TABLA 9-2
Sistema de calificación de esfuerzo de Westinghouse

+ 0.13	A1	Excesivo
+ 0.12	A2	Excesivo
+ 0.10	B1	Excelente
+ 0.08	B2	Excelente
+ 0.05	C1	Bueno
+ 0.02	C2	Bueno
0.00	D	Promedio
− 0.04	E1	Aceptable
− 0.18	E2	Aceptable
− 0.12	F1	Malo
− 0.17	F2	Malo

Fuente: S. M. Lowry, H. B. Maynard y G. J. Stegemerten, *Time and Motion Study and Formulas for Wage Incentives*, 3a. ed. Nueva York; McGraw-Hill, 1940, p233.

Este método para calificar define el esfuerzo como una "demostración de la voluntad para trabajar con efectividad". El esfuerzo es representativo de la velocidad con la que se aplica la habilidad, y el operario puede controlarla en un grado alto. Al evaluar el esfuerzo del operario, el observador debe tomar en cuenta sólo el esfuerzo "efectivo". Para explicar esto, en ocasiones el operario aplica esfuerzo rápido mal dirigido para aumentar el tiempo de ciclo del estudio y al mismo tiempo conservar un factor de calificación alto.

Las seis clases de esfuerzo para asignar calificaciones son: malo, aceptable, promedio, bueno, excelente y excesivo. El esfuerzo excesivo tiene un valor de +13% y el malo, uno de −17%. La tabla 9-2 proporciona los valores numéricos para los distintos grados de esfuerzo y describe las características de las categorías.

Las condiciones a las que se refiere este procedimiento de calificación del desempeño afectan al operario y no a la operación. Los analistas califican las condiciones como normal o promedio en la mayoría de los casos, ya que las condiciones se evalúan con una comparación con la forma en que es usual encontrarlas en la estación de trabajo. Los elementos que afectan las condiciones de trabajo incluyen temperatura, ventilación, luz y ruido. Entonces, si la temperatura en una estación de trabajo dada es 60°F, pero es costumbre mantenerla entre 68°F y 74°F, las condiciones se califican más bajo de los normal. Los factores que afectan la operación, como herramientas o materiales en malas condiciones, no se toman en cuenta al aplicar el factor de desempeño para las condiciones de trabajo.

Las seis clases generales de condiciones de trabajo con valores que van de +6% a −7% son: ideal, excelente, bueno, promedio, aceptable y malo. La tabla 9-3 proporciona los valores respectivos para estas condiciones.

Los últimos cuatro factores que influyen en la calificación del desempeño corresponden a la consistencia del operario. A menos que el analista use el método de regresos a cero, o realice y registre las restas sucesivas durante el estudio, la consistencia del operario debe evaluarse mientras está trabajando. Los valores de tiempos elementales que se repiten constantemente tendrán una consistencia perfecta. Esta situación ocurre rara vez, pues siempre tiende a haber una dispersión debida a muchas variables, como la dureza de los materiales, el filo de la herramienta de corte, los lubricantes, la habilidad y esfuerzo del operario, las equivocaciones en las lecturas de cronómetro y los elementos extraños. Los

TABLA 9-3
Sistema de calificación de condiciones de Westinghouse

+ 0.06	A	Ideal
+ 0.04	B	Excelente
+ 0.02	C	Bueno
0.00	D	Promedio
− 0.03	E	Aceptable
− 0.07	F	Malo

Fuente: S. M. Lowry, H. B. Maynard y G. J. Stegemerten, *Time and Motion Study and Formulas for Wage Incentives*, 3a. ed. Nueva York; McGraw-Hill, 1940, p233.

TABLA 9-4
Sistema de calificación de consistencia de Westinghouse

+ 0.04	A	Perfecta
+ 0.03	B	Excelente
+ 0.01	C	Buena
0.00	D	Promedio
− 0.02	E	Aceptable
− 0.04	F	Mala

Fuente: S. M. Lowry, H. B. Maynard y G. J. Stegemerten, *Time and Motion Study and Formulas for Wage Incentives*, 3a. ed. Nueva York; McGraw-Hill, 1940, p233.

elementos que tienen un control mecánico también tendrán una consistencia casi perfecta, pero esos elementos no se califican.

Las seis clases de consistencia son: perfecta, excelente, buena, promedio, aceptable y mala. La consistencia perfecta se califica con +4% y la mala con −4%, y los valores de las otras clases están entre estos dos. La tabla 9-4 resume estos valores.

No se puede citar una regla fija para calificar la consistencia. Algunas operaciones de corta duración no requieren manipulaciones delicadas de posicionamiento y dan resultados bastante consistentes de un ciclo a otro. Estas operaciones exigirán una consistencia promedio más que los trabajos de larga duración que involucran elementos de gran habilidad en su posicionamiento, sujeción y alineación. Los conocimientos del analista de estudio de tiempos sobre el trabajo determinan, en un alto grado, el intervalo de variación justificado para una operación en particular.

Algunos operarios son consistentes en un mal desempeño porque se esfuerzan en engañar a los observadores. Es sencillo que lo logren si cuentan para sí mismos y establecen un paso que se puede seguir con precisión. Los operarios familiarizados con el procedimiento de calificación del desempeño, en ocasiones funcionan con un paso consistente que está por debajo de la curva de calificación del esfuerzo. En otras palabras, pueden tener un desempeño a un paso peor que el que se califica como malo. En esos casos debe calificarse al operario. El estudio debe detenerse y llamar la atención del operario, del supervisor o de ambos, respecto a la situación.

Una vez que se ha asignado una calificación de habilidad, esfuerzo, condiciones y consistencia de la operación y se han establecido los valores numéricos, se debe determinar el factor de desempeño global mediante la suma aritmética de los cuatro valores y agregando la unidad a esa suma. Por ejemplo, si un trabajo dado se califica como C2 en habilidad, C1 en esfuerzo, D en condiciones y E en consistencia, el factor de desempeño sería el siguiente:

Habilidad	C2	+ 0.03
Esfuerzo	C1	+ 0.05
Condiciones	D	+ 0.00
Consistencia	E	− 0.02
Suma aritmética		+ 0.06
Factor de desempeño		1.06

El factor de desempeño sólo se aplica a los elementos de esfuerzo o los realizados en forma manual; todos los elementos controlados por máquinas se califican con 100%.

Muchas compañías han modificado el sistema de Westinghouse e incluyen sólo los factores de habilidad y esfuerzo en la calificación global. Afirman que la consistencia es un aliado cercano de la habilidad y que las condiciones se califican como promedio en la mayor parte de los casos. Si las condiciones se desvían de manera sustancial de lo normal, el estudio puede posponerse o debe tomarse en cuenta el efecto de las condiciones no usuales en la aplicación de suplementos (vea el capítulo 10).

En 1949, la Westinghouse Electric Corporation desarrolló un nuevo método de calificaciones llamado *plan de calificación del desempeño*. Además de usar los atributos físicos relacionados con el operario, la compañía intentó evaluar la relación entre los atributos físicos del operario y las divisiones básicas del trabajo.

Las características y atributos que consideraba el plan de calificación del desempeño de Westinghouse son: 1) destreza, 2) efectividad y 3) aplicación física. Las clasificaciones en sí no incluían una ponderación numérica, más bien, se asignaban atributos que sí estaban asociados con un peso numérico. La tabla 9.5 proporciona los valores numéricos de nueve atributos evaluados con este sistema.

La primera clasificación primordial, la destreza, tiene tres atributos, el primero de los cuales es "habilidad desplegada en el uso de equipo y herramientas, y en el ensamble de partes". Para este atributo, la preocupación primordial es con la parte de "hacer" del ciclo de trabajo después de las operaciones de "obtener" (alcanzar, tomar o agarrar, mover).

El segundo es la "certidumbre en el movimiento". Aquí es importante el número y grado de dudas, pausas y movimientos ambiguos. Las divisiones básicas de los logros que dan al operario una calificación baja para este atributo son: cambio de dirección, plan y retraso evitable.

El último atributo considerado en la destreza es "coordinación y ritmo". Este atributo se hace evidente en el grado de desempeño desplegado, la suavidad de los movimientos y la falta de improvisaciones bruscas y rezagos.

La segunda clasificación primordial, la efectividad, se relaciona con un procedimiento ordenado y eficiente. La clasificación tiene cuatro atributos individuales. El primero es "habilidad desplegada para reemplazar y recuperar partes y herramientas en forma continua, automática y precisa". Aquí, la preocupación se centra en la habilidad del trabajador para colocar herramientas, materiales y partes, repetidas veces en lugares y posiciones específicos y quitarlos en forma automática y precisa, eliminando esfuerzos inefectivos como búsqueda y selección.

TABLA 9-5
Plan de calificación de desempeño de Westinghouse

	+ Mayor		0 Esperada	− Menor	
DESTREZA:					
1. Habilidad desplegada en el uso de equipo y herramientas y en el ensamble de partes.	6	3	0	2	4
2. Certidumbre en los movimientos.	6	3	0	2	4
3. Coordinación y ritmo.		2	0	2	
EFECTIVIDAD:					
1. Habilidad desplegada para reemplazar y recuperar herramientas y partes en forma continua, automática y precisa.	6	3	0	2	4
2. Habilidad desplegada para facilitar, eliminar, combinar o acortar movimientos.	6	3	0	4	8
3. Habilidad desplegada para usar ambas manos con la misma facilidad.	6	3	0	4	8
4. Habilidad desplegada para confinar el esfuerzo al trabajo necesario.			0	4	8
APLICACIÓN FÍSICA:					
1. Paso de trabajo	6	3	0	4	8
2. Atención.			0	2	4

El segundo atributo en la efectividad es "habilidad desplegada para facilitar, eliminar, combinar o acortar movimientos". El escrutinio se realiza respecto al nivel en las divisiones básicas del posicionamiento: preposicionar, dejar e inspeccionar. Es usual que los therbligs de transporte estén predeterminados por el método establecido. Sin embargo, un trabajador experimentado puede eliminar o acortar estos elementos a través de su habilidad de manipulación.

El tercer atributo de la efectividad es "habilidad desplegada para usar ambas manos con la misma facilidad". El analista califica la utilización efectiva de ambas manos.

El cuarto atributo en la efectividad es "habilidad desplegada para confinar el esfuerzo al trabajo necesario". Éste califica la presencia de trabajo innecesario que no se eliminó al realizar el estudio. Tiene sólo pesos negativos porque no se agrega un porcentaje cuando el trabajo se limita a lo necesario, puesto que esta condición es la esperada.

La tercera clasificación primordial, la aplicación física, es la calificación del desempeño demostrada y tiene dos atributos. El primero es el "paso de trabajo" que compara la velocidad real de movimiento con los estándares preconcebidos para el trabajo que se estudia. El segundo atributo para aplicación física es la "atención" que califica el grado de concentración desplegado.

Las dos técnicas de calificación de Westinghouse requieren una amplia capacitación para diferenciar los niveles de cada atributo. La capacitación implica un curso de 30 horas en que cerca de 25 horas se dedican a la calificación de videograbaciones y películas, y a analizar los atributos y el grado en el que se despliegan cada uno. En general, el procedimiento seguido es:

1. Se muestra una grabación y se explica la operación.
2. Se vuelve a mostrar la grabación y se califica.
3. Se comparan las calificaciones individuales y se discuten.
4. Se muestra de nuevo la grabación y se señalan y explican los atributos.
5. Se repite el paso 4 con la frecuencia necesaria hasta lograr comprensión y consenso.

Los procedimientos de calificación de la Westinghouse son adecuados tanto para la calificación por ciclos como para calificar un estudio completo. Estos sistemas no son prácticos para calificar los elementos. Excepto en el caso de elementos de larga duración, los analistas no tienen tiempo de evaluar la destreza, efectividad y aplicación física de cada elemento.

Calificación sintética

En un afán por desarrollar un método de calificación que no se base en el juicio de un observador de estudio de tiempos y proporcione resultados consistentes, Morrow (1946) estableció un procedimiento conocido como *calificación sintética.* El procedimiento de calificación sintética determina un factor de desempeño para elementos de esfuerzo representativos del ciclo de trabajo mediante la comparación de los tiempos observados elementales reales con los tiempos desarrollados a través de los datos de movimientos fundamentales (vea capítulo 13). Así, el factor de desempeño se puede expresar en forma algebraica como:

$$P = \frac{F_t}{O}$$

donde: P = factor de desempeño o de calificación,
F_t = tiempo del movimiento fundamental,
O = tiempo elemental medio observado para los elementos usados en F_t.

Una vez obtenido, este factor se aplica al resto de los elementos con control manual que comprende el estudio. Una vez más, los elementos controlados por las máquinas no se califican. Una ilustración típica de la calificación sintética aparece en la tabla 9-6.

Para el elemento 1,

$$P = 0.096/0.08 = 120\%$$

y para el elemento 4,

$$P = 0.278/0.22 = 126\%$$

La media de estos es 123%, que es el factor de calificación usado para todos los elementos de esfuerzo.

Debe usarse más de un elemento para establecer el factor de calificación sintética, pues la investigación ha demostrado que el desempeño del operario varía mucho de un elemento a otro, en especial en tareas complejas. Por desgracia, una objeción fuerte a

TABLA 9-6
Ejemplos de calificación sintética

Elemento núm.	Tiempo promedio observado en minutos	Tipo de elemento	Tiempo de movimiento fundamental en minutos	Factor de desempeño
1	0.08	Manual	0.096	123
2	0.15	Manual	—	123
3	0.05	Manual	—	123
4	0.22	Manual	0.278	123
5	1.41	Automático	—	100
6	0.07	Manual	—	123
7	0.11	Manual	—	123
8	0.38	Automático	—	100
9	0.14	Manual	—	123
10	0.06	Manual	—	123
11	0.20	Manual	—	123
12	0.06	Manual	—	123

este procedimiento es el tiempo requerido para construir un diagrama bimanual de los elementos seleccionados para establecer los tiempos de los movimientos básicos.

Calificación de velocidad

La *calificación de velocidad o rapidez* es un método de evaluación del desempeño que sólo considera la tasa de trabajo logrado por unidad de tiempo. Con este método, el observador mide la efectividad del operario contra el concepto de un operario normal que realiza el mismo trabajo, y después asigna un porcentaje para indicar la razón del desempeño observado al normal o estándar.

Este método hace un énfasis específico en que el observador tiene un conocimiento completo del trabajo antes de realizar el estudio. Para ilustrarlo, el paso de los operarios en las máquinas en una planta que produce partes de motor para aviones parecería mucho más lento que el paso de trabajadores en máquinas que producen componentes para maquinaria agrícola. La mayor precisión del trabajo en aviones requiere tales cuidados que los movimientos de los operarios pueden parecer muy lentos a quien no esté familiarizado.

En el método de calificación de velocidad, el analista primero valora el desempeño para determinar si está arriba o abajo de lo normal. Después intenta colocar el desempeño en la posición precisa de la escala de calificaciones que evalúa la diferencia numérica entre el desempeño estándar y el demostrado. Entonces, 100% se considera normal. Una calificación de 110% indica que el operario tenía una velocidad 10% mayor que lo normal y 90% significa que su velocidad era de 10% menor de lo normal.

Todos los analistas, con años de experiencia, desarrollan un modelo mental del desempeño estándar. Sin embargo, puede ser útil que el analista novato tome en cuenta el desempeño de varias tareas comunes a fin de desarrollar un modelo mental inicial. Presgrave (1957) sugirió dos tipos de tareas: 1) caminar a 3 millas por hora (4.83 km/h), es decir,

TABLA 9-7
Guía para calificar la velocidad

Calificación	Puntos ancla verbales	Velocidad de caminata (mph)	Cartas repartidas por ½ minuto
0	Sin actividad	0	0
67	Muy lento, torpe	2	35
100	Firme, deliberado	3	52
133	Activo, negociante	4	69
167	Muy rápido, alto grado de destreza	5	87
200	Límite superior por un periodo corto	6	104

100 pies (30.5 m) en 0.38 minutos, y 2) repartir un juego de 52 cartas en cuatro montones iguales colocados cerca en medio minuto (observe que el pulgar opuesto alimenta las cartas a la mano que reparte). La tabla 9-7 presenta una guía con puntos ancla para varios niveles.

También puede resultar útil para el analista novato comenzar por calificar de 10 en 10, es decir, 80, 90, 100, etcétera y con el tiempo hacerlo de 5 en 5, y así sucesivamente. Además, es muy importante que el analista registre la calificación en la columna C de la forma de estudio de tiempos antes de iniciar las lecturas de cronómetro; de otra manera, es posible que se le acuse de *calificar contra reloj*.

Algunas compañías usan una técnica de calificación de velocidad normalizada a un estándar de 60%. Esto se basa en el enfoque de la hora estándar, esto es, producir 60 minutos de trabajo cada hora. Con esta base, una calificación de 80 significaría que el operario trabajó con una velocidad de 80/60, o sea 133%, que es 33% arriba de lo normal. Una calificación de 50 indicaría una velocidad de 50/60, es decir 83.3% de lo normal.

La industria básica del acero ha dedicado mucha atención a una forma de calificar la velocidad conocida como "calificación del paso". En un esfuerzo por contar con una identificación completa del paso normal en distintas tareas, la industria proporcionó puntos de comparación para una amplia variedad de trabajos, que incluyen operaciones de esfuerzo como palear arena, fabricación de núcleos, manejo de ladrillos y caminata. Todas se han identificado con claridad en cuanto a método y se han cuantificado respecto a la tasa normal de producción. Una vez que el analista se familiariza con una serie de puntos comparativos que tienen una relación estrecha con el trabajo que estudia, tiene más herramientas para evaluar la velocidad del desempeño.

Los analistas de estudio de tiempos usan la calificación de velocidad para calificar elementos, ciclos o global. Por ejemplo, todos los estudios de tiempos mencionados en el capítulo 8 usaron calificación de velocidad.

Calificación objetiva

El método de *calificación objetiva*, desarrollado por Mundel y Danner (1944), elimina la dificultad de establecer un criterio de paso normal para todo tipo de trabajo. Este procedimiento establece una sola asignación de trabajo con la que se compara el resto de las tareas. Después de juzgar el paso, se asigna un factor secundario al trabajo, que indica su dificultad relativa. Los factores que influyen en el ajuste según la dificultad son: 1) extensión de cuerpo que se usa, 2) pedales, 3) bimanualidad, 4) coordinación ojo-mano, 5) requerimientos sensoriales o de manejo y 6) peso manejado o resistencia encontrada.

Se han asignado valores numéricos, como resultado de experimentos, a un intervalo de niveles de cada factor. La suma de los valores numéricos para cada uno de los seis factores forma el ajuste secundario. La calificación (*C*) se puede expresar como:

$$C = P \times D$$

donde P = factor de calificación del paso,
D = factor de ajuste por dificultad de la tarea.

Este procedimiento de calificación del desempeño proporciona resultados consistentes. Si el observador compara el paso de la operación en estudio con el de una operación con la que está familiarizado por completo, esto es mucho más sencillo que juzgar al mismo tiempo todos los atributos de una operación y compararlos con un concepto de normal para el trabajo específico. El factor secundario no provoca inconsistencia, ya que sólo ajusta el tiempo calificado con un porcentaje. Mundel y Danner (1994) publicaron tablas de porcentajes para los efectos de varios niveles de dificultad en la operación realizada.

APLICACIÓN DE LA CALIFICACIÓN

El valor de una calificación se escribe en la columna *C* de la forma de estudio de tiempos. Casi siempre se omite el punto decimal y se escribe un entero (por ejemplo, un porcentaje) para ahorrar tiempo. Al terminar la etapa del cronómetro, el analista multiplica el tiempo observado (*TO*) por la calificación (*C*), en una escala de 100, para obtener el tiempo normal (*TN*):

$$TN = TO \times C/100$$

En efecto, esto califica el desempeño del operario en comparación con el de un operario calificado que trabaja a un paso estándar de desempeño, sin esfuerzo extra, y con el método correcto (vea la figura 9-2).

ANÁLISIS DE CALIFICACIONES

Como ocurre con todos los procedimientos que requieren el juicio subjetivo, cuanto más sencillo y conciso sea el plan, más fácil será usarlo y más válidos serán los resultados. El plan de calificación del desempeño cuya aplicación es más sencilla, su explicación más fácil y sus resultados más válidos es la calificación de velocidad con puntos de comparación sintéticos. Como ya se dijo, 100 se considera normal en este procedimiento, y un desempeño más alto se indica con valores directamente proporcionales a 100. La escala de calificación de velocidad casi siempre cubre un intervalo de 50 a 150. Puede estudiarse a operarios cuyo desempeño está fuera de este intervalo 3 a 1 de productividad, pero no se recomienda. Mientras más cercano sea el desempeño al normal, mejor oportunidad se tendrá de lograr un tiempo normal justo.

FIGURA 9-2
Relaciones de tiempo observado, calificación y tiempo normal

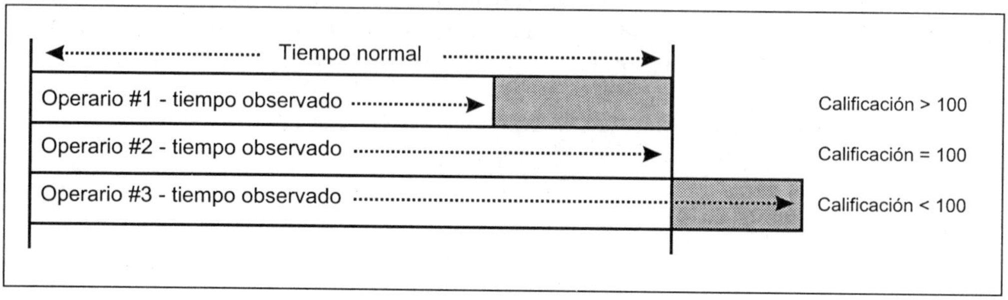

Cuatro criterios determinan si los analistas de estudio de tiempos que usan la calificación de velocidad pueden establecer valores consistentes dentro de 5% del promedio de calificaciones calculadas por el grupo de analistas capacitados. Estos criterios son:

1. Experiencia en el tipo de trabajo realizado.
2. Uso de puntos comparativos en al menos dos de los elementos realizados.
3. Selección de un operario que tiene desempeños entre 85 y 115% de lo normal.
4. Uso del valor medio de tres o más estudios independientes.

El criterio más importante es la experiencia en el tipo de trabajo realizado. De la experiencia personal, ya sea en la observación o en la operación, los analistas deben tener la suficiente familiaridad con el trabajo para entender todos los detalles del método que se usa. Por ejemplo, en un trabajo de ensamble que tiene lugar en un dispositivo, el observador debe conocer la dificultad en el posicionamiento de las componentes en el dispositivo, ha de entender la clase de ajuste entre todas las partes que se ensamblan y debe tener una comprensión clara de la relación entre el tiempo y el tipo de ajuste. También ha de conocer la secuencia adecuada de los eventos y el peso de todas las partes que se manejan. Esto no necesariamente significa que el analista debe haber sido un operario en el trabajo que estudia, aunque sería deseable. Por otro lado, un analista con 10 años de experiencia en el oficio de metales tendría muchos problemas para establecer estándares en una fábrica de zapatos de mujer.

Siempre que se disponga de más de un operario para el estudio, el analista debe seleccionar al que tiene más experiencia en el trabajo, con una reputación de ser receptivo a las prácticas de estudios de tiempos y tener un desempeño consistente a un paso cercano o un poco mejor que el estándar. Mientras más se acerque el desempeño del operario al paso normal, más sencillo será calificarlo. Por ejemplo, si el paso normal para repartir un juego de cartas en cuatro manos de bridge es 0.50 minutos, sería sencillo identificar un desempeño con ±15% de este estándar. Sin embargo, un desempeño 50% más rápido o más lento que el normal causará varias dificultades al establecer un factor de calificación preciso para el desempeño demostrado.

La exactitud de la calificación del analista se puede verificar mediante los estándares sintéticos. En el estudio de tiempos de la figura 8-12, el promedio de tiempo observado para el elemento #1 es 2.07/15 = 0.138 minutos. Cuando se divide 0.138 minutos entre el factor de conversión MTM de 0.0006, se obtiene un tiempo observado de 230 TMU (vea el capítulo 13). El tiempo de movimiento fundamental para el elemento #1 es 255 TMU, lo que lleva a una calificación sintética de 255/230 = 111%. En este estudio particular, el analista tenía una calificación de velocidad de 110% y usó la calificación sintética para validar su juicio.

Para calificar un estudio global, el analista debe tomar tres muestras independientes antes de llegar al estándar. Estas pueden ser del mismo operario en diferentes momentos del día o de diferentes operarios. El punto es que si aumenta el número de muestras, los errores de compensación disminuyen el error global. Un ejemplo reciente aclara este concepto. Uno de los autores, junto con otros dos ingenieros industriales capacitados, revisaron películas de capacitación para calificar el desempeño que incluían 15 operarios diferentes. Los resultados se muestran en la tabla 9-8. Las calificaciones estándar no se dieron a conocer hasta que calificaron a los 15 operarios. La desviación promedio de los tres ingenieros para las 15 operaciones diferentes fue sólo 0.9 en una escala de calificación de velocidad de 50 a 150 puntos. Aun así, el ingeniero C estaba 30 puntos arriba en la operación 7 y el ingeniero B, 20 puntos abajo en la operación 2. Las calificaciones conocidas estaban dentro del intervalo de 70 a 130, la calificación promedio de los tres analistas excedía ±5 puntos de la calificación conocida sólo en un caso (operación 3).

TABLA 9-8
Calificaciones de desempeño de tres ingenieros diferentes que observaron 15 operaciones distintas

Operación	Calificación estándar	Ingeniero A		Ingeniero B		Ingeniero C		Promedio de ingenieros A, B, C	
		Calif.	Desv.	Calif.	Desv.	Calif.	Desv.	Calif.	Desv.
1	110	110	0	115	+ 5	100	− 10	108	− 2
2	150	140	− 10	130	− 20	125	− 25	132	− 18
3	90	110	+ 20	100	+ 10	105	+ 15	105	+ 15
4	100	100	0	100	0	100	0	100	0
5	130	120	− 10	130	0	115	− 15	122	− 8
6	120	140	+ 20	120	0	105	− 15	122	+ 2
7	65	70	+ 5	70	+ 5	95	+ 30	78	+ 13
8	105	100	− 5	110	+ 5	100	− 5	103	− 2
9	140	160	+ 20	145	+ 5	145	+ 5	150	+ 10
10	115	125	+ 10	125	+ 10	110	− 5	120	+ 5
11	115	110	− 5	120	+ 10	115	0	115	0
12	125	125	0	125	0	115	− 10	122	− 3
13	100	100	0	85	− 15	110	+ 10	98	− 2
14	65	55	− 10	70	+ 5	90	+ 25	72	+ 7
15	150	160	+ 10	140	− 10	140	− 10	147	− 3
Promedio de 15 operaciones	112	115.0		112.3		111.3		112.9	
Desviación promedio	0	+ 3.0		+ 0.7		− 0.7		+ 0.9	

CAPACITACIÓN PARA CALIFICAR

Para tener éxito, los analistas deben desarrollar registros de seguimiento para establecer estándares correctos que sean aceptados por la fuerza de trabajo y por la administración. Para tener el respeto de ambas partes, los estándares deben ser consistentes.

En general, cuando estudian a los operarios con un desempeño en el intervalo de 0.70 a 1.30 de lo normal, los buenos analistas deben establecer regularmente estándares dentro de ±5% de la tasa real. Así, si varios operarios realizan el mismo trabajo, y distintos analistas, que estudian cada uno a un operario, establecen estándares de tiempo para el trabajo, entonces el estándar obtenido de cada estudio debe estar dentro de ±5% de la media del grupo de estudio.

Para asegurar la consistencia en las calificaciones, tanto entre las propias como entre las establecidas por otros, los analistas deben participar en forma continua en los programas de capacitación. Esta capacitación debe ser más intensa para los analistas nuevos de estudio de tiempos. Uno de los métodos de capacitación que más se usa es la observación de videograbaciones o películas que ilustran diversas operaciones realizadas a diferentes niveles de producción. Cada película tiene un nivel de desempeño conocido. (Al final del capítulo se enumeran algunas videograbaciones para capacitación.) Después de mostrar la película, la calificación se compara con los valores independientes establecidos por los capacitados. Si los valores de los analistas tienen una desviación sustancial del valor correcto, entonces debe proporcionarse información específica para justificar la calificación. Por ejemplo, el analista puede haber calificado bajo al operario debido a una secuencia de movimientos en apariencia sin esfuerzo, mientras que la mezcla rítmica y suave de movimientos del operario en realidad son señal de la alta destreza y habilidad de manipulación.

Al revisar operaciones sucesivas, los analistas deben graficar sus calificaciones contra los valores conocidos (vea la figura 9-3). Una línea recta indica la perfección, mientras que las altas irregularidades a ambos lados de la recta indican inconsistencia y, por supuesto, falta de habilidad para evaluar el desempeño. En la figura 9-3, el analista calificó la primera película con 75, pero la calificación correcta era 55. El segundo obtuvo una calificación de 80, y la adecuada era de 70. En todos menos el primer caso, el analista estuvo dentro del área de calificaciones correctas establecida por la compañía. Observe que debido a la naturaleza de los intervalos de confianza, el criterio de ±5% de exactitud es válido sólo alrededor del 100%, o el nivel normal de desempeño. Cuando el desempeño está por debajo de 70% o arriba de 130% de lo normal, un analista experimentado esperará un error mucho mayor que 5%.

También es útil graficar las calificaciones sucesivas en el eje x e indicar la magnitud positiva o negativa de la desviación de la calificación normal conocida en el eje y (vea la figura 9-4). Mientras más cerca del eje x estén las calificaciones del analista, más cerca estará de lo correcto.

Para determinar en forma cuantitativa la habilidad de un analista para calificar el desempeño, se calcula el porcentaje de sus calificaciones contenido dentro de los límites especificados de las calificaciones conocidas. Esto se puede hacer como sigue:

1. Se calcula la diferencia media ($\bar{x}_d$) entre las calificaciones del analista y la calificación correcta para n pruebas (n debe ser igual a por lo menos 15 observaciones).
2. Se calcula la desviación estándar s_d de las diferencias en calificaciones.

FIGURA 9-3
Gráfica que muestra un registro de siete estudios, donde el analista tiende a calificar un poco alto en los estudios 1, 2, 4 y 6, y un poco bajo en los estudios 3 y 7. Sólo el estudio 1 fue calificado fuera del intervalo de exactitud deseado.

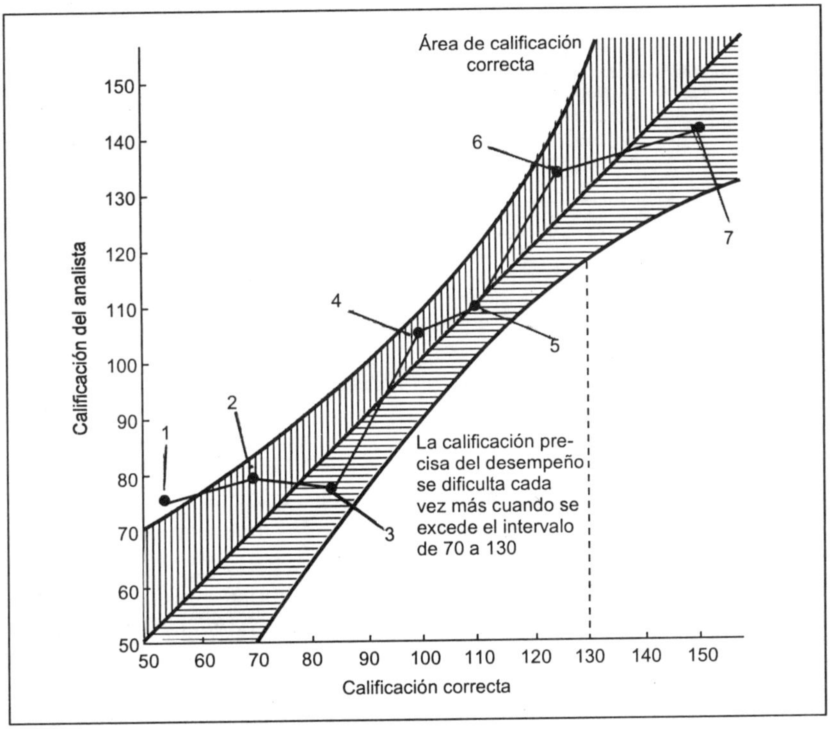

3. Se calcula la desviación normal z_1, donde:

$$z_1 = \frac{+5 \text{ (o alguna otra cifra de exactitud)} - \bar{x}_d}{s_d}$$

4. Se calcula la desviación normal z_2, donde:

$$z_2 = \frac{-5 \text{ (o alguna otra cifra de exactitud)} - \bar{x}_d}{s_d}$$

5. Se calcula el área bajo la curva de la distribución normal entre más y menos 5 (o alguna otra cifra de exactitud) centrada en $\bar{x}_d$, que se supone igual a μ_d, y s_d que se supone es igual a σ_d.

Un estudio estadístico reciente sobre la calificación del desempeño con 6720 operaciones individuales por un grupo de 19 analistas en un periodo de cerca de dos años, confirmó varios hechos que la mayor parte de los ingenieros industriales habían aceptado.

FIGURA 9-4
Registro de los factores de calificación de un analista en 15 estudios

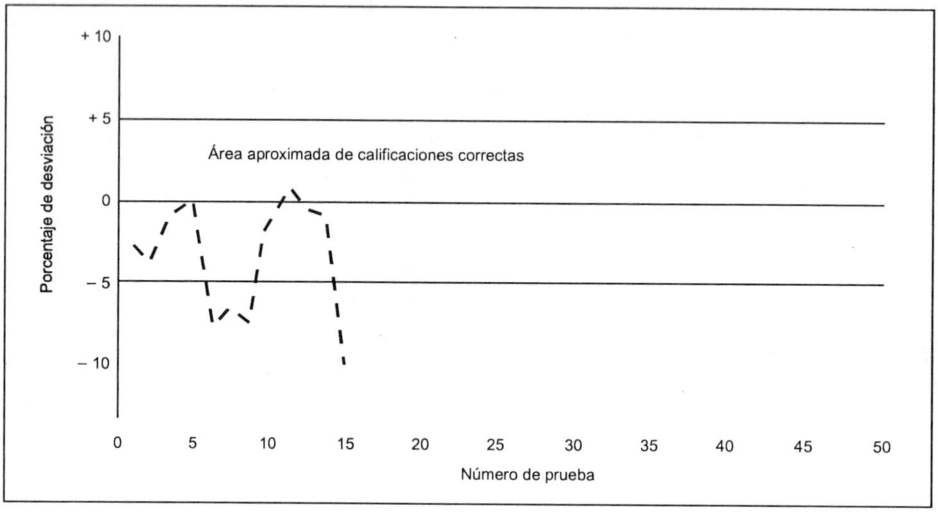

Este estudio concluyó que el "nivel de desempeño" es un factor que afecta de manera significativa los errores al calificarlo. Los analistas califican alto los niveles bajos de desempeño y bajo los niveles altos. Esto es común en analistas novatos que tienden a ser conservadores al calificar y temen desviarse demasiado del desempeño estándar. En aplicaciones estadísticas, esta tendencia recibe el nombre de *regresión hacia la media* y el resultado es una línea cercana a la horizontal y no la línea esperada con pendiente de uno (vea la figura 9-6). El calificador novato que califica más alto que el valor real los desempeños más bajos que el estándar se llama calificador *perdedor*. El resultado es tiempos estándar que los operarios logran con demasiada facilidad, lo que quiere decir que la compañía perderá dinero en esa operación. Para los desempeños más altos que el estándar, un calificador novato que los califica más bajo que el valor correcto se llama calificador *estrecho*, y el resultado es tiempos que los operarios logran con mucha dificultad. Algunos analistas, incluso después de años de experiencia, tienden siempre a ser perdedores o estrechos (vea la figura 9-6).

El estudio estadístico también concluyó que la operación que se examina tiene un efecto sobre los errores en la calificación del desempeño. La tendencia es que es más difícil calificar las operaciones complejas que las sencillas, aun para los analistas experimentados. Con bajos niveles de desempeño, es más común que se califique alto a las operaciones difíciles que a las sencillas, mientras que con altos niveles de desempeño, ocurre más la calificación baja en las operaciones sencillas de realización.

En la actualidad, no se conocen pruebas que puedan evaluar con precisión la habilidad de una persona para calificar el desempeño. Sin embargo, la experiencia ha mostrado que sólo los analistas con una tendencia a la consistencia y experiencia después del periodo de capacitación puede realizar un trabajo aceptable de calificación.

Una investigación con los grandes fabricantes reveló que los ingenieros industriales experimentados no califican con más exactitud que analistas con menos experiencia. Esta investigación también indicó que los empleados con clasificaciones de trabajo más altas

EJEMPLO 9-1
Cálculo de la habilidad para calificar

Suponga que un analista califica 15 grabaciones de capacitación con los resultados mostrados en la tabla 9-9. Se realizan los siguientes cálculos:

$$\bar{x}_d \text{ (diferencia media)} = \frac{\sum d}{n} = \frac{50}{15} = 3.33$$

$$s_d \text{ (desviación estándar)} = \sqrt{\frac{\sum d^2 - \frac{(\sum d)^2}{n}}{n-1}} = 7.7$$

$$z_1 = \frac{5.00 - 3.33}{7.7} = 0.217$$

y

$$P(z_1) = \int_0^{z_1} \frac{1}{\sqrt{2\pi}} e^{-\frac{t^2}{2}}\, dz = 0.0859$$

$$z_2 = \frac{-5 - 3.33}{7.7} = -1.08$$

y

$$P(z_2) = \int_0^{z_2} \frac{1}{\sqrt{2\pi}} e^{-\frac{t^2}{2}}\, dz = 0.3597$$

$$P(z_1) + P(z_2) = 0.4456$$

En este ejemplo, el analista recibe una calificación de 0.4456. Esta representa la porción de las calificaciones que está dentro de ± 5 puntos de calificación de las calificaciones ideales. Esta área de calificaciones correctas, junto con la distribución de la diferencia entre la calificación del analista y la correcta se muestra en la figura 9.5. Si el número de películas observadas es menor que 30, se usa la distribución *t*.

no calificaban mejor que los de clasificaciones más bajas, y que quienes estaban en el área de máquinas no lo hacían mejor que los de las áreas de ensamble.

Un grupo de estudiantes universitarios de ingeniería recibió 15 minutos de instrucciones para calificar y después se les pidió que calificaran el desempeño con una película que ilustraba una serie de operaciones de trabajo pesado. No se dio orientación a los estudiantes en el salón de clase y las operaciones observadas diferían en forma sustancial de las operaciones usadas en la exposición de los conceptos sobre un desempeño adecuado. Estos jóvenes tuvieron un éxito sobresaliente en la aplicación de los conceptos aprendidos con las películas de operaciones de trabajo pesado.

EJEMPLO 9-1 (*conclusión*)

TABLA 9-9
Comparación de las calificaciones del analista con las correctas

Película núm.	Calificación correcta	Calificación del analista	Diferencia (d)	Cuadrado de la diferencia
1	115	105	−10	100
2	125	120	−5	25
3	85	95	+10	100
4	105	105	0	0
5	100	105	+5	25
6	95	110	+15	225
7	120	125	+5	25
8	140	150	+10	100
9	100	105	+5	25
10	60	75	+15	225
11	100	100	0	0
12	110	105	−5	25
13	90	90	0	0
14	130	125	−5	25
15	80	90	+10	100

FIGURA 9-5
Representación gráfica de las calificaciones correctas del analista (±5) y la distribución de todas sus calificaciones

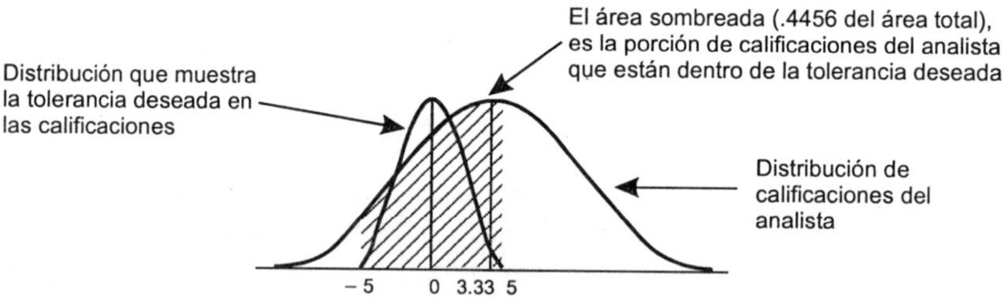

En otro caso, 34 estudiantes universitarios de ingeniería calificaron el desempeño de cinco películas industriales con operaciones que incluían desde fabricación de moldes hasta ensamble de mesas. Los estudiantes encontraron que cuatro películas eran representativas del desempeño normal y una estaba 1.15 o 15% arriba de lo normal. Los resultados se muestran en la tabla 9-10. La mayor parte de los estudiantes no se desviaron mucho de los valores conocidos. Sin embargo, para la película con un desempeño más rápido, el valor de la mediana de las calificaciones de los estudiantes fue entre 101 y 105, que estaba por debajo del valor real de 115 y es un ejemplo de modo conservador de calificar.

FIGURA 9-6
Ejemplo de calificaciones amplias, estrechas y conservadoras.

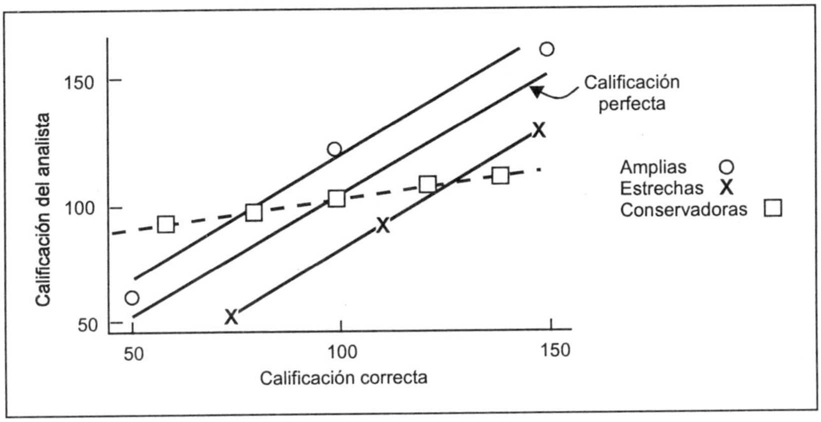

TABLA 9-10
Distribución de calificaciones de estudiantes

	Número de estudiantes en cada intervalo de calificaciones					
Calificación conocida	85-90	91-95	96-100	101-105	106-110	111-125
1.15	0	3	4	12	6	9
1.00	4	5	19	2	3	1
1.00	2	3	7	12	5	5
1.00	7	5	14	8	0	0
1.00	1	2	26	4	1	0

Los estudios anteriores revelaron que: 1) el concepto de desempeño normal se puede enseñar con rapidez y 2) el concepto es transferible en algún grado a operaciones no similares. Mediante la observación real de distintas asignaciones de tareas en toda la planta, bajo la guía de un supervisor de estudio de tiempos, un empleado sin entrenamiento puede lograr una capacitación excelente para calificar. El supervisor explica con detalle el "por qué" de los valores después de que quienes participan en el adiestramiento escriben sus calificaciones. Los valores independientes deben registrarse para determinar la consistencia del grupo y la necesidad de una capacitación adicional quizá más intensa. Las compañías con programas de capacitación extensos y bien diseñados para calificar han tenido éxito con la eliminación de la tendencia a calificar más alto o más bajo.

RESUMEN

La calificación del desempeño es un medio para ajustar el tiempo promedio observado de una tarea para obtener el tiempo que requiere un operario calificado para realizar la tarea si trabaja a paso normal. Sólo de esta manera se puede establecer un estándar. Como el estándar se basa por completo en la experiencia, capacitación y juicio subjetivo del analista de estudio de tiempos, puede estar sujeto a crítica. En consecuencia, se han desarrollado muchos sistemas de calificación diferentes en el intento de obtener un sistema "objetivo". Sin embargo, cada sistema de calificaciones depende de todas maneras de la subjetividad y honestidad de quien califica. Entonces, es importante capacitar ampliamente al analista de estudio de tiempos para que asigne calificaciones adecuadas y consistentes. Muchos estudios han demostrado que esto se puede lograr.

PREGUNTAS

1. ¿Por qué la industria no ha podido desarrollar una concepción universal de "desempeño normal"?
2. ¿Qué factores contienen grandes variancias en el desempeño del operario?
3. ¿Cuáles son las características de un sistema de calificaciones razonable?
4. Durante un estudio de tiempos, ¿en qué momento debe calificarse? ¿Por qué es esto importante?
5. ¿Qué gobierna la frecuencia de calificaciones de desempeño durante un estudio dado?
6. Explique el sistema Westinghouse de calificaciones.
7. Con el sistema de calificaciones Westinghouse, ¿por qué se evalúan las condiciones?
8. ¿Qué es la calificación sintética? ¿Cuál es su debilidad principal?
9. ¿Cuál es la base de la calificación de velocidad y en qué difiere este método del sistema de calificación Westinghouse?
10. ¿Cuáles son los cuatro criterios fundamentales para realizar un buen trabajo de calificación de velocidad?
11. ¿Por qué la capacitación en calificación del desempeño es un proceso continuo?
12. ¿Por qué debe usarse más de un elemento al establecer un factor de calificación de velocidad?
13. ¿Habrá objeciones al estudiar a un operario que tiene un desempeño a un paso excesivo? ¿Por qué?
14. ¿De qué manera puede un operario dar la impresión de realizar un gran esfuerzo y producir a un nivel de desempeño mediocre o malo?

PROBLEMAS

1. El analista de medición del trabajo a cargo de la capacitación de los analistas de estudio de tiempos decidió que los capacitados revisaran 20 ciclos de películas, donde se conocía la calificación de cada ciclo. Cada capacitado calculó su registro que se basa en una porción de calificaciones que quedó dentro ±5 de sus propias calificaciones. Un analista calculó su diferencia promedio de calificaciones como −4.08 puntos para las 20 películas. La desviación estándar fue 6.4. ¿Qué porcentaje de las calificaciones de este analista estaba contenido en el intervalo deseado? (Nota: suponga que los valores de las muestras son los valores de la población.)

2. Con los datos de la figura 9-3, determine el porcentaje promedio de calificaciones correctas dentro de ±5 puntos de calificación.

REFERENCIAS

Barnes, Ralph M. *Motion and Time Study: Design and Measurement of Work*, 7ª Ed., Nueva York: John Wiley & Sons, 1980.

Hancock, Walton M. "The Learning Curve", en *Handbook of Industrial Engineering*, 2ª Ed., Ed. Gavriel Salvendy. Nueva York: John Wiley & Sons, 1992.

Lowry, S. M., H. B. Maynard y G. J. Stegemerten. *Time and Motion Study and Formulas for Wage Incentives*, 3ª Ed., Nueva York: McGraw-Hill, 1940.

Morrow, R. L. *Time Study and Motion Economy*, Nueva York: Ronald Press, 1946.

Mundel, Marvin E. y David L. Danner. *Motion and Time Study: Improving Productivity*, 7ª Ed., Englewood Cliffs, NJ: Prentice-Hall, 1994.

Nadler, Gerald. *Work Design: A Systems Concept*, Ed. rev., Homewood, IL: Richard D. Irwin, 1970.

Presgrave, R. W. *The Dynamics of Time Study*, 4ª Ed., Toronto, Canada: The Ryerson Press, 1957.

VIDEOCINTAS SELECCIONADAS

Workplace Fundamentals. 1/2" VHS, Tampa Manufacturing Institute, Bradenton, FL.

Workplace Rating Exercises. 1/2" VHS, Tampa Manufacturing Institute, Bradenton, FL.

Fair Day's Work Concepts. 1/2" VHS, Tampa Manufacturing Institute, Bradenton, FL.

CAPÍTULO 10

Suplementos

PUNTOS CLAVE

- Usar suplementos para compensar la fatiga y las demoras en el trabajo.
- Determinar suplementos a través de la observación directa o del muestreo del trabajo.
- Proporcionar un mínimo de 9 a 10% de suplemento constante para necesidades personales y fatiga básica.
- Agregar el suplemento al tiempo normal como porcentaje de éste.

Después de calcular el tiempo normal, debe realizarse un paso más para llegar a un estándar justo. Este último paso es agregar un suplemento para tomar en cuenta las muchas interrupciones, demoras y disminuciones en el paso causadas por fatiga en toda tarea asignada. Por ejemplo, al planear un viaje en carretera de 1000 millas, se sabe que no se puede hacer en 20 horas de manejo a una velocidad de 50 millas por hora. Debe agregarse un suplemento por paradas periódicas para necesidades personales, fatiga de manejo, paradas inevitables debidas a congestiones de tránsito y semáforos, posibles desviaciones y las vías en mal estado, problemas con el automóvil, etc. Entonces, en realidad se puede estimar que el viaje tomará 25 horas, con 5 horas adicionales para retrasos. De manera similar, los analistas deben proporcionar un suplemento si el estándar obtenido ha de ser justo y fácil de cumplir por un trabajador promedio a un paso normal y constante.

USOS DE LOS SUPLEMENTOS

Las lecturas del cronómetro en un estudio de tiempos se toman en un periodo relativamente corto. Por lo tanto, el tiempo normal no incluye las demoras inevitables, que quizá no fueron observadas ni algunos otros tiempos perdidos legítimos. En consecuencia, los analistas deben hacer algunos ajustes para compensar esas pérdidas. La aplicación de estos

TABLA 10-1
Suplementos industriales típicos

Factor de suplemento	Núm. de empresas	Porcentaje de empresas
1. Fatiga	39	93
A. General	19	45
B. Periodos de descanso	13	31
No especificado por A o B	7	17
2. Tiempo requerido de aprendizaje	3	7
3. Demora inevitable	35	83
A. Hombre	1	2
B. Máquina	7	17
C. Ambos, hombre y máquina	21	50
No especificado en A, B o C	6	14
4. Necesidades personales	32	76
5. Operaciones de preparación	24	57
6. Operaciones irregulares o no usuales	16	38

Fuente: J. O. P. Hummel, "Motion and Time Study in Leading American Industrial Establishments" (Tesis de Maestría en Pennsylvannia State University).

ajustes, o *suplementos*, puede ser mucho más amplia en unas compañías que en otras. Por ejemplo, la tabla 10-1 contiene los conceptos por los que 42 compañías incluyen suplementos.

Con frecuencia, los suplementos se aplican sin cuidado porque no se han establecido con base en datos adecuados de estudios de tiempos. Esto es cierto en especial para los suplementos por fatiga, para los que es difícil, si no imposible, establecer valores basados en una teoría racional. Muchos sindicatos, conocedores de la situación, han negociado suplementos por fatiga adicionales como si fuera un asunto de "prestaciones". (Las prestaciones son gastos de la compañía, como seguros y pensiones no relacionados con la producción del empleado). Los suplementos deben ser tan exactos y correctos como sea posible; de otra manera, el cuidado y precisión dedicados al estudio quedan nulificados por completo.

Los suplementos se aplican a tres partes del estudio: 1) al tiempo de ciclo total; 2) sólo al tiempo de máquina, y 3) sólo al tiempo de esfuerzo manual. Los suplementos aplicables al tiempo de ciclo total se expresan como porcentaje del mismo y compensan demoras como necesidades personales, limpieza de la estación de trabajo y lubricación de la máquina. Los suplementos de tiempo de máquina incluyen el tiempo para mantenimiento de herramientas y variaciones en la energía, mientras que las demoras que representan los suplementos por esfuerzo son fatiga y ciertos retrasos inevitables.

Con frecuencia, se usan dos métodos para desarrollar los datos de suplementos estándar. Uno es el estudio de la producción, que requiere que los observadores estudien dos, o quizá tres operaciones durante un periodo largo. Éstos registran la duración y razón de cada intervalo ocioso (vea la figura 10-1). Después de establecer una muestra representativa, el observador resume sus datos para determinar el porcentaje de suplemento para cada característica aplicable. Los datos obtenidos de esta manera, igual que los del estudio de tiempos, deben ajustarse al nivel de desempeño normal. Como los observadores deben pasar mucho tiempo vigilando una o más operaciones, este método es muy tedioso, no sólo para los analistas, también para los operarios. Otra desventaja es la tendencia a tomar muestras demasiado pequeñas, lo que puede dar resultados sesgados.

FIGURA 10-1
Forma de análisis del tiempo perdido

ANÁLISIS DEL TIEMPO PERDIDO EN EL ESTUDIO DE TIEMPOS

Dibujo ______________ Parte ______________ Fecha ______
Operación ______________
Símbolo ______________
A. Personal ______________
B. Iniciar tarde el trabajo ______________
C. Terminar temprano el trabajo ______________
D. Hablar con supervisor o instructor ______________
E. Hablar con otras personas ______________
F. Buscar herramientas ______________
G. Buscar dibujo ______________
H. Retrabajo por falla del operario ______________
I. Retrabajo por falla de otro operario ______________
J. Retrabajo por falla de máquina o dispositivo ______________
K. Espera inactiva por la grúa (más de lo asignado) ______________
L. Espera inactiva por inspector (más de lo asignado) ______________
M. Espera en cola en depósito de herramientas (más de lo asignado) ______________
N. Espera en cola en la oficina del despachador (más de lo asignado) ______________
O. Espera en cola en la estación B/P ______________
P. Mantenimiento de herramientas ______________
Q. Lubricar maquinaria ______________
R. Limpiar estación de trabajo ______________
S. Lecturas con círculo (lect. con círc. menos prom. de elem.) ______________
T. Retrasos menores diversos ______________
U. Tiempo perdido en desarrollo de métodos durante el estudio ______________
V. ______________
W. ______________
X. ______________
Y. ______________

Total ______

1. Total global ______ minutos ______ horas ______
2. Total perdido ______ " ______ " ______
3. % de tiempo perdido comparado con el real neto (2 ÷ 4) ______
4. Real neto o productivo ______ minutos ______ horas
5. Tiempo asignado ______ " ______ "

Nota: se coloca el símbolo del tiempo perdido en el renglón correspondiente a su descripción y esta tarjeta se engrapa a la forma del estudio.

La segunda técnica incluye estudios de muestreo del trabajo (vea el capítulo 14). Este método requiere tomar un número grande de observaciones aleatorias, por lo que se necesita sólo tiempo parcial o intermitente del observador. En este método, no se usa el cronómetro, pues el observador sólo camina por el área en estudio en tiempos aleatorios y anota lo que hace el operario. El número de demoras registradas entre el número total de observaciones durante las que el operario realiza trabajo productivo, se aproxima al suplemento requerido por el operario para tomar en cuenta las demoras normales.

Al usar estudios de muestreo del trabajo para determinar suplementos, los observadores deben tomar algunas medidas precautorias. Primero, no deben predecir sus observaciones y sólo anotarán las que ocurren en realidad. Segundo, un estudio dado no debe cubrir trabajos no similares, debe limitarse a operaciones parecidas en el mismo tipo general de equipo. Tercero, mientas más grande sea el número de observaciones y más largo el perio-

FIGURA 10-2
Suplementos según su función

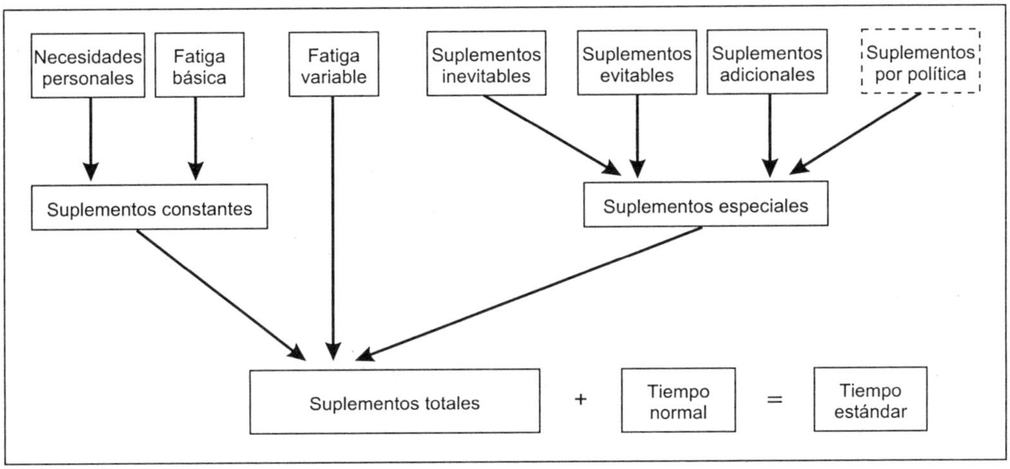

do de recolección de datos, más validez tendrán los resultados. Los analistas deben realizar observaciones diarias en un lapso de al menos dos semanas.

La figura 10-2 intenta proporcionar un esquema para ordenar los distintos tipos de suplementos según su función. La división principal son suplementos por *fatiga* y *especiales*. Los suplementos por fatiga, como su nombre lo implica, proporcionan tiempo al trabajador para recuperarse de la fatiga causada por la tarea o por el entorno de trabajo; estos suplementos se dividen en suplementos por *fatiga constante* o *variable*. Los suplementos especiales incluyen muchos factores diferentes relacionados con el proceso, el equipo, los materiales, etcétera y se conocen como suplementos por demoras inevitables, *adicionales*, y *por política*.

SUPLEMENTOS CONSTANTES

Necesidades personales

Las *necesidades personales* incluyen suspensiones del trabajo precisas para mantener el bienestar del empleado que necesita, por ejemplo, beber agua e ir al sanitario. Las condiciones generales de trabajo y el tipo de tarea influyen en el tiempo necesario para las demoras personales. Por ejemplo, condiciones que incluyen trabajo pesado realizado a altas temperaturas, como en el cuarto de prensas de un departamento de moldeo de hule o en un taller de forja caliente donde se requerirán suplementos mayores para necesidades personales que cuando se realiza trabajo ligero en áreas con temperatura agradable.

No existe una base científica para asignar un porcentaje numérico; en realidad las necesidades personales son individuales. La verificación detallada de la producción ha demostrado que un suplemento de 5% para tiempo personal, o cerca de 24 minutos en 8 horas, es adecuado en condiciones de trabajo de un taller típico. Lazarus (1968) encontró que en 235 plantas de 23 industrias el suplemento personal va de 4.6 a 6.5%. Entonces, la cifra de 5% parece ser adecuada para la mayoría de los trabajadores.

Fatiga básica

El *suplemento por fatiga básica* es una constante que toma en cuenta la energía consumida para llevar a cabo el trabajo y aliviar la monotonía. Se considera conveniente asignar 4% del tiempo normal para un operario que ejecuta trabajo ligero, sentado, en buenas condiciones de trabajo, sin exigencias especiales de sus sistemas motrices o sensoriales (ILO, 1957).

Con 5% por necesidades personales y 4% por fatiga básica, la mayoría de los operarios tienen 9% de suplemento inicial básico, al que se agregan otros suplementos, si es necesario.

SUPLEMENTOS POR FATIGA VARIABLE

Principios básicos

El suplemento por fatiga tiene una relación estrecha con las necesidades personales, aunque en general se aplica sólo a las porciones de esfuerzo del estudio. Los suplementos por fatiga no han alcanzado el estado en el que sus características se basan por completo en teorías racionales. En consecuencia, al calificar el desempeño, el suplemento por fatiga es el que tiene una defensa más débil y está sujeto a mayor discusión entre todos los factores que componen un tiempo estándar. Por ejemplo, quienes apoyan el sistema MTM (vea el capítulo 13) piensan que no deben usarse suplementos por fatiga en el desarrollo de la mayor parte de los estándares, ya que los valores de MTM se basan en una tasa de trabajo que el empleado sano promedio puede mantener durante la jornada de 8 horas. Sin embargo, es posible obtener aproximaciones empíricas de suplementos por fatiga justos para distintos tipos de trabajo.

La fatiga no es homogénea en ningún sentido. Tiene razones estrictamente físicas por un lado y puramente sicológicas por el otro, e incluye combinaciones de las dos. Además, puede influir mucho en unas personas y tener poco o ningún efecto en otras.

Ya sea física o mental, los resultado de la fatiga son similares; se experimenta una disminución en la voluntad para trabajar. Los factores más importantes que afectan la fatiga se conocen bien y están establecidos. Estos factores incluyen: condiciones de trabajo, en especial ruido y humedad; la naturaleza del trabajo, como postura, cansancio muscular y tedio, y la salud general del trabajador. Aunque el trabajo manual pesado y, por lo tanto la fatiga muscular, ha disminuido en la industria con la automatización, otras componentes de la fatiga, como estrés mental y monotonía, pueden ir en aumento. Como la fatiga no puede eliminarse, deben asignarse los suplementos adecuados para las condiciones de trabajo y las tareas repetitivas.

Un método para determinar el suplemento por fatiga es medir la disminución en la producción a lo largo del periodo de trabajo. Se mide la tasa de producción cada cuarto de hora de la jornada. Cualquier disminución en la producción no atribuible a cambio de método o a demoras personales o inevitables se puede atribuir a la fatiga y se expresa como un porcentaje. Brey (1928) expresó los coeficientes de fatiga como sigue:

$$F = (T - t) \times 100/T$$

donde: F = coeficiente de fatiga,
T = tiempo requerido para realizar la operación después del trabajo continuo,
t = tiempo requerido para realizar la operación antes del trabajo continuo.

Se han hecho muchos intentos de medir esta fatiga a través de varios medios físicos, químicos y sicológicos, pero ninguno ha tenido un éxito completo hasta la fecha. La oficina internacional del trabajo en Estados Unidos (*International Labour Office* –ILO, 1957) cuenta con valores tabulados para diversas condiciones de trabajo, para obtener los factores de suplemento adecuados (vea la tabla 10-2) y un sistema de puntos más detallado que el introducido en la edición anterior (ILO, 1979). Estos factores incluyen: de pie contra sentado, posiciones anormales, uso de la fuerza, iluminación, condiciones atmosféricas, atención requerida para la tarea, nivel de ruido, tensión mental, monotonía y tedio. Para usar esta tabla, el analista debe determinar los factores de suplemento para cada elemento del estudio y después sumar los valores para obtener el suplemento por fatiga global, que después se suma al suplemento de fatiga constante.

Estas recomendaciones de ILO se desarrollaron a través de acuerdos por consenso entre administradores y trabajadores en muchas industrias y no tienen un sustento directo. Por otro lado, desde la década de los 60, se ha dedicado mucho esfuerzo al desarrollo de estándares específicos para la salud y seguridad del trabajador estadounidense. Aquí se examinará si estos estándares son comparables con ios suplementos por fatiga de ILO.

Suplemento de postura

Los suplementos de postura se basan en consideraciones del metabolismo y se pueden basar en modelos metabólicos que se han desarrollado para distintas actividades (Garg, *et al.*, 1978). Se pueden usar tres ecuaciones básicas para trabajo sentado, de pie y agachado para predecir y comparar la energía consumida en diversas posturas. Si se usa un peso promedio del cuerpo adulto (de mujer y de hombre) de 152 libras (69 kg) y se agrega un consumo de energía adicional de 2.2 kcal/min para el trabajo manual (Garg, *et al.*, 1978), se obtienen consumos de energía de 3.8 kcal/min, 3.86 kcal/min y 4.16 kcal/min para las respectivas posiciones sentado, de pie y agachado. Como sentado es una postura básica cómoda que puede mantenerse durante periodos prolongados, las otras posturas sc comparan con la de sentado. La razón de los consumos de energía sentado entre estar de pie es 1.02, es decir un suplemento de 2%, mientras que la razón de los consumos de energía de sentado entre estar agachado es 1.10, o sea un suplemento de 10%. El primer suplemento

TABLA 10-2
Suplementos recomendados por ILO

A Suplementos constantes:	
1. Suplemento personal	5
2. Suplemento por fatiga básica	4
B. Suplementos variables:	
1. Suplemento por estar de pie	2
2. Suplemento por posición anormal:	
a. un poco incómoda	0
b. incómoda (agachado)	2
c. muy incómoda (tendido, estirado)	7
3. Uso de la fuerza o energía muscular (levantar, jalar o empujar): Peso levantado, en libras:	
5	0
10	1
15	2
20	3
25	4
30	5
35	7
40	9
45	11
50	13
60	17
70	22
4. Mala iluminación:	
a. un poco abajo de la recomendada	0
b. bastante menor que la recomendada	2
c. muy inadecuada	5
5. Condiciones atmosféricas (calor y humedad) – variable	0-100
6. Atención requerida:	
a. trabajo bastante fino	0
b. trabajo fino o preciso	2
c. trabajo muy fino y muy preciso	5
7. Nivel de ruido:	
a. continuo	0
b. intermitente –fuerte	2
c. intermitente –muy fuerte	5
d. de tono alto –fuerte	5
8. Estrés mental:	
a. proceso bastante complejo	1
b. atención compleja o amplia	4
c. muy compleja	8
9. Monotonía:	
a. nivel bajo	0
b. nivel medio	1
c. nivel alto	4
10. Tedio:	
a. algo tedioso	0
b. tedioso	2
c. muy tedioso	5

es idéntico al recomendado por ILO. El segundo es un poco mayor que el valor de ILO de 7%, pero puede representar un caso extremo en que la postura no se puede mantener por un periodo prolongado.

Fuerza muscular

La fatiga, mejor conocida como *suplemento de descanso*, se puede formular a partir de dos principios fisiológicos importantes: la fatiga muscular y la recuperación del músculo después de la fatiga. El resultado inmediato de la fatiga muscular es una reducción significativa en la fuerza muscular. Rohmert (1960) cuantificó estos principios como sigue:

1. La reducción en la fuerza máxima ocurre si la fuerza de levantamiento excede 15% de la fuerza máxima.
2. Cuanto más prolongada sea la contracción muscular, mayor es la reducción en la fuerza muscular.
3. Las variaciones individuales o específicas del músculo se minimizan si las fuerzas se normalizan según la fuerza máxima individual de ese músculo.
4. La recuperación es una función del grado de fatiga; es decir, un porcentaje dado de disminución en la fuerza máxima requiere una cantidad dada de recuperación.

Rohmert (1973) cuantificó aún más estos conceptos de fatiga y recuperación como una serie de curvas para los suplementos de descanso (SD) como función de la fuerza y el tiempo de levantamiento (vea la figura 10-3):

$$SD = 1800 \times (t / T)^{1.4} \times (f/F - 0.15)^{0.5}$$

donde: SD = suplemento de descanso como porcentaje de tiempo,
t = duración del levantamiento (minutos),
f = fuerza de levantamiento (libras),
F = fuerza máxima de levantamiento (libras),
T = tiempo máximo de levantamiento para la fuerza ejercida f (minutos), definida como:

$$T = 1.2 / (f / F - 0.15)^{0.618} - 1.21$$

La fuerza máxima de levantamiento (F) se puede aproximar con base en los datos recolectados de 1522 trabajadores industriales hombres y mujeres (Chaffin, *et al.*, 1987). El promedio de las tres fuerzas de levantamiento estandarizadas (brazo, pierna y torso) es alrededor de 100 libras (45.5 kg). Con este valor de fuerza máxima de levantamiento para levantamientos no frecuentes (menos de uno cada cinco minutos) de corta duración, se obtienen los suplementos presentados en la tabla 10-3. Para levantamientos más frecuentes (más de uno cada cinco minutos), predominan las consideraciones metabólicas, y deben utilizarse las guías de NIOSH (vea el capítulo 4) para determinar las limitaciones. Además, según estas guías de levantamientos de NIOSH, no se permiten cargas mayores que 51 libras (23.2 kg).

FIGURA 10-3
Porcentaje de suplementos de descanso para distintas combinaciones de fuerza ejercida y tiempo (*Tomado de:* Rohmert, 1973)

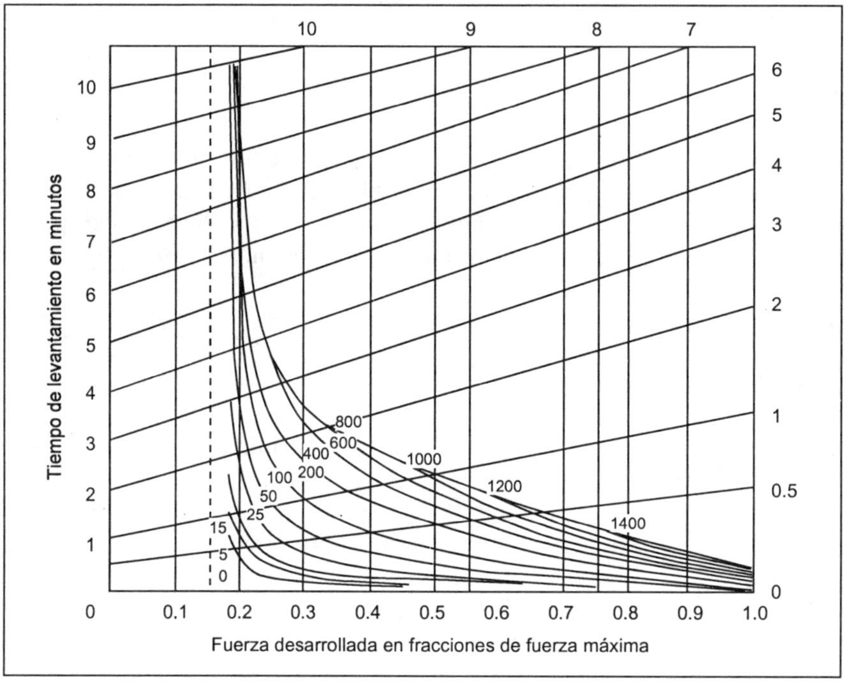

TABLA 10-3
Comparación de suplementos de ILO y calculados para uso de fuerza muscular

Carga (lb)	ILO	Calculado
5	0	0
10	1	0
15	2	0
20	3	0.5
25	4	1.3
30	5	2.7
35	7	4.5
40	9	7.0
45	11	10.2
50	13	14.4
60	17	ND
70	22	ND

Para energía muscular, se considera la fórmula para determinar la cantidad de descanso requerida para trabajo pesado presentada en el capítulo 4:

$$R = (W - 5.33)/(W - 1.33)$$

EJEMPLO 10-1
Cálculo de suplementos de descanso para uso no frecuente de fuerza muscular

Considere un trabajador que levanta una carga de 40 lb (18.2 kg) menos de una vez cada cinco minutos. Primero, se calcula el tiempo máximo de levantamiento para una carga que tiene 40/100 = 40% de la capacidad de fuerza máxima de una persona promedio:

$$T = 1.2 / (0.4 - 0.15)^{0.618} - 1.21 = 1.62 \text{ min}$$

Después se sustituye una fuerza de corta duración de 0.05 min y un tiempo máximo de levantamiento de 1.62 min en la ecuación de descanso:

$$SD = 1800 \times (0.05 / 1.62)^{1.4} \times (0.4 - 0.15)^{0.5}$$
$$= 1800 \times (0.0768) \times (0.5) = 6.96 \approx 7\%$$

El suplemento variable de descanso de 7% se agrega al 9% típico de suplemento constante y se obtiene un suplemento total de 16%.

donde: R = tiempo requerido de descanso, como porcentaje del tiempo total,
W = consumo promedio de energía durante el trabajo (kcal/min).

Esta expresión se puede formular de nuevo como un suplemento de descanso:

$$SD = (\Delta W / 4 - 1) \times 100$$

donde: SD = suplemento de descanso como porcentaje agregado al tiempo normal,
ΔW = incremento en consumo de energía por trabajo = $W - 1.33$ kcal/min.

Medir el ritmo cardiaco es más sencillo que medir el consumo de energía. Entonces, el suplemento de descanso se puede expresar en función del ritmo cardiaco:

$$SD = (\Delta RC / 40 - 1) \times 100$$

donde: SD = suplemento de descanso, como porcentaje agregado al tiempo de trabajo,
ΔRC = diferencia entre el ritmo cardiaco al trabajar y al descansar.

Condiciones atmosféricas

Modelar el cuerpo humano y sus respuestas a las condiciones atmosféricas es una tarea difícil. Se han hecho muchos intentos para combinar las manifestaciones fisiológicas y los cambios de diversas condiciones ambientales en un índice sencillo (Freivalds, 1987). Sin embargo, ese tipo de índice no es suficiente ya que puede resultar una variabilidad considerable en los suplementos. Los suplementos del ILO se basan en un concepto obsoleto del poder de enfriamiento y se quedan cortos en la predicción de los suplementos de descanso. Así, existe una desviación considerable en los suplementos de ILO de los niveles reales de estrés. Estos se explica con detalle en Freivalds y Goldberg (1988).

Un mejor enfoque se presenta en la guía más reciente desarrollada por NIOSH (1986), que utiliza la temperatura de bulbo húmedo (TGBH, descrita en el capítulo 6) y los

EJEMPLO 10-2
Cálculo de suplementos de descanso por fatiga global

Considere la tarea extenuante presentada en el capítulo 4 de palear carbón a una tolva de alto horno, con un consumo de energía de 9.33 kcal/min. El suplemento de descanso requerido SD es:

$$SD = [(9.33 - 1.33)/4 - 1] \times 100 = 100\%$$

Por lo tanto, para proporcionar un tiempo adecuado de recuperación de la fatiga, el trabajador deberá pasar 4 horas de cada turno de 8 descansando. Observe que el ΔW aceptable para hombres es $5.33 - 1.33 = 4$ kcal/min. (Para mujeres, se sustituye el valor de 4.0 en lugar de 5.33 y 1.0 en lugar de 1.33.)

consumos de energía en el trabajo. Los suplementos de descanso que se obtienen (de la figura 6-11) se pueden cuantificar mediante regresiones de mínimos cuadrados, de donde se obtiene:

$$\mathrm{SD} = e^{(-41.5 + 0.0161W + 0.497\,\mathrm{TGBH})}$$

donde: W = consumo de energía al trabajar (kcal/hr),
TGBH = temperatura global de bulbo húmedo (°F).

Nivel de ruido

La administración de la salud y seguridad ocupacional (*Occupational Safety and Health Administration* –OSHA, 1983) estableció las exposiciones al ruido permisibles en la industria. Los niveles permitidos dependen de la duración de la exposición como se muestra en la tabla 10-4.

En caso de que la exposición diaria total consista en exposiciones a varios niveles de ruido, entonces se calcula la exposición combinada mediante la ecuación:

TABLA 10-4
Niveles de ruido permisibles según OSHA

Nivel de ruido (dBA)	Tiempo permisible (horas)
80	32
85	16
90	8
95	4
100	2
105	1
110	0.5
115	0.25
120	0.125
125	0.063
130	0.031

FIGURA 10-3
Cálculo de suplementos de descanso para condiciones atmosféricas

Un trabajador que realiza, sentado, un ensamble manual en una estación de trabajo y consume alrededor de 200 kcal/min. Si el $TGBH_{ADENTRO}$ es 88.5°F, entonces:

$$SD = e^{[-41.5 + 0.0161(200) + 0.497(88.5)]} = e^{[5.7045]} \approx 300\%$$

Con base en el suplemento de descanso, el trabajador necesitará 45 minutos de descanso por cada 15 minutos de trabajo.

$$D = C_1/T_1 + C_2/T_2 + \cdots \leq 1$$

donde: D = dosis de ruido (valor decimal),
C = tiempo que pasa a un nivel específico de ruido (horas),
T = tiempo permitido (tabla 10-4) al nivel específico de ruido (horas),

y el suplemento de descanso requerido (%) es sólo:

$$SD = 100 \times (D - 1)$$

Así, la exposición total a distintos niveles de ruido no puede exceder una dosis de 100%. Por ejemplo, un trabajador puede estar expuesto a 95 dBA durante tres horas y a 90 dBA durante cinco. Aunque cada exposición por separado es permisible, la dosis combinada no lo es:

$$D = 3/4 + 5/8 = 1.375 > 1$$

Por lo tanto, el suplemento de descanso requerido para cumplir con OSHA es:

$$SD = 100 \times (1.375 - 1) = 37.5\%$$

Entonces, 90 dBA es el nivel máximo permisible para una jornada de 8 horas, y cualquier nivel arriba de los 90 dBA requiere un suplemento de descanso.

Para calcular la dosis de ruido, deben incluirse todos los sonidos entre 80 y 130 dBA (aunque los niveles continuos arriba de 115 dBA no se permiten del todo). Como la tabla 10-4 proporciona sólo ciertos tiempos clave, se puede usar la siguiente fórmula para el cálculo de niveles de ruido intermedio:

$$T = \frac{32}{2^{\left(\frac{L-80}{5}\right)}}$$

donde: L = nivel de ruido (dBA).

Niveles de iluminación

La conciliación de los suplementos de ILO (1957) y de las recomendaciones de IES (1981) para niveles de iluminación (vea al capítulo 6) se pueden aproximar como sigue. Para suplementos de descanso, una tarea que está por abajo de la recomendación, se puede consi-

EJEMPLO 10-4
Cálculo de un suplemento de descanso por ruido

Un trabajador está expuesto a los niveles de ruido mostrados en la tabla 10-5 durante una jornada de 8 horas.

El último elemento se obtiene como sigue:

$$T = \frac{32}{2^{\left(\frac{96-80}{5}\right)}} = 3.48$$

La dosis de ruido es:

$$D = 1/32 + 4/8 + 3/3.48 = 1.393$$

y el suplemento para descanso es:

$$SD = 100 \times (1.393 - 1) = 39.3\%$$

Como la dosis de exposición al ruido en 8 horas excede los requerimientos de OSHA, el trabajador debe contar con un suplemento de descanso de 39.3%. Observe que, de nuevo, los valores recomendados por ILO subestiman por mucho los suplementos requeridos.

TABLA 10-5
Niveles de trabajo para una jornada de 8 horas

Nivel de ruido (L) dBA	Tiempo que transcurre (C) h	Tiempo permitido (T) h
80	1	32
90	4	8
96	3	3.48

derar que están dentro de la misma subcategoría de iluminación, quizá un poco abajo del estándar, en el límite inferior del intervalo, y se asigna un suplemento de 0. Una tarea que se encuentra por debajo de la iluminación adecuada se puede definir como en una subcategoría abajo de la recomendación y se le asigna un suplemento de 2. Una tarea con iluminación bastante inadecuada se define como dos o más subcategorías abajo del nivel recomendado y recibe un suplemento de 5. Estas definiciones son bastante realistas, ya que la percepción humana de la iluminación es logarítmica; es decir, al aumentar la iluminancia, se requiere una mayor diferencia de intensidad antes de notar el cambio (IES, 1981).

La literatura contiene cierta evidencia de que al aumentar la iluminación para la tarea el resultado es un desempeño más hábil. La medida de desempeño más pertinente es el tiempo de terminación de la tarea bajo diversas condiciones de iluminación. Sin embargo, debe tenerse en cuenta que la precisión del desempeño también es importante. Por ejemplo, Bennett, Chitlnagio y Pangrekar (1977) encontraron que el tiempo para leer un artículo escrito a mano con lápiz de 450 palabras es una función cúbica de la tarea de iluminación:

TABLA 10-6
Tiempos modelados

Iluminación (fc)	Tiempo modelado (s)	% de cambio a partir de 75 fc	Categoría de ILO	Suplemento (%)
75	207.3	—	(recomendado)	0
50	210.0	1.3	un poco abajo	0
30	213.9	3.2	muy abajo	2
20	217.2	4.8	muy abajo	2
15	219.8	6.0	inadecuado	5
10	223.6	7.9	inadecuado	5

(*Tomado de:* Bennett *et al.*, 1977)

$$\text{Tiempo} = 251.8 - 33.96 \log FC + 6.15 (\log FC)^2 - 0.37 (\log FC)^3$$

donde: Tiempo = tiempo de lectura promedio (segundos),
FC = iluminación de la tarea (pies-candela).

La iluminación recomendada por IES (1981) para leer este material escrito con lápiz es la categoría E (de la tabla 6-2), 50-100 pies-candela (500-1000 lux). El factor de ponderación da un total de cero (de la tabla 6-3), de manera que la iluminación recomendada es 75 pies-candela (750 lux), el valor medio en la categoría E. La tabla 10-6 compara los tiempos de lectura modelados como función de la iluminación decreciente y los suplementos. Si la iluminación disminuye a la siguiente subcategoría los tiempos de desempeño aumentan entre 3 y 5%, que no está lejos del 2% de suplemento de ILO para niveles de iluminación muy abajo. La siguiente subcategoría de iluminación produjo tiempos 6 a 8% mayores que los de niveles recomendados, que es un poco mayor que el 5% de suplemento para iluminación inadecuada. En general, el estudio (vea la tabla 10-6) obtuvo resultados bastante cercanos a los suplementos de ILO.

Tensión visual

El suplemento de descanso para tensión visual de ILO no proporciona suplementos para trabajo bastante fino, un suplemento de 2% para trabajo fino y preciso y 5% para trabajo muy fino y de alta precisión. Estos suplementos sólo se refieren a la precisión de los requerimientos visuales de la tarea, sin mencionar otras condiciones que tienen efecto importante en los requerimientos visuales: iluminación (o luminancia), reflejos, parpadeo, color, tiempo, contraste, etc. Por lo tanto, los suplementos de ILO son sólo aproximaciones burdas. Se pueden determinar valores más específicos según lo detectable del objeto, como lo cuantificó Blackwell (1952) en sus curvas de visibilidad (vea el capítulo 6 y la figura 6-2). Cuatro factores tienen el mayor efecto para determinar qué tan visible será el objeto durante la tarea:

1. *Luminancia del fondo de la tarea*. Es la magnitud de luz reflejada desde el fondo del objeto a los ojos de un observador, medido en pies-Lambert.
2. *Contraste*. Es la diferencia entre los niveles de luminancia del objeto y el fondo. El contraste también necesita ajustarse (dividirse) entre los siguientes factores: condiciones del mundo real (2.5), movimiento del objeto (2.78) e incertidumbre en la localización (1.5).
3. *Tiempo disponible para observación*. Va de unos cuantos milisegundos a varios segundos y puede afectar la velocidad y exactitud del desempeño.
4. *Tamaño del objeto, medido como ángulo visual en arco-minutos*.

Las curvas de visibilidad de Blackwell se pueden modelar con la ecuación siguiente (con intervalos permisibles):

$$\%\mathrm{Det} = 81 \times C^2 \times L^{0.045} \times T^{-0.003} \times A^{0.199}$$

donde: $\%\mathrm{Det}$ = % de objetos detectados (0-100%),
C = contraste (0.001-1.8),
L = luminancia del fondo (1-100 pies-Lambert),
T = tiempo para ver (0.01-1 segundo),
A = ángulo visual (1-64 arco-minutos).

El porcentaje de objetos detectados puede usarse para verificar los suplementos por estrés visual si se especifica un percentil para la descripción de las habilidades de la población. Como los intervalos de percentiles que más se usan son el percentil 50 y el 95, éstos también se pueden aplicar a la detección de objetos, para definir las categorías de suplementos de descanso. Una detección de al menos 95% define una tarea visual sin problemas significativos y puede, entonces, definir la categoría de trabajo bastante fino de ILO con el suplemento de 0% asociado. Al menos 50% de detección de objetos define la categoría de trabajo fino o preciso con el suplemento de 2%. Por último, una detección de menos de la mitad de los objetos puede definir el trabajo muy fino o muy preciso con su 5% de suplemento asociado.

Debe notarse que el modelo de Blackwell no define en forma directa el suplemento de descanso. Más bien maneja la habilidad absoluta de detección de objetos, que a su vez se puede usar para definir los suplementos. Entonces, el suplemento de descanso debe ser inversamente proporcional al porcentaje esperado de detección de objetos.

En general, los ángulos de visión pequeños producen los niveles más bajos de desempeño, mientras que el tiempo para ver sólo afecta el desempeño para los niveles de contrastes más altos.

Tensión mental

El estrés mental es muy difícil de medir con claridad para muchos tipos de tareas. No se han definido con exactitud medidas estandarizadas de desempeño para la carga de trabajo mental, y la variabilidad entre individuos que realizan la misma tarea es alta. Además, dar una definición de estrés mental significa entender los factores que componen una tarea compleja, aspecto que los modelos no tienen. Entonces, la investigación de los fundamentos y lo adecuado de los suplementos de descanso necesariamente requiere: 1) un indica-

FIGURA 10-5
Cálculo del suplemento de descanso por estrés visual

La inspección de resistores en tarjetas de circuitos electrónicos puede considerarse una tarea de exactitud que requiere un suplemento de 2% según la guía de ILO. Para confirmar esto, se usan los siguientes cálculos. La tarjeta se observa a una distancia de 12 pulgadas, sin aumento, y las bandas de cada resistencia son de 0.02 pulgadas. El ángulo visual requerido es $3438 \times 0.02/12 = 5.73$ arco-minutos. El cuerpo de la resistencia (fondo de la tarea) tiene una luminancia de 10 pies-Lambert y el contraste entre la banda y el fondo es 0.5. El contraste se divide entre un factor de $1.5 \times 2.5 = 3.75$ para ajustar la detección real y la incertidumbre de la localización (Frievalds y Goldberg, 1988). El tiempo medio para fijar la vista es 0.2 segundos. Al sustituir estos valores en la ecuación de la habilidad de detección se obtiene:

$$\begin{aligned}\%\text{Det} &= 81 \times (0.5/3.73)^{0.2} \times 10^{0.045} \times 0.2^{-0.003} \times 5.73^{0.199} \\ &= 81 \times 0.668 \times 1.109 \times 1.005 \times 1.414 = 85.3\%\end{aligned}$$

Una habilidad de detección de 85.3% está por debajo del 95% y requerirá un suplemento de descanso de 2%.

dor independiente de la complejidad de la tarea y 2) evidencia objetiva del cambio en la producción del trabajo con la fatiga o el tiempo que transcurre en ella. Aun con esta información, las diferencias experimentales en la motivación pueden afectar mucho los resultados observados y conducir a comparaciones inútiles entre estudios. El hecho de que los suplementos de descanso de ILO sean vagos complica las cosas aún más: 1% para procesos bastante complejos; 4% para procesos que requieren un lapso de atención amplio o complejo, y 8% para un proceso muy complejo. En el mejor de los casos, un estudio controlado con medida de lecturas o tareas aritméticas mentales, como los realizados por Okogbaa y Shell (1986), pueden servir como una verificación gruesa de estos suplementos. Las dos tareas se pueden considerar complejas y requieren atención amplia por lo que ameritan 4% de suplemento de descanso. Sin embargo, el desempeño en la lectura disminuye a una tasa de 3.5% por hora, mientras que el aritmético disminuyó a una tasa cercana al 2% por hora. Entonces, la guía de ILO (1957) justifica decrementos en el desempeño debidos a tensión mental durante una hora, pero son inadecuados para periodos más largos y es posible que necesiten modificarse.

Monotonía

La asignación de suplementos por descanso debido a la monotonía, según lo define ILO (1957), es apropiada como "resultado del uso repetido de ciertas facultades mentales, como en la aritmética mental". Las tareas con poca monotonía no reciben suplemento adicional; las tareas con monotonía mediana tienen 1% y las tareas altamente monótonas reciben 4% de suplemento. Como las tareas cognitivas de Okagbaa y Shell (1986) se realizaron durante cuatro horas, quizá también deban recibir un suplemento por monotonía. Sin embargo, agregar el suplemento máximo de 4% sólo se extendería el periodo adecuado de dos horas. Las tareas de vigilancia presentan otro ejemplo de trabajo monótono. Baker, Wake y Sipowicz (1962) observaron que los sujetos detectaron 90% de interrupciones cortas de luz en una lámpara después de una hora de pruebas continuas. Al final de las 10 horas, los sujetos sólo detectaban alrededor de 70% de las señales, o una disminución en el desempeño de 2% por hora. De nuevo, el suplemento de ILO no es suficiente para compensar los decrementos en el desempeño que ocurren en el turnc completo y es necesario desarrollar otros mejores.

Tedio

Los suplementos para tareas tediosas (o tareas repetitivas) son 0% para una tarea algo tediosa, 2% para una tarea tediosa y 5% para una muy tediosa. Como se define en ILO (1957), este suplemento se aplica a elementos en los que existe "uso repetido de ciertos miembros del cuerpo, como dedos, manos, brazos o piernas". En otras palabras, una tarea tediosa utiliza repetidas veces los mismos movimientos físicos, mientras que una tarea monótona usa repetidas veces las mismas facultades mentales. Un estudio de métodos realizado para simplificar el trabajo y hacerlo más eficiente, también tiende a hacerlo más tedioso o repetitivo para trabajadores capacitados, y hace más probable que los operarios estén más expuestos a desórdenes óseomusculares relacionados con el trabajo (vea el capítulo 5).

Con el trabajo de desarrollo de modelos para la evaluación del riesgo de DTA (ANSI, 1995; Seth, Weston y Frievalds, 1998) se encontró que la frecuencia de movimientos, posturas de la mano y muñeca y las fuerzas ejercidas por la mano son los factores clave del riesgo creciente de DTA. Sin embargo, estos modelos, un poco burdos, están lejos de ser confiables y no se validaron para una variedad amplia de trabajos e industrias. Aún así, datos epidemiológicos de NIOSH (1989) han indicado que 10 000 movimientos de muñeca por turno es un punto límite en el que es notorio el aumento de casos de DTA, y que en 20 000 movimientos el número de casos aumenta de manera significativa. Esto parecería implicar que 10 000 movimientos es un límite para que empeore el desempeño y para asignar suplementos de descanso hasta de 100%, que es mucho mayor que lo recomendado por ILO (1957). Es obvio que la mayor parte de estos modelos se encuentran en las etapas de desarrollo y que debe realizarse una amplia validación antes de establecer valores específicos para los suplementos.

SUPLEMENTOS ESPECIALES

Demoras inevitables

Este tipo de demoras se aplica a los elementos de esfuerzo e incluye: interrupciones del supervisor, despachador, analista de estudio de tiempos y otros; irregularidades en los materiales; dificultad para cumplir con las tolerancias y especificaciones y demoras de interferencia cuando se hacen asignaciones de máquinas múltiples .

Como es de esperarse, todos los operarios experimentan numerosas interrupciones en el curso del día de trabajo. El supervisor o líder del grupo puede interrumpirlo para darle instrucciones o aclarar cierta información escrita. El inspector puede interrumpir para señalar las razones del trabajo defectuoso que pasó por la estación de trabajo de éste. Las interrupciones también se deben a quienes planean el trabajo, lo expeditan, a compañeros de trabajo, a personal de producción y otros.

Las demoras inevitables con frecuencia son resultado de irregularidades en el material. Por ejemplo, éste puede estar en el lugar equivocado; tal vez es demasiado suave o duro, o demasiado largo o corto; puede haber un exceso de desechos en él, como en la forja cuando el dado se desgasta o en moldeo debido a mala limpieza. Cuando hay desviaciones sustanciales de las especificaciones estándar de material, quizá el suplemento normal por demoras inevitables no sea adecuado. El analista debe volver a estudiar el trabajo y dar tiempo para los elementos adicionales que introducen estas irregularidades.

Si se asigna más de una instalación al operario durante la jornada, una o más máquinas deben esperar hasta que el operario termina el trabajo en otra. Mientras más instalaciones se le asignen, mayor será la demora por interferencia. En la práctica, la interferencia de máquinas ocurre entre 10 y 30% del tiempo total de trabajo, con extremos de 0 a 50% (Maynard, 1956). La interferencia total depende del número de máquinas asignadas, la aleatoriedad en el tiempo de servicio requerido, la proporción de tiempo de servicio y tiempo de producción, la longitud de los periodos de producción y el tiempo medio de servicio.

Cuando se asignan de dos a seis máquinas, se recomienda usar las curvas empíricas que se muestran en la figura 10-4. Para siete máquinas o más, se puede usar la siguiente expresión:

$$I = 50\left[\sqrt{[(1 + X - N)^2 + 2N]} - (1 + X - N)\right]$$

donde: I = interferencia expresada como porcentaje del tiempo medio de atención,
X = razón del tiempo medio de producción al tiempo medio de atención,
N = número de máquinas asignadas al operario.

La cantidad de interferencia se relaciona con el desempeño del operario. Entonces, el operario que muestra un bajo nivel de esfuerzo experimenta más interferencia de máquinas que el que, por medio de su esfuerzo reduce el tiempo que pasa atendiendo una máquina parada. El analista determina el tiempo de interferencia normal que, sumado al tiempo de producción que requiere la máquina para procesar una unidad y al tiempo normal que pasa el operario dando servicio a la máquina parada, es igual al tiempo del ciclo. El tiempo de ciclo dividido entre el tiempo de producción de cada máquina, multiplicado por el número de máquinas asignadas al operario, da la producción promedio de la máquina por hora. Entonces, se tiene la expresión:

$$O = \frac{NT_1}{C}$$

donde: O = horas de producción de la máquina por hora,
N = número de máquinas asignadas al operario,

FIGURA 10-4
Interferencia en el porcentaje de tiempo de atención cuando el número de máquinas asignadas a un operario es seis o menos

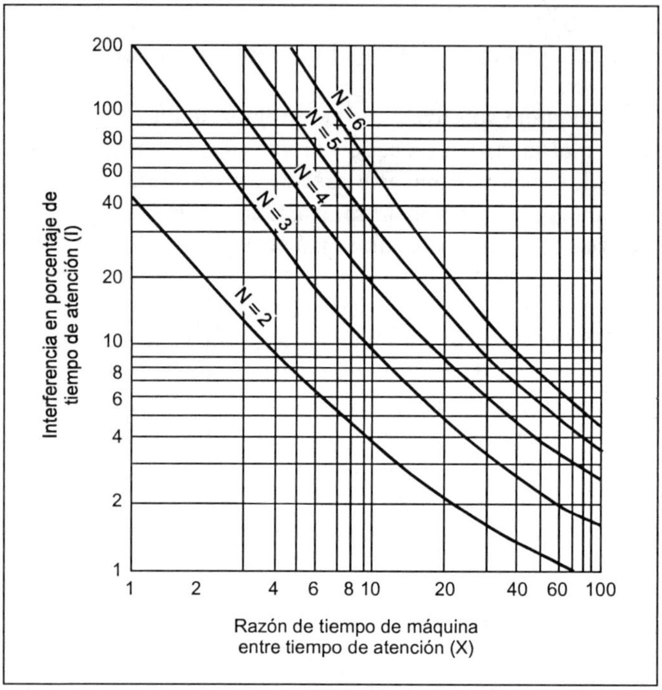

T_1 = tiempo de producción (horas) para fabricar una pieza,
C = tiempo de ciclo para producir una pieza,

y

$$C = T_1 + T_2 + T_3$$

donde: T_2 = tiempo (horas) que pasa un operario normal atendiendo una máquina parada,
T_3 = tiempo perdido por un operario normal que trabaja a paso normal debido a interferencia.

Con los modelos de teoría de colas, los analistas han desarrollado tablas en las que el intervalo entre los tiempos de servicio tiene distribución exponencial y el tiempo de servicio es constante o bien, exponencial. La tabla A3-13 del apéndice 3, proporciona estos valores para distintos valores de k, que es la razón del tiempo de servicio entre el tiempo de producción de la máquina, $k = T_2/T_1$.

Demoras evitables

No es costumbre asignar suplementos por retrasos evitables, como son visitas a otros operarios por motivos sociales, detenciones sin razón y ociosidad que no corresponde al des-

EJEMPLO 10-6
Suplemento de descanso por interferencia de máquinas

En la producción de púas se asigna a un operario 60 pernos. El tiempo medio de producción por paquete (unidad de producción), determinado en un estudio con cronómetro, es 150 minutos. El tiempo medio de atención estándar es 3 minutos. El cálculo de la interferencia de máquinas, expresado como porcentajes del tiempo medio de atención del operario es:

$$I = 50\left[\sqrt{[(1 + X - N)^2 + 2N]} - (1 + X - N)\right]$$

$$= 50\left[\sqrt{\left(1 + \frac{150}{3.00} - 60\right)^2 + 120} - \left(1 + \frac{150}{3.00} - 60\right)\right]$$

$$I = 50\left[\sqrt{(1 + 50 - 60)^2 + 120} - (1 + 50 - 60)\right]$$

$$I = 1.160\%$$

Entonces se tiene:

Tiempo de producción de máquina	150.00 min
Tiempo de atención, incluyendo suplementos personales, por fatiga y demoras inevitables	3.00 min
Tiempo de interferencia (11.6)(3.00)	34.80 min
Tiempo estándar para 60 paquetes	187.80 min
Tiempo estándar por paquete	$\frac{187.80}{60} = 3.13$ min

canso para recuperarse de la fatiga. Aunque los operarios pueden tomar estas demoras a costa de la producción, no se asignan suplementos por estas detenciones de trabajo en el desarrollo de los estándares.

Suplementos adicionales

En el oficio de metales y operaciones relacionadas, es común que el suplemento por demoras personales inevitables y fatiga se acerque a 15%. Sin embargo, en ciertos casos puede ser necesario un suplemento adicional para obtener un estándar justo. Por ejemplo, para un lote de materia prima abajo del estándar, tal vez el analista deba agregar un suplemento adicional para tomar en cuenta el alto número de rechazos no esperado. Puede surgir una situación en la que debido a la descompostura de una grúa de brazo, el operario se ve obligado a colocar un molde de 50 libras en el sujetador de la máquina. Será necesario un suplemento adicional para la fatiga extra por el manejo manual del trabajo.

Siempre que sea práctico, el analista debe establecer suplementos por el trabajo adicional, para esto divide la operación en elementos y después incluye los tiempos de suple-

EJEMPLO 10-7
Suplemento de descanso por interferencia de máquina, mediante teoría de colas.

Con referencia al ejemplo 10-6,

$$k = \frac{3.00}{150.00} = 0.02$$

$$N = 60$$

De la tabla A3-13 del apéndice 3, con tiempo de servicio exponencial, $k = 0.02$ y $N = 60$, se tiene un tiempo de espera (demora por interferencia) de 16.8% del tiempo de ciclo. Si el tiempo de interferencia se denota por T_3, se tiene $T_3 = 0.168C$, donde C es el tiempo de ciclo para producir una unidad por perno. Entonces.

$$150 + 3.00 + 0.168C = C$$

$$0.832C = 153$$

$$C = 184 \text{ minutos}$$

y

$$T_3 = 0.168C = 30.9 \text{ minutos}$$

El tiempo de interferencia calculado por la ecuación es muy cercano al desarrollado por el modelo de teoría de colas. Sin embargo, conforme N (el número de máquinas asignadas) disminuye, la diferencia proporcional entre las técnicas aumenta.

mento en los elementos específicos. Si esto no es práctico, el analista debe proporcionar el suplemento adicional para toda la operación.

Un suplemento adicional que se usa a menudo, en especial en la industria del acero, es un porcentaje agregado a una parte o a todo el ciclo para tomar en cuenta el tiempo que el operario observa el proceso para mantener una operación efectiva. Este suplemento se conoce como suplemento de “tiempo de atención” y puede cubrir situaciones como un inspector que observa una placa de aluminio que sale de la línea, un primer ayudante que observa las condiciones de un recubrimiento fundido o que recibe instrucciones del fundidor, o el operador de una grúa que recibe instrucciones del colocador de la carga. Por ejemplo, la compañía USX (antes US Steel) agrega 35% de suplemento de atención al tiempo real requerido.

Este suplemento adicional proporciona un incentivo al operario para mantener su maquinaria en producción durante todo el periodo de trabajo. Sin este suplemento, sería imposible que los operarios ganaran lo mismo que sus compañeros trabajadores. Por ejemplo, si la porción controlada por la máquina en un ciclo es 2 minutos y la controlada por el operario es 1 minuto normal, éstos tendrían que trabajar a un paso 25% más alto que lo normal para obtener un incremento de 7% en la productividad, de la siguiente manera:

$$\frac{3 \text{ minutos (tiempo de ciclo normal)}}{2 \text{ min (control de máq.)} + \dfrac{1 \text{ min (tiempo de esfuerzo normal)}}{1.25 \text{ (desempeño del operario)}}} = 1.07$$

$$1.07 - 1.00 = 0.07$$

que es el incremento en productividad cuando el operario trabaja 25% más rápido que lo normal durante la parte de esfuerzo del ciclo. Si la administración agrega un suplemento adicional de 25% a la parte del ciclo controlada por la máquina, los operarios pueden lograr un incentivo del 25% si trabajan a un paso 25% arriba del normal y no usan más suplementos que los proporcionados para demoras personales, inevitables y fatiga.

Tiempo de limpieza y lubricación de la estación de trabajo

El tiempo requerido para limpiar la estación de trabajo y lubricar la máquina del operario se puede clasificar como demora inevitable. Cuando estos elementos son responsabilidad del operario, la administración debe aplicar un suplemento. A menudo, los analistas incluyen este tiempo como suplemento del tiempo de ciclo total cuando el operario realiza estas funciones. El tipo y tamaño de equipo y el material que se fabrica tienen un efecto considerable en el tiempo requerido para estas tareas. Una compañía desarrolló una tabla de suplementos que cubren estos aspectos (vea las tablas 10-7, 10-8 y 10-9). Los supervisores con frecuencia dan al operario 10 o 15 minutos al final del día para ejecutar dichos elementos. Cuando es así, los estándares establecidos no incluyen suplementos por limpieza y lubricación de la máquina.

Tiempo de máquina de alimentación automática

El suplemento necesario para los elementos de alimentación automática difiere del requerido para los elementos de esfuerzo. Considere los dos factores siguientes en la alimentación automática: descomposturas y mantenimiento de herramientas. Se asignan suplementos para descomposturas debidas a problemas menores. Si es necesaria una reparación mayor, se proporcionará un suplemento adicional. Éste no se aplicará dentro del estándar, sino que será un estándar independiente que cubre la reparación de la máquina.

TABLA 10-7
Valores de suplementos para limpieza de máquinas

Aspecto	Porcentaje por máquina		
	Grande	Mediana	Pequeña
1. Limpiar máquina cuando se usan lubricantes	1	¾	½
2. Limpiar máquina cuando no se usa lubricante	¾	½	¼
3. Limpiar y guardar grandes cantidades de equipo y herramientas	½	½	½
4. Limpiar y guardar pequeñas cantidades de equipo y herramientas	¼	¼	¼
5. Apagar máquina para limpieza (este porcentaje es para máquinas equipadas con recogedores de virutas, que se detienen a intervalos para limpiarlas)	1	¾	½

TABLA 10-8
Clasificación de máquinas

Máquina grande	Máquina mediana
1. Torno revólver (con boquilla de 20 pulg o más)	1. Torno revólver (boquilla de 10 a 20 pulg)
2. Taladro (60 pulg o más)	2. Taladro (menos de 60 pulg)
3. Troquel (100 ton o más)	3. Troquel (40 a 100 ton)
4. Cepillo (más de 48 pulg)	

TABLA 10-9
Suplementos para lubricación de máquinas

Aspecto	Porcentaje por máquina		
	Grande	Mediana	Pequeña
1. Máquina lubricada o engrasada a mano	1½	1	½
2. Máquina de lubricación automática	½	½	½

El mantenimiento de la herramienta proporciona un suplemento al operario para realizar esta operación después de la preparación original. En el tiempo de preparación, se espera que el operario tenga herramientas de primera en posición correcta. En general, el mantenimiento de herramientas pequeñas tiene lugar durante la corrida de producción normal. En corridas largas, las herramientas deben afilarse a intervalos. El porcentaje de suplemento para dicho mantenimiento varía directamente con el número de herramientas perecederas en la preparación. Como ejemplo, en la tabla 10-10 se muestra el suplemento para este mantenimiento de un fabricante.

Suplementos por política

Un suplemento por política se usa para proporcionar un nivel satisfactorio de ingresos por un nivel especificado de desempeño en circunstancias excepcionales. Tales suplementos pueden comprender empleados nuevos, discapacidades, trabajadores de trabajo ligero, etc. Lo normal es que la administración decida estos suplementos quizá en las negociaciones con el sindicato.

APLICACIONES DE LOS SUPLEMENTOS

El objetivo fundamental de todos los suplementos es agregar tiempo suficiente al tiempo normal de producción para que el trabajador promedio cumpla con el estándar cuando tiene un desempeño estándar. Existen dos maneras de aplicar los suplementos. La más común es añadir un porcentaje al tiempo normal, de forma que el suplemento se basa sólo en un porcentaje de tiempo de productividad. También es costumbre expresarlo como un multiplicador, para que el tiempo normal (*TN*) se ajuste al tiempo estándar (*TE*).

TABLA 10-10
Suplementos para mantenimiento de herramientas

	Porcentaje
1. Una o más herramientas colocadas en el depósito	1
2. Una herramienta afilada por el operario	3
3. Dos o más herramientas de corte afiladas una vez por el operario	6

$$TE = TN + TN \times \text{suplemento} = TN \times (1 + \text{suplemento})$$

donde: TE = tiempo estándar,
TN = tiempo normal.

Entonces, si se proporciona un suplemento de 10% en una operación dada, el multiplicador será $1 + 0.1 = 1.1$.

Por ejemplo, el cálculo para un suplemento total puede ser:

Necesidades personales	5.0 %
Fatiga básica	4.0
Demora inevitable	1.0
Total	10.0 %

Después, el tiempo normal se multiplica por 1.1 para determinar el tiempo estándar. Para el ejemplo del estudio de tiempos de la figura 8-11, el tiempo normal promedio de 0.177 minutos para el elemento #1 se multiplica por 1.1, que corresponde al suplemento de 10% para llegar a un tiempo estándar de 0.195 minutos. De una jornada de trabajo de 480 minutos, el operario trabajaría $480/1.1 = 436$ minutos y contaría con 44 minutos de descanso. (Para la localización adecuada de este descanso, vea el capítulo 4.)

Algunas compañías aplican el porcentaje de suplemento al día completo de trabajo, ya que tal vez no se conozca el tiempo de producción real. Para el ejemplo anterior, el multiplicador de los tiempos normales se convierte en $100/(100 - 10) = 1.11$ (en lugar de 1.1), y el tiempo estándar del elemento 1 es 0.196. De la jornada de trabajo de 480 minutos, $480 \times 0.1 = 48$ minutos (en lugar de 44 minutos) se asignarán al descanso. Aunque la diferencia entre los dos enfoques no es grande, puede sumar más de un año para varios cientos de trabajadores. Ésta sería, entonces, una decisión de políticas de una compañía.

RESUMEN

Al establecer los valores de los suplementos de un estudio de tiempos, el analista debe tener el mismo cuidado que en los estudios individuales. Sería inútil dividir con cuidado la tarea en elementos, medir con precisión la duración de cada uno en centésimas de minuto, evaluar con exactitud el desempeño del operario, y después asignar un suplemento arbitrario al azar. Si los suplementos son demasiado altos, los costos de manufactura se inflan de manera indebida. Si son demasiado bajos, se obtienen estándares estrechos, que causan malas relaciones de mano de obra y la falla eventual de los sistemas.

Los suplementos típicos usados en la industria se encuentran en la investigación industrial de 42 plantas diferentes mencionadas al inicio del capítulo. El suplemento total promedio más pequeño fue 10%, en una planta fabricante de electrodomésticos. El suplemento mayor total fue 35%, de hecho, en dos plantas distintas de la industria del acero. El promedio de todas las plantas fue 17.7%.

La tabla 10-11 proporciona una guía para asignar suplementos de una manera más cuantitativa que los hechos hasta ahora. Esta guía es adecuada en especial para posiciones anormales, uso de fuerza, condiciones atmosféricas y otras condiciones del entorno de trabajo. Los suplementos de estrés visual, tensión mental, monotonía y tedio son, en la actualidad, menos confiables y deben desarrollarse con mayores detalles.

PREGUNTAS

1. ¿Qué áreas principales intentan cubrir los suplementos?

2. ¿Cuáles son los dos métodos usados en el desarrollo de los datos de suplementos estándar? Dé una explicación breve de la aplicación de cada técnica.

3. Proporcione varios ejemplos de demoras personales. ¿Qué porcentaje de suplemento parece adecuado para las demoras personales en las condiciones normales de una planta?

4. ¿Cuáles son algunos de los factores más importantes que afectan la fatiga?

5. ¿Por qué quienes defienden el sistema MTM de datos de movimientos fundamentales afirman que no deben asignarse suplementos por fatiga?

6. ¿Qué interrupciones del operario forman parte de los suplementos por retrasos inevitables?

7. ¿Qué porcentaje de suplemento es normal asignar para retrasos inevitables?

8. ¿Cuáles son los suplementos adicionales que se asignan?

9. ¿Por qué el suplemento por fatiga se aplica con frecuencia a las áreas de esfuerzo del ciclo de trabajo?

10. ¿Por qué los suplementos se basan en un porcentaje del tiempo productivo?

11. ¿Cuáles son las ventajas de que los operarios limpien y lubriquen sus propias máquinas?

12. ¿Cuándo sería adecuado agregar los suplementos mostrados en la tabla 10-2?

13. Explique varias razones para no aplicar suplementos adicionales a las operaciones, si la mayor parte del ciclo es un proceso controlado por la máquina y el tiempo del elemento es pequeño comparado con el tiempo de ciclo.

TABLA 10-11
Tabla de suplementos revisados

SUPLEMENTOS CONSTANTES	
Necesidades personales	5
Fatiga básica	4
SUPLEMENTOS VARIABLES DE DESCANSO	
Suplementos por postura	
De pie	2
Incómoda (agachado, acostado, en cuclillas)	10
Niveles de iluminación	
Un nivel (una subcategoría de IES) abajo de lo recomendado	1
Dos niveles abajo de lo recomendado	3
Tres niveles abajo de lo recomendado	5
Estrés visual (atención estrecha)	
Trabajo fino o de precisión	2
Trabajo muy fino con mucha precisión	5
Estrés mental	
Primera hora	2
Segunda hora	4
Cada hora sucesiva	+2
Monotonía	
Primera hora	2
Segunda hora	4
Cada hora sucesiva	+2
Uso de fuerza o energía muscular	
Tomar repetidas veces o levantamientos poco frecuentes (<1 levantamiento cada 5 minutos)	$SD = 1800*(t/T)^{1.4}*(f/F - 0.15)^{0.5}$, donde $T = 1.2/(f/F - 0.15)^{0.618} - 1.21$
Levantamientos frecuentes (>1 levantamiento cada 5 minutos)	Usar guía de levantamiento de NIOSH con $LI < 1.0$
Actividades de todo el cuerpo	$SD = (\Delta W/4 - 1) * 100$ o $SD = (\Delta RC/40 - 1) * 100$
Condiciones atmosféricas	$SD = \exp(-41.5 + 0.0161W + 0.497\ TGBH)$
Nivel de ruido	$SD = 100*(D - 1)$, donde $D = C_1 / T_1 + C_2 / T_2 + \cdots$
Repetitividad (tedio)	
Estándar no establecido aún ...	Usar análisis de riesgo de DTA y mantener índice de riesgo < 1.0

PROBLEMAS

1. Desarrolle un factor de suplemento para un elemento de ensamble donde el operario está de pie en una posición un poco incómoda, levanta un peso de 15 libras con regularidad y tiene buena luz y condiciones atmosféricas. La atención requerida es fina, el nivel de ruido es continuo a 70 dBA y el estrés mental es bajo, igual que la monotonía y el tedio de la tarea.

2. Calcule el suplemento por fatiga para una operación en la que el operario carga y descarga un molde de hierro gris de 25 libras una vez cada cinco minutos a una altura de 30 pulgadas.

3. ¿Cuál sería el suplemento en el problema 2 si la frecuencia aumentara a 5 por minuto?

4. En la compañía XYZ, un estudio de un día reveló las siguientes fuentes de ruido: 0.5 h, 100 dBA; 1 h, menos de 80 dBA; 3.5 h, 90 dBA; 3 h, 92 dBA. Calcule el suplemento por descanso.

5. ¿Qué suplemento por fatiga debe asignarse a una tarea que toma 1.542 minutos ejecutarla al final de un periodo de trabajo continuo, pero sólo toma 1.480 minutos al principio del trabajo continuo?

6. Con base en la tabla de ILO, cuál sería el factor de suplemento para un elemento de trabajo que requiere una fuerza para jalar 42 libras, con luz adecuada para el trabajo de precisión que se requirió.

7. Calcule los suplementos por fatiga para un trabajador que palea material de desperdicio en un contenedor. El ritmo cardiaco del operario al trabajar es alrededor de 130 pulsaciones/min y el ritmo cuando descansa es 70 pulsaciones/min.

8. Calcule el suplemento por fatiga para un operario que pesa 200 libras que supervisa un alto horno de acero estando de pie cerca del horno. El índice de TGBH indica 92°F.

9. Compare el suplemento por demora por interferencia con el modelo de teoría de colas y con la ecuación de interferencia de máquina, si N = 20, el tiempo medio de producción de la instalación es 120 minutos y el tiempo de atención es 3 minutos.

REFERENCIAS

Åberg, V. K. Elgstrand, P. Magnus y A. Lindholm. "Analysis of Components and Prediction of Energy Expenditure in Manual Tasks", *The International Journal of Production Research*, 6, núm. 3 (1968), pp. 189–196.

ANSI. *Control of Work-Related Cumulative Trauma Disorders -Part 1: Upper Extremities*, ANSI Z-365 Working Draft. Itasca, NY: American National Standards Institute, 1995.

Baker, R. A., J. R. Ware y R. R. Sipowicz. "Signal Detection by Multiple Monitors", *Psychological Record*, 12, núm. 2 (abril 1962), pp. 133–137.

Bennett, C. A., A. Chitlangia y A. Pangrekar. "Illumination Levels and Performance of Practical Visual Tasks", *Proceedings of the 21st Annual Meeting of the Human Factors Society* (1977), pp. 322–325.

Blackwell, H.R. "Brightness Discrimination Data for the Specification of the Quantity and Quality of Illumination", *Illuminating Engineering* (1952), p. 602.

Brey, E. E. "Fatigue Research in Its Relation to Time Study Practice", *Proceedings, Time Study Conference*, Chicago, IL: Society of Industrial Engineers, febrero 14, 1928.

Chaffin, D. B., A. Freivalds y S. R. Evans. "On the Validity of an Isometric Biomechanial Model of Worker Strengths." *IIE Transactions*, 19, núm. 3 (septiembre, 1987), pp. 280–288.

Davis, H. L., T. W. Faulkner y C. L. Miller. "Work Physiology", *Human Factors*, 11, núm. 2 (abril, 1969), pp. 157–165.

Freivalds, A. "Development of an Intelligent Knowledge Base for Heat Stress Evaluation", *International Journal of Industrial Engineering*, 2, núm. 1 (noviembre, 1987), pp. 27–35.

Freivalds, A. y J. Goldberg. "Specification of Bases for Variable Relaxation Allowances", *The Journal of Methods-Time Measurement*, 14 (1988), pp. 2–29.

Garg, A., D. B. Chaffin y G. D. Herrin. "Prediction of Metabolic Rates for Manual Materials Handling Jobs", *American Industrial Hygiene Association Journal*, 39, núm. 12 (diciembre, 1978), pp. 661–674.

IES. *IES Lighting Handbook Reference Volume*, Nueva York: Illuminating Engineering Society of North America, 1981.

ILO. *Introduction to Work Study*, 1ª Ed., Geneva, Switzerland: International Labour Office, 1957.

ILO. *Introduction to Work Study*, 3ª Ed., Geneva, Switzerland: International Labour Office, 1979.

Konz, S. *Work Design*, 4ª Ed., Scottsdale, AZ: Publishing Horizons, Inc., 1995.

Lazarus, I. "Inaccurate Allowances Are Crippling Work Measurements", *Factory* (abril, 1968), pp. 77–79.

Maynard, H. B. *Industrial Engineering Handbook*, Nueva York: McGraw-Hill, 1956.

Moodie, Colin L. "Assembly Line Balancing", en *Handbook of Industrial Engineering*, 2ª Ed., Ed. Gavriel Salvendy. Nueva York: John Wiley & Sons, 1992.

MTM Association. *Work Measurement Allowance and Survey*, Fair Lawn, NJ: MTM Association, 1976.

Murrell, K.F.H. *Human Performance in Industry*, Nueva York: Reinhold Publishing, 1965.

NIOSH. *Criteria for a Recommended Standard for Occupational Exposure to Hot Environments*, Washington, DC: National Institute for Occupational Safety and Health, Superintendent of Documents, 1986.

NIOSH *Health Hazard Evaluation - Eagle Convex Glass Co.*, HETA 89-137-2005. Cincinnati, OH: National Institute for Occupational Safety and Health, 1989.

Okogbaa, O.G. y R. L. Shell. "The Measurement of Knowledge Worker Fatigue", *IIE Transactions*, 12, núm. 4 (diciembre, 1986), pp. 335–342.

Rohmert, W. "Problems in Determining Rest Allowances, Part I: Use of Modern Methods to Evaluate Stress and Strain in Static Muscular Work", *Applied Ergonomics*, 4, núm. 2 (junio, 1973), pp. 91–95.

Rohmert, W. "Ermittlung von Erholungspausen für statische Arbeit des Mensche." *Internationale Zeitschrift für Angewandte Physiologie einschließlich Arbeitsphysiologie*, 18 (1960), pp. 123–140.

Seth, V., R. Weston y A. Freivalds. "Development of a Cumulative Trauma Disorder Risk Assessment Model", *International Journal of Industrial Ergonomics*, 23, núm. 4 (marzo, 1999), pp. 281-291.

Silverstein, B. A., L. J. Fine y T. J. Armstrong. "Occupational Factors and Carpal Tunnel Syndrome", *American Journal of Industrial Medicine*, 11, núm. 3 (1987), pp. 343–358.

Stecke, Kathryn E. "Machine Interference: Assignment of Machines to Operators", en *Handbook of Industrial Engineering*, 2ª Ed., Ed. Gavriel Salvendy. Nueva York: John Wiley & Sons, 1992.

CAPÍTULO 11

Datos de estándares

PUNTOS CLAVE

- Usar datos de estándares que comprendan una colección de tiempos normales gráficos o tabulados para los movimientos de los elementos del trabajo.
- Mantener separados los elementos de preparación y cíclicos.
- Mantener separados los elementos constantes y variables.
- Agregar suplementos después de sumar los tiempos de los elementos para obtener un nuevo estándar de tiempo.

Los datos de tiempos estándar son los tiempos de los elementos obtenidos en estudios, que han demostrado ser precisos y confiables. Los analistas clasifican y archivan los estándares de los elementos para poder usarlos cuando los necesitan. Por ejemplo, al usar estos estándares, un analista puede determinar cuánto debe tomar a un operario normal recoger un pequeño molde, montarlo, cerrar el montaje, asegurar la parte con un sujetador de acción rápida, avanzar el husillo de la prensa y efectuar el resto de los elementos requeridos para producir la parte.

La aplicación de los datos de tiempo estándar es, en esencia, una extensión del mismo proceso usado para llegar a los tiempos de suplementos a través del estudio de tiempos con cronómetro. El principio de aplicación de los datos de estándares no es nuevo; hace muchos años, Frederick W. Taylor propuso que cada tiempo de elemento establecido se indexara de manera que pudiera usarse para establecer tiempos estándar en trabajos futuros. En la actualidad, cuando se habla de datos de estándares, se hace referencia a todos los estándares de elementos tabulados, curvas, gráficas de alineación y tablas que permiten la medición de una tarea específica sin el uso de un cronómetro o reloj.

Los datos de estándares pueden tener varios niveles de refinamiento: movimiento, elemento y tarea. Cuanto más refinado sea el dato del estándar, más amplio será su uso. Entonces, los datos de estándares de movimiento tienen la mayor aplicación, pero toma más tiempo desarrollarlo que los estándares de las tareas o de los elementos. El dato del estándar del elemento tiene una aplicación amplia y permite un desarrollo más rápido que los de movimiento. Este capítulo está dedicado a los datos de estándares de los elementos, y en el capítulo 13 se estudian los datos de movimientos estándar y su uso al predeterminar el tiempo estándar.

Los estándares de trabajo calculados a partir de los datos de estándares son relativamente consistentes ya que los elementos tabulados son el resultado de muchos estudios probados con cronómetro. Como los valores están tabulados, sólo es necesario acumular los elementos requeridos para establecer un estándar, y los integrantes del equipo de estudio de tiempos en una compañía deben llegar a estándares de desempeño idénticos para un método dado. Entonces, se asegura la consistencia en los estándares establecidos por diferentes analistas en una planta, al igual que para los calculados por un observador de estudio de tiempos.

Casi siempre es más rápido calcular los estándares para una tarea nueva a través de los datos de estándares que con un estudio de tiempos con cronómetro. Esto permite establecer estándares de operaciones de mano de obra indirecta para las que es menos práctico realizar estudios con cronómetro. Un analista de medición del trabajo puede establecer cinco calificaciones por día mediante los métodos de cronómetro. Con el uso de los datos de estándares se pueden calcular 25 calificaciones por día. Además, los datos de estándares permiten establecer el tiempo estándar para una gran variedad de tareas. La tabla 11-1 ilustra la cobertura posible cuando se determinan los datos de estándares de los elementos.

DESARROLLO DE DATOS DE TIEMPO ESTÁNDAR

Enfoque general

Para desarrollar datos de tiempo estándar, debe distinguirse entre los elementos constantes y los variables. Un elemento constante es aquel cuyo suplemento permanece casi igual en cualquier parte del trabajo, dentro de un intervalo específico. Un elemento variable es aquel cuyo suplemento varía dentro de un intervalo específico de trabajo. Así, el elemento "iniciar la máquina" sería constante mientras que el elemento "hacer un barreno de ¾ de pulgada" varía con la profundidad del agujero, la alimentación y la velocidad del taladro.

Los datos de estándares se indexan y archivan conforme se desarrollan. También, los elementos de preparación se separan de los elementos incorporados a cada porción de

TABLA 11-1
Eficiencia de los datos de estándares

Operación	Número de estudios de tiempo tomados para desarrollar los datos de estándares	Número de estándares establecidos en un año a partir de datos de estándares desarrollados	Porcentaje de estándares establecidos que estarían cubiertos por estudios con cronómetro
Fabricación de núcleos	60	7500	0.8
Desbastado con esmeril	40	656	6.1
Inspección visual	53	422	12.6
Operación con torno revólver	100	600	16.7

Fuente: Phil Carroll, Jr., "Notes on Standard Elemental Data", *Modern Machine Shop*, abril de 1950, p. 176.

tiempo y los elementos constantes se separan de los variables. Los datos de estándares comunes para la operación de máquinas se tabulan de la siguiente manera:

1. Preparación
   a. Constantes
   b. Variables
2. Cada pieza
   a. Constantes
   b. Variables.

Los datos de estándares se compilan a partir de los distintos elementos en los estudios de tiempos. Sólo los estudios válidos, probados por medio de su utilización, se incluyen en los datos. Al tabular datos de estándares deben definirse con cuidado y claridad los puntos terminales. De otra manera, puede haber un traslape de tiempo en los datos registrados. Por ejemplo, en el elemento "por falta de material" en un torno revólver Warner & Swasey núm. 3 alimentado con barras, el elemento puede incluir alcanzar la palanca de alimentación, tomar la palanca, deslizar la barra por la boquilla hasta el tope de la torre hexagonal, cerrar la boquilla y alcanzar la manija de la torreta. Pero por otro lado, este elemento puede incluir sólo pasar la barra por la boquilla hasta el tope. Como los elementos de los datos de estándares se reúnen a partir de un gran número de estudios tomados por diferentes observadores, deben estar bien definidos los límites o puntos terminales de cada elemento. La figura 11-1 ilustra una forma para resumir los datos tomados en estudios individuales para desarrollar los datos de estándares para máquinas de moldeo con matriz.

Para cumplir con una necesidad específica en una tabulación de datos de estándares, se puede recurrir a la medición del trabajo del elemento en cuestión. Un cronómetro electrónico proporciona una exactitud hasta de 0.001 minutos (vea el capítulo 8). En este análisis se registró el tiempo transcurrido del elemento con el método de regresos a cero, ya que en general interesa determinar el suplemento sólo para unos cuantos elementos comprendidos en el estudio. Una vez terminadas las observaciones, el analista resume los tiempos del elemento y determina la media, como en el caso de un estudio de tiempos. Después califica el desempeño de los valores promedio y le agrega un suplemento, para obtener los tiempos asignados justos.

En ocasiones, debido a la brevedad de los elementos individuales, es imposible medir la duración de cada uno. Sin embargo, se pueden determinar sus valores individuales tomando tiempos a grupos de elementos y al mismo tiempo usando las ecuaciones para obtenerlos de manera individual, como se muestra en el ejemplo 11-1.

Al determinar los elementos de datos de estándares con ecuaciones simultáneas, tiene que haber consistencia en las lecturas del cronómetro en los puntos terminales de los elementos establecidos. Como se afirmó, la inconsistencia al establecer los puntos terminales da como resultado elementos incorrectos para los datos de estándares.

Cálculo de tiempos de corte

Si los analistas conocen las alimentaciones y velocidades para diversos tipos de material, pueden calcular y tabular los tiempos de corte para distintas operaciones de maquinado. La tabla 11-2 proporciona las velocidades y alimentaciones recomendadas para brocas de alta

FIGURA 11-1
Forma del desarrollo de datos de estándares

MÁQUINA DE MOLDEO CON MATRIZ

Parte núm. __________ Máq. núm. y tipo ________________ Operario ____________ Fecha ______________

De ________________ Núm. de partes en bandeja __________ Método para colocar partes en bandeja ______ Peso total de piezas y molde ______________

________ Núm de partes por inyección ________ Metal líquido ________ Metal plástico ________ Enfriam. ____Limpieza ____ Vaciado ___

Capacidad en lb del depósito ____________ Descripción del engrase ____

____

____

Descripción de aflojado de la pieza ____

____

Descripción de localización ____

____

____

ELEMENTOS	TIEMPO	PUNTOS TERMINALES
Colocar metal en depósito	______	Todo el tiempo de espera mientras se vacía el metal
Enfriar metal	______	Desde que el operario comienza a agregar metal frío al metal líquido en el depósito, hasta que deja de hacerlo
Quitar escoria del metal	______	Desde que el operario comienza la limpieza hasta que haya quitado toda la escoria
Llenar cucharón con metal	______	Desde que el cucharón comienza a sumergirse en el metal hasta que llega a la orilla de la máquina o hasta que el cucharón comienza a inclinarse para el vaciado
Vaciar metal	______	Desde que el cucharón comienza a inclinarse para el vaciado hasta que llega lleno a la orilla de la máquina
Vaciar el metal del cucharón en la máquina	______	Desde que el cucharón lleno llega a la orilla de la máquina hasta que el pie comienza a accionar la prensa
Iniciar la acción de la prensa	______	Desde que el pie comienza a moverse hacia el pedal hasta que la prensa comienza a bajar
Prensado	______	Completar el accionamiento de la prensa
Sostener el émbolo abajo	______	Desde que el émbolo se detiene abajo hasta que comienza a moverse hacia arriba
Presionar botón y elevar el lingote	______	Desde que el émbolo deja de moverse hasta que se saca el lingote de la cavidad
Sacar el lingote, soltarlo, levantar	______	Desde que se levanta el lingote de la cavidad hasta que se empuja a la bandeja o al depósito
Accionar el pedal para abrir la matriz	______	Desde que el pie comienza a moverse hacia el pedal hasta que la matriz comienza a abrirse
Esperar a que se abra la matriz	______	Desde que la matriz comienza a abrirse hasta que deja de moverse
Quitar la pieza de la matriz	______	Desde que la matriz deja de moverse hasta que la pieza sale de la cavidad
Colocar pieza en bandeja	______	Desde que la pieza se libera de la cavidad hasta que está colocada en la bandeja

velocidad de carburo de tungsteno usadas con distintos tipos de material. Varios manuales técnicos publicados por los fabricantes de herramientas también incluyen esta información. También puede ser útil el uso de las herramientas de construcción de fórmulas (vea el capítulo 12).

FIGURA 11-1
Cálculo de los tiempos de elementos breves

El elemento a es "tomar una pequeña pieza fundida", el b es "colocarla en la plantilla", el c es "cerrar la cubierta", el d es "posicionar la plantilla", el e es "avanzar el husillo", y así sucesivamente. Estos elementos se pueden cronometrar en grupo, como sigue:

$$a + b + c = \text{elemento 1} = 0.070 \text{ min} = A \quad (1)$$
$$b + c + d = \text{elemento 3} = 0.067 \text{ min} = B \quad (2)$$
$$c + d + e = \text{elemento 5} = 0.073 \text{ min} = C \quad (3)$$
$$d + e + a = \text{elemento 2} = 0.061 \text{ min} = D \quad (4)$$
$$e + a + b = \text{elemento 4} = 0.068 \text{ min} = E \quad (5)$$

Primero, se suman estas cinco ecuaciones:

$$3a + 3b + 3c + 3d + 3e = A + B + C + D + E$$

Después, sea

$$A + B + C + D + E = T$$
$$3a + 3b + 3c + 3d + 3e = T = 0.339 \text{ min}$$

y

$$a + b + c + d + e = \frac{0.339}{3} = 0.113 \text{ min}$$

Por lo tanto,

$$A + d + e = 0.113 \text{ min}$$

Entonces,

$$d + e = 0.113 \text{ min} - 0.07 \text{ min} = 0.043 \text{ min}$$

como

$$c + d + e = 0.073 \text{ min}$$
$$c = 0.073 \text{ min} - 0.043 = 0.03 \text{ min}$$

De la misma manera,

$$d + e + a = 0.061$$

y

$$a = 0.061 \text{ min} - 0.043 = 0.018 \text{ min}$$

Al sustituir estos valores en la ecuación 1 se obtiene:

$$b = 0.070 - (0.03 + 0.018) = 0.022 \text{ min}$$

Con la sustitución en la ecuación 2 se ve que

$$d = 0.067 - (0.022 + 0.03) = 0.015 \text{ min}$$

y al sustituir en la ecuación 3 se obtiene

$$e = 0.073 - (0.015 + 0.03) = 0.028 \text{ min}$$

Trabajo en taladro

Una broca es una herramienta en forma de espiga estriada con punta cortante usada para hacer o agrandar un agujero en un material sólido. En las operaciones de perforación en una superficie plana, el eje de la broca se coloca perpendicular a la superficie. Cuando se perfora un agujero que atraviesa una pieza, el analista debe sumar la distancia de la punta de entrada (o saliente) de la broca a la longitud del agujero para determinar la distancia

TABLA 11-2
Condiciones de operación típicas para perforar en diversos materiales con brocas comunes

Material	Material de la herramienta	Veloc. (pie/min)	Tasa de alimentación ⅛"D	¼"D	½"D	¾"D	1"D
Aluminio y aleaciones	Acero de alta veloc.	350	0.003	0.006	0.010	0.0155	0.0190
Baquelita	Carburo de tungsteno	60-70	0.0015	0.003	0.0035	0.0045	0.005
Cobre y aleaciones							
(alto maquinado)	Acero de alta veloc.	200	0.003	0.006	0.010	0.0155	0.0190
(bajo maquinado)	Acero de alta veloc.	70	0.003	0.006	0.010	0.0155	0.0190
Fibra de vidrio-epoxy	Carburo de tungsteno	650	0.0025	0.0030	0.0035	0.0042	0.0050
Vidrio	Carburo de tungsteno	15-25	ligero	ligero	ligero	ligero	ligero
Aleaciones de alta temp.							
base de cobalto	Acero de alta veloc. base de cobalto	20	0.0015	0.003	0.0035	0.0045	0.005
base de fierro	Acero de alta veloc. base de cobalto	25	0.002	0.0035	0.006	0.0085	0.0105
Fierro							
colado (suave)	Acero de alta veloc.	140-150	0.003	0.006	0.010	0.0155	0.019
	Carburo de tungsteno	90-165	0.003	0.005	0.008	0.0105	0.0125
colado (semiduro)	Acero de alta veloc.	80-110	0.003	0.005	0.008	0.0105	0.0125
enfriado duro	Carburo de tungsteno	30	0.002	0.0035	0.006	0.0085	0.0105
maleable	Acero de alta veloc.	90-120	0.003	0.005	0.008	0.0105	0.0125
	Carburo de tungsteno	100-150	0.002	0.0035	0.006	0.0085	0.0105
dúctil	Acero de alta veloc.	60	0.003	0.005	0.008	0.0105	0.0125
	Carburo de tungsteno	80-100	0.002	0.0035	0.006	0.0085	0.0105
Magnesio y aleaciones	Acero de alta veloc.	150-400	0.003	0.006	0.010	0.0155	0.0190
Plásticos	Acero de alta veloc.	100	0.003	0.005	0.008	0.0105	0.0125
	Carburo de tungsteno	100-200	0.002	0.0035	0.006	0.0085	0.0105
Hule (duro)	Acero de alta veloc.	100-300	0.002	0.0035	0.006	0.0085	0.0105
Acero							
simple hasta 0.25 C	Acero de alta veloc.	80	0.003	0.005	0.008	0.0105	0.0125
simple 0.25 a 0.50 C	Acero de alta veloc.	65	0.003	0.005	0.008	0.0105	0.0125
simple 0.5 a 0.9 C	Acero de alta veloc.	55	0.003	0.005	0.008	0.0105	0.0125
aleación, bajo C	Acero de alta veloc.	70	0.003	0.006	0.010	0.0155	0.019
aleación, mediano C	Acero de alta veloc.	50-60	0.002	0.0035	0.006	0.0085	0.0105
marenvejecibles	Acero de alta veloc.	55	0.003	0.005	0.008	0.0105	0.0125
inoxidable (austenítico)	Acero de alta veloc. con cobalto	55	0.002	0.0035	0.006	0.0085	0.0105
inoxidable (ferrítico)	Acero de alta veloc.	65	0.002	0.0035	0.006	0.0085	0.0105
inoxidable (martensítico)	Acero de alta veloc. con cobalto	65	0.003	0.006	0.010	0.0155	0.019
Zinc, aleaciones	Acero de alta veloc.	250	0.003	0.006	0.010	0.0155	0.0190

Fuente: Tool and Manufacturing Engineers Handbook, 4ª Ed., (Dearborn, Mich: Society of Manufacturing Engineers, 1983), vol. 1, *Machining*, Tabla 9-20, pp. 9-90 a 9-91.

total que debe recorrer la broca. Cuando se perfora un hoyo ciego, la distancia que la broca recorre es igual a la mayor penetración de la broca (vea la figura 11-2).

Como el estándar comercial para el ángulo incluido de puntas de broca es 118 grados, el saliente de la broca se calcula con la siguiente expresión:

$$l = \frac{r}{\tan A}$$

FIGURA 11-2
Distancia de recorrido de la broca
La distancia L indica lo que recorre la broca cuando la perforación atraviesa (ilustración de la izquierda) y cuando se perfora un hoyo ciego (ilustración de la derecha) (la distancia l muestra la punta o saliente de la broca)

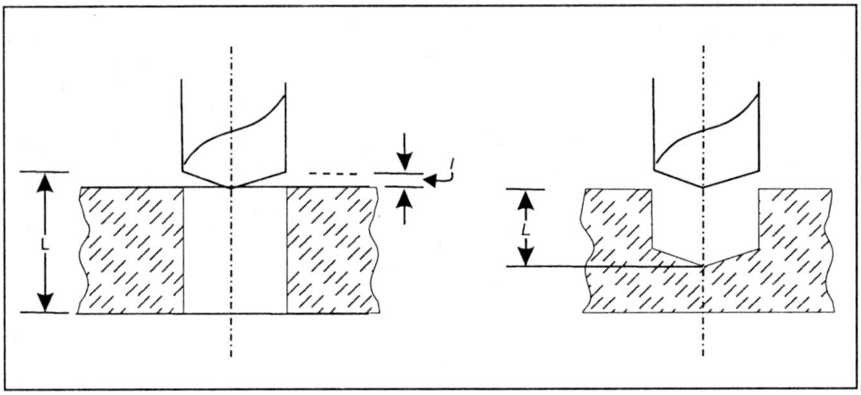

donde: l = saliente de la broca,
r = radio de la broca,
$\tan A$ = tangente de la mitad del ángulo de la punta de la broca.

Para ilustrar, calcule la saliente de una broca de propósito general de 1 pulgada de diámetro:

$$l = \frac{0.5}{\tan 59^\circ}$$

$$l = \frac{0.5}{1.6643}$$

$$l = 0.3 \text{ pulgadas de saliente}$$

Después de determinar la longitud total que debe moverse una broca, esta distancia se divide entre el avance de la broca en pulgadas por minuto, para encontrar el tiempo de corte en minutos.

La velocidad de la broca se expresa en pies por minuto (pie/min), y el avance en milésimos de pulgada por revolución. Para cambiar el avance a pulgadas por minuto cuando se conocen el avance por revolución y la velocidad en pies por minuto, se usa la siguiente ecuación:

$$F_m = \frac{3.82(f)(Sf)}{d}$$

donde: F_m = avance en pulgadas por minuto,
f = avance en pulgadas por revolución,
Sf = pies de superficie por minuto,
d = diámetro de la broca en pulgadas.

Por ejemplo, para determinar el avance en pulgadas por minuto de una broca de 1 pulgada al perforar a una velocidad de superficie de 100 pies por minuto y un avance de 0.013 pulgadas por revolución, se tiene:

$$F_m = \frac{(3.82)(0.013)(100)}{1} = 4.97 \text{ pulgadas por minuto}$$

Para determinar el tiempo que tarda esta broca de 1 pulgada trabajando a esa velocidad y avance para perforar 2 pulgadas de fierro colado maleable se usa la ecuación:

$$T = \frac{L}{F_m}$$

donde: T = tiempo de corte en minutos,
L = longitud total que debe recorrer la broca,
F_m = avance en pulgadas por minuto,

que conduce a:

$$T = \frac{2\text{ (espesor del colado)} + 0.3\text{ (punta de la broca)}}{4.97}$$
$$= 0.464 \text{ minutos de corte}$$

El tiempo de corte calculado de esta manera no incluye un suplemento, que puede agregarse para determinar el tiempo total asignado. El suplemento debe incluir tiempo para variaciones en el espesor del material y tolerancias para preparar los topes, ya que ambos aspectos afectan el tiempo de ciclo del corte. Los suplementos por demoras personales e inevitables también deben agregarse para obtener un tiempo total asignado al elemento que sea equitativo.

Quizá no todas las velocidades estén disponibles en la máquina que se usa. Por ejemplo, la velocidad del husillo recomendada para un trabajo dado puede ser 1550 rpm, pero la máquina sólo cuenta con 1200 rpm. En ese caso, deben usarse 1200 rpm como base para calcular los tiempos asignados.

Trabajo en torno

Muchas variaciones de máquinas herramienta se clasifican como tornos. La clasificación incluye el torno común, el torno revólver y el torno automático (destornillador automático). En principio, todos estos tornos se usan con herramientas estacionarias o con herramientas que se trasladan sobre la superficie para mover el material de la pieza trabajada, que puede ser forjada, fundida o de tipo barra. En algunos casos, la herramienta gira mientras el trabajo se mantiene estacionario, como en ciertas estaciones de maquinado en torno automático. Por ejemplo, la ranura de la cabeza de un tornillo se puede maquinar en el aditamento de ranurado de un torno automático.

Muchos factores alteran la velocidad y avance, como las condiciones y diseño de la máquina herramienta, el material que se corta, la condición y diseño de la herramienta de corte, el refrigerante usado en el corte, el método de sujeción del material y el método de montaje de la herramienta de corte. La tabla 11-3 describe cortes, velocidades y avances aproximados para ciertos trabajos de torneado metálicos y no metálicos.

TABLA 11-3
Parámetros de operación sugeridos para maquinado de varios materiales con herramientas de carburo

	Velocidad de corte pie/min (m/min)		Tasa de alimentación pulg/rev (mm/rev)		Profundidad de corte pulg (mm)	
Material de trabajo	Desbastado	Terminado	Desbastado	Terminado	Desbastado	Terminado
Maquinado libre de aceros al carbono; series AISI 1100 y 1200, 140-190Bhn	250-1000 (76-335)	1000-2000 (305-610)	0.010-0.085 (0.25-2.16)	0.005-0.015 (0.13-0.38)	0.125-0.675 o mayor (3.18-17.15)	hasta 0.180 (4.57)
Aceros de carbono simple; serie AISI 1000, 185-240 Bhn	200-800 (61-244)	700-1600 (213-488)	0.010-0.085 (0.25-2.16)	0.005-0.015 (0.13-0.38)	0.125-0.675 o mayor (3.18-17.15)	hasta 0.180 (4.57)
Aceros de aleación; serie AISI 1300, 4000, 5000, 8000 y 9000, 190-240 Bhn	175-600 (53-183)	550-1200 (168-366)	0.010-0.085 (0.25-2.16)	0.005-0.015 (0.13-0.38)	0.125-0.675 o mayor (3.18-17.15)	hasta 0.180 (4.57)
Fierros colados: gris, modular y maleable; 150-210 Bhn	200-1200 (61-366)	200-750 (61-229)	0.010-0.055 (0.25-1.40)	0.005-0.015 (0.13-0.38)	0.125-0.675 o mayor (3.18-17.15)	hasta 0.180 (4.57)
Aceros inoxidables martensíticos; forjados series 400 y 500 y tipo PH; 175-210 Bhn	175-450 (53-137)	450-850 (137-259)	0.010-0.040 (0.25-1.02)	0.005-0.015 (0.13-0.38)	0.125-0.500 (3.18-12.70)	hasta 0.180 (4.57)
Aceros inoxidables austeníticos; forjados serie 200 y 300; 140-190 Bhn	125-425 (38-130)	425-650 (130-198)	0.010-0.040 (0.25-1.02)	0.005-0.015 (0.13-0.38)	0.125-0.500 (3.18-12.70)	hasta 0.180 (4.57)
Superaleaciones: base de fierro níquel, titanio y cobalto; 240-300 Bhn	30-150 (9-46)	150-400 (46-122)	0.010-0.025 (0.25-1.02)	0.005-0.015 (0.13-0.38)	0.100-0.300 (2.54-7.62)	hasta 0.180 (4.57)
Aceros para herramientas; forjado a alta velocidad, resistencia a golpes, para trabajo en frío y en caliente; 210-240 Bhn	100-300 (30-91)	275-750 (84-229)	0.010-0.065 (0.25-1.65)	0.005-0.015 (0.13-0.38)	0.125-0.675 o mayor (3.18-17.15)	hasta 0.180 (4.57)
Aleaciones de maquinado libre no ferroso: aluminio, cobre, zinc y latón; 80-120 Bhn	400-1200 (122-366)	1000-2000 (305-610)	0.010-0.085 (0.25-2.16)	0.005-0.015 (0.13-0.38)	0.125-0.675 o mayor (3.18-17.15)	hasta 0.180 (4.57)
No metálicos: nylon, acrílicos y resinas fenólicas	350-800 (107-244)	800-1500 (244-457)	0.010-0.040 (0.25-1.02)	0.005-0.015 (0.13-0.38)	0.125-0.500 (3.18-12.70)	hasta 0.180 (4.57)

Fuente: Tool and Manufacturing Engineers Handbook, 4ª Ed., (Dearborn, Mich: Society of Manufacturing Engineers, 1983), vol. 1, *Machining*, Tabla 3-12, p. 3-25, Kennametal, Inc.

De la misma manera que en el trabajo de prensa, los avances o alimentación se expresan en milésimos de pulgada por revolución, y las velocidades en pies de superficie por minuto. Para determinar el tiempo de corte para un corte de L pulgadas, la longitud (en pulgadas) se divide entre el avance (en pulgadas por minuto), es decir,

$$T = \frac{L}{F_m}$$

donde: T = tiempo de corte en minutos,
L = longitud total de corte,
F_m = avance en pulgadas por minuto,

y

$$F_m = \frac{3.82\,(Sf)(f)}{d}$$

donde: f = avance en pulgadas por revolución,
Sf = avance en pies de superficie por minuto,
d = diámetro de trabajo en pulgadas.

Trabajo en fresadora

El fresado es la remoción de material con una cortadora o sierra circular giratoria de dientes múltiples. Mientras que la herramienta de corte gira, el trabajo se hace pasar a través de la sierra circular. El método es diferente que en el taladro donde la pieza de trabajo permanece estacionaria. Además de maquinar superficies planas e irregulares, la fresadora se usa para cortar roscas, hacer ranuras y tallar engranes.

En las operaciones de fresado, como en las de perforación y torneado, la velocidad de corte se expresa en pies de superficie por minuto. El avance o recorrido de la mesa en general se expresa en milésimas de pulgada por diente. Para determinar la velocidad de la sierra en revoluciones por minuto a partir de los pies de superficie por minuto y el diámetro de la cortadora se usa la siguiente expresión:

$$N_r = \frac{3.82\,S_f}{d}$$

donde: N_r = velocidad de la sierra circular en revoluciones por minuto,
S_f = velocidad de la sierra circular en pies por minuto,
d = diámetro exterior de la sierra circular en pulgadas.

Para determinar el avance del trabajo a través de la sierra en pulgadas por minuto se usa la expresión:

$$F_m = fn_t N_r$$

donde: F_m = avance del trabajo a través de la sierra en pulgadas por minuto,
f = avance de la sierra en pulgadas por diente,
n_t = número de dientes en la cortadora,
N_r = velocidad de la sierra en revoluciones por minuto.

El número de dientes de la sierra circular adecuados para una aplicación específica se puede expresar como:

$$n_t = \frac{F_m}{F_t \times N_r}$$

donde: F_t = grueso de la viruta.

La tabla 11-4 presenta las velocidades y avances sugeridos para operaciones de fresado en condiciones promedio.

Para comparar el tiempo de corte en operaciones de fresado, debe tomarse en cuenta la punta de los dientes de la sierra al calcular la distancia total de corte con alimentación

TABLA 11-4

Velocidades y alimentaciones típicas para el fresado en diversos materiales con materiales de herramientas representativos (avance por diente, pulg; velocidad de corte, pies de sup./min)

Material fresado	Material de la herramienta	Fresa de cara	Fresa de plancha	Fresa de forma
Aleaciones de aluminio	Acero de alta velocidad	0.010-0.025 300-1200	0.015-0.025 300-1200	0.010-0.020 300-1200
	Carburo no revestido	0.010-0.020 2000-4000	0.010-0.020 2000-4000	0.008-0.015 2000-4000
	Carburo revestido	0.010-0.020 4000-6000	0.010-0.020 4000-6000	0.008-0.015 4000-6000
Latón	Acero de alta velocidad	0.010-0.025 150-300	0.008-0.020 100-300	0.008-0.015 100-300
	Carburo no revestido	0.010-0.020 500-1500	0.010-0.020 500-1500	0.008-0.015 500-1500
	Carburo revestido	0.010-0.020 1500-3000	0.008-0.020 1500-3000	0.008-0.015 1500-3000
Bronce	Acero de alta velocidad	0.010-0.025 50-225	0.008-0.020 50-200	0.008-0.015 50-200
	Carburo no revestido	0.010-0.020 300-1500	0.010-0.020 300-1400	0.008-0.015 200-1400
	Carburo revestido	0.010-0.020 1500-2700	0.010-0.020 1400-2500	0.008-0.015 1400-2500
Fierros colados 150-180 Brinell	Acero de alta velocidad	0.010-0.025 80-120	0.010-0.025 70-110	0.010-0.015 60-80
	Carburo no revestido	0.010-0.016 275-800	0.010-0.020 275-900	0.008-0.015 250-800
	Carburo revestido	0.010-0.016 800-1100	0.010-0.020 900-1200	0.008-0.015 800-1000
Fierros colados 180-225 Brinell	Acero de alta velocidad	0.010-0.020 60-80	0.008-0.015 50-70	0.008-0.012 50-60
	Carburo no revestido	0.008-0.015 250-500	0.008-0.015 225-500	0.006-0.012 225-500
	Carburo revestido	0.008-0.015 500-800	0.008-0.015 500-750	0.006-0.012 500-750
Fierros colados	Acero de alta velocidad	0.005-0.012 40-60	0-005-0.01 35-50	0.005-0.01 35-50
	Carburo no revestido	0.005-0.010 200-400	0.005-0.010 200-400	0.005-0.010 200-400
	Carburo revestido	0.005-0.010 400-600	0.005-0.010 400-600	0.005-0.010 400-600
Aceros 100-150 Brinell	Acero de alta velocidad	0.015-0.020 80-130	0.008-0.015 80-130	0.008-0.010 70-100
	Carburo no revestido	0.010-0.018 400-900	0.008-0.015 350-800	0.004-0.010 350-800
	Carburo revestido	0.010-0.018 900-1500	0.008-0.015 800-1300	0.004-0.010 800-1300
Aceros 150-250 Brinell	Acero de alta velocidad	0.010-0.020 50-70	0.008-1.015 50-70	0.006-0.010 50-70
	Carburo no revestido	0.010-0.015 300-700	0.008-0.015 300-700	0.004-0.010 300-700
	Carburo revestido	0.010-0.015 700-1200	0.008-0.015 700-1200	0.004-0.010 700-1200
Aceros 250-350 Brinell	Acero de alta velocidad	0.005-0.010 35-60	0.005-0.010 35-50	0.005-0.010 35-50
	Carburo no revestido	0.008-0.015 225-600	0.007-0.012 200-600	0.003-0.008 200-600
	Carburo revestido	0.008-0.015 600-1000	0.007-0.015 600-1000	0.003-0.008 600-1000
Aceros 350-450 Brinell	Acero de alta velocidad	0-003-0.008 20-35	0-005-0.008 20-35	0.003-0.008 20-35
	Carburo no revestido	0.005-0.012 180-400	0.007-0.012 150-400	0-003-0.008 150-400
	Carburo no revestido	0.005-0.012 400-600	0.007-0.012 400-600	0-003-0.008 400-600

Fuente: Tool and Manufacturing Engineers Handbook, 4ª Ed., (Dearborn, Mich: Society of Manufacturing Engineers, 1983), vol. 1, *Machining*, Tabla 10-5, p. 10-52, Valenite Div., Valeron Corp.

automática. Esto se puede determinar por triangulación, como se ilustra en la figura 11-3 que muestra el fresado de una superficie plana.

En este caso, para obtener la longitud total que debe hacerse pasar por la sierra, se suma la medida *BC* de los dientes a la longitud del trabajo (8 pulgadas). El espacio libre para retirar la pieza después del maquinado se considera como un elemento separado, ya que se usa una mayor alimentación con el movimiento rápido de la mesa. Si se conoce el diámetro de la sierra, es posible determinar *AC* como el radio y después calcular la altura del triángulo rectángulo *ABC* con la resta del radio *AE* menos la profundidad de corte *BE* y aplicar el teorema de Pitágoras:

$$BC = \sqrt{AC^2 - AB^2}$$

En el ejemplo anterior, suponga que el diámetro de la sierra es 4 pulgadas y que tiene 22 dientes. El avance por diente es 0.008 pulgadas y la velocidad de corte es 60 pies por minuto. La ecuación para calcular el tiempo de corte es:

$$T = \frac{L}{F_m}$$

donde: T = tiempo de corte en minutos,
L = longitud total de corte con avance automático,
F_m = avance en pulgadas por minuto.

Entonces, L será igual a (8 pulgadas + BC) y

$$BC = \sqrt{4 - 3.06} = 0.975$$

Por lo tanto,

$$L = 8.975$$
$$F_m = fn_t N_r$$
$$F_m = (0.008)(22)N_r$$

FIGURA 11-3
Fresado plano en una pieza fundida de 8 pulgadas de longitud

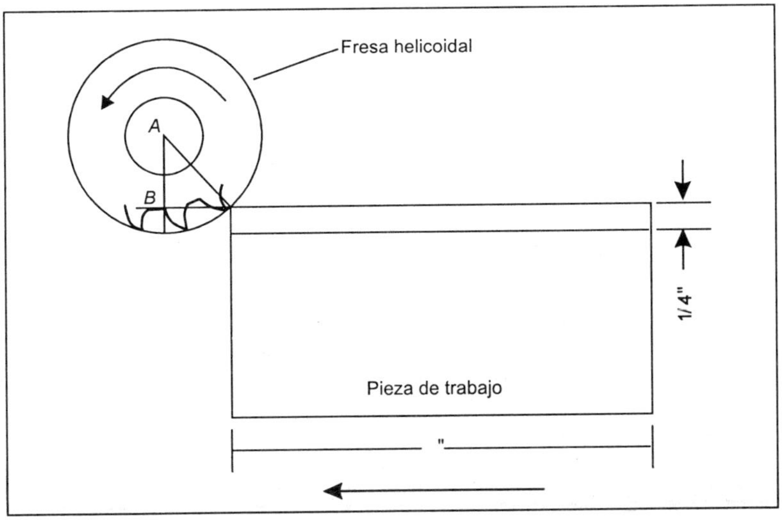

o
$$N_r = \frac{3.82\,S_f}{d} = \frac{(3.82)(60)}{4} = 57.3 \text{ rpm}$$

Entonces,
$$F_m = (0.008)(22)(57.3) = 10.1 \text{ pulgadas por minuto}$$

y
$$T = \frac{8.975}{10.1} = 0.888 \text{ minutos de corte}$$

Por medio del conocimiento del avance y las velocidades se puede determinar el tiempo requerido de corte o procesamiento para las tareas realizadas en una planta. Los datos presentados para trabajos en taladro, torno y fresadora son representativos de las técnicas usadas para establecer los tiempos de corte brutos. Deberán agregarse a estos valores los suplementos aplicables para desarrollar los valores totales justos asignados al elemento.

Determinación de requerimientos de potencia

Al desarrollar datos de tiempos estándar para los elementos de una máquina, deben calcularse los requerimientos de potencia para los diferentes materiales respecto a la profundidad, velocidad y alimentación del corte. A menudo, los datos de estándares se pueden usar para planear una nueva tarea. Para evitar sobrecarga en el equipo existente, el analista debe contar con la información sobre las cargas de trabajo que se asignan a cada máquina según las condiciones en las que se trabaja el material. Por ejemplo, en el maquinado de piezas forjadas de acero de alta aleación en un torno con capacidad para desarrollar una potencia de 10 hp, no sería factible hacer un corte con profundidad de ⅜ de pulgada si la máquina opera con un avance de 0.011 pulgadas por revolución y una velocidad de 200 pies de superficie por minuto. La tabla 11-5 indica un requerimiento de potencia de 10.6 para estas condiciones. En consecuencia, el trabajo necesitaría planearse para un avance de 0.009 pulgadas a una velocidad de 200 pies de superficie; esto requeriría sólo una potencia de 8.7 hp. (Vea en la tabla A3-12 del apéndice 3, los requerimientos de potencia.)

Gráficas de curvas

Debido a limitaciones de espacio, no siempre es conveniente tabular valores para los elementos variables. Con la gráfica de una curva o un sistema de curvas, el analista puede expresar muchos datos de estándares en una página.

TABLA 11-5
Requerimientos de potencia para torneado de acero forjado de alta aleación para cortes de ⅜ de pulgada y ½ pulgada de profundidad a diversas velocidades y avances

Pies de superficie	Corte de ⅜" de profundidad (avance, pulg/rev)						Corte de ½" de profundidad (avance, pulg/rev)					
	0.009	0.011	0.015	0.018	0.020	0.0022	0.009	0.011	0.015	0.018	0.020	0.022
150	6.5	8.0	10.9	13.0	14.5	16.0	8.7	10.6	14.5	17.3	19.3	21.3
175	8.0	9.3	12.7	15.2	16.9	18.6	10.1	12.4	16.9	20.2	22.5	24.8
200	8.7	10.6	14.5	17.4	19.3	21.3	11.6	14.1	19.3	23.1	25.7	28.4
225	9.8	11.9	16.3	19.6	21.7	23.9	13.0	15.9	21.7	26.1	28.9	31.8
250	10.9	13.2	18.1	21.8	24.1	26.6	14.5	17.7	24.1	29.0	32.1	35.4
275	12.0	14.6	19.9	23.9	26.5	29.3	15.9	19.4	26.5	31.8	35.3	39.0
300	13.0	16.0	21.8	26.1	29.0	31.9	17.4	21.2	29.0	34.7	38.6	42.5
400	17.4	21.4	29.1	34.8	38.7	42.5	23.2	28.2	38.7	46.3	51.5	56.7

La figura 11-4 ilustra un nomograma para determinar el tiempo de torneado y refrentado. Por ejemplo, si el problema es determinar la producción en piezas por hora para tornear 5 pulgadas lineales de una barra de 4 pulgadas de diámetro de acero al carbono medio

FIGURA 11-4
Nomograma para determinar el tiempo de torneado y revestimiento (Crobalt. Inc.)

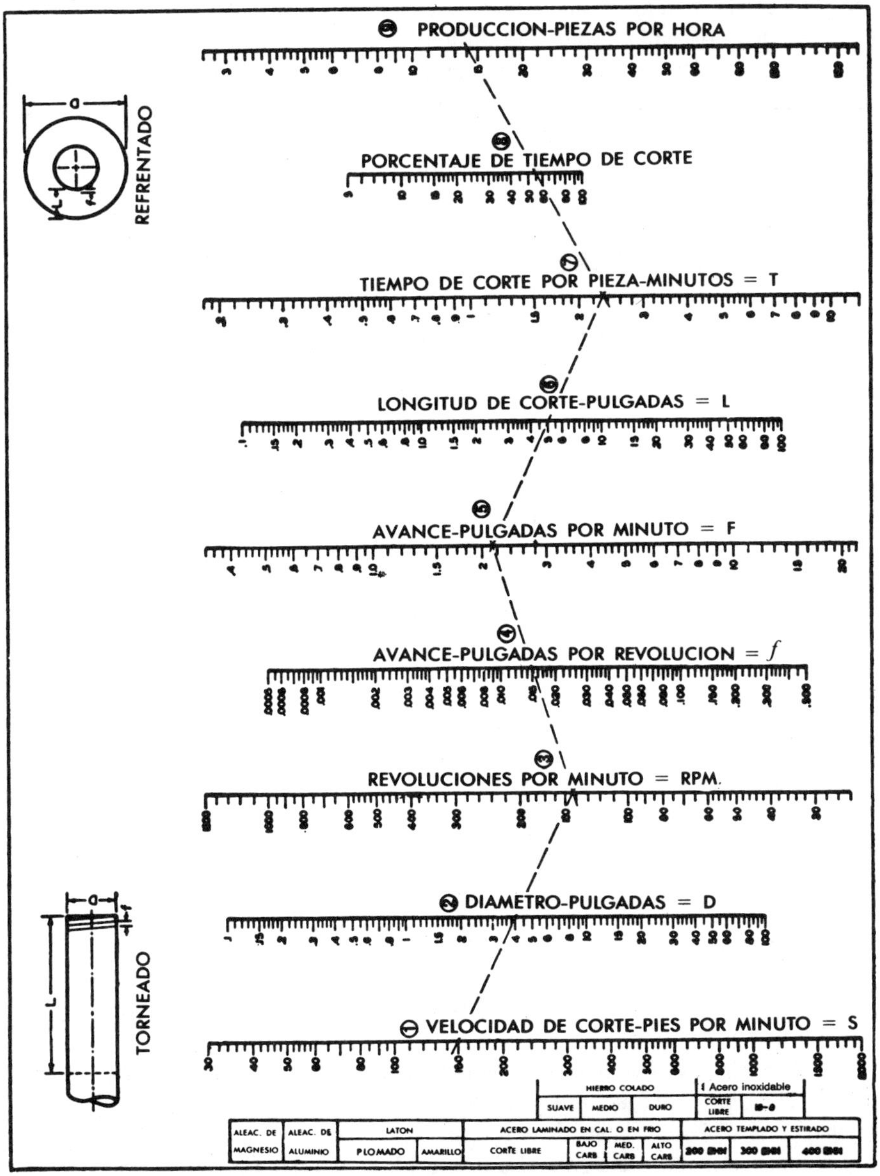

en una máquina con un avance de 0.015 pulgadas por revolución y que tiene un tiempo de corte de 55% del tiempo de ciclo, es sencillo determinar la respuesta mediante una gráfica. La velocidad recomendada de 150 pies por minuto para acero de carbono medio, mostrada en la escala 1, se une con el punto de 4 pulgadas de diámetro del trabajo, mostrado en la escala 2, lo que da una velocidad de 143 rpm, mostrada en la escala 3. Este punto se une con el punto de 0.015 pulgadas de avance por revolución, mostrado en la escala 4. Esta línea prolongada hasta la escala 5 muestra un avance de 2.15 pulgadas por minuto. Este punto se une con la longitud de corte en la escala 6 (5 pulgadas) y se obtiene el tiempo de corte requerido en la escala 7. Por último, el tiempo de corte de 2.35 minutos, unido con el porcentaje de tiempo de corte en la escala 8 (en este caso 55%), proporciona las piezas por hora de producción en la escala 9 (16 en este caso).

El uso de esta gráfica tiene desventajas. Primero, es sencillo cometer errores al leer en la curva debido a la cantidad de interpolación requerida. Segundo, existe la posibilidad de errores por mala alineación de las intersecciones de la diferentes escalas.

Las curvas que muestran la relación entre el tiempo y las variables que lo afectan pueden tener la forma de una recta, una curva, un sistema de rectas, como en un diagrama de rayos, o un arreglo especial de rectas características de una gráfica alineada o nomograma. Al graficar curvas sencillas de una línea, se observan ciertos procedimientos estándar. Primero se grafica el tiempo en la ordenada, y las variables independientes en la abscisa. Segundo, si es práctico, todas las escalas comienzan en cero para mostrar sus proporciones. Por último, el intervalo de la escala seleccionado para las variables independientes debe ser suficiente para llenar la hoja de diagrama de la curva.

La figura 11-5 muestra una gráfica que expresa el tiempo de formado en horas por cientos de piezas para cierto material en un conjunto de tamaños expresados en pulgadas cuadradas. Cada uno de los 12 puntos en el diagrama representa un estudio de tiempos individual. Los puntos graficados indican una relación lineal entre los estudios. Esta relación se puede expresar como:

$$\text{Tiempo asignado} = 0.088 + 0.00038\text{Área}$$

Los detalles para obtener la pendiente y la ordenada al origen de la recta, con el método de mínimos cuadrados se presentan en el capítulo 12.

USO DE DATOS DE ESTÁNDARES

A fin de contar con una referencia sencilla, los elementos de los datos de estándares se tabulan y archivan según la máquina o el proceso. Los datos de las variables se tabulan o bien se expresan como una curva o ecuación, y después se archivan según el tipo de máquina o de operación.

En algunas situaciones, donde los datos de estándares se dividen para cubrir una máquina y un tipo de operación dados, lo ideal es combinar las constantes con las variables y tabularlas en el resumen. Estos datos de referencia rápida expresan el tiempo asignado para realizar una operación completa dada. La figura 11-6 ilustra datos de soldadura donde las constantes "cambiar electrodo" y "arco" se combinan con las variables "limpiar soldadora" y "soldar". El resultado es trabajo-horas requerido para soldar 1 pulgada de diversos tamaños de soldaduras.

FIGURA 11-5
Tiempo de formado para distintos tamaños de materiales

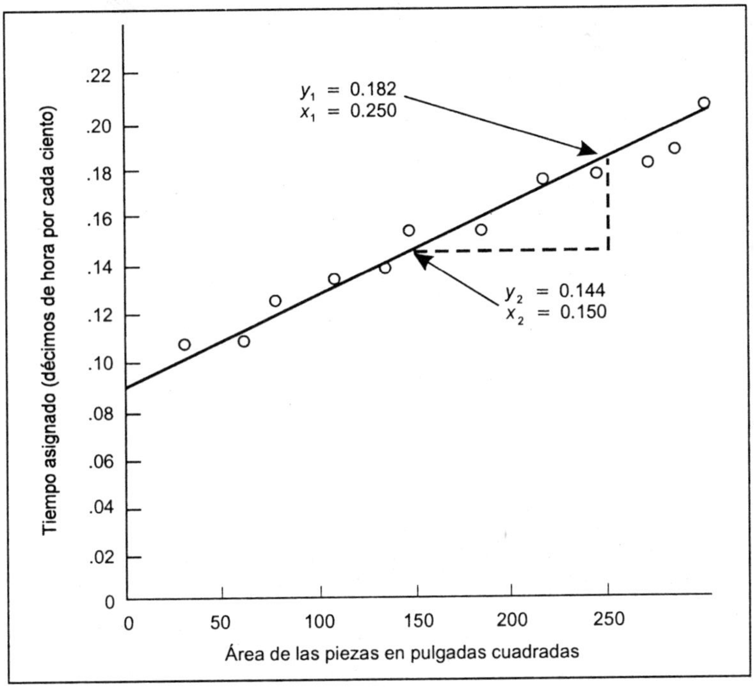

La tabla 11-6 ilustra datos de estándares para una instalación y tipo de operación dadas con los elementos combinados. Al identificar el trabajo por la distancia que se mueve la tira de lámina por pieza, se puede encontrar el tiempo asignado a la operación completa.

Con frecuencia, los elementos de preparación se combinan o tabulan en combinaciones, para disminuir el tiempo requerido para resumir una serie de elementos. La tabla 11-7 ilustra datos de preparaciones estándar para tornos revólver Warner & Swasey núm. 5 en una planta específica. Para determinar el tiempo de preparación con estos datos, el analista deberá observar el herramental en la torreta cuadrada y hexagonal y consultar la tabla. Por ejemplo, si cierta tarea requiere una herramienta biselar, una para tornear y otra para revestir en la torreta cuadrada y dos herramientas para mandrilar, un escariador y un escariador retráctil en la torreta hexagonal, el tiempo estándar de preparación sería 69.70 minutos más 25.89 minutos, es decir, 95.59 minutos. Para llegar a este resultado, el analista encuentra el valor del herramental relevante en la columna de torreta cuadrada (renglón 8) y el herramental aplicable que consume el mayor tiempo en la sección de torreta hexagonal, que en este caso es escariado. Esto da un valor de 69.7 minutos. Como las tres herramientas adicionales están en la torreta hexagonal (mandril 1, mandril 2 y escariador), el analista multiplica 8.63 por 3 y obtiene 25.89 minutos. Por último, al sumar 25.89 y 69.70 minutos se obtiene el tiempo de preparación total requerido.

Es más frecuente no combinar los datos de estándares, sino dejarlos en forma de elementos para tener mayor flexibilidad en el desarrollo de los estándares de tiempo. Los datos de estándares representativos en una planta dada aparecerían como se muestra en la

FIGURA 11-6
Datos de estándares para soldadura

CLASIFICACIÓN

CLASE Filete

TIPO Posición plana

ELECTRODO E-6020 D.H.

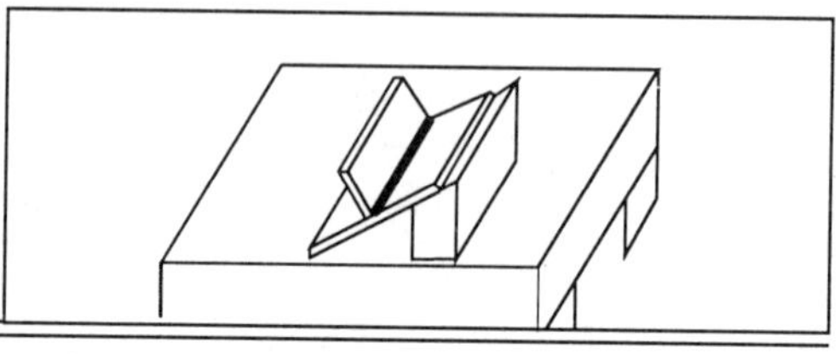

PROCEDIMIENTO GENERAL DE SOLDADURA
PROCESO DE SOLDADO Arco metálico recubierto POSICIÓN Plana
MATERIAL Acero suave a acero suave P.D.S. 1550, 1555 S.A.E. 1010
ELECTRODO E-6020 (CLASE A.W.S.) D.H. (TIPO) Convexo (FORMA DE SOLD.) Pesado (CAPA)
FUENTE DE ENERGÍA (AC o DC – Y POLARIDAD SI DC) DC común
RESPALDO Ninguno MARTILLADO Ninguno DESREBABADO Ninguno
PRECALENTADO Ninguno ALIVIO DE TENSIÓN Ninguno

DETALLES DEL PROCEDIMIENTO DE SOLDADURA

Tamaño de soldadura	Tamaño de electrodo	Espesor de placa	Número de pasadas	Corriente (amperes)	Voltage (@ arco)	*Horas-hombre por pulgada soldada	*Velocidad de soldadura pie/h
1/8	1/8	1/8	1	160-190	26-28	.0025	33.3
3/16	5/32	3/16	1	160-190	26-28	.0028	29.8
1/4	3/16	1/4	1	180-230	32-36	.0033	25.3
3/8	1/4	3/4	1	280-330	32-36	.0050	16.7
1/2	1/4	3/4	2	280-330	32-36	.0078	10.7
5/8	1/4	1"	2	280-330	32-36	.0123	6.8
3/4	1/4	1 1/2	4	280-330	32-36	.0196	4.3
1	1/4	1 1/2	6	280-330	32-36	.0318	2.6

*NOTA: INCLUYE TIEMPO DE CAMBIO DE ELECTRODO, TIEMPO DEL ARCO, TIEMPO DE LIMPIEZA DE SOLDADORA Y TIEMPO DE SOLDADURA

tabla 11-8. Los datos incluyen demoras personales aplicables y suplementos por fatiga. Estos datos de tiempo estándar se pueden usar, por ejemplo, para establecer los tiempos de preparación y por pieza para perforar dos agujeros para tornillos sujetadores en la pieza de fierro colado que se muestra en la figura 11-7.

El tiempo asignado de preparación sería

$$B + C + D + F + G + H + I = 8.70 \text{ minutos}$$

El elemento A no está incluido en este tiempo debido a la sencillez del trabajo. No se envía el dibujo al operador, porque la tarjeta de operación contiene el número de plantilla de perforación, el tamaño de la broca, el número del calibrador y el avance y velocidad del husillo. El elemento E tampoco está incluido porque, en este caso, el inspector no realiza la inspección de la primera pieza. Según la tarjeta de operación, el operario inspecciona una de cada 10 piezas con el calibrador de tipo "pasa, no pasa" que se le proporciona. Como la pieza de trabajo pesa menos de 4 libas y se pueden manejar con facilidad dos piezas con una mano, es posible aplicar los datos descritos.

TABLA 11-6
Datos de estándares para cortar perfil y perforar tiras metálicas con alimentación manual y retiro de piezas automático en prensa de punzón Toledo 76

L (distancia en pulgadas)	T (tiempo en horas por cientos de golpes)
1	0.075
2	0.082
3	0.088
4	0.095
5	0.103
6	0.110
7	0.117
8	0.123
9	0.130
10	0.137

Después de investigar el diseño de la plantilla que se usará y realizar el estudio analítico de movimientos de la tarea para determinar los elementos requeridos para ejecutar la operación, el analista obtiene un resumen de elementos, como el de la tabla 11-9.

El tiempo real para barrenar dos agujeros debe sumarse al tiempo de 0.278 minutos. Como se describió, es sencillo determinarlo. Con una broca de ½ pulgada de diámetro para barrenar fierro colado, se usaría una velocidad de superficie de 100 pies por minuto y un avance de 0.008 pulgadas por revolución.

$$\text{rpm} = \frac{12S_f}{\pi d}$$

donde: S_f = pies de superficie por minuto,
π = 3.14,
d = diámetro de la broca en pulgadas.

Sin embargo, la investigación sobre el taladro para el que se diseñó este trabajo revela que las velocidades disponibles más cercanas a 764 rpm son 600 y 900 rpm. El analista propone usar la velocidad más lenta debido a la condición de la máquina y determina el tiempo de barrenado como sigue:

$$T = \frac{L}{F_m} \times 2$$

$$L = 0.437 + \frac{0.25}{\tan 59°} = 0.588 \text{ pulgadas}$$

$$F_m = (600)(0.008)$$

$$= 0.48 \text{ pulgadas por minuto}$$

$$T = \left(\frac{0.588}{4.8}\right)2 = 0.244 \text{ minutos}$$

TABLA 11-7
Datos de preparaciones estándar para tornos revólver núm. 5

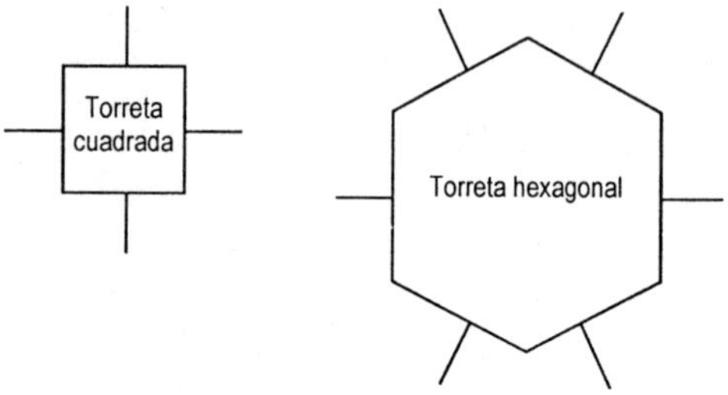

Herramental básico

		Torreta hexagonal						
Núm.	**Torreta cuadrada**	**Parcial**	**Biselado**	**Torneado**	**Barrenado**	**Escariado**	**Esc. retráctil**	**Esc. retráctil**
1.	Parcial	31.5	39.6	44.5	48.0	47.6	50.5	58.5
2.	Biselado	38.2	39.6	46.8	49.5	50.5	53.0	61.2
3.	Revestir o cortar	36.0	44.2	48.6	51.3	52.2	55.0	63.0
4.	Torn., mandr., ranur., rad.	40.5	49.5	50.5	53.0	54.0	55.8	63.9
5.	Revestir y biselar	37.8	45.9	51.3	54.0	54.5	56.6	64.8
6.	Revestir y cortar	39.6	48.6	53.0	55.0	56.0	58.5	66.6
7.	Revestir y tornear o tornear y cortar	45.0	53.1	55.0	56.7	57.6	60.5	68.4
8.	Reves., tornear y biselar	47.7	55.7	57.6	59.5	60.5	69.7	78.4
9.	Reves., tornear y cortar	48.6	57.6	57.5	60.0	62.2	71.5	80.1
10.	Reves., tornear y ranurar	49.5	58.0	59.5	61.5	64.0	73.5	81.6

11.	Herram. básico marcado con círculo		=	______
12.	Herram. adicional marcado con cuadro	4.20*x* ______	=	______
13.	Herram. adicional marcado con hexágono	8.63*x* ______	=	______
14.	Retirar y preparar tres mordazas	5.9		______
15.	Prepara subensamble o dispositivo	18.7		______
16.	Preparación entre centros	11.0		______
17.	Cambiar tornillo de avance	6.6		______
		Preparación total ______		min

Es necesario agregar un suplemento adecuado a este tiempo de corte de 0.244 min. Si se usa 10% de suplemento en el tiempo de maquinado, el tiempo de corte sería 0.268 minutos y el de manejo 0.278 minutos, que daría un tiempo total de 0.546 minutos para perforar una pieza fundida en la prensa de un husillo disponible. Este estándar con el suplemento de tiempo de preparación de 8.70 minutos, se liberaría como:

preparación: 0.145 horas,
cada pieza: 0.91 horas por cada ciento.

Así, un operario que prepara su tarea y produce 1000 piezas en una jornada de 8 horas tendrá un desempeño con una eficiencia de 116%:

$$\frac{(0.91)(10) + 0.145}{8} = 116\%$$

TABLA 11-8
Datos de estándares

Elementos de preparación:		Minutos
A.	Estudiar el dibujo	1.25
B.	Traer material y herramientas, regresar y colocar para trabajar	3.75
C.	Ajustar altura de la mesa	1.31
D.	Iniciar y detener la máquina	0.09
E.	Inspección de primera pieza (incluye tiempo normal de espera por inspector)	5.25
F.	Contar la producción y registrarla en la tarjeta	1.50
G.	Limpiar mesa y plantilla	1.75
H.	Montar la broca en el husillo	0.16
I.	Retirar la broca del husillo	0.14
Elementos para cada pieza:		
1.	Rectificar la broca	0.78
2.	Montar la broca en el husillo	0.16
3.	Montar la broca en el husillo (boquilla de cambio rápido)	0.05
4.	Preparar el husillo	0.42
5.	Cambiar la velocidad del husillo	0.72
6.	Retirar la herramienta del husillo	0.14
7.	Retirar herramienta del husillo (boquilla de cambio rápido)	0.035
8.	Tomar la pieza y colocarla en la plantilla	
	a. con sujetador de acción rápida	0.070
	b. con tornillo de mariposa	0.080
9.	Retira la pieza de la plantilla	
	a. con sujetador de acción rápida	0.050
	b. con tornillo de mariposa	0.060
10.	Posicionar la pieza y avanzar el taladro	0.042
11.	Avanzar el taladro	0.035
12.	Sacar la broca	0.023
13.	Sacar la broca, reposicionar la pieza y avanzar el taladro (mismo husillo)	0.048
14.	Sacar la broca, reposicionar la pieza y avanzar el taladro (husillo adyacente)	0.090
15.	Montar el buje de la broca	0.046
16.	Quitar buje de la broca	0.035
17.	Dejar a un lado la pieza	0.022
18.	Soplar para quitar virutas de la plantilla y dejar a un lado la pieza	0.081
19.	Revisar la pieza con el calibrador	0.12 por agujero

Aplicación: Allen de 17 pulgadas vertical con broca de un solo husillo.
Tamaño del trabajo: pieza pequeña –peso hasta cuatro libras y de tal forma que se puedan manejar dos piezas o más en cada mano.

DATOS DE ESTÁNDARES COMPUTARIZADOS

En la actualidad, las computadoras almacenan datos de estándares y consultan, acumulan y desarrollan estándares para nuevas tareas antes de la producción. Al usar la computadora, es sencillo consultar, acumular y ajustar, según los suplementos adecuados, los datos de estándares, ya sea que estén almacenados en la forma de movimientos, elementos o tareas. Varios sistemas de software cuentan con bases de datos de movimientos fundamentales. Por ejemplo, MOST, WOCOM y Univation usan los datos de movimientos como base para el desarrollo de estándares. Otros sistemas, como CDS, no tienen una base de datos integrada, sino que permiten a la compañía que lo instala introducir la propia.

FIGURA 11-7
Pieza (cubierta) de fierro fundido

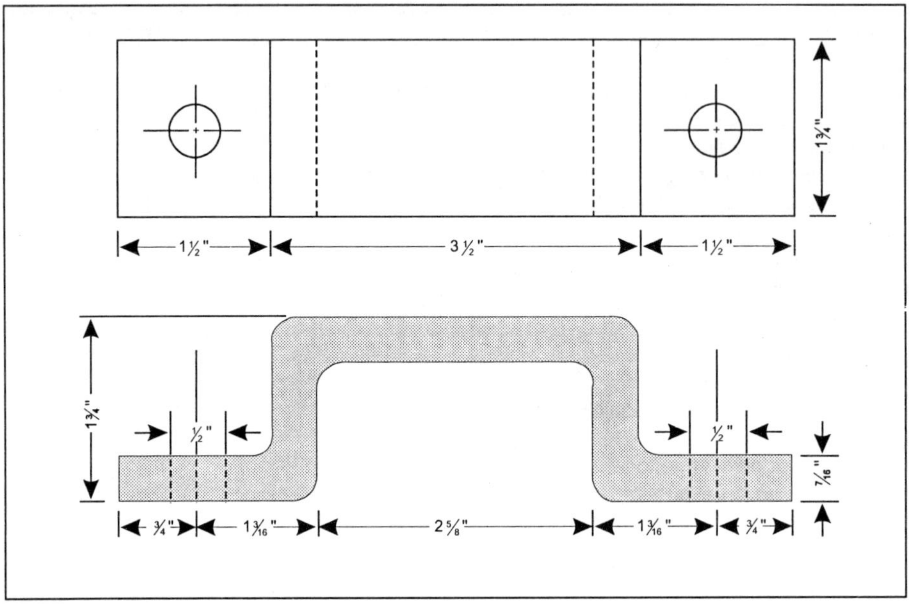

TABLA 11-9
Resumen de datos de estándares de elementos de plantillas

Número de elemento	Elemento	Tiempo asignado (minutos)
8	Tomar pza., colocar en plan. (suj. de acc. rápida)	0.070
9	Retirar pza. de plant. (suj. de acc. rápida)	0.050
10	Posicionar pza. y avanzar taladro	0.042
13	Retirar taladro, repos. pza. y avanzar taladro	0.048
12	Retirar taladro	0.023
17	Dejar pieza a un lado	0.022
19	Revisar pieza con calibrador (10%)	0.012
1	Rectificar broca (una vez c/100 pzas)	0.008
2	Montar broca en husillo (una vez c/100 pzas.)	0.002
6	Retirar herram. del husillo (una vez c/100 pzas.)	0.001
		0.278 min

Para obtener una eficiencia máxima y desarrollar los mejores estándares, los datos se almacenan en las formas de movimientos y de elemento. El software puede seleccionar, consultar y modificar dichos datos para generar estándares de trabajo.

Para los elementos del proceso, como corte de metal o unión de metales, los módulos lógicos actúan como calculadores de tiempos en procesos sencillos, o pueden optimizar los parámetros del proceso, con varios grados de refinamiento. Por ejemplo, los analistas tienen la posibilidad de introducir velocidades, avances y número y longitud de cortes en la computadora, la cual realiza las operaciones aritméticas necesarias para calcular el tiempo de corte. En los módulos lógicos avanzados, los datos introducidos incluyen la máquina programada para realizar la operación, el material y las características del corte. La computadora elige la velocidad, el avance y el número de cortes óptimos, consistentes con la potencia disponible y las condiciones de la máquina. El sistema también puede seleccionar el herramental y la secuencia adecuada de los cortes.

Es posible usar los módulos lógicos de ensamble junto con los datos de estándares almacenados en la computadora. En estos casos, el sistema puede analizar varios parámetros relacionados con una operación de ensamble y determinar qué elementos de trabajo deben aplicarse. Éstos se suman, además de aplicar los suplementos para crear el estándar final del trabajo y las instrucciones del operario. El analista de medición del trabajo interactúa con la computadora contestando lo que le pide. La computadora selecciona la base de datos de estándares adecuada para las respuestas del analista.

RESUMEN

Si su aplicación es correcta, los datos de estándares permiten establecer tiempos estándar precisos antes de que se realice el trabajo. Esta es la característica más atractiva de su utilización para estimar el costo de un nuevo trabajo, con propósitos de presupuestación y contratación.

Los estándares de tiempo se pueden calcular mucho más rápido con los datos de estándares y se puede asegurar su consistencia. Por lo tanto, esta técnica facilita el desarrollo económico de los estándares de mano de obra indirecta. Los estándares desarrollados a partir de los datos de estándares tienden a ser equitativos tanto para el trabajador como para el administrador y son el resultado de los mismos ya probados. Los valores de los elementos usados para llegar al estándar ya se han probado de manera satisfactoria como componentes de estándares establecidos y aceptados en uso en la planta.

El uso de datos de estándares simplifica muchos problemas gerenciales y administrativos en las plantas donde los sindicatos operan como agentes de negociación. Los contratos colectivos contienen muchas cláusulas relativas a asuntos como el tipo de estudio que se llevará acabo (continuo o con regresos a cero), el número de ciclos a estudiar, los operarios que participarán y el observador que lo realizará. Estas restricciones, con frecuencia dificultan que el analista llegue a un estándar equitativo para la compañía y el trabajador. Con el uso de la técnica de datos de estándares, los analistas evitan los detalles restrictivos. No sólo se simplifica la determinación de estándares, también disminuyen algunas fuentes de tensión entre obreros y patrones.

En general, mientras más refinados sean los tiempos de los elementos, mayor es la cobertura de los datos. En consecuencia, se puede poner en práctica en los talleres para contar con valores de los elementos individuales, lo mismo que para agruparlos y combinarlos de forma que los datos para una instalación dada tengan suficiente flexibilidad como para permitir que se establezcan tasas para todo tipo de trabajo programado en una máquina específica.

El uso de los datos de movimientos fundamentales para establecer estándares, en particular para tareas de ciclo corto, es cada vez más amplio. Estos datos son tan básicos que permiten determinar casi cualquier clase de elementos manuales. Las divisiones básicas de "objetivo" o "hacer", como "uso", deben manejarse como variables, y deben desarrollarse tablas de datos, curvas o expresiones algebraicas.

Como lo indican los ejemplos, la aplicación de los datos de estándares es una técnica de precisión. Es fundamental la capacitación cuidadosa y exhaustiva en los métodos y prácticas de la planta antes que los analistas sean capaces de establecer con exactitud los estándares del taller a partir de datos de estándares. Los analistas deben conocer y reconocer la necesidad de cada elemento del tipo de tarea. Si complementa estos conocimientos, será una persona analítica, consciente, que trabaja con precisión, que toma en cuenta todas las posibilidades y es confiable.

PREGUNTAS

1. ¿Qué significa "datos de estándares"?

2. ¿Cuál es la razón del tiempo aproximado requerido para establecer estándares con los métodos de cronómetro y el tiempo requerido para usar los métodos de datos de estándares?

3. ¿Cuáles son las ventajas de establecer estándares de tiempo usando datos de estándares en lugar de realizar estudios individuales?

4. ¿De qué depende el tiempo para el elemento "ranurar"?

5. ¿Cómo se expresa, en general, el avance de un trabajo en un torno?

6. ¿Cuáles son algunas desventajas de usar curvas en lugar de datos de estándares tabulados?

7. ¿Qué procedimientos estándar deben seguirse al graficar curvas sencillas?

PROBLEMAS

1. ¿Cuáles serán los requerimientos de potencia para tornear una barra de acero suave de 3 pulgadas de diámetro si se establece un corte de 1/4 de pulgada con un avance de 0.022 pulgadas por revolución a una velocidad de husillo de 250 rpm?

2. ¿Cuánto tiempo tomaría tornear 6 pulgadas de una barra de 1 pulgada en un torno revólver W & S núm. 3 que trabaja a 300 pies por minuto y avanza a una tasa de 0.005 pulgadas por revolución?

3. Una sierra circular sencilla de 3 pulgadas de diámetro con un ancho de cara de 2 pulgadas se usa para cortar una pieza de acero laminado en frío de 1.5 pulgadas de ancho y 4 pulgadas de largo. La profundidad de corte es 3/16 pulgadas. ¿Cuánto tiempo tomaría hacer el corte si el avance por diente es 0.010 pulgadas y se usa una sierra de 16 dientes que trabaja a una velocidad de superficie de 120 pies por minuto?

4. Calcule los tiempos para los elementos a, b, c, d y e cuando: el tiempo observado de $a + b + c$ es 0.057 minutos; el de $b + c + d$ es 0.078 minutos; $c + d + e$ es igual a 0.097 minutos; $d + e + a$ es igual a 0.095 minutos, y $e + a + b$ es igual a 0.069 minutos.

5. ¿Cuál sería la saliente de una broca de ¾ de pulgada con un ángulo incluido de 118°?

6. ¿Cuál sería el avance en pulgadas por minuto de una broca que trabaja a una velocidad de superficie de 80 pies por minuto y una alimentación de 0.008 pulgadas por revolución?

7. ¿Cuánto tiempo tardaría la broca del problema anterior para barrenar una pieza fundida de 2.25 pulgadas de grueso?

8. El analista en la Dorben Company realizó 10 estudios de tiempos independientes en la sección de pintura con pistola manual del departamento de terminados. La línea de productos en estudio reveló una relación directa entre el tiempo de pintura con pistola y el área de la superficie del producto. Se recolectaron los siguientes datos.

Estudio núm.	Factor de nivelación	Área de la superficie	Tiempo estándar
1	0.95	170	0.32
2	1.00	12	0.11
3	1.05	150	0.31
4	0.80	41	0.14
5	1.20	130	0.27
6	1.00	50	0.18
7	0.85	120	0.24
8	0.90	70	0.23
9	1.00	105	0.25
10	1.10	95	0.22

Calcule la pendiente y la ordenada al origen constante, mediante las ecuaciones de la recta de regresión. ¿Cuánto tiempo asignaría a la pintura de una parte nueva con un área de superficie de 250 pulgadas cuadradas?

9. El analista de medición del trabajo en la Dorben Company desea desarrollar una ecuación precisa para estimar el corte de diversas configuraciones en una hoja de metal con una sierra vertical o de cinta. Los datos de los ocho estudios de tiempo para el elemento de corte real proporcionaron la siguiente información:

Núm.	Pulgadas lineales	Tiempo estándar
1	10	0.40
2	42	0.80
3	13	0.54
4	35	0.71
5	20	0.55
6	32	0.66
7	22	0.60
8	27	0.61

¿Cuál sería la relación entre la longitud de corte y el tiempo estándar? Utilice la técnica de mínimos cuadrados.

10. El analista de medición del trabajo en la compañía XYZ desea desarrollar datos de estándares que incluyan movimientos rápidos y repetitivos para usarlos en el departamento de ensamble de focos. Debido a que los elementos de los datos de estándares son muy cortos, el analista se ve obligado a medirlos en grupos, a medida que se ejecutan en la fábrica. Durante cierto estudio, el analista intenta desarrollar los datos de estándares para cinco elementos denotados por A, B, C, D y E. Con un cronómetro decimal (0.001 minutos), estudia varias operaciones de ensamble y obtiene los siguientes datos:

$$\begin{aligned} A + B + C &= 0.131 \text{ min} \\ B + C + D &= 0.114 \text{ min} \\ C + D + E &= 0.074 \text{ min} \\ D + E + A &= 0.085 \text{ min} \\ E + A + B &= 0.118 \text{ min} \end{aligned}$$

Calcule los valores de los datos de estándares para cada elemento A, B, C, D y E.

11. El analista de medición del trabajo en la Dorben Company está en el proceso de desarrollar los datos de estándares para presupuestar un trabajo en el departamento de tornos. Con base en las siguientes velocidades y alimentaciones recomendadas, calcule el tiempo de corte con alimentación automática de brocas de alta velocidad de 1/2 pulgada con un ángulo incluido de 118° para barrenar un material de 1 pulgada de espesor. Incluye 10% de suplemento para necesidades personales y fatiga.

Material	Velocidades recomendadas (pie/min)	Alimentación (pulg/rev)
Al (aleación de cobre)	300	0.006
Fierro fundido	125	0.005
Metal monel (R)	50	0.004
Acero (112)	150	0.005

REFERENCIAS

Brisley, C. L. y R. J. Dossett. "Computer Use and Non-Direct Labor Measurement Will Transform Profession in the Next Decade", *Industrial Engineering*, 12, núm. 8 (agosto, 1980), pp. 34–43.

Cywar, Adam W. "Development and Use of Standard Data", en *Handbook of Industrial Engineering*, Ed. Gavriel Salvendy. Nueva York: John Wiley & Sons, 1982, pp.4.8.1–4.8.19.

Fein, Mitchell. "Establishing Time Standards by Parameters", *Proceedings of the Spring Conference of the American Institute of Industrial Engineers*. Norcross, GA: American Institute of Industrial Engineers, 1978.

Metcut Research Associates. *Machining Data Handbook*. Cincinnati, OH: Metcut Research Associates, 1966.

Pappas, Frank G. y Robert A. Dimberg. *Practical Work Standards*. Nueva York: McGraw-Hill, 1962.

Rotroff, Virgil H. *Work Measurement*. Nueva York: Reinhold Publishing, 1959.

CAPÍTULO 12

Desarrollo de fórmulas

PUNTOS CLAVE:

- Usar fórmulas para proporcionar estimaciones rápidas y consistentes de los estándares de tiempo.
- Tener cuidado al definir variables dependientes e independientes (por lo común, el tiempo es una variable independiente).
- Graficar los datos para identificar las tendencias iniciales.
- Usar papel logarítmico o semilogarítmico para establecer las relaciones de potencia o exponenciales.
- Utilizar paquetes de software estadísticos para los cálculos.
- Mantener las fórmulas lo más sencillas posible.

Una fórmula de estudio de tiempos representa una simplificación de los datos de estándares, como se presentó en el capítulo 11. Tales fórmulas tienen una aplicación específica en trabajos no repetitivos para los cuales no es práctico establecer estándares para cada tarea mediante estudio de tiempos individuales. El desarrollo de fórmulas incluye el diseño de una expresión algebraica o un sistema de curvas que establece un estándar de tiempo antes de la producción mediante la sustitución de valores conocidos propios de la tarea para los elementos variables.

APLICACIÓN DE FÓRMULAS

Las fórmulas para tiempos se pueden aplicar a casi todos los trabajos. Se han usado con éxito en operaciones de oficinas, trabajo de fundición, tareas de mantenimiento, pintura, maquinado, forja, rebobinado, podado de pasto, lavado de ventanas, barrido de pisos, soldadura y muchas otras áreas. Si la colección de estudio de tiempos que incorpora elementos estandarizados es suficiente como muestra confiable, es posible diseñar una fórmula para un intervalo dado de labor en cualquier tipo de tarea. Sin embargo, los analistas sólo deben aplicar la fórmula a las tareas que se encuentran dentro de los límites de los datos usados en su desarrollo. Si exceden los límites de la fórmula y no se cuenta con estudios de tiempos individuales como apoyo, pueden obtenerse estándares incorrectos, con todos los peligros que implican tasas injustas.

Ventajas y desventajas de las fórmulas

Las ventajas del uso de fórmulas para establecer estándares en lugar de estudio de tiempos individuales se comparan a las de usar datos de estándares (vea el capítulo 11). El resumen de estas ventajas es el siguiente:

1. Mayor consistencia en los estándares de tiempo obtenidos.
2. Eliminación de estudios de tiempos duplicados para operaciones similares.
3. Mayor rapidez para establecer los estándares.
4. Personas con menor experiencia o capacitación pueden calcular estándares de tiempo.
5. Es posible hacer estimaciones rápidas y precisas de costos de mano de obra antes de iniciar la producción.

Es probable que la ventaja más significativa de la fórmula contra el estudio de tiempos es que el trabajo con fórmulas requiere una persona menos costosa que la necesaria para obtener el estudio de tiempos por medio de datos de estándares. Cualquier graduado de enseñanza media superior con buenos conocimientos de álgebra puede obtener una fórmula de estudio de tiempos y despejar el tiempo asignado para ejecutar una tarea. Además, el uso de las fórmulas permiten establecer estándares con mayor rapidez que acumular datos de estándares de los elementos. Como en el método de datos de estándares deben sumarse las columnas de cifras, existe una mayor probabilidad de omisión o de errores aritméticos al establecer un estándar, lo que no sucede con el uso de una fórmula.

Sin embargo, debe tenerse cuidado al manejar las constantes en el desarrollo de las fórmulas. Existe una tendencia natural a manejar más elementos de lo que es válido como constantes. De esta manera, es posible que se introduzcan errores en el diseño de la fórmula. Es cierto que ésta proporciona resultados consistentes; entonces también es cierto que si la fórmula no es exacta, dará estándares con errores consistentes.

Otra desventaja de la fórmula estriba en su aplicación. En ocasiones, para llegar a un estándar en el menor tiempo posible, los analistas de medición del trabajo usan fórmulas en situaciones donde las variables están fuera del intervalo de los datos usados en el desarrollo de la fórmula.

Características de una fórmula que se puede usar

Una fórmula de estudio de tiempos puede ser completamente confiable y práctica. Para que una expresión sea confiable, siempre debe proporcionar resultados precisos. Si la fórmula desarrollada es exacta, debe verificar los estándares individuales usados en su desarrollo, dentro de $\pm 5\%$. Cuanto mayor sea el número de estudios usado en el desarrollo de una fórmula, mejor será la oportunidad de obtener una fórmula confiable. Además, todos los cálculos matemáticos deben ser correctos antes de usarla con completa confianza.

Una fórmula práctica es tan clara, concisa y sencilla como sea posible. Mientras más sencilla, mejor será su comprensión y aplicación. Deben evitarse expresiones complicadas que incluyen términos elevados a potencias. Los símbolos de las incógnitas no deben repetirse en la fórmula, deben aparecer una sola vez junto con los prefijos, sufijos y coeficientes pertinentes. Es necesario identificar el área de trabajo que representa cada símbolo. El informe ha de incluir suficientes datos de apoyo para que cualquier persona calificada e interesada pueda identificar con claridad la derivación de la fórmula. Se incluirán las limitaciones de la fórmula con la descripción detallada del intervalo de validez. Por último, el analista debe observar la máxima de "introduce basura – obtén basura". La fórmula será tan exacta como los datos que se usaron en su elaboración. Los analistas que usan fórmulas bien desarrolladas pueden aplicarlas con rapidez y precisión, con poca dificultad para obtener la información requerida.

PASOS PARA EL DESARROLLO DE FÓRMULAS

El primer paso básico en el desarrollo de una fórmula es determinar la clase de trabajo involucrado y el intervalo de trabajo que debe medirse. Por ejemplo, quizá se desarrolló una fórmula para partes de hule vulcanizado entre 2 y 8 onzas de peso. El tipo de tarea sería "vulcanizar partes moldeadas", y el intervalo de trabajo sería entre 2 y 8 onzas.

Una vez terminado el análisis global, el siguiente paso es recolectar los datos de la fórmula. Este paso incluye recopilar estudios anteriores con elementos de trabajo estandarizados y datos de estándares de elementos ya probados y satisfactorios, al igual que realizar nuevos estudios para obtener una muestra suficientemente grande para cubrir el intervalo de trabajo de la fórmula. Es importante que los elementos parecidos (elementos estandarizados) en distintos estudios tengan los mismos puntos terminales. Esto es importante para determinar las variables que influyen en el tiempo, al igual que para lograr un valor preciso para los elementos constantes.

Después, el estudio de tiempos de los elementos se resume en una hoja de trabajo para analizar las constantes y las variables. Las constantes se combinan y las variables se analizan de manera que los factores que influyen en el tiempo se puedan expresar en forma gráfica o algebraica. Una vez seleccionados los valores de las constantes e igualados los elementos variables, se simplifica la expresión combinando constantes e incógnitas cuando sea posible.

El siguiente procedimiento se refiere al desarrollo de la síntesis que explica por completo la derivación de la fórmula, para que las personas que la usan y otras partes interesadas puedan entender su aplicación y desarrollo.

Antes de usar la fórmula, se verifica ampliamente su exactitud, consistencia y facilidad de aplicación. Cuando se ha escrito el informe que describe el método usado, las condiciones de trabajo y las limitaciones de aplicación, la fórmula está lista para usarse.

Al desarrollar la fórmula, es aceptable que el observador utilice los estudios de tiempos existentes si: han sido satisfactorios; los elementos están estandarizados; los elementos constantes y variables del estudio se han separado en forma adecuada, y los estudios se realizaron bajo las condiciones y métodos que prevalecen. Para un nuevo estudio, primero deben dividirse los elementos parecidos, con puntos terminales en lugares idénticos en el ciclo de trabajo, para estandarizar los elementos. También deben estudiarse varios operarios para tener una sección cruzada tan amplia como sea posible y seleccionarse tareas en todo el intervalo de la fórmula propuesta.

El número de estudios necesario para desarrollar una fórmula depende del intervalo de trabajo para el que se usará, la consistencia relativa de los elementos constantes similares en los distintos estudios y el número de factores que afectan el tiempo requerido para ejecutar los elementos variables. Es importante contar con al menos 10 estudios antes de desarrollar una fórmula. Si se usan menos de 10, la exactitud de la fórmula puede quedar mermada con la construcción de curvas incorrectas y con datos que no son representativos del desempeño normal. Mientras más estudios se usen, mayor será el número de datos disponibles y más normales las condiciones reflejadas.

Análisis de elementos

Después de recopilar un número suficiente de estudios, los datos se resumen en una hoja de trabajo a fin de analizarlos. La figura 12-1 ilustra la forma de la "tabla maestra para estudios de tiempos detallados" diseñada para este análisis. Además de la información que pide la forma, el analista debe asentar cualquier información específica que afecte los elementos variables, como área, volumen, longitud, diámetro, dureza, radio y peso, abajo del número de estudio correspondiente en la sección de "características del trabajo" de dicha forma.

El analista escribe el nombre del operario estudiado, el factor de calificación y el número de parte del trabajo en las columnas correspondientes de cada estudio de tiempos. En la columna de la izquierda, con título "símbolo", se coloca un término de identificación para cada elemento. A menudo los analistas usan letras seguidas de un número para este propósito, como A-1, B-1 o C-1. Cuando se estudian más de 26 elementos, el alfabeto se repite y se usa el sufijo 2. Estos símbolos vinculan a los elementos de la tabla maestra con los elementos agrupados en la síntesis.

En la "descripción de la operación", el analista registra cada elemento que ocurre en los estudios de tiempos individuales. La descripción del elemento debe ser clara para que cualquier persona interesada pueda visualizar con exactitud el contenido del trabajo del elemento. Una "C" o una "V" en la columna de "tipo de operación" indica si un elemento es constante o variable.

Enseguida el analista introduce, en los espacios apropiados, los tiempos normales de los elementos registrados en los estudios individuales. Una vez que se tienen todos estos datos, compara los valores de tiempo para cada elemento y determina la causas de la variancia. Como es de esperarse, aun en los elementos constantes ocurre cierta cantidad de variación, debido a inconsistencias en el método que sigue el operario y la calificación del desempeño. En general, los elementos constantes no se desvían de manera sustancial. El tiempo asignado a cada constante se determina promediando los valores de los diferentes estudios. Este tiempo promedio se asienta en la columna de "tiempo normal" y se pone la palabra "promedio" en la columna de "referencias".

Los elementos tienden a variar en proporción con alguna(s) característica(s) del trabajo, como tamaño, forma y dureza. Éstos deben estudiarse con atención para determinar qué factores influyen en el tiempo y en qué grado. Al graficar una curva de tiempo contra la

FIGURA 12-1
Tabla maestra de estudios de tiempos detallados

HOJA NO. 1
DE 1 HOJA(S)

TABLA MAESTRA DE ESTUDIOS

FORMULA 73
FECHA 10 de junio

PIEZA Corazón cilíndrico
OPERACION Hacer corazón de mezcla de arena y aceite
REALIZADO EN Banco

RECOPILACION POR J. Barajas

CARACTERISTICAS DEL TRABAJO

ESTUDIO	S-1	S-2	S-3	S-4
OPERARIO	Pineda	Viniegra	Elizondo	Conde
Factor de actuación	110	110	90	110
Diámetro de corazón	1 7/8	2 1/4	1 7/8	2 3/4
Longitud de corazón	7 7/8	6 1/2	9 1/4	4 1/4
No. de prensas "C"	1	1	2	1
Relación L/D	4.2	2.89	4.93	1.55
Area	2.76	3.97	2.78	5.93
Volumen	21.7	25.8	25.6	25.2
C1 + D1 + F1	1.242	1.244	1.499	.890

SIMBOLO	DESCRIPCION DE LA OPERACION	TIEMPO NORMAL MINUTOS	REFERENCIA	Clase de operación	S-1	S-2	S-3	S-4
A-1	Cerrar caja de moldeo	.046	Promedio	C	.049	.041	.050	.053
B-1	Poner prensas en molde (tipo "C")	.112 N	Tpo. vs Núm. prensas	V	.110	.111	.243	.120
C-1	Llenar de arena en parte	Y x CT	Tiempo vs. L/D y vol.	V	.085	.094	.093	.119
D-1	Apisonar	Y x CT	Tiempo vs. L/D y vol.	V	.225	.255	.242	.248
E-1	Colocar varilla y alambre	.0153L+.03	Tiempo vs. Longitud	V	.150	.103	.168	.088
F-1	Rellenar y apisonar	Y x CT	Tiempo vs. L/D y vol.	V	.35	.668	.900	.280
G-1	Enrasar la arena	.0157A+.07	Tiempo vs. área	V	.115	.135	.129	.152
H-1	Sacar alambre de ventilación	.047	Promedio	C	.048	.050	.048	.056
J-1	Sacudir molde	.043	Promedio	C	.039	.042	.045	.050
K-1	Retirar prensas	.061N	Tpo. vs Núm. prensas	V	.057	.062	.116	.048
M-1	Abrir molde	.046	Promedio	C	.046	.040	.038	.052
N-1	Sacar corazón	.0057L+.045	Tiempo vs. Longitud	V	.098	.082	.102	.075
P-1	Limpiar molde	$\sqrt{.0067+.000016V^2}$	Tiempo vs. Volumen	V	.107	.112	.120	.110

variable independiente, el analista puede deducir una expresión algebraica del tiempo que representa el elemento. Este procedimiento se explica en el capítulo 11. Si es posible calcular una ecuación, se escribe en la columna de "tiempo normal", con las observaciones sobre las curvas usadas en su desarrollo colocadas en la columna adyacente de "referencias".

Cálculo de expresiones variables

Si el análisis de datos de elementos revela que una variable característica gobierna el tiempo del elemento, el analista debe construir una relación gráfica, con el procedimiento descrito en el capítulo 11. El tiempo sería la variable dependiente, ya que es el valor que se quiere predecir. En los casos en que el tiempo se estima en términos de una sola variable independiente, y es la variable aleatoria, y el tiempo, cuya distribución depende de la variable independiente, es x. En la mayor parte de las relaciones , x no es una variable aleatoria; para propósitos prácticos, es fija y el analista se ocupa de la media de la distribución correspondiente del tiempo y (los elementos sucesivos observados en el estudio con cronómetro) para una x dada (vea la figura 12-9).

Los datos graficados pueden tomar varias formas: línea recta, parábola, hipérbola, elipse, formas exponenciales o firmas geométricas no regulares. Los procedimientos gráficos son útiles para predecir las ecuaciones. Si los datos aparecen como una línea recta en papel uniforme para graficar, entonces el tiempo (T) es igual a una función de la pendiente multiplicada por la variable (v) y la ordenada (y).

DE TIEMPOS DETALLADOS

S-5	S-6	S-7	S-8	S-9	S-10	S-11	S-12	S-13	S-14	S-15	S-16	S-17
Plasencia	Márquez	Noguéz	Quintana	Viniegra	Conde	Pineda	Juárez	Juárez	Gamboa	Plasencia	Elizondo	Noguéz
105	105	105	98	120	100	108	95	102	117	85	.95	100
1 3/4	2	1 7/8	1 1/8	1	1 3/4	1 1/4	1 1/4	1 1/4	7/8	1 1/8	2	1 7/8
9 1/2	8	4 1/4	10	13 1/8	5 1/8	6 3/4	7 5/8	4 1/8	8 1/4	6 1/4	10	12 5/8
2	1	1	2	1	1	1	1	1	1	1	2	2
5.43	4	2.27	8.89	13.13	2.73	5.40	6.10	3.30	9.43	5.56	5.0	6.31
2.40	3.14	2.78	.99	.78	2.40	1.23	1.23	1.23	.60	.99	3.14	2.78
22.8	25.1	11.8	9.90	10.3	12.3	8.27	9.33	5.05	4.96	6.19	31.4	35.1
1.557	1.316	.733	1.489	2.138	.804	1.159	1.181	.797	1.277	1.032	1.740	2.299
.045	.042	.047	.050	.041	.043	.042	.047	.048	.049	.046	.043	.048
.250	109	.087	.232	.218	.098	.114	.097	.128	.091	.099	.229	.240
.121	.141	.082	.129	.206	.073	.102	.079	.062	.133	.100	.107	.195
.272	.245	.160	.344	.436	.194	.281	.252	.090	.342	.162	.285	.480
.171	.142	.093	.180	.222	.110	.125	.140	.090	.142	.120	.182	.210
.932	.725	.258	.889	1.290	.392	.665	.850	.432	.802	.626	1.089	1.390
.109	120	.104	.078	.077	.198	.089	.084	.086	.074	.085	.119	.106
.047	.042	.041	.052	.051	.043	.042	.042	.044	.040	.051	.052	.045
.035	.041	.045	.057	.048	.040	.039	.042	.041	.050	.038	.047	.041
.120	.039	.062	.116	.120	.071	.059	.056	.070	.058	.058	.140	.145
.038	.041	.045	.054	.046	.066	.038	.065	.045	.040	.035	.038	.052
.109	.091	.068	.108	.120	.080	.082	.090	.065	.090	.071	.110	.118
.115	.118	.090	.089	.088	.090	.087	.085	.085	.085	.088	.138	.150

Otra relación lineal frecuente es la función recíproca expresada por la ecuación:

$$y = \frac{1}{b + mx}$$

La función recíproca contiene una relación lineal para valores de $\frac{1}{y}$ y x, puesto que al tomar el recíproco en ambos lados de la ecuación se obtiene:

$$\frac{1}{y} = b + mx$$

La curva hiperbólica toma la forma ilustrada en la figura 12-2 y se expresa mediante la ecuación:

$$\frac{y^2}{a^2} - \frac{x^2}{k^2} = 1$$

Si los datos graficados toman la forma de un segmento de parábola, k se calcula gráficamente dibujando una tangente a la curva que pasa por el origen y usando la recta resultante como la diagonal del rectángulo cuya altura es a, que es la distancia del origen a la ordenada y. Al sustituir el tiempo y las variables características respectivas para y y x, se tiene:

$$T = \sqrt{a^2 + \frac{(v^2)(a^2)}{k^2}}$$

FIGURA 12-2
Segmento de curva hiperbólica

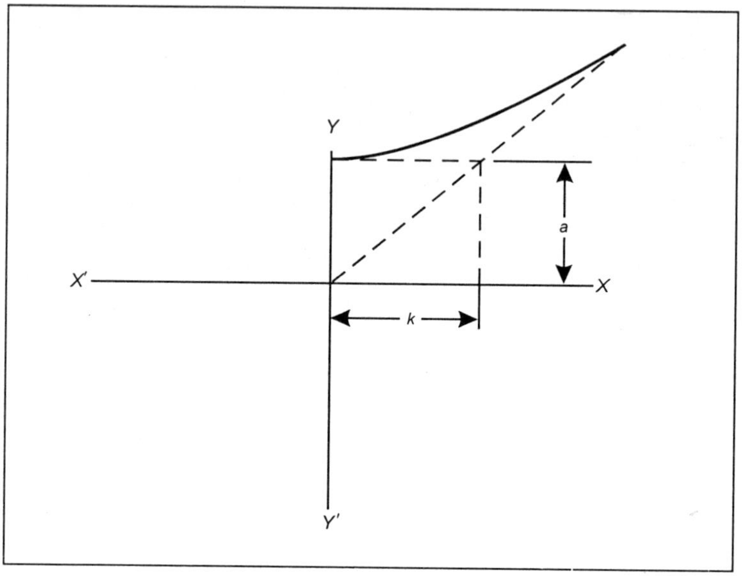

El segmento de elipse mostrado en la figura 12-3 se expresa por la ecuación:

$$\frac{x^2}{a^2} + \frac{y^2}{b^2} = 1$$

Cuando los valores de tiempo graficados toman la forma de una elipse, a y b se pueden calcular a partir de la gráfica y sustituir sus valores en la expresión:

$$T = \sqrt{b^2 - \frac{b^2 v^2}{a^2}}$$

En otros casos, los datos tienen la forma de una parábola, como se ilustra en la figura 12-4. Esta curva se expresa por la ecuación:

$$x^2 = \frac{a^2 y}{b}$$

Después de sustituir las soluciones gráficas para a y b, se obtiene la ecuación:

$$T = \frac{bv^2}{a^2}$$

De la misma manera que en las ilustraciones anteriores, T es igual al tiempo y v es la variable característica que gobierna el tiempo del elemento.

Una relación adicional aplicable al desarrollo de fórmulas es la función de potencia:

$$y = bm^x$$

FIGURA 12-3
Segmento de elipse

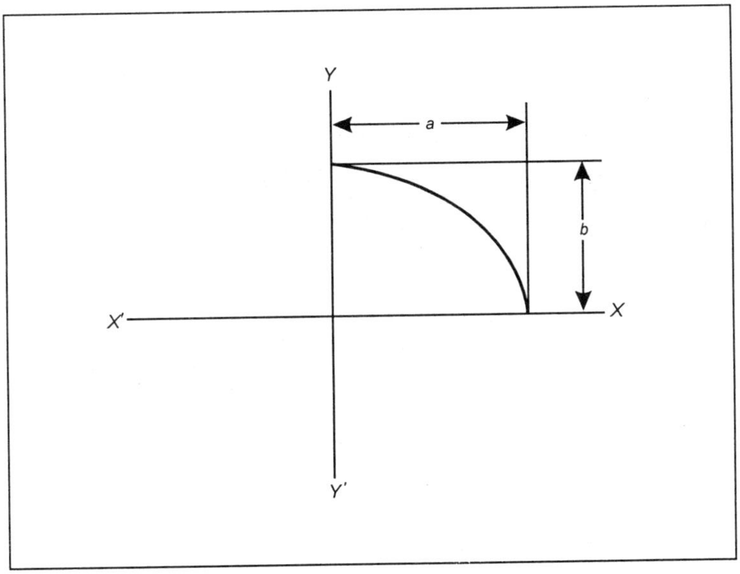

FIGURA 12-4
Segmento de parábola

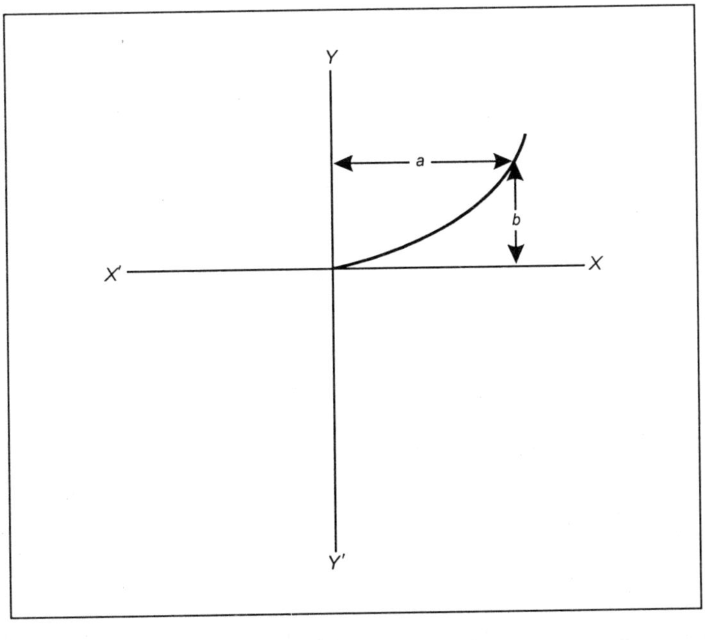

Para explicar cuando los datos graficados en papel uniforme no tienen la forma de línea recta, parábola, hipérbola, elipse o círculo, el papel semilogarítmico es útil para determinar si los puntos están cerca de una recta en una escala transformada. Si los datos se acercan a una línea recta en este papel, entonces la curva de y en x es exponencial. Por lo tanto, para una x dada, la media de la distribución de y (el tiempo en este caso) está dada por bm^x.

Como ejemplo, en el elemento "formar el arco y soldar" el analista obtuvo los siguientes datos de 10 estudios detallados:

Estudio núm.	Tamaño de soldadura	Minutos por pulgada de soldadura
1	⅛	0.12
2	3/16	0.13
3	¼	0.15
4	⅜	0.24
5	½	0.37
6	⅝	0.59
7	11/16	0.80
8	¾	0.93
9	⅞	1.14
10	1	1.52

Al graficar los datos en un papel coordenado rectangular se obtuvo una curva suave (vea la figura 12.5). La gráfica de los mismos datos en papel semilogarítmico creó la línea recta que se muestra en la figura 12-6.

La derivación de la ecuación a partir de esta gráfica fue la siguiente. Se selecciona cualesquiera de los dos puntos en la línea recta:

Punto 1: $X = 1 \qquad Y = \log 1.52$
Punto 2: $X = 3/8 \qquad Y = \log 0.24$

Se despeja la pendiente m:

$$m = \frac{Y_1 - Y_2}{X_1 - X_2} = \frac{\log 1.52 - \log 0.24}{1 - 3/8} = 1.28$$

Se determina la ecuación de la línea a partir de la ecuación

$$Y - Y_1 = m(X - X_1)$$

de donde se obtiene:

$$\log Y - \log 1.52 = 1.28(X - 1)$$
$$\log Y - 0.18184 = 1.28X - 1.28$$
$$\log Y = 1.28X - 1.10$$

De la forma exponencial, se obtiene

$$Y = AB^X$$

FIGURA 12-5
La curva graficada en papel coordenado rectangular tiene la forma exponencial

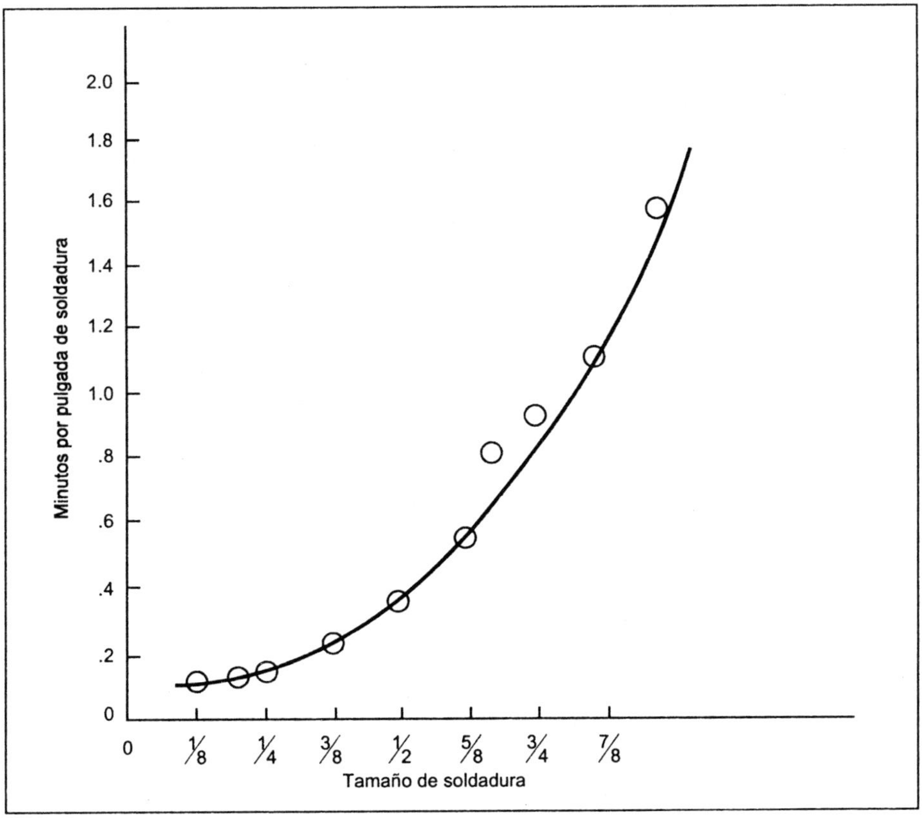

$$\log Y = \log A + X \log B$$

y

$$\log A = -1.10$$
$$A = 0.07944$$
$$\log B = 1.28$$
$$B = 19.05$$

Por lo tanto: $Y = (0.07944)(19.05)^X$

y después de redondear: $Y = (0.08)(19)^X$

Esta ecuación se convierte en una componente de la fórmula y será menos problemático usarla que tener que referirse a la curva de la figura 12-6.

La ecuación se puede verificar de la siguiente manera. Con soldadura de $\frac{1}{2}$ pulgada:

$$\text{Tiempo} = (0.08)(19)^{0.5} = 0.35 \text{ minutos}$$

Este valor es muy cercano al valor del estudio de tiempos de 0.37 minutos.

FIGURA 12-6
Los datos graficados en papel semilogarítmico toman la forma de una línea recta cuya ecuación es $Y = AB^X$

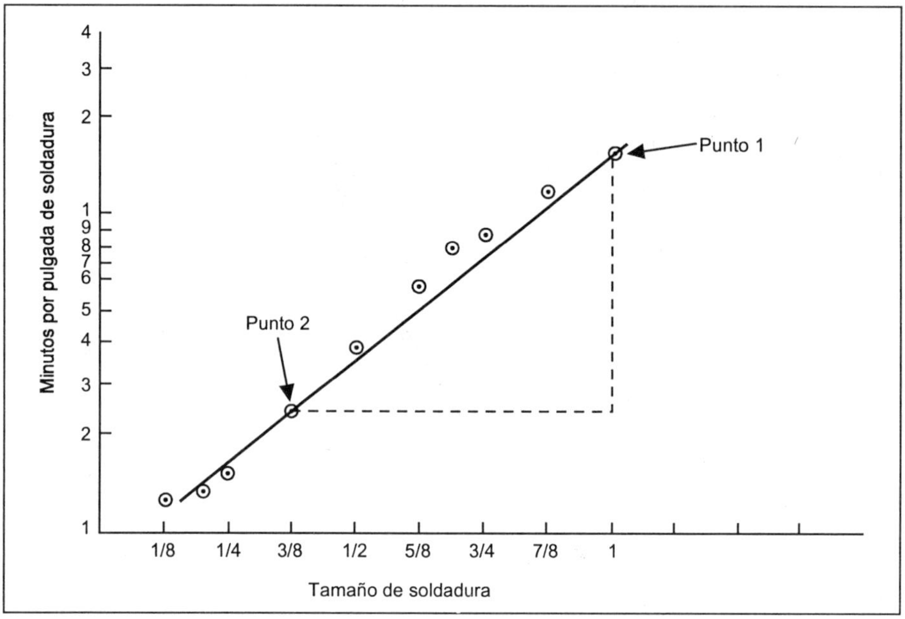

Algunas veces, al graficar los datos en papel logarítmico se obtiene una línea recta. Por ejemplo, la ecuación $y = ax^m$ escrita como logaritmos es de la forma:

$$\log y = \log a + m \log x$$

Aquí, log y tiene una relación lineal con x, por lo que al graficar los datos en papel logarítmico se obtiene una línea recta.

Soluciones gráficas para más de una variable

Cuando más de una variable afecta al tiempo, deben usarse técnicas gráficas, incluso cuando las relaciones sean no lineales. Por ejemplo, cuando una o más variables son no lineales, se puede despejar el tiempo en función de dos o más de ellas para construir una tabla para cada variable. La primera gráfica sería la relación entre el tiempo y una de las variables en los estudios seleccionados donde los valores de la otra variable tienden a permanecer constantes. La segunda gráfica mostraría la relación entre la segunda variable y el tiempo, ajustado para eliminar la influencia de la primera. El procedimiento se extiende a otras gráficas hasta que se han incluido todas las variables.

El siguiente ejemplo ilustra la aplicación de este procedimiento. Los analistas desean desarrollar una fórmula para trabajar una hoja de metal laminado en frío de 0.072 pulgadas de espesor en una laminadora de banco con diferentes anchos y largos. El elemento 1, en la tabla maestra para estudios de tiempo detallados, es "tomar pza. y pos." y el elemento 3 es "dejar pza. al lado y pos." Como ambos elementos incluyen el manejo de la misma cantidad de metal, los valores de tiempo se pueden combinar para simplificar la expresión algebraica final. Estos valores son los siguientes:

Estudio núm.	Ancho	Largo	Elemento 1 + elemento 3
1	2	16	0.18
2	3	18	0.13
3	8	1	0.09
4	10½	32	0.14
5	7	84	0.55
6	8½	69	0.38
7	20	30	0.22
8	11	55	0.26
9	10	75	0.68
10	20½	41	0.66
11	10½	90	1.80
12	16	64	1.44

La primera inspección parece sugerir que el tiempo total para el elemento 1 más el elemento 3 varía con el área de la parte que se trabaja. Sin embargo, la gráfica indica que algo más influye en el tiempo requerido para ejecutar estos elementos. Un análisis mayor revela que las piezas largas y angostas requieren mucho más tiempo que las que son casi cuadradas, aun cuando sus áreas respectivas son muy similares. Los analistas deciden que dos variables afectan el tiempo: el área de la pieza y la dificultad para manejar las piezas más largas. Esta última se puede expresar como el cociente del largo entre el ancho.

Cuatro de los 12 estudios (los estudios 5, 6, 7 y 8) en la tabla maestra, incluyen material que tienen áreas de cerca de 600 pulgadas cuadradas. Los cuatro estudios tienen razones de "largo entre ancho" (L/W) distintas, lo que en apariencia es debido al intervalo de tiempos de los elementos asignados. Como estos cuatro estudios tienen más o menos las mismas áreas, una curva sencilla muestra el efecto de L/W (vea la figura 12-7).

Ahora, para ver el efecto del área en el tiempo del elemento, es necesario ajustar todos los valores de los tiempos tabulados para tomar en cuenta la influencia de la variable L/W. Los analistas trazaron una escala paralela al eje y llamada "factor A" (factor de ajuste) para obtener un dato que pudieran usar para dividir los valores del estudio de tiempos y llegar a un tiempo ajustado que varíe con el área. Tomaron el punto más bajo en la curva L/W y lo proyectaron en el sentido horizontal hasta el eje de ajuste para obtener la distancia del origen que puede evaluarse como una unidad en el eje de ajuste. Después marcaron valores proporcionales para obtener la escala en dicho eje.

Con el valor de L/W de todos los estudios de la tabla maestra, los analistas determinaron de manera gráfica los factores de ajuste para cada estudio, con las proyecciones horizontales hasta el eje del factor A desde el punto específico en la curva de L/W contra el tiempo. Una vez ajustados los valores de cada estudio, calcularon el tiempo ajustado dividiendo los valores de tiempo asignado de los elementos entre el factor de ajuste. Los tiempos ajustados obtenidos se graficaron contra el área (vea la figura 12-8).

El sistema de curvas desarrollado de esta manera representa la solución gráfica, que se puede usar para establecer estándares dentro de este intervalo, como sigue. Primero, se

FIGURA 12-7
Gráfica de tiempo contra la razón de largo entre ancho para áreas constantes de cerca de 600 pulgadas cuadradas

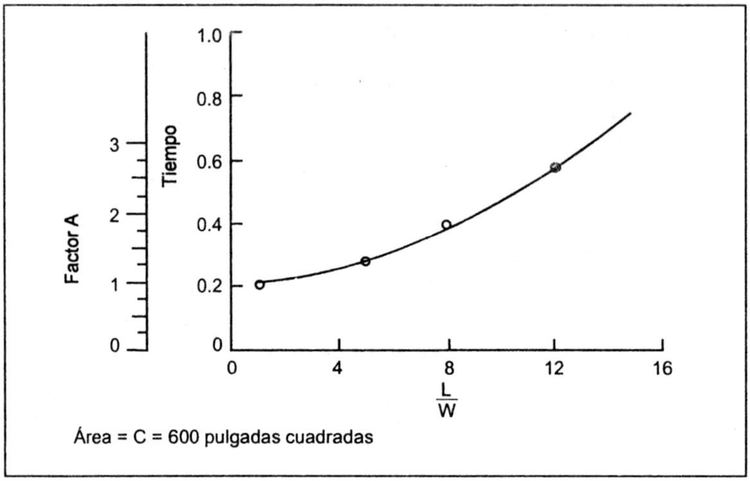

FIGURA 12-8
Gráfica de tiempo ajustado contra área

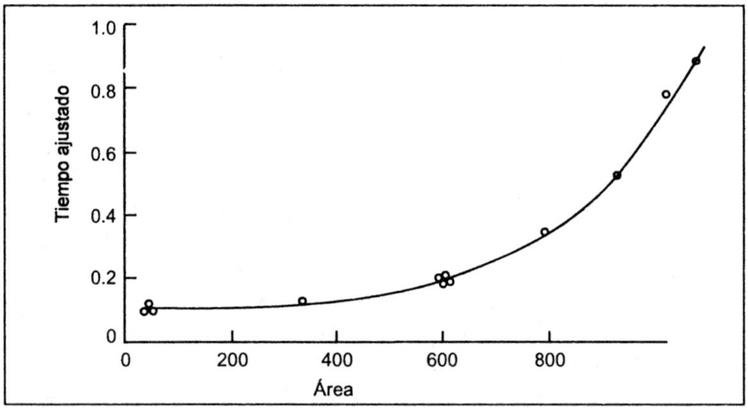

calculan el área y la razón L/W en la hoja de trabajo. Con la razón L/W, los analistas se pueden referir a la primera curva para obtener un factor de ajuste. La segunda curva proporciona un tiempo ajustado, el producto del tiempo ajustado y el factor de ajuste lleva al tiempo asignado para ejecutar los elementos 1 y 3. Al extender este procedimiento obtienen una solución gráfica para los valores de tiempo de los elementos cuando más de dos variables gobiernan el tiempo del elemento.

En ocasiones, las variables permanecen relativamente constantes dentro de un grupo específico, pero muestran cambios importantes en su valor cuando se rebasan los límites del grupo específico. Por ejemplo, las tablas planas de pino de 1 pulgada que se envían a un cepillo mecánico se clasifican como sigue:

Grupo	Tiempo asignado
Pequeña (hasta 300 pulgadas cuadradas)	0.070 min
Mediana (300 a 750 pulgadas cuadradas)	0.095 min
Grande (750 a 1800 pulgadas cuadradas)	0.144 min

Sin embargo, este método de agrupamiento da resultados equivocados en los extremos de cada grupo. Por ejemplo, una tabla de 295 pulgadas cuadradas tendría 0.070 minutos de manejo, mientras que una de 305 pulgadas cuadradas contaría con 0.095 minutos. Lo más seguro es que en el primer caso, 0.070 minutos represente un estándar estrecho y en el último caso, 0.095 minutos estará bastante holgado. Entonces, la regla es que cuando se agrupan los elementos, el agrupamiento debe definirse con claridad y en forma específica de manera que no surjan dudas en cuanto a qué categoría pertenece un elemento.

Uso de las técnicas de mínimos cuadrados y regresión

Aunque los procedimientos gráficos son útiles para establecer una ecuación para una de las variables dependientes como función de una variable independiente, quizá el analista desee usar métodos más elaborados de ajuste de curvas, como las técnicas de mínimos cuadrados y regresión. Esto es cierto en especial cuando una variable dependiente y se ve como una función de una o más variables independientes. Sin embargo, con frecuencia el novato emplea las técnicas de mínimos cuadrados y regresión de manera incorrecta, con malos resultados esperados.

Como ejemplo, se desea determinar la media de la distribución de los valores de tiempo para una variable dada x. Existe una distribución de la variable aleatoria tiempo para un valor dado de la variable independiente x. La figura 12-9 ilustra una relación de este tipo, donde la línea recta de la ecuación $y = B_0 + B_1x$ pasa por la media de cada una de las cuatro distribuciones de y. Esta relación se conoce como la curva de regresión de y en x.

Mientras se reúnen los datos, tal vez el analista sólo pueda aproximar la media de las distribuciones de tiempo. Es posible que cualquier tiempo observado difiera de la media verdadera en alguna cantidad finita. Para determinar el valor de las estimaciones b_0 y b_1 de los parámetros B_0 y B_1 para un conjunto de datos dado (n observaciones por pares $x_i\, y_i$), donde se supone que la regresión de y en x es lineal, se debe establecer la ecuación de la recta que mejor se ajusta a los datos. Por mejor ajuste se entiende la ecuación de la recta $y' = b_0 + b_1x$, para la que la suma de los cuadrados de las distancias verticales $(y - y')$ desde los puntos comprendidos en los datos es mínima.

Para los parámetros b_1 y b_0, las ecuaciones normales cuyos valores están en la recta del mejor ajuste de los datos son:

$$\sum_{i=1}^{n} y_i = b_0 n + b_1 \sum_{i=1}^{n} x_i$$

$$\sum_{i=1}^{n} x_i y_i = b_0 \sum_{i=1}^{n} x_i + b_1 \sum_{i=1}^{n} x_i^2$$

Es fácil resolver estas ecuaciones simultáneas para despejar los parámetros b_1 y b_0:

FIGURA 12-9
Cuatro distribuciones de tiempo para cuatro valores de x y la curva verdadera resultante que pasa por las medias de estas distribuciones

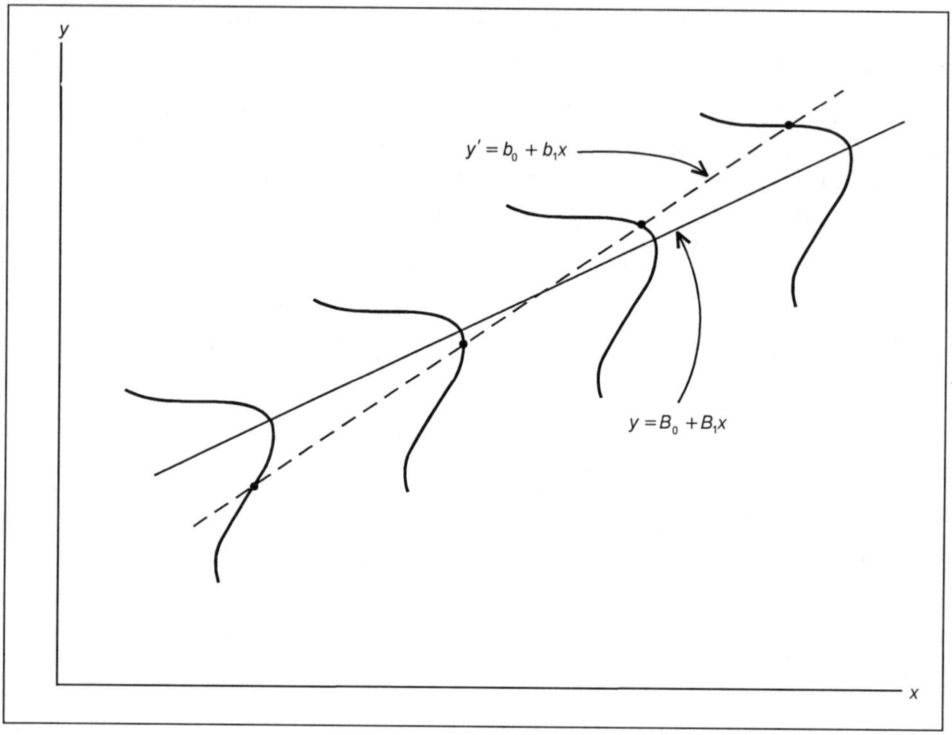

$$b_0 = \frac{(\sum x^2)(\sum y) - (\sum x)(\sum xy)}{(n)(\sum x^2) - (\sum x)^2}$$

$$b_1 = \frac{(n)(\sum xy) - (\sum x)(\sum y)}{(n)(\sum x^2) - (\sum x)^2}$$

La técnica de mínimos cuadrados también se usa para graficar curvas y relaciones exponenciales como líneas rectas en papel logarítmico y semilogarítmico. Un ejemplo es la relación exponencial implícita en el papel semilogarítmico, donde:

$$\log y = \log b_0 + x \log b_1$$

Se despeja la ordenada b_0 de la ecuación:

$$\log b_0 = \frac{(\sum x^2)(\sum \log y) - (\sum x)(\sum x \log y)}{(n)(\sum x^2) - (\sum x)^2}$$

y la pendiente b_1 de la ecuación:

$$\log b_1 = \frac{(n)(\sum x \log y) - (\sum x)(\sum \log y)}{(n)(\sum x^2) - (\sum x)^2}$$

EJEMPLO 12-1
Muestra del cálculo de regresión lineal

Utilice las ecuaciones normales y los siguientes datos:

Estudio	x o área	y o tiempo	xy	x^2
1	25	0.104	2.60	625
2	65	0.109	7.09	4 225
3	77	0.126	9.70	5 929
4	112	0.134	15.01	12 544
5	135	0.138	18.63	18 225
6	147	0.150	22.05	21 609
7	185	0.153	28.31	34 225
8	220	0.174	38.28	48 400
9	245	0.176	43.12	60 025
10	275	0.182	50.05	75 625
11	287	0.186	53.38	82 369
12	300	0.202	60.60	90 000
	2073	1.834	348.82	453 801

se obtiene:

$$1.834 = 22b_0 + 2073b_1$$
$$348.82 = 2073b_0 + 453\,801b_1$$

Al despejar b_0:

$$b_0 = (1.834 - 2073b_1)/12$$

Al sustituir en la segunda ecuación se obtiene:

$$b_1 = 0.000334$$
$$b_0 = 0.095$$

En ocasiones, los analistas reconocen que más de una variable independiente tiene influencia de la variable dependiente (que, en este capítulo, es el tiempo). Si este es el caso, deben aplicarse técnicas de regresión múltiple. Estos cálculos son bastante tediosos y es mejor realizarlos en los programas de software comerciales disponibles.

En resumen, los métodos de regresión son herramientas muy útiles para derivar fórmulas para el desarrollo de estándares. Sin embargo, estas técnicas pueden presentar dificultades en los análisis estadísticos y de ingeniería usados en la selección de las variables independientes y con la significancia de cada variable en la ecuación de predicción. La forma de la ecuación seleccionada (es decir, lineal o no lineal) y la inclusión de los productos cruzados de las variables en la ecuación cuando están presentes los efectos de interacción, hacen el análisis más complicado. En estas circunstancias, el analista debe consultar un estadístico competente en las técnicas de regresión.

En aras de la facilidad de aplicación, es una buena práctica desarrollar ecuaciones de predicción lo más sencillas posible (por ejemplo, la ecuación de Occam). Desde el punto de vista estadístico, las ecuaciones de predicción complicadas tienen el resultado de estimaciones de tiempo cuya confiabilidad es poco más confiable que las sencillas.

Es sencillo evitar la mayor parte del trabajo de los cálculos anteriores si se usan las rutinas estadísticas proporcionadas por los programas de hojas de cálculo comerciales, como Microsoft Excel. Se dispone de procedimientos estadísticos más detallados (en especial para enfoques multivariados) en software especializado como MINITAB o SAS.

Síntesis del desarrollo

El objetivo de una síntesis en el informe de la fórmula es explicar el desarrollo de sus distintas componentes para facilitar su uso. Una síntesis elaborada con claridad ayuda a explicar y verificar lo adecuado de la fórmula.

Para que la expresión final esté en su forma más simple, todas las constantes y símbolos deben combinarse cuando sea posible, sin comprometer la exactitud y flexibilidad. Las operaciones de los elementos deben clasificarse bajo títulos específicos, como preparación, manejo manual, manejo con grúa y operación. Los valores constantes deben asentarse bajo cada tipo de elemento. Estos valores se combinan para simplificar las fórmulas finales. Los detalles de las combinaciones se explican en la síntesis. Una ilustración típica de una síntesis para elementos constantes sería:

$$\begin{aligned} A1 + C1 + \text{constante de la ecuación 4} + H1 &= 0.11 + 0.17 + 0.09 + 0.05 \\ &= 0.42 \text{ minutos} \end{aligned}$$

El tratamiento de los elementos variables requiere una explicación más detallada, debido a la mayor complejidad asociada con este tipo de elementos. Por ejemplo, para combinar los elementos $B1$ y $D1$, los cuales tienen influencia de la razón L/D, las dos ecuaciones serían:

$$B1 = 0.1\frac{L}{D} + 0.08$$

$$D1 = 0.05\frac{L}{D}$$

y la combinación de éstas daría

$$B1 + D1 = 0.15\frac{L}{D} + 0.08$$

Así, la síntesis mostraría con claridad de dónde viene 0.15 L/D.

Cálculo de expresiones

La expresión final puede no estar en forma algebraica por completo. Tal vez sea más conveniente expresar algunas variables como sistemas de curvas, nomogramas o una sola curva. También, se pueden incluir datos de algunas variables en forma de tablas referidas por un símbolo en la fórmula. Un ejemplo característico de una fórmula así sería:

$$\text{Tiempo normal} = 0.07 + \text{tabla 1} + \text{curva 1} + \frac{0.555N}{C}$$

donde: N = número de cavidades por molde,
C = tiempo de curado en minutos.

Para aplicar esta fórmula, el analista consulta la tabla 1 y obtiene los valores tabulados. También se refiere a la curva 1 para obtener el valor numérico de la otra variable en la fórmula. Si conoce el número de cavidades en el molde y el tiempo de curado en minutos, sustituye estos valores en la última parte de la expresión y las suma con el tiempo constante de 0.07 minutos, para obtener el tiempo normal.

Verificación de exactitud

Una vez completa la fórmula, el analista debe verificarla antes de liberarla para su uso. La manera más sencilla y rápida de verificarla es usarla con los datos de los estudios de tiempo existentes. Esto se puede hacer tabulando los resultados bajo los siguientes títulos: "número de parte", "valor del estudio de tiempos", "nuevo valor de fórmula", "diferencia" y "porcentaje de diferencia".

El analista debe investigar cualesquiera diferencias marcadas entre el valor de la fórmula y el del estudio de tiempos y determinar la causa. La fórmula debe mostrar una diferencia promedio menor a 5% de los valores del estudio de tiempos usado en su derivación. Si la fórmula no tiene la validez esperada, debe acumular datos adicionales a partir de mediciones con cronómetro o de datos de estándares de otros estudios. Después de probar la fórmula en una variedad de trabajos, debe explicarla a quien afecta en forma directa o indirecta, con el objeto de que se familiaricen con ella. En especial, ha de revisarla con el supervisor del departamento donde se va a usar. Al entender cómo se desarrolló y cómo se aplica y verificar su validez, el supervisor debe sentirse cómodo al respaldar los estándares con el uso de la fórmula.

Informe sobre la fórmula

El paso final en el proceso de desarrollo de la fórmula es escribir un informe. El analista debe consolidar todos los datos, cálculos, desarrollos y aplicaciones de la misma y presentar un informe completo antes de implantar su uso. De esta forma estarán disponibles todos los hechos respecto al proceso empleado, las condiciones de operación y el alcance de la fórmula.

Como ejemplo, la corporación Westinghouse Electric incluye 14 secciones separadas en sus informes de fórmulas. Éstas son:

1. Número de la fórmula, división, datos número de control
2. Parte
3. Operación
4. Estación de trabajo
5. Tiempo normal
6. Aplicación
7. Análisis

8. Procedimiento
9. Estudios de tiempo
10. Tabla de elementos detallados
11. Síntesis
12. Inspección
13. Pagos salariales
14. Firmas de quien la desarrolla y quien la aprueba.

Número de la fórmula

Para facilidad de referencia, toda la documentación usada en el desarrollo de la fórmula se identifica por un número asignado. Este número de fórmula debe tener un prefijo que identifique el departamento o división en la que se usará y un número que proporcione los arreglos cronológicos de la fórmula respecto a otras en uso en el departamento. Así, la fórmula 11N-56 sería la fórmula número 56 diseñada para uso en el departamento 11N. También deben incluirse las fechas en que la fórmula se implantó para contar con una conexión entre las condiciones de trabajo vigentes en el tiempo en que se diseñó y los estándares establecidos mediante su aplicación.

Parte

En esta sección, el analista debe incluir los números de partes junto con los números de dibujos y una descripción concisa del trabajo, con la definición clara de los productos para los que la fórmula tiene aplicación. Un ejemplo sería "partes J-1101, J-1146, J-1172, J-1496, placas laterales de 12 × 24 pulgadas a 48 × 96 pulgadas".

Operación y estación de trabajo

Después el analista debe proporcionar una descripción clara de la operación que abarca la fórmula, como "radio de laminado", "fabricar los miembros interiores y exteriores", "barrenar cuñas" o "ensamblar tanque". Además ha de incluir una descripción de la estación de trabajo, con información sobre el equipo, como plantillas, dispositivos y calibradores al igual que su tamaño, condición y números de serie. Con frecuencia es útil incorporar una fotografía para definir el método usado en el momento de desarrollar la fórmula.

Tiempo normal

Al expresar la fórmula para el tiempo normal, el analista debe usar ecuaciones separadas para el tiempo de "preparación" y el tiempo de "cada pieza". Enseguida de la fórmula, agregará una clave que describa el significado de los símbolos usados en cada ecuación. Además, incluirá todas las tablas, nomogramas y sistemas de curvas, junto con un ejemplo de solución para que la persona que la use pueda entenderla con claridad.

Aplicación

Después de establecer en forma concisa las expresiones para el tiempo asignado, el analista proporciona una explicación clara de la aplicación de la fórmula. Ésta debe describir con detalle la naturaleza del trabajo en el que se usará y debe establecer los límites específicos dentro los cuales se puede aplicar. Un ejemplo de aplicación de ésta para el curado de partes de hule pegado es: “Esta fórmula se aplica a todas las operaciones de curado realizadas en prensas de platina de 24 × 28 pulgadas cuando el número de cavidades está entre 8 y 100 y las pulgadas cúbicas de hule por cavidad están entre 0.25 y 3”.

Análisis

En la sección de análisis, debe proporcionarse un recuento detallado del método completo empleado, incluso: herramientas, dispositivos, plantillas y calibradores, y su aplicación; la distribución de planta del lugar de trabajo; los métodos de manejo de materiales; el método para obtener suministros de materiales, y la naturaleza de la preparación, que incluye la manera de asignar el trabajo al operario, la distancia al depósito de herramientas y otros datos pertinentes.

Además, incorporado a la sección de análisis del informe, se encuentra el desglose de los suplementos usados en la fórmula, junto con las razones para asignar cualquier suplemento adicional o especial. El tiempo personal, la fatiga y los retrasos inevitables se dan en forma independiente, para que las preguntas sobre la inclusión de un suplemento en la fórmula se pueda responder con facilidad.

Procedimiento

Al completar el análisis del trabajo, el analista escribe el procedimiento usado por el operario al ejecutar la tarea. La mejor manera de hacer esto es incluir todos los elementos que aparecen en la hoja de trabajo maestra, en el orden cronológico correcto. Aunque se pueden usar abreviaturas con toda libertad en los estudios de tiempo y en la tabla maestra, debe evitarse su uso en la descripción escrita del procedimiento del operario. También es importante cubrir los elementos individuales con detalles precisos, de manera que cualquiera pueda entender qué elementos de trabajo están dentro del alcance de la fórmula.

Estudios de tiempo

El informe de la fórmula no necesita incluir todos los estudios de tiempos usados en su desarrollo, ya que por lo general están disponibles en sus propios archivos. Sin embargo, deben ponerse las citas adecuadas y esto se puede hacer en forma tabular como sigue:

EJEMPLO 12-2
Informe sobre la fórmula representativo

FORMULA NÚM.: M-11-NÚM. 15
FECHA: 15 de septiembre, 20__
HOJA: 1 de 15

PARTE: núcleos cilíndricos de mezcla de arena y petróleo de $\frac{7}{8}$" a $2\frac{3}{4}$" de diámetro y 4" a 13" de largo.
OPERACIÓN: fabricar el núcleo completo en caja de madera.
ESTACIÓN DE TRABAJO: banco de 30" × 52" con altura de 36".
TIEMPO NORMAL: el tiempo de la pieza en décimos de minuto es igual a:

(*continúa*)

EJEMPLO 12-2 (*continuación*)

$$0.173N + 0.0210L + \sqrt{0.0067 + 0.000016V^2} + Y \times CT + 0.0157A + 0.327$$

donde: N = número de sujetadores "C",
L = largo del núcleo en pulgadas,
V = volumen de núcleo en pulgadas cúbicas,
Y = factor de ajuste (curva 1),
CT = tiempo ajustado (curva 2),
A = área de sección cruzada del núcleo.

EJEMPLO:

Calcule el tiempo normal para hacer un núcleo de arena de 2" de diámetro y 8" de largo. El volumen será 25.1 pulgadas cúbicas con 8" de largo, sólo se requerirá un sujetador. La razón L/D será igual a 8/2 o sea 4.
Entonces:

$$\text{Tiempo normal} = (0.173)(1) + (0.0210)(8) + \sqrt{0.0067 + (0.000016)(25.1^2)} + (1.5)(.76) + (0.0157)(3.14) + 0.327 = 1.987 \text{ minutos}$$

APLICACIÓN

Esta fórmula se aplica a todos los núcleos cilíndricos de mezcla de arena y petróleo con diámetros entre $\frac{7}{8}$ y $2\frac{3}{4}$ de pulgada y longitudes que varían de 4 a 13 pulgadas. Este trabajo se realiza a mano en cajas de madera divididas para núcleos.

ANÁLISIS

Se proporcionan las siguientes herramientas al operario para fabricar los núcleos que cubre esta fórmula: sujetadores C, película impermeable y martillo. El trabajo se realiza en un banco, el operario alterna entre estar de pie y sentado. El encargado de manejo de materiales apila en el suelo la mezcla de arena y petróleo para producir los núcleos, aproximadamente a 4 pies del operario. Con intervalos periódicos el operario reabastece la arena de banco tomándola del inventario del suelo, con una pala de mango corto. El operario pide en el almacén varillas y cables de refuerzo, en general adquiere el suministro para todo el día en cada requisición.

La tarjeta de trabajo colocada arriba de la estación de trabajo del operario por el supervisor del departamento, indica la secuencia de los trabajos a realizar y es la autorización para que el operario inicie una tarea específica. El operario debe obtener las tarjetas de operación y los dibujos del depósito de herramientas.

El suplemento estándar que debe agregarse al aplicar esta fórmula es 17%. Esto incluye 5% por demoras personales, 6% por demoras inevitables y 6% por fatiga.

PROCEDIMIENTO

El procedimiento de trabajo seguido al fabricar los núcleos de mezcla de arena y petróleo que cubre esta fórmula incluye 13 elementos, excluyendo los elementos de preparación y guardar. Estos son:

1. Tomar dos secciones de caja para núcleo y embonarlas.
2. Sujetar la caja cerrada con un sujetador para núcleos de 9 pulgadas de largo o menos y dos sujetadores para núcleos de más de 9 pulgadas de largo.
3. Llenar la caja con una parte de arena (cerca de un tercio, según el núcleo).
4. Empacar la arena en la caja de núcleo.
5. Colocar la varilla de descarga y el cable de refuerzo.
6. Llenar el resto de la caja de núcleo con arena y empacarla.
7. Con la película impermeable, sacudir la arena en ambas terminales de la caja para que la arena del núcleo quede al nivel con la caja.
8. Quitar el cable de descarga del núcleo y dejar a un lado.
9. Envolver la caja ligeramente.
10. Remover sujetadores y dejar a un lado.
11. Abrir caja de núcleo.
12. Rodar el núcleo para sacarlo y colocarlo en repisa al lado de la estación de trabajo
13. Limpiar caja de núcleo con estopa con kerosina.

ESTUDIOS DE TIEMPOS

El siguiente resumen incluye los estudios de tiempos usados para desarrollar esta fórmula:

Estudio de tiempos núm.	Número de parte	Planta	Fecha de realización	Tomado por
S-13	P-1472 PB-1472	A	6-15	Black
S-111	P-1106 PB-1106	A	12-11	Black
S-45	P-1901 PB-1901	A	7-13	Hirsch
S-46	P-1907 PB-1907	B	7-14	Black
S-47	P-1908 PA-1908	B	7-14	Black
S-32	P-1219 PA-1219	A	8-10	Black
S-76	P-1711 PA-1711	A	11-12	Obe
S-70	P-1701 PB-1701	B	11-9	Obe
S-17	P-1311 PB-1311	B	6-16	Black
S-18	P-1312 PB-1312	B	6-16	Black
S-59	P-1506 PB-1506	A	7-26	Hirsch

(*continúa*)

EJEMPLO 12-2 (*continuación*)

Estudio de tiempos núm.	Número de parte	Planta	Fecha de realización	Tomado por
S-60	P-1507 PB-1507	A	7-26	Hirsch
S-50	P-1497 PB-1497	B	7-19	Obe
S-51	P-1498 PA-1498	B	7-20	Obe
S-52	P-1499 PA-1499	B	7-21	Obe
S-53	P-1500 PA-1500	B	7-21	Obe
S-54	P1501 PA-1501	B	7-22	Obe

Tabla de elementos detallados

Símbolo	Descripción del elemento	Tiempo normal en décimos de minuto	Referencia
A-1	Cerrar caja de núcleo	0.046	Promedio
B-1	Sujetar caja de núcleo	$0.112N$	Tiempo vs sin sujetador
C-1	Llenar una parte con arena	$Y \times CT$	Tiempo vs L/D y volumen Tiempo vs volumen
D-1	Empacar	$Y \times CT$	Tiempo vs L/D y volumen
E-1	Colocar eje y cable	$0.0153L + 0.03$	Tiempo vs largo
F-1	Llenar y empacar	$Y \times CT$	Tiempo vs L/D y volumen
G-1	Sacudir	$0.0157A + 0.07$	Tiempo vs área
H-1	Remover cable para respiradero	0.047	Promedio
J-1	Envolver caja	0.043	Promedio
K-1	Quitar sujetadores	$0.061N$	Tiempo vs sin sujetador
M-1	Abrir caja	0.046	Promedio
N-1	Rodar núcleo para sacarlo	$0.057L + 0.045$	Tiempo vs largo
P-1	Limpiar caja	$\sqrt{0.0067 + 0.000016\,V^2}$	Tiempo vs volumen

SÍNTESIS

$$\begin{aligned}\text{Tiempo estándar} &= \text{suma de tiempos elementales asignados}\\ &= \text{A-1} + \text{B-1} + \text{C-1} + \text{D-1} + \text{E-1} + \text{F-1} + \text{G-1}\\ &\quad + \text{H-1} + \text{J-1} + \text{K-1} + \text{M-1} + \text{N-1} + \text{P-1}\end{aligned}$$

Como los elementos C-1, D-1 y F-1 dependen tanto del volumen como del largo/diámetro, sus valores se pueden combinar antes de graficarlos en papel coordenado. Los valores combinados para estos tres elementos para los 17 estudios de tiempo son:

Estudio núm.	C-1 + D-1 + F-1
S-13	1.045
S-111	1.017
S-45	1.235

Estudio ním.	C-1 + D-1 + F-1
S-46	0.647
S-47	1.325
S-32	1.110
S-76	0.500
S-70	1.362
S-17	1.932
S-18	0.659
S-59	0.988
S-60	1.181
S-50	0.584
S-51	1.277
S-52	0.888
S-53	1.481
S-54	2.065

Para propósitos de referencia, la combinación de C-1 + D-1 + F-1 se denomina R-1 (vea las figuras 12-10 y 12-11). Las curvas 1 y 2 se usan para obtener los tiempos asignados para estos tres elementos, obteniendo primero el factor de ajuste en la cur-

FIGURA 12-10
Curva 1, tiempo contra L/D

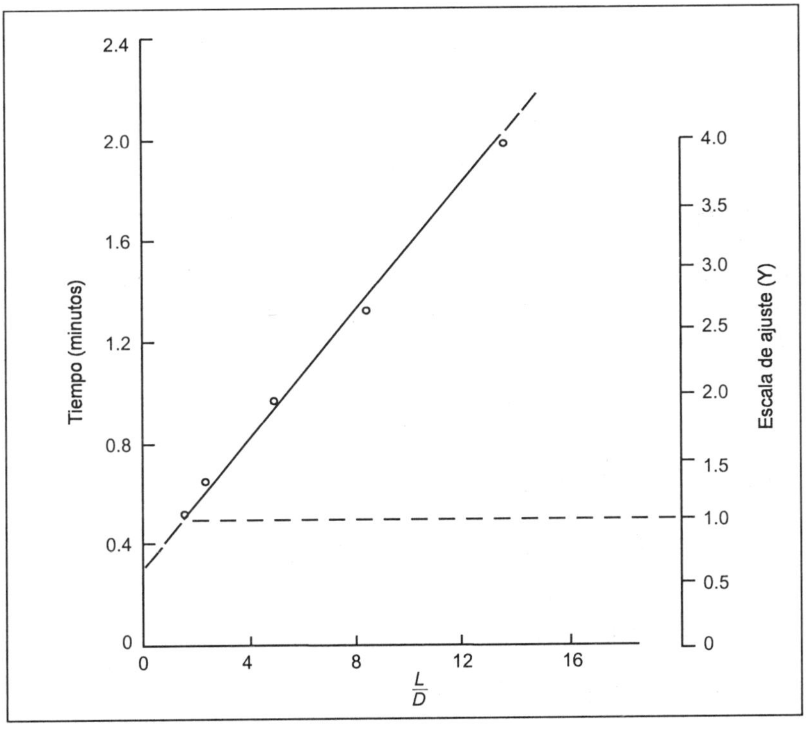

(*continúa*)

EJEMPLO 12-2 (*continuación*)

FIGURA 12-11
Curva 2

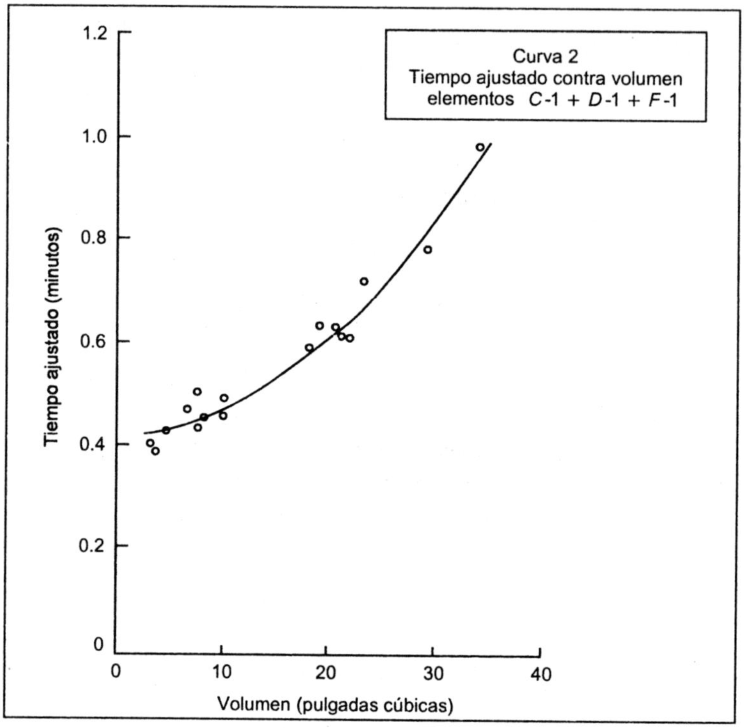

va 1 y después el tiempo ajustado en la curva 2. El producto de estos dos valores da el tiempo asignado para C-1 + D-1 + F-1.

El tiempo para el elemento E-1 (colocar varilla y cable) se graficó en la curva 3 (vea la figura 12-12), donde se muestra su relación con el largo del núcleo.

Esta curva se puede expresar en forma algebraica por la ecuación:

$$T = fv + C$$

o $$\text{Tiempo} = (\text{pendiente})\,(\text{largo}) + \text{ordenada } y$$

Con la solución gráfica se obtiene:

$$f = \frac{0.210 - 0.100}{12 - 4.8} = \frac{0.110}{7.20}$$
$$= 0.0153$$
$$C = 0.03 \text{ (de la gráfica)}$$

Así: $$\text{Tiempo} = 0.0153L + 0.03$$

FIGURA 12-12
Curva 3

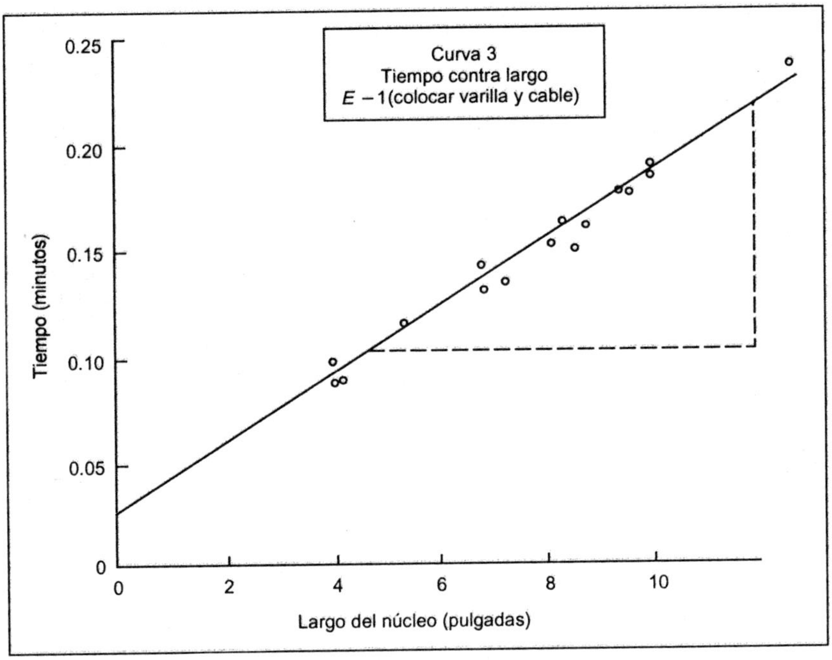

El elemento G-1 (sacudir arena) también tiene una relación lineal. Para este elemento, el área de la sección cruzada del núcleo se graficó contra el tiempo (vea la curva 4 en la figura 12-13). En este caso

$$\text{Tiempo} = (f)(\text{área}) + 0.07$$

y

$$f = \frac{0.132 - 0.08}{4 - 0.7} = \frac{0.052}{3.3}$$

$$f = 0.0157$$

Entonces:

$$\text{Tiempo} = 0.0157A + 0.07$$

Elemento N-1 (rodar núcleo para sacarlo) se muestra en la curva 5 (vea figura 12-14). Aquí,

$$\text{Tiempo} = f(\text{largo}) + 0.45$$

y

$$f = \frac{0.125 - 0.068}{14 - 4}$$

$$= 0.0057$$

Por lo tanto:

$$\text{Tiempo} = 0.0057L + 0.045$$

EJEMPLO 12-2 (*continuación*)

FIGURA 12-13
Curva 4

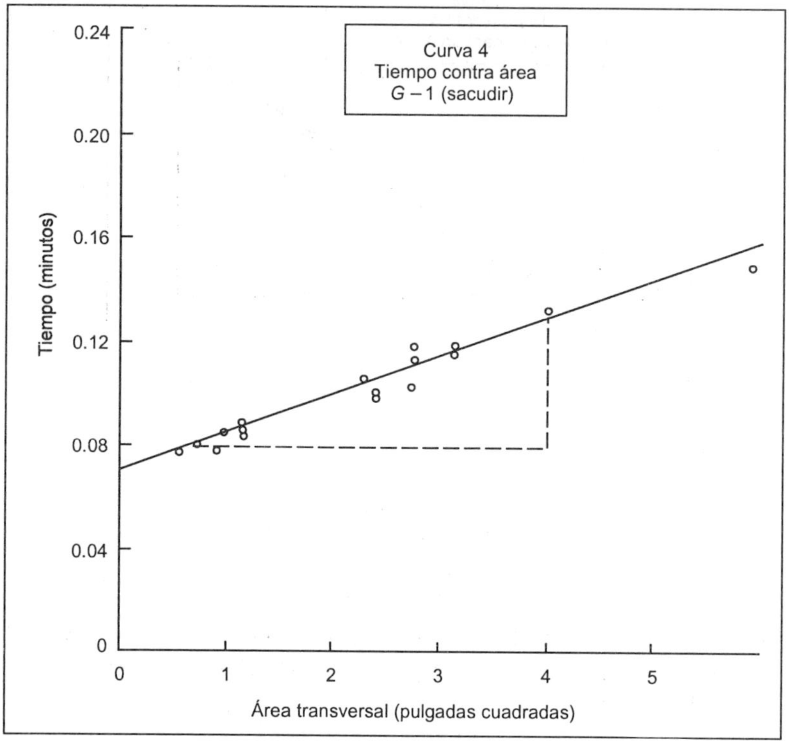

El tiempo para el elemento P-1 (limpiar la caja) graficado contra el volumen del núcleo, da la relación hiperbólica que se muestra en la curva 6 (figura 12-15). La expresión algebraica de esta relación entre volumen y tiempo es la siguiente:

$$\text{Tiempo} = \sqrt{a^2 + \frac{v^2a^2}{k^2}}$$

$$= \sqrt{0.082^2 + \frac{(v^2)(0.082)^2}{400}}$$

$$= \sqrt{0.0067 + 0.000016v^2}$$

Los elementos A-1, H-1, J-1, M-1 se clasificaron como constantes con los siguientes tiempos asignados respectivos determinados con sus valores promedio: 0.046, 0.047,

FIGURA 12-14
Curva 5

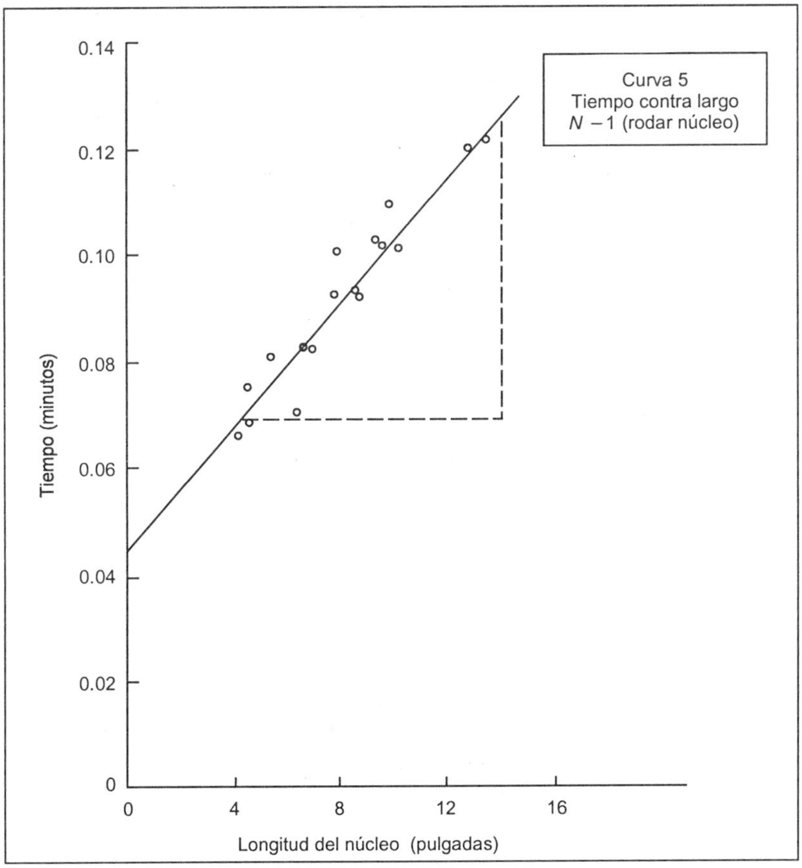

0.043, 0.046. Estas constantes se suman a la suma de los valores de las ordenadas y de las curvas 3, 4, y 5, para determinar un tiempo constante total de 0.327 minutos:

A-1	0.046
Ordenada de la curva 3	0.030
H-1	0.047
Ordenada de la curva 4	0.070
J-1	0.043
M-1	0.046
Ordenada de la curva 5	0.045
	C_T = 0.327 min

(continúa)

EJEMPLO 12-2 ***(continuación)***

FIGURA 12-15
Curva 6

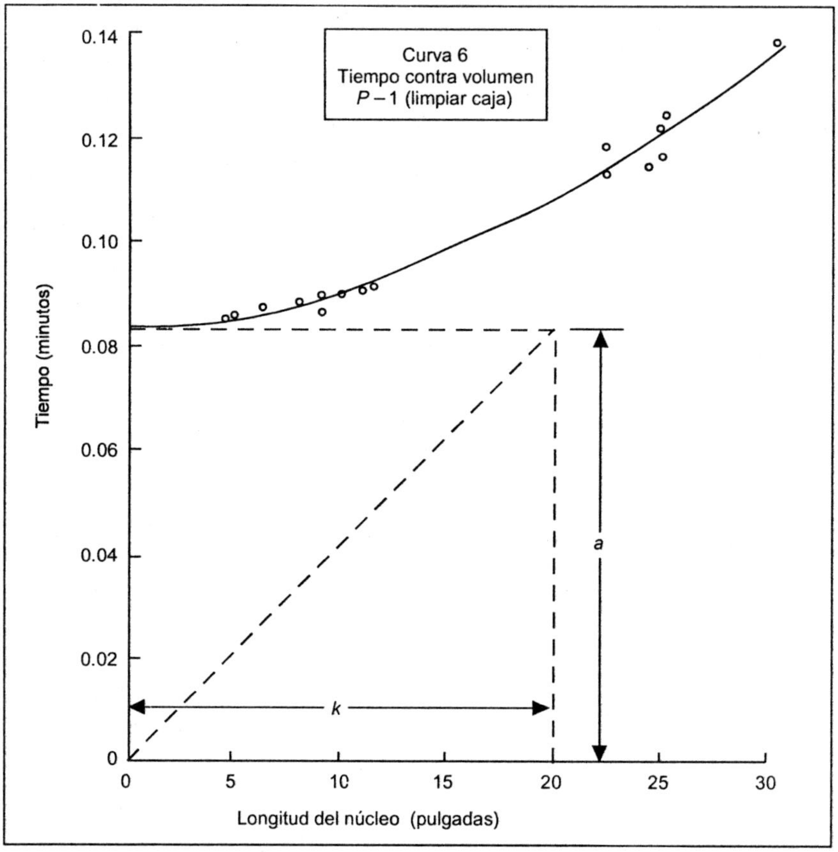

Ambos elementos B-1 y K-1 son proporcionales al número de sujetadores N. Entonces, se pueden combinar para simplificar la fórmula como sigue:

$$\begin{aligned} B\text{-}1 &= 0.112N \\ K\text{-}1 &= 0.061N \\ \hline S\text{-}1 &= 0.173N \end{aligned}$$

Como los elementos E-1 (colocar varilla y cable) y N-1 (rodar el núcleo) son proporcionales al largo del núcleo, se pueden combinar las ecuaciones de sus relaciones con el largo y designar el total con el símbolo T-1.

Así:

$$E\text{-}1 = 0.0153L$$
$$N\text{-}1 = 0.0057L$$
$$T\text{-}1 = 0.0210L$$

Al simplificar las ecuaciones iniciales se obtiene:

$$\text{Tiempo normal} = \text{S-1} + \text{T-1} + \text{P-1} + \text{R-1} + \text{G-1} + C_T$$
$$\text{Tiempo normal} = 0.173N + 0.0210L + \sqrt{0.0067 + 0.000016\,V^2} + Y \times C_T + 0.0157A + 0.327$$

INSPECCIÓN

El único requerimiento sobre los núcleos cubiertos por esta fórmula es la inspección visual realizada por el operario en el momento de rodarlo fuera de la caja.

Estudio de tiempos núm.	Parte	Dibujo	Planta	Fecha de realización	Tomado por
S-112	J-1102	JB-1102	A	9-15-	J.B. Smith
S-147	J-1476	JA-1476	B	10-24-	A.B. Jones
S-92	J-1105	JB-1105	B	6-11-	J.B. Smith

Tabla de elementos detallados

Esta tabla es una fuente de referencias de la información sobre el tiempo normal del elemento y su derivación. La información para esta tabla viene de la tabla maestra de elementos detallados:

Símbolo	Descripción del elemento	Tiempo normal	Referencia
A1	Cerrar caja de núcleo	0.046 min	Promedio
C1	Llenar parte con arena	A × CT	Todos los estudios
J1	Envolver caja	0.043 min	Promedio

Síntesis

Después de registrar la tabla de elementos detallados, el analista debe incluir una síntesis del informe. Ésta debe explicar la manera en que se derivó el tiempo asignado.

Inspección, pago y firmas

Una vez escrita la síntesis, el analista debe registrar la siguiente información en orden: los requerimientos de inspección que aparecen en los dibujos de los trabajos que cubre la fórmula; el tipo de planes de pagos salariales para los que se usará la fórmula, como jornada de trabajo, trabajo por piezas e incentivos de grupo; por último, debe firmar y recabar la firma de su supervisor.

RESUMEN

Una fórmula de estudio de tiempos puede establecer los estándares en una fracción del tiempo requerido para los estudios individuales. Sin embargo, antes de liberar una fórmula para su uso, deben verificarse con cuidado las matemáticas usadas en su desarrollo para asegurar que la expresión es correcta. Además, deben realizarse varias pruebas para garantizar que establece estándares consistentes y verdaderos. El intervalo de aplicación de la fórmula ha de identificarse con claridad y los estándares establecidos nunca deben basarse en datos que están fuera del alcance de la fórmula.

Los siguientes pasos representan el procedimiento cronológico para desarrollar una fórmula de estudio de tiempos.

1. Recolectar datos
   a. Usar estudios de tiempos con elementos estandarizados disponibles.
   b. Usar datos de estándares basados en elementos estandarizados disponibles.
   c. Establecer valores de elementos a partir de los datos de elementos básicos para los elementos estandarizados.
   d. Tomar nuevos estudios de tiempos. Tener cuidado al dividirlos en elementos estandarizados.
2. Recopilar los datos de la hoja de trabajo maestra e identificar la fórmula.
3. Analizar y clasificar todos los elementos.
   a. Constantes,
   b. Variables.
4. Desarrollar la síntesis.
5. Calcular la expresión final.
6. Verificar las matemáticas de la fórmula desarrollada.
7. Probar la fórmula.
8. Escribir el informe de la fórmula.
9. Usar la fórmula.

Si sigue de manera sistemática estos nueve pasos, el analista tendrá pocas dificultades en el desarrollo de fórmulas confiables de estudio de tiempos. Una vez desarrollada la fórmula, se puede programar en una computadora digital y calcularse para todas las variaciones posibles dentro de su alcance. Entonces, se podrá disponer de estándares tabulados para una amplia variedad de asignaciones de trabajo.

PREGUNTAS

1. ¿Qué ventajas ofrece la fórmula en comparación con los datos de estándares al establecer estándares de tiempo?

2. ¿Está restringido el uso de fórmulas de estudio de tiempos a las operaciones de la planta donde las alimentaciones y velocidades influyen en los tiempos asignados? Explique.

3. ¿Cuáles son las características de una buena fórmula de estudio de tiempos?

4. ¿Qué riesgos existen al usar muy pocos estudios en el desarrollo de una fórmula?
5. ¿Cuál es la función de la síntesis en un informe de fórmula?
6. Enumere las 14 secciones que conforman el informe de la fórmula.
7. ¿Cuáles son los nueve pasos que representan el procedimiento cronológico en el desarrollo de fórmulas de estudios de tiempos?
8. Explique con detalle cómo se puede obtener el tiempo a partir de la gráfica cuando dos variables lo afectan y no se pueden combinar.

PROBLEMAS

1. En la Dorben Company, el analista de medición del trabajo planea desarrollar datos de estándares sobre una nueva fresadora recién instalada. En un grupo de estudios, el material que se corta requiere un corte de 1.5 pulgadas, con longitudes que varían de 4 a 30 pulgadas. Para este trabajo se usa una sierra circular con dientes de carburo de 3 pulgadas de diámetro y ancho de cara de 2 pulgadas. Las profundidades de corte varían de $\frac{3}{16}$ a $\frac{7}{16}$ de pulgada. Dé la ecuación que se deba programar para proporcionar un tiempo de corte en términos de d (profundidad de corte) y l (longitud de molde para fresado). En todos los casos, la alimentación por diente es 0.010 pulgadas y la sierra de 16 dientes trabaja a una velocidad de superficie de 80 pies por minuto.

2. El analista de medición del trabajo en la Dorben Company estudia el lijado a mano y pulido de radios exteriores. Seis estudios proporcionaron la siguiente información:

Estudio	Tamaño de radios	Minutos por pulgada
1	$\frac{3}{8}$	0.24
2	$\frac{1}{2}$	0.37
3	$\frac{5}{8}$	0.59
4	$\frac{11}{16}$	0.80
5	$\frac{3}{4}$	0.93
6	1	1.52

Estos datos dieron una línea recta al graficarlos en papel semilogarítmico, con el tiempo (variable dependiente) en la escala logarítmica. Desarrolle una ecuación algebraica para estimar el tiempo de lijado y pulido para los diversos radios.

3. En el departamento de ensamble de la Dorben Company, se empacan varios productos para su embarque. El analista de estudio de tiempos desea desarrollar una fórmula o un sistema de curvas para establecer estándares para este trabajo. La tabla maestra del estudio de tiempos detallados contiene la siguiente información para el segundo elemento, "colocar componentes en una bolsa".

Estudio núm.	Tiempo (min)	Peso de componentes (lb)	Tamaño de bolsa	Núm. de componentes
1	0.264	6.62	4	11
2	0.130	1.15	2	6
3	0.186	5.61	3	8
4	0.169	2.91	2	6
5	0.126	4.01	2	4

(*continúa*)

Estudio núm.	Tiempo (min)	Peso de componentes (lb)	Tamaño de bolsa	Núm. de componentes
6	0.220	6.14	3	9
7	0.200	5.50	3	6
8	0.332	7.25	4	14
9	0.222	7.02	4	6
10	0.155	1.75	2	8
11	0.345	5.45	4	17
12	0.256	6.91	4	10

A partir de estos datos diseñe una fórmula o un sistema de curvas para establecer el estándar para este elemento.

4. En el tratamiento de varias componentes de piel, el analista observó una relación entre los tiempos estándar y el área de la componente. Después de cinco estudios de tiempos independientes, se observó lo siguiente:

Estudio núm.	Área de la componente de piel ($pulg^2$)	Tiempo estándar (minutos)
1	5.0	0.07
2	7.5	0.10
3	15.5	0.13
4	25.0	0.20
5	34.0	0.24

Obtenga una expresión algebraica para estimar el precio del tratamiento de las componentes de piel.

5. El analista de la compañía Dorben decide desarrollar una fórmula para estimar el precio de una operación de ensamble específica que incluye trabajos de varios tamaños. La operación se basa en los siguientes datos:

Estudio núm.	Tiempo estándar (min)	Área ($pulg^2$)
1	0.282	7
2	0.163	5
3	0.022	2
4	0.120	4.5
5	0.227	6

Desarrolle una expresión algebraica para establecer estándares para esta operación, para partes con áreas de superficies hasta de 7 pulgadas cuadradas.

6. El ingeniero industrial en la Dorben Company se encuentra en el proceso de desarrollar una fórmula para presupuestar la línea de manufactura de forjas específicas. Los datos indican una relación lineal entre el volumen de forjado y el tiempo estándar, para los elementos variables relacionados con posicionar la matriz y forjar. Los datos son los siguientes:

Estudio núm.	Tiempo (min)	Volumen de forja (pulg^3)
1	0.130	30
2	0.110	24
3	0.103	20
4	0.088	10
5	0.083	5
6	0.120	27

Desarrolle una ecuación algebraica para los cálculos del tiempo estándar para cualquier operación de forja que tiene un volumen entre 5 y 30 pulgadas cúbicas.

7. Escriba la ecuación de la elipse con centro en el origen y ejes a lo largo de los ejes coordenados y que pasa por los puntos (2, 3) y (– 1, 4).

8. Encuentre la ecuación de la hipérbola con centro en (0, 0), focos $a = 4, k = 5$ y sobre el eje y.

9. Desarrolle una expresión algebraica para la relación entre el tiempo y el área a partir de los siguientes datos:

Estudio núm.	1	2	3	4	5
Tiempo	4	7	11	15	21
Área	28.6	79.4	182	318	589

REFERENCIAS

Denbow, Carl H. y Victor Goedicke. *Foundations of Mathematics*, Nueva York: Harper & Row, 1959.

Lowry, Stewart M., Harold B. Maynard y B. J. Stegemerten. *Motion and Time Study*, 3ª Ed., Nueva York: McGraw-Hill, 1940.

Neter, J., M. Wasserman y M. H. Kutner. *Applied Linear Statistical Models*, 3ª Ed., Homewood, IL: Richard D. Irwin, 1990.

Rotroff, Virgil H. *Work Measurement*, Nueva York: Reinhold Publishing, 1959.

SOFTWARE SELECCIONADO

MINITAB. v. 11, State College, PA. 1997.

SAS. Cary, NC: SAS Institute, 1998.

CAPÍTULO 13

Sistemas de tiempos predeterminados

PUNTOS CLAVE

- Usar sistemas de tiempos predeterminados para predecir los tiempos estándar para tareas nuevas o existentes.
- Los sistemas de tiempos predeterminados son una colección de tiempos de movimientos básicos.
- Los sistemas precisos requieren más tiempo para completarse.
- Los sistemas sencillos y rápidos, en general son menos exactos.
- Considerar no sólo el movimiento principal, sino también las complejidades o interacciones con otros movimientos.
- Usar sistemas de tiempos predeterminados para mejorar los métodos de análisis.

Desde los tiempos de Frederick W. Taylor, la administración ha comenzado a apreciar la bondad de asignar tiempos estándar a los elementos básicos del trabajo. Estos tiempos se conocen como *tiempos de movimientos básicos*, *tiempos sintéticos* o *tiempos predeterminados*. Se asignan a los movimientos fundamentales y a grupos de movimientos que no es posible evaluar con precisión mediante los procedimientos normales de estudio de tiempos con cronómetro. También son el resultado del estudio de una muestra grande de diversas operaciones con un dispositivo de tiempos como una cámara de película o de videograbación, capaz de medir elementos muy cortos. Los valores de tiempo son sintéticos en cuanto a que con frecuencia son el resultado de las combinaciones lógicas de therbligs; son básicos en el sentido de que una mayor elaboración es difícil y poco práctica; son predeterminados porque se usan para predecir los tiempos estándar para nuevas tareas que resultan al cambiar métodos.

Desde 1945, ha habido un creciente interés en el uso de tiempos de movimientos básicos (consulte el capítulo 4) como método para establecer tasas con rapidez y exactitud sin usar el cronómetro u otros métodos de registro de tiempos. Un producto secundario de los tiempos estándar predeterminados ha sido el desarrollo de *métodos de concientización* asociados con los principios de la economía de movimientos y diseño del trabajo.

En la actualidad, los analistas de métodos pueden obtener información de alrededor de 50 sistemas diferentes de valores sintéticos establecidos. En esencia, estos sistemas de tiempos predeterminados son conjuntos de tablas de movimiento-tiempo con reglas explicativas e instrucciones sobre el uso de estos valores.

Es esencial una capacitación especializada exhaustiva para la aplicación práctica de estas técnicas. De hecho, la mayor parte de las compañías requieren certificación antes de que se permita a los analistas establecer estándares mediante los sistemas Work-Factor, MTM o MOST.

Un analista capacitado que establece un estándar para un método dado usando dos sistemas de tiempos predeterminados diferentes, quizá llegue a dos respuestas distintas. La razón es que se pueden haber utilizado diferentes conceptos de "desempeño normal" al desarrollar los datos estándar. Por ejemplo, el trabajo de Maynard, Stegemerten y Schwab (1948), quienes desarrollaron el método de medición de tiempo (MTM — *Methods Time Measurement*), se realizó para taladros sensibles. Cualquier persona familiarizada con las operaciones del oficio de metales reconoce que el desempeño normal ahí no es difícil y que con facilidad se logran desempeños de 125% si los operarios muestran un nivel de esfuerzo alto, están bien calificados y han recibido una capacitación amplia.

Por otro lado, durante la gran depresión (principios de la década de 1930) cuando casi todas las personas sentían que no sólo era deseable sino necesario por completo trabajar duro para mantener un trabajo, los conceptos de desempeño normal eran más estrechos de lo que se consideró normal 15 años más tarde. Esto era cierto, en especial, en industrias como la del vestido y las que involucran trabajo de ensamble, como la fabricación de radios, lavadoras de ropa, refrigeradores y aparatos similares de línea blanca. Los estudios en ellas (Quick, Shea y Koehler, 1962) dieron como resultado el sistema de tiempos predeterminados Work-Factor, basado en un concepto diferente de desempeño normal.

Todos los sistemas de tiempos predeterminados se clasifican en uno de tres grupos (Sellie, 1992):

1. *Sistemas de aceleración-desaceleración.* Estos sistemas reconocen que diferentes movimientos del cuerpo se ejecutan a velocidades diferentes. Los valores determinados con este enfoque sugieren que 40% del tiempo total se usa durante el periodo de aceleración, 20% para una velocidad constante y 40% para la desaceleración. En la actualidad los sistemas de aceleración-desaceleración no tienen un uso amplio para establecer estándares.
2. *Sistemas de movimiento promedio.* En estos sistemas se reconoce la dificultad de los movimientos promedio o representativos que es usual encontrar en las operaciones industriales.
3. *Sistemas aditivos.* Con estos sistemas se usan los valores de tiempo básico. Los porcentajes de tiempo para los movimientos difíciles encontrados se suman a estos valores básicos. Estas adiciones van del 10 al 50%.

Para proporcionar al lector un amplio panorama del campo de tiempo de movimientos básicos, se revisará el MTM con cierto detalle, ya que es el pionero en la clasificación de los sistemas de movimiento promedio, y cuenta con el subsistema más rápido de MTM, llamado MTM-2. Además, se hará una presentación breve de la técnica secuencial de operación Maynard (MOST — *Maynard Operation Sequence Technique*), y de los sistemas de análisis del movimiento MACROMotion Analyses. El lector debe entender que MOST se deriva de MTM, de manera que sería representativo de los sistemas de movimiento promedio. MACROMotion Analyses usa datos de Work-Factor, un sistema aditivo y de MTM.

MTM-2 y MOST son los sistemas de tiempos predeterminados que más se usan, según una encuesta a 141 ingenieros industriales. La figura 13-1 ilustra la derivación de todos estos sistemas de tiempos predeterminados.

FIGURA 13-1
Árbol de tiempos predeterminados (*Cortesía de:* Standards International, Chicago, Illinois)

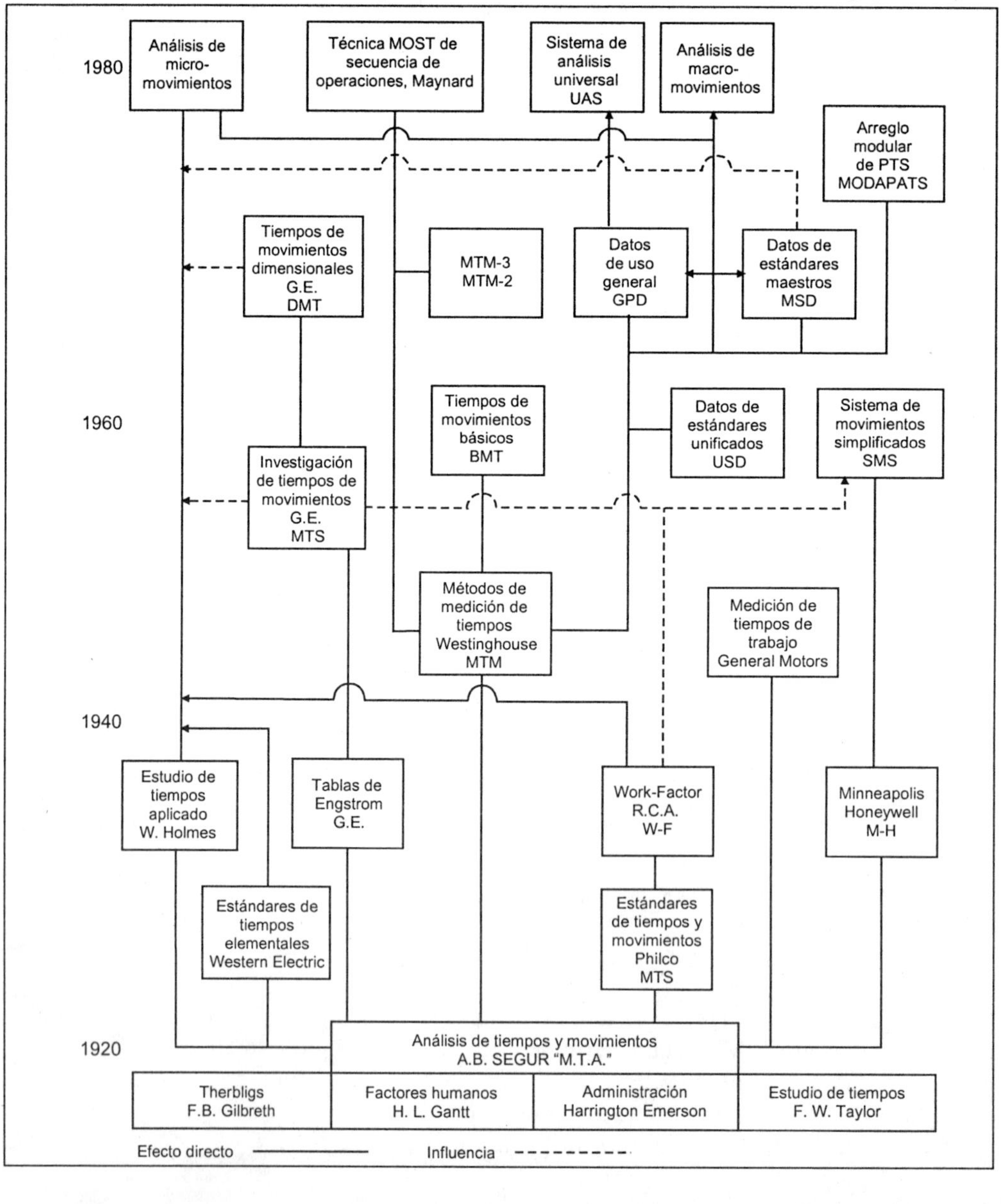

MÉTODOS DE MEDICIÓN DE TIEMPO (MTM)

MTM-1

El sistema MTM (Maynard, Stegemarten y Schwab, 1948) proporciona valores de tiempo para los movimientos fundamentales de alcanzar, girar, agarrar o tomar, posicionar, soltar y dejar. Los autores definen MTM como "un procedimiento que analiza cualquier operación manual o método por los movimientos básicos requeridos para realizarlo y asigna a cada movimiento un tiempo estándar predeterminado que se establece según la naturaleza del movimiento y las condiciones en las que se realiza".

Los datos de MTM-1 son el resultado del análisis de cuadro por cuadro de películas en diversas áreas de trabajo. Los datos tomados de varias filmaciones se calificaron mediante la técnica de Westinghouse (vea el capítulo 9), se tabularon y analizaron para determinar el grado de dificultad causado por características variables. Por ejemplo, tanto la distancia como el tipo de alcance afecta el tiempo de alcanzar. Un análisis más detallado clasificó cinco casos distintos de alcanzar, donde cada uno requería una asignación de tiempo diferente para una distancia dada. Éstas son:

1. Alcanzar el objeto en una localización fija, o el objeto en la otra mano, o el objeto en el que descansa la mano.
2. Alcanzar un solo objeto cuya posición puede variar ligeramente de un ciclo a otro.
3. Alcanzar un objeto mezclado con otros, requiere buscar y seleccionar.
4. Alcanzar un objeto muy pequeño, o uno que requiere agarre de precisión.
5. Alcanzar un objeto en una posición indefinida para la posición de la mano o el balance del cuerpo, o para el siguiente movimiento, o fuera del área de trabajo.

Además, encontraron que el tiempo de movimiento dependía tanto de la distancia como del peso del objeto que se movía, lo mismo que del tipo específico de movimiento. Los tres casos de movimiento son:

1. Mover un objeto a la otra mano, o contra un tope.
2. Mover un objeto para aproximarlo o a un lugar indefinido.
3. Mover un objeto a una localización exacta.

Por último, dos tipos de dejar y 18 casos de posicionar también afectan el tiempo.

La tabla 13-1 resume los valores de MTM-1. El tiempo del therblig tomar varía de 2.0 a 12.9 tmu (1 tmu [*time measurement unit* o unidad de medición de tiempo] es igual a 0.00001 h), dependiendo de la clase de agarrar o tomar.

Primero el analista resume todos los movimientos de la mano derecha y la mano izquierda requeridos para realizar el trabajo de manera adecuada. Después, determina los tiempos en tmu para cada movimiento a partir de las tablas de datos de tiempo-método. Para establecer el tiempo que requiere un desempeño normal de la tarea, los valores del movimiento que no limitan se marcan con un círculo o se eliminan, ya que sólo se resumirán los movimientos limitantes, siempre que sea "fácil" ejecutar los dos movimientos en forma simultánea (vea la tabla X de la tabla 13-1). Por ejemplo, si la mano derecha debe alcanzar 20 pulgadas (50 cm) para tomar una tuerca, la clasificación sería R20C y el valor del tiempo sería 19.8 tmu. Si, al mismo tiempo, la mano izquierda debe alcanzar 10 pulgadas (25 cm) para tomar un tornillo plano, se designa como R10C con un valor tmu de

TABLA 13-1
Resumen de datos de MTM-1

TABLA I — ALCANZAR — R

Distancia recorrida (pulg)	Tiempo tmu A	Tiempo tmu B	Tiempo tmu C o D	Tiempo tmu E	Mano en movimiento A	Mano en movimiento B	CASO Y DESCRIPCIÓN
¾ o menor	2.0	2.0	2.0	2.0	1.6	1.6	A Alcanzar un objeto en localización fija, o un objeto en la otra mano o sobre el que descansa la otra mano.
1	2.5	2.5	3.6	2.4	2.3	2.3	
2	4.0	4.0	5.9	3.8	3.5	2.7	
3	5.3	5.3	7.3	5.3	4.5	3.6	B Alcanzar un solo objeto en una localización que puede variar algo de un ciclo a otro.
4	6.1	6.4	8.4	6.8	4.9	4.3	
5	6.5	7.8	9.4	7.4	5.3	5.0	
6	7.0	8.6	10.1	8.0	5.7	5.7	
7	7.4	9.3	10.8	8.7	6.1	6.5	C Alcanzar un objeto mezclado con otros en un grupo, de modo que ocurren buscar y seleccionar.
8	7.9	10.1	11.5	9.3	6.5	7.2	
9	8.3	10.8	12.2	9.9	6.9	7.9	
10	8.7	11.5	12.9	10.5	7.3	8.6	
12	9.6	12.9	14.2	11.8	8.1	10.1	
14	10.5	14.4	15.6	13.0	8.9	11.5	D Alcanzar un objeto muy pequeño o que requiere agarrar con precisión.
16	11.4	15.8	17.0	14.2	9.7	12.9	
18	12.3	17.2	18.4	15.5	10.5	14.4	
20	13.1	18.6	19.8	16.7	11.3	15.8	
22	14.0	20.1	21.2	18.0	12.1	17.3	E Alcanzar una localización indefinida para poner la mano en posición para equilibrar el cuerpo o para el movimiento siguiente o donde no estorbe.
24	14.9	21.5	22.5	19.2	12.9	18.8	
26	15.8	22.9	23.9	20.4	13.7	20.2	
28	16.7	24.4	25.3	21.7	14.5	21.7	
30	17.5	25.8	26.7	22.9	15.3	23.2	

TABLA II — MOVER — M

Distancia recorrida (pulg)	Tiempo tmu A	Tiempo tmu B	Tiempo tmu C	Tiempo tmu Mano en mov. D	Suplemento por peso: Peso hasta (lb)	Suplemento por peso: Factor	Suplemento por peso: tmu constante	CASO Y DESCRIPCIÓN
¾ o menor	2.0	2.0	2.0	1.7				A Mover objeto a la otra mano o contra un tope.
1	2.5	2.9	3.4	2.3	2.5	0	0	
2	3.6	4.6	5.2	2.9				
3	4.9	5.7	6.7	3.6	7.5	1.06	2.2	
4	6.1	6.9	8.0	4.3				
5	7.3	8.0	9.2	5.0	12.5	1.11	3.9	
6	8.1	8.9	10.3	5.7				
7	8.9	9.7	11.1	6.5	17.5	1.17	5.6	B Mover objeto a una localización aproximada o indefinida
8	9.7	10.6	11.8	7.2				
9	10.5	11.5	12.7	7.9	22.5	1.22	7.4	
10	11.3	12.2	13.5	8.6				
12	12.9	13.4	15.2	10.0	27.5	1.28	9.1	
14	14.4	14.6	16.9	11.4				
16	16.0	15.8	18.7	12.8	32.5	1.33	10.8	
18	17.6	17.0	20.4	14.2				
20	19.2	18.2	22.1	15.6	37.5	1.39	12.5	C Mover objeto a una localización exacta.
22	20.8	19.4	23.8	17.0				
24	22.4	20.6	25.5	18.4	42.5	1.44	14.3	
26	24.0	21.8	27.3	19.8				
28	25.5	23.1	29.0	21.2	47.5	1.50	16.0	
30	27.1	24.3	30.7	22.7				

TABLA III — GIRAR Y APLICAR PRESIÓN — T & AP

Peso	Tiempo en tmu para grados de giro										
	30°	45°	60°	75°	90°	105°	120°	135°	150°	165°	180°
Pequeño – 0 a 2 lb	2.8	3.5	4.1	4.8	5.4	6.1	6.8	7.4	8.1	8.7	9.4
Mediano – 2.1 a 10 lb	4.4	5.5	6.5	7.5	8.5	9.6	10.6	11.6	12.7	13.7	14.8
Grande – 10.1 a 35 lb	8.4	10.5	12.3	14.4	16.2	18.3	20.4	22.2	24.3	26.1	28.2

APLICAR PRESIÓN, CASO A – 10.6 tmu. APLICAR PRESIÓN, CASO B – 16.2 tmu

TABLA 13-1 (*continuación*)
Resumen de datos de MTM-1

TABLA IV — AGARRAR, TOMAR — G

Caso	Tiempo (tmu)	Descripción
1A	2.0	Agarrar, para recoger – objeto pequeño, mediano o grande, fácil de tomar.
1B	3.5	Objeto muy pequeño o sobre una superficie plana.
1C1	7.3	Interferencia con agarrar en la base y un lado de un objeto casi cilíndrico. Diámetro mayor que ½".
1C2	8.7	Interferencia con agarrar en la base y un lado de un objeto casi cilíndrico. Diámetro de ¼" a ½".
1C3	10.8	Interferencia con agarrar en la base y un lado de un objeto casi cilíndrico. Diámetro menor que ¼".
2	5.6	Agarrar de nuevo.
3	5.6	Agarrar para traslado.
4A	7.3	Objeto mezclado con otros por lo que ocurren alcanzar y seleccionar. Mayor que 1" × 1" × 1".
4B	9.1	Objeto mezclado con otros por lo que ocurren alcanzar y seleccionar. De ¼" × ¼" × ⅛" a 1" × 1" × 1".
4C	12.9	Objeto mezclado con otros por lo que ocurren alcanzar y seleccionar. Menor que ¼" × ¼" × ⅛".
5	0	Agarrar de contacto, deslizamiento o agarre de gancho.

TABLA V — POSICIONAR* — P

Clase de ajuste		Simetría	De fácil manejo	De difícil manejo
1– Holgado	No requiere presión	S	5.6	11.2
		SS	9.1	14.7
		NS	10.4	16.0
2– Estrecho	Requiere presión ligera	S	16.2	21.8
		SS	19.7	25.3
		NS	21.0	26.6
3– Exacto	Requiere presión intensa	S	43.0	48.6
		SS	46.5	52.1
		NS	47.8	53.4

* Distancia de mover hasta que enganche- 1" o menos

TABLA VI — SOLTAR — RL

Caso	Tiempo (tmu)	Descripción
1	2.0	Soltar normal realizado abriendo los dedos como movimiento independiente.
2	0	Soltar de contacto.

TABLA VII — DESENGANCHAR — D

CLASE DE AJUSTE	Manejo fácil	Manejo difícil
1-Holgado; esfuerzo muy ligero, se mezcla con mover subsecuente.	4.0	5.7
2-Estrecho; esfuerzo normal, retroceso ligero.	7.5	11.8
3-Apretado; esfuerzo considerable, retroceso manual muy notorio.	22.9	34.7

TABLA VIII — TIEMPO DE RECORRIDO DEL OJO Y ENFOQUE — ET & EF

Tiempo de recorrido del ojo = $15.2 \times \frac{T}{D}$ tmu, con un valor máximo de 20 tmu

donde T = distancia entre los puntos límite de recorrido del ojo,
D = distancia perpendicular desde el ojo hasta la línea de recorrido T.

Tiempo de enfoque del ojo = 7.3 tmu.

TABLA 13-1 (*conclusión*)
Resumen de datos de MTM-1

TABLA IX — MOVIMIENTOS DE CUERPO, PIERNA Y PIE

DESCRIPCIÓN	SÍMBOLO	DISTANCIA	TIEMPO tmu
Movimiento de pie: con apoyo en el tobillo,	FM	Hasta 4"	8.5
con presión intensa.	FMP		19.1
Movimiento de pierna o muslo.	LM	Hasta 6"	7.1
		Pulgada adicional	1.2
Paso lateral, caso 1: termina cuando la pierna que va delante hace contacto con el piso,	SS-C1	Menor que 12"	Emplear tiempo de ALCANZAR o MOVER
		De 12"	17.0
		c/pulgada adicional	0.6
caso 2: la pierna de atrás debe hacer contacto con el piso antes del siguiente movimiento.	SS-C2	De 12"	34.1
		c/pulgada adicional	1.1
Doblarse, ponerse de pie o apoyarse en una rodilla,	B,S,KOK		29.0
levantarse.	AB,AS,AKOK		31.9
Apoyarse en el piso con ambas rodillas,	KBK		69.4
levantarse.	AKBK		76.7
Sentarse.	SIT		34.7
Ponerse de pie desde la posición de sentado.	STD		43.4
Girar el cuerpo de 45° a 90°:			
caso 1: termina cuando la pierna que va delante hace contacto con el piso	TBC1		18.6
caso 2: la pierna retrasada debe hacer contacto con el piso para siguiente movimiento.	TBC2		37.2
Caminar	W-FT	Por pie	5.3
Caminar	W-P	Por paso	15.0

TABLA X — MOVIMIENTOS SIMULTÁNEOS

ALCANZAR				MOVER						AGARRAR					POSICIONAR						DESENGANCHAR			CASO	MOVIMIENTO
A,E	B	C,D *		A, Bm *		B *		C *		G1A G2 G5	G1B G1C *		G4 *		P1S **		P1SS P2S **		P1NS P2SS P2NS **		D1E D1D	D2 **			
		w	o	w	o	w	o	w	o		w	o	w	o	E	D	E	D	E	D		E	D		
□	□	□	□	□	□	□	□	☒	☒	□	□	□	□	□	□	□	□	☒	☒	☒	□	□	□	A,E	ALCANZAR
	□	□	☒	□	□	□	☒	☒	■	□	□	☒	☒	■	☒	☒	☒	■	■	■	□	□	☒	B	ALCANZAR
		□	☒	☒	■	☒	■	■	■	□	☒	■	■	■	■	■	■	■	■	■	☒	■	■	C,D	ALCANZAR
				□	□	□	□	□	□	□	□	□	□	□	□	□	□	☒	☒	☒	□	□	□	A,Bm	MOVER
						□	□	□	□	□	□	☒	☒	■	☒	☒	☒	■	■	■	□	□	☒	B	MOVER
								☒	■	□	☒	■	■	■	■	■	■	■	■	■	☒	■	■	C	MOVER
										□	□	□	□	□	□	□	□	■	■	■	□	■	■	G1A, G2, G5	AGARRAR
											■	■	☒	■	■	■	■	■	■	■	■	■	■	G1S, G1C	AGARRAR
													■	■	■	■	■	■	■	■	■	■	■	G4	AGARRAR
															☒	■	■	■	■	■	■	■	■	P15	POSICIONAR
																	■	■	■	■	■	■	■	P1SS, P2S	POSICIONAR
																			■	■	■	■	■	P1NS, P2SS, P2NS	POSICIONAR
																					□	□	□	D1E, D1D	DESENGANCHAR
																						□	□	D2	DESENGANCHAR

□ = FÁCIL de realizar simultáneo.

☒ = Se puede realizar junto con PRÁCTICA.

■ = DIFÍCIL de realizar al mismo tiempo aun después de mucha práctica. Asignar ambos tiempos.

MOVIMIENTOS NO INCLUIDOS EN LA TABLA ANTERIOR

GIRAR – en general es FÁCIL con todos los movimientos, excepto cuando GIRAR está controlado, o con DESENGANCHAR.
APLICAR PRESIÓN – puede ser FÁCIL, PRÁCTICO O DIFÍCIL; cada caso se debe analizar.
COLOCAR EN POSICIÓN – clase 3; siempre DIFÍCIL.
DESENGANCHAR – clase 3; casi siempre DIFÍCIL.
SOLTAR – siempre FÁCIL.
DESENGANCHAR – cualquier clase puede ser DIFÍCIL si deben evitarse lesiones o daños al objeto.

* w = dentro de la zona de visión normal
o = fuera del área de visión normal
** E = de FÁCIL manejo
D = de DIFÍCIL manejo

MTM Association for Standards and Research, Fair Lawn, Nueva Jersey

12.9. El valor de la mano derecha sería el valor limitante, y el valor de 12.9 de la mano izquierda no se usaría en el cálculo del tiempo normal.

Los valores tabulados no incluyen suplementos por demoras personales, inevitables o fatiga. Cuando se usan estos valores para establecer tiempos estándar, se deben agregar los suplementos apropiados al resumen de tiempos de movimientos básicos sintéticos. Quienes defienden MTM-1 afirman que los suplementos por fatiga no son necesarios en la mayoría de los casos, porque los valores de MTM-1 se basan en una tasa de trabajo que es posible mantener en el estado estable de la vida productiva de empleados sanos.

En la tabla 13-2 se muestra un ejemplo de un análisis MTM-1 de una operación de ayudante de oficina (sustituir una página en una carpeta de tres argollas).

En la actualidad, MTM ha recibido reconocimiento mundial. En Estados Unidos, se administra, desarrolla y controla por la MTM Association for Standards and Research. Esta asociación no lucrativa es una de las 12 comprendidas en el International MTM Directorate. Gran parte del éxito del sistema MTM es el resultado de una estructura de comités activos formados hasta por 12 miembros de la asociación.

La familia de sistemas MTM continúa en crecimiento. Además de MTM-1, la asociación ha introducido MTM-2, MTM-3, MTM-V, MTM-C, MTM-M, MTM-Link, MTM-MET y MTM-UAS.

MTM-2

En un esfuerzo por aumentar las aplicaciones de MTM a las áreas de trabajo en las que el detalle de MTM-1 es un obstáculo económico para su uso, el International MTM Directorate inició un proyecto de investigación para desarrollar datos menos elaborados que fueran adecuados para la mayoría de las secuencias de movimientos. El resultado de este esfuerzo fue MTM-2. Definido por la MTM Association de Reino Unido, se trata de un sistema de datos MTM sintetizados y es el segundo nivel general de datos de MTM. Se basa exclusivamente en MTM y consiste en:

1. Movimientos MTM básicos simples.
2. Combinaciones de movimientos MTM básicos.

Los datos se adaptan al operario y son independientes del lugar de trabajo o el equipo usado. En general MTM-2 debe encontrar una aplicación en las asignaciones de trabajo donde:

1. La porción de esfuerzo en un ciclo de trabajo dura más de un minuto.
2. El ciclo no es altamente repetitivo.
3. La porción manual en el ciclo de trabajo no involucra un número grande de movimientos complejos o simultáneos de las manos.

La variabilidad entre MTM-1 y MTM-2 depende en un alto grado de la longitud del ciclo. Esto se refleja en la figura 13-2, que muestra el intervalo de desviación porcentual entre MTM-2 y MTM-1. Este intervalo de error se considera el intervalo esperado para el 95% del tiempo.

TABLA 13-2
MTM-1 A1

ANÁLISIS MTM-1 DE MTM-C | VALIDACIÓN

MTM ASSOCIATION FOR STANDARDS AND RESEARCH

TÍTULO DE ELEMENTO: Sustituir página en carpeta de 3 argollas
INICIA: obtener carpeta de repisa a la izquierda
INCLUYE: obtener carpeta, abrir cubierta, localizar página correcta abrir argollas, sustituir página antigua
TERMINA: cerrar argollas, dejar carpeta a un lado en repisa

ANALISTA:
FECHA:

DESCRIP. MANO IZQUIERDA	F	MOVIM. MD	tmu	MOVIM. MI	F	DESCRIP. MANO DERECHA
1. Obtener carpeta; abrir cubierta						
Alcanzar la carpeta		R30B	25.8			
Agarrar la carpeta		G1A	2.0			
Mover al escritorio		M30B	24.3			
Soltar		RL1	2.0			
Alcanzar cubierta		R7B	9.3			
Tomar orilla		G1A	2.0			
Abrir cubierta		M16B	15.8			
Soltar		RL1	2.0			
			83.2			
2. LOCALIZAR PÁGINA CORRECTA						
			14.6	EF	2	Leer datos primera página
Alcanzar orilla	3	R3D	21.9			
Tomar	3	G1B	10.5			
Mover hacia arriba	3	M4B	20.7			
Tomar de nuevo		G2	—			
			43.8	EF	2 × 3	Identificar páginas
Mover páginas hacia atrás		M8B	10.6			
Dejar		RL1	2.0			
Alcanzar para agarrar		R8B	10.1	(R4B)		A la orilla de página
Agarrar		G5	0.0	G5		Contacto
			8.0	MfB	4	Deslizar hacia atrás
Contacto	3	G5	0.0	RL2	4	Soltar
Mover	3	(MfB)	7.5	R1B	3	A la esquina
			0.0	G5	3	Contacto
Agarrar páginas de nuevo		G2	5.6			
			87.6	EF	4 × 3	Identificar páginas
Mover páginas hacia atrás		M8B	10.6			
Soltar		RL1	2.0			
			255.5			

TABLA 13-2 (*conclusión*)
MTM-1 A1

ANÁLISIS MTM-1 DE MTM-C — VALIDACIÓN

MTM ASSOCIATION FOR STANDARDS AND RESEARCH

TÍTULO DE ELEMENTO: sustituir página en carpeta de 3 argollas
INICIA:
INCLUYE: continúa
TERMINA:

ANALISTA:
FECHA:

DESCRIP. MANO IZQUIERDA	F	MOVIM. MD	tmu	MOVIM. MI	F	DESCRIP. MANO DERECHA
3. SUSTITUIR PÁGINA						
A argollas		R7A	7.4	R7A		A argollas
Agarrar		G1A	2.0	G1A		Agarrar
Jalar para abrir		APB	16.2	APB		Jalar para abrir
Abrir		MfA	2.0	MfA		Abrir
Soltar		RL1	2.0	RL1		Soltar
A orilla de la página		R6D	10.1			
Agarrar		G1B	3.5			
Al basurero		M30B	24.3	(R-E)		
Soltar		RL1	2.0			
			10.1	R6D		A nueva hoja
			3.5	G1B		Agarrar
			15.2	M12C		A argollas
			16.2	P2SE		Alinear con argollas
			2.0	MfC		A argollas
			16.2	P2SE		Alinear
			2.0	MfA		Bajar en argollas
			2.0	RL1		Soltar
A argolla central		(R4B)	8.6	R6B		A argolla central
Agarrar		G1A	2.0	G1A		Agarrar
Presionar para cerrar		APB	16.2	APB		Presionar para cerrar
Cerrar		MfA	2.0	MfA		Cerrar
Soltar		RL1	2.0	RL1		Soltar
			167.5			
4. CERRAR CUBIERTA Y DEJAR CARPETA EN REPISA						
Alcanzar cubierta		R7B	9.3			
Agarrar orilla		G1A	2.0			
Cerrar cubierta		M16B	15.8			
Soltar		RL1	2.0			
Alcanzar carpeta		R6B	8.6			
Agarrar		G1A	2.0			
Agarrar de nuevo		G2	5.6			
Mover a repisa		M30B	24.3			
Dejar		RL1	2.0			
			71.6			
RESUMEN ELEMENTAL						
1. Obtener carpeta, abrir cubierta			83.2			
2. Localizar página correcta			255.5			
3. Sustituir página			167.5			
4. Cerrar cubierta y dejar carpeta			71.6			
			577.8			

FIGURA 13-2
Porcentaje de variación de MTM-1 al compararlo con MTM-2 con longitudes de ciclo crecientes (*Cortesía de:* MTM Association)

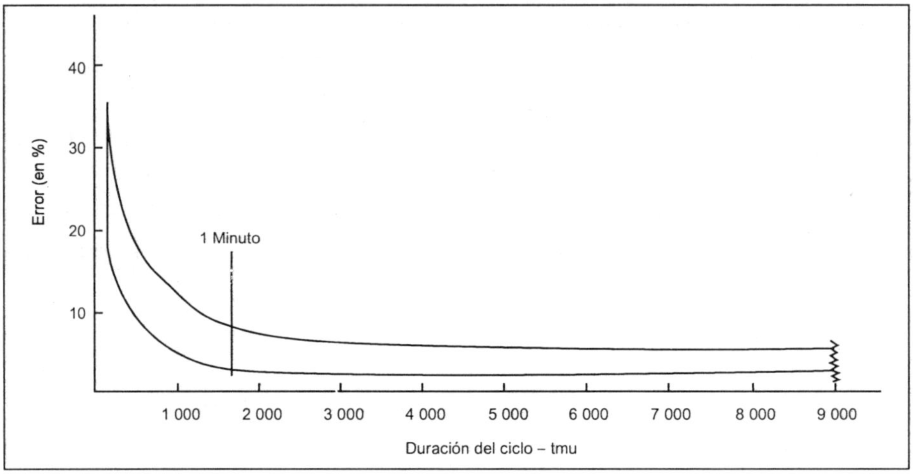

MTM-2 reconoce 11 clases de acciones, que se llaman categorías. Estas 11 categorías y sus símbolos son:

GET (tomar)	G
PUT (poner)	P
GET WEIGHT (obtener con peso)	GW
PUT WEIGHT (poner con peso)	PW
REGRASP (agarrar otra vez)	R
APPLY PRESSURE (aplicar presión)	A
EYE ACTION (acción del ojo)	E
FOOT ACTION (acción del pie)	F
STEP (paso)	S
BEND & ARISE (doblarse y levantarse)	B
CRANK (acción de manivela)	C

Al usar MTM-2, los analistas estiman las distancias por clase; estas distancias afectan los tiempos de las categorías GET y PUT. Igual que en MTM-1, el analista basa la distancia de movimiento en la trayectoria recorrida por el nudillo de la base del dedo índice para movimientos de manos, y en la trayectoria recorrida por las puntas de los dedos, si sólo se mueven éstos. Los códigos para las cinco clases de distancias tabuladas corresponden a los cinco niveles de clasificación de movimientos que se presentaron en el capítulo 4 (vea la tabla 13-3).

Tres variables afectan el tiempo requerido para realizar un GET: el caso involucrado, la distancia recorrida y el peso manejado. GET se puede considerar un compuesto de los therbligs alcanzar, tomar y dejar, mientras que PUT es una combinación de los therbligs mover y posicionar.

Los tres casos de GET son A, B y C. El caso A implica un tomar de contacto simple, como los dedos empujando un objeto encima de un escritorio. Si un objeto, como un lápiz, se toma nada más con los dedos alrededor en un solo movimiento, éste es el caso B. Si el tipo de agarrar no es A o B, entonces se trata del caso C de GET. Los analistas pueden refe-

TABLA 13-3
Resumen de datos de MTM-2

MTM - 2

INTERVALO	Código	GA	GB	GC	PA	PB	PC
Hasta 2"	−2	3	7	14	3	10	21
Entre 2" y 6"	−6	6	10	19	6	15	26
Entre 6" y 12"	−12	9	14	23	11	19	30
Entre 12" y 18"	−18	13	18	27	15	24	36
Más de 18"	−32	17	23	32	20	30	41
MTM ASSOCIATION ®	GW 1 - por 2 lb				PW 1 - por 10 lb		
	A	R	E	C	S	F	B
	14	6	7	15	18	9	61

FIGURA 13-3
Algoritmo para determinar el caso de GET.
(*Cortesía de:* MTM Association)

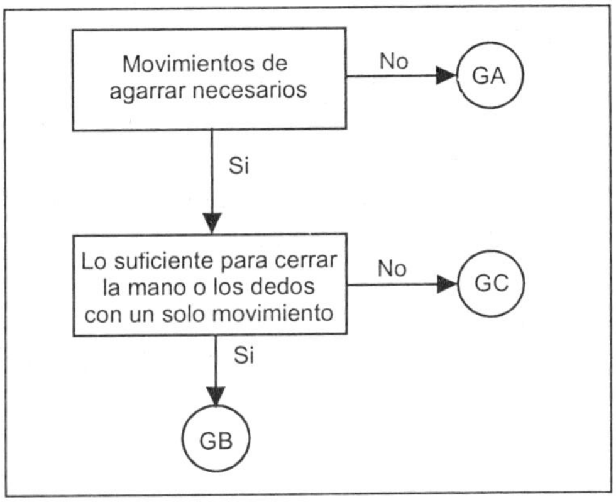

rirse al diagrama de decisiones (vea la figura 13-3) como ayuda para determinar el caso correcto de GET. Los valores tabulados en tmu de los tres casos, según se aplican a cada una de las cinco distancias codificadas, aparecen en la tabla 13-3.

PUT incluye mover un objeto a un destino con la mano o los dedos. Comienza con un objeto que se toma cuando está bajo control del lugar inicial e incluye todos los movimientos de transporte y corrección para colocarlo en su destino. PUT termina cuando el objeto está quieto y bajo el control del nuevo lugar. Igual que para GET, las variables de distancia y peso afectan a PUT.

También para PUT existen tres casos. El caso de PUT depende del número de correcciones de movimiento requeridas. Una corrección es una detención, duda o cambio de dirección no intencional en el punto terminal.

1. *PA: sin corrección.* Éste es un movimiento suave de principio a fin y es la acción empleada para dejar un objeto a un lado, o colocarlo contra un tope o en un lugar aproximado. Éste es el PUT más común.

2. *PB: una corrección.* Este PUT ocurre al posicionar objetos de manejo fácil cuando se tiene un ajuste holgado. Es difícil reconocerlo. El diagrama de decisión mostrado en la figura 13-4 está diseñado para identificar este PUT por excepción.
3. *PC: más de una corrección.* En general, las correcciones múltiples o varios movimientos no intencionales pero muy cortos son evidentes. La causa de estos movimientos suele ser dificultad de manejo, ajustes estrechos, falta de simetría al embonar partes o posiciones de trabajo incómodas.

Los analistas identifican los casos de PUT mediante el modelo de decisión de la figura 13-4. Cuando dudan, asignan la clase más alta. Si al embonado de partes sigue una corrección y la distancia de embonado excede 1 pulgada (2.5 cm), se usa un PUT adicional. Los valores tabulares para estos tres casos de PUT aplicados a las cinco distancias codificadas (las mismas que para GET) se dan en la tabla 13-3.

Un último aspecto técnico es que un PUT puede surgir en una de dos maneras: con una inserción o una alineación. Una inserción incluye colocar un objeto dentro de otro, como un eje en una camisa. Con la inserción, el punto terminal de una corrección es el punto de inserción. Una alineación involucra orientar una parte sobre una superficie, como colocar una regla sobre una línea. La tabla 13-4 es útil como ayuda para el analista al identificar el caso apropiado.

El peso en MTM-2 se determina de manera similar que en MTM-1. La adición al valor del tiempo para GET WEIGHT es 1 tmu por cada dos libras (1 kg). Así, si se maneja una carga de 12 libras (6 kg) con ambas manos, el tiempo adicional debido al peso sería 3 tmu, ya que el peso efectivo por mano sería 6 libras (3 kg). Para PUT WEIGHT, las adiciones son 1 tmu por cada 10 libras (5 kg) de peso efectivo, hasta un máximo de 40 libras (20 kg).

La categoría de REGRASP es también similar en MTM-1. Sin embargo, en este caso se asigna un tiempo de 6 tmu. Los autores de MTM-2 señalan que para que tenga efecto un REGRASP, la mano debe retener el control.

FIGURA 13-4
Algoritmo para determinar casos de PUT
(*Cortesía de:* MTM Association)

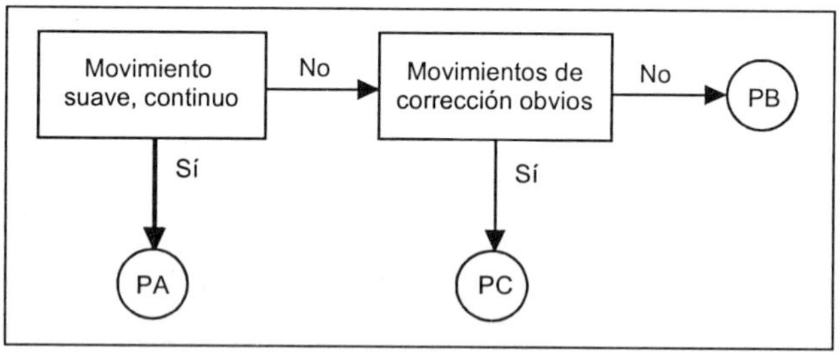

TABLA 13-4
Comparación de PUT de inserción y alineación [pulgadas (mm)]

	PA	PB	PC
Inserción	Claro > 0.4 pulg (10.2 mm)	Claro < 0.4 pulg (10.2 mm)	Ajuste estrecho
Alineación	Tolerancia > 0.25 pulg (6.3 mm)	0.0625 pulg (1.6 mm) < tolerancia < 0.25 pulg (6.3 mm)	Tolerancia < 0.0625 pulg (1.6 mm)

APPLY PRESSURE tiene un tiempo de 14 tmu. Los autores señalan que esta categoría se puede aplicar a cualquier parte del cuerpo y que el movimiento máximo permisible para "aplicar presión" es 1/4 de pulgada (6.4 mm).

EYE ACTION se toma en cuenta en cualquiera de los siguientes casos:

1. Cuando los ojos se mueven para observar varios aspectos de la operación que abarca más de una sección específica del área de trabajo. Este movimiento del ojo se define como moverse más de un diámetro de 4 pulgadas (10 cm) a una distancia de visión típica de 16 pulgadas (40 cm). Observe que esto es equivalente al campo visual primario definido en el capítulo 4.
2. Cuando los ojos se concentran en un objeto para reconocer una característica distinguible.

El valor estimado de EYE ACTION es 7 tmu. Este valor sólo se asigna cuando la "acción del ojo" es independiente de los movimientos de manos o cuerpo.

CRANK ocurre cuando las manos o dedos mueven un objeto en una trayectoria circular de más de media evolución. Para menos de media revolución, se usa PUT. En MTM-2, la categoría de "acción de manivela" tiene sólo dos variables: el número de revoluciones y el peso o resistencia. Se asigna un tiempo de 15 tmu por cada revolución completa. Cuando el peso o resistencia es significativo, se aplica un PUT WEIGHT a cada revolución.

Los movimientos de FOOT son de 9 tmu y los de STEP tienen 18 tmu. El tiempo para un movimiento de STEP se basa en un paso de 34 pulgadas (85 cm). El diagrama de decisión (vea la figura 13-5) es útil para determinar si un movimiento dado es un "paso" o una "acción del pie".

La categoría BEND & ARISE ocurre cuando el cuerpo cambia su posición vertical. Los movimientos característicos de BEND & ARISE incluyen: sentarse, ponerse de pie y arrodillarse. Se asigna un valor de 61 tmu a esta categoría. Los autores indican que cuando un operario se arrodilla en ambas rodillas, el movimiento debe clasificarse como 2 B. La tabla 13-3 resume los valores de MTM-2 que se deben aplicar.

Existen varias situaciones especiales que debe cuidar el analista para realizar un análisis MTM-2 correcto. Los movimientos realizados con las dos manos simultáneas no siempre se pueden realizar en el mismo momento como si las realizara sólo una mano. La figura 13-6 refleja patrones de movimiento para los que el tiempo requerido para movi-

FIGURA 13-5
Algoritmo para diferenciar entre los movimientos de STEP (S) y FOOT (F) (*Cortesía de:* MTM Association)

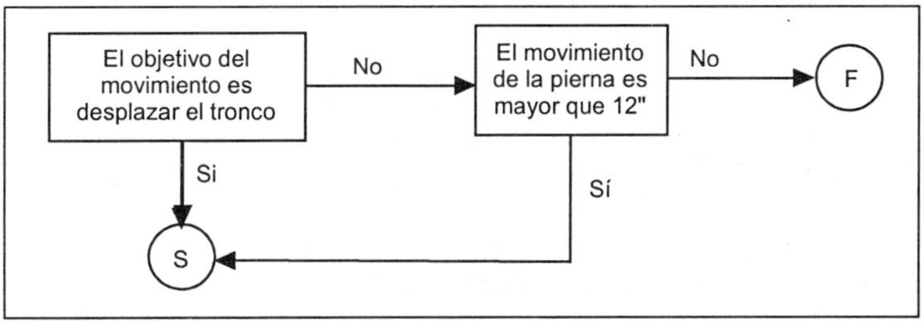

FIGURA 13-6
Movimientos simultáneos difíciles (*Cortesía de:* MTM Association)

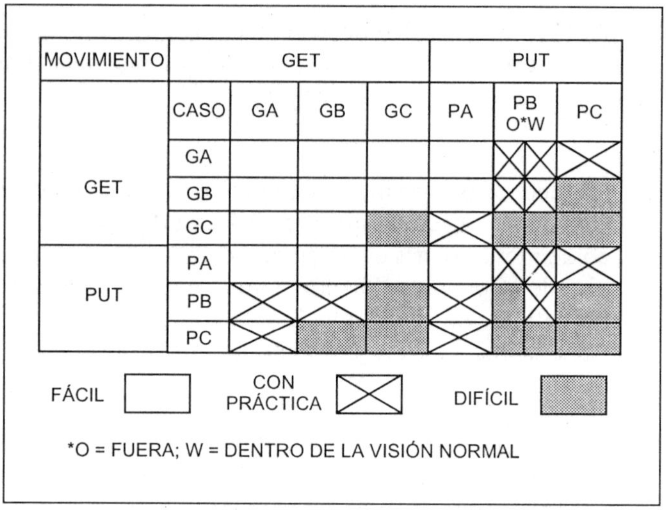

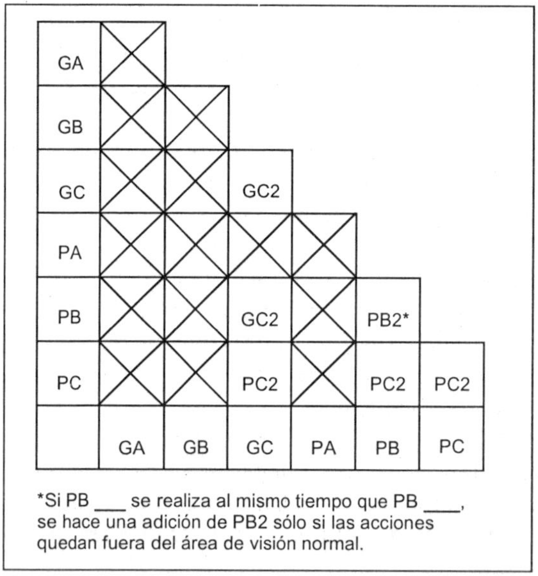

FIGURA 13-7
Asignaciones para movimientos simultáneos MTM-2 de las manos

mientos simultáneos es el mismo que el requerido para el movimiento de una sola mano. En estos casos, aparece un rectángulo abierto. Una X en el rectángulo indica que, con la práctica, se efectuarán los movimientos simultáneos. Un rectángulo sombreado indica que es difícil, aun con práctica, realizar los movimientos simultáneos. La figura 13-7 muestra cuánto tiempo adicional requieren estos movimientos simultáneos difíciles. Un ejemplo de la aplicación de este *principio de movimientos simultáneos* está marcado con ① en la figura 13-8. Se agrega un PC2 al tiempo total debido a dos movimientos simultáneos PC en las manos derecha e izquierda.

Una segunda situación involucra el *principio de movimientos limitantes*, es decir, para dos movimientos simultáneos realizados por las manos izquierda y derecha, el tiempo más

FIGURA 13-8
Ejemplos de convenciones en MTM-2

Análisis por el método MTM **Pag.** **de**

Operación:	Comentarios:
Estudio No.:	
Fecha:	
Analista:	

Descripción	No.	MI	tmu	MD	No.	Descripción
①		PC6	26	PC6		
		PC2	21	PC2		
②		(GC12)	23	GB18		
③		GA2	18	GB18)		
				F)		
④		GC12)	18	GB18		
		~~R~~)	6	R		

Resumen	Total de tmu:	Conversión:	% Tolerancia	Tiempo estándar:

largo predomina. Esto está marcado con ② en la figura 13-8, con un círculo en el elemento (GC12). Un CG12 tiene 23 tmu, comparado con 18 tmu de un GB18.

Si una mano realiza dos movimientos simultáneos, el tiempo mayor predomina debido al *principio de movimientos combinados*. Esto se aplicaría al caso ③; un GB18 es más largo que un F. (Una raya curva conecta dos renglones para indicar un movimiento combinado).

Una situación similar surge para el caso ④, pero un poco más complicada debido a la combinación de movimientos en la mano izquierda. En este caso, ya se supuso que R es parte de cualquier movimiento tipo C y se elimina. Por lo tanto, el tiempo global para los dos primeros renglones es 24 tmu, por el GB18 (18 tmu) de la mano derecha y R (6 tmu) en lugar de GC12 (23 tmu). Para ilustrar esto, la figura 13-9 muestra un análisis MTM-2 completo para el ensamble de una lámpara de pilas.

FIGURA 13-9
Análisis MTM-2 del ensamble de una lámpara de pilas

Análisis por el método MTM Pag. de

Operación: Ensam. lámpara de mano	Comentarios:
Estudio No.: 1-2	
Fecha: 1-27-98	
Analista: AF	

Descripción	No.	LH	tmu	RH	No.	Descripción
CUERPO A ÁREA DE TRABAJO		GB6	10	GB6	}	BATERÍA 1 AL CUERPO
		PA6	15	(PB6)		
			6	R		
			10	GB6	}	BATERÍA 2 AL CUERPO
			15	PB6		
			6	R		
			10	GB6	}	TAPA A CUERPO
			26	PC6		
				~~R~~		
			3	PA2		PRESIONAR RESORTE
			3	PA2		GIRAR
			12	PA2	4 }	ATORNILLAR
			28	GB2	4	
			14	A		APRETAR
BAJAR		PA6	6			

Resumen	Total de tmu:	Conversión:	% Tolerancia	Tiempo estándar:
	144	.0006	10	0.095

MTM-3

El tercer nivel del Methods-Time Measurement es MTM-3. Este nivel se desarrolló para complementar MTM-1 y MTM-2. El MTM-3 es útil en situaciones de trabajo en que el interés en ahorrar tiempo a costa de cierta precisión, lo convierte en la mejor alternativa. La exactitud de MTM-3 está dentro de ± 5%, con 95% de nivel de confianza si se compara con el análisis MTM-1 para ciclos de alrededor de 4 minutos. Se ha estimado que MTM-3 se puede aplicar en cerca de un séptimo del tiempo requerido para MTM-1. Sin embargo, MTM-3 no se puede usar para operaciones que requieren esfuerzo visual o tiempo de recorrido de la vista, ya que los datos no consideran estos movimientos.

El sistema MTM-3 consiste en sólo cuatro categorías de movimientos manuales:

1. *Manejo*. Una secuencia de movimientos con el propósito de controlar un objeto con la mano o los dedos y colocarlo en un nuevo lugar.
2. *Transporte*. Un movimiento con el propósito de mover un objeto a una nueva localización con la mano o los dedos.
3. *Movimientos de paso y pie*. Éstos se definen igual que en MTM-2.
4. *Doblarse y levantarse*. Éstos también se definen igual que en MTM-2.

La tabla 13-5 presenta los datos de MTM-3. Diez tiempos estándar entre 7 y 61 tmu forman la base para el desarrollo de cualquier estándar sujeto a las limitaciones señaladas.

MTM-V

MTM-V fue desarrollado por Svenska MTM Gruppen, la asociación sueca de MTM, para usarlo en las operaciones de corte de metales. Su uso es específico para corridas cortas en talleres de producción intermitente. MTM-V proporciona elementos de trabajo incluidos en 1) traer el trabajo al dispositivo, plantilla o portaherramienta, remover el trabajo de la máquina y dejarlo a un lado; 2) operar la máquina; 3) verificar el trabajo para asegurar la calidad del producto, y 4) limpiar el área importante de la máquina para mantener la producción y la calidad del producto. MTM-V no cubre el tiempo del proceso que corresponde a alimentaciones y velocidades.

Los analistas usan este sistema para establecer los tiempos de preparación para todas las máquinas herramienta comunes. Por lo tanto, se pueden establecer los tiempos estándar

TABLA 13-5
Resumen de datos de MTM-3

		Manejo		Transporte	
Pulgadas	**Código**	**HA**	**HB**	**TA**	**TB**
6	6	18	34	7	21
6	32	34	48	16	29
		SF 18		B 61	

de elementos como preparar y desmontar dispositivos, plantillas, topes, herramientas de corte e indicadores. Todos los ciclos manuales de 24 minutos (40 000 tmu) o más establecidos por MTM-V están dentro de ±5% de los que se obtienen con MTM-1 a un nivel de confianza de 95%. MTM-V es alrededor de 23 veces más rápido que MTM-1.

MTM-C

MTM-C, con un amplio uso en el sector de la banca y seguros, es un sistema de datos de estándares de dos niveles usado para establecer tiempos estándar de tareas relacionadas con trabajo de oficina, como golpes de teclado, archivar, introducir datos y mecanografiar. Ambos niveles de MTM-C se pueden referir a datos de MTM-1.

El sistema proporciona tres intervalos diferentes para alcanzar y mover (Get Place). Un sistema de codificación numérica de seis lugares (similar al de MTM-V) suministra una descripción detallada de la operación que se estudia.

MTM-C desarrolla estándares de la misma manera que los otros sistemas MTM. Los analistas los combinan con datos de estándares probados existentes o con datos de estándares desarrollados mediante otras fuentes o técnicas. MTM-C está disponible en forma manual o automatizada. Para la última, se puede incorporar un conjunto de datos MTM-C en MTM-Link.

Las nueve categorías de nivel 1 usadas en MTM-C se muestran en la tabla 13-6, y son:

1. *Obtener/colocar*. Esta categoría incluye las divisiones de trabajo básicas requeridas para obtener un objeto, moverlo al lado sin ceder el control y dejarlo. Por ejemplo, el código y descripción de un elemento en esta categoría puede ser: 112210–obtener una pequeña cantidad de material con un movimiento medio.
2. *Abrir/cerrar*. Característicos de esta categoría son operaciones como abrir o cerrar libros, puertas, cajones, carpetas, objetos con cierre, sobres y archivos. Un ejemplo de código para una operación representativa sería: 212100–abrir cubierta con bisagra, medio.
3. *Unir/separar*. Esta categoría incluye poner y quitar clips de papel, sujetadores, ligas y grapas, todas usadas para unir materiales. Un código representativo para este elemento de trabajo sería: 312130–unir con clip grande para papel.

TABLA 13-6
Elementos de nivel 1 de MTM-C

Elementos nivel 1	Símbolo
Obtener/colocar	11XXXX
Abrir/cerrar	21XXXX
Unir/separar	31XXXX
Organizar/archivar	4XXXXX
Leer/escribir	5XXXXX
Mecanografiar	6XXXXX
Manejar	7XXXXX
Caminar/movimientos del cuerpo	8XXXXX
Máquinas	9XXXXX

4. *Organizar/archivar*. Esta categoría incluye los elementos básicos involucrados en las actividades de archivar y parte del manejo organizacional del trabajo relacionado de manera directa o indirecta con el archivo. Un ejemplo de codificación y descripción de esta categoría es: 410400–arreglar una pila en orden cronológico.
5. *Leer/escribir*. Esta categoría incluye la velocidad de lectura en prosa de 330 palabras por minuto. Los valores de tiempo para escribir se han desarrollado para cartas, números y símbolos. Los valores son promedios ponderados basados en la frecuencia de ocurrencia de cada tipo de carácter en la prosa normal. Un ejemplo de codificación y una descripción representativas es: 510600–leer prosa promedio, por palabra.
6. *Mecanografiar*. Esa categoría incluye todas las acciones relacionadas con la preparación para escribir a máquina, las funciones manuales de mecanografía y los tiempos de proceso de la máquina. Un ejemplo de codificación y descripción en esta categoría sería: 613530–insertar un solo objeto en la máquina de escribir, larga distancia.
7. *Manejar*. Esta categoría incluye todas las actividades de apoyo no cubiertas en otras categorías. Un ejemplo de codificación y descripción de un elemento sería: 760600–adherir la ceja del sobre.
8. *Caminar/movimientos del cuerpo*. Esta categoría incluye los valores de caminar, basados en el paso. Los movimientos del cuerpo incluyen sentarse, ponerse de pie y los movimientos horizontal y vertical del cuerpo al estar en una silla. Un ejemplo de codificación y descripción de un elemento en esta categoría es: 860002–moverse sentado en una silla con rodajas.
9. *Máquinas*. Los datos de la máquina son representativos de un grupo de equipos de tipo similar. Los datos para los teclados de las calculadoras y las perforadoras binarias son ejemplos típicos de esta categoría.

Los datos del nivel 2 se refieren de manera directa con el nivel 1 de MTM-1. Los elementos del nivel 2 y sus símbolos se muestran en la tabla 13-7. Éstos son:

1. *Obtener/colocar/a un lado*. Estos elementos se aplican colectiva o individualmente. El ejemplo de codificación y elemento de esta categoría con divisiones colectivas básicas sería: G5PA2–obtener un lápiz para usarlo y dejarlo a un lado para usarlo después.

TABLA 13.7
Elementos del nivel 2 de MTM-C

Elementos de nivel 2	Símbolo
A un lado	A
Movimientos del cuerpo	B
Cerrar	C
Unir	F
Obtener	G
Manejar	H
Identificar	I
Localizar archivo	L
Abrir	O
Colocar	P
Leer	R
Mecanografiar	T
Separar	U
Escribir	W

2. *Abrir/cerrar*. Estos datos incluyen obtener el objeto que se abre o cierra. Los datos se aplican de manera individual o combinada, como sigue: C65–cerrar cordón, amarrar sobre; o bien, OC4–abrir y cerrar argollas de carpeta.
3. *Unir/separar*. Para unir (F), el elemento está formado por obtener los objetos para unirlos. Para separar (U), el elemento incluye obtener los objetos y separarlos.
4. *Identificar*. Los datos de este elemento incluyen los valores del recorrido de la vista, junto con el enfoque del ojo para identificar (I) palabras sencillas o múltiples y conjuntos de números.
5. *Localizar archivo*. Los datos para este elemento cubren las actividades típicas al archivar. La primera posición del código es L, para localizar. La segunda posición es una letra que corresponde también a la actividad de archivar, como LI (insertar), LR (remover), LT (inclinar y reemplazar).
6. *Leer/escribir*. Los datos de lectura incluyen leer palabras y números solos y/o caracteres. Leer también contiene datos de "leer y comparar" detallados y de "leer y transcribir". Los datos de escribir incluyen aspectos de apoyo comunes, como dirección, fecha, iniciales y nombres. El código y descripción del elemento para dos elementos representativos sería: RW20–leer 20 palabras; RCN25–leer y comparar 25 números.
7. *Manejo*. Este elemento incluye las actividades reales de manejo de papeles del nivel 1: organizar y manejar datos. En la mayoría de los elementos, los objetos se obtienen con GET y con los elementos de acción de manejar o manipular. En el código para los elementos de manejo, H es la primera posición del código. La segunda es la letra inicial de la actividad. Un ejemplo de codificación para doblar una hoja con dos dobleces sería: HF12.
8. *Movimientos del cuerpo*. Estos elementos incluyen caminar, sentarse y ponerse de pie, doblarse y levantarse y movimientos horizontales del cuerpo sólo o en una silla.
9. *Mecanografiar*. Estos elementos incluyen tres secciones de datos: manejo, golpes de teclado y corrección. Los ejemplos de códigos y descripciones son: TH132–colocar tres hojas de papel y dos de carbón en la máquina y quitarlas; TKE17E–mecanografiar un renglón de 7 pulgadas (17.5 cm) en una máquina eléctrica; TCL41–corregir un error en cuatro hojas con líquido blanco.

Es más rápido calcular el nivel 1 de MTM-C que MTM-2. También la velocidad del nivel 2 de MTM-C es mayor que la de MTM-3. Compare los estándares para reemplazar una página en una carpeta de tres argollas, desarrollados primero con MTM-1 (vea la tabla 13-2), después con MTM-C nivel 1 (vea la tabla 13-8), y por último con MTM-C nivel 2 (vea la tabla 13-9). Observe qué tan cercanos son los tres estándares (vea la tabla 13-10).

MTM-M

MTM-M es un sistema de tiempos predeterminados para evaluar el trabajo del operario mediante un microscopio estereoscópico. En el desarrollo de MTM-M, no se usaron los tiempos básicos de MTM-1, aunque las definiciones de los puntos inicial y terminal de los elementos de movimientos son compatibles con MTM-1. Los datos usados fueron los datos originales y se desarrollaron mediante el esfuerzo conjunto de las asociaciones de Estados Unidos y Canadá. En general, MTM-M es un sistema de nivel más alto similar a MTM-2.

TABLA 13-8
Análisis de operación de MTM-C (nivel 1)

ANÁLISIS DE OPERACIÓN MTM-C				VALORACIÓN	
				Página de	
MTM-C NIVEL 1					
MTM ASSOCIATION FOR STANDARDS AND RESEARCH	Sustituir página en carpeta de tres argollas				
DEPARTAMENTO: Apoyo de oficina		**ANALISTA:** CNR			**FECHA:** 11/77
Núm.	**Descripción**	**Referencia**	**tmu del elemento**	**Ocurrencia por ciclo**	**tmu por ciclo**
1.	ABRIR CARPETA				
	Obtener carpeta de la repisa	113 520	21	1	21
	Dejar a un lado en el escritorio	123 002	22	1	22
	Tomar la cubierta	112 520	14	1	14
	Abrir la cubierta	212 100	15	1	15
2.	LOCALIZAR PÁGINA CORRECTA				
	Leer la primera página	510 000	7	2	14
	Localización aproximada	451 120	16	3	48
	Identificar número de página	440 630	22	3	66
	Localizar página correcta	450 130	18	4	72
	Identificar páginas	440 630	22	3	66
3.	SUSTITUIR PÁGINAS				
	Tomar las argollas	112 520	14	1	14
	Abrir las argollas	210 400	21	1	21
	Tomar página que se quita	111 100	10	1	10
	Dejarla a un lado en basurero	123 002	22	1	22
	Tomar página nueva	111 100	10	1	10
	Insertar página en las argollas	462 104	64	1	64
	Tomar las argollas	112 520	14	1	14
	Cerrar las argollas	222 400	21	1	21
4.	CERRAR CUBIERTA Y DEJAR CARPETA A UN LADO				
	Tomar cubierta	111 520	8	1	8
	Cerrar cubierta	222 100	13	1	13
	Tomar carpeta	112 520	14	1	14
	Dejar a un lado en la repisa	123 002	22	1	22
		TMU TOTAL POR CICLO			571
		SUPLEMENTOS _____%			
		HORAS ESTÁNDAR POR _____ UNIDAD			
		UNIDADES POR HORA			

TABLA 13-9
Análisis de operación MTM-C (nivel 2)

ANÁLISIS DE OPERACIÓN MTM-C

VALORACIÓN
Página de

MTM-C NIVEL 2

MTM ASSOCIATION FOR STANDARDS AND RESEARCH

Sustituir página en carpeta de tres argollas

DEPARTAMENTO: Apoyo de oficina		ANALISTA: CNR			FECHA: 2/77
Núm.	**Descripción**	**Referencia**	**tmu del elemento**	**Ocurrencia por ciclo**	**tmu por ciclo**
	Tomar y dejar carpeta a un lado	G5A2	29	1	29
	Abrir cubierta	O1	29	1	29
	Leer primera página	RN2	14	1	14
	Localizar páginas	LC12	129	1	129
	Identificar páginas	I30	22	6	132
	Abrir argollas	04	35	1	35
	Quitar hoja	G1A2	32	1	32
	Nueva página en argollas	HI14	84	1	84
	Cerrar argollas	C4	35	1	35
	Cerrar cubierta	C1	27	1	27
	Dejar a un lado	G5A2	29	1	29
			TOTAL tmu POR CICLO		575

TABLA 13-10
Comparación de MTM-1, MTM-C (1) y MTM-C (2)

Técnica	Número de elementos	Estándar
MTM-1	57	577.8
MTMT-C nivel 1	21	577
MTM-C nivel 2	11	575

Este sistema tiene cuatro tablas principales y una subtabla. Los analistas deben considerar cuatro variables para seleccionar los datos adecuados: 1) tipo de herramienta; 2) condición de la herramienta; 3) características de terminación del movimiento, y 4) razón de distancia/tolerancia. Otros factores distintos a la dirección del movimiento y estas cuatro variables, que tienen impacto en el tiempo de desempeño del movimiento incluyen:

1. Estado de la carga de herramientas, vacío o cargado.
2. Potencia del microscopio.
3. Distancia del movimiento.
4. Tolerancia en el posicionamiento.
5. Propósito del movimiento, según lo determinan las manipulaciones involucradas en su terminación. (Por ejemplo, los trabajadores pueden usar pinzas para el agarre de contacto de un objeto, o tomar un objeto.)
6. Movimientos simultáneos.

Con la creciente cantidad de manufactura microminiatura, se extenderá la aplicación de datos fundamentales similares a MTM-M. Éstos permiten al analista establecer estándares justos, difíciles de determinar con los procedimientos del cronómetro. Es imposible establecer estándares elementales confiables mediante la observación directa. En el trabajo microscópico, sólo se puede llegar a estándares de operaciones elementales con sentido mediante los datos de estándares similares a MTM-M o con los procedimientos de micromovimientos.

Otros sistemas MTM especializados

Tres sistemas MTM especializados son: MTM-TE, MTM-MEK y MTM-UAS. El primero de ellos, MTM-TE, fue desarrollado para pruebas electrónicas. Este sistema tiene dos niveles de datos obtenidos a partir de MTM-1 para la aplicación de pruebas básicas. El nivel 1 incluye los elementos: obtener, mover, movimientos del cuerpo, identificar, ajustar y datos varios. El nivel 2 incluye: obtener y colocar, leer e identificar, ajustar, movimientos del cuerpo y escribir. También se dispone de un tercer nivel de datos en la forma de datos sintéticos de nivel 1. Los datos de MTM-TE no cubren "solución de problemas" relativos a las operaciones de pruebas electrónicas. Sin embargo, proporcionan una guía para la investigación y recomendaciones para medir el trabajo dentro de esta actividad.

El segundo sistema especializado, MTM-MEK, se diseñó para medir producción de un solo producto y lotes pequeños. Este sistema de dos niveles desarrollado a partir de MTM-1 puede analizar todas las actividades manuales, siempre que se cumplan los siguientes requisitos:

1. La operación no es altamente repetitiva u organizada, aunque puede contener elementos similares que los requeridos por otros métodos. El método usado para realizar una operación dada varía de un ciclo a otro.
2. El lugar de trabajo, herramientas y equipo usado son de carácter universal.
3. La tarea es compleja y necesita capacitación de los empleados; pero la falta de un método específico requiere un alto grado de versatilidad por parte del operario.

Los objetivos de MTM-MEK son:

1. Proporcionar una medición exacta de una actividad conectada con la producción de un solo producto o lotes pequeños.
2. Proporcionar una descripción que contenga una definición del trabajo no organizado, que identifique el procedimiento general.
3. Proporcionar una aplicación rápida.
4. Proporcionar una precisión relativa a MTM-1.
5. Requerir una capacitación mínima y práctica en la aplicación.

Los datos de MTM-MEK consisten en 51 valores de tiempo divididos en 8 categorías: obtener y colocar, manejo de herramientas, colocar, operar, ciclos de movimiento, asegurar o soltar, movimientos del cuerpo y control visual. Además, existen datos de estándares para una ampia variedad de tareas de ensamble en producción de un solo producto y lotes pequeños. Estos consisten en 290 valores de tiempo de las siguientes categorías: asegurar, sujetar y soltar, limpiar y/o aplicar lubricante/adhesivo, ensamble de partes estándar, inspeccionar y medir, marcar y transportar.

El tercer sistema especializado, MTM-UAS, es un sistema de tercer nivel. Los autores lo desarrollaron para proporcionar una descripción de proceso, y para determinar los tiempos asignados en cualquier actividad relacionada con la producción por lotes. MTM-UAS se aplica a varias actividades si las siguientes características de producción por lotes están presentes:

1. Tareas similares,
2. Lugar de trabajo con diseño específico para la tarea,
3. Buenos niveles de organización de trabajo,
4. Instrucciones detalladas,
5. Operadores bien entrenados.

El sistema de análisis MTM-UAS consiste en 77 valores de tiempo en las ocho categorías que usa: obtener y colocar, colocar, manejo de herramienta, operar, ciclos de movimiento, movimiento del cuerpo y control visual. MTM-UAS es cerca de ocho veces más rápido que MTM-1. Para tiempos de ciclo de 4.6 minutos o más, el estándar producido por el sistema está dentro de ±5% del que produce MTM-1, con 95% de nivel de confianza.

Comparación de sistemas MTM

La figura 13-10 ilustra la exactitud absoluta total, a un 90% de nivel de confianza de todos los sistemas MTM. La tabla 13-11 compara el nivel de detalle, como el número de therbligs utilizado, el tiempo para analizar un trabajo (expresado como un múltiplo del tiempo de ciclo de la tarea), y la exactitud, para los tres sistemas MTM básicos. En términos globales, MTM-2 puede ser una buena opción entre el tiempo excesivo requerido para MTM-1 y la falta de precisión de MTM-3. Toma cerca de 600 minutos analizar un trabajo de 6 minutos con MTM-2 y tendrá una desviación no mayor a 0.24 minutos.

TÉCNICA SECUENCIAL DE OPERACIÓN MAYNARD (MOST—*Maynard Operation Sequence Technique*)

Una extensión de MTM, llamada MOST, es un sistema simplificado desarrollado por Zandin (1980) y aplicado por primera vez en Saab-Scania en Suecia en 1967. Con MOST los analistas pueden establecer estándares al menos cinco veces más rápido que con MTM-1, con poco o ningún sacrificio en la exactitud.

MOST usa bloques más grandes de movimientos fundamentales que MTM-2; en consecuencia, el análisis del contenido del trabajo de una operación se puede hacer más rápido. Al contrario que MTM-2, que está construido con alrededor de 37 valores de tiempo para describir el trabajo manual, MOST usa sólo 16 fragmentos de tiempo. La técnica identifica tres modelos de secuencias básicos: movimiento general, movimiento controlado y uso de herramienta.

La secuencia de movimiento general identifica el movimiento libre en el espacio de un objeto por el aire, mientras que la secuencia controlada describe el movimiento de un objeto que permanece en contacto con una superficie o sujeto a otro objeto durante el movimiento. La secuencia total está dirigida al uso de herramientas manuales comunes.

FIGURA 13-10
Exactitud absoluta total con nivel de confianza de 90% para los diversos sistemas MTM

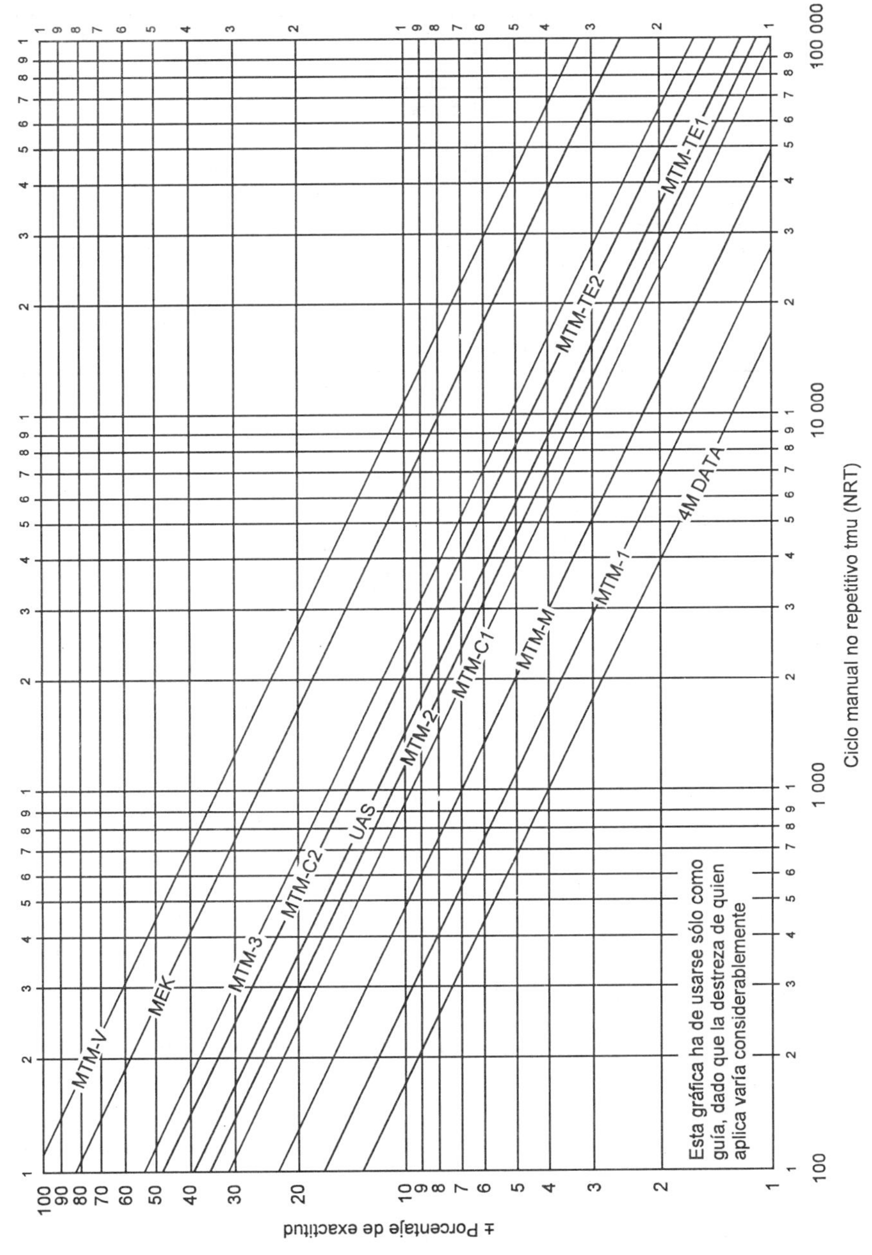

TABLA 13-11
Comparación de MTM-1, MTM-2 y MTM-3

	MTM-1	**MTM-2**	**MTM-3**
Therbligs utilizados	Soltar	GET	Manejar
	Alcanzar		
	Tomar		
	Mover	PUT	
	Posicionar		
Tiempo para analizar la tarea	250 × tiempo de ciclo	100 × tiempo de ciclo	35 × tiempo de ciclo
Rapidez relativa	1	2.5	7
Tiempo/exactitud - 100 tmu	15 min/± 21%	6 min/± 40%	2 min/± 70%
Tiempo/exactitud - 10 000 tmu	1500 min/± 2.1%	600 min/± 4%	200 min/± 7%

Para identificar la manera exacta en que se realiza un movimiento, el analista considera cuatro parámetros: distancia de acción (A), primordialmente horizontal; movimiento del cuerpo (B) en esencia vertical; logro de control (G), y colocación (P). Una secuencia de movimiento específica consiste en tres etapas, cada una con un subconjunto de parámetros: get (A, B, G), put (A, B, P) y regresar (A). El analista asigna números indexados relacionados con el tiempo a los parámetros relevantes. MOST usa números indexados 0, 1, 3, 6, 10 y 16, correspondientes a la dificultad relativa del parámetro, como se muestra en la tabla 13-12.

Es más o menos sencillo memorizar estos valores y su aplicación a los cuatro parámetros de movimiento general. Todavía más, los números indexados, cuando se escalan por un factor de 10, dan los tmu adecuados. Por ejemplo, obtener una arandela a 5 pulgadas (12.5 cm) de distancia, colocar un tornillo localizado a 5 pulgadas y regresar a la posición original daría como resultado: $A_1B_0G_1A_1B_0P_1A_1$ con un tiempo total de $(1 + 0 + 1 + 1 + 0 + 1 + 1) \times 10 = 50$ tmu. El GET se define por A_1 = alcanzar la arandela como recorrido de 5 pulgadas, B_0 = ningún movimiento del cuerpo, G_1 = tomar la arandela; el PUT está definido por A_1 = colocar tornillo con recorrido de 5 pulgadas, B_0 = ningún movimiento del cuerpo, P_1 = colocar tornillo con ajuste holgado. La terminación A_1 = regresar a la posición original con recorrido de 5 pulgadas.

Cerca del 50% del trabajo manual ocurre como un movimiento general. Un movimiento típico puede incluir los parámetros de caminar a un sitio, doblarse para recoger un objeto, alcanzar y controlar el objeto, levantarse después de doblarse y colocar el objeto.

La secuencia de movimiento controlado cubre operaciones manuales como girar una manivela, jalar la palanca de arranque, girar un volante o conectar un interruptor de inicio. En las secuencias controladas, prevalecen los siguientes parámetros: la distancia de la acción definida previa (A), el movimiento del cuerpo (B), lograr el control (G) y los nuevos parámetros, movimiento controlado (M), tiempo de proceso (X) y alineación (I). Los parámetros de movimiento controlado se definen con más detalle en la tabla 13-12.

La secuencia final de MOST es el uso de herramienta/equipo. Cortar, calibrar, asegurar y escribir con herramientas quedan cubiertos en esta secuencia. El modelo de uso de herramienta/equipo abarca una combinación de las actividades de movimiento general y

TABLA 13-12
Tarjeta de datos BasicMOST

ATKFVLVPTA	Grúa manual							
Índice x 10	A Pasos distancia acción	T Transporte de hasta 2 ton. Pies (m)	L	K Enganchar y desen-ganchar	F Objeto libre	V Movim. vertical pulg (cm)	P Colocación	Índice x 10
3	2				Sin cambio de dirección	9 (20)	Sin cambio de dirección	3
6	4				Con un cambio de dirección	15 (40)	Alinear con una mano	6
10	7	5 (1.5)	5 (1.5)		Con doble cambio de dirección	30 (75)	Alinear con dos manos	10
16	10	13 (4)	12 (3.5)		Con uno o más cambios de dirección, cuidado en el manejo o al aplicar presión	45 (115)	Alinear y colocar con un ajuste	16
24	15	20 (6)	16 (5.5)	Gancho simple o doble		60 (150)	Alinear y colocar con varios ajustes	24
32	20	30 (9)	26 (8)	Expulsión			Alinear y colocar con varios ajustes y aplicar presión	32
42	26	40 (12)	35 (10)					42
54	33	50 (15)	45 (13)					54

Índice	Intervalo de la media de tmu	Límites de tmu del intervalo de MOST
0	0	0
1	10	1 - 17
3	30	18 - 42
6	60	43 - 77
10	100	78 - 126
16	160	127 - 196
24	240	197 - 277
32	320	278 - 366
42	420	367 - 476
54	540	477 - 601
67	670	602 - 736
81	810	737 - 881
96	960	882 - 1041
113	1130	1042 - 1216
131	1310	1217 - 1411
152	1520	1412 - 1621
173	1730	1622 - 1841
196	1960	1842 - 2076
220	2200	2077 - 2321
245	2450	2322 - 2571
270	2700	2572 - 2846
300	3000	2847 - 3146
330	3300	3147 - 3446

MOST
Work Measurement
System

BasicMOST® DATA CARD

ADVERTENCIA

No intente aplicar los datos contenidos en estas tablas a menos que haya sido capacitado por un instructor certificado

MAYNARD
H.B. MAYNARD & COMPANY, INC.
Eight Parkway Center Pittsburgh, PA 15220
Phone: 412.921.2400 Fax: 412.921.4575
www.hbmaynard.com

1 tmu = .00001 hora = .0006 minuto = .036 segundo	1 hora = 100 000 tmu 1 minuto = 1667 tmu 1 segundo = 27.8 tmu

Fuente: Reimpreso con permiso de H. B. Maynard and Company.

TABLA 13-12 (*continuación*)
Tarjeta de datos BasicMOST

ABG Get — ABP Put — A Regreso — Movimiento general

Índice x 10	A Distancia de acción	B Movimiento del cuerpo	G Lograr control	P Posicionamiento	Índice x 10
0	≤ 2 pulg (5 cm)	Sin movimiento del cuerpo	Sin lograr control Sostener	Sin posicionamiento Sostener Lanzar	0
1	Dentro del alcance		Tomar objetos ligeros Tomar objetos ligeros simultáneos	Dejar a un lado Ajuste holgado	1
3	1 - 2 Pasos	Sentado sin ajustes De pie sin ajustes Doblarse y levantarse 50% ocur.	Get, no simultáneo Get, pesado/grande Get, sin ver Get, obstruido Liberar seguro Desenganchar Recolectar	Ajuste holgado sin ver Colocar sin ajustes Colocar con presión ligera Colocar con posicionamiento doble	3
6	3 - 4 Pasos	Doblarse y levantarse		Posicionar con cuidado Posicionar con precisión Posicionar sin ver Posicionar obstruido Posicionar con mucha presión Posicionar con movimientos intermedios	6
10	5 - 7 Pasos	Sentarse Ponerse de pie			10
16	8 - 10 Pasos	Doblarse y sentarse Subirse Bajarse De pie y doblarse Pasar por la puerta			16

A Distancia de acción — Valores extendidos

Índice	Pasos	Dist. (ft)	Dist. (m)
24	11 -15	38	12
32	16 -20	50	15
42	21 -26	65	20
54	27 -33	83	25
67	34 -40	100	30
81	41 -49	123	38
96	50 -57	143	44
113	58 -67	168	51
131	68 -78	195	59
152	79 -90	225	69
173	91 -102	255	78
196	103 -115	288	88
220	116 -128	320	98
245	129 -142	355	108
270	143 -158	395	120
300	159 -174	435	133
330	175 -191	478	146

ABG Get — MXI Mover/Actuar — A Regresar — Movimiento controlado

Índice x 10	M Movimiento controlado: Empujar/jalar/girar	M: Manivela	X Tiempo de proceso: Segundos	X: Minutos	X: Horas	I Alineación	Índice x 10
0	Sin Acción	Sin acción	Sin tiempo de proceso			Sin Alinear	0
1	Empujar/jalar/girar ≤ 12 pulg (30 cm) Empujar/oprimir botón Empujar o jalar interruptor Girar perilla		0.5 s	.01 min	.0001 h	Alinear a 1 punto	1
3	Empujar/jalar/girar ≤ 12 pulg (30 cm) Empujar/jalar con resistencia Sentarse Ponerse de pie Empujar/jalar con alto control Empujar/jalar 2 etapas ≤ 12 pulg (30 cm) Empujar/jalar 2 etapas ≤ 24 pulg total	1 rev.	1.5 s	.02 min	.0004 h	Alinear a 2 puntos ≤ 4 pulg (10 cm)	3
6	Empujar/jalar 2 etapas > 12 in (30 cm) Empujar/jalar 2 etapas > 24 pulg total Empujar con 1 o 2 pasos	2-3 rev.	2.5 s	.04 min	.0007 h	Alinear a 2 puntos > 4 pulg (10 cm)	6
10	Empujar/jalar con 3 o 4 pasos Empujar con 3 a 5 pasos	4-6 rev.	4.5 s	.07 min	.0012 h		10
16	Empujar con 6 a 9 pasos	7-11 rev.	7.0 s	.11 min	.0019 h	Alinear con precisión	16

M Jalar o empujar valores extendidos

Índice	Pasos
24	10 -13
32	14 -17
42	18 -22
54	23 -28
67	29 -34

Manivela Valores extendidos

Índice	Revs.
24	12 -16
32	17 -21
42	22 -28
54	29 -36

X Tiempo de proceso valores extendidos

Índice	Segundos	Minutos	Horas
24	9.5	.16	.0027
32	13.0	.21	.0036
42	17.0	.28	.0047
54	21.5	.36	.0060
67	26.0	.44	.0073
81	31.5	.52	.0088
96	37.0	.62	.0104
113	43.5	.72	.0121
131	50.5	.84	.0141
152	58.0	.97	.0162
173	66.0	1.10	.0184
196	74.5	1.24	.0207
220	83.5	1.39	.0232
245	92.5	1.54	.0257
270	102.0	1.70	.0284
300	113.0	1.89	.0314
330	124.0	2.05	.0344

TABLA 13-12 (*conclusión*)
Tarjeta de datos BasicMOST

ABG GET herr. ABP PUT herr. * Usar herr. ABP Dejar herr. A Regresar — **Uso de herramientas**

F Asegurar L Aflojar

Índice x 10	Acción dedos	Acción muñeca				Acción brazo					Acción herramienta	Índice x 10
	Voltear	Girar	Desplazar o abanicar	Mover palanca	Golpear	Girar		Desplazar o abanicar	Mover palanca	Golpear	Desarmador	
	Dedos, desarmador	Mano, desarmador, seguros, llave de tuercas	Llave de tuercas, llave Allen	Llave de tuercas, llave Allen, seguros	Mano, martillo	Seguros	Llave de tuercas, 2 manos	Llave de tuercas, llave Allen	Llave de tuercas, llave Allen	Mano, martillo	Llave mecánica	
1	1	–	–	–	1	–	–	–	–	–	–	**1**
3	2	1	1	1	3	1	–	1	—	1	1/4" (6 mm)	**3**
6	3	3	2	3	6	2	1	–	1	3	1" (25 mm)	**6**
10	8	5	3	5	10	4	–	2	2	5		**10**
16	16	9	5	8	16	6	3	3	3	8		**16**
24	25	13	8	11	23	9	6	4	5	12		**24**
32	35	17	10		30	12	8	5		16		**32**
42	47	23	13		39	15	11	8		21		**42**
54	61	29	17		50	20	15	10		27		**54**

P Posicionamiento de herramientas

Herramienta	Índice
Martillo	$0_{(1)}$
Dedos o mano	$1_{(3\ o\ 6)}$
Cuchillo	$1_{(3)}$
Tijeras	$1_{(3)}$
Pinzas	$1_{(3)}$
Instrumento de escritura	1
Equipo de medición	1
Dispositivo tratamiento de superf.	1
Desarmador	3
Seguros	3
Llave de tuercas	3
Llave de medida fija	3
Llave Allen	3
Llave mecánica	3
Llave ajustable	6

I Alineación de máquinas herramienta

Índice	Alinear a
3	Lugar de trabajo
6	Marca de escala
10	Carátula indicadora

Alineación de objetos atípicos

Índice	Método de posicionamiento
0	Contra tope
3	1 ajuste hasta el tope
6	2 ajustes hasta tope(s) 1 ajusta hasta 2 topes
10	3 ajustes hasta tope(s) 2-3 ajustes hasta marca interna

Características de objeto atípico
Plano, grande, material débil, áspero, difícil de manejar

ABG GET herr. ABP PUT herr. * Usar herr. ABP Dejar herr. A Regresar — **Uso de herramienta**

Índice x 10	C Corte				S Tratamiento superficie			M Medición	R Registro			T Concentración			Índice x 10
	Torcer/doblar	Trozar	Cortar	Rebanar	Limpiar c/aire	Limpiar c/cepillo	Limpiar c/trapo	Medir	Escribir		Marcar	Inspeccionar	Leer		
	Pinzas		Tijeras	Cuchillo	Boquilla	Cepillo	Tela	Equipo de medición	Lápiz		Marcador	Ojos, dedos	Ojos		
		Alambre	Corte(s)	Rebanada(s)	pies² (0.1 m²)	pies² (0.1 m²)	pies² (0.1 m²)	pulg (cm) pie (m)	Dígitos	Palabras	Dígitos	Puntos	Dígitos, palabras	Texto de palabras	
1	Agarrar		1	–	–	–	–		1	–	Marca	1	1	3	**1**
3		Blando	2	1	–	–	1/2		2	–	1 renglón	3	3 Medida	8	**3**
6	Torcer doblar-lazo	Mediano	4	–	1 punto, cavidad	1 Objeto pequeño	–		4	1	2	5 Calor por tacto	6 Escala, fecha u hora	15 Escala, fecha u hora	**6**
10		Duro	7	3	–	–	1	Perfil-calibrador	6	-	3	9 Defectos por tacto	12 Escala vernier	24 Escala vernier	**10**
16	Doblar, clavija		11	4	3	2	2	Escala fija Calibrador 12 pulg (30 cm)	9 Firma o fecha	2 Firma o fecha	5		Valor de tablas	38 Valor de tablas	**16**
24			15	6	4	3		Alimentador-calibrador	13	3	7			56	**24**
32			20	9	7	5	5	Cinta metálica 6 pie (2 m) micrómetro de profundidad	18	4	10			72	**32**
42			27	11	10	7	7	Micrómetro OD 4 pulg (10 cm)	23	5	13			94	**42**
54			33					Micrómetro ID 4 pulg (10 cm)	29	7	16			119	**54**

movimiento controlado. Otros parámetros únicos de esta actividad incluyen: asegurar (F), desprender (L), cortar (C), tratamiento de superficie (S), registrar (R), pensar (T) y medir (M), cuya definición aparece en la tabla 13-12.

Los sistemas de medición del trabajo MOST tienen dos adaptaciones: Mini y Maxi MOST. MiniMOST mide operaciones idénticas de ciclos cortos, mientras que MaxiMOST las de ciclos largos con variaciones significativas en el método de un ciclo a otro.

MOST está disponible en versiones manual y computarizada. La versión de computadora contiene datos de suboperaciones y realiza las operaciones aritméticas involucradas en el desarrollo de estándares de desempeño para las características del método en estudio.

Otra característica nueva de la versión de computadora de MOST es ErgoMOST, que permite al ingeniero analizar problemas ergonómicos en el lugar de trabajo. ErgoMOST usa un modelo biomecánico para calcular el estrés de empujar/jalar y levantar, para resaltar posturas incómodas y movimientos repetitivos del cuerpo y para cuantificar el riesgo relativo en el trabajo, mediante índices de estrés ergonómico. Además, identifica las correcciones ergonómicas y genera informes.

Se ha estimado que el uso de un sistema computarizado debe dar como resultado una rapidez de aplicación entre cinco y diez veces mayor que las aplicaciones manuales. Los estándares desarrollados por computadora también tienen menos errores, ya que el sistema no acepta la entrada de datos ilógicos e incorpora tabla de movimientos simultáneos, maneja la frecuencia de ocurrencia y calcula los tiempos elementales, lo mismo que tiempos acumulados de elementos sucesivos.

ANÁLISIS DE MACROMOVIMIENTOS

La Standard International, Inc., una empresa consultora con sede en Chicago, Illinois, ha desarrollado dos sistemas de tiempos predeterminados especializados: MICRO Motion Analyses, para especificaciones de métodos precisos y estándares de tiempo, y MACRO Motion Analyses, para datos de aplicación general. Estos sistemas se desarrollaron para proporcionar mejoras a MTM y Work Factor, que la consultora había usado durante varios años en conjunto con su propio trabajo de consultoría. En especial, los sistemas existentes no parecen adecuados para algunos tipos especiales de movimientos, y su descripción y la asignación de valores de tiempo apropiados estaban sujetos al juicio subjetivo individual. Además algunos analistas piensan que ciertas tablas son difíciles de usar, ya que muchas veces requieren interpolación. Las tablas obtenidas con MACRO Motion se desarrollaron con muchos datos de varios de sus clientes (vea las tablas 13-13A a 13-13D). Igual que en otros sistemas, se ha probado que estos valores son válidos para miles de aplicaciones.

APLICACIÓN DE TIEMPOS DE MOVIMIENTOS BÁSICOS

Desarrollo de datos de estándares

Una de las aplicaciones más importantes de los tiempos de movimientos básicos es el desarrollo de datos de estándares de elementos. Con los datos de estándares es más rápido

TABLA 13-13A

STANDARDS, INTERNATIONAL
INCORPORATED
WORK MANAGEMENT SPECIALISTS

MACRO™
MOTION ANALYSES

No intente usar estas tablas para determinar estándares a menos que entienda la aplicación adecuada de los datos.

Esta nota precautoria se presenta para evitar dificultades que puedan surgir de la mala aplicación de los valores de tiempo. Los valores mostrados están en minutos decimales (hasta 4 lugares) y para el tiempo requerido.

Selecciones compatibles: MTS, W-F, DMT, ETS o MICRO. Para el intercambio con MTM, UAS, MODAPTS o MDS, agregue 25% de suplemento para convertir a horas decimales.

NOTA: Éstas son tablas condensadas; en los manuales se proporcionan tablas más detalladas y completas.

STANDARDS, INTERNATIONAL INC.

RESEARCH ENGINEERS & MANAGEMENT CONSULTANTS

Chicago, Illinois

TABLA 13-13B

ANÁLISIS DE MACRO™ MOVIMIENTOS

Datos de elementos de propósito general de uso frecuente recomendados para:

1. Evaluación de movimientos manuales (y costos) por el personal de métodos y los supervisores de producción.
2. Desarrollo de estándares para operaciones de corridas cortas, ciclos largos por el personal de métodos/estándares.

OBTENER Y COLOCAR			DISTANCIA EN PULGADAS			
PESO	CONDICIONES DE OBTENER	EXACTITUD DE COLOCAR	CÓDIGO	6"	18"	30"
2 lb o MENOS	TOMAR SENCILLO	Aproximada	OEA	90	150	190
		Cercana	OEC	110	170	210
		Estrecha	OET	130	190	230
	TOMAR DIFÍCIL	Aproximada	ODA	100	160	200
		Cercana	ODC	120	180	220
		Estrecha	ODT	140	200	240
	TOMAR CON TODA LA MANO	Aproximada	OHA	150	190	230
MÁS DE 2 lb HASTA 18 lb		Aproximada	OWHA	160	230	270
		Cercana	OWHC	170	250	290
		Estrecha	OWHT	180	270	310
MÁS DE 18 lb HASTA 48 lb		Aproximada	OW2HA	190	290	320
		Cercana	OW2HC	200	310	340
		Estrecha	OW2HT	210	330	360

SÓLO COLOCAR	CÓDIGO	6"	18"	30"
Aproximado	PA	40	60	80
Cercano	PC	60	80	100
Estrecho	PT	70	100	130
Agregar: 40 para pesos entre 2 y 24 lb; 60 para pesos mayores que 24 lb				

TABLA 13-13C

ENSAMBLE DE OBJETO NO REDONDO	CÓDIGO	HASTA 18 lb INCLUSIVE	MÁS DE 18 lb HASTA 48 lb
CLARO DE HASTA 1/2" INCLUSIVE	ANT	90	120
CLARO DE MÁS DE 1/2"	ANC	50	70

ENSAMBLE	CÓDIGO	EMBONAR		
		HASTA 1/4" INCLUSIVE	MÁS DE 1/4" HASTA 1/2"	MÁS DE 1/2" HASTA 1"
Ajuste holgado	ASYL	60	50	40
Ajuste normal	ASYN	80	70	60

Agregar:
15 por simultáneo (S)
15 por ciego temporal (TB)
40 por aplicar presión (AP)
60 por tomar otra vez y aplicar presión (RAP)

MOVIMIENTOS CIRCULARES	CÓDIGO	DIÁMETRO		
		3" Y MENOS	MÁS DE 3" HASTA 12"	MÁS DE 12"
Revolución sin desaceleración	CR	50	80	90
Revolución a una localización general	CRG	60	110	120
Revolución a una localización exacta	CRE	80	140	150

PATRONES DE MOVIMIENTO

CAMINAR	(Medida en el dedo del pie o talón)					
NÚMERO DE PASOS	ABRIR/BÁSICO (WO)		CONFINADO (WC)		RESTRINGIDO (WR)	
	DIST. PIES	TIEMPO	DIST. PIES	TIEMPO	DIST. PIES	TIEMPO
1 (1 pierna) 1 (ambas piernas)	2.5' 2.5'	120 200	2.5' 2.5'	130 220	2' 2'	140 240
2	5'	260	5'	280	4'	300
5	13.5'	500	13.5'	550	11'	600
10	26'	900	26'	1000	21'	1100
Cada paso adicional, agregue	2.5'	80	2.5'	90	2'	100
Agregue por giros de más de 120°	—	100	—	100	—	100

Escaleras/arriba (SU) 130 /abajo (SD) 100	Doblarse (B) 160 Levantarse (AB) 130	Sentarse (SI) 230 Ponerse de pie (ST) 280

TABLA 13-13D

PROCESO VISUAL Y MENTAL	CÓDIGO	TIEMPO
LEER — por palabra	ER	50
INSPECCIONAR — por criterio — por ocurrencia	EI	50
RECORDAR, DECIDIR, REACCIONAR O CALCULAR — por criterio — por ocurrencia	MA	50
MOVER CABEZA A MICROSCOPIO Y MIRAR	HM	130
ESCRIBIR — por caracter	WC	90

PATRONES DE MOVIMIENTO

MANEJO DE HERRAMIENTAS					
TIPO DE HERRAMIENTA	MOVIMIENTO	DISTANCIA			
	PATRÓN	9"	18"	30"	36"
Destornillador, mazo, maneral, cuchillas, lijas (con mango redondo)	OX-RH-E OX-RH-G	210 180	270 230	340 290	360 310
Pinzas, peladores de cable, tijeras, navajas	OX-DH-E OX-DH-G	240 200	300 260	360 310	380 330
Lápices, brochas	OX-TH-E OX-TH-G	210 170	270 220	330 280	350 300
Soldadora de hierro: <u>en funda</u>	OX-SI-E OX-SI-G	310 280	380 340	440 390	470 410
Herramienta de aire: <u>sobre banco</u>	OX-ATB-E OX-ATB-G	260 240	340 300	400 360	430 380
Herramienta de aire: <u>en funda</u>	OX-ATH-E OX-ATH-G	370 340	450 410	520 470	540 490
Herramienta de aire <u>suspendida</u>	OX-ATS-E OX-ATS-G	170 140	220 170	260 210	270 220

Patrón de movimiento E: tomar herramienta; moverla directo al trabajo; dejarla a un lado
Patrón de movimiento G: tomar herramienta; moverla a un área general (a ensamble, etc., debe agregarse); dejarla a un lado.

ELEMENTOS RELACIONADOS	CÓDIGO	TIEMPO
AGARRE CON PINZAS	GT	140
EMPALMAR Y DESEMPALMAR HERRAMIENTAS	PXT	30
ROSCA DE INICIO	STT	90
ROSCA PARA ENCENDIDO O APAGADO — por giro	TO	30
USAR: DESTORNILLADOR — por giro TUERCA — por giro LLAVE DE CAJA O DE BOCA — por vuelta TRINQUETE — por vuelta MARTILLO — por golpe	SDT NRT BEW RW HB	70 70 180 60 90
APRETAR O AFLOJAR c/ HERRAMIENTA MANUAL	ASYX	100

establecer los tiempos estándar para las operaciones, que mediante el laborioso procedimiento de sumar columnas de tiempos de movimientos fundamentales. Además, los datos de estándares reducen errores de cálculo, pues requieren menos aritmética.

Con buenos datos de estándares, es económicamente factible establecer estándares sobre el trabajo indirecto, como mantenimiento, manejo de materiales, documentación y oficina, inspección y operaciones similares. Así, con estos datos, los analistas pueden calcular, de manera económica, los tiempos de operaciones con ciclos largos y muchos elementos de corta duración. Por ejemplo, una compañía desarrolló datos de estándares para operaciones de perforación radial en su taller de herramientas. Los analistas de estudio de tiempos desarrollaron datos de estándares para los elementos requeridos para mover la herramienta de un agujero al siguiente y presentar y retirar la broca. Después combinaron los datos de estándares elementales en una gráfica multivariada para facilitar las sumas.

Un ejemplo que ilustra la flexibilidad de los tiempos de movimientos básicos es el desarrollo de un tiempo estándar para una operación de oficina. Esta fórmula para ordenar las tarjetas de tiempo trabajado incluye los siguientes elementos:

1. Recoger las tarjetas del departamento y quitar la liga.
2. Ordenar las tarjetas en mano de obra directa (incentivos), indirecta y por jornada.
3. Registrar el número total de tarjetas.
4. Obtener un paquete de tarjetas, poner liga alrededor y dejar a un lado.
5. Obtener un paquete de tarjetas y juntarlas.
6. Ordenar tarjetas de incentivos en tarjetas de "partes".
7. Contar paquetes de tarjetas de incentivos de "partes".
8. Registrar el número de tarjetas de "partes" y el número de tarjetas de incentivos.
9. Ordenar tarjetas de "partes" en secuencia numérica.
10. Juntar paquetes de tarjetas numéricas y colocar en una pila sobre el escritorio.

Los analistas de métodos desglosan cada elemento en movimientos fundamentales. Una vez asignados los valores y determinadas las variables, la ecuación algebraica que se obtiene permite el cálculo rápido del tiempo para la operación de oficina. Con frecuencia, un cronómetro resulta útil al desarrollar los datos de estándares de los elementos. Quizá sea más sencillo determinar algunas partes de un elemento con los tiempos de movimientos básicos, y otras se adapten mejor a la medición del cronómetro. Además los estándares de los elementos se pueden verificar con el cronómetro. Los tiempos de movimientos básicos predeterminados se convierten en datos verificados de estándares de elementos, para establecer estándares justos que son más consistentes que los establecidos sólo con cronómetro.

El analista no experimentado no debe establecer estándares de tiempo para usarse al calificar. Los analistas deben saber si la distancia de movimiento que recorre la mano es lineal o es de una circunferencia cuando la mano sigue un arco. Han de saber si la distancia se mide desde el centro de la mano, los nudillos o las puntas de los dedos. También saber cuándo prevalece la aplicación de presión y cuándo no. Entender con claridad de qué manera afectan los elementos de alineación y orientación al tiempo de posicionamiento. Estas y muchas otras consideraciones deben dominarse antes de que se pueda esperar que el analista establezca estándares de tiempo consistentes y precisos.

Análisis de métodos

Una aplicación con la misma importancia, de cualquier técnica de tiempos y movimientos básicos sintéticos es el análisis de métodos. Los analistas que valoran estas técnicas pueden ser más críticos en cada estación de trabajo, para detectar cómo se pueden hacer mejoras. Usar un sistema de tiempos predeterminados es sencillamente desarrollar un análisis de movimientos o métodos con mayor detalle numérico, con la identificación de mejores formas de eliminar los therbligs no efectivos y con la reducción de tiempos en los efectivos. Para esto se ha desarrollado otra lista de verificación (vea la figura 13-11) para ayudar al analista a mejorar el análisis de métodos. Las oportunidades clave para simplificar un método (con el sistema MTM-2, por ejemplo) incluyen:

1. Eliminar movimientos del cuerpo, como "doblarse y levantarse", con valores de tiempo grandes de 61 tmu.

FIGURA 13-11
Lista de verificación para análisis de métodos con MTM-2 (*Adaptado de:* A. D. Brown, 1976, "Apply Presure", *Journal of the Methods-Time-Measurement Association*, Reino Unido, 14.)

GET (G)	Sí	No
1. Se puede realizar GET simultáneo con otro GET o PUT sin sacrificar algo más.	❑	❑
2. Es posible realizar GET durante un ciclo de máquina.	❑	❑
3. Se pueden usar dispositivos, alimentación por gravedad o contenedores para simplificar GET (es decir, de GC a GB o GA).	❑	❑
4. Se puede usar GA y deslizamiento de objetos a la posición.	❑	❑
5. La transferencia de objetos de una mano a otra se puede evitar.	❑	❑
6. Las herramientas se pueden preposicionar para simplificar GET.	❑	❑
7. Se pueden empalmar las herramientas mientras se realiza otra tarea (en lugar de guardarlas y más tarde traerlas de nuevo).	❑	❑
8. Se puede tomar más de un objeto al mismo tiempo.	❑	❑
9. Las distancias recorridas se pueden reducir (para bajar el nivel de clasificación del movimiento).	❑	❑
10. Los movimientos de las manos están balanceados en términos de caso y distancia.	❑	❑
PUT (P)	**Sí**	**No**
1. Se puede realizar PUT simultáneo con otras GET o PUT, sin sacrificios.	❑	❑
2. Es posible evitar las tolerancias estrechas o la localización exacta de un objeto.	❑	❑
3. Es posible que el punto de entrega de un objeto tenga forma de chaflán o embudo.	❑	❑
4. Se pueden usar guías fijas o topes.	❑	❑
5. El objeto se puede hacer simétrico.	❑	❑
6. Se puede reducir la profundidad de inserción.	❑	❑
7. En un PUT complejo, la otra mano puede ayudar.	❑	❑
8. Los objetos se pueden poner juntos de manera mecánica.	❑	❑
9. Es posible usar entrega por gravedad para simplificar el PUT (de PC a PB o PA).	❑	❑
10. Los objetos se pueden deslizar a una localización (usar un PA).	❑	❑
11. Los puntos de destino están dentro del área normal de visión.	❑	❑
Aplicar presión (A)	**Sí**	**No**
1. Se puede evitar A con un diseño mejorado o mejor procesamiento (como eliminar rebabas o puntos estrechos).	❑	❑
2. Se puede evitar apretar de forma innecesaria en operaciones anteriores.	❑	❑
3. Se pueden evitar las tolerancias reducidas.	❑	❑
4. Es posible evitar la contaminación de partes por lijadura, polvo, tierra, etcétera, causa de A.	❑	❑
5. Puede aprovecharse el momento para eliminar A.	❑	❑
6. Se usan los grupos de músculos grandes para aplicar presión con eficiencia.	❑	❑
7. Se pueden usar dispositivos de sujeción o acciones mecánicas para eliminar A.	❑	❑

FIGURA 13-11 (*conclusión*)
Lista de verificación para análisis de métodos con MTM-2 (*Adaptado de:* A. D. Brown, 1976, "Apply Presure", *Journal of the Methods-Time-Measurement Association*,Reino Unido, 14.)

Tomar de nuevo (R)	Sí	No
1. Se puede tomar de nuevo durante el PUT.	❑	❑
2. Las herramientas se pueden preposicionar con la orientación deseada.	❑	❑
3. Es posible usar alimentación de magazín, conductos verticales, alimentación por vibración, etcétera, para presentar la parte en forma adecuada.	❑	❑
4. Las partes pueden ser simétricas para evitar R.	❑	❑
5. Las partes se pueden preposicionar durante un ciclo de máquina.	❑	❑
Acción del ojo (E)	Sí	No
1. Los objetos y pantallas se pueden colocar en el área normal de visión para evitar E.	❑	❑
2. Existe suficiente iluminación para evitar E.	❑	❑
3. Los contenedores y partes tienen la identificación correcta, quizá mediante colores.	❑	❑
4. Las partes pueden ser simétricas y colocarse en posición adecuada para evitar E.	❑	❑
5. Se evita la verificación visual de las partes del ensamble (con retenes y sensación del tacto).	❑	❑
6. Se evita la interpretación visual de posiciones de agujas (se usan indicadores de estado o de encendido/apagado).	❑	❑
7. Las E se pueden realizar durante los movimientos manuales anteriores sin sacrificios.	❑	❑
Acción de manivela (C)	Sí	No
1. La manivela o volante se pueden girar.	❑	❑
2. Se puede reducir el número de revoluciones (con paso de rosca más grande).	❑	❑
3. Es posible eliminar la resistencia durante el giro.	❑	❑
4. La manivela puede funcionar con suministro de energía.	❑	❑
Paso (S)	Sí	No
1. Se usa la ruta más corta o la mejor distribución de planta.	❑	❑
2. La superficie del suelo es pareja y sin obstrucciones.	❑	❑
3. Las partes que más se usan se encuentran cerca.	❑	❑
4. La información y herramientas necesarias se localizan en la estación de trabajo (para evitar S innecesarios).	❑	❑
5. Los materiales y partes se pueden traer en forma mecánica (por transportadores) hacia y desde la estación de trabajo.	❑	❑
6. Se puede usar transporte vehicular (como carritos).	❑	❑
Movimiento del pie (F)	Sí	No
1. Se puede realizar F al mismo tiempo que otros movimientos.	❑	❑
2. El pie descansa en forma cómoda en el pedal durante la operación.	❑	❑
3. El peso del cuerpo está solventado por un banco (para no apoyarse en la pierna que opera).	❑	❑
4. Los dos pies alternados pueden operar el pedal.	❑	❑
Doblarse y levantarse (B)	Sí	No
1. Se pueden usar entregas por gravedad para evitar B.	❑	❑
2. Los materiales y productos se localizan a una altura entre el codo y los nudillos para minimizar B.	❑	❑
3. Se usan los procedimientos para levantar adecuados (levantamiento en cuclillas, etc.).	❑	❑
4. Se evita la entrada y salida demasiado frecuente de una estación de trabajo que se hace sentado.	❑	❑

2. Reducir los niveles de casos, en especial movimientos del caso C que resultan en 39% de disminución en el tiempo de movimientos básicos.
3. Minimizar distancias de alcance, con una disminución de 5 tmu para cada código de distancia más corta.
4. Evitar levantamientos de partes pesadas, donde cada 2 libras (1 kg) baja 1 tmu.

EJEMPLO 13-1
Mejoramiento de métodos al voltear camisetas

Este ejemplo considera tanto aspectos de productividad como de salud/seguridad obtenidos a través del análisis MTM-2 del volteado de camisetas (Frievalds y Yun, 1994). Las prendas se cosen por el revés para poder hacer las bastillas. Una vez terminadas, deben voltearse al derecho.

Los trabajadores en esta tarea solían ser susceptibles a distintos desórdenes por trauma acumulado. Un análisis MTM-2 del método actual, mostrado en la figura 13-12a, indicó que el tiempo total era de 141 tmu. Una característica obvia de esta tarea era el uso excesivo de movimientos del caso C. ¿Era posible reducir los GET y PUT (preguntas #3 y #4 en la lista de verificación de la figura 13-11)?

La solución propuesta fue construir un dispositivo eléctrico tipo aspiradora para jalar la camiseta dentro de un tubo. Al apagarse la aspiradora la camiseta se sacaba en estado invertido. El análisis MTM-2 del método mejorado (vea la figura 13-12b) dio un total de sólo 108 tmu. Para la operación completa de voltear, inspeccionar y doblar (360 tmu en total), esto significó una disminución de $(141 - 108)/360 = 9.2\%$ en el tiempo. En resumen, se eliminaron los movimientos del caso C difíciles con riesgo de lesiones, y se obtuvo una mejora simultánea a la productividad.

FIGURA 13-12
Análisis MTM-2 de voltear una camiseta

a) Método actual

Análisis de métodos MTM Pág de

Operación: Voltear camiseta	Observaciones: Manejo manual, Total de 141 tmu
Estudio Núm.: (manual)	
Fecha: 2-12-99	
Analista: AF	

Descripción	Núm.	MI	TMU	MD	Núm.	Descripción
Obtener camiseta		GB18	18	GB18		Obtener camiseta
Alcanzar dentro, pellizcar camiseta		GC12	23	GC12		Alcanzar dentro, pellizcar camiseta
Movimiento simultáneo		GC2	14	GC2		Permitir movimiento simultáneo
Jalar camiseta arriba y afuera		PC32	41	PC32		Jalar camiseta arriba y afuera
Permitir movimiento simultáneo		PC2	21	PC2		Movimiento simultáneo
Dejar camiseta a un lado		PB18	24	PB18		Dejar camiseta a un lado
			141			

(*continúa*)

EJEMPLO 13-1 (*conclusión*)

b) Método propuesto

Análisis de métodos MTM Pág de

Operación: Voltear camiseta	Observaciones: Uso de dispositivo de vacío Total de 108 tmu
Estudio Núm.: (automatizado)	
Fecha: 2-12-99	
Analista: AF	

Descripción	Núm.	MI	TMU	MD	Núm.	Descripción
Obtener camiseta		GB18	18	GB18		Obtener camiseta
Jalar camiseta por el tubo		PA32	20	PA32		Jalar camiseta por el tubo
			9	F		Activar el pedal
Jalar camiseta hacia abajo		PC32	30	PC32		Jalar camiseta hacia abajo
Contra resistencia		PW10	1	PW10		Contra resistencia
Dejar camiseta a un lado		PB32	30	PB32		Dejar camiseta a un lado
			108			

5. Eliminar operaciones que requieren recorrido y enfoque de los ojos, lo que elimina 7 tmu por cada uno.
6. Preposicionar herramientas, partes y materiales.

En una compañía se asignaron $40 000 para herramientas avanzadas que aumentaran la tasa de producción en una operación de soldadura con latón. Antes de decidir qué herramientas incluir, los analistas realizaron un estudio de medición del trabajo del método existente. Con los datos de movimientos fundamentales, descubrieron que si proporcionaban un dispositivo sencillo y rearreglaban el área de carga y descarga, la producción de la compañía podía aumentar de 750 a 1000 piezas por hora. El costo total del estudio de tiempos y movimientos sintéticos fue de $40. Como resultado del estudio, la compañía evitó un gasto de $40 000 en el programa de compra de nuevas herramientas.

RESUMEN

Este capítulo presenta varios de los sistemas de estudio de tiempos y movimientos básicos o predeterminados. Existen muchos otros, que incluyen varios sistemas privados desarrollados por la industria. Hace muchos años, Frederick W. Taylor visualizó el desarrollo de estándares para las divisiones básicas del trabajo similares a los que todavía se usan. En su artículo "Administración científica" predijo que llegaría el tiempo en que se desarrollaría un volumen suficiente de estándares básicos que haría que los estudios de tiempos no fueran necesarios. Casi se ha llegado a ese punto respecto a los elementos de esfuerzo. En la actualidad, la vasta mayoría de estándares se desarrollan mediante el uso de datos de estándares y tiempos de movimientos básicos.

Los valores de tiempos y movimientos son cada vez más precisos conforme se realizan estudios adicionales. Sin embargo, todavía existe la necesidad de mayor investigación, pruebas y refinamiento. Por ejemplo, todavía no se tiene una seguridad sobre la validez de agregar tiempos de movimientos básicos a los tiempos elementales determinados, ya que los tiempos de los therbligs pueden variar si la secuencia cambia. Entonces, el tiempo para los elementos básicos "alcanzar 20 pulgadas" puede quedar afectado por los elementos anteriores y los que le siguen y quizá no dependan por completo de la clase de alcanzar y distancia. En general, todas las técnicas de movimientos fundamentales exitosas han hecho esfuerzos por estudiar la aditividad de los elementos de movimiento. Por ejemplo, MTM ha proporcionado tres movimientos para las manos, además de varios casos, según la naturaleza del movimiento a alcance. Work-Force reconoce cinco elementos de dificultad. Observaciones similares se pueden hacer de las otras técnicas de movimientos fundamentales.

Al analizar los patrones de movimiento con los datos existentes, el analista debe considerar el propósito general de ese patrón, al igual que su complejidad y características. Por ejemplo, si la mano está vacía cuando se mueve hacia un objeto, el movimiento se clasifica como alcance. Si la mano tiene un objeto mientras se mueve hacia otro, el analista debe tomar en cuenta, además del propósito general del movimiento, lo que la mano hace con el objeto mientras se mueve. Si la mano empalma un objeto al mismo tiempo que alcanza algo más, no se puede clasificar como un alcance básico. El tiempo necesario para realizar el movimiento combinado depende de factores diferentes a la distancia. Uno de ellos es la característica física del movimiento. Si un objeto se empalma mientras la mano se mueve, se lleva a cabo una operación simultánea al movimiento. El resultado puede ser una reducción en la rapidez promedio. Esto permitiría a la mano establecer control del objeto a lo largo del recorrido. Cuanto más larga sea la distancia, más tiempo tiene la mano para empalmar el objeto. Así, si el movimiento combinado es más largo, el movimiento se acerca más al tiempo requerido para un alcance simultáneo de la misma distancia.

Es necesario un estudio adicional para operaciones que involucran movimientos simultáneos. De manera intuitiva, debe haber una relación entre el grado de bimanualidad del operario normal y el patrón de movimiento empleado.

Los sistemas de tiempos predeterminados tienen un lugar importante en el campo de medición del trabajo y los métodos. Existen varias razones poderosas para usarlos. Se pueden utilizar para definir un tiempo estándar antes de iniciar la producción y para estimar los costos de producción con antelación, cuando no existe el trabajo para su estudio. Sin embargo, estos sistemas sólo son tan buenos como la persona que los usa. El analista debe entender bien las suposiciones en que se apoyan los sistemas y usarlos de la manera apropiada. No deben implantarlos sin ayuda profesional o sin una comprensión completa de sus aplicaciones.

PREGUNTAS

1. ¿Quién es el responsable original de la idea en torno al desarrollo de estándares para las divisiones básicas del trabajo? ¿Cuál fue su contribución?

2. ¿Cuáles son las ventajas de usar tiempos de movimientos básicos?

3. Qué otros dos términos se usan con frecuencia para identificar los tiempos de movimientos básicos?

4. ¿Quién es el pionero de los sistemas MTM?

5. ¿Cuál es el valor en tiempo de un tmu?

6. ¿Sería más sencillo o más difícil realizar un GET GB con la mano izquierda al mismo tiempo que se realiza un PC con la mano derecha? Explique.

7. ¿Por qué se desarrolló MTM-2? ¿Cuál es la aplicación específica de MTM-2?

8. ¿Son MTM-1 y MTM-2 consistentes en su manejo de movimientos simultáneos?

9. Si se usara MTM-3 para estudiar una operación con duración de alrededor de 3 minutos, ¿qué puede decir sobre la exactitud del estándar?

10. ¿Cuál es la relación entre MTM y el análisis de métodos?

11. Explique la relación de los tiempos de movimientos básicos y los datos de estándares.

12. Explique por qué la mayor parte de las compañías actuales requieren una certificación antes de usar tiempos de movimientos básicos para establecer sus estándares.

PROBLEMAS

1. Determine el tiempo para la componente dinámica de M20 B20.

2. Una cubeta de arena de 30 libras con un coeficiente de fricción de 0.40 se empuja 15 pulgadas alejándola del operario, con ambas manos. ¿Cuál sería el tiempo normal para el movimiento?

3. Una moneda de 3/4 de pulgada de diámetro se coloca dentro de un círculo de 1 pulgada. ¿Cuál sería el tiempo normal para posicionar el elemento?

4. Calcule el equivalente en tmu de 0.0075 horas por pieza, 0.248 minutos por pieza, 0.0622 horas por ciento de piezas, 0.421 segundos por pieza y 10 piezas por minuto.

5. El siguiente análisis MTM-2 describe una operación sencilla en la que cada mano obtiene una parte, la derecha vuelve a tomarla, y después la pone en un dispositivo. Se aplica presión para sellarla. Luego, se toma una chaveta, se vuelve a tomar y se inserta en el ensamble. Se gira

(CRANK) un volante seis revoluciones con resistencia hasta que se alinea una aguja con precisión. Identifique los errores con un círculo. Reescriba el análisis correctamente y explique cada corrección.

FIGURA 13-13
Análisis MTM-2 de un ensamble sencillo para el problema 6

Análisis de métodos MTM Hoja de

Operación: ENSAMBLE	Observaciones:
Estudio Núm.: Problema 6	
Fecha: 1-27-98	
Analista: AF	

Descripción	Núm.	MI	TMU	MD	Núm.	Descripción
		GC12	18	GB18		
Parte a dispositivo		R	6	R		Parte a dispositivo
		PC12	30	PC6		
Sentar parte		A	14	A		Sentar parte
		GC12	23	GC12		
Obtener y ensamblar chaveta		PC12	30	PC12		Obtener y ensamblar chaveta
		R	6	R		
			10	GB6		
			5	GW10		Girar contra
			90	C	6	resistencia
			5	PW5		
			21	PC2		Alinear aguja

Resumen	Total tmu:	Conversión:	% suplemento:	Tiempo estándar:
	259	.0006	10	.171

REFERENCIAS

Antis, William, John M. Honeycutt, Jr. y Edward N. Koch. *The Basic Motions of MTM*, 3ª Ed., Pittsburgh, PA: The Maynard Foundation, 1971.

Baily, Gerald B. y Ralph Presgrave. *Basic Motion Time-Study*. Nueva York: McGraw-Hill, 1958.

Birn, Serge A., Richard M. Crossan y Ralph W. Eastwood. *Measurement and Control of Office Costs*. Nueva York: McGraw-Hill, 1961.

Brown, A. D. "Apply Pressure", *Journal of the Methods-Time Measurement Association*, 14, (1976).

Freivalds, A. y M. H. Yun. "Productivity and Health Issues in the Automation of T-Shirt Turning." *International Journal of Industrial Engineering*, 1, núm. 2 (junio, 1994), pp. 103–108.

Geppinger, H. C. *Dimensional Motion Times*. Nueva York: John Wiley & Sons, 1955.

Karger, Delmar W. y Franklin H. Bayha. *Engineered Work Measurement*. Nueva York: Industrial Press, 1957.

Karger, Delmar W. y Walton M. Hancock. *Advanced Work Measurement*. Nueva York: Industrial Press, 1982.

Maynard, Harold B., G. J. Stegemerten y John L. Schwab. *Methods Time Measurement*. Nueva York: McGraw-Hill, 1948.

Quick, Joseph H., James H. Duncan y James A. Malcolm. *Work-Factor Time Standards*. Nueva York: McGraw-Hill, 1962.

Sellie, Clifford N. "Predetermined Motion-Time Systems and the Development and Use of Standard Data", en *Handbook of Industrial Engineering*, 2ª Ed., Ed. Gavriel Salvendy. Nueva York: John Wiley & Sons, 1992.

Zandin, Kjell B. *MOST Work Measurement Systems*. Nueva York: Marcel Dekker, 1980.

SOFTWARE SELECCIONADO

Ergo MOST. Pittsburgh, PA: H. B. Maynard and Co., 1997.

MOST. Pittsburgh, PA: H: B. Maynard and Co., 1997.

MTM Link. Des Plaines, IL: MTM Association, 1998.

CAPÍTULO 14

Muestreo del trabajo

PUNTOS CLAVE:

- El muestreo del trabajo es un método para analizar el trabajo mediante un número grande de observaciones tomadas en momentos aleatorios.
- Usar el muestreo del trabajo para:
  - determinar la utilización de las máquinas,
  - calcular los suplementos,
  - establecer los estándares de tiempo.
- Utilizar tantas observaciones como sea necesario.
- Tomar observaciones aleatorias durante dos semanas o más.

El *muestreo del trabajo* es una técnica usada para investigar las proporciones del tiempo total dedicadas a las diversas actividades que constituyen una tarea o una situación de trabajo. Los resultados del muestreo del trabajo son efectivos para determinar: la utilización de máquinas y personal; los suplementos aplicables a la tarea, y los estándares de producción. Aunque se puede obtener la misma información con los procedimientos de estudio de tiempos, el muestreo del trabajo con frecuencia la proporciona más rápido y a mucho menor costo.

Al llevar a cabo estudios de muestreo del trabajo, los analistas toman un número grande para comparación de observaciones en intervalos aleatorios. La razón de las observaciones de una actividad dada entre el total de observaciones se aproxima al porcentaje de tiempo que el proceso está en estado de actividad. Por ejemplo, si 1000 observaciones tomadas en intervalos al azar durante varias semanas muestran que una máquina automática estaba en producción en 700 de ellas, e inactiva por diferentes razones en 300 casos, entonces el tiempo ocioso de la máquina sería 30% del día de trabajo.

El muestreo del trabajo se aplicó por primera vez en la fábrica textil British. Más tarde, con el nombre de *estudio de la razón de demora*, la técnica se llevó a Estados Unidos (Morrow, 1946). La exactitud de los datos determinados por el muestreo del trabajo depende del número de observaciones en el periodo en el que se realiza el estudio. A menos que el tamaño de la muestra sea suficientemente grande, y el periodo de muestreo represente condiciones típicas, se pueden obtener resultados inexactos.

El método de muestreo del trabajo tiene varias ventajas en comparación con el procedimiento de estudio de tiempos:

1. No requiere la observación continua del analista durante largos periodos.
2. Los tiempos de trabajo de oficina disminuyen.
3. El total de horas-trabajo dedicadas por el analista, en general, son menos.
4. El operario no está sujeto a largos periodos cronometrados.
5. Un solo analista puede estudiar con facilidad las operaciones por brigadas.

TEORÍA DE MUESTREO DEL TRABAJO

La teoría de muestreo del trabajo se basa en la ley fundamental de probabilidad: en un momento dado, un evento puede estar presente o ausente. Los estadísticos han derivado las siguientes expresiones para mostrar la probabilidad de x ocurrencias de un evento en n observaciones:

$$(p + q)^n = 1$$

donde: p = probabilidad de una sola ocurrencia,
$q = (1 - p)$ = probabilidad de una ausencia de ocurrencia,
n = número de observaciones.

Si esta expresión, $(p + q)^n = 1$, se expande de acuerdo con el *teorema del binomio*, el primer término de la expansión da la probabilidad de $x = 0$, el segundo término la probabilidad de $x = 1$, y así sucesivamente. La distribución de estas probabilidades se conoce como *distribución binomial*. Los estadísticos han demostrado que la media de esta distribución es igual a np, y que la variancia es npq. La desviación estándar es igual a la raíz cuadrada de la variancia.

Según la estadística elemental, cuando n crece, la distribución binomial se aproxima a la distribución normal. Como los muestreos del trabajo involucran tamaños de muestras grandes, la distribución normal es una aproximación satisfactoria de la binomial. En lugar de usar la distribución binomial, es más conveniente emplear la distribución de una proporción, con media p (es decir, np/n) y desviación estándar de

$$\sqrt{\frac{pq}{n}} \left(\text{es decir, } \frac{\sqrt{npq}}{n}\right)$$

como la variable aleatoria con distribución normal aproximada.

En los estudios de muestreo del trabajo, se toma una muestra de tamaño n para intentar estimar p. Se sabe de la teoría elemental de muestreo que no se puede esperar que el valor de $\hat{p}$ ($\hat{p}$ = la proporción basada en la muestra) para cada muestra sea el valor verdadero p. Sin embargo, se espera que la $\hat{p}$ de cualquier muestra esté dentro del intervalo $p \pm 2$ desviaciones estándar alrededor del 95% del tiempo. En otras palabras, si p es el porcentaje verdadero de una condición dada, se espera que la $\hat{p}$ de cualquier muestra quede fuera del intervalo $p \pm 2$ desviaciones estándar sólo cerca de 5 veces en 100 debido al azar.

Esta teoría se puede usar para estimar el tamaño de la muestra total necesario para lograr cierto grado de precisión. La expresión para la desviación estándar σ_p de una muestra proporcional es:

$$\sigma_p = \sqrt{\frac{pq}{n}} = \sqrt{\frac{p(1-p)}{n}}$$

donde: σ_p = desviación estándar de un porcentaje,
p = porcentaje verdadero de ocurrencia del elemento que se busca expresado como decimal,
n = número total de observaciones aleatorias en las que se basa p.

Algunas veces se usa una expresión alternativa más sencilla. Considere el término 1.96σ como límite aceptable de error ℓ a un porcentaje de confianza de 95%, donde:

$$\ell = 1.96\sigma = 1.96\sqrt{pq/n} \tag{1}$$

Al redondear 1.96 a 2, obtener la raíz cuadrada en ambos lados y despejar n se tiene:

$$n = 4pq/\ell^2 = 4p(1-p)/\ell^2 \tag{2}$$

EJEMPLO 14-1
Aproximación normal a la distribución binomial

Para aclarar la teoría fundamental de muestreo del trabajo, será útil interpretar los resultados de un experimento. Suponga las siguientes circunstancias: una máquina con descomposturas aleatorias se observó durante 100 días. En este periodo, se tomaron 8 observaciones aleatorias por día.

Sean: n = número de observaciones por día,
k = número total de días que se tomaron observaciones,
x_i = número de descomposturas observadas en n observaciones aleatorias en el día i ($i = 1, 2, \ldots, k$),
N = número total de observaciones aleatorias,
N_x = número de días que el experimento mostró un número de descomposturas igual a x ($x = 0, 1, 2, \ldots, n$).

La probabilidad, $P(x)$, de que la máquina esté descompuesta x veces en n observaciones está dada por la distribución binomial:

$$P(x) = \frac{n!}{x!(n-x)!} p^x q^{n-x}$$

donde: p = probabilidad de que la máquina esté descompuesta,
q = probabilidad de que la máquina opere,

y $$p + q = 1$$

Para este ejemplo, $n = 8$ observaciones por día, $k = 100$ días de observación y $N = 800$ observaciones en total. Un estudio de tiempos de todo el día durante varios días reveló que $p = 0.5$. La siguiente tabla muestra el número de días en los que se observaron x descomposturas en muestreo del trabajo ($x = 0, 1, 2, 3, \ldots, n$), y el número esperado de descomposturas dado por el modelo binomial, con $p = 0.5$ obtenidos en el estudio.

X	N_x	$P(x)$	$100P(X)$
0	0	0.0039	0.39
1	4	0.0312	3.12
2	11	0.1050	10.5
3	23	0.2190	21.9
4	27	0.2730	27.3
5	22	0.2190	21.9
6	10	0.1050	10.5
7	3	0.0312	3.12
8	0	0.0039	0.39
	100	1.00*	100*

* Valor aproximado

Existe coincidencia entre los días observados en que ocurrió un número específico de descomposturas (N_x) y el número esperado calculado según la teoría como $kP(x)$.

$$\overline{P}_i = \frac{x_i}{n} = \text{proporción observada de descomposturas en el día } i \text{, donde}$$

$$i = 1, 2, 3, \ldots, k$$

$$\hat{P} = \frac{\sum_{i=1}^{k} \overline{P}_i}{k} = \frac{\sum_{i=1}^{k} x_i}{n \cdot k}$$

$$= \frac{\sum_{i=1}^{k} x_i}{N} = \text{proporción estimada de descomposturas de máquina, basada en un experimento de muestreo del trabajo}$$

La hipótesis es que la información teórica muestra una concordancia suficientemente cercana con la información observada para aceptar el binomio teórico. Esto se puede probar con la distribución chi-cuadrada (χ^2). La distribución χ^2 prueba si las frecuencias de la distribución observada difieren en forma significativa de las frecuencias esperadas.

En el ejemplo, la frecuencia observada es N_x y la esperada es $kP(x)$, y se tiene:

(*continúa*)

EJEMPLO 14-1 ***(continuación)***

$$\chi^2 = \sum_{x=0}^{k} \frac{[N_x - 100P(x)]^2}{100P(x)}$$

La cantidad dentro de la sumatoria tiene una distribución aproximada χ^2 para k grados de libertad. En este ejemplo, $\chi^2 = 0.206$.

Los analistas deben determinar si el valor calculado de χ^2 es suficientemente grande para negar la hipótesis nula, es decir, la diferencia entre las frecuencias observadas y las calculadas se debe sólo al azar. Este valor experimental de χ^2 es tan pequeño que con facilidad se debe al azar. Por lo tanto, se acepta la hipótesis nula de que los datos experimentales se "ajustan" a la distribución teórica binomial.

En situaciones industriales típicas, el analista desconoce p (que aquí tenía un valor conocido de 0.5). La mejor estimación de p es $\hat{p}$, que se puede calcular como $\frac{\sum_{i=1}^{k} x_i}{N}$. Conforme aumenta el número de observaciones aleatorias por día (n) y/o el número de días, $\hat{p}$ se acerca a p. Sin embargo, con un número limitado de observaciones, la preocupación del analista es la exactitud de $\hat{p}$.

Si se traza una gráfica de $P(x)$ contra x con los datos del ejemplo, se obtiene la gráfica que se muestra en la figura 14-1.

FIGURA 14-1
Distribución de probabilidad de las observaciones de descomposturas

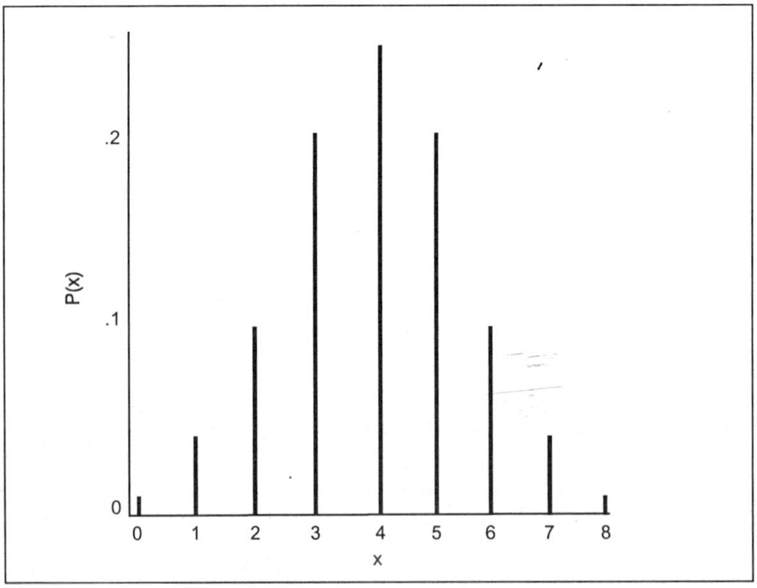

Cuando n es suficientemente grande, sin importar el valor real de p, la distribución binomial se aproxima muy de cerca a la distribución normal. Esta tendencia se puede ver en el ejemplo cuando p tiene un valor aproximado de 0.5. Si p es cercana a 0.5, entonces n puede ser pequeña y la normal puede ser una buena aproximación a la binomial.

Al usar la aproximación normal, se hace

$$\mu = p$$

y

$$\sigma_p = \sqrt{\frac{pq}{n}}$$

Para aproximar la distribución binomial, se usa la variable z como entrada para la distribución normal (vea la tabla A3-2, apéndice 3) y toma la siguiente forma:

$$z = \frac{\hat{p} - p}{\sqrt{\frac{pq}{n}}}$$

Aunque en el caso práctico p no se conoce, se puede estimar a partir de $\hat{p}$ y determinar el intervalo dentro del que se encuentra p mediante los límites de confianza. Por ejemplo, imagine que el intervalo definido por

$$\hat{p} - 2\sqrt{\frac{\hat{p}\hat{q}}{n}}$$

y

$$\hat{p} + 2\sqrt{\frac{\hat{p}\hat{q}}{n}}$$

contiene a p el 95% del tiempo.

Esto se puede representar con una gráfica:

$$\hat{p} - 2\sqrt{\frac{\hat{p}\hat{q}}{n}} \qquad \hat{p} \qquad \hat{p} + 2\sqrt{\frac{\hat{p}\hat{q}}{n}}$$

Se deriva una expresión para encontrar un intervalo de confianza para p como sigue: suponga que se quiere un intervalo que contiene a p el 95% del tiempo; es decir, un intervalo de confianza de 95%. Para n suficientemente grande, la expresión

$$z = \frac{\hat{p} - p}{\sqrt{\frac{\hat{p}\hat{q}}{n}}}$$

(continúa)

EJEMPLO 14-1 (*conclusión*)

se aproxima a una variable normal estándar. Por lo tanto, se establece la probabilidad

$$P\left(z_{0.025} < \frac{\hat{p} - p}{\sqrt{\dfrac{\hat{p}\hat{q}}{n}}} < z_{0.975}\right) = 0.95$$

Al rearreglar las desigualdades y recordar que $-z_{0.025} = z_{0.975} = 1.96$, o sea un valor aproximado de 2, se tiene:

$$P\left(\hat{p} - z_{0.975}\sqrt{\frac{\hat{p}\hat{q}}{n}} < p < \hat{p} + z_{0.975}\sqrt{\frac{\hat{p}\hat{q}}{n}}\right) = 0.95$$

El intervalo con 95% de oportunidad aproximada de contener p es entonces:

$$\hat{p} - 2\sqrt{\frac{\hat{p}\hat{q}}{n}} < p < \hat{p} + 2\sqrt{\frac{\hat{p}\hat{q}}{n}}$$

Estos límites implican que el intervalo definido contiene a p con 95% de confianza, ya que se ha seleccionado z con un valor de 2.

Las suposiciones de apoyo de la binomial son que p, la probabilidad de un éxito (la ocurrencia de una descompostura) es constante para cada instante aleatorio que se observa en el proceso. Entonces, siempre es necesario tomar observaciones aleatorias al realizar un estudio de muestreo del trabajo. Esto reduce cualquier sesgo que el trabajador introduce cuando puede anticipar los tiempos de observación.

ACEPTACIÓN DEL MUESTREO DEL TRABAJO

Antes de iniciar un programa de muestreo del trabajo, el analista debe "vender" su utilización y confiabilidad a todos los miembros de la organización a quienes puedan afectar los resultados. Si el programa va a establecer suplementos, debe venderse al sindicato y al supervisor igual que a la administración de la compañía. Esto se puede lograr con varias sesiones cortas con los representantes de las distintas partes interesadas para explicar ejemplos de la ley de probabilidades e ilustrar por qué funcionan los procedimientos de razón-demora.

En la sesión inicial, el analista debe crear un estudio sencillo lanzando monedas al aire. Todos los participantes reconocerán pronto que al lanzar una sola moneda no cargada, cada resultado, cara o cruz, tienen la mitad de la oportunidad. Si se les pregunta cómo determinaría la probabilidad de cara contra cruz, sin duda propondrán lanzar una moneda unas cuantas veces para ver qué ocurre. Al preguntar si dos veces es suficiente, seguro dirán que no. Tal vez sugieran diez veces, pero podría pensar que todavía no es suficiente. Al sugerir números más grandes, quizá estén de acuerdo en que 100 veces o más es suficiente

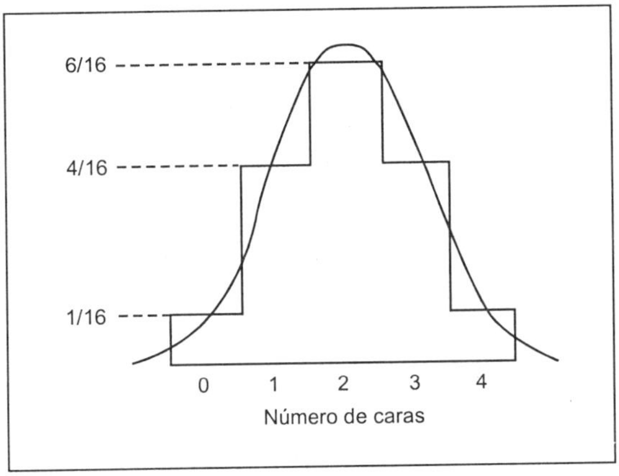

FIGURA 14-2
Distribución del número de caras con un número infinito de lanzamientos de la moneda, usando cuatro monedas no cargadas.

para lograr el resultado deseado con cierto grado de seguridad. Este ejemplo establece con firmeza el principio del muestro del trabajo: un tamaño de muestra adecuado asegura la significancia estadística.

Después, el analista debe presentar los resultados probables al lanzar cuatro monedas no cargadas. En este caso, sólo existe un arreglo en el que no salen caras en las monedas que caen y sólo uno en el que todas son caras. Sin embargo, tres caras o una son el resultado de cuatro arreglos posibles. Seis arreglos dan dos caras. Con las 16 posibilidades, cuatro monedas no cargadas se distribuyen al caer como se muestra en la figura 14-2.

Después de esta explicación y una demostración de la distribución con varios lanzamientos y el registro de los resultados, la audiencia deberá estar de acuerdo en que 100 lanzamientos pueden mostrar una distribución normal. Mil lanzamientos tal vez se acerquen más a esa distribución y 100 000 darán una casi perfecta. Sin embargo, esa distribución no necesariamente es más exacta que la de 1000 lanzamientos, y en el sentido económico no vale la pena el esfuerzo adicional. Esto establece la idea de que primero es rápido el acercamiento a una precisión significativa y después esta velocidad disminuye.

En seguida, el analista debe señalar que una máquina u operario pueden estar de manera figurada en estado de cara o cruz. Por ejemplo, una máquina puede estar en operación (caras) o inactiva (cruz). Una gráfica acumulada de "en operación" se equilibraría al tomar suficientes datos, y daría indicación de cuándo estaría bien detener las lecturas (vea la figura 14-3). Además, el estado de máquina "inactiva" podría desglosarse en los diferentes tipos de interrupciones y demoras, para entender con más detalle lo que ocurre en ese tiempo.

PLANES DE ESTUDIOS DE MUESTREO DEL TRABAJO

Antes de tomar las observaciones reales del estudio de muestreo del trabajo debe realizarse una planeación detallada. Los planes inician con una estimación preliminar de las actividades sobre las que se busca información. Esta estimación puede incluir una o más actividades, y a menudo se hace a partir de datos históricos. Si el analista no puede hacer una estimación razonable, deberá muestrear el área durante uno o dos días y usar esa información como base de sus estimaciones.

FIGURA 14-3
Porcentaje acumulado de tiempo de operación

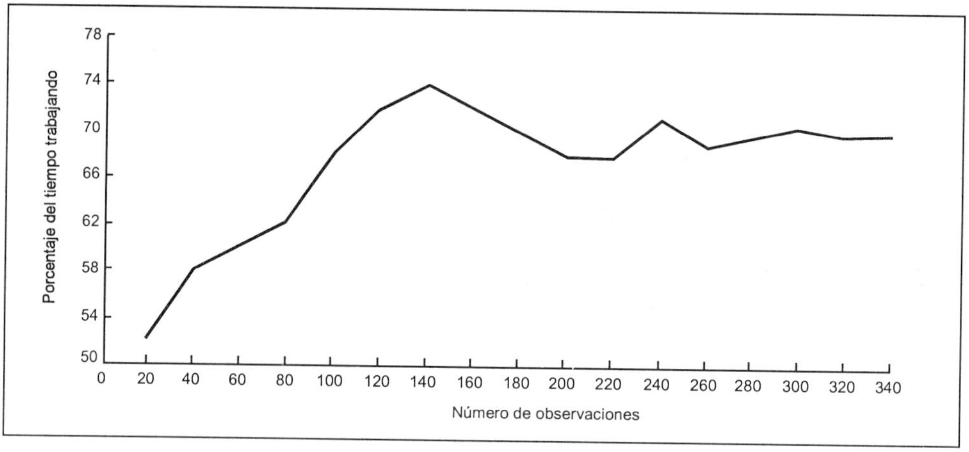

Una vez hechas las estimaciones preliminares, el analista puede determinar la exactitud deseada de los resultados. Esta se puede expresar como tolerancia o límite de error dentro del nivel de confianza establecido. Luego, debe estimar el número de observaciones que tomará y determinar la frecuencia de esas observaciones. Por último, diseñar la forma de muestreo del trabajo para el registro de datos, lo mismo que las gráficas de control que usará en el estudio.

Determinación del número de observaciones necesario

Para determinar el número de observaciones necesario, el analista debe conocer la exactitud deseada en los resultados. Cuantas más observaciones, mayor validez tendrá la respuesta final. Tres mil observaciones darían un resultado mucho más confiable que 300. Sin embargo, debido al costo de obtener tantas observaciones y la mejora marginal en exactitud, 300 observaciones pueden ser suficientes.

Por ejemplo, suponga que se quiere determinar el número de observaciones requeridas, para 95% de confianza, tal que la proporción verdadera del tiempo de demoras personales e inevitables se encuentre dentro del intervalo de 6 a 10%. Se espera que este tiempo de demoras sea 8%. Estas suposiciones se expresan en forma gráfica en la figura 14-4.

En este caso, $\hat{p}$ sería igual a 0.08 y ℓ tendría un valor de 2%, o 0.02. Con estos valores, se puede despejar n como sigue:

$$n = \frac{4 \times 0.08 \times (1 - 0.08)}{0.02^2} = 736 \text{ observaciones}$$

Si el analista no tiene el tiempo o la capacidad para recolectar 736 observaciones y sólo puede recolectar 500 datos, la ecuación 2 se puede invertir para obtener el límite de error que resulta.

FIGURA 14-4
Intervalo de tolerancia del porcentaje de suplementos por demoras inevitables requeridas en una sección específica de la planta.

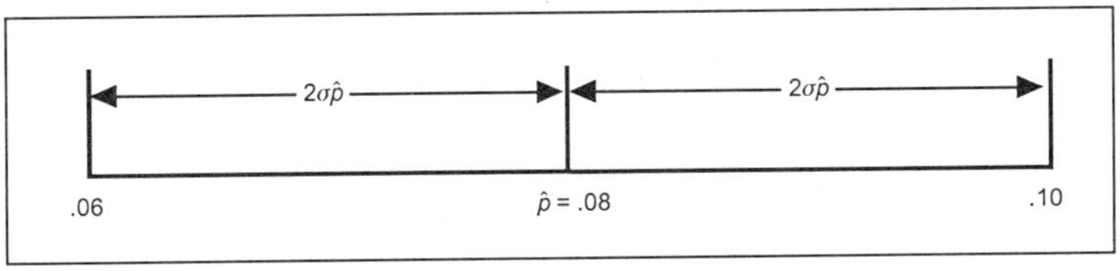

$$\ell = \sqrt{\frac{4p(1-p)}{n}} = \sqrt{\frac{4(0.092)(0.08)}{500}} = 0.024$$

Entonces, con 500 observaciones la exactitud del estudio sería ±2.4%. Así, existe un trueque directo entre el error o exactitud del estudio y el número de observaciones tomadas.

En la actualidad se dispone de paquetes de computadora para determinar el número de observaciones requerido para un estudio de muestreo del trabajo. Estos programas realizan todos los cálculos estadísticos que implica determinar tamaños de muestras e intervalos de confianza. Por ejemplo, es posible calcular intervalos de confianza de 90, 95 y 99% para una muestra. También pueden proporcionar el número de muestras necesario para lograr esa confianza de 90, 95 y 99% para un grado de exactitud establecido.

Determinación de la frecuencia de las observaciones

La frecuencia de las observaciones depende, en su mayor parte, del número de observaciones requerido y el tiempo disponible para desarrollar los datos. Por ejemplo, para reunir

EJEMPLO 14-2
Determinación del número de observaciones requerido

Un analista desea determinar el tiempo de descomposturas debido a problemas con herramientas en un área que incluye 10 centros de maquinado CNC, donde se realiza un barrenado muy fino. Un estudio piloto inicial indicó que de 25 observaciones, sólo una CNC se descompuso, lo que proporcionó una $\hat{p}$ de 0.04. El analista desea una exactitud mayor en el estudio con una estimación dentro de ±1% del valor real, con 95% de confianza. Entonces, el número de observaciones necesario es

$$n = \frac{4 \times 0.04 \times (1 - 0.04)}{0.01^2} = 1536$$

Observe que el analista haría 154 viajes a la planta y tomaría 10 observaciones en cada viaje.

3600 observaciones en 20 días calendario, será necesario obtener alrededor de 3600/20 = 180 observaciones por día.

Por supuesto, el número de analistas disponible y la naturaleza del trabajo que se estudia también influyen en la frecuencia de las observaciones. Por ejemplo, si sólo se cuenta con un analista para acumular los datos del ejemplo anterior, no sería práctico que esa persona tomara 180 observaciones diarias.

Una vez determinado el número de observaciones por día, deben seleccionarse los tiempos reales necesarios para registrar las observaciones. Para obtener una muestra representativa, las observaciones se toman a todas horas del día. Para el ejemplo, se supone que se dispone de un analista para tomar 180 observaciones en una batería de 20 tornos revólver que son completamente independientes entre sí, para determinar los suplementos por demoras inevitables y personales. Como hay 20 máquinas que observar, el observador debe hacer nueve visitas aleatorias a la sección de máquinas cada uno de los 20 días. El tiempo del día para realizar estas nueve observaciones también se elige en forma aleatoria. Así, el analista no establece un patrón de observación diaria en la planta.

Existen muchas formas de hacer aleatoria la ocurrencia de las observaciones. Con un enfoque, se pueden elegir nueve números cada día de una tabla estadística de números aleatorios, que están entre 1 y 48 (vea el apéndice 3, tabla A3-4). Si cada número se asocia con un valor en minutos, equivalente a 10 veces su valor absoluto, el número seleccionado establece la hora de observación, en minutos, a partir del inicio del día. Por ejemplo, el número aleatorio 20 significaría que el analista debe hacer una serie de observaciones 200 minutos después de iniciado el turno. Si el día comienza a las 8 am, entonces a las 11:20 am iniciaría una inspección de los 20 tornos revólver.

Otro enfoque considera los cuatro dígitos adyacentes en la tabla de números aleatorios, el dígito #1 identifica el día, con los números 1 a 5 correspondientes a los días de lunes a viernes. El dígito #2 es el identificador de horas, con números de 0 a 8 sumados a la hora de inicio (como las 7:00 am). Los dígitos #3 y #4 identifican los minutos, con números entre 0 y 60 como aceptables.

Las computadoras también se pueden usar para determinar el programa de observaciones diarias. Por ejemplo, los programas de muestreo del trabajo para el recolector DataMyte descrito en el capítulo 8 pueden imprimir programas aleatorios. Basados en 20 observaciones entre las horas de trabajo de 8 am a 5 pm, el programa generado puede ser similar al siguiente:

Observación 1 a las 8:01	Observación 11 a las 11:25
Observación 2 a las 8:29	Observación 12 a las 11:41
Observación 3 a las 8:54	Observación 13 a las 13:14
Observación 4 a las 9:11	Observación 14 a las 13:41
Observación 5 a las 9:30	Observación 15 a las 14:15
Observación 6 a las 9:41	Observación 16 a las 14:54
Observación 7 a las 9:58	Observación 17 a las 15:15
Observación 8 a las 10:22	Observación 18 a las 15:32
Observación 9 a las 10:47	Observación 19 a las 16:16
Observación 10 a las 11:00	Observación 20 a las 16:57

El estudio debe ser lo suficientemente largo para incluir las fluctuaciones de producción normales. Cuanto más largo es el estudio, mayor es la oportunidad de observar las condiciones promedio. Lo usual es que los estudios de muestreo del trabajo se hagan en bloques que van de dos a cuatro semanas.

Otra alternativa que puede ayudar a decidir cuándo tomar las observaciones diarias es un recordatorio aleatorio. Este instrumento de bolsillo suena una alarma en tiempos aleatorios, para hacer saber al analista cuándo tomar la siguiente observación. El usuario preselecciona una tasa promedio de muestreo (observaciones por hora, observaciones por día) y responde con un viaje al área de recolección de datos cuando escucha la alarma. En general, este instrumento puede prestablecerse para cualquiera de los siguientes promedios por hora: 0.64, 0.80, 1.0, 1.3, 1.6, 2.0, 2.5, 3.2, 4.0, 5.0, 6.4 y 8.0. Es en especial útil para la autobservación, que se analiza más adelante en este capítulo. Una tabla con tiempos preparada de antemano puede requerir tiempo del analista cuando intente registrar los datos con precisión en los tiempos enumerados.

Uso de un recolector electrónico de medición del trabajo

Las máquinas de medición del trabajo con software opcional para muestreo del trabajo pueden ser de mucha ayuda. Por ejemplo, la grabadora OS-3 Plus (vea el capítulo 8) está disponible con un programa de muestreo del trabajo que permite programar las observaciones aleatorias y la calificación del desempeño de las lecturas individuales, y produce un resumen estadístico e informes impresos. La figura 14-5 ilustra una impresión que muestra la programación aleatoria de visitas para el turno actual al principio y parte de un informe de muestreo del trabajo al final.

Diseño de la forma de muestreo del trabajo

El analista debe diseñar una forma de observación para registrar los datos recolectados durante el estudio. Es común que una forma estándar no sea aceptable, ya que cada estudio de este tipo es único desde el punto de vista de las observaciones totales necesarias, los tiempos aleatorios en que se realizan y la información que se busca. La mejor forma se hace a la medida de los objetivos del estudio.

La figura 14-6 es un ejemplo de una forma para el estudio de muestreo del trabajo. Un analista diseñó esta forma a fin de determinar el tiempo de utilización para estados productivos y no productivos en un taller de mantenimiento. La forma acepta 20 observaciones aleatorias durante una jornada. Algunos analistas prefieren usar tarjetas de diseño especial que permiten observar sin llamar la atención de la tabla. La tarjeta puede ser pequeña de manera que se puede llevar en el bolsillo de la camisa o el saco. Por ejemplo, es sencillo dividir la forma mostrada en la figura 14-6 en dos secciones e imprimir por los dos lados una tarjeta de 3 por 5 pulgadas que se puede llevar en el bolsillo.

Uso de gráficas de control

Las técnicas de gráficas de control usadas en el control estadístico de la calidad se pueden aplicar en estudios de muestreo del trabajo. Como estos estudios manejan sólo porcentajes o proporciones, la que se usa con más frecuencia es la gráfica *p*.

FIGURA 14-5
Impresión de muestra de programación. (*El listado contiene el horario aleatorio de las visitas para el turno en curso cuando se usa el programador OS-3.)*

```
Nombre de la compañía aquí               OS-3 MUESTREO DEL TRABAJO
                                                  03/22/99  18:24
-----------------------------------------------------------------
-----------------------------------------------------------------
TURNO #   INICIO    FIN                  DESCANSO  INICIO    FIN
  1       08:00:00  17:00:00
                                         1         10:00:00  10:15:00
                                         2         12:00:00  12:30:00
                                         3         14:00:00  14:15:00
TIEMPO VISITA    MÍN. INICIO A INICIO   MÁX. INICIO A INICIO    SEMILLA
00:30:00           00:30:00               00:50:00               28348
-----------------------------------------------------------------
muestra   08:17:43
muestra   08:55:29
  descanso          10:00:00
muestra   10:15:45
muestra   10:56:55
muestra   00:00:00
```

FIGURA 14-5 (*continuación*)
Impresión de muestra de programación.
El listado contiene el horario aleatorio de las visitas para el turno en curso cuando se usa el programador OS-3. Observe que la suma de los porcentajes de los elementos individuales es igual a 75% en lugar de 76%. Esto se debe a errores de redondeo. (*Cortesía de:* Gage Talker Corporation antes Observational Systems)

```
Nombre de la compañía aquí       OS-3 MUESTREO DEL TRABAJO        Pág. 1

                                                  03/22/98   18:57
------------------------------------------------------------------------------
OBSERVADOR               PLANTA #           MES/AÑO/DÍA    H:MIN

John Anderson            1255               03/22/99       18:24
------------------------------------------------------------------------------

------------------------------------------------------------------------------
FRED
------------------------------------------------------------------------------

        MAQUINAR        # =  5     15%

        SOLDAR          # = 10     30%

        AJUSTAR TUBO    # =  6     18%

        LIMPIAR         # =  4     12%

Total productivo                                # = 25     76%


        OBTENER HERR.   # =  4     12%

        ESPERAR TAREA   # =  0      0%

        CONFIRM. SUP.   # =  2      6%

        INACTIVA        # =  1      3%

        PERSONAL        # =  1      3%

Total no productivo                             # =  8     24%


        AUSENTE         # =  0      0%

Total no codificado                             # =  0      0%
```

FIGURA 14-6
Forma para estudio de muestreo del trabajo

ESTUDIO DE MUESTREO DEL TRABAJO

TALLER PRINCIPAL DE REPARACIONES Número de observadores en este estudio __________ Fecha ________ Por __________

Notas ____

Obs Núm.	Tiempo aleatorio	Eventos productivos							Eventos no productivos							Total de observaciones	Porcentaje productivo	Porcentaje no productivo	
		Maqdo.	Solda-dura	Ajuste tubos	Obra general	Electr.	Carpint.	Conserj.	Sacar herram.	Afilar herram.	Espera tarea	Espera grúa	Consulta superv.	Núm. pers.	Inacti-vidad				
1																			
2																			
3																			
4																			
5																			
6																			
7																			
8																			
9																			
10																			
11																			
12																			
13																			
14																			
15																			
16																			
17																			
18																			
19																			
20																			
	Totales																		

FIGURA 14-7
Gráfica de control de la muestra

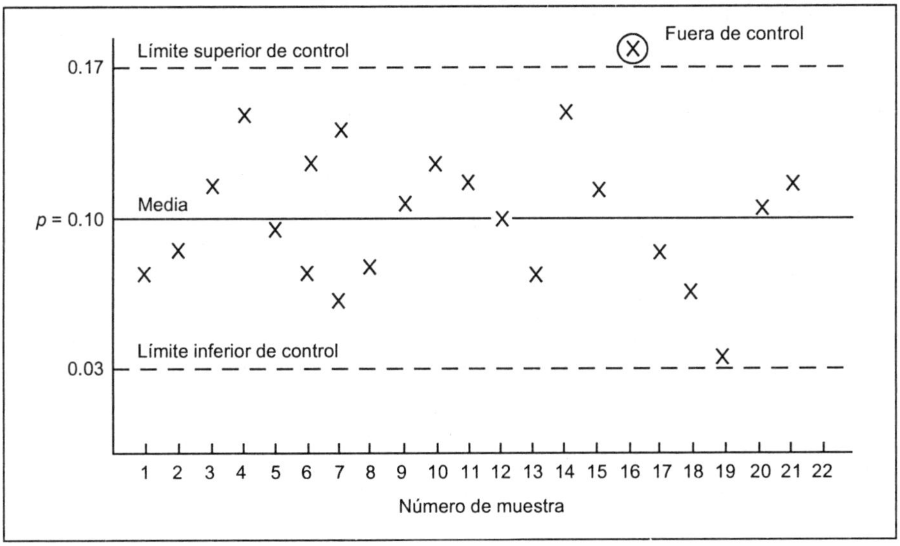

El primer problema al establecer una gráfica de control es la elección de los límites. En general, debe encontrarse un balance entre el costo de buscar causas atribuibles cuando no las hay y el costo de no buscarlas si las hay. Como elección arbitraria, se usan los límites de control de $\pm 3\sigma$ en la gráfica p. Al sustituir 3σ por 1.96σ en la ecuación 1 se obtiene

$$\ell = 3\sigma = 3\sqrt{p(1-p)/n}$$

Suponga que p para una condición dada es 0.10 y que cada día se toman las 180 observaciones. Al despejar ℓ se tiene

$$\ell = 3 \times [0.1 \times 0.9/180]^{1/2} = 0.067 \approx 0.07$$

Entonces se puede construir una gráfica de control similar a la figura 14-7, y localizar los valores p' para cada día.

En el trabajo de control de calidad, la gráfica de control indica si el proceso está o no bajo control. De manera similar, en el muestreo del trabajo, el analista considera los puntos fuera de los límites de $\pm 3\sigma$ de p como fuera de control. Así, se supone que una muestra que da un valor p' se obtuvo de una población con un valor esperado de p si p' se encuentra dentro de los límites $\pm 3\sigma$ de p. Dicho de otra manera, si una muestra tiene un valor p' fuera de estos límites, se supone que la muestra es de alguna población diferente o que la población original ha cambiado.

Igual que en control de calidad, los puntos distintos a los que están fuera de control pueden tener alguna significancia estadística. Por ejemplo, es más probable que un punto esté fuera de los límites $\pm 3\sigma$ que el hecho de que dos puntos sucesivos estén dentro de los límites $\pm 2\sigma$ y $\pm 3\sigma$. Por lo tanto, dos puntos sucesivos entre estos límites indicarían que la población cambió. Se ha derivado una serie de conjuntos de puntos significativos. Esta idea se estudia en la mayoría de los libros de control estadístico de la calidad con el nombre de "corridas".

EJEMPLO 14-3
Uso de gráficas de control en el muestreo del trabajo

La compañía Dorben desea medir el porcentaje de descomposturas de máquinas en el departamento de tornos. Una estimación original mostró que las descomposturas se aproximan a 0.20. Los resultados deseados deben estar dentro de $\pm 5\%$ de p, con un nivel de confianza de 0.95. Los analistas tomaron 6400 lecturas durante 16 días a una tasa de 400 lecturas diarias. Calcularon un valor p' para cada muestra diaria y construyeron una gráfica p para $p = 0.20$ y tamaños de submuestras de $N = 400$ (vea la figura 14-8).

Cada día tomaron lecturas y graficaron p'. En el tercero, el valor de p' quedó fuera de los límites de control. Una investigación reveló que después de un accidente en la planta, los trabajadores dejaron sus máquinas para ayudar al compañero lesionado. Como se descubrió una causa asignable de error, descartaron el punto del estudio. Si no hubieran usado una gráfica de control, estas observaciones se hubieran incluido en la estimación final de p.

El cuatro día, el punto p' fue menor que el límite inferior de control. No se encontró causa asignable para este evento. El ingeniero industrial a cargo del proyecto notó que los valores de p' de los dos primeros días estaban abajo de la media p y decidió calcular un nuevo valor de p con los valores de los días 1, 2 y 4. La nueva estimación de p fue 0.15. Entonces, para obtener la exactitud deseada, n dio igual a 8830 observaciones. Los límites de control también cambiaron (vea la figura 14-9).

Los analistas tomaron observaciones 12 días más y graficaron los valores individuales de p' en la nueva gráfica. Como puede verse, todos los puntos están dentro de

FIGURA 14-8
Gráfica de control para el ejemplo 14-3

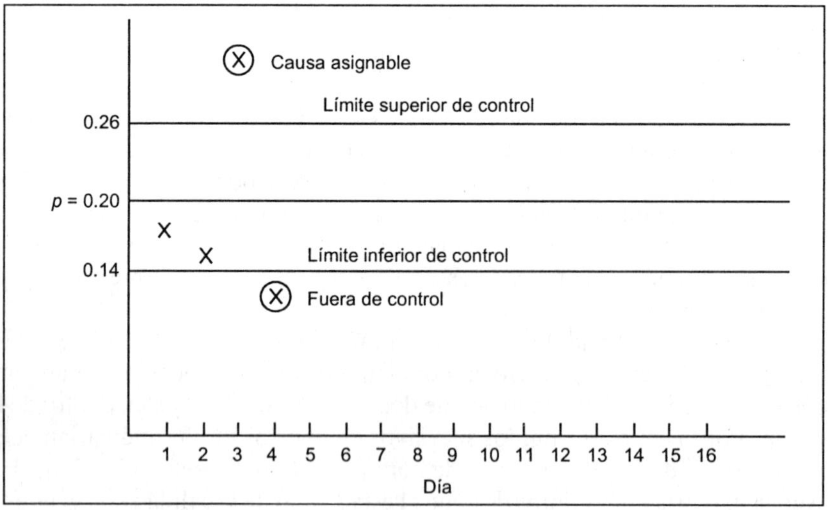

los límites de control. Después calcularon un valor más exacto de p, con las 8330 observaciones y determinaron que la nueva estimación de p era 0.14. Un nuevo cálculo de la exactitud lograda mostró que era un poco mejor que la deseada. Como verificación final, los analistas calcularon nuevos límites de control, con p igual a 0.14. Las líneas punteadas superimpuestas en la figura 14-9 muestran que todos los puntos se encuentran bajo control al usar los nuevos límites. Si un punto se hubiera salido de control, lo habrían eliminado y habría calculado un nuevo valor de p. Este proceso hubiera tenido que repetirse hasta lograr la exactitud deseada y todos los valores de p' estuvieran bajo control.

FIGURA 14-9
Gráfica de control revisada para el ejemplo 14-3

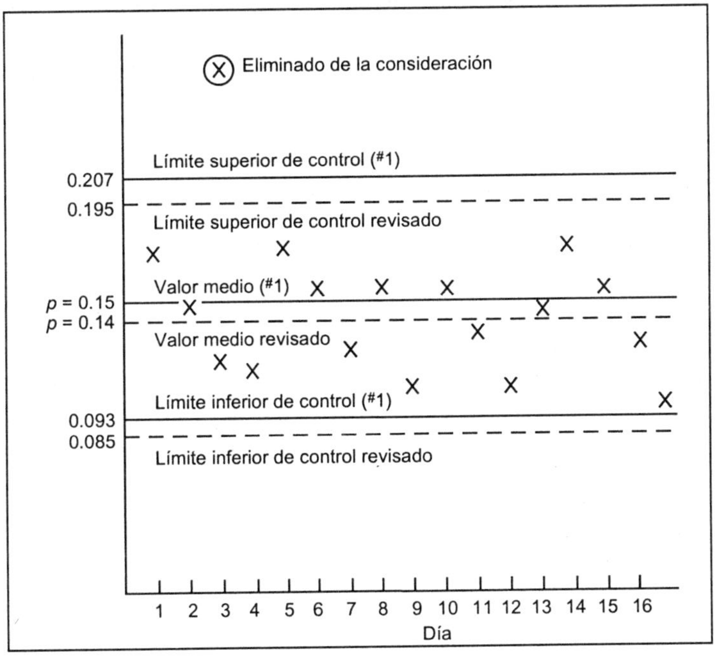

No debe suponerse que el porcentaje de descomposturas permanecerá igual para siempre. La mejora debe ser un proceso continuo y el porcentaje debe disminuir. Uno de los objetivos del muestreo del trabajo es determinar las áreas susceptibles de mejorar. Una vez descubiertas tales áreas, el analista debe intentar mejorar la situación. Las gráficas de control pueden mostrar el mejoramiento progresivo en las áreas de trabajo. Esta idea es importante en especial si los estudios de muestreo del trabajo se usan para establecer tiempos estándar, puesto que los estándares deben cambiar siempre que varíen las condiciones si se quiere que sean realistas.

REGISTRO DE OBSERVACIONES Y DATOS

En la figura 14-10 se ilustra una forma representativa para la toma de muestras en un turno. Aquí, el analista realiza seis observaciones por turno en cada instalación. Un dígito en el espacio proporcionado para el estado de la máquina designa la observación específica. Como se estudiaron 14 máquinas, los analistas registraron un total de 84 observaciones por turno.

Al acercarse al área de trabajo, el analista no debe anticipar los valores esperados. Debe llegar hasta una distancia dada de la máquina para hacer la observación y registrar los hechos. Quizá sea útil poner una marca en el suelo para mostrar el lugar donde debe pararse para observar. Si el operario de la máquina que se estudia está inactivo, debe determinar la razón y confirmarla con el supervisor de la línea antes de anotarla en la forma. El analista debe aprender a tomar las observaciones visuales y anotarlas una vez que dejó el área de trabajo. Esto minimiza el sentimiento del trabajador de que lo están observando y les permite tener el desempeño usual.

Aún cuando el analista observe todos los requisitos del muestreo del trabajo, los datos tienden a quedar sesgados cuando la técnica se usa sólo para estudiar a las personas. La llegada de un observador al centro de trabajo influye de inmediato en la actividad del operario. Lo común es que los empleados que serán observados se pongan a trabajar en cuanto ven que el analista se acerca al centro de trabajo. Además, existe una tendencia natural en el observador a registrar lo que acaba de ocurrir o lo que va a ocurrir, en lugar de lo que está sucediendo en realidad.

Una cámara de video puede ser útil para realizar un estudio de muestreo del trabajo no sesgado que incluye sólo personas. Los autores realizaron un muestreo del trabajo durante 10 días en una instalación de procesamiento de datos donde los trabajadores perforaban y verificaban diversas cantidades de tarjetas de datos. El estudio incluyó sólo los elementos "activo" e " inactivo". El tiempo de actividad incluía los elementos de ajustar la tarjeta, quitar la tarjeta, perforar la tarjeta, etcétera y el tiempo de inactividad incluyó la ausencia de la estación de trabajo y el ocio. Las 2520 observaciones recolectadas indicaron una diferencia ($p < 0.001$) estadísticamente significativa de un promedio "inactivo" de 12.3% mayor, con el análisis aleatorio mediante una cámara, que con el método de observación personal.

UTILIZACIÓN DE MÁQUINAS

Los observadores usan la técnica de muestreo del trabajo para determinar la utilización de máquinas de la misma manera que se usó para establecer los suplementos. El siguiente caso histórico proporciona los detalles de los pasos necesarios.

Se pidió a los analistas que reunieran información sobre la utilización de las máquinas en una sección determinada de un taller de maquinaria pesada. La administración estimaba que el tiempo real de corte en esta sección debía ser alrededor de 60% de la jornada de trabajo, para cumplir con los presupuestos que se someterían a aprobación. Se incluyeron las

FIGURA 14-10
Hoja de resumen de muestreo de trabajo

FECHA 7-15

OBSERVADOR *R. Gómez*

MAQUINA	DIB.	CORTE	PREPARACIÓN	INACTIVA	ESPERA GRÚA	ESPERA DE INSPECCIÓN	AYUDA A LA INSPECCIÓN	ESPERA -HERRAM. NO DISPONIBLE	ESPERA -DIFICULTA-DES C/HERRAM.	CONSULTA CON OTRO TURNO	MANEJO DE HERRAMIENTAS	SACAR O AFILAR HERRAMIENTAS	CONSULTAR CON SUPERV. O INSPEC.	ESPERA TRABAJO	QUITAR VIRUTAS LIMPIAR MESA	VARIOS	SIN OPERARIO	
Mandril vert. 20'		101	7	14	2	3		1		2	37	5	3			6	35	216
Mandril vert. 16'		102	34	14	15	3	1	1		1	28	5	1	7	4			216
Mandril vert. 28'		119	34	10	5	5	2				18	2	1	2			18	216
Mandril vert. 12'		109	24	12	13	6	1			3	26	6	2	3	3	2	6	216
Cepilladora 16'		127	17	6	9	2					22		2	15		4	12	216
Fresadora 8'		64	18	17	16	3				2	30	7	3			28	28	216
Mandril vert. 16'		147	19	10	14	3	1				15	2			1	1	3	216
Cepilladora 14'		140	8	5	7	2				2	17	3		3		11	18	216
Torno 72"		99	13	12	7	3				1	32	8	2			3	36	216
Torno 96"		89	9	29	18	11	1			2	29	8	3	4		3	10	216
Torno 96"		109	14	12	8	10		3	3		32	9	8	2		1	5	216
Torno 160"		72	34	13	14	6	2	1		4	21	3	3	1	1	4	37	216
Cepilladora 11 1/2"		106	35	11	10	4				1	11	4	5	3	2	8	16	216
Mandril. vert. 32'		151	23	8	7	1				1	10	2	1	5	2	5		216
		1535	289	173	145	62	8	6	3	19	328	64	34	45	13	76	224	= 3024
	%	50.7	9.6	5.9	4.8	2.1	.3	.2	.1	.6	10.8	2.1	1.1	1.5	.4	2.5	7.4	= 100%

FIGURA 14-11
Porcentaje acumulado para el corte

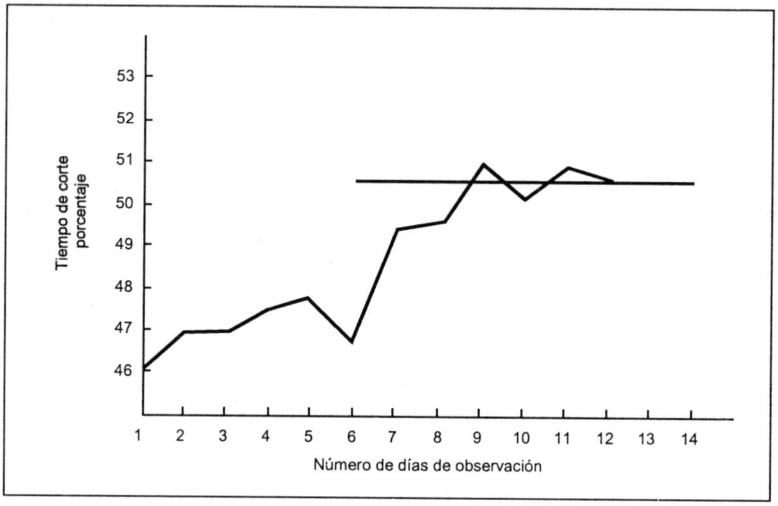

14 máquinas y los analistas debieron tomar cerca de 3000 observaciones para obtener la exactitud deseada.

Los observadores diseñaron una forma de muestreo del trabajo (vea la figura 14-10) para registrar los 16 estados posibles en los que podían encontrarse las 14 máquinas en el momento de la observación. Para asegurar que las observaciones fueran aleatorias, establecieron un patrón aleatorio de visitas al área del taller. Realizaron 6 observaciones de las 14 máquinas durante cada turno. Para obtener el número total requerido de observaciones, incluyeron 36 turnos distintos, con 84 observaciones en cada uno. Cada visita tomó al analista entre 15 y 20 minutos. Este trabajo requirió sólo alrededor de 2 horas por turno, lo que significó que el analista estaba libre las 6 horas restantes para realizar otros trabajos.

Como el objetivo principal del estudio era conocer el estado del tiempo de corte real en esta sección, mantuvieron actualizada una gráfica del porcentaje acumulado para el tiempo de corte (vea la figura 14-11). Al inicio de cada día de estudio, los analistas calcularon la razón de todas las observaciones anteriores de corte entre el total de observaciones hasta ese día. Para el final del décimo día de estudio, el porcentaje de tiempo de corte comenzó a estabilizarse en 50.5%

Después de estudiar 36 turnos, los analistas dividieron la suma de todas las observaciones en cada categoría entre el número total de observaciones. Esto dio como resultado el porcentaje que representa la distribución del tiempo de corte, el tiempo de preparación y los diferentes tiempos de demora enumerados. La figura 14-10 ilustra la hoja de resumen para este estudio. El tiempo de corte llegó a 50.7%. El porcentaje de tiempo requerido por los retrasos indicó las áreas para el mejoramiento de métodos que ayudaría a incrementar el porcentaje de tiempo de corte.

DETERMINACIÓN DE SUPLEMENTOS

La determinación de tiempos de suplemento debe ser correcta, si han de desarrollarse estándares justos. Antes de introducir el muestreo del trabajo, los analistas determinaban suplementos, con frecuencia por razones personales y demoras inevitables, mediante una serie de estudios de todo el día sobre varias operaciones y el promedio de los resultados. De esta manera, habían registrado, tomado tiempo y analizado los viajes al baño, al bebedero, las interrupciones, etcétera, y habían determinado un suplemento justo. Aunque este método proporcionó una respuesta, era costoso y tardado, y resultaba cansado tanto para el analista como para el operario.

Por medio del estudio de muestreo del trabajo, los analistas pueden tomar mayor número de observaciones (en general más de 2000) en distintos tiempos del día y de diferentes operarios. Pueden dividir el número total de ocurrencias de inactividad legítimas que involucran a operarios normales entre el número total de observaciones de trabajo. El resultado es igual al porcentaje de suplemento que debe asignarse al operario para la clase de trabajo que se estudia. Los diversos elementos que entran en las demoras personales e inevitables pueden mantenerse separados y se puede determinar un suplemento justo para cada clase o categoría.

La figura 14-12 ilustra un resumen de un estudio de muestreo del trabajo para determinar suplementos por demoras inevitables sobre operaciones de banco, banco máquina, máquina y rociador. Hubo interferencias en 26 casos de 2895 observaciones realizadas en operaciones de banco. Esto indicó un suplemento por demoras inevitables de 0.95% en este tipo de trabajo.

DETERMINACIÓN DE TIEMPOS ESTÁNDAR

El muestreo del trabajo puede ser muy útil para establecer los estándares de tiempo en las operaciones de mano de obra directa e indirecta. La técnica es la misma que la usada para determinar suplementos. El analista debe tomar un gran número de observaciones aleatorias. El porcentaje del total de observaciones que la instalación o la operación está trabajando se aproxima al porcentaje del tiempo total que en realidad se encuentra en ese estado.

De manera más específica, el tiempo observado (*TO*) para un elemento dado (vea el capítulo 8) se calcula a partir del tiempo de trabajo dividido entre el número de unidades producidas durante ese tiempo:

$$TO = \frac{T \times n_i}{P \times n}$$

donde: T = tiempo total,
n_i = número de ocurrencias para el elemento i,
n = número total de observaciones,
P = producción total por periodo estudiado.

El tiempo normal (*TN*) se encuentra multiplicando el tiempo observado por la tasa de producción promedio:

FIGURA 14-12
Resumen de interrupciones de varias clases de trabajo tomado de un estudio de muestreo del trabajo para determinar los suplementos por demoras inevitables

PRODUCTOS ELÉCTRICOS XYZ, INC.

PLANTA 26

DEPARTAMENTO 4 HOJA DE RESUMEN DE MUESTREO DEL TRABAJO FECHA 4/22/98

OPERACIÓN	NUMERO DE OBSERVACIONES											
	Ingeniería	Suministro	Calidad	Mecánico	Supervisión	Encendido de la luz	Diversos	En trabajo		Número de interferencias	TOTAL OBSER.	% DE SUPLEMENTO
Banco	1	11	1	0	12	1	119	2,750		26	2,895	.95
Banco máquina	0	2	0	0	5	0	69	984		7	1,060	.71
Máquina	0	1	6	11	9	0	29	1,172		27	1,228	2.30
Rociador	0	0	0	7	36	0	262	1,407		43	1,712	3.06

NOTAS: *Hoja de resumen para suplementos por interferencia. Ver detalles en la hoja de observaciones de "diversos". Éstos se incluyeron en la categoría de "trabajo" porque en todos los casos el tiempo inactivo se atribuyó a los operarios.*

NOTA IMPORTANTE: TODAS LAS OBSERVACIONES SE TOMAN AL AZAR

$$TN = TO \times \overline{R}/100$$

donde: $\overline{R} = \text{tasa promedio} = \sum R/n_i$

Por último, el tiempo estándar se encuentra sumando los suplementos al tiempo normal.

AUTO-OBSERVACIÓN

Los administradores conscientes realizan muestreos del trabajo periódicos de su propio trabajo para evaluar la efectividad del uso de su tiempo. En la mayoría de los casos, los administradores dedican menos tiempo a los aspectos importantes de lo que creen. También dedican más tiempo a aspectos sin importancia, como demoras personales e inevitables, de lo que ellos creen. Una vez que saben cuánto tiempo les toman las funciones que pueden delegar a sus subordinados y al personal de apoyo, pueden actuar en forma positiva.

Por ejemplo, un profesor universitario puede decidir llevar a cabo un muestreo de su trabajo personal para saber cómo gasta su tiempo. Decide tomar muestras aleatorias du-

EJEMPLO 14-4
Cálculo del tiempo estándar para una operación completa

La tabla 14-1 proporciona la información necesaria para los cálculos, las fuentes de información y los datos específicos usados en este ejemplo de un operario de barrenadora.

$$TO = \frac{T \times n_i}{P \times n} = \frac{480}{420} \times 0.85 = 0.971\,\text{min}$$

El tiempo normal (TN) se encuentra escalando el tiempo observado según la tasa promedio ($\overline{R}$):

$$TN = TO \times \overline{R}/100 = 0.971 \times 110/100 = 1.069\ \text{min}$$

Por último, el tiempo estándar se encuentra sumando los suplementos (con el enfoque del multiplicador) al tiempo normal:

$$TS = TN \times (1 + \text{suplemento}) = 1.069 \times (1.15) = 1.229\,\text{min}$$

TABLA 14-1
Información sobre la operación de taladro

Información	Fuente	Datos
Día total de trabajo (activo + inactivo)	Tarjeta de tiempo	480 minutos
Número de unidades barrenadas	Departamento de inspección	420 unidades
Fracción trabajada	Muestreo del trabajo	85%
Tasa promedio	Muestreo del trabajo	110%
Suplementos	Muestreo del trabajo	15%

rante 8 semanas del año académico. Este periodo debe proporcionar datos típicos no sujetos a variaciones estacionales. El profesor establece un recordatorio aleatorio para proporcionar 2.0 muestras por hora en promedio. Así, en el periodo de estudio de 8 semanas, el profesor tendrá 640 observaciones (8 semanas × 40 horas por semana × 2 observaciones por hora). El profesor pudo haber elegido una tasa más alta de muestreo en días seleccionados al azar dentro del intervalo de estudio. Por ejemplo, pudo optar por tomar 4 muestras por hora en 20 días aleatorios seleccionados en el periodo de 8 semanas. Esto también proporcionaría 640 observaciones.

Para registrar los datos, diseñó una forma similar a la que se muestra en la figura 14-13. El diseño de la forma contiene una semana de observaciones aleatorias diarias. Cada vez que el recordatorio aleatorio suena la alarma, el profesor registra la letra del código que corresponde a la categoría y el tiempo.

Al final de las 8 semanas de estudio, resume las hojas de datos semanales. Él encuentra que 80 del total de 640 observaciones tenía código I (participación en comités), lo que significó alrededor de 12.5% del tiempo de trabajo dedicado a juntas de comités. El intervalo de confianza de 95% sería:

FIGURA 14-13
Forma para muestreo del trabajo con diseño especial

Nombre A. B. Jiménez Semana 3/25 Estudio No. B-47

T	Clases	C	Educ. contínua	D	Personal
R	Investigación	A	Asesoría a estudiantes	I	Comité
P	Preparación	S	Desarrollo profesional		

LUNES		MARTES		MIERCOLES		JUEVES		VIERNES		SABADO		DOMINGO		NOTAS
TIEMPO	COD.	TIEMPO	COD.	TIEMPO	COD.	TIEMPO	COD.	TIEMPO	COD.	TIEMPO	COD.	TIEMPO	COD.	
8:17	T	8:06	C	8:58	P	8:02	I	8:49	T					I - COMITE EJECUTIVO
8:52	T	8:32	C	9:08	R	8:31	A	9:07	C					
9:04	D	8:58	A	9:25	R	8:45	S	9:17	C					
9:27	R	9:32	P	10:01	I	9:32	T	9:51	I					I - INVEST. + ACTIV. PERSONAL
9:50	R	10:11	T	10:50	S	10:17	T	10:11	R					
10:11	I	11:00	S	10:57	S	10:40	S	10:32	R					I - ACTIV. PERSONAL
10:18	A	11:05	S	11:26	A	11:35	P	10:53	A					
11:01	P	11:55	I	11:40	P	11:59	D	11:17	P					I - PLANES DE ESTUDIO
11:25	P	1:42	P	1:17	D	1:04	R	11:42	P					
1:05	P	1:59	P	2:05	T	1:27	R	1:11	I					I - PLANES DE ESTUDIO
2:01	T	2:11	R	2:35	T	1:47	I	1:47	I					I - PLANES DE ESTUDIO
2:35	T	2:37	R	3:00	I	2:17	R	2:15	T					I - COMITE DE RECREACION
2:55	S	3:25	R	3:24	S	2:46	A	2:45	T					
3:45	S	3:40	S	4:14	S	3:40	P	3:00	T					
4:11	P	3:57	R	4:38	P	4:11	S	4:02	S					
4:42	R	4:15	A	5:00	P	4:37	S	4:25	D					

RESUMEN SEMANAL

T	13	P	15	A	7	D	4		
R	14	C	4	S	14	I	9	TOTAL	80

$$\pm 1.96\sqrt{\frac{0.125(1-0.125)}{640}} = \pm 0.013$$

El profesor tiene 95% de confianza de que el trabajo de comités ocupa 12.5% ± 1.3% de su tiempo. El profesor siguió el mismo procedimiento para todas las actividades codificadas. Con base en los resultados de este estudio, alteró su calendario para utilizar su tiempo y energía en forma más positiva.

EJEMPLO 14-5
Cálculo de tiempos estándar para múltiples elementos

Un analista tomó 30 observaciones en un lapso de 15 minutos de una tarea asignada que incluye tres elementos, durante ese tiempo se produjeron 12 unidades. Los datos obtenidos aparecen en la tabla 14-2. Los respectivos tiempos observados fueron:

$$TO_1 = \frac{15 \times 9}{12 \times 30} = 0.375 \text{ min}$$

$$TO_2 = \frac{15 \times 7}{12 \times 30} = 0.292 \text{ min}$$

TABLA 14-2
Datos de un estudio de muestreo del trabajo de tres elementos

Número de observaciones	Evaluación del desempeño observado			Inactividad
	Elemento 1	Elemento 2	Elemento 3	
1	90			
2				100
3		110		
4	95			
5	100			
6		100		
7			105	
8	90			
9			110	
10	85			
11			95	
12		90		
13			100	
14			95	
15	80			
16			110	
17		105		
18			90	
19	100			
20			85	
21			90	
22			90	
23	110			
24			100	
25		95		
26				100
27		105		
28		100		
29			110	
30	110			
Σ (tasas)	860	705	1180	200

(continúa)

EJEMPLO 14-5 (*continuación*)

$$TO_3 = \frac{15 \times 12}{12 \times 30} = 0.500\,\text{min}$$

y los respectivos tiempos normales fueron:

$$TN_1 = 0.375 \times \frac{860}{9 \times 100} = 0.358\,\text{min}$$

$$TN_2 = 0.292 \times \frac{705}{7 \times 100} = 0.294\,\text{min}$$

$$TN_3 = 0.500 \times \frac{1180}{11 \times 100} = 0.492\,\text{min}$$

Si se supone un suplemento constante de 10% para todos los elementos, el tiempo estándar final fue:

$$TE = (0.358 + 0.294 + 0.492)(1 + 0.10) = 1.258\ \text{min}$$

MUESTREO DEL TRABAJO COMPUTARIZADO

Se estima que usar una computadora puede ahorrar un 35% del costo total de un estudio de muestreo del trabajo debido al alto porcentaje de trabajo del personal de apoyo respecto al tiempo de observación. La mayor parte del esfuerzo involucrado para resumir los datos de muestreo del trabajo es del personal de apoyo: calcular porcentajes y exactitudes, trazar las gráficas de control, determinar el número de observaciones requeridas, las observaciones diarias requeridas, el número de visitas diarias al área de estudio, la hora del día para cada visita, entre otros.

Al mecanizar los cálculos repetitivos, las computadoras pueden obtener no sólo los resultados diarios, sino también los acumulados como las gráficas de control actualizadas, Por ejemplo, una compañía desarrolló la técnica MAST (*Mechanized Activity Sampling Technique*), que automatiza el trabajo de oficina, incluso los cálculos matemáticos asociados con el registro de observaciones, el cálculo de porcentajes de elementos, el desarrollo de tasas de desempeño, la verificación de la precisión estadística, el mantenimiento de gráficas de control y la extrapolación de datos en necesidades equivalentes de personal y/o máquinas con sus costos anuales.

Los usuarios de MAST aseguran los siguientes beneficios:

1. La cantidad de tiempo del ingeniero industrial se incrementa a través de la reducción del trabajo rutinario de oficina.

2. Los resultados del estudio se logran con mayor rapidez y la presentación de datos es más profesional.
3. El costo de realizar estudios de muestreo del trabajo se reduce en forma significativa.
4. Mejora la exactitud de los cálculos.
5. El analista comete menos errores.
6. El sistema automatizado proporciona un incentivo para hacer mejor uso de la técnica de muestreo del trabajo.

RESUMEN

El muestreo del trabajo es otra técnica que permite al analista de tiempos y métodos recabar los hechos de manera más sencilla y rápida. El muestreo del trabajo con tasas de desempeño es útil, en especial para determinar la cantidad de tiempo que debe asignarse por retrasos inevitables, interrupciones y situaciones parecidas. Por lo común, en la industria maquiladora, estas interrupciones alcanzan entre 24 y 45% del tiempo total. El muestro del trabajo también se usa para establecer estándares en la mano de obra de apoyo a la producción, mantenimiento y servicios.

Quienes trabajan en el campo de estudios de métodos y tiempos y del pago de salarios debe familiarizarse con las ventajas, limitaciones, uso y aplicaciones de esta técnica. En resumen, deben tomarse en cuenta las siguientes consideraciones:

1. Explicar y "vender" el método de muestreo del trabajo antes de usarlo.
2. Confinar los estudios individuales a grupos similares de máquinas u operaciones.
3. Usar un tamaño de muestra tan grande como sea práctico.
4. Tomar observaciones individuales en tiempos aleatorios, de manera que las observaciones se registren durante todas las horas del día.
5. Tomar observaciones durante dos semanas o más.

PREGUNTAS

1. ¿Dónde se usó el muestreo del trabajo por primera vez?

2. ¿Qué ventajas se atribuyen al procedimiento de muestreo del trabajo?

3. ¿En qué áreas se aplica el muestreo del trabajo?

4. ¿Cómo se puede determinar el momento del día en que deben tomarse las distintas observaciones, de manera que no se obtengan resultados sesgados?

5. ¿Qué consideraciones deben tenerse en cuenta al realizar estudios de muestreo del trabajo?

6. ¿Qué significa satisfacer los datos recolectados? Explique cuándo es deseable estratificar los datos.

7. ¿Cuáles son las principales ventajas de usar un recordatorio aleatorio para reunir los datos de un estudio de muestreo del trabajo?

8. ¿Durante cuánto tiempo es deseable continuar la recolección de datos de muestreo?

9. ¿Qué tan sesgados se puede esperar que sean los datos de un muestreo del trabajo? ¿Variará este sesgo con la situación de trabajo? Explique.

10. ¿Cómo puede "venderse" la validez del muestreo del trabajo a los empleados que no están familiarizados con los procedimientos de probabilidad y estadística?

11. ¿Cuáles son los pros y contras de usar el muestreo del trabajo para establecer los estándares de desempeño?

PROBLEMAS

1. El analista en la biblioteca de referencias de la compañía Dorben decidió usar la técnica de muestreo del trabajo para establecer estándares. La biblioteca tiene 20 empleados. Las operaciones incluyen: catalogar, dar salida a los libros, regresar los libros a su lugar, limpiar libros, mantener registros, empacar libros para envíos y manejo de correspondencia. Una investigación preliminar dio una estimación de 30% para tiempo del grupo dedicado a catalogar. ¿Cuántas observaciones deben tomarse si se desea una confianza de 95% de que los datos observados están dentro de una tolerancia de $\pm 10\%$ respecto a los datos de la población? Describa cómo deben realizarse las observaciones aleatorias.

   La siguiente tabla ilustra algunos datos reunidos sobre 6 de los 20 empleados. El número de volúmenes catalogados es igual a 14 612. A partir de estos datos determine un estándar en horas por cada ciento, para catalogar. Después diseñe una gráfica de control basada en límites de $\pm 3\sigma$ para las observaciones diarias.

	Empleados					
Concepto	**Suárez**	**Alba**	**Bravo**	**Verduzco**	**Báez**	**Torres**
Horas trabajadas totales	78	80	80	65	72	75
Observaciones totales (todos los elementos)	152	170	181	114	143	158
Observaciones que incluyen catalogar	50	55	48	29	40	45
Tasa media	90	95	105	85	90	100

2. El analista de medición del trabajo en la Dorben Company planea establecer estándares para la mano de obra indirecta mediante la técnica de muestreo del trabajo. Este estudio proporcionará la siguiente información:

   T = tiempo total del operario representado en el estudio,
   N = número total de observaciones en el estudio,
   n = observaciones totales del elemento bajo estudio,
   P = producción para el periodo de estudio,
   R = factor de tasa de desempeño promedio durante el estudio.

   Obtenga la ecuación para estimar el tiempo elemental normal para una operación.

3. El analista de la Dorben Company desea medir el porcentaje de tiempo de descompostura en la sección de martinetes del taller de forja. El superintendente estima un tiempo de descompostura de alrededor de 30%. Los resultados deseados para el estudio de muestreo del trabajo se encuentran dentro de ±5% de p con un nivel de confianza de 0.95.

   El analista decide tomar 300 lecturas aleatorias al día durante 3 semanas. Desarrolle una gráfica p para $p = 0.30$ y tamaño de submuestras de $N = 300$. Explique el uso de esta gráfica p.

4. En la actualidad, la Dorben Company usa la técnica de muestreo del trabajo para establecer estándares en su equipo de mecanografía. Este equipo tiene diversas responsabilidades que incluyen transcribir cintas de sonido grabadas, archivar, colocar avisos y sacar copias. El equipo consta de 6 mecanógrafas que trabajan 40 horas a la semana. Se realizaron 1700 observaciones aleatorias durante 4 semanas. En ese periodo, las mecanógrafas produjeron 1852 páginas de mecanografía de rutina. De las observaciones aleatorias, 1225 mostraron que se llevaba a cabo la actividad de mecanografiar. Suponga un suplemento de 20% y un factor de tasa de desempeño ajustada de 0.85 y calcule el estándar por hora para una página mecanografiada.

5. ¿Cuántas observaciones deben registrarse para determinar el suplemento por demoras personales en un taller de forja, si se espera que sea suficiente un suplemento de 5% y si este valor debe encontrarse entre 4 y 6% al 95% del tiempo?

6. Para obtener una precisión de ±5% en un trabajo que se estima toma 80% del tiempo de los trabajadores, ¿cuántas observaciones aleatorias se requieren para un nivel de confianza de 95%?

7. Si la actividad promedio de manejo de materiales durante un estudio con duración de 10 días es 82% y el número de observaciones diarias es 48, ¿qué tolerancia se puede asignar al porcentaje de actividad diaria?

REFERENCIAS

Barnes, R. M. *Work Sampling*, 2ª Ed., Nueva York: John Wiley & Sons, 1957.

Morrow, Robert Lee. *Time Study and Motion Economy*, Nueva York: Ronald Press, 1946.

Pape, Elinor S. "Work Sampling." en *Handbook of Industrial Engineering*, 2ª Ed., Ed. Gavriel Salvendy, Nueva York: John Wiley & Sons, 1992.

Richardson, W. J. *Cost Improvement, Work Sampling and Short Interval Scheduling*, Reston, VA: Reston Publishing, 1976.

SOFTWARE SELECCIONADO

MAST. Rochester, NY: Applied Research Laboratories Division of Bausch & Lomb Inc., 1988.

CAPÍTULO 15

Estándares de mano de obra indirecta y general

PUNTOS CLAVE:

- Usar estudio de tiempos y sistemas de tiempos predeterminados para desarrollar estándares para una mano de obra relativamente predecible.
- Emplear clasificaciones o categorías de trabajos similares para establecer estándares en el caso de mano de obra indirecta y general relativamente impredecible.
- Utilizar muestreo del trabajo y registros históricos para establecer estándares para el trabajo general profesional.
- Aplicar teoría de colas para calcular tiempos de espera de los trabajos.
- Usar la técnica de Monte Carlo para predecir demoras o descomposturas en los trabajos.

Desde 1900, el incremento porcentual de empleados indirectos y generales es más del doble que el de los empleados de mano de obra directa. Los grupos que en general se clasifican como *mano de obra indirecta* incluyen: envío y recepción, flete, tiendas, inspección, manejo de materiales, depósitos de herramientas y mantenimiento. La *mano de obra general* incluye todos los puestos que no son directos o indirectos: trabajo de oficina, contabilidad, ventas, administración, ingeniería, etcétera.

El rápido crecimiento en el número de empleados de oficina, mantenimiento y otras actividades indirectas y generales se debe a varios factores. Primero, la creciente mecanización de la industria y la automatización completa de muchos procesos, incluido el uso de robots, ha disminuido la necesidad de operarios y artesanos. Esta tendencia hacia la mecanización ha dado como resultado una gran demanda de especialistas en electrónica , electricistas, fabricantes de instrumentos, técnicos en mecánica de fluidos y personal de otros servicios. También, el resultado del diseño de máquinas y controles complicados requiere una mayor demanda de ingenieros y diseñadores.

Segundo, el gran incremento en la documentación causado por la legislación federal, estatal y local es responsable, en un alto grado, del aumento en el número de empleados para trabajo de oficina. Tercero, el trabajo de oficina y mantenimiento no se ha sometido a los estudios de métodos y los avances técnicos que se han aplicado de manera tan efectiva a los procesos industriales de mano de obra directa. Dado que una gran parte de la nómina actual está enmarcada en la mano de obra indirecta y general, las administraciones progresistas comienzan a darse cuenta de las oportunidades para aplicar estudios de métodos y establecer estándares en esta área.

ESTÁNDARES DEL TRABAJO INDIRECTO Y GENERAL

Es posible aplicar el enfoque sistemático de métodos, estándares y pago de salarios en las áreas de trabajo indirecto y general de la misma manera que en las de trabajo directo. Un análisis cuidadoso de los hechos, el desarrollo del método propuesto, la presentación, la instalación y el desarrollo del análisis del trabajo deben preceder a un programa para establecer estándares de mano de obra indirecta y general. El procedimiento de análisis de métodos mismo puede introducir ahorros.

El muestreo del trabajo es una buena técnica para determinar la severidad de un problema y el potencial de ahorro en estas áreas. Es usual encontrar que la fuerza de trabajo dedica sólo entre 40 y 50% de su tiempo a actividades productivas, o quizá menos. Por ejemplo, en el trabajo de mantenimiento, que representa un alto porcentaje de los costos indirectos totales, los analistas suelen encontrar las siguientes razones para una gran parte del tiempo perdido durante una jornada de trabajo.

1. *Comunicación inadecuada*. Es muy común encontrar instrucciones de trabajo incompletas e incluso incorrectas en las órdenes de trabajo. Esto requiere viajes adicionales al depósito de herramientas y al almacén para obtener partes y herramientas que deben estar disponibles al iniciar el trabajo. Una orden de trabajo que sólo establece "reparar goteo en el sistema de aceite" indica una mala planeación y una comunicación inadecuada. El trabajador necesita saber si se requiere una nueva válvula o tubería, si una nueva junta será suficiente o si se necesitan empaques nuevos para la válvula.
2. *No disponibilidad de partes, herramientas o equipo*. Si un técnico no tiene las herramientas o las partes para hacer la tarea, está obligado a improvisar y esto casi siempre hace que se pierda tiempo y con frecuencia el resultado es un trabajo inferior. La planeación apropiada asegura que estén disponibles las herramientas y equipo correctos y que las partes necesarias se suministren en el lugar de trabajo.
3. *Interferencia de empleados de producción*. Con una programación inadecuada, tal vez los empleados de mantenimiento no tengan la oportunidad de comenzar una reparación o servicio menor o mayor debido a que los empleados de producción todavía se encuentran en la instalación. El resultado puede ser que los técnicos estén inactivos en espera de que el departamento de producción entregue el equipo.
4. *Personal de sobra en una tarea de mantenimiento*. Ésta ha sido una de las causas principales del tiempo perdido en trabajos de mantenimiento. Con demasiada frecuencia se asigna una brigada de tres o cuatro personas cuando sólo se necesitan dos.
5. *Trabajo insatisfactorio que necesita retrabajo*. La mala planeación, a menudo causa una actitud de "con esto basta" por parte del mecánico. La consecuencia quizá sea que el trabajo de reparación tenga que hacerse de nuevo.

6. *Instrucciones atrasadas para el siguiente trabajo*. Con la mala planeación el tiempo inactivo "en espera de trabajo" puede ser significativo. La buena planeación asegura que el técnico tenga una asignación de trabajo amplia y no espere.

Después de desarrollar métodos adecuados, deben estandarizarse y enseñarse a los trabajadores que los van a usar. Con mucha frecuencia la administración descuida este paso obvio. Dedicar la misma atención al mejoramiento de las operaciones del trabajo indirecto que la dedicada al trabajo directo puede disminuir los costos.

Estándares de mano de obra indirecta

Los estándares para los departamentos de mano de obra indirecta, como trabajo de oficina, mantenimiento y fabricación de herramientas, deben desarrollarse a partir de datos de estándares o fórmulas. El tiempo no permitiría usar las técnicas de cronómetro para cada estándar desarrollado; pero se pueden usar tanto estudios de tiempos como datos de movimientos fundamentales.

Los analistas pueden calcular los estándares de tiempo para cualquier operación o grupo de operaciones cuantificables o medibles. Si se desglosan y estudian los elementos de trabajo realizados por electricistas, herreros, trabajadores de metales, pintores, carpinteros soldadores, plomeros, cargadores, y otros cuyo trabajo es indirecto, por lo común es posible que surjan estándares con la suma de los elementos directos, de transporte e indirectos. Los métodos usados para establecer los estándares para el trabajo indirecto y general son idénticos a los usados para el trabajo directo: estudio de tiempos, estándares de tiempo para movimientos predeterminados, datos de estándares, fórmulas de tiempos y muestreo del trabajo.

Así, los analistas pueden establecer estándares para tareas como colocar una puerta, rebobinar un motor de 1 caballo de fuerza, pintar un afilador de centro menor, barrer las virutas en un departamento o repartir 200 trabajos de forja. Para cada una de estas operaciones, los analistas establecen tiempos estándar con la medición del tiempo requerido para que el operario realice la tarea. Después califican el desempeño del estudio y aplican un suplemento adecuado.

El estudio y análisis minuciosos tal vez revelen que el equilibrio de las brigadas y la interferencia causan más demoras inevitables en el trabajo indirecto que en el directo. El equilibrio de la brigada es el tiempo de demora para un miembro de la brigada que espera a que otros integrantes realicen otros elementos de trabajo. Tanto las demoras por equilibrio de brigada como por interferencia son inevitables; no obstante, son características sólo de operaciones de mano de obra indirecta, como las realizadas por los empleados de mantenimiento. La teoría de colas, explicada más adelante en el capítulo, es una técnica útil para estimar la magnitud del tiempo de espera.

Debido al alto grado de variabilidad característico de la mayor parte de las operaciones de mantenimiento y manejo de materiales, es necesario realizar suficientes estudios de tiempo independientes de cada operación para asegurar que el estándar obtenido es representativo del tiempo requerido por un operario normal para realizar el trabajo en condiciones promedio. Por ejemplo, si un estudio indica que toma 47 minutos barrer el piso de una máquina de 60 por 80 pies, los observadores deben estar seguros de que prevalecen las condiciones promedio durante el estudio. El trabajo del barrendero será mucho más tardado si el taller es de maquinaria para fierro fundido en lugar de una aleación de acero, porque el acero es mucho más limpio y es más fácil manejar las virutas. Además, al usar velocidades y alimentaciones más lentas salen menos virutas. Por lo tanto, un estándar de 47 minutos establecido cuando el taller trabaja con aleaciones de acero será inadecuado para producir partes de fierro fundido. Otros estudios de tiempos asegurarán que prevalezcan las condiciones promedio y los estándares obtenidos representen esas condiciones.

De manera similar los analistas pueden establecer estándares para pintura. Un estándar de pintura completa se basa en los pies cuadrados. Para la aplicación de pintura en forma vertical y en pisos se pueden medir y desarrollarse tiempos estándar basados en los pies cuadrados de superficie.

Igual que la industria automotriz ha establecido estándares de tiempo para trabajos de reparación comunes como ajuste de válvulas, reemplazo de anillos de pistones y ajuste de frenos, los observadores pueden establecer estándares para operaciones de mantenimiento y reparación típicas realizadas en las máquinas herramienta de la planta. También pueden determinar tiempos estándar para rebobinado de un motor de $\frac{1}{8}$ hp, $\frac{1}{4}$ hp, $\frac{1}{2}$ hp, $\frac{3}{4}$ hp y así sucesivamente.

El trabajo en el área de herramientas es similar al que se hace en los talleres de producción intermitente. Así, los analistas pueden determinar el método para producir un sujetador para taladro, un dispositivo de fresadora, una herramienta de formado o una matriz. Usan el estudio de tiempos y/o los tiempos de elementos predeterminados para establecer una secuencia de tiempos elementales y medir el tiempo normal requerido para cada elemento. El muestreo del trabajo proporciona una herramienta adecuada para determinar los suplementos que deben agregarse para demoras por fatiga, personales, inevitables y especiales. Los tiempos elementales estándar desarrollados de esta manera se pueden tabular en la forma de datos de estándares y después usarse para diseñar fórmulas para evaluar trabajos futuros.

Factores que afectan los estándares indirectos y directos

Todo el trabajo indirecto como el general son una combinación de cuatro divisiones: 1) trabajo directo, 2) transporte, 3) trabajo indirecto y 4) trabajo innecesario y demoras.

El trabajo directo es ese segmento de la operación que avanza visiblemente con el progreso del trabajo. Por ejemplo, en la instalación de una puerta, los elementos de trabajo directo incluyen: cortar la puerta al tamaño aproximado, rebajar al tamaño, localizar y marcar las áreas de las bisagras, ranurar las áreas de las bisagras, marcar el lugar de los tornillos, instalar los tornillos, marcar el lugar de la chapa, barrenar el lugar de la chapa e instalar la chapa. Es sencillo medir este trabajo directo con las técnicas convencionales como el estudio de tiempos con cronómetro, datos de estándares o datos de movimientos fundamentales.

El transporte es el trabajo realizado para hacer movimientos durante el trabajo o de un trabajo a otro. Ese transporte puede ser horizontal, vertical o ambos. Los elementos de transporte típicos son: subir o bajar escaleras, subirse a un elevador, caminar, llevar una carga y manejar un vehículo de motor. También es sencillo medir los elementos de transporte y establecerlos como datos de estándares. Por ejemplo, una compañía usa 0.50 minutos por zona de 100 pies como estándar para el tiempo de viaje horizontal y 0.30 minutos como estándar por cada 10 pies para el tiempo de viaje vertical.

Como regla general, los analistas no pueden evaluar la porción de mano de obra indirecta o general con evidencia física en el trabajo terminado, o en cualquier etapa durante la tarea, excepto por inferencia deductiva de ciertas características. Los elementos del trabajo indirecto pueden dividirse en tres categorías: a) herramientas, b) materiales y c) planeación.

Los elementos del trabajo de herramientas incluyen la adquisición, disposición y mantenimiento de todas las herramientas necesarias para realizar una operación. Los elementos típicos en esta categoría incluyen: obtener y verificar herramientas y equipo; regresar herramientas y equipo al terminar la tarea; limpiar herramientas, y reparar, ajustar o afilar herramientas. Este tipo de elementos se miden con facilidad por los medios convencionales; los registros estadísticos proporcionan datos sobre la frecuencia de ocurrencia. La teoría de colas o de líneas de espera proporciona información sobre el tiempo de espera esperado en los centros de abastecimiento.

Los elementos de trabajo con materiales comprenden la adquisición y verificación del material usado en una operación y la disposición del desperdicio. Hacer reparaciones menores a los materiales, recoger y disponer del desperdicio y obtener y verificar los materiales es característico de estos elementos. Igual que en el caso de las herramientas, los elementos de materiales se miden con facilidad y se puede determinar su frecuencia con exactitud mediante los registros históricos. La teoría de colas proporciona la mejor estimación del tiempo de espera para adquirir los materiales en los almacenes.

Los elementos de planeación representan el área más difícil para establecer estándares. Estos elementos incluyen: consulta con el supervisor, planeación de los procedimientos de trabajo, inspección, verificación y pruebas. Las técnicas de muestreo del trabajo proporcionan una base para determinar el tiempo requerido para realizar los elementos de planeación. Los analistas también miden con cronómetro estos elementos, pero es difícil determinar su frecuencia de ocurrencia; por lo tanto, el muestreo del trabajo es el método más práctico para este tipo de elementos.

La planeación y el mejoramiento de métodos puede eliminar trabajo innecesario y demoras, que llegan a representar hasta el 40% de los gastos salariales indirectos y generales. Mucho del tiempo que se pierde tiene una orientación administrativa; por esta razón, los analistas deben hacer un seguimiento del procedimiento sistemático recomendado en el capítulo 1 antes de establecer los estándares. En este trabajo, deben obtener y analizar los hechos y desarrollar e instalar el método, antes de establecer el estándar.

Gran parte del tiempo de demoras que se encuentra en el trabajo indirecto y general se debe a las colas. Los trabajadores se ven obligados a esperar su turno ante el depósito de herramientas o el almacén, esperan la llegada del montacargas, la disponibilidad de una calculadora de escritorio o alguna otra pieza de equipo. Con la aplicación de la teoría de colas, los analistas pueden casi siempre determinar el número de unidades de servicio requeridas para las circunstancias dadas.

Teoría de colas básica

Los problemas de sistemas de colas ocurren cuando el flujo de llegadas (personas, equipos, etc.) establece una demanda aleatoria de servicio en las instalaciones con una capacidad de servicio limitada. El tiempo entre una llegada y un servicio varía en forma inversa al nivel de la capacidad de servicio. Cuanto mayor es el número de estaciones de servicio y más rápida la tasa de servicio, menor es el tiempo que transcurre entre una llegada y un servicio.

Los analistas de métodos y medición del trabajo deben elegir un procedimiento operativo que minimice el costo total de la operación. Debe existir un equilibrio económico entre los tiempos de espera y la capacidad de servicio. Las siguientes cuatro características definen los problemas de colas:

1. *Patrón de la tasa de llegadas*. La tasa de llegadas (por ejemplo, una máquina que se descompone y espera reparación) puede ser constante o aleatoria. Si es aleatoria, el patrón es una distribución de probabilidad de los valores de los intervalos entre llegadas sucesivas. Además, es posible que la distribución de probabilidad del patrón aleatorio pueda o no definirse.
2. *Patrón de la tasa de servicio.* El tiempo de servicio también puede ser constante o aleatorio. Si es aleatorio, deberá definirse la distribución de probabilidad que se ajusta al patrón aleatorio.
3. *Número de unidades de servicio.* En general, los problemas de colas con servidores múltiples son más complejos que los sistemas de un solo servidor. Sin embargo, muchas situaciones reales son del tipo de varios servidores, como el número de mecánicos requeridos para el mantenimiento de un conjunto de máquinas en operación.
4. *Patrón de la selección del servicio.* Es usual que el servicio se proporcione basado en la política de primero en entrar, primero en servir; sin embargo, en algunos casos, la selección puede ser aleatoria por completo o seguir un conjunto de prioridades.

Las soluciones a los problemas de colas se encuentran en dos grandes categorías: analíticos y de simulación. Los analíticos cubren un rango amplio de casos para los que la teoría de probabilidad y las técnicas analíticas proporcionan ecuaciones que representan los sistemas que cumplen varias suposiciones sobre las características de las colas. Una de las suposiciones más común sobre el patrón de llegadas o el número de éstas por unidad de tiempo es que siguen una distribución de probabilidad Poisson:

$$p(k) = \frac{a^k e^{-a}}{k!}$$

donde: a = tasa media de llegadas,
k = número de llegadas por unidad de tiempo.

En la figura 15-1 se ilustra una representación gráfica de la probabilidad acumulada Poisson.

Una consecuencia adicional del patrón de llegadas Poisson es que la variable aleatoria tiempo entre llegadas obedece a una distribución exponencial con el mismo parámetro a. Al ser una distribución continua, la distribución exponencial tiene una función de densidad:

$$f(x) = ae^{-ax}$$

La distribución exponencial tiene media $\mu = \frac{1}{a}$, y variancia $\frac{1}{a^2}$, y μ se puede reconocer como el tiempo medio entre llegadas. En algunos sistemas de líneas de espera, el número de servicios por unidad de tiempo puede seguir un patrón Poisson; los tiempos de servicio, por consiguiente, siguen una distribución exponencial. La figura 15-2 presenta la curva exponencial $F(x) = e^{-x}$, que muestra las probabilidades de exceder valores múltiplos de un tiempo de servicio específico.

Las ecuaciones básicas que gobiernan una cola que se aplica a llegadas y servicio Poisson, en orden de llegadas, se encuentran en una de estas cinco categorías:

1. Cualquier distribución de tiempos de servicio y un solo servidor
2. Tiempo de servicio exponencial y un solo servidor
3. Tiempo de servicio exponencial y un número finito de servidores
4. Tiempo de servicio constante y un solo servidor
5. Tiempo de servicio constante y un número finito de servidores.

Se han desarrollado ecuaciones para cada categoría. Estas ecuaciones proporcionan respuestas cuantitativas a problemas como el tiempo medio de demora en la línea de espera y el número promedio de llegadas a la cola.

Dos ejemplos demuestran la aplicación de teoría de colas. El primero (ejemplo 15-1) es la determinación de un estándar para un proceso de inspección. Se clasifica en la primera de las cinco categorías, un solo servidor con cualquier distribución de tiempos de servicio. El segundo (ejemplo 15-2) se aplica a las demoras en el depósito de herramientas y se clasifica en la segunda categoría, un servidor con tiempo de servicio exponencial. Muchos problemas industriales están en esta categoría.

Simulación Monte Carlo

El método de simulación usado para resolver problemas de teoría de colas no emplea modelos matemáticos formales. Tales modelos pueden ser demasiado complejos o tal vez los sistemas tengan características únicas para ajustarse a los modelos matemáticos existentes. En la simulación, una serie de afirmaciones numéricas crea un modelo del sistema de colas. El analista introduce un conjunto muestra de valores tomados de distribuciones de llegadas y tiempos de servicios especificados. Estos datos de entrada generan una distribución muestra de salida de los resultados de la línea de espera para el periodo.

Una simulación Monte Carlo estima el tiempo de espera esperado y los tiempos de servicio y desarrolla una solución óptima mediante el equilibrio adecuado de estaciones de servicio, tasas de servicio y tasas de llegadas. Esta técnica es muy útil para analizar los problemas de líneas de espera que se forman en lugares centralizados o descentralizados de almacenamiento de herramientas, suministros e instalaciones de servicio.

La técnica de simulación Monte Carlo también se aplica a problemas con un patrón de llegadas Poisson. Sin embargo por lo común se usa en casos para los que no es posible obtener fórmulas estándar o empíricas. El ejemplo 15-3 muestra el uso de la técnica para determinar el número mínimo de operarios necesario para preparar máquinas en una sección de taladros automáticos.

Estándares generales

Cada vez más, la administración reconoce su responsabilidad en la determinación precisa de la fuerza de trabajo adecuada en las oficinas para un volumen dado de trabajo. Para con-

FIGURA 15-1
Distribución Poisson de llegadas

$$P(c, a) = \sum_{x=c}^{\infty} \frac{e^{-a} a^{x}}{x!}$$

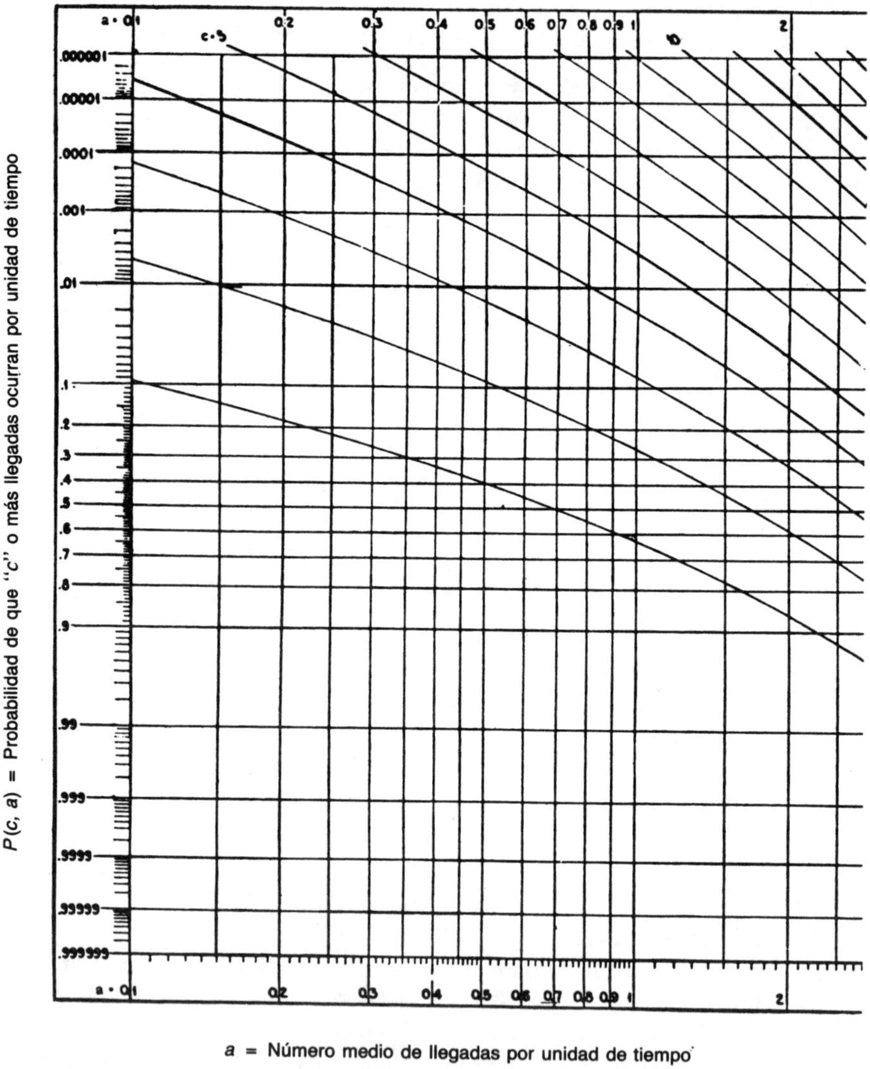

trolar la nómina administrativa, deben desarrollarse tiempos estándar, pues es la única medida confiable para evaluar el tamaño de una tarea.

De la misma manera que para otras tareas, el análisis de métodos debe preceder a la medición del trabajo en todas las operaciones generales. La gráfica de flujo del proceso es ideal para desplegar los hechos del método actual, lo que permite revisarlo con un sentido crítico. El analista usa los enfoques primordiales del análisis de operaciones, después toma en cuenta factores como el propósito de la operación, el diseño de formas, la distribución

FIGURA 15-1 (*conclusión*)

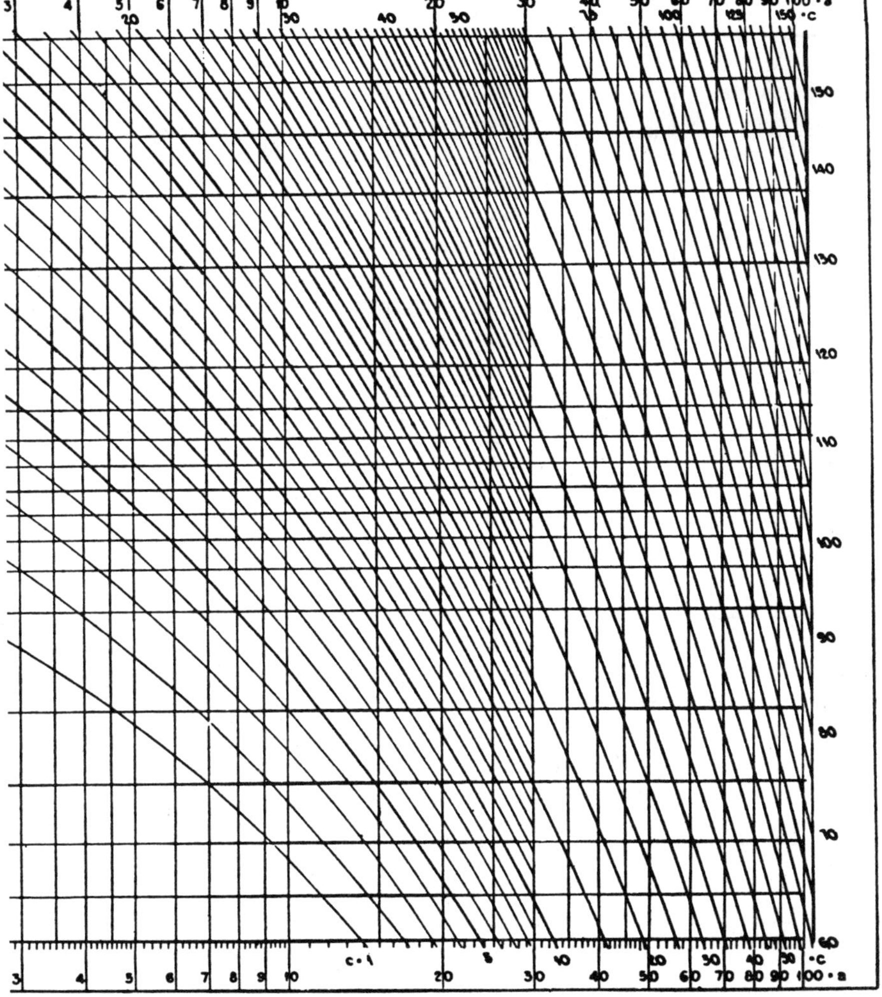

The Port of New York Authority

de la oficina, la eliminación de las demoras causadas por mala planeación y programación y lo adecuado del equipo existente.

Una vez terminado el programa de métodos exhaustivo, puede iniciar el desarrollo de estándares. Muchos trabajos de oficina son repetitivos y, en consecuencia, no es muy difícil establecer estándares justos. Los centros de procesamiento de palabras, los grupos de facturación, los ayudantes de archivo y los operarios de las copiadoras son grupos representativos que se prestan por su naturaleza a los métodos de medición del trabajo con cronómetro, de datos de estándares y técnicas de datos de movimientos básicos.

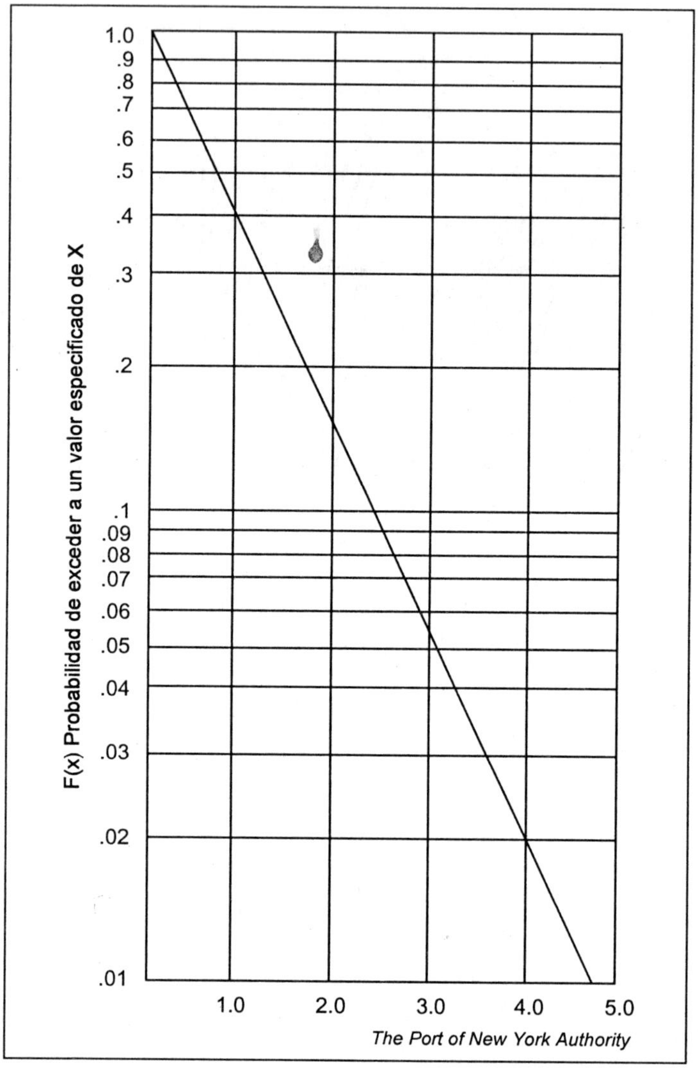

FIGURA 15-2
Distribución exponencial

Al estudiar el trabajo de oficina, los analistas deben tener cuidado de identificar los puntos terminales de los elementos para poder establecer los datos de estándares que avalúen el trabajo futuro. Por ejemplo, en el mecanografiado de órdenes de producción, ocurren los siguientes elementos para cada página de mecanografía:

1. Tomar la orden de producción de una pila y posicionarla en la máquina de escribir.
2. Tomar la forma de donde se copia y colocarla en el atril.
3. Leer instrucciones de orden de producto
4. Mecanografiar título de la orden:
   a. Fecha
   b. Número de piezas

EJEMPLO 15-1
Uso de teoría de colas para establecer un tiempo estándar para inspección.

Un analista desea determinar un estándar para inspeccionar la dureza de las armaduras de motores grandes. El tiempo se compone de dos cantidades distintas: el tiempo que toma al inspector hacer sus observaciones y el tiempo que el operario debe esperar hasta que la siguiente armadura está disponible para inspección. Deben aplicarse las siguientes suposiciones: 1) un solo servidor, 2) llegadas Poisson, 3) tiempos de servicio arbitrarios y 4) disciplina de servicio primero en entrar, primero en salir. Ésta es una situación que se ajusta a la primera categoría y se aplican las siguientes ecuaciones:

$$a)\ P > 0 = u = \frac{ah}{s}$$

$$b)\ w = \left[\frac{uh}{2(1-u)}\right]\left[1 + \left(\frac{\sigma}{h}\right)^2\right]$$

$$c)\ m = \frac{w}{P > 0} = \frac{w}{u}$$

donde:
- a = número promedio de llegadas por unidad de tiempo,
- h = tiempo medio de servicio,
- w = tiempo medio de espera para todas las llegadas,
- m = tiempo medio de espera para llegadas demoradas,
- n = número de llegadas presentes (en espera y en servicio) en cualquier momento dado,
- s = número de servidores,
- u = tasa de ocupación de los servidores $= \dfrac{ah}{s}$,
- σ = desviación estándar del tiempo de servicio,
- $P(n)$ = probabilidad de n llegadas presentes en cualquier tiempo,
- $P(\geq n)$ = probabilidad de al menos n llegadas presentes en cualquier tiempo,
- t = unidad de tiempo,
- $P > t/h$ = probabilidad de un retraso mayor que t/h múltiplos del tiempo medio de espera,
- $P(d > 0)$ = probabilidad de demoras (demora mayor que 0),
- L = número promedio de individuos en espera entre todos los individuos.

Un estudio de tiempos con cronómetro establece un tiempo normal de 4.58 minutos por pieza para la prueba de dureza. La desviación estándar del tiempo de servicio es 0.82 minutos y se realizan 75 pruebas en una jornada de trabajo de 8 horas. De estos datos se tiene:

(*continúa*)

EJEMPLO 15-1 (*conclusión*)

$$
\begin{aligned}
s &= 1 \\
a &= \frac{75}{480} = 0.156 \\
h &= 4.58 \\
\sigma &= 0.82 \\
u &= (0.156)(4.58) = 0.714 \\
w &= \left[\frac{(0.174)(4.58)}{2(1-0.714)}\right]\left[1+\left(\frac{0.82}{4.58}\right)^2\right] \\
&= 5.95 \text{ minutos promedio de tiempo de espera de una llegada}
\end{aligned}
$$

Así, el analista puede determinar un tiempo total de 4.58 + 5.95 = 10.53 minutos por armadura.

c. Material
d. Departamento.

Una vez que los analistas han desarrollado datos de estándares para los elementos más comunes usados en una oficina, calculan los estándares de tiempo de manera rápida y económica. Por supuesto, muchas posiciones de apoyo comprenden una serie de actividades diversas que no es sencillo medir. Ese tipo de trabajo no está constituido por una serie de ciclos estándar que se repiten de manera continua; en consecuencia, es más difícil medir el trabajo que las operaciones de mano de obra directa. Debido a esta característica de algunas rutinas de oficina, es necesario realizar muchos estudios de tiempos; cada uno puede ser un ciclo de duración. Entonces, al calcular todos los estudios tomados, se puede desarrollar un estándar para las condiciones promedio o típicas. Por ejemplo, es posible calcular el tiempo estándar basado en una página de mecanografía. Es evidente que algunas páginas técnicas que requieren símbolos, raíces, fracciones, fórmulas y otros caracteres especiales o espaciamiento tomarán mucho más tiempo que las páginas de rutina. Pero si las páginas técnicas no son representativas de las condiciones promedio, el resultado no es una influencia injusta en el desempeño del operario durante un periodo; las páginas estándar más cortas y sencillas equilibran el tiempo adicional que necesitó para mecanografiar documentos complejos.

En general, no es práctico establecer estándares para puestos de oficina que requieren pensamiento creativo. Trabajos como diseño de herramientas o productos deben ser considerados con cuidado antes de intentar establecer tiempos estándar para ellos. En caso de que se establezcan, deben usarse para programación, control o presupuestación, no para el pago de salarios o incentivos. Presionar a este tipo de empleados retrasa la creatividad, de manera que el resultado puede ser diseños inferiores que en última instancia serán más costosos para el negocio que la cantidad ahorrada mediante el incremento en la productividad del diseñador.

EJEMPLO 15-2
Uso de teoría de colas para establecer un tiempo estándar para el servicio en el depósito de herramientas

El servicio en el almacén de herramientas se puede modelar como un sistema de un servidor con llegadas Poisson y servicio exponencial. Las ecuaciones son:

a) $P > 0 = u$

b) $P > (t/h) = ue^{(u-1)(t/h)}$

c) $P(n) = (1 - u)(u)^n$

d) $P(\geq n) = u^n$

e) $$w = \frac{h(P > 0)}{(1 - u)} = \frac{uh}{(1 - u)}$$

f) $$m = \frac{w}{(P > 0)} = \frac{h}{(1 - u)}$$

g) $$L = \frac{m}{h} = \frac{1}{(1 - u)}$$

Las llegadas al depósito de herramientas se consideran Poisson con un tiempo promedio de 7 minutos entre una llegada y la siguiente. El tiempo de servicio en la ventana del depósito tiene una distribución exponencial con media de 2.52 minutos determinada mediante un estudio de tiempos con cronómetro. El analista desea determinar la probabilidad de que una persona que llega al depósito tenga que esperar y la longitud de las colas que se forman de vez en vez. Con esta información, el analista puede evaluar la conveniencia de abrir una segunda ventana de atención.

a = 0.14 número promedio de llegadas por minuto
h = 2.52 minutos promedio de servicio
s = 1 servidor
$P > 0 = u$
$u = \frac{ah}{s} = 0.35$ probabilidad de que una llegada tenga que esperar
$L = \frac{1}{(1 - u)} = 1.52$ longitud promedio de la cola que se forma.

Estándares de supervisión

Es posible establecer estándares para el trabajo de supervisión (vea el ejemplo 15-4). La técnica de muestreo del trabajo es adecuada, en especial, para determinar cargas de supervisión equitativas y para mantener un balance apropiado entre los supervisores, las instalaciones, los empleados de apoyo y la mano de obra directa. Los observadores pueden obtener la misma información mediante estudios de tiempos de todo el día, pero el costo de los datos confiables llega a ser prohibitivo. Los estándares de supervisión se pueden expresar en horas efectivas de operación de máquina o en alguna otra medida comparativa.

EJEMPLO 15-3

Uso de simulación Monte Carlo para determinar el número óptimo de operarios

Por el momento, tres operarios dan servicio a 15 máquinas. La tasa de trabajo es \$12.00 por hora, mientras que la tasa de la máquina es \$48.00 por hora. Un análisis de registros históricos revela las siguientes distribuciones de probabilidad de que el trabajo se interrumpa cada hora, y el tiempo requerido para dar servicio a una máquina.

Interrupciones del trabajo por hora	Probabilidad
0	0.108
1	0.193
2	0.361
3	0.186
4	0.082
5	0.040
6	0.018
7	0.009
8	0.003
	1.000

Horas para poner la máquina en operación	Probabilidad
0.100	0.111
0.200	0.254
0.300	0.009
0.400	0.007
0.500	0.005
0.600	0.008
0.700	0.105
0.800	0.122
0.900	0.170
1.000	0.131
1.100	0.075
1.200	0.003
	1.000

El tiempo requerido para poner una máquina en operación tiene una distribución bimodal y no se ajusta a ninguna distribución estándar. El analista asigna bloques aleatorios de números de tres dígitos (000 a 999), en proporción directa a las probabilidades asociadas con los datos de las tasas de llegada y de servicio para simular el comportamiento esperado en la sección de máquinas durante un periodo. También toma ocho observaciones aleatorias para simular las detenciones del trabajo durante un día de actividad (8 horas de trabajo) en la planta. Estos ocho números aleatorios conducen a lo siguiente:

Hora	Número aleatorio	Interrupciones de trabajo
1	221	1
2	193	1
3	167	1
4	784	3
5	032	0
6	932	5
7	787	3
8	236	1
9	153	1
10	587	2
11	573	2

Para estimar el tiempo requerido para poner una máquina en operación una vez que hay una interrupción, el analista selecciona un conjunto de números aleatorios como dato para cada interrupción.

Hora	Número aleatorio	Horas para poner la máquina en operación
1	341	0.200
2	112	0.200
3	273	0.200
4	106	0.100
5	597	0.800
6	337	0.200
7	871	1.000
8	728	0.900
9	739	0.900
10	799	1.000
11	202	0.200
12	854	1.000
13	599	0.800
14	726	0.900
15	880	1.000

La tabla 15-1 muestra el tiempo de interrupción pronosticado debido a una cantidad de operarios insuficiente, según los resultados indicados para 8 horas de operación en el departamento de máquinas automáticas.

El modelo simulado indica 2.8 horas de interrupciones de máquinas cada día, debidas a la falta de operarios. A una tasa de máquina de $48 por hora, esto se convierte en un costo diario de $2.8 \times 48 = \$134.40$. Como un cuarto operario sólo tiene un costo diario adicional de mano de obra directa de $8 \times 12 = \$96$, parecería que tres trabajadores no son el óptimo económico para el servicio de la operación.

(continúa)

EJEMPLO 15-3 (*continuación*)

TABLA 15-1
Resultados de la simulación Monte Carlo de interrupciones de máquinas

Hora	Número aleatorio	Interrupciones de trabajo	Número aleatorio	Horas para poner la máquina en operación	Operarios disponibles para las siguientes interrupciones de trabajo	Tiempo muerto en horas debido a la falta de operarios para servicio
1	221	1	341	0.200	2	
2	193	1	112	0.200	2	
3	167	1	273	0.200	2	
4	784	3	106	0.100	2	
			597	0.800	1	
			337	0.200	0	
5	032	0	—	—	3	
6	932	5	871	1.000	2	
			728	0.900	1	
			739	0.900	0	
			799	1.000	0	0.9
			202	0.200	0	0.9
7	787	3	854	1.000	0	
			599	0.800	0	0.9
			726	0.900	0	0.1
8	236	1	880	1.000	1	
9	153	1	495	0.700	2	
10	587	2	128	0.200	2	
			794	1.000	1	
					TOTAL	2.8

Sin embargo, observe que ocho números aleatorios es una simulación muy corta y puede llevar a resultados incorrectos. Con un mayor número, la oportunidad de converger a una solución óptima será mayor. De hecho, con 80 números aleatorios, la situación actual de tres trabajadores que dan servicio a 15 máquinas automáticas parece ser la solución óptima, ya que sólo se pierden 19.6 horas (en lugar de las 28 extrapoladas) en el curso de las 80 horas de operación.

DATOS DE MANO DE OBRA INDIRECTA Y GENERAL ESTÁNDAR

Fundamentos

Es factible desarrollar datos para establecer estándares sobre la operación de mano de obra indirecta y general. En vista de la diversificación de las operaciones de mano de obra indirecta, los datos de estándares es quizá una técnica más adecuada para tareas de oficina, mantenimiento y otros, que para las operaciones de producción estandarizada.

EJEMPLO 15-4
Establecimiento de estándares de supervisión

Un estudio realizado para un fabricante de tubos de vacío reveló que se requerían 0.223 horas de supervisión por máquina en operación en cierto departamento (vea la figura 15-3). El estudio de muestreo del trabajo mostró que de 616 observaciones el supervisor trabajaba con las máquinas de rejillas, en la inspección de rejillas, en trabajo de escritorio, en el suministro de material, caminando o en actividades clasificadas como suplementos varios un total de 519 veces. Convertida en horas prorrateadas, esta cifra da 518 horas indirectas requeridas para 2461 horas de operación de las máquinas. Al agregar 6% de suplemento personal, el analista calculó un estándar de 0.223 horas de supervisión por hora-máquina de operación.

$$\frac{518}{(2461)(1.00 - 0.06)} = 0.223$$

Entonces, en un departamento que opera 192 horas-máquina a la semana, la eficiencia de un supervisor sería:

$$\frac{192 \times 0.223}{40\,(\text{horas / semana})} = 107\%$$

FIGURA 15-3
Resumen del trabajo de supervisión

ESTÁNDAR PARA TRABAJO INDIRECTO

TRABAJO SUPERVISIÓN DEPTO. REJILLAS FECHA 4 - 16

Centro de costos	Número de observaciones	Porcentaje de observaciones	Horas prorrateadas	Horas base de trabajo indirecto	Horas efectivas de operación de máq. (HEFM)	Horas de trabajo directo		Horas base trabajo indirecto / hora de operación de máquina (incluye 6% suplemento personal)
Máquinas de rejillas	129	21	130	130	2 461			0.223
Inspecc. de rejillas	161	26	160	160				
Trab. de escritorio	54	9	56	56				
Suministro de material	18	3	18	18				
Tolerancias div.	150	24	148	148				
Caminar	7	1	6	6				
Salir del depto.	11	2	12					
Tiempo inactivo	86	14	86					
Total	616	100	616	518	2 461			0.223

Conforme calcula los tiempos estándar, el analista debe tabular los elementos y sus respectivos tiempos asignados, para referencia futura. Al formar un inventario de datos de estándares, el costo de desarrollarlos declina en forma proporcional. Por ejemplo, los datos de estándares tabulados para las operaciones con un montacargas se basan en seis elementos distintos: viaje, parar, elevar el cargador, bajar el cargador y los elementos manuales requeridos para operarlo. Una vez acumulados los datos de estándares para cada elemento, en el intervalo requerido, se puede determinar el tiempo estándar necesario para cualquier operación con el montacargas si se suman los elementos que intervienen. De manera similar, es sencillo establecer los datos de estándares para los elementos del trabajo de intendencia como barrer, encerar y pulir pisos, secar el trapeador, mojar el trapeador, aspirar alfombras o limpiar, quitar el polvo y trapear el pasillo.

El trabajo de mantenimiento "inspeccionar siete puertas contra incendio en una planta y hacer ajustes menores" se puede estimar a partir de los datos de estándares. Por ejemplo, el departamento de la Naval de Estados Unidos desarrolló los siguientes estándares:

Operación	Tiempo unitario (horas)	Número de unidades	Tiempo total (horas)
Inspección de puerta contra incendios tipo cortina metálica enrollable (cadena manual, manivela o motor eléctrico) con eslabón fusible. Incluye ajuste menor	0.170	7	1.190
Caminar 100 pies (30 m) entre cada puerta, con obstáculos	0.00009	600	0.054
			1.24

El tiempo del dato estándar de 0.00009 horas por pie de caminata con obstáculos se estableció a partir de los datos de tiempos de movimientos fundamentales y el tiempo de inspección de 0.170 horas por puerta contra incendios se estableció a partir de un estudio de tiempos con cronómetro.

Varios fabricantes de equipo de manejo de materiales han realizado estudios detallados de su producto y proporcionan datos de estándares que se aplican a su equipo al comprarlo. Esta información ahorra a los analistas muchas horas de desarrollo de tiempos estándar en el manejo de materiales.

Estándares de mano de obra indirecta universales (UILS — *Universal Indirect Labor Standards*)

Cuando el mantenimiento y otras operaciones indirectas son numerosas y diversas, se ha intentado reducir el número de estándares de tiempo para las operaciones indirectas, mediante el uso de los estándares de mano de obra indirecta universales. El principio en el que se basan los estándares universales es la asignación de una proporción importante de operaciones indirectas (tal vez hasta 90%) a los grupos adecuados. Cada uno tiene su propio estándar, que es el promedio de todas las operaciones indirectas asignadas al grupo. Por ejemplo, el A puede incluir: reemplazo de unión defectuosa, reparación de puerta (reemplazo de bisagras), reemplazo de interruptor y reemplazo de dos secciones (14 pies) de tubería de 1 pulgada. El tiempo estándar para una operación indirecta realizada en el grupo A puede ser 48 minutos. Este tiempo representa la media (x) de todos los trabajos comprendidos en el grupo y la dispersión de los trabajos dentro del grupo para $\pm 2\sigma$ es algún porcentaje predeterminado de $\bar{x}$ (quizá $\pm 10\%$).

Los tres pasos principales al introducir un sistema de mano de obra indirecta universal, expresado como *dividir en conjuntos*, son:

1. Determinar el número de estándares (grupos o conjuntos) para realizar un trabajo satisfactorio. (Deben usarse veinte conjuntos cuando el intervalo sobrepasa las 40 horas.)
2. Determinar el estándar numérico representativo de cada grupo de operaciones contenido en cada conjunto.
3. Asignar el estándar al conjunto adecuado de trabajo indirecto cuando ocurre.

El paso inicial es determinar buenos estándares comparativos, basado en la medición de una muestra adecuada de trabajo indirecto para la que se desarrolla el sistema UILS. Éste es el paso más tardado y costoso en el proceso. El analista debe establecer un número relativamente grande de estándares (200 o más) representativos de toda la población de mano de obra indirecta. Los analistas competentes pueden desarrollar estos estándares medidos comparativos mediante el uso de métodos probados de ingeniería industrial, que incluyen el estudio de tiempos con cronómetro, los datos de estándares, los datos de movimientos fundamentales y el muestreo del trabajo.

Una vez establecidos, los estándares comparativos se arreglan en secuencia numérica. Entonces, si se supone que se tienen 200 estándares comparativos, el más corto estaría en primer lugar de la lista, después el segundo más corto, etcétera, hasta terminar con el más largo. Si hay 20 conjuntos y si se usa una distribución uniforme, el tiempo estándar del primer conjunto (UILS 1) se obtiene calculando la media de los primeros 10 estándares comparativos. De manera similar, el valor de UILS 2 es la media de los estándares comparativos 11 a 20. El último, UILS 20, sería igual al promedio de los estándares comparativos 191 a 200. Los ingenieros han usado mucho este procedimiento en el desarrollo de los UILS.

Se obtienen UILS más confiables si se usa la distribución normal en lugar de la uniforme. Para 20 conjuntos, los 200 estándares no se asignarían como 10 por conjunto. En su lugar, la variable normal estándar se divide en 20 intervalos iguales (esto se puede hacer si se truncan las colas). Por ejemplo, la variable normal estándar podría tener un intervalo truncado de

$$-3.0 \leq z \leq +3.0$$

que incluye 99.87% del área bajo la curva. Cada intervalo sería de 0.3. Los estándares comparativos usados en el cálculo de la media de cada uno de los 20 conjuntos (intervalos) sería igual a:

$$P(z \in \text{intervalo})(200)/0.9987$$

Los números de conjuntos 1 a 20 (por la simetría) tendrían:

$$\frac{P(-3.0 \geq z \leq -2.7)}{0.9987} = \frac{P(2.7 \leq z \leq 3.0)(200)}{0.9987}$$

$$= \frac{(0.9987 - 0.9965)(200)}{0.9987} = 0.4406 \text{ estándares}$$

y los números de conjuntos 10 y 11 tendrían

$$\frac{P(-0.3 \geq z0.0)(200)}{0.9987} = \frac{P(0.0 \leq z0.3)(200)}{0.9987}$$
$$= \frac{(0.6179 - 0.5000)(200)}{0.9987} = 23.61 \text{ estándares}$$

Debe redondearse la fracción puesto que los 200 trabajos han de asignarse a un conjunto. El tiempo estándar universal para cada conjunto es el promedio de los estándares comparativos asignados al conjunto.

Al estudiar la fabricación de una nueva parte, los analistas pueden ajustar las tareas a las categorías que contienen tareas similares y para las que se han establecido estándares. Aunque la distribución normal es superior a la uniforme, quizá una distribución sesgada sea mucho mejor que la normal a la luz de los datos graficados (vea la figura 15-4).

La distribución gama es una distribución con sesgo positivo con función de densidad de probabilidad dada por:

$$f(x) = \begin{cases} \dfrac{1}{\beta^2\Gamma(\alpha)} x^{\alpha-1}e^{-x\beta} & \text{para } x, \alpha, \beta > 0 \\ 0 \end{cases}$$

donde $\Gamma(\alpha)$ es un valor de la función gama dado por

$$\Gamma(\alpha) = \int_0^\infty x^{\alpha-1}e^{-x}dx$$
$$= (\alpha - 1)\Gamma(\alpha - 1)$$

El sesgo de la distribución gama disminuye cuando α aumenta para un valor fijo de β.

FIGURA 15-4
Distribución de 20 UILS que varían en tiempo desde 0.625 hasta 24.38 horas.

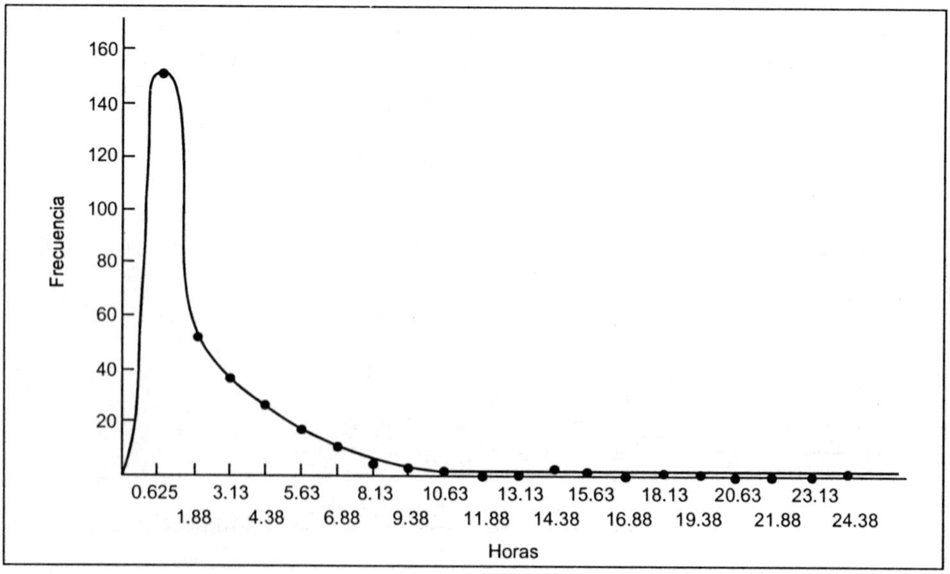

La media y la variancia de la distribución son:

$$\mu = \alpha\beta$$
$$\sigma^2 = \alpha\beta^2$$

Para un conjunto dado de datos estimados para α y β, $\hat{\alpha}$ y $\hat{\beta}$ se determinan primero con la obtención de la media y la variancia de los datos y después calculando las estimaciones:

$$\hat{\alpha} = \mu^2/\sigma^2$$
$$\hat{\beta} = \mu/\hat{\alpha}$$

Para determinar la exactitud relativa de las técnicas de las distribuciones uniforme, normal y gama, los analistas usaron 270 estándares de mantenimiento desarrollados por la Naval de Estados Unidos como estándares comparativos. Dividieron éstos en 20 conjuntos usando los tres enfoques. La distribución gama y las frecuencias esperadas para los 20 conjuntos se muestran en la tabla 15-2.

Para comparar los resultados de las tres técnicas, se realizó una simulación. Para cada 25 semanas, los analistas seleccionaron tareas al azar hasta que la suma de los tiempos estándar reales excedió y fue igual a 40 horas. Después determinaron el estándar de mantenimiento universal para cada tarea y calcularon la suma semanal. Supusieron que cada tarea estaba asignada al conjunto adecuado.

TABLA 15-2
Probabilidades según la distribución gama y frecuencias esperadas para los 20 conjuntos o grupos

Conjunto (horas)	Probabilidades acumuladas	Probabilidades	Frecuencia real	Frecuencia esperada
0.0 - 1.25	0.5404	0.5405	150	145.94
1.26- 2.50	0.7146	0.1741	50	47.00
2.51- 3.75	0.8108	0.0962	29	25.97
3.76- 5.00	0.8698	0.0590	13	15.93
5.01- 6.25	0.9077	0.0379	11	10.23
6.26- 7.50	0.9327	0.0250	6	6.75
7.51- 8.75	0.9495	0.0168	2	4.54
8.76- 10.00	0.9610	0.0115	2	3.11
10.01-11.25	0.9688	0.0078	2	2.11
11.26-12.50	0.9743	0.0055	0	1.49
12.51-13.75	0.9780	0.0037	0	1.00
13.76- 15.00	0.9807	0.0027	2	.73
15.01-16.25	0.9825	0.0018	1	.49
16.26-17.50	0.9838	0.0013	0	.35
17.51-18.75	0.9847	0.0009	1	.24
18.76-20.00	0.9854	0.0007	0	.19
20.01-21.25	0.9859	0.0005	0	.13
21.26-22.50	0.9862	0.0003	0	.08
22.51-23.75	0.9864	0.0002	0	.05
23.76-25.00	0.9866	0.0002	1	.05
25.01-x	1.0000	0.0134	0	3.62
Total			270	270.00

Se calculó un error para cada semana como:

$$\left| \frac{\text{tiempo estándar real} \; - \; \text{tiempo estándar universal}}{\text{tiempo estándar real}} \right| \times 100\%$$

Los resultados de la simulación para las distribuciones uniforme, normal y gama se dan en la tabla 15-3. Este estudio confirmó que la distribución gama ofrece ciertas mejoras en comparación con la normal y que ésta da mejores resultados que la uniforme.

Aumentar el periodo de pago de una semana (40 horas) a dos (80 horas) reducirá de manera notoria el error acumulado por periodo. La magnitud del error también disminuirá si el número de grupos (conjuntos) aumenta.

El UILS ofrece una oportunidad de introducir estándares para la mayoría de las operaciones indirectas a un costo moderado, y minimiza el costo de mantener un sistema de estándares indirectos.

TABLA 15-3
Resultados de la simulación de 25 semanas

	Porcentaje de error absoluto		
Semana número	Uniforme	Normal	Gama
1	5.97	7.18	2.57
2	16.01	6.93	0.27
3	8.49	6.42	5.74
4	10.94	4.03	3.32
5	25.78	1.67	1.85
6	2.61	0.47	5.25
7	4.79	6.08	3.90
8	0.88	3.37	3.21
9	4.51	5.34	5.36
10	0.05	6.45	3.07
11	30.78	0.32	1.79
12	21.93	1.75	0.64
13	8.23	4.24	1.62
14	6.67	7.55	5.59
15	2.37	2.37	1.53
16	0.06	0.87	1.24
17	12.53	2.88	1.79
18	3.73	5.21	5.86
19	6.85	1.52	5.35
20	11.50	2.29	0.58
21	20.18	2.48	0.05
22	6.44	8.31	0.92
23	3.46	6.72	5.11
24	2.96	0.45	3.09
25	11.74	1.01	1.13
Media	9.18	3.84	2.83
Variancia	151.78	21.62	11.34
Desv. estándar	12.32	4.65	3.37

ESTÁNDARES DE DESEMPEÑO PROFESIONAL

El costo de los profesionales es una proporción considerable del presupuesto total de gastos. En muchas operaciones de negocios y manufactura los salarios profesionales de empleados en ingeniería, contabilidad, compras, ventas y administración general representan una parte significativa del costo total. Si la productividad de estos empleados se puede mejorar aunque sea en un pequeño porcentaje, el impacto global en el negocio de la firma es cuantioso. Establecer estándares para los empleados profesionales y usarlos como metas a lograr, mejorará la productividad de manera inevitable.

Las dificultades para desarrollar estándares profesionales son, primero, determinar qué contar y, segundo, determinar el método para contar este producto. Al determinar qué contar, el analista puede iniciar por establecer los objetivos de los puestos de los profesionales. Por ejemplo, los compradores en el departamento de compras tienen el siguiente objetivo: "procurar componentes y materias primas de calidad al menor precio, a tiempo para cumplir con la producción de la compañía y los programas de entrega". Para que sea efectiva, una cuenta de la producción de los compradores debe considerar cinco aspectos: 1) proporción de entregas realizadas a tiempo; 2) proporción de entregas que cumplen o exceden los requerimientos de calidad; 3) proporción de envíos que representan el menor precio disponible; 4) número de órdenes colocadas durante cierto periodo, como un mes, y 5) valor total en dólares de las compras hechas durante el periodo.

El siguiente problema es establecer metas alcanzables. En situaciones como el uso de registros históricos, complementados con análisis de muestreo del trabajo; determinar cómo se usa el tiempo puede servir como base del desarrollo de estándares profesionales.

De nuevo, en el ejemplo de establecer estándares de compras, no sería difícil identificar las compras hechas por los distintos compradores y revisar qué proporción de las órdenes se entregó a tiempo en un periodo de seis meses. Es posible que el estudio de datos históricos revele algo análogo a los siguiente:

Comprador	Proporción de pedidos entregados a tiempo o antes del programa (porcentaje)
A	70
B	82
C	75
D	50
E	80

Con base en estos registros, los compradores hábiles deben poder procurar al menos 72% de sus compras a tiempo (media del desempeño).

De manera similar, una revisión de la calidad de las compras hechas por cinco compradores puede desplegar lo siguiente:

Comprador	Proporción de pedidos entregados con menos de 5% de rechazo (porcentaje)
A	85
B	90
C	80
D	95
E	80

En este caso, el estándar de calidad sería que 86% de las órdenes recibidas tiene menos de 5% de rechazo (media del desempeño anterior de los cinco compradores).

Para la proporción de compras al menor precio disponible, de nuevo los registros históricos pueden proporcionar una comparación del desempeño de los cinco compradores. Suponga que se tienen los siguientes registros:

Comprador	Proporción de pedidos con el menor precio (porcentaje)
A	45
B	50
C	60
D	47
E	40

El promedio de estos valores, 48.4% de las órdenes colocadas al menor precio disponible, se puede usar como desempeño normal.

Los registros históricos también pueden indicar, en promedio, que un comprador colocó 120 órdenes por mes, con un valor monetario total de $120 840.

Estos cinco criterios se pueden usar para desarrollar un desempeño global estándar: entrega, calidad, precio, número de órdenes y valor de la orden. Por ejemplo, un método suma las medias de los primeros tres criterios (0.72 + 0.86 + 0.484) más 0.002 veces la media de las órdenes colocadas más 0.000001 veces el promedio del valor monetario de las compras. Entonces, el estándar de compras en esta operación ficticia sería:

$$0.72 + 0.86 + 0.484 + 0.24 + 0.12 = 2.424$$

Otro ejemplo puede ayudar a aclarar cómo desarrollar estándares de desempeño para el personal administrativo. Considere un puesto de director de personal. Un analista puede sugerir cuatro objetivos específicos para este puesto:

1. Establecer una metodología para identificar la cantidad y la calidad de los recursos humanos de la compañía.
2. Establecer un procedimiento para atraer, contratar y retener los tipos y números de empleados requeridos para la operación exitosa de la compañía.
3. Establecer políticas, programas y prácticas que faciliten el logro de los objetivos departamentales y mantener un buen nivel emocional en los empleados.
4. Administrar y mantener el programa de prestaciones de la compañía.

Una vez establecidos los objetivos, es bastante sencillo desarrollar un estándar de desempeño en términos de tiempo. Por ejemplo, el estándar para el objetivo 1 puede ser: "durante los siguientes tres meses, capacitar representantes del personal en auditorías del personal de la compañía, para determinar las necesidades proyectadas desde el punto de vista de números y tipo".

El desempeño estándar para el objetivo 2 sería: "en los siguientes 12 meses contratar a) dos doctores en química, b) 7 ingenieros industriales y/o mecánicos con maestría y c) 35 graduados de licenciatura con una distribución de 10 en administración, 20 en ingeniería y 5 en artes. Contratar (según la rotación de personal y la expansión prevista) 75 empleados. Investigar la tasa de rotación de los empleados profesionales durante el año anterior y preparar un informe que muestre si se ha reducido".

Para el objetivo 3, el estándar de desempeño puede ser el siguiente: "en los tres meses siguientes, actualizar el manual de administración y el programa administrativo de salarios. En los seis meses siguientes, desarrollar y distribuir un folleto para todos los empleados por horas con la descripción del nuevo procedimiento de conciliación establecido en el nuevo contrato laboral. El folleto debe explicar la importancia de reducir el número de demandas y cómo lograr esto".

El estándar de desempeño para el objetivo 4 podría ser: "en los 12 meses siguientes, revisar el programa completo de prestaciones de la compañía y compararlo con el de compañías de tamaño similar en el área. Hacer las recomendaciones adecuadas a la administración".

Estos objetivos identifican los estándares de desempeño para periodos finitos. Los estándares pueden cambiar con el tiempo, ya que cada estándar se basa en los resultados. Los estándares establecidos para periodos sucesivos pueden incluir tareas distintas asignadas para cumplir los objetivos establecidos.

Al establecer estándares de desempeño profesional, éstos deben ayudar a identificar los objetivos de cada puesto, reunir los registros históricos de desempeño y desarrollar los estándares. Éstos últimos son la participación completa de los profesionales, rara vez es realista.

Al reunir datos históricos para facilitar el desarrollo de estándares profesionales, el analista debe realizar un estudio de muestreo del trabajo durante el periodo que sirve como base para los registros de datos históricos. Este estudio puede revelar cuánto tiempo de trabajo se dedica a las distintas rutinas diarias necesarias, o a las tareas asignadas que se puedan manejar mejor con empleados de apoyo o semiprofesionales. También puede revelar cuánto tiempo se pierde en el sentido literal. Después de realizar el estudio de muestreo del trabajo, el analista puede calificar el desempeño con el promedio de los datos reunidos en el periodo histórico para obtener un estándar más representativo de la experiencia profesional normal.

En el desarrollo de estándares profesionales deben observarse los siguientes puntos:

1. Cada administrador debe participar en el establecimiento de estándares para sus subordinados profesionales. Los estándares profesionales deben desarrollarse en conjunto con los empleados y sus supervisores.
2. Los estándares deben basarse en resultados y, al establecerlos, deben incluir las mediciones de referencia.
3. Los estándares deben ser realistas en cuanto a que, al menos la mitad del grupo respectivo pueda lograrlos.
4. Los estándares se deben auditar y revisar periódicamente si es necesario.
5. Es útil hacer un muestreo del trabajo de los administradores para asegurar que tienen apoyo de empleados y administrativos y que usan su tiempo con buen juicio.

VENTAJAS DE LOS ESTÁNDARES DEL TRABAJO INDIRECTO

Los estándares del trabajo indirecto ofrecen varias ventajas tanto para el empleado como para el empleador. Algunas de ellas son:

1. La instalación de estándares conduce a muchas mejoras operativas.
2. El simple hecho de establecerlos mejora el desempeño.
3. Los costos de mano de obra indirecta se relacionan con la carga de trabajo, sin importar las fluctuaciones de la carga global.
4. Se pueden presupuestar las cargas de trabajo.
5. Es posible determinar la eficiencia de los departamentos con trabajo indirecto.
6. Se asignan los costos de aspectos como reparaciones específicas, informes y documentos. Con frecuencia el resultado es la eliminación de procedimientos innecesarios.
7. Se pueden evaluar las mejoras al sistema antes de implantarlas. Así, es posible evitar errores costosos eligiendo el procedimiento correcto.
8. Es posible implantar planes salariales de incentivos para el trabajo indirecto, lo que permite a los empleados aumentar sus ingresos.
9. La planeación y programación cuidadosas del trabajo indirecto, con el tiempo, hace que los trabajos se realicen.
10. Los empleados requieren menos supervisión, pues el programa de estándares tiende a autorreforzarse. Los empleados que saben qué deben hacer no pierden tiempo de manera arbitraria.

RESUMEN

Es más difícil estudiar y determinar tiempos estándar representativos para las tareas no repetitivas, características de la mayor parte del trabajo indirecto, que para las tareas repetitivas. Como las operaciones de mano de obre indirecta son difíciles de estandarizar y estudiar, sólo rara vez se someten a un análisis de métodos. En consecuencia, esta área ofrece un gran potencial para reducir costos y aumentar las ganancias mediante los métodos y los estudios de tiempos.

Una vez introducidos métodos correctos y capacitados los operarios, es posible y práctico establecer de inmediato estándares para las operaciones de mano de obra indirecta. El procedimiento usual es tomar una muestra de tamaño suficiente para un estudio de tiempos con cronómetro para asegurar la representación de las condiciones promedio, y después tabular los tiempos elementales asignados en forma de datos estándar. Los datos de movimientos fundamentales también tienen una amplia aplicación al establecer estándares del trabajo indirecto. Esto es cierto en especial para aquellos sistemas que usan bloques grandes de movimientos fundamentales como Work-Factor, MTM-2 y MOST.

Cuando se han desarrollado los estándares, deben almacenarse en una computadora como datos de estándares. Las computadoras hacen los cálculos más rápido que las calculadoras electrónicas. Establecen los tiempos de operación con consistencia, exactitud y economía.

Las compañías que representan los sistemas de datos fundamentales, como Work-Factor Company, H. B. Maynard and Company, Inc. y Stadards International, han desarrollado software para complementar sus sistemas de desarrollo de estándares con computadora. Los resultados se puede desplegar en el monitor casi de inmediato. Dichos programas también producen impresiones del desarrollo que pueden incluir tanto los suplementos como los tiempos de proceso, junto con un bosquejo del lugar de trabajo, que sirve como registro del método usado para desarrollar el estándar.

Los analistas pueden estimar con precisión los elementos indirectos que involucran el tiempo de espera por medio de la teoría de colas o líneas de espera. Ellos deben entender la teoría de líneas de espera elemental para establecer el modelo matemático que se ajusta a los parámetros del problema. Cuando el problema no se ajusta a las ecuaciones para líneas de espera establecidas, pueden usar la simulación Monte Carlo como técnica para determinar el grado del problema de espera en el área de trabajo.

No existen medios automáticos para determinar un tiempo estándar para una tarea de mantenimiento u otro tipo de trabajo indirecto o general. Los analistas deben revisar cada orden de trabajo y determinar los requerimientos de mano de obra y materiales. Es común que sigan los pasos dados a continuación:

1. Examinar la orden de trabajo con detalle y consultar a quién lo pide, o incluso visitar el área de trabajo, para determinar con precisión los requerimientos.
2. Preparar una estimación del material para el trabajo.
3. Estudiar el trabajo desde el punto de vista de sus elementos.
4. Seleccionar las tareas directas adecuadas y las herramientas y materiales que se usarán y los tiempos planeados a partir de las tablas de datos de estándares o de estándares universales.
5. Asignar un tiempo estimado para trabajos similares mostrados en la tabla maestra de tiempos estándar universales, o en la hoja de cálculo si no existen tiempos específicos que se puedan aplicar.
6. Sumar tiempos estándar para cubrir los tiempos de transporte para la orden de trabajo que se analiza, lo mismo que los suplementos necesarios que incluyan las demoras inevitables, personales y por fatiga.

Al establecer estándares de trabajo indirecto y general, la tabla 15-4 puede servir como una guía para elegir el método apropiado.

PREGUNTAS

1. Explique la diferencia entre el trabajo indirecto y el general.

2. Explique la teoría de colas.

3. ¿Cuáles son las cuatro divisiones que constituyen el trabajo indirecto y general?

4. ¿Cómo se establecen los estándares sobre la porción de "demoras innecesarias" del trabajo indirecto y general?

5. ¿Por qué ha habido un incremento notorio en el número de empleados indirectos?

6. ¿Por qué ocurren más demoras inevitables en las operaciones de mantenimiento que en el trabajo de producción?

7. ¿Qué significa balance de la brigada? ¿Y tiempo de interferencia?

TABLA 15-4
Guía para establecer estándares de trabajo indirecto y general

Trabajo de tipo indirecto y general	Método recomendado para establecer estándares
Mantenimiento de rutina. Estándares de trabajo de 0.5 a 3h	Datos de estándares, MTM-2, MTM-3, Work-Factor, MOST, Macro Motion Analyses.
Mantenimiento complejo, estándares de 3 a 40 h	Agrupamiento basado en estándares de trabajo indirecto universales.
Envío y recepción	Datos de estándares MTM-2, MTM-3, Work-Factor, MOST, Macro Motion Analyses.
Depósito de herramientas	Grupos basados en estándares universales de trabajo indirecto.
Inspección	Datos de estándares, MTM-2, Work-Factor, MOST, Macro Motion Analyses.
Diseño de herramientas	Grupos basados en estándares de trabajo indirecto universales.
Compras	Estándares basados en registros históricos, análisis y muestreo de trabajo.
Contabilidad	Estándares basados en registros históricos, análisis y muestreo de trabajo.
Ingeniería de planta	Estándares basados en registros históricos, análisis y muestreo de trabajo.
Oficinas	Estándares basados en datos de estándares, Work-Factor, MTM-2, MOST, Micro y Macro Motion Analyses.
Intendencia	Datos de estándares, agrupamiento basado en estándares de trabajo indirecto universales.
Administración general	Estándares basados en registros históricos, análisis y muestreo de trabajo.

8. Explique cómo se establecerían los tiempos estándar para operaciones de intendencia.

9. ¿Qué operaciones de oficina pueden someterse a estudios de tiempos?

10. ¿Por qué los datos de estándares se aplican en especial a las operaciones de trabajo indirecto?

11. Resuma las ventajas de los estándares establecidos para el trabajo indirecto.

12. ¿Por qué es el muestreo del trabajo la técnica para establecer estándares de supervisión?

13. Explique las aplicaciones de los grupos de trabajo indirecto o general.

14. ¿Por qué el sistema de estándares universales que involucran a más de 20 estándares comparativos funcionan para un departamento grande de mantenimiento donde cada año se realizan miles de trabajos distintos?

PROBLEMAS

1. Los procedimientos de medición de trabajo establecen un tiempo promedio de 6.24 minutos por pieza en la inspección de forjado complejo. La desviación estándar del tiempo de inspección es 0.71 minutos. Por lo común, se entregan 60 matrices a la estación de inspección en la línea cada turno de 8 horas. Un operario realiza esta inspección. Suponga que las matrices llegan de manera Poisson y que el tiempo de servicio es exponencial, ¿cuál sería el tiempo medio de espera de una matriz en la estación de inspección? ¿Cuál sería la longitud promedio de la cola de moldes?

2. En el taller de herramientas y matrices de la Dorben Company, el analista de medición del trabajo desea determinar un estándar para barrenar agujeros en varios moldes. El estándar se usará sólo para estimar el costo de los moldes. Se basará en el tiempo que espera el operario para que lleguen los moldes de una sección de pulido de superficie y en el tiempo de maquinado de ese operario. El tiempo de espera se basa en el modelo de un servidor, llegadas Poisson, servicio exponencial y disciplina de servicio primero en entrar, primero en salir. Un estudio reveló que el tiempo promedio entre llegadas era 58 minutos. El tiempo promedio de barrenado es 46 minutos. ¿Cuál es la probabilidad de que un molde se demore en la sección de taladros? ¿Cuál es el número promedio de moldes que esperan pasar al taladro?

3. ¿Cuál sería el tiempo de espera esperado por envío si un estudio de tiempos con cronómetro estableció que el tiempo normal para preparar un envío es de 15.6 minutos? Se preparan 21 envíos cada turno (8 horas). La desviación estándar del tiempo de servicio se estima en 1.75 minutos. Se supone que las llegadas tienen una distribución Poisson y que el tiempo de servicio es arbitrario.

4. Utilice los métodos de Monte Carlo para encontrar las horas esperadas de interrupciones debidas a la falta de un operario para dar servicio a las máquinas si se asignaran cuatro operarios a la situación de trabajo descrita en el ejemplo 15-3.

5. Las llegadas a la cafetería de la compañía son Poisson con un tiempo promedio entre llegadas de 1.75 minutos durante el periodo del almuerzo. El tiempo promedio para que un cliente obtenga su comida es 2.81 minutos y este servicio tiene una distribución exponencial. ¿Cuál es la probabilidad de que una persona que llega a la cafetería tenga que esperar? ¿Cuánto tiempo?

REFERENCIAS

Crossman, Richard M. y Harold W. Nance. *Master Standard Data: The Economic Approach to Work Measurement*, Ed. revisada Nueva York: McGraw-Hill, 1972.

Knott, Kenneth. "Indirect Operations: Measurement and Control", en *Handbook of Industrial Engineering*, 2ª Ed. Ed. Gavriel Salvendy. Nueva York: John Wiley & Sons, 1992.

Lewis, Bernard T. *Developing Maintenance Time Standards*, Boston, MA: Cahners, 1967.

Nance, Harold W. y Robert E. Nolan. *Office Work Measurement*, Nueva York: McGraw-Hill, 1971.

Newbrough, E. T. *Effective Maintenance Management*, Nueva York: McGraw-Hill, 1967.

Pappas, Frank G. y Robert A. Dimberg. *Practical Work Standards*, Nueva York: McGraw-Hill, 1962.

Raghavachari, M. "Queuing Theory", en *Handbook of Industrial Engineering*, 2ª Ed. Ed. Gavriel Salvendy. Nueva York: John Wiley & Sons, 1992

VIDEOCINTAS SELECCIONADAS

Manufacturing Insights Videotape Series. Simulation 1/29 VHS VT 253-1368 and 3/49 U-Matic VT 253U-1368. Dearborn, MI: Society of Manufacturing Engineers, 1987.

CAPÍTULO 16

Seguimiento y uso de estándares

PUNTOS CLAVE:

- El seguimiento de los métodos y estándares es necesario para la equidad hacia los trabajadores y para la rentabilidad de la compañía.
- Usar el enfoque adecuado para establecer y revisar los estándares.
- Utilizar estándares para:
  - Establecer incentivos salariales
  - Comparar métodos
  - Determinar la capacidad de la planta
  - Determinar costos y presupuestos de mano de obra
  - Reforzar los estándares de calidad
  - Mejorar el servicio a clientes.

El seguimiento es el octavo y último paso sistemático para implantar un programa de mejoramiento de métodos. Aunque es tan importante como cualquiera de los otros pasos, con frecuencia se descuida. Los analistas tienen una tendencia natural a considerar que el programa está terminado después de desarrollar los tiempos estándar. Sin embargo, nunca debe pensarse que una implantación de métodos y los estándares que se obtienen están terminados.

El seguimiento es necesario para asegurar que se sigue el método propuesto, que se logran los estándares establecidos y que el nuevo método está apoyado por los trabajadores, los supervisores, el sindicato y la administración. En general, los resultados del seguimiento son beneficios adicionales que surgen de nuevas ideas y nuevos enfoques, que con el tiempo estimulan el deseo de mejorar un programa de ingeniería de métodos para un diseño o proceso existente. El procedimiento es repetir el ciclo de mejoramiento de métodos poco tiempo después de implantarlo, de manera que cada proceso y cada diseño estén bajo un escrutinio continuo para revisar las mejoras posibles. Ésta es una componente necesaria de cualquier programa de mejora continua que funciona.

Sin el seguimiento, es seguro que los métodos propuestos regresen a los procedimientos originales. Los autores han realizado innumerables estudios de métodos en los que el seguimiento reveló que el método bajo estudio regresaba poco a poco, o había regresado al método original. Los humanos son criaturas de costumbres y una fuerza de trabajo debe desarrollar el hábito del método propuesto, si ha de preservarse. El seguimiento continuo es la única manera de asegurar que el nuevo método se mantiene durante el tiempo suficiente para que todos aquellos asociados con sus detalles se familiaricen por completo con sus rutinas.

SEGUIMIENTO Y MANTENIMIENTO DE TIEMPOS ESTÁNDAR

Tanto los trabajadores como la administración han resaltado la necesidad de establecer tiempos estándar justos. Una vez introducidos los estándares justos, su mantenimiento tiene la misma importancia. Aunque es normal que la función de supervisión de la producción realice verificaciones puntuales y supervise los estándares, lo excesivo de este trabajo pocas veces deja el tiempo adecuado para dar un seguimiento completo efectivo. En consecuencia, el departamento de métodos y estándares debe programarlo en forma periódica.

El seguimiento inicial o auditoría para trabajos de producción debe llevarse a cabo alrededor de un mes después del desarrollo de los estándares de tiempo. Una segunda auditoría debe hacerse dos meses después y una tercera, nueve meses después de la última. La frecuencia de las auditorías debe basarse en las horas esperadas de aplicación por año. Como ejemplo, una compañía grande usa los datos mostrados en la tabla 16-1 para determinar la frecuencia de las auditorías de métodos y estándares.

En cada seguimiento, los analistas deben revisar el informe del método original y los desarrollos de estándares, para estar seguros que se cumplen todos los aspectos del método nuevo. En ocasiones, tal vez encuentren que se descuidan algunas partes del nuevo método y que los trabajadores han regresado a la forma anterior. Algunas veces éstos esconden los cambios de métodos por los que son responsables, para poder aumentar sus ingresos o disminuir su esfuerzo mientras que logran la misma producción. Por supuesto, pueden desarrollarse cambios de métodos que incrementan el tiempo requerido para realizar la tarea. Estos cambios pueden surgir por el supervisor o inspector y, en su opinión, ser de consecuencias insuficientes para ajustar el estándar.

TABLA 16-1
Frecuencia de auditorías

Horas de aplicación por estándar por año	Frecuencia de auditorías
0-10	Una vez cada tres años
10-50	Una vez cada dos años
50-600	Una vez al año
más de 600	Dos veces al año

Cortesía de Industrial Engineering Division, Procter & Gamble, Co.

FIGURA 16-1
Distribución del desempeño en una planta con estándares holgados, comparada con la distribución esperada del desempeño promedio de 115% del normal

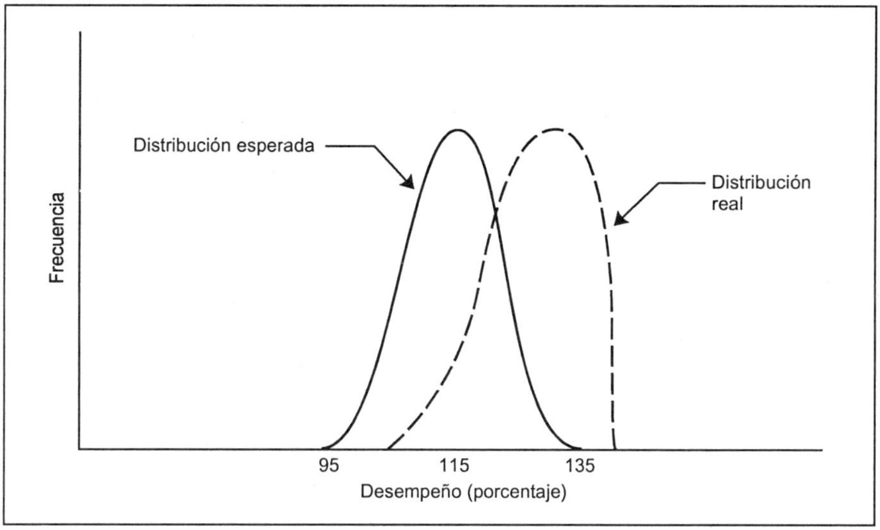

Cuando esto ocurre, el supervisor debe comunicarse de inmediato y el analista debe intentar determinar la causa del cambio no autorizado. Si no existe una razón satisfactoria para regresar al método anterior, el analista debe insistir en que se siga el procedimiento correcto. Es esencial el tacto aunado a la firmeza; el analista debe desplegar tanto la habilidad de vender como la competencia técnica.

El seguimiento debe realizarse tanto para el método como para el desempeño del operario. La eficiencia diaria del trabajador debe ser igual o mayor que el estándar. El desempeño tiene que evaluarse con las curvas de aprendizaje típicas para la clase de trabajo. Si el operario no tiene el avance previsto, debe realizarse un estudio cuidadoso que incluya una junta para determinar si se encontró alguna dificultad no detectada antes.

Por lo general, el desempeño de los trabajadores se aproxima a la curva normal, como se describe en el capítulo 9. Sin embargo, algunas variaciones comunes de la normal son sintomáticas de restricciones en la producción e indican que es deseable realizar una auditoría. La figura 16-1 ilustra que los estándares son holgados y que los trabajadores se están deteniendo y no tienen ingresos arriba del 140%, pero sienten que su desempeño fue más alto; en este caso caso los tiempos de los estándares se ajustarán hacia abajo.

La figura 16-2 ilustra la producción en un entorno donde el método no se ha estandarizado. La variación en el material es otra causa de esta distribución plana. En ambos casos, una auditoría puede asegurar que se usa el mejor método. Entonces, el desarrollo de estándares refleja el tiempo requerido para los operarios experimentados promedio, que cuentan con buenas habilidades y esfuerzo al trabajar, para realizar una operación a un paso que pueden mantener durante 8 horas, con los suplementos por demoras personales e inevitables y por fatiga. Un estándar no se desvía si los operarios conservan el método del estudio de tiempos. Si el estudio de métodos desarrolló el procedimiento ideal y si los

FIGURA 16-2
Distribución del desempeño en una planta donde no se han estandarizado los métodos y/o los materiales

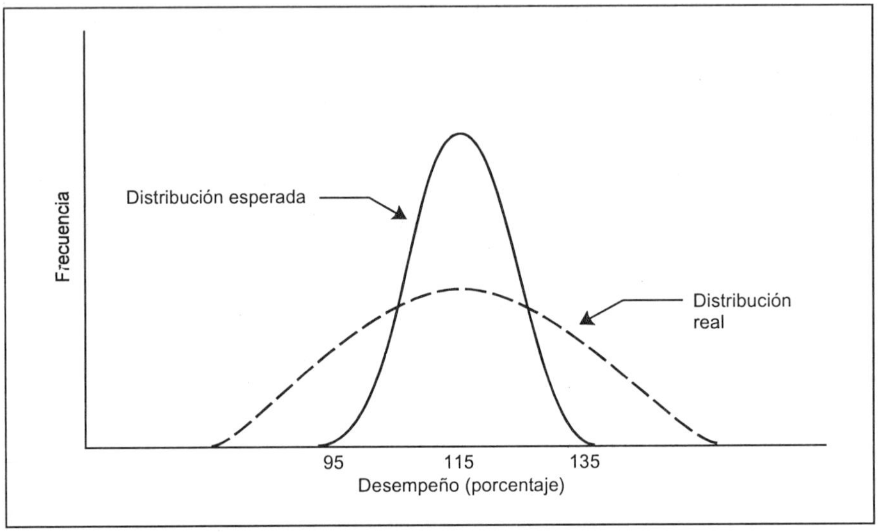

operarios siguen y estandarizan este método, entonces habrá menos necesidad de mantener los estándares de tiempo.

No obstante, con frecuencia se introducen cambios tanto favorables como desfavorables. Si estos cambios son extensos, se da aviso a la administración. Los operarios siempre hacen saber a la administración cuando los estándares son estrechos. El departamento de nóminas hace la observación a la administración si los estándares se convierten en holgados, pues es notorio que los ingresos de los trabajadores son excesivos. Sin embargo, a menudo tienen lugar cambios menores en los métodos que pasan desapercibidos, y que debilitan la estructura completa de los estándares.

Para mantener los estándares de manera adecuada, el departamento de estudio de tiempos debe realizar verificaciones periódicas de que el método usado es el que se estudió cuando se estableció el estándar. Esto se puede hacer con facilidad consultando el estudio de tiempos, que incluye una descripción completa del método. En él se observa cómo se realiza la operación para determinar si se ajusta a la descripción, las secuencias, las frecuencias, las condiciones y los suplementos para el tiempo estándar. La exactitud del estándar de tiempo se puede verificar con la medición de varios ciclos del tiempo global, los datos de calificaciones de desempeño y la suma de un suplemento adecuado. También se debe asentar la cooperación del supervisor, que está más cerca de la operación, para verificar estándares que tal vez no sean apropiados.

Si el tiempo de ciclo completo y los estándares de tiempo existentes varían en más de $\pm 5\%$, debe realizarse un estudio de tiempos detallado para identificar la causa de la discrepancia. En la mayoría de los casos, cuando la auditoría detecta una discrepancia de más de $\pm 5\%$, la causa es un cambio de método. Si el operario usa un procedimiento inferior, entonces debe capacitársele en la técnica ideal. Si el trabajador ha desarrollado un método mejor que el existente al desarrollar el estándar, el nuevo método debe convertirse en el estándar aceptado. Un operario que desarrolla una mejora, debe recibir una recompensa acorde a ella.

El analista debe revisar todas las distribuciones de planta para asegurar que el flujo ideal de materiales y productos es el que ocurre. El departamento de ingeniería industrial debe mantener gráficas del flujo del proceso para la mayor parte de los productos que se fabrican. Si se adquiere nuevo equipo junto con un método, deben auditarse sus capacidades con regularidad, para garantizar que se logran la productividad y el desempeño previstos.

También, el analista ha de auditar la evaluación del trabajo después de que el trabajador ha adoptado el nuevo método durante seis meses. Esta revisión debe vigilar que la compensación de todos los empleados asociados con el método desarrollado es competitiva respecto a tareas equivalentes en el área. También las tasas de ausentismo se auditan para obtener una medida adicional de la aceptación del operario. Aunque la auditoría de métodos y estándares requiere tiempo y gasto, un sistema de seguimiento exhaustivo asegurará el éxito del programa.

USO DE ESTÁNDARES

Revisión de estándares

Los estándares de tiempo son fundamentales para la operación de cualquier empresa de manufactura o de negocios. El tiempo es el denominador común del que surgen todos los elementos de costo. De hecho, todas las personas usan estándares de tiempo por casi todo lo que hacen o lo que quieren que otros hagan. Los ejemplos en la vida diaria incluyen: un trabajador que calcula una hora para lavarse, rasurarse, vestirse, desayunar y llegar al trabajo; el estudiante que programa los minutos que necesita para terminar una tarea, y el operador de un autobús que sigue un programa específico de llegadas y salidas.

Existe un interés especial en los estándares de tiempo usados en la operación efectiva de una compañía de manufactura o negocios, y en los resultados del estudio de tiempos. Estos estándares de tiempo se pueden determinar en una o más de las siguientes formas:

1. Por estimación (capítulo 8)
2. Con los registros de desempeño (capítulo 7)
3. Por estudios de tiempos (capítulo 8)
4. Mediante datos de estándares (capítulo 11)
5. Con las fórmulas de estudio de tiempos (capítulo 12)
6. Mediante sistemas predeterminados (capítulo 13)
7. Por medio de estudios de muestreo del trabajo (capítulo 14)
8. Con el uso de teoría de colas (capítulo 15)

Los métodos 3, 4, 5, 6 y 7 proporcionan resultados mucho más confiables que los métodos 1, 2 u 8. Si los estándares se usan para el pago de salarios, deben determinarse con la mayor precisión posible. En consecuencia, los estándares determinados mediante estimaciones o registros de desempeño no son suficientes. Por supuesto, los estándares desarrollados con estos dos métodos son mejores que no tener estándares y a menudo se pueden usar para ejercer control en toda la organización.

Todos estos métodos se aplican en ciertas condiciones y todos tienen limitaciones de exactitud y de costo de implantación. Para los métodos más confiables, los resúmenes presentados en las tablas 16-2 y 16-3 pueden ser útiles al seleccionar el enfoque adecuado.

Bases del plan de incentivos salariales

En general, se piensa en los estándares de tiempo en relación con el pago de salarios (vea el capítulo 17). Mientras que los estándares tienen muchas otras aplicaciones en una empresa, la necesidad de estándares consistentes y confiables es más notoria en el área de pagos salariales. Sin estándares equitativos no tendrá éxito un plan de incentivos que compense en proporción a la producción. Sin una cinta métrica no es posible medir el desempeño individual. Los métodos y tiempos estandarizados son la cinta de medir para las aplicaciones de incentivos salariales.

De manera similar, cualquier tipo de bono por productividad depende directamente de los estándares de tiempo equitativos. Como los trabajadores reciben más y mejor atención del supervisor con un plan en el que los bonos se relacionan con la producción, la mayor parte de los planes de supervisión consideran la productividad del empleado como el criterio principal para los bonos. Otros factores usuales son: costos de mano de obra indirecta, costos de desperdicio, calidad de la producción y mejoramiento de métodos.

Comparación de métodos

Como el tiempo es una medida común para todas las tareas, los estándares de tiempo son una base para comparar los distintos métodos para hacer el mismo trabajo. Por ejemplo, suponga que un operario piensa que puede ser mejor al realizar el barrenado dentro de un diámetro interior con una tolerancia estrecha en lugar de limar la parte para lograr el tamaño, como se hace. Para tomar una decisión adecuada sobre si el cambio es práctico, los analistas deben desarrollar un estándar de tiempo para cada procedimiento y después comparar los resultados.

Utilización efectiva del espacio

El tiempo es la base para determinar cuántos equipos de cada tipo se necesitan. La administración sólo puede hacer el mejor uso posible del espacio si conoce los requerimientos exactos para las instalaciones. Si una compañía requiere 10 fresadoras, 20 taladros, 30 tornos revólver y 6 pulidoras en un departamento de maquinado, el administrador puede planear la mejor distribución de este equipo. Sin estándares de tiempo, la compañía puede proporcionar más de los que necesita para un tipo de instalación y menos para otro, lo que significaría una utilización ineficiente del espacio disponible.

Como otro ejemplo, para determinar el tamaño de las áreas de almacenamiento e inventario, los administradores toman en cuenta el periodo de almacenamiento y la deman-

TABLA 16-2
Comparación de distintos métodos para establecer un estándar de tiempo

Ventajas	Desventajas
Estudio de tiempos con cronómetro	
1. Único método que mide directamente el tiempo que usa el operario.	1. Requiere la calificación del desempeño del trabajador.
2. Permite la observación detallada del ciclo completo y el método.	2. No obliga a llevar un registro detallado del método, los movimientos, las herramientas, y otros que se emplearon.
3. Puede cubrir elementos que ocurren con menos frecuencia.	3. Puede no evaluar bien los elementos no cíclicos.
4. Proporciona con rapidez valores exactos para los elementos controlados por la máquina.	4. Basa el estándar en el sesgo de un analista que estudia a un trabajador que usa un solo método.
5. Es sencillo explicarlo y aprenderlo.	5. Requiere la línea de producción en operación.
Sistema de tiempos predeterminados	
1. Obliga a tener un registro detallado del método, los movimientos, las herramientas y otros que se emplearon.	1. Depende de la descripción completa de método, herramientas, etcétera para obtener los estándares.
2. Estimula la simplificación del trabajo.	2. Requiere más capacitación de los analistas.
3. Elimina la calificación del desempeño.	3. Es más difícil explicarlo a los trabajadores.
4. Permite establecer estándares antes de iniciar la producción real.	4. Requiere más tiempo para establecer estándares.
5. Permite ajustar con facilidad los estándares cuando hay cambios ligeros en el método.	5. Requiere otras fuentes de datos para los elementos del proceso o controlados por la máquina.
6. Proporciona estándares más consistentes.	
Métodos de datos de estándares, fórmulas y teoría de colas	
1. Eliminan la calificación del desempeño.	1. Pueden requerir más capacitación de los analistas.
2. Establecen estándares consistentes.	2. Es más difícil explicarlos a los trabajadores.
3. Permiten establecer el estándar antes de la producción real.	3. Pueden incluir pequeñas variaciones en el método.
4. Admiten ajustes de estándares debidos a cambios ligeros en el método.	4. Pueden ser poco exactos si se extienden más allá del alcance de los datos empleados en su desarrollo.
Muestreo de trabajo	
1. Elimina la tensión que causa la observación constante del operario.	1. Es poco exacto en la evaluación del desempeño.
2. Establece un estándar promedio cuando las condiciones son cambiantes.	2. Requiere un número relativamente grande de observaciones aleatorias para lograr exactitud.
3. Permite el desarrollo simultáneo de estándares para una variedad de operaciones.	3. Requiere registros exactos de las horas trabajadas y unidades producidas.
4. Se adapta mejor a estudios de utilización de máquinas, análisis de actividades y de demoras.	4. Supone que el operario usa el método estándar.

TABLA 16-3
Guía para seleccionar el método adecuado de estándares de tiempo

Mejor método:	Para trabajo:
Estudio de tiempos con cronómetro	1. Con ciclos repetitivos, de cualquier duración 2. Con una amplia variedad de elementos distintos 3. Con elementos controlados por el proceso o la máquina
Sistemas tiempos predeterminados	1. Con elementos controlados por el operario 2. Con ciclos repetitivos de corta a mediana duración 3. Antes de la producción 4. Cuando existe controversia acerca de la calificación y consistencia de los estándares
Métodos de datos de estándares, fórmulas y teoría de colas	1. Con elementos similares con cualquier duración 2. Cuando existe controversia acerca de la calificación y consistencia de los estándares
Muestreo de trabajo	1. Con grandes variaciones entre ciclos 2. Controversia respecto al uso del cronómetro 3. Controversia sobre la observación constante del trabajador 4. Cuando se necesitan la utilización de la máquina, los niveles de actividad y los suplementos

da de la parte. De nuevo en este caso, los estándares de tiempo son la base para determinar el tamaño de estas áreas.

Determinación de la capacidad de planta

Al usar los estándares de tiempo se puede determinar la capacidad de máquinas, departamentos y planta. Una vez que se conocen las horas disponibles de la instalación y el tiempo requerido para producir una unidad de producto, con cálculos aritméticos sencillos, se estima el potencial del producto. Por ejemplo, si la operación cuello de botella requiere 15 minutos por pieza, y si se cuenta con 10 máquinas para esta actividad entonces, con un trabajo de 40 horas por semana, la capacidad de la planta para este producto sería:

$$\frac{40 \text{ horas} \times 10}{0.25 \text{ horas}} = 1600 \text{ piezas por semana}$$

La figura 16-3 ilustra un análisis gráfico por semanas de los requerimientos de mano de obra directa para una planta industrial específica. Esta gráfica indica con claridad en qué momento la planta se encuentra en posición de producir las nuevas órdenes.

Bases para la compra de nuevos equipos

Así como los tiempos estándar permiten al analista determinar las capacidades de máquinas, departamentos y plantas, también proporcionan la información necesaria para determinar cuántas instalaciones son necesarias y de qué tipo para un volumen de producción dado. Los estándares comparativos precisos también resaltan las ventajas de una instala-

FIGURA 16-3
Los tiempos estándar permiten determinar los requerimientos de trabajo directo proyectados

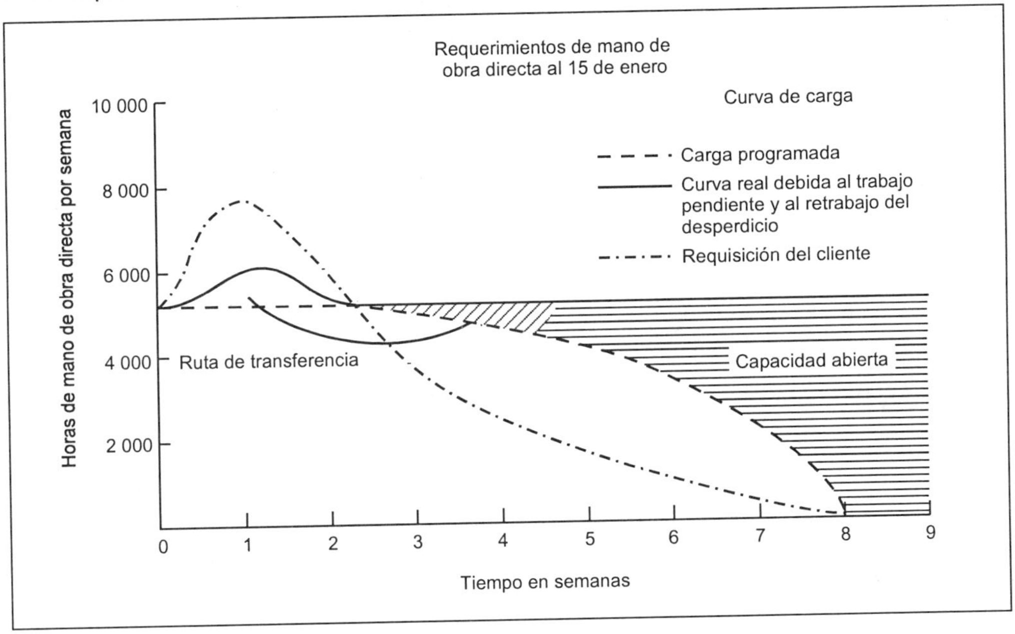

ción respecto a sus competidores. Por ejemplo, una planta puede tener la necesidad de comprar tres taladros tipo banco de un husillo. Al revisar los estándares disponibles, el gerente de la planta puede determinar el estilo y diseño de taladros que den el rendimiento más favorable por unidad de tiempo.

Fuerza de trabajo contra trabajo disponible

Al tener información completa sobre el volumen de producción requerido y tiempo necesario para producir una unidad, el analista puede determinar la fuerza de trabajo requerida. Por ejemplo, si la demanda de producción para una semana dada es 4420 horas, la compañía necesita 4420/40, o sea, 111 operarios. Esta aplicación de los estándares es en especial importante en un mercado que se retrae, en donde el volumen de producción disminuye. Sin una cinta de medir que ayude a determinar el número real de personas necesario para realizar la carga reducida cuando el volumen total disminuye, toda la fuerza de trabajo puede bajar la velocidad para hacer que dure el trabajo disponible. A menos que la fuerza de trabajo esté balanceada con el volumen, los costos unitarios suben cada vez más. En estas circunstancias, sólo es cuestión de tiempo para que la producción opere con pérdidas y deban incrementarse los precios de venta, lo que causará una mayor reducción en el volumen. El ciclo se repite hasta que la planta cierra por las pérdidas.

En un mercado en expansión tiene la misma importancia poder presupuestar la mano de obra. Las crecientes demandas de los clientes necesitan un mayor volumen de personal. Las compañías deben determinar con exactitud el número y tipo de personal adicio-

FIGURA 16-4
Gráfica de la carga de horas de trabajo proyectada y la carga de horas de trabajo presupuestadas

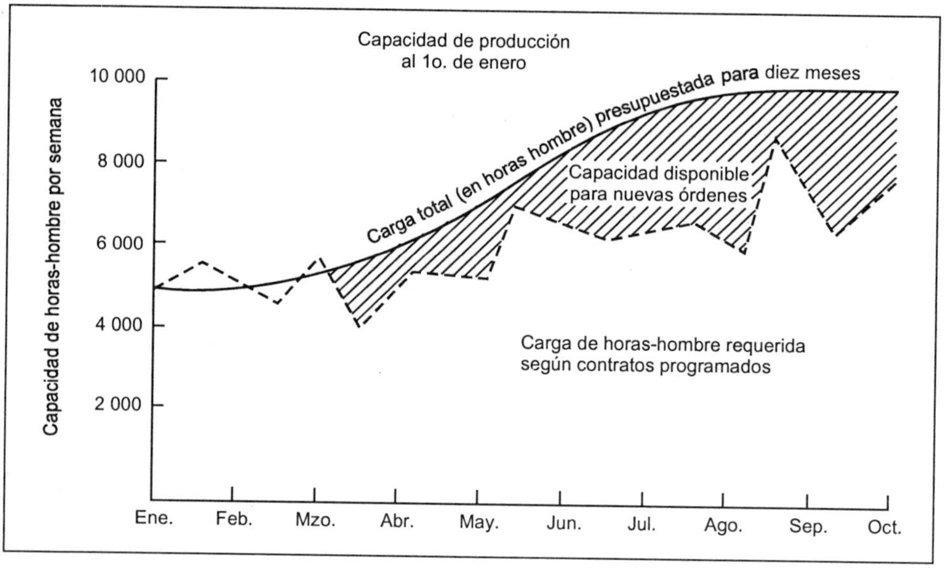

nal, de manera que los trabajadores se recluten con suficiente anticipación para cumplir con los programas de los clientes. Si existen estándares exactos, es cuestión de simple aritmética convertir requerimientos de productos en horas de trabajo del departamento.

La figura 16-4 ilustra cómo la capacidad total de la planta puede aumentar en un mercado en expansión. Aquí, la planta piensa duplicar su capacidad de horas-trabajo entre enero y noviembre. Este presupuesto proyecta los contratos programados en términos de horas-trabajo y proporciona una reserva razonable (zona sombreada) para recibir órdenes adicionales.

Además de asignar los requerimientos de mano de obra en la planta, los estándares de tiempo ayudan al presupuesto de esas necesidades en los departamentos. Dichos estándares válidos mantienen una fuerza de trabajo proporcional al volumen de producción requerido, así controlan los costos y mantienen la operación en posición competitiva. Por ejemplo, la figura 16-5 ilustra el uso de una gráfica de Gantt (vea el capítulo 2) para presupuestar las horas de husos en un departamento de bobinado múltiple. Se da servicio a cuatro líneas de productos: perfilado, aforro, espiga y caña. Para los requerimientos actuales de los clientes se destinan 75 husos para el bobinado múltiple de perfilado, 42 para aforro, 14 para espiga y 15 para caña. Con base en este presupuesto de husos y horas de trabajo, la carga para el perfilado se extiende hasta el final de la primera semana de noviembre, aforro hasta mediados de octubre, espiga a mediados de noviembre y caña a la última semana de octubre. Aunque los requerimientos del cliente fluctúan, los estándares de tiempo hacen posible ajustar el presupuesto de mano de obra de este departamento para cumplir con todos los requerimientos de los clientes de la mejor manera factible. La barra oscura en esta gráfica muestra el material asignado a las distintas clases de productos, actualizada al 1o. de septiembre.

FIGURA 16-5
Gráfica que ilustra el presupuesto de horas de husos en un departamento específico para cumplir con las necesidades de los clientes de la mejor manera posible

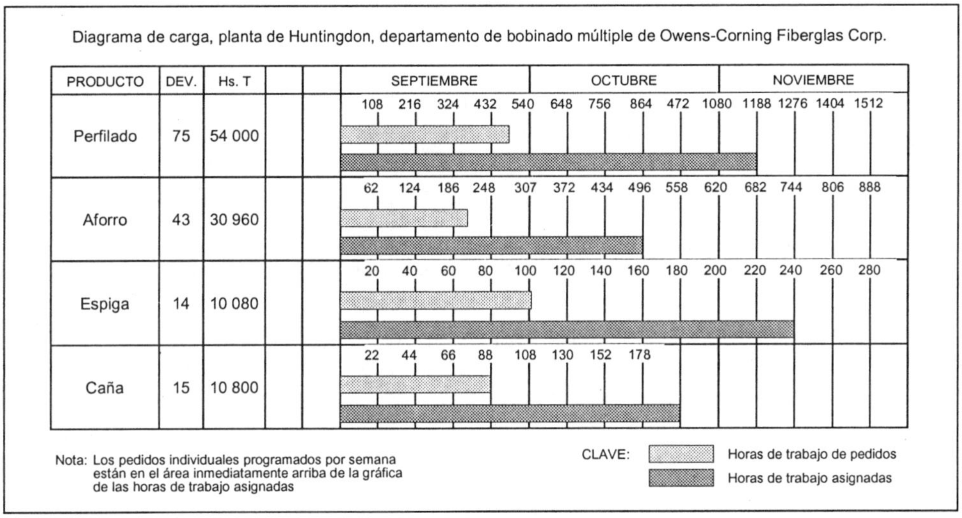

Mejora del control de la producción

El control de la producción es la etapa de una operación que programa, determina rutas, acelera y da seguimiento a las órdenes de producción, en un esfuerzo por economizar y satisfacer los requerimientos de los clientes. La función completa de control de la producción se basa en determinar dónde y cuándo se puede realizar el trabajo. Esto no se logra sin una idea concreta de “cuánto tiempo”.

La programación, una de las funciones más importantes del control de la producción, casi siempre se maneja por grados de detalle: 1) a largo plazo o programa maestro, 2) programación de órdenes recibidas y 3) programación detallada de la producción o carga de máquinas.

La programación a largo plazo se basa en el volumen de producción existente y previsto. En este caso, no se dan órdenes específicas ni secuencias, sólo se agregan y se programan para los periodos adecuados.

La programación de órdenes recibidas incluye las existentes para cumplir con la demanda de los clientes, con una operación económica. En este caso los trabajadores asignan grados de prioridad para órdenes específicas y promesas de entrega anticipada que surgen de este programa.

La programación de la operación detallada, o carga de las máquinas, comprende la asignación diaria específica de las operaciones a las máquinas individuales. La programación se planea para minimizar los tiempos de preparación y las interrupciones de las máquinas de manera que se cumpla con los programas de órdenes recibidas. La figura 16-6 ilustra la demanda durante una semana de máquinas de cierto departamento. Muestra que existe una capacidad considerable en fresadoras, taladros y roscadoras.

FIGURA 16-6

Demanda de máquinas durante una semana para un departamento de maquinado. (Observe que los diferentes programas dependen de la recepción de materia prima.)

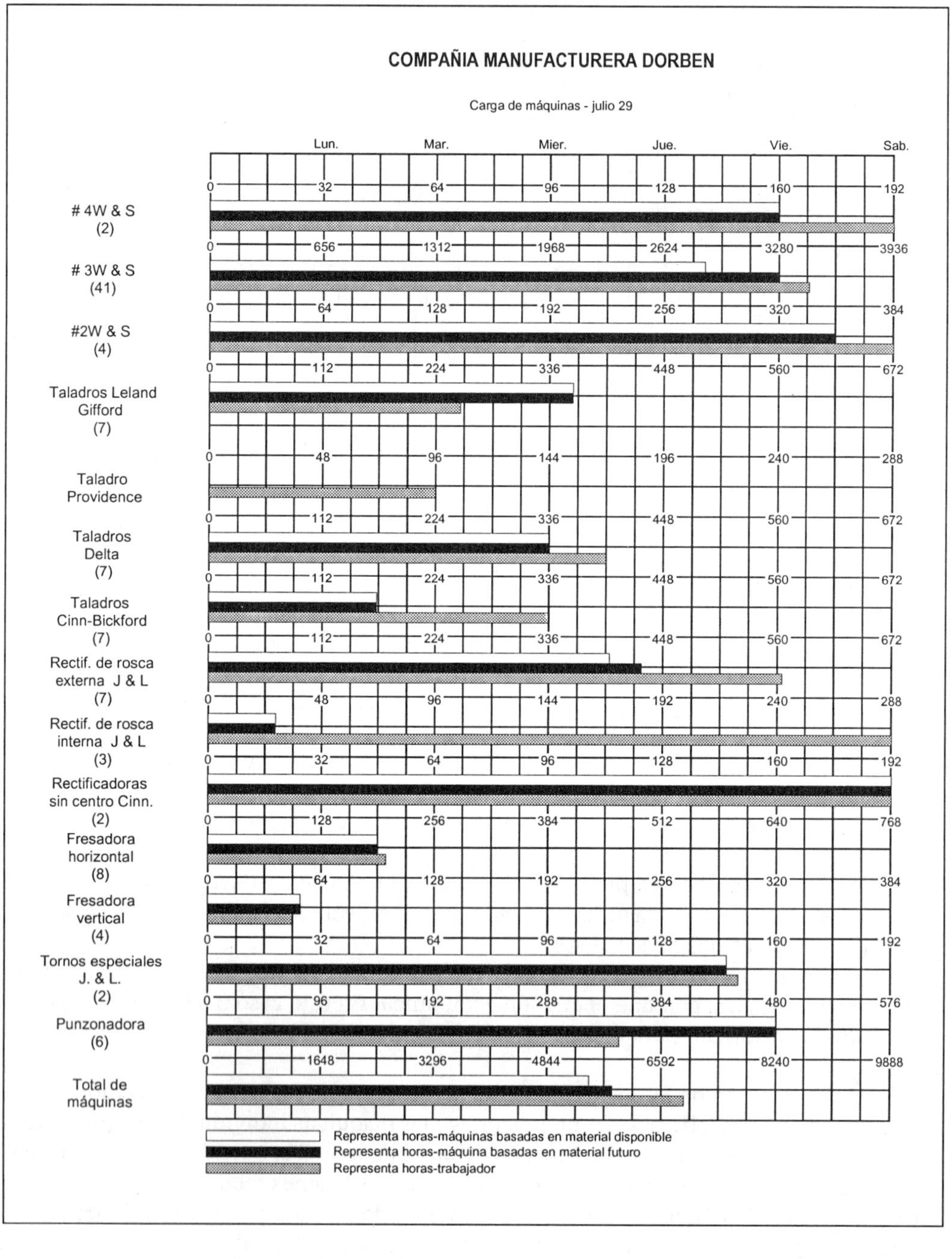

Sin importar el grado de elaboración o detalle del procedimiento de programación, sería imposible realizarlo sin estándares de tiempo. Éstos ayudan a predeterminar el flujo de materiales en el avance del trabajo, lo que forma la base para una programación precisa. El éxito de cualquier programa tiene una relación directa con la exactitud de los valores de tiempo usados para determinar el mismo. Si no existen estándares de tiempo, no se puede esperar que los programas basados en el juicio subjetivo sean confiables.

Las rutas entre centros de trabajo proporcionan información a la planta y suministran los datos de tiempos al sistema de control de la planta. Son los mejores medios para difundir los estándares de trabajo entre los empleados. La aceleración y el seguimiento incluyen los informes de desempeño. Los sistemas de control modernos usan estándares de tiempo de varias fuentes para generar los informes de desempeño. En muchas plantas actuales, los dispositivos para recolección de datos de tiempo son computadoras que permiten que los supervisores de línea o el personal revise el estado de cualquier trabajo según los datos más recientes. Estos modernos dispositivos de seguimiento ayudan a asegurar la calidad del control de la producción con verificaciones mejoradas y menos documentos.

Determinación de la eficiencia de la mano de obra

Con estándares de tiempo confiables, no es necesario que una planta tenga un sistema de pago de incentivos para determinar y controlar sus costos de mano de obra. La razón de los ingresos por hora de producción entre las horas reloj, da la eficiencia del departamento. El recíproco de la eficiencia multiplicado por la tasa promedio por hora da el costo por hora de la producción estándar. Por ejemplo, el departamento de terminados en una planta que usa la jornada de trabajo directa tiene 812 horas reloj (H_c) de tiempo de mano de obra para 876 horas de ingresos de producción (H_e). La eficiencia del departamento sería:

$$E = \frac{H_e}{H_c} = \frac{876}{812} = 108\%$$

Si la tasa por hora en el día de trabajo promedio (vea el capítulo 17) en el departamento es \$16.80, entonces el costo de mano de obra directa, según el estándar de producción es:

$$\frac{1}{1.08} \times \$16.80 = \$15.56$$

En un segundo ejemplo, suponga que en otro departamento las horas reloj son 2840 y las horas de ingreso por la producción del periodo son sólo 2760. En este caso, la eficiencia sería:

$$\frac{2760}{2840} = 97\,\%$$

y el costo por hora de mano de obra directa, según la producción estándar, con una tasa promedio diaria de \$16.80 sería igual a:

$$\frac{1}{0.97} \times \$16.80 = \$17.32$$

En el último caso, la administración se da cuenta de que sus costos de mano de obra son \$0.52 por hora más altos que las tasas base y tal vez aumente la supervisión para controlarlos. En el primer ejemplo, los costos de mano de obra eran menores que el estándar, lo que permite bajar los precios, aumentar el volumen de producción o hacer algún otro ajuste adecuado para la administración y los trabajadores. La figura 16-7 muestra un informe de la variancia del trabajo directo que indica un desempeño departamental mayor y menor que el estándar.

Bases de costeo

El *costeo* se refiere al procedimiento de determinar los costos con exactitud antes de la producción. La ventaja de poder predeterminar el costo es obvia. La mayoría de los contratos actuales se firman con base en un "costo firme", que significa que el fabricante debe predeterminar los costos de producción, a fin de establecer un precio firme suficientemente alto para tener una utilidad. Al tener estándares de tiempo en las operaciones de trabajo directo, los fabricantes pueden asignar un precio a los elementos que integran el *costo primario* del producto. En general, se piensa que el costo primario es la suma de los costos directos de material y mano de obra.

Los costos son la base de las acciones dentro de una organización. Cuando los costos de procesar una parte se vuelven demasiado altos comparados con los métodos de producción competitiva, debe considerarse hacer algunos cambios. Es invariable que existan distintas alternativas para la manufactura de un diseño funcional, dado que compiten en términos de costos. Por ejemplo, el moldeo compite con la forja, escariar con perforar, moldeo en matriz con moldeo en plástico, el metal pulverizado con destornilladores automáticos, etcétera.

Los costos de manufactura se pueden clasificar en cuatro grupos: costos directos de material, costos directos de mano de obra, gastos de fabricación y gastos generales. Los dos primeros se refieren a la producción directa, mientras que los dos últimos son gastos fuera de la producción, llamados *costos generales*. Los *costos directos de material* incluyen materia prima, componentes compradas, artículos comerciales estándar (sujetadores, alambre, conectores, etc.) y artículos subcontratados. El ingeniero industrial comienza por calcular la cantidad básica requerida para el diseño. A este valor se suman pérdidas por desperdicio por errores ya sea de manufactura, de proceso o de diseño y mermas debidas a robo o efectos ambientales. La cantidad aumentada que se obtiene, multiplicada por el precio unitario, proporciona el costo final de material con un factor de resta por el valor de recuperación previsto:

$$Costo_{material} = Q \times (1 + L_{sc} + L_w + L_{sh}) \times C - S$$

donde: Q = cantidad base en peso, volumen, área, longitud, etcétera,
L_{sc} = factor de pérdida debido a desperdicio (mismas unidades),
L_w = factor de pérdida debido a retrabajo (mismas unidades),
L_{sh} = factor de pérdida debido a mermas (mismas unidades),
C = costo unitario de materiales,
S = valor de recuperación de materiales.

La *mano de obra directa* se refiere a trabajadores que están involucrados en la manufactura directa del producto. Los costos directos se calculan a partir del tiempo requerido para fabricar el producto (tiempo estándar, como se vio en capítulos anteriores) multiplicado por la tasa salarial.

FIGURA 16-7
Reporte semanal que ilustra el desempeño departamental en una planta manufacturera (lo impreso en tipo normal indica horas y porcentajes de ingresos sobre el estándar; el tipo cursivo indica en qué grado no se logra el estándar)

HORAS DE VARIACION EN MANO DE OBRA DIRECTA

Semana que termina el 3 de junio

			Variación de eficiencia					Porcentaje de variación total arriba y abajo del estándar				
			Final de semana			Promedio semanal		Final de semana				
No.	Nombre	Mano de obra directa asignada	6/3	5/26	5/19	Primer trim.	Abril	6/5	5/26	5/19	4 semanas abril	Primer trim.*
11	Taller maquinado	892	204	*29*	*110*	33	3	22.9	*2.5*	*9.2*	0.2	*2.2*
12	Cepillado con alambre	178	—	—	—	—	—	—	—	—	—	—
19	Prensa punzadora	41	18	*8*	—	*6*	*3*	43.9	*9.5*	—	*4.5*	*9.1*
20	Laminado de caucho	21	*101*	43	*124*	*21*	*51*	*481.0*	18.1	*172.2*	*37.4*	*13.8*
31	Fabricación con caucho	1 183	36	29	*12*	116	*59*	3.0	1.5	*0.7*	3.2	5.2
35	Planta piloto	53	—	—	—	—	—	—	—	—	—	—
39F	Acabados	339	60	107	27	42	50	17.7	18.5	5.8	10.0	6.6
39P	Pintura	23	*1*	*9*	12	*8*	*3*	*4.3*	*12.7*	23.1	*11.0*	*26.4*
40	Ensamble	13	1	15	15	14	4	7.7	28.3	25.9	6.0	19.9
50	Recuperación	20	—	—	—	—	—	—	—	—	—	—
65	Almacén de herramientas	—	—	—	—	—	—	—	—	—	—	—
	Total - Esta semana	2 763	217	148	*192*	104	59	7.9%	3.7%	*4.5%*	1.2%	1.9%
	Semana anterior	4 462										

Nota: los cambios más recientes en planeación y método se reflejan en todos los grupos.
* El primer trimestre comprende 13 semanas del 1o. de enero al 31 de marzo.

EJEMPLO 16-1
Estimación del costo primario de una componente

Al estimar el costo primario para producir una componente de ABS cuyo proceso es moldeo por inyección, primero se multiplica el costo por libra de la resina ABS por el peso en libras del producto, con los suplementos correspondientes por bombeo, vaciado y mermas normales (usual de 3 a 7% en partes termoplásticas complejas). A esta cifra, se suma el costo de mano de obra directa. Por ejemplo, si el operario de la prensa de inyección atiende cinco máquinas y tiene una tasa por hora (que incluye el costo de las prestaciones) de $18/hora, el costo directo de mano de obra por prensa de inyección es $3.60/hora, o $0.06/minuto. Si el tiempo de ciclo para moldear la parte es 0.5 minutos, el costo de mano de obra directa por pieza es $0.03.

Suponga que el costo de la resina es $1.20 por libra y que el peso de cada pieza es 1 onza. Suponga también que el peso del vaciado y el bombeo es 0.1 onzas y que una merma de 5% es característica de estas máquinas. Entonces, el costo estimado del material es:

$$\$1.20 \times 1.1 \times 1.05/16 = \$0.087$$

En este ejemplo, el costo primario por pieza es

$$\$0.03 + 0.087 = \$0.117$$

Los *costos de fabricación* incluyen aspectos como mano de obra indirecta, herramientas, máquinas y costos de energía. La *mano de obra indirecta* incluye aspectos como envío y recepción, flete, almacenamiento, mantenimiento y servicios de intendencia. Los costos de trabajo indirecto, herramientas y máquinas pueden tener mayor influencia en la selección de un proceso específico que el material y los costos de trabajo directo. Por ejemplo, en la ilustración anterior, un molde de una cavidad puede costar $30 000, y la tasa de maquinado (costo de operar la prensa de inyección excluyendo al operario) puede ser $20.00/hora. (En un centro de maquinado complejo, las tasas de las máquinas con frecuencia son de unos cuantos dólares por hora y llegan a ser hasta de $50 o más por hora.)

La asignación de costos de herramientas también tiene una relación significativa con la cantidad de producción. De nuevo en el ejemplo, suponga que deben producirse 10 000 piezas. Esto da un costo unitario por herramientas de $30 000/10 000, o $3.00 por pieza. Este costo es mucho mayor que el costo combinado de material y mano de obra directa (más de 10 veces). Si se producen 1 000 000 de piezas, el costo unitario por molde es sólo $0.03 (cerca de un tercio del costo de trabajo directo y material). Suponga que la tasa de la máquina para este equipo (sin incluir el costo del molde) es $20.00/hora, o sea $0.333/min, y que se desea un millón de piezas. Entonces, el costo total de fabricación (material directo + trabajo directo + gastos de fabricación) es

$$\$0.087 + \$0.03 + \$0.333/2 = \$0.2835$$

El *costo general* incluye costos como el *de mano de obra* (contabilidad, administración, apoyo, ingeniería, ventas, etcétera), renta, seguros, servicios de luz y agua, etcétera.

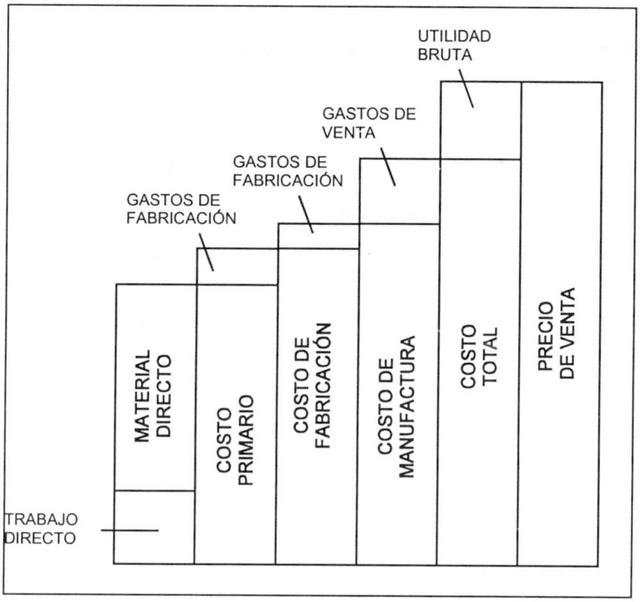

FIGURA 16-8
Elementos de costos y utilidades brutas (antes de impuestos) que entran en el desarrollo del precio de venta *Observe que, para este producto, el costo de material es alrededor de 53% del costo total y que 17.5% del costo total es la utilidad bruta esperada.*

La preocupación primordial del ingeniero industrial es el costo de fabricación, pues es el que tiene impacto en la selección de las formas alternativas de producir un diseño dado.

La figura 16-8 ilustra los diferentes costos y elementos de ganancia que influyen en el desarrollo del precio de venta. Entender la base del costo ayudará al ingeniero a elegir los materiales, procesos y funciones que mejor fabriquen el producto. Obtener un incremento en la perfección de 90 a 95% puede significar un aumento de 50% en el costo de desarrollo y precio del producto y destruir el valor de las ventas del producto. El costo, la calidad y el grado de perfección deben estudiarse con cuidado para obtener la mayor ganancia en un periodo dado. En general, el costo es el factor decisivo. La relación entre costo, ventas, ganancias o pérdidas y volumen se aprecia mejor en una gráfica de punto de equilibrio (vea el capítulo 7). La figura 16-9 ilustra una gráfica de punto de equilibrio típica.

La distribución de los factores de costo varía en forma drástica con el número de unidades producidas. Esto se presentó en conexión con el costo fijo, como se muestra en la figura 16-8, y con la distribución del costo del molde estudiada en el ejemplo anterior. Cuando las cantidades son pequeñas, la proporción de costos de desarrollo es alta comparada con el costo de gastos en manufactura, mano de obra directa, materia prima y componentes compradas. El desarrollo del costo incluye diseño, preparación de dibujos, recolección de información de manufactura, diseño y construcción de herramientas, pruebas, inspección y muchos otros aspectos que intervienen en la colocación de las primeras unidades en producción. Conforme el número de unidades disminuye, la atención se centra en reducir los gastos generales, de mano de obra directa y de materiales, mediante procesos de ingeniería y métodos de manufactura avanzados. Cuando las cantidades de producción son bajas, los gastos en herramientas, automatización, robótica e ingeniería elaborada tendrán un rendimiento neto menor en la reducción de costos. Cuando las cantidades son grandes, el gasto en el esfuerzo de ingeniería dará como resultado menores costos de mano de obra, materiales y generales por unidad de producción, y se obtendrá un

FIGURA 16-9
Gráfica de punto de equilibrio que indica la relación entre costo, ventas, utilidades o pérdidas y volumen. *Observe que en cada categoría, se agrega la categoría anterior para obtener una suma acumulada.*

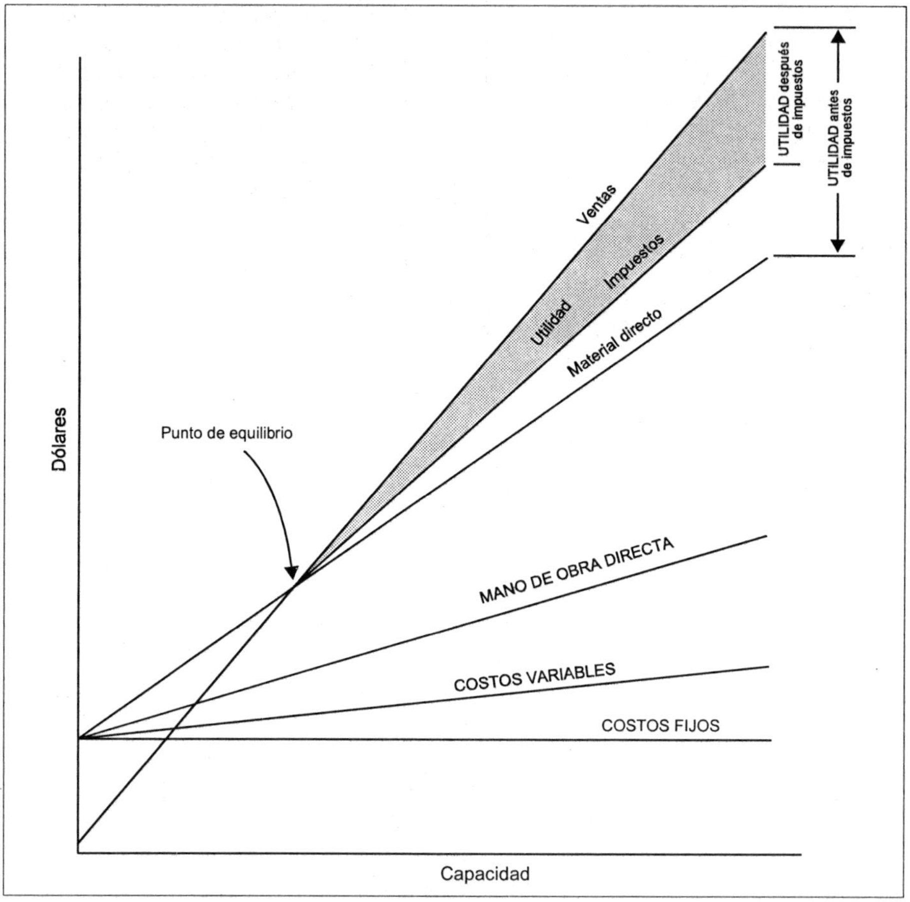

rendimiento alto incluso para pequeños ahorros por unidad. Por ejemplo, suponga que un fabricante de automóviles produce dos millones de unidades al año, de las cuales un millón tiene cuatro cilindros por motor y el otro seis y que coloca cuatro anillos de pistón por cilindro, entonces debe producir 40 millones de anillos al año. Un ahorro de $0.01 en cada anillo sería igual a $400 000 anuales. Por lo tanto, para obtener un costo mínimo, es posible que sea redituable un gran esfuerzo de ingeniería aplicado al esfuerzo de producción, desde la materia prima hasta la colocación del producto terminado.

Existe una competencia constante entre materiales y procesos, basada en los costos influidos por el número de piezas hechas durante un periodo. La actividad de las partes afecta la cantidad de tiempo que la actividad opera, comparada con las horas disponibles. La razón de las horas operadas entre las horas disponibles tiene un gran efecto sobre el costo. Considere el siguiente ejemplo representativo.

TABLA 16-4
La reducción en la mano de obra directa de una parte puede causar que el costo general por hora exceda el costo general presupuestado

		Nuevo método: herramientas de carburo recubiertas	
	Método antiguo	Costos generales basados en costo por hora establecido	Costos generales basados en costos reales
Tiempo asignado para dar vuelta a la polea en un taladro vertical NC	5.00 h	2.5 h	2.5 h
Tasa de mano de obra directa por hora	$ 20.00	$ 20.00	$ 20.00
Costos de mano de obra directa	$100.00	$ 50.00	$ 50.00
Costo por inspección, reparaciones, manejo de materiales, depreciación, etc. por hora	$ 40.00	$ 40.00	$ 80.00*
Costo general	$200.00	$100.00	$200.00
Costo general de mano de obra directa	$300.00	$150.00	$250.00

Ahorro aparente por pieza = $300.00 – $150.00 = $150.00
Ahorro real por pieza = $300.00 – $250.00 = $ 50.00

* Ya que el costo general por pieza tiende a permanecer constante, el costo general real para el nuevo método será parecido al del método antiguo.

Una prensa grande de extrusión hidráulica, que incluye las bombas hidráulicas y la construcción de la cabina de la prensa, cuesta $3 000 000. La depreciación, mantenimiento e interés sobre la inversión asciende a 20% anual ($600 000). Por lo común se cuenta con 2000 horas-trabajo al año en un turno (8 h × 5 días/semana = 40 h/semana y 40 h/semana × 50 semanas/año = 2000 h/año). Tres turnos representan 6000 h/año disponibles. Entonces, el costo mínimo de la instalación durante un día de 24 horas será 600 000/6000 = $100/h. En realidad, el departamento de ventas puede vender sólo suficiente para mantener el equipo en operación 8 horas al día. Por lo tanto, los costos de máquina son 600 000/2000 = $300/h. Si las ventas disminuyen, el costo de máquina por hora aumenta y esto hará difícil operar el negocio con ganancias.

Es importante que el ingeniero dedicado a las actividades de reducción de costos entienda el sistema contable de la compañía. Por ejemplo (vea la tabla 16-4), cuando los presupuestos y la razón de costos se basan en las horas de mano de obra directa, el sistema puede penalizar a un supervisor de línea progresista que introduce métodos nuevos o mejorados. Puede tener una parte que se barrena y torna en un torno automático vertical en 5 horas. Si usa carburo recubierto puede reducir el tiempo de maquinado a 2.5 horas. Esto es 50% menos de mano de obra, al que se debe sumar el costo adicional de mantenimiento (ya que la máquina trabaja más) y el manejo de materiales, inspección, suministros, ayudantes de producción, etcétera, que varían según el número real de partes que se manejan por unidad de tiempo, y no en horas de trabajo directo. Cuando el presupuesto del supervisor de línea llega a números rojos, sólo puede explicar que el departamento produce las partes 50% más rápido que antes y que los gastos del departamento son más altos en proporción a la mano de obra directa.

Suponga que al introducir carburo recubierto y otras mejoras en el departamento, el supervisor de línea reduce 50% todos sus costos de mano de obra directa y sigue fabricando el mismo número de partes. Como sus presupuestos se basan en mano de obra directa, debe ajustar el presupuesto cuando realiza las mejoras. Cuando la presión se dirige al incremento de presupuestos y tasas de costo (que ha sido la situación característica durante los últimos 20 años), la ingeniería de métodos con frecuencia es efectiva en la reducción de costos indirectos. Como ejemplo, mejores instalaciones para el manejo de materiales y distribuciones de planta mejoradas pueden reducir el gasto general. La planta eficiente casi siempre tiene costos de mano de obra directa bajos y costos generales altos. Una tasa de costo baja no indica una planta eficiente. Al hacer una reducción de costos, el ingeniero de manufactura debe estudiar la eficiencia de los departamentos generales (mantenimiento, envíos, recepción, manejo de materiales, almacén y tiendas), al mismo tiempo que las áreas de trabajo directo, y deben obtener reducciones en el costo total.

EJEMPLO 16-2
Costeo de una ventana

Como ejemplo, considere la construcción de una nueva ventana. La Hess Manufacturing Co. produce una amplia variedad de ventanas de reemplazo de vinil (vea la figura 16-10). Un sistema de datos de estándares y costeo es una necesidad para que Hess considere cualquier cambio en el estilo, forma y características de las ventanas y puertas. Piense en el elemento más sencillo en la construcción de una ventana de tres pliegos, el claro o la hoja fija de vidrio en un marco de aluminio con caja ligera y bahía en ángulo o arco. Una de las ventanas más pequeñas es de 2 × 3 pies, pero su tamaño real es 24 × 35.5 pulgadas.

Los materiales directos para una ventana incluyen extrusiones de aluminio 6069 revestido de vinil para la cabeza, el silo, dos montantes y cuatro retenes vidriados; dos bloques vidriados, y dos cubiertas y dos agujeros de drenaje, una hoja doble de vidrio separada por un espaciador de butil para el aislamiento y los materiales de empaque. Según la cuenta separada (tabla 16-5), el costo total de materiales directos es $18.42. Observe que se usan varios factores de desperdicio al calcular los costos de material. Para las extrusiones de aluminio, se aumentó un factor de 8% a la longitud de corte y por ende el costo aumentó en el mismo porcentaje:

$$24.25 \text{ pulg} \times (1 + .08) \times \$.08275/\text{pulg} = \$2.167$$

Una gráfica de proceso de la operación de manufactura indica que se necesitan las siguientes operaciones básicas: cortar extrusiones de aluminio y retenes vidriados al tamaño, perforar los agujeros de drenaje, soldar el marco, limpiar las esquinas, ensamblar el producto final y empacar. De los datos de estándares de la tabla 16-6 y las componentes requeridas, se calcula un tiempo estándar de ensamble total de 19.193 minutos para una ventana de 2 × 3 pies (vea la tabla 16-7). De este tiempo, 14.522 minutos se deben a elementos manuales del operario (con un suplemento

FIGURA 16-10
Diversos estilos de ventanas
(*Cortesía de:* Hess Manufacturing Co.)

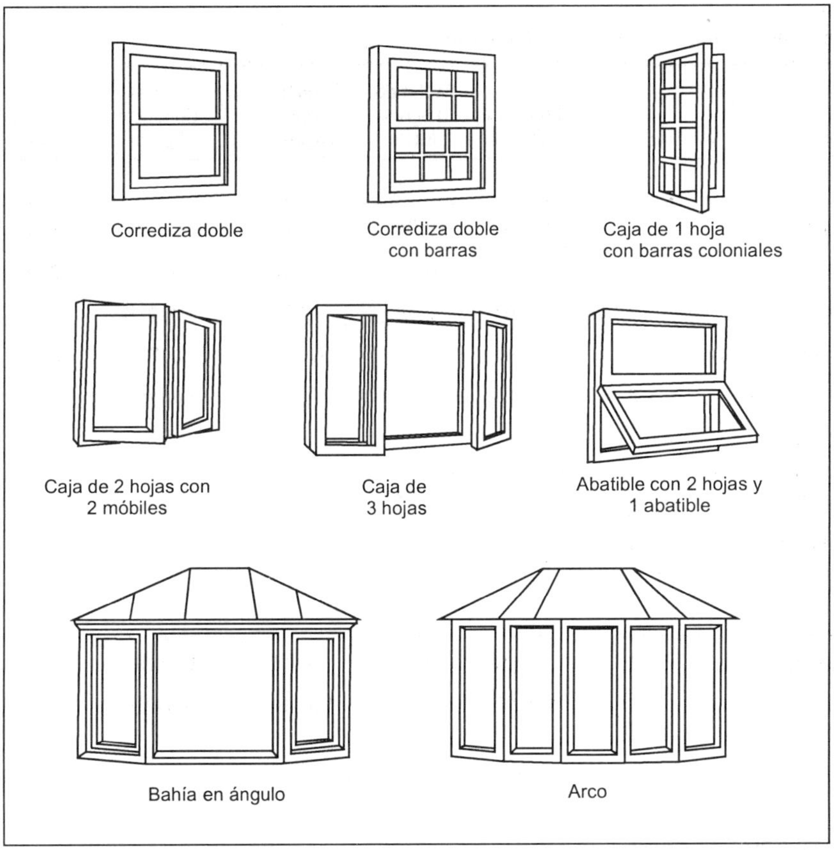

de 20%, 12.102 × 1.2 = 14.522 minutos) y 4.671 minutos se deben a elementos de máquina (con un suplemento de 5% por mal funcionamiento de máquinas y mantenimiento, 4.449 × 1.05 = 4.671 minutos).

Estos 19.193 minutos corresponden a 0.32 horas (19.193/60) de trabajo directo, que a un costo promedio de $7.21/h da un costo de mano de obra directa de $2.31. Una tasa de gastos generales de 136% (0.32 × 1.36 × 7.21) de los costos de mano de obra directa dan $3.14 de gastos de fabricación. Al sumar $18.42 del costo de material directo y los dos costos anteriores se obtiene un costo total de fabricación de $23.87 (vea la tabla 16-8). Según este costo, Hess puede determinar un costo de venta sugerido que mantenga su presupuesto dentro de las utilidades deseadas.

(*continúa*)

EJEMPLO 16-2 (*conclusión*)

TABLA 16-5
Lista de materiales: construcción de ventana nueva (2' × 3')

Partes - materiales	Unidades	Longitud (pulgadas)	Factor de desperdicio	Longitud total (pulgadas)	Costo Unitario ($/pulg)	Costo ($)
Extrusiones						
Cabeza, 6069	1	24.250	0.08	26.190	0.08275	2.167
Silo, 6069	1	24.250	0.08	26.190	0.08275	2.167
Montante, 6069	2	35.697	0.08	38.552	0.08275	6.380
Retén vidriado, superior	2	15.290	0.08	16.513	0.00733	0.242
Retén vidriado, laterales	2	19.750	0.08	21.330	0.00733	0.313
Hardware						
Bloque vidriado	2	—	0.01	—	0.019	0.0388
Cubierta de agujero de drenaje	2	—	0.01	—	0.085	0.1717
Vidrio						
Vidrio tranparente[1]	2	5.92	0.10	6.51	0.258	3.360
Espaciador[2]	1	119.00	0.10	130.90	0.0246	3.220
Empaques						
Esquineros	4	—	0.03	—	0.056	0.231
Recubrimiento elástico[3]	1	—	—	—	0.131	0.131
				Total del costo de material directo		18.42

[1] El tamaño del vidrio está dado como área en pies y los costos unitarios como $/pie.
[2] El espaciador es de hule y se coloca entre las dos hojas de vidrio.
[3] No medido específicamente; se usa un valor promedio.

TABLA 16-6
Datos estándar (minutos) para construcción nueva de ventanas de (2' x 3')

		Tipo de ventana				Tiempo observado			Tiempo normal	
Operación	**Código Oper.**	**v1h**	**vc**	**v2h**	**bah**	**Operario**	**Embonar**	**Calif. Operario**	**Operario**	**Embonar**
Cortar	CT	•	•	•		0.125	—	115	0.144	—
	CT	•	•	•	•	0.232	—	102	0.236	—
	CT	•	•	•	•	0.432	—	122.5	0.529	—
Fresar	FR	•	•			0.305	—	125	0.381	—
Barrenar	BR	•	•	•		0.275	—	115	0.316	—
	BR	•		•		0.242	—	117	0.283	—
Punzonar	PZ	•	•	•		0.145	—	115	0.167	—
	PZ	•	•	•	•	0.208	—	122.5	0.255	—
Balancear ensamble	BE	•		•		0.757	—	120	0.908	—
Reforzar barra	RB	•	•	•		1.233	—	115	1.418	—
Apilar	PA	•	•	•		0.163	—	115	0.187	—
Soldar	SD	•	•	•	•	0.767	0.717	107.5	0.825	0.717
Limpiar esquinas	LE	•	•	•		1.133	—	122.5	1.388	—
	LE	•	•	•	•	0.220	2.942	100	0.220	2.942
Hardware	HW	•	•	•		1.673	—	112.5	1.882	—
Colocar vidriado	CV	•	•	•	•	3.210	—	107.5	3.451	—
Ensamble final	EF	•	•	•	•	3.390	—	115	3.899	—
Empacar	EQ	•	•	•	•	0.373	0.790	105	0.392	0.790

v1h = ventana de una hoja
vc = ventana corrediza
v2h = ventana de dos hojas
bah = ventana en bahía

(*continúa*)

EJEMPLO 16-2 (*conclusión*)

TABLA 16-7
Análisis del tiempo de ensamble (minutos) — construcción de ventana nueva (2' × 3')

	Elementos manuales				
Proceso	**Cabeza**	**Silo**	**Montante**	**Retén vidriado**	**Elementos de máquina**
Corte	0.529	0.529	0.529	0.236	—
Barrenar agujeros de drenaje	—	0.255	—	—	—
# partes / marco	1	1	2	4	—
Subtotal de tiempo		3.315			—
Soldar		0.825			0.717
Limpiar esquinas		0.220			2.942
Colocar vidriado		3.451			—
Ensamble final		3.899			—
Empaque		0.392			0.790
Tiempo total de ensamble		12.102			4.449
Suplementos		20%[1]			5%[2]
Tiempo estándar de ensamble		14.522			4.671
		Tiempo total estándar de ensamble			19.193

[1] Incluye 5% suplemento personal, 5% suplemento por fatiga básica, 5% suplemento por demora, 5% suplemento por manejo de materiales
[2] Considera mal funcionamiento y mantenimiento de la máquina

TABLA 16-8
Costeo de construcción de ventana nueva (2' × 3')

Tipo de costo	Minutos	Horas	Tasa ($ / hr)	Costo ($)
Materiales directos	—	—	—	18.42
Mano de obra directa	19.193	0.320	7.21	2.31
Costo de fabricación	19.193	0.320	9.81	3.14
			Costo total de fabricación	23.87

Observe que estos *costos estándar* son metas de costo predeterminados con cuidado que deben lograrse. Se usan para determinar los costos del producto, evaluar el desempeño y, en general, para presupuestar. Sin embargo, conforme se desarrolla el trabajo, se incurre en costos reales que pueden tener *variaciones* si se comparan con los costos estándar. Estas variaciones se consideran favorables si los costos reales son menores que los presupuestados o estándar, y son desfavorables cuando exceden a los estándar. Las variancias proporcionan una retroalimentación sobre lo que debe modificarse para operar una línea productiva.

Reforzamiento de estándares de calidad

Los estándares de tiempo obligan a mantener los requerimientos de calidad. Como los estándares de producción se basan en la cantidad de piezas aceptable producidas en una unidad de tiempo y como no se reconoce el trabajo defectuoso, existe un esfuerzo constante e intenso por parte de los trabajadores para producir sólo partes aceptables. Si se cuenta con un plan de pago de incentivos, sólo se compensa a los operarios por las unidades aceptables; para mantener sus ingresos altos, minimizan el desperdicio. Es invariable que la inspección por muestreo es más efectiva con condiciones de incentivos. El operario se asegura que la calidad de cada pieza es satisfactoria antes de entregarla. Cuando algunas piezas tienen defectos, se responsabiliza de la recuperación al operario que las produjo, o se ajustan sus ingresos a una compensación sólo por las partes satisfactorias.

Problemas de administración

Los estándares de tiempo van acompañados de muchas medidas de control, como programación, rutas, control de materiales, presupuestos pronósticos, planeación y costos estándar. Tener control sobre prácticamente todas las etapas de una empresa, incluso las de producción, ingeniería, ventas y costos, minimiza los problemas de administración. Si se aplica el "principio de excepción" por el que se dedica atención sólo a esos artículos que se desvían del curso planeado de eventos, la administración puede confinar sus esfuerzos a sólo un pequeño segmento de la actividad total en la empresa.

Por ejemplo, la figura 16-11 ilustra un análisis de tiempo perdido semanal desarrollado para que la administración pueda tomar acciones positivas cuando no se logran las horas programadas. Observe que se estableció una meta de 9.50% horas perdidas para 1999, comparado con 10.6% horas en 1998.

La figura 16-12 ilustra cierta información administrativa relacionada con el análisis de fallas para siete subsistemas importantes de un sistema de compresor grande. Los datos obtenidos del estudio de muestreo del trabajo ilustran la distribución de Pareto (una distribución que refleja que una porción minoritaria de una actividad es responsable de una gran parte de ella).

Las operaciones gubernamentales también han encontrado que los estándares de tiempo son muy útiles. Este tipo de aplicación de los estándares se inició en 1949 por un decreto del Congreso norteamericano con lineamientos específicos para un sistema eficiente de premios en las dependencias del gobierno. Más tarde, en 1968, la MIL-STD 1567A requirió la aplicación de un programa de medición del trabajo disciplinada como herramienta administrativa para mejorar la productividad y para evaluar las propuestas de individuos o grupos.

Servicio a clientes

La experiencia indica que es más probable que las compañías que han desarrollado estándares justos basados en la medición, cumplan con las fechas de entrega programadas para sus productos. El uso de estándares de tiempo permite la introducción de procedimientos

FIGURA 16-11
Análisis del tiempo perdido semanal de ETF, julio 14-20, 1991 (*cortesía de:* Ramesh C. Gulati, Sverdrup Technology, Inc., AEDC Group)

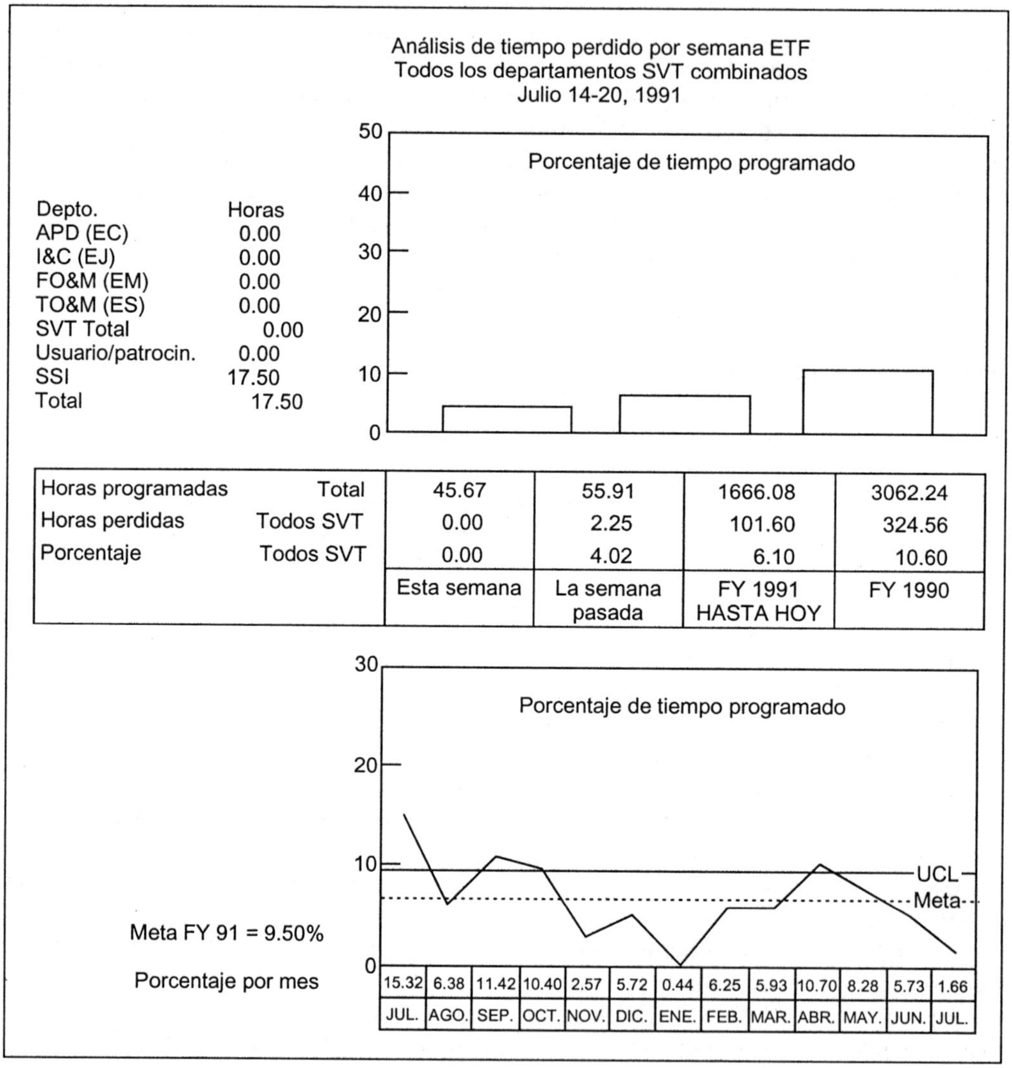

		Esta semana	La semana pasada	FY 1991 HASTA HOY	FY 1990
Horas programadas	Total	45.67	55.91	1666.08	3062.24
Horas perdidas	Todos SVT	0.00	2.25	101.60	324.56
Porcentaje	Todos SVT	0.00	4.02	6.10	10.60

JUL.	AGO.	SEP.	OCT.	NOV.	DIC.	ENE.	FEB.	MAR.	ABR.	MAY.	JUN.	JUL.
15.32	6.38	11.42	10.40	2.57	5.72	0.44	6.25	5.93	10.70	8.28	5.73	1.66

de control actualizado con ventajas para los consumidores que obtienen su mercancía cuando la necesitan o la desean. Además, los estándares de tiempo tienden a hacer que una compañía esté más consciente de los costos y el tiempo; en general, esto da como resultado precios de venta más bajos. Como ya se explicó, la calidad se conserva con un plan de estándares, que asegura a los clientes que se fabrican más partes que cumplen las especificaciones requeridas.

FIGURA 16-12
Análisis de fallas para siete subsistemas principales de un sistema de compresor grande y error humano (*cortesía de:* Ramesh C. Gulati, Sverdrup Technology, Inc., AEDC Group)

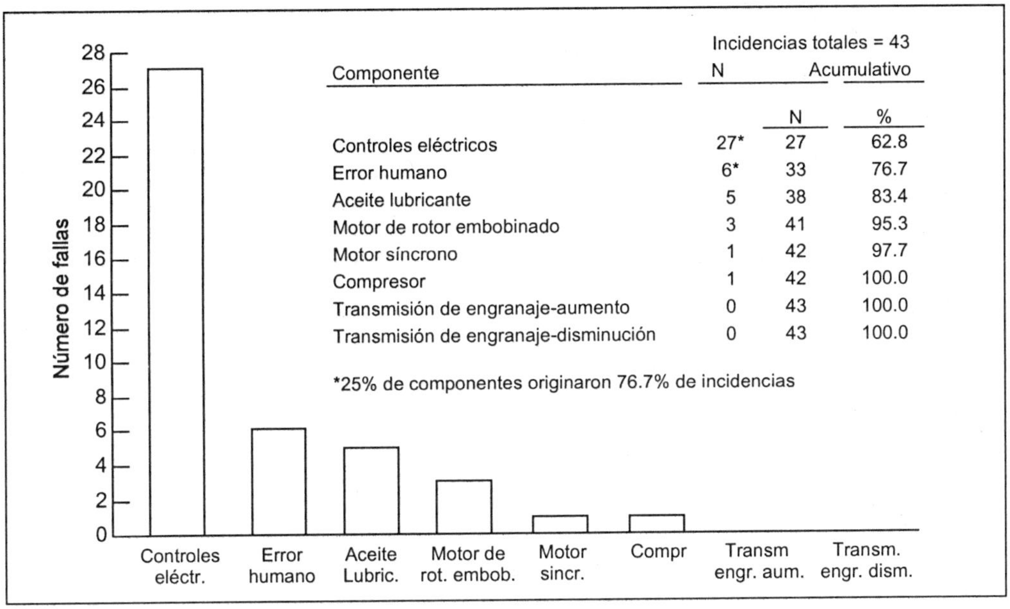

RESUMEN

Un seguimiento exhaustivo y periódico asegura el logro que los beneficios esperados del nuevo método. Esto exige el mantenimiento de los estándares de tiempo para obtener una estructura de costos satisfactoria. Debe hacerse una revisión periódica de todos los estándares para verificar que los métodos utilizados son idénticos a los empleados cuando se establecieron. Es necesario un análisis de métodos continuo.

Existen muchas aplicaciones de los estándares en todas las áreas de la empresa. Tal vez el resultado más significativo es el mantenimiento de la eficiencia de toda la planta. Si no se puede medir la eficiencia, no es posible controlarla, y sin control será notoria su disminución. Una vez que la eficiencia disminuye, los costos de mano de obra se elevan con rapidez y el resultado es la pérdida eventual de la competitividad en el mercado. La figura 16-13 muestra la relación entre los costos de mano de obra y la eficiencia en una compañía de prestigio que fabrica accesorios para automóvil. Con el establecimiento y conservación de estándares efectivos, una empresa puede estandarizar los costos de mano de obra directa y controlar los costos totales.

PREGUNTAS

1. Compare las formas para determinar un tiempo estándar.

2. ¿De qué manera ayudan los estándares de tiempo válidos al desarrollo de la planta ideal?

FIGURA 16-13
Relación entre costos de mano de obra y eficiencia (desarrollada con datos proporcionados por AC Spark Plug Division, General Motors Co.)

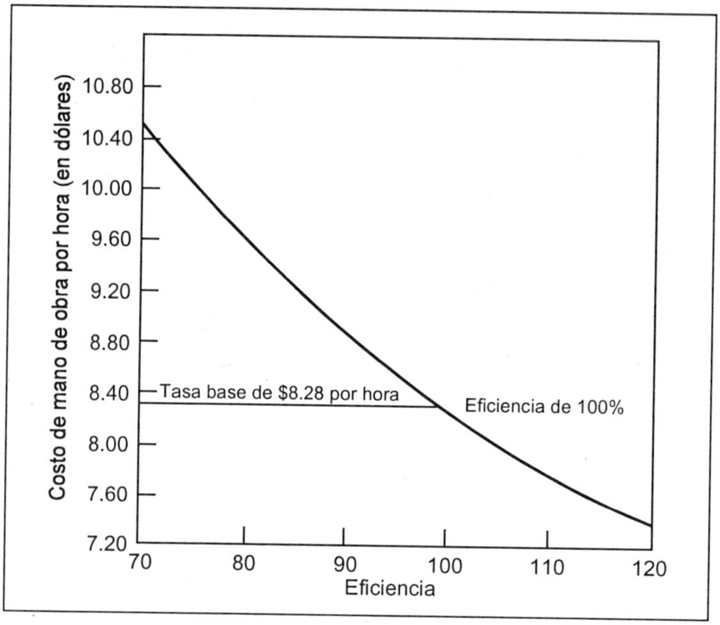

3. Explique la relación entre los estándares de tiempo y la capacidad de la planta.

4. ¿De qué manera se usan los estándares de tiempo para un control de la producción efectivo?

5. Explique cómo se pueden determinar los costos de mano de obra con los estándares de tiempo.

6. ¿Cómo ayuda el desarrollo de estándares de tiempo para mantener la calidad del producto?

7. ¿De qué manera mejora el servicio para el cliente al tener estándares de tiempo válidos?

8. ¿Cuál es la relación entre el costo de mano de obra y la eficiencia?

9. ¿Cómo se simplifican los problemas administrativos con la aplicación de los estándares de tiempo?

10. Explique cómo se pueden preveer con precisión las áreas de inventario y almacén.

11. Explique qué significa la distribución de Pareto. Proporcione algunos ejemplos de esta distribución con los que esté familiarizado.

12. Si una auditoría revela que un estándar, como se estableció en un principio, está desviado 20%, explique la metodología para rectificar la tasa.

13. ¿Cuál es la relación entre la exactitud de los estándares de tiempo y el control de la producción? ¿Se aplica la regla de disminuir rendimientos?

14. ¿De qué manera la medición del trabajo mejora la selección y colocación de personal?

15. ¿Cuándo ya no es necesario dar seguimiento a un método implantado?

PROBLEMAS

1. En la compañía manufacturera XYZ, el costo de trabajo directo se basa en la relación de eficiencia mostrada en la figura 16-13. Para una línea de productos dada, el precio de venta se basa en una operación con 95% de eficiencia. ¿Qué utilidad adicional obtiene la compañía si la eficiencia real es de 110%? La utilidad se estimó originalmente en 10% del costo total. En esta línea de productos, el costo general total se estimó en 100% de costo primario (trabajo directo más material directo). El costo promedio de material fue $5 por unidad producida y el trabajo directo promedio fue 0.50 horas por unidad.

2. En la compañía XYZ, la administración estudia la posibilidad de aumentar de dos a tres turnos diarios de 8 horas, a dos turnos de 10 horas al día, con el fin de aumentar la capacidad. La administración sabe que los inicios de turno tienen una pérdida de productividad de 0.5 horas por empleado. El cargo por el tercer turno es 15% por hora. Las horas trabajadas por día después del turno de 8 horas cuestan 50% más. Para cumplir con las demandas proyectadas es necesario aumentar 25% las horas-trabajo de producción. En vista del espacio insuficiente y el equipo de capital, el incremento no puede realizarse si aumenta el número de empleados. ¿Qué debe hacer la administración?

3. Se establece un estándar de tiempo que da al operario 11.28 minutos por pieza. El departamento de ventas espera vender al menos 2000 de estas partes durante el siguiente año. ¿Cuántas auditorías de este estándar recomendaría que se programaran en los próximos 12 meses?

4. Si el pago por jornada de trabajo en un taller tiene un promedio de $12.75 por hora y hay 250 empleados de trabajo directo, ¿cuál sería el costo directo verdadero por hora si, durante un mes normal, se producen 40 000 horas-trabajo?

REFERENCIAS

Buffa, Elwood S. *Modern Production Operations Management*, 6ª Ed., Nueva York: John Wiley & Sons, 1980.

Graham, C. F. *Work Measurement and Cost Control*, Oxford, England: Pergamon Press, 1965.

Greene, J. H. *Production and Inventory Control: Systems and Decisions*, Ed. rev. Homewood, IL: Richard D. Irwin, 1967.

Magee, J. F. y D. M. Boodman. *Production Planning and Inventory Control*, 2ª Ed., Nueva York: McGraw-Hill, 1967.

Moore, F.G. y R. Jablonski. *Production Control*, 3ª Ed., Nueva York: McGraw-Hill, 1969.

Mundel, Marvin E. A. *Conceptual Framework for the Management Sciences*, Nueva York: McGraw-Hill, 1967.

Panico, Joseph A. "Work Standards: Establishment, Documentation, Usage and Maintenance". en *Handbook of Industrial Engineering*, 2ª Ed., Ed. Gavriel Salvendy. Nueva York: John Wiley & Sons, 1992.

SOFTWARE SELECCIONADO

Nicks, J. E. *Cost Estimating, Basic Programing Solutions for Manufacturing*, Dearborn, MI: Society of Manufacturing Engineers, 1982.

CAPÍTULO 17

Pagos salariales

PUNTOS CLAVE:

- Establecer incentivos sencillos pero justos, basados en estándares probados.
- Garantizar tasas de horas básicas.
- Proporcionar incentivos individuales más arriba de las tasas base.
- Relacionar los incentivos en forma directa con el aumento de producción.
- Recordar incluir la calidad del producto en el esquema de incentivos.

Los factores principales al crear trabajadores altamente productivos y satisfechos son compensación y reconocimiento por el desempeño efectivo. La compensación debe ser significativa para los empleados, ya sea financiera, sicológica o de ambos tipos. La experiencia ha probado que los trabajadores no hacen un esfuerzo adicional o sostenido a menos que cuenten con un incentivo, ya sea directo o indirecto. Los incentivos, de una forma u otra, se han usado durante muchos años. Hoy, con la creciente necesidad de las empresas e industrias norteamericanas de mejorar su productividad para frenar la inflación y mantener o mejorar su posición en el mercado mundial, la administración no debe pasar por alto las ventajas de los incentivos salariales. Sólo cerca de 25% de los trabajadores de la manufactura tienen incentivos. Si esta cifra se duplicara en la próxima década, las mejoras a la productividad de todo el país podrían ser grandiosas.

Cada día las prestaciones son más significativas (en la actualidad tienen un promedio de 40% de la mano de obra directa), estos costos deben prorratearse entre más unidades de producción. En este momento, las prestaciones incluyen no sólo las características básicas como pensiones, pago de vacaciones y beneficios médicos (cuyo costo se ha elevado sin límite), también comprenden aspectos como seguro por incapacidad y beneficios educativos. Las prestaciones típicas se muestran en la tabla 17-1.

En el sentido amplio, todos los planes de incentivos que incrementan la producción del empleado se conocen como *planes de compensación flexible*. Se presentarán de manera breve cuatro tipos de planes flexibles: 1) planes de piezas trabajadas y horas de mano de obra; 2) planes de compensación por ganancias adicionales (Scanlon, Rucker, Improsha-

TABLA 17-1
Beneficios típicos proporcionados por una compañía**

Beneficio	Porcentaje aproximado*
Seguro de salud	13 - 18
Seguro de la vista	½ - 1
Seguro dental	2 - 4
Vacaciones (hasta 4 semanas por año)	20 - 25
Días de licencia (hasta 5 días por año)	2 - 5
Días festivos (hasta10 por año)	10 - 12
Seguro de vida	2 - 5
Incapacidad prolongada	1 - 3
Pensión	25 - 30
Reembolso de gastos educativos	1 - 2

* como porcentaje de los beneficios totales
** en U.S.A. (Nota del R.T.)

re); 3) planes de obtención de acciones, y 4) planes de reparto de utilidades. Antes de diseñar un plan de pagos salariales en una planta específica, los analistas deben revisar las fortalezas y debilidades de los planes anteriores, incluyendo los planes de jornada de trabajo y todos los no financieros.

PLANES DE JORNADA DE TRABAJO

Los planes de *jornada de trabajo* compensan al empleado según el número de horas trabajadas multiplicadas por una tasa base de horas establecida. Las políticas de la compañía que estimulan el ánimo de los empleados dan como resultado una buena productividad y, sin establecer una relación directa entre la compensación y la producción, se encuentran en la clasificación de jornada de trabajo. Estas políticas globales de la compañía son justas y sus tasas base relativamente altas, apoyadas en la evaluación del trabajo, la calificación de méritos, sistemas de sugerencias, un salario anual garantizado y prestaciones más o menos altas, crean una actitud sana en los empleados, que tienden a estimular y aumentar la productividad.

Desde la perspectiva de la compañía, parece que el plan de jornada de trabajo es ideal. Los costos unitarios de mano de obra (salarios divididos entre la productividad o el desempeño del trabajador) disminuyen cuando la productividad aumenta (vea la figura 17-1). En términos matemáticos, los costos unitarios de mano de obra (y_c) se pueden expresar como:

$$y_c = y_w / x$$

donde: y_w = tasa base en horas normalizadas (= 1),
x = productividad o desempeño normalizado.

Por desgracia, los planes de jornada de trabajo tienen una debilidad, permiten que exista una distancia demasiado amplia entre los beneficios de los empleados y la produc-

FIGURA 17-1
Relación entre los costos, salarios y productividad en los planes de jornada de trabajo. *Adaptado de:* Fein (1982). (Reimpreso con permiso de John Wiley & Sons, Inc.)

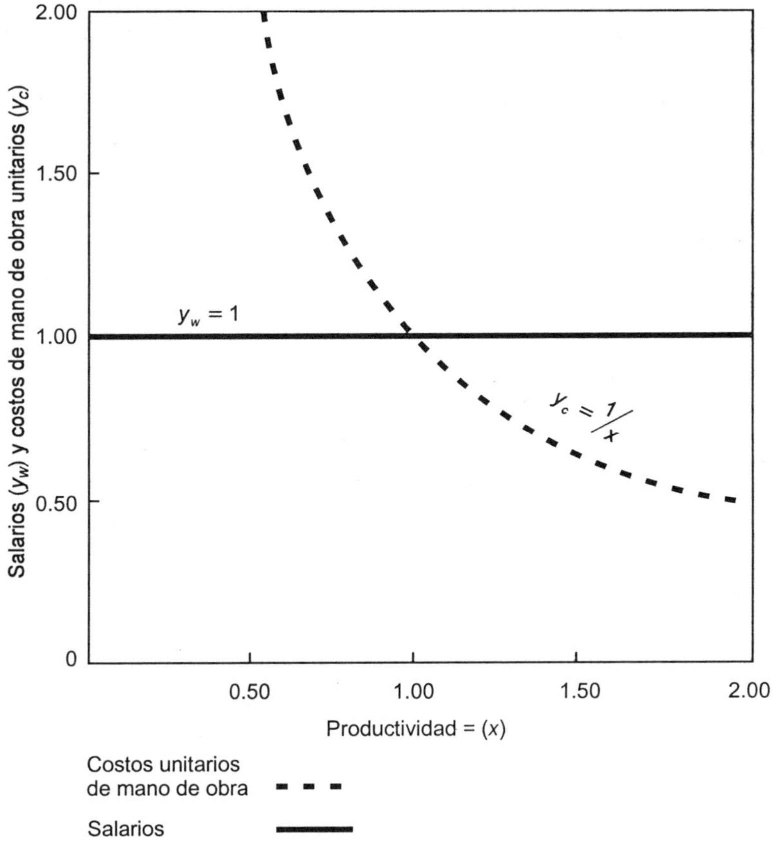

tividad. Después de un tiempo, los empleados sienten que los beneficios están garantizados y la compañía nunca logra los costos unitarios de mano de obra más bajos. La teoría, filosofía y técnica de los planes de jornada de trabajo están fuera del alcance de este libro; se puede obtener más información sobre el tema en libros de administración de personal.

PLANES DE COMPENSACIÓN FLEXIBLE

Los *planes de compensación flexible* incluyen todos los planes en los que la compensación del trabajador se relaciona con la producción. Esta categoría incluye planes de incentivos individuales y de grupo. En los primeros, el desempeño de cada empleado, durante el periodo, rige la compensación de éste. Los planes de grupo se aplican a dos o más empleados que dependen entre sí como un equipo de trabajo. En estos planes, la compensación de cada trabajador dentro de un grupo se apoya en su tasa base y en el desempeño del grupo completo durante el periodo.

El incentivo por un esfuerzo individual alto o prolongado no es tan grande en los planes de grupo como en los individuales. Así, la industria favorece los métodos de incentivos individuales. Además, los planes de grupo tienen desventajas que disminuyen la productividad global: 1) problemas personales que surgen por la falta de uniformidad de la producción, aunada a la uniformidad de pago y 2) dificultades para justificar los diferenciales de las tasas base por las diferentes oportunidades dentro del grupo.

Sin embargo, los planes de grupo ofrecen algunas ventajas definitivas sobre los de incentivos individuales: 1) facilidad de implantación debido a que es más sencillo medir la producción del grupo que la individual y 2) reducción de los costos administrativos debido a menor documentación, menos verificaciones de inventario en proceso y menos inspección en proceso.

En general, los planes de incentivos individuales dan cabida a tasas de producción más altas y costos unitarios menores. Si es práctico ponerlo en marcha, el plan individual debe tener preferencia sobre los de grupo. Por otro lado, el enfoque de grupo funciona bien cuando es difícil medir la actuación individual en cooperación con otros empleados. Por ejemplo, si cuatro operarios trabajan juntos en la operación de una prensa de extrusión, sería casi imposible tener un sistema de incentivos individuales; en su lugar se aplicaría un plan de grupo.

Plan por pieza trabajada

Con el plan *por pieza trabajada* todos los estándares se expresan en dinero y se compensa a los operarios en proporción directa a la producción. Con el plan por pieza no está garantizada la tasa diaria. Como las leyes federales de Estados Unidos requieren la garantía de una tasa de horas mínima, el plan a destajo ya no se usa. Antes de la Segunda Guerra Mundial se usó en forma más extensa que cualquier otro plan de incentivos. Las razones de su popularidad fueron que es fácil que el trabajador entienda el plan, su aplicación es sencilla y es uno de los planes más antiguos. La figura 17-2 muestra una gráfica de la relación entre los salarios de los operarios y los costos directos de mano de obra con este plan.

Como los costos unitarios de mano de obra permanecen constantes sin importar la productividad del trabajador, parece que la compañía no se beneficia con el plan por pieza. Sin embargo, esto no es cierto si se recuerdan todos los costos que afectan los gastos de fábricación (vea el capítulo 16). Los costos generales relativamente constantes disminuyen si se consideran en términos del costo unitario.

Plan de horas estándar

El plan de *horas estándar* con una tasa base garantizada, establecida mediante la evaluación del trabajo, es por mucho el plan de incentivos más popular en la actualidad. La diferencia fundamental entre este plan y el de piezas trabajadas es que con éste los estándares se expresan en tiempo y no en dinero, y se compensa a los operarios en proporción directa a su producción.

FIGURA 17-2
Relación entre costos, salarios y productividad en el plan por pieza trabajada

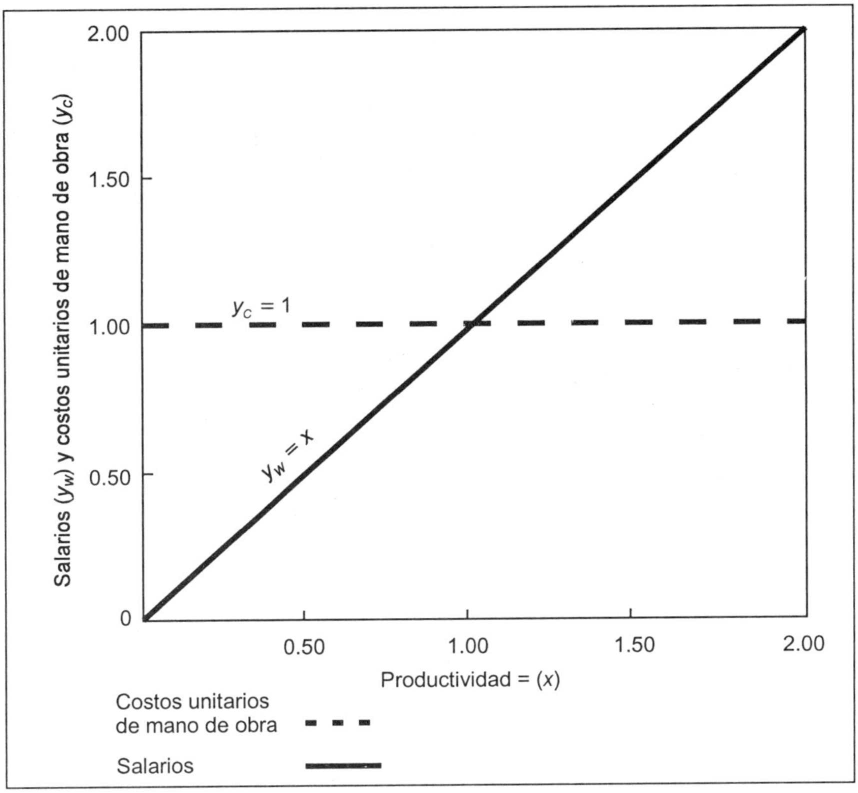

De manera gráfica, la relación entre los salarios de los operarios y el costo unitario de mano de obra, graficados contra la productividad, es una combinación de las figuras 17-1 y 17-2 (vea la figura 17-3). El trabajador opera con un plan de jornada de trabajo hasta el 100% de productividad y con un plan por pieza el resto de la producción. Por ejemplo, un estándar se puede expresar como 0.02142 horas por pieza o 373 piezas por turno de 8 horas. Cuando se conoce la tasa base, es sencillo calcular ya sea la tasa de dinero o el salario del operario. Si éste tiene una tasa base de \$12, entonces la tasa de dinero para el trabajo sería: $12.00 \times 0.02142 = \$0.257$ por pieza. Si el operario produce 412 piezas en una jornada de 8 horas, el salario diario sería $412 \times 0.257 = \$105.88$, y el salario por hora sería: $\$105.88/8 = \$13.24$. Entonces, en este caso, la eficiencia del operario para el día sería: 412/373, es decir, 110%.

El plan de hora estándar ofrece todas las ventajas del plan por pieza y elimina las mayores desventajas. Sin embargo, con este plan, es más difícil que los trabajadores calculen los ingresos, que cuando los estándares se expresan en dinero. La ventaja principal es que los estándares no cambian cuando las tasas base se alteran. Entonces, con el tiempo, este plan reduce el trabajo de oficina si se compara con el plan por pieza. Más aún, el término "hora estándar" es más agradable para los trabajadores que "pieza trabajada" y con los es-

FIGURA 17-3
Relación entre costos, salarios y productividad en el plan de hora estándar (*Adaptado de:* Fein, 1982) (Reimpreso con permiso de John Wiley & Sons, Inc.)

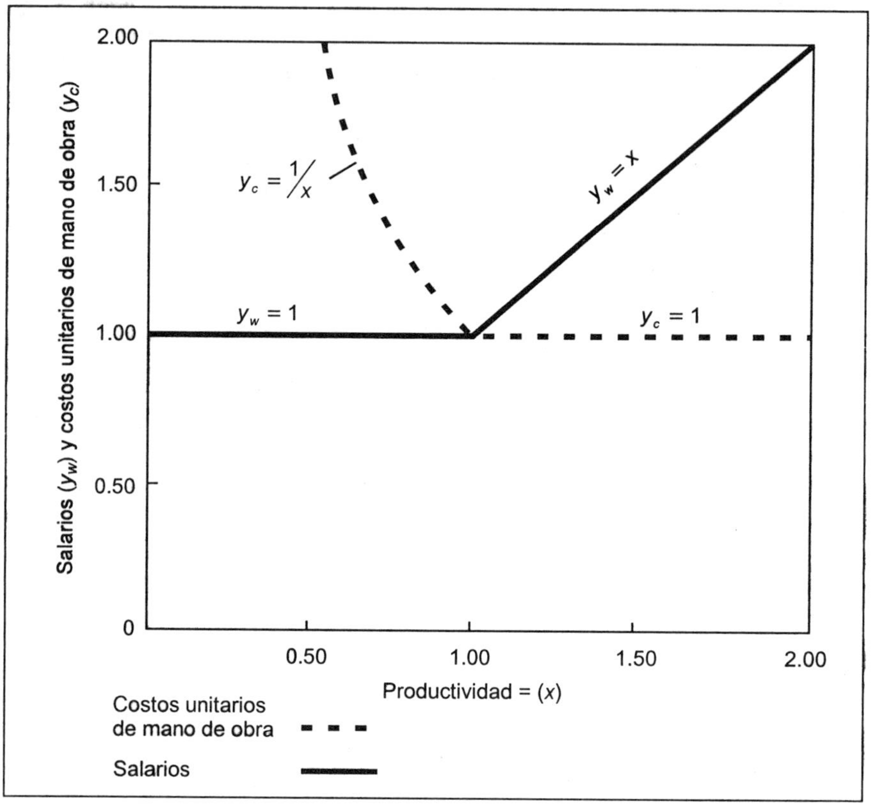

tándares expresados en tiempo, el dinero ganado por los trabajadores no está ligado con las prácticas de estudio de tiempos. Por estas razones ha habido un aumento notorio en el uso de los planes de hora estándar.

Una variación del plan de hora estándar es un esquema en el que los incentivos se aplican a cada trabajador según la producción del grupo, lo que crea un esquema de incentivos de grupo. Esto es útil en especial para las células de trabajo (como parte de la ampliación del trabajo que se presenta en el capítulo 18) o en situaciones donde el desempeño individual no se puede medir con facilidad (como en la construcción de barcos o aviones). Estos esquemas tienen algunas ventajas al permitir mayor flexibilidad para los trabajadores, reducir la competencia y resaltar el ánimo y el trabajo en equipo. Por otro lado, el incentivo individual se reduce y los mejores trabajadores se desaniman.

Jornada de trabajo medida

A principios de la década de 1930, poco después de la era de los expertos en eficiencia, el trabajo organizado intentó no someterse a estudios de tiempos y, en particular, al plan de trabajo por piezas. En ese tiempo se popularizó la *jornada de trabajo medida* como un sistema de incentivos que ampliaba la distancia entre los estándares establecidos y los ingresos del trabajador. Hoy en día operan muchas modificaciones a la jornada de trabajo medida y la mayoría sigue un patrón específico. Primero, las evaluaciones del trabajo establecen tasas base para todas las situaciones dentro del plan. Segundo, algunas forma de medición del trabajo establecen los estándares para todas las operaciones. Tercero, los analistas mantienen un registro de la eficiencia de cada empleado durante cerca de tres meses. Esta eficiencia multiplicada por la tasa base establece una tasa base para el siguiente periodo. Por ejemplo, la tasa base de cierto operario puede ser $12.00 por hora. Suponga que el periodo de actuación es un mes, o 173 horas de trabajo. Si durante el mes el operario trabaja 190 horas estándar, su eficiencia en el periodo sería 190/173, o 110%. Entonces, en vista de la actuación, el operario recibiría una tasa base de $1.10 \times 12.00 =$ $13.20 por cada hora trabajada durante el periodo, sin importar su desempeño. Sin embargo, sus logros durante este periodo formarían la tasa base para el siguiente.

En todos los planes de jornada medida se garantiza la tasa base; así, una operación que baja del estándar (100%) en cualquier periodo recibiría la tasa base en el siguiente periodo. El tiempo empleado en determinar el desempeño es casi siempre tres meses, para disminuir el trabajo de cálculos e instalación de nuevas tasas base garantizadas. Por supuesto, mientras más largo sea el periodo, menor será el esfuerzo esperado por incentivos. Cuando la diferencia entre desempeño y realización es demasiado grande, el efecto de desempeño por incentivos desaparece.

La ventaja principal de la jornada medida es que elimina la presión directa en los trabajadores. Ellos saben cuál es su tasa base y se dan cuenta que, independientemente del desempeño, recibirán esa cantidad durante el periodo.

Las limitaciones de la jornada medida son evidentes. Primero, por la longitud del periodo de desempeño, el incentivo no es fuerte. Segundo, para ser efectivo, el plan coloca una gran responsabilidad en los supervisores para mantener la producción arriba del estándar. De otra manera, el desempeño del empleado disminuye y esto baja la tasa base para el siguiente periodo, lo cual le causa insatisfacción. Tercero, es costoso mantener los registros detallados y hacer los ajustes periódicos en todas las tasas base, pues implica tanto trabajo de oficina como en el plan de incentivos directos en el que se compensa al empleado según su producción.

Planes de ganancias compartidas

Los planes de *ganancias compartidas*, conocidos también como planes de productividad compartida, se caracterizan por compartir los beneficios de la mejora en productividad, la reducción de costos y/o la mejora en la calidad. Muchas compañías en Estados Unidos cuentan hoy con alguna forma del plan de reparto de utilidades. En muchas de ellas, las plantas agregan suplementos compartidos en lugar de sustituir los sistemas de compensación existentes. Muchos administradores modernos aceptan el principio de compensar a los empleados por las mejoras en la productividad y/o el costo, ya sea que las mejoras se deban o no a un desempeño más alto que el normal o a mejoras en los métodos de trabajo.

Con planes de este tipo, la administración calcula los incentivos cada mes. Es costumbre que sólo se distribuyan dos tercios de los incentivos ganados en un periodo de pago dado. El tercio restante se coloca en un fondo de reserva que se usa en meses en que el desempeño baja del estándar. Los tres planes de productividad compartida que se presentan son: Scanlon, Rucker e IMPROSHARE. Difieren en la fórmula usada para calcular los ahorros en productividad y en el método de implantación. Los planes Scanlon y Rucker miden la nómina de una compañía contra las ventas totales en dólares y comparan el resultado al promedio de los últimos años. El plan IMPROSHARE mide la producción contra el total de horas trabajadas. Entonces, los planes Scanlon y Rucker usan dinero como unidad de medida mientras que IMPROSHARE usa horas. Estos tres planes de productividad son flexibles en cuanto al personal incluido en ellos. Puede tratarse de trabajadores directos e indirectos o de cualquier nivel administrativo.

Plan Scanlon

Durante la Gran Depresión, Joseph Scanlon desarrolló el *plan Scanlon* para salvar una compañía a punto de la quiebra. Tres principios fundamentales forman la base de este plan: pago de bonos, identidad con la compañía o empresa y participación de los empleados. Los planes Scanlon reconocen el valor y contribución de cada miembro de la empresa, estimulan la toma de decisiones descentralizada y buscan que cada empleado se identifique con los objetivos de la organización mediante la participación financiera.

Antes de calcular el bono, debe determinarse la razón base. Ésta suele ser:

$$\text{Razón base} = \frac{\text{costos de nómina que deben incluirse}}{\text{valor de la producción}}$$

Los analistas realizan un estudio histórico durante cerca de un año para reunir datos antes de calcular la razón base apropiada. Por ejemplo, si la razón base es 15% y si durante el mes pasado el valor de la producción (ventas más o menos inventario) es igual a \$2 millones, entonces la mano de obra asignada es igual a \$300 000 (0.15 × 2 000 000). Un costo real de mano de obra de \$270 000 genera un bono de grupo de \$30 000. En general, la compañía conserva una parte de este bono para gastos de capital. El resto se distribuye entre los empleados en forma de bono mensual, según un porcentaje de sus salarios.

Para inducir la identificación con la compañía, el plan Scanlon recomienda un programa continuo de desarrollo administrativo en el que los empleados, mediante una comunicación efectiva, aprenden sobre metas, objetivos, oportunidades y áreas de problemas característicos de la empresa. El plan Scanlon incorpora la mayor parte de las variables de "calidad de vida de trabajo" como ampliación de tareas, enriquecimiento del trabajo, sensación de logro y reconocimiento.

La participación de los empleados casi siempre se logra con sistemas de sugerencias formales y dos sistemas de comités que tienen una intersección. Los representantes electos de los empleados se reúnen al menos una vez al mes con sus supervisores de departamento para revisar las sugerencias de productividad, reducción de costos y mejoras en la calidad. Con frecuencia, estos comités tienen autoridad para tomar decisiones sobre las sugerencias de menor costo. Las más costosas o las que afectan a otros departamentos se turnan a un comité de nivel más alto.

Plan Rucker

Este plan surgió a principios de la década de 1940. Fue concebido por Allen W. Rucker, al observar la relación entre los costos de nómina y las ventas netas reales más o menos los cambios en inventario, menos los materiales y servicios comprados.

Lo mismo que el plan Scanlon, el plan Rucker hace énfasis en la identificación con la compañía y la participación de los empleados, mediante el establecimiento de un sistema de sugerencias; los comités Rucker y la buena comunicación trabajadores-administradores. Este plan proporciona un bono en el que todos, excepto la alta administración, comparten un porcentaje de las ganancias. En la evaluación del bono se establece una relación histórica entre la mano de obra y el valor agregado. Por ejemplo:

Ventas netas (por un periodo de un año)	\$1 500 000
Cambio de inventario (decremento)	200 000
	\$1 300 000
Menos materiales y suministros utilizados	700 000
Valor agregado en la producción	\$ 600 000

$$\text{Estandar Rucker} = \frac{\text{Costos de nómina incluidos en el grupo}}{\text{Valor de producción}}$$

Si se supone que los costos de mano de obra con base en un periodo de un año son \$350 000, el estándar Rucker se convierte en:

$$\frac{\$350\,000}{\$600\,000} = 0.583$$

Así, en cualquier periodo futuro (por lo común un mes) en que los costos reales de mano de obra sean menores que 0.583 del valor de producción, los empleados reciben bonos. Es usual que 30% de este bono se reserve para meses de déficit, la compañía conserva una parte para mejoras futuras y el resto (alrededor de 50%) se distribuye entre los empleados. Si 50% del bono se reparte entre los empleados y 30% se retiene para meses de déficit, el 20% restante se puede usar para retrabajo de producción y transporte de entregas en lugar de que esa cantidad se quede en la empresa para realizar mejoras.

Como los materiales y suministros usados se deducen de las ventas netas, el cálculo del plan Rucker toma en cuenta, sólo de manera parcial, variables como la mezcla de productos. Este plan también exhorta a los empleados a ahorrar en materiales y suministros, ya que ellos mismos se benefician.

IMPROSHARE

El plan de "mejor productividad al compartir" (cuyo nombre está formado por las letras escritas con mayúsculas en IMproved PROductivity through SHARing) fue desarrollado por Mitchell Fein en 1974. Su meta es producir más unidades con menos horas de trabajo directo e indirecto. A diferencia de los planes Scanlon y Rucker, *IMPROSHARE* no hace hincapié en la participación de los empleados, más bien mide el desempeño y estimula a los trabajadores para mejorar la productividad.

Este plan compara las horas-trabajo ahorradas para un número dado de unidades producidas con las horas requeridas para fabricar ese mismo número de unidades durante un periodo base. Los ahorros se comparten entre la compañía y los empleados directos e indi-

EJEMPLO 17-1
Plan de incentivos IMPROSHARE

Suponga que en una planta que fabrica un solo producto, 122 empleados producen 65 500 unidades en un periodo de 50 semanas. Si las horas-trabajo totales fueron 244 000, la hora-trabajo estándar sería:

$$\frac{244\,000}{65\,500} = 3.725 \text{ h/unidad}$$

Si en una semana, 125 empleados trabajaron un total de 4 908 horas y produjeron 1650 unidades, el valor de la producción sería $1650 \times 3.725 = 6146.25$ horas. La ganancia sería $6146.25 - 4908 = 1238.25$ horas. Por lo común, la mitad de esta cantidad, o 619.125 horas se reparte entre los empleados. Esto significa un bono o pago adicional de 12.6% (619.125/4908) para los empleados.

La compañía también se beneficia puesto que los costos de mano de obra se reduce. El costo unitario de mano de obra de 3.725 horas establecidas para el periodo base disminuye a $(4908 + 619.25)/1650 = 3.350$ horas por unidad.

rectos involucrados en la manufactura del producto. La productividad base se mide por la comparación entre el valor de la hora de mano de obra de la producción terminada con el total de mano de obra contratada para esta producción. Sólo se cuentan los productos aceptables. Así:

$$\text{Estándar de horas-trabajo} = \frac{\text{horas-trabajo de producción total}}{\text{unidades producidas}}$$

En forma gráfica, el plan IMPROSHARE se puede considerar una variación del plan de horas estándar de la figura 17-3, excepto que la pendiente del segmento de piezas trabajadas no es 1 sino una fracción menor que 1 (vea la figura 17-4). Esta fracción, o pendiente p, es la fracción de participación y puede variar de una compañía a otra. Si la división entre la organización y los empleados es por partes iguales (como se vio), entonces p es igual a 0.5. En el plan de horas estándar, la participación es 100% y $p = 1$.

Obtención de acciones

Los planes en los que los empleados se convierten en dueños de acciones han ganado popularidad en la última década. El Bureau of National Affairs de Estados Unidos, hizo una investigación en 1984 entre 195 empleados para determinar el tipo de programas de mejoramiento de la productividad instalados e indicó que 37, o 19 % contaban con planes de obtención de acciones. Éstos comprendían la creación de un fondo con acciones de la compañía destinadas a los empleados. Aunque son raros los planes de 100% de pertenencia a los empleados, se puede usar este tipo de esquema para desarrollarlo.

Ganancias compartidas

El plan de *ganancias compartidas* se puede definir como un procedimiento en el cual, además del pago normal, el empleador paga a todos los empleados sumas actuales o dife-

FIGURA 17-4
Relación entre costos, salarios y productividad en los planes de incentivos con participación variable (p = fracción de participación) (*Adaptado de:* Fein, 1982) (Reimpreso con permiso de John Wiley & Sons, Inc.)

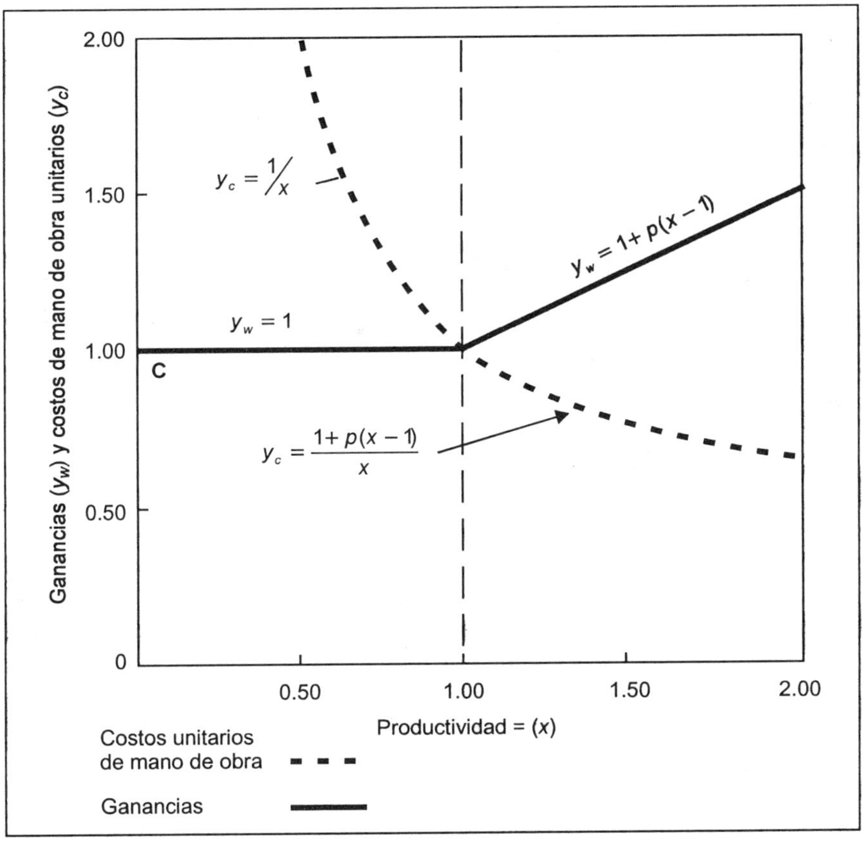

ridas basadas en la prosperidad de la compañía. No hay un tipo específico de plan que haya tenido la aceptación general de la industria. De hecho, casi todos los sistemas tienen ciertas características de "hecho a la medida" que los distingue de los otros. Sin embargo, la mayoría se puede clasificar como planes 1) de efectivo directo, 2) diferidos o 3) combinados.

Como su nombre lo dice, el plan de efectivo directo distribuye periódicamente el dinero de las ganancias a los empleados. El pago no se incluye en el sobre normal de sueldo, se hace por separado para identificarlo como una remuneración adicional obtenida por el esfuerzo individual y combinado de toda la fuerza de trabajo. La cantidad de efectivo se basa en el grado de éxito financiero de la empresa en el periodo. Cuanto más corto sea el periodo, mayor será la relación entre el esfuerzo y la remuneración. Se seleccionan periodos más largos para promediar las variaciones de los ciclos de negocios.

Los planes de ganancias diferidas comprenden la inversión periódica de parte de las ganancias de los empleados. Al jubilarse o separarse de la empresa, cuentan con una fuente de ingresos distinta al salario. Es evidente que los planes diferidos de ganancias compartidas no proporcionan el mismo estímulo o incentivo que los planes de efectivo. Sin embargo, estos planes ofrecen la ventaja de tener una implantación y administración sencillas. Además, ofrecen mayor seguridad que las remuneraciones en efectivo. Esto los hace agradables a los ojos de los empleados estables.

Los planes combinados tienen parte de las ganancias invertidas para la jubilación y beneficios similares y otra parte se distribuye como remuneración en efectivo. Esta clase de planes aprovecha las ventajas de los dos anteriores, el diferido y el de efectivo directo. Una forma representativa de poner en práctica este plan puede ser compartir con los empleados la mitad de las ganancias. De esta cantidad, un tercio se puede distribuir en cheques adicionales, un tercio se mantiene en reserva para periodos de menos éxito financiero y el tercio restante se puede colocar en un fondo para su distribución diferida.

Existen tres métodos para determinar la cantidad de dinero de las ganancias de la compañía que se reparte a cada empleado individual. El primero y menos usado es el plan de "partes iguales". Aquí, cada empleado, sin importar el tipo de trabajo, recibe una cantidad igual de las ganancias, después de cumplir con cierto periodo de antigüedad en la compañía. Quienes proponen este método piensan que las tasas base individuales ya toman en cuenta la importancia relativa de cada trabajador. El plan de "partes iguales" proporciona el sentimiento de trabajo en equipo y da importancia a cada empleado cualquiera que sea su posición en la planta.

El método que más se usa para distribuir las ganancias compartidas se basa en la compensación normal que se paga a los empleados. La teoría es que el empleado cuyos ingresos son mayores durante el periodo, contribuyó más a las ganancias de la empresa y debe obtener una porción más grande. Por ejemplo, un trabajador que construye herramientas con sueldo de $15 000 durante un periodo de seis meses recibiría una porción mayor de las ganancias que un empleado que gana $7000 en el mismo periodo.

Otra forma conocida de distribuir las ganancias implica la asignación de puntos. Éstos se dan por cada año de antigüedad, cada uno con un pago de $100, y otros factores como participación, cooperación, etcétera. El número de puntos acumulados en el periodo determina la porción de las ganancias que recibe cada empleado. Quizá la desventaja más importante del método de puntos es la dificultad de mantener y administrar los registros complejos y detallados.

Para que un plan de compartir ganancias funcione, son esenciales la representación del trabajador y la cooperación del sindicato. Debe darse importancia a la participación y no a la benevolencia administrativa. La administración debe reconocer que el plan tiene que ser dinámico y que no es una panacea para todos los problemas. Las ganancias compartidas no deben usarse como excusa para pagar menos que los salarios que prevalecen.

En su mayor parte, los representantes sindicales no han apoyado este tipo de planes. No hay duda de que las ganancias compartidas, implantadas en perfecta armonía entre los trabajadores y la administración, minimizan la necesidad de un sindicato y disminuye su prestigio, poder e ingresos.

Un programa de ganancias compartidas exitoso depende de las ganancias de la compañía, que con frecuencia no están bajo el control de la fuerza de trabajo directa. En periodos de pocas ganancias, o de pérdidas, el plan puede debilitar en lugar de elevar el ánimo de los empleados. Como resultado del tiempo entre el desempeño y la compensación, también se debilita el efecto del incentivo.

EJEMPLO 17-2
Comparación de dos esquemas de incentivos

Una empresa desea evaluar dos esquemas de incentivos. El primero es similar al plan de ganancias compartidas de IMPROSHARE, con partes iguales sobre el excedente de 100% de productividad. El segundo es una jornada de trabajo constante hasta 100% de productividad, un *impulso* hasta 120% (incremento escalonado en salarios para inducir al trabajador a alcanzar cierto nivel de productividad) y después un plan de ganancias compartidas pero donde los trabajadores sólo reciben 20% y la compañía 80%. Los planes y los costos unitarios de mano de obra se muestran en la figura 17-5. La compañía desea conocer el punto de equilibrio entre los dos planes para una productividad mayor a 100%.

Los costos de mano de obra del primer plan se pueden expresar como:

$$y_{c_1} = 0.5 + 0.5/x$$

mientras que el segundo plan es:

$$y_{c_2} = 0.2 + 1/x$$

Al igualar las dos ecuaciones y despejar x se obtiene $x = 1.67$. Por lo tanto, con el plan # 1, la compañía se beneficia hasta alcanzar 167% de productividad y con el plan # 2, hasta niveles más altos. La compañía debe decidir si es razonable esperar que los trabajadores alcancen tales niveles de productividad.

FIGURA 17-5
Comparación de dos esquemas de incentivos

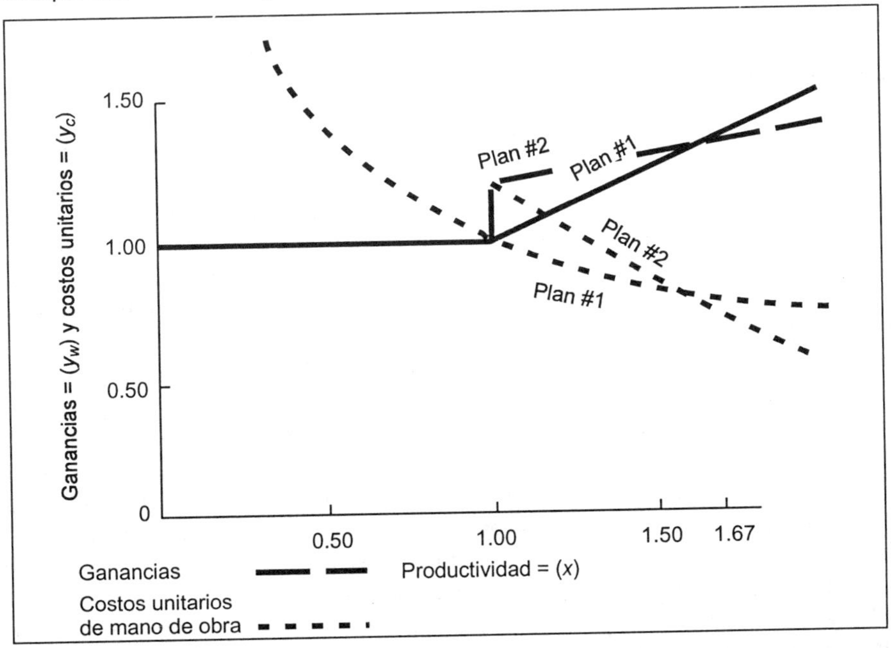

Tal vez, la objeción más grande a los planes de ganancias compartidas es que el empleado cuenta con recibir el cheque adicional al final del año. Los empleados comienzan a esperar los bonos y quizá sientan que se comete una injusticia si la compañía tiene un año flojo y no puede pagarlos. Por estas razones, todos los empleadores deben ser muy cuidadosos antes de emprender un programa de ganancias compartidas. Por otro lado, muchas organizaciones actuales experimentan una mayor eficiencia en el trabajo, menores costos, reducción de desperdicio y mejor ánimo en los trabajadores como resultado de este plan.

PLANES FINANCIEROS INDIRECTOS

Las políticas de una empresa que estimulan el ánimo de los empleados y aumentan la productividad, sin relacionar la compensación de manera directa a la producción, se clasifican como planes financieros indirectos. Las políticas globales como tasas base altas y justas, prácticas de promoción equitativas, buenos sistemas de sugerencias, salario anual garantizado y prestaciones altas, redundan en actitudes sanas de los empleados, lo que a su vez estimula el aumento de la productividad. Éstos se clasifican, entonces, como planes financieros indirectos.

La debilidad de todos los métodos indirectos de incentivos es la distancia tan amplia entre el beneficio obtenido por el empleado y la productividad. Después de un tiempo, los empleados sienten que los beneficios les corresponden y no se dan cuenta de que su continuidad debe ser enteramente resultado de la productividad. Las teorías, filosofías y técnicas de los incentivos indirectos están fuera del alcance de este libro; si el lector desea más información del tema debe consultar libros sobre administración de personal.

ACTITUDES DEL SINDICATO

El tema de incentivos salariales siempre ha causado controversias entre empleados, sindicato y administración. Las industrias que aseguran un buen salario y después aplican incentivos sencillos de calcular por el esfuerzo adicional o prolongado, encuentran que sus empleados son receptivos a ellos e insisten en continuarlos. Por otro lado, en las industrias u organizaciones donde los trabajadores necesitan trabajar al paso del incentivo para que sus ingresos cubran las necesidades primordiales de vida, no se entusiasman con ninguna forma de pago de incentivos salariales. La mayor parte de los representantes sindicales con quienes los autores han tenido contacto se oponen a la instalación de incentivos salariales en plantas donde no existen.

En un informe de la AFL-CIO Collective Bargaining Report que todavía se usa como la postura del sindicato sobre incentivos, el presidente anterior de la firma George Meany dijo: "los planes de incentivos al salario, es decir, los planes que ofrecen más salario por más producción, presentan una serie de problemas especiales que casi siempre sobrepasan los beneficios posibles. Con pocas excepciones, los sindicatos se oponen a los sistemas de incentivos debido a experiencias pasadas con los abusos de estos planes y por las dificultades y malos efectos inherentes. Los sindicatos que los han aceptado o que han permitido que continúen, en general, lo han hecho con mucha renuencia y algunos problemas. Sencillamente no siempre ha sido práctico o expedito oponerse o eliminar tales planes."

Las objeciones principales de los sindicatos a los planes de incentivos surgen del temor de que dada una producción fija de bienes y servicios, el resultado de un gran esfuerzo sea una reducción de personal. Los líderes también piensan que la implantación de incentivos resta importancia a la necesidad de los sindicatos, ya que su papel principal es lograr salarios más altos y esto lo consiguen los planes de manera automática. Los representantes sindicales han establecido que tienen objeciones a los planes de incentivos porque "causan confrontaciones entre trabajadores". Aseguran que cuando un trabajador tiene mayores ingresos que otro, surge un sentimiento de falta de confianza, la sospecha cunde en el grupo de trabajo y las relaciones de compañerismo entre trabajadores se deterioran.

Existen sindicatos que aprueban los planes de incentivos. De hecho, el finado Phillip Murray, expresidente de la CIO, estaba a favor del pago de incentivos al salario y creía que prácticamente cualquier buen sistema de incentivos podía funcionar si prevalecía una relación armoniosa entre los trabajadores y la administración. Un resumen del arbitraje de la United Steelworkers of America en 1969 recomendó que todos los trabajos se cubrieran con incentivos.

En resumen, la mayor parte de los sindicatos luchan por mantener los planes de incentivos cuando existen. Donde no existen, se oponen a aceptar su instalación.

REQUISITOS DE UN PLAN DE INCENTIVOS SALARIALES

La mayor parte de las compañías que tienen planes de incentivos apoyan su continuación y piensan que sus planes: 1) aumentan la tasa de producción, 2) disminuyen sus costos unitarios globales, 3) reducen los costos de supervisión y 4) promueven mayores ingresos para los empleados. No obstante, en una investigación de la National Metal Trade Association entre 160 empresas que cuentan con incentivos salariales, 84 respuestas de gerentes implican que sentían que sus planes eran buenos pero que podían hacerse mejoras adicionales. Cinco gerentes de planta pensaban que sus sistemas de incentivos eran inadecuados y que debían hacerse algunos cambios para garantizar que siguieran.

Antes de instalar un programa de incentivos, la administración debe estudiar su planta para estar seguro que está lista para el plan. Al inicio, debe introducirse una política de estandarización de métodos para lograr una medición del trabajo válida. Si distintos operarios siguen patrones diferentes al realizar su trabajo, y si la secuencia de elementos no está estandarizada, la organización no está lista para la instalación de incentivos salariales.

Los programas de trabajo deben crear un conjunto de órdenes pendientes para cada operario a fin de minimizar la posibilidad de que se queden sin trabajo. Esto implica que se dispone de inventarios de materiales adecuados y que las máquinas y herramientas cuentan con el mantenimiento apropiado. Además, las tasas base establecidas deben ser justas y proporcionar suficiente tolerancia entre los tipos de trabajo, para reconocer los puestos que exigen mayores aptitudes, esfuerzo y responsabilidad. Es preferible que la administración haya establecido las tasas base mediante un programa de evaluación del trabajo razonable.

Por último, deben desarrollarse estándares de desempeño justos antes de poner en marcha un plan de incentivos. Las tasas nunca deben establecerse con sólo el juicio subjetivo o los registros de desempeño. Para asegurarse que las tasas son correctas, ha de usarse alguna forma de medición del trabajo como estudio de tiempos, datos de movimientos fundamentales, datos de estándares, fórmulas o muestreo del trabajo.

Una vez cumplidos estos requisitos y cuando la administración está convencida por completo del pago de incentivos, la compañía está lista para diseñar el sistema.

DISEÑO DEL PLAN DE INCENTIVOS AL SALARIO

Para tener éxito, un plan de incentivos debe ser justo para la empresa y para sus operarios. El plan debe dar a los operarios la oportunidad de ganar entre 20 y 35% más que la tasa base, si tienen aptitudes normales y su esfuerzo es continuo. La administración se beneficia con la productividad adicional y al prorratear los costos fijos entre un número mayor de piezas, con lo que se reduce el costo unitario.

Además de la equidad, la cualidad más importante de un buen plan de incentivos es la sencillez. Para tener éxito, el plan debe venderse por completo a los empleados, el sindicato y la administración misma. Mientras más sencillo sea, más fácil será que todas las partes lo entiendan, y su comprensión mejora la oportunidad de aprobación. Es más fácil entender los planes de incentivos individuales y funcionan mejor si se puede medir la producción individual.

El plan debe garantizar la tasa por hora básica establecida por la evaluación del trabajo y esa tasa debe significar un buen nivel de vida comparable al de los salarios que prevalecen en el área para cada trabajo. Debe existir un intervalo de tasas para cada trabajo relacionadas al desempeño global. Éste comprende la calidad, la confiabilidad, la seguridad y la puntualidad lo mismo que la producción. En intervalos periódicos , como cada seis meses o cada año, la administración debe revisar los límites de los intervalos de tasas respecto al desempeño total del empleado. Para desempeños mayores que el estándar la compensación de los operarios debe tener una proporción directa con la producción para que no restrinjan la producción.

Para ayudar a los empleados a asociar el esfuerzo con la remuneración, los recibos de los cheques de pago deben mostrar con claridad los ingresos normales y los ingresos por incentivos. Es bueno también indicar, en una forma separada en el mismo sobre de pago, la eficiencia del operario en el periodo anterior. Esto se calcula como la razón de las horas estándar producidas en el periodo entre las horas trabajadas durante ese periodo.

Una vez instalado el plan, la administración debe aceptar la responsabilidad de mantenerlo. Administrar el plan exige un juicio objetivo para tomar decisiones y un análisis detallado de las quejas entregadas. La administración debe ejercer su derecho a cambiar los estándares cuando cambian los métodos o los equipos. Los empleados deben contar con la garantía de tener una oportunidad para presentar sus sugerencias y deben probarse las modificaciones de sus peticiones antes de hacer cambios. Ha de evitarse hacer concesiones con los estándares o el resultado será el fracaso del plan.

En la tabla 17-2 se presenta una lista de verificación de los principios fundamentales que han de aplicarse en un buen plan de incentivos salariales.

TABLA 17-2
Lista de verificación para planes de incentivos salariales adecuados

	Sí	No
1. La administración y la fuerza de trabajo están de acuerdo en los principios generales.	❑	❑
2. Existe un fundamento lógico de las evaluaciones del trabajo y las estructuras de salarios.	❑	❑
3. La empresa cuenta con incentivos individuales, de grupo o de planta	❑	❑
a. Se da el mayor peso a los incentivos individuales.	❑	❑
4. Los incentivos tienen una proporción directa con el incremento de producción.	❑	❑
5. El plan es tan sencillo como es posible.	❑	❑
6. La calidad está ligada a los incentivos.	❑	❑
7. El establecimiento de inventivos está precedido por el mejoramiento de métodos.	❑	❑
8. Los incentivos se basan en técnicas probadas.		
a. Se establecen a partir de estudios detallados.	❑	❑
b. Se basan en datos de movimientos básicos o sistemas de tiempos predeterminados.	❑	❑
c. Surgen de fórmulas o datos de estándares.	❑	❑
9. Los estándares se basan en estándares de desempeño en condiciones normales.	❑	❑
10. Los estándares se cambian cuando cambian los métodos.	❑	❑
a. De común acuerdo entre representantes de la empresa y los empleados.	❑	❑
11. El número de estándares temporales es mínimo.	❑	❑
12. Las tasas de horas básicas están garantizadas.	❑	❑
13. Existen incentivos establecidos para trabajadores indirectos.	❑	❑
14. Se conservan registros precisos de piezas contadas, trabajo no medido, preparaciones y tiempos de interrupción.	❑	❑
15. Se mantienen buenas relaciones humanas.	❑	❑

Motivación del esfuerzo por incentivos

Los analistas de métodos reconocen que a menos que el operario realice un esfuerzo, el mejor diseño de estación de trabajo no da como resultado niveles de productividad acordes con los objetivos de la compañía. Para lograr altos niveles de productividad, las condiciones del entorno de trabajo deben alentar a los empleados a realizar su mejor esfuerzo para alcanzar las metas de la empresa.

En principio, la mayoría de las personas quieren trabajar y lograr, y esperan ser remuneradas por su contribución. Desean involucrarse en el logro de las metas establecidas por su organización y realizan mejor su tarea si se les permite tener independencia y control sobre la situación de trabajo. Un clima de motivación debe acompañar a cualquier plan de incentivos formal.

Quizá el primer requisito al establecer el clima motivacional adecuado es el desarrollo de un estilo administrativo que adquiera un papel de apoyo en lugar del directivo. La meta debe ser hacer que todos los trabajadores sientan que es su responsabilidad cumplir con los objetivos de la empresa y que es la responsabilidad del supervisor ayudar a los trabajadores de la mejor manera.

Segundo, las metas de la compañía deben establecerse con claridad y separarse en metas de divisiones, departamentos, centros de trabajo e individuales. Es importante que las metas establecidas sean realistas, que resalten tanto la calidad como la cantidad, lo mismo que la confiabilidad y otras características esenciales del éxito de la organización. Todos los trabajadores deben entender los objetivos de la compañía y las metas relacionadas con su trabajo. Estas metas deben cuantificarse de manera que los trabajadores conozcan sus logros en relación con ellas.

Tercero, debe haber retroalimentación constante para todos los empleados. Los informes oportunos han de contener los resultados de los esfuerzos de los trabajadores y su impacto sobre las metas establecidas. Cuarto, cada situación de trabajo debe diseñarse de manera que los operarios estén en una posición de control, en un alto grado, de las asignaciones que reciben. El sentido de responsabilidad es una fuente de motivación, como lo es el reconocimiento de los logros. En el capítulo 18 se presentan más detalles sobre las teorías y enfoques de la motivación.

Fracaso del plan de incentivos

Un plan de incentivos se puede clasificar como fracaso cuando cuesta más su mantenimiento que lo que en realidad ahorra; en este caso debe descontinuarse. En general, no es posible señalar la causa precisa del fracaso de programa de incentivos dado. Si se conocieran por completo todos los hechos, se encontrarían numerosas razones para la falta de éxito del plan. Una investigación (Britton, 1953; vea la tabla 17-3) enumeró las causas principales del fracaso del plan como bases débiles, relaciones humanas inadecuadas y mala administración, que dan como resultado un programa demasiado costoso.

Las compañías deben descontinuar cualquier plan cuando su costo de mantenimiento excede los beneficios derivados de su uso. En su mayor parte, las razones dadas en la

TABLA 17-3
Razones más comunes del fracaso de un plan de incentivos

	Porcentaje
Deficiencias fundamentales	**41.5**
Estándares inadecuados	11.0
Baja cobertura de incentivos para el trabajo productivo directo	8.6
Existe un límite superior en los ingresos	7.0
No hay incentivos directos	6.8
No existen incentivos para supervisión	6.1
Fórmula de pago complicada	2.0
Relaciones humanas inadecuadas	**32.5**
Capacitación insuficiente de los supervisores	6.9
No hay garantía de los estándares	5.7
No se requiere un día justo de trabajo	5.0
Estándares negociados con el sindicato	4.8
Plan que no se comprende	4.1
Falta de apoyo de la alta administración	3.6
Capacitación deficiente de los operarios	2.4
Administración técnica deficiente	**26.0**
Cambios de métodos no coordinados con los estándares	7.8
Tasas salariales base defectuosas	5.1
Administración deficiente, como procedimientos, quejas deficientes	4.9
Mala planeación de la producción	3.2
Grupo grande de empleados cubierto por incentivos	2.8
Control de la calidad deficiente	2.2

investigación son los síntomas de un plan deteriorado o condenado al fracaso, en realidad no son las causas. La causa real del fracaso de cualquier plan es una administración incompetente, que permite poner en marcha un plan con mala programación, métodos no satisfactorios, falta de estandarización o estándares holgados y concesiones con los estándares.

Desafortunadamente, pueden cumplirse todos los requisitos de un buen sistema de incentivos, y el plan puede ser no satisfactorio debido a la falta de promoción de buenas relaciones industriales respecto al programa. La cooperación completa de los empleados, el sindicato y la administración debe lograrse para amparar el espíritu de equipo tan necesario en el logro del éxito final de un plan de incentivos.

ADMINISTRACIÓN DEL SISTEMA DE INCENTIVOS

Para tener éxito, un sistema de incentivos debe supervisarse de manera adecuada; no se mantiene solo. Para que el mantenimiento de un plan sea efectivo, la administración debe hacer que todos los empleados estén conscientes de cómo funciona y de cualquier cambio. Una técnica usada con frecuencia es distribuir a todos los empleados un manual de "instrucciones de operación" con detalles, tanto de las políticas de la compañía relativas al plan como de los detalles de trabajo, con ejemplos. El manual debe explicar ampliamente la base de la clasificación de tareas, los estándares de tiempo, el procedimiento de calificación del desempeño, los suplementos y la canalización de quejas.

Los administradores del plan deben hacer una verificación diaria del desempeño bajo o alto en exceso, para determinar sus causas. El desempeño bajo no sólo es costoso para la administración en vista de los salarios por hora garantizados, sino que lleva a inquietud e insatisfacción de los empleados. Un desempeño en exceso alto es un síntoma de estándares holgados, o de la introducción de un cambio en el método para el que no se revisaron los estándares. Además, una tasa holgada lleva a insatisfacción de los trabajadores en la vecindad inmediata del operario con el estándar bajo. Un número suficiente de estos estándares inadecuados puede causar que todo el plan de incentivos fracase. A menudo, los operarios que tienen tasas holgadas, restringen su producción diaria por temor a que la administración ajuste su estándar. Esta restricción de producción es costosa para los operarios y para la compañía, y el resultado es insatisfacción entre los trabajadores vecinos, que ven a sus compañeros con un "trabajo flojo".

La administración debe realizar un esfuerzo continuo para incluir una mayor participación de los empleados en el plan de incentivos. Cuando sólo una parte de la planta tiene estándares, no habrá armonía entre el personal de operación debido a las diferencias significativas en los ingresos. Sin embargo el trabajo en general debe estar en el plan de incentivos a menos que:

1. Se pueda medir con facilidad,
2. El volumen del trabajo disponible sea suficiente para justificar la implantación de los incentivos.
3. El costo de la medición de la producción no sea excesivo.

La administración debe realizar una revisión periódica de los estándares para asegurar su validez. De los estándares probados como satisfactorios, deben recapturarse los valores elementales para usarlos como datos de estándares, para poder tener una utilización todavía mayor de los valores de tiempo. De esta manera, los analistas podrán lograr una mayor cobertura del plan de estándares en la planta.

Es fundamental que la administración de un plan de incentivos ligado a la producción sea el ajuste constante de los estándares en respuesta a los cambios en el trabajo. No importa qué tan significativo sea el cambio en el método, el estándar debe revisarse para su ajuste posible. Agregar varias mejoras menores en los métodos pueden alcanzar un diferencial de tiempo significativo y causar una tasa estándar holgada si no se cambia el estándar. Al revisar los estándares de tiempo debido a cambios en los métodos, sólo es necesario estudiar los elementos afectados por el cambio.

Para mantener un plan de incentivos sano, la compañía debe programar juntas periódicas con los supervisores de operación para analizar las debilidades fundamentales del plan y sus posibles mejoras en la implantación. En ellas, debe compararse el desempeño departamental y estudiarse los estándares específicos que parezcan no satisfactorios.

La compañía debe generar informes de avance que contengan información pertinente como eficiencia departamental, eficiencia de toda la planta, el número de trabajadores que no logra el desempeño estándar y el desempeño individual más alto. Estos informes resaltan las áreas que necesitan atención, lo mismo que las áreas en donde el plan funciona de manera favorable.

La administración efectiva del plan requiere un esfuerzo continuo para minimizar las horas no productivas de la mano de obra directa. Este tiempo no productivo, para el que se asignan suplementos, representa el tiempo perdido por descomposturas de máquinas, faltantes de material, dificultades con las herramientas y largas interrupciones de cualquier tipo no cubiertas por los suplementos aplicados a los tiempos estándar individuales. Los administradores deben observar estos tiempos (que se conocen también como "tiempo de suplemento adicional") con cuidado o quizá destruyan el propósito de todo el plan.

Con el esfuerzo por incentivos, el desempeño de la producción es mucho más alto que con la operación de la jornada de trabajo. Como el tiempo de los materiales en proceso correspondiente es más corto, se necesita un control de inventario estrecho para prevenir faltantes. De la misma manera, la administración debe introducir un programa de mantenimiento preventivo para asegurar la operación continua de todas las máquinas herramienta. La misma importancia tiene controlar los materiales, que controlar todas las herramientas que se desgastan, ya que los faltantes en cualquiera de los dos son causa de demoras en la operación.

Una técnica efectiva empleada con frecuencia para controlar el "suplemento adicional" es referir el bono del supervisor al tiempo no productivo que se acredita al operario. Cuanto más largo sea este tiempo en el periodo de pago, menor será la compensación del supervisor. Dado que los supervisores están en una posición ideal para observar los programas, los inventarios de materiales y el mantenimiento de las instalaciones, pueden controlar el tiempo no productivo mejor que cualquier otra persona en la planta.

Además de controlar el "suplemento adicional" o el tiempo de la jornada de trabajo, es esencial que se registre el número exacto de piezas en cada estación de trabajo. Es usual que el operario realice la cuenta de piezas que determina sus ingresos. Sin embargo, deben establecerse controles para evitar falsificaciones en el reporte de la producción.

EJEMPLO 17-3
Administración de un plan de incentivos salariales

Suponga que en cierto trabajo, la tasa de producción es 10 piezas por hora, y que está vigente una tasa por hora de $12 para la jornada de trabajo directa. Entonces, el costo unitario de mano de obra directa es $1.20. Ahora bien, esta planta cambia a un programa de incentivos para el que se garantiza la tasa diaria de $12 por hora y la tarea adicional se compensa en proporción directa a la producción del operario. Suponga que el estándar desarrollado con el estudio de tiempos es 12 piezas por hora, y que cierto operario tiene un promedio de 14 piezas por hora durante las primeras 5 horas del día de trabajo. Entonces, sus ingresos de este periodo serían:

$$(\$12.00)\,(5)\left(\frac{14}{12}\right) = \$70.00$$

Ahora suponga que el resto del día, el operario no pudo realizar un trabajo productivo debido a que le faltó material. El trabajador entonces espera, por lo menos, la tasa base, es decir,

$$(3)\,(\$12.00) = \$36.00$$

Que significaría ingresos durante el día de

$$\$70.00 + \$36.00 = \$106.00$$

El resultado sería un costo unitario de mano de obra directa de

$$\frac{\$106.00}{70} = \$1.514$$

Bajo la jornada de trabajo, aún con desempeño bajo, el operario habrá producido 70 piezas en menos de un día. Así, sus ingresos serían 8 × $12.00, o $96.00, y el costo unitario de trabajo directo sería $96.00/70, o $1.371. Por lo tanto, cualquier tiempo no productivo debe controlarse con cuidado.

Cuando el trabajo es pequeño (se pueden sostener varias piezas en una mano), los operarios pueden hacer una cuenta por "peso" de su producción al final del día o al terminar cada corrida de producción, lo que sea más corto. El supervisor verifica de inmediato esta cuenta por peso y pone sus iniciales en el informe de producción.

Para trabajo de mayor tamaño, una técnica empleada con frecuencia es tener una charola o caja con compartimientos para poner los trabajos. En la caja caben números fijos de trabajos, como 10, 20 o 50. Así, al final del turno, es sencillo para los supervisores de los operarios aprobar los informes de producción con sólo contar las cajas o multiplicar por el número de trabajos en ellas.

Básicamente, la administración establece los planes de incentivos salariales para aumentar la productividad. En un plan lógico con buen mantenimiento, el porcentaje de ingresos de incentivos de los trabajadores en el plan permanecerán más o menos constantes en el tiempo. Si un análisis muestra que los ingresos de incentivos siguen elevándose al pasar los años, tal vez existan problemas que al final deterioran la efectividad del plan. Si por ejemplo, el promedio de ingresos de incentivos se incrementa de 17 a 40% en un periodo de 10 años, el incremento de 23% quizá no se deba a un aumento proporcional en productividad sino a la holgura de los estándares.

PLANES DE MOTIVACIÓN NO FINANCIEROS

Los incentivos no financieros incluyen cualquier tipo de compensación que no tiene relación con el pago, pero que mejora el ánimo de los empleados a tal grado que vuelve evidente el esfuerzo adicional. Los elementos o políticas de la compañía dentro de esta categoría incluyen: conferencias de taller periódicas, círculos de control de calidad, pláticas frecuentes entre supervisores y empleados, colocación de empleados adecuada, enriquecimiento del trabajo (vea el capítulo 18), planes de sugerencias no financieras, condiciones de trabajo ideales y publicación de los récords de producción individuales. Los buenos supervisores y los administradores capaces y conscientes usan muchas otras técnicas, como invitar al empleado y su esposa a cenar, proporcionar boletos para eventos deportivos o teatro u organizar viajes especiales de intercambio con otras compañías sobre la tecnología de punta. Todos estos enfoques buscan la motivación mediante el mejoramiento del entorno de trabajo. Se conocen también como planes de “calidad de vida en el trabajo”.

El equipo administrativo también debe poner el ejemplo de alto desempeño y búsqueda de la excelencia. De esta manera, los empleados entenderán que la cultura de su compañía es el alto desempeño en la manufactura de productos de la mejor calidad. Los resultados de esta filosofía serán un sentimiento de orgullo por su trabajo. Los programas individuales y de grupo deben ser acordes con esta filosofía de manera que se reconozca el trabajo de equipo y sus resultados.

RESUMEN

En la actualidad, el único plan de incentivos salariales aceptable aplicado a los trabajadores individuales es el plan de hora estándar con una tasa diaria garantizada. Los planes de grupo deben asegurar las tasas diarias respectivas a todos los miembros del grupo, y deben compensarlos en proporción directa a su productividad una vez logrado el desempeño estándar.

Las ganancias compartidas, la obtención de acciones y otros planes relacionados con el ahorro en costos han tenido éxito en muchos casos. En general, tienden a ser más efectivos cuando se implantan como complemento a un plan de incentivos sencillo y no en lugar de éste (vea la tabla 17-4).

Los principios de los incentivos se han aplicado en talleres y plantas de producción; en la manufactura de bienes tanto duros como suaves, en las industrias de manufactura y de servicio y en las operaciones de mano de obra directa e indirecta. Los incentivos se han usado para incrementar la productividad, mejorar la calidad y confiabilidad del producto, reducir el desperdicio, mejorar la seguridad y estimular los buenos hábitos de trabajo, como la puntualidad y la presencia diaria.

La tabla 17-5 ilustra el pensamiento de 508 administradores de relaciones de personal/industriales en cuanto a la caracterización de los planes de compensación flexibles. La mayoría siente que los incentivos sencillos —pieza trabajada, horas estándar y jornada medida— son la mejor forma desde el punto de vista de elevar la productividad y facilidad de comprensión.

Los sistemas de incentivos bien administrados poseen ventajas importantes, tanto para los trabajadores como para la administración. El beneficio clave para los empleados es que hacen posible que incrementen sus ingresos totales, no en un tiempo futuro indefinido, sino de inmediato —en su próximo cheque de pago. La administración obtiene una mayor producción y, si se supone que se tienen ganancias por cada unidad producida, se obtendrán en mayor volumen. En general, las ganancias aumentan no en proporción a la

TABLA 17-4
Investigación de planes de ganancias compartidas

	Ganancias compartidas		Obtención de acciones	
Tipo de encuestados	**Tienen plan (%)**	**No tienen plan (%)**	**Tienen plan (%)**	**No tienen plan (%)**
Todos los que respondieron	52	48	25	75
Con acciones	54	46	—	—
Con participación de utilidades	—	—	25	75
Con ganancias compartidas	48	52	16	84
Con incentivo directo simple	58	42	28	72

Fuente: basado en 508 encuestas regresadas el 15/10/86. Adaptación de los datos de R. Broderick y D. J .B. Mitchell. "Who Has Flexible Wage Plans and Why Aren't There More of Them?" *IRRA 29th Annual Proceedings*, pp. 163-164.

TABLA 17-5
Caracterización de planes de compensación flexibles según quienes respondieron la encuesta

	Participación de utilidades (%)	Planes de obtención de acciones (%)	Ganancias compartidas Scanlon, Rucker, IMPROSHARE (%)	Tasa pieza por hora estándar (%)
Mejores para:				
Elevar la productividad	28	5	26	41
Aumentar la lealtad	48	17	19	14
Prever el retiro	80	13	no se preguntó	no se preguntó
Ligar el costo de mano de obra con el desempeño	53	no se preguntó	28	19
Mayor facilidad para:				
Explicar a los empleados	32	9	4	49
Administrar	40	7	4	38

Fuente: Adapatación de los datos de R. Broderick y D. J. B. Mitchell. "¿Who Has Flexible Wage Plans and Why Aren't There More of Them?" *IRRA 29th Annual Proceedings*, pp. 163-164.

producción, sino cuando ocurre una tasa más alta de producción, es decir, cuando los costos generales por unidad decrecen. Además, los altos salarios que surgen de los planes de incentivos mejoran el ánimo del empleado y tienden a reducir la rotación de personal, el ausentismo y los retardos.

Como el funcionamiento apropiado de los sistemas de incentivos implica el cumplimiento de muchos requisitos, como buenos métodos, estándares, programación y prácticas administrativas, la instalación de incentivos suele tener como resultado mejoras importantes en la producción y en los métodos de supervisión. Las actividades que hacen posibles estas mejoras deben realizarse aun cuando no se introduzcan incentivos; entonces, las mejoras no necesariamente son atribuibles al uso de un programa de incentivos.

Por lo común, cuanto más difícil es medir el trabajo, más difícil será instalar un plan de incentivos salariales exitoso. Suele no tener ventajas instalar incentivos a menos que el trabajo se pueda medir con una precisión razonable. Más aún, es usual que sea desventajoso introducir incentivos si la disponibilidad de trabajo está limitada a menos del 120% de lo normal.

Debido a algunas investigaciones recientes que han producido datos más confiables de movimientos, se ha asegurado la confiabilidad de los estándares. Todavía más, ahora es posible aplicar buenos estándares a una gran mayoría de las tareas en la industria y los negocios. Los estándares mal diseñados y una cobertura insuficiente fueron quizá las razones principales del fracaso de los sistemas de incentivos en el pasado. Ahora se pueden evitar estos obstáculos, existe una mayor consciencia de la necesidad de buenas relaciones humanas y de una administración técnica adecuada, se reconoce que los incentivos salariales pueden estimular en gran medida la productividad y reducir la inflación. Estos sistemas de incentivos permiten al trabajador aumentar su estándar de vida, a pesar de la inflación.

Los incentivos administrados de manera bien planeada y con habilidad, incrementan la producción y disminuyen el costo unitario total. Lo usual es que compensen de sobra el aumento en los costos debido a las actividades de ingeniería industrial, control de calidad y supervisión de tiempos que pueden ser el resultado de su utilización. La tabla 17-2 proporciona los principios fundamentales que se aplican en el desarrollo de planes de incentivos salariales adecuados.

Una advertencia importante es que existe un trueque definitivo entre aumentar el peso de trabajo con un plan de incentivos y aumentar el riesgo de lesiones por movimientos repetitivos, en particular si el trabajo o la estación de trabajo no tienen un diseño ergonómico. Los autores han sido testigos de muchos casos, en especial en la industria del vestido, donde las tareas con tasas bajas pero incentivos altos (de forma que para lograr un salario decente, las costureras deben producir tasas muy altas, incluso arriba del 150%) tienen una tasa alta de lesiones. Sin duda un trabajo mejor diseñado puede disminuir la tasa de lesiones. Sin embargo, aun en las mejores condiciones, las tasas altas (más de 20 000 movimientos manuales por turno de 8 horas) pueden ser causa de algunas lesiones. Por lo tanto, incluso descuidando la salud del trabajador y los aspectos de seguridad, el ingeniero que estudia y establece estándares debe decidir si los mayores costos médicos, en las condiciones de incremento actuales, compensan las ganancias obtenidas con un plan de incentivos dado.

PREGUNTAS

1. ¿Cuáles son las tres categorías generales en las que se pueden clasificar la mayor parte de los planes de incentivos?
2. Explique la diferencia entre planes de pago salarial individual y planes tipo grupo.
3. ¿Qué significan prestaciones?
4. ¿Qué políticas de la compañía se incluyen en los incentivos no financieros?
5. ¿Cuáles son las características de la pieza trabajada? Grafique la curva de costo unitario y la de ingresos del operario para la jornada de trabajo y la pieza trabajada en los mismos ejes coordenados.
6. ¿Por qué se popularizó la jornada de trabajo medida en la década de 1930?
7. ¿Qué ventajas tiene el plan Rucker comparado con el plan Scanlon?
8. ¿En qué difiere IMPROSHARE de los planes Rucker y Scanlon?
9. Defina el plan de ganancias compartidas.
10. ¿Qué tipo específico de planes de ganancias compartidas ha tenido aceptación general?
11. ¿Cuáles son las tres grandes categorías que cubren la mayor parte de los planes de ganancias compartidas?
12. ¿De qué depende la cantidad de dinero repartida en el plan de efectivo?
13. ¿Qué determina la duración del periodo entre los pagos de bonos en el plan de efectivo? ¿Por qué es una mala práctica tener periodos demasiado largos? ¿Qué desventajas tienen los periodos cortos?
14. ¿Cuáles son las características del plan de ganancias compartidas diferidas?
15. ¿Por qué no son muy comunes los métodos de distribución de "compartir por igual"? ¿Qué aseguran los proponentes de esta técnica al defenderla?
16. ¿Por qué muchos sindicatos se oponen a cualquier forma de pagos de incentivos salariales?
17. ¿Por qué es aconsejable tener intervalos de tasas de pago que se apliquen a cada trabajo?
18. ¿Cuáles son las cuatro hipótesis importantes relacionadas con la motivación?
19. ¿Cuáles son los requisitos fundamentales de un plan de incentivos salariales exitoso?
20. ¿Por qué es esencial mantener actualizados los estándares de tiempo si ha de tener éxito un plan de incentivos salariales?
21. ¿Qué indica un desempeño demasiado alto?
22. ¿Cómo abordaría la tarea de establecer un ambiente que incremente la motivación del trabajador?

PROBLEMAS

1. En una planta que fabrica un solo producto donde se instaló IMPROSHARE, 411 empleados producen 14 762 unidades en un año y registran 802 000 horas de reloj. En una semana dada, 425 empleados trabajaron un total de 16 150 horas y fabricaron 348 unidades. ¿Cuál sería el valor por hora de esta producción? ¿Qué porcentaje de bono recibiría cada uno de los 425 trabajadores? ¿Cuál sería el costo unitario de mano de obra para la producción de esta semana?

2. Los analistas establecieron un tiempo asignado de 0.0125 horas/pieza para maquinar una componente pequeña. También se determinó un tiempo de preparación de 0.32 horas, ya que el operario realiza el trabajo necesario de preparación con incentivos. Calcule lo siguiente:

a. el tiempo total asignado para terminar una orden de 860 piezas,
b. la eficiencia del operario si termina el trabajo en una jornada de 8 horas,
c. la eficiencia del operario que requiere 12 horas para terminar el trabajo.

3. Se tiene instalado un plan "uno a uno" o 100% del tiempo para pago de incentivos. La tasa base del operario para esta clase de trabajo es $10.40. La tasa base está garantizada. Calcule:

a. los ingresos totales por el trabajo con la eficiencia determinada en el problema 2*b*,
b. los ingresos por hora,
c. los ingresos totales por el trabajo con la eficiencia determinada en el problema 2*c*,
d. el costo de mano de obra directa por pieza de *a*, excluyendo la preparación,
e. el costo de mano de obra directa por pieza de *c*, excluyendo la preparación.

4. Se establece una tasa de 0.42 minutos por pieza para una operación de forja. El operario trabaja en la tarea el día completo de 8 horas y produce 1500 piezas.

a. ¿Por cuántas horas estándar tiene ingresos el operario?
b. ¿Cuál es la eficiencia del operario en el día?
c. Si la tasa base es $9.80 por hora, calcule las ganancias del día (use un plan de tiempo premiado de 100%).
d. ¿Cuál es el costo por pieza de la mano de obra directa con esta eficiencia?
e. ¿Cuál sería una tasa por pieza adecuada (expresada en dólares) para este trabajo, si se supone que el tiempo estándar es correcto?

5. Una planta usa un plan de ganancias compartidas 60-40 (la tasa base está garantizada y el operario recibe 60% de las ganancias proporcionales excedentes a 100%). El valor de tiempo establecido en cierto trabajo es 0.75 minutos y la tasa base es $8.80. Calcule el costo de mano de obra directa por pieza cuando la eficiencia del operario es:

a. 50% del estándar,
b. 80% del estándar,
c. 100% del estándar,
d. 120% del estándar,
e. 160% del estándar.

6. En una planta donde todas las tasas se establecen con base en el dinero (tasas de piezas), un trabajador realiza una tarea para la que está garantizada una tasa base de $8.80. Los ingresos normales de este trabajador son mayores que $88 por día. Debido a la presión del trabajo, se le pide que ayude con otro trabajo, clasificado en $10 por hora. El empleado trabaja tres días en este trabajo y gana $80 cada día.

a. ¿Cuánto debe pagarse al operario para cada día de trabajo en esta nueva tarea? ¿Por qué?
b. ¿Habría diferencia si el operario hubiera trabajado en una nueva tarea para la que la tasa base es $8 por hora y hubiera ganado $72? Explique.

7. Un plan de incentivos usa un diferencial de "tasa baja, tasa alta". Cierto tipo de trabajo tiene la garantía de "tasa baja" de $6 por hora y la "tasa alta" para trabajo dentro del estándar es $9.20 por hora. Se estudia una tarea y se establece una tasa de 0.036 horas por pieza. Calcule el costo de la mano de obra directa por pieza con las siguientes eficiencias:
a. 50%,
b. 80%,
c. 98%,
d. 105%,
e. 150%.

8. Una compañía desea evaluar dos esquemas de incentivos que tienen efecto una vez que el trabajador excede el desempeño normal. En el primer caso, los beneficios se dividen 50-50 entre el trabajador y la compañía. En el segundo, el trabajador recibe un incremento hasta 120% de sus ingresos y después mantiene un nivel de desempeño de 150%, más arriba del cual todas las ganancias van al trabajador.
a. Grafique los costos unitarios de mano de obra para cada esquema.
b. Derive las ecuaciones para los ingresos del trabajador y los costos unitarios de mano de obra para cada esquema.
c. Encuentre el punto de equilibrio para los dos esquemas.
d. ¿Cuál esquema preferirá la compañía?

9. Una compañía desea evaluar dos esquemas de incentivos que tienen efecto una vez que el trabajador excede el desempeño normal. En el primer caso, los beneficios se dividen 30% para el trabajador y 70% para la compañía hasta un desempeño de 120%. Si el trabajador excede 120% de desempeño, todos los ingresos van al trabajador. En el segundo caso, todos los ingresos arriba del desempeño normal se dividen 50-50 entre el trabajador y la compañía.
a. Grafique el costo de mano de obra unitario.
b. Derive las ecuaciones para los ingresos del trabajador y los costos unitarios de mano de obra para cada esquema.
c. Encuentre el punto de equilibrio entre los dos planes.
d. ¿Qué plan preferiría la compañía?

REFERENCIAS

Britton, Charles E. *Incentives in Industry*, New York: Esso Standard Oil Co., 1953.
Campion, Michael A. y Gina J. Medsker. "Job Design", en *Handbook of Industrial Engineering*, 2ª Ed., Ed. Gavriel Salvendy, Nueva York: John Wiley & Sons, 1992.
Dingus, Victor R. y Russell E. Justice. "Celebrating Quality", *Quality Progress*, noviembre de 1989, p. 74.
Fay, Charles H. y Richard W. Beatty. *The Compensation Source Book*, Amherst, MA: Human Resource Development Press, 1988.

Fein, M. "Financial Motivation", en *Handbook of Industrial Engineering*. Ed. Gavriel Salvendy. Nueva York: John Wiley & Sons, 1982, pp. 2.3.1–2.3.40.

Lokiec, Mitchell. *Productivity and Incentives*, Columbia, SC: Bobbin Publications, 1977.

U.S. General Accounting Office, *Productivity Sharing Programs: Can They Contribute to Productivity Improvement?* Gaithersburg, MD: U.S. Printing Office, 1981.

Von Kaas, H. K. *Making Wage Incentives Work*, Nueva York: American Management Associations, 1971.

Zollitsch, Herbert G. y Adolph Langsner. *Wage and Salary Administration*, 2ª Ed., Cincinnati, OH: South-Western Publishing, 1970.

CAPÍTULO 18

Capacitación y otras prácticas administrativas

PUNTOS CLAVE:

- Capacitar a trabajadores para minimizar lesiones y alcanzar el tiempo estándar con mayor rapidez.
- Usar curvas de aprendizaje para ajustar estándares de trabajadores nuevos y de lotes pequeños.
- Reconocer y entender las necesidades de los trabajadores.
- Usar la ampliación del trabajo y la rotación de tareas para minimizar lesiones por trabajo repetitivo y aumentar la autoestima del trabajador.

En una investigación realizada en 1954 sobre temas encontrados en la currícula de ingeniería industrial, los investigadores clasificaron el estudio de tiempos y movimientos en un primer lugar de una lista de 41 temas (Balyeat, 1954). Un estudio similar 10 años después sobre más de 8700 ingenieros industriales de 250 compañías manufactureras grandes de Estados Unidos encontró que éstos dedicaban la mayor parte de su tiempo a la medición del trabajo (Anónimo, 1964). Una investigación más reciente (Freivalds, *et. al.*, 1997) de 139 ingenieros industriales en la industria indicó que los temas tradicionales de medición de trabajo (estudio de tiempos, datos de estándares, muestreo del trabajo) ya no estaban al principio de la lista (pero sí lo estaban las herramientas de los métodos). Por otro lado, varios aspectos organizacionales del trabajo no tradicionales (trabajo en equipo, evaluación del trabajo y capacitación) se encontraban entre los 10 primeros. Por esta razón, se ha dado una mayor importancia a estos temas en este libro.

Otra tendencia es la ampliación de las técnicas de ingeniería industrial a todas las áreas de la empresa moderna, como mercadotecnia, finanzas, ventas y alta administración. Además, cada vez es mayor la importancia de la medición del trabajo en áreas indirectas como oficinas, mantenimiento, recepción y envíos, ventas, inspección y depósito de herramientas. Para cumplir la demanda y cosechar los beneficios de la capacitación en este campo, muchas industrias han emprendido programas educativos en sus propias plantas, en tiempo de la compañía. Por ejemplo, una investigación amplia de más de 5300 empresas norteamericanas reveló que 80% proporcionaban programas de capacitación formal para supervisores de primera línea y 42% de estos programas manejaba simplificación del trabajo y métodos. Estos temas también se resaltan en este capítulo.

CAPACITACIÓN DEL OPERARIO

Enfoques de capacitación

La fuerza de trabajo de una compañía es uno de sus recursos principales. Sin trabajadores calificados, las tasas de producción serían más lentas, la calidad peor y la productividad global menor. Entonces, una vez instalado un nuevo método y establecido el estándar correspondiente, los operarios deben capacitarse bien para seguir el método prescrito y alcanzar el estándar deseado. Si se hace esto, los operarios tendrán muy pocos problemas para cumplir o exceder el estándar. Existen muchas fuentes excelentes de material, programas y consultores de capacitación que no se presentan aquí con detalle. Sin embargo, es importante tener conocimiento de algunas opciones en programas de capacitación, como las que se presentan a continuación.

Aprendizaje en el trabajo

Colocar a los operarios directo en un nuevo trabajo sin capacitarlos es un enfoque de "nadar o ahogarse". Aunque la compañía puede pensar que ahorra dinero, es definitivo que no lo hace. Algunos operarios harán las cosas mal y con el tiempo se adaptarán a la nueva técnica, en teoría "aprendiendo". Pero es posible que aprendan el método incorrecto y nunca logren el estándar deseado. O pueden tomar un tiempo mayor para alcanzar ese estándar. Esto significa una curva de aprendizaje más larga. Otros operarios quizá observen y hagan preguntas a sus compañeros y aprendan el nuevo método; sin embargo, durante este periodo, habrán causado lentitud en otros operarios y en toda la producción. Peor aún, quizá sus compañeros usen un método incorrecto que se transmitiría al nuevo operario. Además, el nuevo operario tal vez experimente ansiedad durante todo el proceso de aprendizaje, lo que puede deteriorar ese proceso.

Instrucciones escritas

Las descripciones escritas en forma sencilla del método correcto son una mejora al aprendizaje en el trabajo, pero sólo para operaciones simples o en situaciones donde el operario tiene conocimientos relativos del proceso y sólo necesita ajustar variaciones pequeñas. Esto supone que el operario entiende el lenguaje en el que están escritas las instrucciones o que tiene suficiente educación para leer bien. En estos días, con la gran diversidad en el lugar de trabajo, esto no se puede suponer.

Instrucciones gráficas

Se ha probado que usar fotografías con las instrucciones escritas es un recurso efectivo para la capacitación de los operarios. Esto también facilita la comprensión del nuevo método a los trabajadores con menos educación y aquellos que hablan otro idioma. En general, los dibujos tienen alguna ventaja sobre las fotografías al resaltar detalles específicos, omitir detalles no esenciales y permitir vistas amplificadas. Por otro lado, es más sencillo producir y almacenar fotografías y son más fieles a la situación real (Konz, 1995) si se exponen y señalan de forma adecuada.

Videocintas

Las películas pueden mostrar la dinámica del proceso, como la interrelación de movimientos, partes herramientas, etcétera, mucho mejor que las fotografías. Las videocintas son poco costosas y es sencillo producirlas y mostrarlas. Aún más, proporcionan al operario la libertad de controlar el tiempo para verla, regresarla si es necesario, y revisar los procedimientos. También se pueden guardar, borrar y regrabar.

Capacitación física

La capacitación que incluye modelos físicos, simuladores o equipo real es mejor para las tareas complejas. Esto permite que el capacitado realice las actividades del trabajo en condiciones reales válidas, experimente las condiciones de emergencia en un entorno controlado y seguro y tenga un desempeño supervisado del que obtiene retroalimentación. Esta capacitación física se ilustra mejor con los simuladores de vuelo de alta fidelidad para la capacitación de pilotos usada por varias aerolíneas y la mina de carbón simulada para la colocación de pernos en el techo o la capacitación en la operación continua de la misma en el centro de investigación del Bureau of Mines Bruceton cerca de Pittsburgh, Pensilvania.

Una ventaja de la capacitación física es que los operarios adquieren *condición física* en el proceso, es decir, ejercitan los movimientos de sus músculos o muñecas en condiciones controladas y frecuencias reducidas, de manera que el cuerpo se acostumbra en forma gradual a las condiciones más extremas encontradas en el lugar de trabajo. Este procedimiento ha tenido bastante éxito, por ejemplo, al reducir desórdenes óseomusculares relacionados con el trabajo en los empacadores de carne, establecidos por OSHA en su guía (OSHA, 1990) y recomendados por la American Meat en su publicación *Ergonomics and Safety Guidelines*.

Curva de aprendizaje

Los ingenieros industriales, los ingenieros de factores humanos y otros profesionales interesados en el estudio del comportamiento humano reconocen que el aprendizaje depende del tiempo. Aun la operación más sencilla puede tomar horas para dominarla. El trabajo complicado toma días o semanas antes de que el operario logre la coordinación física y mental que le permitan proceder de un elemento a otro sin duda o demora. Este periodo y el nivel relacionado de aprendizaje forman la curva de aprendizaje; en la figura 18-1 se ilustra una curva típica.

Una vez que el operario alcanza la parte más plana de la curva, se simplifica el problema de calificar el desempeño. Sin embargo, no siempre es conveniente esperar tanto para desarrollar un estándar. Quizá los analistas se vean obligados a establecer el estándar en el punto en que la pendiente de la curva es mayor. En tales casos, han de poseer un agudo poder de observación y deben poder juzgar con madurez según la amplia capacitación para calcular un tiempo normal equitativo.

FIGURA 18-1
Gráfica de incremento típico de productividad

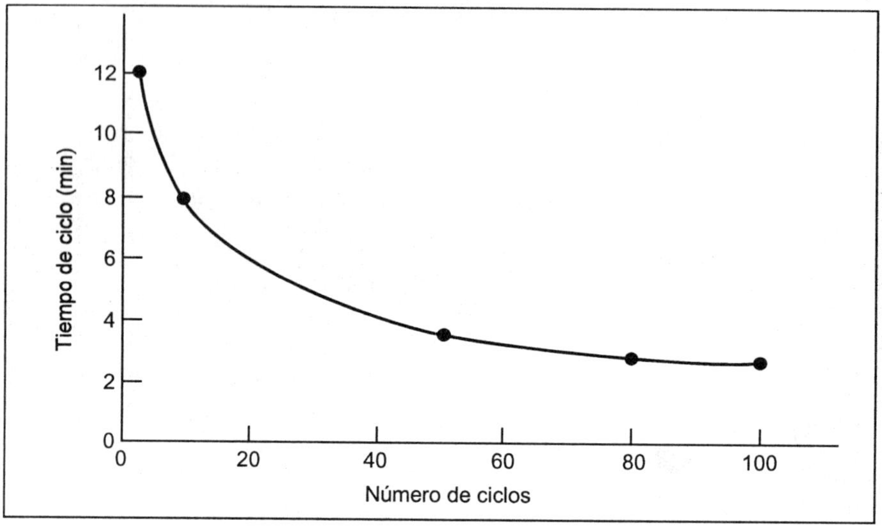

Es útil disponer de curvas de aprendizaje representativas de los diversos tipos de trabajo que se realizan en la compañía. Esta información se puede usar tanto para determinar la etapa de producción en la que sería deseable establecer el estándar, como para proporcionar una guía del nivel de productividad esperado de un operario promedio con un grado conocido de familiaridad con la operación, después de producir un número fijo de partes.

Al graficar los datos de la curva de aprendizaje en papel logarítmico, los analistas pueden linearizar los datos para facilitar su uso. Por ejemplo, la gráfica de la variable dependiente (tiempo de ciclo) y la variable independiente (número de ciclos) de la figura 18-1 en papel doble logarítmico es una línea recta, como se ve en la figura 18-2.

No necesariamente ocurre que una nueva situación de curva de aprendizaje proporciona un nuevo diseño que va a producción. Los diseños anteriores similares a los nuevos tienen un efecto en el punto en el que la curva comienza a ser plana. Así, si la compañía introduce un diseño nuevo por completo de un tablero electrónico complejo, el ensamble implicaría una curva de aprendizaje diferente que la introducción de un tablero similar al que ha estado en producción durante los últimos cinco años.

La teoría de la curva de aprendizaje propone que cuando se duplica la cantidad total de unidades producidas, el tiempo por unidad disminuye en un porcentaje constante. Por ejemplo, si los analistas esperan una tasa de aprendizaje de 90%, entonces al duplicar la producción, el tiempo promedio por unidad disminuye 10%. La tabla 18-1 ilustra la disminución en el tiempo de ciclo conforme aumenta el número de ciclos; al duplicar los ciclos de manera sucesiva, se logra una tasa porcentual de mejora de 90%.

Mientras más pequeña sea la tasa porcentual de mejora, mayor será la mejora progresiva en la tasa de producción. Las tasas típicas de aprendizaje son las siguientes: trabajo grande o fino de ensamble (como el de aviones), 70-80%; soldadura, 80-90%; maquinado, 90-95%.

FIGURA 18-2
Tiempos de ciclo estimado basados en una reducción de 20% cada vez que la cantidad se duplica

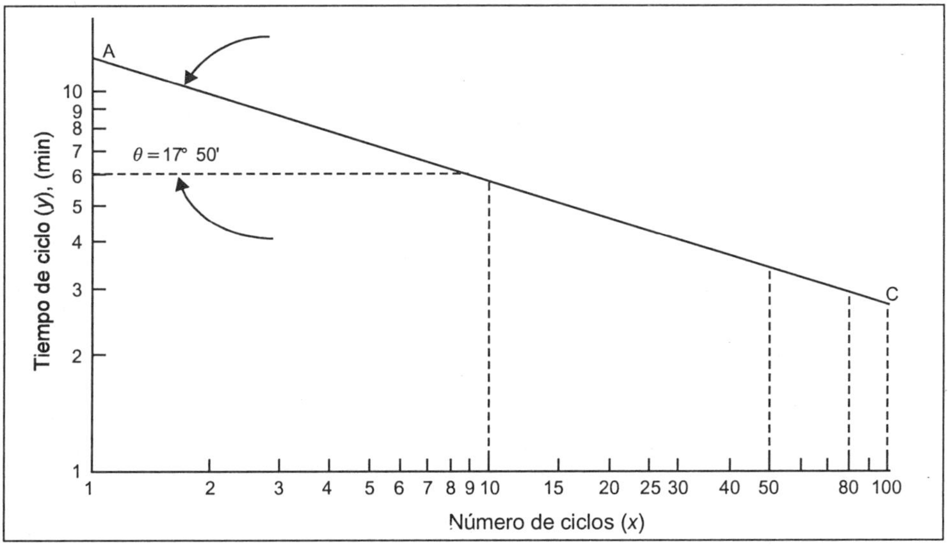

TABLA 18-1
Datos de aprendizaje en forma tabular

Número de ciclos	Tiempo de ciclo (h)	Relación con tiempo anterior
1	100.0	—
2	90.0	90
4	81.0	90
8	72.9	90
16	65.6	90
32	59.0	90
64	53.1	90
128	47.8	90

Cuando se usa papel lineal para graficar, la curva de aprendizaje es una curva de potencia de la forma $y = kx^n$. En papel logarítmico, la curva se representa por:

$$\log_{10} y = \log_{10} k + n \times \log_{10} x$$

donde: y = tiempo de ciclo,
x = número de ciclos o unidades producidas,
n = exponente que representa la pendiente,
k = valor del primer tiempo de ciclo.

Por definición, el porcentaje de aprendizaje es entonces igual a:

$$\frac{k(2x)^n}{kx^n} = 2^n$$

Tomando logaritmos en ambos lados de la ecuación,

$$n = \frac{\log_{10}(\text{porcentaje de aprendizaje})}{\log_{10} 2}$$

Para un 80% de aprendizaje, se tiene

$$n = \frac{\log_{10}(0.80)}{\log_{10} 2} = \frac{-0.0969}{0.301} = -0.322$$

También se puede encontrar n a partir de la pendiente:

$$n = \frac{\Delta y}{\Delta x} = \frac{(\log_{10} y_1 - \log_{10} y_2)}{(\log_{10} x_1 - \log_{10} x_2)}$$

La tabla 18-2 presenta las pendientes de las curvas de aprendizaje comunes como una función del porcentaje de aprendizaje. El ejemplo 18-1 ayudará a aclarar estas relaciones.

El analista del ejemplo 18-1 desea determinar cuántos ciclos se necesitan para llegar a un tiempo específico, por ejemplo, un tiempo estándar de 10 min. Se sustituye $y = 10$ min en la ecuación de aprendizaje, se toman logaritmos en ambos lados y se despeja x:

$$10 = 101.5\, x^{-0.4152}$$
$$\log_{10}(10/101.5) = -0.4152 \log_{10} x$$
$$\log_{10} x = -1.006/-0.4152 = 2.423$$
$$x = 10^{2.423} = 264.8 \approx 265 \text{ ciclos (siempre se redondea hacia arriba)}$$

Así, el trabajador deberá realizar 265 ciclos para lograr el tiempo estándar.

Después, el analista quiere saber cuánto tomará en tiempo real llegar al tiempo estándar de 10 minutos. Ésta es el área bajo la curva de aprendizaje, que se puede encontrar integrando la curva:

$$\text{Tiempo total} = \int_{x_1-\frac{1}{2}}^{x_2+\frac{1}{2}} kx^n\, dx = k\{(x_2 + \tfrac{1}{2})^{n+1} - (x_1 - \tfrac{1}{2})^{n+1}\}/(n+1)$$
$$= 101.5\{265.5^{0.5848} - 0.5^{0.5848}\}/0.5848 = 4424 \text{ minutos}$$

Entonces, para el ejemplo 18-1, lleva un total de 4424 minutos, o alrededor de 73.7 horas, lograr el tiempo de ciclo de 10 minutos. El tiempo de ciclo promedio sería 4424/265 = 16.7 minutos.

TABLA 18-2
Relación entre la pendiente de la curva de aprendizaje y el porcentaje de la curva de aprendizaje

Porcentaje de curva de aprendizaje	Pendiente
70	−0.514
75	−0.415
80	−0.322
85	−0.234
90	−0.152
95	−0.074

EJEMPLO 18-1
Cálculo de la curva de aprendizaje

Suponga que toma 20 minutos producir la unidad número 50 y 15 horas producir la unidad 100. ¿Cuál es la curva de aprendizaje?

$$n = \frac{\Delta y}{\Delta x} = \frac{(\log_{10} 20 - \log_{10} 15)}{(\log_{10} 50 - \log_{10} 100)} = \frac{1.301 - 1.176}{1.699 - 2.00} = -0.4152$$

El porcentaje de la curva de aprendizaje es:

$$2^{-0.4152} = 75\%$$

Para completar la ecuación de la curva de aprendizaje, se sustituye uno de los puntos, como (20, 50), en la ecuación y se despeja k:

$$k = y / x^{-n} = 20 / 50^{-0.4152} = 101.5$$

Así, los costos obtenidos para las primeras unidades producidas están basados en un tiempo de 101.5 minutos para producir un ensamble, no en los 10 minutos derivados de los datos de estándares.

Una pregunta interesante se refiere a qué pasa si el operario sale de vacaciones. ¿Olvida algo de lo aprendido? De hecho, esto ocurre y se conoce como *retroceso* (Hancock y Bayha, 1982). La cantidad de retroceso es una función de la posición del operario en la curva de aprendizaje cuando ocurre la interrupción. Esta cantidad se aproxima extrapolando la línea recta que va del tiempo del primer ciclo al tiempo estándar (vea la figura 18-3). La ecuación para esta recta de retroceso es:

$$y = k + \frac{(k - s)(x - 1)}{(1 - x_s)}$$

donde: s = tiempo estándar,
x_s = número de ciclos para lograr el tiempo estándar.

Poder estimar el tiempo de la primera unidad producida y el tiempo para las unidades sucesivas puede ser útil en extremo para estimar cantidades relativamente pequeñas si el analista cuenta con datos de estándares e información de la curva de aprendizaje. Como los datos de estándares casi siempre se basan en el desempeño del trabajador cuando el aprendizaje se nivela o alcanza la parte plana de la curva, esos datos deben ajustarse hacia arriba para asegurar que se asigna un tiempo adecuado por unidad en condiciones de cantidades pequeñas. Por ejemplo, suponga que el analista desea conocer el tiempo necesario para producir la primera unidad de un ensamble complejo. El análisis de datos de estándares sugiere un tiempo de 1.47 horas, que es el tiempo de ciclo para la n-ésima unidad, o el punto en el que la curva comienza a aplanarse. En este caso, la n-ésima unidad se estima como 300 ensambles. Con base en otros trabajos similares, el analista espera una tasa de aprendizaje de 95%. De la tabla 18-2, el exponente n, que representa la pendiente, es -0.074. Entonces k, el valor del primer tiempo de ciclo, es

$$k = 1.47 / 300^{-0.074} = 2.24 \text{ horas}$$

FIGURA 18-3
Efecto de interrupciones en el aprendizaje del operario (*Tomado de:* Hancock y Bayha, 1982) (Reimpreso con permiso de John Wiley & Sons, Inc.)

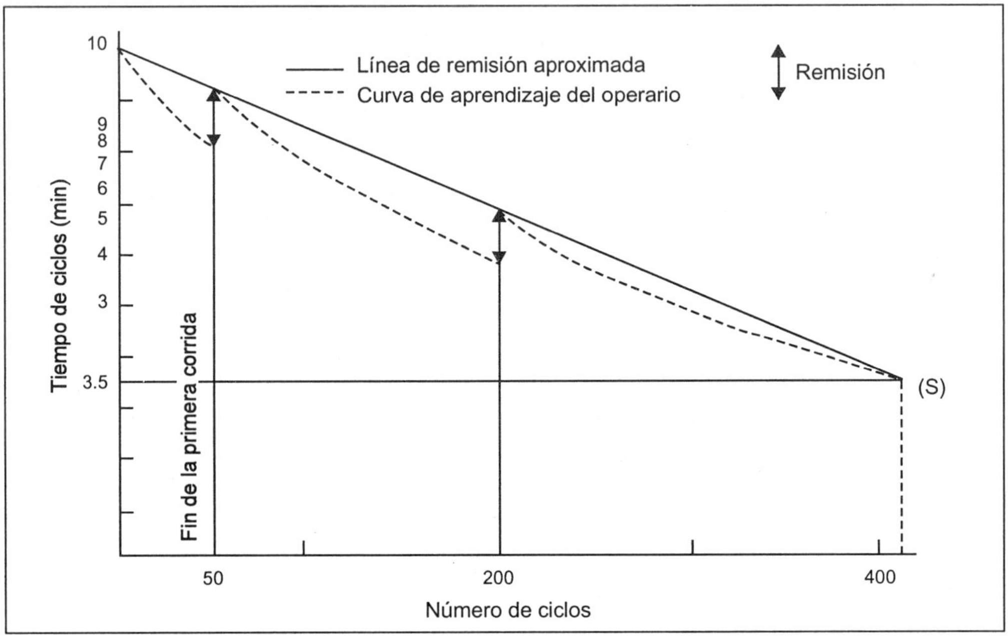

EJEMPLO 18-2
Cálculo de la curva de aprendizaje con retroceso

En el ejemplo 18-1, el operario se detiene después de 50 ciclos por 2 semanas de vacaciones. Su tiempo para el ciclo 51 se determina con la función de retroceso:

$$y = 101.5 + \frac{(101.5 - 10)(51 - 1)}{(1 - 265)} = 84.17$$

El tiempo de ciclo del operario sin interrupción hubiera sido

$$y = 101.5x^{-0.4152} = 101.5 \times 51^{-0.4152} = 19.84$$

Por lo tanto, hubo un retroceso de 84.17 − 19.84 = 64.33 minutos, y se inicia una nueva curva de aprendizaje con un nuevo valor de $k = 84.17$. El ciclo 51 ahora se convierte en el primer ciclo de la nueva curva de aprendizaje $y = 84.17x^{-0.4152}$

Entonces, el costo calculado por el analista estaría basado en 2.24 horas como tiempo para producir un ensamble, no 1.47 horas desarrollado a partir de los datos de estándares.

Muchos factores afectan el aprendizaje humano. La complejidad del trabajo es muy importante. Cuanto más larga sea la longitud de ciclo, mayor es la incertidumbre de los movimientos, y mientras más movimientos simultáneos o tipo C haya (vea el capítulo 13), mayor capacitación se requerirá. De manera similar, las características individuales, como edad (la tasa de aprendizaje disminuye con la edad), capacitación previa y aptitudes físicas, afectan la habilidad de aprender.

PROGRAMAS DE CAPACITACIÓN EN LA PLANTA

Cuando se emprende de manera adecuada, cualquier programa de capacitación de métodos se autojustifica. Varias compañías que han introducido programas de capacitación han logrado ahorros casi de inmediato en todas las plantas. Un fabricante de maquinaria agrícola impartió un curso de 64 horas de análisis de métodos. Asistieron 42 supervisores, ayudantes de supervisión, analistas de estudio de tiempos y otros miembros clave del personal operativo. Al terminar el curso se presentaron 28 proyectos de métodos que presentaban soluciones de mejoras que podían introducirse en la planta. Las ideas incluyeron: acoplamiento de máquinas, rediseño de herramientas y productos, simplificación de documentos, mejoras en la distribución de planta, mejor manejo de materiales, mejoras a las matrices y dispositivos, eliminación de operaciones, ajuste de tolerancias y especificaciones y muchas otras; el resultado fue ahorros de miles de dólares anuales.

Además de las ganancias inmediatas mencionadas, la capacitación en el análisis de las operaciones y la simplificación del trabajo desarrolló una consciencia analítica en el personal operativo, por lo que en adelante hubo una búsqueda continua de mejores maneras de hacer las cosas. Desarrollaron la apreciación del costo de manufactura y, al terminar el curso, tenían conocimientos de la relación entre la producción y el precio de venta. Al proporcionar los medios de capacitación en el trabajo sobre métodos y áreas relacionadas, esta compañía tuvo un gran avance para asegurar su lugar en un mercado en extremo competitivo.

Capacitación de métodos y estudio de tiempos

La falta de éxito de algunos programas de estudio de tiempos y métodos se debe en parte a la falta de comprensión de las técnicas por los administradores y el personal de operación. Una de las maneras más sencillas de asegurar el éxito de cualquier innovación práctica es informar a las partes afectadas cuándo y cómo operará. Cuando todos entienden las teorías, técnicas y necesidad económica de métodos, medición del trabajo y motivación del empleado, se encuentran pocos obstáculos en su aplicación. en plantas sindicalizadas, es muy importante que los líderes locales entiendan la necesidad y los pasos involucrados en el establecimiento de estándares de desempeño. La capacitación en las áreas de calificación del desempeño, aplicación de suplementos, métodos de datos de estándares y evaluación del trabajo es esencial. Las compañías que han proporcionado capacitación sobre los elementos del estudio de tiempos para los líderes sindicales y los representantes de la administración, han experimentado una relación armoniosa respecto a los métodos, estándares y pago de salarios.

La administración debe patrocinar la capacitación para familiarizar a diversos miembros de la operación y supervisión con las filosofías y técnicas del estudio de tiempos y movimientos. Además, la industria debe proporcionar capacitación a quienes planean realizar estos estudios como parte de su vida de trabajo. También los analistas experimentados deben actualizarse que su concepción de lo normal no se desvíe del estándar. La capacitación periódica del personal de estudios de tiempos es esencial.

Siempre ocurren nuevos desarrollos. Conforme se reconocen, el personal de las secciones de métodos, estudio de tiempos y pago de salarios debe recibir la capacitación correspondiente.

Cualquier compañía que tiene, o planea tener, un programa de simplificación del trabajo o de análisis de métodos, estudios de tiempos, medición del trabajo y pago de incentivos debe incluir un programa de capacitación continuo como parte de su instalación. Sesiones de capacitación de 2 horas semanales, para supervisores, representantes sindicales, fuerza de trabajo directa y administradores, valdrá el tiempo y dinero dedicados.

Desarrollo creativo

El trabajo creativo no está limitado a un campo específico o a unos cuantos individuos, sino que lo realizan en distintos grados personas en diversos puestos: el artista bosqueja, el periodista promueve una idea, el maestro alienta el desarrollo del estudiante, el científico experimenta con una teoría y el analista industrial desarrolla métodos mejorados para ejecutar el trabajo.

Creatividad implica novedad, pero con frecuencia se entiende sólo como la mejora de productos existentes. Una actitud de "cómo producir mejor un producto" moderada por el buen juicio, es una característica importante de los analistas de estudios de tiempos y métodos efectivos.

Desarrollar la creatividad al realizar estudios es un reto constante para los analistas. El conocimiento de los principios fundamentales de física, química, matemáticas e ingeniería es una buena base para el pensamiento creativo. Si los analistas no tienen estos antecedentes básicos, deben adquirirlos, ya sea en curso o en forma autodidacta. Por supuesto, el conocimiento es sólo la base para la creatividad; no necesariamente la estimula.

Las características personales de curiosidad, intuición, percepción, ingenuidad, iniciativa y persistencia contribuyen al pensamiento creativo. La curiosidad parece estimular más ideas que cualquier otra característica personal. Una ayuda en el desarrollo o recuperación de la curiosidad es la observación cuidadosa. Los analistas de estudio de tiempos y movimientos deben adquirir el hábito de hacerse preguntas sobre cómo se hace un objeto en particular, qué materiales se usan en su construcción, por qué se diseñó con un tamaño o forma específico, por qué y cuándo se terminó y cuánto costó. Si no pueden responder a estas preguntas por sí mismos, deben buscar las respuestas ya sea mediante el análisis o a través de consultas de fuentes de materiales y expertos. Estas observaciones pueden llevar a las personas creativas a ver la manera de mejorar los productos o procesos y reducir costos, mejorar la calidad, facilitar el mantenimiento o modificar la apariencia estética.

Una idea significativa con creatividad casi siempre abre campos de actividades que conducen a muchas ideas nuevas. Con frecuencia, una idea que se aplica a un producto o proceso también se puede aplicar a otros productos o procesos similares.

EMPLEADOS Y MOTIVACIÓN

Reacciones de los empleados

Además de entender los objetivos de los sindicatos y sus actitudes hacia el enfoque de métodos, estándares y pagos salariales, los analistas deben comprender con claridad las reacciones sicológicas y sociológicas de los operarios. Deben reconocerse tres aspectos:

1. La mayoría de las personas no tienen una respuesta favorable al cambio.
2. La seguridad en el trabajo es prioritario en la mente de la mayoría de los trabajadores.
3. Las personas tienen necesidad de afiliarse y en consecuencia reciben influencia del grupo al que pertenecen.

Muchas personas, sin importar sus puestos, tienen una resistencia inherente a cambiar cualquier aspecto asociado con sus patrones de trabajo o centros de trabajo. Esto se debe a varios factores sicológicos. Primero, el cambio indica insatisfacción con la situación actual. La tendencia natural es defender el método actual, pues se asocia de manera estrecha con el individuo. A nadie le gusta que otros estén insatisfechos con su trabajo; incluso si se sugiere un cambio, la reacción inmediata es dar explicaciones de por qué el cambio propuesto no funcionará.

Segundo, las personas tienden a ser criaturas de hábitos. Una vez adquirido un hábito, es difícil dejarlo y existe resentimiento si alguien intenta alterarlo. Por ejemplo, alguien con el hábito de comer en cierto lugar se resiste a ir a otro restaurante, aunque la comida pueda ser mejor y menos costosa.

Tercero, las personas tienen un deseo natural de sentirse seguros en su puesto, reacción tan básica como el instinto de supervivencia. De hecho, la seguridad y la supervivencia se relacionan. Muchos trabajadores prefieren la seguridad a un salario alto al elegir un trabajo.

Cuarto, el trabajador percibe todos los cambios de métodos y estándares como un esfuerzo por aumentar la productividad. La reacción inmediata y entendible es pensar que si la producción aumenta, la demanda quedará satisfecha en un periodo más corto y sin demanda habrá menos trabajos.

La solución a la necesidad de seguridad del trabajo estriba más que nada en la sinceridad de la administración. Cuando el resultado de mejorar un método es desplazar a algunos trabajadores, la administración es responsable de hacer un esfuerzo honesto para relocalizar a quienes hayan sido desplazados. Esto puede incluir proporcionar una nueva capacitación. Algunas compañías han llegado al extremo de garantizar que nadie perderá su empleo como resultado del mejoramiento de métodos. Dado que por lo común la tasa de rotación de la mano de obra es mayor que la tasa de mejoramiento, la contracción natural por renuncias o retiro casi siempre absorbe los desplazamientos que causa el mejoramiento.

Quinto, la necesidad sociológica de afiliarse y el impacto que resulta de "actúa como el grupo quiere que todos actúen" también influye en el cambio. Muchas veces, el trabajador, como miembro del sindicato, siente que este organismo espera que se oponga al cambio instituido por la administración; en consecuencia, el trabajador se resiste a cooperar con cualquier cambio propuesto como resultado de los métodos y estándares de trabajo. Otro factor es la resistencia a cualquiera que no sea parte del propio grupo. Una compañía representa un "grupo" que tiene varios grupos dentro de sus fronteras. Estos grupos individuales responden a leyes sociológicas básicas. El cambio propuesto por alguien externo al grupo, con frecuencia se recibe con hostilidad declarada. El trabajador se asocia con un grupo diferente al de quienes aplican los métodos y estándares, y tiende a resistir el esfuerzo de los analistas, lo que puede interferir con el desempeño usual dentro del grupo.

Jerarquía de Maslow de las necesidades humanas

Algunos factores como el estrés, las necesidades y la compensación pueden ser aspectos muy importantes en la productividad del trabajador. Es natural que los empleados deseen trabajar con una cantidad mínima de estrés y la mayor compensación. Maslow (1954) cuantificó estos deseos en una jerarquía comparable a escalones que llevan a la cima de una pirámide que representa el objetivo final (vea la figura 18-4). El trabajador debe satisfacer cada necesidad inferior antes de buscar la recompensa del siguiente nivel. El nivel más bajo incluye las necesidades *fisiológicas* que corresponden a supervivencia, comida, agua y salud. Los factores de trabajo relacionados con este nivel pueden ser una remuneración suficiente y otras recompensas monetarias.

Una vez satisfechas las necesidades fisiológicas cobra importancia el segundo nivel, necesidades de *seguridad*. Éstas incluyen la necesidad de seguridad tanto en el sentido físico como sicológico. Pueden ser tan simples como evitar lesiones físicas en el trabajo o tan complejas como buscar un supervisor "amable" que no amenace o degrade al trabajador. Con la preponderancia de los recortes de personal a finales de los años 90, las necesidades de seguridad incluyeron seguridad del trabajo y derechos de antigüedad.

El tercer nivel, las necesidades *sociales*, incluye la necesidad de atención, amistad, pertenencia social y relaciones significativas con los compañeros de trabajo. En el cuarto nivel *autoestima*, el trabajador lucha por la competencia y el logro, expresa un deseo de respeto a sí mismo o busca satisfacer su ego.

Arriba de la pirámide, en el quinto y último nivel está la *autosatisfacción*. Los trabajadores han logrado satisfacer sus necesidades y están satisfechos consigo mismos y en sus egos. Este nivel puede variar de manera considerable de un individuo a otro. Algunas personas pueden estar satisfechas haciendo "chafaldranas" cada día, mientras que otras quizá sólo estén satisfechas al manejar su propio negocio.

El ingeniero industrial puede preguntarse para qué sirve la jerarquía de Maslow en la planta, o cómo puede el trabajador satisfacer estas necesidades en la línea de producción. Considere el primer nivel de necesidades fisiológicas. Una táctica, aunque negativa en términos de la relaciones trabajador-administrador, es la amenaza de correrlo si no cumple con las cuotas de producción, o si viola las reglas de seguridad. Otros procedimientos para asustar o preocupar, o enfoques duros, se encuentran en esta misma categoría. Un enfoque más positivo es la implantación de incentivos salariales (capítulo 17). Éste es un

FIGURA 18-4
Jerarquía de Maslow de las necesidades humanas

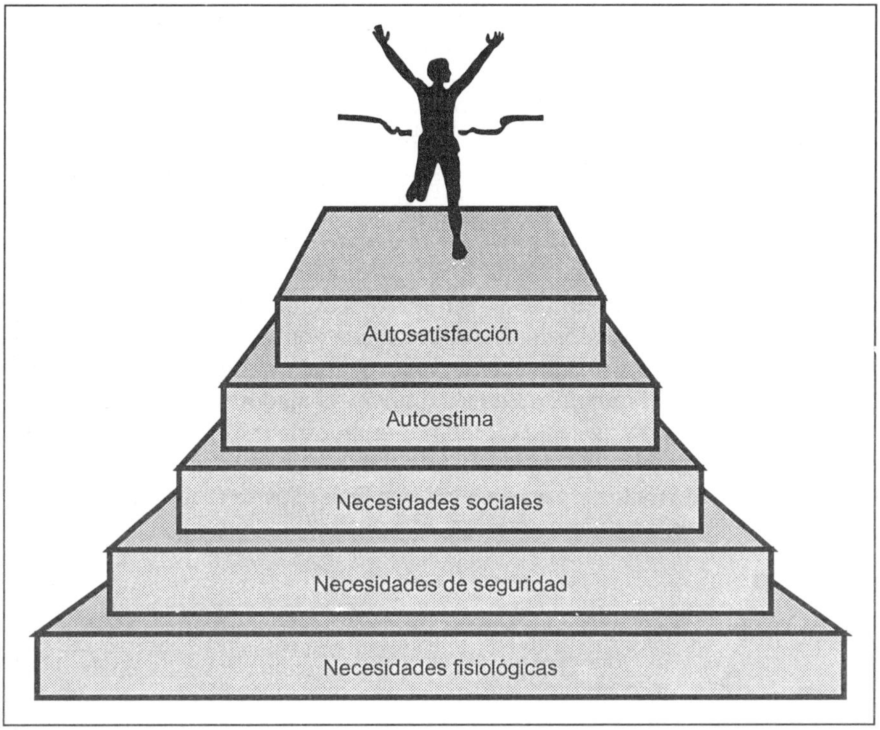

condicionamiento clásico, reforzamiento positivo, en su forma más sencilla. Muchos trabajadores están dispuestos a realizar trabajos relativamente tediosos, o a tasas de producción más altas, cuando recibe un incentivo monetario suficiente. Así, el trabajador cambia una mayor satisfacción con el trabajo debida a una paga adicional, por menor satisfacción en el trabajo. Por desgracia, al aumentar la fortuna y los impuestos, el ingreso adicional deja ser significativo, y el ingeniero industrial puede tener que proceder a niveles más altos de la jerarquía de Maslow.

En el segundo nivel, las necesidades de seguridad, del y en el trabajo, la preocupación principal es la seguridad de conservar el trabajo, en especial con la tendencia creciente al recorte de personal. Por tradición, en otras culturas, en especial la japonesa, un trabajo era una garantía de por vida con la compañía. En Estados Unidos es común que un trabajador cambie de trabajo cada cinco o seis años y trabaje para una media docena de empleadores a lo largo de su vida y quizá el empleo esté garantizado por un número fijo de años. A nivel del entorno de trabajo, los reglamentos específicos respecto a las prácticas, el cuidado físico ante maquinaria insegura o las campañas de seguridad pueden mejorar el clima de trabajo.

En el tercer nivel, necesidades sociales, los trabajadores buscan "pertenecer" a un sistema social. En términos de trabajo, esto implicaría tener compañeros de trabajo amistosos, una interacción agradable con la administración, participación en los comités de seguridad o ergonómicos, etc. Tales organizaciones formales son más comunes en Japón con los "círculos de calidad"; en Alemania, donde los trabajadores eligen un consejo de trabajo (Betriebsrat) para manejar problemas y negociar con la administración, y en las plantas de automóviles de Suecia con los grupos de trabajo (arbetsgrupper).

En el cuarto nivel, los trabajadores buscan aumentar su autoestima. Esto puede lograrse mediante retos en el trabajo, la asignación de mayor responsabilidad y con mayor variedad. Esto último se consigue con la *ampliación del trabajo*, una expansión horizontal de las actividades. En lugar de sólo apretar un conjunto de tornillos todo el día, el trabajador puede realizar el ensamble completo. Esto no sólo aumenta su sentido de responsabilidad, también utiliza mayor cantidad de músculos y coyunturas, lo que divide la tensión en una mayor parte del cuerpo y reduce el riesgo de desórdenes por trauma acumulado. Unido a la ampliación del trabajo está el *enriquecimiento del trabajo*, una expansión vertical de las actividades que permite a los trabajadores iniciar y terminar una tarea completa, diversificar los deberes de forma que nadie tenga todas las asignaciones aburridas, delega la toma de decisiones y rota las asignaciones de trabajo. La *rotación del trabajo* es similar a la ampliación del trabajo en que cualquier trabajador tiene la oportunidad de realizar varias tareas, mientras que está regido por un horario más rígido. La rotación del trabajo tiene efectos similares al enriquecimiento del trabajo al variar los factores de tensión y permitir que los músculos y partes del cuerpo fatigados se recuperen.

Enfoque de la Volvo

Todos estos conceptos (ampliación, enriquecimiento, rotación y grupos de trabajo) surgieron en Suecia en la década de 1960. El detonador fue el creciente ausentismo, las huelgas no autorizadas, la inquietud de los trabajadores y la insatisfacción general. Se necesitaban cambios drásticos. Entonces, bajo la dirección de su presidente Pehr Gyllenhammer, la Volvo desarrolló un plan revolucionario y construyó una planta completa de ensamble de automóviles en Kalmar en 1974. La línea transportadora tradicional se sustituyó por un sistema de guía automatizada de vehículos (ACV—*automated guided vehicle*) donde se realizaba el ensamble. El AGV estaba guiado por un sistema electrónico de cables subterráneos. Una computadora central controlaba el movimiento de los AGV por la planta, pero los empleados podían tener el mando en cualquier momento. Además, hubo un cambio drástico en la organización del trabajo: los empleados participaban en todo y formaban grupos de trabajo que recibían y examinaban órdenes de producción, decidían justo qué miembro del grupo haría cada tarea en un día dado, inspeccionaban su propio trabajo, llenaban la documentación después del ensamble y, al final del día, tenían una breve discusión sobre los sucesos y problemas. La ampliación del trabajo fue llevada al grado de que un grupo de trabajadores ensamblaban más del 25% de un automóvil.

El diseño de Kalmar tuvo éxito desde el principio, ya el trabajo tenía un mayor significado y los trabajadores asumieron mayores responsabilidades. El ausentismo y la rotación de personal se redujeron mucho, mientras que se cumplían las metas de costo de producción. Debido al éxito en Kalmar se abrieron nuevas plantas en Uddevalla y Göteborg (Torslunda). Por desgracia, debido a un mercado cambiante y una baja radical en las cifras de venta, la Volvo cerró sus plantas de Uddevalla y Kalmar. En 1997 reabrió la planta de Uddevalla para producir un nuevo auto deportivo.

Observe que en las plantas de la Volvo se adoptaron las tres formas de reorganización del trabajo —ampliación, enriquecimiento y rotación. Los tiempos de ciclo aumentaron a muchas horas, los movimientos repetitivos disminuyeron para cualquiera de las extremidades o conjunto de músculos.

En el quinto nivel de la jerarquía de Maslow, se espera que el trabajador se dedique a la compañía por completo. Fuera de Japón, quizá esto no es factible en empresas grandes. Por otro lado, en compañías pequeñas que inician actividades, no sólo el dueño, también algunos de los colegas más cercanos, pueden dedicar la mayor parte de las horas que están despiertos a mantenerla a flote. Entonces, la compañía y el trabajo realmente se convierten en la autosatisfacción.

Motivación

Herzberg (1966), desarrollo una *teoría de motivación-mantenimiento* interesante, basada en una investigación de factores que conducen a la satisfacción o insatisfacción, entre 1500 empleados en 12 organizaciones. Parecido a la teoría de Maslow, Herzberg encontró dos necesidades básicas diferentes en los individuos. Si los trabajadores estaban insatisfechos con sus trabajos, su preocupación principal era el entorno. Sin embargo, si estaban satisfechos, esta satisfacción se refería al trabajo mismo.

Herzberg clasificó los factores ambientales como *extrínsecos* y motivos potenciales de insatisfacción. Estos incluyeron aspectos como administración, supervisión, condiciones de trabajo, salarios y relaciones interpersonales. Los satisfactores potenciales o motivadores, incluyeron logro, reconocimiento, responsabilidad y avance, y los llamó factores *intrínsecos*. Los factores extrínsecos tenían un efecto positivo pequeño, pero podían tener un fuerte efecto negativo. Los factores intrísecos alentaban al tabajador a ser más productivo. Por lo tanto, el interés de la administración debe centrarse en maximizar estos factores intrínsecos y minimizar los efectos negativos de los extrínsecos.

Una de las técnicas de motivación intrínseca más efectivas es el enriquecimiento del trabajo, que es el opuesto de la simplificación del trabajo. Con métodos de trabajo y los principios de economía de movimientos, la meta normal de un ingeniero industrial es simplificar el trabajo. Si un trabajo es sencillo y repetitivo, se requiere poco aprendizaje y los trabajadores se pueden intercambiar con facilidad. Este enfoque se desarrolló para lograr una consistencia tipo máquina en la línea de ensamble. Sin embargo, los trabajadores no son máquinas y cuando están sujetos a ese tipo de condiciones se aburren y quedan insatisfechos, lo que conduce a mayor ausentismo y cambio de trabajo. Peor aún, como los muestran estadísticas recientes, los niveles de estrés se incrementan y causan más desórdenes por trauma acumulado. No vale la pena ahorrar centavos en trabajos repetitivos cuando se pierden miles de dólares por las lesiones resultantes.

Herzberg también encontró algunas desviaciones interesantes en los resultados de la investigación, dependiendo de la población examinada. Estas desviaciones se podían usar en beneficio de la compañía según la composición de la fuerza de trabajo. Por ejemplo, los trabajadores más jóvenes estaban menos preocupados por la seguridad del trabajo que los de más edad y en general estaban más satisfechos con el sistema de remuneración de la organización. Los trabajadores con mayor nivel educativo y salario más alto favorecían las remuneraciones intrínsecas. En términos globales, las extrínsecas tenían más importancia que las intrínsecas, pero eran los trabajadores con menor nivel educativo, menor salario y de más edad los que las apreciaban más.

INTERACCIONES HUMANAS

Las interacciones entre empleados en el lugar de trabajo son una componente importante del ánimo y la productividad. Se han usado varios enfoques para tratar y comunicarse con las personas; se presentarán dos de ellos: el análisis transaccional y el enfoque de Dale Carnegie.

Análisis transaccional

El *análisis transaccional*, desarrollado por Berne (1964), consiste en varias componentes: 1) estados del ego, 2) transacciones, 3) palmadas y golpes y 4) juegos y estilos de vida más complejos. Existen tres estados del ego que se encuentran en algún grado en todas las personas. El *estado padre* refleja las actitudes y valores absorbidos de los padres como figuras de autoridad y produce afirmaciones como "en realidad ese es un error muy tonto". La serie *The Cosby Show* de Bill Cosby en televisión sería un buen ejemplo del estado padre. El *estado adulto* analiza los hechos con lógica, toma decisiones o conclusiones racionales y opera con frases como "examinemos el problema con cuidado". Mr Spock de la serie *Star Trek* sería un ejemplo perfecto del estado adulto del ego. El *estado hijo* es más complejo y puede tomar tres formas distintas. Un estado inocente produce respuestas como "¡huy, no lo sabía!". El estado adaptativo establece reglas internas basadas en condicionamientos sociales como "respeta a tus mayores". El estado manipulador puede llegar a fingir lesiones para evitar algo desagradable, como el niño que pretende tener catarro para no ir a la escuela.

Las interacciones entre los estados del ego ocurren en la forma de transacciones. Los participantes pueden mandar y recibir mensajes de cualquiera de estos tres estados. Si los mensajes se mandan y reciben en el mismo nivel del ego, como de adulto a adulto, las transacciones se conocen como *complementarias* y se considera que llevan a un resultado de intercambio positivo y exitoso (figura 18-5). Una transacción padre a hijo (figura 18-6), si ocurre en un nivel paralelo, todavía se considera complementaria, pero puede no ser tan efectiva como la transacción que ocurre al mismo nivel.

Una transacción cruzada ocurre cuando cada parte se encuentra en un nivel de transacción diferente y con frecuencia el resultado es un sentimiento de enojo y hostilidad (figura 18-7). Las transacciones subsecuentes, aunque parezcan lógicas en la superficie, siempre tendrán un significado oculto y forman la base para los juegos (figura 18-8). Como ejemplo, un supervisor de línea realiza en apariencia una transacción adulto- adulto, pero en realidad sólo revisa los movimientos y produce una transacción padre-hijo. Esta puede ser la forma en que un operario desea ser tratado; si no lo es, el supervisor no debe sorprenderse de que los empleados se quejen de que nadie los escucha jamás.

El análisis transaccional hace hincapié en que todas las personas sienten la necesidad de algún tipo de reconocimiento. Esta necesidad (el cuarto nivel de la jerarquía de Maslow) tal vez inicie en la niñez y continúe hasta la madurez. El reconocimiento puede llegar como palmadas positivas o negativas, donde las positivas se basan en los buenos atributos, como el reconocimiento de la inteligencia, disposición para ayudar, la compasión, etcétera, mientras que las negativas se basan en los malos atributos como la falsedad y el egoísmo. Sólo lo positivo (tú estás bien) mantiene a una persona con mente saludable. Las

FIGURA 18-5
Transacción complementaria: adulto-adulto (el mensaje se manda y recibe de manera apropiada, *adaptado de:* Berne, 1964).

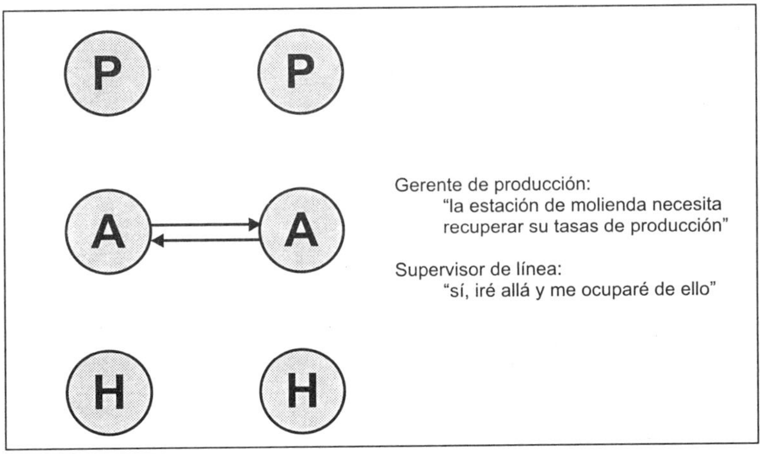

FIGURA 18-6
Transacción complementaria: padre-hijo (no es tan efectiva como la adulto-adulto, pero todavía es útil, *adaptado de:* Berne,1964)

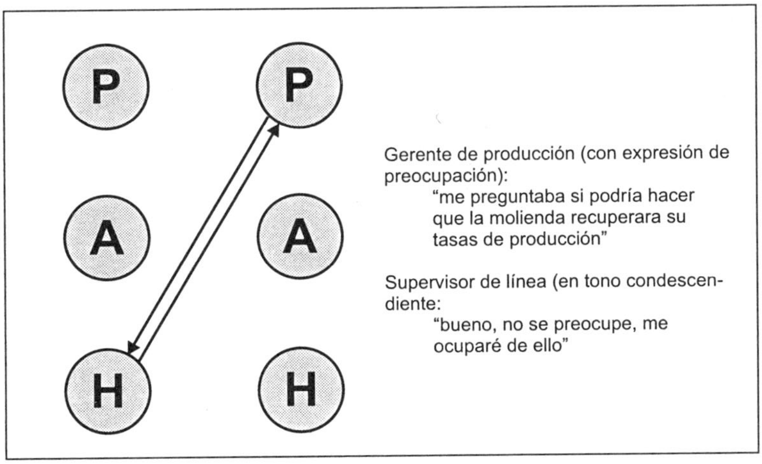

palmadas negativas pueden dejar huella en una persona y hacer que tenga una impresión mala del mundo. El exceso de negatividad (crítica) en la niñez puede trascender a la etapa de adulto, y entonces la persona busca transacciones que conducen a la compasión o dependencia. Algunos individuos se pueden convertir en buscadores de palmadas positivas en extremo.

FIGURA 18-7
Transacción cruzada (el resultado puede ser sentimiento de enojo y hostilidad, *adaptado de:* Berne, 1964).

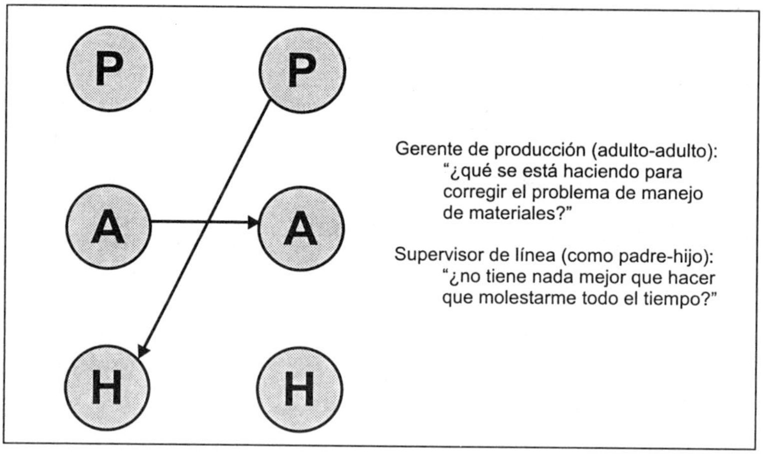

FIGURA 18-8
Transacción subsecuente (aunque este enfoque parece lógico, puede tener un significado oculto y forma la base para los juegos, *adaptado de:* Berne, 1964)

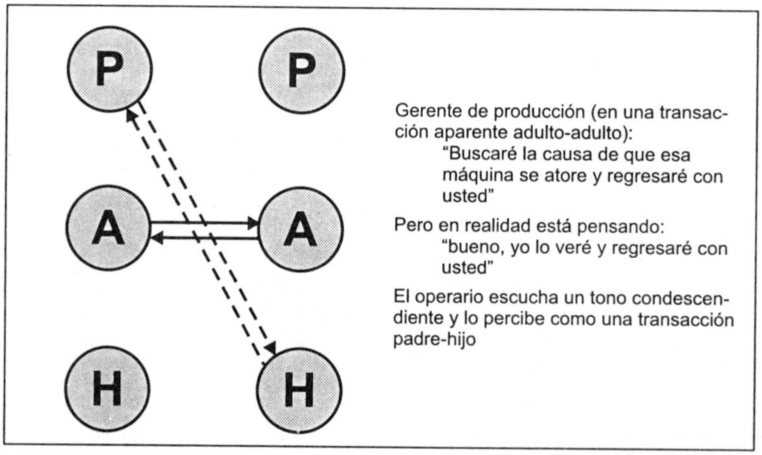

Cuando las transacciones se vuelven más complejas, toman la forma de rituales, pasatiempos o juegos. Los rituales son las ligas culturales más simples, como el sencillo saludo por la mañana, "hola, ¿qué tal?" Los pasatiempos son interacciones más complejas como conversaciones sobre trabajo, deportes o amigos dentro de las funciones sociales.

Los juegos son las transacciones más complejas, que pueden sustituir a la intimidad en la vida privada o producir un comportamiento susceptible de tener accidentes (como un niño que busca el perdón) en el trabajo.

En general, el ingeniero industrial o el gerente deben intentar comprender las bases del análisis transaccional para interactuar mejor con los trabajadores de producción y otros. Los juegos complejos deben evitarse cambiando del estado de padre o hijo al de adulto. Esto funciona en las situaciones "sí, pero" en las que, por un motivo anterior para uno de los participantes, se reduce la efectividad de solución de problemas para la situación. El gerente debe percibir que cuando todas las sugerencias para mejorar el diseño del lugar de trabajo se rechazan con comentarios de "sí, pero no se puede", la transacción ha evolucionado al modo de padre-hijo. Cambiarla a una de adulto-adulto con "sí, sin duda será difícil, ¿qué puede hacer al respecto?" cambiará el juego y llevará directamente al problema. En otras palabras, en las transacciones cruzadas, es mejor cambiar los estados o egos, incluso cuando están en el nivel padre hijo, pues son menos efectivas que las transacciones adulto-adulto. Por último, tal vez sea necesario participar en un nivel bajo de juegos, como dar o recibir palmadas. En muchas compañías existe el "Juana o Pepe Calamidad" que siempre se mete en problemas, ya sea que atore una máquina o que dañe herramientas. Estos individuos quizá lleven a cuestas una carga de palmadas negativas desde la niñez. Al cambiar al ego de adulto con "acepto la responsabilidad de asignarte a ese trabajo", con el tiempo se detendrá el juego, pero también puede crear un enemigo. Otro enfoque es quizá compensar las palmadas negativas con más palmadas positivas en la forma de reconocimiento de las cosas que ese operario hace bien (como desempeño arriba del normal, alta calidad, etcétera) (Denton, 1982).

Sobretodo, el ingeniero industrial debe dedicar tiempo a hablar con los operarios y conocer sus ideas y reacciones. El trabajo se lleva a cabo en forma más suave y efectiva si los operarios se convierten en parte del equipo. Sin embargo, se les debe pedir que "se unan al equipo", no darles una orden. Los operarios están más cerca que nadie de las situaciones de trabajo y casi siempre tienen un conocimiento más específico de los detalles. Éste debe aprovecharse, respetarse y utilizarse. Acepte las sugerencias de los operarios con gratitud; si son prácticas y valen la pena, póngase en práctica lo más pronto posible. Si se usan, puede tenerse la seguridad que los operarios reciben la recompensa adecuada. Si no se pueden usar por el momento, proporcione una explicación completa. En todo momento, los analistas deben imaginarse que están en el lugar de los operarios y después usar el enfoque que les gustaría que usaran otros con ellos. Ser amigable, cortés, alegre y respetuoso, con carácter firme, son las características humanas que deben ejercitarse para tener éxito en el trabajo. En suma, debe aplicarse la regla de oro.

Enfoque de Dale Carnegie

Dale Carnegie desarrolló como un arte el enfoque humano para el manejo de personal en una serie de cursos encaminados a hacer que las personas se parezcan a uno, influir en el pensamiento de las personas y cambiarlas. Los principios de Carnegie y sus ideas se resumen en la tabla 18-3.

TABLA 18-3
Enfoque de Dale Carnegie

Técnicas fundamentales del manejo de personal

1. En lugar de criticar a las personas, intente entenderlas.
2. Recuerde que todas las personas necesitan sentirse importantes; entonces, trate de encontrar los puntos buenos de los demás. Olvide la adulación, dé una apreciación sincera y honesta.
3. Recuerde que todas las personas se interesan por sus propias necesidades; entonces hable de lo que quieren y muéstreles cómo obtenerlo.

Seis maneras de agradarle a las personas

1. Muestre un interés genuino en los demás.
2. Sonría
3. Recuerde que el nombre de las personas es el sonido más importante y dulce para ellos en el lenguaje hablado.
4. Aprenda a escuchar. Aliente a otros a hablar sobre sí mismos.
5. Hable en términos de los intereses de la otra persona.
6. Haga que la otra persona se sienta importante, y hágalo sinceramente.

Doce maneras de ganarse a la gente para que piensen como usted

1. La única manera de ganar una discusión es evitarla.
2. Muestre respeto por las opiniones de otras personas. Nunca le diga a nadie que está equivocado.
3. Si usted está equivocado, admítalo con facilidad.
4. Comience de una manera amistosa.
5. Haga que la otra persona diga que sí, de inmediato.
6. Deje que la otra persona sienta que la idea es suya.
7. Deje que la otra persona hable todo lo que quiera.
8. Intente sinceramente ver las cosas desde el punto de vista de la otra persona.
9. Simpatice con las ideas o deseos de la otra persona.
10. Apóyese en los motivos más nobles.
11. Dramatice sus ideas.
12. Proporcione retos a la otra persona.

Nueve maneras de cambiar a las personas sin ofender o causar resentimiento

1. Inicie con un elogio y una apreciación sincera.
2. Llame la atención sobre los errores en forma indirecta.
3. Hable de sus propios errores antes de criticar a otras personas.
4. Haga preguntas en lugar de dar órdenes directas.
5. Deje que la otra persona quede bien.
6. Elogie todas las mejoras desde la más pequeña. Sea sincero en su aprobación y generoso con los elogios.
7. Dé a la otra persona una buena reputación que conservar.
8. Utilice palabras de aliento. Haga que parezca sencillo corregir los errores.
9. Haga que la otra persona se sienta feliz de hacer justo lo que usted sugirió.

COMUNICACIONES

Los ingenieros industriales, como administradores de nivel medio, dedican una cantidad considerable de su tiempo a las comunicaciones interpersonales. Por lo tanto, la habilidad para comunicarse con efectividad es una gran ayuda en su cometido de vender una idea o un diseño, aun cuando valga la pena por sí misma. Las comunicaciones se pueden dividir en cinco tipos importantes: verbal, no verbal, uno a uno, grupo pequeño y gran audiencia (Denton, 1982).

Comunicación verbal

En este tipo de comunicación, las palabras son poderosas y sus significados cobran mucha importancia. Entonces, la palabra "producción" es poderosa, mientras que otras como "seguridad" o "factores humanos" puede tener connotaciones negativas debido a que implican, cierto o no, consentir a los empleados o disminuir la tasa de producción. El nombre de una persona (y los nombres de sus familiares) son muy importantes para él o ella. Por lo tanto, los administradores deben saber los nombres de los trabajadores (y un poco de su historia), para estimular el interés de la parte opositora y hacer la conversación más interesante.

Un problema en cualquier idioma es el significado específico de una palabra dada. Con la gran diversidad de palabra en el lugar de trabajo, existe mayor oportunidad para que la otra persona asigne un significado un poco diferente, haga una inferencia distinta o quizá ni siquiera entienda el significado de algunas palabras.

Los administradores también deben tener cuidado de no dividir el mundo en dos. Clasificar cosas como buenas o malas, seguras o inseguras, etcétera, polariza los sucesos y causa que los individuos se concentren en las diferencias y no en las similitudes.

Comunicación no verbal

Algunos datos indican que más del 50% de un mensaje, en especial si se relacionan con los sentimientos, se presenta a través de canales no verbales, que incluyen características de la voz, expresiones faciales, leguaje corporal, etc. En las características de la voz, un patrón de habla rápido indica entusiasmo, mientras que uno más lento con pausas indica emoción pasiva. Las expresiones faciales y el lenguaje corporal involucran el comportamiento no verbal como inclinar la cabeza para indicar atención en el discurso de otra persona, elevar las cejas en señal de sorpresa, mantener el contacto visual que indica confianza, cruzar los brazos o cerrar los puños en una actitud defensiva, cruzar las piernas para indicar superioridad o falta de interés, etcétera.

Otros factores, como la cantidad de espacio alrededor del individuo, pueden afectar las comunicaciones. Por ejemplo, las personas tratan de mantener cierta cantidad de espacio abierto a su alrededor; cerrar estos espacios crea una cantidad mayor de incomodidad aunque pueda incrementar la interacción.

Uno a uno

La comunicación *diádica* o uno a uno ocurre con frecuencia entre un administrador y un trabajador en una situación cara a cara. El propósito de esta comunicación es casi siempre lograr un entendimiento de las metas entre los dos individuos. Después, uno de los dos puede buscar la aprobación de una idea propuesta, y es posible que sea necesario presentar las soluciones disponibles. Para obtener la solución esperada, quizá se requiera usar técnicas motivacionales, como los cuestionarios guiados, que pueden comprender preguntas guiadas que propician que las respuestas tengan cierta dirección, preguntas cerradas (sí/no u opciones limitadas) para extraer un compromiso o preguntas abiertas para propiciar una discusión.

Desafortunadamente, pueden surgir conflictos durante la conversación. Los conflictos sencillos surgen cuando cada parte conoce los objetivos de la otra, pero ninguno puede ganar sin que el otro pierda. En tales casos, puede ser apropiado retrasar la discusión hasta que ambas partes se calmen y encuentren una solución racional. Los seudoconflictos surgen por comunicación no efectiva y sólo pueden dispersarse cuando se proporcionan datos precisos y se eliminan las distorsiones. Los peores conflictos son los del ego que se relacionan con el análisis transaccional de Berne (1964) presentado.

Grupos pequeños

Es común que las comunicaciones de grupo se centren en la solución de un problema. Los problemas pueden ser complejos y ningún individuo puede tener todas las soluciones. Por lo tanto, el concepto de un grupo de personas que trabajan en un problema parece lógico. Los beneficios adicionales incluyen que los juicios individuales extremos tienden a moderarse, los juicios globales tienden a adquirir cierta exactitud y se incluyen en las discusiones un conjunto más amplio de información y opiniones. También existen trueques. Por su naturaleza, los grupos pequeños consumen tiempo. Además la falta de coordinación, la baja motivación y los conflictos personales entre los miembros del grupo pueden ocasionar el fracaso en el cumplimiento de los objetivos del grupo. Entonces, es importante organizar y administrar los grupos pequeños de manera efectiva.

En estos grupos deben seguirse los procedimientos básicos de solución de problemas (capítulo 2). El grupo debe identificar el problema, analizar los detalles, desarrollar una variedad de ideas, seleccionar algunas para su desarrollo, evaluar las alternativas y especificar y vender la solución. Para mejorar este proceso, el facilitador del grupo debe permitir el acceso a la información y ayudar a que haya confianza entre los miembros. También es importante contar con estándares altos y la planeación adecuada además de las técnicas de interacción específicas que pueden aumentar la efectividad del proceso.

Facilitar el acuerdo

El hecho de facilitar el acuerdo entre todos los miembros, es decir, el consenso, puede mejorar si se involucra a todos de manera positiva y se refuerza para ello su autoestima con preguntas abiertas resumiendo los comentarios de cada uno antes de proceder a la siguiente persona, y con el resumen de pros y contras de cada discusión antes de pasar al siguiente tema.

Papeles desempeñados

Los papeles dentro del grupo pueden ayudar al proceso de solución de problemas con la presentación de las situaciones o sucesos adecuados. Esto se logra con la participación y discusión en *subgrupos* más pequeños. Un miembro puede actuar como secretario para escribir rápido las ideas del subgrupo. Esto lleva con facilidad a sesiones de *lluvia de ideas*, para las que la guía básica es: se alienta exponer ideas, no importa que tan ilógicas sean; cuantas más ideas, mejor; no se critican las ideas (en ocasiones los contribuyentes no se identifican), y se anima a los participantes a profundizar o a combinar las ideas expuestas. En general, se establece un tiempo de 10 minutos, después del cual se jerarquizan las ideas, junto con sus posibles soluciones. Se analizan los pros y contras de cada idea y se votan las soluciones posibles. Las que obtengan más votos se revisan y se vota de nuevo, hasta que el proceso de eliminación deja sólo la mejor solución (Denton, 1982).

Círculos de calidad

Los *círculos de calidad* son pequeños grupos desarrollados en Japón en 1963 para ayudar a resolver problemas de control de calidad. La esencia es la solución participativa de problemas en grupos de ocho a diez personas, que incluyen trabajadores, ingenieros y administradores. Es importante tener participantes de cada departamento involucrado en el producto. Se da capacitación especial a los voluntarios sobre técnicas de control estadístico de calidad y es común que las juntas se realicen una o dos veces al mes. Con la ayuda de un facilitador, él selecciona un problema que sea causa de defectos en los productos y potencialmente llega a una solución. En general usan técnicas de exploración operativa como la distribución de Pareto y los diagramas de pescado (capítulo 2) para identificar el problema y los factores que influyen. El grupo recomienda las soluciones potenciales, como mejoras en los procedimientos o cambios en el diseño y después intenta implantar la solución. Todo esto se hace con la cooperación de la administración (Konz, 1995).

Equipos de ergonomía

Una extensión lógica de los círculos de calidad para combatir las altas tasas de desórdenes óseomusculares en las compañías de Estados Unidos, es el equipo de ergonomía. Se trata de equipos interdisciplinarios que consisten en un ergonomista (si hay uno en el personal), un ingeniero industrial, un especialista en seguridad, una persona del área de medicina (como la enfermera de la planta), varios trabajadores de producción interesados, un miembro del sindicato y quizá un representante de la alta administración. Este comité se reúne una o dos veces al mes y sigue un procedimiento similar al de los círculos de calidad en busca de soluciones a tareas que ocasionan problema. En la experiencia de los autores, muchas compañías, incluyen las grandes ensambladoras de autos, y compañías más pequeñas de menos de 500 empleados, han experimentado un éxito considerable al usar este tipo de equipos.

Audiencias grandes

Los ingenieros industriales o los administradores de nivel medio rara vez presentan información a grupos grandes, por lo que este tema no se presentará aquí. Existe una gran cantidad de información en otras fuentes sobre la elaboración de presentaciones y el uso efectivo de técnicas de distribución para audiencias grandes.

RELACIONES LABORALES Y MEDICIÓN DEL TRABAJO

Todos los dueños de negocios reconocen la importancia de una relación armoniosa entre la fuerza de trabajo y la administración. Las filosofías y prácticas bien fundamentadas de medición del trabajo promueven estas buenas relaciones. Por el contrario, la falta de consideración del elemento humano en los procedimientos de medición del trabajo es causa de suficientes problemas como para hacer que sea imposible la operación rentable de una organización. La administración debe identificar e implantar las condiciones que permitan a los empleados lograr los objetivos de la organización.

Para entender la relación entre la medición del trabajo y las relaciones laborales, los analistas deben entender los objetivos de un sindicato normal. Dicho en forma breve, los objetivos principales de cualquier sindicato son asegurar niveles de salarios más altos para sus afiliados, disminuir las horas de trabajo por semana, aumentar las prestaciones y los beneficios sociales, mejorar las condiciones de trabajo y la seguridad del trabajo. La filosofía que apoya el movimiento sindical tuvo, en el pasado, mucho que ver con la oposición a los sistemas de incentivos. Antes, los sindicatos se consideraban como unidades de lucha que unían a los trabajadores con la búsqueda de fines comunes a todos sus miembros. Resaltar las diferencias en las aptitudes e intereses de los trabajadores no se hacía para obtener ventajas para los primeros sindicatos; hacerlo habría aumentado la rivalidad y los celos entre los afiliados y los miembros potenciales. En consecuencia, la mano de obra organizada buscaba incrementos porcentuales de salarios para todos los miembros de un grupo y no medios para ajustar la remuneración según el valor del trabajador individual. El trabajo de los analistas de métodos, estándares y pago de salarios comenzó a verse como un medio con el cual la administración buscaba destruir la solidaridad de los trabajadores al hacer hincapié en las diferencias de aptitudes.

Sin embargo, la legislación gubernamental ha cambiado el estado de los sindicatos. Hoy, la administración los reconoce como agentes de negociación para sus empleados. Entonces, los sindicatos son unidades de menor lucha que los comités que se ocupan de la negociación contractual para sus afiliados. Además, los empleados sindicalizados no se conforman con negociaciones salariales que sólo se ocupan de elevar el salario mínimo para todo el grupo y dejan a la administración la determinación de las remuneraciones adicionales para los trabajadores más valiosos. Para satisfacer a la mayor parte de sus miembros, los sindicatos deben obtener salarios equitativos (reconociendo las distintas aptitudes y cualidades de los trabajadores) al igual que altos, para todos. De hecho, ya han tenido logros de este tipo en muchos casos. Los métodos, estándares de tiempo, evaluación del trabajo, calificación de méritos y sistemas de incentivos son medios para asegurar salarios equitativos y buenas condiciones de trabajo. Pronto pueden llegar a ser tan importantes para los trabajadores organizados como para la administración.

Los representantes, al negociar los contratos salariales, se encuentran en excelente posición para establecer precauciones para el desarrollo adecuado de método y estándares y una práctica justa de pago de salarios. Por ejemplo, pueden exigir que se inserten cláusulas que 1) prohíban la reducción de tiempos estándar sin un cambio de métodos, 2) requieran tasas por hora mínimas y pago del tiempo perdido cuando no es falla del trabajador, 3) establezcan procedimientos para el manejo de quejas de los trabajadores surgidas al realizar evaluación del trabajo, calificación de méritos y pago de incentivos, y 4) que incluso permitan al trabajador participar en actividades de evaluación del trabajo y calificación de trabajadores, en el establecimiento de tiempos estándar y en la determinación de las tasas por pieza.

Muchos sindicatos actuales capacitan a su propio personal de medición del trabajo. No obstante, en la mayoría de los casos, estas personas de estudio de tiempos están contratadas para verificar los tiempos estándar y explicarlos a los trabajadores y no para tomar parte en su determinación original. La capacitación que reciben los analistas de estudio de tiempos del sindicato incluye los conceptos, las filosofías y técnicas de métodos, medición del trabajo y pagos salariales desde otro punto de vista que el del personal de la administración.

En muchos casos, la capacitación de estudio de tiempos que imparte la compañía a los representantes del sindicato ha tenido éxito como medio para promover una atmósfera de mayor cooperación en la instalación y mantenimiento de los métodos, estándares y sistemas de salarios. Este procedimiento contempla la capacitación conjunta del personal de la compañía y el sindicato. Al recibir esta capacitación, los representantes sindicales están mejor calificados para evaluar la equidad y exactitud de la técnica y analizar cualquier aspecto técnico relativo a casos específicos.

PRÁCTICAS MODERNAS DE ADMINISTRACIÓN

Sistema de producción Toyota

Debido a la aplicación de los círculos de calidad, que destacan el respeto al trabajador al tiempo que mejoran la productividad mediante los métodos presentados, el sistema de producción Toyota (SPT) merece atención especial. El sistema de producción Toyota fue desarrollado por la Toyota Motor Corporation como una forma de eliminar el desperdicio dentro de las consecuencias del embargo petrolero de 1973. Su propósito primordial es el mejoramiento de la productividad y la reducción de los costos siguiendo los pasos del sistema de Taylor de administración científica y de la línea de ensamble en masa de Ford. Pero es un concepto mucho más amplio que se dirige no sólo a los costos de manufactura sino también a las ventas, la administración y los costos de capital. Toyota pensó que sería peligroso adoptar al sistema de producción de Ford a ciegas, que funcionaba bien en tiempo de alto crecimiento; pero si el crecimiento era menor, la eliminación del desperdicio, la disminución de costos y el incremento de la eficiencia se volvían más importantes.

El SPT señala siete tipos de desperdicio (Shingo, 1981): 1) sobreproducción, 2) esperas, 3) transporte, 4) procesamiento, 5) inventarios, 6) movimientos y 7) productos defectuosos. Esto es muy similar a las técnicas de análisis operativo y los enfoques de estudio de métodos presentados en los capítulos 2 y 3. Por ejemplo, esperar y transportar son elementos que se examinan en las gráficas de flujo del proceso para su eliminación o mejora potencial. El desperdicio de movimientos resume el trabajo de toda la vida de Gilbreth sobre estudio de movimientos, que culmina en los principios de diseño del trabajo y economía de movimiento. También incluye los movimientos grandes de los operarios, los cuales deben minimizarse mediante una distribución más eficiente de la estación de trabajo o de las instalaciones. Los desperdicios de sobreproducción e inventarios se basan en el sentido común sobre los requerimientos adicionales de almacén y manejo de materiales para movilizar los artículos hacia adentro y hacia afuera del almacén. Por último, el desperdicio por productos defectuosos es obvio ya que necesitan retrabajo.

Otros elementos clave del SPT incluyen: 1) eliminación de sobreproducción, incluso el inventario y la inversión de capital excesivos; 2) técnicas de control de calidad y cantidad; 3) producción "justo a tiempo" (JIT – *just-in-time*) con su control de defectos autónomo, como nunca dejar que una unidad defectuosa interrumpa un proceso subsecuente; 4) el sistema *kanban*, o de tarjetas con la información del producto que va con el producto durante todo el ciclo de producción, para mantener el JIT; 5) la fuerza de trabajo flexible, como un número variable de trabajadores según los cambios de demanda; 6) *kaizen* o actividades de mejora continua (Imai, 1986), y 7) respeto por el trabajador y los sistemas de sugerencias de los empleados que promueven el "pensamiento creativo".

Una componente necesaria de JIT es el intercambio de matrices en un minuto o SMED. El sistema SMED se compone de una serie de técnicas desarrolladas por Shingo para los cambios en la maquinaria de producción en menos de 10 minutos. Es obvio que el objetivo a largo plazo es un tiempo de preparación de cero, en el que los cambios son instantáneos y no interfieren de ninguna manera con el flujo continuo del trabajo.

Se han obtenido grandes éxitos con la implantación del SPT, que van de la Toyota misma a pequeños proveedores, como Showa (Womack y Jones, 1996). Se encuentran más detalles sobre el sistema de producción Toyota en las fuentes originales de Shingo (1981), Imai (1986) y Ono (1988), y existen lecturas más sencillas y comprensibles en Monden (1993) y Womack y Jones (1996).

Calidad total

La calidad es un concepto intuitivo que todos entienden, pero es difícil de definir. Todos pueden relacionar el hecho de comer en un restaurante y juzgar su calidad por el sabor de la comida, la rapidez y cortesía del servicio, el costo y el ambiente. Dos aspectos comunes a todos estos factores son los resultados y la satisfacción de los consumidores. En otras palabras, ¿el producto o servicio cumple o excede la satisfacción del cliente? Más aún, la calidad es un estado siempre cambiante que debe mantenerse en forma continua mediante un programa de *mejora continua*. La *calidad total* es un concepto mucho más amplio que abarca no sólo el aspecto de los resultados sino también la calidad de proceso, materiales, entorno y personal.

El movimiento de calidad total, igual que el de medición del trabajo, se puede considerar derivado de los *Principios de la Administración Científica* de F. W. Taylor. Los desarrollos posteriores surgieron debido al impacto de la Segunda Guerra Mundial en las industrias de Estados Unidos y Japón. Mientras que las compañías estadounidenses se enfocaron más a cumplir con las fechas de entrega que en la calidad, y esto continuó mucho después de terminada la guerra. Las compañías japonesas se vieron forzadas a competir con compañías establecidas en el resto del mundo. Esto sólo fue posible mediante el énfasis en la calidad de sus productos durante los siguientes 20 años.

El esfuerzo japonés en la mejora continua de la calidad y los círculos de calidad se inició principalmente con las filosofías y trabajos de tres individuos: W. E. Deming, J. M. Juran y A. V. Feigenbaum. Como continuación de su trabajo en Estados Unidos durante la Segunda Guerra Mundial, Deming se convirtió en consultor de las industrias japonesas y, en todos los casos, convenció a la alta administración del poder de los métodos estadísticos y la importancia de la calidad como arma competitiva. Deming es más conocido por sus 14 puntos (vea la tabla 18-4) y el Permio Deming de calidad establecido por la Unión Japonesa de Científicos e Ingenieros.

Juran es uno de los fundadores del control estadístico de la calidad y su obra, que le dio fama, *Quality Control Handbook* (Juran, 1951), una referencia estándar en esta área. La filosofía de Juran se basa en la organización e implantación de mejoras mediante "innovaciones de la administración" resumidas en los 10 pasos hacia la mejora de la calidad (vea la tabla 18-5).

Feigenbaum fue uno de los primeros en introducir el concepto de un programa de control de calidad en toda la organización, en su libro *Total Quality Control* (1991, 3a. ed.), que se usó ampliamente en Japón en los años 50. Fue hasta finales de la década de los 80 y principios de los 90 que el concepto de calidad total comenzó a tener gran acepta-

TABLA 18-4
Catorce puntos de Deming

1. Crear constancia en el propósito de mejoramiento de los productos y servicios a fin de lograr la competitividad, permanecer en el negocio y proporcionar trabajos.
2. Adoptar una nueva filosofía. La administración debe aprender que se vive una nueva era económica y aceptar el reto, aprender sobre sus responsabilidades y ser líder del cambio.
3. Dejar de depender de la inspección para lograr la calidad. Producir calidad desde el principio.
4. Dejar de conceder contratos basados en cotizaciones bajas.
5. La mejora del sistema de producción y servicios debe ser continua y para siempre, para mejorar la calidad y la productividad y, por ende, reducir los costos de manera constante.
6. Instituir la capacitación en el lugar de trabajo.
7. Instituir el liderazgo. El propósito debe ser poder ayudar a las personas y la tecnología para que realicen un trabajo mejor.
8. Eliminar el miedo para que todos puedan trabajar con efectividad.
9. Romper las barreras entre departamentos para que puedan trabajar como un equipo.
10. Eliminar las frases hechas, exhortaciones y metas del lugar de trabajo. Crean relaciones de adversarios.
11. Eliminar las cuotas y la administración por objetivos. Sustituirla por el liderazgo.
12. Eliminar barreras que evitan que los empleados estén orgullosos de su trabajo.
13. Instituir un programa enérgico de educación y superación personal.
14. Realizar la transformación del trabajo y lograr que todos participen.

TABLA 18-5
Diez pasos de Juran para el mejoramiento de la calidad

1. Conscientizar a todos de la necesidad y las oportunidades de mejoramiento.
2. Establecer metas para el mejoramiento.
3. Organizar el cumplimiento de las metas establecidas.
4. Proporcionar capacitación.
5. Implantar proyectos dirigidos a la solución de problemas.
6. Informar sobre los avances.
7. Dar los reconocimientos pertinentes.
8. Comunicar los resultados.
9. Mantener un registro de calificaciones.
10. Mantener la inercia instituyendo las mejoras como parte de los sistemas normales de la compañía.

ción en Estados Unidos con el nombre de administración de la calidad total (TQM – *total quality management*), aseguramiento de la calidad total (TQA – *total quality assurance*) o programas más especializados como el Sigma Six de Motorola.

En general, la calidad total (TQ – *total quality*) es una forma de hacer negocios que maximiza la competitividad de una compañía mediante la mejora continua de sus productos, servicios, personal, procesos y entorno. Los elementos clave de TQ incluyen una estrategia global de la empresa, casi una obsesión, sobre la calidad, la participación del empleado (en especial el trabajo en equipo), la educación y la capacitación, un compromiso a largo plazo y un propósito de unidad. Este proceso no siempre es sencillo y debe ser un trabajo continuo en el logro de las mejoras. Además, la reducción de costos mediante una mayor consciencia de los costos del ciclo de vida, mejoras de producto/proceso y mejor control de procesos con sistemas de manufactura integrales son factores importantes para el éxito de la calidad total. Se pueden encontrar más detalles sobre calidad total y componentes específicas del programa en Goetsch y Davis (1997).

ISO 9000

La certificación de ISO 9000 es un aspecto relacionado con la calidad total. ISO 9000 es un estándar para el control de la calidad desarrollado por la International Standards Organization (ISO 9000, 1993). (En la actualidad comprende un conjunto de cinco estándares, ISO 9000-9004.) Por definición, ISO 9000 se refiere sólo a los procedimientos para revisión de contrato, desarrollo, producción, instalación y servicio de productos y/o servicios.

La certificación de ISO 9000 asegura que los productos y/o servicios de una compañía tienen un cierto nivel de calidad de manera consistente. En Estados Unidos, esta certificación se realiza a través del Registration Accreditation Board con personal conjunto del American National Standards Insitute y de la American Society for Quality Control. Sin embargo, éste es un grupo privado voluntario y no tiene el peso de la autorización gubernamental, como en otros países. Mientras que ISO 9000 está limitado de forma primordial a los procesos que usa una compañía, la calidad total abarca todos los aspectos de esa compañía, incluso la fuerza de trabajo y el entorno. Así, ISO 9000 es compatible con la calidad total, y puede decirse que un subconjunto de ella, que sirve para asegurar que una compañía es competitiva en el mercado global (Goetsch y Davis, 1998).

Automatización y CAD/CAM

El término automatización puede definirse como "incremento en la mecanización". Un proceso de manufactura automatizado por completo es capaz de operar durante largos periodos sin la intervención humana. Automatizar implica usar robots. Hoy, se usan robots para operaciones tediosas como atornillar focos en tableros de control, apretar tornillos, soldar puntos y pintar con pistola de aire. Pocas industrias, o aun procesos dentro de una industria, son automáticos por completo. No obstante, ha habido una tendencia pronunciada hacia la semiautomatización en la industria de América, Japón y Europa. Con la creciente demanda de generación de productividad, cada vez más industrias se automatizan. Con frecuencia, los robots realizan operaciones rutinarias y aburridas, al igual que las sumergidas en un entorno peligroso. Tales áreas pueden ser las contaminadas con radiación, ruido excesivo o extremos de calor o frío.

Un programa de automatización comienza con la integración de una máquina totalmente automática, como un atornillador automático con dispositivos de manejo de transferencias automáticos, de manera que se pueda realizar una serie de operaciones en forma automática. Para determinar un grado de automatización justificable deben considerarse dos factores: 1) los requerimientos de cantidad para el producto y 2) la naturaleza del producto. Si los requerimientos de cantidad son grandes, el ingeniero de diseño busca un producto que lleve por sí mismo a la automatización. Con frecuencia, al agregar algo a una parte, como un tope, pestaña, extensión o agujero, se obtiene la manera de manejarlo en forma mecánica desde y hacia la estación de trabajo. Este tipo de rediseño puede significar el indexado en una estación de trabajo para las operaciones sucesivas de producción.

La automatización completa es posible en procesos continuos de producción químicos, como gasolinas, aceite y detergentes. La automatización parcial tiene ahora una amplia aplicación en la producción en masa —productos alimenticios (como galletas, cereales y papas fritas), focos, transistores, partes para automóvil, cigarros, y otros.

Los factores que sirven de aliciente para la automatización incluyen:

1. Costos de mano de obra crecientes.
2. Mayor competencia nacional y extranjera, que reduce los precios de venta y disminuye las ganancias.
3. Prospectos de expansión de mercado mediante reducción de costo y precio.

Entre los principales factores que pueden desalentar la automatización en una planta específica se encuentran:

1. Necesidad de una gran inversión de capital, que después debe absorberse a través de las ganancias de la operación.
2. Un mercado potencial inadecuado para consumir una mayor producción.
3. Tecnología existente que no es capaz de proporcionar la automatización para producir un diseño específico.
4. Oposición de los trabajadores de producción y relaciones adversas con la comunidad causadas por una reducción en la fuerza de trabajo.

Sin duda, la tendencia actual hacia la automatización continuará. Conforme se desarrolla equipo automático es mayor la necesidad de mantenimiento preventivo. La falla de una sola componente puede ser causa de la interrupción de un proceso completo o incluso de toda la planta. Este hecho, junto con la complejidad del equipo automático que usa controles neumáticos, hidráulicos y electrónicos, explica el crecimiento de la fuerza de trabajo indirecta, tanto en número como en variedad de ocupación. Al modernizarse las empresas, deben asegurarse de la eficiencia en el uso de la maquinaria. Los trabajadores en las plantas automatizadas actuales requieren tener aptitudes para la solución de problemas además de la capacidad de trabajar bajo presión como miembros de equipos dedicados a la manufactura.

Cuando se automatizan, las compañías obtienen beneficios si comprimen la jerarquía administrativa y convierten la mano de obra directa tradicional en trabajadores participativos capaces de manejar con éxito sistemas de manufactura avanzados. El resultado será una mayor productividad a partir de una fuerza de trabajo más motivada y experta.

Con el creciente uso de las computadores en el diseño y la manufactura (CAD/CAM), surge la oportunidad de diseñar con el objetivo de productividad en mente para asegurar los métodos ideales y desarrollar estándares de trabajo como parte del proceso CAD/CAM. Sin embargo, debe realizarse una investigación y desarrollo más intensos para identificar y almacenar la información necesaria en la computadora, de manera que se pueda seleccionar la mejor secuencia de las operaciones correctas. Por ejemplo, deben desarrollarse ecuaciones dinámicas de decisión para evaluar procesos que compiten y determinar la forma más ventajosa de realizar una operación dada. También se requiere la identificación y cuantificación de parámetros para los cálculos en la computadora, que incluyen cantidad a producir, materiales que se procesan, tamaño de la parte, configuración geométrica deseada en la operación, tolerancia necesaria, etcétera.

La industria ha probado que para lograr una instalación de CAD/CAM completa y con éxito, debe existir la cooperación entre el diseñador funcional, el ingeniero de manufactura, el ingeniero industrial, el personal de aseguramiento de la calidad y el de procesamiento de datos. Cada una de estas unidades debe conocer los problemas y responsabilidades de las otras para poder aumentar la efectividad del sistema en la planeación completa de la producción, que comprende los mejores métodos y la determinación de estándares en la etapa de planeación.

RESUMEN

En un alto grado, el trabajo de los analistas de estudios de tiempos y movimientos influye en las relaciones laborales dentro de la empresa. Por lo tanto, han de entender los objetivos del sindicato que representa a los trabajadores de las plantas. Deben conocer la naturaleza de la capacitación que reciben sus representantes locales. Con esta información, pueden comprender las actitudes y problemas de los trabajadores. Hoy y en el futuro inmediato, la calidad de la producción es un aspecto primordial tanto para la administración como para la fuerza de trabajo. En todo momento, los analistas deben reconocer la necesidad de usar el enfoque humano. Siempre deben exigir y desarrollar métodos, procedimientos y estándares que sean justos para la compañía y el operario. Las mejoras constantes tanto en la calidad como en la producción deben ser una forma de vida.

PREGUNTAS

1. ¿Por qué es tan necesaria la capacitación para los operarios?

2. ¿Cómo se cuantifica el aprendizaje?

3. ¿Qué es el retroceso y cómo afecta la curva de aprendizaje?

4. ¿De qué manera usa el analista las curvas de aprendizaje?

5. Describa los objetivos típicos de un sindicato.

6. ¿Por qué en el pasado los sindicatos buscaban "a como diera lugar" aumentos de sueldo para sus afiliados?

7. ¿Cuáles son los cinco estados relacionados con las reacciones fisiológicas y sicológicas del operario que debe reconocer el analista?

8. ¿Qué significa el enfoque humano?

9. Enuncie 12 formas en las que puede hacer que las personas estén de acuerdo con sus ideas.

10. ¿Por qué es una actitud sana de la administración proporcionar capacitación en las áreas de estudio de tiempos y métodos en toda la planta?

11. ¿Por qué los analistas experimentados deben verificar de manera continua su aptitud para calificar el desempeño?

12. ¿Cómo puede una persona desarrollar la creatividad?

13. ¿Qué ley gubernamental ha cambiado la posición de los sindicatos en Estados Unidos?

14. ¿Por qué los sindicatos con frecuencia capacitan a sus propios analistas de estudio de tiempos?

15. ¿Cuáles son los estados del ego en el análisis transaccional?

16. ¿Qué es una sección cruzada?

17. ¿Qué niveles de transacciones funcionan mejor al tratar con los trabajadores?

18. ¿Qué es una transacción ulterior?

19. ¿Qué es un círculo de calidad?

20. Compare la motivación intrínseca y extrínseca.

21. ¿Cuáles son los papeles desempeñados en los equipos ergonómicos?

22. ¿Cómo se asocia la administración de calidad total con las prácticas administrativas modernas?

23. ¿En qué difieren el enriquecimiento del trabajo y la ampliación del trabajo?

24. ¿Cuáles son los siete tipos de desperdicio?

25. ¿Qué es calidad total?

26. ¿Qué es mejora continua y por qué es importante?

PROBLEMAS

1. Según las relaciones de costo presentadas en este capítulo, ¿cuál sería la estimación de los ahorros totales anuales en dólares para una compañía con una nómina de trabajo directo anual de \$2 500 000 y una tasa de gastos generales fijos de 150% del trabajo directo, si la compañía inicia un programa de métodos y estándares?

2. Una compañía que usa la jornada de trabajo como método de pago de salarios remunera a sus empleados un promedio de \$18.00 por hora. Además el costo de las prestaciones es cerca de 30% de la mano de obra directa. Los gastos generales en esta compañía son de 125% del trabajo directo. Se contempla un plan de métodos, estándares e incentivos para el que se estima un promedio de incentivos de 20% del salario base. ¿Qué rendimiento dará el plan propuesto?

3. Un nuevo empleado en la Dorben Co. tardó 186 y 140 minutos en ensamblar el cuarto y octavo ensambles, respectivamente. El tiempo estándar para ensamblar este producto es 100 minutos.
   a. Calcule la curva de aprendizaje de este trabajador.
   b. ¿Cuántos ensambles se necesitan para que el trabajador logre el tiempo estándar? ¿Cuánto tiempo significa esto?

4. Un experto en capacitación sugiere que deben asignarse un mínimo de 40 horas de aprendizaje. ¿Qué tiempo de ensamble habrá logrado el trabajador del problema # 3 en este punto?

5. Trabajadores nuevos en un ensamble de carburador tardan 15 minutos para terminar su primer ensamble. Suponga una curva de aprendizaje de 95% y determine cuánto tiempo se necesita para que lleguen a un tiempo estándar de 10 minutos.

REFERENCIAS

Anonymous. "Just What Do You Do? Mr. Industrial Engineer." *Factory*, 122 (enero, 1964), pp. 83–84.

Balyeat, R. E. "A Survey: Concepts and Practices in Industrial Engineering", *Journal of Industrial Engineering*, 5 (mayo, 1954), pp. 19–21.

Berne, E. *Games People Play*. Nueva York: Grove Press, 1964.

Deming, W. Edwards. *Out of the Crisis*. Cambridge, MA: MIT Center for Advanced Engineering Study, 1986.

Denton, K. *Safety Management, Improving Performance*. Nueva York: McGraw-Hill, 1982.

Feigenbaum, A. V. *Total Quality Control*, 3ª Ed., Nueva York: McGraw-Hill, 1991.

Freivalds, A., S. Konz, A. Yurgec y J. H. Goldberg. "Work Design: Are We Satisfying Customer Needs?", *Proceedings of the 41st Annual Conference of the Human Factors and Ergonomics Society*, Santa Monica, CA, 1997, pp. 1398.

Goetsch, D. L. y S. B. Davis. *Introduction to Total Quality*. Upper Saddle River, NJ: Prentice Hall, 1997.

Goetsch, D. L. y S. B. Davis. *Understanding and Implementing ISO 9000 and ISO Standards*. Upper Saddle River, NJ: Prentice Hall, 1998.

Hancock, W. M. y F. H. Bayha. "The Learning Curve", en *Handbook of Industrial Engineering*. Ed. G. Salvendy, Nueva York: John Wiley & Sons, 1982.

Herzberg, F. *Motivation and Personality*. Nueva York: Harper & Row, 1954.
Imai, M. *Kaizen*. Nueva York: Random House, 1986.
ISO 9000: International Standards for Quality Management, 3ª Ed., Geneva, Suiza: International Standards Organization, 1993.
Juran, J. M. *Quality Control Handbook*. Nueva York: McGraw-Hill, 1951.
Konz, S. *Work Design*, 4ª Ed., Scottsdale, AZ: Publishing Horizons, 1995.
Majchrzak, A. "Management of Technological and Organizational Change", en *Handbook of Industrial Engineering*, 2ª Ed., Ed. Gavriel Salvendy. Nueva York: John Wiley & Sons, 1992.
Maslow, A. *Motivation and Personality*, 2ª Ed., Nueva York: Harper & Row, 1970.
Monden, Y. *Toyota Production System*. Norcross. GA: Industrial Engineering and Management Press, 1993.
Ohno, T. *Toyota Production System: Beyond Large-Scale Production*. Cambridge, MA: Productivity Press, 1988.
Shingo, S. *Study of Toyota Production System from Industrial Engineering Viewpoint*, Tokio, Japón: Japan Management Association, 1981.
Taylor, F. W. *The Principles of Scientific Management*. Nueva York: Harper, 1911.
Womack, J. P. y D. T. Jones. *Lean Thinking*. Nueva York: Simon & Schuster, 1996.

APÉNDICE 1

Glosario

A

ácido láctico Producto secundario del metabolismo anaeróbico, que causa la sensación de fatiga.

acoplamiento de máquinas Práctica de asignar a un empleado a la operación de más de una máquina.

acuerdo facilitador Proceso para obtener un consenso involucrando de manera positiva a todos los miembros del grupo.

adaptación al trabajo Capacitación física en una tarea simulada para aclimatar al trabajador a las condiciones de la línea de producción.

aeróbico Trabajo muscular para el que la cantidad de oxígeno es adecuada.

agarrar Movimiento elemental de la mano al cerrar los dedos alrededor de una pieza.

agarre de potencia Agarre cilíndrico óptimo para la fuerza que usa todos los dedos y en el que el pulgar apenas se traslapa con el índice.

agonista Músculo principal involucrado en el movimiento deseado.

agrupar Actividad en la terminal de transporte para clasificar los bienes en grupos.

alfanumérico Conjunto de todas las letras (a-z), dígitos numéricos (0-9) y caracteres especiales (como los que aparecen en una máquina de escribir).

algoritmo Especificaciones por pasos de la solución de un problema, por lo común representado por un diagrama de flujo, que con el tiempo se convierte en un programa.

alimentación Velocidad a la que se mueve la herramienta de corte en el trabajo, como en el barrenado y el torneado, o la tasa a la que se mueve el trabajo después de la herramienta de corte.

alimentación por gravedad Transporte de material hacia o desde una estación de trabajo que aprovecha la fuerza de gravedad.

almacén Instalación para guardar productos durante largos periodos entre etapas de producción, o para guardar productos terminados.

almacenar Manejo con el propósito de posicionar y/o asegurar los bienes en el espacio designado.

ampliación del trabajo Expansión horizontal o diversificación del trabajo, para evitar las tareas repetitivas.

anaeróbico Trabajo muscular para el que la cantidad de oxígeno es inadecuada.

análisis de filmación Observación cuadro por cuadro y estudio de la filmación de un operario o proceso, con el objeto de mejorar la operación o proceso.

análisis de flujo Examen detallado de los viajes, ya sea de personal o de materiales, de un lugar a otro y/o de una operación a otra.

análisis de la operación Proceso de investigación sobre las operaciones en la fábrica o el trabajo de oficina. En general, el proceso de lograr la estandarización de la operación, que incluye el estudio de tiempos y movimientos.

análisis de octava de banda Análisis de ruido con un dispositivo de filtrado especial con el que el medidor de nivel de sonido descompone el ruido en frecuencias.

análisis de redes Técnica de planeación usada para analizar la secuencia de actividades y sus interrelaciones dentro de un proyecto.

análisis del trabajo Procedimiento para realizar una cuidadosa evaluación de cada trabajo y registrar los detalles del mismo para que la evaluación sea equitativa.

análisis transaccional Enfoque para comunicarse con las personas que usan los conceptos de: 1) estados del ego, 2) transacciones y 3) palmadas positivas

ángulo visual Ángulo desde la altura del ojo al que se encuentra el objeto.

antagonista El músculo que se opone al agonista y al movimiento deseado.

antropometría La ciencia que se ocupa de la medición del tamaño físico del ser humano.

aptitud o habilidad Experiencia o facilidad para seguir un método prescrito.

área de trabajo máxima Área que alcanza con facilidad un operario al extender sus brazos por completo, cuando trabaja en posición normal.

área de trabajo normal Espacio en el área de trabajo que se puede alcanzar con la mano izquierda o derecha cuando los codos actúan como pivote en la orilla de la estación de trabajo.

ATP Trifosfato de adenosina, unidad de energía inmediata para la contracción muscular.

automatización Aumento en la mecanización para producir bienes y servicios.

autosatisfacción Logro final de todas las necesidades en la jerarquía de Maslow. El trabajador logra satisfacer su ego.

B

balanceo de líneas Problema de determinar el número ideal de trabajadores asignados a una línea de producción.

base de datos Colección de datos que se pueden procesar en una variedad de aplicaciones.

biomecánica Aplicación de los principios de mecánica, como palancas, ventaja mecánica y fuerzas, al análisis de la estructura y movimiento de las partes del cuerpo.

C

CAD *Computer-aided design*, es decir, diseño asistido por computadora.

calidad total Enfoque administrativo japonés que engloba la calidad de todos los aspectos de una empresa (procesos, materiales, personal, entorno) mediante un proceso de mejora continua.

calificación Vea *calificación del desemepeño.*

calificación de méritos Método de evaluación del valor de un empleado para la compañía en términos de cantidad y calidad del trabajo, formalidad y contribución general a la compañía.

calificación del cansancio percibido Medio para evaluar el cansancio durante actividades dinámicas de todo el cuerpo.

calificación del desempeño Asignación de un porcentaje al tiempo observado del operario, basado en su desempeño real según se compara con la concepción del normal del observador.

calificación según lo observado Procedimiento de calificación incorrecto en el que el analista usa tiempos observados anteriores para calificar al operario.

cambio de dirección Movimiento básico, caracterizado por un pequeña duda cuando la mano altera su dirección al alcanzar o mover.

candelas Medida de la intensidad luminosa de una fuente de luz.

cansancio después del almuerzo Disminución en el desempeño y los ritmos circadianos después del medio día.

carga unitaria Material empacado. Con frecuencia, una unidad de transporte estandarizada.

categorías o clasificación Uso de categorías similares de tareas para establecer estándares de gastos.

causa asignable Una fuente de variación que puede aislarse en un proceso u operación.

cervical Parte de la columna vertebral localizada en el cuello.

ciclo Serie de elementos que ocurren en un orden normal y hacen posible una operación. Estos elementos se repiten al realizar de nuevo la operación.

ciclo de trabajo Secuencia total de movimientos y eventos que comprende un sola operación.

círculos de calidad Pequeños grupos formados para la solución participativa de problemas.

comparación de factores Método para la evaluación del trabajo basado en la comparación de varios factores.

compatibilidad Relación entre los controles y las pantallas o despliegues consistente con las expectativas humanas; por ejemplo, una luz roja se asocia con peligro o detención.

comunicación diádica Comunicación uno a uno, por lo común, cara a cara.

consistencia Ausencia de variación notoria o significativa en los datos numéricos o de comportamiento.

contador de cuadros Dispositivo que tabula en forma automática cuántos cuadros pasan por el lente del proyector.

contraste Habilidad de un objeto para distinguirse del fondo; en general se mide como la diferencia de luminancia entre el objeto y el fondo.

control de punto muerto Control que requiere la aplicación continua de la fuerza. Una vez que se suelta regresa a la posición de cero (o apagado).

control numérico Método para controlar una máquina o instalación mediante el cual se programa un sistema binario o digital decimal para llevar a cabo operaciones a través de circuitos electrónicos y mecanismos de activación relacionados.

costeo Procedimiento para determinar costos con exactitud antes de la producción.

costo de fabricación Costos directos de material, más costos directos de mano de obra, más gastos de fabricación.

costo primario Costo de material directo, más costo de mano de obra directa.

costos directos de materiales Costo de la materia prima y las componentes.

costos estándar Costos presupuestados o preestablecidos que sirven como base para las corridas de producción y las decisiones de ventas.

costos generales Cualquier costo de un negocio adicional a los costos primordiales.

costos unitarios de mano de obra Salarios de empleados divididos entre la productividad y el desempeño del trabajador.

CP Fosfato de creatina, precursor inmediato del ATP.

criterio de arrepentimiento minimax Estrategia de toma de decisiones en la que se calcula una matriz de valores de arrepentimiento (diferencias entre los pagos reales y los proyectados). El analista selecciona el mínimo de los arrepentimientos máximos.

criterio de especulación Estrategia de toma de decisiones que espera el mejor resultado y elige las consecuencias positivas máximas.

criterios de pesimismo Estrategia de toma de decisiones que selecciona el resultado con la consecuencia negativa mínima.

cronociclográfico Registro fotográfico del movimiento del cuerpo que se puede usar para determinar la velocidad y la dirección de los patrones de movimiento.

cronómetro decimal de horas Cronómetro usado para la medición del trabajo, cuya carátula está graduada en diezmilésimos (0.0001) de hora.

cronómetro decimal de minutos Cronómetro usado para la medición del trabajo, cuya carátula está graduada en centésimos (0.01) de minuto.

cuadro Espacio ocupado por una foto en una película de movimiento o una videocinta.

cubrimiento Número de tareas a las cuales se asignaron estándares durante el periodo que se reporta, o número de empleados a cuyas tareas se les asignó un estándar durante el periodo que se reporta.

curva Representación gráfica de la relación entre dos factores, uno de los cuales casi siempre es el tiempo.

curva de aprendizaje Presentación gráfica del avance en la efectividad de la producción al pasar el tiempo.

D

datos estándar Colección estructurada de valores de tiempos normales para los elementos de trabajo, codificados en forma tabular o gráfica.

dBA Medida del nivel de presión del sonido; su uso común es la evaluación de la exposición de los trabajadores al ruido.

decibel Unidad de intensidad de sonido.

dedo de disparo Tendonitis en el dedo índice, causada por la detonación repetitiva de una herramienta de potencia.

dedo pálido Oclusión del flujo de sangre a la mano debida a los efectos de la vibración. El resultado es pérdida de destreza y sensación.

déficit de oxígeno Falta de oxígeno en la que se incurre durante las etapas inicial o pesadas de trabajo; suministrado por el metabolismo anaeróbico.

demora Caulquier interrupción de la rutina de trabajo que no ocurre en el ciclo de trabajo típico.

demora evitable Interrupción del trabajo productivo debido por completo al operario y que no ocurre en el ciclo de trabajo normal.

demora inevitable Interrupción de la continuidad de una operación que sale del control del operario.

desempeño Razón de la producción real del operario entre la producción estándar.

desempeño estándar Vea *desempeño normal.*

desempeño máximo Desempeño cuyo resultado es la producción más alta que es posible obtener.

desempeño normal Desempeño esperado del operario promedio capacitado cuando sigue el método prescrito y trabaja a un paso promedio, por ejemplo, al caminar a 3 mph.

desensamblar Movimiento básico que se lleva a cabo cuando se separan dos partes que están juntas.

desviación cubital Doblez de la muñeca en la que el meñique se mueve hacia el brazo.

desviación radial Doblez de la muñeca cuando el pulgar se mueve hacia el brazo.

determinación de tasas Acto de establecer las tasas monetarias o los valores de tiempo en cualquier operación.

deuda de oxígeno Incremento en la actividad metabólica después del trabajo para recuperar el déficit de oxígeno.

diagrama de avance Representación gráfica del estado o grado de terminación de un trabajo en proceso.

diagrama de flujo Representación pictórica de la distribución de un proceso, que muestra la localización de todas las actividades que aparecen en el diagrama de flujo del proceso y las trayectorias de viaje del trabajo.

diagrama de flujo del proceso Representación gráfica de todas las operaciones, transportes, inspecciones, demoras y almacenamientos que ocurren durante un proceso o procedimiento. El diagrama incluye información que se considera deseable para el análisis, como el tiempo requerido y la distancia.

diagrama de proceso Representación gráfica de un proceso de manufactura.

diagrama de proceso bimanual Diagrama que muestra los movimientos realizados por una mano en relación con los realizados por la otra, usa las abreviaturas o símbolos de los therbligs.

diagrama de proceso de grupo Diagrama de las actividades simultáneas de una máquina o más y/o un operario o más.

diagrama de proceso de la operación Representación gráfica de una operación que muestra todos los métodos, inspecciones, suplementos y materiales usados en un proceso de manufactura.

diagrama de proceso del operario Representación gráfica de todos los movimientos y demoras que realizan las manos derecha e izquierda y de la relación entre las divisiones básicas relativas de los movimientos realizados por ambas manos.

diagrama de proceso hombre-máquina Diagrama que muestra la relación exacta en el tiempo entre el ciclo de trabajo del operario y el ciclo de operación de la máquina o máquinas.

diagrama de relaciones Diagrama que expresa los grados relativos de cercanía entre las actividades, áreas, departamentos, habitaciones, etcétera, para la distribución de las instalaciones.

diagrama de viaje Tabla que proporciona las distancias recorridas entre puntos en una instalación de manufactura o de negocios.

diagrama desde-hacia Vea *diagrama de viaje*.

diagrama simo Diagrama de proceso bimanual con medidas de tiempos realizadas con microcronómetro como parte de un estudio de micromovimientos.

diagramas de causa-efecto Vea *diagramas de pescado*.

diagramas de pescado (cuasa-efecto) Método para definir la ocurrencia de un evento no deseable o problema, es decir, el efecto como la cabeza del pescado, e identificar los factores que contribuyen, es decir, las causas como las espinas que salen de las vértebras y la cabeza.

disco desviado Vea *hernia en el disco*.

diseño del trabajo Diseño del proceso que usa ergonomía para ajustar la tarea y la estación de trabajo al operario.

diseño para el promedio Principio de diseño antropométrico de "una talla se ajusta a todos".

diseño para extremos Principio de diseño antropométrico en el que una característica especial es el factor limitante al determinar el valor máximo o mínimo de una variable de población a la que debe ajustarse; por ejemplo, la estatura para el claro de las puertas.

diseño para que sea ajustable Principio de diseño antropométrico que se usa para equipo o instalaciones que deben ajustarse a una variedad amplia de individuos.

dispositivo Herramienta que casi siempre se fija a la estación de trabajo y que sujeta el material que se procesa.

distribución binomial Distribución de probabilidad discreta con media = np y variancia = np(1 – p) con función de probabilidad

$$C_{n,k}p^k(1 - p)^{n-k}$$

distribución de Pareto Distribución que refleja el hecho de que la responsabilidad de la mayor parte de una actividad (entre 80 y 85%) recae en una minoría (entre 15 y 20%). Por ejemplo, 20% de los empleados incurren en 80% del ausentismo.

distribución exponencial Distribución de probabilidad continua con media = $1/a$ y variancia = $1/\sigma^2$ y con función de densidad = ae^{-ax}.

distribución normal Distribución de probabilidad continua con media = m y variancia = σ^2 y con función de densidad igual a

$$\frac{1}{\sigma\sqrt{2\pi}}\exp\left[\frac{-(x-m)^2}{2\sigma^2}\right]$$

distribución Poisson Distribución de probabilidad discreta, con media = λ y variancia = λ, con función de probabilidad igual a:

$$\frac{\lambda^k e^{-\lambda}}{k!}$$

división del trabajo Separación de trabajos o tareas en otros menos complejos, por lo general para permitir el uso de trabajadores que poseen menos aptitudes que las requeridas para el trabajo o tarea completos, o para usar las habilidades especiales.

dosis de ruido Exposición diaria total al ruido, consiste en exposiciones a varios niveles de ruido, donde cada uno es una dosis parcial.

DTA Desórdenes por trauma acumulado, una variedad de lesiones debidas a la naturaleza repetitiva del trabajo.

E

efectividad Razón de las horas ganadas entre las horas dedicadas a las tareas asignadas.

efecto de intervalo Tendencia a pasarse del objeto que se encuentra cerca y no llegar al objeto que está lejos, por lo común, como resultado de la fatiga.

eficiencia Razón de la producción real entre la producción estándar. También, producción de luz por unidad de energía.

eficiencia anaeróbica La eficiencia (razón del trabajo realizado, en calorías, a la energía neta usada, en calorías) del cuerpo durante el trabajo pesado.

eficiencia de iluminación Luz producida por unidad de energía, por lo común en lúmenes por watt.

electromiograma Actividad eléctrica en un músculo.

elemento División del trabajo que se puede medir con un cronómetro y que tiene puntos terminales que se identifican con facilidad.

elemento constante Elemento cuyo tiempo de realización no varía de manera importante cuando ocurren cambios en el proceso o de dimensión en el producto.

elemento extraño Interrupción del ciclo de trabajo normal.

elemento irregular Elemento que ocurre al azar y que se puede determinar estadísticamente.

elemento variable Elemento cuyo tiempo queda afectado por una o más características , como tamaño, forma, dureza o tolerancia, de manera que si las condiciones cambian, también lo hace el tiempo requerido para realizarlo.

EMG Electromiograma, actividad eléctrica en el músculo.

enriquecimiento del trabajo Expansión vertical del trabajo, que permite a los empleados iniciar y terminar una tarea dada; proporciona mayor diversificación y satisfacción.

ensamblar El acto de unir dos partes que van juntas.

entrega por gravedad Entrega de una pieza dejándola caer en una banda de transporte o un dispositivo por gravedad, lo que minimiza los therbligs de mover y posicionar.

ergonomía Ciencia dedicada al ajuste de la tarea o lugar de trabajo a las aptitudes y limitaciones del operario. (Vea también *factores humanos*)

escala proporcional de calificación CR-10 Calificación del esfuerzo percibido donde el trabajador califica el nivel de dolor o incomodidad de varias partes del cuerpo en una escala logarítmica de 0 (ninguno) a 10 (casi máximo).

escala RPE de Borge Medio para evaluar el cansancio percibido durante actividades dinámicas del cuerpo, basado en una escala de 6 a 20, que tiene una correspondencia directa con la tasa de pulsaciones cardiacas (divididas entre 10).

esfuerzo Voluntad para realizar trabajo productivo mental o manual.

espacio muerto Cantidad de movimiento del control que no causa una respuesta del sistema.

espina erectora Músculos primarios de la espalda que proporcionan la fuerza para levantar una carga.

estación de trabajo Área donde el operario realiza los elementos de trabajo de una operación específica.

estados de ego Tres etapas síquicas que puede lograr un individuo: adulto, padre e hijo.

estándar temporal Estándar establecido para un número limitado de piezas o por un tiempo limitado, para tomar en cuenta la novedad del trabajo o algunas condiciones poco usuales.

estándares de trabajo medidos Estándares de tiempo basados en la medición del contenido del trabajo (contrario a datos históricos) para el trabajo realizado en la forma más productiva.

estudio de la razón de demora Vea *muestreo del trabajo*.

estudio de métodos Análisis de una operación para incrementar la producción por unidad de tiempo y, en consecuencia, reducir el costo unitario.

estudio de micromovimientos División de la asignación de trabajo en therbligs, lograda mediante el análisis de cuadro por cuadro de una película y la mejora de la operación al eliminar los movimientos innecesarios y simplificar los necesarios.

estudio de movimientos Análisis y estudio de los movimientos que constituyen una operación, para mejorar el patrón de movimiento al eliminar los movimientos no efectivos y disminuir los efectivos.

estudio de tiempos Procedimiento que usa un cronómetro para establecer estándares.

estudio de verificación Revisión de un trabajo ya sea con cronómetro o con reloj normal, para determinar si un estándar es adecuado.

estudio global Registro de los tiempos de ciclo como verificación de un estándar de estudio de tiempos desarrollado.

evaluación del trabajo Procedimiento para determinar el valor relativo de las distintas asignaciones de trabajo.

extensión Movimiento de coyuntura en el que el ángulo se abre.

F

factor de trabajo Índice del tiempo requerido adicional al tiempo básico, según lo establecido por el sistema trabajo-factor de tiempos de movimientos básicos sintéticos.

factores extrínsecos Factores del entorno como administración, supervisión y condiciones de trabajo en la teoría de motivación/mantenimiento de Herzberg, que actúan como insatisfactores.

factores humanos Axiomas y postulados referentes a las restricciones físicas, mentales y emocionales que afectan el desempeño de los operarios.

factores intrínsecos Satisfactores potenciales como logro, reconocimiento y progreso en la teoría de motivación-mantenimiento de Herzberg.

fatiga Disminución en la capacidad de trabajo.

fisiología del trabajo Especificación de los factores fisiológicos y sicológicos característicos de un entorno de trabajo.

flexión Movimiento de coyuntura en el que el ángulo se cierra.

flujo luminoso Luz total producida por una fuente, o cantidad de incidencia de luz sobre una superficie expresada en lúmenes.

forma de estudio de tiempos Forma diseñada con los elementos de un estudio de tiempos dado, con espacios para registrar las duraciones.

forma de observación Vea *forma de estudio de tiempos.*

fototropismo Tendencia de los ojos a dirigirse a la fuente de luz más brillante.

frecuencia cardiaca pico Incremento lento en la frecuencia cardiaca durante el trabajo pesado, que indica fatiga.

frecuencia de uso Principio usado al distribuir los controles o pantallas que se basa en la proporción de uso.

frecuencia natural Frecuencia interna de vibración dentro de un sistema, determinada por sus características de masa, resorte y amortiguador.

fuerza isocinética Tipo de contracción muscular en la que el músculo se contrae con una velocidad constante.

fuerza isoinercial Tipo de contracción muscular en la que el músculo se contrae con una aceleración constante.

fuerza isométrica Tipo de contracción muscular en la que el músculo se contrae en una posición fija estática y produce la máxima fuerza; se conoce también como fuerza estática.

fuerza isotónica Tipo de contracción muscular en la que el músculo se contrae contra una fuerza constante; suele llamarse fuerza dinámica.

fuerza sicofísica Tipo de fuerza en la que el operario determina en forma subjetiva la carga aceptable que puede levantar.

función de frecuencia Listado completo de los valores de una variable aleatoria, junto con sus probabilidades de ocurrencia.

funcionalidad Principio usado en la distribución de controles o pantallas según funciones similares.

G

ganancias compartidas Cualquier método de pago de salarios en el que el trabajador participa en todo o una parte de las ganancias agregadas que se obtienen de la producción en exceso de la estándar.

gastos de fabricación Costos tales como mano de obra indirecta, herramientas, máquinas y energía.

gastos generales Costo de gasto de mano de obra, renta, seguros, etcétera.

GET Acto de tomar y controlar un objeto. Se compone de los therbligs alcanzar, tomar y mover; en ocasiones incluye buscar y seleccionar.

glucosa Componente primaria de los carbohidratos que entra en la reacción bioquímica de la producción de energía.

gráfica cruzada Método para graficar el incremento en el costo como función de alguna variable. El punto en el que se cruzan dos rectas se conoce como punto de cambio o punto de equilibrio y, en él, el costo de cada método es el mismo.

gráfica de alineación Vea *nomograma*.

gráfica de Gantt Serie de gráficas que consisten en líneas horizontales o barras en posiciones y longitudes que muestran los programas o cuotas y el avance, en una escala común.

gráfica de incomodidad del cuerpo Método para evaluar el estado de salud del trabajador con la verificación del nivel de incomodidad de varias partes del cuerpo.

gráfica de punto de equilibrio Vea *gráfica cruzada*.

H

hernia en el disco Inflamación del disco intravertebral que causa presión en los nervios de la espina y, por lo tanto, dolor.

hertz Unidad de frecuencia, en ciclos por segundo. Un Hz es igual a un ciclo por segundo.

holgura Diferencia entre el tiempo disponible y el tiempo normal.

hora trabajada Cantidad estándar de trabajo realizado por un trabajador en una hora.

horas ganadas Horas estándar acreditadas a un trabajador o a la fuerza de trabajo como resultado de la terminación de un trabajo o grupo de tareas.

I

iluminación Cantidad de luz que llega a una superficie, medida en pies-candela.

iluminación directa Tipo de iluminación que coloca más luz sobre las superficies de trabajo y el suelo.

iluminación indirecta Tipo de iluminación en la que la luz se dirige al techo y éste la refleja hacia abajo.

importancia Principio usado en la distribución de controles y pantallas basado en la importancia de cada uno.

IMPROSHARE Plan de ganancias compartidas basado en la productividad del empleado según se mide en horas trabajadas.

impulso Incremento escalonado en los ingresos para inducir a los trabajadores a lograr cierto nivel de productividad.

incentivo Compensación, financiera o de otro tipo, que remunera al trabajador por un desempeño alto y continuo, mayor que el estándar.

incentivos al salario Inducción financiera por un esfuerzo mayor que el normal.

índice de enfriamiento del viento Índice de tensión por frío que describe la tasa de pérdida de calor por radiación y convección como función de la temperatura ambiente y la velocidad del viento.

ingeniería del valor Método para evaluar alternativas a partir de sus valores y pesos en la matriz de pagos.

ingreso promedio por hora Dinero promedio en dólares y centavos que se paga a un operario por hora, determinado por el cociente de las horas trabajadas por periodo entre el salario total pagado en el periodo.

ingresos por bonos Dinero pagado además del salario o sueldo normal.

inhibición recíproca Tipo de reflejo en el que el músculo agnista se activa y el antagonista se inhibe para reducir las contracciones contraproducentes del músculo.

intensidad luminosa Intensidad de la luz emitida por una fuente, medida en candelas.

J

jornada de trabajo Cualquier trabajo por el cual se compensa al trabajador con base en el tiempo y no en la producción.

jornada de trabajo justa Cantidad de trabajo realizado por un operario que es justa para la compañía y para el operario, y que toma en cuenta el pago de salarios. Es la "cantidad de trabajo que puede producir un empleado calificado cuando trabaja a paso normal y usa de manera efectiva su tiempo cuando el trabajo no está restringido por las limitaciones del proceso.

jornada de trabajo medida Sistema de incentivos en el que la tasa por hora se ajusta en forma periódica según el desempeño del operario durante el periodo anterior.

K

kaizen Sistema de actividades de mejora continua.

kanban Tarjeta como etiqueta con información del producto que sigue al producto durante todo su ciclo de producción para mantener el JIT.

kereitsu Relación bilateral entre un fabricante japonés y sus proveedores.

L

lluvia de ideas Sesiones de discusión en las que se alienta la exposición de ideas, sin importar cuán atrevidas sean.

longitud en reposo Longitud del músculo mientras que está en estado neutral, sin contraerse.

lumbar Área de la espalda más expuesta a lesiones; cerca de la línea del cinturón.

luminaria Cantidad de luz reflejada por una superficie, medida en pies-lambert.

lux Unidad de iluminancia igual a un lumen por metro cuadrado, o 0.093 pies-candela.

M

mano de obra directa Trabajo realizado en cada pieza que hace que la pieza avance hasta tener sus últimas especificaciones.

mano de obra general Mano de obra no involucrada en la manufactura de un producto, como ingeniería, investigación, ventas, apoyo, contabilidad y otras funciones administrativas.

mano de obra indirecta Mano de obra que no participa en forma directa en la transformación del material usado para un producto, pero que es necesaria para apoyar la manufactura del mismo.

matriz de arrepentimiento Vea *criterio de arrepentimiento minimax.*

media de x Valor esperado de x.

medición del trabajo Uno de varios procedimientos (estudio de tiempos, muestreo del trabajo y sistemas de tiempos predeterminados) para establecer estándares.

mejora continua Proceso en marcha para asegurar la calidad total en una compañía.

método Técnica empleada para realizar una operación.

método continuo de toma de tiempos Método de estudio de una operación en el que el cronómetro se mantiene en marcha durante el estudio y no se regresa cuando termina un elemento.

método de calificación Método para evaluar el trabajo según el arreglo de tareas en orden de importancia.

método de clasificación Método de evaluación del trabajo basado en una serie de definiciones para distinguir las tareas.

método de flujo descontado Técnica económica para calcular la razón del valor presente del flujo de efectivo entre la inversión original.

método de periodo de pago Técnica de análisis económico que usa el tiempo para recuperar el costo de la inversión original.

miofibrillas Subdivisión de las fibras musculares que contienen filamentos proteínicos gruesos y delgados.

mover Movimiento de la mano con una carga.

movimiento balístico Movimiento de los brazos (por lo común) o piernas con acción suave, fluida y rápida de músculos desde el principio hasta el final de la acción.

movimiento básico Movimiento fundamental relacionado con la capacidad de desempeño primario fisiológico y/o biomecánico de los miembros del cuerpo.

movimientos combinados Dos o más movimientos elementales realizados al mismo tiempo por el mismo miembro del cuerpo. En MTM predomina el periodo más largo.

movimientos limitantes Principio de MTM en el cual predomina el tiempo más largo para dos movimientos simultáneos de las manos.

movimientos simultáneos Dos o más movimientos elementales realizados de manera simultánea por diferentes miembros del cuerpo. En MTM se agrega una penalización por dificultad.

MTM (métodos de medición del tiempo) Procedimiento para analizar una operación manual o método, a fin de determinar los movimientos básicos requeridos para realizar la operación y asignar un estándar de tiempo predeterminado a cada movimiento, basado en su naturaleza y las condiciones en las que se realiza.

muda En la industria japonesa, desperdicios que deben eliminarse.

muestreo de actividades Vea *muestreo del trabajo.*

muestreo del trabajo Método para analizar el trabajo tomando un número grande de observaciones en intervalos aleatorios, para establecer estándares y mejorar los métodos.

músculo esquelético Músculos adheridos a los huesos que proporcionan la fuerza motora para el movimiento.

N

necesidades de autoestima Cuarto paso en la jerarquía de Maslow de necesidades humanas, deseo de competencia, logro y respeto.

necesidades de seguridad Segundo paso en la jerarquía de Maslow de necesidades humanas, la necesidad de seguridad en el trabajo.

necesidades fisiológicas Primer paso en la jerarquía de Maslow de las necesidades humanas, preocupación básica por supervivencia, comida, agua y salud.

necesidades sociales Tercer paso en la jerarquía de Maslow de necesidades humanas, necesidad de atención, amistad y sentido de pertenencia.

niveles Vea *calificación de desempeño.*

nomograma Gráfica que suele tener tres escalas paralelas graduadas para variables diferentes, de manera que cuando una línea recta conecta cualesquiera dos, el valor relacionado se puede leer directamente en el punto en que la recta se cruza con la tercera.

O

observación Recolección y registro del tiempo requerido para ejecutar un elemento, o una lectura del reloj.

observador Analista que toma el estudio de tiempos de una operación dada.

ocurrencia Incidente o evento que sucede durante un estudio de tiempos.

operación Cambio intencional de una parte a su forma, tamaño y características deseadas.

operario calificado Empleado con suficiente capacitación y educación y un nivel demostrado de aptitudes y esfuerzo para tener un nivel aceptable de desempeño respecto a cantidad y calidad.

operario normal Operario que puede lograr el estándar establecido de desempeño cuando sigue el método prescrito y trabaja a un paso promedio.

P

palmadas Reconocimiento positivo de un individuo y sus logros.

paso de incentivo Desempeño más alto que el normal o estándar.

paso de máquina Control mecánico o de la máquina de la tasa a la que avanza el trabajo.

paso del trabajo Tasa a la que se realiza una operación o actividad.

patrón de movimiento balanceado Secuencia de movimientos realizados en forma simultánea por ambas manos en direcciones que facilitan el ritmo y la coordinación.

PERT (técnica de revisión y evaluación de programas) Método para planear y controlar que proporciona una representación gráfica de la manera óptima de lograr algún objetivo predeterminado, en general, en términos del tiempo.

pies-candela Medida de la luz que llega a una superficie. Un pie-candela es igual a 10.8 lúmenes por metro cuadrado.

pies-lambert Unidad de luminancia (luz emitida o reflejada). Un pie-lambert es igual a 3.43 candelas por metro cuadrado.

plan de descripción por grados Vea *modelos de clasificación.*

plan de hora estándar Plan de incentivos que usa la jornada de trabajo hasta 100% de desempeño y el trabajo por pieza con desempeño mayor que 100%.

plan Rucker Plan de ganancias compartidas basado en la productividad del empleado según se mide por uno de los siguientes aspectos: producción bruta, ventas netas o cambios de inventario.

plan Scanlon Plan de ganancias compartidas basado en la productividad del empleado según se mide por uno o más de los siguientes aspectos: producción bruta, ventas netas y cambios de inventario.

planear Movimiento básico que implica el proceso mental de determinar la siguiente acción.

planes de compensación flexibles Cualquier plan de incentivos que aumenta los ingresos o beneficios del trabajador como una función del incremento en la producción.

plantilla Herramienta que puede estar o no sujeta a la estación de trabajo y que se usa para sostener el trabajo y para guiar a la herramienta.

posicionar Elemento de trabajo que consiste en localizar un objeto de manera que tenga la orientación adecuada en un lugar específico.

preparación La preparación de una estación o centro de trabajo para realizar una operación o serie de operaciones.

preposicionar Movimiento básico que consiste en posicionar un objeto en un lugar predeterminado para que pueda agarrarse en la posición que debe cuando se necesite.

prestaciones Porción de la compensación tangible que no se incluye en los sueldos, salarios o bonos que paga el empleador al empleado. Incluyen seguros, fondo de retiro y otros servicios para los empleados. Excluyen las prestaciones pagadas por los empleados mediante deducciones, como su parte de la prima del seguro o la caja de ahorros.

principio de tamaño Reclutamiento ordenado de unidades motrices, de pequeñas a grandes.

principio de Warrick Principio de diseño de pantallas por el que los puntos cercanos y los controles se mueven en la misma dirección, lo que proporciona la mayor compatibilidad.

proceso Serie de operaciones que avanza el producto hacia su tamaño forma y especificaciones finales.

producción Salida total de una máquina, proceso o trabajador en una unidad de tiempo específica.

programa de construcción Programa de distribución de planta que genera la mejor solución partiendo de cero.

programa de mejoramiento Programa de distribución de las instalaciones que mejora una distribución inicial.

promedio ponderado del tiempo (de ruido) Nivel de sonido que produciría una dosis de ruido dada si un trabajador estuviera expuesto a él, de manera continua, durante un turno de trabajo de 8 horas.

punto Unidad de producción identificada como la producción de un operario estándar en un minuto. Se usa como base para establecer estándares con el sistema de puntos.

punto de cambio Un punto en el ciclo de trabajo que se distingue con facilidad, seleccionado como frontera entre la terminación de elemento y el inicio de otro.

punto de comparación (benchmark) Estándar que se identifica con las características con suficiente detalle para comparar otras clasificaciones como mejor, peor o comparable al estándar identificado.

R

rad Unidad de dosis de radiación equivalente a la absorción de 0.01 joules por kilogramo.

razón control-respuesta Razón de la cantidad de movimiento en un control entre la cantidad de movimiento en la respuesta; se usa para definir la capacidad de respuesta del sistema.

reflectancia Porcentaje de luz reflejada por una superficie.

reflejo Brillantez excesiva en el campo de visión que impide la visibilidad.

regresión a la media Tendencia de un analista novato a calificar más cerca del desempeño normal que del desempeño real.

regresos a cero Técnica de estudio de tiempos en la que una vez leído el cronómetro en el punto terminal de cada elemento, el tiempo se regresa a cero.

relación fuerza-longitud Relación U invertida en la que la fuerza del músculo es mayor en su longitud de resistencia.

relación fuerza-velocidad Trueque entre movimientos más lentos que proporcionan mayor fuerza y movimientos más rápidos pero más débiles.

rendimiento Característica percibida que proporciona la acción deseada; por ejemplo, una puerta con manija y la puerta que se abre al jalarla.

rendimiento de color Cercanía con que los colores percibidos de un objeto observado concuerdan con los colores percibidos del mismo objeto cuando se ilumina con fuentes de luz estándar.

rendimiento de ventas Método de análisis económico que usa la razón de las ganancias anuales entre las ventas anuales.

resonancia Situación en la que vibraciones forzadas inducen vibraciones de mayor amplitud en un sistema.

retorno sobre la inversión Método de análisis económico que usa la razón de la ganancia anual entre la vida del producto.

retroceso Incremento en el tiempo de ciclo en la curva de aprendizaje debido al olvido.

ritmos circadianos Variación general en 24 horas de las funciones del cuerpo humano.

roentgen Unidad de exposición a la radiación que mide la cantidad de ionización producida en el aire por la radiación X o gama.

rotación del trabajo Similar al enriquecimiento del trabajo en cuanto a que proporciona al trabajador la oportunidad de realizar una variedad de tareas para evitar el trabajo repetitivo, pero con una programación más rígida.

rotación rápida Tipo de trabajo de turno en el que el empleado cambia cada dos o tres días.

ruido Sonidos no deseados que interfieren con la detección de las señales deseadas.

S

servicio aleatorio Interacción entre el operario y la máquina que ocurre de manera aleatoria.

servicio sincrónico Caso ideal en el que el trabajador y la máquina actúan en un ciclo repetitivo fijo.

sicología ocupacional Estudio científico del trabajador y el entorno, mediante los principios sicológicos.

síndrome de Raynaud Oclusión del flujo de sangre en las manos inducida por el frío, que reduce la destreza.

síndrome del túnel de carpo Compresión del nervio medio debida a inflamación dentro del túnel de carpo de la muñeca, que causa dolor y pérdida de la sensación y del control motriz.

sistema de control Sistema que tiene como función primaria la recolección y análisis de retroalimentación a partir de un conjunto dado de funciones, a fin de controlarlas.

sistema de puntos Método de evaluación del trabajo en el que se determina el valor relativo de diversos trabajos con el total de puntos asignados a los distintos factores que los componen.

sistema de tiempos predeterminados Sistema basado en los tiempos de los movimientos básicos usados para calcular el tiempo estándar.

sistema óseomuscular Sistema de músculos y huesos en el cuerpo que permite el movimiento.

SMED (intercambio de dado en un minuto) Serie de técnicas para cambiar la maquinaria de producción en menos de 10 minutos.

subgrupos Grupos pequeños de discusión.

suplemento Tiempo que se agrega al tiempo normal para permitir demoras personales, inevitables y por fatiga.

suplemento adicional Suplemento que compensa el trabajo requerido, adicional al especificado en el método de estándares.

suplemento por fatiga Tiempo agregado al tiempo normal para compensar la fatiga.

suplemento por fatiga básico Suplemento constante otorgado para tomar en cuenta: el consumo de energía al llevar a cabo ciertas tareas y la reducción de la monotonía.

suplemento por fatiga constante Combinación de suplementos por necesidades personales y fatiga básica que suelen ser constantes para todos los trabajadores dentro de la compañía.

suplemento por fatiga variable Suplemento por fatiga que se ajusta a cada trabajador en la compañía según la tarea o las condiciones de trabajo.

suplemento por necesidades personales Porcentaje que se agrega al tiempo normal para tomar en cuenta las necesidades personales del operario.

suplemento por política Suplemento para proporcionar un nivel satisfactorio de ganancias por un nivel de desempeño especificado en circunstancias especiales.

T

tabla de acción ante peligro Tabla de decisión para especificar ciertas acciones ante un peligro dado.

tablero de observación Vea *tablero de estudio de tiempos.*

tablero del estudio de tiempos Tablero conveniente usado para sostener el cronómetro y la forma de observaciones durante el estudio de tiempos.

tarima Transportador de carga, por lo común, en un carro estandarizado rectangular.

tarjeta de operación Forma que describe la secuencia de operaciones, el tiempo asignado y las herramientas especiales requeridas para la manufactura de la parte.

tasa Estándar expresado en dólares y centavos.

tasa de llenado Tasa a la que una tarima u otra unidad de transporte se llena por completo.

tasa de reducción de ruido Medida de la efectividad de las orejeras, en términos de la atenuación de los dB de nivel de ruido.

tasa de salario base Dinero por hora pagado por una asignación de trabajo específica realizada a paso estándar por un operario normal.

tasa de salarios Tasa de dinero expresada en dólares y centavos por hora, pagados al empleado.

tasa estrecha Estándar de tiempo que asigna menos tiempo que el requerido por un operario normal para realizar el trabajo a paso normal.

tasa holgada Tiempo asignado establecido que permite al operario normal lograr el desempeño estándar con menos esfuerzo que el promedio.

temperatura de bulbo Mide la carga de radiación con un termómetro dentro de una esfera de cobre negro de 6 pulgadas de diámetro.

temperatura de bulbo húmedo Medida del enfriamiento evaporativo, que usa un termómetro con un pabilo húmedo y el movimiento natural del aire.

temperatura de bulbo seco Temperatura ambiente básica, con el termómetro defendido de la radiación.

temperatura equivalente sin viento Temperatura ambiente que en condiciones de calma produce el factor de viento equivalente como combinación real de la temperatura del aire y la velocidad del viento.

tendonitis Inflamación de un tendón causada por trabajo repetitivo.

tenosinovitis Inflamación de las capas de un tendón causada por trabajo repetitivo.

teoría de colas Vea *líneas de espera.*

teoría de filamentos deslizantes Teoría de contracción de músculos en la que los filamentos que lo componen se deslizan uno encima del otro.

teoría de líneas de espera Análisis matemático de las leyes que gobiernan las llegadas, los tiempos de servicio y el orden en el que las unidades que llegan reciben el servicio.

teoría de motivación-mantenimiento Teoría de motivación de F. Hersberg en la que los factores extrínsecos (administración, condiciones de trabajo) actúan como insatisfactores potenciales y los intrínsecos (logro, reconocimiento) como satisfactores.

TGBH (temperatura de globo de bulbo húmedo) Índice de tensión por calor basado en un promedio ponderado de temperaturas de bulbo húmedo, y bulbo seco.

therbligs Los 17 elementos de trabajo definido por Gilbreth.

tiempo anormal Valores de tiempos elementales que son mucho mayores o mucho menores que la media de la mayoría de las observaciones tomadas durante un estudio de tiempos.

tiempo asignado Tiempo que tarda un operario normal al realizar una operación mientras trabaja a una tasa de desempeño normal, con el suplemento debido por demoras personales e inevitables y por fatiga.

tiempo controlado Tiempo elemental transcurrido que depende por completo de la instalación o proceso.

tiempo de atención del operario Tiempo durante el ciclo de trabajo en el que el operario debe dedicar su atención a la máquina o el proceso.

tiempo de cambio Tiempo requerido para modificar o sustituir un trabajo existente. Incluye el tiempo para desmontar la condición actual y la preparación de la nueva condición.

tiempo de ciclo Medida del tiempo para un ciclo completo de trabajo, no de cada uno de los elementos individuales del ciclo.

tiempo de ciclo de máquina Tiempo requerido para que la máquina en proceso complete un ciclo.

tiempo de ciclo promedio Suma de todos los tiempos elementales divididos entre el número de observaciones en el ciclo.

tiempo de esfuerzo Porción del tiempo de ciclo que depende de la aptitud y esfuerzo del operario.

tiempo de espera Tiempo en que el operario no puede realizar trabajo útil por la naturaleza del proceso o por falta inmediata de material.

tiempo de interferencia Tiempo de máquina ocioso debido a que el operario no alcanza a servir una o más máquinas que necesitan servicio por estar realizando otro trabajo asignado.

tiempo de máquina disponible Porción de un tiempo de ciclo durante el cual una máquina puede realizar trabajo útil.

tiempo de paro Tiempo representado por la interrupción de la operación debida a descomposturas de máquinas o herramientas, por falta de material, etcétera.

tiempo de paro de máquina Tiempo durante el cual la máquina en proceso no opera debido a una descompostura o por falta de material.

tiempo de reloj Tiempo registrado para una lectura de reloj.

tiempo de verificación Suma de los tiempos transcurridos antes y después del estudio.

tiempo efectivo Total del tiempo observado.

tiempo elemental promedio Tiempo medio elemental que tarda un operario en realizar la tarea durante el estudio de tiempos.

tiempo estándar Valor en unidades de tiempo para una tarea, determinado con la aplicación correcta de las técnicas de medición del trabajo por personal calificado.

tiempo externo Tiempo requerido para ejecutar los elementos de trabajo cuando la máquina o el proceso no están en operación.

tiempo flexible Sistema de turnos en el que el trabajador establece sus tiempos de entrada y salida, dentro de los límites establecidos por la administración.

tiempo fuera Tiempo requerido por las máquinas herramienta, después de un corte, para despejar el área de trabajo y prepararla para la siguiente secuencia de elementos de trabajo.

tiempo manual Parte del ciclo de trabajo controlado por elementos manuales, excluye los elementos de potencia o mecanizados.

tiempo mínimo Menor tiempo que puede tardar un operario para realizar un elemento dado durante el estudio de tiempos.

tiempo modal Tiempo elemental transcurrido que ocurre con mayor frecuencia durante un estudio de tiempos. En ocasiones se usa en lugar del tiempo elemental promedio.

tiempo muerto Tiempo que el operario no trabaja.

tiempo no efectivo Suma de todos los tiempos elementales extraños.

tiempo normal Tiempo requerido para que un operario estándar realice una operación cuando trabaja a paso estándar, sin demoras por razones personales o por circunstancias inevitables.

tiempo observado Tiempo elemental de un ciclo, obtenido ya sea de manera directa o con la resta de observaciones sucesivas.

tiempo ocioso de máquina Tiempo en el que la máquina o proceso no operan.

tiempo productivo Cualquier tiempo empleado en el avance de un producto hacia sus especificaciones finales.

tiempo real Tiempo elemental promedio que tarda en realidad un operario durante un estudio de tiempos.

tiempo seleccionado Valor de tiempo elemental elegido como representante del desempeño esperado del operario bajo estudio.

tiempo transcurrido Tiempo real que pasa durante el curso de un estudio o una operación.

tiempos de movimientos básicos sintéticos Colección de estándares de tiempo asignados a movimientos y grupos de movimientos fundamentales.

toma de decisiones de criterios múltiples Procedimiento cuantitativo de toma de decisiones en presencia de información en conflicto.

toma de tiempos con ciclógrafo Uso de pequeñas luces en las manos u otros miembros del cuerpo para indicar su patrón de movimiento. Una cámara fija registra las luces en una habitación oscura, con un tiempo de exposición igual o mayor que un ciclo de movimiento.

toma de tiempos diferencial Toma de tiempos de un elemento que lo combina con el elemento anterior o el siguiente y determina sus tiempos mediante la solución de ecuaciones de tiempo simultáneas colectivas.

trabajo clave Representante de trabajos similares o clases de trabajo en la misma planta o industria.

trabajo interno Trabajo realizado por el operario durante la operación de la máquina o equipo.

trabajo por piezas Estándar de desempeño expresado en dinero por unidad de producción.

trabajo por turno Trabajo en tiempos distintos a las horas del día.

transacción complementaria Transacción enviada y recibida al mismo nivel de estados del ego.

transacción cruzada Transacción entre estados del ego que no son paralelos.

transacción ulterior Transacciones con significado oculto.

transacciones Interacciones de los estados del ego en el análisis transaccional de Berne.

transmisión Recorrido de impulsos nerviosos a través de la placa motora terminal en la fibra muscular.

transporte externo Transporte entre distintas plantas o compañías.

transporte interno Transporte dentro de la compañía, planta, etcétera.

trueque velocidad-exactitud Situación en la que a mayor exactitud incrementa el tiempo de movimiento, mientras que mayor velocidad de movimiento disminuye la exactitud resultante.

U

unidad clo Medida del aislamiento térmico proporcionado por la ropa. Un clo equivale a 0.16 grados Celsius por watt por metro cuadrado de superficie del cuerpo.

unidad motriz Unidad funcional de los músculos que comprende una fibra nerviosa y todas las fibras musculares que enerva.

usar Movimiento básico que ocurre cuando alguna mano tiene el control de un objeto durante una parte del ciclo en la que se realiza el trabajo productivo.

utilidades compartidas Cualquier procedimiento en el que un empleador paga a los empleados sumas especiales actuales o diferidas, además de buenas tasas de salario normal, basadas no sólo en el desempeño individual o de grupo, sino en la prosperidad del negocio.

V

valor del dinero en el tiempo Concepto económico de un dólar hoy que vale más de un dólar en el futuro.

valor fuera de control Vea *tiempo anormal.*

variable aleatoria Número al azar que es el resultado de una prueba entre el conjunto de números x_1, x_2, etcétera.

variancia Diferencia entre los costos reales y los presupuestados o estándar.

variancia de x Medida de la dispersión esperada de los valores de x alrededor de su media.

vasoconstricción Oclusión de los vasos periféricos de sangre debida a condiciones de frío.

vasodilatación Aumento en el flujo periférico de sangre debido a condiciones de calor.

visibilidad Habilidad para ver los detalles finos.

APÉNDICE 2

Fórmulas útiles

1) *Cuadrática*

$$Ax^2 + Bx + C = 0$$

$$x = \frac{-B \pm \sqrt{B^2 - 4AC}}{2A}$$

2) *Logarítmica*

$$\log ab = \log a + \log b$$

$$\log \frac{a}{b} = \log a - \log b$$

$$\log a^n = n \log a$$

$$\log \sqrt[n]{a} = \frac{1}{n} \log a$$

$$\log 1 = 0$$

$$\log_a a = 1$$

3) *Binomial*

$$(a + b)^n = a^n + na^{n-1}b + \frac{n(n-1)}{2!}a^{n-2}b^2 + \frac{n(n-1)(n-2)}{3!}a^{n-3}b^3 + \cdots$$

4) *Círculo*

$$\text{Circunferencia} = 2\pi r$$

$$\text{Área} = \pi r^2$$

5) *Prisma*

$$\text{Volumen} = Ba$$

6) *Pirámide*

$$\text{Volumen} = \tfrac{1}{3}\, Ba$$

7) *Cilindro circular derecho*

$$\begin{aligned} \text{Volumen} &= \pi r^2 a \\ \text{Superficie lateral} &= 2\pi ra \\ \text{Superficie total} &= 2\pi r(r + a) \end{aligned}$$

8) *Cono circular derecho*

$$\begin{aligned} \text{Volumen} &= \tfrac{1}{3}\pi r^2 a \\ \text{Superficie lateral} &= \pi rs \\ \text{Superficie total} &= \pi r(r + s) \end{aligned}$$

9) *Esfera*

$$\begin{aligned} \text{Volumen} &= \tfrac{4}{3}\pi r^3 \\ \text{Superficie} &= 4\pi r^2 \end{aligned}$$

10) *Tronco de cono circular derecho*

$$\begin{aligned} \text{Volumen} &= \tfrac{1}{3}\pi a (R^2 + r^2 + Rr) \\ \text{Superficie lateral} &= \pi s(R + r) \end{aligned}$$

11) Unidades de ángulos

$$1 \text{ grado} = \frac{\pi}{180} = 0.0174 \text{ radianes}$$
$$1 \text{ radián} = 57.29 \text{ grados}$$

12) *Funciones trigonométricas*

a. Triángulos rectángulos:

- El seno del ángulo A es el cociente del lado opuesto dividido entre la hipotenusa: $\operatorname{sen} A = \frac{a}{c}$.
- La tangente del ángulo A es el cociente del lado opuesto entre el lado adyacente: $\tan A = \frac{a}{b}$.
- La secante de un ángulo es el cociente de la hipotenusa dividida entre el lado adyacente: $\sec A = \frac{c}{b}$.
- El coseno, la cotangente y la cosecante de ángulo son, respectivamente, el seno, la tangente y la secante del complemento de ese ángulo.

b. Ley de los senos:

$$\frac{a}{\operatorname{sen} A} = \frac{b}{\operatorname{sen} B} = \frac{c}{\operatorname{sen} C}$$

c. Ley de los cosenos:

$$a^2 = b^2 + c^2 - 2bc \cos A$$

13) *Ecuaciones de líneas rectas*

a. Forma de pendiente-ordenada

$$y = mx + b$$

b. Forma de la ordenada

$$\frac{x}{a} + \frac{y}{b} = 1$$

APÉNDICE 3

Tablas especiales

TABLA A3-1
Senos y tangentes naturales

Ángulo	Sen	Tan	Cot	Cos	
0	0.0000	0.0000	∞	1.0000	**90**
1	0.0175	0.0175	57.2900	0.9998	**89**
2	0.0349	0.0349	28.6363	0.9994	**88**
3	0.0523	0.0524	19.0811	0.9986	**87**
4	0.0698	0.0699	14.3007	0.9976	**86**
5	0.0872	0.0875	11.4301	0.9962	**85**
6	0.1045	0.1051	9.5144	0.9945	**84**
7	0.1219	0.1228	8.1443	0.9925	**83**
8	0.1392	0.1405	7.1154	0.9903	**82**
9	0.1564	0.1584	6.3138	0.9877	**81**
10	0.1736	0.1763	5.6713	0.9848	**80**
11	0.1908	0.1944	5.1446	0.9816	**79**
12	0.2079	0.2126	4.7046	0.9781	**78**
13	0.2250	0.2309	4.3315	0.9744	**77**
14	0.2419	0.2493	4.0108	0.9703	**76**
15	0.2588	0.2679	3.7321	0.9659	**75**
16	0.2756	0.2867	3.4874	0.9613	**74**
17	0.2924	0.3057	3.2709	0.9563	**73**
18	0.3090	0.3249	3.0777	0.9511	**72**
19	0.3256	0.3443	2.9042	0.9455	**71**
20	0.3420	0.3640	2.7475	0.9397	**70**
21	0.3584	0.3839	2.6051	0.9336	**69**
22	0.3746	0.4040	2.4751	0.9272	**68**
23	0.3907	0.4245	2.3559	0.9205	**67**
24	0.4067	0.4452	2.2460	0.9135	**66**
	Cos	**Cot**	**Tan**	**Sen**	**Ángulo**

(continúa)

TABLA A3-1 (*conclusión*)
Senos y tangentes naturales

Ángulo	Sen	Tan	Cot	Cos	
25	0.4226	0.4663	2.1445	0.9063	**65**
26	0.4384	0.4877	2.0503	0.8988	**64**
27	0.4540	0.5095	1.9626	0.8910	**63**
28	0.4695	0.5317	1.8807	0.8829	**62**
29	0.4848	0.5543	1.8040	0.8746	**61**
30	0.5000	0.5774	1.7321	0.8660	**60**
31	0.5150	0.6009	1.6643	0.8572	**59**
32	0.5299	0.6249	1.6003	0.8480	**58**
33	0.5446	0.6494	1.5399	0.8387	**57**
34	0.5592	0.6745	1.4826	0.8290	**56**
35	0.5736	0.7002	1.4281	0.8192	**55**
36	0.5878	0.7265	1.3764	0.8090	**54**
37	0.6018	0.7536	1.3270	0.7986	**53**
38	0.6157	0.7813	1.2799	0.7880	**52**
39	0.6293	0.8098	1.2349	0.7771	**51**
40	0.6428	0.8391	1.1918	0.7660	**50**
41	0.6561	0.8693	1.1504	0.7547	**49**
42	0.6691	0.9004	1.1106	0.7431	**48**
43	0.6820	0.9325	1.0724	0.7314	**47**
44	0.6947	0.9657	1.0355	0.7193	**46**
45	0.7071	1.0000	1.0000	0.7071	**45**
	Cos	**Cot**	**Tan**	**Sen**	**Ángulo**

TABLA A3-2
Probabilidades acumuladas de la distribución normal estándar

El valor es el área *A* bajo la curva normal estándar desde $-\infty$ hasta $z(A)$.

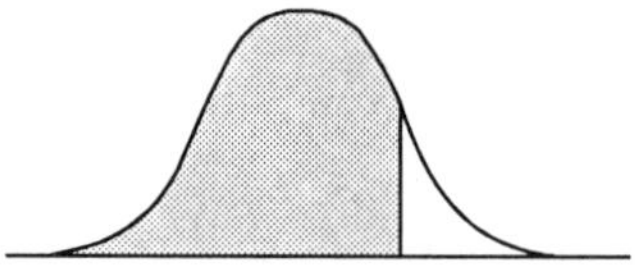

$z(A)$

z	0.00	0.01	0.02	0.03	0.04	0.05	0.06	0.07	0.08	0.09
0.0	0.5000	0.5040	0.5080	0.5120	0.5160	0.5199	0.5239	0.5279	0.5319	0.5359
0.1	0.5398	0.5438	0.5478	0.5517	0.5557	0.5596	0.5636	0.5675	0.5714	0.5753
0.2	0.5793	0.5832	0.5871	0.5910	0.5948	0.5987	0.6026	0.6064	0.6103	0.6141
0.3	0.6179	0.6217	0.6255	0.6293	0.6331	0.6368	0.6406	0.6443	0.6480	0.6517
0.4	0.6554	0.6591	0.6628	0.6664	0.6700	0.6736	0.6772	0.6808	0.6844	0.6879
0.5	0.6915	0.6950	0.6985	0.7019	0.7054	0.7088	0.7123	0.7157	0.7190	0.7224
0.6	0.7257	0.7291	0.7324	0.7357	0.7389	0.7422	0.7454	0.7486	0.7517	0.7549
0.7	0.7580	0.7611	0.7642	0.7673	0.7704	0.7734	0.7764	0.7794	0.7823	0.7852
0.8	0.7881	0.7910	0.7939	0.7967	0.7995	0.8023	0.8051	0.8078	0.8106	0.8133
0.9	0.8159	0.8186	0.8212	0.8238	0.8264	0.8289	0.8315	0.8340	0.8365	0.8389
1.0	0.8413	0.8438	0.8461	0.8485	0.8508	0.8531	0.8554	0.8577	0.8599	0.8621
1.1	0.8643	0.8665	0.8686	0.8708	0.8729	0.8749	0.8770	0.8790	0.8810	0.8830
1.2	0.8849	0.8869	0.8888	0.8907	0.8925	0.8944	0.8962	0.8980	0.8997	0.9015
1.3	0.9032	0.9049	0.9066	0.9082	0.9099	0.9115	0.9131	0.9147	0.9162	0.9177
1.4	0.9192	0.9207	0.9222	0.9236	0.9251	0.9265	0.9279	0.9292	0.9306	0.9319
1.5	0.9332	0.9345	0.9357	0.9370	0.9382	0.9394	0.9406	0.9418	0.9429	0.9441
1.6	0.9452	0.9463	0.9474	0.9484	0.9495	0.9505	0.9515	0.9525	0.9535	0.9545
1.7	0.9554	0.9564	0.9573	0.9582	0.9591	0.9599	0.9608	0.9616	0.9625	0.9633
1.8	0.9641	0.9649	0.9656	0.9664	0.9671	0.9678	0.9686	0.9693	0.9699	0.9706
1.9	0.9713	0.9719	0.9726	0.9732	0.9738	0.9744	0.9750	0.9756	0.9761	0.9767
2.0	0.9772	0.9778	0.9783	0.9788	0.9793	0.9798	0.9803	0.9808	0.9812	0.9817
2.1	0.9821	0.9826	0.9830	0.9834	0.9838	0.9842	0.9846	0.9850	0.9854	0.9857
2.2	0.9861	0.9864	0.9868	0.9871	0.9875	0.9878	0.9881	0.9884	0.9887	0.9890
2.3	0.9893	0.9896	0.9898	0.9901	0.9904	0.9906	0.9909	0.9911	0.9913	0.9916
2.4	0.9918	0.9920	0.9922	0.9925	0.9927	0.9929	0.9931	0.9932	0.9934	0.9936
2.5	0.9938	0.9940	0.9941	0.9943	0.9945	0.9946	0.9948	0.9949	0.9951	0.9952
2.6	0.9953	0.9955	0.9956	0.9957	0.9959	0.9960	0.9961	0.9962	0.9963	0.9964
2.7	0.9965	0.9966	0.9967	0.9968	0.9969	0.9970	0.9971	0.9972	0.9973	0.9974
2.8	0.9974	0.9975	0.9976	0.9977	0.9977	0.9978	0.9979	0.9979	0.9980	0.9981
2.9	0.9981	0.9982	0.9982	0.9983	0.9984	0.9984	0.9985	0.9985	0.9986	0.9986
3.0	0.9987	0.9987	0.9987	0.9988	0.9988	0.9989	0.9989	0.9989	0.9990	0.9990
3.1	0.9990	0.9991	0.9991	0.9991	0.9992	0.9992	0.9992	0.9992	0.9993	0.9993
3.2	0.9993	0.9993	0.9994	0.9994	0.9994	0.9994	0.9994	0.9995	0.9995	0.9995
3.3	0.9995	0.9995	0.9995	0.9996	0.9996	0.9996	0.9996	0.9996	0.9996	0.9997
3.4	0.9997	0.9997	0.9997	0.9997	0.9997	0.9997	0.9997	0.9997	0.9997	0.9998

Percentiles seleccionados

Probabilidad acumulada *A*:	**0.90**	**0.95**	**0.975**	**0.98**	**0.99**	**0.995**	**0.999**
$z(A)$:	1.282	1.645	1.960	2.054	2.326	2.576	3.090

(*Tomado de:* J. Neter, W. Wasserman y M. H. Kutner, *Applied Linear Statistical Models*, 2a. ed., Homewood, IL: Richard D. Irwin, 1895). (Reproducida con permiso de McGraw-Hill Companies)

TABLA A3-3

Puntos de porcentaje de la Distribución *t* (las probabilidades se refieren a la suma de las dos áreas de cola: para una sola cola, divida la probabilidad entre 2)

	Probabilidad (*P*)												
n	**0.9**	**0.8**	**0.7**	**0.6**	**0.5**	**0.4**	**0.3**	**0.2**	**0.1**	**0.05**	**0.02**	**0.01**	**0.001**
1	0.158	0.325	0.510	0.727	1.000	1.376	1.963	3.078	6.314	12.706	31.821	63.657	636.619
2	0.142	0.289	0.445	0.617	0.816	1.061	1.386	1.886	2.920	4.303	6.965	9.925	31.598
3	0.137	0.277	0.424	0.584	0.765	0.978	1.250	1.638	2.353	3.182	4.541	5.841	12.941
4	0.134	0.271	0.414	0.569	0.741	0.941	1.190	1.533	2.132	2.776	3.747	4.604	8.610
5	0.132	0.267	0.408	0.559	0.727	0.920	1.156	1.476	2.015	2.571	3.365	4.032	6.859
6	0.131	0.265	0.404	0.553	0.718	0.906	1.134	1.440	1.943	2.447	3.143	3.707	5.959
7	0.130	0.263	0.402	0.549	0.711	0.896	1.119	1.415	1.895	2.365	2.998	3.499	5.405
8	0.130	0.262	0.399	0.546	0.706	0.889	1.108	1.397	1.860	2.306	2.896	3.355	5.041
9	0.129	0.261	0.398	0.543	0.703	0.883	1.100	1.383	1.833	2.262	2.821	3.250	4.781
10	0.129	0.260	0.397	0.542	0.700	0.879	1.093	1.372	1.812	2.228	2.764	3.169	4.587
11	0.129	0.260	0.396	0.540	0.697	0.876	1.088	1.363	1.796	2.201	2.718	3.106	4.437
12	0.128	0.259	0.395	0.539	0.695	0.873	1.083	1.356	1.782	2.179	2.681	3.055	4.318
13	0.128	0.259	0.394	0.538	0.694	0.870	1.079	1.350	1.771	2.160	2.650	3.012	4.221
14	0.128	0.258	0.393	0.537	0.692	0.868	1.076	1.345	1.761	2.145	2.624	2.977	4.140
15	0.128	0.258	0.393	0.536	0.691	0.866	1.074	1.341	1.753	2.131	2.602	2.947	4.073
16	0.128	0.258	0.392	0.535	0.690	0.865	1.071	1.337	1.746	2.120	2.583	2.921	4.015
17	0.128	0.257	0.392	0.534	0.689	0.863	1.069	1.333	1.740	2.110	2.567	2.898	3.965
18	0.127	0.257	0.392	0.534	0.688	0.862	1.067	1.330	1.734	2.101	2.552	2.878	3.922
19	0.127	0.257	0.391	0.533	0.688	0.861	1.066	1.328	1.729	2.093	2.539	2.861	3.883
20	0.127	0.257	0.391	0.533	0.687	0.860	1.064	1.325	1.725	2.086	2.528	2.845	3.850
21	0.127	0.257	0.391	0.532	0.686	0.859	1.063	1.323	1.721	2.080	2.518	2.831	3.819
22	0.127	0.256	0.390	0.532	0.686	0.858	1.061	1.321	1.717	2.074	2.508	2.819	3.792
23	0.127	0.256	0.390	0.532	0.685	0.858	1.060	1.319	1.714	2.069	2.500	2.807	3.768
24	0.127	0.256	0.390	0.531	0.685	0.857	1.059	1.318	1.711	2.064	2.492	2.797	3.745
25	0.127	0.256	0.390	0.531	0.684	0.856	1.058	1.316	1.708	2.060	2.485	2.787	3.725
26	0.127	0.256	0.390	0.531	0.684	0.856	1.058	1.315	1.706	2.056	2.479	2.779	3.707
27	0.127	0.256	0.389	0.531	0.684	0.855	1.057	1.314	1.703	2.052	2.473	2.771	3.689
28	0.127	0.256	0.389	0.530	0.683	0.855	1.056	1.313	1.701	2.048	2.467	2.763	3.674
29	0.127	0.256	0.389	0.530	0.683	0.854	1.055	1.311	1.699	2.045	2.462	2.756	3.660
30	0.127	0.256	0.389	0.530	0.683	0.854	1.055	1.310	1.697	2.042	2.457	2.750	3.646
40	0.126	0.255	0.388	0.529	0.681	0.851	1.050	1.303	1.684	2.021	2.423	2.704	3.551
60	0.126	0.254	0.387	0.527	0.679	0.848	1.045	1.296	1.671	2.000	2.390	2.660	3.460
120	0.126	0.254	0.386	0.526	0.677	0.845	1.041	1.289	1.658	1.980	2.358	2.617	3.373
∞	0.126	0.253	0.385	0.524	0.674	0.842	1.036	1.282	1.645	1.960	2.326	2.576	3.291

Reproducido de la Tabla III de R. A. Fisher y F. Yates, *Statistical Tables for Biological, Agricultural, and Medical Research* (Edinburgh: Oliver & Boyd, Ltd.), con permiso de los autores y editores.

TABLA A3-4
Números aleatorios III

22	17	68	65	84	68	95	23	92	35	87	02	22	57	51	61	09	43	95	06	58	24	82	03	47
19	36	27	59	46	13	79	93	37	55	39	77	32	77	09	85	52	05	30	62	47	83	51	62	74
16	77	23	02	77	09	61	87	25	21	28	06	24	25	93	16	71	13	59	78	23	05	47	47	25
78	43	76	71	61	20	44	90	32	64	97	67	63	99	61	46	38	03	93	22	69	81	21	99	21
03	28	28	26	08	73	37	32	04	05	69	30	16	09	05	38	69	58	28	99	35	07	44	75	47
93	22	53	64	39	07	10	63	76	35	87	03	04	79	88	08	13	13	85	51	55	34	57	72	69
78	76	58	54	74	92	38	70	96	92	52	06	79	79	45	82	63	18	27	44	69	66	92	19	09
23	68	35	26	00	99	53	93	61	28	52	70	05	48	34	56	65	05	61	86	90	92	10	70	80
15	39	25	70	99	93	86	52	77	65	15	33	59	05	28	22	87	26	07	47	86	96	98	29	06
58	71	96	30	24	18	46	23	34	27	85	13	99	24	44	49	18	09	79	49	74	16	32	23	02
57	35	27	33	72	24	53	63	94	09	41	10	76	47	91	44	04	95	49	66	39	60	04	59	81
48	50	86	54	48	22	06	34	72	52	82	21	15	65	20	33	29	94	71	11	15	91	29	12	03
61	96	48	95	03	07	16	39	33	66	98	56	10	56	79	77	21	30	27	12	90	49	22	23	62
36	93	89	41	26	29	70	83	63	51	99	74	20	52	36	87	09	41	15	09	98	60	16	03	03
18	87	00	42	31	57	90	12	02	07	23	47	37	17	31	54	08	01	88	63	39	41	88	92	10
88	56	53	27	59	33	35	72	67	47	77	34	55	45	70	08	18	27	38	90	16	95	86	70	75
09	72	95	84	29	49	41	31	06	70	42	38	06	45	18	64	84	73	31	65	52	53	37	97	15
12	96	88	17	31	65	19	69	02	83	60	75	86	90	68	24	64	19	35	51	56	61	87	39	12
85	94	57	24	16	92	09	84	38	76	22	00	27	69	85	29	81	94	78	70	21	94	47	90	12
38	64	43	59	98	98	77	87	68	7	91	51	67	62	44	40	98	05	93	78	23	32	65	41	18
53	44	09	42	72	00	41	86	79	79	68	47	22	00	20	35	55	31	51	51	00	83	63	22	55
40	76	66	26	84	57	99	99	90	37	36	63	32	08	58	37	40	13	68	97	87	64	81	07	83
02	17	79	18	05	12	59	52	57	02	22	07	90	47	3	28	14	11	30	79	20	69	22	40	98
95	17	82	06	53	31	51	10	96	46	92	06	88	07	77	56	11	50	81	69	40	23	72	51	39
35	76	22	42	92	96	11	83	44	80	34	68	35	48	77	33	42	40	90	60	73	96	53	97	86
26	29	13	56	41	85	47	04	66	08	34	72	57	59	13	82	43	80	46	15	38	26	61	70	04
77	80	20	75	82	72	82	32	99	90	63	95	73	76	63	89	73	44	99	05	48	67	26	43	18
46	40	66	44	52	91	36	74	43	53	30	82	13	54	00	78	45	63	98	35	55	03	36	67	68
37	56	08	18	09	77	53	84	46	47	31	91	18	95	58	24	16	74	11	53	44	10	13	85	57
61	65	61	68	66	37	27	47	39	19	84	83	70	07	48	53	21	40	06	71	95	06	79	88	54
93	43	69	64	07	34	18	04	52	35	56	27	09	24	86	61	85	53	83	45	19	90	70	99	00
21	96	60	12	99	11	20	99	45	18	48	13	93	55	34	18	37	79	49	90	65	97	38	20	46
95	20	47	97	97	27	37	83	28	71	00	06	41	41	74	45	89	09	39	84	51	67	11	52	49
97	86	21	78	73	10	65	81	92	59	58	76	17	14	97	04	76	62	16	17	17	95	70	45	80
69	92	06	34	13	59	71	74	17	32	27	55	10	24	19	23	71	82	13	74	63	52	52	01	41
04	31	17	21	56	33	73	99	19	87	26	72	39	27	67	53	77	57	68	93	60	61	97	22	61
61	06	98	03	91	87	14	77	43	96	43	00	65	98	50	45	60	33	01	07	98	99	46	50	47
85	93	85	86	88	72	87	08	62	40	16	06	10	89	20	23	21	34	74	97	76	38	03	29	63
21	74	32	47	45	73	96	07	94	52	09	65	90	77	47	25	76	16	19	33	53	05	70	53	30
15	69	53	82	80	79	96	23	53	10	65	39	07	16	29	45	33	02	43	70	02	87	40	41	45
02	89	08	04	49	20	21	14	68	86	87	63	93	95	17	11	29	01	95	80	35	14	97	35	33
87	18	15	89	79	85	43	01	72	73	08	61	74	51	69	89	74	39	82	15	94	51	33	41	67
98	83	71	94	22	59	97	50	99	52	08	52	85	08	40	87	80	61	65	31	91	51	80	32	44
10	08	58	21	66	72	68	49	29	31	89	85	84	46	06	59	73	19	85	23	65	09	29	75	63
47	90	56	10	08	88	02	84	27	83	42	29	72	23	19	66	56	45	65	79	20	71	53	20	25
22	85	61	68	90	49	64	92	85	44	16	40	12	89	88	50	14	49	81	06	01	82	77	45	12
67	80	43	79	33	12	83	11	41	16	25	58	19	68	70	77	02	54	00	52	53	43	37	15	26
27	62	50	96	72	79	44	61	40	15	14	53	40	65	39	27	31	58	50	28	11	39	03	34	25
33	78	80	87	15	38	30	06	38	21	14	47	47	07	26	54	96	87	53	32	40	36	40	96	76
13	13	92	66	99	47	24	49	57	74	32	25	43	62	17	10	97	11	69	84	99	63	22	32	98

Reproducido con permiso de Números Aleatorios III de la Tabla XXXIII de R. A. Fisher y F. Yates, *Statistical Tables for Biological, Agricultural, and Medical Research* (Edinburgh: Oliver & Boyd, Ltd.).

TABLA A3-4 *(conclusión)*
Números aleatorios IV

10	27	53	96	23	71	50	54	36	23	54	31	04	82	98	04	14	12	15	09	26	78	25	47	47
28	41	50	61	88	64	85	27	20	18	83	36	36	05	56	39	71	65	09	62	94	76	62	11	89
34	21	42	57	02	59	19	18	97	48	80	30	03	30	98	05	24	67	70	07	84	97	50	87	46
61	81	77	23	23	82	82	11	54	08	53	28	70	58	96	44	07	39	55	43	42	34	43	39	28
61	15	18	13	54	16	86	20	26	88	90	74	80	55	09	14	53	90	51	17	52	01	63	01	59
91	76	21	64	64	44	91	13	32	97	75	31	62	66	54	84	80	32	75	77	56	08	25	70	29
00	97	79	08	06	37	30	28	59	85	53	56	68	53	40	01	74	39	59	73	30	19	99	85	48
36	46	18	34	94	75	20	80	27	77	78	91	69	16	00	08	43	18	73	68	67	69	61	34	25
88	98	99	60	50	65	95	79	42	94	93	62	40	89	96	43	56	47	71	66	46	76	29	67	02
04	37	59	87	21	05	02	03	24	17	47	97	81	56	51	92	34	86	01	82	55	51	33	12	91
63	62	06	34	41	94	21	78	55	09	72	76	45	16	94	29	95	81	83	83	79	88	01	97	30
78	47	23	53	90	34	41	92	45	71	09	23	70	70	07	12	38	92	79	43	14	85	11	47	23
87	68	62	15	43	53	14	36	59	25	54	47	33	70	15	59	24	48	40	35	50	03	42	99	36
47	60	92	10	77	88	59	53	11	52	66	25	69	07	04	48	68	64	71	06	61	65	70	22	12
56	88	87	59	41	65	28	04	67	53	95	79	88	37	31	50	41	06	94	76	81	83	17	16	33
02	57	45	86	67	73	43	07	34	48	44	26	87	93	29	77	09	61	67	84	06	69	44	77	75
31	54	14	13	17	48	62	11	90	60	68	12	93	64	28	46	24	79	16	76	14	60	25	51	01
28	50	16	43	36	28	97	05	58	99	67	22	52	76	23	24	70	36	54	54	59	28	61	71	96
63	29	62	66	50	02	63	45	52	38	67	63	47	54	75	83	24	78	43	20	92	63	13	47	48
45	65	58	26	51	76	96	59	38	72	86	57	45	71	46	44	67	76	14	55	44	88	01	62	12
39	65	36	63	70	77	45	85	50	51	74	13	39	35	22	30	53	36	02	95	49	34	88	73	61
73	71	98	16	04	29	18	94	51	23	76	51	94	84	86	79	93	96	38	63	08	58	25	58	94
72	20	56	20	11	72	65	71	08	86	79	57	95	13	91	97	48	72	66	48	09	71	17	24	89
75	17	26	99	76	89	37	20	70	01	77	31	61	95	46	26	97	05	73	51	53	33	18	72	87
37	48	60	82	29	81	30	15	39	14	48	38	75	93	29	06	87	37	78	48	45	56	00	84	47
68	08	02	80	72	83	71	46	30	49	89	17	95	88	29	02	39	56	03	46	97	74	06	56	17
14	23	98	61	67	70	52	85	01	50	01	84	02	78	43	10	62	98	19	41	18	83	99	47	99
49	08	96	21	44	25	27	99	41	28	07	41	08	34	66	19	42	74	39	91	41	96	53	78	72
78	37	06	08	43	63	61	62	42	29	39	68	95	10	96	09	24	23	00	62	56	12	80	73	16
37	21	34	17	68	68	96	83	23	56	32	84	60	15	31	44	73	67	34	77	91	15	79	74	58
14	29	09	34	04	87	83	07	55	07	76	58	30	83	64	87	29	25	58	84	86	50	60	00	25
58	43	28	06	36	49	52	83	51	14	47	56	91	29	34	05	87	31	06	95	12	45	57	09	09
10	43	67	29	70	80	62	80	03	42	10	80	21	38	84	90	56	35	03	09	43	12	74	49	14
44	38	88	39	54	86	97	37	44	22	00	95	01	31	76	17	16	29	56	63	38	78	94	49	81
90	69	59	19	51	85	39	52	85	13	07	28	37	07	61	11	16	36	27	03	78	86	72	04	95
41	47	10	25	62	97	05	31	03	61	20	26	36	31	62	68	69	86	95	44	84	95	48	46	45
91	94	14	63	19	75	89	11	47	11	31	56	34	19	09	79	57	92	36	59	14	93	87	81	40
80	06	54	18	66	09	18	94	06	19	98	40	07	17	81	22	45	44	84	11	24	62	20	42	31
67	72	77	63	48	84	08	31	55	58	24	33	45	77	58	80	45	67	93	82	75	70	16	08	24
59	40	24	13	27	79	26	88	86	30	01	31	60	10	39	53	58	47	70	93	85	81	56	39	38
05	90	35	89	95	01	61	16	96	94	50	78	13	69	36	37	68	53	37	31	71	26	35	03	71
44	43	80	69	98	46	68	05	14	82	90	78	50	05	62	77	79	13	57	44	59	60	10	39	66
61	81	31	96	82	00	57	25	60	59	46	72	60	18	77	55	66	12	62	11	08	99	55	64	57
42	88	07	10	05	24	98	65	63	21	47	21	61	88	32	27	80	30	21	60	10	92	35	36	12
77	94	30	05	39	28	10	99	00	27	12	73	73	99	12	49	99	57	94	82	96	88	57	17	91
78	83	19	76	16	94	11	68	84	26	23	54	20	86	85	23	86	66	99	07	36	37	34	92	09
87	76	59	61	81	43	63	64	61	61	65	76	36	95	90	18	48	27	45	68	27	23	65	30	72
91	43	05	96	47	55	78	99	95	24	37	55	85	78	78	01	48	41	19	10	35	19	54	07	73
84	97	77	72	73	09	62	06	65	72	87	12	49	03	60	41	15	20	76	27	50	47	02	29	16
87	41	60	76	83	44	88	96	07	80	83	05	83	38	96	73	70	66	81	90	30	56	10	48	59

Reproducido con permiso de Números Aleatorios IV de la Tabla XXXIII de R. A. Fisher y F. Yates, *Statistical Tables for Biological, Agricultural, and Medical Research* (Edinburgh: Oliver & Boyd, Ltd.).

TABLA A3-5
Información útil

Para encontrar la circunferencia de un círculo, se multiplica el diámetro por 3.1416.

Para encontrar el diámetro de un círculo, se multiplica la circunferencia por 0.31831.

Para encontrar el área de un círculo, se multiplica el cuadrado del diámetro por 0.7854.

El radio de un círculo × 6.283185 = la circunferencia.

El cuadrado de la circunferencia de un círculo × la mitad de su diámetro = el área.

La mitad de la circunferencia de un círculo × 0.07958 = el área.

La circunferencia de un círculo × 0.159155 = el radio.

La raíz cuadrada del área de un círculo × 0.56419 = el radio.

La raíz cuadrada del área de un círculo × 1.12838 = el diámetro.

Para encontrar el diámetro de un círculo igual en área a un cuadrado dado, se multiplica el lado del cuadrado por 1.12838.

Para encontrar el lado de un cuadrado igual en área a un círculo dado, se multiplica el diámetro por 0.8862.

Para encontrar el lado de un cuadrado inscrito en un círculo, se multiplica el diámetro por 0.7071.

Para encontrar el lado de un hexágono inscrito en círculo, se multiplica el diámetro del círculo por 0.500.

Para encontrar el diámetro de un círculo inscrito en un hexágono, se multiplica el lado del hexágono por 1.7321.

Para encontrar el lado de un triángulo equilátero inscrito en un círculo, se multiplica el diámetro del círculo por 0.886.

Para encontrar el diámetro de un círculo inscrito en un triángulo equilátero, se multiplica el lado del triángulo por 0.57735.

Para encontrar el área de la superficie de una pelota (esfera), se multiplica el cuadrado del diámetro por 3.1416.

Para encontrar el volumen de una pelota (esfera), se multiplica el cubo del diámetro por 0.5236.

Un tubo con el doble del diámetro aumenta su capacidad cuatro veces.

Para encontrar la presión en libras por pulgada cuadrada en la base de una columna de agua, se multiplica la altura de la columna en pies por 0.433.

Un galón de agua (estándar en Estados Unidos) pesa 8.336 libras y contiene 231 pulgadas cúbicas. Un pie cúbico de agua contiene 7½ galones y 1728 pulgadas cúbicas, y pesa 62.425 libras a una temperatura cercana a 39°F.

Estos pesos cambian un poco arriba o abajo de esta temperatura.

TABLA A3-6
Factores de interés compuesto al 15%

n	Pago único		Serie uniforme			
	Factor de cantidad compuesta fac'	Factor de valor presente fvp'	Factor de fondo de salvamento ffs	Factor de recuperación de capital frc	Factor de cantidad compuesta fac	Factor de valor presente fvp
	Dado *P* encontrar *F*	Dado *F* encontrar *P*	Dado *F* encontrar *A*	Dado *P* encontrar *A*	Dado *A* encontrar *F*	Dado *A* encontrar *P*
	$(1+i)^n$	$\frac{1}{(1+i)^n}$	$\frac{i}{(1+i)^n-1}$	$\frac{i(1+i)^n}{(1+i)^n-1}$	$\frac{(1+i)^n-1}{i}$	$\frac{(1+i)^n-1}{i(1+i)^n}$
1	1.150	0.8696	1.00000	1.15000	1.000	0.870
2	1.323	0.7561	0.46512	0.61512	2.150	1.626
3	1.521	0.6575	0.28798	0.43798	3.473	2.283
4	1.749	0.5718	0.20027	0.35027	4.993	2.855
5	2.011	0.4972	0.14832	0.29832	6.742	3.352
6	2.313	0.4323	0.11424	0.26424	8.754	3.784
7	2.660	0.3759	0.09036	0.24036	11.067	4.160
8	3.059	0.3269	0.07285	0.22285	13.727	4.487
9	3.518	0.2843	0.05957	0.20957	16.786	4.772
10	4.046	0.2472	0.04925	0.19925	20.304	5.019
11	4.652	0.2149	0.04107	0.19107	24.349	5.234
12	5.350	0.1869	0.03448	0.18448	29.002	5.421
13	6.153	0.1625	0.02911	0.17911	34.352	5.583
14	7.076	0.1413	0.02469	0.17469	40.505	5.724
15	8.137	0.1229	0.02102	0.17102	47.580	5.847
16	9.358	0.1069	0.01795	0.16795	55.717	5.954
17	10.761	0.0929	0.01537	0.16537	65.075	6.047
18	12.375	0.0808	0.01319	0.16319	75.836	6.128
19	14.232	0.0703	0.01134	0.16134	88.212	6.198
20	16.367	0.0611	0.00976	0.15976	102.444	6.259
21	18.822	0.0531	0.00842	0.15842	118.810	6.312
22	21.645	0.0462	0.00727	0.15727	137.632	6.359
23	24.891	0.0402	0.00628	0.15628	159.276	6.399
24	28.625	0.0349	0.00543	0.15543	184.168	6.434
25	32.919	0.0304	0.00470	0.15470	212.793	6.464
26	37.857	0.0264	0.00407	0.15407	245.712	6.491
27	43.535	0.0230	0.00353	0.15353	283.569	6.514
28	50.066	0.0200	0.00306	0.15306	327.104	6.534
29	57.575	0.0174	0.00265	0.15265	377.170	6.551
30	66.212	0.0151	0.00230	0.15230	434.745	6.566
31	76.144	0.0131	0.00200	0.15200	500.957	6.579
32	87.565	0.0114	0.00173	0.15173	577.100	6.591
33	100.700	0.0099	0.00150	0.15150	664.666	6.600
34	115.805	0.0086	0.00131	0.15131	765.365	6.609
35	133.176	0.0075	0.00113	0.15113	881.170	6.617
40	267.864	0.0037	0.00056	0.15056	1779.090	6.642
45	538.769	0.0019	0.00028	0.15028	3585.128	6.654
50	1083.657	0.0009	0.00014	0.15014	7217.716	6.661
∞				0.15000		6.667

TABLA A3-7
Tabla de producción por hora

Muestra 60 a 80% de eficiencia

Seg. por pieza	Prod. total por Hr	60%	65%	70%	75%	80%	Seg. por pieza	Prod. total por Hr	60%	65%	70%	75%	80%	Seg. por pieza	Prod. total por Hr	60%	65%	70%	75%	80%
½	7200	4320	4680	5040	5400	5760	12 ½	288	173	187	202	216	230	50	72	43	47	50	54	58
⅝	5760	3456	3744	4032	4320	4608	13	276	166	179	193	207	221	52	69	41	45	48	52	55
¾	4800	2880	3120	3360	3600	3840	13 ½	267	160	174	187	200	214	54	67	40	44	47	50	54
⅞	4114	2468	2674	2880	3086	3291	14	257	154	167	180	193	206	56	64	38	42	45	48	51
1	3600	2160	2340	2520	2700	2880	14 ½	248	149	161	174	186	198	58	62	37	40	43	47	50
1 ¼	2880	1728	1872	2016	2160	2304	15	240	144	156	168	180	192	60	60	36	39	42	45	48
1 ½	2400	1440	1560	1680	1800	1920	15 ½	232	139	151	162	174	186	62	58	35	38	41	44	46
1 ¾	2057	1234	1337	1440	1543	1646	16	225	135	146	158	169	180	64	56	34	36	39	42	45
2	1800	1080	1170	1260	1350	1440	16 ½	218	131	142	153	164	174	66	54	32	35	38	41	43
2 ¼	1600	960	1040	1120	1200	1280	17	212	127	138	148	159	170	68	53	32	34	37	40	42
2 ½	1440	864	936	1008	1080	1152	17 ½	206	124	134	144	155	165	70	51	31	33	36	38	41
2 ¾	1309	785	851	916	982	1047	18	200	120	130	140	150	160	72	50	30	33	35	38	40
3	1200	720	780	840	900	960	18 ½	195	117	127	137	146	156	74	49	29	32	34	37	39
3 ¼	1107	664	720	775	830	886	19	189	113	123	132	142	151	76	47	28	31	33	35	38
3 ½	1028	617	668	720	771	822	19 ½	185	111	120	130	139	148	78	46	28	30	32	35	37
3 ¾	960	576	624	672	720	768	20	180	108	117	126	135	144	80	45	27	29	32	34	36
4	900	540	585	630	675	720	21	171	103	111	120	128	137	82	44	26	29	31	33	35
4 ¼	847	508	551	593	635	678	22	164	98	107	115	123	131	84	43	26	28	30	32	34
4 ½	800	480	520	560	600	640	23	156	94	101	109	117	125	86	42	25	27	29	32	34
4 ¾	757	454	492	530	568	606	24	150	90	98	105	113	120	88	41	25	27	29	31	33

Seg. por pieza	Prod. total por Hr	60%	65%	70%	75%	80%	Seg. por pieza	Prod. total por Hr	60%	65%	70%	75%	80%	Seg. por pieza	Prod. total por Hr	60%	65%	70%	75%	80%
5	720	432	468	504	540	576	25	144	86	94	101	108	115	90	40	24	26	28	30	32
5 ¼	686	412	446	480	515	549	26	138	83	90	97	104	110	92	39	23	25	27	29	31
5 ½	654	392	425	458	491	523	27	133	80	86	93	100	106	94	38	23	25	27	29	30
5 ¾	626	376	407	438	470	501	28	128	77	83	90	96	102	96	37	22	24	26	28	30
6	600	360	390	420	450	480	29	124	74	81	87	93	99	98	37	22	24	26	28	30
6 ¼	576	346	374	403	432	461	30	120	72	78	84	90	96	100	36	22	23	25	27	29
6 ½	553	332	359	387	415	442	31	116	70	75	81	87	93	105	34	20	22	24	26	27
6 ¾	533	320	346	373	400	426	32	112	67	73	78	84	90	110	33	20	21	23	25	26
7	514	308	334	360	386	411	33	109	65	71	76	82	87	115	31	19	20	22	23	25
7 ¼	497	298	323	348	373	398	34	106	64	69	74	80	85	120	30	18	20	21	23	24
7 ½	480	288	312	336	360	384	35	103	64	67	72	77	82	125	29	17	19	20	22	23
7 ¾	465	279	302	326	349	372	36	100	60	65	70	75	80	130	28	17	18	20	21	22
8	450	270	293	315	338	360	37	97	58	63	68	73	78	135	27	16	18	19	20	22
8 ¼	436	262	283	305	327	349	38	95	57	62	67	71	76	140	26	16	17	18	20	21
8 ½	423	254	275	296	317	338	39	92	55	60	64	69	74	145	25	15	16	18	19	20
8 ¾	411	247	267	288	308	329	40	90	54	59	63	68	72	150	24	14	16	17	18	19
9	400	240	260	280	300	320	41	88	53	57	62	66	70	155	23	14	15	16	17	18
9 ¼	389	233	253	272	292	311	42	86	52	56	60	65	69	160	22	13	14	15	17	18
9 ½	379	227	246	265	284	303	43	84	50	55	59	63	67	165	22	13	14	15	17	18
9 ¾	369	221	240	258	277	295	44	82	49	53	57	62	66	170	21	12	14	15	16	17
10	360	216	234	252	270	288	45	80	48	52	56	60	64	175	21	12	14	15	16	17
10 ½	342	205	222	239	257	274	46	78	47	51	55	59	62	180	20	12	13	14	15	16
11	327	196	213	229	245	262	47	77	46	50	54	58	62	185	20	12	13	14	15	16
11 ½	313	188	203	219	235	250	48	75	45	49	53	56	60	190	19	11	12	13	14	15
12	300	180	195	210	225	240	49	73	44	47	51	55	58	195	18	11	12	13	14	14

Fuente: National Twist Drill & Tool Co.

TABLA A3-8
Cálculos de velocidad y alimentación para fresadoras y otras herramientas rotatorias

Ft. por min	30	40	50	60	70	80	90	100	110	120	130	140	150
Diam. pulg	Revoluciones por minuto												
1/16	1833	2445	3056	3667	4278	4889	....	....	....	....	....	....	....
1/8	917	1222	1528	1833	2139	2445	2750	3056	3361	3667	3973	4278	4584
3/16	611	815	1019	1222	1426	1630	1833	2037	2241	2445	2648	2852	3056
1/4	458	611	764	917	1070	1222	1375	1528	1681	1833	1986	2139	2292
5/16	367	489	611	733	856	978	1100	1222	1345	1467	1589	1711	1833
3/8	306	407	509	611	713	815	917	1019	1120	1222	1324	1426	1528
7/16	262	349	437	524	611	698	786	873	960	1048	1135	1222	1310
1/2	229	306	382	458	535	611	688	764	840	917	993	1070	1146
5/8	183	244	306	367	428	489	550	611	672	733	794	856	917
3/4	153	204	255	306	357	407	458	509	560	611	662	713	764
7/8	131	175	218	262	306	349	393	437	480	524	568	611	655
1	115	153	191	229	267	306	344	382	420	458	497	535	573
1 1/8	102	136	170	204	238	272	306	340	373	407	441	475	509
1 1/4	91.7	122	153	183	214	244	275	306	336	367	397	428	458
1 3/8	83.3	111	139	167	194	222	250	278	306	333	361	389	417
1 1/2	76.4	102	127	153	178	204	229	255	280	306	331	357	382
1 5/8	70.5	94.0	118	141	165	188	212	235	259	282	306	329	353
1 3/4	65.5	87.3	109	131	153	175	196	218	240	262	284	306	327
1 7/8	61.1	81.5	102	122	143	163	183	204	224	244	265	285	306
2	57.3	76.4	95.5	115	134	153	172	191	210	229	248	267	287
2 1/4	50.9	67.9	84.9	102	119	136	153	170	187	204	221	238	255
2 1/2	45.8	61.1	76.4	91.7	107	122	138	153	168	183	199	214	229
2 3/4	41.7	55.6	69.5	83.3	97.2	111	125	139	153	167	181	194	208
3	38.2	50.9	63.7	76.4	89.1	102	115	127	140	153	166	178	191
3 1/4	35.3	47.0	58.8	70.5	82.3	94.0	106	118	129	141	153	165	176
3 1/2	32.7	43.7	54.6	65.5	76.4	87.3	98.2	109	120	131	142	153	164
3 3/4	30.6	40.7	50.9	61.1	71.3	81.5	91.7	102	112	122	132	143	153
4	28.7	38.2	47.7	57.3	66.8	76.4	85.9	95.5	105	115	124	134	143
4 1/2	25.5	34.0	42.4	50.9	59.4	67.9	76.4	84.9	93.4	102	110	119	127
5	22.9	30.6	38.2	45.8	53.5	61.1	68.8	76.4	84.0	91.7	99.3	107	115
5 1/2	20.8	27.8	34.7	41.7	48.6	55.6	62.5	69.5	76.4	83.3	90.3	97.2	104
6	19.1	25.5	31.8	38.2	44.6	50.9	57.3	63.7	70.0	76.4	82.8	89.1	95.5
6 1/2	17.6	23.5	29.4	35.3	41.1	47.0	52.9	58.8	64.6	70.5	76.4	82.3	88.2
7	16.4	21.8	27.3	32.7	38.2	43.7	49.1	54.6	60.0	65.5	70.9	76.4	81.9
7 1/2	15.3	20.4	25.5	30.6	35.7	40.7	45.8	50.9	56.0	61.1	66.2	71.3	76.4
8	14.3	19.1	23.9	28.7	33.4	38.2	43.0	47.7	52.5	57.3	62.1	66.8	71.6
8 1/2	13.5	18.0	22.5	27.0	31.5	36.0	40.4	44.9	49.4	53.9	58.4	62.9	67.4
9	12.7	17.0	21.2	25.5	29.7	34.0	38.2	42.4	46.7	50.9	55.2	59.4	63.6
9 1/2	12.1	16.1	20.1	24.1	28.2	32.2	36.2	40.2	44.2	48.3	52.3	56.3	60.3
10	11.5	15.3	19.1	22.9	26.7	30.6	34.4	38.2	42.0	45.8	49.7	53.5	57.3
11	10.4	13.9	17.4	20.8	24.3	27.8	31.3	34.7	38.2	41.7	45.1	48.6	52.1
12	9.5	12.7	15.9	19.1	22.3	25.5	28.6	31.8	35.0	38.2	41.4	44.6	47.8

Fuente: National Twist Drill & Tool Co.

TABLA A3-9
Tabla de velocidades de corte para tamaños fraccionales

Para encontrar	Cuando se tiene	Fórmula
Superficie (o periferia) Velocidad en pies por minuto = VPM	Diámetro de herram. en pulg = D y revoluciones por min = RPM	$VPM = \frac{D \times 3.1416 \times RPM}{12}$
Revoluciones por minuto = RPM	Velocidad de superficie en pies por minuto = VPM y Diámetro de herramienta en pulgadas = D	$RPM = \frac{VPM \times 12}{D \times 3.1416}$
Alimentación por revolución en pulgadas = AR	Alimentación en pulgadas por minuto = AM y Revoluciones por minuto = RPM	$AR = \frac{AM}{RPM}$
Alimentación en pulgadas por minuto = AM	Alimentación por revolución en pulgadas = AR y Revoluciones por minuto = RPM	$AM = AR \times RPM$
Número de dientes de corte por minuto = TM	Número de dientes en herramienta = T y Alimentación por revolución en pulgadas = AR	$TM = T \times RPM$
Alimentación por diente = AT	Número de dientes en herramienta = T y Alimentación por revolución en pulgadas = AR	$AT = \frac{AR}{T}$
Alimentación por diente = AT	Número de dientes en herramienta = T Alimentación en pulgadas por minuto = AM y Alimentación por revolución en pulgadas = AR	$AT = \frac{AM}{T \times RPM}$

Fuente: National Twist & Drill Co.

TABLA A3-10

PESOS DE BARRAS DE ACERO Y LATÓN

ACERO — Los valores se refieren a acero trabajado en caliente con 0.50% de carbono. Una pulgada cúbica pesa 0.2833 lb. El acero de alta velocidad es 10% más pesado.

LATÓN — Una pulgada cúbica pesa 0.3074 lb.

El peso real de los materiales puede diferir algo de estas cifras debido a variaciones en los procesos de manufactura.

Tamaño (pulg)	Peso en (libras)* de una barra de 1 pie (30 cm) de largo					
	Acero			Latón		
	○	□	⬡	○	□	⬡
1/16	.0104	.013	.0115	.0113	.0144	.0125
1/8	.042	.05	.046	.045	.058	.050
3/16	.09	.12	.10	.102	.130	.112
1/4	.17	.21	.19	.18	.23	.20
5/16	.26	.33	.29	.28	.36	.31
3/8	.38	.48	.42	.41	.52	.45
7/16	.51	.65	.56	.55	.71	.61
1/2	.67	.85	.74	.72	.92	.80
9/16	.85	1.08	.94	.92	1.17	1.01
5/8	1.04	1.33	1.15	1.13	1.44	1.25
11/16	1.27	1.61	1.40	1.37	1.74	1.51
3/4	1.50	1.92	1.66	1.63	2.07	1.80
13/16	1.76	2.24	1.94	1.91	2.43	2.11
7/8	2.04	2.60	2.25	2.22	2.82	2.45
15/16	2.35	2.99	2.59	2.55	3.24	2.81
1	2.67	3.40	2.94	2.90	3.69	3.19
1 1/16	3.01	3.84	3.32	3.27	4.16	3.61
1 1/8	3.38	4.30	3.73	3.67	4.67	4.04
1 3/16	3.77	4.80	4.16	4.08	5.20	4.51
1 1/4	4.17	5.31	4.60	4.53	5.76	4.99
1 5/16	4.60	5.86	5.07	4.99	6.35	5.50
1 3/8	5.04	6.43	5.56	5.48	6.97	6.04
1 7/16	5.52	7.03	6.08	5.99	7.62	6.60
1 1/2	6.01	7.65	6.63	6.52	8.30	7.19
1 9/16	6.52	8.30	7.19	7.07	9.01	7.80
1 5/8	7.05	8.98	7.77	7.65	9.74	8.44
1 11/16	7.60	9.68	8.38	8.25	10.51	9.10
1 3/4	8.18	10.41	9.02	8.87	11.30	9.78
1 13/16	8.77	11.17	9.67	9.52	12.12	10.49
1 7/8	9.39	11.95	10.35	10.19	12.97	11.24
1 15/16	10.02	12.76	11.05	10.88	13.85	12.00
2	10.68	13.60	11.78	11.59	14.76	12.78
2 1/16	11.36	14.46	12.53	12.33	15.69	13.60
2 1/8	12.06	15.35	13.30	13.08	16.66	14.42
2 3/16	12.78	16.27	14.09	13.87	17.65	15.29
2 1/4	13.52	17.22	14.91	14.67	18.68	16.17
2 5/16	14.28	18.19	15.75	15.50	19.73	17.09
2 3/8	15.06	19.18	16.62	16.34	20.81	18.02

Fuente: Brown & Sharpe Manufacturing Co.

*1 lb = 0.4536 kg.

TABLA A3-11
DESIGNACIONES ESTÁNDARES DE LOS ACEROS

Sistema SAE de designación numérica para aceros

Se usa un sistema de índices numéricos para identificar las composiciones de aceros SAE, lo cual hace posible utilizar números parcialmente descriptivos de los materiales designados. El primer dígito indica el tipo al cual pertenece el acero. El segundo, en el caso de aleaciones simples, por lo común indica el porcentaje aproximado del elemento de aleación predominante, y los dos o tres últimos dígitos indican el contenido medio de carbono en puntos, o centésimos de 1%. Así, 2340 indica un acero al níquel con alrededor de 3% de níquel (3.25 a 3.75) y 0.40% de carbono (0.35 a 0.45).

En algunos casos es necesario emplear el segundo y tercer dígito del número para identificar la composición de aleación aproximada de un acero. Un ejemplo de tal variante es la selección de números para aceros de alta velocidad y aleaciones resistentes a la corrosión y el calor. Por lo tanto, el número 71360 indica un acero al tungsteno con alrededor de 13% de tungsteno (12 a 15) y 0.60% de carbono (0.50 a 0.70).

Los números básicos correspondientes a los diversos tipos de aceros SAE se enumeran a continuación:

Tipo de acero	Designación básica (composición)
Aceros al carbono	1xxx
simples	10xx
de corte libre para tornillos	11xx
de corte libre al manganeso	X13xx
Aceros de alto manganeso	T13xx
Aceros al níquel	2xxx
0.50% Ni	20xx
1.50% Ni	21xx
3.50% Ni	23xx
5.00% Ni	25xx
Aceros al níquel-cromo	3xxx
1.25% Ni, 0.60% Cr	31xx
1.75% Ni, 1.00% Cr	32xx
3.50% Ni, 1.50% Cr	33xx
3.00% Ni, 0.80% Cr	34xx
resistentes a la corrosión y al calor	30xxx
Aceros al molibdeno	4xxx
cromo	41xx
cromo - níquel	43xx
níquel	46xx y 48xx
Aceros al cromo	5xxx
bajo contenido de cromo	51xx
mediano contenido de cromo	52xxx
resistentes a la corrosión y al calor	51xxx
Aceros al cromo - vanadio	6xxx
Aceros al tungsteno	7xxx y 7xxxx
Aceros al silicio - manganeso	9xxx

Fuente: Brown & Sharpe Manufacturing Co.

TABLA A3-12
Requerimientos de potencia

En tornos

Al trabajar metal en un torno se ejerce una fuerza hacia abajo sobre la herramienta de corte. Esa fuerza, llamada presión de viruta, depende del material, la forma y el filo de la herramienta, y del tamaño y forma de la viruta.

En el caso de condiciones promedio, una fórmula sencilla para esmar la fuerza de corte con la exactitud suficiente es:

$$P = CA$$

donde A = Área transversal de la viruta en pulgadas cuadradas, que es la profundidad de corte multiplicada por el avance del trabajo por revolución,
C = Constante que depende del material cortado, y
P = Presión de la viruta sobre la herramienta en libras.

Valores de la constante C

Material	**Constante C**
Acero	
baja aleación	270 000
alta aleación	350 000
alto carbono	340 000
mediano carbono	300 000
dulce	270 000
Hierro	
fundido, suave	132 000
forjado	198 000
maleable	170 000
Latón y bronce	110 000

La potencia en caballos (hp) se calcula como se indica a continuación:

$$HP = \frac{P \times S}{33\ 000}$$

donde HP = potencia necesaria para hacer girar la pieza contra la presión de la herramienta.

Ejemplo 2: Suponga que un acero SAE 4140 con tratamiento térmico da una resistencia a la tensión de 100 000 libras por pulgada cuadrada. La potencia necesaria para cortarla, cuando el resto de las condiciones se conservan como en el ejemplo 1, es:

$$HP = \frac{3.25 \times 100\ 000 \times \frac{3.14 \times 4}{12} \times 200}{33\ 000} = 7.8 \text{ como antes.}$$

Si se multiplica por 1.25 se obtienen los mismos 10 hp.

En fresadoras

Los valores aproximados que se aceptan en general para la herramienta de corte son 1 hp por 3/4 de pulgada cúbica de material cortado por minuto, se puede usar 1 pulgada cúbica para estimaciones rápidas. La potencia necesaria es:

$$HP = KdfNnw$$

donde d = profundidad del corte en plg;
f = avance por diente en plg;
HP = potencia necesaria para el corte;
K = constante que depende del material;
n = número de dientes de la fresa;
N = número de revoluciones por minuto de la fresa;
w = ancho del corte en pulgadas;

Para estimar la potencia, los valores aproximados de la constante K son:

MATERIAL	**CONSTANTE K**
Bakelita	0.2
Latón	0.4
Hierro fundido suave	0.5
Hierro fundido semiduro	0.7
Fierro fundido duro	1.0

P = presión sobre la herramienta en libras;

S = velocidad de corte en pies por minuto, igual a $\frac{3.14 \times D \times N}{12}$

donde D es el diámetro de la pieza trabajada y N son las revoluciones por minuto

Ejemplo 1: Determine la potencia necesaria para efectuar un corte de 1/4 plg de profundidad, con avance de 1/64 plg por revolución, en una barra de acero SAE 4140 de 4 plg de diámetro que gira 200 veces por minuto.

Solución: Con C = 325 000

$$P = 325\,000 \times \frac{1}{4} \times \frac{1}{16} = 1220 \text{ libras}$$

$$HP = \frac{1220 \times \frac{3.14 \times 4}{12} \times 200}{33000} = 7.8$$

Este resultado debe multiplicarse por 1.25 para tener en cuenta la eficiencia de la máquina. Por consiguiente,

$$HP = 7.8 \times 1.25 = 9.7 \text{ o } 10$$

Cuando se conoce la resistencia a la tensión del material torneado se puede emplear la siguiente fórmula para calcular la potencia necesaria para cortar el material:

$$HP = \frac{3.25\ ATS}{33\,000}$$

donde: A = área transversal de la viruta en pulgadas cuadradas y es igual al producto de la profundidad de corte y el avance por revolución.
HP = potencia necesaria para cortar el material
S = velocidad de corte en pies/minuto.
T = resistencia a la tensión

Acero:

120 Brinell	1.2
150 Brinell	1.4
175 Brinell	1.5
250 Brinell	1.7
300 Brinell	1.9
400 Brinell	2.0
500 Brinell	2.3
600 Brinell	2.5

Debe observarse que para un material dado y valores fijos de ancho de corte y número de dientes, la potencia variará con la profundidad del corte, el avance por diente y las revoluciones por minuto.

Ejemplo 3: Considere una ancho de corte de 2 plg, una profundidad de 1/8 plg y un avance de 0.004 plg por diente, ¿qué potencia se requerirá para fresar un acero de 250 Brinell con una herramienta de 3 pulgadas y 6 dientes, que gira a 600 rpm?

Solución: K = 1.7, de la tabla; d = 1/8 = 0.125 plg; f = 0.004 plg; n = 6; N = 600 rpm, y w = 2 plg;
Al sustituir estos valores en la fórmula, se obtiene:

$$HP = 1.7 \times 0.125 \times 0.004 \times 6 \times 600 \times 2 = 6.14$$

Si la máquina está impulsada por un motor de 5 hp se podrían reducir las revoluciones por minuto para ajustarse a la capacidad de la máquina, usando la fórmula: $N = \frac{HP}{Kdfnw}$ donde los símbolos tienen el mismo significado que antes.
Al sustituir los valores conocidos en esta fórmula, se tiene:

$$N = \frac{5}{1.7 \times 0.125 \times 0.004 \times 6 \times 2} = 490 \text{ (aprox.)}$$

No debe permitirse que la velocidad de la máquina se reduzca más de 50% del valor recomendado en la página 25, pues afectaría el desempeño de la cortadora. Si se emplean 490 rpm con una fresa de 3 plg se tendría una velocidad de corte:

$$S = \frac{3.14 \times 3 \times 490}{12} = 385 \text{ fpm (aprox.)}$$

Fuente: Vascoloy-Ramet Corp.

TABLA A3-13

Tiempos de espera y disponibilidad de máquinas para constantes de servicio seleccionadas *†

(Valores expresados como porcentaje del tiempo total, donde $T_1 + T_2 + T_3 = 100$ porciento)

n	(a) T_3	(a) T_1	(b) T_3	(b) T_1
k=0.001				
1	0.0	99.0	0.0	99.0
10	0.1	99.0	0.1	98.9
20	0.1	98.9	0.2	98.8
30	0.2	98.8	0.4	98.6
40			0.6	98.4
50			0.9	98.1
60			1.3	97.8
70			1.8	97.2
80			2.7	96.3
85			3.4	95.7
90			4.2	94.9
95			5.2	93.8
100			6.7	92.4
105			8.5	90.6
110			10.7	88.4
115			13.4	85.8
120			16.3	82.9
121			16.9	82.3
122			17.5	81.7
123			18.1	81.1
124			18.8	80.4
125			19.4	79.8
126			20.0	79.2
127			20.6	78.6
128			21.2	78.1
129			21.8	77.5
130			22.4	76.9
131			22.9	76.3
132			23.5	75.7
133			24.1	75.2
134			24.6	74.6
135			25.2	74.1
136			25.7	73.5
137			26.3	73.0
138			26.8	72.5

n	(a) T_3	(a) T_1	(b) T_3	(b) T_1
k = 0.001 (cont.)				
139			27.3	71.9
140			27.9	71.4
141			28.4	70.9
142			28.9	70.4
143			29.4	69.9
144			29.9	69.4
k = 0.002				
1	0.0	98.0	0.0	98.0
5	0.1	98.0	0.2	97.9
10	0.2	97.8	0.4	97.6
15	0.4	97.7	0.7	97.4
20	0.6	97.5	1.1	97.0
25	0.8	97.2	1.6	96.5
30	1.2	96.9	2.2	95.9
35			3.1	95.0
40			4.3	93.8
45			6.1	92.0
50			8.7	89.5
51			9.3	88.9
52			10.0	88.3
53			10.7	87.6
54			11.5	86.8
55			12.3	86.0
56			13.1	85.2
57			14.0	84.3
58			14.9	83.4
59			15.9	82.5
60			16.8	81.5
61			17.9	80.5
62			18.9	79.5
63			19.9	78.5
64			21.0	77.5
65			22.0	76.4
66			23.1	75.4

n	(a) T_3	(a) T_1	(b) T_3	(b) T_1
k = 0.002 (cont.)				
67			24.2	74.4
68			25.2	73.3
69			26.2	72.3
70			27.2	71.3
71			28.2	70.4
72			29.2	69.4
k = 0.003				
1	0.0	97.1	0.0	97.1
5	0.2	96.9	0.4	96.7
10	0.5	96.6	1.0	96.2
15	1.0	96.2	1.8	95.4
20	1.6	95.5	3.0	94.2
25	2.8	94.4	4.7	92.5
26	3.1	94.1	5.2	92.1
27	3.4	93.7	5.7	91.6
28	3.8	93.4	6.2	91.1
29	4.3	92.9	6.8	90.5
30	4.8	92.4	7.4	89.9
31			8.1	89.2
32			8.9	88.5
33			9.7	87.7
34			10.6	86.8
35			11.6	85.9
36			12.6	84.9
37			13.7	83.8
38			14.9	86.8
39			16.1	81.4
40			17.4	80.2
41			18.8	78.9
42			20.1	77.5
43			21.6	76.2
44			23.0	74.8
45			24.4	73.4
46			25.9	72

n	(a) T_3	(a) T_1	(b) T_3	(b) T_1
k = 0.003 (cont.)				
47			27.3	70.6
48			28.7	69.2
k = 0.004				
1	0.0	96.2	0.0	96.2
2	0.1	96.1	0.2	96.0
3	0.2	96	0.3	95.9
4	0.2	95.9	0.5	95.7
5	0.3	95.8	0.7	95.5
6	0.5	95.7	0.9	95.3
7	0.6	95.6	1.1	95.1
8	0.7	95.5	1.3	94.9
9	0.8	95.4	1.5	94.7
10	1.0	95.2	1.8	94.4
11	1.1	95.1	2.1	94.1
12	1.3	94.9	2.4	93.8
13	1.5	94.7	2.8	93.5
14	1.8	94.5	3.2	93.1
15	2.0	94.2	3.6	92.7
16	2.3	94.0	4.0	92.3
17	2.6	93.6	4.5	91.8
18	3.0	93.3	5.1	91.3
19	3.4	92.9	5.7	90.7
20	3.9	92.4	6.4	90.0
21	4.5	91.8	7.1	89.3
22	5.2	91.2	8.0	88.5
23	6.0	90.4	8.9	87.6
24	6.8	89.6	9.9	86.7
25	7.9	88.6	11.0	85.6
26	9.0	87.5	12.2	84.5
27	10.4	86.2	13.4	83.2
28	11.9	84.7	14.8	81.9
29	13.6	83.0	16.3	80.5
30	15.5	81.3	17.9	79.0
31			19.6	77.4

* En todas las tablas se suponen solicitudes de servicio al azar. La columna (a) es para tiempo de servicio constante y la columna (b) para una distribución exponencial de tiempos de servicio. Se espera que los valores faltantes en la columna (a) puedan obtenerse por aproximación en un futuro cercano.

† Cuando no figuran datos en la columna quiere decir que no se disponía de las cifras.

	(a)		(b)	
n	T_3	T_1	T_3	T_1
k = 0.04 (cont.)				
32			21.3	75.7
33			23.0	74.0
34			24.8	72.3
35			26.6	70.6
36			28.4	68.9
37			30.1	67.2
k = 0.05				
1	0.0	95.2	0.0	95.2
2	0.1	95.1	0.2	95.0
3	0.2	95.0	0.5	94.8
4	0.4	94.9	0.7	94.5
5	0.5	94.7	1.0	94.3
6	0.7	94.6	1.4	94.0
7	0.9	94.4	1.7	93.6
8	1.1	94.2	2.1	93.3
9	1.4	93.9	2.5	92.9
10	1.6	93.7	3.0	92.4
11	2.0	93.4	3.5	91.9
12	2.3	93.0	4.1	91.4
13	2.7	92.6	4.7	90.8
14	3.2	92.2	5.4	90.1
15	3.8	91.7	6.2	89.3
16	4.4	91.0	7.1	88.5
17	5.2	90.3	8.1	87.6
18	6.1	89.5	9.1	86.5
19	7.1	88.5	10.4	85.4
20	8.4	87.3	11.7	84.1
21	9.8	85.9	13.1	82.7
22	11.5	84.3	14.7	81.2
23	13.4	82.5	16.5	79.6
24	15.5	80.5	18.3	77.8
25	17.8	78.2	20.2	76.0
26	20.3	75.9	22.2	74.1
27	22.8	73.6	24.3	72.1
28	25.3	71.2	26.4	70.1
29	27.9	68.8	28.5	68.1
k = 0.06				
1	0.0	94.3	0.0	94.3
2	0.2	94.2	0.3	94.0
3	0.4	94.0	0.7	93.7
4	0.6	93.8	1.1	93.3
5	0.8	93.6	1.5	92.9
6	1.1	93.3	2.0	92.5
7	1.4	93.1	2.5	92.0

	(a)		(b)	
n	T_3	T_1	T_3	T_1
k = 0.06 (cont.)				
8	1.7	92.7	3.1	91.4
9	2.1	92.4	3.7	90.8
10	2.6	91.9	4.5	90.1
11	3.1	91.4	5.3	89.4
12	3.8	90.8	6.2	88.5
13	4.5	90.1	7.3	87.5
14	5.4	89.2	8.4	86.4
15	6.5	88.2	9.7	85.2
16	7.8	87.0	11.2	83.8
17	9.3	85.6	12.8	82.3
18	11.1	83.9	14.6	80.6
19	13.2	81.9	16.5	78.8
20	15.6	79.7	18.6	76.8
21			20.8	74.7
22			23.1	72.5
23			25.5	70.3
24			27.9	68.0
25			30.3	65.8
k = 0.07				
1	0.0	93.5	0.0	93.5
2	0.2	93.2	0.4	93.1
3	0.5	93.0	0.9	92.6
4	0.8	92.7	1.4	92.1
5	1.1	92.4	2.0	91.6
6	1.5	92.1	2.7	91.0
7	1.9	91.7	3.4	90.3
8	2.4	91.2	4.3	89.5
9	3.1	90.6	5.2	88.6
10	3.8	89.9	6.3	87.6
11	4.7	89.1	7.5	86.4
12	5.7	88.1	8.9	85.1
13	7.0	86.9	10.4	83.7
14	8.6	85.4	12.2	82.1
15	10.4	83.7	14.1	80.3
16	12.6	81.6	16.2	78.3
17	15.2	79.3	18.5	76.2
18	18.1	76.6	21.0	73.9
19	21.1	73.7	23.5	71.5
20	24.4	70.7	26.2	69.0
21			28.9	66.5
k = 0.08				
1	0.0	92.6	0.0	92.6
2	0.3	92.3	0.5	92.1
3	0.6	92.0	1.2	91.5

	(a)		(b)	
n	T_3	T_1	T_3	T_1
k = 0.08 (cont.)				
4	1.0	91.7	1.9	90.9
5	1.4	91.2	2.7	90.1
6	2.0	90.8	3.5	89.3
7	2.6	90.2	4.5	88.4
8	3.4	89.5	5.7	87.3
9	4.3	88.6	7.0	86.1
10	5.4	87.6	8.5	84.8
11	6.7	86.4	10.1	83.2
12	8.4	84.8	12.0	81.4
13	10.4	83.0	14.2	79.5
14	12.8	80.8	16.5	77.3
15	15.6	78.2	19.0	75.0
16	18.8	75.2	21.8	72.4
17	22.2	72.0	24.6	69.8
18	25.7	68.8	27.6	67.1
19	28.2	66.5	30.5	64.4
k = 0.09				
1	0.0	91.5	0.0	91.7
2	0.4	91.4	0.7	91.1
3	0.8	91.0	1.4	90.4
4	1.3	90.6	2.3	89.6
5	1.9	90.0	3.3	88.7
6	2.6	89.4	4.5	87.7
7	3.4	88.6	5.8	86.5
8	4.5	87.6	7.3	85.1
9	5.7	86.5	9.0	83.5
10	7.3	85.0	10.9	81.7
11	9.3	83.2	13.1	79.7
12	11.7	81.0	15.6	77.5
13	14.5	78.4	18.3	75.0
14	17.8	75.4	21.2	72.3
15	21.5	72.0	24.2	69.5
16	25.3	68.5	27.4	66.6
17	29.2	65.0	30.6	63.7
k = 0.10				
1	0.0	90.9	0.0	90.9
2	0.4	90.5	0.8	90.2
3	1.0	90.0	1.8	89.3
4	1.6	89.5	2.8	88.3
5	2.3	88.8	4.1	87.2
6	2.2	88.0	5.5	85.9
7	4.4	86.9	7.1	84.4
8	5.8	85.7	9.0	82.7
9	7.5	84.1	11.2	80.8

	(a)		(b)	
n	T_3	T_1	T_3	T_1
k = 0.10 (cont.)				
10	9.7	82.1	13.6	78.5
11	12.4	79.8	16.3	76.1
12	15.6	76.8	19.3	73.4
13	19.2	73.4	22.5	70.4
14	23.3	69.8	25.9	67.4
15	27.4	66.0	29.4	64.2
16	31.5	62.0		
k = 0.15				
1	0.0	87.0	0.0	87.0
2	0.9	86.2	1.7	85.5
3	2.1	85.1	3.6	83.8
4	3.9	83.8	6.0	81.8
5	5.5	82.2	8.7	79.4
6	8.0	80.0	11.8	76.7
7	11.2	72.2	15.4	73.5
8	15.2	73.7	19.5	70.0
9	20.1	69.5	23.8	66.2
10	25.5	64.8	28.4	62.3
11	31.0	60.0		
k = 0.20				
1	0.0	83.3	0.0	83.3
2	1.5	82.0	2.7	81.1
3	3.6	80.4	5.9	78.4
4	6.3	78.1	9.8	75.2
5	10.0	75.0	14.2	71.5
6	14.7	71.1	19.2	67.4
7	20.6	66.2	24.6	62.8
8	27.3	60.6	30.3	58.1
9	32.6	56.1		
k = 0.30				
1	0.0	76.9	0.0	76.9
2	3.0	74.6	5.1	73.0
3	7.4	71.3	11.1	68.4
4	13.3	66.7	18.0	63.1
5	21.1	60.7	25.4	57.4
6	29.9	53.9	33.0	51.6
k = 0.40				
1	0.0	71.4	0.0	71.4
2	4.8	68.0	7.5	66.0
3	11.8	63.0	16.3	59.8
4	21.2	56.3	25.6	53.1
5	31.9	48.6	34.9	46.5

TABLA A3-14

Tabla de conversión al sistema métrico*

La siguiente tabla presenta las equivalencias para la conversión de unidades del sistema inglés, usuales aún en la ingeniería mecánica e industrial, a las unidades métricas SI y técnicas. Las cantidades expresadas en la columna A se convierten en las cantidades expresadas en la columna B al multiplicarlas por el "factor". Para obtener la conversión inversa (de B a A) se divide entre el factor.

A	Factor	B
LONGITUD		
milipulgada (mil)	**0.0254**	milímetro (mm)
pulgada (pulg) (in)	**25.4**	milímetro (mm)
pie (pie) (ft)	**0.3048**	metro (m)
yarda (yd)	**0.9144**	metro (m)
milla (mi)	**1.6093**	kilómetro (km)
ÁREA		
pulgada cuadrada (pulg^2) (in^2)	**6.4516**	centímetro cuadrado (cm^2)
pies cuadrado (pie^2) (ft^2)	**0.02929**	metro cuadrado (m^2)
VOLUMEN		
pulgada cúbica (pulg^3) (in^3)	**16.3870**	centímetro cúbico (cm^3)
pie cúbico (pie^3) (ft^3)	**0.0283**	metro cúbico (m^3)
galón (gal)	**3.7854**	litro (l)
MASA		
onza (oz)	**28.35**	gramo (g)
libra (lb)	**0.4536**	kilogramo (kg
tonelada (ton)	**0.9072**	tonelada métrica (t)
FUERZA, PESO		
libra fuerza (lbf)	**0.4536**	kilogramo fuerza (kgf)
	4.4482	newton (N)
PRESIÓN, ESFUERZO		
libra fuerza por pulgada cuadrada (psi)	**0.0703**	kg fza. por cm cuadrado (kgf/cm^2)
	6.8947	kilopascal (kPa)
TRABAJO, ENERGÍA		
pie-libra fuerza (pie-lbf)	**1.3558**	joule (J)
POTENCIA		
Caballo (hp)	**0.7460**	kilowatt (kW)
CALOR		
unidad térmica británica (Btu)	**0.2520**	kilocaloría (kcal)
	1.0550	kilojoule (kJ)
TEMPERATURA		
t(°F) = temperatura en grados Farenheit		$t(°F) = \dfrac{t(°F) - 32}{1.8}$
t(°C) = temperatura en grados Celsius		$t(°C) = 1.8\, t(°C) + 32$

* Tabla resumida con permiso de F. Paniagua, Las unidades SI y otros sistemas, EDITEC (1986), Apartado Postal 30-488, México D. F.

APÉNDICE 4

NORMA MILITAR MIL-STD-1567A

5.1.1 *Sistemas de tiempos predeterminados.* No es la intención de este estándar militar desafiar la exactitud de aquellos sistemas predeterminados cuya exactitud inherente cumple con los requerimientos del párrafo 5.1. Sin embargo, cuando se usa un sistema de tiempos predeterminados, será de la incumbencia del contratista mostrar al Gobierno que la exactitud de la base de datos original no se ha comprometido en la aplicación o desarrollo de los estándares.

5.2 *Análisis de la operación.* El análisis de la operación se considera parte integral del desarrollo de un estándar de mano de obra de Tipo I (Type I Engineered Labor Standard). Debe realizarse y registrarse un análisis operativo antes de determinar un estándar de Tipo I; y para el mejoramiento de estándares de mano de obra establecidos.

5.3 *Datos de estándares.* El contratista aprovechará por completo los datos de tiempos estándares disponibles de conocida exactitud y fundamentación.

5.4 *Cobertura de estándares de mano de obra.* El contratista desarrollará e implantará un plan de cobertura de medición de trabajo que proporcione un programa basado en el tiempo para alcanzar una cobertura de 80% de todas las categorías de horas de aplicación de mano de obra de toque *(touch labor)* con estándares de Tipo I (vea 3.9, Mano de obra de toque).

5.4.1 *Análisis de trueque en costos.* El plan de cobertura de medición de trabajo estará basado en los análisis de trueque en los costos que consideren el estado y la efectividad del programa de medición de trabajo existente del contratista.

5.4.2 *Cobertura inicial.* Los estándares de Tipo II son aceptables para la cobertura inicial. Todos los estándares de este tipo serán aprobados por la (o las) organización(es) encargadas de establecer e implantar estándares de medición de trabajo y estimar cuándo los estándares de Tipo I no se han desarrollado.

5.4.3 *Actualización.* El plan de cobertura de mano de obra de toque en la medición de trabajo, debe proporcionar un programa para actualizar los estándares de Tipo I a II.

5.5 *Nivelación/Calificación del desempeño.* Todos los estudios de tiempos deben calificarse mediante técnicas reconocidas.

5.6 *Suplementos.* Los suplementos por demoras personales, fatiga y demoras inevitables se desarrollarán e incluirán como parte del estándar de mano de obra. Las tolerancias no deben ser excesivas o inconsistentes con las que se admiten normalmente para trabajos y condiciones similares.

5.7 *Estimación.* Los procedimientos del contratista deben describir cómo se utilizan los estándares de mano de obra de toque para desarrollar propuestas de precios.

5.8 *Uso de estándares de mano de obra.* Tales estándares laborales se deben utilizar en los siguientes casos.

5.8.1 *Presupuestos, planes y programas.* Como entrada para desarrollar presupuestos, planes y programas, cuando estén disponibles.

5.8.2 *Horas de trabajo de toque.* Como base para estimar las horas de trabajo de toque cuando se emiten cambios en los contratos y como base para estimar los precios de partes iniciales y de reabastecimiento, y para el seguimiento de compras para producción, cuando estén disponibles.

5.8.3 *Medición del desempeño.* Como base para medir el desempeño de mano de obra de toque.

5.9 *Factor de realización.* Cuando se modifican los estándares de mano de obra por factores de realización, deben identificarse los elementos principales que contribuyen al factor total. El análisis que apoya a cada elemento estará disponible para revisiones por parte del gobierno.

5.10 *Eficiencia de mano de obra.* Debe usarse un pronóstico de la eficiencia laboral en la planeación de personal o fuerza de trabajo en la programación a largo plazo y actual.

5.11 *Revisiones.* Los estándares de mano de obra deben revisarse en cuanto a exactitud y la revisión adecuada de los datos del sistema, cuando ocurran cambios en:

a. Métodos o procedimientos
b. Herramientas, plantillas y montajes
c. Distribución del lugar de trabajo y de la planta
d. Materiales especificados
e. Contenido de trabajo de la tarea

5.12 *Conteo de la producción.* Las unidades de trabajo tendrán una definición clara y discreta de modo que originen mediciones exactas del trabajo terminado y se expresarán en términos de la terminación de:

a. Artículos finales
b. Operaciones
c. Lotes o grupos definidos de artículos finales

5.12.1 *Crédito parcial.* En los casos en que es adecuado el crédito de producción parcial, los procedimientos de medición del trabajo definirán el método a utilizar para permitir una medida de la producción oportuna y actual.

5.13 *Reporte del desempeño laboral.* El programa de medición de trabajo del contratista debe proporcionar un informe periódico del desempeño en el trabajo. El informe se elaborará por lo menos cada semana para cada centro de trabajo y se resumirá para todos los niveles de administración adecuados; indicará la eficiencia laboral, y comparará los resultados actuales con las metas preestablecidas del contratista. (Cuando se requiera entregar este informe, vea 6.2.)

5.13.1 *Análisis de variaciones.* Los informes de desempeño laboral serán revisados por los funcionarios de supervisión y apoyo de personal. Cuando ocurre una desviación significativa respecto a las metas de desempeño proyectadas, debe prepararse un análisis formal por escrito que mencione las causas y las acciones correctivas.

5.13.2 *Conservación de informes.* Los informes de desempeño y los análisis de tendencia de variaciones relacionados deben conservarse por un periodo de seis meses.

5.14 *Auditoría de sistema.* El contratista usará un proceso de revisión interna para vigilar el sistema de medición de trabajo. Este proceso se diseñará de modo que se identifiquen los puntos débiles o fallas del sistema y se expongan a la administración para permitir la acción correctiva oportuna. Los procedimientos escritos deben describir las técnicas de auditoría a utilizar en la evaluación de la conformidad del sistema.

5.14.1 *Alcance de la auditoría.* La auditoría cubrirá la conformidad con los requisitos de este estándar por lo menos cada año. La auditoría, basada en una muestra representativa de todos los estándares de mano de obra activos y las actividades de medición del trabajo, determinará:

a. La validez del método prescrito y la exactitud de los valores de tiempo estándar de mano de obra, como validados contra la línea base de datos.
b. El porcentaje de cobertura de los estándares de mano de obra de Tipos I y II.
c. La efectividad del uso de estándares de mano de obra para la planeación, estimación, presupuestación y programación.
d. La oportunidad, exactitud y verificabilidad del informe de conteo de producción.
e. La exactitud de los informes de desempeño en el trabajo.
f. Lo razonable y factibles de logro de las metas de eficiencia establecidas.
g. La efectividad de las acciones correctivas que resulten del análisis de variaciones.

5.14.2 *Reportes de auditoría.* Debe conservarse una copia del resultado de auditoría en los archivos de la empresa por lo menos dos años y estará a disposición del representante designado del gobierno para su revisión según se requiera.

6. NOTAS

6.1 *Uso proyectado.* Este estándar tiene el propósito de promover la adquisición efectiva en costo de sistemas y equipo al requerir el uso de medición del trabajo para aumentar la productividad y la eficiencia.

6.2 *Requerimiento de datos.* Los siguientes requerimientos de datos deben considerarse cuando este estándar se aplica a un contrato. Las descripciones de elementos de datos (DID: *Data Item Descriptions*) aplicables deben revisarse junto con la adquisición específica a fin de asegurar que sólo se requieren o proporcionan los datos esenciales, y que las DID se diseñan para reflejar los requisitos de la adquisición específica. A fin de asegurar las aplicaciones contractuales correctas de los requerimientos de datos, las listas de requerimientos de datos de los contratistas (*Contract Data Requirements Lists*, DD 1423), deben prepararse para obtener los datos, excepto cuando el DoD FAR Supplement 27.410-6 exima el requerimiento para un DD 1423.

Párrafo Núm.	Título de requerimiento de datos	Número de DID aplicable
5.13	Informe de desempeño laboral de medición del trabajo	DI-MISC-80295

ÍNDICE

(e = ejemplo, f = figura, t = tabla)

Acción repetitiva, 209
Accu-Sort Systems, 97
Aceleración del trabajo, 12
Ácido láctico, 146; *vea también* Gasto de energía
Aclimatarse, 244-246
Acoplamiento de máquinas, 37-38
Actitud del sindicato hacia incentivos, 616-617
Activador primario, 119; *vea también* Sistema óseomuscular
Actividad primordial de vida, 306
Actualización personal, 645
Acuerdo facilitador, 652
ADA (Americans with Disabilities Act). 15, 17t, 175, 306-308
Adapatabilidad de la estación de trabajo, 178-183
Administración de la calidad total (TQM), 658
Administración médica, 270
Adormilado, 202
Afirmaciones de condición-acción, 277
AFL-CIO Collective Bargaining Report, 616-617
Agarrar (therblig), 141t, 145f
Agarre
- con contracción, 171, 205-206
- con fuerza, 158, 171, 205-206
- de precisión, 171, 205-206
- de precisión externa, 206
- de precisión interna, 205
- alcance del, 211-212

Agonista, 119
Aire acondicionado, 246
Ajuste a la dificultad del trabajo, 369
Ajuste burdo, 193
Ajuste de la estación de trabajo, 178–183; *vea también* Diseño del lugar de trabajo
Ajuste fino, 193
Ajustes especiales, 307
Alabar/criticar, 646, 647
Alcanzar (MTM), 471
Alcanzar (therblig), 141t, 145f, 186
ALDEP, 105-106
Almacén, 89, 92f
Almacenamiento de calor, 242
Altura, 174t
Altura de la superficie de trabajo, 177–179
Altura del codo, 177; *vea también* Diseño del lugar de trabajo
Altura popliteal, 182
American Management Association, 13, 17t
American Meat Institute, 633
American National Standards Institute (ANSI), 17t, 251, 658
American Society for Quality Control (ASQC), 658
American Society of Mechanical Engineers (ASME), 9, 13
Americans with Disabilities Act (ADA), 15, 17t, 175, 306-308
Ampliación del trabajo, 624, 644
Análisis; *vea también* Diagramas; Listas de verificación; Guías
- análisis/evaluación del trabajo, 296-306
- balanceo de líneas, 45-53
- calificación, 369-371
- costo-beneficio, 279-283
- decisión económica, 289-292
- distribución de planta, 98-106
- ingeniería del valor, 279-282
- levantamientos según NIOSH, 156-163
- MacroMotion, 489-502
- MOST, 492-498
- movimiento, 140-144
- MTM, 469-492
- operación, 58-112
- planeación de distribución sistemática de Muther, 99-102
- punto de cruce (equilibrio), 284-286, 589-590
- tablas de acción ante peligro, 278-279
- toma de decisiones con criterios múltiples, 280-289
- videocinta, 140

Análisis con películas; *vea* Videocintas
Análisis costo-beneficio, 279-283
Análisis cuadro por cuadro, 324, 471
Análisis de macromovimientos, 498-502
Análisis de métodos; *vea* Ingeniería de métodos
Análisis de operación, 5-7, 21, 58-112, 550
- definición, 5-7, 58
- diseños de costo mínimo, 64t
- distribución de planta, 98-106
- inspección, 67-69
- introducción al, 58-60, 61t
- lista de verificación, 108-111f
- manejo de materiales, 87-98
- materiales, 69-74
- preguntas, 59-60, 61t
- preparación y herramientas, 81-87
- procedimientos, 58-61
- propósito de operación, 60-62
- secuencia de manufactura, 74-81
- simplificación, 58, 65, 66
- tolerancia y especificación, 66-69

Análisis de Pareto (regla 80-20), 20, 21, 22, 53, 81, 280
Análisis de redes, 23, 25, 26f
Análisis de riesgo de DTA, 203-205, 281e, 396
Análisis de ruido, 237-238
Análisis de trabajo, 296-297, 298f

Análisis del lugar de trabajo, 269–270
Análisis transaccional, 646-649, 652
alabanza/crítica, 646, 647
estados del ego, 646
juegos, 646
transacciones, 646-648
Ancho de trazo, 191
Ángulo de corte, 87
Ángulo visual, 191-192, 226, 394
ANSI (American National Standards Institute), 17t, 251, 658
ANSI Z-365 Standard for Control of Work-Related Cumulative Trauma Disorders, 17t
ANSI/HFS 100-199 Standard for Human Factors Engineering of Visual Display Terminal
Workstations, 17t, 192
Antagonista, 119
Antropometría, 171-177
dimensiones del cuerpo, 174t
diseño ajustable, 175, 218
diseño de asientos en sala de capacitación, 176e
diseño para los extremos, 173-175
diseño para el promedio, 175
percentiles, 172-173
Aplicación física en la calificación, 365
Aplicar presión, 481
Aprendizaje en el trabajo, 632
Aptitud
impacto en la evaluación del trabajo, 301-303
tabla de calificación para Westinghouse, 361t
Arbetsgrupper (grupos de trabajo), 644
Área
de corte transversal, músculo, 126
de la superficie de trabajo, 184–185
de trabajo máxima, 184-185
de trabajo normal, 184, 185f
Aritmética mental, 395
Arreglo de componentes, 187-188
Asignación de puntos, ganancias compartidas, 614
ASME (American Society of Mechanical Engineers), 9, 13
ASQC (American Society of Quality Control), 658
ATP (trifosfato de adenosina), 144, 146-147
Auditoría de estándares, 574
Automatización, 97, 144, 543, 589, 658-660
Autobservación, 534-536
Ayoub Achtevement Award, 14

Babbage, Charles, 9, 13t
Balance de calor, 242, 244
Balanceo
de herramientas, 217
de la fuerza de trabajo, 581-582
de la línea de producción; *vea* Balanceo de líneas
de líneas de ensamble: *vea* Balanceo de líneas
Balanceo de líneas, 20, 45-53
diagrama de precedencias, 49-50
eficiencia, 45
matriz de precedencias, 50-51
número de operarios, 46-47
peso de posición, 50-51
restricciones de zona, 50
tiempo ocioso, 45, 52
Banco, 183-184
Banco para sentarse/pararse, 183, 184f
Bandas de octava, 236f, 240, 241t
Barnes, Ralph M., 16t
Barras de reacción, 217
Barrenar, 285e
Barrenos
datos de estándares, 412-415, 425, 427f
de potencia, 209
de prensa, 285e
punta de carburo de tungsteno, 87
velocidades, 412-415
Barth, Carl G., 10, 11-12
BEND y ARISE, movimientos (MTM), 481
Berne; *vea* Análisis transaccional
Bethlehem Steel Company, 9
Betriebsrat (consejo de trabajo), 643
Bíceps, 119, 207; *vea también* Sistema óseomuscular
Bihopal, India, 13
Binomial
aproximación a la normal, 514-518e
distribución, 513, 519
expansión, 43
teorema, 513
Biomecánica; 289f, *vea también* Fuerzas de compresión en la espalda baja
Balance de brigadas, 544-545; *vea también* Trabajo por turnos; Turnos
Brandeis, Louis, 10
Brillantez para ver, 191, 225, 232; *vea también* Iluminación
British Admiralty, 12
British Industrial Fatigue Board, 12
Broquioradial, 119; vea también Sistema óseomuscular
Bursitis, 199
Buscar (therblig), 141t. 146f, 185, 186

CAD/CAM, 658-660
Cajas (MTM), 478
Calidad total (TQ), 656-658
Calificación
contra reloj, 368
de méritos, 604, 654
de objetivos, 368-369
de relaciones, 100-102
de trabajos, 644
de velocidad, 356, 367-368
del paso (objetivo), 368-369
del reparto de cartas, 328, 357, 367-368
sintética, 366-367
Calificación del desempeño (C), 328, 341-343, 356-378, 533-534, 545, 633
análisis de, 369-371
aplicación de la curva de aprendizaje, 633-639
calificación de objetivo, 368-369
calificación en la estación de trabajo, 359
calificación de velocidad, 356, 367-368
calificación sintética, 366-367
capacitación para, 372-377
características de calificaciones razonables, 356-360
desempeño normal, 356-358, 367, 469
elementos de calificación contra estudio global, 360
por observación, 368
seguimiento, 575-576
selección del operario, 360

Calificación del desempeño (C), *cont.*
sistema Westinghouse, 361-366, 471
Calificación del desempeño del operario; *vea* Calificación del desempeño
Calificador
amplio, 374, 377f
conservador, 374, 376, 377f
estrecho, 374, 377f
Cámara de análisis de actividad aleatoria, 530
Cámara de videograbación, 530
Cámara, videocinta, 530
Cambio de matriz en un minuto (SMED), 84, 656
Campo visual, 138, 191-192
Campo visual primario, 138
Canales para los dedos, 208
Candela, 225
Cansancio después del almuerzo, 253
Capacidad
de planta, determinada por estudio de tiempos, 580
de trabajo, 118
de trabajo máxima, 118; *vea también* Gasto de energía máximo
para congelar cuadros, 140, 324
Capacitación, 632-641
capacitación en el trabajo, 632
con películas y videograbaciones, 633
curva de aprendizaje, 633-639
de métodos, estándares y pago de salarios, 639-640
desarrollo de la creatividad, 640-641
en planta, 639-641
endurecimiento del trabajo, 633
instrucciones con dibujos, 632
instrucciones escritas, 632
motivación de los empleados, 641-645
para calificar el desempeño, 372-377
para estudio de tiempos, 328, 639-640
para muestreo del trabajo, 518-519
simuladores físicos, 633
Carga de trabajo
estática, 206
física, 118, 148–151
mental, 394
Caso Eastern Rate, 10
Catorce puntos de Deming, 657t
Causa asignable, 527, 528e
Centro de trabajo; *vea* Diseño del lugar de trabajo
Cíclico, elemento, 408
Ciclógrafo, 11
Ciclos de descanso en el trabajo, 118, 128–129
Ciclos en
balanceo de líneas, 50-52
curvas de aprendizaje, 633-639
estudio de muestreo del trabajo, 520-521
MTM-2, 475, 485
MTM-V, 493
relaciones hombre-máquina, 41-43
ritmos circadianos, 253-254
Cinturones de espalda, 165-66
Círculos de calidad, 20, 624, 643, 653
Citatorios, OSHA, 266-267
Clasificación de movimientos, 135-137
Clasificación de trabajos, 303-304
Clo, 247
CN (control numérico), 75, 84
CNC (control numérico por computadora), 75, 77f
Codificación
de la forma, 193
de operaciones, 193
redundante, 193
Códigos, 191-193
alfanumérico, 191-192
color, 191
de barras, 78, 95-97
de forma, 193
de luces indicadoras, 191
de tamaño, 193
de textura, 193
operativos, 193
redundantes, 193
Coeficiente de
fatiga, 385; *vea también* Suplementos
optimismo, 288
Colocación fuera de lugar, 193, 196f
Color, 232-234
código, 191
recomendaciones de seguridad, 261
rendimiento, 229
COMBIMAN, 173
Comparación de varios métodos, 578
Compartir y compartir por igual, 614
Compatibilidad, 196-197
Compatibilidad control-pantalla, 196
Compresión de tejidos, 207
COMPU-RATE, 322–323, 326f
Comunicaciones, 650-653
diádica, 651-652
grandes audiencias, 653
no verbal, 651
pequeños grupos, 652-653
uno a uno, 651-652
verbal, 651
Condiciones de trabajo; *vea* Diseño del entorno de trabajo
Conferencia de apertura, OSHA, 266
Configuración de herramientas, 215, 216f
Consejo de estudio de tiempos, 321, 323f, 326
Consistencia al calificar, 362, 363t
Construcción de datos de estándares de tiempo, 422-423
Construcción de una ventana, 592-596
Contadores, 191
Contenedores por gravedad, 186, 187f
Contracción
con las yemas, 206
de la palma, 206
de mandril, 206
estática, 204
lateral, 206
rítmica, datos de fuerza para, 129f
Contraste, 226, 394
Control de calidad, 66-69, 656-658
Control de producción, actividades departamentales, 1-4
Control de punto muerto, 195
Control estadístico de calidad, 66-69, 656-658
Control motriz, 130-137
clasificación de movimientos, 135-137
dos a la vez, 132, 133f
electromiogramas (EMG), 131
fatiga, 131
innervación recíproca, 132
movimientos balísticos, 132
movimientos curvos, 134-135

Control motriz, *cont.*
movimientos simétricos, 132
movimientos simultáneos, 132
pivoteo alrededor del codo, 135
principio de tamaño, 130
razón de innervación, 130
ritmo natural, 133-134
sistema nervioso central, 130
tarea de enrosque de Fitts, 136-137
trueque entre velocidad y exactitud, 132
unidad motriz, 130
Control numérico (CN), 75, 84
Control numérico computarizado (CNC), 75, 77f
Controles, 193-199; *vea también* Pantallas
ajuste de tiempo, 194, 198f
característica de punto muerto, 1
compatibilidad, 196
efecto de intervalo, 195
espacio muerto, 196
humedad viscosa, 196
razón control-respuesta, 193, 194, 198f
regla del tornillo derecho, 197-198
rendimiento, 196-197
resistencia, 193, 196f
retroalimentación, 197
sensibilidad, 193
tamaño, 193, 195f
tiempo de movimiento, 194
Convección, 242, 246
Convenciones para diagramas de flujo, 29f, 31; *vea también* Diagrama de proceso
CORELAP, 104, 106
Corridas, gráficas de control, 527
Cortes, 134
Cortes múltiples, 188
Cosquilleo, 202; *vea también* Desórdenes por trauma acumulado
Costeo, 586-596
costo de fabricación, 588-589f
costo de mano de obra, 588
costo de mano de obra directa, 586, 589-590f
costos directos de materiales, 586, 589-590f
costo estándar, 596
costo firme, 586
costo general, 588, 589f
costo primario, 586, 588e, 589f
ejemplo, 588e, 592-596e
gastos generales, 586
mano de obra indirecta, 588
variancia, 596
Costo de fábrica, 588, 593e
Costo total esperado (CTE), 42-44
Costos de mano de obra unitarios, 604, 607, 615e, 623
Costos generales, 586, 606
CP (fosfato de creatina), 145-147
CRAFT, 102-104, 106
CRANK, movimiento (MTM), 481
Criterio
de arrepentimiento, 288
de arrepentimiento minimax, 208
de arrepentimiento mínimo, 288
especulación, 287
pesimista, 287
Cronociclógrafo, 11
Cronómetro, 317, 321-322
electrónico, 321, 322f
electrónico computarizado, 321-324
en décimos de hora, 348-49
en décimos de minuto, 321-22f
CTE (costo total esperado), 42-44
Cubiertas del tendón, 202
Cuchillo, 205, 207, 208f, 209
Cuerpo humano, dimensiones del, 174t
Curva de aprendizaje, 633-639
ejemplo, 637e, 638e
factores que afectan, 638-639
retroceso, 637-638
tasa de aprendizaje (porcentaje), 634-635, 637
tiempo estándar, 636
teoría; 634-636
Curva en forma de campana, 172-173
Curvas de Blackwell, 226-227, 393-394, 395e
Curvas gráficas; *vea* Gráficas de curvas
Cybex, 123; *vea también* Fuerza muscular
Chalecos de enfriamiento, 246
Chi-cuadrada, 515-516

Data Myte, 321-322, 324-325f, 334-337, 522
Datos de estándares, 408-431, 545, 558-564
cálculo de tiempos elementales, 412e
computarizados, 427-429
construcción de ventana, 595e
curva de aprendizaje, 636-637
definición, 476
eficiencia, 409
gráficas de curvas, 420-422
mano de obra indirecta, 560,565
operaciones generales, 549-564
requerimiento de caballos de fuerza, 420
soldadura, 422-424
suplementos, 423, 426
tiempo de formado, 422-423
trabajo con fresadora, 417-420
trabajo con prensa, 425
trabajo con taladro, 409, 412-415, 425
trabajo con torno, 415-417
torno revólver, 423, 426
utilización, 422-429
Datos
análisis de, 27-53
establecimiento de estándares, 408-431
obtención y presentación, 27-39
Datos de fuerza
al empujar, 126t
al jalar, 126t
de levantamiento, 125t, 126t
dBA (decibel), 234-235
Decibel, 234-235
Dedo de disparo, 203
Dedo pálido, 203, 251; *vea también* Síndrome de Raynaud
Déficit de oxígeno, 147
Demora; *vea también* Suplementos
evitable (therblig), 398-399
inevitable (therblig), 396-400
por interferencia, 396-400
therbligs, 141t

Derecho o zurdo, fuerza muscular, 129-130
Desarmador, 87, 205, 214
Desarrollo de la creatividad, 640-641
Desarrollo de un análisis del trabajo, 7, 296-308
Desarrollo del método ideal, 6, 20, 21, 39-53, 58-112;
  vea también Análisis de la operación;
  Relaciones Trabajador-máquina
Descansabrazos, 182
Descansapies, 179, 182
Descanso para vencer la fatiga (therblig), 141t, 146f
Descripción del trabajo, 296-297, 300
Descriptor del tiempo transcurrido aleatorio, 328
Desempeño
  del operario, 341-343, 585-586, 607, 609, 621, 626, 745-747
  estándar; *vea* Desempeño normal
  normal, 318, 330, 343, 356-358, 367, 370, 469, *vea también* Paso normal
Desensamblar (therblig), 141t
Deshecho de gases, 263
Deshumidificación, 246
Desórdenes óseomusculares relacionados con el trabajo; *vea* Desórdenes por trauma acumulado
Desórdenes por trauma acumulado (DTA), 199-205
  bursitis, 199
  cubiertas del tendón, 202
  dedo de disparo, 203
  dedo pálido, 203
  factores que llevan a, 199
  ganglionitis, 199
  índice de riesgo de DTA, 203-205
  inflamación, 203
  isquemia, 208
  mapa de incomodidad del cuerpo, 203
  nervio medio, 202
  síndrome de Raynaud, 203
  síndrome del túnel de carpo, 199, 202, 207
  tendonitis, 199, 201, 203
  tenosinovitis, 199, 201
  vasoconstricción, 215
  vibración, 203, 205, 215
Despliegue del mapa, 197
Destreza para calificar, 364, 365t
Desviación radial, 201, 203
Desviación ulnar, 201
Determinación de metas, 394
Deuda de oxígeno, 147
Diádica, comunicación, 651-652
Diagrama de análisis del tiempo perdido, 382, 597-598
Diagramas; *vea* Gráficas
Diagrama de flujo del proceso, 20, 35-37, 53
  construcción de, 31-33
  ejemplos, 34f, 35f
  símbolos, 32f
Diagrama de flujo, 20, 35-37, 53
Diagrama de Gantt, 20, 22-24, 53, 582-584
Diagrama de la organización, 4
Diagrama de precedencias, 49-50
Diagrama de proceso bimanual, 140-144
  construcción de, 142-143
  ejemplo, 143f
Diagrama de proceso de la operación, 20, 27-31, 53
  construcción, 27-29
  convenciones en diagramas de flujo, 29f
  ejemplo, 30f
Diagrama de proceso de la operación, *cont.*
  símbolos, 27
Diagrama de proceso del operario (bimanual), 140-144
Diagrama de relación (rel), 99-101
Diagrama de relación de actividades, 100-101,103f
Diagrama de viaje (de-a), 99-100, 100f
Diagrama Simo, 140
Diagramas de alineación; *vea* Nomogramas
Diagramas de pescado (causa-efecto), 20-23, 23f, 53
Diagramas de proceso de grupos, 20, 39-41, 53
Diagramas de proceso
  bimanual, 140-144
  flujo, 31-35
  grupo, 39-41
  hombre-máquina, 37-41
  operación, 27-31
  operario, 140-144
  símbolos, 32-33
Diagramas PERT, 20, 23-27, 53
  holgura, 25
  red, 25-26
  ruta crítica, 25-27
Diagramas; *vea también* Formas
  análisis del tiempo perdido, 597-598
  bimanual, 140-144
  causa y efecto, 22-23
  control, 523-525
  cruce, 284-286, 589-590
  diagrama de flujo, 35-37
  diagrama de pescado, 22-23
  desde-hacia, 99-100
  flujo del proceso, 31-35
  Gantt, 22-24
  gráfica p, 527-529
  incomodidad del cuerpo, 203
  índice de riesgo en desorden por trauma acumulado (DTA), 204
  relación entre actividades, 100-101, 103f
  operario, 140-144
  procesos de grupo, 39-41
  Pareto, 21-22
  PERT, 23-27
  precedencia, 49-50
  proceso de la operación, 27-31
  proceso hombre-máquina, 37-41
  punto de equilibrio, 284-286, 589-590
  relación (rel), 99-100, 100f
  simo, 140
  viaje, 99, 100f
Diámetro de manija, 211
Diez pasos de Juran, 657t
Dimensiones del cuerpo humano, 174t
Disco desviado, 154
Disco herniado, 154
Discos vertebrales, 153-154, 180, 183
Diseño
  antropométrico, 173-177
  de costo mínimo, 64t
  de dispositivos, 62f, 82f, 190, 207, 284e
  de distribución de planta, 98-106
  de herramientas, 205-217
  de máquinas y equipo, 188-199
  de manejo de materiales, 87-98, 156-166
  de partes, 62-69
  de trabajo manual, 118-166

Diseño, *cont.*
de operaciones de manufactura, 74-87
del entorno de trabajo, 224-272
del lugar de trabajo, 171-199
para dos a la vez, 79
para el promedio, 175
para extremos, 173-175
para que sea ajustable, 175, 218
Diseño de equipo; *vea* Diseño de máquinas y equipo
Diseño de herramientas, 205-217
acción repetitiva, 209
agarre con fuerza, 171, 205-206
agarre de contracción, 171, 205-206
agarre de precisión, 171, 205-206
agarre de precisión interno, 205
broca, 209
canales para dedos, 208
carga estática, 206
compresión de tejidos, 207
contracción con las yemas, 206
contracción de la palma, 206
contracción lateral, 206
cuchillo, 205, 207, 208f, 209
desarmador, 205
disparadores, 209-210
espacio de agarre, 211-212
fatiga, 207
fuerza de agarre, 207, 208
fuerza de contracción, 213f
fuerza en los dedos, 210t, 211
herramientas automáticas, 214-217
mangos, 205, 207-208, 211-214, 224
mangos doblados, 207, 208f
martillo, 205
peso, 214
postura neutral, 207, 208
sexo, 208
sierra, 209
tipos de agarre, 205-206
zurdos, 209
Diseño de máquinas y equipo, 188-199
contadores, 191
controles, 193-199
cortes múltiples, 188
dispositivos, 190
lista de verificación, 200-201f
luces de advertencia, 191
luces indicadoras, 191
luces intermitentes, 191
palancas, 188, 189
perillas, 189
palancas, 188, 189
señaladores y escalas, 191
señales acústicas, 193
volantes, 188, 189
Diseño de partes, 62-66
Diseño de trabajo manual, 118-166
asignación de descansos, 118, 128-129
cinturones de espalda, 165-166
calificación de Borg del cansancio percibido (CCP) 151, 152f
calificación del cansancio percibido (CCP), 151, 152t
calificación subjetiva del cansancio percibido, 151, 152f
capacidad de trabajo, 118
Diseño de trabajo manual, *cont.*
capacidad de trabajo máxima, 118
carga de trabajo, 118, 148-151
control motriz, 130-137
dinámico, 118
distancia horizontal, 118, 156, 162
economía de movimiento, 118, 121-139
estudio de movimientos, 140-145
fuerza muscular, 123-126
fuerzas de compresión de la espalda baja, 151-156
gasto de energía, 144-149
gasto de energía máximo, 148
guía de levantamientos NIOSH, 156-163
intervalo de movimiento, 118, 120
levantamiento, 118, 125t, 126t, 156-164
lista de verificación de postura general, 165f
lista de verificación de tareas de evaluación, 165f
listas de verificación, 139f, 145-146f, 165f
manejo manual de materiales (MMM), 144
postura neutra, 204
requerimientos de fuerza, 118
ritmo cardiaco, 149-151
sistema óseomuscular, 119-123
sostener estático, 118
tareas manipulativas, 118
therbligs, 140, 141t, 145-146f
torcer, 118, 163
Diseño del entorno de trabajo, 224–272
estrés por calor, 224, 242–248
estrés por frío, 246–248
horas de trabajo, 253–260
iluminación, 225–233
lista de verificación, 272
mantenimiento, 224, 260–263
OSHA, 264–271
radiación, 224, 252–253
ruido, 224, 233–242
seguridad, 224, 260–263, 271
temperatura, 242–248
turno de trabajo, 224, 253–260
ventilación, 248–249
vibración, 224, 250–252
Diseño del lugar de trabajo, 171–199
adecuar, 171
altura de la superficie de trabajo, 177–179
antropometría, 171
área de trabajo normal, 184, 185f
arreglo de componentes, 187–188
banco para sentarse/pararse, 183, 184f
canaleta por gravedad, 186
descansabrazos, 182
descansapies, 179, 182
dispositivos por gravedad, 186, 187
estación de trabajo ajustada, 183f
flexibilidad de postura, 182
lista de verificación, 189f
localización de herramientas fijas, 173–177, 184–185
lugar de trabajo de pie, 178f
lugar de trabajo sentado, 178–183
parámetros del asiento, 182t
principios de, 177–199
principios de diseño, 187–188
sillas, 179
silla de montar, 178–183
soporte lumbar, 179

Diseño del lugar de trabajo, *cont.*
tapetes antifatiga, 184
Diseño del trabajo
actividad, 3–5
definición, 1, 4, 7
entorno de trabajo, 224–272
herramientas, 205–217
lugar de trabajo, 171–199
máquinas y equipo, 188–199
trabajo manual, 118–166
Disparadores, 209-210
Distancia horizontal, 118, 156, 162; *vea también* Guía de levantamiento NIOSH
Distribución bimodal, 556
Distribución de la estación de trabajo, 184-188; *vea también* Diseño del lugar de trabajo
Distribución de Pareto, 21, 22f
Distribución de planta asistida por computadora, 102-106
Distribución de planta por proceso, 98, 99; *vea también* Distribución de planta
Distribución de planta por producto, 98; *vea también* Distribución de planta
Distribución de planta, 30, 98-106, 577
ALDEP, 105-106
calificación de relaciones, 100-101, 102f
CORELAP, 104, 106
CRAFT, 102-104, 106
diagrama de-a, 99, 100f
distribución de planta asistida por computadora, 102-106
diagrama de relación, 99-100, 101f
diagrama de relación de actividades, 100-101, 103f
diagrama de viaje, 99, 100f
distribución por relación de espacio, 102, 103f
ejemplo, 103-104e
evaluación de arreglos alternativos, 102, 105f
funcional, 98
línea recta, 98
planeación sistemática de distribución de planta de Muther (PSD), 99-102
proceso, 98, 99
producto, 98
SPIRAL, 106, 107e
tipos, 98-99
Distribución en línea recta, 98; *vea también* Distribución de planta
Distribución funcional, 98; *vea también* Distribución de planta
Distribución por relación de espacio, 102, 103f
Distribuciones de probabilidad, 172-173
distribución *t*, 340
exponencial, 548, 552f
gama, 562-564
normal (curva), 172-173, 357-358
normal estándar, 172e
Poisson, 548-551, 553-555e
Divisiones básicas de movimiento; *vea* Therbligs
Dorsiflexión, 201
Dos a la vez, 132, 133f
Dosis de radiación, 253
Dosis de radiación absorbida, 252
Dosis de ruido, 237-238, 239e
DTA; *vea* Desórdenes por trauma acumulado
Ecuación de Occam, 449
Ecuación de Taylor, 10
Ecuaciones de línea recta, 422, 447, 635
EEP (evaluación del esfuerzo percibido), 151, 152f, 203
Efectividad al calificar, 365
Efecto de intervalo, 195
Efecto de la edad en fuerza muscular, 129-130
Efecto del sexo
fuerzas de agarre, 208
fuerza muscular, 129-130
Efecto Superman, 165
Eficiencia
balanceo de líneas, 45
de las herramientas, 86-87
de la visión, 191
de motor, 86
del operario, 345-347, 585-586, 607, 609
expertos, 10, 14, 608
gasto de energía, 146-147
ingeniería de, 12
luz, 229, 230t
Ego adulto, 646, 649
Ego niño, 646, 649
Ego padre, 646
Electromiogramas (EMG), 131
Elementos
cíclicos, 408
constantes, 408-410
de máquina, 420
de preparación, 408, 410
del estudio de tiempos, 328-332
dividir en, 331-332
extraños, 338, 344, 388-89
no controlado, 338
número en el estudio, 338-341
que no ve el observador, 337
realizados fuera de orden, 338
variables, 408-410
Elipse, 440, 441f
Emerson, Harrington, 12, 16t
EMG (electromiograma), 131
Empacadora de carne, 17t, 199, 224, 268-271, 633
Empleado calificado (operario), 318, 330, 357
Ensamble (therblig), 141t
Encogimiento, 586
Endurecimiento del trabajo, 633
Enfoques principales para el análisis de operaciones; *vea* Análisis de operaciones
Enfriamiento, 248-249
Enriquecimiento del trabajo, 624, 644, 645
Ensamble de abrazaderas de cable, 143f
Entrega por gravedad, 186
Envío y recepción, 298e
Equipo de capacitación, 328
Equipo de protección personal, 264
Equipos de ergonomía, 653
ErgoMOST, 498
Ergonomía, 12, 171; *vea también* Diseño del trabajo
Ergonomics Research Society, 14, 17t
Error de registro, 345
Escala CR-10 (razón de categorías), 203; *vea también* Calificación de cansancio percibido
Escala de calificación de Borg del cansancio percibido (CCP), 151, 152f, 203

Escala de razón de categorías (CR-10), 203;
vea también Escala de calificación de Borg del cansancio percibido
Escalas, 191
Escaleras, 260-261
Esfuerzo
clasificación para calificar, 362
en la evaluación del trabajo, 300-303
tiempo de, 37
Espacio muerto, 196
Especificaciones y tolerancias, 66-69
Espina
cervical, 151
lumbar, 151, 152f
torácica, 151, 152f
Estación de trabajo; *vea* Diseño del lugar de trabajo
Estados del ego, 646
Estampillas, 646
Estándares de depósito de herramientas, 546, 555e
Estándares de desempeño profesional, 565-567
Estándares de inspección, 553-554e
Estándares de mano de obra general, 549-564;
vea también Estándares de mano de obra indirecta
Estándares de mano de obra indirecta, 543-570
aplicaciones de colas, 547-549, 550-551f, 553-554e, 555e
de supervisión, 555, 559e
depósito de herramientas, 546, 555e
factores que afectan, 546-547
inspección, 553-554e
profesional, 565-568
simulación Monte Carlo, 549, 556-558e
trabajo de oficina, 552-554
universal, 560-564
ventajas, 567-568
Estándares de tiempo; *vea* Tiempo estándar; Estándares
Estándares universales de mano de obra indirecta (UILS), 560-564
Estándares; *vea también* Tiempo estándar
actividad, 3, 4f, 5f, 7, 567
estrechos, 360
auditoría, 574
comparación de métodos para establecerlos, 579t
desempeño, 618, 622
depósito de herramientas, 546, 555e
fórmulas, 434-464
gastos, 549-564
indirectos, 544-547
manejo de materiales, 546
maneras de establecerlos, 579-580
profesionales, 565-568
mantenimiento, 574-577
preparación, 347-350
preparaciones parciales, 350-35!
seguimiento, 573-577
sintéticos, 370
supervisión, 555, 559e
temporales, 346-347, 466-468
universales (UILS), 560-564
uso de, 577-599
Estandarización de materiales, 73
Estrés mental, 150
Estrés por calor, 224, 242-248
Estrés por frío, 246-248
clo, 247
Estrés por frío, *cont.*
temperatura equivalente con viento, 246
índice de viento, 246
Estudio de micromovimientos, 140
Estudio de movimientos, 140-145
desarrollo de, 11
diagrama de movimientos simultáneos (simo), 140
diagrama de proceso a dos manos, 140-144
diagrama de proceso del operario, 140
historia de, 11
listas de verificación, 139f, 145-146f
movimientos básicos, 140-141
movimiento fundamental, 140-141
principios de economía de movimientos, 121-139
técnica de micromovimientos, 140
therbligs, 140-141, 145-146t
Estudio de tiempo continuo, 316, 321, 333-335, 344
Estudio de tiempos, 316-351, 543, 545, 555
cálculo del estudio, 351
calificación del desempeño, 341-343
comparación con muestreo del trabajo, 512, 579t
cronómetro, 317, 321, 322f
cronómetros electrónicos asistidos por computadora, 321-324
Data Myte, 321-322, 324-325f, 334-337
dificultades encontradas, 337-338
división en elementos, 331-332
elementos, 328-332
elementos extraños, 338, 344
ejemplos, 329f, 335f, 339f, 342f, 351
empleado calificado, 318, 330
equipo, 321-328
equipo de capacitación, 328
formas, 328, 329f, 335f
fórmulas, 435
indicadores, 316, 332, 334
número de ciclos a estudiar, 338-341
paso normal, 318
posición del observador, 331
registro de información significativa, 331
requerimientos, 318-321
responsabilidades de
analista, 319
operario, 320-321
sindicato, 320
supervisor, 319-320
selección del operario, 330
suplementos, 343, 380-405
tablero, 321, 323f, 326
toma de tiempos con regreso a cero, 321, 329f, 333-334
toma de tiempos continua, 316, 321, 333-335, 344
trabajo justo del día, 317
verificación, 316, 345
videocintas, 324-326
Estudio razón-demora, 512; *vea también* Muestreo del trabajo
Estudios Hawthorne, 12, 16t, 295-296
Evaluación de alternativas, 102, 105f, 279;
vea también Técnicas para la toma de decisiones
Evaluación de arreglos alternativos, 102, 105f, 279
Evaluación del esfuerzo percibido (EEP), 151, 152f
Evaluación del trabajo, 296, 297-306, 617
clasificación de trabajos, 303-304
implantación del programa, 304-305

Evaluación del trabajo, *cont.*
método de clasificación, 299
método para calificar, 300
plan de comparación de factores, 299-303
plan de descripción de grados, 299, 304f
realización de la evaluación, 303
sistema de puntos, 299, 301t, 304f
Evaluación subjetiva del esfuerzo percibido, 151, 152f
Evaporación, 242, 246
Explosiones, 263
Extensión, 119, 201, 202
Extensión de carpo, 199; *vea también* Sistema óseomuscular
EYE ACTION, movimiento (MTM), 541

Factor de conversión
gasto de energía, 147
MTM, 371
Factor de viento, 246
Factores de ajuste en
calificación, 369
fórmulas, 445-446
Factores extrínsecos (motivación), 645
Factores humanos, 12; *vea también* Diseño del trabajo
Factores intrínsecos (motivación), 645
Falange distal, 203
Falange proximal, 203
Falta de descanso, 199
Fatiga
asignación de descanso, 128-129
coeficiente de, 385
descanso para vencer la (therblig), 141t, 146f
muscular, 127-128, 131, 386-389
por ruido, 237
suplementos por, 383-386
Fijación del ojo, 138
Filamentos del músculo, 120-123
Filamentos delgados, 120
Filamentos gruesos, 120
Filmación de películas; *vea* Videocinta
Fisiología; *vea* Desórdenes por trauma acumulado; Control motriz; sistema óseomuscular
Flexibilidad de postura, 182
Flexión, 119, 201, 202
Flexión de la palma, 201
Flexor de carpo, 199; *vea también* Sistema óseomuscular
Flotante, 25; vea también Diagrama PERT
Flujo de caja descontado, 290, 291-292e
FOOT, movimiento (MTM), 481
Forma del mango, 212-213
Forma para estudio de tiempos, 328
Forma para observaciones, estudio de tiempos, 328, 329f, 335f
Formas; *vea también* Diagramas
estudio de tiempos, 328, 329f, 335f
muestreo del trabajo, 526f, 531f, 536f
Fórmulas, 434-464, 545; *vea también* Gráficas de curvas
análisis de elementos, 437-438
aplicación, 434-436
cálculo de expresiones, 438-444, 450-451
construcción, 436-451
desarrollo de síntesis, 450
ejemplo, 453-463e
Fórmulas, *cont.*
informe, 451-464
regresión de mínimos cuadrados, 447-450
soluciones gráficas, 444-447
tabla maestra para estudios de tiempos detallados, 437, 438-439f, 444-445
ventajas y desventajas, 435
verificación de exactitud, 435, 451
Fosfato de creatina (CP—creatine phosphate), 145-147
Fototropismo, 232
Fracción de participación parcial, 612-613
Frecuencia de auditorías, 574
Frecuencia natural, 133-134; *vea también* Control motriz
Frecuencia
levantamientos, 289f, 387
multiplicador NIOSH, 157-158
ruido, 234
vibración, 250-251
Fricción en manija, 214
Fuente, 191-192
Fuente puntual de luz, 225
Fuerza; *vea* Fuerza muscular
Fuerza de agarre, 207, 208
Fuerzas de compresión; *vea* Fuerzas de compresión en la espalda baja
Fuerzas de compresión de espalda baja, 151-156; *vea también* Guía de levantamiento NIOSH
anatomía, 151-154
disco desviado, 154
discos, 153-154
espina erectora, 153
espina lumbar, 151, 152f
modelos de predicción de fuerza estática, 155
vértebras, 151-154
Fuerza de contracción, 213f
Fuerzas de los dedos, 210t, 211
Fuerza muscular, 118, 122-126
área de sección cruzada, 126
ciclo trabajo-descanso, 128-129
contracción rítmica, 129f
control motriz, 130-137
derecho o zurdo, 129-130
dinámica, 123, 125
efecto de edad, 129-130
efecto de sexo, 129-130
empujar, 126t
estática, 123, 124t, 125t, 204
excesiva, 199, 203
fatiga, 127-129, 131
isocinética, 123
isométrica, 123, 125
isotónica, 123
jalar, 126t
levantamiento, 125t, 126t
máxima, 204
resistencia, 127-128
sicofísica, 126
tipos, 123-126
zurdos, 130
Función de potencia (curva), 440, 442-444, 635
Función recíproca, 439

Gage Talker Corp., 323, 327f
Ganancias compartidas, planes de, 604, 609-616

Ganglionitis, 199; *vea también* Desórdenes por trauma acumulado
Gantt Memorial Medal, 21
Gantt, Henry Laurence, 12, 16t
Gases, deshecho de 263
Gasto de energía, 144-149, 242, 389
ácido láctico, 146
aeróbico, 127, 145, 148
anaeróbico, 127, 145
cálculo, 147
déficit de oxígeno, 147
deuda de oxígeno, 147
ejemplos, 148f
fosfato de creatina (CP), 145-147
glucosa, 146
guías, 148-149
máximo, 148
nivel aceptable, 148-149
suplementos, 389
suplemento de descanso, 149
trifosfato de adenosina (ATP), 144, 146-147
Gasto de energía máximo, 148; *vea también* Capacidad de trabajo máxima
Gasto de fábrica, 588, 589f, 606
General Electric Company, 49, 63-64, 340
Geometría de herramientas, 87
GET (MTM), 478-480, 487
Gilbreth, Lilian M. y Frank B., 11, 15, 16t, 294, 655
Glucosa, 146; *vea también* Gasto de energía
Gráfica de proceso hombre-máquina, 20, 37–41, 53
acoplamiento de máquinas, 37–38
convenciones, 38
ejemplo, 38f
grupo, 39, 40f, 41f
relaciones cuantitativas, 39–45
Gráfica de punto de cruce, 277, 280, 284-286e, 589-590
Gráfica de punto de equilibrio (punto de cruce), 277,280, 284-286, 589-590
Gráfica *p*, 523, 527-529; *vea también* Gráficas de control
Gráficas de control, 523-529
Gráficas de curvas, 420-422, 438-450
aprendizaje, 633-639
elipse, 440-441
función de potencia, 440, 442-444, 635
función recíproca, 439
hipérbola, 439-440
línea recta, 438, 447
normal, 172-173e, 357-358
parábola, 440-441
regresión por mínimos cuadrados, 447-450
Guantes, 193, 214
Guía administrativa del programa de ergonomía para empacadores de carne, 15, 17t, 224, 268-271
Guía de análisis del trabajo/lugar de trabajo, 20, 21, 27-28, 53, 297
Guías de levantamiento, 118, 125t, 126t,156-164
Guía de levantamiento NIOSH, 17t, 156-163
distancia horizontal, 162
ejemplo, 161-162e
giros o movimientos torcidos, 163
guías generales de levantamiento, 162-164
índice de levantamiento (IL), 159
índice de levantamiento compuesto (ILC), 159-160
levantamiento con multi-tareas, 159-160
límite de peso recomendado (LPR), 156
Guía de levantamiento NIOSH, *cont.*
multiplicador de acoplamiento, 157-159, 160f
multiplicador de frecuencia, 157-158
Guías; *vea también* Niveles recomendados
calificación de velocidad, 367-368
calificación, Westinghouse, 361-366
exposición a vibración, 250-252
gasto de energía, 148-149
guías para levantamientos (NIOSH), 156-163
niveles de estrés por calor, 242-248
niveles de iluminación, 225-233
niveles de ruido, 233-242
recuperación de ritmo cardiaco, 149-151
requerimientos de ventilación, 248-249
suplementos (ILO), 386t
suplementos (revisados), 405t
trabajo del turno, 253-260
zona de confort térmico, 242-244

Hammer, 205
Harvard Graduate School, 12, 295
Hernia en discos, 154
Herramental, 81-87, 88f
de carburo, 87
eficientes, 86-87
indexadas, 88f
geometría, 87
Herramientas
agarre de pistola, 208, 215
de carburo de tungsteno, 87, 416t
de corte recubiertas, 86-87
cuchillo, 205, 207, 208f, 209
desarmador, 87, 205, 214
eléctricas, 214-217
geometría, 87
mango en la línea, 215
martillo, 205
sierra, 209
taladro, 209
uso completo de, 73
Herramientas de potencia, 216
Herramientas eléctricas o automáticas, 214-217
agarre de pistola, 215
balanceo de herramientas, 217
barras de reacción, 217
desarmadores, 214
en línea, 215
mecanismo de apagado, 215-216
orientación, 215, 216f
torsión, 216
Herramientas indexadas, 88f
Herramientas manuales, *vea* Herramientas
Herramientas y análisis; *vea* Análisis
Herramientas y preparación, 81-87
Hertz, 234
Hipérbola, 439, 440f
Hitachi, 74
Horas de trabajo, 253–260
Horas estándar, 346, 347e, 603, 606-608, 612
Horas ganadas, 346-347
Human Factors and Ergonomics Society, 14, 17t
Humedad viscosa, 196

IBM, 90
Identificación por tacto, 193
Identificación visual, 193
Igual remuneración para igual trabajo, 306
IIE (Institute of Industrial Engineers), 13, 17t
ILO (International Labour Office), 385-386
ILO, suplementos, 385, 386t
Iluminación, 225-233, 271, 391-393
 ángulo visual, 226, 394
 candela, 225
 color, 232-233, 234t
 contraste, 226, 394
 curvas de Blackwell, 226-227
 de ángulo bajo (al ras), 233f
 directa, 230-231
 eficiencia, 229, 230t
 estudio Hawthorne, 295-296
 fototropismo, 232
 indirecta, 229
 intensidad, 225
 intensidad luminosa, 225
 luminancia, 225, 226, 228-229, 393-394
 luminarias, 229-231, 233f
 medidor de luz, 228
 niveles recomendados, 227-229
 pie-candela, 225
 pie-Lambert, 225
 punto fuente, 235
 reflectancia, 225-226, 228-229, 232f, 233f
 reflejo, 232
 rendimiento de color, 229
 suplementos, 391-393
 superficie mate, 232
 transiluminación, 233f
 traslúcida, 233f
 visibilidad, 226-227, 271
Iluminancia; *vea* Iluminación
Implantación del método, 293-296, 308-312
IMPROSHARE, 610, 611-612
Impulso, 615e
Incentivos; *vea* Pagos salariales
Incentivos al salario; *vea* Pago de incentivos
Incentivos de grupo, 605-606
Incentivos individuales, 605-606
Incertidumbre, toma de decisiones bajo, 280-289
Índice de levantamiento (IL), 159
Índice de levantamiento compuesto (CLI), 159–160
Índice de riesgo de DTA, 204f, 281e
Industria del vestido, 199, 206
Inflamación, 203
Información desplegada, 191-192
Informe del método propuesto, 292-293
Informe, fórmula, 451-464e
Ingeniería de métodos
 análisis de datos, 27-53
 análisis de la operación, 58-112
 desarrollo del método ideal, 39-53
 desarrollo de análisis del trabajo, 296-308
 desarrollo histórico, 8-17
 diseño de herramientas, 205-217
 diseño de máquinas y equipo, 188-199
 diseño de trabajo manual, 118-166
 diseño del entorno de trabajo, 224-272
 diseño del lugar de trabajo, 171-199
 establecer estándares de tiempo, 316-570
Ingeniería de métodos, *cont.*
 obtener y presentar datos, 27-39
 presentar e implantar el método, 6, 277, 292-296, 308-312
 procedimiento sistemático, 5-7, 309f
 seguimiento, 308, 573-575
 seleccionar el proyecto, 21-27
 trabajo indirecto y general, 543-570
Ingeniería del valor, 277, 279, 282e
Ingeniería industrial, 13, 303, 561, 631
Ingresos por bonos, 611
Inhibición recíproca, 132; *vea también* Control motriz
Inspección, 67-69, 395
 de 100 %, 67-68
 lote por lote, 67-68
 puntual, 67
 visual, 395
Inspección (therblig), 141t, 146f
Inspecciones OSHA, 265-266
Institute of Industrial Engineers (IIE), 13, 17t
Instrucciones pictóricas, 632
Instrucciones por escrito, 632
Intensidad de la luz, 225
Intensidad del ruido, 234-235
Intensidad luminosa, 225
Interacciones humanas, 646-650
Interferencia de máquina, 42, 396-400
International Ergonomics Association, 14, 17t
International Labour Office (ILO), 385-386
Interstate Commerce Commission, 10, 16t
Intervalo de ajuste del asiento, 182t
Intervalo de movimiento, 118, 120
Inversión de capital, rendimiento sobre, 290-292
Inversión, recuperación de, 290-92
Ishikawa, 22
ISO 9000, 658
Isquemia, 208

Jerarquía de las necesidades humanas, 643
JIT (Just in time—justo a tiempo), 84, 652
Jornada de trabajo, 604-605
Jornada de trabajo justa, 317
Jornada de trabajo medida, 608-609
Juegos, 646
Junta de clausura de OSHA, 266
Justo a tiempo (JIT—just in time), 84, 656

Kaizen, 656
Kanban, 656
Kawasaki Steel Company, 22
Keiretsu, 74
Kodak Neutral Test Card, 229

Lámparas; *vea* Luminarias
Lanzamiento de monedas, 518-519
Lectura de texto, 392-393, 395
Lecturas, observación (W)
 continuas, 316, 321, 333-335, 344
 regreso a cero, 321, 329f, 333-334
Lesiones, 1, 7-8, 15, 154-155, 199-203, 236-237, 251, 268, 270, 626

Lesiones por movimientos repetitivos, 199, 626;
vea también Desórdenes por trauma acumulado
Levantamiento con tareas múltiples, 159-160
Levantarse, 481
Ligamento de carpo, 199
Lijado, 134
Límite de error (muestreo del trabajo), 514, 520-521
Límite de peso recomendado (LPR), 156,
vea también NIOSH, Guía de levantamiento
Límites de control, 527-529
Limpieza y cuidado, 224, 260-263, 271
Línea de visión normal, 138
Listas de verificación; vea también Análisis;
Diagramas; Guías
análisis de therbligs, 145–146f
análisis MTM-2, 504-505f
análisis de operaciones, 108-111f
economía de movimiento, 139f
entorno de trabajo, 272f
evaluación de herramientas, 217f
evaluación de la estación de trabajo, 189f
evaluación de máquina, 200–201f
evaluación de preparación y herramientas, 82f
evaluación de postura general y tarea, 165f
evaluación de tareas, 165f
guía de análisis del trabajo/lugar de trabajo, 28f
incentivos al salario, 619f
índice de riesgo de desorden por trauma
acumulado, 204f
lugar de trabajo, 272f
preparación y herramientas, 82f
Localización fija de herramientas, 184-185
Longitud de la manija, 211
Longitud en descanso, músculo, 120
Lordosis, 179, 180f
Lote por lote, inspección, 67-68
LPR (límite de peso recomendado), 156
Luces de advertencia, 191
Luces indicadoras, 191
Luces intermitentes, 191
Lugar para trabajar de pie, 178f
Lugar para trabajar sentado, 178-183
Luminancia, 225, 226, 228-229; vea también Iluminación
Luminarias, 229-231, 233f
Luz directa, 230-231
Luz indirecta, 229
Luz, indicador de, 191
Luz; vea Iluminación
Lluvia de ideas, 653

Manejo de materiales, 87-98, 156-166
almacén, 89, 92f
códigos de barras, 95-97
definición, 87
equipo, 89-93
estándares, 546
levantamiento mecanizado, 95, 96f
máquina de almacenamiento vertical, 92f
mayor cuidado, 95
mejor uso, 93-95
mesa hidráulica, 93
montacargas, 94e
principios de, 97-98
vehículos de guía automatizada (AGV), 91

Manejo manual de materiales (MMM), 144, 156-166
Mango en T, 213
Manija cilíndrica, 158, 205, 211, 213
Manijas, 205, 207, 208f, 211-214, 224
diámetro, 211
dobladas, 207, 208f
forma y tamaño, 212-213
manija T, 213
superficie, 213
Maniquíes, 173
MannequinPRO, 173
Mano de obra directa, 586, 589-590f
Mano de obra indirecta, 588
Mantenimiento de estándares, 574-577
Manufactura, 74-81
mecanización de operaciones manuales, 75
forma cercana a una red o malla, 79
operación más eficiente, 78-79
rearreglo de operaciones, 75
uso de robots, 79-81
uso eficiente de instalaciones, 78-79
Mapa de incomodidad del cuerpo, 203
Maqueta, 177
Máquina de almacenamiento vertical, 92f
Máquina herramienta de alimentación, 412-420
Marcha para automóvil, 310e
Maslow; vea Jerarquía de necesidades humanas
MAST (Mechanized Activity Sampling Technique), 538
Material, 69-74
costo de recuperación, 72-73
desperdicio, 72
directo, 586, 589-590f
encontrar el mejor proveedor, 74
estandarización, 73
keiretsu, 74
más fácil de procesar, 70-71
menos costoso, 69-70
recubrimiento pulverizado, 71
suministro de, 73
uso económico de, 71, 72f
uso total de suministros y herramientas, 73
Material Handling Institute (MHI), 89, 97
Materiales de recuperación, 72-73, 586
Materiales inflamables, 262-263
Materiales tóxicos, disposición de, 262-263
Matriz de arrepentimiento, 288
Matriz de pagos, 279
Matriz de precedencias, 50-51
Maximizar resultados, 286
Maynard, H. B., 568
Mecanismo de apagado, herramientas automáticas,
215-216
Mecanización de movimientos manuales, 75-78
Medical Research Council, 12
Medición del trabajo; vea Ingeniería de métodos;
Estudio de tiempos; Muestreo del trabajo
Medidor de luz, 228
Mejora continua, 311, 573, 656, 658
Mejoramiento de métodos; vea Ingeniería de métodos
Mesa hidráulica, 93
Metabolismo, 242, 298; vea también Gasto de energía
Método de clasificación de evaluación del trabajo,
299-300
Método de factor de comparación para evaluación
del trabajo, 299-303

Método de flujo de efectivo, 290-292
Método de recuperación de capital, 290-292
Método ideal, 6, 20-21, 144, 296, 312, 320, 576-577, 660
Metrónomo, 328
MHI (Material Handling Institute), 89, 97
Microtrauma, 199
Midvale Steel Company, 9
MIL-STD 1567A, (Fuerza Aérea de Estados Unidos), 15, 17t, 597
Mini-Gym, 123; *vea también* Fuerza muscular
Mínimos cuadrados, regresión de, 447-450
Minitab, 450
Miofibrilla, 120
Miofilamento, 120
Miosin, 120
Mitsubishi Motors, 81
Modelos de predicción de fuerza estática, 155
Modelos humanos computarizados, 173
Modulación de señales, 193
Moldeo, 182, 329f, 335f, 411f
Moldes, 65, 75, 81, 329f, 397, 411f, 428f
Molestia, 239; *vea también* Ruido
Momento, uso de, 123
Montacargas, 94e
Morrow, R. L., 629
MOST, 16, 492-498
Motivación, 619-620, 641-645
Motivación de empleados, 619-620, 641-645
  enfoque de Dale Carnegie, 649-650
  enfoque Volvo, 644-645
  influencia de grupo, 642
  jerarquía de necesidades, 642-644
  teoría de mantenimiento de la motivación, 645
Motores, eficientes, 86
Motorola, 658
Mover (MTM), 471
Mover (therblig), 141t, 146f, 186
Movimiento
  dañino para la muñeca, 204
  de coyunturas extremo, 199, 202
  de la muñeca, 135–137
  de los hombros, 136
  de palancas, 134
  incómodo, 132, 135, 199, 207
  limitante, principio de, 482-483
Movimientos
  balísticos, 132
  combinados, principio de, 483-484
  curvos, 134-135; *vea también* Control motriz
  de clase cinco, 136
  de clase cuatro, 136
  de cuerpo, 135-136
  de dedos y muñecas, 135-136
  de las manos, 135-136
  del antebrazo, 135-136
  en línea recta, 134-135
  fundamentales, 366, 430, 468; *vea también* Sistemas de tiempos predeterminados; Therbligs
  no simétricos, 132
  simétricos, 132
  simultáneos, 132, 482-483; *vea también* Control motriz
MTM (Methods Time Measurement —medición de tiempos de métodos), 469-492
MTM-1,471-477
MTM-2 lista de verificación del analista, 504-505f
MTM-2, 469-470, 475-484, 504-507
  casos, 479-480
  convenciones, 481-483
  ejemplos, 483f, 506-507e
  lista de verificación, 504-505f
MTM-3, 485
MTM-C, 486-490
MTM-M, 488-491
MTM-MEK, 491
MTM-TE, 491
MTM-UAS, 491
MTM-V, 485-486
Muda, 655
Muestreo del trabajo, 512–539, 543, 545, 567
  autobservación, 534–536
  comparación con estudios de tiempos, 512, 579t, 580t
  computarizado, 538–539
  exactitud, 514, 520–521
  formas, 523, 526f, 530, 531f, 536f
  frecuencia de observaciones, 521–523
  gráficas de control, 523–529
  observaciones necesarias, 520–521
  planeación del estudio, 519–529
  registro de datos, 530
  suplementos, 380, 382–383, 512, 533–534
  teoría de, 513–518
  tiempo estándar, 512, 533, 535e, 537-538e
  utilización de máquinas, 512, 530–532
  venta, 518–519
Multas, OSHA, 266-267
Multiplicador de acoplamiento, 157-160f
Muñeca derecha, 207, 208, 215
Músculo
  bíceps, 119, 207
  con forma de U invertida, 121
  erector de la espina, 153
  espina erectora, 153
  estriado, 199
  extensor de carpo, 199
  flexor de carpo, 199
Musculoesquelético, *vea* Sistema óseomuscular
Música en el trabajo, 240

National Association of Corporate Schools, 13
National Fire Protection Association, 260
National Institute of Occupational Safety and Health (NIOSH), 15, 265
National Metal Trades Association, 617
National Research Council, 295
National Safety Council, 156
National War-Labor Board, 297, 300
Necesidades de autoestima, 644
Necesidades de seguridad, 643-644
Necesidades sicológicas, 642-643
Necesidades sociales, 643-644
Nervio medio, 202
Neutralidad térmica, 242
NIOSH (National Institute for Occupational Safety and Health), 15, 265
  análisis de ruido, 237-238, 390-391
  análisis del lugar de trabajo, 269-270
  OSHAct, 15, 17t, 156, 224, 264-265
  tasa de severidad, 269

NIOSH (National Institute for Occupational Safety and Health), *cont.*
violaciones, 267
Nissan Motors, 81
Nivel de aspiración, 286
Nivel de ruido con ponderación A, 235
Nivelado; *vea* Calificación del desempeño
Niveles de ruido permisibles, 237-238
Niveles de sonido equivalentes, 236f
Niveles recomendados de; *vea también* Guías
gasto de energía, 148-149
iluminación, 227-229
peso (LPR), 156
ritmo cardiaco, 149-151
ruido, 237-238
radiación, 253
vibración, 251, 252f
Nomograma, tiempo de torneado y refrentado, 421; *vea también* Diagramas
Número de ocurrencias (elementos del ciclo), 345
Número
de ciclos para estudio de tiempos, 338-341
de observaciones necesarias para muestreo del trabajo, 520-521
de ocurrencias de elementos de un ciclo (núm. ocurrencias), 345
de operarios para balanceo de línea, 46-47
Números aleatorios, 522, 556-558e

Objetivo de métodos, estándares y diseño del trabajo, 8
Objetivos del sindicato, 654-655
Observaciones aleatorias, 512, 522
Observaciones, número de
para estudio de tiempos, 338-341
para muestreo del trabajo, 520-521
Observar, 321-322
Obtención y presentación de datos, 6, 20, 21, 27-39
Occupational Safety and Health Administration (OSHA), 15, 17t, 224, 237-238, 264-271
administración médica, 270
citas, 266-267
guía de administración del programa de ergonomía, 17t, 224, 268-271
inspecciones, 265-266
multas, 266-267
tasa de incidentes, 269
Ohno, T., 17t
Oído, daño, 236-237
Ondas, sonido, 233-234
Operación
cuello de botella, 20
de apoyo, 503
de corte, 281-283e
propósitos de, 60-62
Operario normal, 343; *vea también* Empleado calificado
Operario, elección para estudio de tiempos, 330
Organizaciones que promueven ingeniería de métodos y diseño del trabajo
American Management Association, 13, 17t
American Society of Mechanical Engineers (ASME), 9, 13
Ergonomics Research Society, 14, 17t
Human Factors and Ergonomics Society, 14, 17t
International Ergonomics Association, 14, 17t
Organizaciones que promueven ingeniería de métodos y diseño del trabajo, *cont.*
International Labour Office (ILO), 385-386
Institute of Industrial Engineers (IIE), 13, 17t
Society for the Advancement of Management, 13, 17t
Orientación de herramientas, 215, 216f
OSHA, guía para la administración del programa de ergonomía para plantas empacadoras de carne, 15, 17t, 224, 268-271, 633
OSHA; *vea* Occupational Safety and Health Administration
OSHAct, 15, 17t, 156, 224, 264-265

Pago de incentivos, 573, 603-626
actitud del sindicato, 616-617
administración del sistema de, 621-624
costos de mano de obra unitarios, 604, 607, 615e, 623
día de trabajo medido, 608-609
diseño de, 618-621
ejemplos, 612e, 615e
fracaso de, 620-621
hora estándar, 603, 606-608, 612
IMPROSHARE, 610, 611-612
lista de verificación, 619t
motivación, 619-620
no financieros, 624
participación parcial, 612-613
plan de ganancias compartidas, 604, 609-616
plan Rucker, 610-611
plan Scanlon, 610
planes de compensación flexibles, 603, 605-616, 625t
planes del día de trabajo, 604-605
propiedad de acciones de los empleados, 604, 612
planes financieros indirectos, 616
prerrequisitos de un buen sistema de inventivos, 617-618
principios, 618-619
reparto de utilidades, 604, 612-616, 625t
trueque con lesiones, 626
trabajo por pieza, 603, 606, 607
Pago de salarios; *vea* Salarios
Palancas, 188, 189
Palear
experimento, 9
frecuencia natural, 134
suplemento para relajarse, 390e
Pantalla de información, 191-192
Pantallas, 196-199; *vea también* Controles
compatibilidad, 196
mapeo, 197
principio de Warrick, 197
retroalimentación, 197
Papel logarítmico, 448, 635
Papel que desempeña, 652-653
Papel semilogarítmico, 448
Parábola, 440, 441f
Participación de empleados, 294-295
Pasatiempos, 648
Pasillos, 260-261
Paso de máquina, 258
Paso de trabajo, 133-134, 365; *vea también* Desempeño del operario
Paso normal, 318, 330, 343, 370; *vea también* Desempeño normal

Pedales para pie, 137-138, 369
Peligro inminente, OSHA, 267
Pendiente, ecuación para, 447
Percentiles, 172-173
Pérdida auditiva, 236-237
Perillas, 189
Perronet, Jean Rodolphe, 8, 16t
Pertenencia, 643
Peso de hombres y mujeres, 174t
Peso de posición, 50-51
Phalanx, 203
Pies-candela, 225
Pies-Lambert, 225
Pieza, tasas por; *vea* Trabajo por pieza
Pivoteo alrededor del codo, 135; *vea también* Área de trabajo normal
Plan (therblig), 141t
Plan de descripción de calificaciones, 299, 304f
Plan de horas estándar, 603, 606-608, 612
Plan Rucker, 610-611
Plan Scanlon, 610
Planchado de sábanas, 294
Planeación sistemática de la distribución de Muther (PSD), 99-102, 188
Planeación y programación de proyectos; *vea* Diagramas PERT
Planes de compensación flexible, 603, 605-616, 625t
Planes de ganancias compartidas, 604, 612-616, 625t
- planes combinados, 614
- planes de efectivo, 613
- planes diferidos, 613-614

Planes de incentivos no financieros, 624
Planes de productividad compartida, 604, 609-616
Planes financieros indirectos, 616
Plano de planta, 102, 103e, 106; *vea también* Diagrama de flujo; Distribución de planta
Plano horizontal de área de trabajo, 184-185
Plano vertical del área de trabajo, 184-185
Planta, distribución de; *vea* Distribución de planta
Plataformas, 93-94
Polvo, eliminar, 263
Posición del observador, estudio de tiempos, 331
Posicionar (therblig), 141t 146f
Postura neutral, 120, 204, 207, 208
Postura relajada, 120
Prácticas administrativas, 631-660
- análisis transaccional, 646-649
- capacitación, 632-641
- comunicaciones, 650-653
- interacción humana, 646-650
- motivación de empleados, 641-645
- relaciones laborales, 654-655

Precisión en
- cálculos de estudio de tiempos, 344-345
- calificación, 370-377
- códigos de barras, 96
- cronómetros, 321-323
- desempeño visual, 394
- elementos de estudio de tiempos, 331-332
- trabajo con fórmulas, 435-436
- MTM. 478f, 485, 492-494
- muestreo del trabajo, 520-521, 523-529
- trabajo de estudio de tiempos, 316-17

Preguntas para el análisis de operación, 59-60, 61t
Premio por logros Carrol, Phil, 14
Prensa de punzón, 425
Preparación y herramientas, 81-87
- eficiencia de energía, 85-86
- estándares, 347-350
- herramientas, 84, 86-87
- justa a tiempo, 84
- lista de verificación, 82f
- parcial, 469-70
- reducción de, 84-85
- SMED, 84
- tecnología de grupos, 83
- utilización de la capacidad completa, 85-86

Preparaciones parciales, 350-351
Preposicionar (therblig), 141t, 146f
Presentación de datos, 27-39
Presentación e instalación del método, 6, 277, 292-296, 308-312
Prestaciones, 381, 603, 604f
Principio de
- frecuencia de uso, 187
- funcionalidad, 188
- importancia, 187
- la razón insuficiente, 287
- movimientos simultáneos, 482-483
- secuencia de uso, 188
- tamaño, 130
- Warrik, 197

Principios; *vea también* Criterios; Guías
- antropometría, 171-177
- frecuencia de uso, 187
- funcionalidad, 188
- importancia, 187
- movimientos combinados (MTM), 483-484
- movimiento limitante (MTM), 482-483
- movimientos simultáneos (MTM), 482-483
- para diseño de equipo, 188-189
- para diseño de herramientas, 205-217
- para diseño de máquinas y equipo, 188-199
- para diseño de trabajo manual, 118-166
- para diseño del entorno de trabajo, 224-272
- para diseño del lugar de trabajo, 171-199
- para economía de movimiento, 121-139
- para manejo de materiales 97-98
- para pago de incentivos, 618-619
- razón insuficiente, 287
- secuencia de uso, 188
- tamaño, unidades motrices, 130

Proceso de espuma perdida, 75
Proceso de manufactura, 74-81
Procter and Gamble, Company, 311-312
Producción de púas, 399e
Producción ligera, 17t; *vea también* Sistema de producción Toyota
Productividad
- en turnos de trabajo, 257-258
- importancia de, 1-5
- mejoramiento de la, 281e, 295-296

Program Evaluation and Review Technique (PERT)
- diagramas, 20, 23-27, 53

Programa de capacitación en la planta, 639-641
Programa de construcción, 106; *vea también* Distribución de planta
Programa de mejoramiento, 106; *vea también* Distribución de planta
Programación, 24, 582

Programador de tiempos aleatorios, 522-523
Propiedad de acciones por parte de los empleados, 604, 612
Protección auditiva, 240-242
Protección de seguridad, 261-262
Protección del ojo, 264
Punto de cruce, 280
Punto de peligro, 262; *vea también* Protección de seguridad
Puntos comparativos (benchmark)
  calificación, 357, 366, 369, 370
  estándares, 555, 561-563
Puntos de cambio, 316, 332, 334
PUT (MTM), 478-480
PUT WEIGTH (MTM), 481

Rad, 252
Radiación
Radiación, 252-253
  alfa, 252
  calor, 242, 245, 246
  dosis, 253
  gama, 252
  ionizante, 252
  límites, 253
  neutrónica, 252
  rad, 252
  rem, 252
  Roentgen, 252
Radio, 199; *vea también* Sistema óseomuscular
Ranurado, 299, 543, 561-563
Rayos X, 252
Razón ancho-alto, 191–192
Razón base (plan Scanlon), 610
Razón control-respuesta (CR), 193, 194, 198f
Reacción de torsión, 216-217
Rebaje, 285e
Recordatrorio aleatorio, 523
Recubrimiento de talco, 71
Recuperación del músculo, 387-389
Redes PERT, 25-26
Reflectancia, 225-226, 228-229, 232f, 233f
Reflejo, 224, 232
Reforzamiento positivo, 642-643
Registrador de eventos OS3 Plus, 323, 327f, 523-525
Registro de eventos, 323-324, 327f
Registro de medición electrónica del trabajo, 523
Registros históricos para determinar estándares, 316-317
Regla de la mano derecha, 197-198
Regla de ochenta-veinte (80-20, Pareto), 20, 21-22, 53, 81, 280
Reglas "si, entonces", 278
Regresión, 305, 447-450
Regresión de la media, 374
Reingeniería corporativa, 5; *vea también* Ingeniería de métodos
Relación fuerza-longitud, 121-122
Relación fuerza-velocidad, 122, 123f
Relación lineal, 439
Relaciones hombre-máquina, 39–53
  balanceo de líneas, 45–53
  diagrama de flujo, 35–37
  diagrama de flujo del proceso, 31–35
  diagrama de proceso del operario, 27–31
Relaciones hombre-máquina, *cont.*
  diagramas de proceso hombre-máquina, 37–41
  servicio aleatorio, 43–45
  servicio sincrónico, 41–43
Relaciones humanas, 15, 296, 641-653; *vea también* Resistencia al cambio
Relaciones laborales, 654-655
Reloj maestro, 332
Rem, 252
Remisión, 637-638
Rendimiento, 196-197
Rendimiento esperado, 290-292
Rendimiento sobre
  inversión, 290-292
  ventas, 289, 291-292
Requerimientos de fuerza, 118
Requerimientos de potencia, 420
Resistencia al cambio, 277, 294-296
Resistencia en los controles, 193, 196f
Resistencia, fuerza muscular, 127-128
Resonancia, 250-251
Responsabilidades del
  analista, 319
  operario, 320-321
  supervisor, 319-320
  sindicato, 320
Restricciones de zonificación, 50
Retrabajo, 20, 29f
Retroalimentación, pantalla, 197
Reverberación, 240
Rifle Garand (M1), 36-37
Ritmo cardiaco, 149-151
  guías, 149-151
  pico, 150-151
  recuperación, 150-151
  suplementos, 398
Ritmo natural, 133-134, *vea también* Control motriz
  cansancio después del almuerzo, 253
  productividad, 257–258
  ritmos circadianos, 253, 254f
  rotación rápida, 255–256
  semana de trabajo comprimida, 259
  tiempo extra, 257–259
  tiempo flexible, 259
  trabajo por turnos, 253–257
  turnos de doce horas, 257f
  turnos de ocho horas, 255–256f
Ritmos circadianos, 253-254
Rituales, 648
Robots, 79-81
Roentgen, 252
Roosevelt, Franklin D., 12
Roscadora automática, 37
Rotación, por tensión por calor, 246
Ruido continuo, 236
Ruido, 233-242, 271
  adición logarítmica de, 235
  ambiental, 235, 237-238
  bandas de octava, 236f, 240, 241t
  control de, 239-240, 241f
  de banda amplia, 236
  decibel, 234-235
  dosis, 237-238, 239e
  intensidad, 234-235
  intermitente, 236

Ruido, *cont.*
molestia, 239
niveles permisibles, 237-238
pérdida auditiva, 236-237
ponderación A, 235
promedio ponderado de un tiempo, 238
protección auditiva, 240-242
significativo, 236
sonido, 233-234
suplemento, 390-391
tasa de reducción (TRR), 240-242
Ruta crítica, 23, 25-27

Sacro, 151, 152f
Sacudida (vibración), 250
Salidas, 260
Salud y seguridad de trabajadores, 1, 7-8, 15, 154-155, 199-203, 236-237, 251, 268, 270, 626
SAS (estadística), 450
Satisfacción personal, 644
Seguimiento, 7, 308, 573-577
Seguridad química, 262-263
Seguridad, 224, 260-263, 271
equipo personal de protección, 264
mantenimiento, 260-263, 271
materiales flamables, 262-263
pasillos, escaleras, 260-261
protección, 261-262
vapores químicos, 262-263
Seis sigma (Motorola), 658
Seleccionar (therblig), 141t, 146f, 185, 186
Seleccionar un proyecto, 6, 20-27
análisis de Pareto (regla 80-20), 21-22
análisis de trabajo/lugar de trabajo, 20f
diagrama de pescado (causa-efecto), 22-23
diagrama de Gantt, 22-24
diagrama PERT, 23-27
Semana de trabajo comprimida, 259; *vea también* Tiempo extra
Sensibilidad en los controles, 193
Señaladores, 191
Señales acústicas, 193
Servicio a clientes mejorado con estándares, 573
Servicio aleatorio, 20, 43-45, 53
Servicio sincrónico, 20, 41-43, 53
Severidad de lesiones, 269
Sicología del trabajo; *vea* Diseño del trabajo manual
Sicología industrial, 12
Sierra, 209
Silla de montar, 179-181
Sillas, 179
Símbolos, diagrama de flujo, 32f
Simplificación, 58, 65, 66; *vea también* Ingeniería de métodos; Análisis de operaciones
Simplificación del trabajo, 5, 645; *vea también* Ingeniería de métodos
Simulación, 549, 556-558e, 564
Simulación Monte Carlo, 549, 556-558e
Simuladores físicos, 633
Síndrome de Raynaud, 203, 251
Síndrome del túnel de carpo, 199, 202, 207
Síntesis de fórmulas de estudio de tiempos, 456-463
Sistema de calificación de Westinghouse, 361–366, 471
Sistema de producción Toyota (TPS), 84, 655-656
Sistema de puntos para evaluación del trabajo, 299, 301t, 304f
Sistema de tiempos predeterminados, 468-509, 543, 545
análisis de macromovimientos, 469, 498-502
análisis de métodos, 504-507
aplicación, 498-507
comparación, 492-493, 494t
datos de estándares, 498-503
ejemplo, 506-507e
historia de, 468-470
lista de verificación, 504-505f
Methods Time Measurement (MTM), 469-492
MOST, 469-470, 492-498
MTM-1, 471-477
MTM-2 469-470, 475-484,, 506-507e
MTM-3, 485
MTM-C, 486-490
MTM-M, 488-491
MTM-MEK, 491
MTM-TE, 491
MTM-UAS, 491
MTM-V, 485-486
tipos, 469
Work Factor, 469-470
Sistema nervioso central, 130; *vea también* Control motriz
Sistema óseomuscular, 119-123, 199-205
agonista, 119
antagonista, 119
desviación radial, 201, 203
desviación ulnar, 201
extensión, 119, 201, 202
filamentos, 120-123
flexión, 119, 201, 202
fuerza, 118, 122
longitud en reposo, 120
momento, 123
músculo, 119-120, 122
nervio mediano, 202
postura neutral, 120
postura relajada, 120
rango de movimiento, 120
relación fuerza-longitud, 121-122
relación fuerza-velocidad, 122, 123f
tendón, 202
teoría del filamento deslizante, 120-122
Sistemas aceleración-desaceleración, 469
Sistemas aditivos, 469
Sistemas de movimientos promedio, 469
SMED (Single Minute Exchange of Die), 84, 656
Society for the Advancement of Management, 13, 17t
Society of Industrial Engineers, 13
Society of Work Science, 14
Society to Promote the Science of Management, 16t
Soldadura
fórmula para, 442–443
datos estándar para, 422–424
Soltar (therblig), 141t, 145f
Soluciones gráficas, 444-447
Sonido, 233-234; *vea también* Ruido
niveles equivalentes, 236f
no deseado, 233
ondas, 233-234
velocidad, 234
Soporte lumbar, 179

Sordera, 236-237
Sordera conductiva, 236-237
Sostener estático, 118
Sostener (Therblig), 141t, 146f
SPIRAL, 106, 107e
Springfield Armony, 36
Standards International, 498, 568
STEP, movimientos (MTM), 481
STORM, 53, 57
Subgrupos, 653
Suma logarítmica de niveles de ruido, 235
Superficie del mango, 213
Superficie mate (en iluminación), 232
Suplemento adicional, 383, 399-402, 622
Suplemento para lubricación, 401-402
Suplemento variable por fatiga, 384-396
- condiciones atmosféricas, 389-390
- estrés mental, 394-395
- fuerza muscular, 387-389
- iluminación, 391-393
- monotonía, 395-396
- postura anormal, 385-387
- principios básicos, 384-385
- ruido, 390-391
- tedio, 396
- tensión visual, 393-394

Suplementos, 380-405, 408, 512, 533-534, 545
- adicional, 383, 399-402, 622
- agacharse, 385, 386f
- alimentación automática, 401-402
- aplicación de, 402-403
- antropométrico, 176e
- calor, 389-390
- condiciones atmosféricas, 389-390
- datos de estándares, 308, 423, 426
- demora evitable, 316, 383, 398-399, 533
- demora inevitable, 316, 383, 396-398, 399e, 400e, 533
- descanso, 149, 387-389; *vea también* Suplemento variable por fatiga
- esfuerzo mental, 394-395
- esfuerzo visual, 393-394
- estación de trabajo limpia, 401–402
- estar de pie, 385-386
- especiales, 383, 396-402
- fatiga, 383-396
- fatiga básica, 384
- fatiga constante, 384
- fatiga variable, 384-396
- fuerza muscular, 386f, 387-389
- ILO, 385, 386t
- iluminación, 391-393
- industriales típicos, 381t
- interferencia de máquina, 396-400
- lubricación de máquina, 401-402
- mantenimiento de herramientas, 401-403
- monotonía, 395-396
- muestreo del trabajo para determinar, 533-534
- necesidades personales, 383-384
- por política, 383, 402
- postura anormal, 385-387
- postura anormal, 385-387
- propósito de, 380
- ruido, 390-391
- tabla de, 405t
- tedio, 396

Suplementos, *cont.*
- tensión visual, 393-394
- tipos, 383f
- valores, 405t

Tabla de decisión, 278, 282e
Tabla maestra de estudio de tiempos, 437, 438-439f, 444-445
Tablas de acción ante peligro, 278-279
Tablero de estudio de tiempos, 321, 323f, 326
Tablero de observaciones, estudio de tiempos, 321, 323f, 326
Tamaño
- de controles, 193, 195f
- mango, 211

Tanque Hubbard, 95, 96f
Tapetes antifatiga, 184
Tapones de oídos, 240-242
Tarea clave, 300
Tareas cognitivas, 395; *vea también* Lectura; Vigilancia; Inspección visual
Tareas de enrosque de Fitts, 136-137
Tareas manipulativas, 118
Tarjeta de operación de producción, 346, 348f
Tarjeta de operación, 346, 348f
Tasa base de salarios, 296, 606-607, 609, 617-618
Tasa de aprendizaje (porcentual), 634-635, 637
Tasa de innervación, 130
Tasa de reducción de ruido (TRR), 240-242
Tasa por piezas; *vea* Trabajo por piezas
Tasa salarial, 317
Tasas de incidentes, 269
Taylor Society, 13, 16t
Taylor, Frederick W., 8-11, 13, 15, 16t, 408, 468, 508, 656
Taylor-White, proceso de tratamiento de calor, 9
Técnica de muestreo de actividades mecanizadas (MAST— Mechanized Activity Sampling Technique), 538
Técnicas cuantitativas para las relaciones hombre-máquina, 39-53
Técnicas de decisiones económicas, 277, 289-292
- flujo de caja descontado, 290-292
- rendimiento sobre la inversión, 290-292
- rendimiento sobre ventas, 289, 291-292e

Técnicas de registro y análisis, 27-39
Técnicas de toma de decisiones, 278-292
- análisis costo-beneficio, 279-280, 281-283e
- criterios múltiples, 280-289
- económicas, 289-292
- gráficas de punto de cruce (punto de equilibrio), 280, 284-286e, 589-591
- ingeniería del valor, 279, 282e
- tablas de acción ante riesgo, 278-279

Técnicas para solución de problemas, 20-53
- análisis de Pareto (regla 80-20), 21-22
- balanceo de línea, 45-53
- diagrama de Gantt, 22-24
- diagrama de flujo, 35-37
- diagrama de flujo del proceso, 31-35
- diagrama de pescado (causa-efecto), 22-23
- diagrama de proceso de la operación, 27-31
- diagrama del proceso por grupo, 39-41
- diagrama hombre-máquina, 37-41

Técnicas para solución de problemas, *cont.*
diagrama PERT, 23-27
guía para el análisis del trabajo/lugar de trabajo, 28f
servicio aleatorio, 41-43
servicio sincrónico, 43-45
Tecnología de grupos, 83
Temperatura, 242-248
aclimatar, 244-246
ambiental, 244
control de, 244-246
de bulbo seco, 244
de globo, 244
del cuerpo, 242, 244
del núcleo, 242, 244
estrés por calor, 242, 243-246
estrés por frío, 246-248
equivalente con viento, 246
global de bulbo húmedo (TGBH), 243–244, 389–390
intercambio de calor, 242-243
natural de bulbo húmedo, 244
niveles recomendados, 244, 245f
núcleo, 242-244
rotación, 246
zona de confort térmico, 242-244
Tendón, 202
Tendonitis, 199, 201, 203
Tenosinovitis, 199, 201
Teoría de colas (líneas de espera), 398-400, 545, 548-549
Teoría de Hertzberg de motivación-mantenimiento, 645
Teoría de líneas de espera; *vea* Teoría de colas
Teoría de motivación-mantenimiento, 645
Teoría del filamento deslizante, 120-122
TGBH (temperatura global de bulbo húmedo), 243-244, 389-399
Therbligs efectivos, 141t
Therbligs no efectivos, 141t
Therbligs, 140-141, 145-146f, 185-186, 468
definición, 140
efectivos, 141t
lista de verificación, 145-146f
no efectivos, 141t
resumen, 141t
Three-Mile Island, 13
Tiempo
ajustado, 194, 198f
ajuste secundario, 194, 198f
atención, 400
ciclo total, 381
de esfuerzo manual, 381
de espera, 400
de inicio, 332, 345
de máquina, 381
de movimiento, en controles, 194, 198f
de observación, 328, 333, 344
de revisión, 394
de terminación, 344-345
de trabajo, 134
de viaje primario, 194, 198f
efectivo, 345, 351
estándar; *vea* Tiempo estándar
extra, 257-259
flexible, 259
no efectivo, 351
no tomado en cuenta, 345, 351
Tiempo, *cont.*
normal, 328, 343-345, 351, 369-370, 380, 402-403, 533-534
observado, 328, 333, 343-344, 351, 369-370
ocioso, 38-39, 45, 52
para ver, 394
total registrado, 345, 351
transcurrido, 351
transcurrido después del estudio, 345
transcurrido antes del estudio, 345
verificación, 345, 351
Tiempo asignado, 323, 346, 350, 422, 423, 446, 452, 463; *vea también* Tiempo estándar
Tiempo de espera, 400; *vea también* demora por interferencia
Tiempo de observación (TO), 328, 333, 344
Tiempo de reacción, 193; *vea también* Tareas de enrosque de Fitts
Tiempo estándar; *vea también* Estándares
comparación de métodos para establecerlos, 579t
de curvas de aprendizaje, 636-639
de datos de estándares, 422-429
de estudio de tiempos, 343, 345-351, 402-403
de muestreo del trabajo, 512, 533, 535e, 537-538e
de sistemas de tiempos predeterminados, 498-503
maneras de establecerlos, 579-580t
Tiempo normal (TN), 329, 343-345, 351, 369, 370, 380, 402-403, 533-534
Tiempo observado (TO), 328, 333, 343, 344, 369, 370
Tiempo promedio ponderado (de ruido), 238
Tiempos de corte, 410-422
Tiempos de movimientos básicos; *vea* Sistemas de tiempos predeterminados
Tiempos sintéticos; *vea* Sistema de tiempos predeterminados
Tipos de agarre, 205-206
TMU (Time Measurement Unit —unidad de medida de tiempo), 471
Tolerancias y especificación, 66-69
Toma de decisiones con criterios múltiples, 280-289
Toma de tiempos con regreso a cero, 321, 329f, 333-334
Torcimiento, 118, 163; *vea también* Guía de levantamiento NIOSH
Torneado, 415-417
Torno revólver, 350, 410, 423, 426
Torno revólver Warner and Swasey, 350, 410, 423, 426
Toyoda, E, 17t
Toyota, 74, 656
Trabajo aeróbico, 127, 145, 148; *vea también* Gasto de energía
Trabajo anaeróbico, 127, 145; *vea también* Gasto de energía
Trabajo
con el pie, 137-138
de fresadora, 417-420
de metal laminado, fórmula, 444-447
de oficina, 503
dinámico, 118
directo, 546
en prensas, 425
flojo, 621
por piezas, 603, 606,607f
Trabajo por turnos, 224, 253-257, 271
cansancio después del almuerzo, 253

Trabajo por turnos, *cont.*
productividad, 257-258
ritmos circadianos, 253, 254f
rotación rápida, 255-256
turnos de doce horas, 257f
turnos de ocho horas, 255-256f
Transacción complementaria, 646, 647f
Transacción cruzada, 646, 648f
Transacciones, 646-648
Transformación log-normal, 21
Transformada rápida de Fourier, 131
Transiluminación, 233f
Transom JACK, 173
Trasancción ulterior, 646, 648f
Triangulación, 419
Trifosfato de adenosina (ATP — Adenosine triphosphste), 144, 146-147
TRR; *vea* Tasa de reducción de ruido
Trueque
diagramas de punto de equilibrio, 284-286, 589-590
exactitud-velocidad, 132
incentivos al salario con lesiones, 626
toma de decisiones, 288
velocidad-exactitud, 132
Turnos
de doce horas, 257f
de ocho horas, 255-256f
de rotación rápida, 255-256

U.S.X. Company (suplementos), 400
Ulna, 199; *vea también* Sistema óseomuscular
Unidad motriz, 130; *vea también* Control motriz
Unimation, Inc., 81
Union Carbide, 13
United States Civil Service Commission, 299
United Steel Workers of America, 617
Usar (therblig), 141t, 145f
Uso completo de suministros, 73
Uso de estándares, 577-599
costeo, 586-596
servicio a clientes, 573, 597-598
utilización efectiva del espacio, 578
eficiencia de mano de obra, 585-587
administración, 573, 597, 598f, 599f
comparación de métodos, 573, 578
compra de equipo nuevo, 580-581
determinación de capacidad de planta, 573, 580
control de la producción, 583-585
calidad, 597
incentivos salariales, 573, 578
maneras de establecerlos, 579t, 580t
Utilización de máquina, 512, 530-532
Utilización efectiva, 318

Valor del dinero en el tiempo, 290
Valor no controlado, 338
Valores de tiempo faltantes, 337
Vapores, disposición de, 263
Variable aleatoria, 513
Variable dependiente, 434, 438, 447, 449, 634; *vea también* Variable independiente
Variable independiente, 422, 434, 447, 449, 634; *vea también* Variable dependiente
Varianza, 596
Vasoconstricción, 215
Vasodilatación, 247
Vehículos de guía automatizada (AGV— automated guided vehicle), 91, 93, 644
Velocidad del sonido, 234
Velocidades de corte
barrenado, 414-415
fresado, 417
torneado, 416-417
Velocidades de rotación, 416-417
Velocidades y alimentación, 412-420
Vender el método, 277, 293, 294
Ventilación, 246, 248-249, 271
Ventiladores, 248-249; *vea también* Ventilación
Verificación de tiempo, 316, 345
Vértebras, 151-154, 183
Vibración, 203, 205, 215, 224, 250-252
amplitud, 250
dedo pálido, 251
desplazamiento, 250
frecuencia, 250-251
límites, 251, 252f
resonancia, 250-251
síndrome de Raynaud, 251
Videocinta, 140, 142, 155, 324-326, 366, 372, 468, 633
Vigilancia, 396
Violación intencional de OSHA, 267
Violación mínima, 267
Violación repetida de OSHA, 267
Violación seria de OSHA, 267
Violaciones no serias de OSHA, 267
Visibilidad e iluminación, 226-227, 271, 393-394
Volantes, 188, 189
Volumen de señales acústicas, 193

War Labor Board, 297, 300
Watertown Arsenal, 10
Western Electric Company, 12, 16t, 295–26
Westinghouse Electric Company
informe sobre la fórmula, 451
calificación del desempeño, 361–366
WOCOM, 16
Work Factor, 470, 568

Zona de confort térmico, 242-244
Zurdo, 130, 209

I3/E10/R2/01

Esta edición se terminó de imprimir en agosto de 2001. Publicada por ALFAOMEGA GRUPO EDITOR, S.A. de C.V. Apartado Postal 73-267, 03311, México, D.F. La impresión se realizó en IMPRESOS NAUCALPAN, S.A. de C.V., Calle San Andrés Atoto No. 12, Naucalpan, Edo. de México.